標準テキスト
CentOS 7
構築・運用・管理パーフェクトガイド

有限会社ナレッジデザイン
大竹龍史、市来秀男、山本道子、山崎佳子 著

本書に関するお問い合わせ

この度は小社書籍をご購入いただき誠にありがとうございます。小社では本書の内容に関するご質問を受け付けております。本書を読み進めていただきます中でご不明な箇所がございましたらお問い合わせください。なお、お問い合わせに関しましては下記のガイドラインを設けております。恐れ入りますが、ご質問の際は最初に下記ガイドラインをご確認ください。

ご質問の前に

小社Webサイトで「正誤表」をご確認ください。最新の正誤情報をサポートページに掲載しております。

▶ 本書サポートページ
URL http://isbn.sbcr.jp/82686/

上記ページの「正誤情報」のリンクをクリックしてください。なお、正誤情報がない場合、リンクをクリックすることはできません。

ご質問の際の注意点

・ご質問はメール、または郵便など、必ず文書にてお願いいたします。お電話では承っておりません。
・ご質問は本書の記述に関することのみとさせていただいております。従いまして、〇〇ページの〇〇行目というように記述箇所をはっきりお書き添えください。記述箇所が明記されていない場合、ご質問を承れないことがございます。
・小社出版物の著作権は著者に帰属いたします。従いまして、ご質問に関する回答も基本的に著者に確認の上回答いたしております。これに伴い返信は数日ないしそれ以上かかる場合がございます。あらかじめご了承ください。

ご質問送付先

ご質問については下記のいずれかの方法をご利用ください。

▶ Webページより
上記のサポートページ内にある「この商品に関する問い合わせはこちら」をクリックすると、メールフォームが開きます。要綱に従って質問内容を記入の上、送信ボタンを押してください。

▶ 郵送
郵送の場合は下記までお願いいたします。
〒106-0032
東京都港区六本木2-4-5
SBクリエイティブ 読者サポート係

■本書内に記載されている会社名、商品名、製品名などは一般に各社の登録商標または商標です。本書中では®、™マークは明記しておりません。
■本書の出版にあたっては正確な記述に努めましたが、本書の内容に基づく運用結果について、著者およびSBクリエイティブ株式会社は一切の責任を負いかねますのでご了承ください。

©2017 本書の内容は著作権法上の保護を受けています。著作権者・出版権者の文書による許諾を得ずに、本書の一部または全部を無断で複写・複製・転載することは禁じられております。

はじめに

　CentOSは企業向けLinuxディストリビューションであるRedHat Enterprise Linux（RHEL）のクローンOSです。RedHat社の支援のもとに運営されているCentOSプロジェクトからリリースされ、最も広く使われているLinuxディストリビューションの1つです。

　CentOSはGPLライセンスおよびオープンソースライセンスで配布されるたくさんのソフトウェアから構成されており、誰でも自由にコピーして使用できます。先進的なソフトウェアが搭載され、安定して稼働する高性能な企業向けOSを自由にコピーしてサーバ用途に、また個人用デスクトップとして使用できるのは素晴らしいことだと思います。

　本書はLinuxの入門者から経験者までを対象に、実務の手引書としての実践的な設定・管理の手順を、また図を多く取り入れて教科書的な使い方もできるように書いてあります。（有）ナレッジデザインではLinux、OpenStack、Javaのトレーニングを実施し、また十数台のインターネットサーバを運用しており、この経験を生かした内容となっています。

　本書はCentOS 7をベースとして書いてありますが、CentOS 7固有の2章のインストールと5章のパッケージ管理、それに各章のパッケージのインストールの部分以外は、ほとんどのディストリビューションでも役立つはずです。

　Linux入門者の方にはPart1をまず読んで頂くことをお勧めします。できればご自分のPCにインストールしたCentOS 7で、あるいはWindows等の他のOS上でVirtualBox等の仮想化環境を利用してインストールし、5章の基本操作を実際にコマンドを実行しながら読むことで、リーナス・トーバルズ氏の言う「小さな部品を組み合わせて多様な処理をする」ことができるLinuxの良さや楽しさを体験できると思います。

Unix comes with a small-is-beautiful philosophy. It has a small set of simple basic building blocks that can be combined into something that allows for infinite complexity of expression.
- Linus Torvalds -

　Linux経験者の方には最初から順番に読むのではなく、興味のある章だけをピックアップして読んで頂くこともできます。また、それ以外の章も読むことで、何か役に立つ情報が見つかるかも知れません。

　本書籍は（有）ナレッジデザインの大竹、市来、山本、山崎（旧姓和田）の4人の協同執筆によるものです。大竹龍史は、主にOS基本機能、サーバ、セキュリティを担当しました。以前は、SunOS/Solarisの技術サポート/講師をしており、1998年末に山崎勇樹、山崎佳子とともに、Netscape製品とLinuxのトレーニングをビジネスとするナレッジデザインを設立しました。中核的役割を担っていた同志山崎勇樹は若くしてこの世を去り、できることなら彼に本書を見て欲しかったというのがメンバの思いです。市来秀男は、主にインストール、サーバ、管理ツールを担当しました。常に穏和で、生まれてから今まで一度も怒ったことのない男です。山本道子は、主に基本操作、基本サービス、ネットワークを担当しました。また、本書籍のプロジェクトマネージャとして、全工程の管理をしてくれました。山崎佳子は、執筆サポートおよび、校正チェックを担当しました。趣味が読書である彼女らしく、みごとな校正能力を発揮してくれました。

　最後に、本書の執筆の機会を与えて頂いたSBクリエイティブ株式会社の皆様に、この場をお借りして御礼申し上げます。

2017年3月 大竹龍史

Contents

Part 1 CentOSの導入と基本操作

Chapter1 基礎知識

1-1 Linuxについて知る — 22
- 1-1-1 Linuxの誕生 — 22
- 1-1-2 Linuxの発展と普及 — 26

1-2 CentOSについて知る — 32
- 1-2-1 RedHat LinuxからRHELへ — 32
- 1-2-2 RHELクローン — 32
- 1-2-3 CentOSとプロジェクト — 33
- 1-2-4 CentOS 7 — 34
- 1-2-5 ミラーサイトとリポジトリ — 34

1-3 ネットワークの基本用語 — 35
- 1-3-1 通信の基礎 — 35
- 1-3-2 LAN (Local Area Network) — 39
- 1-3-3 IPv4/IPv6 — 40
- 1-3-4 TCP/UDP/ポート番号 — 44

1-4 ディレクトリ構造 — 47
- 1-4-1 ツリー構造と各ディレクトリの役割 — 47
- 1-4-2 パーティション — 49
- 1-4-3 デバイスファイル — 50

Chapter2 インストールとバージョンアップ

2-1 CentOSのインストール — 54
- 2-1-1 インストールメディアの入手 — 54
- 2-1-2 インストールメディアとその種類 — 55
- 2-1-3 ハードウェア条件 — 56
- 2-1-4 インストール手順 — 57
- 2-1-5 インストーラが提供するデフォルトでのインストール — 57
- 2-1-6 一部をカスタマイズしたインストール — 63
- 2-1-7 全面的なカスタマイズ — 66

2-1-8	テキストモードで起動	76

2-2 起動後の追加設定とバージョンアップ 77

2-2-1	インストール後のライセンス確認	77
2-2-2	rootでのログイン	78
2-2-3	バージョンアップ	80
2-2-4	バージョンアップ終了後	81

2-3 アプリケーションのインストール 82

2-3-1	新規アプリケーションの追加	82
2-3-2	アプリケーションの削除	83

Chapter3　初期設定

3-1 SELinuxの設定 86

3-1-1	SELinuxの状態	86
3-1-2	設定の変更	87

3-2 ファイアウォールの設定 88

3-2-1	ファイアウォールの確認	88
3-2-2	ファイアウォールの停止	89

3-3 SSHの設定 90

3-3-1	SSHの概要	90
3-3-2	rootログインの抑制	90

3-4 不要なサービスの停止 92

3-4-1	実行中のサービスの確認	92
3-4-2	サービスの停止	92

3-5 Xとデスクトップのカスタマイズ 94

3-5-1	セッションの選択	94
3-5-2	日本語入力メソッドとキーボードタイプの選択	95
3-5-3	「GNOMEクラシック」と「GNOME」セッション	98
3-5-4	GNOMEのカスタマイズのためのツール	100
3-5-5	画面解像度の設定	101

Chapter4　システムの起動と停止

4-1 カーネル 108

4-1-1	機能と構成	108
4-1-2	公式版カーネル	109
4-1-3	カーネルバージョン	109
4-1-4	CentOS 7のカーネル	110

4-2	システムのブートシーケンス	114
4-2-1	ブートシーケンス	114
4-2-2	initramfs	116

4-3	ブートローダの設定	122
4-3-1	BIOS	122
4-3-2	UEFI	122
4-3-3	GRUB2	125

4-4	systemdの仕組み	133
4-4-1	systemdの採用	133
4-4-2	systemdによるユニット単位での管理	135
4-4-3	systemdによる起動シーケンス	137
4-4-4	systemctlコマンド	139

4-5	systemctlコマンドによるターゲットの管理	142
4-5-1	ターゲット	142
4-5-2	デフォルトターゲットの表示と変更	143
4-5-3	稼働状態でのターゲットの変更	143
4-5-4	ターゲット設定ファイルとオプション	144

4-6	systemctlコマンドによるサービスの管理	146
4-6-1	サービス	146
4-6-2	サービス設定ファイルとオプション	147
4-6-3	systemd-udevdサービス	148
4-6-4	systemd-logindサービス	149

4-7	システムのシャットダウンとリブート	150
4-7-1	シャットダウンとリブート	150
4-7-2	initコマンド	150
4-7-3	init以外のランレベル管理コマンド	151

Chapter5 基本操作

5-1	シェル	156
5-1-1	シェルとは	156
5-1-2	ユーザの切り替え	161
5-1-3	bashの設定ファイル	164

5-2	ファイルとディレクトリの管理	165
5-2-1	ファイル、ディレクトリをコマンドラインで操作する	165
5-2-2	標準入出力の制御	174
5-2-3	フィルタによる処理	177

	5-2-4 文字列の検索	186
5-3	**ファイルの所有者管理と検索**	190
	5-3-1 ファイルの所有者管理	190
	5-3-2 リンクの作成	200
	5-3-3 コマンドとファイルの検索	203
5-4	**vi (vim)**	207
	5-4-1 viとvim	207
	5-4-2 vimのモードと切り替え	209
	5-4-3 テキスト編集	213
	5-4-4 検索と置換	214
	5-4-5 画面分割	216
	5-4-6 便利なコマンドや設定	217
	5-4-7 設定ファイル	219
	5-4-8 文字コードとエンコーディングの設定	220
5-5	**プロセス管理**	223
	5-5-1 プロセスの監視	223
	5-5-2 プロセスの優先度	225
	5-5-3 ジョブ管理	228
	5-5-4 シグナルによるプロセスの制御	230
5-6	**マウント**	233
	5-6-1 マウントとは	233
	5-6-2 /etc/fstab	236
5-7	**パッケージ管理**	238
	5-7-1 パッケージ管理システムとは	238
	5-7-2 パッケージのインストールとアンインストール	240
	5-7-3 CentOS 7のリポジトリ	247
5-8	**シェルスクリプト**	251
	5-8-1 シェルスクリプトとは	251
	5-8-2 シェルスクリプトの設定と実行	251
	5-8-3 実行時のオプションと引数（特殊変数）	254
	5-8-4 シェルスクリプトの文法	256
	5-8-5 終了処理と終了ステータス	256
	5-8-6 コメント定義	257
	5-8-7 変数と定数	257
	5-8-8 配列の定義と呼び出し	258
	5-8-9 出力時の展開	260
	5-8-10 演算子	261

- 5-8-11 演算を行うコマンド ……………………………………………………… 263
- 5-8-12 制御構文 …………………………………………………………………… 266
- 5-8-13 分岐処理 …………………………………………………………………… 266
- 5-8-14 繰り返し処理（ループ処理） …………………………………………… 270
- 5-8-15 関数 ………………………………………………………………………… 274

Part 2　運用管理と仮想化

Chapter 6　ディスクとファイルシステムの管理

6-1　パーティションとパーティショニングツール …………………………… 282
- 6-1-1 MBRとGPT ……………………………………………………………… 282
- 6-1-2 パーティショニングツール ……………………………………………… 284
- 6-1-3 fdisk ……………………………………………………………………… 284
- 6-1-4 gdisk ……………………………………………………………………… 287
- 6-1-5 parted …………………………………………………………………… 290
- 6-1-6 gparted …………………………………………………………………… 293

6-2　ファイルシステムの作成 …………………………………………………… 295
- 6-2-1 利用可能なファイルシステム …………………………………………… 295
- 6-2-2 xfs ………………………………………………………………………… 295
- 6-2-3 ext2/ext3/ext4 ………………………………………………………… 298
- 6-2-4 btrfs ……………………………………………………………………… 302

6-3　ファイルシステムの運用管理 ……………………………………………… 304
- 6-3-1 スワップ領域の管理 ……………………………………………………… 304
- 6-3-2 ファイルシステムのユーティリティコマンド ………………………… 306
- 6-3-3 ファイルシステムの不整合チェック …………………………………… 306
- 6-3-4 バックアップ（データ復旧） …………………………………………… 308
- 6-3-5 バックアップファイルの転送 …………………………………………… 311
- 6-3-6 その他のユーティリティコマンド ……………………………………… 312
- 6-3-7 クォータ …………………………………………………………………… 313
- 6-3-8 chroot …………………………………………………………………… 316

Chapter 7　高度なストレージとデバイスの管理

7-1　RAID ………………………………………………………………………… 318
- 7-1-1 RAIDレベルと構成 ……………………………………………………… 318
- 7-1-2 RAIDの構築 ……………………………………………………………… 319
- 7-1-3 故障が発生した場合の修復手順 ………………………………………… 322

- 7-1-4 設定ファイル/etc/mdadm.conf ... 324
- **7-2 LVM** ... 325
  - 7-2-1 LVMの構成 ... 325
  - 7-2-2 物理ボリュームの作成 ... 327
  - 7-2-3 ボリュームグループの作成 ... 328
  - 7-2-4 論理ボリュームの作成 ... 329
  - 7-2-5 ボリュームグループの容量を拡張 ... 330
  - 7-2-6 論理ボリュームの容量を拡張 ... 330
  - 7-2-7 ボリュームグループの容量を縮小 ... 331
  - 7-2-8 論理ボリュームのスナップショットを取る ... 332
- **7-3 iSCSI** ... 334
  - 7-3-1 iSCSIとは ... 334
  - 7-3-2 ターゲットの設定 ... 334
  - 7-3-3 イニシエータの設定 ... 337

Chapter8　運用管理

- **8-1 ユーザとグループの管理** ... 344
  - 8-1-1 ユーザの管理 ... 344
  - 8-1-2 グループの管理 ... 349
  - 8-1-3 アカウント失効日の設定と表示 ... 351
  - 8-1-4 ログインの禁止 ... 355
  - 8-1-5 ログイン管理 ... 357
- **8-2 ログ管理、監視** ... 359
  - 8-2-1 ログの収集と管理を行うソフトウェア ... 359
  - 8-2-2 rsyslogによるログの収集と管理 ... 359
  - 8-2-3 ログファイルのローテーション ... 362
  - 8-2-4 systemd-journaldによるログの収集と管理 ... 364
  - 8-2-5 rsyslogとの連携 ... 366
  - 8-2-6 journalctlコマンドによるログの表示 ... 367
- **8-3 サーバ監視** ... 369
  - 8-3-1 サーバ監視ツール ... 369
  - 8-3-2 監視の種類 ... 369
  - 8-3-3 代表的な監視ツール ... 369
  - 8-3-4 Nagios ... 370
  - 8-3-5 Zabbix ... 381
- **8-4 リモート管理** ... 399
  - 8-4-1 文字型端末を利用したログイン（SSH） ... 399

- 8-4-2 グラフィカル端末（VNC）を利用したログイン……403
- 8-4-3 X11ポート転送の利用……412

8-5 OpenLMI……414
- 8-5-1 OpenLMIとは……414
- 8-5-2 OpenLMIのインストール……416
- 8-5-3 SSL証明書の発行と設定……419
- 8-5-4 lmiスクリプトによる管理……423

8-6 Performance Co-Pilot……433
- 8-6-1 Performance Co-Pilotとは……433
- 8-6-2 Performance Co-Pilotのアーキテクチャ……433
- 8-9-3 Performance Co-Pilotのインストール……435
- 8-6-4 Performance Co-Pilotのコマンド……437
- 8-6-5 コマンドの実行例……438
- 8-6-6 GUIツール……442

Chapter9　システムサービスの管理

9-1 ジョブスケジューリング……446
- 9-1-1 ジョブスケジューリングとは……446
- 9-1-2 crontabファイル……447
- 9-1-3 crontabコマンド……448
- 9-1-4 atサービス……450

9-2 システム時刻の管理……453
- 9-2-1 システムクロック……453
- 9-2-2 ハードウェアクロック……456
- 9-2-3 NTP……457
- 9-2-4 NTPデーモン……458
- 9-2-5 chrony……459

9-3 国際化と地域化……463
- 9-3-1 locale……463
- 9-3-2 ファイルのエンコード変換……465
- 9-3-3 CentOS 7でのロケール確認と設定……465

Chapter10　ネットワーク

10-1 TCP/IPの設定と管理……468
- 10-1-1 CentOS7でのネットワークサービス管理……468
- 10-1-2 ネットワークに関する設定ファイル……470
- 10-1-3 NIC（Network Interface Card）の命名……473

10-2 nmcliの利用 — 475
- 10-2-1 nmcliツール — 475
- 10-2-2 Wifiインターフェイスの管理 — 484
- 10-2-3 標準でサポートされていないハードウェアへの対処方法 — 485

10-3 ネットワークの管理と監視 — 487
- 10-3-1 ネットワークの管理と監視の基本コマンド（ipコマンド） — 487
- 10-3-2 ネットワークの管理と監視の基本コマンド（その他） — 492

10-4 ルーティングの管理 — 501
- 10-4-1 ルーティングの管理 — 501
- 10-4-2 フォワーディング — 505
- 10-4-3 経路の表示 — 505

10-5 ネットワークインターフェイスの冗長化とブリッジ — 507
- 10-5-1 ボンディング — 507
- 10-5-2 チーミング — 512
- 10-5-3 ブリッジ — 518

Chapter11　仮想化技術

11-1 仮想化の概要 — 522
- 11-1-1 仮想化とは — 522
- 11-1-2 ハイパーバイザー — 522
- 11-1-3 完全仮想化と準仮想化 — 523
- 11-1-4 ハードウェア仮想化支援機能 — 523
- 11-1-5 仮想化パッケージのインストール — 524

11-2 KVM — 526
- 11-2-1 KVMとは — 526
- 11-2-2 KVMのインストールと設定 — 526
- 11-2-3 KVMのネットワーク — 529
- 11-2-4 KVMゲストOSのインストール — 533
- 11-2-5 KVMゲストOSの管理 — 534
- 11-2-6 ゲストOSの設定 — 538

11-3 Xen — 544
- 11-3-1 Xenとは — 544
- 11-3-2 Xenのインストールと設定 — 544
- 11-3-3 Xenのネットワーク — 547
- 11-3-4 XenゲストOSのインストール — 548
- 11-3-5 XenゲストOSの管理 — 550
- 11-3-6 ゲストOSの設定 — 554

11

11-4 その他の仮想化技術 ……556
- 11-4-1 Linuxブリッジ ……556
- 11-4-2 Open vSwitch ……557
- 11-4-3 ネットワーク名前空間 ……559
- 11-4-4 コンテナ型仮想化 ……563
- 11-4-5 Docker ……564

11-5 仮想環境管理ツール ……568
- 11-5-1 開発環境の仮想化 ……568
- 11-5-2 Vagrant ……568
- 11-5-3 Vagrantのインストール ……573
- 11-5-4 Vagrantfileの概要と生成 ……577
- 11-5-5 仮想マシンの起動とboxファイルのダウンロード ……579
- 11-5-6 仮想マシンの管理 ……582
- 11-5-7 boxファイルの管理 ……586
- 11-5-8 プロビジョニング ……588
- 11-5-9 boxファイルのカスタマイズとアップロード ……593
- 11-5-10 boxファイルの新規作成 ……594

Part 3 サーバの導入と設定

Chapter 12 ネットワークモデル

12-1 基本モデル ……606
- 12-1-1 小規模構成でのネットワークモデル ……606
- 12-1-2 構成例① 1個のグローバルIP、Linuxを回線に直結 ……607
- 12-1-3 構成例② 1個のグローバルIP、ルータ+DMZホスト+内部ネットワーク ……608
- 12-1-4 構成例③ 1個のグローバルIP、ルータ+DMZセグメント+内部ネットワーク ……609
- 12-1-5 構成例④ 16個のグローバルIP、ルータ+DMZセグメント+内部ネットワーク ……610

12-2 拡張モデル ……611
- 12-2-1 中規模構成でのネットワークモデル ……611

Chapter 13 外部/内部向けサーバ構築

13-1 DNSサーバ ……616
- 13-1-1 DNSとは ……616
- 13-1-2 BIND ……622
- 13-1-3 DNSサーバnamedの設定 ……623
- 13-1-4 主なステートメント ……626

- 13-1-5 ゾーンファイル ……………………………………… 634
- 13-1-6 digコマンドとhostコマンド ……………………… 637
- 13-1-7 rndcコマンドによるnamedの管理 ……………… 640
- 13-1-8 DNSクライアントの設定 ………………………… 644

13-2 Webサーバ 646

- 13-2-1 Webサーバとは …………………………………… 646
- 13-2-2 Apache (Apache HTTP Server) ………………… 647
- 13-2-3 Apacheのインストールと構成 …………………… 647
- 13-2-4 Apacheのアーキテクチャ ………………………… 649
- 13-2-5 設定ファイルと基本設定 ………………………… 653
- 13-2-6 MPM (Multi Processing Module) ……………… 657
- 13-2-7 モジュール ………………………………………… 658
- 13-2-8 アクセス制御 ……………………………………… 659
- 13-2-9 認証 ………………………………………………… 660
- 13-2-10 バーチャルホスト ………………………………… 666
- 13-2-11 HTTPS ……………………………………………… 670
- 13-2-12 ログの設定 ………………………………………… 674

13-3 プロキシサーバ 676

- 13-3-1 プロキシサーバとは ……………………………… 676
- 13-3-2 squid ………………………………………………… 678
- 13-3-3 クライアント (Webブラウザ) の設定 …………… 679
- 13-3-4 squidのアーキテクチャ …………………………… 681
- 13-3-5 アクセス制御 ……………………………………… 683
- 13-3-6 ログファイル ……………………………………… 684
- 13-3-7 NginX ……………………………………………… 685
- 13-3-8 NginXのインストール …………………………… 685
- 13-3-9 NginXの初期設定 ………………………………… 686
- 13-3-10 NginXのアーキテクチャ ………………………… 686
- 13-3-11 リバースプロキシ設定 …………………………… 688
- 13-3-12 ログ ………………………………………………… 690

13-4 Webアプリケーション実行環境 691

- 13-4-1 Webアプリケーション …………………………… 691
- 13-4-2 CGI実行環境の構築 ……………………………… 693
- 13-4-3 Tomcatの設定 …………………………………… 696
- 13-4-4 ApacheとTomcatの連携 ………………………… 699

13-5 FTPサーバ、TFTPサーバ 702

- 13-5-1 FTPサーバとは …………………………………… 702
- 13-5-2 vsftpdサーバ ……………………………………… 703

13-5-3	TFTPサーバ (in.tftpd)	708

13-6 メールサーバ ... 711
13-6-1	メールサーバとは	711
13-6-2	Postfix	712
13-6-3	Dovecot	721

13-7 CMS ... 727
13-7-1	CMSとは	727
13-7-2	LAMP	728
13-7-3	LAMPのインストール	728
13-7-4	WordPressとは	732

Chapter14　内部向けサーバ構築

14-1 Sambaサーバ ... 738
14-1-1	Sambaとは	738
14-1-2	Sambaのインストールと設定	740
14-1-3	Sambaの基本構成	743
14-1-4	ファイル共有サービス	751
14-1-5	プリンタ共有サービス	756
14-1-6	名前解決	758
14-1-7	Active Directoryとの連携	760

14-2 NFSサーバ ... 768
14-2-1	NFSとは	768
14-2-2	NFSサーバの設定（v3/v4共通）	770
14-2-3	NFSサーバの設定（v4の機能を利用する場合）	774
14-2-4	NFSクライアントの設定	776

14-3 DHCPサーバ ... 780
14-3-1	DHCPとは	780
14-3-2	dhcpd	780
14-3-3	dnsmasq	785
14-3-4	DHCPクライアント	787

14-4 OpenLDAPサーバ ... 789
14-4-1	OpenLDAPとは	789
14-4-2	OpenLDAPのインストール	792
14-4-3	OpenLDAPの起動と停止	797
14-4-4	OpenLDAPサーバの構築	798
14-4-5	olcAccess属性によるアクセス制御の設定	807
14-4-6	LDAP認証の設定	809

14-4-7	TLSによる暗号化の設定	812
14-4-8	Apacheのユーザアカウント管理	816

14-5 DBサーバ　818

14-5-1	DBサーバとは	818
14-5-2	MariaDB	819
14-5-3	MariaDBのインストールと設定	821
14-5-4	MariaDBのアーキテクチャ	825
14-5-5	MariaDBのデータベース管理	826
14-5-6	MariaDBのユーザ管理	829
14-5-7	MariaDBのバックアップとリストア	831
14-5-8	MariaDBのログ管理	833
14-5-9	PostgreSQL	834
14-5-10	PostgreSQLのインストールと設定	835
14-5-11	PostgreSQLのディレクトリ階層	836
14-5-12	PostgreSQLの日本語化対応	837
14-5-13	PostgreSQLのユーザ管理	837
14-5-14	PostgreSQLのデータベース管理	841
14-5-15	PostgreSQLのバックアップとリストア	844
14-5-16	PostgreSQLのログ管理	846

Part 4　セキュリティ技術と対策ツール

Chapter 15　セキュリティ対策

15-1 Linuxセキュリティの概要　852

15-1-1	コンピュータのセキュリティ	852
15-1-2	情報漏洩・盗聴に対する対策	852
15-1-3	侵入に対する防御	852
15-1-4	侵入の検知	854
15-1-5	侵入された後の対処	855

15-2 暗号化と認証　856

15-2-1	Linuxにおける認証方式	856
15-2-2	暗号化コマンド	861
15-2-3	公開鍵証明書	864

15-3 iノード属性フラグと拡張属性　869

15-3-1	iノードの属性フラグによるファイルのアクセス制御	869
15-3-2	拡張属性	870
15-3-3	ACL	870

15-3-4 一般ユーザが利用できる拡張属性 ……………………………………… 874
15-3-5 ケーパビリティ (capability) ……………………………………………… 875

15-4 監視と検知 ……………………………………………………………… 878
15-4-1 Snort（侵入検知）……………………………………………………… 878
15-4-2 Tripwire（改ざん検知）……………………………………………… 882
15-4-3 Linuxにおけるマルウェアと対策 ……………………………………… 885

15-5 SSH ……………………………………………………………………… 888
15-5-1 SSHとは ………………………………………………………………… 888
15-5-2 etc/sshディレクトリ …………………………………………………… 890
15-5-3 鍵の生成と管理 ………………………………………………………… 892
15-5-4 X11ポート転送 ………………………………………………………… 896

15-6 SELinux ………………………………………………………………… 897
15-6-1 SELinuxとは …………………………………………………………… 897
15-6-2 SELinuxのパッケージ ………………………………………………… 898
15-6-3 SELinuxのコマンド …………………………………………………… 900
15-6-4 SELinuxのセキュリティコンテキスト ……………………………… 905
15-6-5 ファイルへのアクセス制御 …………………………………………… 912
15-6-6 ポリシーの変更（Apache Webサーバの例）………………………… 913

15-7 Netfilter ………………………………………………………………… 918
15-7-1 Netfilterとは …………………………………………………………… 918
15-7-2 firewalld ………………………………………………………………… 920
15-7-3 iptables ………………………………………………………………… 923

15-8 TCP Wrapper …………………………………………………………… 926
15-8-1 TCP Wrapperとは ……………………………………………………… 926
15-8-2 アクセス制御の設定 …………………………………………………… 926

15-9 System Security Services Daemon ………………………………… 928
15-9-1 SSSDとは ……………………………………………………………… 928
15-9-2 SSSDのインストール ………………………………………………… 928
15-9-3 SSSDの起動と停止 …………………………………………………… 929
15-9-4 SSSDの設定 …………………………………………………………… 929

コマンド索引 ……………………………………………………………………… 937
索引 ………………………………………………………………………………… 944

本書の表記について

コマンドの構文
本書では、以下の形式でコマンドの構文を掲載しております。

ディレクトリと情報の表示
ls [オプション] [ディレクトリ名...]

構文内で[]で囲まれた要素は任意入力を意味します。「...」は複数指定ができることを意味します。「ユーザ名 | ユーザID」のように「|」を挟んで引数が記述されている箇所は、「ユーザ名またはユーザID」のように、いずれかを指定できることを意味します。|コマンド| は、実行対象のコマンドのサブコマンドを指定することを意味します。

コマンドのオプションは、主なものを抽出して掲載しております。使用頻度の低いものに関しては、掲載を省略させていただいております。

シェルプロンプト
以下は、本書で使用している実行例です。

実行例
```
[...]# tail -1 /etc/passwd   ←❶
sam:x:1004:1004::/home/sam:/bin/bash   ←❷
```

❶「[...]#」はシェルプロンプト、「tail」は実行するコマンド、「-1」はオプション、「/etc/passwd」は引数を表します。❷は実行結果を表します。

プロンプトに「#」が表示されている例は、rootユーザでの操作を表します。また、状況に応じて、以下の表記を使用しています。

①[...]#
②[root@centos7 ~]#
③[... home]#
④[root@centos7 home]#

①rootユーザが操作。実行しているホストは任意（どのホストでも良い）、作業ディレクトリは任意（どこでも良い）
②rootユーザが操作。実行しているホストは「centos7」、作業ディレクトリは任意（どこでも良い。上記はホームディレクトリ）
③rootユーザが操作。実行しているホストは任意（どのホストでも良い）、作業ディレクトリは「home」
④rootユーザが操作。実行しているホストは「centos7」、作業ディレクトリは「home」

プロンプトに「$」が表示されている例は、一般ユーザでの操作を表します。また、状況に応じて、以下の表記を使用しています。

```
①[...]$
②[yuko@centos7 ~]$
③[... samba]$
④[yuko@... ~]$
⑤[yuko@centos7 samba]$
```

① 一般ユーザ(どのユーザも良い)が操作。実行しているホストは任意(どのホストでも良い)、作業ディレクトリは任意(どこでも良い)
② 一般ユーザである「yuko」が操作。実行しているホストは「centos7」、作業ディレクトリは任意(どこでも良い。上記はホームディレクトリ)
③ 一般ユーザ(どのユーザも良い)が操作。実行しているホストは任意(どのホストでも良い)、作業ディレクトリは「samba」
④ 一般ユーザである「yuko」が操作。実行しているホストは任意(どのホストでも良い)、作業ディレクトリは任意(どこでも良い)
⑤ 一般ユーザである「yuko」が操作。実行しているホストは「centos7」、作業ディレクトリは「samba」

　本書では、root権限を必要としない操作については、できるかぎり一般ユーザで実行するようにしています。

コマンドラインと実行結果

　実行時のコマンドラインが長い場合は、端末内で自動折り返しとなり、そのまま掲載しています(実行例1)。なお、2次プロンプトを使用した場合もあります(実行例2)。

実行例1

```
[...]# grub2-mkfont --output=/boot/grub2/fonts/DejaVuSansMono-24.pf2 --size=24
/usr/share/fonts/dejavu/DejaVuSansMono.ttf
```

実行例2

```
[...]$ ldapadd -x -D "cn=Manager,dc=my-centos,dc=com" \    ←バックスラッシュを入れる
> -w training -f sample-user.ldif   ←2次プロンプトの>が表示されるので、続けて入力する
```

　また、実行結果は、場合によって一部(または全部)を省略して掲載してます。

参考

　本文内で以下の書式で記載されている箇所は、参考知識や補足事項を意味します。

> CentOS 7では、試用してからインストールすることができるように、Live版が提供されています。

環境依存の情報

　本書内で使用している「サーバ名」「IPアドレス」は、ご自身の環境に合わせて置き換えてください。また、バージョン番号が含まれたファイル名やパッケージ名等は、バージョンアップにより変更される可能性があります。ご自身の環境に合わせて置き換えてください。

Part 1

CentOSの導入と基本操作

Chapter 1
基礎知識

1-1 Linuxについて知る
1-2 CentOSについて知る
1-3 ネットワークの基本用語
1-4 ディレクトリ構造

◻ Chapter1 基礎知識

1-1 Linuxについて知る

1-1-1 Linuxの誕生

　1991年8月25日、UsenetのMinixのニュースグループcomp.os.minixに以下のような投稿がありました。

こんにちは、minix を使っている皆さん。
僕は今、386（486）AT互換機用のオペレーティングシステムを作っています（フリーのオペレーティングシステムです。単に趣味であって、gnuのように大きくてプロフェッショナルなものを作るつもりはありません）。
4月から作ってきたのですが、ようやく用意ができました。

　投稿したのは当時フィンランドのヘルシンキ大学の学生だった21歳のリーナス・トーバルズ氏（Linus Benedict Torvalds、以降「リーナス」と記載）です。
　彼はオランダのアムステルダム自由大学の教授であるアンドリュー・タネンバウム氏（Andrew Stuart Tanenbaum）が教育目的で開発したMinixを使っていましたが、それに満足せず、Minixに変わるオペレーティングシステムの作成を目指して、まず独自に小さなカーネルを作りました。
　そして9月に最初のバージョンのカーネル0.01を、友人のアリ・レムケ氏（Ari Lemke）が管理していたFTPサーバftp.funet.fiのディレクトリ/pub/OS/Linuxにアップロードしました。サイズは約512KB、行数は約1万行の小さなものでした（現在は、ftp://ftp.funet.fi/pub/Linux/kernel/Historic/以下に置かれています。また、https://kernel.org/pub/linux/kernel/Historic/以下にも置かれています）。
　リーナスは0.01のリリースノートに、新しいインテル80386プロセッサの性能をフルに利用したパフォーマンス向上と、ファイルシステムのマルチスレッド化による複数プロセスの同時アクセスのパフォーマンス向上等を、Minixと比較した特徴として挙げています。
　しかし、カーネルだけではオペレーティングシステムとして利用することはできません。カーネル0.01のソースコードの他に、GNUが開発したシェルであるbashのバイナリも一緒に添付してありました。また、カーネルソースをコンパイルするためにはGNUが開発したコンパイラgccが必要でしたし、ブートするにはMinixのブートプログラムが、ファイルシステムを作成するためにはMinixのツールが必要でした。

Linuxという名前の由来

　リーナスは自分の名前をOSの名前に含めるのは利己的と考えて、当初、「Freax」という名前を付けていました。しかし、友人のレムケ氏はその名前を気に入らず、かわりに「Linux」という名前を付け、FTPサーバ上にアップロード用のLinuxというサブディレクトリを作りました。
　リーナスも最終的に同意し、「Linuxは良い名前だし、その名前を付けたことを僕は誰か他人のせいにできる、今もそうしているようにね」と冗談気味に語っています。

Unixへの傾倒

リーナスは1988年にヘルシンキ大学に入学した後、1学年目の最後から11箇月間、フィンランド陸軍予備役として兵役に就きました（フィンランドは徴兵制を採用しており、18歳以上の男性に兵役を課しています）。除隊後の1990年の夏にタネンバウム教授による著作『オペレーティングシステム 設計と実装（Operating Systems：Design and Implementation）』を購入して読破しました。リーナスはこの本を、自分を新たな高みに導いてくれたバイブルのような本として賞賛しています。

そして、その秋に大学に復帰しました。大学では前年の1989年に導入した初めてのUnixであるDEC社（Digital Equipment Corporation）のUltrixがMicroVax上で稼働していました。秋学期に新設されたUltrixを使う「C and Unix」コースを履修し、そこでリーナスは初めてUnixに触れました。そして、1学年の時に使ったVMS（DEC社が自社のVAX上で稼働するOSとして開発したもの）とは違って、パワフルでクリーンで美しいオペレーティングシステムであるUnixに惹きつけられました。

リーナスは自分のPCでUnixを動かそうと決断します。

この頃にはAT互換機の出現により大量生産が行われ、PCの価格が下がり、学生のリーナスにも何とか買えるような値段になっていました。1991年の新年にリーナスは、なけなしのお金をはたいてインテル80386プロセッサを採用したPCを購入し、Minixをインストールしました。このMinixがその後のリーナスのLinuxカーネルの開発環境になりました。

開発したカーネルとbashシェル、そして少しのアプリケーションがPC上で動作するようになると、リーナスは自分のLinuxを使ってモデムを介して電話回線で大学のUltrixに接続し、そこでUsenetのニュースの読み書きを行うようになりました。しかし、大学のUltrixは16人のユーザライセンスだったため、自分の順番がきて接続できるまでに長く待たされることがあったようです。

> Unixは1960年代の後半にAT＆Tベル研究所で開発され、その後、カリフォルニア大学やスタンフォード大学のような大学や、Sun Microsystems、IBM、Hewlett-Packard、SGI、DEC等の企業にも広がって開発が続けられていました。当時、Unixのライセンスはat＆Tベル研究所が保持しており、その登録商標は「UNIX」と大文字で記述します。

オペレーティングシステムとカーネル

オペレーティングシステムは、カーネル、ライブラリ、アプリケーションから構成されます。

図1-1-1　Linuxオペレーティングシステムの構成

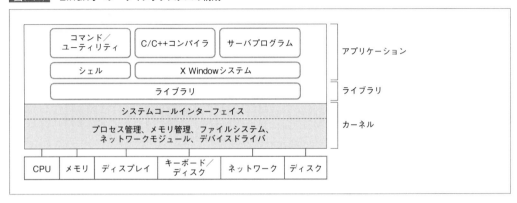

リーナスが開発したのはLinuxカーネルです。ライブラリ、シェル、C/C++コンパイラ等のオペレーティングシステムの基本的なソフトウェアはGNUで開発されたものをLinuxに移植しています。

モノリシックカーネルとマイクロカーネル

Linuxカーネルは、モノリシックカーネルとして設計されました。モノリシックカーネルとは、プロセス管理、メモリ管理、ファイルシステム等のプログラムコードを単一のファイル（Linuxの場合はvmlinux）に収め、それをメモリにロードし、単一のアドレス空間で走らせる方式をとるカーネルです。

これに対しMinixは、ファイルシステムやメモリ管理はそれぞれ独立したプロセスとしてカーネルの外に置かれ、カーネルは割り込み処理、プロセス管理、メッセージ通信等の最小限の機能のみを持つマイクロカーネルとなっています。

Linuxの開発当初、Minixの開発者であったタネンバウム教授はモノリシックカーネルのLinuxは移植性等の点でマイクロカーネルに劣り、時代遅れであると批判しました。これに対しリーナスは次のように反論しました。

マイクロカーネルはカーネルの外に出したプロセスとのメッセージ通信のために、機能の実装が複雑になる。モノリシックなカーネルに比べてパフォーマンスが悪い。
LinuxはIntelの386アーキテクチャ用にチューニングしてあり、コードのサイズも小さくパフォーマンスが良い。386アーキテクチャに依存する部分は小さく、他のアーキテクチャにも容易に移植できる

Linuxカーネルのバージョンアップ

1991年9月に最初のバージョン0.01を公開して以来、リーナスは以下のようなハイペースでバージョンをアップしていきました。

表1-1-1　初期のバージョンアップ

リリース日	バージョン
1991年9月	0.01
1991年10月	0.02
1991年11月上旬	0.03
1991年11月下旬	0.10
1991年12月	0.11
1992年1月	0.12
1992年3月	0.95
1994年3月	1.0

1991年12月の0.11では、フロッピーディスク用のブートイメージとルートイメージが用意され、Minixなしに単独でディスクのパーティショニング（fdiskコマンド）、インストール、ブート、ファイルシステムの作成（mkfsコマンド）ができるようになりました。

1992年1月の0.12では、これまでリーナス個人のものだった著作権をGPL（GNU General Public License）に変更しました。

1992年3月の0.95では、ハッカーのOrest Zborowski氏がX WindowシステムをLinuxに移植し、リーナスの想定より大幅に早くグラフィカルユーザインターフェイス、マルチウィンドウシステムが使えるようになりました。

　リーナスはもうすぐ目標としていた1.0がリースできると考え、1月の0.12の2箇月後のリリースを0.95としました。しかし、ネットワーク関連のソフトウェアの改良等、当初に想定していたより大きく時間を要してしまいました。

　0.95から1.0をリリースするまでにちょうど2年かかりました。この間、0.95～0.99では番号が足りなくなってしまい、0.99.15A、0.99.15B、…0.99.15Zのようにパッチバージョンを付けて対応することになりました。そして、0.99.16が1.0となりました。

　これについてリーナスは次のように語っています。

次のバージョン0.13を1992年の3月にリリースする予定でした。
しかし、グラフィカルユーザインターフェイスが使えるようになったことで、目標とするところのおおよそ95％までを達成し、ネットワーキング機能をそなえた信頼できるオペレーティングシステムができたと自信を持ちました。
でも私は未熟でした。私はわかっていなかったのです。
ネットワークには注意深く対処しなければならず、正しく動作するものにしてリリースするまでにちょうど約2年を要しました。

　1994年3月に、リーナスが0.01の頃から目標としていた記念すべきバージョンである1.0がリリースされました。リーナスはヘルシンキ大学コンピュータサイエンス学部のメイン講堂で講演し、それをフィンランドのテレビ局が放映しました。

　この頃から当時はヘルシンキにあったリーナスの自宅を出版関係のジャーナリスト等のたくさんの人達が訪れるようになりました。日本からもリポーターがお土産に腕時計を持って土曜日の朝早くに訪れたこともあったとのことです。

　1.0のカーネルソースのREADMEには以下のように記載されています。文中の「Linux」はカーネルのことを指しています。

Linuxは386/486ベースのPCのためにスクラッチから書かれたUnixクローンです。ネットワークでゆるやかに結ばれたハッカー達の協力を得てリーナス・トーバルズが作成しました。POSIX準拠を目指しています。
LinuxはGNU General Public Licenseのもとに配布されます。

　スクラッチ（scratch）とは、他のコードからのコピーではなく、最初から独自に書かれたコードのことを言います。
　その後は以下のようにリリースされていきます。

- 1996年6月：2.0をリリース
- 2011年7月：3.0をリリース。Linuxカーネル開発の20年目を記念して、2.6.39の次のカーネルバージョンを3.0としてリリース
- 2015年4月：4.0をリリース

　2017年1月時点での最新安定版は、4.8.15となっています。

POSIX準拠

　Unixはベンダー独自の拡張や仕様の変更が施されて互換性が失われてしまったため、1988年にUnixの標準化の動きの一環としてIEEEとANSIはUnixのインターフェイスを定義する「POSIX」(Portable Operating System Interface)を作成しました。

> IEEE(Institute of Electrical and Electronics Engineers)は、アメリカ合衆国に本部を持つ電気工学・電子工学技術の学会です。専門分野毎に39の分科会があり、そのうちIEEE Standards Association(IEEE-SA)が標準化活動/規格の制定を行っています。POSIXもIEEE-SAが定めた規格 (IEEE 1003)です。
> ANSI(American National Standards Institute)は、アメリカ合衆国内における工業分野の標準化組織であり、さまざまな規格の開発/制定を行っています。POSIX.1のなかのC言語のシステムコールとライブラリ関数をANSI規格として定めています。

　多くのベンダーがこれに同意し、POSIXに準拠したUnixを作りました。
　POSIXはその後、POSIX.1、POSIX.2、…と複数のドキュメントに分割され、システムコールインターフェイス、ライブラリ、コマンドやユーティリティ等を広く定義するようになりました。
　そのなかで、POSIX.1はシステムコールインターフェイスとライブラリを定義しています。一般的に、POSIX準拠と言った場合はPOSIX.1を指します。
　リーナスは開発当初からカーネルをPOSIX準拠にすることを目指していました。POSIX準拠にすることでアプリケーションの開発がしやすくなり、また他のPOSIX準拠OSとの間で移植がしやすくなり、多くの開発者の協力を得られると考えたのです。リーナスはカーネルについての最初の投稿より前となる1991年7月3日、Minixのニュースグループに以下のようなPOSIXに関する質問を投稿しています。

僕が今、minixでやっているプロジェクトに関連して、posixの定義に興味を持っています。
誰か、マシンで読めるposixの定義が置いてある場所を教えてもらえますか？
FTPサイトとかであればありがたいです。

　しかし、当時のリーナスはPOSIXのドキュメントを直接入手することができなかったため、POSIX準拠のUnixであるSunOS(後にSolarisという名前になる)のシステムコールに関するマニュアル等を読んで情報を入手しました。

1-1-2 Linuxの発展と普及

　Linuxカーネルは0.12以降、「GPL」(GNU General Public License：GNU一般公衆利用許諾書)のライセンスで配布されています。

GPL

　GPLはGNUで定めた著作権と使用許諾の規定です。ソフトウェアを共有し、また変更する自由をユーザに保証する目的でGNUが定めたものです。「開発・変更・配布・使用の自由(GPLv2：前文、第1条、第2条)」を定めると共に、「GPLによって配布されたソフトウェアを元に開発・変更されたソフトウェアは必ずまたGPLに基づいて配布しなければならない(GPLv2：第1条、第2条)」ことを定めています。

また、「バイナリを配布する場合は、そのソースコードも公開しなければならない（GPLv2：第3条）」ことを定めています。これにより、ソースコードが公開されているソフトウェアに別の開発者が後から加えた改訂部分が非公開になることなく、ソフトウェアが継続的に改良、発展していくことが保証されます。

なお、GPLでは「開発・変更・配布・使用」にあたっての有償/無償については定めていません（GPLv2：前文、第1条）。したがって、GPLで配布することが明記してあれば、公開されているソフトウェアのソースとバイナリを、例えばCD-ROMにして販売することが誰にでもできます。

GPLは、GNUで開発された以外のソフトウェアにも適用して配布することができるため（GPLv2：第0条）、Linuxカーネルをはじめ多くのソフトウェアがGPLに基づいて配布されています。GNUでは、GPLに基づいて配布されるソフトウェアを「フリーソフトウェア」と呼んでいます。

> GPLには v1、v2、v3の3種類のバージョンが存在します。

v1は前文と0から10までの条文、v2は前文と0から12までの条文、v3では前文と0から17までの条文から成っています。v1からv2への変更では「GPLでの配布が妨げられるような条件がある場合は許可しない（第7条）」という制限が加えられています。v3では前文も改訂され、条文も0から17に増えました。用語が1つ1つ定義され、ソフトウェアの現状が反映されるとともに、より具体的な表現になっています。v3ではv2に主に以下の2点が新たに追加されています。

- DRM（Digital Rights Management：デジタル著作権管理）によるソフトウェアの利用制限は許可しない（第3条）
- デジタル署名を利用した認証等のハードウェアによるソフトウェアの利用制限は許可しない（第6条）

これは他の開発者が改変したソフトウェアは、ハードウェアによるデジタル署名の認証を得られなくなり、使用できなくなるためです。

```
GPLv1（1989年2月リリース）
https://www.gnu.org/licenses/old-licenses/gpl-1.0.txt

GPLv2（1991年6月リリース）
https://www.gnu.org/licenses/old-licenses/gpl-2.0.txt

GPLv2（非公式日本語翻訳版）
https://osdn.net/projects/opensource/wiki/licenses%2FGNU_General_Public_License

GPLv3（2007年6月リリース）
https://www.gnu.org/licenses/gpl-3.0.txt

GPLv3（非公式日本語翻訳版）
https://osdn.net/projects/opensource/wiki/licenses%252FGNU_General_Public_License_version_3.0
```

リーナスは「DRMによるセキュリティメカニズムを利用できなくなる」としてv3に反対しており、また「Linuxカーネルの全ての開発者からv3の同意を得るのが大変であること」ことを理由に、Linuxカーネルは従来通りv2で配布を行っています。

GNU

Linuxがオペレーティングシステムとして動作するために必須のコンポーネントであるbashシェル、基本ライブラリ、C/C++コンパイラ等のソフトウェアは、GNUが開発したものです。

GNUは当時MITに在籍していたリチャード・ストールマン氏（Richard Matthew Stallman）が、完全にフリーでUnixライクなオペレーティングシステムを開発することを目的に1983年に発表されたプロジェクトです（GNUは「グニュー」または「グヌー」と読みます）。

これまでに、Fortran、Pascal、C、C++等のコンパイラ、基本ライブラリ、bashシェル、emacsエディタ、GIMP（グラフィックツール）、gzip（圧縮解凍ツール）、ゲーム等の多くの優れたソフトウェアを開発しています。また、フリーソフトウェアの考え方（GNU Manifesto）とフリーソフトウェアの著作権（GPL）を定めました。

ストールマン氏はまた、1985年にFSF（Free Software Foundation）を設立しました。FSFはGNUプロジェクトを運営するための非営利団体です。FSFはGNUソフトウェアのCD-ROM、マニュアル、GNU情報誌の販売を行っています。企業、個人から寄付を募っており、FSFで集めた資金はGNUプロジェクトの運営に使われています。

フリーソフトウェアとオープンソースソフトウェア

ソースコードが公開され、利用または改変することができるソフトウェアを一般的に、オープンソースソフトウェアと呼びます。「オープンソース」とは単にソースコードを公開するという意味だけではなく、「利用または改変することができる」こと等、いくつかの要件を含みます。

このようなオープンソースの意味を明確に定義し、オープンソースソフトウェアを促進することを目的として、1998年2月、ブルース・ペレンス氏（Bruce Perens）とエリック・レイモンド氏（Eric Steven Raymond）は、オープンソース・イニシアティブ（Open Source Initiative、略：OSI）という非営利団体を設立しました。

> Open Source Initiative
> https://opensource.org

OSIでは、「オープンソースの定義」（The Open Source Definition、略：OSD）により、オープンソースの要件を10の項目で定めています。

主な要件に以下が含まれています。

- 再配布が自由にできること（項目1）
- コンパイルされたプログラムと共にソースコードを公開すること（項目2）
- 改変したソフトウェアの、改変前と同じライセンスでの配布を許可すること（項目3）

> オープンソースの定義
> https://opensource.org/osd-annotated

> オープンソースの定義 ((日本語訳)
> http://www.opensource.jp/osd/osd-japanese.html

ただしOSDでは、「改変したソフトウェアの、改変前と同じライセンスでの配布を許可すること（第3条）」という条文はありますが、異なったライセンスで再配布することは禁じておらず、GPL

で定義されている「改変したソフトウェアは改変前と同じライセンスで再配布しなければならない（GPLv2：第1条、第2条）」という条文はありません。

このため、改変した部分についてはソースを公開しても、しなくても良いことになります。ここがGPLのもとに配布されるフリーソフトウェアと大きく異なるところであり、開発企業にとってGPLより採用しやすいライセンス形態と言えます。

なお、「オープンソースの定義（OSD）」がそのままソフトウェアのライセンスとして使用されることはなく、要件を満たしているかどうかの判定基準、あるいは新なライセンス作成の基準となるものです。

OSIでは「オープンソースの定義（OSD）」に基づき、その要件を満たしているものをオープンソースのライセンスとして認定しています。そのなかには以下のようなライセンスがあります。

GPLv2、GPLv3、FreeBSD License、Modified BSD License、
Apache License 2.0、MIT License

OSIはGPLもオープンソースライセンスのなかに含めていますが、GPL以外の上記のライセンスには「改変したソフトウェアは改変前と同じライセンスで再配布しなければならない」という条文はありません。

Linuxディストリビューション

Linuxをオペレーティングシステムとして動作させて使うためには、Linuxカーネル以外にも以下のようなさまざまなソフトウェアが必要になります。

・Linuxをインストールする前に必要なハードディスクのパーティショニングツール
・Linuxをハードディスクにインストールするためのインストーラ
・インストールしたLinuxをブートするためのブートローダ
・ファイルシステムを初期化するツール
・シェル
・ライブラリ
・ファイルの操作やネットワークへのアクセスを行うコマンド
・グラフィカルユーザインターフェイスを提供するウィンドウシステム

ソースコードをコンパイルしたカーネルに加えて、これらのソフトウェアを集めてオペレーティングシステムとして動作するようにして配布（distribute）するソフトウェアを、「ディストリビューション」（DistributionあるいはDistro）と呼びます。

1.0がリリースされた1994年には、MCC（MCC Interim Linux）、SLS（Softlanding Linux System）、LGX（Yggdrasil Linux/GNU/X）といった最初のディストリビューションが現れました。

SLSは、ファイルを18枚のフロッピーディスクにコピーし、フロッピーディスクからインストーラを起動してハードディスクにインストールするものでした。SLSは当時人気のあるディストリビューションでしたが、その後はSlackwareに引き継がれました。

1995年にRedHat社（1993年設立）からRedHat Linuxがリリースされました。1998年末、Intel社とNetscape社がRedHat社への出資を決め、その後、Oracle、Sybase、Informix等の主要なデータベースベンダーがRedHat Linuxをプラットフォームとする自社プロダクトの提供を表明しました。1999年8月にRedHat社は、IPO（Initial Public Offering：株式公開）を行い、Linuxディストリビューションをビジネスとする最初の株式公開企業となりました。

Linuxディストリビューションのソフトウェアは主に、フリーソフトウェアとオープンソースソフトウェアの集合体であり、そのなかに含まれているソフトウェア毎にさまざまなライセンスで配布されます。ディストリビューションに含まれているソフトウェアパッケージのライセンスを確認する方法は以下の通りです。

CentOS 7のRPMパッケージの場合

```
[...]$ rpm -qi kernel |grep License      ←カーネル
License     : GPLv2                      ←GPLv2
[...]$ rpm -qi xorg-x11-server-Xorg |grep License   ←Xサーバ
License     : MIT   ←MIT Licence
[...]$ rpm -qi bind |grep License        ←BIND
License     : ISC   ←Internet Software Consortium License
[...]$ rpm -qi httpd |grep License       ←Apache HTTPサーバ
License     : ASL 2.0                    ←Apache Software Licence 2.0
```

　多くの場合、標準的なオープンソースのライセンス（例：BSDライセンス）に変更を加えた、それぞれのソフトウェア独自のライセンスを設定しています。

　現在は数百種類のディストリビューションが存在します。各ディストリビューションの特徴や選び方については以下のサイトが参考になります。

> Linux distribution (Wikipedia)
> https://en.wikipedia.org/wiki/Linux_distribution

> DistroWatch.com
> https://distrowatch.com/dwres.php?resource=major

オープンソースソフトウェアの発展に寄与した人々

　現在、Linuxカーネルの開発には世界中の多くのプログラマが参加しています。Linux Foundationの2015年のレポートによると、2005年以降、開発に参加した技術者の総数は13,500人を超えています（リーナスの書いたコードの割合はカーネル全体の数パーセントとなり、現在はプログラマとしてよりも他の開発者が書いた新しいコードが公式版カーネルに追加するに適切かどうかの技術的な判断を下す最終的な権限と役割を担っています）。

　また、Linux上ではたくさんのオープンソースソフトウェアが利用できます。

　以下に、これまでに名前の出てきた人物以外でオープンソースソフトウェアの発展に寄与した人々から主だった開発者/設立者を記述します。

Alan Cox（カーネル開発/メンテナ）、
Greg Kroah-Hartman（カーネル開発/メンテナ）、
Donald Becker（イーサネットドライバ開発）、
Bob Young（RedHat社設立）、
Michael Tiemann（GNU C++コンパイラ開発）、
Paul Vixie（BIND、cron開発）、
Robert McCool（Apache httpd開発）、
Michael Widenius（MySQL/MariaDB開発）、
Eric Allman（Sendmail開発）、

Wietse Venema（Postfix開発）、
Daniel Julius Bernstein（qmail、djbDNS開発）、
Paul Russell（Netfilter開発）、
Michael Sweet（CUPS開発）、
Andrew Tridgell（Samba開発）、
Avi Kivity（KVM開発）、
Lennart Poettering（systemd、PulseAudio開発）

Linuxの利用分野

　Linuxは現在では、組み込みシステム、モバイルデバイス、デスクトップ、サーバ、クラウド等の広範な分野で使われています。Linuxカーネルは、開発当初は386/486のみをサポートしていましたが、現在はたくさんのアーキテクチャをサポートしています。

　以下は、本書執筆時（2017年1月時点）での安定版4.8.15のソースを展開し、そのトップディレクトリの直下にあるarchディレクトリの下をlsコマンドで表示しています（[!^K]はKconfigファイルの表示を除外するためです）。

　archディレクトリ（architectureディレクトリ）の下にはカーネルがサポートするCPUアーキテクチャ名のサブディレクトリがあり、その下にC言語やアセンブリ言語で書かれた各アーキテクチャに固有のコードが置かれています。

解凍・展開したカーネルソースのlinux-4.8.15/archディレクトリの下を表示

```
[...]$ ls -d [!^K]*
alpha   arm64    c6x      h8300    m32r    microblaze  nios2     powerpc  sh      um         xtensa
arc     avr32    cris     hexagon  m68k    mips        openrisc  s390     sparc   unicore32
arm     blackfin frv      ia64     metag   mn10300     parisc    score    tile    x86
```

　Intel x86アーキテクチャ（32ビット/64ビット）のコードは、「x86」ディレクトリの下に置かれています。

1-2 CentOSについて知る

1-2-1 RedHat LinuxからRHELへ

　1993年設立されたRedHat社は、1994年11月に自社の最初のディストリビューションであるRedHat Linux 1をリリースしました。その後、バージョンアップを重ね、2003年3月にRedHat Linux 9をリリースしました。

　2002年3月、RedHat社は企業向けの最初のディストリビューションであるRedHat Enterprise Linux 2.1（RHEL 2.1）をリリースしました。RHELは従来のRedHat Linuxとは異なり、バイナリの公開はせず（ソースコードは公開）、有料のサブスクリプション契約を結んだユーザにのみ提供されます。このサブスクリプション契約（契約期間は1年間、3年間等）ではバイナリの配布、アップデート、サポート、技術情報等のサービスが提供されます。

　2003年11月、RedHat社はRedHat Linuxの開発終了を発表しました。これによりRedHat社からリリースされるディストリビューションはRHELのみとなりました。RedHat社はまた、RHELの開発版と位置付けるオープンソースのFedoraプロジェクトを発足させ、2003年11月にFedora Core 1をリリースしました。最近のリリースでのFedoraとRHELの関係は次のようになっています。

- **RHEL 5**：Fedora Core 6をベースに開発
- **RHEL 6**：Fedora 12、13をベースに開発
- **RHEL 7**：Fedora 19をベースに開発

　Fedoraのバージョン1から6までのディストリビューション名は「Fedora Core」でしたが、バージョン7からは「Fedora」となりました。

1-2-2 RHELクローン

　2003年11月のRedHat Linuxの開発終了により、RedHat社からリリースされるディストリビューションはRHELのみとなり、サブスクリプション契約なしではRHELのバイナリを入手できなくなりました。ただし、ソースコードは公開されているため、ソースコードをコンパイルしてバイナリとした、以下のようなRHELクローンのディストリビューションが現れました。

表1-2-1　RHELクローン

ディストリビューション	最初のリリース	リリース日	開発元	サイトのURL
CentOS	3.1	2004年3月	CentOS Project	https://www.centos.org/
Scientific Linux	3.0.1	2004年5月	欧州原子核研究機構（CERN）、フェルミ国立加速器研究所（Fermilab）	http://www.scientificlinux.org/
White Box Enterprise Linux	3.0	2003年12月	John Morris	2007年6月のバージョン4のリリースを最後に活動停止

前項で解説した通り、Linuxディストリビューションを構成するための必須のコンポーネントである、カーネル、ライブラリ、C/C++コンパイラ、シェル等はGPLのもとに配布されています。GPLでは元のソースコードをそのまま配布する場合も、改変して配布する場合も、ソースコードはGPLのもとに配布することを明記して公開しなければなりません。

RHELのバージョン番号とRHELクローンのバージョン番号は同じです。例えば表1-2-1のCentOS 3.1は、RHEL 3.1のクローンです。

1-2-3 CentOSとプロジェクト

CentOS（Community Enterprise Operating System）は、ボランティアによって立ち上げられたCentOSプロジェクトにより、2004年3月に最初のバージョンである3.1がリリースされました。

CentOSプロジェクトはその後もボランティアによって運営されていましたが、2014年1月、RedHat社はCentOSプロジェクトへの支援を表明しました。RedHat社はCentOSプロジェクトに対してテスト環境の提供等の物的支援や、RedHat社の社員による人的支援等を行っています。

RedHat社の支援開始以降、CentOSプロジェクトは新しく作られた役員会により運営され、そのもとで多くのプロジェクトメンバーによって開発が行われています。役員会は、プロジェクトリーダーのKaranbir Singh氏等、CentOSプロジェクト設立時からの主要メンバーと、RedHat社からのスタッフにより構成されています。

Karanbir Singh氏を含むそれまでのプロジェクトの主要メンバーの4人はRedHat社に入社しました。Karanbir Singh氏はCentOSプロジェクトとRedHat社はとても良い協力関係にあると語っています。

RedHat社のCentOSプロジェクトへの支援が行われるようになってからは、RHELのソースコードはCentOSプロジェクトのサイトで公開されています。

> CentOSプロジェクト
> http://vault.centos.org/

CentOSはRHELのリリースの後にそのソースコードをもとに開発するため、RHELのリリースからCentOSのリリースまでには遅延があります。

RHELのリリースからCentOSのリリースまでの遅延日数

これまで、RHELの新しいバージョンがリリースされてから、おおよそ1箇月半以内には同じバージョンのCentOSがリリースされています（CentOS 6.0と6.1のリリースだけは、CentOSプロジェクト内部の問題により約6箇月の遅延がありました）。

CentOS 7の場合は、表1-2-2のようになっています。「CentOS 7.x-」の後に続く番号はRHELのリリース年月を示します。例えば「CentOS 7.3-1611」は2016年11月リリースのRHELのクローンであることを表します。

表1-2-2　リリースの遅延日数

CentOS 7 バージョン	カーネルバージョン	CentOSリリース日	RHELリリース日	遅延日数
7.0-1406	3.10.0-123	2014年7月7日	2014年6月10日	27日
7.1-1503	3.10.0-229	2015年3月31日	2015年3月5日	26日
7.2-1511	3.10.0-327	2015年12月14日	2015年11月19日	25日
7.3-1611	3.10.0-514	2016年12月12日	2016年11月3日	39日

1-2-4 CentOS 7

　2014年7月、RedHat社のCentOSプロジェクトへの支援が行われるようになってからの最初のバージョンとなる、CentOS 7.0-1406がリリースされました。これがCentOS 7の最初のリリースです。CentOS 7の主な特徴は以下の通りです（RHEL 7の特徴と同じ）。

▷ **systemdの採用**
　システム起動とサービス管理に、新しい仕組みであるsystemdを採用しています。

▷ **デフォルトのファイルシステムはxfs**
　CentOS 6でデフォルトだったext4に代えて、xfsを採用しています。

▷ **コンテナ型仮想化機能の強化**
　LXCベースのコンテナ環境をデプロイするDockerを提供しています。

▷ **Windowsとの相互運用性の強化**
　SSSD（System Security Services Daemon）により、Active DirectoryやLDAP等の複数のプロバイダからのユーザアカウントや認証をクライアント側で一元管理が可能です。

▷ **システム管理フレームワークOpenLMIの提供**
　管理対象マシンにエージェントをインストールし、複数のサーバをリモートから統合的に管理できます。

▷ **パフォーマンス改善のためのツールの提供**
　パフォーマンスの計測や監視、チューニングのためのPerformance Co-Pilot（PCP）やThermostat等のツールを提供しています。

1-2-5 ミラーサイトとリポジトリ

　CentOS 7はミラーサイトからダウンロードできます。あるいはTorrentにより複数のサーバから並列にダウンロードすることもできます。
　また、インストール後にパッケージを追加する時に使用する標準リポジトリもミラーサイトで提供されています。ミラーサイトの詳細は、「2-1 CentOSのインストール」（→ p.54）を参照してください。リポジトリの詳細は、「5-7 パッケージ管理」（→ p.238）を参照してください。

Chapter1 | 基礎知識

1-3 ネットワークの基本用語

1-3-1 通信の基礎

　通信とは、物理的に離れた人やコンピュータ同士が情報をやり取りすることです。電話によって離れた人と会話をしたり、Webブラウザによりホームページを閲覧することができています。通信手段はさまざまですが、共通していることとして、通信を行うためには仕様や手順等の決まりが必要です。決まりがなければ通信は成り立ちません。この決まりのことを「プロトコル」と呼びます。

　プロトコルは、協約、協定、規約といった意味です。通信では「通信規約」を意味します。通信を行うコンピュータ同士で、同じプロトコルを使用していれば、たとえ異なるベンダー（メーカー）のコンピュータであっても問題なく通信できます。

　コンピュータによる通信が開始された当初は、ベンダー独自のプロトコルが使用されていましたが、プロトコル開発は非常に手間とコストがかかります。また、他社のシステムとの接続が多くなってきたという背景から、プロトコルの標準化作業が行われるようになりました。

OSI参照モデル

　プロトコルの標準化作業は、「ISO」(International Organization for Standardization：国際標準化機構)や「CCITT」(Consultative Committee for International Telephony and Telegraphy：国際電信電話諮問委員会(ITU：International Telecommunication Union)の前身)によって進められました。この結果、策定されたのが、「OSI参照モデル」(Open Systems Interconnection：開放型システム間相互接続)です。OSI参照モデルはさまざまなベンダーから提供されたコンピュータ間で通信を実現するための仕組みを取り決めているものです。

　OSI参照モデルを使用するメリットは、以下の通りです。

・マルチベンダー環境で通信が可能
・それぞれの層が独立して機能することにより、各層単位での開発や拡張が用意

　OSI参照モデルでは、通信機能を7つの階層に分けて表現しています。各層の基本的な役割を以下に示します。

表1-3-1　OSI参照モデルの7つの階層

層	説明
アプリケーション層	ユーザアプリケーションにネットワークサービスを提供する
プレゼンテーション層	通信するうえで異なる情報の表現形式を共通の転送形式に変換する
セッション層	伝送するデータの形式に合わせて、通信形態を決定する
トランスポート層	データの分割と再組み立てを行う
ネットワーク層	通信相手とどのような経路でデータをやり取りするのか、経路の決定を行う
データリンク層	媒体を通して物理的な伝送を提供する。この層では、隣接したデバイス間での通信を制御する
物理層	電圧、コネクタの形状、大きさ、ピン配列、電気信号のタイミング等を規定する

OSI参照モデルとTCP/IP

　TCP/IPは、米国国防総省が中心となって1982年に開発され、1983年に米国国防総省の標準プロトコル群として規定されました。その後、Unixマシンに組み込まれ、多機能でありながら、使いやすいことから広く普及し、現在ではインターネットにおいて事実上の標準プロトコルとなっています。OSIも国際標準のプロトコルとして認知されていますが、TCP/IPはインターネット等で直接利用しているものでもあり、より身近に感じられるプロトコルです。

表1-3-2　OSI参照モデルとTCP/IP

OSI参照モデル		TCP/IP	
7層	アプリケーション層	アプリケーション層	HTTP、FTP、SMTP、DNS、…
6層	プレゼンテーション層		
5層	セッション層		
4層	トランスポート層	トランスポート層	TCP、UDP、…
3層	ネットワーク層	インターネット層	IP、ICMP、ARP、…
2層	データリンク層	ネットワークインターフェイス層	Ethernet、PPP、…
1層	物理層		

データのカプセル化/非カプセル化

　実際にコンピュータ同士が通信を行う場合に、どのような処理が行われていくか確認します。

図1-3-1　カプセル化/非カプセル化

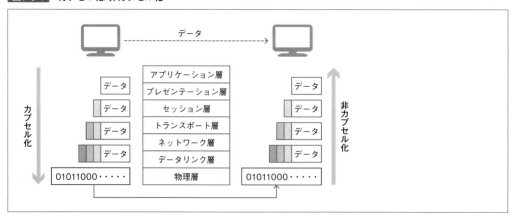

　Webブラウザ等のクライアントソフトウェアは、サーバに処理要求を送信する場合、自分が送りたいデータの他に、アプリケーション層のプロトコルに準拠した制御情報をデータの先頭に付加してOSにデータを渡します。OSには、TCP/UDPとIPの機能が組み込まれているので、レイヤ毎の制御情報を付加してハードウェアに渡します。ハードウェアでは、ネットワークインターフェイス層で必要な制御情報を付加して、ケーブルに電気信号を送信します。

　このように、送信側のコンピュータではアプリケーションが宛先に送るデータを作成し、そのデ

ータが通信機能に渡されます。その後、OSIの各層で以下の処理が行われます。

①上位層からデータを受け取る
②その層で使用するヘッダ（制御情報）を付加する
③ヘッダ＋上位層データを下位層に渡す

　データにヘッダ情報を付加しながら何重にも包み込んでいくため、送信時の処理を「カプセル化」と呼びます。
　また、データを受信したコンピュータでは、以下の処理が行われます。

①下位層からデータを受け取る
②その層で使用するヘッダを読み取る
③ヘッダを取り除き、残りのデータを上位層に渡す

　データ送信時とは逆に、ヘッダを次々に取り除いていくため、受信時の処理を「非カプセル化」と呼びます。
　なお、このカプセル化と非カプセル化の処理で、各層が扱うデータの単位を「PDU」（Protocol Data Unit）と呼びます。PDUは基本的に「ヘッダ情報＋上位層データ」を表し、下位4層のPDUは以下のように呼ばれます。

表1-3-3　下位4層のPDU

層	呼び名
トランスポート層	セグメント
ネットワーク層	パケット
データリンク層	フレーム
物理層	ビット

通信のタイプ

通信は1対1の他、複数のタイプがあります。主な通信のタイプは以下の通りです。

▷ユニキャスト

　1台のコンピュータを指定してデータを通信するタイプです。通常のコンピュータ通信は、ユニキャストがほとんどです。

▷マルチキャスト

　複数台の端末から成るグループを指定してデータを通信するタイプです。マルチキャストは動画配信等に使用されます。

▷ブロードキャスト

　同じネットワークに属する全コンピュータ宛てにデータを通信するタイプです。ブロードキャストは、コンピュータ自身が自分の存在をネットワークの他のコンピュータに通知したり、情報の検索等に使用されることが多いです。

図1-3-2 ユニキャスト

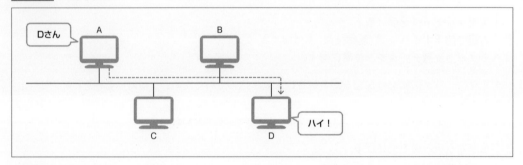

図1-3-3 マルチキャスト

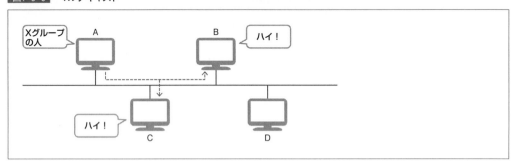

図1-3-4 ブロードキャスト

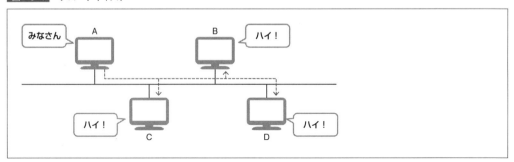

ネットワークの種類と特徴

　ネットワークには、さまざまな種類があります。そのなかから、LAN、WAN、インターネット、イントラネットについて説明します。

▷LAN（Local Area Network）
　限られた敷地内で作られたネットワークのことです。つまり、オフィス、学校、家庭のネットワークがLANとなります。

▷WAN（Wide Area Network）
　離れた地域にあるLANとLANを接続するネットワークのことで、ISP（Internet Service Provider）の通信ケーブル等を利用して構築されます。ISPのことを、通信事業者やキャリア

と呼ぶこともあります。

▷**インターネット**
　誰でも自由に参加することができるオープンなネットワークです。ISPを経由することで接続します。そしてISP同士が繋がることによって、世界中に広がる大きなネットワークになっています。

▷**イントラネット**
　企業内のネットワークのことで、インターネットの対称語として使われます。したがって限られた人しかアクセスできません。また、LANだけでなく、拠点間を結ぶWANでも構成されています。

1-3-2 LAN（Local Area Network）

　LANは前述の通り、ある特定の建物や敷地内のネットワークを指します。このようなネットワークは、自営のネットワークなので、LANの敷地内ではISPは関連しません。このため、LANの運営やネットワークポリシー（運営方針）は全てLAN管理者の責任範囲となります。

　同軸ケーブルや光ファイバー等の通信ケーブルで端末を接続するものを「有線LAN」（wired LAN）、無線通信で接続するものを「無線LAN」（wireless LAN）と呼びます。そして、有線LANの通信方式としては「Ethernet」（イーサネット/IEEE 802.3）系諸規格が、無線LANの通信方式としては「Wi-Fi」（ワイファイ/IEEE 802.11）系諸規格がそれぞれ標準として普及しています。

イーサネット

　イーサネットは有線のLANで最も使用されている技術規格です。主に、OSI参照モデル（→p.35）の下位2つの層である物理層とデータリンク層に関して規定しています。

　データリンク層では、扱うデータの単位を「フレーム」と呼びます。フレームの構成は以下の通りです。

図1-3-5　フレームの構成

| 宛先MACアドレス | 送信元MACアドレス | タイプ | データ | FCS |

表1-3-4　フレームのフィールド

フィールド	説明
宛先MACアドレス	フレームの宛先となる機器のMACアドレスが格納
送信元MACアドレス	フレームの送信元となる機器のMACアドレスが格納
タイプ	上位層のプロトコルを識別するための番号が格納
データ	上位層のヘッダとユーザデータが格納
FCS	フレームエラーを検出するためのフィールド

MACアドレス（Media Access Controlアドレス）は、NIC（Network Interface Card）毎に割り当てられる固有のアドレスです。MACアドレスは全長が48ビットのアドレスであり、上位24ビットはベンダーコード、下位24ビットはベンダー内のシリアル番号が割り当てられています。

図1-3-6　MACアドレス

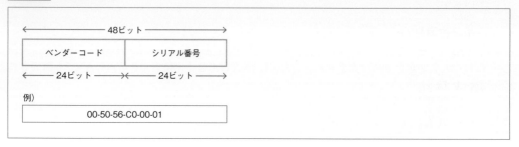

MACアドレスは機器（端末）を識別するためのアドレスであり、ネットワークの構成には依存しない物理アドレスです。

1-3-3 IPv4/IPv6

IP（Internet Protocol）はインターネットおよびローカルネットワークでのホスト間の通信プロトコルです。IPにより異なったネットワーク上にあるホスト間での通信を行うことができます。

現在広く使われているのが「IPv4」（Internet Protocol version 4）で、32ビットのIPアドレスを持ちます。その後継として普及しつつある「IPv6」（InternetProtocol version 6）は128ビットのIPアドレスを持ちます。

IPv4の32ビットのIPアドレスは、ネットワーク部とホスト部から構成されます。ネットワーク部とホスト部の構成により次のA、B、C、Dのクラスがあります。IPアドレスは1バイト毎に「.」で区切って10進数で表記します。

表1-3-5　ネットワークのクラス

クラス	アドレス	ネットワーク部（N）とホスト部（H）の構成	備考
A	0.0.0.0 - 127.255.255.255	N.H.H.H	ネットワーク部1バイト、ホスト部3バイトの大規模ネットワーク
B	128.0.0.0 - 191.255.255.255	N.N.H.H	ネットワーク部2バイト、ホスト部2バイトの中規模ネットワーク
C	192.0.0.0 - 223.255.255.255	N.N.N.H	ネットワーク部3バイト、ホスト部1バイトの小規模ネットワーク
D	224.0.0.0 - 239.255.255.255	-	マルチキャスト用
E	240.0.0.0 - 255.255.255.255	-	予約

1バイト目の値でクラスを分類します。以下はアドレスの例です。

・**Aクラスの例**：10.0.0.1（1バイト目の値が0-127の範囲内なのでAクラス）
・**Bクラスの例**：172.16.0.1（1バイト目の値が128-191の範囲内なのでBクラス）
・**Cクラスの例**：192.168.1.1（1バイト目の値が192-223の範囲内なのでCクラス）

しかし、IPアドレスのクラスを使用すると、アドレスに無駄が生じることがあります。したがって、ホスト部の一部を「サブネットワーク」として扱うことで、1つのネットワークをさらに細かなネットワークに分割し、ホスト部を小さくすることができます。

この時、どこまでをネットワーク部とするかを指定するのが「ネットマスク」です。ネットマスクは10進数あるいは16進数で表記します。また、ネットワーク部はプレフィックスで表すこともできます。プレフィックスはIPアドレスの後ろに「/ネットワーク部のビット数」を指定します。

以下は、Bクラスのネットワークを、3バイト目までをネットワーク部とするサブネットに分割する例です。

表1-3-6　サブネット化

	1バイト目（ネットワーク部）	2バイト目（ネットワーク部）	3バイト目（ホスト部）	4バイト目（ホスト部）	プレフィックス
IPアドレス1	172	16	1	1	/16
IPアドレス2	172	16	2	1	/16
ネットマスク	255	255	0	0	
	↑❶	↑❶	↑❷	↑❷	

上記をサブネット化した例

	1バイト目（ネットワーク部）	2バイト目（ネットワーク部）	3バイト目（ホスト部）	4バイト目（ホスト部）	プレフィックス
IPアドレス1	172	16	1	1	/24
IPアドレス2	172	16	2	1	/24
ネットマスク	255	255	255	0	
	↑❶	↑❶	↑❸	↑❷	

❶ネットワーク部のビットは「1」。オールビット1なので「255」
❷ホスト部は「0」
❸このバイトをネットワーク部で使用。オールビット1なので「255」

サブネット化することで、ネットワークのトラフィックが分散し、管理単位も小さくなります（図1-3-7）。

ネットマスクあるいはプレフィックスはビット単位で設定できます。例えば、表1-3-7のようなIPアドレスの構成があったとします。

32ビット～26ビット（ネットワーク部）でホスト部は6ビットになります。2の6乗＝64で64個のホストアドレスが使えます。ただし、ホスト部の全てのビットが「0」のアドレスはネットワーク自身を表すアドレス、ホスト部の全てのビットが「1」のアドレスはネットワーク内の全てのホストを宛先とするブロードキャストアドレスとして使用されます。

この2つのアドレスはホストアドレスとして使用できないため、残りの個数は64－2＝62ですが、さらにルータ分を1つ引くと61個となります。

図1-3-7 サブネット化

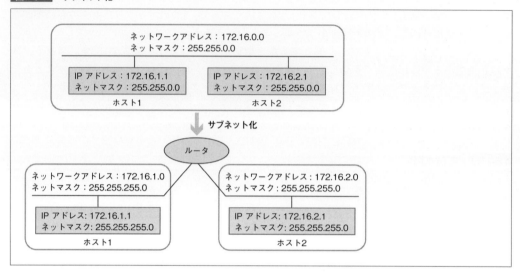

表1-3-7 IPアドレス32ビットの構成

ネットワーク	ホスト部
26ビット	6ビット

> 同一ネットワーク上にあるホストのMACアドレスは、相手ホストのIPアドレスを指定したARPブロードキャストにより取得します。ネットマスクにより異なったネットワーク上にあると判定された相手ホストの場合は、ルータのIPアドレスを指定したARPブロードキャストによりルータのMACアドレスを取得します。

プライベートアドレス

　プライベートアドレスとは、ファイアウォール内部（組織の内部ネットワーク）で使うアドレスのことです。それに対して、インターネット上で使うのがグローバルアドレスです。
　プライベートアドレスはIANAによって予約され、RFC1918で以下の通り規定されています。

表1-3-8 プライベートアドレス

クラス	アドレス
A	10.0.0.0 - 10.255.255.255
B	172.16.0.0 - 172.31.255.255
C	192.168.0.0 - 192.168.255.255

　グローバルアドレスは、NIC（Network Information Center）によって管理される重複のないアドレスですが、プライベートアドレスは内部ネットワークで自由に割り当てて使うことができます。内部ネットワークからインターネットに出ていく時は、プライベートアドレスはグローバルアドレスに変換され、インターネットから内部ネットワークに入ってくる時は、グローバルアドレスから

プライベートアドレスに変換されます。

> IANA (Internet Assigned Numbers Authority) はインターネットプロトコルに関連した番号やシンボルの割り当てを管理している組織です。プライベートアドレスや「WELL KNOWN PORT NUMBERS」と呼ばれるサービスに対応して予約されたポート番号の割り当て等を行っています。IANAについてはRFC1700で記述されています。

IPv6

　IPv6は、インターネットの普及に伴うIPv4の32ビットアドレスの不足を解決するために開発された、128ビットのアドレス空間を持つプロトコルです。Linuxカーネルは2.2からIPv6に対応しています。またDNS、メール、Web等の主要なネットワークアプリケーションの多くもIPv6に対応しています。

　IPv6のアドレスには複数の種類とスコープ（有効範囲）があり、通常はグローバルユニキャストアドレス（GUA）とリンクローカルアドレス（LLA）が使われます。グローバルユニキャストアドレスはインターネット上で使用するアドレスです。リンクローカルアドレスは同一リンク上でのみ有効なアドレスです。

　また2005年には、RFC4193によりIPv4のプライベートアドレスに相当する、サイト内で使用するローカルなアドレスとして、ユニークローカルユニキャストアドレス（ULA）が定義されました。アドレス中に一部ランダムな値を取り入れることで、他サイトのULAとのアドレス重複を回避するよう意図されています。

　アドレスフォーマットは、GUAはRFC3587、LLAはRFC4291、ULAはRFC4193にて、それぞれ次のように規定されています。

図1-3-8　IPv6アドレスフォーマット（グローバルユニキャストアドレス）

図1-3-9　IPv6アドレスフォーマット（リンクローカルアドレス）

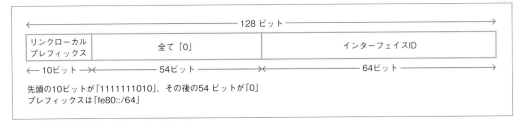

図1-3-10　IPv6アドレスフォーマット（ユニークローカルユニキャストアドレス）

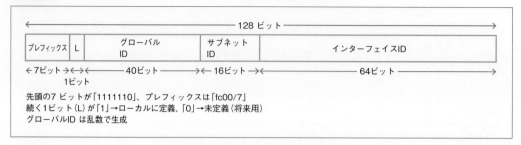

64ビットのインターフェイスIDはIPv4のホスト部に該当します。インターフェイスIDは、イーサネットの場合は通常、48ビットのイーサネットアドレスから64ビットのインターフェイスIDを生成します。

IPv6のアドレスは128ビットを16ビット毎にコロン「:」で区切り、8つのフィールドに分けて16進数で表記します。次の場合は表記の省略ができます。

・フィールドの先頭に0が連続する場合は省略できる
　例）0225→225
・0のみが連続するフィールドで全体で一箇所だけ「::」と省略できる
　例）fe80:0000:0000:0000:0225:64ff:fe49:ee2f→fe80::225:64ff:fe49:ee2f

1-3-4 TCP/UDP/ポート番号

ネットワークを介したプロセス間の通信は、プロセスが生成したTCPポートあるいはUDPポート同士を接続することにより行われます。

サーバ（プロセス）は、提供するサービス毎に決められているTCPポートあるいはUDPポートの番号のポートを生成して、クライアントからのリクエストを受け付けます。

サービスを受けるクライアント（プロセス）は、サービスを提供するサーバ（プロセス）が待ち受けているTCPポートあるいはUDPポートの番号を指定してリクエストを送信します。

図1-3-11　ポートの概要

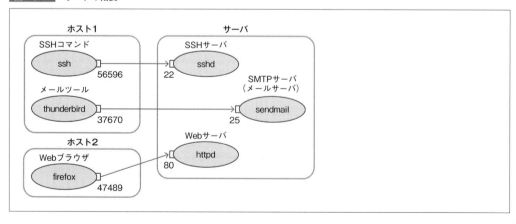

クライアント側のポート番号は、OSにより空きポート番号が自動的に割り当てられます。Linuxでは、/etc/servicesファイルにはサービス名とポート番号の対応が記述されています。なお、ポート番号の範囲は0から65535です。

よく使われるサービス名とポート番号は、「Well Known Ports」と呼ばれ、RFC1700で規定された0～1023番の範囲のポートを使用します。また、「System Ports」とも呼ばれ、特権ユーザのみアクセス可能とされています。

「Registered Ports」はRFC1700に掲載されている1024～49151番の範囲のポートで、IANAによってサービスに対応するポート番号がコミュニティの便宜に供する目的で掲載されています。ただし「Well Known Ports」と異なり、IANAがポート番号の割り当てを管理しているわけではありません。

TCPとUDP

IPと共に使用されるIPの上位のプロトコルには、TCP（Transmission Control Protocol）とUDP（User Datagram Protocol）があります。

TCPの特徴は、次の通りです。

- コネクションを確立し、確立した通信路で転送を行う（コネクション型）
- 受信側でパケットの喪失を検知すると、送信側は喪失パケットの再送を行う
- 受信パケットを正しい順番で並べ替える（パケットのシーケンス制御）
- 受信データのエラー訂正機能がある
- 上記の機能のためのオーバーヘッドが生じる

UDPの特徴は、次の通りです。

- コネクションを確立しない（コネクションレス型）
- TCPのような、喪失パケットの再送、シーケンス制御、エラー訂正機能はない
- 上記によりオーバーヘッドがない

代表的なプロトコル

アプリケーション層は、ユーザに対してネットワークを利用したサービスを提供するためのインターフェイスとして機能します。アプリケーション層のプロトコルにはさまざまなものがあります。

▷FTP

FTP（File Transfer Protocol）は、ファイルを転送するためのプロトコルです。FTPは制御用に21番、データ転送用に20番のポートを使用します。

FTPの詳細は「13-5 FTPサーバ、TFTPサーバ」（→ p.702）を参照してください。

▷SMTP/POP/IMAP

SMTP（Simple Mail Transfer Protocol）は、電子メールを送信するプロトコルです。ユーザは電子メールを送信する際、メールサーバに向けてメールを送信します。メールサーバは、電子メール内の宛先アドレスをもとに宛先ユーザが利用しているメールサーバに電子メールを届けます。

宛先のユーザはいつでも自分が利用しているサーバにアクセスし、電子メールを受信することができます。なお、ユーザがメールサーバにアクセスして電子メールを受信する場合には、

POP（Post Office Protocol）やIMAP（Internet Message Access Protocol）を使用します。

SMTP/POP/IMAPの詳細は、「13-6 メールサーバ」（➡ p.711）を参照してください。

▷**HTTP**

HTTP（Hypertext Transfer Protocol）は、ブラウザでWebサーバにアクセスしてホームページを参照する際に使用します。HTTPは、クライアント（例：Webブラウザ）がサーバ（例：Webサーバ）にリクエスト（要求）を送信します。サーバはこれにレスポンス（応答）を返し、通信は終了します。

HTTPの詳細は「13-2 Webサーバ」（➡ p.646）を参照してください。

▷**DHCP**

DHCP（Dynamic Host Configuration Protocol）は、IPアドレス、サブネットマスク、デフォルトゲートウェイ等のネットワークの設定情報を自動的に設定するプロトコルです。このサービスを提供するDHCPサーバを使用するクライアントは、ネットワークに接続するだけで、必要な設定情報を自動的に取得することができます。

DHCPの詳細は、「14-3 DHCPサーバ」（➡ p.780）を参照してください。

Chapter1 | 基礎知識

1-4 ディレクトリ構造

1-4-1 ツリー構造と各ディレクトリの役割

　FHS（Filesystem Hierarchy Standard）は、ディレクトリ構造の標準を定めた仕様書です。多くのLinuxディストリビューションでFHSをベースにディレクトリ、ファイルが配置されています。
　FHSでは、ディレクトリ名の他、各ディレクトリの役割、格納するファイルの種類、コマンドの配置等についても示されています。したがって、FHSで提唱されているディレクトリ構造を理解することで、Linuxを使用していくうえで必要なファイルがどこにあるのか、どこに配置すべきなのか等を把握することができます。
　また、FHSではファイルが共有可（Shareable）か共有不可（Unshareable）か、静的（Static）か可変（Variable）かにより、配置するディレクトリを振り分けます。

表1-4-1　ファイルの分類

分類	説明
共有可	ネットワークを介して共有できるファイル。例）ユーティリティ、ライブラリ等
共有不可	ネットワークを介して共有できないファイル。例）ロックファイル等
静的	システム管理者の操作以外では変更されないファイル。例）バイナリコマンド、ライブラリ、ドキュメント等
可変	システム稼働中に変更されるファイル。例）ログファイル、ログインユーザ情報のファイル、ロックファイル等

　FHSはルート（/）を起点とした単一のツリー構造であり、「/」以下に目的に応じたディレクトリ階層が配置されます。

図1-4-1　ツリー構造の例

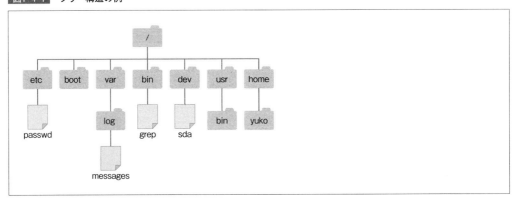

　主なディレクトリと役割は以下の通りです。なお、オンラインマニュアルで詳細を確認するには、**man hier**コマンドを実行します。

表1-4-2　ディレクトリと役割

ディレクトリ			説明
/			ファイルシステムの頂点に当たるディレクトリ
	/bin		一般ユーザ、管理者が使用するコマンドが配置
	/dev		デバイスファイルを配置。システム起動時に接続されているデバイスがチェックされ、自動的に作成される
	/etc		システム管理用の設定ファイルや、各種ソフトウェアの設定ファイルが配置
	/lib		/binや/sbin等に置かれたコマンドやプログラムが利用するライブラリが配置
		/lib/modules	カーネルモジュールが配置
	/media		CD/DVD等のデータが配置
	/opt		Linuxインストール後、追加でインストールしたパッケージ（ソフトウェア）が配置
	/proc		カーネルやプロセスが保持する情報を配置。仮想ファイルシステムであるためファイル自体は存在しない
	/root		rootユーザのホームディレクトリ
	/sbin		主にシステム管理者が使用するコマンドが配置。ただし、オプションによって一般ユーザも使用可能
	/tmp		アプリケーションやユーザが利用する一時ファイルが配置
	/var		システム運用中にサイズが変化するファイルが配置
		/var/log	システムやアプリケーションのログファイルが配置
	/boot		システム起動時に必要なブートローダ関連のファイルや、カーネルイメージが配置
	/usr		ユーザが共有するデータが配置。ユーティリティ、ライブラリ、コマンド等が配置
		/usr/bin	一般ユーザ、管理者が使用するコマンドが配置
		/usr/lib	各種コマンドが利用するライブラリが配置
		/usr/local	Linuxインストール後、追加でインストールしたパッケージ（ソフトウェア）が配置　このディレクトリ以下には、bin、sbin、lib等のディレクトリが配置される
		/usr/sbin	システム管理者のみ実行できるコマンドが配置
	/home		ユーザのホームディレクトリが配置

　/binは、システムの起動時に必要なコマンドを含む標準パッケージでインストールされるコマンドが配置されます。したがって全ユーザが使用します。また、**/sbin**は、主にシステム管理者が使用するコマンドが配置されますが、オプションによって一般ユーザも使用可能です。**/usr**以下のコマンドは、システム起動時には必要とされないコマンドが配置されます。したがって、**/usr/sbin**には、システム起動時には使用しないが、システム管理者が使用するコマンドが配置されます。

　また、**/var**には、システムの運用中にサイズが変化するファイルを格納します。代表的なものとしては、ログファイルやメールキュー、印刷キュー等があります。ログファイルは、一般的には**/var/log**ディレクトリに配置されますが、ディストリビューションや使用するアプリケーションによって異なります。以下は代表的なログファイルです。

表1-4-3　主なログファイル

ファイル	説明
/var/log/messages	主要なシステムログ情報が格納される重要なログファイル
/var/log/dmesg	起動時にカーネルより出力されるメッセージログ。検出されたハードウェアや起動シーケンス等が含まれる
/var/log/cron	スケジューリングサービスを提供するcronの履歴情報が含まれる

1-4-2 パーティション

1台の物理的なディスクを複数の領域に分割し、それぞれの領域を独立した論理的なディスクとして扱えるようにする操作が「パーティショニング」です。分割された領域を「パーティション」と呼びます。パーティションを分けることで、パーティション単位の効率的なバックアップや、ファイルシステム単位での障害修復が可能となります。

図1-4-2　パーティションの分け方

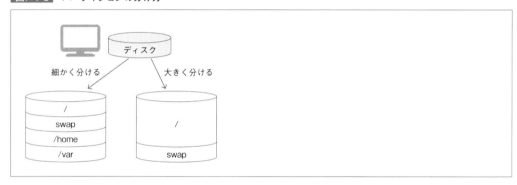

パーティションを細かく分けることで、パーティション毎にファイルを分類して格納できるため、ファイルの管理が容易になります。しかし、パーティションのサイズより大きなファイルは作成できないため注意が必要です。また、パーティションを大きく分けることで管理単位は大きくなりますが、個々のパーティションの容量制限を受けることなく使用できるというメリットがあります。パーティションの分割は、インストール前にある程度見通しを立てておきます。

図1-4-3　パーティショニング

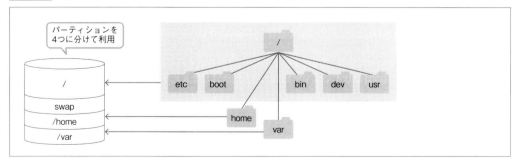

パーティションは、目的に応じて自由に分割することが可能ですが、次の表に一般的な考え方を記載します。

表1-4-4　主なパーティション

パーティション	
/パーティション	ルートディレクトリが格納される領域。/etc、/bin、/sbin、/lib、/devのディレクトリは必ず配置
/bootパーティション	システム起動時に必要なブートローダ関連のファイルや、カーネルイメージを配置
/usrパーティション	他ホストと共有できるデータ（静的で共有可能なデータ）を配置。容量が大きくなる可能性があるため、独立したパーティションにする場合が多い
/homeパーティション	ユーザのホームディレクトリ（可変データ）を配置。容量が大きくなりやすく、バックアップ頻度も高いため、独立したパーティションにする場合が多い
/optパーティション	Linuxをインストール後、追加でインストールしたパッケージ（ソフトウェア）を配置するため、容量の大きなパッケージを入れる可能性がある場合、独立したパーティションにする場合が多い
/varパーティション	システム運用中にサイズが変化するファイル（可変データ）を配置。急激なファイルサイズの増大によるディスクフルなどの危険性を考慮し、独立したパーティションにする場合が多い
/tmpパーティション	誰でも読み書き可能な共有データを配置。一般ユーザの利用の仕方による危険性を考慮し、独立したパーティションにする場合が多い
swapパーティション	実メモリに入りきらないプロセスを退避させる領域。swapは、パーティションもしくはファイルで確保する方法がある

　Linuxでは一般的にスワップ（swap）というパーティションを作成します。これは、ハードディスク上に作成する仮想的なメモリ領域です。Linuxを使用していて実メモリが不足した場合、ハードディスクに作成されたスワップ領域（仮想メモリ）が使用されます。一般的には、実メモリと同容量から2倍の領域で十分ですが、Linuxシステムの製品仕様、使用目的によって異なります。

1-4-3 デバイスファイル

　デバイスファイルは、デバイス（周辺機器）を操作するためのファイルです。デバイスを追加すると、**/dev**以下に検出されたデバイスへアクセスするためのデバイスファイルが作成されます（図1-4-4）。
　ハードディスクには、IDE、SATA、SCSI、USB等いくつかの規格があります。デバイスファイル名は、ハードディスクの規格によって異なります（表1-4-5）。
　SATAディスクの場合は1本のSATAケーブルで、コントローラ上のポートと接続します。1番目のポート（Port0）に接続されたディスクは**/dev/sda**となり、2番目のポート（Port1）に接続されたディスクは**/dev/sdb**となります（図1-4-5）。

図1-4-4　デバイスとデバイスファイル

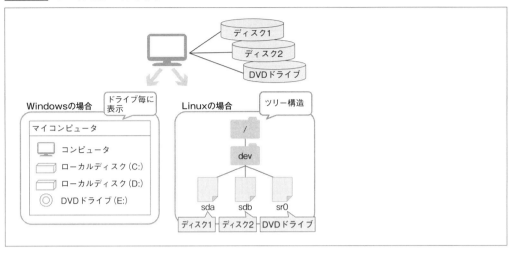

表1-4-5　デバイスファイルの命名規則

規格	説明
SCSI/SATA/USB	/dev/sd○として作成。○には、1台目からa、b、c……と付与される
IDE/ATA（PATA）	/dev/hd○として作成。○には、1台目からa、b、c……と付与される

図1-4-5　デバイスファイル名

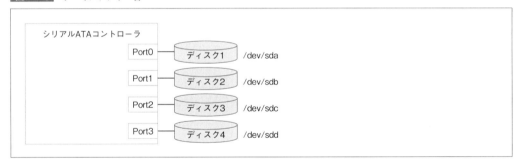

　次の例は、2台のSATAディスクを持つ例です。ディスク1（sda）は、パーティションを3つに分け、ディスク2（sdb）は、パーティションを2つに分けています。/dev以下を確認すると、該当するデバイスファイルが配置されていることがわかります（図1-4-6）。

　各パーティションのデバイスファイル名には、そのディスクの何番目のパーティションかを示す整数値が付けられます。例えば、**/dev/sda**の先頭のパーティションのデバイスファイル名は、**/dev/sda1**となります。

　パーティションの作成方法は、「6-1 パーティションとパーティショニングツール」（→ p.282）を参照してください。

図1-4-6 デバイスファイルの例

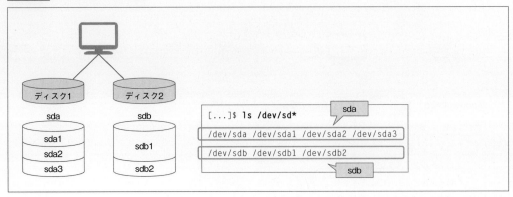

Chapter 2
インストールとバージョンアップ

2-1 CentOSのインストール
2-2 起動後の追加設定とバージョンアップ
2-3 アプリケーションのインストール

□ Chapter2 | インストールとバージョンアップ

2-1 CentOSのインストール

2-1-1 インストールメディアの入手

　CentOS 7は、公式サイトからリンクされているミラーサイトでインストールメディアをダウンロードします。ダウンロードには、特定のミラーサイトからISOイメージをダウンロードする方法と、Torrentを利用する方法があります。
　CentOS公式サイトのURLは以下を参照してください。

CentOS公式サイト
https://www.centos.org/

　公式サイトのメニュー「GET CENTOS」❶からISOイメージの種類毎のリンクを辿ると、ミラーサイトのURLが掲載されたページが表示されます。

図2-1-1　CentOS公式サイト

ミラーサイトを利用

　自国のミラーサイトが画面上位に表示されます（図2-1-2）。ミラーサイトは複数個表示されるので、そのなかから選択して、ISOイメージをダウンロードします。

Torrentを利用

　Torrentファイルを利用して、P2P（Peer to Peer）通信でダウンロードすることができます。P2P通信は、複数のファイル共有サーバから、同じファイルデータを並列にダウンロードすることができるため、ミラーサイトよりも早くダウンロードできますが、Torrentファイルに対応したアプリケーションが必要です。

図2-1-2 日本でのミラーサイト一覧

図2-1-3 Torrent対応アプリケーションでのダウンロード

2-1-2 インストールメディアとその種類

　CentOS 7は使用目的によってダウンロードするメディアが異なります。また、メディアによって初期にインストールされるパッケージに違いがあります。しかし、インストール後にパッケージを追加や削除ができるので、どのメディアを使用しても、最終的には同じ環境にすることができます。用途に応じたISOイメージを選択してインストールを行います。

> CentOS 7では、試用してからインストールすることができるように、Live版が提供されています。

表2-1-1 インストール用ISOイメージの種類（本書の動作環境）

ISOイメージ ファイル名	使用目的	容量	対象メディア	補足
CentOS-7-x86_64- Minimal-1511.iso	最小構成でインストールしたい場合	632.2MB	CD-R（700MB）、または DVD-R（1層：4.7GB）	インストールできる種類は最小構成のみであり、オプショナルな選択もできない
CentOS-7-x86_64- DVD-1511.iso	標準構成でインストールしたい場合	4.33GB	DVD-R（1層：4.7GB）	標準的なインストーラ。用途に合わせてさまざまなタイプの構成ができる
CentOS-7-x86_64- Everything-1511.iso	全てのパッケージをインストールしたい場合	7.77GB	DVD-R（2層：8.5GB）	CentOS 7で提供されている全てのパッケージを収めているインストーラ。それ以外は標準と同じ
CentOS-7-x86_64- LiveGNOME-1511.iso	GNOME環境をインストール前に体験したい場合	1.1GB	DVD-R（1層：4.7GB）	インストール前にGNOME環境でCentOS 7を利用可能。インストールする場合には、デスクトップ上のインストーラを立ち上げる

CentOS-7-x86_64-LiveKDE-1511.iso	KDE環境をインストール前に体験したい場合	1.7GB	DVD-R（1層：4.7GB）	インストール前にKDC環境でCentOS 7を利用可能。インストールする場合には、メインメニュー内のインストーラを立ち上げる
CentOS-7-x86_64-NetInstall-1511.iso	インターネット越しにインストールを行う場合	376MB	CD-R（700MB）、またはDVD-R（1層：4.7GB）	メディアにパッケージがないインストーラ。パッケージはダウンロードするため、ネットワーク接続が必須。それ以外は標準パッケージと同じ

ISOイメージのバージョンは随時更新されています。実際にインストールを行う際は、最新のバージョンのものをお使いください。

メディアへの書き込み

インストーラのダウンロードが終了後、メディアに書き込みを行います。書き込みを行う際には、表2-1-1にある通り、ISOイメージの書き込みに十分な容量のメディアを使用してください。書き込みツールによっては、ブート可能にする設定を行ってください。

2-1-3 ハードウェア条件

CentOS 7を導入するためには、表2-1-2のようなハードウェア条件を満たしている必要があります。これは仮想化環境でも同様です（仮想化環境の詳細は、「14-3 仮想環境管理ツール」（→ p.568）を参照してください）。

表2-1-2　ハードウェア条件

ハードウエア名	条件	補足
CPU	intel64またはAMD64の命令セットを持つCPU（x64アーキテクチャ）	CentOS 7は標準リポジトリでは64ビットのみ提供され、32ビットCPUへの提供は行われていない
メモリ	1024MB以上	LiveGNOMEまたは、LiveKDEのインストーラを使用する場合は、1344MB以上のメモリが必要
ディスク	最低約1.65GB以上の空き領域	システム部に最低約1.55GB以上の空きディスク容量、データ部に最低約100MB以上の空きディスク容量が必要（Live版はシステム部に約5GBの空きが必要）
画面解像度	800ピクセル×600ピクセル以上	条件以下の解像度の場合、インストーラのボタンが表示されない場合がある

また、仮想化環境でインストールする場合には、以下のURLで示した先のドキュメント「7. Known Issues」を参考にしてください。

CentOS-7（最新版）Release Notes
https://wiki.centos.org/Manuals/ReleaseNotes/CentOS7

2-1-4 インストール手順

本書では、大きく以下の3種類に分けてインストール方法を説明します。

- インストーラのデフォルト値を使用するインストール手順
- 一部のカスタマイズを行うインストール（デフォルトでのインストールの一部を変更し、GUI環境で動作させるインストール手順）
- 全面的なカスタマイズを行うインストール（各項目をカスタマイズし、設定を目的に応じて変更するインストール手順）

2-1-5 インストーラが提供するデフォルトでのインストール

最初にデフォルトでのインストールの仕方、その後でカスタムインストールの方法を紹介します。

Live版のインストール

Live版を使用すると、メモリ内にGUI環境のCentOS 7が起動します。

GUI環境としては、先進的なGNOME版（CentOS-7-x86_64-LiveGNOME-xxxx.iso）と、Windowsの操作に近いKDE版（CentOS-7-x86_64-LiveKDE-xxxx.iso）から選択できます。

なお、本書では、Live版のインストール方法は割愛します。

デフォルトでのインストール

デフォルトでのインストールを行うと、最小限のパッケージがインストールされます。インストールされたCentOS 7は、CUI環境で起動するのでサーバ向きです。

インストーラが提供するデフォルトでのインストール手順を以下に示します。なお、本書ではISOイメージは「CentOS-7-x86_64-DVD-1511.iso」を使用しています（ISOイメージは、随時新しいバージョンに更新されていきます。実際にインストールされる際には、最新の環境のものをご使用ください）。

□ インストーラの起動

ダウンロードしたISOイメージから、インストーラを起動します。起動すると、「Test this media & install CentOS 7」が選択されています（図2-1-4）。

インストーラの初期画面の項目の意味を、表2-1-3に示します。

□ 言語の選択

インストーラで表示する言語を選択します。今回は、画面左で「日本語」❶、画面右で「日本語（日本）」❷を選択します。その後、「続行」❸をクリックして次に進みます。

図2-1-4　インストーラの起動画面

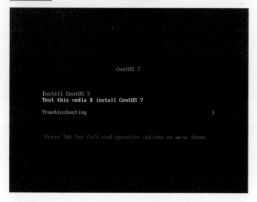

表2-1-3　インストーラの選択項目

項目	概要
Install CentOS 7	メディアのチェックをせずにインストーラが起動。メディアのチェックが事前に終了していれば、これを選択する。起動時間が短縮される
Test this media & install CentOS 7	デフォルトの選択。インストーラ起動時にメディアのチェックが行われる。[Esc]キーでチェックを終了させることができる
Troubleshooting	トラブルシュート用。既にインストールされているディスクに異常が出た場合に使用。「Rescue a CentOS 7 system」や、メモリのチェックを行う

図2-1-5　言語の選択画面

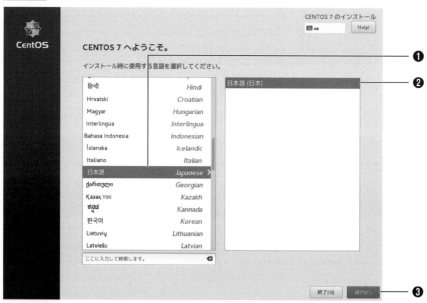

□ インストールの概要

「インストールの概要」では、各種の設定を行います。どの内容から設定しても構いません。全

ての設定が終了すると、画面右下の「インストールの開始」がクリック可能になります。

図2-1-6 インストールの概要

□ 地域設定

インストール時に使用する言語を「日本語」に指定すると、自動的に日本語に対応した地域設定が行われます。「地域設定」の各項目が「東京」や「日本語」になっていることを確認します。また、日本語キーボードになっていることを確認します。

図2-1-7 地域設定

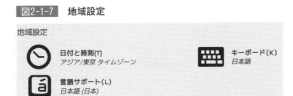

□ SECURITY

セキュリティポリシーの設定です。デフォルトのままとします。

図2-1-8 セキュリティ

□ **ソフトウェア①**

「インストールソース」が「ローカルメディア」になっていることを確認します。ローカルメディアとは、DVD等のPC上のインストールメディアを指します。

図2-1-9　インストールソース

□ **ソフトウェア②**

「ソフトウェアの選択」が「最小限のインストール」になっていることを確認します。

図2-1-10　ソフトウェアの選択

□ **システム①**

「インストール先」で、デバイスの確認とファイルシステムの確認を行います。アイコンを選択すると設定画面に遷移します。

図2-1-11　システム

□ **デバイスの選択**

「インストール先」画面が表示されます（図2-1-12）インストールするデバイス❶にチェックが入っていることを確認します。また、「その他のストレージオプション」の「パーティション構成」において、「自動構成のパーティション構成」❷が選択されていることを確認し、画面左上の「完了」❸をクリックすることで、自動構成が有効になります。

□ **システム②**

Kdumpが有効になっていることを確認します（図2-1-13）。Kdumpとは、カーネルがクラッシュした際にそのメモリのダンプを取得する仕組みです。

図2-1-12　インストール先

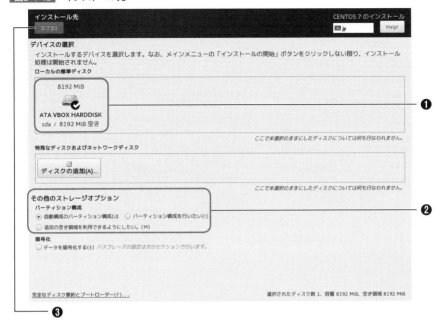

表2-1-4　デフォルトでのインストール時のデバイス構成

パーティション	容量	デバイスタイプ	マウント先	ファイルタイプ	補足
/dev/sda1	約500MB	物理パーティション	/boot	xfs	固定容量
/dev/sda2	残り	LVM（VG：/dev/mapper/centos-root）	/	xfs	/dev/sda2の約50％の領域を使用
		LVM（VG：/dev/mapper/centos-swap）	なし	swap	物理メモリの容量によって変化
		LVM（VG：/dev/mapper/centos-home）	/home	xfs	上記の残り領域が割り当てられる。容量が少ない場合は作成されない

図2-1-13　KDUMP

□ ネットワークとホスト名

ネットワークの設定はインストール後に変更することが可能なので、「接続していません」の状態にしておきます。

図2-1-14　ネットワークとホスト名

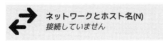

> 画面解像度によっては、「ネットワークとホスト名」のアイコンが隠れている場合があります。「インストール先」アイコンの下に配置されているので、スクロールして表示してください。

□ インストールの開始

　全ての設定が終了すると、画面右下の「インストールの開始」が青色のボタンに変わり選択可能な状態となります。このボタンをクリックすることで、インストールが始まります。
　もし、これまでの設定で不備がある場合はボタンのクリックはできません。また、その場合、画面下に警告メッセージが表示され、どの設定が終了していないのかを確認することができます。

図2-1-15　「インストールの開始」ボタン

図2-1-16　警告メッセージ

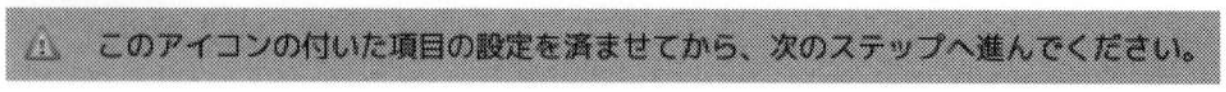

□ ユーザの設定

　インストール中、rootユーザのパスワード設定と、一般ユーザの登録(任意)を行います。

図2-1-17　ユーザとパスワードの設定

□ rootのパスワード設定

　「ROOTパスワード」を選択し、別画面に遷移します。その後パスワードを2回入力します。パスワード設定に制限はありませんが、入力されたパスワードの脆弱性を確認することができます。
　入力が終了したら、画面左上の「完了」を選択します。「脆弱(赤色)」の場合は2回「完了」を選択する必要があります。

図2-1-18　rootパスワードの入力

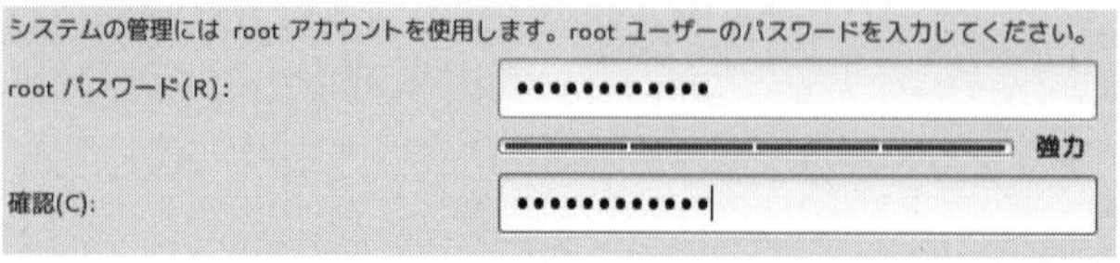

□ **一般ユーザの設定**

「ユーザーの作成」では何も変更しません。そのままインストールを進めてください。

□ **インストール終了**

インストール中、画面右下に「設定完了」が出てきた場合は選択してください。インストールが終了すると、「再起動」と表示されるので、選択して再起動します。

再起動直前にメディアがイジェクトされるので、取り出しておきます。

図2-1-19 インストール終了

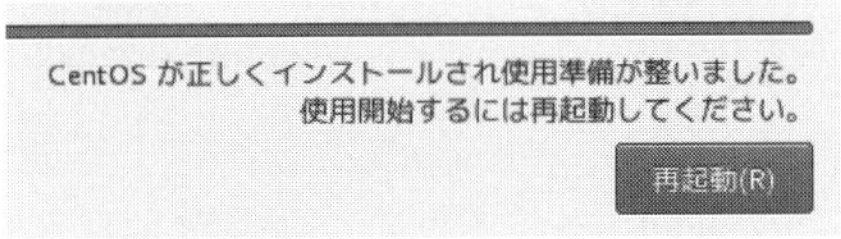

> CentOS 7に異常が発生した際に、インストーラを用いて修復できる場合がありますので、インストールメディアは保管しておいてください。

2-1-6 一部をカスタマイズしたインストール

先に紹介したデフォルトでのインストールを行った場合は、CentOS 7はCUIの環境で起動します。GUI環境を利用するためには、インストール後にGNOMEあるいはKDE等のデスクトップ環境をインストールする必要があり、また、ネットワークを利用するためにはインストール後に設定を行う必要があります。

そのため、GUI環境で起動し、かつネットワークが利用できるように、デフォルトでのインストールを一部カスタマイズして行います。

デフォルトでのインストールを全面的にカスタマイズする手順は別に後述します。

> 本書のChapter3以降の説明では、この一部をカスタマイズしたインストールでの内容を用いています。

インストールの変更

「インストールの概要」画面（➡ p.59）のデフォルトで行われる設定を、次に示す内容に変更します。

表2-1-5 デフォルトでのインストールから変更した箇所

変更する手順	変更内容
ソフトウェア②（→ p.60）	「最小限のインストール」を変更し、GUIで起動するようにする
ネットワークとホスト名（→ p.61）	「接続していません」を変更し、起動時にネットワークに参加できるようにする

ソフトウェアの変更

「ソフトウェア②」（→ p.60）において、「ソフトウェアの選択」を選択して別画面に遷移します。「ベース環境」を「最小限のインストール」から「サーバー（GUI使用）」❶に変更します。「選択した環境のアドオン」❷はそのままの状態にします。

図2-1-20　ベースの構成の変更

ネットワークの変更①

「ネットワークとホスト名」（→ p.61）において、「ネットワークとホスト名」を選択して別画面に遷移します（図2-1-21）。ネットワークが認識されていることを確認し❶、画面右下の「設定」❷をクリックします。

ネットワークの変更②

別ウィンドウが表示されます（図2-1-22）。「全般」タグ❶を選択し、「この接続が利用可能になったときは自動的に接続する」❷をチェックします。

図2-1-21　ネットワーク設定

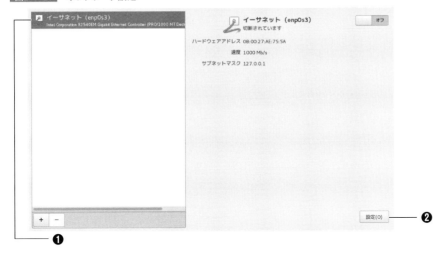

図2-1-22　ネットワークの自動接続

必要であれば「IPv4のセッティング」タブを選択し、固定IPアドレスを記述します。固定IPアドレスの設定は、「方式」で「自動（DHCP）」から「手動」に切り替え❶、「アドレス」を利用するネットワーク環境に合わせて入力し❷、設定を「追加」ボタン❸で追加してください。

また、「DNSサーバー」❹に参照するDNSサーバを登録することができます。複数登録する場合には、IPアドレスを「,」で区切ります。

図2-1-23　IPアドレスの設定

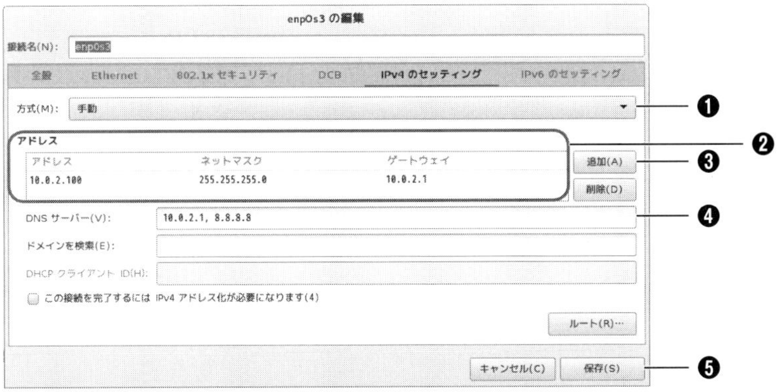

設定が終了したら、ウィンドウ右下の「保存」❺をクリックして、ウィンドウを閉じます。その後、画面左上の「完了」をクリックして、終了します。

2-1-7 全面的なカスタマイズ

デフォルトでのインストールには含まれない、多様で詳細な設定を行う場合や、システムの処理能力をキャパシティプランニングにより計画している場合、その設計に従ってシステムを構成し、インストールを行います。

表2-1-6　カスタマイズ項目

変更項目	関連するインストール項目
言語の変更	言語サポート
キーボードの追加	キーボード
セキュリティの追加	SECURITY POLICY
パッケージの変更	ソフトウェアの選択
ネットワークの変更	ネットワークとホスト名
インストールパッケージの変更	インストールソース ネットワークとホスト名
ディスクのカスタマイズ	インストール先 ネットワークとホスト名
NTPサーバの追加	日付と時刻 ネットワークとホスト名
Kdumpの有効化または無効化	KDUMP

言語の変更

インストールする言語を変更したい場合は、「インストールの概要」(→ p.59)で、「言語サポート」を選択します。

図2-1-24　言語サポート

言語サポート(L)
日本語 (日本)

デフォルトでは、インストーラが表示している言語とCentOS 7のデフォルトである英語がインストールされます。その他にもインストールしたい言語があれば追加します。

図2-1-25に、韓国語を追加した場合の例を示しています。終了したら、「完了」をクリックします。

キーボードの変更、追加

キーボードを変更する場合には、「キーボード」を選択します(図2-1-26)。

図2-1-25　言語の追加

図2-1-26　キーボード

画面左下にある「＋」❶を選択することで、新規のキーボードを追加するための別ウィンドウが表示されます。

以下に「英語（US）」キーボード❷を選択している例を示しています。「追加」ボタン❸をクリックすることで、追加されます。

図2-1-27　キーボードの追加

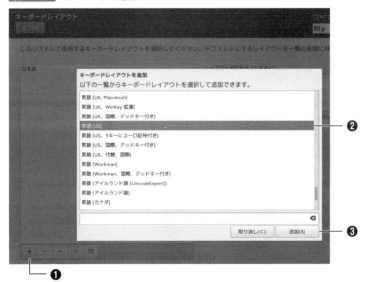

複数のキーボードが選択されている場合、起動時のデフォルトキーボードはリストの一番上に表示されているものになります。優先順位を変更する場合には、変更するキーボードを選択し、画面左下の「∧」や「∨」で順位を入れ替えます。

セキュリティに関する設定

CentOS 7.2からセキュリティに関する項目がインストーラに追加されました。インストーラでは、OpenSCAPに対応したセキュリティポリシーのプロファイルを選択することができます。ただし、このセキュリティポリシーは必須ではありません。セキュリティポリシーの適用は業務規定または政府規制で義務付けられている場合に使用します。

セキュリティポリシーを有効にすると、初回起動時にコンプライアンススキャンが行われ、その結果を/root/openscap_dataディレクトリ以下に保存します。セキュリティポリシーを有効にする場合は、「SECURITY POLICY」を選択し、別画面に移行します。

図2-1-28　SECURITY POLICY

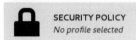

画面上部中央にある、「Apply security policy」❶がオンになっていることを確認し、画面に表示される項目から目的に沿ったセキュリティポリシーを選択します❷。その後、画面下中央にある、「Select Profile」❸をクリックしてください。

選択された項目の右側にチェックアイコンが表示されることを確認して、「完了」❹をクリックします。

図2-1-29　セキュリティ項目の追加

表2-1-7 セキュリティ項目

項目	概要
Default	セキュリティポリシー無効
Standard System Security Profile	SCAPの標準的なセキュリティポリシー
Draft PCI-DSS v3 Control Baseline for CentOS 7	PCI-DSS v3（ドラフト版）のセキュリティポリシー
CentOS Profile for Cloud Providers (CPCP)	クラウド用のセキュリティポリシー
Common Profile for General-Purpose Systems	一般的な用途に使用するセキュリティポリシー
Pre-release Draft STIG for CentOS 7 Linux Server	アメリカ国防総省がDISA FSOと協力し、開発を進めているSTIGのドラフト版セキュリティポリシー

OpenSCAPとはSCAP規格をオープンソースで実装するプロジェクトです。詳細は「http://www.open-scap.org/security-policies/choosing-policy/」を参照してください。

パッケージの変更

　CentOS 6までと異なり、CentOS 7では任意のパッケージを選択することができなくなりました。CentOS 7では、使用目的に応じた機能を持たせるパッケージグループを「ベース環境」のなかから選択し、必要であれば、オプションのパッケージグループを「選択した環境のアドオン」で追加します。また、選択するベース環境によっては、GUI環境で起動します。
　各ベース環境でデフォルトでインストールされるパッケージグループ名と、そのパッケージグループの概要を示します。

　パッケージ間に依存関係がある場合は、パッケージグループに含まれていないパッケージもインストールされます。

表2-1-8 ベース環境とパッケージグループの対応表

ベース環境	起動時	デフォルトでインストールされるパッケージグループ
最小限のインストール	CUI	core
Compute Node	CUI	core、base、scientific
インフラストラクチャサーバ	CUI	core、base
ファイルとプリントサーバ	CUI	core、base、file-server、print-server
ベーシック Webサーバ	CUI	core、base、web-server
仮想化ホスト	CUI	core、base、virtualization-hypervisor、virtualization-tools
サーバ（GUI使用）	GUI	core、base、desktop-debugging、dial-up、fonts、gnome-desktop、guest-agents、guest-desktop-agents、input-methods、internet-browser、multimedia、print-client、x11
GNOME Desktop	GUI	サーバ（GUI使用）に加えて以下のパッケージグループ directory-client、java-platform、network-file-system-client
KDE Plasma Workspaces	GUI	GNOME Desktopに加えて、以下のパッケージグループ kde-desktop、networkmanager-submodules
開発およびクリエイティブワークステーション	GUI	GNOME Desktopに加えて、以下のパッケージグループ （ただしguest-agentsを除く） debugging、desktop-debugging、gnome-apps、internet-applications、performance、perl-runtime、ruby-runtime、virtualization-client、virtualization-hypervisor、virtualization-tools、web-server

表2-1-9 ベース環境で使用される主なパッケージグループの概要

パッケージグループ	概要
core	最小限のインストール
base	CentOS 7の基本
fonts	フォント関連
dial-up	ネットワーク接続関連
web-server	Webサーバ関連
file-server、network-file-system-client	ファイル、ストレージ関連
directory-client	ディレクトリサービス関連
print-server、print-client	プリンタ関連
java-platform、perl-runtime、ruby-runtime、debugging、desktop-debugging	開発環境関連
performance	パフォーマンス分析関連
x11、kde-desktop、gnome-desktop、gnome-apps	GUI関連
input-methods、internet-browser、multimedia	GUIアプリケーション関連
virtualization-hypervisor、virtualization-tools、virtualization-client、guest-agents、guest-desktop-agents	仮想化環境関連
scientific	科学関連

　パッケージを選択するには、「インストールの概要」(→ p.59)で、「ソフトウェアの選択」を選択し、別画面に遷移します。

ネットワークの変更

　固定IPアドレスの設定や複数のNICの設定、ホスト名を設定する場合に行います。また、後述するネットワーク経由のパッケージの導入やNTPサーバの設定を行うには、インストール時にネットワークを有効にしておく必要があります。
　ネットワークの内容を変更するには、「ネットワークとホスト名」を選択し、別画面に遷移します。

図2-1-30 ネットワークとホスト名

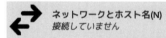

　ネットワークの設定は、接続されているネットワーク毎に行います。接続されているネットワークは設定画面の左半分で確認できます。もし、一覧に表示されない場合には、画面左下の「+」を選択して、ネットワークを追加します。
　認識されたネットワークを有効にするには、画面右上にあるスイッチを「オフ」から「オン」に切り替えます。「オン」にするとDHCPで接続され、インストール時にネットワークを使用できるようになります。
　ホスト名を変更する場合には、画面左下にある「ホスト名」を変更します。デフォルトでは、「localhost.localdomain」になっているので、任意のホスト名に変更してください。設定が終了したら、「完了」を選択します。

図2-1-31 ホスト名の変更

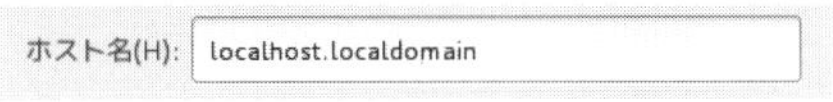

ホスト名(H): localhost.localdomain

ネットワークの設定については、「一部をカスタマイズ」の「ネットワークの変更①」および「ネットワークの変更②」（→ p.64）を参照してください。

インストール先の変更、追加

事前にネットワークを有効にすることで、ネットワーク上にあるパッケージや、パッケージを公開しているリポジトリからインストールできます。ただし、どのようなインストール先を指定しても「ソフトウェアの選択」で指定されているパッケージグループ以外の項目を追加することはできません。

例えば、追加リポジトリでEPELのパッケージを追加することはできません。インストールの設定を行うには「インストールソース」を選択して、別画面に遷移します。

リポジトリについては、「5-7 パッケージ管理」（→ p.238）を参照してください

図2-1-32 インストールソース

遷移先の画面では、3種類のインストールメディアから1つ選択します。また、リポジトリを任意の数だけ追加することができます。

図2-1-33 メディアの種類

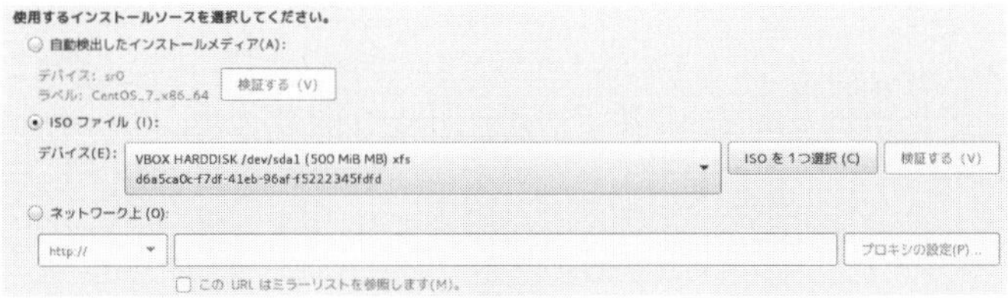

表2-1-10 インストールメディアの指定と追加リポジトリ

項目	インストールするソース先	概要
インストールソース	自動検出した インストールメディア	現在のインストーラ。デフォルトで有効
	ISOファイル	別のISOファイルを選択する際に使用
	ネットワーク上	パッケージを公開しているWebサイトを選択する場合に使用
追加のリポジトリ	リポジトリ	パッケージを公開しているリポジトリを任意の数だけ追加可能

ディスクのカスタマイズ

デフォルト指定でインストール要件（→ p.56）に合わない場合、ディスクのカスタマイズを行います。ディレクトリをパーティションで区切ったり、既存のデータを残したままインストールを行いたい場合にも使用します。

また、ディスクを暗号化したい場合もここで設定を行います。ディスクのカスタマイズを行うには、「インストール先」を選択して、別画面に遷移します。

図2-1-34　インストール先

□ ローカルディスクの選択

複数のディスクが存在する場合は、インストールするディスクが選択されていません。ディスクを自分で選択する必要があります。ディスクを選択するとディスクのアイコンにチェックが表示されます。ディスクは複数指定可能です。

図2-1-35　インストール先ディスクの選択

□ その他のストレージオプション

パーティション構成をカスタマイズする場合は、「インストール先」画面（→ p.61）で、「パーティション構成を行いたい」をチェックします。

その後「完了」をクリックすることで、「手動パーティション設定」画面に移行します。

図2-1-36　その他のストレージオプション

□ 手動パーティション設定

ディスクを任意のパーティション構成にすることができます。「手動パーティション設定」画面左下の「＋」をクリックすると、新規ウィンドウが表示され、そこでマウントポイントを作成します。

図2-1-37　マウントポイントの作成

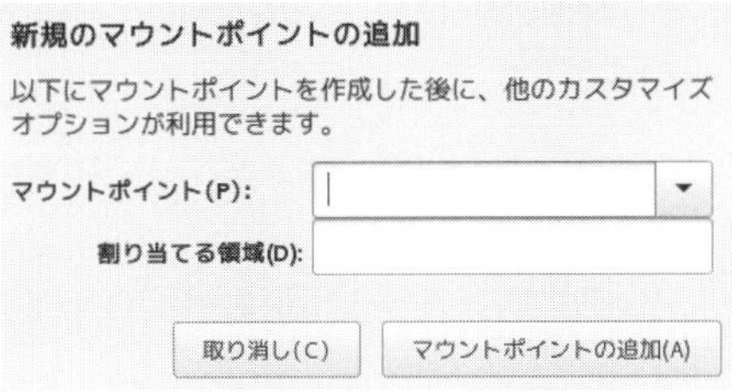

新規のマウントポイントの追加

以下にマウントポイントを作成した後に、他のカスタマイズオプションが利用できます。

マウントポイント(P)：

割り当てる領域(D)：

[取り消し(C)]　[マウントポイントの追加(A)]

　マウントポイントは任意で作成できますが、あらかじめインストーラが設定したマウントポイントを選択することもできます。

　また、「割り当てる領域」は単位を付けて指定します。大文字小文字は問いません。1MBは1,000バイトであり、1MiBは1,024バイトです。同様に、1GiBは1,024MiBであり、1GBは953MiBです。インストーラはMiB、GiB単位で換算して表示します。

　もし、インストールするハードウェアにBIOSではなくUEFIが搭載されている場合は、200MiB以上の「/boot/efi」パーティションを作成します。指定するファイルシステムは「EFI System Partition」です。

　UEFIの詳細については、「4-3-2 UEFI」（→ p.122）を参照してください。

表2-1-11　各パーティションの最低容量と推奨値

マウントポイント	補足	
/	最低250MiB以上。推奨値は10GiB。インストールするパッケージの容量に合わせる。足りない場合は「インストールの概要」の画面下に必要な容量が表示される	
/boot	最低200MiB以上。推奨値は500MiB。LVM、Btrfsに未対応のため、物理パーティションに作成	
/home	最低200MiB以上。推奨値は1GiB	
/var	最低384MiB以上。推奨値は3GiB	
swap	メモリ容量が2GiB以下 メモリ容量が2GiB以上8GiB以下 メモリ容量が8GiB以上64GiB以下 メモリ容量が64GiB以上	スワップ領域の目安：メモリの2倍 スワップ領域の目安：メモリと同等 スワップ領域の目安：メモリの1/2倍 スワップ領域の目安：1GiB以上の任意の容量
biosboot	1MiB固定。GPT（GUIDパーティションテーブル）を使用するBIOS専用	
/boot/efi	UEFI専用。推奨値は200MiB	

□ デバイスタイプとファイルシステムの設定

　各パーティションにデバイスタイプとファイルシステムを割り当てます。推奨のデバイスタイプはLVMであり、ファイルシステムはxfsです。

　「手動パーティション設定」画面の右側でカスタマイズを行います。変更後は、「設定の変更」をクリックしないと更新されません。

> LVM（Logical Volume Manager）を利用することで、ストレージ領域の分割や容量の拡張が柔軟にできます。LVMについては「7-2 LVM」（→ p.325）を参照してください。xfsについては「6-2 ファイルシステムの作成」（→p. 295）を参照してください。

図2-1-38 デバイスとファイルシステムの設定（BIOS環境の例）

図2-1-39 デバイスとファイルシステムの設定（EFI環境の例）

　インストーラで選択できるデバイスタイプと、ファイルシステムを示します。
　設定終了後、「完了」をクリックするとパーティション情報を変更する画面が表示されます。「変更を許可する」をクリックすると、ディスクにパーティション情報が上書きされ、以前の情報が削除されます。その後、「インストールの概要」に戻ります。
　やり直す場合は、「取り消して手動パーティション設定に戻る」をクリックしてください。

表2-1-12 指定できるデバイスタイプ一覧

デバイスタイプ	補足
標準パーティション	物理パーティションを設定
LVM	LVMを設定。詳細設定は、「Volume Group」で行う
LVMシンプロビジョニング	LVMシンプロビジョニングを設定。詳細設定は、「Volume Group」で行う
Btrfs	Btrfsを設定。詳細設定は「Volume」で行う

表2-1-13 指定できるファイルシステム/パーティション一覧

ファイルシステム/パーティション	概要
ext2 ext3 ext4	ext2：Unixファイルタイプに対応したファイルシステム ext3：ext2にジャーナリング機能を追加したファイルシステム ext4：ext3を改善したファイルシステム
xfs	デフォルトのファイルシステム。スケーラビリティに優れ、高いパフォーマンスを持つファイルシステム
vfat	Microsoft社のWindowsのファイルシステム
swap	実メモリに入りきれないページ/プロセスを待避するための仮想メモリ領域となるパーティション
BIOS Boot	BIOS起動でGPTを使用する場合にcore.img（MBRパーティションに格納されたboot.imgから呼び出される）を格納するための1MBのGPTパーティション
EFI System Partition	EFI起動の場合に、EFIから呼び出されるブートローダGRUB2を格納するためのGPTパーティション。ファイルシステムはvfatとなる

図2-1-40 ディスクのパーティション変更確認画面

Kdumpの設定

カーネルクラッシュした際、その原因を特定するにはクラッシュ時のメモリ内容を調べます。Kdumpはカーネルクラッシュ時のメモリ状態を保存する仕組みです。

Kdumpの設定を行うには、「インストールの概要」（→ p.59）で「KDUMP」を選択し、別画面に遷移します。

図2-1-41　KDUMP

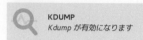

KDUMP
Kdump が有効になります

デフォルトでKdumpは有効になっています。有効になっている場合、Kdump用にメモリ領域が予約されます。予約領域を変更したい場合は、「自動」から「手動」に変更し、任意のメモリ領域を指定してください。Kdumpが必要ない場合には、「kdumpを有効にする」のチェックを外します。終了後、「完了」をクリックします。

図2-1-42　Kdumpの有効化

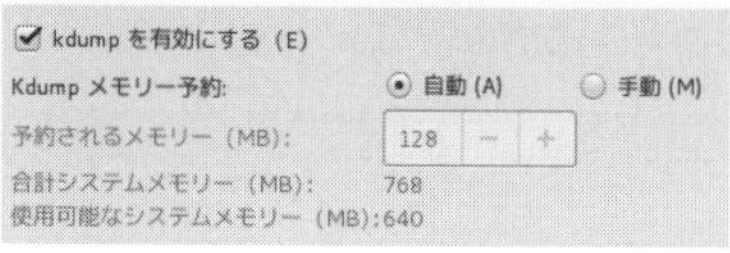

☑ kdump を有効にする (E)

Kdump メモリー予約：　　　　⦿ 自動 (A)　　○ 手動 (M)
予約されるメモリー (MB)：　　128　-　+
合計システムメモリー (MB)：　768
使用可能なシステムメモリー (MB)：640

2-1-8 テキストモードで起動

インストーラのビデオドライバがハードウェア（ビデオカード/GPU）を識別できない場合は、テキストモードになります。また、識別できても完全に対応していない場合は画面の解像度等を正しく制御できないことがあり、そのような場合は、テキストモードでインストールを行い、インストール後に適切なビデオドライバのインストールや設定により対処します。詳細は「3-5 Xとデスクトップのカスタマイズ」（→ p.94）を参照してください。

テキストモードで起動する場合は、次のようにします。

①インストーラを起動後、「Install CentOS 7」または「Test this media & Install CentOS 7」で[Tab]キーを押す
②画面下に起動オプションが表示されるので、スペースの後に「text」を追記し[Enter]キーを押す
③テキストモードでインストーラが動作することを確認する

図2-1-43　テキストモード

2-2 起動後の追加設定とバージョンアップ

2-2-1 インストール後のライセンス確認

　CentOS 7.2から、ベース環境の「サーバー（GUI使用）」（→ p.64）以降のGUIを伴う環境をインストールを行うと、起動時にライセンス確認が求められるようになりました。ライセンス確認は次のような手順で行います。

　今回はインストール時に、「最小限のインストール」から「サーバー（GUI使用）」に変更した環境を元にしています。

図2-2-1　ライセンス確認画面

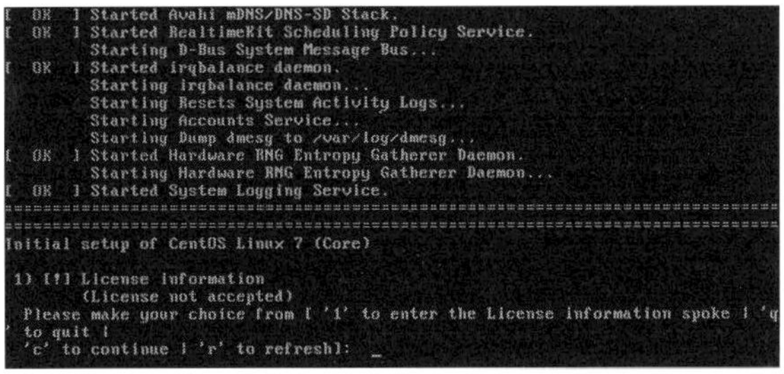

表2-2-1　ライセンス確認の有無

ベース環境	起動時のライセンス確認
最小限のインストール	なし
Compute Node	なし
インフラストラクチャサーバ	なし
ファイルとプリントサーバ	なし
ベーシックWebサーバ	なし
仮想化ホスト	なし
サーバ（GUI使用）	有り
GNOME Desktop	有り
KDE Plasma Workspaces	有り
開発およびクリエイティブワークステーション	有り

ライセンス確認

　ライセンス確認を行います。確認画面で「1」を入力して[Enter]キーを押し、「License information」に入ります。

ライセンス確認①

```
=====================================================
=====================================================
Initial setup of CentOS Linux 7 (Core)

1) [!] License information
       (License not accepted)
 Please make your choice from [ '1' to enter the License information spoke | 'q' to quit |
 'c' to continue | 'r' to refresh]:
```

ライセンスの同意

ライセンスに同意有無を問われるため、「2」を入力して[Enter]キーを押します。ライセンスに同意する項目に「x」が入ります。

その後、「q」を入力して[Enter]キーで画面から抜けます。

ライセンス確認②

```
=====================================================
=====================================================
License information

    1) Read the License Agreement

[x] 2) I accept the license agreement.

  Please make your choice from above ['q' to quit | 'c' to continue | 'r' to refresh]:
```

ライセンス確認の終了

最後に設定を終了有無を問われるため、「yes」と入力して[Enter]キーを押します。これでライセンス確認は終了です。

ライセンス確認③

```
=====================================================
=====================================================
Question

Are you sure you want to quit the configuration process?
You might end up with an unusable system if you do. Unless the License agreement
 is accepted, the system will be rebooted.

Please respond 'yes' or 'no':
```

2-2-2 rootでのログイン

システム情報の確認や変更を行うため、rootでログインします。

rootでログインするには、ログイン画面で「アカウントが見つかりませんか？」❶を選択してから、ユーザ名に「root」と入力し、「rootのパスワード設定」(→ p.62)で設定したパスワードを入力しま

す（図2-2-2は、インストール時に「ユーザーの設定」画面で3人のユーザを既に登録済みの場合の例です）。

ログインすると初期設定画面が表示されます。ここで日本語入力メソッドの選択等の初期設定を行ってください。初期設定の手順については、「3-5 Xとデスクトップのカスタマイズ」（→ p.94）を参照してください。

図2-2-2 ログイン画面

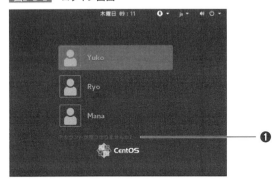

端末エミュレータの起動

初期設定が終了したら端末エミュレータ（ターミナルエミュレータ）を起動し、コマンドを実行してインストール後の状態を確認します。

メインメニューから、「アプリケーション」→「お気に入り」→「端末」の順でアクセスし、端末エミュレータを起動します。

図2-2-3 端末エミュレータの起動

インストール後の状態の確認

yum groups infoコマンドで、パッケージグループを確認します。

▷**Mandatory Groups**（必須のパッケージグループ）

各ベース環境でデフォルトでインストールされるパッケージグループです。この内容から削除することはできません。

▷**Optional Groups**（オプショナルなパッケージグループ）

「選択した環境のアドオン」でチェックした項目で指定されたパッケージグループです。チェックしたアドオンによってインストールされるパッケージグループが異なります。

パッケージグループの確認

yum groups info ["ベース環境名"]

ベース環境名は、**yum groups list**のコマンドで確認します。

ベース環境名の確認

```
[...]# yum groups list
…（途中省略）…
Available Environment Groups:
   最小限のインストール
   Compute Node
   インフラストラクチャサーバー
   ファイルとプリントサーバー
   ベーシック Web サーバー
   仮想化ホスト
   サーバー（GUI 使用）
…（以降省略）…
```

「サーバー（GUI 使用）」の確認

```
[...]# yum groups info "サーバー (GUI 使用)"
 Environment-Id: graphical-server-environment
 説明: GUI を使用してネットワークインフラストラクチャのサービスを動作させるサーバーです。
 Mandatory Groups:
    base
    core
…（以降省略）…
```

各グループパッケージ内にどのようなパッケージがあるかを確認するには、「yum groups info」に、各パッケージグループを指定します。

baseパッケージグループの検索

```
[...]# yum groups info "base"
…（実行結果省略）…
```

パッケージの管理方法については、「5-7 パッケージ管理」（→ p.238）を参照してください。

2-2-3 バージョンアップ

メディアでインストールされたバージョンは必ずしも最新ではありません。CentOS 7は常時バグフィックスや機能改善が行われており、それらはリポジトリを経由して提供されます。

リポジトリによるバージョンアップは、**yum update**コマンドを実行します。登録されているリポジトリの情報と現在の情報を比較して、差分を計算し、必要なパッケージをダウンロードし、インストールを行います。

リポジトリの詳細については、「5-7 パッケージ管理」（→ p.238）を参照してください。

リポジトリによるバージョンアップ
yum update

　バージョンアップを行うには、以下のようにコマンドを用います。コマンド実行後、インストールするかどうかの確認が出るので、インストールする場合は「y」を入力します。それ以外の入力では、インストールせずに終了します。
　「完了しました！」というメッセージが表示されると、バージョンアップは終了です。

バージョンアップ
```
[...]# yum update
...（途中省略）...
総ダウンロード容量: 350 M
Is this ok [y/d/N]: y    ←「y」と入力

...（途中省略）...
完了しました！
```

2-2-4 バージョンアップ終了後

　もし、カーネルがバージョンアップされていれば、ブートローダが読み込む設定ファイルも新しいカーネルで起動するように変更されています。システムの再起動により新しいカーネルに入れ替えます。また、起動時のブートローダの画面でバージョンアップ前のカーネルを選択することもできます。
　システムの再起動は、**reboot**コマンドで行います。

システムの再起動
```
[...]# reboot
```

　それ以外のパッケージに関しては、該当アプリケーションの再起動で最新のバージョンで起動することができます。
　再起動後は、再度「yum update」コマンドを実行して、アップデートするパッケージがないことを確認してください。

□ Chapter2 | インストールとバージョンアップ

2-3 アプリケーションのインストール

2-3-1 新規アプリケーションの追加

　Linuxでは、パッケージはリポジトリで管理されています。これにより、yumコマンドで簡単にアプリケーションのインストールやアンインストール、バージョン管理を行うことができます。
　ここでは、リポジトリによるアプリケーションのインストールとアンインストールの方法を示します。
　アプリケーション（パッケージ）の管理方法の詳細については、「5-7 パッケージ管理」（→ p.238）を参照してください。

新規アプリケーションの検索

　新規アプリケーションとして、DBサーバを導入する例で考えます。アプリケーションがパッケージ名になっている場合もあれば、そうでない場合もあります。
　yum searchコマンドで該当パッケージを検索します。キーワードは大文字小文字は問いませんが、1語以上入力してください（2つ目以降のキーワードは任意です）。また、スペースを伴うキーワードは「"」（ダブルクォーテーション）で囲みます。

アプリケーションの検索
yum search キーワード [キーワード...]

「DB server」を検索
```
[...]# yum search "DB server"
…（途中省略）…
============================ N/S matched: DB server ============================
mariadb-server.x86_64 : The MariaDB server and related files

  Name and summary matches only, use "search all" for everything.
```

　上記の結果から、「mariadb-server.x86_64」がCentOS 7で提供されているDBサーバということがわかります。

パッケージ情報の確認

　検索結果から、パッケージの詳細情報を確認します。詳細情報を確認するには、**yum info**コマンドを用います。

パッケージ情報の確認
yum info [パッケージ名]

パッケージ名を省略すると、利用可能な全てのパッケージ情報が表示されます。

「mariadb-server.x86_64」の詳細情報の確認

```
[...]# yum info mariadb-server.x86_64
…（実行結果省略）…
```

新規アプリケーションの追加

新規アプリケーションを追加するには、**yum install**コマンドを使用します。「-y」オプションを追加すると、確認をせずにインストールが始まります。パッケージ名は1語以上入力してください。

アプリケーションのインストール

yum install [-y] パッケージ名 [パッケージ名...]

MariaDBをインストール

```
[...]# yum install -y mariadb-server.x86_64
…（実行結果省略）…
```

2-3-2 アプリケーションの削除

必要でなくなったアプリケーションを削除する場合は、**yum remove**あるいは**yum erase**コマンドを使用します。どちらも同じ働きをします。パッケージ名は1語以上入力してください。

アプリケーションの削除①

yum remove パッケージ名 [パッケージ名...]

アプリケーションの削除②

yum erase パッケージ名 [パッケージ名...]

MariaDBを削除

```
[...]# yum remove mariadb-server.x86_64
…（実行結果省略）…
```

Chapter 3
初期設定

- **3-1** SELinuxの設定
- **3-2** ファイアウォールの設定
- **3-3** SSHの設定
- **3-4** 不要なサービスの停止
- **3-5** Xとデスクトップのカスタマイズ

Chapter3 初期設定

3-1 SELinuxの設定

3-1-1 SELinuxの状態

　SELinuxは、セキュリティ管理者以外はユーザによる変更ができない**強制アクアセス制御方式**と、プロセス毎にファイル等のリソースへのアクセスに対して制限を掛ける**Type Enforcement**、およびrootを含む全てのユーザの役割に制限を掛ける**ロールベースアクセス制御**の機能を持ちます。システムのセキュリティを強固にすることができるため、インターネット上のサーバ運用等にはメリットがありますが、信頼できる内部ネットワークでの使用や、開発環境やテスト環境として使用する際には、無効にしておく方が良い場合もあります。ここではSELinuxを無効にする手法を紹介します。

　SELinuxの詳細については、「15-6 SELinux」（→ p.897）を参照してください。
　SELinuxは以下のような状態（ステータス）があります。

表3-1-1　SELinuxの状態

状態（ステータス）	説明
Enforcing	有効な状態
Permissive	無効であるが、SELinuxのログは記録している状態
Disabled	無効な状態

　SELinuxの現状確認を行うには、**getenforce**コマンドを実行します。

現在のSELinuxの状態を確認

```
[...]# getenforce
Enforcing
```

　より詳細な内容を確認するには、**sestatus**コマンドを実行します。

より詳細にSELinuxの状態を確認

```
[...]# sestatus
SELinux status:                 enabled
SELinuxfs mount:                /sys/fs/selinux
SELinux root directory:         /etc/selinux
Loaded policy name:             targeted
Current mode:                   enforcing
Mode from config file:          enforcing
Policy MLS status:              enabled
Policy deny_unknown status:     allowed
Max kernel policy version:      28
```

3-1-2 設定の変更

SELinuxを無効にするには、以下のように設定します。

一時的に無効にする場合

一時的（システム再起動まで）無効にする場合は、**setenforce**コマンドに「0」を指定します。

SELinuxの一時無効

```
setenforce 0
```

SELinuxの無効化

```
[...]# getenforce    ←現状確認
Enforcing   ←有効
[...]# setenforce 0  ←無効化
[...]# getenforce    ←現状確認
Permissive  ←無効
```

永続的に無効にする場合

永続的に無効にする場合は、**/etc/selinux/config**ファイルの**SELINUX**の行を「permissive」か「disabled」に変更して再起動します。以下の例では、「disabled」に変更しています。

変更後は、**reboot**コマンドで再起動します。

SELinuxの永続的な無効化

```
[...]# vi /etc/selinux/config
… (途中省略) …
SELINUX=disabled   ←enforcingから変更
… (以降省略) …
```

設定ファイルを適用するため再起動

```
[...]# reboot
```

なお、この例では、viコマンドでエディタを開いてファイルを編集しています。
viについては、「5-4 vi (vim)」（→ p.207）を参照してください。

Chapter3 初期設定

3-2 ファイアウォールの設定

3-2-1 ファイアウォールの確認

　ファイアウォールは、ネットワークからの不正なアクセスを阻止する仕組みです。インストールした時点では、特定のポート番号のみアクセスを許可しています。

　インターネット上のサーバ運用等では必須の機能ですが、SELinux同様、信頼できる内部ネットワークでの使用や、開発環境やテスト環境として使用する際には、無効にしておく方が良い場合もあります。ここでは、ファイアウォールを無効にする手法を紹介します。

　Linuxのファイアウォール機能は、カーネルモジュールNetfilterにより提供されます。CentOS 6までの設定ユーティリティはiptablesでしたが、CentOS 7からは内部でiptablesを実行する**firewalld**が新たに提供され、iptablesにかわるデフォルトのユーティリティとなっています。

　firewalldでは「ゾーン」と呼ばれるセキュリティ強度の異なった設定のテンプレートが複数用意されており、接続するネットワークの信頼度に合ったゾーンを選択することで、容易に設定をすることができます。

　firewalldの詳細については、「15-7 Netfilter」（→ p.918）を参照してください。

　firewalldの現在の状態は、CUIとGUIの両方から確認することができます。

CUIの場合

　以下のように**firewall**コマンドを用いて、現在のファイアウォールの状態を確認できます。

コマンドによるファイアウォールの確認

```
[...]# firewall-cmd --list-service --zone=public
dhcpv6-client ssh    ←2つの設定のみ許可
```

GUIの場合

　GUI環境では、**firewall-config**ツールが提供されています。各項目が一覧で表示され、直感的な操作が行えます。

　GUI画面左上のメインメニューから、「アプリケーション」→「諸ツール」→「ファイアウォール」で起動します。

> KDEでは、画面左下のメインメニューから「アプリケーション」→「管理」→「ファイアウォール」になります。

図3-2-1　firewall-configツール

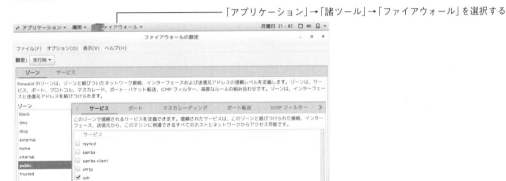

3-2-2 ファイアウォールの停止

　firewall-configツールではファイアウォールの設定変更はできますが、停止を行うことはできません。ファイアウォールを停止するには、以下のように**systemctl**コマンドを実行します。

ファイアウォールの停止

```
[...]# systemctl stop firewalld.service
```

　上記の設定を行うと停止はできますが、システムの再起動時にはfirewalldが自動起動します。再起動後もfirewalldを起動しないようにするには、以下のように設定します。

ファイアウォールの無効化

```
[...]# systemctl disable firewalld.service
Removed symlink /etc/systemd/system/dbus-org.fedoraproject.FirewallD1.service.
Removed symlink /etc/systemd/system/basic.target.wants/firewalld.service.
```

Chapter3 初期設定

3-3 SSHの設定

3-3-1 SSHの概要

　SSHとは、暗号化された通信下でリモート接続する仕組みです。SSHサービスは**sshd**デーモンが提供します。どのベース環境でインストールしても、OSの起動時にsshdデーモンは自動起動します。SSHにはさまざまな設定項目がありますが、今回はrootによるログインの抑制を設定します。
　SSHの詳細については、「15-5 SSH」（➡ p.888）を参照してください。

3-3-2 rootログインの抑制

　SSHのデフォルトの状態ではrootユーザでログイン可能です。rootによるログインはセキュリティ上のデメリットが考えられるため、これを抑制する設定を行います。sshdの設定ファイルは、**/etc/ssh/sshd_config**ファイルです。今回は念のため、cpコマンド（➡ p.170）でバックアップを作成してから、viコマンド（➡ p.208）によって設定ファイルを開いて変更しています。
　修正するパラメータは、**PermitRootLogin**です。パラメータ値には、「yes」もしくは「no」を指定します。

- **yes**：rootのログインを許可
- **no** ：rootのログインを拒否

バックアップの作成後、ファイルを編集

```
[...]# cp /etc/ssh/sshd_config /etc/ssh/sshd_config.back  ←バックアップの作成
[...]# vi /etc/ssh/sshd_config    ←viで設定ファイルを開く
…（途中省略）…
#PermitRootLogin yes
PermitRootLogin no   ←先頭の「#」を削除して、「yes」から「no」へ変更
…（以降省略）…
```

　設定ファイルの修正後、上書き保存をしてviを終了します。viの操作に関しては、「5-4 vi（vim）」（➡ p.207）を参照してください。
　続けて、sshdデーモンを再起動します。

sshdの再起動

```
[...]# systemctl restart sshd.service
```

　rootではログインできないことを確認します。以下の例は、端末エミュレーターで自分自身にアクセスしています。

rootによるログイン

```
[...]# ssh root@localhost
The authenticity of host 'localhost (::1)' can't be established.
ECDSA key fingerprint is 48:e1:64:d8:9d:c7:a8:14:2c:cc:f0:d9:73:a8:16:e1.
Are you sure you want to continue connecting (yes/no)? yes   ←❶

Warning: Permanently added 'localhost' (ECDSA) to the list of known hosts.
root@localhost's password:   ←rootのパスワードを入力
Permission denied, please try again.
root@localhost's password:   ←再度、rootのパスワードを入力
Permission denied, please try again.
root@localhost's password:   ←再度、rootのパスワードを入力
Permission denied (publickey,gssapi-keyex,gssapi-with-mic,password).   ←失敗することを確認
```

❶初回のみ確認を求められるので「yes」とする

　一般ユーザでログインできることを確認します。もし一般ユーザを作成していない場合は、**useradd**コマンドと**passwd**コマンドで一般ユーザを作成します。一般ユーザによるログインに成功すると、プロンプトが「$」になります。

一般ユーザの作成

useradd ユーザ名
passwd ［ユーザ名］

　以下は、「test」ユーザを作成する例です。

一般ユーザの作成

```
[...]# useradd test   ←testユーザの作成
[...]# passwd test    ←testユーザのパスワード作成
ユーザー testのパスワードを変更。
新しいパスワード:   ←パスワードを入力
新しいパスワードを再入力してください:   ←再度パスワードを入力
passwd: すべての認証トークンが正しく更新できました。
```

　passwdコマンドについては、「8-1 ユーザとグループの管理」（→ p.344）を参照してください。

一般ユーザによるsshログイン

```
[...]# ssh test@localhost
test@localhost's password:   ←ユーザのパスワードを入力
Last login: Thu Jul 14 16:07:17 2016 from 10.0.2.2
[...]$   ←「プロンプトが「$」になっていることを確認
```

□ Chapter3 | 初期設定

3-4 不要なサービスの停止

3-4-1 実行中のサービスの確認

実行中のサービスを確認するにはいくつかの手段がありますが、今回は**ps**コマンドと**systemctl**コマンドによる確認を行います。

▷psコマンド
「-ef」オプションを付けることで詳細なプロセス情報を確認できます。

▷systemctlコマンド
アクティブなサービスを表示します。psコマンドよりもサービス内容がわかりやすくなっています。

サービスの確認

```
[...]# ps -ef
UID         PID   PPID  C STIME    TTY      TIME     CMD
root          1      0  0 7月14    ?        00:00:03 /usr/lib/systemd/systemd
…(途中省略)…
root      28377  28068  0 10:20    pts/0    00:00:00 ps -ef
…(以降省略)…
```

アクティブなサービスの確認

```
[...]# systemctl
UNIT                                  LOAD   ACTIVE SUB     DESCRIPTION
proc-sys-fs-binfmt_misc.automount     loaded active waiting Arbitrary Executable File
Formats File
…(途中省略)…
timers.target                         loaded active active  Timers
systemd-tmpfiles-clean.timer          loaded active waiting Daily Cleanup of Temporary
Directories
…(以降省略)…
```

systemctlコマンドの一覧表示が画面に収まりきれない場合は、lessコマンドと同じ操作になります。終了するには最後までスクロールした後、[Q]キーを入力します。

3-4-2 サービスの停止

不要なサービスを特定します。以下の例はBluetoothサービスを停止しています。

最初に、**systemctl**コマンドで、停止するサービス名を検索します。ここでは、「|」（パイプ）を使って処理結果（この例では標準出力）を次のコマンド（この例ではgrep）の標準入力に渡してい

ます（→ p.176）。またgrepは検索を行うためのコマンドです（→ p.186）。

サービスの検索
```
systemctl | grep [サービス名]
```

systemctlコマンドで検索
```
[...]# systemctl | grep Bluetooth
bluetooth.service         loaded active running   Bluetooth service
```

サービスを停止します。また、再起動後も自動起動しないように無効化しています。

サービスの停止
```
systemctl stop サービス名
```

サービスの無効化
```
systemctl disable サービス名
```

Bluetoothサービスの停止
```
[...]# systemctl stop bluetooth.service    ←サービスの停止
[...]# systemctl disable bluetooth.service ←サービスの無効化
Removed symlink /etc/systemd/system/dbus-org.bluez.service.
Removed symlink /etc/systemd/system/bluetooth.target.wants/bluetooth.service.
```

Chapter3 初期設定

3-5 Xとデスクトップのカスタマイズ

3-5-1 セッションの選択

インストールして最初にシステムを起動した後に、デスクトップ環境の初期設定を行います。

設定するのは以下の3項目です。項目②はインストール後に最初にログインした時に表示される画面で設定します。①と③はデフォルトのままで使用するのであれば、特に選択/設定する必要はありません。

①デスクトップ環境の選択
②日本語入力メソッドの選択
③画面解像度の選択

インストール後にシステムが立ち上がると、ディスプレイマネージャ「gdm」によるログイン画面が表示されます。なお、ここでは一般ユーザの登録（➡ p.62）は既に行われているものとします。

図3-5-1 ログイン画面

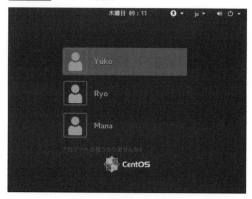

ここでユーザ名を選択し、パスワードを入力してログインしますが、この時、ログインセッションの種類を選択することができます。

rootアカウントは画面に表示されないので、rootでログインする場合は、画面下部の「アカウントが見つかりませんか？」を選択してから、ユーザ名（root）とrootパスワード（➡ p.62）を入力します。

以下の例ではデスクトップ環境GNOMEの3種類のセッション（GNOME、GNOMEクラシック、カスタム）が表示されています。デフォルトはGNOMEクラシックです。

図3-5-2　セッションの選択

表3-5-1　セッションの種類

セッション	説明
GNOME	GNOME3で開発された斬新なデザインと操作性のデスクトップ環境
GNOMEクラシック	GNOME3の前身であるGNOME2のデザインと操作性を引き継いだデスクトップ環境（デフォルト）
カスタム	複数のカスタムセッションを使用できる

3-5-2 日本語入力メソッドとキーボードタイプの選択

　インストール後に最初にログインした時、あるいは新規アカウント作成後に最初にログインした時はユーザ毎に以下のように「日本語入力メソッド」と「キーボードタイプ選択」の初期設定ウィンドウが表示されます。この設定が終わるとデスクトップ環境GNOMEが使えるようになります。「日本語」❶にチェックが入っていることを確認して、「次へ」❷をクリックします。

図3-5-3　「ようこそ」画面

　「日本語（かな漢字）」❸にチェックを入れます。「プレビュー」❹をクリックするとキーボードの配列を確認できます。チェック後は「次へ」❺をクリックします。

図3-5-4 「入力」画面

GoogleアカウントやownCloudアカウントの設定ができます。これは後でもできるので、ここではスキップしても構いません。スキップするには「スキップ」❻をクリックします。

図3-5-5 「オンラインアカウントに接続」画面

設定が完了すると、次の画面が表示されます。「CentOS Linuxを使い始める」ボタンをクリックすると、「初めて使う方へ」画面に移動し、GNOMEの使い方の説明を読むことができます。
　いったん終了して、後でアプリケーションメニューの「ヘルプ」を選択すればまた読むことができます。

図3-5-6 「設定完了しました」画面

96

図3-5-7 「初めて使う方へ」画面

これでデスクトップ環境が使えるようになります。

初期設定で日本語入力メソッドが設定されると、以下の図のように上部のパネルに「ja」と表示されます。

図3-5-8 上部パネルの「ja」表示①

図3-5-9 上部パネルの「ja」表示②

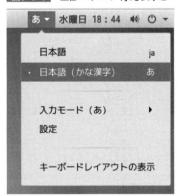

日本語入力メソッドの再設定

CentOS 7のデフォルトの日本語入力メソッドは**KKC（かな漢字）**です。**ibus-kkc**パッケージにより提供されています。

その他に、**Anthy**や**Mozc**が利用できます。Mozcは現時点（2017年1月）ではCentOS 7のリポジトリでは提供されていませんが、CentOS 7のベースとなっているFedora19のリポジトリからインストールできます。

表3-5-2　日本語入力メソッドの種類

入力メソッド	説明	入力モードの切り替え （デフォルト設定）	パッケージ
日本語（かな漢字）	Daiki Ueno氏（現RedHat社）による開発。CentOS 7 のデフォルト	「半角/全角」、「Alt + `」、「Alt + @」	ibus-kkc （標準リポジトリ）
日本語（Anthy）	京大マイコンクラブのプロジェクトによる開発	「半角/全角」、「Ctrl + スペース」、「Ctrl + J」	ibus-anthy （EPELリポジトリ）
日本語（Mozc）	「Google 日本語入力」のオープンソース版（ただし辞書は異なる）	「半角/全角」	ibus-mozc （Fedora19リポジトリ）

Mozcのインストール例

```
[...]# vi /etc/yum.repos.d/fedora19.repo
[fedora19]
name = fedora19
baseurl = http://archives.fedoraproject.org/pub/archive/fedora/linux/releases/19/Everything/x86_64/os/
enabled = 0

[...]# yum --enablerepo=fedora19 install ibus-mozc
…（実行結果省略）…
```

　初期設定で日本語入力メソッドが正しく設定されなかった場合や、新たにAnthyやMozcをインストールした場合は、次の手順で日本語入力メソッドの再設定を行います。

①「アプリケーション」→「システムツール」→「設定」→「地域と言語」→「入力ソース/日本語/+」→「入力ソースの追加」メニューを選択
②追加する入力メソッドを選択

　また「地域と言語」画面の入力ソースの設定により、日本語キーボード（「日本語」を選択）、英語キーボード（「英語」を選択）等のキーボードのタイプの選択もできます。

3-5-3　「GNOMEクラシック」と「GNOME」セッション

　デフォルトの「GNOMEクラシック」セッションでログインした場合の画面は以下のようになります。ワークスペースの数は固定です。デフォルトでは4個になります。

図3-5-10　GNOMEクラシックの画面

1/4 ── ワークスペースの切り替え

以下は、アプリケーションメニューを選択した時の画面です。

図3-5-11　GNOMEクラシックの画面（アプリケーションメニュー）

以下は、ログアウト、設定、画面ロック、マシンの再起動/電源オフを選択する時の画面です。

図3-5-12　GNOMEクラシックの画面（ログアウト、設定、画面ロック、マシンの再起動/電源オフ）

「GNOME」セッションを選択してログインした場合の画面は以下のようになります。ワークスペースの数は自動的に増減します。

図3-5-13　GNOMEの画面

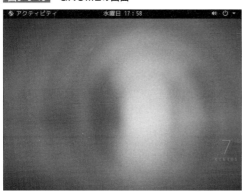

以下は、画面左上の「アクティビティ」を選択した時の画面です。画面右端でワークスペースを選択できます。

図3-5-14　GNOMEの画面（アクティビティ）

3-5-4 GNOMEのカスタマイズのためのツール

GNOMEデスクトップのカスタマイズのために**gnome-tweak-tool**が、メニューの編集には**alacarte**が提供されています。

gnome-tweak-tool（GNOMEのカスタマイズ）

gnome-tweak-toolを使用するには、**gnome-tweak-tool**パッケージをインストールします。

gnome-tweak-toolのインストール

```
[...]# yum install gnome-tweak-tool
…（実行結果省略）…
```

「アプリケーション」→「ユーティリティ」→「Tweak Tool」メニューを選択して、gnome-tweak-toolを起動します。

以下は、ワークスペースの数を固定から自動設定にする例です。

図3-5-15　gnome-tweak-toolの画面

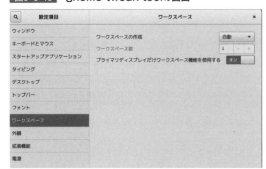

alacarte(メニューの編集)

alacarteを使用するには、**alacarte**パッケージをインストールします。

alacarteのインストール

```
[...]# yum install alacarte
…(実行結果省略)…
```

「アプリケーション」→「諸ツール」→「メイン・メニュー」メニューを選択して、alacarteを起動します。

図3-5-16　alacarteの起動画面

3-5-5 画面解像度の設定

GNOMEデスクトップ環境の画面解像度は、以下の手順でユーザ毎に異なった設定をすることができます。

①「設定」→「ディスプレイ」を選択
②表示されているディスプレイをクリック
③解像度を選択

図3-5-17　解像度設定画面

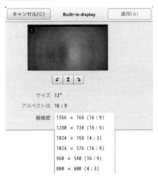

上記の手順で設定した解像度情報は**~/.config/monitors.xml**ファイルに格納されます。以下は、「1280×720」の解像度を選択した例です。

> 「~」はユーザのホームディレクトリを意味します。「~/.config/monitors.xml」は、ホームディレクトリ以下にある「.config」ディレクトリのなかにある「monitors.xml」を意味します。

　また、以下の実行例では、catコマンド（→ p.167）を使用してファイルの内容を表示しています。

monitors.xmlファイルの内容（抜粋）

```
[...]$ cat ~/.config/monitors.xml
<monitors version="1">
  <configuration>
    <clone>no</clone>
    <output name="LVDS1">   ←出力デバイス名は「LVDS1」
…（途中省略）…
      <width>1280</width>   ←水平解像度
      <height>720</height>  ←垂直解像度
…（以降省略）…
```

　電源を投入してからユーザがログインしてデスクトップ環境が表示されるまでには、以下のシーケンスで画面の表示が行われ、各ステップで画面解像度が設定されます。途中の画面解像度が大きすぎたり小さすぎたりして見づらい場合には、該当ステップの解像度を修正することもできます。

①**GRUB2**：GRUB2のビデオモジュールによる表示
②**カーネル**：KMS（Kernel Mode Setting）による表示
③**ディスプレイマネージャ**：Xサーバ（Xorg）による表示
④**デスクトップ環境**：Xサーバ（Xorg）によるユーザ毎の設定での表示

GRUB2の画面解像度設定

　GRUB2では、GRUB2のビデオモジュールにより画面表示が行われます。gfxtermモジュールを組み込むことで、解像度やフォントの指定ができるようになります。設定は**/etc/default/grub**ファイルで行います。

▷ 解像度

　PC起動画面でのGRUB2のコマンドプロンプト「grub>」で、BIOSの場合はvbeinfoコマンド、EFIの場合はvideoinfoコマンドで表示された解像度のうちから指定します。

▷ フォント

　GRUB2特有のビットマップフォントであるPFF2（PUPA Font Format version2）形式です。フォントファイルのサフィックスは「.pf2」となります。デフォルトではサイズ16ポイントの「/boot/grub2/fonts/unicode.pf2」が使用されます。unicode.pf2は GRUB2のインストール時に「/usr/share/grub/unicode.pf2」からコピーされます。このフォントのかわりに、grub2-mkfontコマンドで作成したフォントを使用することもできます。

以下は、**grub2-mkfont**コマンドで、Trueタイプフォント「/usr/share/fonts/dejavu/DejaVuSansMono.ttf」から、サイズ24ポイントのフォントファイル「DejaVuSansMono-24.pf2」を生成する例です。

サイズ24ポイントのフォントファイルDejaVuSansMono-24.pf2の生成

```
[...]# grub2-mkfont --output=/boot/grub2/fonts/DejaVuSansMono-24.pf2 --size=24
/usr/share/fonts/dejavu/DejaVuSansMono.ttf
```

　以下は、/etc/default/grubファイルを編集し、**grub2-mkconfig**コマンドによりgrub.confを生成する例です。

grubファイルの編集とgrub.confの生成（抜粋）

```
[...]# vi /etc/default/grub    ←/etc/default/grubの編集
GRUB_TERMINAL=gfxterm    ←gfxtermの組み込み
GRUB_GFXMODE=1024x768    ←解像度を1024x768に設定
GRUB_FONT="/boot/grub2/fonts/DejaVuSansMono-24.pf2"    ←❶
[...]# cp /boot/grub2/grub.cfg /boot/grub2/grub.cfg.back    ←❷
[...]# grub2-mkconfig -o /boot/grub2/grub.cfg    ←❸
```

❶フォントファイルDejaVuSansMono-24.pf2の指定
❷現行のgrub.confをバックアップ
❸grub.confの生成

　EFIの場合、GRUB2のインストールの仕方によってはgrub.cfgのパスは/boot/efi/EFI/centos/grub.cfgとなります。GRUB2のインストールについては、「4-3 ブートローダの設定」（→ p.122）を参照してください。

カーネルの画面解像度設定

　カーネルは、**KMS**（Kernel Mode Setting）により、カーネルビデオモジュールを利用して画面表示を行います。**Mode Setting**（モード設定）はディスプレイモニタに表示するために、ビデオコントローラ（ビデオカードあるいはGPU）に対して、解像度、色深度、リフレッシュレートを設定する操作です。この操作はカーネルあるいはアプリケーション（Xサーバ等）から行います。

　カーネル2.6.28までは、カーネルあるいはアプリケーションがそれぞれ別々にモード設定を行っていましたが、2.6.29からKMSが導入され、アプリケーションもKMSを介してモード設定ができるようになりました。KMSを利用することで、ブート時のカーネルによる仮想コンソール表示からXサーバによる表示への切り替え時の画面のちらつきがなくなり、セキュリティも向上します。

> KMSは、DRM（Direct Rendering Manager）の一部であり、カーネルモジュールdrm.koから呼び出される各ハードウェア（GPU）に対応したドライバ（例：i915.ko）を利用します。システムに搭載されているGPUにKMSドライバが対応していない場合は、解像度の設定等で正しく画面を制御することができません。
> このような場合は、GRUB2の設定ファイルのカーネルコマンドラインに「nomodeset」を加えることで、KMSを介さずにXサーバがモード設定するように変更して、問題が解決する場合があります。
> また、CentOS 7のカーネルより新しいバージョンのカーネルを利用することで問題が解決する場合があります。外部リポジトリelrepoからCentOS 7対応の新しい バージョンのカーネルパッケージkernel-mlが提供されているので、これを利用する方法もあります。

> PCのモデルによっては、グラフィック処理を高速化するためにCPUチップに統合化されたIntel GPUに加えてNvidiaのGPUが搭載され、NvidiaのOptimusテクノロジにより2つのGPUの切り替えが自動的に行われます。NvidiaのKMSドライバはオープンソースのnouveau (nouveau.ko) ですが、NvidiaのGPUを正しく制御することができない場合があります。このような場合は、GRUB2の設定ファイルのカーネルコマンドラインに「nouveau.modeset=0」を加えて Intel GPUのみを使うことで、問題が解決する場合があります。また、Nvidiaのサイトからベンダーのプロプライエタリなドライバのソースをダウンロード、コンパイルして利用することで、問題が解決する場合があります。

　GRUB2の設定ファイル**/boot/grub2/grub.cfg**のカーネルコマンドライン（「linux16」または「linuxefi」）にオプション設定を追記することで、表示解像度を指定することもできます。
　以下は、EFI環境での解像度の設定例です。

grub.cfgの編集によるカーネル画面解像度の指定（抜粋）

```
[...]# vi /boot/grub2/grub.cfg
linuxefi …（省略）… video=eDP-1:1024x768
```

　EFIの場合、GRUB2のインストールの仕方によってはgrub.cfgのパスは「/boot/efi/EFI/centos/grub.cfg」となります。GRUB2のインストールについては、「4-3 ブートローダの設定」（→ p.122）を参照してください。
　上記の例では解像度を「1024×768」に、出力デバイス名を「eDP-1」に指定しています。出力デバイス名は、**xrandr**コマンドの実行結果で確認できます。このコマンドは、一般ユーザも実行可能です。
　以下の例では、出力デバイス名は2行目の先頭に表示されています。カーネルコマンドラインの指定ではxrandrコマンドの出力デバイス名の最後の数字の前に「-」を入れます（例：「eDP1」→「eDP-1」）。

出力デバイス名の確認（抜粋）

```
[...]# xrandr
Screen 0: minimum 8 x 8, current 1920 x 1080, maximum 32767 x 32767
eDP1 connected primary 1920x1080+0+0 (normal left inverted right x axis y axis) 344mm x 194mm
   1920x1080     60.0*+
   3840x2160     60.0 +
…（以降省略）…
```

表3-5-3　ビデオ出力デバイスの種類

出力デバイス	説明	カーネルデバイス名	X11デバイス名
VGA（Video Graphics Array）	IBMが策定した表示回路規格。その代表的な解像度640×480はVGAと呼ばれる	VGA-1、VGA-2、…	VGA1、VGA2、…
HDMI（High-Definition Multimedia Interface）	映像・音声をデジタル信号で伝送する通信インターフェイスの標準規格	HDMI-1、HDMI-2、…	HDMI1、HDMI2、…

LVDS (Low Voltage Differential Signaling)	高速、長距離の伝送が可能。放射電磁ノイズを低く抑えることが可能。液晶ディスプレイとグラフィックス・コントローラを接続するI/Fとして普及	LVDS-1、LVDS-2、…	LVDS1、LVDS2、…
DP (Display Port)	VESAが策定した液晶ディスプレイ等のための映像出力インターフェイスの規格	DP-1、DP-2、…	DP1、DP2、…
eDP (embedded DisplayPort)	携帯機器の内部配線向けインターフェイス規格	eDP-1、eDP-2、…	eDP1、eDP2、…

表3-5-4 ビデオ出力関連のカーネルオプションの例

カーネルオプション	説明
nomodeset	KMS（Kernel Mode Setting）を行わない。カーネルのビデオモジュールがビデオチップに非対応で画面表示が正しく行われない場合や、エラーが表示される時に設定
nouveau.modeset=0	ビデオドライバnouveauのKMS（Kernel Mode Setting）を行わない。搭載されたNVIDIAのGPUにnouveauが非対応の場合に設定
i915.preliminary_hw_support=1	搭載している最新ビデオチップにIntel用ビデオドライバi915がまだ非対応の場合、実験段階のハードウェアサポート機能を利用する。デフォルトはi915.preliminary_hw_support=0
video=eDP-1:1024x768	ビデオ出力eDP-1の画面解像度を1024×768に設定（この例は出力デバイスがeDP-1の場合。他のデバイスの場合、LVDS-1等の使用されているデバイスに合わせて指定する）

システムに搭載されているGPUに関するモデル名等の情報は、**lspci**コマンドで表示・確認できます。lspciはPCIバスと、そこに接続されているデバイスの情報を表示するコマンドです。

以下は、Intel社の第6世代Core i7プロセッサ（コード名：Skylake）に組み込まれている第9世代GPU「HD Graphics 530」とNVIDIA社のGPU「GeForce GTX 950M」が搭載されたPCの例です。

PCIバスに接続されているデバイスを表示

```
[...]# lspci
00:00.0 Host bridge: Intel Corporation Sky Lake Host Bridge/DRAM Registers (rev 07)
00:01.0 PCI bridge: Intel Corporation Sky Lake PCIe Controller (x16) (rev 07)
00:02.0 VGA compatible controller: Intel Corporation HD Graphics 530 (rev 06)    ←Intel社GPU
…（途中省略）
01:00.0 3D controller: NVIDIA Corporation GM107M [GeForce GTX 950M] (rev a2)     ←NVIDIA社GPU
…（以降省略）…
```

ロードされているGPUドライバは**lsmod**コマンドで表示できます。ドライバの情報は**modinfo**コマンドで表示できます。lsmodは、メモリにロードされているカーネルモジュール（LKM）を表示するコマンドです。modinfo、はLKMの情報を表示するコマンドです。

以下は、Intel社GPUのLKMである「i915」と、NVIDEA社のGPUのLKMである「nouveau」がメモリにロードされていることを確認する例です。

カーネルモジュールi915とnouveauの情報を表示

```
[...]# lsmod |grep -E 'i915|nouveau'
i915                 1314816  4
i2c_algo_bit           16384  2 nouveau,i915
drm_kms_helper        167936  2 nouveau,i915
drm                   364544  7 nouveau,i915,ttm,drm_kms_helper
video                  40960  3 asus_wmi,nouveau,i915
[...]# modinfo i915 |grep -E 'filename:|description:'
```

```
filename:       /lib/modules/4.8.10-1.el7.elrepo.x86_64/kernel/drivers/gpu/drm/i915/i915.ko
description:    Intel Graphics
[...]# modinfo nouveau |grep -E 'filename:|description:'
filename:       /lib/modules/4.8.10-1.el7.elrepo.x86_64/kernel/drivers/gpu/drm/nouveau/nouveau.ko
description:    nVidia Riva/TNT/GeForce/Quadro/Tesla
```

ディスプレイマネージャの画面解像度設定

　ディスプレイマネージャの表示はXサーバ(Xorg)により行われます。デフォルトでは、Xサーバはビデオコントローラとディスプレイモニタの自動検知によりKMSを介してモード設定を行いますが、設定ファイル**/etc/X11/xorg.conf**または**/etc/X11/xorg.conf.d/*.conf**上で解像度を指定することもできます。

　以下は、ディスプレイマネージャの画面解像度を「1024×768」に設定する例です。

解像度の設定

```
[...]# vi /etc/X11/xorg.conf.d/40-monitor+screen.conf
Section "Monitor"
        Identifier "Monitor0"
        Option "PreferredMode" "1024x768"    ←解像度を1024×768に設定
EndSection

Section "Screen"
        Identifier "Screen0"
        Monitor    "Monitor0"    ←Monitor IDを"Monitor0"に設定
EndSection
```

　Xサーバは**/usr/lib64/xorg/modules/drivers**ディレクトリ以下に置かれているビデオドライバのうち、PCに搭載されているビデオチップに対応するドライバを利用して画面表示を行います。以下のドライバは全てオープンソースプロジェクトによって開発されたドライバです。これとは別に、各ベンダーのサイトから、プロプライエタリなドライバをダウンロードできる場合もあります。

表3-5-5　ビデオドライバの種類

ビデオドライバ名	ビデオドライバファイル名	説明	オンラインマニュアル
ati	ati_drv.so	現AMD社のGPUへのwrapper（AMDがATIを買収）	ati (4)　　　　: man ati
intel	intel_drv.so	Intel社のGPUのドライバ	intel (4)　　　: man intel
nouveau	nouveau_drv.so	NVIDIA社のGPUのドライバ	nouveau (4): man nouveau
radeon	radeon_drv.so	AMD社のGPUのドライバ	radeon (4)　: man radeon
vesa	vesa_drv.so	VESA互換のドライバ	vesa (4)　　　: man vesa

Chapter 4

システムの起動と停止

- **4-1** カーネル
- **4-2** システムのブートシーケンス
- **4-3** ブートローダの設定
- **4-4** systemdの仕組み
- **4-5** systemctlコマンドによるターゲットの管理
- **4-6** systemctlコマンドによるサービスの管理
- **4-7** システムのシャットダウンとリブート

□ Chapter4 │ システムの起動と停止

4-1 カーネル

4-1-1 機能と構成

　カーネルは、システム起動時にメモリにロードされます。その後メモリに常駐し、CPUやメモリ等のシステム資源の管理やデバイスの制御、プロセスのスケジューリングといったことを行います。カーネルはオペレーティングシステムの機能、パフォーマンス、セキュリティの基盤を決定し、Linuxを特徴づける、文字通りにオペレーティングシステムの核となるプログラムです。
　カーネルは以下のように構成されています。

- **本体部分**：プロセス管理、ユーザ管理、時刻管理、メモリ管理等を行う
- **カーネルモジュール**：コンパイル時に静的に本体にリンクされる
- **ローダブルカーネルモジュール**：コンパイル時には本体にリンクされず、システムの起動時や起動後、必要な時に動的にメモリに読み込まれて本体にリンクされる

　ローダブルカーネルモジュール（Loadable Kernel Module）は、動的にロード可能（loadable）という意味でこのような名前が付けられています。その省略形である**LKM**、またはカーネルローダブルモジュール（Kernel Loadable Module）、その省略形である**KLM**、または単に**カーネルモジュール**とも呼ばれます。

図4-1-1　カーネルの構成

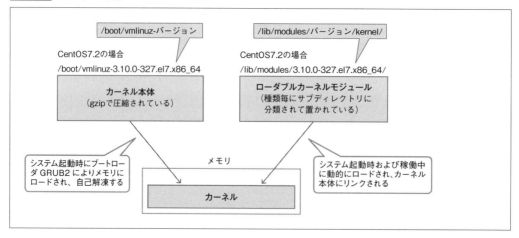

4-1-2 公式版カーネル

　Linuxカーネルはリーナス・トーバルズ氏（以下、リーナスと表記）自身が開発した分散型バージョン管理システムであるGit上で、リーナスをリーダーとして多くのプログラマによって開発され、Linux Kernel Organization（kernel.org）からリリースされています。kernel.orgはLinux Foundationによって運営され、また、技術的、財政的、人的な支援を受けています。

　kernel.orgからリリースされたカーネルは、**公式版カーネル**（vanilla kernel、mainline kernel）と呼ばれています。公式版カーネルのソースは、kernel.orgのWebサイトからダウンロードできます。

```
kernel.org
https://kernel.org/
```

　また、kernel.orgのgitリポジトリからもgitユーティリティによってダウンロードできます。以下は、一般ユーザがダウンロードを行っている例です。

gitリポジトリから最新安定版のカーネルソースを取得

```
[...]$ git clone git://git.kernel.org/pub/scm/linux/kernel/git/stable/linux-stable.git
```

> gitユーティリティの実行には、gitパッケージのインストールが必要です。インストールは「yum install git」コマンドで行います。

4-1-3 カーネルバージョン

　Linuxカーネルのリリースカテゴリには**開発版**（prepatchあるいはRC）、**メインライン**（mainline）、**安定版**（stable）、**長期メンテナンス版**（longterm）があります。

　「開発版→メインライン→安定版」の順にリリースされていきます。長期メンテナンス版は安定版のなかから選ばれます。

　カーネル3.0からは、それまで4桁だったバージョン番号は、「x.x.x」（例：3.0.1）のように3桁となりました。リーナスがリリースするmainlineの3.0、3.1...をベースに、stableチームが3.0.1、3.0.2...3.1.1、3.1.2...のように、バグフィックスと共に3桁目の番号を付けてリリースしていきます。

　kernel.orgから提供される公式版カーネルの主なリリースは以下の通りです。

表4-1-1　カーネルバージョン4.x

リリースカテゴリ	カーネルバージョン	リリース日
mainline	4.0	2015年4月12日
longterm	4.4.13	2016年6月8日
mainline	4.6	2016年5月15日
stable	4.6.2	2016年6月8日

表4-1-2　カーネルバージョン3.x

リリースカテゴリ	カーネルバージョン	リリース日
mainline	3.0	2011年7月22日
mainline	3.10（CentOS 7のカーネルはこれをカスタマイズ）	2013年6月30日
longterm	3.10.101	2016年3月16日
longterm	3.18.35	2016年6月6日

4-1-4　CentOS 7のカーネル

　CentOS 7のカーネルは、2013年6月にリリースされたmainlineカーネル3.10に、RedHat社が独自に変更を加えたものです。

CentOS 7のリリースとカーネルのバージョン

　CentOS 7は最初のリリースである7.0以降、7.1、7.2と7.3がリリースされています（2017年1月時点）。
　各リリースで提供されるカーネルには若干の変更が加えられ、それに伴い「EXTRAVERSION」（最初の3桁の番号の後の数字3.10.0-XXX）が異なっています。カーネルバージョンの各桁の番号は、カーネルソースのMakefileでは「VERSION.PATCHLEVEL.SUBLEVEL-EXTRAVERSION」として定義されています。

表4-1-3　CentOSバージョンとカーネルバージョン

CentOS バージョン	カーネルバージョン（カーネルファイル名）	リリース日
centos7.0-1406	/boot/vmlinuz-3.10.0-123.el7.x86_64	2014年7月7日
centos7.1-1503	/boot/vmlinuz-3.10.0-229.el7.x86_64	2015年3月31日
centos7.2-1511	/boot/vmlinuz-3.10.0-327.el7.x86_64	2015年12月14日
centos7.3-1611	/boot/vmlinuz-3.10.0-514.el7.x86_64	2016年12月12日

　以下に実行結果を示します。なお、ここでの操作は、root権限が必要なカーネルのインストール以外は、一般ユーザで行うことにします。
　以下の例では、headコマンド（→ p.178）で、Makefileの先頭4行を出力しています。なお、カーネルバージョンを格納するMakefileは、カーネルソースを展開したディレクトリの直下、あるいはkernel-develパッケージ（後述）をインストールした場合は/usr/src/kernels/カーネルバージョン/の直下に置かれています。

カーネルソースのMakefile

```
[...]$ head -4 Makefile
VERSION = 3
PATCHLEVEL = 10
SUBLEVEL = 0
EXTRAVERSION =
```

CPUアーキテクチャ

CentOSの標準リポジトリで提供されるのは、Intel x86 64ビット版です。それ以外のアーキテクチャ（arm32、arm64、ppc64、i386）は以下のサイトで提供されています。

> CentOSの配布サイト
> http://mirror.centos.org/altarch/7/isos/
> https://wiki.centos.org/SpecialInterestGroup/AltArch
> https://seven.centos.org/2015/10/centos-linux-7-32-bit-x86-i386-architecture-released/

カーネルのソースコード

CentOSのソースコードは、以下のサイトで提供されています。

> CentOSのソースコード
> http://vault.centos.org/

CentOS 7のカーネルソースコードは、上記URLの各バージョンに対応したディレクトリの下からダウンロードできます。

> CentOS 7.2、7.3のカーネルソースコード
> http://vault.centos.org/7.3.1611/os/Source/SPackages/kernel-3.10.0-514.el7.src.rpm
> http://vault.centos.org/7.2.1511/os/Source/SPackages/kernel-3.10.0-327.el7.src.rpm

CentOS 7の元になっているRHEL 7のソースコードは、CentOSのソースコードとして上記URLで提供されているとのことが、RedHat社のサイトに記載されています。

> Where does the RHEL 7 source code live?
> https://lwn.net/Articles/603865/
> http://ftp.redhat.com/redhat/linux/enterprise/7Server/en/os/README

CentOSカーネルのカスタマイズ

CentOS 7のカーネルをさらにカスタマイズする場合は、ソースコードをダウンロードした後、以下の手順で行います。なお、実行例において使用しているコマンドは、次章以降で順次解説していきます。

CentOS 7カーネルのカスタマイズとビルド

```
[...]$ rpm -ivh kernel-3.10.0-327.el7.src.rpm

[...]$ cd ~/rpmbuild/SPECS

[... SPECS]$ rpmbuild -bp kernel.spec

[... SPECS]$ cd ../BUILD/kernel-3.10.0-327.el7/linux-3.10.0-327.el7.centos.x86_64

[... linux-3.10.0-327.el7.centos.x86_64]$ ls -F
COPYING          REPORTING-BUGS       extra_certificates   modules.builtin    tools/
```

```
CREDITS          System.map           firmware/        modules.order      usr/
Documentation/   arch/                fs/              net/               virt/
Kbuild           block/               include/         samples/           vmlinux*
Kconfig          centos-kpatch.x509   init/            scripts/           vmlinux.o
MAINTAINERS      centos-ldup.x509     ipc/             security/          x509.genkey
Makefile         configs/             kernel/          signing_key.priv
Module.symvers   crypto/              lib/             signing_key.x509
README           drivers/             mm/              sound/

[... linux-3.10.0-327.el7.centos.x86_64]$ cp /boot/config-3.10.0-327.el7.x86_64 .config
[... linux-3.10.0-327.el7.centos.x86_64]$ vi Makefile  ←❶
[... linux-3.10.0-327.el7.centos.x86_64]$ make menuconfig  ←❷
[... linux-3.10.0-327.el7.centos.x86_64]$ make
[... linux-3.10.0-327.el7.centos.x86_64]$ su
[... linux-3.10.0-327.el7.centos.x86_64]# make modules_install
[... linux-3.10.0-327.el7.centos.x86_64]# make install
```

❶EXTRAVERSIONを独自のものに変更
❷コンフィグレーションをカスタマイズ

　以上の作業により、新しいローダブルカーネルモジュールがビルドディレクトリの下から、**/lib/modules/新規カーネルバージョン/**の下にコピーされ、新しいinitramfsが/bootの下に生成され、新しいカーネルとコンフィグレーションファイルがビルドディレクトリの下から/bootの下にコピーされます。

　また、ブートローダGRUB2(➡ p.125)のコンフィグレーションファイルgrub.cfgにも、新しいカーネルのエントリが追加されます。

CentOSカーネルモジュールの生成

　使用するPCのハードウェアに対応するビデオドライバやネットワークドライバがCentOSに含まれていない場合は、正しい画面表示やネットワークの使用ができません。

　このような場合、ベンダーのサイト等からRPM形式やtar形式でカーネルバージョンに対応したバイナリが入手可能ならば、「/lib/modules/カーネルバージョン/」の下の該当するサブディレクトリにインストールします。

　しかし、現実には多様なカーネルバージョン毎にバイナリのカーネルモジュールが用意されているケースはほとんどありません。また、仮想化ソフトウェアのVirtualBoxのように、インストールするソフトウェアがカーネルモジュールを必要とする場合も、同様の理由でバイナリが提供されているケースはほとんどありません。

　このように、バイナリが提供されていない場合でも、ベンダーのサイトあるいはkernel.orgでバックポートされたカーネルモジュールのソースコードが提供されているケースがあります。そのソースコードをダウンロードしてカーネルモジュールをビルドし、インストールすることでデバイスや仮想化ソフトウェアが使用できるようになります。バックポートされたソースコードを利用する方法については、「10-2-3 標準でサポートされていないハードウェアへの対処方法」(➡ p. 485)を参照してください。

　カーネルモジュールを生成するためには、CentOS 7のカーネルソースコードをダウンロードした環境があれば、それを利用してビルドができます。また、カーネルモジュールをビルドするためのヘッダファイル等が含まれた**kernel-devel**パッケージが提供されています。カーネルソースコードがない場合でも、このパッケージを利用してビルドできます。

以下は、kernel-develパッケージを、yumコマンドでインストールする例です。インストール後に、lsコマンドでファイル一覧を表示しています（root権限で実行しています）。

yumコマンドでkernel-develパッケージをインストール

```
[...]# yum install kernel-devel
…（実行結果省略）…
[...]# ls /usr/src/kernels/
3.10.0-327.22.2.el7.x86_64

[...]# ls /usr/src/kernels/3.10.0-327.22.2.el7.x86_64/
Kconfig          arch       firmware   ipc      net       sound    vmlinux.id
Makefile         block      fs         kernel   samples   tools
Module.symvers   crypto     include    lib      scripts   usr
System.map       drivers    init       mm       security  virt
```

以下は、CentOS 7.2でkernel-develパッケージを利用する場合の例です。

VirtualBoxカーネルモジュールのビルド

```
[...]# export KERN_DIR=/usr/src/kernels/3.10.0-327.22.2.el7.x86_64/
[...]# make
```

NVIDIAビデオドライバのビルド

```
[...]# sh NVIDIA-Linux-x86_64-367.27.run --kernel-source-path /usr/src/kernels/
3.10.0-327.22.2.el7.x86_64
```

□ Chapter4 │ システムの起動と停止

4-2 システムのブートシーケンス

4-2-1 ブートシーケンス

　PCに電源を投入すると、設定されたブートデバイスの優先順位に従ってマザーボード上のBIOSあるいはUEFIがデバイスを検索し、最初に検知したブートローダを起動します。
　ブートローダ起動後のシステムの立ち上げシーケンスは、以下の通りです。

図4-2-1　CentOS 7のブートシーケンス

ブートローダ

　CentOS 7ではブートローダとして**GRUB2**が採用されており、GRUB2が設定ファイル**/boot/grub2/grub.cfg**を参照して、カーネル（vmlinuz）とinitramfsをメモリにロードし、vmlinuzの先頭部に連結されているmisc.oにより自己解凍を行い、カーネルのエントリポイントからプログラムの実行を開始します。
　CentOS 7.2をインストールした場合のカーネルとinitramfsは、以下のファイル名で格納されています。

- **カーネル**：/boot/vmlinuz-3.10.0-327.el7.x86_64
- **initramfs**：/boot/initramfs-3.10.0-327.el7.x86_64.img

カーネルは実行を開始すると、以下のような自身の初期化シーケンスを実行した後、「initramfs」を解凍・展開します。

- ページング機構の初期化
- スケジューラの初期化
- 割り込みベクタテーブルの初期化
- タイマの初期化

initramfs

initramfsは、ディスク内のルートファイルシステムをルートディレクトリ（/）にマウントするために、起動時にメモリにロードされる小さなルートファイルシステムです。

ユーザプロセスの作成

カーネルは一時的なルートファイルシステムとしてinitramfsをマウントすると、initプログラムを次の順番で検索して、最初のユーザプロセスである「init」を生成します。

「/sbin/init」→「/etc/init」→「/bin/init」→「/bin/sh」

CentOS 7では、/sbin/initが/lib/systemd/systemdへのシンボリックリンクとなっているので、systemdが最初のプロセス（PID=1）として生成されます。

> シンボリックリンクは、特定のファイルやディレクトリと結び付いたファイルを作成し、それを通じてリンク先のファイルやディレクトリを参照できるようにする仕組みです。シンボリックリンクについては、「5-3 ファイルの所有者管理と検索」（→ p.190）を参照してください。

デバイスファイルの作成

systemdはディスク内のルートファイルシステムと同じ内容のinitramfs内のsystemdユニット設定ファイルを参照して、ルートファイルシステムのマウントに必要なサービスを開始します。**systemd-udevd.service**により**udevd**が起動し、デバイスファイルが作成されます。

ルートファイルシステムの切り替え

systemdはディスク内のルートファイルシステムを**/sysroot**にマウントし、**initrd-switch-root.service**の実行により/sysrootに**chroot**（ルートディレクトリの変更）することで、ルートファイルシステムをinitramfsからディスク内のルートファイルシステムに切り替えます。

デーモンプロセスの起動

systemdは自身以外の稼働している全てのプロセスをいったん終了させ、システムコール**execv ("/sbin/init")**により、ディスク内のルートファイルシステムの「/sbin/init」を再実行します。

/sbin/initが/lib/systemd/systemdへのシンボリックリンクとなっているので、systemdが再実行され、今度はディスク内のルートファイルシステムの各ユニット設定ファイルの定義に従ってファイルシステムのマウントやスワップ領域の設定等のシステムの設定と各種サービスのためのデーモンプロセスの起動を行います。

以上の起動シーケンスの最後にログインプロンプトあるいはログイン画面が表示されて、ユーザがログインできる状態になります。

systemdとユニット設定ファイルについては、「4-4 systemdの仕組み」（➡ p.133）を参照してください。

4-2-2 initramfs

initramfsは、ディスク内に構築されたルートファイルシステムへアクセスするためのディスクのデバイスドライバやファイルシステムモジュールを含むディレクトリ構成として作成され、それをcpioでアーカイブし、gzipで圧縮したファイルです。ただし、ファイル名のサフィックスは「.gz」ではなく「.img」となっています。

initramfsは**dracut**コマンドによって作成されます。dracutコマンドは、「/proc/cpuinfo」ファイルを参照して搭載されているプロセッサの情報を取得し、プロセッサに対応するマイクロコードのアップデートがインストールされている場合は、initramfsの先頭部に「early cpio」と呼ばれるcpioファイルを連結します。

この場合、カーネルはinitramfsの実行の前に、early cpio内のマイクロコードのアップデートをメモリに展開します。マイクロコードのアップデートは**microcode_ctl**パッケージにより提供され、「/lib/firmware/intel-ucode」ディレクトリの下にインストールされます。

initramfsの内容

initramfsの内容を確認するには、**lsinitrd**コマンドを実行する方法と、initramfsを解凍・展開する方法があります。

lsinitrdコマンドによるinitramfsの内容の表示

```
[...]$ lsinitrd
Image: /boot/initramfs-3.10.0-327.el7.x86_64.img: 19M
========================================================================
Early CPIO image    ←early cpioが連結されている場合
…（マイクロコードの情報）…
========================================================================
Version: dracut-033-359.el7
…（以下に組み込まれているファイルやモジュールの情報が表示される）…
========================================================================
…（以下、デバイスファイル）…
drwxr-xr-x  12 root     root            0 Jun 19 22:57 .
crw-r--r--   1 root     root       5,  1 Jun 19 22:57 dev/console
crw-r--r--   1 root     root       1, 11 Jun 19 22:57 dev/kmsg
crw-r--r--   1 root     root       1,  3 Jun 19 22:57 dev/null
lrwxrwxrwx   1 root     root            7 Jun 19 22:57 bin -> usr/bin
…（以下、コマンド）…
-rwxr-xr-x   1 root     root       117616 Jun 19 22:57 usr/bin/ls
-rwxr-xr-x   1 root     root        79720 Jun 19 22:57 usr/bin/mkdir
-rwxr-xr-x   1 root     root        63008 Jun 19 22:57 usr/bin/mkfifo
-rwxr-xr-x   1 root     root        67152 Jun 19 22:57 usr/bin/mknod
-rwsr-xr-x   1 root     root        44232 Jun 19 22:57 usr/bin/mount
…（以下、systemd関連ファイル）…
-rwxr-xr-x   1 root     root      1489960 Jun 19 22:57 usr/lib/systemd/systemd
-rwxr-xr-x   1 root     root       275392 Jun 19 22:57 usr/lib/systemd/systemd-cgroups-agent
-rwxr-xr-x   1 root     root       301080 Jun 19 22:57 usr/lib/systemd/systemd-fsck
```

```
-rwxr-xr-x   1 root     root       278808 Jun 19 22:57 usr/lib/systemd/systemd-journald
-rwxr-xr-x   1 root     root        53920 Jun 19 22:57 usr/lib/systemd/systemd-modules-load
-rwxr-xr-x   1 root     root        28744 Jun 19 22:57 usr/lib/systemd/systemd-reply-password
-rwxr-xr-x   1 root     root       112448 Jun 19 22:57 usr/lib/systemd/systemd-shutdown
-rwxr-xr-x   1 root     root        53984 Jun 19 22:57 usr/lib/systemd/systemd-sysctl
-rwxr-xr-x   1 root     root       357304 Jun 19 22:57 usr/lib/systemd/systemd-udevd
… (以下、デバイスドライバモジュール) …
-rw-r--r--   1 root     root        76157 Nov 20  2015 usr/lib/modules/3.10.0-327.el7.x86_64/
kernel/drivers/scsi/sd_mod.ko
-rw-r--r--   1 root     root        35869 Nov 20  2015 usr/lib/modules/3.10.0-327.el7.x86_64/
kernel/drivers/scsi/sr_mod.ko
… (以下、ファイルシステムモジュール) …
drwxr-xr-x   2 root     root            0 Jun 19 22:57 usr/lib/modules/3.10.0-327.el7.x86_64/
kernel/fs/xfs
-rw-r--r--   1 root     root      1468709 Nov 20  2015 usr/lib/modules/3.10.0-327.el7.x86_64/
kernel/fs/xfs/xfs.ko
… (以降省略) …
```

　以上のように、ルートファイルシステムをマウントするのに必要なカーネルモジュールやコマンドが含まれていることが確認できます。

　lsinitrdコマンドを引数を付けずに実行した場合は、「/boot/initramfs-カーネルバージョン.img」ファイルの内容を表示します。「-f」オプションによりファイル名を指定することもできます。

　以下は、initramfsを解凍・展開して内容を確認する例です。まず、initramfsがearly cpio付きかどうかをfileコマンドで確認します。

initramfsの確認

```
[...]# file /boot/initramfs-3.10.0-327.el7.x86_64.img
/boot/initramfs-3.10.0-327.el7.x86_64.img: ASCII cpio archive (SVR4 with no CRC)   ←❶
/boot/initramfs-3.10.0-327.el7.x86_64.img: gzip compressed data, from Unix, ..(省略)..   ←❷
```

❶early cpio付きの場合の表示
❷early cpioなしの場合の表示

　次にinitramfsを解凍・展開します。early cpio付きのinitramfsの場合は、skipcpioコマンド（/usr/lib/dracut/skipcpio）でまずその部分を取り外します。

initramfsの解凍・展開

```
[...]# /usr/lib/dracut/skipcpio /boot/initramfs-3.10.0-327.el7.x86_64.img >
initramfs-3.10.0-327.el7.x86_64.gz   ←❶
[...]# cp /boot/initramfs-3.10.0-327.el7.x86_64.img initramfs-3.10.0-327.el7.x86_64.gz   ←❷
[...]# gunzip initramfs-3.10.0-327.el7.x86_64.gz   ←❸
[...]# cpio -i < gunzip initramfs-3.10.0-327.el7.x86_64   ←❹
```

❶early cpio付きの場合に実行する
❷early cpioなしの場合に実行する
❸gzip形式で圧縮されたinitramfsを解凍
❹解凍したcpio形式のinitramfsを展開

　initramfsの解凍と展開した場合は、必要な変更を加えた後、**cpio**コマンドで再びアーカイブし、gzipで圧縮して再作成することもできます。

initramfsの作成

initramfsは以下の場合に自動的に作成されます。

(1) CentOS 7のインストール時
(2) 新しいバージョンのカーネルパッケージのインストール時
(3) カーネルコンフィグレーション手順の最後に「make install」コマンドを実行した時

　(1)および(2)の場合は、カーネルパッケージに含まれているpostinstallスクリプトのなかでdracutコマンドが実行されて、対応するカーネルバージョンのintramfsが作成されます。
　(3)の場合は、以下のシーケンスで最終的にdracutコマンドにより/bootディレクトリの下に作成されます。

①make install
②arch/x86/boot/install.sh
③/sbin/installkernel
④/sbin/dracut

　また、手作業でdracutコマンドを実行して作成することもできます。インストールするハードウェア構成に対応して、デフォルト以外のカーネルモジュールを追加してinitramfsに組み込む場合等に実行します。

dracutコマンド

　dracutは従来から提供されていたmkinitrdを改善したシェルスクリプトです。デフォルトでは汎用的なinitramfsを生成します。
　SUSI、USB、RAID、LVMに対応したドライバモジュール、またext4、xfs等のファイルシステムモジュールを含みます。
　また、**dracut**コマンドに「--hostonly」オプションを指定することにより、現行のシステムにカスタマイズされた小さなinitramfsを生成することができます。
　システムブート時にはinitramfsはudevを参照して、システムのデバイスに必要なモジュールをメモリにロードします。

initramfsの生成
dracut [オプション] [出力ファイル名 [カーネルバージョン]]

表4-2-1　dracutコマンドのオプション

オプション	説明
--kver [バージョン]	カーネルバージョンを指定
-f、--force	ファイルへの上書きを許可する
--add-drivers [リスト]	カンマ区切りでリストに指定したカーネルのドライバモジュールを追加して組み込む
-H、--hostonly	現在のホストに必要なものだけを組み込む
--early-microcode	early microcodeを組み込む
--no-early-microcode	early microcodeを組み込まない

出力ファイル名を指定しなかった場合のデフォルトのファイル名は、「/boot/initramfs-カーネルバージョン.img」となります。
　カーネルの複数のバージョンがインストールされている場合、どのバージョンに対応したファイルを生成するかを指定します。カーネルバージョンを指定しなかった場合は、稼働中のカーネルのバージョンが使用されます。

initramfsの生成

```
[...]# dracut ./initramfs-3.10.0-327.el7.x86_64.img 3.10.0-327.el7.x86_64
```

　上記の例では、現在のディレクトリの下に、「initramfs-3.10.0-327.el7.x86_64.img」ファイルが生成されます。
　dracutは、「/lib/modules/カーネルバージョン」の下のカーネルモジュールを組み込みます。したがって、この例の場合は「/lib/modules/3.10.0-327.el7.x86_64」ディレクトリが既に作成され、その下にカーネルモジュールが作成されている必要があります。

Plymouthによるグラフィカルブート

　GRUB2によるカーネルの起動時に、カーネルオプション**rhgb**（RedHat Graphical Boot）、あるいは**splash**を指定することにより、立ち上げ中にコンソール画面にグラフィカルな表示をすることができます。これはグラフィカルブートプログラムである**Plymouth**（プリマス）により行われ、CentOS 7ではデフォルトの設定になっています。

UEFI環境でのgrub.cfgの例（抜粋）

```
linuxefi /boot/vmlinuz-3.10.0-327.el7.x86_64 root=UUID=1bb6add3-aa65-43fc-8fdc-a70dbb9c637e ro rhgb quiet
```

　なお、rhgbあるいはsplashオプションを指定しない場合、コンソール画面には立ち上げ時のメッセージはテキストで表示されます。
　上記の指定によりinitramfsのなかでplymouthdが起動し、コンソール画面にグラフィカルな表示が行われます。CentOS 7では表示のテーマは、「charge」「text」「details」の3種類があり、chargeがデフォルトです。

図4-2-2 charge

図4-2-3　text

図4-2-4　details

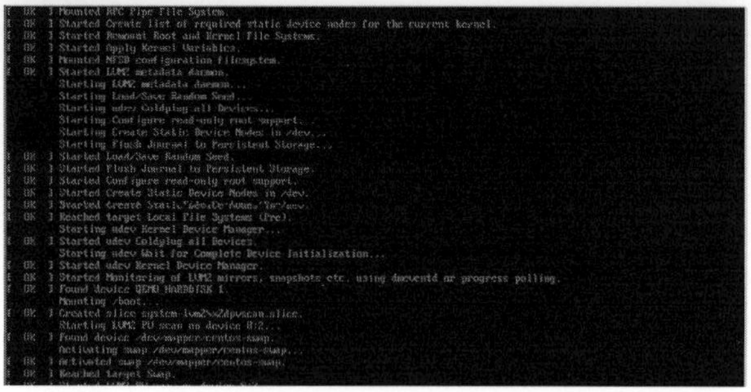

　現在のテーマの表示や変更は、**plymouth-set-default-theme**コマンドで行うことができます。

テーマの表示・変更
plymouth-set-default-theme [オプション] [テーマ]

　オプションやテーマを指定しないで実行すると、現在のテーマが表示されます。

現在のテーマの表示
```
[...]$ plymouth-set-default-theme
charge
```

　--listオプションの指定により、使用可能なテーマを表示します。

使用可能なテーマの表示
```
[...]$ plymouth-set-default-theme --list
charge
details
text
```

　テーマの変更はinitramfsの再作成となるため、現在のinitramfsのバックアップを取ってから行うことをお勧めします。

現在のテーマをtextに変更

```
[...]# cd /boot
[...]# cp initramfs-3.10.0-327.el7.x86_64.img initramfs-3.10.0-327.el7.x86_64.img.backup
[...]# plymouth-set-default-theme --rebuild-initrd text
```

　Plymouthはinitramfsのなかから起動されます。initramfsのなかから起動されるjournaldやudevd等のデーモン/サービスは、ルートファイルシステムを切り替える時にいったん停止され、systemdの再実行の後に再び起動されますが、Plymouthはルートファイルシステムの情報を更新してそのまま稼働を続けることで、画面の表示を継続します。

4-3 ブートローダの設定

4-3-1 BIOS

　PCの電源投入後、BIOSあるいはUEFIがブートローダGRUB2を読み込んで起動します。BIOSの場合は、起動ディスクの先頭ブロックのブートローダを起動します。UEFIの場合は、NVRAMのブートエントリに設定された優先順位に従って、UEFIパーティションのブートローダを起動します。GRUB2の起動後の処理シーケンスは、BIOSとUEFIで異なります。

　BIOS（Basic Input/Output System）は、PCのマザーボード上のNVRAM（Non Volatile RAM：不揮発性メモリ）に格納されたプログラム（ファームウェア）です。PCの電源を投入するとBIOSは設定されたデバイスの優先順位に従ってディスクの先頭ブロックにあるMBR（Master Boot Record）内のブートローダを検索し、最初に検知したデバイスのローダを起動します。

図4-3-1　BIOSからのブートシーケンス

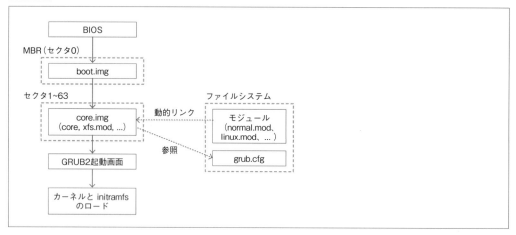

4-3-2 UEFI

　EFI（Extensible Firmware Interface）はBIOSにかわるファームウェア規格で、大容量ディスクへの対応（GPT）、セキュリティの強化（Secure Boot）、ネットワークを介したリモート診断等、機能が拡張されています。Intel社によって開発され、現在はUnified EFI Forumによって管理されています。名前もUEFI（Unified Extensible Firmware Interface）と変わりましたが、一般的にEFIもUEFIも同じ意味を指すものとして使用されています。

　UEFIからOSをブートする時は、NVRAMのブートエントリに設定された優先順位に従って、GPTのEFI System Partitionに格納されているブートローダを起動します。この点がMBR内のブートローダを起動するBIOSの場合と異なります。

図4-3-2　UEFIからのブートシーケンス

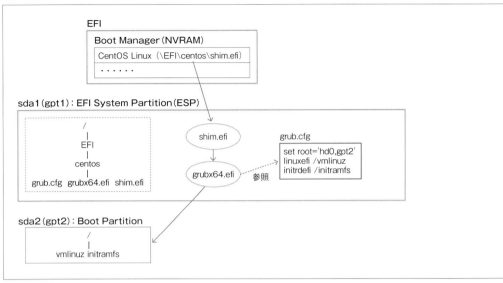

GPT（GUID Partition Table）は、MBR（Master Boot Record）にかわるハードディスクのパーティションの規格であり、EFI（Extensible Firmware Interface）の機能の1つです。大容量ハードディスクに対応する規格としてIntel社が提唱しました。

GPTについては、「6-1 パーティションとパーティショニングツール」（→ p.282）を参照してください。

EFIブートエントリの編集

EFIのブートエントリはPCの電源投入時のEFI画面以外に、CentOS 7が立ち上がった後に**efibootmgr**コマンドで表示・変更ができます。

EFIブートエントリの編集
efibootmgr [オプション]

表4-3-1　efibootmgrコマンドのオプション

オプション	説明
-b、--bootnum	ブートエントリ番号の指定
-c、--create	新規ブートエントリの作成
-l、--loader	ローダ（ローダのパス名）を指定
-p、--part	EFIパーティションのパーティション番号を指定
-v、--verbose	詳細表示
-B、--delete-bootnum	ブートエントリの削除
-L、--label	ブートエントリ名の指定

以下は、1台のディスクにWindowsとCentOS 7.2がインストールされたマルチブートの設定で、EFIパーティション（/dev/sda1）がデフォルトの/boot/efiにマウントされている場合の例です。

/boot/efi/EFI/以下のファイルを表示

```
[...]# ls -F /boot/efi/EFI/
Boot/   Microsoft/   centos/
```

EFIブートエントリを表示

```
[...]# efibootmgr
BootCurrent: 0001
Timeout: 0 seconds
BootOrder: 0000,0001
Boot0000* Windows Boot Manager
Boot0001* centos
```

EFIブートエントリの詳細を表示

```
[...]# efibootmgr -v
BootCurrent: 0001
Timeout: 0 seconds
BootOrder: 0000,0001
Boot0000* Windows Boot Manager   HD(1,800,96000,ed04135b-…(省略)…)File(\EFI\Microsoft\
Boot\bootmgfw.efi)…(省略)…
Boot0001* centos   HD(1,800,96000,ed04135b-bd79-4c7c-b3b5-b0f9c2fe6826)
File(\EFI\centos\shim.efi)
```

EFIブートエントリの起動順序（BootOrder）を変更

```
[...]# efibootmgr -o 0001,0000
```

セキュアブート非対応のEFIブートエントリを新規に作成

```
[...]# cp -r /boot/efi/EFI/centos /boot/efi/EFI/centos7.2
[...]# efibootmgr -c -p 1 -l '\EFI\centos7.2\grubx64.efi' -L CentOS7.2-grubx64
BootCurrent: 0001
Timeout: 0 seconds
BootOrder: 0002,0001,0000
Boot0000* Windows Boot Manager
Boot0001* centos
Boot0002* CentOS7.2-grubx64   ←新規に追加されたエントリ
```

EFIブートエントリ（Boot0002）を削除

```
[...]# efibootmgr -b 0002 -B
```

4-3-3 GRUB2

GRUB2はGRUB Legacy (GRUB1) の後継として開発されたブートローダです。
BIOS環境とUEFI環境に対応し、GRUB2に組み込まれたinsmodコマンドにより指定されたモジュールを動的ロードする機能を持ちます。

図4-3-3　GRUB2起動画面

上記の起動画面下部のメッセージに表示されている通り、[e]（edit）キーの入力によりgrub.cfgの編集が、[c]（command）キーの入力によりgrubコマンドを実行することができます。

「e」を入力後にカーネル起動のエントリを編集

```
linux16 /vmlinuz-3.10.0-327.el7.x86_64 …（省略）… quiet LANG=ja_JP.UTF-8 3
↑行末に「3」を追加してmulti-userターゲットを指定
（[Ctrl]＋[X]を入力してOSを起動）
```

上記のように、GRUB2の起動画面で指定したターゲットはsytemdのデフォルトターゲットより優先します。

「c」を入力後にgrubコマンドを実行

```
grub> help    ←コマンド一覧の表示
.                [ EXPRESSION ]
acpi             all_functional_test
…（以降省略）…

grub> lsmod    ←ロードされているモジュール一覧の表示
Name     Ref Count    Dependencies
minicmd  1
help     1            normal, extcmd
loadenv  1            extcmd, disk
disk     2
test     1
…（以降省略）…

grub> reboot   ←起動画面に戻る
```

BIOS起動の場合

　GRUB2は、**boot.img**と**core.img**および動的にロードされる複数のモジュールから構成されます。GRUB2のインストール時にboot.imgがディスクの先頭ブロック512バイトの領域（MBR）に書き込まれます。また、GRUB2のベースコードと/bootのファイルシステムモジュール（例：xfs.mod）等を含むcore.imgが生成され、core.imgはMBRの直後の領域に書き込まれます。

　BIOSから読み込まれたboot.imgがcore.imgを読み込み、core.imgは「/boot/grub2/」ディレクトリ以下に置かれているモジュール（xx.mod）をファイルシステムのファイルとして読み取り、ロード/リンクします。

EFI起動の場合

　GRUB2は、FAT32あるいはvfatでフォーマットされたEFIパーティションのなかの「EFI/centos/」ディレクトリの下の**shim.efi**ファイルと**grubx64.efi**ファイルに格納されます。

　この2つのファイルはLinuxの実行形式であるELFではなく、Windowsの実行ファイル形式であるPortable Executable（PE）です。

▷shim.efi

　EFIがブートエントリを参照して呼び出す第一ステージのブートローダです。UEFI signing serviceにより署名されたデジタル証明書が組み込まれ、セキュアブートに対応しています。第二ステージのブートローダであるgrubx64.efiを呼び出します。

▷grubx64.efi

　第一ステージのブートローダshim.efiから呼び出される第二ステージのブートローダです。grub.cfgを読み込んでGRUB2起動画面を表示します。grub.cfgの設定に従ってカーネルとinitramfsをメモリにロードし、カーネルを起動します。セキュアブート非対応で使用するのであれば、UEFIからこのgrubx64.efiを直接呼び出すこともできます。

セキュアブート

　セキュアブートはUEFIに組み込まれている公開鍵によって、ブートローダ内のデジタル証明書を検証することで不正なプログラム（ブートローダ）の起動を防ぐ仕組みです。セキュアブートを利用する場合は、UEFIの設定画面でセキュアブートの設定を有効にします。

　UEFIには以下の公開鍵のいずれかが組み込まれている、あるいは組み込むことが考えられますが、Windowsがプリインストールされて市販されているPCのUEFIには、（1）のMicrosoft社の公開鍵が組み込まれています。

（1）Microsoft社の公開鍵
（2）Linuxディストリビューションベンダーの公開鍵
（3）利用者の公開鍵（UEFIに利用者の公開鍵を組み込む仕組みが提供されている場合）

　CentOS 7をUEFIから起動した場合の第一ステージのブートローダshim.efiには、UEFI signing serviceによりMicrosoft CA（Cerification Authority：認証局）の秘密鍵によって署名されたデジタル証明書（X509v3証明書）が組み込まれています。

　UEFI設定画面でセキュアブートを有効にして起動した場にもかかわらず、ブートローダに正し

いデジタル証明書が組み込まれていなかった場合は、以下のようなエラーメッセージが表示されて起動することはできません。

セキュアブートのエラーメッセージ例

```
Secure Boot Violation
Invalid signature detected. Check SecureBoot Policy in Setup
```

設定ファイルとディレクトリ

GRUB2の主なディレクトリと設定ファイルは以下の通りです。

表4-3-2 GRUB2の主なディレクトリと設定ファイル

ディレクトリ/ファイル	BIOS	UEFI	説明
/boot/grub2/	○	○	設定ファイルとモジュールの置かれたディレクトリ
/boot/grub2/grub.cfg	○	○	設定ファイル。grub2-installで生成された/boot/efi/EFI/centos/grubx64.efiもこのファイルを参照する
/boot/grub2/i386-pc/	○	−	core.imgに静的あるいは動的にリンクされるモジュールが置かれたディレクトリ。core.imgもここに生成される
/usr/lib/grub/i386-pc/	○	−	モジュールの置かれたディレクトリ。この下のモジュールがgrub2-installコマンドの実行時に/boot/grub2/i386-pc/の下にコピーされる
/boot/grub2/x86_64-efi/	−	○	grubx64.efiに静的あるいは動的にリンクされるモジュールが置かれたディレクトリ。core.efiがここに生成され、/boot/efi/EFI/centos/grubx64.efiにコピーされる
/usr/lib/grub/x86_64-efi/	−	○	モジュールの置かれたディレクトリ。この下のモジュールがgrub2-installの実行時に/boot/grub2/x86_64-efi/の下にコピーされる
/boot/efi/EFI/centos/	−	○	設定ファイルとブートローダの置かれたディレクトリ
/boot/efi/EFI/centos/grub.cfg	−	○	設定ファイル。grub2-efiパッケージからインストールされた/boot/efi/EFI/centos/grubx64.efiはこのファイルを参照する
/etc/grub.d/	○	○	設定ファイルgrub.cfgの生成時に実行されるスクリプトが置かれたディレクトリ。この下のシェルスクリプトが/etc/default/grubファイルの変数定義を参照してgrub.cfgの各パートの記述行を生成する
/etc/default/grub	○	○	設定ファイルgrub.cfgの生成時に/etc/grub.d/の下のスクリプトから参照される変数の値を設定する

表4-3-3 主なGRUB2コマンド

コマンド	BIOS	UEFI	説明
insmod	○	○	モジュールの動的ロード
set	○	○	変数の設定
linux16	○	−	Intelアーキテクチャのカーネルを16ビット リアルモードで起動。カーネルはその後プロテクトモードに移行する
initrd16	○	−	linux16コマンドでカーネルを起動する場合に、カーネルが利用するinitramfsを指定
linuxefi	−	○	UEFIのブートパラメータをカーネルに渡して、カーネルを起動
initrdefi	−	○	linuxefiコマンドでカーネルを起動する場合に、カーネルが利用するinitramfsを指定

上記のように、BIOS環境でカーネルを起動するGRUB2コマンドは「linux」ではなく「linux16」、initramfsの指定は「initrd」ではなく「initrd16」と記述します。「linux」および「initrd」はARMやIBM Powerシリーズ等、Intelアーキテクチャ以外のカーネルの場合に使用します。

BIOS起動での設定ファイルgrub.cfgの例（抜粋）

```
### BEGIN /etc/grub.d/10_linux ###
menuentry 'CentOS Linux (3.10.0-327.el7.x86_64) 7 (Core)' …（省略）… {
        insmod part_msdos
        insmod xfs
        set root='hd0,msdos1'
        linux16 /vmlinuz-3.10.0-327.el7.x86_64 root=/dev/mapper/centos-root ro crashkernel=auto rd.lvm.lv=centos/root rd.lvm.lv=centos/swap rhgb quiet LANG=ja_JP.UTF-8
        initrd16 /initramfs-3.10.0-327.el7.x86_64.img
}
```

インストール時のGRUB2（core.img）には、part_msdosモジュールとxfsモジュールは組み込み済みなので、インストール時に生成されるgrub.cfgファイルのなかの「insmod part_msdos」と「insmod xfs」は実際には記述が不要な行ですが、入っていても問題ありません。

UEFI起動での設定ファイルgrub.cfgの例（抜粋）

```
### BEGIN /etc/grub.d/10_linux ###
menuentry 'CentOS Linux (3.10.0-327.el7.x86_64) 7 (Core)' …（省略）… {
        insmod part_gpt
        insmod xfs
        set root='hd0,gpt9'
        linuxefi /boot/vmlinuz-3.10.0-327.el7.x86_64 root=/dev/sda9 ro rhgb quiet LANG=ja_JP.UTF-8
        initrdefi /boot/initramfs-3.10.0-327.el7.x86_64.img
}
### END /etc/grub.d/10_linux ###
```

インストール時のGRUB2（grubx64.efi）には、part_gptモジュールとxfsモジュールは組み込み済みなので、インストール時に生成されるgrub.cfgファイルのなかの「insmod part_gpt」と「insmod xfs」は実際には記述が不要な行ですが、入っていても問題ありません。

grub2-mkconfigコマンド

grub2-mkconfigは、設定ファイルgrub.cfgを生成するコマンドです。grub2-mkconfigを引数なしで実行すると、設定ファイルの内容を標準出力に出力します。

grub.cfgを作成するには、「grub2-mkconfig > grub.cfg」として実行するか、「-o」オプションにより出力ファイルを指定して、「grub2-mkconfig -o grub.cfg」を実行します。生成されたgrub.cfgではデバイス番号は0から始まり、パーティション番号は0からではなく1から始まるので注意してください。

grub.cfgがなく、CentOS 7が立ち上がらなくなった場合は、DVDからレスキューモードで立ち上げてコマンドを実行します。grub2-mkconfigコマンドは、/etc/grub.d/ディレクトリの下のシェルスクリプトを実行します。各シェルスクリプトは/etc/default/grubファイルを参照してgrub.cfgの各パートの記述行を生成します。

/etc/grub.d/の下に置かれているシェルスクリプト

```
[...]# ls -F /etc/grub.d
00_header*    01_users*    20_linux_xen*      30_os-prober*    41_custom*
00_tuned*     10_linux*    20_ppc_terminfo*   40_custom*       README
```

「10_linux」は現行のCentOS 7のカーネルの起動行とinitramfsの指定行を生成します。「30_os-prober」はディスク内を検索してインストールされている他のOSのエントリを生成します。

/etc/default/grubファイルの例

```
[...]# cat /etc/default/grub
GRUB_TIMEOUT=5
GRUB_DISTRIBUTOR="$(sed 's, release .*$,,g' /etc/system-release)"
GRUB_DEFAULT=saved
GRUB_DISABLE_SUBMENU=true
GRUB_TERMINAL_OUTPUT="console"
GRUB_CMDLINE_LINUX="crashkernel=auto rd.lvm.lv=centos/root rd.lvm.lv=centos/swap rhgb quiet"
GRUB_DISABLE_RECOVERY="true"
```

BIOS環境の場合（/boot/grub2/の下に作成）

```
[...]# grub2-mkconfig > /boot/grub2/grub.cfg
```

UEFI環境でgrubx64.efiをパッケージgrub2-efiからインストールした場合（/boot/efi/EFI/centos/の下に作成）

```
[...]# grub2-mkconfig > /boot/efi/EFI/centos/grub.cfg
```

CentOS 7をインストールした場合は、**grub2-efi**パッケージからインストールされます。

UEFI環境でgrubx64.efiをgrub2-installコマンドで生成した場合（BIOSの場合と同じく/boot/grub2/の下に作成）

```
[...]# grub2-mkconfig > /boot/grub2/grub.cfg
```

GRUB2のインストール

GRUB2のローダが破損したり、あるいはLinuxのインストール時に正しくインストールされなかった場合等は、以下の手順を実行して修復します。CentOS 7が立ち上がらなくなった場合は、DVDからレスキューモードで立ち上げてコマンドを実行します。

□ BIOS環境の場合

BIOS環境の場合、GRUB2のインストールするには、**grub2-install**コマンドにデバイス名を指定して実行します。以下はデバイスを「/dev/sda」に指定した時の処理シーケンスです。

GRUB2のインストール（BIOS）

grub2-install [デバイス名]

図4-3-4 grub2-installの処理シーケンス

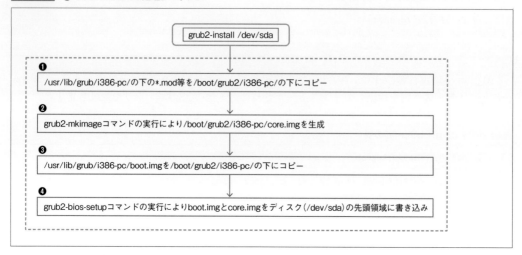

❷のcore.img生成時には、以下のモジュールがスタティックリンクされてcore.imgに組み込まれます。

boot、bufio、crypto、datetime、disk、extcmd、fshelp、gettext、
gzio、loadenv、minicmd、net、normal、prority_queue、terminal、test

また、現行のシステム環境に合わせて、/bootを含むファイルシステムのモジュール（例：xfs.mo）とディスクパーティションのタイプに対応したモジュール（例：part_msdos.mo, biosdisk.mo）もスタティックリンクされてcore.imgに組み込まれます。

/dev/sdaにGRUB2をインストール

```
[...]# grub2-install /dev/sda
Installing for i386-pc platform.
Installation finished. No error reported
```

□ UEFI環境の場合

UEFI環境の場合、GRUB2をインストールするには以下の2通りの方法があります。

(1)「yum reinstall grub2-efi」を実行
(2)「grub2-install」を実行

(1)の場合は、grub2-efiパッケージから/boot/efi/EFI/centos/grubx64.efiが再インストールされます。grub2-efiパッケージのgrubx64.efiは、通常で必要とされるほとんどのモジュールを含んでいます。含まれているモジュールは以下の通りです。

all_video、boot、btrfs、cat、chain、configfile、echo、efifwsetup、
efinet、ext2、fat、font、gfxmenu、gfxterm、gzio、halt、hfsplus、iso9660、
jpeg、loadenv、lvm、mdraid09、mdraid1x、minicmd、normal、part_apple、
part_msdos、part_gpt、password_pbkdf2、png、reboot、search、

search_fs_uuid、search_fs_file、search_label、sleep、syslinuxcfg、
test、tftp、regexp、video、xfs

grub2-efiパッケージの再インストール

```
[...]# yum reinstall grub2-efi
…（実行結果省略）…

[...]# ls -l /boot/efi/EFI/centos/grubx64.efi
-rwx------. 1 root root 1009536  1月  6  2016 /boot/efi/EFI/centos/grubx64.efi
```

（2）の場合は、grub2-installコマンドにより「/boot/grub2/x86_64-efi/core.efi」が生成され、それが「/boot/efi/EFI/centos/grubx64.efi」にコピーされます。この場合は、efiのモジュールの**grub2-efi-modules**パッケージを事前にインストールしておく必要があります。

grub2 EFIモジュールのインストール

```
[...]# yum install grub2-efi-modules
…（実行結果省略）…
```

以下は「grub2-install」を実行した時の処理シーケンスです。

図4-3-5 grub2-installの処理シーケンス

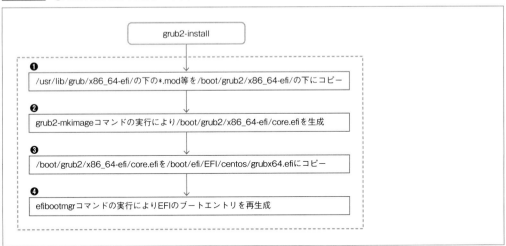

❷でのcore.efi生成時には、以下のモジュールがスタティックリンクされてcore.efiに組み込まれます。

boot、bufio、crypto、datetime、extcmd、fshelp、gettext、gzio、minicmd
net、normal、priority_queue、terminal、test、video

また、現行のシステム環境に合わせて、/bootを含むファイルシステムのモジュール（例：xfs.mo）と、ディスクパーティションのタイプに対応したモジュール（例：part_gpt.mo）もスタティックリンクされてcore.imgに組み込まれます。

GRUB2のインストール (EFI)

```
[...]# grub2-install
Installing for x86_64-efi platform.
Installation finished. No error reported.

[...]# ls -l /boot/efi/EFI/centos/grubx64.efi
-rwx------. 1 root root 121856  7月 14 16:14 /boot/efi/EFI/centos/grubx64.efi
```

スタティックリンクは、実行に必要なライブラリ等のプログラムコードを自プログラム内に組み込むリンク方式です。これに対してダイナミックリンクは、リンク情報のみを保持し、実行時にリンクされた外部プログラムを呼び出す方式です。

Chapter4 | システムの起動と停止

4-4 systemdの仕組み

4-4-1 systemdの採用

　Linuxカーネルが起動すると最初にカーネルの初期化が行われ、その最終段階でカーネルは1番目のユーザプロセス（PID=1）である**/sbin/init**を生成します。CentOS 7の/sbin/initでは従来のSysV initにかわり、**systemd**が採用されています。

　/sbin/initは、/lib/systemd/systemdへのシンボリックリンクであり、最初のユーザプロセスとして/lib/systemd/systemdが起動します。

/sbin/initのリンク先とsystemdのPIDを確認

```
[...]# ls -l /sbin/init
lrwxrwxrwx. 1 root root 22  4 月 30 01:53 /sbin/init -> ../lib/systemd/systemd
[...]# ps -ef |grep -E '^UID|systemd'
UID         PID  PPID  C STIME TTY          TIME CMD
root          1     0  0 5月08 ?        00:00:34 /usr/lib/systemd/systemd
--switched-root --system --deserialize 21
…（以降省略）…
```

> SysV initは1980年代後半にAT&TのUNIX System Vで最初に導入されたプログラムです。System VをSys Vと短縮した名前で呼ばれています。systemdはRedHat社のLennart Poettering氏とKay Sievers氏によって開発され、2011年にFedora15で最初にデフォルトのシステムとして採用されました。Lennart Poettering氏はAvahiとPulseAudioの、Kay Sievers氏はudevの開発者でもあります。

依存関係の定義によるサービス起動の並列処理

　systemdでは、SysV initの逐次処理によるサービスの起動とは異なり、サービス間の依存関係の定義によりサービスを並列に起動し、システムの起動時間を短縮します。また、シェルスクリプトによるサービスの起動ではなく、systemdが設定ファイルの参照により起動することでシェルのオーバーヘッドをなくし、処理を高速化します。

　以下は、ネットワークが利用可能になった後、FTPサーバvsftpd、メールサーバpostfix、Webサーバhttpdを順番に起動するSysV initの例です。

図4-4-1　SysV initのシェルスクリプトによるサービスの逐次起動

以下は、ネットワークが利用可能になった後、FTPサーバvsftpd、メールサーバpostfix、Webサーバhttpdを並列に起動するsystemdの例です。vsftpd、postfix、httpdはnetworkサービスに依存しますが、各サーバ間での依存関係はないため、並列に起動することができます。

図4-4-2　systemdによるサービスの並列起動

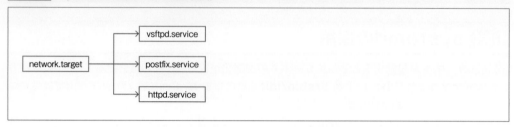

UnixソケットとD-busを使用したプロセス間通信

systemdでは依存関係によってサービスの起動と停止を行うため、状態取得、通知、起動、停止等のためのプロセス間の通信が必要です。これはUnixソケットを介して**D-bus**（Desktop Bus）に接続して行います。

D-busはlibdbusライブラリとdbus-daemonによって提供されるメッセージバスであり、複数のプロセス間通信を並列に処理することができます。D-busはsystemdによる通信の他に、デスクトップアプリケーション間の通信でも使用されています。

図4-4-3　systemdによるD-busを利用したプロセス間通信の例

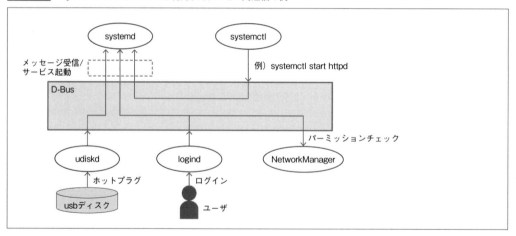

cgroupsによるプロセスの管理

systemdではプロセスID（PID）による管理ではなく、Linuxカーネルの**cgroups**（control groups）機能を利用してプロセスを管理します。プロセスは生成時に親プロセスと同じ**cgroup**に所属し、特権プロセス以外はプロセス終了まで自身が所属するcgroupから離脱することはできません。

systemdではcgroupに名前を付けて管理し、単一プロセスあるいは親プロセスとその子プロセスから成るサービスに対して、親プロセスの異常動作や強制終了等によって残された子プロセスの

場合も、プロセス生成時のcgroupの管理により停止や再起動の管理を行うことができます。

以下は、httpdサービスのcgroupの例です。リクエストに対して実際にサービスを行う子プロセスのhttpdは、設定ファイルhttpd.confのデフォルト設定によりユーザ「apache」が所有者となります。

表4-4-1 httpdサービスのcgroup

コマンド名	プロセスID	親プロセスID	所有者	cgroup名
httpd	3246	1	root	/system.slice/httpd.service
httpd	3250	3246	apache	/system.slice/httpd.service
httpd	3252	3246	apache	/system.slice/httpd.service
httpd	3253	3246	apache	/system.slice/httpd.service

以下は、ユーザ「yuko」がログインした時のcgroupの例です。ログイン時に生成される子プロセスのsshdと、そのsshdから生成されるbashは「yuko」が所有者となります。

表4-4-2 sshdサービスにログインした場合のcgroup

コマンド名	プロセスID	親プロセスID	所有者	cgroup名
sshd	23521	721	root	/user.slice/user-1000.slice/session-114.scope
sshd	23525	23521	yuko	/user.slice/user-1000.slice/session-114.scope
bash	23533	23525	yuko	/user.slice/user-1000.slice/session-114.scope

systemdは最初に生成されたプロセスとして、SysV initと同じくプロセス階層構造のルート（root）となりますが、それだけでなくシステムのサービス全体を管理、監視するフレームワークとなります。

systemdのバージョン

CentOS 7のリリース毎にsystemdのバージョンも異なっています。バージョンによって、systemdの管理コマンドであるsystemctl等の提供する機能に若干の差異があります。

表4-4-3 systemdのバージョン

CentOs 7リリース	systemdバージョン
CentOS 7.0	208-11
CentOS 7.1	208-20
CentOS 7.2	219-19
CentOS 7.3	219-30

4-4-2 systemdによるユニット単位での管理

systemdは**ユニット**（unit）によってシステムを管理します。ユニットにはハードウェア、ストレージデバイスのマウント（mount）、サービス（service）、ターゲット（target）等、12のタイプがあります。

表4-4-4 systemdのユニット

ユニット	説明
service	デーモンの起動と停止
socket	サービス起動のためのソケットからの受信
device	サービス起動のためのデバイス検知
mount	ファイルシステムのマウント
automount	ファイルシステムのオートマウント
swap	スワップ領域の設定
target	ユニットのグループ
path	サービス起動のためのファイル変更の検出
timer	サービス起動のためのタイマ
snapshot	ユニットの状態の一時的な保存
slice	リソース割り当てのためのcgroup slice
scope	systemdが生成したプロセス以外のプロセスのcgroup scope

表4-4-5 systemdのサービスの例

サービス	説明
udisks2	ディスクの自動マウントサービス
gdm	GDMディスプレイマネージャ
lightdm	LightDMディスプレイマネージャ
NetworkManager	NetworkManagerサービス
sshd	SSHサービス
vsftpd	VSFTPサービス
postfix	Postfixメールサービス
httpd	HTTP Webサービス

　systemdのターゲット（target）は どのようなサービスを提供するかなどのシステムの状態を定義します。SysV initのランレベルに相当します。

表4-4-6 systemdのターゲットとSysv initランレベル

systemdターゲット	Sysv-initランレベル	説明
default.target	デフォルトランレベル	デフォルトターゲット
poweroff.target	ランレベル0	電源オフ
rescue.target	ランレベル1	レスキューモード
multi-user.target	ランレベル3	マルチユーザモード
graphical.target	ランレベル5	グラフィカルモード（マルチユーザ+GUI）
reboot.target	ランレベル6	システム再起動

ユニットの設定ファイル

ユニットの設定ファイルは、**/usr/lib/systemd/system**ディレクトリと**/etc/systemd/system**ディレクトリに置かれています。/usr/lib/systemd/systemディレクトリ下のファイルはRPMパッケージに含まれているもので、インストール時に設定されます。

systemctlコマンドの実行により、ユニットの表示や設定の変更ができます。設定の変更を行った場合は/etc/systemd/systemディレクトリ下のファイルに反映します。また、/etc/systemd/systemが/usr/lib/systemd/systemより優先して参照されます。

4-4-3 systemdによる起動シーケンス

システムの起動時にカーネルから生成されたsystemdは、**default.target**をスタートします。通常、default.targetは「graphical.target」または「multi-user.target」へのシンボリックリンクです。

例えば、default.targetが**graphical.target**に設定されている場合、systemdはgraphical.targetからの依存関係を遡って起動を開始し、最終的にgraphical.targetまで立ち上げます。

図4-4-4は、graphical.targetあるいはrescue.targetまでを立ち上げる場合の起動シーケンスです。各ターゲットの設定ファイルは/usr/lib/systemd/systemディレクトリ以下に置かれており、systemdが各設定ファイルを参照して、依存関係に従って順番にターゲットを実行します。

graphical.targetのディスプレイマネージャがgdm（gdm.service）に設定されていてる場合は、起動シーケンスの最後にgdmによるログイン画面が表示されます。ディスプレイマネージャがlightdm（lightdm.service）に設定されていてる場合は、起動シーケンスの最後にlightdmによるログイン画面が表示されます。

default.targetが**multi-user.target**に設定されている場合は、graphical.targetは実行されず、multi-user.targetの実行の後にログインプロンプトが表示されます。

rescue.targetはシステムの設定変更や、障害発生時に修復を行うメンテナンスのためのモードです。通常はdefault.targetをrescue.targetに設定することはなく、次項で解説するようにブートローダの画面でこのターゲットを指定して立ち上げます。

各ターゲットについての詳細は、「4-5 systemctlコマンドによるターゲットの管理」（→ p.142）を参照してください。

図4-4-4 起動シーケンス

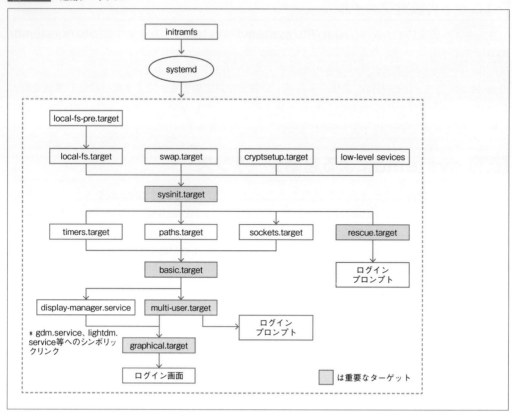

以下に、レスキューモード、マルチユーザモード、グラフィカルモードで立ち上げた場合のそれぞれの画面表示例を示します。

レスキューモード (rescue.target)

```
Welcome to rescue mode! Type "systemctl default" or ^D to enter default mode.
The "journalctl -xb" to view system logs. Type "systemctl reboot" to reboot.
Give root password for maintenance
(or type Control-D to continue):
```

上記の画面で、rootのパスワードを入力してログインします。

マルチユーザモード (multi-user.target)

```
CentOS Linux 7 (Core)
Kernel 3.10.0-327.el7.x86_64 on an x86_64
localhost login:
```

図4-4-5 グラフィカルモード (graphical.target)

4-4-4 systemctlコマンド

サービスやターゲット等、各ユニットの管理は**systemctl**コマンドによって行うことができます。

systemctlコマンドによるユニットの管理

systemctl [オプション] サブコマンド [ユニット名]

表4-4-7 systemctlコマンドのオプション

オプション	説明
-a、--all	非アクティブ (inactive) なユニットも含めて、ロード (load) されているユニットを全て表示
-l、--full	ユニット名等を省略しないで表示
-t、--type=タイプ	ユニットの一覧表示の場合、表示するユニットのタイプを指定 (例:-t target、-t service)
--no-pager	ページャを使用しないオプション

表4-4-8 systemctlコマンドの主なサブコマンド

サブコマンド	説明
start	ユニットを開始 (アクティブ化) する
restart	ユニットをリスタートする
stop	ユニットを停止 (非アクティブ化) する
status	ユニットの状態を表示する
enable	ユニットをenableにする。これによりシステム起動時にユニットは自動的に開始する
disable	ユニットをdisableにする。これによりシステム起動時にユニットは自動的に開始しない
isolate	ユニットおよび依存するユニットを開始し、他のユニットは全て停止する (稼働中のtargetを変更する場合に使用)
list-units	アクティブな全てのユニットを表示する (サブコマンド省略時のデフォルト)
list-unit-files	インストールされている全てのユニットを表示する
cat	ユニット設定ファイルの内容を表示 (バージョン209から)。例) systemctl cat sshd
edit	ユニット設定ファイルの内容を新規編集 (バージョン218から)。例) systemctl edit sshd

ユニット名を指定する時、ユニットのタイプがserviceの場合はサフィックス「.service」は省略できます。例えば「systemctl status httpd.service」は「.service」を省略し、「systemctl status httpd」として実行できます。

systemdパッケージには、bashの補完機能を利用するために、シェルスクリプト「/usr/share/bash-completion/completions/systemctl」が含まれています。systemctlコマンドの途中で[Tab]キーを押すことにより、この機能を利用してサブコマンドやユニット名を表示できます。

systemctlのbash補完機能の利用

```
[...]# systemctl [Tab]
add-requires        force-reload        list-sockets        set-environment
add-wants           get-default         list-timers         set-property
cancel              halt                list-unit-files     show
cat                 help                list-units          show-environment
condreload          hibernate           mask                snapshot
…（以降省略）…
```

アクティブなユニットを全て表示する

```
[...]# systemctl    ←「systemctl list-units」コマンドと同じ
  UNIT                          LOAD   ACTIVE SUB     DESCRIPTION
…（途中省略）…
  basic.target                  loaded active active  Basic System
  cryptsetup.target             loaded active active  Encrypted Volumes
  getty.target                  loaded active active  Login Prompts
  graphical.target              loaded active active  Graphical Interface
  local-fs-pre.target           loaded active active  Local File Systems (Pre)
  local-fs.target               loaded active active  Local File Systems
  multi-user.target             loaded active active  Multi-User System
  smartd.service                loaded active running Self Monitoring and Reporting
Technology (SMART) Daemon
  spice-vdagentd.service        loaded active running Agent daemon for Spice guests
  sshd.service                  loaded active running OpenSSH server daemon
  sysstat.service               loaded active exited  Resets System Activity Logs
  systemd-journal-flush.service loaded active exited  Flush Journal to Persistent
Storage
  systemd-journald.service      loaded active running Journal Service
  systemd-logind.service        loaded active running Login Service
…（途中省略）…
LOAD   = Reflects whether the unit definition was properly loaded.
ACTIVE = The high-level unit activation state, i.e. generalization of SUB.
SUB    = The low-level unit activation state, values depend on unit type.

146 loaded units listed. Pass --all to see loaded but inactive units, too.
To show all installed unit files use 'systemctl list-unit-files'.
```

以下の例は、「-a」オプションを指定して非アクティブ（inactive）なユニットも含めて、ロード（load）されているユニットを全て表示します。

ロード（load）されているユニットを全て表示する

```
[...]# systemctl list-units -a
  UNIT                     LOAD    ACTIVE  SUB    DESCRIPTION
…（途中省略）…
```

```
    remote-fs-pre.target           loaded    active   active   Remote File Systems (Pre)
    remote-fs.target               loaded    active   active   Remote File Systems
    rescue.target                  loaded    inactive dead     Rescue Mode
    rpcbind.target                 loaded    inactive dead     RPC Port Mapper
    shutdown.target                loaded    inactive dead     Shutdown
    slices.target                  loaded    active   active   Slices
    sockets.target                 loaded    active   active   Sockets
    sound.target                   loaded    active   active   Sound Card
    ...（以降省略）...
```

インストールされているユニットを全て表示する

```
[...]# systemctl list-unit-files
UNIT FILE                       STATE
...（途中省略）...
sshd-keygen.service             static
sshd.service                    enabled
sshd@.service                   static
sysstat.service                 enabled
...（途中省略）...
nfs-client.target               enabled
nss-lookup.target               static
nss-user-lookup.target          static
paths.target                    static
poweroff.target                 disabled
printer.target                  static
reboot.target                   disabled
remote-fs-pre.target            static
remote-fs.target                enabled
rescue.target                   disabled
...（途中省略）...
machine.slice                   static
system.slice                    static
user.slice                      static
avahi-daemon.socket             enabled
cups.socket                     enabled
dbus.socket                     static
...（途中省略）...
361 unit files listed.
```

上記の実行結果に表示されているように、ユニットのSTATE（設定状態）には「enabled」「disabled」「static」の3種類があります。

表4-4-9 ユニットの設定状態

STATE	説明
enabled	enableに設定されている。「systemctl enable」コマンドでenableに設定できる。ユニット設定ファイルの[install]セクションで「WantedBy=」で指定したユニット名の.wantsディレクトリの下に、このユニットへのシンボリックリンクが作成される
disabled	disableに設定されている。「systemctl disable」コマンドでdisableに設定できる。enableで作成されたシンボリックリンクは削除される
static	設定ファイルの[install]セクションで「WantedBy=」のオプション指定がないユニットの状態。basic.targetやその依存ユニット等、システム起動時の基本機能に含まれるユニットはこの状態に設定される。「systemctl enable」「systemctl disable」コマンドでは設定はできない

Chapter4 システムの起動と停止

4-5 systemctlコマンドによるターゲットの管理

4-5-1 ターゲット

ターゲットは、起動プロセスやサービス等、複数のユニットをグループ化したユニットです。

表4-5-1 主なターゲット

ターゲット	説明
default.target	システム起動時のデフォルトのターゲット。システムはこのターゲットまで立ち上がる。通常はmulti-user.targetあるいはgraphical.targetへのシンボリックリンク
local-fs-pre.target	カーネルがマウントしたルートファイルシステム等に対して、/etc/fstabに記述されたオプションを適用するためのremountサービス等が実行された後にこのターゲットが完了する
local-fs.target	/etc/fstabの記述に従い、ローカルファイルシステムのマウントを行う
swap.target	スワップパーティションおよびスワップファイルからスワップ領域のセットアップを行う
cryptsetup.target	暗号化ブロックデバイスのセットアップを行う
sysinit.target	システム起動時の初期段階のセットアップを行うターゲット
timers.target	テンポラリファイルの定期的削除等、各種サービスが利用するタイマのセットアップを行う
paths.target	特定のディレクトリやファイルを監視し、ファイルの生成等の検知により該当するサービスを起動する
sockets.target	各種サービスが使用するソケットファイルのセットアップを行う
rescue.target	障害発生時やメンテナンス時に管理者が利用するターゲット。管理者はrootのパスワードを入力してログインし、メンテナンス作業を行う
basic.target	システム起動時の基本的なセットアップを行うターゲット
multi-user.target	グラフィカルではない、テキストベースでのマルチユーザのセットアップを行うターゲット
graphical.target	グラフィカルログインをセットアップするターゲット

ターゲットは、**systemctl**コマンドにより管理します。以下はsystemctlコマンドに「list-units -t target --all」を指定することで、全てのターゲットを表示しています。

非アクティブ（inactive）も含めて全てのターゲットを表示

```
[...]# systemctl list-units -t target --all
UNIT                 LOAD   ACTIVE   SUB    DESCRIPTION
basic.target         loaded active   active Basic System
cryptsetup.target    loaded active   active Encrypted Volumes
emergency.target     loaded inactive dead   Emergency Mode
final.target         loaded inactive dead   Final Step
getty.target         loaded active   active Login Prompts
graphical.target     loaded active   active Graphical Interface
…（以降省略）…
```

4-5-2 デフォルトターゲットの表示と変更

以下は、サブコマンド**get-default**によるデフォルトターゲットの表示と、サブコマンド**set-default**による変更の例です。

デフォルトターゲットの表示と変更

```
[...]# cd /etc/systemd/system
[...]# ls -l default.target    ←シンボリックリンク先を確認
lrwxrwxrwx. 1 root root 36  4月 17 14:20 default.target -> /lib/systemd/system/graphical.target

[...]# cd /usr/lib/systemd/system
[...]# ls -l default.target    ←シンボリックリンク先を確認
lrwxrwxrwx. 1 root root 16  4月 17 13:55 default.target -> graphical.target

[...]# systemctl get-default   ←デフォルトターゲットを表示
graphical.target

[...]# systemctl set-default multi-user.target   ←デフォルトターゲットをmulti-userに変更
rm '/etc/systemd/system/default.target'
ln -s '/usr/lib/systemd/system/multi-user.target' '/etc/systemd/system/default.target'

[...]# systemctl get-default   ←デフォルトターゲットを表示
multi-user.target
```

ブートローダGRUB2画面でのターゲットの指定

ブートローダのカーネルコマンドラインオプション**systemd.unit**によって、「systemd.unit=multi-user.target」のように指定することもできます。あるいはカーネルコマンドラインの最後に「3」を付加することでランレベル3を指定することもできます。この場合はdefault.targetのシンボリックリンクより優先します。

4-5-3 稼働状態でのターゲットの変更

稼働状態でのターゲットを変更するには、サブコマンド**isolate**を使用します。これはSysV initでのinitコマンドによるランレベルの変更に相当します。

isolateコマンドは指定したターゲットおよびターゲットが依存するユニットをスタートし、新しいターゲットでenableに設定されていない他の全てのユニットをストップします。

現在のターゲット（最後にロードされたターゲット）を確認する

```
[...]# runlevel
N 5
[...]# systemctl status runlevel5.target
● graphical.target - Graphical Interface
   Loaded: loaded (/usr/lib/systemd/system/graphical.target; static; vendor preset: disabled)
   Active: active since 日 2016-06-05 11:46:22 JST; 1 weeks 4 days ago
     Docs: man:systemd.special(7)
…（以降省略）…
```

現在のターゲットをgraphical.targetに変更する（ランレベル5への移行に相当）

```
[...]# systemctl isolate graphical.target
```

現在のターゲットをmulti-user.targetに変更する（ランレベル3への移行に相当）

```
[...]# systemctl isolate multi-user.target
```

現在のターゲットをpoweroff.targetに変更する（poweroffコマンドの実行と同じ）

```
[...]# systemctl isolate poweroff.target
```

現在のターゲットをreboot.targetに変更する（rebootコマンドの実行と同じ）

```
[...]# systemctl isolate reboot.target
```

4-5-4 ターゲット設定ファイルとオプション

　ターゲット設定ファイルは、**/usr/lib/systemd/system**ディレクトリの下に「ターゲット名.target」のファイル名で置かれています。

　依存関係や起動順序はユニット設定ファイルのオプションにより指定します。ユニット設定ファイルのオプションは主にターゲット設定ファイルで使用されますが、WantedBy等、サービス設定ファイルで使用されるものもあります。

表4-5-2　ユニット設定ファイルの主なオプション

オプション	説明
Requires	このユニットが依存するユニットをRequires=で指定する。指定したユニットがアクティブにならない場合は、このユニットもアクティブにならない。Before、Afterの指定がない場合は同時に起動する ・graphical.targetの例）`Requires=multi-user.target`
Wants	このユニットが依存するユニットをWants=で指定する。指定したユニットがアクティブにならない場合でも、このユニットはアクティブになる。同じ設定を.wantsディレクトリの下にシンボリックリンクを作成することでも設定できる ・graphical.targetの例）`Wants=display-manager.service`
Conflicts	このユニットがアクティブになると、Conflicts=で指定したユニットは非アクティブになる。Conflicts=で指定したユニットがアクティブになると、このユニットは非アクティブになる ・graphical.targetの例）`Conflicts=rescue.target`
Before、After	Before=で指定したユニットの前にこのユニットが起動完了する。After=で指定したユニットの起動完了後にこのユニットが起動する。起動の順番：Afterユニット → このユニット → Beforeユニット ・graphical.targetの例）`After=multi-user.target`
Alias	systemctlでenableに設定すると、このユニットへのシンボリックがAlias=で指定した名前で作成される。disableに設定するとシンボリックリンクは削除される ・graphical.targetとmulti-user.targetの例）`Alias=default.target` ・gdm.targetとlightdm.targetの例）`Alias=display-manager.service`
WantedBy	systemctlでenableに設定すると、WantedBy=で指定したユニット名の.wantsディレクトリの下に、このユニットへのシンボリックリンクが作成される。disableに設定するとシンボリックリンクは削除される ・httpd.targetの例）`WantedBy=multi-user.target`

graphical.targetの設定ファイルを表示

```
[...]# cat /usr/lib/systemd/system/graphical.target
…(途中省略)…
[Unit]
Description=Graphical Interface
Documentation=man:systemd.special(7)
Requires=multi-user.target     ←❶
After=multi-user.target        ←❷
Conflicts=rescue.target
Wants=display-manager.service  ←❸
AllowIsolate=yes

[Install]
Alias=default.target           ←❹
```

❶multi-user.targetに依存
❷multi-user.targetの起動完了後にgraphical.targetを起動
❸graphical.targetが起動したら、display-manager.serviceも同時に起動
❹graphical.targetがenableになったら、シンボリックリンクdefault.targetを作成

multi-user.targetが依存（Wants）するサービス一覧を表示

```
[...]# ls -F /etc/systemd/system/multi-user.target.wants/
ModemManager.service@       auditd.service@           ksm.service@              rngd.service@
NetworkManager.service@     avahi-daemon.service@     ksmtuned.service@         rpcbind.service@
abrt-ccpp.service@          chronyd.service@          libstoragemgmt.service@   rsyslog.service@
abrt-oops.service@          crond.service@            libvirtd.service@         smartd.service@
abrt-vmcore.service@        cups.path@                mdmonitor.service@        sshd.service@
abrt-xorg.service@          hypervkvpd.service@       nfs.target@               sysstat.service@
abrtd.service@              hypervvssd.service@       postfix.service@          tuned.service@
atd.service@                irqbalance.service@       remote-fs.target@         vmtoolsd.service@
```

graphical.targetが依存するユニット（requiredとwanted）を再帰的に表示

```
[...]# systemctl list-dependencies graphical.target
graphical.target
├─accounts-daemon.service
├─firstboot-graphical.service
├─gdm.service
├─iprdump.service
├─iprinit.service
├─iprupdate.service
├─network.service
├─rtkit-daemon.service
├─systemd-update-utmp-runlevel.service
└─multi-user.target       ←❶
  ├─abrt-ccpp.service
  ├─abrt-oops.service
…（途中省略）…
  ├─basic.target          ←❷
  │ ├─alsa-restore.service
  │ ├─alsa-state.service
  │ ├─firewalld.service
…（以降省略）…
```

❶multi-user.targetが依存するユニットがこの下に展開される
❷multi-user.targetはbasic.targetに依存し、basic.targetが依存するユニットがこの下に展開される

4-6 systemctlコマンドによるサービスの管理

4-6-1 サービス

　サービスはデーモンの起動と停止を行うユニットです。**systemctl**コマンドによりサービスの状態表示、開始、終了を管理します。

httpd.serviceの状態表示とシステムブート時のサービス起動設定

```
[...]# systemctl status httpd.service       ←❶
● httpd.service - The Apache HTTP Server
   Loaded: loaded (/usr/lib/systemd/system/httpd.service; disabled)   ←❷
   Active: inactive (dead)   ←❸
…（以降省略）…

[...]# systemctl start httpd.service       ←❹
[...]# systemctl status httpd.service
● httpd.service - The Apache HTTP Server
   Loaded: loaded (/usr/lib/systemd/system/httpd.service; disabled)   ←❺
   Active: active (running) since 水 2016-04-22 19:35:27 JST; 4s ago   ←❻
 Main PID: 30454 (httpd)
   Status: "Processing requests...（省略）..."
   CGroup: /system.slice/httpd.service
           ├─30454 /usr/sbin/httpd -DFOREGROUND
           ├─30455 /usr/sbin/httpd -DFOREGROUND
           ├─30456 /usr/sbin/httpd -DFOREGROUND
           ├─30457 /usr/sbin/httpd -DFOREGROUND
           ├─30458 /usr/sbin/httpd -DFOREGROUND
           └─30459 /usr/sbin/httpd -DFOREGROUND
…（以降省略）…

[...]# systemctl enable httpd.service       ←❼
ln -s '/usr/lib/systemd/system/httpd.service' '/etc/systemd/system/multi-user.target.wants/httpd.service'   ←❽

[...]# systemctl status httpd.service
● httpd.service - The Apache HTTP Server
   Loaded: loaded (/usr/lib/systemd/system/httpd.service; enabled)   ←❾
   Active: active (running) since 水 2016-04-22 19:35:27 JST; 1min 10s ago
…（以降省略）…
```

❶httpdサービス（Apache）の状態を表示
❷disabled になっている
❸inactive（プロセスは起動していない）
❹httpdサービスをスタート
❺disabled になっている
❻active（プロセスは起動）
❼enabledに設定
❽multi-user.target.wantsディレクトリの下にhttpd.serviceへのシンボリックリンクが作成され、ターゲットのmulti-user.targetがhttpd.serviceを必要とする（依存する）設定になる
❾enabledになっている

4-6-2 サービス設定ファイルとオプション

サービス設定ファイルは、/usr/lib/systemd/systemディレクトリの下に「サービス名.service」のファイル名で置かれています。

サービス設定ファイルのオプションにより、起動するサーバプログラムや停止のためのコマンドを指定します。

表4-6-1　サービス設定ファイルの主なオプション

オプション	説明
ExecStart	起動するプログラムを必要な引数を付けて絶対パスで指定 ・httpd.serviceの例）ExecStart=/usr/sbin/httpd $OPTIONS -DFOREGROUND
ExecReload	設定ファイルの再読み込みをするコマンドを必要な引数を付けて絶対パスで指定 ・httpd.serviceの例）ExecReload=/usr/sbin/httpd $OPTIONS -k graceful
ExecStop	ExecStart=で指定したプログラムを停止するコマンドを必要な引数を付けて絶対パスで指定 ・httpd.serviceの例）ExecStop=/bin/kill -WINCH ${MAINPID}

httpd.serviceの設定ファイルを表示

```
[...]# cat /usr/lib/systemd/system/httpd.service
…（途中省略）…
[Service]
ExecStart=/usr/sbin/httpd $OPTIONS -DFOREGROUND
ExecReload=/usr/sbin/httpd $OPTIONS -k graceful
ExecStop=/bin/kill -WINCH ${MAINPID}
…（以降省略）…

[Install]
WantedBy=multi-user.target
```

この指定により、httpd.targetをenableにすると、/etc/systemd/system/multi-user.target.wants/ディレクトリの下にhttpd.serviceへのシンボリックリンクが作成されます。disableにするとシンボリックリンクは削除されます。

systemdはシステム立ち上げの初期段階で、sysinit.targetより前に**systemd-journald.service**と**systemd-udevd.service**を開始します。また、multi-user.targetより前に**systemd-logind.service**を開始します。

この3つのサービスは、STATE（設定状態）がstatic（静的）に設定され、systemctlコマンドによるenableおよびdisableの設定はできません。

- systemd-journald.serviceは、systemd-journaldデーモンを起動
- systemd-udevd.serviceは、systemd-udevdデーモンを起動
- systemd-logind.serviceは、systemd-logindデーモンを起動

journald、udevd、logindの稼働を確認

```
[...]# ps -ef | grep "/usr/lib/systemd/systemd-"
root       458     1  0 04:13 ?        00:00:00 /usr/lib/systemd/systemd-journald
root       491     1  0 04:13 ?        00:00:00 /usr/lib/systemd/systemd-udevd
root       632     1  0 04:13 ?        00:00:00 /usr/lib/systemd/systemd-logind
```

systemd-journald.serviceについては、「8-2 ログ管理、監視」(→ p.359) を参照してください。

4-6-3 systemd-udevdサービス

systemd-udevd.serviceは、デバイスにアクセスするための/devの下のデバイスファイルを動的に作成、削除するサービスです。

カーネルはシステム起動時あるいは稼働中に接続あるいは切断を検知したデバイスを/sysの下のデバイス情報に反映させ、ueventを**systemd-udevd**デーモンに送ります。

systemd-udevdデーモンはueventを受け取ると、/sysの下のデバイス情報を取得し、**/etc/udev/rules.d**と**/lib/udev/rules.d**の下の**.rules**ファイルに記述されたデバイス作成ルールに従って、/devの下のデバイスファイルを作成あるいは削除します。

カーネルのデバイス検知に伴うこの自動的なデバイスファイルの作成・削除の仕組みにより、管理者はデバイスファイルを手作業で作成や削除をする必要がありません。

図4-6-1 udevdによるデバイスファイルの作成と削除

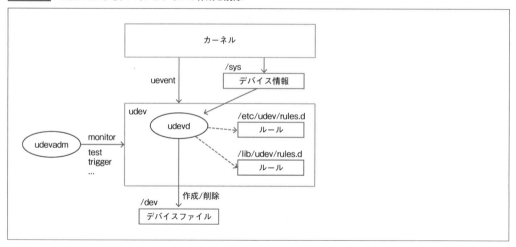

▷ /etc/udev/rules.dディレクトリ

デフォルトのUDEVルールを記述したファイルが配置されています。ほとんどはudevパッケージからインストールされたファイルです。ルールをカスタマイズする場合は、このディレクトリの下のファイルではなく、/lib/udev/rules.dディレクトリの下のファイルを編集します。

▷ /lib/udev/rules.d ディレクトリ

カスタマイズされたUDEVルールを記述したファイルが配置されています。ほとんどはudev以外のパッケージによってインストールされたファイルです。管理者がUDEVルールをカスタマイズする場合は、このディレクトリの下のファイルを編集します。

udevの管理コマンドとしてudevadmコマンドが提供されています。サブコマンドの指定により、udevに対するデバイス情報の問い合わせ、カーネルイベントのリクエスト、イベントキューの監視、udevdデーモンの内部ステートの変更、カーネルのueventとudevルールによって処理されるイベントの監視とデバイスパスの表示、イベントのシミュレートを行うことができます。

4-6-4 systemd-logindサービス

systemd-logind.serviceは、ユーザのログインを管理するサービスです。ユーザセッションの追跡およびセッションで生成されるプロセスの追跡、シャットダウン/スリープ操作に対するPolicyKitベースでの認可、デバイスへのアクセスに対する認可等を行います。

以下は、ディスプレイマネージャがgdmの場合のログインシーケンスの概略図です。gdmは**systemd-logind**デーモンを参照し、systemd-logindデーモンはpolkit.service（PolicyKitサービス）から起動される**polkitd**デーモンをD-Busを介して参照します。

図4-6-2　gdmからのログイン概略図

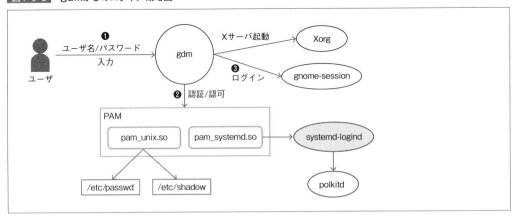

lightdm等、他のディスプレイマネージャの場合も類似したシーケンスとなります。

以下はmulti-user.targetの場合に、仮想端末（例：/dev/tty1）からログインするシーケンスです。従来からあるagetty、login等のプログラムを使用するので、このシーケンスのなかではsystemd-logindサービスは直接には参照されませんが、systemd-logindデーモンはカーネルの擬似ファイルシステム/sysを監視して、ユーザセッションの追跡およびセッションで生成されるプロセスの追跡を行います。

なお、multi-user.targetの場合はpolkit.serviceは停止します。

図4-6-3　仮想端末からのログイン

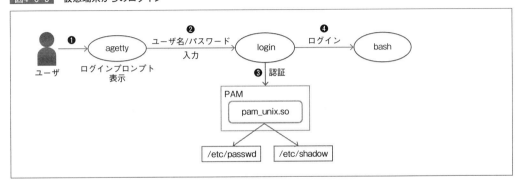

Chapter4 システムの起動と停止

4-7 システムのシャットダウンとリブート

4-7-1 シャットダウンとリブート

システムのシャットダウンやリブートは、**systemctl**コマンドに**isolate**サブコマンドとターゲットを指定することで行います。

表4-7-1 systemctlコマンドによる停止と再起動

コマンド	説明
systemctl isolate halt.target	マシンの停止
systemctl isolate poweroff.target	マシンの電源オフ
systemctl isolate reboot.target	マシンの再起動

runlevel0.targetはpoweroff.targetへの、runlevel6.targetはreboot.targetへのシンボリックリンクです。したがって、「systemctl isolate runlevel0.target」、「systemctl isolate runlevel6.target」も使用できます。

上記のsystemctlコマンドを実行すると、systemctlはD-Busを介してsystemdにメッセージ「halt」「poweroff」「reboot」を送信します。メッセージを受信したsystemdは並列に各ユニットの停止処理を行い、そのなかで依存関係にあるユニットについては起動時と逆の順に停止します。

また、Sysv initで提供されていた停止や再起動を管理するコマンドも、systemdの環境下で同じように利用することができます。

4-7-2 initコマンド

コマンド名が「init」として起動され、かつPIDが「1」でない場合は、initのシンボリックリンク先であるsystemdは、systemctlコマンドを「init 引数」として実行します。

initコマンドにhelpオプションを付けて実行

```
[...]# init --help
init [OPTIONS...] {COMMAND}

Send control commands to the init daemon.

    --help        Show this help
    --no-wall     Don't send wall message before halt/power-off/reboot

Commands:
  0             Power-off the machine
  6             Reboot the machine
  2, 3, 4, 5    Start runlevelX.target unit
  1, s, S       Enter rescue mode
```

```
    q, Q                    Reload init daemon configuration
    u, U                    Reexecute init daemon
```

initコマンドにランレベル0を指定して実行し、マシンの電源をオフにする

```
[...]# init 0
```

4-7-3 init以外のランレベル管理コマンド

　systemdデーモンへのシンボリックリンクであるinit以外、表4-7-2のコマンドは全て/bin/systemctlコマンドへのシンボリックリンクとなっています。

　シンボリックリンク先のsystemctlが呼び出されると、systemctlは呼び出されたコマンド名を判定して処理を行います。

表4-7-2　init以外のSysv init互換ランレベル管理コマンド

コマンド	説明
shutdown	マシンの停止、電源オフ、再起動を行う
telinit	ランレベルの変更を行う
halt	マシンの停止を行う
poweroff	マシンの電源オフを行う
reboot	マシンの再起動を行う
runlevel	1つ前と現在の稼働ランレベルを表示する

shutdown

shutdownコマンドで、マシンの停止、電源オフ、再起動を行うことができます。

マシンの停止、電源オフ、再起動
shutdown [オプション] [停止時間] [wallメッセージ]

　停止時間は、「hh:mm」による24時間形式での「時：分」の指定、「+m」による現在時刻からの分単位での指定、「now」あるいは「+0」による即時停止の指定ができます。停止時間を指定しなかった場合のデフォルトは1分後となります。

　停止時間を指定した場合は、systemd-shutdownデーモンが起動し、システム停止のスケジュールを行います。5分後以内のshutdownがスケジュールされると、**/run/nologin**ファイルが作成され、rootユーザ以外のログインはできなくなります。

　ログインしているユーザ全員に送るwallメッセージを指定することもできます。メッセージを指定しなかった場合は、デフォルトのメッセージが送られます。

表4-7-3　shutdownコマンドのオプション

オプション	説明
-H、--halt	マシンの停止
-P、--poweroff	マシンの電源オフ（デフォルト）
-r、--reboot	マシンのリブート
-h	--haltが指定された時以外は、--poweroffと同じ
-k	halt、power-off、rebootは実行せず、wallメッセージのみを送信
--no-wall	halt、power-off、rebootの実行前にwallメッセージを送信しない
-c	シャットダウンのキャンセル

　以下の例では、1分後に電源オフする旨のメッセージが表示されます。「;」（セミコロン）で2つのコマンドを指定していますが、これにより、dateコマンドの実行後、続けてshutdownコマンドが実行されます。

引数なしでshutdownコマンドを実行

```
[...]# date;shutdown
2016年  6月 17日 金曜日 18:11:24 JST
Shutdown scheduled for 金 2016-06-17 18:12:24 JST, use 'shutdown -c' to cancel.
Broadcast message from root@ssayaka.localdomain (Fri 2016-06-17 18:11:24 JST):
The system is going down for power-off at Fri 2016-06-17 18:12:24 JST!
```

　以下の例では、メッセージは表示されず、直ちに停止し、電源オフとなります。

即時に電源オフ

```
[...]# shutdown now
```

halt、poweroff、reboot

　haltコマンドはマシンの停止、**poweroff**コマンドは電源オフ、**reboot**コマンドは再起動をそれぞれ行います。

マシンの停止
halt [オプション]

電源オフ
poweroff [オプション]

再起動
reboot [オプション]

表4-7-4 halt、poweroff、rebootコマンドのオプション

オプション	説明
--halt	halt、poweroff、rebootのいずれの場合も停止
-p、--poweroff	halt、poweroff、rebootのいずれの場合も電源オフ
--reboot	halt、poweroff、rebootのいずれの場合もリブート
-f、--force	systemdを呼び出すことなく、直ちに実行

　halt、poweroff、rebootコマンドでは、「-f」オプションが提供されています。このオプションを使用した場合、syncの実行によりファイルシステムの整合性は保たれますが、systemdによる停止シーケンスが実行されないために一部のデータが失われる危険性があります。通常は使用を避けるべきオプションですが、各サービスの終了を待たずに直ちにシステムを停止したい場合等に使用します。

　sync(synchronize：同期を取る)はメモリに保持されているファイルシステムデータのキャッシュをディスクに書き出すシステムコールです。syncシステムコールを実行するsyncコマンドも提供されています。

sync後、systemdを呼び出すことなく直ちにリブート

```
[...]# reboot -f
Rebooting.
```

sync後、systemdを呼び出すことなく直ちに停止

```
[...]# halt -f
Halting.
```

sync後、systemdを呼び出すことなく直ちに電源オフ

```
[...]# halt -fp
Powering off.
```

runlevel

　runlevelコマンドは、1つ前と現在の稼働ランレベルを表示します。

1つ前と現在の稼働ランレベルを表示

```
[...]# runlevel
3 5
```

　上記の表示では、現在の稼働ランレベルは「5」であり、その前が「3」であることがわかります。

telinit

telinitコマンドは、引数にSysVランレベルを指定し、指定したランレベルに移行します。互換性のためだけに残されているコマンドであり、CentOS 7では非推奨となっています。

SysVランレベルの変更

telinit [オプション] ランレベル

ランレベル0を指定して、システム停止

```
[...]# telinit 0
```

Chapter 5

基本操作

- 5-1 シェル
- 5-2 ファイルとディレクトリの管理
- 5-3 ファイルの所有者管理と検索
- 5-4 vi(vim)
- 5-5 プロセス管理
- 5-6 マウント
- 5-7 パッケージ管理
- 5-8 シェルスクリプト

□ Chapter5 | 基本操作

5-1 シェル

5-1-1 シェルとは

　シェルは、LinuxでOSとユーザの仲立ちをするユーザインターフェイスです。ユーザが入力したコマンドを解釈し、カーネルへ実行を依頼し、その結果をユーザに返します。シェルは、ユーザの命令を1つずつ受け取り解釈することから、**コマンドインタプリタ**とも呼ばれます。Linuxの標準シェルは**bash**ですが、他のシェルを使用することもできます。ユーザはシェルに表示された**コマンドプロンプト**にコマンドを入力します。

図5-1-1　シェルとコマンドの関係

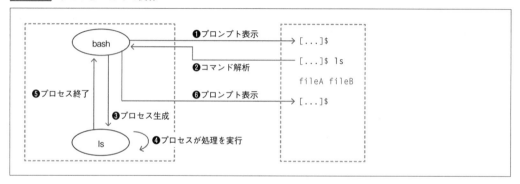

シェルの変数

　シェルには環境を調整する項目毎に変数があります。ユーザが値を代入すると、シェルはその値に従って環境を調整します。
　シェルが扱う変数には、「シェル変数」と「環境変数」の2種類があります。

▷**シェル変数**
　　設定されたシェルだけが使用する変数です。子プロセスには引き継がれません。

▷**環境変数**
　　設定されたシェルとそのシェルで起動したプログラムが使用する変数です。子プロセスに引き継がれます。シェル変数をエクスポート宣言することで作成します。

　エクスポートは、具体的には**export**コマンドの引数に変数を指定します。その結果、子プロセスにも引き継がれる環境変数として設定されます。環境変数は子プロセスとして起動したアプリケーションに引き継がれるので、アプリケーションから利用できます。
　環境変数はシェル変数をエクスポートして作成するため、あらかじめ提供されている変数には重複しているものが多数あります。表5-1-1に、主なシェル変数を掲載します。

図5-1-2　シェル変数と環境変数

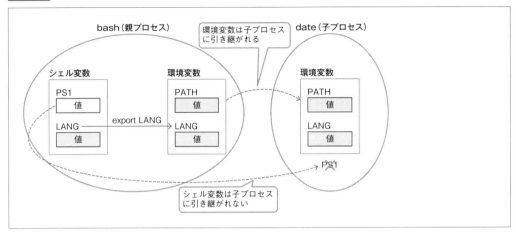

表5-1-1　主なシェル変数

変数名	説明
PWD	カレントディレクトリの絶対パス
PATH	コマンド検索パス
HOME	ユーザのホームディレクトリ
PS1	プロンプトを定義
PS2	2次プロンプトを定義
HISTFILE	コマンド履歴を格納するファイルを定義
LANG	言語情報

　シェル変数の値を定義するには、「シェル変数名=値」とします。値の参照には、「$シェル変数名（または、${シェル変数名}）」とします。シェル変数の削除には**unset**コマンドを使用します。

変数の設定、削除

```
[yuko@centos7 ~]$ echo $LANG    ←値の表示（LANG変数の表示）
ja_JP.UTF-8
[yuko@centos7 ~]$ date    ←❶
2016年  9月 26日 月曜日 14:44:03 JST
[yuko@centos7 ~]$ unset LANG    ←LANG変数の削除
[yuko@centos7 ~]$ echo $LANG
            ←LANG変数に値が設定されていない
[yuko@centos7 ~]$ date
Mon Sep 26 14:44:10 JST 2016    ←英語で表示される
[yuko@centos7 ~]$ LANG=ja_JP.UTF-8    ←LANG変数に値を設定
[yuko@centos7 ~]$ export LANG    ←exportコマンドにより環境変数に設定
[yuko@centos7 ~]$ echo $LANG
ja_JP.UTF-8 ←LANG変数に値が設定されている
[yuko@centos7 ~]$ date
2016年  9月 26日 月曜日 14:44:48 JST    ←日本語で表示される
```

❶現在の言語は「ja_JP.UTF-8」であるため、dateコマンドを実行すると日本語で日時が表示される

現在のシェルで定義されているシェル変数の一覧を表示するには、**set**コマンドを引数なしで実行します。環境変数を表示する場合は、**env**コマンドあるいは**printenv**コマンドを使用します。
引数で指定した文字列や変数値を表示するには、**echo**コマンドを使用します。

シェル変数の一覧の表示

```
[yuko@centos7 ~]$ export LINUX="CentOS7"   ←環境変数の設定
[yuko@centos7 ~]$ env
…（途中省略）…
USER=yuko
LINUX=CentOS7   ←設定した環境変数が表示される
…（以降省略）…
```

また、bashではシェル変数PS1はコマンドプロンプト、シェル変数PS2は2次プロンプトとして定義されています。2次プロンプトは、まだコマンドラインが完了せず、継続行であることを表します。PS1のデフォルト値は「\s-\v\ $ 」、PS2のデフォルト値は「>」です。

表5-1-2　プロンプト定義で使える表記

主な表記	説明
\s	シェルの名前
\v	bashのバージョン
\u	ユーザ名
\h	ホスト名のうちの最初の「.」まで
\w	現在の作業ディレクトリ

コマンドプロンプトのカスタマイズと2次プロンプトの例

```
$ PS1='\s-\v\$ '   ←❶
-bash-4.2$ PS1='[\u@\h \w]\$ '   ←❷
[yuko@centos7 ~]$ ls /etc/passwd \   ←❸
> /etc/shadow   ←❹
/etc/passwd  /etc/shadow   ←❺
```

❶コマンドプロンプトをbashのデフォルト値に設定する
❷「-bash-4.2 $」はデフォルトのプロンプト。このプロンプトを、「[現在のユーザ名@ホスト名 現在のディレクトリ] $」のようにカスタマイズする
❸カスタマイズされたプロンプト。行末に「\」を入力して改行コードをエスケープする
❹行頭に継続行であることを示す2次プロンプト">"が表示される
❺lsの実行結果が表示される

コマンドの履歴

シェルから実行したコマンドの実行履歴を表示する場合、**history**コマンドを使用します。引数を指定しない場合は、保存されている履歴を全て表示しますが、引数に履歴数を指定することで新しい履歴から指定された数の履歴を表示します。また、「-d」オプションを使用して指定した履歴番号のコマンドを履歴から消去することができます。

コマンドの履歴の表示

history [オプション]

表5-1-3 historyコマンドのオプション

オプション	説明
-c	そのシェルの実行履歴を消去する
-d 履歴番号	指定した履歴番号のコマンドをそのシェルの履歴から消去する

履歴を呼び出すためには、シェルのコマンドラインで以下のように指定します。

表5-1-4 コマンドライン上のキー操作

キー操作	説明
↑（上矢印キー）	1つ前のコマンドを表示する
↓（下矢印キー）	1つ後のコマンドを表示する
!!	直前に実行したコマンドを実行する
!履歴番号	指定された履歴番号のコマンドを実行する
!文字列	指定した文字列から始まる直近のコマンドを実行する

履歴の表示

```
[yuko@centos7 ~]$ history
…（途中省略）…
 1115  ls
 1116  date
 1117  history
[yuko@centos7 ~]$ !1116    ←履歴番号を使用してコマンドを実行
date
2016年  9月 26日 月曜日 15:30:54 JST
[yuko@centos7 ~]$ !date    ←指定した文字列から始まる直近のコマンドを実行
date
2016年  9月 26日 月曜日 15:30:57 JST
```

なお、コマンドの履歴は、デフォルトでは各ユーザのホームディレクトリ内にある**.bash_history**ファイルに格納されています。格納するファイルは、シェル変数である**HISTFILE**で変更することも可能です。また、履歴を残す数は**HISTSIZE**もしくは**HISTFILESIZE**で設定されており、デフォルトは1000です。

以下の例は、echoコマンドを使って、HISTSIZEとHISTFILEの中身を出力しています。また、ここではユーザyukoの履歴を確認しています。

履歴ファイルの設定の確認

```
[yuko@centos7 ~]$ echo $HISTSIZE    ←履歴を残す数を確認
1000
[yuko@centos7 ~]$ echo $HISTFILE    ←履歴が保存されているファイル名の確認
/home/yuko/.bash_history
```

マニュアルの参照

Linuxでは、**オンラインマニュアルページ**が標準で用意されています。マニュアルページは、ディストリビューションに含まれるパッケージをインストールした場合は、/usr/share/manの下の該当するセクションのサブディレクトリに置かれます。ディストリビューションに含まれないソフトウェアをインターネット等からダウンロードしてインストールした場合は、そのマニュアルの置かれるディレクトリは/usr/local/share/manが標準的です。

オンラインマニュアルページを表示する際は、**man**コマンドを使用します。なお、以下の構文の「コマンド | キーワード」は、コマンドまたはキーワードを入力することを意味します。

オンラインマニュアルの参照
man [オプション] [章] コマンド | キーワード

表5-1-5　manコマンドのオプション

オプション	説明
-f	キーワードと完全に一致するマニュアルが何章にあるか表示する
-k	キーワードを含むマニュアルが何章にあるか表示する

マニュアルページが1画面で表示できない場合、manコマンドは1画面分を表示したところで一度表示を停止します。スクロール操作には次のキーを使用します。

表5-1-6　マニュアルページのキー操作

キー操作	説明
スペース	次のページを表示
Enter	次の行を表示
b	前のページを表示
h	ヘルプを表示
q	manコマンドの終了
/文字列	指定した文字列で検索(nキーで次の検索)

マニュアルページの表示

```
[...]# man mkfs    ←「mkfs」のマニュアルページを表示
...(途中省略)...   ←ページを閉じる場合は「q」を入力する
[...]# man -f mkfs  ←「mkfs」キーワードと完全に一致するマニュアルの章を表示する
mkfs (8)           - Linux のファイルシステムを構築する
[...]# man -k mkfs  ←「mkfs」キーワードを含むマニュアルが何章にあるか表示する
mkfs (8)           - Linux のファイルシステムを構築する
mkfs.btrfs (8)     - create a btrfs filesystem
...(途中省略)...
mkfs.vfat (8)      - create an MS-DOS filesystem under Linux
mkfs.xfs (8)       - construct an XFS filesystem
```

5-1-2 ユーザの切り替え

一時的に他のユーザの権限に切り替える場合に、**su**コマンドを使用します。suコマンドは別の実効ユーザIDと実効グループIDを持つ新たなシェルを起動します。

> ユーザの切り替え
>
> **su [オプション] [-] [ユーザ名]**

ユーザ名を省略すると、rootユーザになります。ユーザ名の前に「-」を使用しないとユーザIDだけが変わり、ログイン環境は前ユーザのままです。「-」を使用すると、ユーザIDが変わると共に新しいユーザの環境を使用します。

図5-1-3 suコマンドによる新規シェルの生成

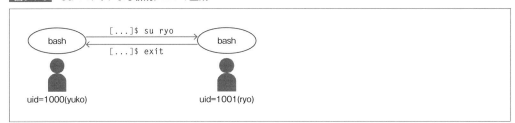

現在の実効ユーザIDと実効グループIDは、**id**コマンドで表示できます。以下の例では、実行環境はユーザyukoのままで、実効ユーザIDと実効グループIDがユーザryoのシェルを起動します。これは、ユーザ名の前に「-」(ハイフン)を指定しない場合の例です。

シェルの切り替え①

```
[yuko@centos7 ~]$ id    ←現在の実効ユーザIDと実効グループIDの表示
uid=1000(yuko) gid=1000(yuko) groups=1000(yuko),100(users)
…(以降省略)…

[yuko@centos7 ~]$ su ryo    ←ユーザryoに切り替え
パスワード：   ←ryoのログインパスワードを入力
[ryo@centos7 yuko]$ id    ←現在の実効ユーザIDと実効グループIDの表示
uid=1001(ryo) gid=1001(ryo) groups=1001(ryo),100(users)
…(以降省略)…

[ryo@centos7 yuko]$ pwd    ←ホームディレクトリはyukoのままであることを確認
/home/yuko
[ryo@centos7 yuko]$ exit    ←ryoのシェルを終了して元のyukoのシェルに戻る
exit
[yuko@centos7 ~]$
```

以下は、ユーザ名の前に「-」(ハイフン)を指定した場合の例です。実効ユーザIDと実効グループIDがユーザryoのシェルを起動します。実行環境もryoのものになります。

シェルの切り替え②

```
[yuko@centos7 ~]$ id   ←現在の実効ユーザIDと実効グループIDの表示
uid=1000(yuko) gid=1000(yuko) groups=1000(yuko),100(users)
…(以降省略)…

[yuko@centos7 ~]$ su - ryo   ←suコマンドの引数に「-」を付ける
パスワード:   ←ryoのログインパスワードを入力
最終ログイン: 2016/09/26 (月) 15:55:01 JST日時 pts/0
[ryo@centos7 ~]$ id   ←現在の実効ユーザIDと実効グループIDの表示
uid=1001(ryo) gid=1001(ryo) groups=1001(ryo),100(users)
…(以降省略)…

[ryo@centos7 ~]$ pwd   ←ryoのホームディレクトリに移動している
/home/ryo
```

sudoコマンド

sudoコマンドは、指定したユーザ権限で特定のコマンドを実行します。sudoコマンドにより、任意の管理者コマンドを、任意のユーザが利用可能となります。

権限を指定したコマンドの実行

sudo [オプション] [-u ユーザ名] 実行するコマンド

表5-1-7　sudoコマンドのオプション

オプション	説明
-l	sudoを実行しているユーザが、現在ログインしているホストで許可されているコマンドを表示する
-u ユーザ名	「-u ユーザ名」で、root以外のユーザとして指定したコマンドを実行する

ユーザ名を省略すると、rootユーザになります。また、sudoコマンドは**/etc/sudoers**ファイルを参照して、ユーザがコマンドの実行権限を持っているかどうかを判定します。したがって、sudoコマンドの利用・設定をするには/etc/sudoersファイルを編集します。rootユーザで**visudo**コマンドを実行すると、/etc/sudoersファイルが開きます。ファイルの内の書式は次の通りです。

ユーザ名 ホスト名=(実効ユーザ名) コマンド
%グループ名 ホスト名=(実効ユーザ名) コマンド

/etc/sudoersファイルの設定例

```
[...]# visudo
…(途中省略)…
mana    examhost=(root)    /bin/mount,/bin/umount   ←❶
%wheel  ALL=(ALL)  ALL   ←❷
…(以降省略)…
```

❶ユーザmanaはホストexamhost上で、root権限でmountコマンドとumountコマンドを実行できる
❷wheelグループに属するユーザは、全てのホスト上で、全てのユーザの権限で、全てのコマンドを実行できる

以下の実行例を確認します。/etc/shadowファイルはrootユーザのみ参照する権限が与えられているため、一般ユーザであるyukoは本来は参照できません。

/etc/shadowファイルの参照（ユーザyukoで実行）

```
[yuko@centos7 ~]$ head -1 /etc/shadow
head: `/etc/shadow' を 読み込み用に開くことが出来ません: 許可がありません
```

ユーザyukoがsudoコマンドを使用してrootユーザの権限でheadコマンド（→ p.178）を実行し、/etc/shadowファイルを参照するように設定します。まず、visudoコマンドを実行し、/etc/sudoersファイルを開いて編集します。以下の例では、wheelグループに属するユーザに全てのコマンドの実行を許可します。

visudoコマンドの実行（rootユーザで実行）

```
[root@centos7 ~]# visudo

↓以下を追記
%wheel    ALL=(ALL)           ALL
```

次に、ユーザyukoを「wheel」グループに属させます。usermodコマンドは、ユーザ情報を変更します（→ p.348）。

ユーザをグループに加える（rootユーザで実行）

```
[root@centos7 ~]# id yuko    ←❶
uid=1000(yuko) gid=1000(yuko) groups=1000(yuko),100(users)    ←❷
[root@centos7 ~]# usermod -aG wheel yuko    ←❸
[root@centos7 ~]# id yuko
uid=1000(yuko) gid=1000(yuko) groups=1000(yuko),10(wheel),100(users)    ←❹

❶yukoの実効ユーザIDと実効グループIDの表示
❷現在、yukoはyukoとusersグループに属する
❸usermodコマンドで2次グループにwheelを追加
❹wheelグループが追加される
```

上記により、ユーザyukoはsudoコマンドを使用し、全てのホスト上で、全てのユーザの権限で、全てのコマンドを実行できます。以下は、yukoがsudoコマンドを使用しrootユーザの権限でheadコマンドを実行し、/etc/shadowファイルを参照しています。

/etc/shadowファイルの参照

```
[yuko@centos7 ~]$ sudo head -1 /etc/shadow    ←sudoコマンドの利用
[sudo] password for yuko:    ←yukoユーザのパスワードを入力する
root:$6$sViyZFrTiba9qfTx$yRNBMMKXnf8vxRS7R2tihapPZY0iMBVICit5.EhXNM/08a3slva5dO5v3iyHG.
5IZg3o/pQbvgAoprqIUgFUN1::0:99999:7:::    ←/etc/shadowファイルの内容が表示される
```

また、このsudoコマンドの実行履歴は、**/var/log/secure**ファイルに記録されます。

/var/log/secureファイルの参照

```
[...]# tail -1 /var/log/secure
Sep 27 18:25:06 centos7 sudo:    yuko : TTY=pts/0 ; PWD=/home/yuko ; USER=root ; COMMAND=
/bin/head -1 /etc/shadow
```

5-1-3 bashの設定ファイル

　ユーザがログインした時に最初に起動するシェルを、**ログインシェル**と呼びます。ユーザのログインシェルは、**/etc/passwd**ファイルの最後のフィールド（7番目のフィールド）で指定されています。ユーザのホームディレクトリは/etc/passwdの6番目のフィールドで指定されています。

/etc/passwdのユーザyukoのエントリの例

```
[...]# cat /etc/passwd | grep yuko
yuko:x:1000:1000:Yuko:/home/yuko:/bin/bash
```

　bashはログインシェルとして起動すると、「/etc/profile」→「~/.bash_profile」→「~/.bash_login」→「~/.profile」の順番で各ファイルをログイン時に一度だけ読み込んで実行します。ユーザがログインした後に、ターミナルエミュレータを開くことで起動するシェルを実行したり、コマンドラインから別のシェルを起動したりすることも可能です。これらのシェルを**非ログインシェル**と呼びます。bashは非ログインシェルとして起動した場合、「~/.bashrc」ファイルがあれば起動の度にこれを読み込んで実行します。

　なお、これらのファイルがない場合は単に実行されないだけで、エラーとはなりません。

　/etc/profileで全てのユーザに共通する環境の設定を行うことができますが、/etc/profile.dディレクトリの下に「.sh」をサフィックス（接尾辞）とするスクリプトを追加しても同様の設定が可能です。

図5-1-4　bashの設定ファイル

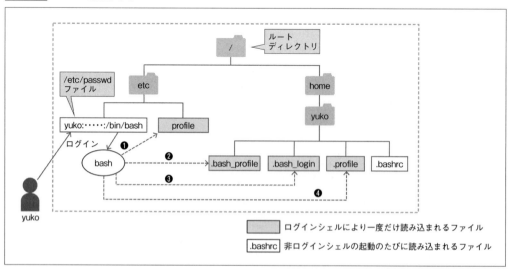

Chapter5 | 基本操作

5-2 ファイルとディレクトリの管理

5-2-1 ファイル、ディレクトリをコマンドラインで操作する

　ファイルシステム上のファイル、ディレクトリをコマンドラインから指定する際の管理方法と、管理のためのコマンドを確認します。

図5-2-1　ディレクトリ階層の例

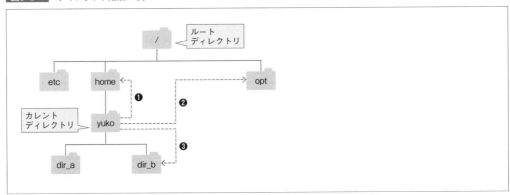

カレントディレクトリの確認と移動

　Linuxシステムで作業をする際、利用者は必ずファイルシステム上のどこかで作業することになります。現在、作業を行っているディレクトリを**カレントディレクトリ**または**作業ディレクトリ**と呼びます。図5-2-1にある「yuko」をカレントディレクトリとして、以降は説明します。

□ ディレクトリの移動
　ファイルシステム上でディレクトリを移動するには、**cd**コマンドを使用します。

ディレクトリの移動
```
cd [ディレクトリ]
```

　ディレクトリは絶対パスもしくは相対パスで指定します。絶対パスはルートディレクトリ(/)を起点とし、目的のディレクトリの経路をスラッシュ(/)で区切りながら表記します。また、相対パスはカレントディレクトリを起点とし、目的のディレクトリの経路を標記します。その際、ディレクトリに関する以下の記号を使用することができます。

165

表5-2-1　ディレクトリに関する記号

記号	読み方	説明
~	チルダ	ホームディレクトリ。実行ユーザの作業用ディレクトリを表す
.	ドット	カレントディレクトリ。実行ユーザが作業を行っているディレクトリを表す
..	ドットドット	親ディレクトリ。あるディレクトリを起点として、1つ上の階層にあるディレクトリを表す

　図5-2-1内にある❶、❷、❸の移動を、絶対パスもしくは相対パスを使用した場合は表5-2-2となります。なお、カレントディレクトリは「/home/yuko」とします。

表5-2-2　cdコマンドの使用例（一般ユーザの場合）

	絶対パスの例	相対パスの例
❶	[...]$ cd /home	[...]$ cd ..
❷	[...]$ cd /opt	[...]$ cd ../../opt
❸	[...]$ cd /home/yuko/dir_b	[...]$ cd dir_b

　また、ログインユーザがyukoの場合、どのディレクトリで作業を行っていても、「cd」や「cd ~」「cd ~yuko」のいずれかを実行すると、ホームディレクトリである/home/yukoへ移動します。ただし、「cd ~ユーザ名」は現在のログインユーザに関わらず、「~」（チルダ）以降に指定されたユーザのホームディレクトリへ移動するという意味になります（アクセス権限がなければ移動できません）。

□ 現在のカレントディレクトリを表示
　現在作業しているディレクトリを絶対パスで表示するには、**pwd**コマンドを使用します。

カレントディレクトリの表示
```
pwd
```

カレントディレクトリの表示
```
[yuko@centos7 ~]$ pwd
/home/yuko
```

ファイル、ディレクトリ情報を表示

　lsコマンドは、ファイルやディレクトリの情報を一覧表示します。ディレクトリ名を指定しない場合は、カレントディレクトリの内容が一覧で表示されます。なお、コマンド実行時に指定するディレクトリ名やファイル名は複数の指定が可能であるため、以下構文では「ディレクトリ…」というように表記しています（以降、同様の表記の場合は、複数指定が可能なことを意味します）。

ディレクトリ情報の表示
```
ls [オプション] [ディレクトリ名…]
```

ファイル情報の表示
```
ls [オプション] [ファイル名…]
```

表5-2-3 lsコマンドのオプション

オプション	説明
-F	ファイルタイプを表す記号の表示。「/」はディレクトリ、「*」は実行可能ファイル、「@」はシンボリックリンク
-a	隠しファイル（ファイル名がドット「.」で始まるファイル）の表示
-l	詳細な情報を含めて表示
-d	ディレクトリの内容ではなく、ディレクトリ自身の情報の表示

ファイル内の情報を表示

ファイル内の情報を表示するために、以下のコマンドが用意されています。

□ ファイルの内容の出力

moreコマンドは、指定したファイルの内容を出力します。

ファイル内容の出力
more ファイル名

［スペース］キーを押すと次ページが表示され、ファイルの最終ページまで閲覧すると同時に終了します。

□ ファイルの内容を出力（ページ単位）

lessコマンドは、1画面に収まらないファイルをページ単位で表示します。［スペース］キーを押すと次ページが表示され、［b］キーを押すと1ページ戻ります。［q］キーでファイルの表示を終了します。また、ページを表示中に「/キーワード」を入力すると、ページ内から指定したキーワードを検索し、そこに表示を切り替えます。続けて「n」をタイプすると、同じキーワードを繰り返し下方向に検索し、「N」は上方向（ページの先頭方向）に向かって検索します。

ファイル内容の出力（ページ単位）
less ファイル名

□ ファイルの内容を連結して出力

catコマンドは、表示したいファイルの名前を引数に指定すると、その内容をディスプレイに表示します。複数のファイルを指定すると、全てのファイルが連続して表示されます。また、「-n」オプションを使用すると出力結果に行番号が振られます。catコマンドは引数を指定しないと標準入力（キーボード）からデータを読み取ります。キーボードから1行入力すると、それを単にディスプレイに表示し、［Ctrl］＋［d］キーが押されるまで繰り返します。

ファイルの内容を連結して出力
cat ［オプション］［ファイル名...］

表5-2-4　catコマンドのオプション

オプション	説明
-n	全ての行に行番号を付与する
-T	タブ文字を「^I」で表示する

入力内容を出力

```
[yuko@centos7 ~]$ cat
hello centos    ←キーボード (標準入力) から入力
hello centos    ←ディスプレイ (標準出力) へ出力
linux   ←キーボード (標準入力) から入力
linux   ←ディスプレイ (標準出力) へ出力
[Ctrl]+[d]   ← 入力を終了
[yuko@centos7 ~]$
```

　標準入力、標準出力、標準エラー出力とは、各プロセス生成時に標準で用意されるデータの入り口と出口です。詳細は後述します。

□ ファイルに行番号を付与する

　nlコマンドは、ファイルの内容に行番号を付けて表示します。catコマンドに「-n」オプションを使用することでも行番号を付けて出力できます。ただし、空行が含まれている場合にはnlコマンドと振る舞いが異なります。「cat -n」では、空行も含めて全ての行に行番号を付けますが、「nl」では、空行を除いた行に行番号を付けます。

ファイルに行番号を付与する
nl [オプション] [ファイル名]

ファイル、ディレクトリの作成、移動、コピー、削除

　ファイルやディレクトリの作成、移動等を行うために、以下のコマンドが用意されています。

□ ディレクトリの作成

　mkdirコマンドは、ディレクトリを作成します。コマンドの引数に複数のディレクトリ名を指定すると、一度に複数のディレクトリを作成することができます。また、「-p」オプションを指定すると、パス途中のディレクトリも作成することができます。

ディレクトリの作成
mkdir [オプション] ディレクトリ名…

表5-2-5　mkdirコマンドのオプション

オプション	説明
-m アクセス権	明示的にアクセス権を指定してディレクトリを作成する
-p	中間ディレクトリを同時に作成する

ディレクトリの作成

```
[yuko@centos7 ~]$ mkdir dir_x dir_y     ←❶
[yuko@centos7 ~]$ ls -l
0
drwxrwxr-x. 2 yuko yuko  6  9 14 14:23 dir_x
drwxrwxr-x. 2 yuko yuko  6  9 14 14:23 dir_y
[yuko@centos7 ~]$ mkdir dir_z/sub_z     ←❷
mkdir: ディレクトリ `dir_z/sub_z' を作成できません: そのようなファイルやディレクトリはありません
[yuko@centos7 ~]$ mkdir -p dir_z/sub_z  ←❸
[yuko@centos7 ~]$ ls -l
0
drwxrwxr-x. 2 yuko yuko   6  9 14 14:23 dir_x
drwxrwxr-x. 2 yuko yuko   6  9 14 14:23 dir_y
drwxrwxr-x. 3 yuko yuko  18  9 14 14:24 dir_z  ←❹
[yuko@centos7 ~]$ cd dir_z/sub_z        ←❺
[yuko@centos7 sub_z]$ pwd
/home/yuko/chap9_1/dir_z/sub_z
```

❶複数のディレクトリを一度に作成
❷サブディレクトリと同時にディレクトリを作成するが、-pオプションを指定していないためエラーとなる
❸-pオプションを指定して再度実行
❹dir_z/sub_zが作成されている
❺dir_zの下のsub_zへ移動

□ **ファイルのタイムスタンプを変更**

touchコマンドの引数に既存ファイル名を指定すると、そのファイルのアクセス時刻と修正時刻をtouchコマンドの実行時刻に変更します。また、引数に新規のファイル名を指定すると、空ファイル（サイズ0）を新規に作成します。

ファイルのタイムスタンプを変更

touch [オプション] ファイル名…

表5-2-6　touchコマンドのオプション

オプション	説明
-t タイムスタンプ	現在時刻のかわりに、[[CC] YY] MMDDhhmm [.ss] 形式のタイムスタンプに変更する CC：西暦の上2ケタ、YY：西暦の下2ケタ、MM：月、DD:日 hh：時（24時間表記）、mm：分、ss：秒
-a	アクセス日時のみ変更する
-m	更新日時のみ変更する

□ **ファイルやディレクトリの移動**

ファイルやディレクトリの移動には**mv**コマンドを使用します。mvコマンドの最後の引数に指定されたディレクトリに移動元のファイル（またディレクトリ）が同じ名前で移動します。また、mvコマンドの最後の引数に存在しない名前を指定した場合は、その名前に変更します。

ファイルの移動
mv [オプション] 移動元ファイル名... 移動先ディレクトリ名

ディレクトリの移動
mv [オプション] 移動元ディレクトリ名... 移動先ディレクトリ名

表5-2-7　mvコマンドのオプション

オプション	説明
-i	移動先に同名ファイルが存在する場合、上書きするか確認する
-f	移動先に同名ファイルが存在しても、強制的に上書きする

□ ファイルやディレクトリのコピー

　ファイルやディレクトリを複製する場合は**cp**コマンドを使用します。同じディレクトリ内や他のディレクトリに複製でき、他のディレクトリに複製する場合は同じ名前にすることもできます。cpコマンドでディレクトリのコピーを行う場合は、「-R」(もしくは-r)オプションが必要です。

ファイルのコピー
cp [オプション] コピー元ファイル名　コピー先ファイル名
cp [オプション] コピー元ファイル名... コピー先ディレクトリ名

ディレクトリのコピー
cp [オプション] コピー元ディレクトリ名　コピー先ディレクトリ名

表5-2-8　cpコマンドのオプション

オプション	説明
-i	コピー先に同名ファイルが存在する場合、上書きするか確認する
-f	コピー先に同名ファイルが存在しても、強制的に上書きする
-p	コピー元の所有者、タイムスタンプ、アクセス権等の情報を保持したままコピーする
-R (もしくは-r)	コピー元のディレクトリ階層をそのままコピーする

ファイルとディレクトリのコピー

```
[yuko@centos7 ~]$ ls -l
合計 0
drwxrwxr-x. 2 yuko yuko 6  9月 14 15:40 dir_01
-rw-rw-r--. 1 yuko yuko 0  9月 14 15:40 file_a
[yuko@centos7 ~]$ cp file_a file_b    ←ファイルのコピー
[yuko@centos7 ~]$ cp dir_01 dir_02    ←ディレクトリのコピーを試みるが、-rオプションを指定していないためエラー
cp: ディレクトリ `dir_01` を省略しています
[yuko@centos7 ~]$ cp -r dir_01 dir_02    ←-r オプションを指定して再度実行
[yuko@centos7 ~]$ ls -l
合計 0
drwxrwxr-x. 2 yuko yuko 6  9月 14 15:40 dir_01
drwxrwxr-x. 2 yuko yuko 6  9月 14 15:53 dir_02    ←dir_02ディレクトリが作成されている
-rw-rw-r--. 1 yuko yuko 0  9月 14 15:40 file_a
```

```
-rw-rw-r--. 1 yuko yuko 0  9月 14 15:52 file_b   ←file_bファイルが作成されている
```

□ ファイルやディレクトリの削除

ファイルやディレクトリを削除する場合は**rm**コマンドを使用します。複数のファイル名を指定することで一度に指定したファイル全てを削除することも可能です。また、「-R」（もしくは-r）オプションを使用することで、ディレクトリおよびディレクトリ内にあるファイルを全てを削除します。空のディレクトリを削除するコマンドとして、**rmdir**コマンドも提供されています。

ファイルの削除
rm [オプション] ファイル名…

ディレクトリの削除
rm [オプション] ディレクトリ名…

表5-2-9 rmコマンドのオプション

オプション	説明
-i	ファイルを削除する前にユーザへ確認する
-f	ユーザへの確認なしに削除する
-R（もしくは-r）	指定されたディレクトリ内にファイル、ディレクトリが存在していても全て削除する

ディレクトリの削除

```
[yuko@centos7 ~]$ rm dir_01       ←❶
rm: `dir_01` を削除できません: ディレクトリです
[yuko@centos7 ~]$ rmdir dir_01    ←❷
rmdir: `dir_01` を削除できません: ディレクトリは空ではありません
[yuko@centos7 ~]$ rm -r dir_01    ←❸
```

❶引数を指定しないrmコマンドではディレクトリの削除はできない
❷dir_01ディレクトリ内にファイルが存在するためrmdirで削除できない
❸rmコマンドに-rオプションを使用することで削除可能

アーカイブファイルの管理

複数のファイルを1つにまとめたデータのことを、**アーカイブファイル**と呼びます。
tarコマンドは、オプションによって指定したファイルをアーカイブしたり、アーカイブファイルからファイルの情報を表示したり、ファイルを取り出したりします。なお、「ファイル名｜ディレクトリ名」は、ファイル名またはディレクトリ名入力することを意味します。

アーカイブファイルの管理
tar [オプション] ファイル名｜ディレクトリ名…

表5-2-10　tarコマンドのオプション

オプション	説明
-c	アーカイブファイルを作成する
-t	アーカイブファイルの内容を表示する
-x	アーカイブファイルを展開する
-f	アーカイブファイル名を指定する
-v	詳細情報を表示する
-j	bzip2を経由してアーカイブをフィルタする
-z	gzipを経由してアーカイブをフィルタする

図5-2-2　tarコマンドによるアーカイブファイルの管理

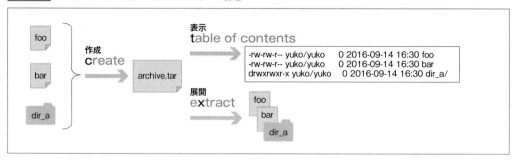

以下の例は、図5-2-2の例をコマンドラインで行っています。なお、オプションを指定する際に「-」（ハイフン）を省略することも可能です。

アーカイブファイルの管理

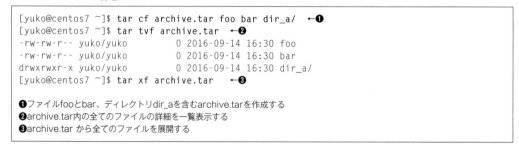

```
[yuko@centos7 ~]$ tar cf archive.tar foo bar dir_a/    ←❶
[yuko@centos7 ~]$ tar tvf archive.tar    ←❷
-rw-rw-r-- yuko/yuko         0 2016-09-14 16:30 foo
-rw-rw-r-- yuko/yuko         0 2016-09-14 16:30 bar
drwxrwxr-x yuko/yuko         0 2016-09-14 16:30 dir_a/
[yuko@centos7 ~]$ tar xf archive.tar    ←❸
```

❶ファイルfooとbar、ディレクトリdir_aを含むarchive.tarを作成する
❷archive.tar内の全てのファイルの詳細を一覧表示する
❸archive.tar から全てのファイルを展開する

また、**gzip**や**bzip2**といった圧縮用のコマンドも提供されていますが、tarコマンド実行時に「z」や「j」といったオプションを併せて使うことで、圧縮や解凍を同時に行うことができます。
以下に、「アプリケーション名.tar.gz」形式のソースを解凍・展開する主な方法を示します。

▷`tar xvf アプリケーション名.tar.gz`
　tarコマンドは圧縮形式を自動判定して解凍・展開するので、gzip形式を解凍するzオプションを指定する必要はありません。

▷`tar zxvf アプリケーション名.tar.gz`
　tarコマンドにgzip形式を解凍するzオプションを付けて、解凍・展開します。

▷gunzip -c アプリケーション名.tar.gz | tar xvf -
gunzipコマンドはgzip形式を解凍します。解凍したデータを-cオプションの指定により標準出力に出力し、「｜」（パイプ）を介してtarコマンドに渡します。

▷gzip -dc アプリケーション名.tar.gz | tar xvf -
圧縮コマンドgzipに-d（decompress）オプションを付けても解凍できます。

以下に、「アプリケーション名.tar.bz2」形式のソースを解凍・展開する主な方法を示します。

▷tar xvf アプリケーション名.tar.bz2
tarコマンドは圧縮形式を自動判定して解凍・展開するので、bzip2形式を解凍するjオプションを指定する必要はありません。

▷tar jxvf アプリケーション名.tar.bz2
tarコマンドにbzip2形式を解凍するjオプションを付けて、解凍・展開します。

▷bunzip2 -c アプリケーション名.tar.bz2 | tar xvf -
bunzip2コマンドはbzip2形式を解凍します。解凍したデータを-cオプションの指定により標準出力に出力し、「｜」（パイプ）を介してtarコマンドに渡します。

▷bzip2 -dc アプリケーション名.tar.bz2 | tar xvf -
圧縮コマンドbzip2に-d（decompress）オプションを付けても解凍できます。

ファイルの変換とコピー

ddコマンドでは、コピーの入力あるいは出力にデバイスを指定することができます。つまり、ディスクパーティション内のデータをそのまま別のパーティションにコピーすることが可能です。

ファイルの変換とコピー
dd [if=入力ファイル名] [of=出力ファイル名] [bs=ブロックサイズ] [count=ブロック数]

表5-2-11　ddコマンドのオプション

オプション	説明
if=入力ファイル名	入力ファイルの指定
of=出力ファイル名	出力ファイルの指定
bs=ブロックサイズ	1回のread/writeで使用するブロックサイズの指定
count=ブロック数	入力するブロック数を指定

以下に、ddコマンドでのデータコピーの例を示します。

▷dd if=/dev/sda of=/dev/sdb bs=4096
/dev/sdaのデータを、/dev/sdbにコピーします。

▷dd if=/dev/sda of=/dev/sdb bs=4096 conv=sync,noerror
/dev/sdaに問題があって、読み込みエラーがあっても継続する場合、noerrorを指定します。syncは読み取りエラー箇所を0で埋めます。

▷dd if=/dev/zero of=/dev/sda bs=4096 conv=noerror
　オールビット0のバイトを/dev/sdaに書き込みます。つまり、データを消去します。

▷dd if=/dev/zero of=test bs=1M count=10
　ダミーファイルとして、10MBのファイル（ファイル名はtest）を作成します。

5-2-2 標準入出力の制御

　入力をどこから受け入れるか、出力をどこに行うかを制御することを**入出力制御**と言います。入出力制御には、**標準入力**、**標準出力**、**標準エラー出力**と呼ばれるストリーム（データの流れ）を使用します。

　全てのプロセスには、起動時に標準入力・標準出力・標準エラー出力が生成され、デフォルトでは標準入力は「キーボード」、標準出力と標準エラー出力は「コマンドを実行した端末」に関連付けられています。

　次の実行例は、存在するファイル「foo」と存在しないファイル「bar」を、lsコマンドで標準出力に表示しています。

標準出力と標準エラー出力

```
[...]# ls foo bar
ls: bar にアクセスできません: そのようなファイルやディレクトリはありません　←標準エラー出力
foo　←標準出力
```

　上記の実行結果は、標準出力も標準エラー出力も同じディスプレイに出力されています。もし標準出力は「ディスプレイ」に、標準エラー出力は「ファイル」へ出力するように切り替えたい場合は、**リダイレクション**や**ファイル記述子**を使用します。

　リダイレクションは入出力先の切り替えが可能であり、「<」や「>」等のメタキャラクタを使用します。ファイル記述子の0番は標準入力、1番は標準出力、2番は標準エラー出力を表します。この0番、1番、2番は、プロセスが生成された時に用意されます。プロセスが他にファイルをオープンすると、3番、4番、5番…と順にファイル記述子が使用されます。

図5-2-3　ファイル記述子

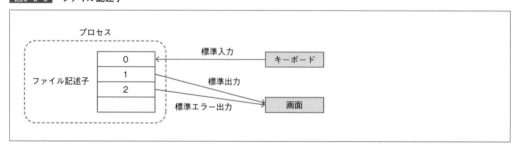

　以下の実行例は、リダイレクションとファイル記述子を使用して、標準エラー出力のみerrorファイルに格納するように制御しています。

標準エラー出力の切り替え

```
[...]# ls foo bar 2> error   ←実行結果のエラー出力のみ、errorファイルに格納
foo   ←標準出力はディスプレイに表示
[...]# ls
error  foo   ←errorファイルが作成される
[...]# cat error   ←catコマンドでerrorファイルの内容を表示
ls: bar にアクセスできません: そのようなファイルやディレクトリはありません
```

なお、「1>」はファイル記述子1番（標準出力）の切り替えですが、ファイル記述子は省略も可能です。「>」のみ指定した場合は、1番が使用されます。

標準出力、標準エラー出力のリダイレクト例

標準出力、標準エラー出力をリダイレクトする例を紹介します。

▷ ls > file1
　カレントディレクトリのファイルリストをfile1に格納します。

▷ ls 1> file2
　1>を使用してファイルリストをfile2に格納します。>のみ指定した場合と同様です。

▷ ls /bin >> file1
　file1に、/binのファイルリストを追記して保存します。

▷ ls 存在しないファイル 存在するファイル 2> file3
　lsコマンドを実行してエラーが出力された場合のみ、file3ファイルに格納します。

▷ ls 存在しないファイル 存在するファイル &> both
　標準出力、標準エラー出力の両方をbothファイルに格納します。以下でも同様の結果を得られます。

　　ls 存在しないファイル 存在するファイル >& both
　　ls 存在しないファイル 存在するファイル 1> both 2>&1

▷ コマンド1 &> both
　コマンド1を実行した結果の標準出力、標準エラー出力の両方をbothファイルに格納します。以下でも同様の結果を得られます。

　　コマンド1 >& both

標準入力のリダイレクト例

標準入力をリダイレクトする例を紹介します。

▷ コマンド1 < file1
　file1の内容を標準入力からコマンド1に取り込みます。

▷ コマンド1 < file1 | コマンド2
　file1の内容を標準入力からコマンド1に取り込み、コマンド1の標準出力をコマンド2の標準入力に渡します。

2番目の例では、パイプ（｜）を使用することで、コマンドの処理結果（標準出力）を次のコマンドの標準入力に渡してさらにデータを加工することができます。

図5-2-4　パイプの概要

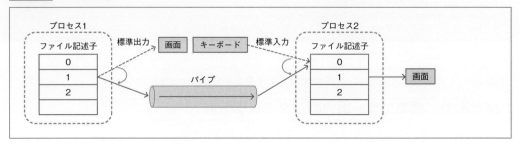

　以下のパイプを使用している例は、catコマンドで/etc/passwdファイルの標準出力をheadコマンドに渡して先頭の3行のみを表示しています。

パイプの使用例

```
[...]# cat /etc/passwd | head -3
root:x:0:0:root:/root:/bin/bash
bin:x:1:1:bin:/bin:/sbin/nologin
daemon:x:2:2:daemon:/sbin:/sbin/nologin
```

標準出力とファイルの両方に出力

　teeコマンドは、標準入力から読み込んだデータを標準出力とファイルの両方に出力します。

標準出力とファイルの両方に出力
tee [オプション] ファイル名

　「-a」オプションを指定することで、ファイルに上書きせずに追記することができます。

図5-2-5　teeコマンドの動作

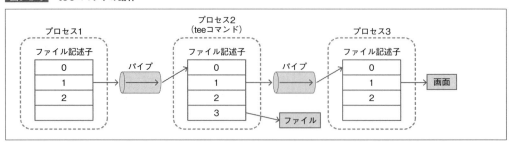

以下の実行例では、nlコマンドで/etc/passwdファイルの内容に行番号を付け、その結果をパイプを通してteeコマンドに渡しています。teeコマンドでは、それを「myfile.txt」に保存すると同時に、headコマンドに渡します。headコマンドでは先頭の3行のみを標準出力します。

標準出力とファイルに出力

```
[...]# nl /etc/passwd | tee myfile.txt | head -3
     1  root:x:0:0:root:/root:/bin/bash
     2  bin:x:1:1:bin:/bin:/sbin/nologin
     3  daemon:x:2:2:daemon:/sbin:/sbin/nologin
[...]# cat myfile.txt    ←catコマンドでmyfile.txtファイルの内容を表示
     1  root:x:0:0:root:/root:/bin/bash
     2  bin:x:1:1:bin:/bin:/sbin/nologin
     3  daemon:x:2:2:daemon:/sbin:/sbin/nologin
…（途中省略）…
    43  yuko:x:1000:1000:Yuko:/home/yuko:/bin/bash
    44  ryo:x:1001:1001:Ryo:/home/ryo:/bin/bash
    45  mana:x:1002:1002:Mana:/home/mana:/bin/bash
```

上記実行結果の1行目では、「/etc/passwd ｜」により、行番号を付けたデータをteeコマンドに渡します。また、「tee myfile.txt ｜」によりデータをファイルに出力およびheadコマンドに渡します。「head -3」により、ディスプレイに先頭の3行のみを出力します。

5-2-3 フィルタによる処理

標準入力からデータを受け取り、そのデータを加工し標準出力に出力するフィルタ機能を提供するコマンドを確認します。

ファイルタイプの判定

fileコマンドは、ファイルタイプ（種類）を判定します。

ファイルタイプの判定

file [オプション] ファイル名｜ディレクトリ名

-iオプションを指定することで、MIMEタイプで表示することができます。

ファイルタイプの判定

```
[...]# file foo
foo: ASCII text    ←文字コード「ASCII」のテキストファイル
[...]# file bar
bar: symbolic link to `foo`    ←シンボリックリンクファイル
[...]# file dir_a
dir_a: directory    ←ディレクトリ
[...]# file my.png
my.png: PNG image data, 2000 x 1600, 8-bit/color RGBA, non-interlaced    ←イメージファイル
[...]# file dir_x.tar.gz
dir_x.tar.gz: gzip compressed data, from Unix, last modified: Thu Sep 15 20:07:19 2016
↑圧縮ファイル
```

テキストファイルの先頭部分を出力

headコマンドを使用すると、テキストファイルの先頭部分を表示します。行数をオプションで指定しなければ、デフォルトで10行目まで表示します。「-n」オプションで行数を指定することで、先頭からn行目までを表示します（「n」を省略して行数だけを指定することもできます）。なお、ファイル名を指定しない場合は、標準入力から読み込みます。

テキストファイルの先頭部分を出力
head [オプション] [ファイル名...]

表5-2-12　headコマンドのオプション

オプション	説明
-n 行数	指定された行数分のみ先頭から表示する
-c バイト数	出力するバイト数を指定する

テキストファイルの末尾部分を出力

tailコマンドを使用すると、テキストファイルの末尾部分を表示します。行数をオプションで指定しなければ、デフォルトで10行目まで表示します。「-f」オプションはログファイルのモニタ等に有効です。なお、ファイル名を指定しない場合は、標準入力から読み込みます。

テキストファイルの末尾部分を出力
tail [オプション] [ファイル名...]

表5-2-13　tailコマンドのオプション

オプション	説明
-n 行数	指定された行数分のみ末尾から表示する
-f	ファイルの内容が増え続けているものと仮定し、常にファイルの最終部分を読み続けようとする

headやtail等、標準入力（キーボード）から値を受け取るコマンドでは、[Ctrl] + [d] キーでプロンプトに戻ることができます。

文字の変換や削除

trコマンドを使用すると、標準入力であるキーボードから入力した文字を指定したフォーマットに変換して、標準出力であるディスプレイに表示することができます。

文字の変換や削除
tr [オプション] 文字群1 [文字群2]

表5-2-14　trコマンドのオプション

オプション	説明
-d 文字群1	文字群1で合致した文字を削除する
-s 文字群1 文字群2	文字群1で合致した文字の繰り返しを1文字に置き換える

　以下の実行例の1つ目のtrコマンドでは、trコマンドの第1引数に変換対象となるa、b、c…zまでの文字を意味する文字群「a-z」を指定し、第2引数に変換後のA、B、C…Zまでの文字を意味する文字群「A-Z」を指定して実行します。そしてキーボードから「hello」を入力すると、大文字の「HELLO」に変換されてディスプレイに出力します。

　また、2つ目のtrコマンドでは、「-d」オプションを使用し、「m」と「y」の2つの文字を削除しています。「my」という文字列を削除しているわけではない点に注意してください。

文字の変換・削除①

```
[...]# tr 'a-z' 'A-Z'
hello   ←キーボードからの入力
HELLO   ←trコマンドの出力
[Ctrl]+[d]   ←入力を終了
[...]# tr -d 'my'   ←mとyの文字を削除
My name is yuko   ←キーボードからの入力
M nae is uko   ←trコマンドの出力
[Ctrl]+[d]   ←入力を終了
```

　また、trコマンドは引数にファイルの指定はできないため、ファイルからデータを読み込んだり、変換後のテキストをファイルに出力する場合はリダイレクション「＜」「＞」を使用します。

文字の変換・削除②

```
[...]# cat file
hello
bye
[...]# tr 'a-z' 'A-Z' < file   ←大文字に変換後、画面に出力
HELLO
BYE
[...]# tr 'a-z' 'A-Z' < file > output   ←大文字に変換後、outputファイルに出力
[...]# cat output
HELLO
BYE
```

　文字群の指定にはあらかじめ定義されている文字クラスを利用することも可能です。

表5-2-15　trコマンドで利用できる文字クラス

主な文字クラス	説明
[:alnum:]	英文字と数字
[:alpha:]	英文字
[:digit:]	数字
[:lower:]	英小文字

[:space:]	水平および垂直方向の空白
[:upper:]	英大文字

テキストファイルの行の並べ替え

sortコマンドを使用すると、ファイルの内容をソート（並べ替え）して標準出力します。デフォルトでは昇順にソートします。入力ファイルが複数の場合は連結して出力します。

ファイル内容のソート
sort [オプション] [ファイル名...]

表5-2-16　sortコマンドのオプション

オプション	説明
-b	先頭の空白を無視する
-f	大文字・小文字を区別しない
-r	降順にソートする

特定のフィールドをキーにして、2つのファイルを行単位で結合

joinコマンドを使用すると、引数で指定された2つのファイルを読み込んで、共通のフィールドを持つ行を連結します。各ファイルはjoinで指定するフィールドであらかじめソートしておく必要があります。

ファイルの結合
join [オプション] ファイル名1 ファイル名2

表5-2-17　joinコマンドのオプション

オプション	説明
-a ファイル番号	通常の出力に加え、ファイル番号（1ならFILE1、2ならFILE2）の対応付けができない行も出力する
-j フィールド	連結するフィールドを指定する

ファイルの結合

```
[...]# cat data1 data2    ←catコマンドで各ファイルの内容を表示
01 Diamond
02 Heart
01 Club
02 Spade
[...]# join -j 1 data1 data2    ←結合フィールドとして1列目を指定し2つのファイルを結合
01 Diamond Club
02 Heart Spade
```

重複する行の出力や削除

uniqコマンドを使用すると、標準入力から行を読み込み、重複する行（連続する同じ行）を取り除いて出力します。オプションが指定されない場合、重複する行は最初に見つけた行にまとめられます。ファイルを指定することもできますが、各ファイルはあらかじめソートしておく必要があります。出力ファイルを指定すると、コマンドの実行結果をファイルに保存します。

連続する同じ行を取り除く
uniq [オプション] [入力ファイル [出力ファイル]]

表5-2-18 uniqコマンドのオプション

オプション	説明
-c	行の前に出現回数を出力する
-d	重複した行のみ出力する
-u	重複していない行のみ出力する

以下の例では、dataファイルをソートし、行の出現回数も一緒に出力しています。

ファイル内の重複する行を取り除く

```
[...]# cat data    ←catコマンドでファイルの内容を表示
Diamond
Club
Spade
Diamond
[...]# uniq data    ←ソートをしないままuniqコマンドの実行
Diamond    ←意図した結果にはならない（同じ行だが連続していない）
Club
Spade
Diamond
[...]# sort data | uniq -c    ←ソートしてからuniqコマンドの実行。-cで出現回数を表示する
      1 Club
      2 Diamond
      1 Spade
```

ファイルを複数に分割

splitコマンドは、ファイルを決まった大きさに分割します。デフォルトでは、入力元ファイルを1,000行毎に分割して出力ファイルに書き込みます。分割後のファイル名はコマンドラインで指定したプレフィックスの末尾にaa、ab、ac…を付加したものとなります。

ファイルの分割
split [オプション] [入力元ファイル名 [プレフィックス]]

オプションに「-行数」を指定することで、指定された行数毎に分割することができます。
以下の例では、「data」ファイルを「30行毎」に分割します。分割後のファイル名は「s_data.」から始まるように指定します。

ファイルの分割

```
[...]# split -30 data s_data.    ←dataファイルを30行毎に分割
[...]# ls
data  s_data.aa  s_data.ab  s_data.ac    ←3つのファイルに分割されている
```

テキストの整形

　fmtコマンドは、テキストファイルを「-w」オプションで指定した幅に整形して出力します。「-w」オプションによる幅の指定がない場合は、75桁が設定されます。なお、「-w 1」と指定した場合、1行の幅を1桁としますが、単語は分割されません。また、各行のテキストの幅に対して、オプションで指定した幅が大きい場合は、行の結合が行われます。なお、ファイルの指定がなかった場合は、標準入力から読み込みます。

テキストの整形
fmt [オプション] [ファイル名]

表5-2-19　fmtコマンドのオプション

オプション	説明
-w 桁数	最大行幅（標準 75桁）を指定する
-s	長い行を分割する

テキストの整形

```
[...]# cat cards    ←catコマンドで各ファイルの内容を表示
Diamond
Heart
Club
Spade
[...]# fmt -w 30 cards    ←幅を30桁に指定
Diamond Heart Club Spade    ←行の結合が行われる
[...]# fmt -w 2 cards    ←幅を2桁に指定
Diamond    ←単語の分割にはならない
Heart
Club
Spade
```

単語単位の変換や削除

　sedコマンドは、単語単位の変換や削除を行います。sedコマンドは入力ストリーム（ファイルまたはパイプからの入力）に対してテキスト変換を行うために用いられます。パイプからの入力に対して使用する場合は、ファイル名を省略することができます。

単語単位の変換や削除
sed [オプション] {編集コマンド} [ファイル名]

表5-2-20　sedコマンドの主な編集コマンド

コマンド	説明
s/パターン/置換文字列/	各行を対象に、最初にパターンに合致する文字列を置換文字列に変換
s/パターン/置換文字列/g	ファイル内全体を対象に、パターンに合致する文字列を置換文字列に変換
d	パターンに合致する行を削除
p	パターンに合致する行を表示

「-i」オプションを指定することで、編集結果を直接ファイルに書き込みます。
以下の例では、sコマンドを使用してパターンに基づいて置換処理しています。

単語単位の変換や削除

```
[...]# cat file
127.0.0.1 localhost.localdomain localhost
172.18.0.70 user01.sr2.knowd.co.jp user01    ←❶
172.18.0.71 user02.sr2.knowd.co.jp user02    ←❶

[...]# sed 's/user/UNIX/' file    ←s/パターン/置換文字列/
127.0.0.1 localhost.localdomain localhost
172.18.0.70 UNIX01.sr2.knowd.co.jp user01    ←❷
172.18.0.71 UNIX02.sr2.knowd.co.jp user02    ←❷

[...]# sed 's/user/UNIX/g' file    ←s/パターン/置換文字列/g
127.0.0.1 localhost.localdomain localhost
172.18.0.70 UNIX01.sr2.knowd.co.jp UNIX01    ←❸
172.18.0.71 UNIX02.sr2.knowd.co.jp UNIX02    ←❸
```

❶fileには「userXX」という文字列が含まれている
❷各行の最初にパターンに合致する文字列(user)を置換文字列(UNIX)に変換する
❸ファイル内全体を対象に、パターンに合致する文字列(user)を置換文字列(UNIX)に変換する

その他の使用例を記載します。なお、以下の例で使用している「^」や「$」の記号はメタキャラクタです。解説は後述します。

▷ sed '1d' file
　　fileの1行目を削除します。

▷ sed '2,5d' file
　　fileの2行目から5行目を削除します。

▷ sed '/^$/d' file
　　fileの空白行を削除します。

▷ sed 's/$/test/' file
　　fileの行末にtestを追加します。

▷ sed -n '/user01/p' file
　　fileのuser01が含まれる行だけ表示します。

ファイルの各行から一部分を取り出す

cutコマンドは、ファイル内の行中の特定部分のみ取り出します。

各行から特定部分を取り出す
cut [オプション] ファイル名

表5-2-21 cutコマンドのオプション

オプション	説明
-c 位置	指定された位置の各文字だけを表示する
-b 位置	指定された位置の各バイトだけを表示する
-d 区切り文字	-fと一緒に用い、フィールドの区切り文字を指定。デフォルトはタブ
-f フィールド番号	指定された各フィールドだけを表示する
-s	-fと一緒に用い、フィールドの区切り文字を含まない行を表示しない

以下に使用例を記載します。

▷ `cut -d ' ' -f 2 file`
fileのフィールドの区切り文字を空白として、2番目のフィールドを取り出します。

▷ `cut -d ' ' -f 1,3 file`
fileのフィールドの区切り文字を空白として、1番目と3番目のフィールドを取り出します。

▷ `cut -c 1-3 file`
fileの1文字目から3文字目までを取り出します。

▷ `ps ax | cut -c 1-5`
「ps ax」の表示行の先頭5文字（プロセスID）を取り出します。

各ファイルの行数、単語数、バイト数の表示

wcコマンドは、ファイル内の行数、単語数、バイト数を表示します。「-l」オプションを使用することで、行数のみを表示することができます。オプションを指定しない場合は、行数、単語数、バイト数を全て表示します。ファイル名を省略した場合は、標準入力から読み込みます。

行数、単語数、バイト数を表示
wc [オプション] [ファイル名]

表5-2-22 wcコマンドのオプション

オプション	説明
-c	バイト数だけを出力する
-l	行数だけを出力する
-w	単語数だけを出力する

行数、単語数、バイト数を表示

```
[...]# wc -l /etc/passwd    ←-lで行数のみ表示
47 /etc/passwd
[...]# wc -w /etc/passwd    ←-wで単語数のみ表示
91 /etc/passwd
[...]# wc -c /etc/passwd    ←-cでバイト数のみ表示
2447 /etc/passwd
[...]# wc /etc/passwd    ←オプションを指定しない場合は、行数、単語数、バイト数を表示
  47   91 2447 /etc/passwd
```

ファイルを8進数やその他の形式で表示

odコマンドは、ファイルの内容を8進数で表示します(Octal Dump)。バイナリファイルの内容を表示する場合や、テキストファイルに含まれる非印字コードを調べる等に使用すると便利です。ファイル名を省略した場合は、標準入力から読み込みます。

ファイル内容を8進数で表示

od [オプション] [ファイル名]

表5-2-23　odコマンドのオプション

オプション	説明
-d	Decimal (10進数) で表示する
-x	Hexa Decimal (16進数) で表示する
-c	ASCII 文字またはバックスラッシュ付きのエスケープ文字として表示する
-A 基数	表示されるオフセットの基数を選択する。基数として指定できるのは以下の通り 　d：10進数 　o：8進数（デフォルト） 　x：16進数 　n：なし（オフセットを表示しない）

ファイル内容を8進数・16進数で表示

```
[...]# echo cards | od    ←cardsの8進数表記
0000000 060543 062162 005163
0000006
[...]# echo cards | od -x    ←cardsの16進数表記
0000000 6163 6472 0a73
0000006
[...]# od -c cards    ←改行コードの表示LFは「\n」、CRは「\r」、CR+LFは「\r\n」
0000000   D   i   a   m   o   n   d  \n   H   e   a   r   t  \n   C   l
0000020   u   b  \n   S   p   a   d   e  \n
0000031
```

タブをスペースに変換

expandコマンドは、引数で指定されたファイル内にあるタブをスペースに変換します。オプションを指定しない場合は、デフォルトで8桁おきに設定されます。ファイル名を省略した場合は、標準入力から読み込みます。

逆にスペースをタブに変換するには、**unexpand**コマンドを使用します。行頭のスペースだけでなく、行中のタブとスペースからなる2文字以上の文字列を全てをタブに変換するには、「-a」オプションを使用します。

タブをスペースに変換
expand [オプション] [ファイル名]

表5-2-24　expandコマンドのオプション

オプション	説明
-i	行頭のタブのみスペースへ変換する
-t 桁数	置き換える桁数を指定する

5-2-4 文字列の検索

テキストデータ内の文字列検索を行うには、**grep**コマンドを使用します。指定されたパターンに合致する行を表示します。

図5-2-6　grepコマンドの概要

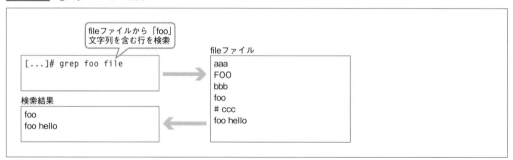

文字列の検索
grep [オプション] 検索する文字列パターン [ファイル名...]

表5-2-25　grepコマンドのオプション

オプション	説明
-v	パターンに一致しない行を表示する
-n	行番号を表示する
-l	パターンと一致するファイル名を表示
-i	大文字と小文字を区別しないで検索を行う

ファイル名を省略した場合は、標準入力から読み込みます。
以下の例は、grepコマンドで「file」ファイルから「foo」という文字列が含まれる行を検索しています。

文字列の検索

```
[...]# grep -n foo file    ←❶
4:foo    ←大文字「FOO」は検索結果に含まれない
6:foo hello
[...]# grep -ni foo file    ←-iにより大文字、小文字を区別しないで検索
2:FOO    ←大文字「FOO」が検索結果に含まれる
4:foo
6:foo hello
[...]# grep -v '#' file    ←❷
aaa
FOO
bbb
foo
foo hello
[...]# ps ax | grep firefox    ←❸
 8146 ?        Sl     0:18 /usr/lib64/firefox/firefox    ←PID 8146で稼働中
 8263 pts/0    R+     0:00 grep --color=auto firefox
```

❶fileファイル内にあるfoo文字列を検索し、-nを付与して行番号を表示
❷fileファイル内から、#という文字列を含まない文字列を検索
❸現在アクティブなプロセスのなかに、firefoxがあるか検索

正規表現

　grepコマンドで指定する検索文字列は、「foo」のように文字列をそのまま指定するだけでなく、**正規表現**を使用することも可能です。正規表現とは、記号や文字列を組み合わせて、目的のキーワードを見つけるためのパターンを作り、検出する手段です。

　以下の図ならびに実行例では、「a」や「^」等の記号を使用してパターンを作成しています。記号はメタキャラクタと呼ばれるもので、それぞれ意味があります。

図5-2-7　正規表現を使用した例

正規表現を使用した例①

```
[...]# cat file
linux01
linux02
android03
android10
linux20
[...]# grep '^a.*0$' file    ←このパターンにより「android10」のみが検索結果となる
android10
```

表5-2-26　主なメタキャラクタ

記号	説明
c	文字cに一致（cはメタキャラクタではないこと）
\c	文字cに一致（cはメタキャラクタであること）
.	任意の文字に一致
^	行の先頭
$	行の末尾
*	直前の文字が0回以上の繰り返しに一致
?	直前の文字が0回もしくは1回の繰り返しに一致
+	直前の文字が1回以上の繰り返しに一致
[ ]	[ ]内の文字グループと一致

　[ ]による文字グループは、以下のように指定することが可能です。

表5-2-27　[ ]の主な使用方法

例	説明
[abAB]	a、b、A、Bのいずれかの文字
[^abAB]	a、b、A、B以外のいずれかの文字
[a-dA-D]	a、b、c、d、A、B、C、Dのいずれかの文字

　また、\（バックスラッシュ）はメタキャラクタとしてではなく、単に文字として扱いたい場合に使用します。次の例では、最後がピリオドで終わっている「android.」を検索しています。

正規表現を使用した例②

```
[...]# cat file    ←catコマンドでファイルの内容を表示
android10
android.
[...]# grep '^a.*.$' file    ←❶
android10
android.
[...]# grep '^a.*\.$' file   ←❷
android.
```

❶「.$」により行の末尾が任意の1文字となり目的の結果とならない
❷「\.$」により行の末尾がピリオドで終わるものを検索する

　その他の使用例を記載します。

　▷grep '.' file
　　空白行以外の行を全て表示します。

　▷grep '\.' file
　　ピリオドを含む行を全て表示します。

　▷grep '[Ll]inux' file
　　Linux、linuxのいずれかを含む行を全て表示します。

▷ grep '^[^0-9]' file
　先頭の1文字が数値以外の行を全て表示します。

▷ grep '^[^#]' file1
　先頭が#で始まるコメント行以外の行を全て表示します。

なお、主なメタキャラクタの表に掲載した「?」と「+」は、**拡張正規表現**で使用されます。

拡張正規表現は、awkやPerl等のプログラミング言語や、**egrep**コマンドで使用可能な正規表現です。egrepコマンドはgrepよりも高度な正規表現を使用することが可能です。また、grepコマンドで拡張正規表現の使用も可能であり、その際は「-E」オプションを付加します。

正規表現を使用した例③

```
[...]# cat file    ←❶
user10.kdc
user123.kdc
userABC.kdc
user0.kdc
user.kdc
[...]# grep -E 'user[0-9][0-9]?.kdc' file    ←❷
user10.kdc
user0.kdc
[...]# egrep 'user[0-9][0-9]?.kdc' file    ←❸
user10.kdc
user0.kdc
[...]# grep -E 'user[0-9][0-9]+.kdc' file    ←❹
user10.kdc
user123.kdc
[...]# egrep 'user[0-9][0-9]+.kdc' file    ←❺
user10.kdc
user123.kdc
```

❶catコマンドでファイルの内容を表示する
❷「user[0-9][0-9]?」との指定により、userの後に1桁以上2桁以内の数字を含む行を全て表示するという意味になる
❸❷の処理をegrepコマンドで実行した場合
❹userの後に2桁以上の数字を含む行を全て表示するという意味になる
❺❹の処理をegrepコマンドで実行した場合

Chapter5 | 基本操作

5-3 ファイルの所有者管理と検索

5-3-1 ファイルの所有者管理

Linuxのファイル、ディレクトリのアクセス制御を行います。まずは、適切な**パーミッション**や**所有者権限**について確認します。

ユーザとグループ

ユーザは、必ず1つ以上のグループに所属します。グループには、**1次グループ**と**2次グループ**の2種類があります。ユーザには、1次グループを1つ割り当てる必要があり、2次グループは任意です。

表5-3-1 グループの種類

グループ	説明
1次グループ（必須）	ログイン直後の作業グループ。ファイルやディレクトリを新規作成した際に、それを所有するグループとして使用される
2次グループ（任意）	必要に応じて、1次グループ以外のグループを割り当てることができる。複数割り当て可能

自分の所属グループを表示するには、**groups**コマンドを使用します。groupsコマンドにオプションはありません。ユーザ名を指定しない場合は、コマンドを実行するユーザの所属グループを表示します。

所属グループの表示
groups [ユーザ名]

所属グループの表示①（ユーザyukoで実行）

```
[yuko@centos7 ~]$ groups
yuko users   ←ユーザyukoは、yukoグループとusersグループに所属
```

所属グループの表示②（ユーザmanaで実行）

```
[mana@centos7 ~]$ groups
mana   ←ユーザmanaは、manaグループのみ所属
```

所属グループの表示③（rootユーザで実行）

```
[root@centos7 ~]# groups   ←❶
root
[root@centos7 ~]# groups yuko   ←❷
yuko : yuko users
```

❶ユーザ名を指定していないので、自身の所属するグループを表示
❷ユーザ名としてyukoを指定しているため、yukoが所属するグループを表示

なお、自分がどのユーザでログインしているのか、またどのグループに所属しているのは、**id**コマンドで確認できます。

ユーザとグループの確認

id [オプション] [ユーザ名]

「-a」オプションを指定することで、ユーザ情報を詳細に表示することができます。

ユーザとグループの確認（rootユーザで実行）

```
[root@centos7 ~]# id    ←❶
uid=0(root) gid=0(root) groups=0(root) context=unconfined_u:unconfined_r:unconfined_t:s0-s0:c0.c1023
[root@centos7 ~]# id yuko    ←❷
uid=1000(yuko) gid=1000(yuko) groups=1000(yuko),100(users)
[root@centos7 ~]# id ryo    ←❸
uid=1001(ryo) gid=1001(ryo) groups=1001(ryo),100(users)
[root@centos7 ~]# id mana    ←❹
uid=1002(mana) gid=1002(mana) groups=1002(mana)
```

❶ユーザ名を指定していないので、root自身の情報を表示
❷ユーザ名としてyukoを指定しているため、yukoの情報を表示
❸ユーザ名としてryoを指定しているため、ryoの情報を表示
❹ユーザ名としてmanaを指定しているため、manaの情報を表示

パーミッション

ファイルやディレクトリには、「誰に」「どのような操作を」許可するのかを、それぞれ個別に設定することができます。これを「パーミッション」と呼びます。設定されたパーミッションは、**ls -l**コマンドで調べることができます。

図5-3-1　パーミッションの確認

```
[...]# ls -l fileA
-rw-rw-r--. 1 yuko users 10 9月 16 16:58 fileA
```
パーミッション　所有者　グループ

ファイルの拡張属性にSELinuxのセキュリティコンテキスト（→ p.905）が設定されている場合、パーミッションの最後（10文字目）にドット「.」が表示されます。

パーミッションで表示される内容は、以下のように分類されます。

図5-3-2　パーミッション

❶ファイルの種類（これはファイルの種類を表すもので、パーミッションそのものではない。主な種類は表5-3-2の通り）
❷ユーザ（所有者）に対するパーミッション
❸グループに対するパーミッション
❹その他のユーザに対するパーミッション

表5-3-2　ファイルの主な種類

種類	説明
-	通常ファイル
d	ディレクトリ
l	シンボリックリンク

　また、「rw-」は、どのような操作を許可するのかを表します。種類として、「r」「w」「x」があり、「-」は許可がないことを表します。
　図5-3-3は、fileAの**アクセス権限**を示しています。「-rw-rw-r--」により、通常ファイルであるfileAの所有者であるユーザyukoは、読み書きが可能です。そして所有グループがusersであるため、usersに所属する他のユーザも読み書きが可能です。つまりユーザryoは、書き込み、読み取りが可能です。なお、usersグループに所属しないその他のユーザ（この例ではmana）は、読み取りのみ可能です。

図5-3-3　fileAのパーミッションとアクセス権限

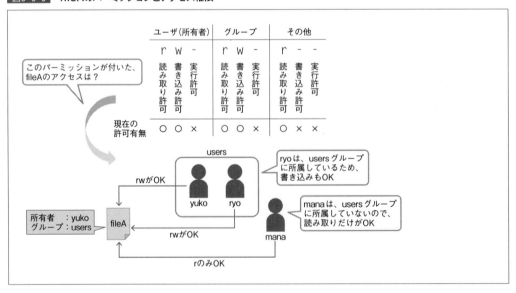

また、「r」「w」「x」は、ファイルかディレクトリかによって意味が異なります。

表5-3-3　ファイルとディレクトリの違い

種類	ファイルの場合	ディレクトリの場合
読み取り権(r)	ファイルの内容を読むことができる。more、cat、cp等が使用可能	ディレクトリの内容を表示することができる。ls等が実行可能
書き込み権(w)	ファイルの内容を編集することができる。vi等が使用可能	ディレクトリ内のファイルやディレクトリを作成や削除することができる。mkdir、touch、rmなどが使用可能
実行権(x)	実行ファイルとして実行ができる	ディレクトリへ移動することができる。cdコマンド等が使用可能

　注意する点としては、ディレクトリに対する実行権です。他のディレクトリからcdコマンドで移動する際に、その移動先のディレクトリに実行権が付与されていないと移動できません。

パーミッションの変更

　既存のファイルやディレクトリに設定されているパーミッションは、**chmod**コマンドで変更できます。変更できるのは、所有者またはrootユーザのみです。

パーミッションの変更
chmod [オプション] モード ファイル名

　「-R」オプションを指定することで、ディレクトリに指定した場合にサブディレクトリを含めて再帰的にパーミッションが変更されます。
　なお、コマンドの引数で指定するモードは、**シンボリックモード**と**オクタルモード**の2種類があります。

□ シンボリックモード
　文字や記号を用いてパーミッションを変更します。使用する記号および文字は以下の通りです。

図5-3-4　シンボリックモード

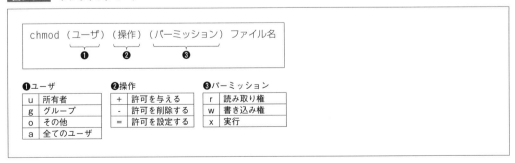

　以下の実行例で確認します。「mypg」ファイルの現在のパーミッションは「rw-rw-r--」です。これを「全てのユーザが読み取りおよび実行可能とし、所有者のみは書き込みも可能」となるパーミッションに変更します。なお、ファイルの所有者はユーザyukoとします。

パーミッションの変更①

```
[yuko@centos7 ~]$ ls -l
-rw-rw-r--. 1 yuko yuko    0  9月 20 15:51 mypg
[yuko@centos7 ~]$ chmod a+x,g-w mypg   ←シンボリックモードでパーミッションの変更
[yuko@centos7 ~]$ ls -l
-rwxr-xr-x. 1 yuko yuko    0  9月 20 15:51 mypg
```

「a+x」は、「a」(全てのユーザ)に「x」(実行権)を「+」(追加)を意味します。その結果、「全てのユーザが読み取りおよび実行可能」となります。また、「g-w」は、現在、所有者は「w」(書き込み)が付与されているため変更しないが、グループに付与されている「w」(書き込み)を「-」(削除)を意味します。その結果、「所有者のみ、書き込みが可能」となります。

□ **オクタルモード**

目的のパーミッションを8進数の数値を使って変更します。各パーミッションには、それぞれ特有の数値が割り当てられています。

図5-3-5　オクタルモード

ユーザ(所有者)	グループ	その他
r w -	r w -	r - -
4+2+0	4+2+0	4+0+0
6	6	4

数値	パーミッション
4	読み取り権
2	書き込み権
1	実行権
0	権限なし

つまり、「rwx」全てが付与されると「7」となり、「r」のみであれば「4」となります。この数値を組み合わせてパーミッションを指定するのがオクタルモードです。

以下の例は、前述の「シンボリックモード」での例を、オクタルモードで行った場合です。

パーミッションの変更②

```
[yuko@centos7 ~]$ ls -l
-rw-rw-r--. 1 yuko yuko    0  9月 20 15:51 mypg   ←現在は「664」
[yuko@centos7 ~]$ chmod 755 mypg   ←オクタルモードでパーミッションの変更
[yuko@centos7 ~]$ ls -l
-rwxr-xr-x. 1 yuko yuko    0  9月 20 15:51 mypg   ←変更後は「755」
```

umask値

ユーザがファイルやディレクトリを新規に作成した際には、デフォルトのパーミッションが付与されています。ユーザのデフォルトパーミッションはシェルに設定された**umask値**で決まります。
umaskコマンドで、現在設定されているumask値を確認します。また、umask値を変更することで、デフォルトで使用されるファイルやディレクトリのパーミッションを変更することもできます。

umask値の表示と変更

umask [値]

umask値の表示①（ユーザyukoで実行）

```
[yuko@centos7 ~]$ umask
0002
```

umask値の表示②（rootユーザで実行）

```
[root@centos7 ~]# umask
0022
```

　上記の実行例はbashの表示書式上である4桁で表示されます。本書では、実際にumask値として使用できる下3桁について説明します。

　作成されるファイルのパーミッションは、ファイルを作成するアプリケーションによって指定されたパーミッションと、プロセス毎にカーネル内に保持されているumaskの値との論理積となります。umask値とはアプリケーションによって指定されパーミッションに対し「ユーザ」「グループ」「その他」毎に割り当てたくないパーミッションを指定したものです。通常、アプリケーションは作成するファイルタイプによって全てを許可するパーミッションで作成します。したがって、作成されるファイルおよびディレクトリのデフォルトのパーミッションは、図5-3-6のようになります。また、umaskの値は親プロセスから子プロセスに引き継がれます。

図5-3-6　デフォルトのパーミッション

	ファイル	ディレクトリ
作成時にアプリケーションが指定するパーミッション	666 rw- rw- rw-	777 rwx rwx rwx
umask 値	002 --- --- -w-	002 --- --- -w-
デフォルトのパーミッション	664 rw- rw- r--	775 rwx rwx r-x

その他の「w」のみ削除される

　以下の実行例では、一般ユーザであるyukoが新規にファイルとディレクトリを作成し、パーミッションを確認しています。

ファイルとディレクトリの作成と確認

```
[yuko@centos7 ~]$ touch fileB
[yuko@centos7 ~]$ mkdir dirB
[yuko@centos7 ~]$ ls -l
drwxrwxr-x. 2 yuko yuko    6 9月 20 16:21 dirB
-rw-rw-r--. 1 yuko yuko    0 9月 20 16:21 fileB
```

　umaskコマンドは現在のumask値の表示だけでなく、値の変更も可能です。

umask値の変更

```
[yuko@centos7 ~]$ umask    ←現在設定されているumask値の表示
0002
[yuko@centos7 ~]$ umask 027    ←umask値の設定
[yuko@centos7 ~]$ umask
0027   ←設定後のumask値
[yuko@centos7 ~]$ touch fileC
[yuko@centos7 ~]$ ls -l
-rw-r-----. 1 yuko yuko    0  9月 20 16:22 fileC
```

　上記の実行例では、umask値を変更後、新規にファイルを作成しています。fileCのパーミッションを見ると、「rw-r-----」となっていることがわかります。「rw-」は「4+2+0」で「6」、「r--」は「4+0+0」で「4」、「---」は「0+0+0」で「0」です。つまり、umask値を「027」に変更したことにより、新規で作成したファイルのデフォルトのパーミッションが「664」から「640」になっていることがわかります。

　なお、umaskコマンドでの変更は、変更を行ったシェルと、その子プロセスでのみ有効な設定です。初期設定として変更したい場合は、シェルの設定ファイルによる変更が必要です。

　シェルの設定ファイルについては、「5-1 シェル」（→ p.156）を参照してください。

ファイルの所有者とグループの変更

　指定されたファイルの所有者とグループを変更するには、**chown**コマンドを使用します。このコマンドを実行できるのはrootユーザのみです。ユーザ名として、変更後の所有者を指定します。

ファイルの所有者とグループの変更

chown [オプション] ユーザ名[.グループ名] ファイル名 | ディレクトリ名

　「-R」オプションを付けてディレクトリを指定した場合は、サブディレクトリを含めて再帰的にパーミッションが変更されます。

　所有者のみ変更するだけでなく、グループも併せて変更する場合は、chownコマンドの引数に「変更後の所有者名.変更後のグループ名」と指定します。グループ名の前にはドット「.」もしくはコロン「:」を指定してください。chownコマンドでグループのみ変更する場合は、ユーザ名を指定せずに「chown :グループ名 ファイル名」のように指定します。

ファイルの所有者とグループの変更

```
[...]# ls -l
-rw-rw-r--. 1 yuko yuko  0  9 20 17:34 fileA   ←所有者、グループ共にyuko
-rw-rw-r--. 1 yuko yuko  0  9 20 17:34 fileB   ←所有者、グループ共にyuko
[...]# chown ryo fileA        ←❶
[...]# chown ryo.users fileB  ←❷
[...]# ls -l
-rw-rw-r--. 1 ryo yuko   0  9 20 17:36 fileA
-rw-rw-r--. 1 ryo users  0  9 20 17:36 fileB
```

❶fileAの所有者をyukoからryoに変更
❷fileBの所有者をyukoからryo、グループをyukoからusersに変更

また、グループのみの変更を行う**chgrp**コマンドがあります。chownとは異なり、rootユーザ以外でもそのグループに属しているユーザであれば実行が可能です。ただし以下の点に注意してください。

- rootユーザは、所有者が自分以外のファイルもグループを変更できる。また変更先のグループ名は、自分が所属していないグループでも指定可能である
- 一般ユーザは、所有者が自分のファイルのみグループを変更できる。また変更先のグループ名は、自分が所属しているグループのみ指定可能である

グループの変更

chgrp [オプション] グループ名 ファイル名 | ディレクトリ名

「-R」オプションを付けてディレクトリに指定した場合は、サブディレクトリを含めて再帰的にパーミッションが変更されます。

ファイルのグループの変更

```
[yuko@centos7 ~]$ ls -l
-rw-rw-r--. 1 yuko yuko  0  9 20 17:42 fileC    ←所有者、グループ共にyuko
[yuko@centos7 ~]$ chgrp users fileC    ←グループをyukoからusersへ変更
[yuko@centos7 ~]$ ls -l
-rw-rw-r--. 1 yuko users 0  9 20 17:42 fileC
```

SUIDとSGID

プロセスには、**実ユーザID**（real user ID）と**実効ユーザID**（effective user ID）が設定されています。実ユーザとは、プロセスを起動したユーザでありプロセスの所有者です。実効ユーザとは、プロセスが実行される時の権限を持つユーザです。カーネルはプロセスの実行権限を、実効ユーザID（および実効グループID）でチェックします。

以下の例では、rootユーザが所有する「mypg」プログラムは、所有者を含め、全てのユーザに実行権が付与されているのがわかります。

mypgファイルの所有者の表示

```
[...]# ls -l mypg
-rwxr-xr-x. 1 root root 8605  9 20 18:15 mypg
```

以下は、mypgプログラムをrootユーザが実行しています。psコマンドによりプロセスの実ユーザID（ruid）、実ユーザ名（ruser）、実効ユーザID（euid）、実効ユーザ名（euser）を表示しています。通常は、実ユーザIDと実効ユーザIDは同じです。したがって、実ユーザIDも実効ユーザIDも「root」となります。

mypgの実ユーザIDと実効ユーザIDの表示①

```
[...]# ps -eo pid,cmd,ruid,ruser,euid,euser | grep mypg
 4019 ./mypg                        0 root        0 root
```

以下は、mypgプログラムをユーザyukoが実行しています。実ユーザIDも実効ユーザIDもyukoとなります。

mypgの実ユーザIDと実効ユーザIDの表示②

```
[...]# ps -eo pid,cmd,ruid,ruser,euid,euser | grep mypg
 4031 ./mypg                     1000 yuko     1000 yuko
```

しかし、あるプログラムを実行する際、そのプログラムが利用するファイルのアクセス権を考慮し、所有者IDの権限で実行させたい場合があります。その際には、**SUID**および**SGID**を使用します。

SUIDは、どのユーザが実行しても、実効ユーザIDがファイルの所有者IDとなります。SUIDはchmodコマンドでパーミッションに「4000」もしくは所有者に「s」を付与します。以下の例では、先ほどのmycmdプログラム（パーミッション755）のファイルにSUIDを付与しています。

SUIDの設定

```
[...]# ls -l mypg
-rwxr-xr-x. 1 root root 8605  9 20 18:15 mypg   ←所有者のパーミッションは「rwx」
[...]# chmod u+s mypg    ←「chmod 4755 mycmd」でもOK
[...]# ls -l mypg
-rwsr-xr-x. 1 root root 8605  9 20 18:15 mypg
↑所有者のパーミッションが「rws」に変更されている
```

これにより、先ほどのmycmdプログラムを一般ユーザであるyukoが実行しても、実効ユーザIDはrootとなります。以下は、mypgプログラムをユーザyukoが実行しています。実ユーザIDはyukoですが、実効ユーザIDはrootとなります。

mypgの実ユーザIDと実効ユーザIDの表示③

```
[...]# ps -eo pid,cmd,ruid,ruser,euid,euser | grep mypg
 4220 ./mypg                     1000 yuko        0 root
```

また、SGIDはファイルのグループIDが実効グループIDとして設定されます。まず、ファイルを新規作成した例を見てみます。ファイルやディレクトリを作成すると、その所有グループは作成したユーザの1次グループが使用されます。

所有グループの確認

```
[yuko@centos7 ~]$ ls -ld teamDir
drwxrwxr-x. 2 yuko users 6  9月 20 18:28 teamDir   ←❶
[yuko@centos7 ~]$ cd teamDir
[yuko@centos7 teamDir]$ touch share_file          ←❷
[yuko@centos7 teamDir]$ ls -l share_file
-rw-rw-r--. 1 yuko yuko 0  9月 20 18:29 share_file ←❸
```

> ❶teamDirディレクトリのグループはusers
> ❷teamDirディレクトリ内にyukoが新規にshare_fileファイルを作成する
> ❸share_fileファイルの所有グループはyukoとなる

　しかし、SGIDが設定されたディレクトリ以下でファイルやディレクトリを作成すると、SGIDが設定されたディレクトリのグループが引き継がれて設定されます。SGIDはパーミッションに「2000」もしくはグループに「s」を付与します。
　以下の例では、teamDir（パーミッション775）のディレクトリにSGIDを付与しています。

SGIDの設定

```
[yuko@centos7 ~]$ ls -ld teamDir
drwxrwxr-x. 2 yuko users 23  9月 20 18:29 teamDir   ←❶
[yuko@centos7 ~]$ chmod g+s teamDir   ←「chmod 2775 teamDir」でも OK
[yuko@centos7 ~]$ ls -ld teamDir
drwxrwsr-x. 2 yuko users 23  9月 20 18:29 teamDir   ←❷
```

> ❶グループのパーミッションは「rwx」である
> ❷グループのパーミッションが「rws」に変更されている

　以下の実行例では、SGIDが設定された「teamDir」ディレクトリ以下にユーザyukoがファイルを作成しています。所有グループがyukoではなく「users」となっていることを確認します。

所有グループの確認

```
[yuko@centos7 teamDir]$ touch share_file   ←❶
[yuko@centos7 teamDir]$ ls -l share_file
-rw-rw-r--. 1 yuko users 0  9月 20 18:35 share_file   ←❷
```

> ❶teamDirディレクトリ内にyukoが新規にshare_fileファイルを作成する
> ❷share_fileファイルの所有グループはusersとなる

　このように複数ユーザで使用するディレクトリに対してSGIDを設定することで、誰がファイルを作成しても所有グループを同じにすることができます。

> SUIDの使用例として、ユーザのログインパスワードを変更するpasswdコマンドがあります。passwdコマンドのパーミッションを見ると、「rws」であることがわかります。
>
> ```
> [...]# ls -la /usr/bin/passwd
> -rwsr-xr-x. 1 root root 27832  6月 10  2014 /usr/bin/passwd
> ```
>
> passwdコマンドは、/etc/passwd、/etc/shadowの各ファイルを更新しますが、各ファイルのパーミッションを見ると、一般ユーザでは変更できないことがわかります。
>
> ```
> [...]# ls -l /etc/passwd
> -rw-r--r--. 1 root root 2447  6 22 16:20 /etc/passwd
> [...]# ls -l /etc/shadow
> ----------. 1 root root 1660  6 22 16:24 /etc/shadow
> ```
>
> しかし一般ユーザは通常、自分のパスワードを変更することがあるため、passwdコマンドにはSUIDが設定されています。一般ユーザがpasswdコマンドを呼び出すと、root権限で実行され、その結果、/etc/passwd、/etc/shadowが更新できる仕組みになっています。

スティッキービット

スティッキービットは、特定のディレクトリに対して、アクセス権が許可されていてもファイルの削除は行えないよう保護する設定です。多くのユーザが作業できるようアクセス権が全て許可されてる場合、あるユーザが作成したファイルを他のユーザが消してしまう可能性があります。そこでスティッキービットを設定することで、ファイルの削除、名前の変更に関しては所有者およびrootユーザのみが行えます。**chmod**コマンドでスティッキービットを指定する場合は「1000」、もしくは「o+t」を使用します。

以下の実行例にある通り、/tmpディレクトリは、スティッキービットが設定されています。

スティッキービットの確認

```
[...]# ls -ld /tmp
drwxrwxrwt. 22 root root 4096  9月 20 18:35 /tmp
         ↑その他のパーミッションは「rwt」である
```

5-3-2 リンクの作成

リンクの作成には**ln**コマンドを使用します。リンクはWindowsでのショートカットと似ており、同一ファイルに異なる2つの名前を持たせることができます。したがって、データのコピーが行われるのではなく、同じデータを指しています。リンクには、**ハードリンク**と**シンボリックリンク**の2種類があります。

ハードリンクの作成

ln オリジナルファイル名 リンク名

シンボリックリンクの作成

ln -s オリジナルファイル名 リンク名

ハードリンクの作成

以下の実行例では、ファイル「fileX」のハードリンクとして「fileY」を作成しています。これにより、それぞれをcatコマンドで内容を表示すると同じものが表示されます。また、同じiノード番号を使用しています。iノードを見るには、lsコマンドに「i」オプションを付けます。

ハードリンクの作成①

```
[...]# ls
fileX
[...]# ln fileX fileY    ←ハードリンクの作成
[...]# cat fileX    ←fileXの内容
hello
[...]# cat fileY    ←fileYの内容
hello
[...]# ls -li file*    ←iノード番号の確認
37905299 -rw-r--r--. 2 root root 6  9 20 18:45 fileX    ←iノード番号は「37905299」
37905299 -rw-r--r--. 2 root root 6  9 20 18:45 fileY    ←iノード番号は「37905299」
```

図5-3-7　ハードリンク

　また、以下の例では「fileX」を削除しています。しかし、iノードが削除されているわけではないため、「fileY」からデータへアクセスできていることがわかります。

ハードリンクファイルの削除

```
[...]# rm fileX
[...]# cat fileY
hello
```

　なお、ハードリンクは、ディレクトリに対して作成することはできません。次の例では、ディレクトリのハードリンクを作成しようとした場合、エラーが発生することを確認しています。

ディレクトリへのハードリンクの作成

```
[...]# ls -ld mydir
drwxrwxr-x. 2 root root 6  9月 20 18:55 mydir
[...]# ln mydir mydir_link
ln: `mydir': ディレクトリに対するハードリンクは許可されていません
```

　ハードリンクの特徴は以下の通りです。

- リンクファイルが使用するiノードはオリジナルファイルと同じ番号
- ディレクトリを基にリンクファイルを作成することはできない
- iノード番号は同一ファイルシステム内でユニークな番号なので、異なるパーティションのハードリンクを作成することはできない

iノードは、そのファイルの詳細情報や、実データが格納されているデータブロック番号が保存されています。

シンボリックリンクの作成

　以下の実行例ではシンボリックリンクを作成していますが、異なるiノード番号を使用していること、および「ls -l」を実行した際に、シンボリックリンクファイルは「リンク名 -> オリジナルファイル名」と表示され、パーミッションの先頭は、ファイルタイプとしてシンボリックリンクファイルを表す「l」が表示されていることを確認してください。

シンボリックリンクの作成

```
[...]# ls
fileX
[...]# ln -s fileX fileY    ←シンボリックリンクの作成
[...]# cat fileX    ←fileXの内容
hello
[...]# cat fileY    ←fileYの内容
hello
[...]# ls -li file*    ←iノード番号の確認
37905299 -rw-r--r--. 1 root root 6  9 20 19:00 fileX    ←❶
37905302 lrwxrwxrwx. 1 root root 5  9 20 19:00 fileY -> fileX    ←❷
         ↑パーミッションの先頭に「l」の表示        ↑リンク名 -> オリジナルファイル名
```

❶iノード番号は「37905299」
❷iノード番号は「37905302」

図5-3-8　シンボリックリンク

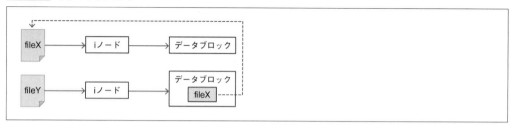

また、注意する点として、オリジナルファイル（fileX）を削除した場合、リンクファイル自身が保持している参照先（オリジナルファイルの場所）がなくなるため、エラーとなります。

シンボリックリンクファイルの削除

```
[...]# rm fileX
[...]# cat fileY
cat: fileY: そのようなファイルやディレクトリはありません
```

なお、シンボリックリンクは、ディレクトリに対して作成が可能です。次の例では、ディレクトリのシンボリックリンクを作成しています。

ディレクトリへのシンボリックリンクの作成

```
[...]# ls -ld mydir
drwxrwxr-x. 2 root root 6  9月 20 18:55 mydir
[...]# ln -s mydir mydir_link
[...]# ls -ld mydir*
drwxrwxr-x. 2 root root 6  9月 20 18:55 mydir
lrwxrwxrwx. 1 root root 5  9月 20 19:08 mydir_link -> mydir
```

シンボリックリンクの特徴は以下の通りです。

・リンクファイルが使用するiノードはオリジナルファイルと異なる番号
・ディレクトリを基にリンクファイルを作成可能

- オリジナルファイルと別のパーティションにリンクファイルを作成可能
- パーミッションの先頭は、ファイルタイプとしてシンボリックリンクファイルを表す「l」が表示される

5-3-3 コマンドとファイルの検索

Linuxには、さまざまな検索用のコマンドが用意されています。検索の用途に応じて使用します。

条件を満たすファイルを検索

findコマンドは、指定したディレクトリ以下で、指定した検索条件に合致するファイルを検索します。findコマンドは式を活用することで、さまざまな条件を指定することができます。式は、オプション、条件式、アクションから構成されています。いくつかの例を記載します。

ファイルの検索
find [パス] [式]

表5-3-4 findコマンドの主な式

式	説明
-name	指定したファイル名で検索する
-type	ファイルのタイプで検索する。主なタイプは以下の通り d(ディレクトリ)、f(通常ファイル)、l(シンボリックリンクファイル)
-size	指定したブロックサイズで検索する
-atime	指定した日時を基に、最終アクセスがあったファイルを検索する
-mtime	指定した日時を基に、最終更新されたファイルを検索する
-print	検索結果を標準出力する
-exec command \;	検索後、コマンド(command)を実行する

▷find . -name core
　現在のディレクトリ以下でcoreという名前のファイル名を検索します。

▷find / -mtime 7
　/ディレクトリ以下で1週間前に最終更新されたファイルを検索します。

▷find / -mtime +7
　/ディレクトリ以下で1週間以上前に最終更新されたファイルを検索します。

▷find / -atime -7
　/ディレクトリ以下で直近1週間にアクセスがあったファイルを検索します。

▷find . -type l
　カレントディレクトリ以下でシンボリックリンクファイルを検索する

2番目や3番目の例のように、日時を基準に検索を行う際には、最後に更新した日時を基にする「-mtime」や、最後にアクセスした日時を基にする「-atime」を使用できます。なお、日時の指定には、

数字の前に「何も付けない」「+」「-」の3つがあります。
　また、以下の例は、findコマンドとxargsコマンドを組み合わせて使用しています。カレントディレクトリに1つのディレクトリと2つの通常ファイルがあります。このディレクトリ内を検索し、ファイルのみ削除する指示を、findコマンドとxargsコマンドで行おうとしていますが、エラーが出ています。これは、「file B」のファイル名に空白が入っているためです。

ファイルの検索と削除①

```
[...]# ls
dirA   file B   fileA
[...]# find . -type f | xargs rm   ←ファイルのみ削除（結果、エラーが発生）
rm: `./file' を削除できません: そのようなファイルやディレクトリはありません
rm: `B' を削除できません: そのようなファイルやディレクトリはありません
[...]# ls
dirA   file B   ←file Bが削除されていない
```

　xargsコマンドは、空白または改行で区切られた文字列群を読み込みます。したがって、上記の実行例では「file B」が「file」と「B」ファイルに分割してxargsの標準入力として読み込まれ、rm（削除）を行おうとしてファイルが見つからないといったエラーメッセージが表示されていました。空白が含まれたファイル名も検索し、xargsに引き渡す方法として、次の例があります。

ファイルの検索と削除②

```
[...]# find . -type f -print0 | xargs -0 rm   ←ファイルのみ削除
[...]# ls
dirA   ←file Bが削除された
```

　findコマンドで、実行時に「-print0」を式として付与します。-print0を使用するとファイルの区切りに空白や改行ではなく、ヌル文字が埋め込まれます。また、xargsコマンドの「-0」オプションは標準入力からの文字列に対して、空白ではなくヌル文字を区切りとして読み込みます。その結果、上記のように空白を含むファイルも削除できています。このように、-print0はxargsコマンドの-0のオプションに対応しているため、併せて使用します。

□ データベースを利用したファイルの検索

　locateコマンドは、findコマンドと同様にファイルの検索を行います。コマンドの引数で指定するパターンには、シェルで用いるメタキャラクタを用いることができます。また、メタキャラクタを含まない通常の文字列である場合には、その文字列を含むファイル名およびディレクトリ名を全て表示します。

データベースを利用したファイルの検索
locate [オプション] パターン

ファイルの検索

```
[...]# locate fileA
/root/test/fileA
/root/test/dirC/fileA
```

locateコマンドは、ファイル名・ディレクトリ名の一覧のデータベースを使用して、インデックス検索を行っているため高速に検索します。しかし、日々更新されるファイル・ディレクトリについて、データベースの更新を行わないと検索対象から外れてしまいます。データベースの更新には、**updatedb**コマンドを使用します。

> データベースの更新
> **updatedb [オプション]**

表5-3-5 updatedbコマンドのオプション

オプション	説明
-e	データベースのファイルの一覧に取り込まないディレクトリパスを指定する
-o	更新対象のデータベース名を指定する。独自に作成したデータベースを指定したい場合に使用 ※CentOS 7でのデフォルトは「/var/lib/mlocate/mlocate.db」である

updatedbコマンドで特定のディレクトリをデータベース作成の対象から外す場合は、「updatedb -e ディレクトリ名」とすることで可能であり、またupdatedbコマンドの設定ファイルである**/etc/updatedb.conf**に除外するディレクトリを記述しておくこともできます。

updatedb.confファイルの設定例

```
[...]# cat /etc/updatedb.conf
PRUNE_BIND_MOUNTS = "yes"
PRUNEFS = "9p afs anon_inodefs auto autofs bdev binfmt_misc cgroup cifs coda configfs
cpuset debugfs devpts ecryptfs exofs fuse fuse.sshfs fusectl gfs gfs2 hugetlbfs inotifyfs
iso9660 jffs2 lustre mqueue ncpfs nfs nfs4 nfsd pipefs proc ramfs rootfs rpc_pipefs
securityfs selinuxfs sfs sockfs sysfs tmpfs ubifs udf usbfs"
PRUNENAMES = ".git .hg .svn"
PRUNEPATHS = "/afs /media /mnt /net /sfs /tmp /udev /var/cache/ccache /var/lib/yum/yumdb
/var/spool/cups /var/spool/squid /var/tmp"
```

「PRUNEFS」にはデータベース構築時に対象外とするファイルシステムタイプを記載し、「PRUNEPATHS」には対象外とするディレクトリパスを記載します。

□ コマンドのフルパスを表示

whichコマンドは、指定されたコマンドがどのディレクトリに格納されているかを、**PATH環境変数**で指定されたディレクトリを基に探します。PATH環境変数とは、使用したいプログラム（コマンド）のパスを保持する変数です。コマンドを実行するとPATH変数に登録された場所を基に検索し、該当するファイルが見つかると実行されます。つまり、目的のコマンドがインストールされていたとしても、PATH変数にその保存場所が記載されていなければ実行できません。

> フルパスを表示
> **which [オプション] コマンド名**

以下の実行例は、rootのみ使用可能なusermodコマンドを、whichコマンドで検索している例です。

whichコマンドの実行①（rootユーザで実行）

```
[root@centos7 ~]# echo $PATH    ←PATH変数の表示
/usr/local/sbin:/usr/local/bin:/sbin:/bin:/usr/sbin:/usr/bin:/root/bin
[root@centos7 ~]# which usermod
/usr/sbin/usermod    ←/usr/sbinの下に存在する
```

whichコマンドの実行②（ユーザyukoで実行）

```
[yuko@centos7 ~]$ echo $PATH    ←PATH変数の表示
/usr/local/bin:/usr/bin:/usr/local/sbin:/usr/sbin:/home/yuko/.local/bin:/home/yuko/bin
[yuko@centos7 ~]$ which usermod
/usr/bin/which: no usermod in (/usr/local/bin:/usr/bin:/usr/local/sbin:/usr/sbin:/home/
yuko/.local/bin:/home/yuko/bin)
↑PATH 変数内には usermod コマンドが見つからなかった旨のメッセージ
```

□ コマンドのバイナリ・ソース・マニュアルページの場所を表示

whereisコマンドは、指定されたコマンドのバイナリ・ソース・マニュアルページの場所を表示します。

コマンドのバイナリ・ソース・マニュアルページの場所を表示
whereis [オプション] コマンド名

表5-3-6　whereisコマンドのオプション

オプション	説明
-b	バイナリ（実行形式ファイル）の場所を表示する
-m	マニュアルの場所を表示する
-s	ソースファイルの場所を表示する

以下の実行例は、whereisコマンドでwhichコマンドの場所を表示しています。

コマンドのバイナリ・ソース・マニュアルページの場所を表示

```
[yuko@centos7 ~]$ whereis which
which: /usr/bin/which /usr/share/man/man1/which.1.gz
```

Chapter5 | 基本操作

5-4 vi (vim)

5-4-1 viとvim

vi（VIsual editor）エディタとは、Bill Joy氏が1976年に開発したUnix標準のテキストエディタです。viを用いることで、ファイルの作成、編集を行うことができます。Linuxでは、viと互換性があり、さらに機能を拡張した**vim**（Vi IMproved）エディタが提供されます。

vimとは

vimは、Bram Moolenaar氏が1987年にvi互換エディタとして開発しました。その後vimは、Unix、Linuxのみならず、macOSやWindows等、さまざまなOSに移植されています。また、GUIで動作する**GVim**（gVim、gvimとも呼ばれる）もあります。

図5-4-1　GVim

当初はviに近づけることを目的に開発が始まりましたが、現在も開発は続けられ、機能性、拡張性においてviを上回っています。開発元（vim.org）からリリースされているvimの最新バージョンは8.0です（2017年1月現在）。

CentOS 7のvim

CentOS 7では/usr/bin/viコマンドが**vim-minimal**パッケージ、/usr/bin/vimコマンドが**vim-enhanced**パッケージ、/usr/bin/gvimコマンドが**vim-X11**パッケージで提供されています。開発元からリリースされるソースコードでは、コンパイル時に実行するconfigureコマンドの引数で、生成するvimコマンドの機能を、tiny、minimal、normal、big、hugeの5つのタイプのいずれかで指定できます。5つのタイプの関係は、「tiny < minimal < normal < big < huge」となり、上位（右側）のタイプは下位（左側）のタイプの全ての機能を含みます。

CentOS 7では/usr/bin/viコマンドはタイプminimalで、/usr/bin/vimコマンドと/usr/bin/gvimコマンドはタイプhugeで生成されて、それぞれのパッケージに含まれています。

タイプminimalはUnixのviコマンドにほぼ相当する最小限の基本機能を含み、タイプhugeは可能な全ての機能を含みます。viコマンドあるいはvimコマンドの引数に「--version」オプションを付けて起動すると、各機能の有効(+)/無効(-)を表示できます。

vimをvi互換モードで使用するには、設定ファイル`~/.vimrc`に「set compatible」と記述します(後述)。vi非互換としてvimの拡張機能を利用するには「set nocompatible」と記述します。「set nocompatible」がデフォルトです。

表5-4-1　vimパッケージ

パッケージ	概要
vim-minimal	vi相当の機能を提供。/usr/bin/viを含む
vim-common	vimのドキュメント、オンラインマニュアル、スクリプト
vim-filesystem	vim関連ファイルを置くディレクトリを含む
vim-enhanced	vimの拡張機能を提供。/usr/bin/vimを含む
vim-X11	Gvim(GUIインターフェイスを持つvim)を提供。/usr/bin/gvimを含む

vimの特徴

vimの特徴を挙げます。

▷vi互換
vimはデフォルトでvi機能を提供します。

▷モード機能
vi同様、モード機能を持っています。

▷viの拡張機能が豊富
画面分割やアンドゥ、リドゥ等、多数のvi機能を拡張しています。

▷リソースを圧迫しない
数百KBのメモリ使用量で起動することが可能です。

▷CUIで動作
ターミナル上でvimを起動することが可能です。

▷カスタマイズの容易さ
設定ファイルをカスタマイズすることでデフォルトでさまざまな機能を有効にできます。また、プラグイン機能を持っているので、プラグインを用いて拡張することもできます。

vimの起動

vimを起動するには、**vi**または**vim**コマンドを使用します(以下、viコマンドを使用)。オプションにファイル名を指定することで、該当ファイル名があればそのファイルを、なければ新規ファイルとして開きます。オプションにファイル名の指定がない場合も、新規ファイルとして開きます。ファイル名がない場合は、保存時にファイル名の指定が必須です。

vimの起動

```
[...]$ ls
test.txt
[...]$ vi test.txt     ←既存ファイルが開く
[...]$ vi test-X.txt   ←新規のtest-X.txtファイルが開く
[...]$ vi              ←新規ファイルが開く（保存時にファイル名の指定が必須）
```

/etc/profile.d/vim.shファイルによって、一般ユーザはviコマンドでvimが起動するようにエイリアス（alias）が設定されています（rootユーザは設定対象ではありません）。rootユーザは、viコマンドを実行するとvim-minimalが起動し、vi相当の機能しか提供されません。一般ユーザ同様にviコマンドでvimを起動させるには、/etc/profile.d/vim.shを編集するか、.bash_profileや.bashrcでaliasの設定をしてください。

5-4-2 vimのモードと切り替え

　vimには6つの基本モード（BASIC mode）と、6つの追加モード（ADDITIONAL mode）があります。本書では、そのなかから主要なモードである4つの基本モードを取り上げます。起動時はノーマルモードであり、ノーマルモードから各モードへ遷移することができます。各モードへの遷移は、特定のキー入力が必要です。また、ノーマルモード以外のモードから他のモードに切り替える場合は、一度[Esc]キーでノーマルモードに遷移してから、別のモードに切り替えます。ただしコマンドラインモードは、コマンドラインモードでコマンド実行後、自動的にノーマルモードに遷移します（[Esc]キーでも遷移も可）。ノーマルモードから[Esc]キーを入力してもノーマルモードのままです。

図5-4-2　各モードの遷移

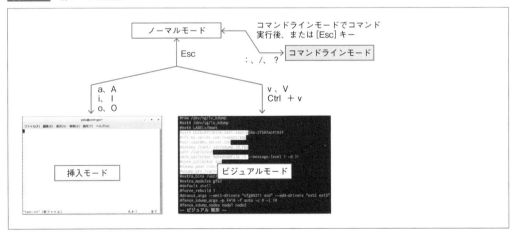

表5-4-2　モードの種類

モード	説明	参考 (Unix viモード名)
ノーマルモード	・デフォルトのモードであり、起動直後のモード ・コマンドの種類としては、カーソル移動や文字列の編集等さまざまある ・どのモードからも [Esc] キーでノーマルモードに遷移可能	コマンドモード
挿入モード	・ノーマルモードから、[a] [i] [o] キー、および [A] [I] [O] キーで遷移 ・テキストに文字を入力することができる	挿入モード
コマンドラインモード	・ノーマルモードから、[:] や [/] キーで遷移 ・検索や終了、保存、vim全体の設定等を行う	ラストラインモード (またはexモード)
ビジュアルモード	・ノーマルモードから、[v] [V] キー、[Ctrl] + [v] キーで遷移 ・ビジュアルモードでは、viコマンドと連携させることが可能	---

▷ **ノーマルモード**

　ノーマルモードはvim起動時のモードです。ファイルの編集を行ったり、特定の行に移動することができます。

▷ **挿入モード**

　テキストに文字を入力することができます。多言語に対応しているので、日本語入力もできます。

▷ **コマンドラインモード**

　テキストの検索や保存等を行ったり、vim全体の設定変更を行います。vim画面の一番下に入力できる場所が表示されるので、そこでコマンドを実行します。

▷ **ビジュアルモード**

　範囲指定を視覚的に行うことができます。選択後はノーマルモードのコマンドで選択された文字列を編集することができます。

> 現在のモードがわからなくなった場合は、[Esc] キーを入力することで、ノーマルモードに戻すことができます。

カーソル移動と画面スクロール

　編集時のカーソル移動や画面スクロールは、以下の方法で行います。

□ **カーソル移動**

　カーソル移動はノーマルモード、または挿入モードで行います。ノーマルモードでのカーソル移動は、[h] [j] [k] [l]（エル）キーと矢印（カーソル）キーです。挿入モードでは矢印キーのみ対応します。

表5-4-3　カーソルの移動

入力キー	説明	補足
h、←	左に移動	挿入モードの時 ・矢印キーのみ対応 ノーマルモードの時 ・[Enter]：下に移動 ・[BackSpace]：左に移動
l、→	右に移動	
k、↑	上に移動	
j、↓	下に移動	

カーソルを任意の場所に移動させたり、特定の行に移動させるにはさまざまなコマンドがあります。主な移動コマンドを以下に示します。いずれもノーマルモードで使用でき、挿入モードでは使用できません。

表5-4-4　任意の場所に移動

入力キー	説明	補足
G	ファイルの最終行に移動	---
gg	ファイルの先頭行に移動	連続して入力
[数字]G	<数字>行に移動	「1G」とするとファイルの先頭行に移動 「0G」とするとファイルの最終行に移動
^	カーソルがある行の最初の文字に移動	半角空白とタブは文字と見なさない
0	カーソルがある行の先頭に移動	タブが先頭にある場合は、タブの右端
$	カーソルがある行の最後の文字に移動	空白(半角、全角)やタブも文字と見なす
w	次の単語の先頭文字列に移動	単語の区切りは空白 日本語の場合「。」「、」を区切りと見なす また、ひらがな、カタカナ、漢字の1文字目も区切りと見なす
b	前の単語の先頭文字列に移動	
H	画面の1行目にカーソルを移動	カーソルは、1文字目に移動
L	画面の最終行にカーソルを移動	
M	画面の中央行にカーソルを移動	

□ 画面スクロール

画面全体をスクロールさせたり、以前のカーソルの場所に戻したい場合には、次のようにします。カーソル移動と同様、挿入モードでは使用できません。

表5-4-5　画面スクロールや以前の場所にスクロール

入力キー	説明
Ctrl+e	1行分上にスクロール
Ctrl+y	1行分下にスクロール
Ctrl+u	半画面分上にスクロール
Ctrl+d	半画面分下にスクロール
Ctrl+b	1画面分上にスクロール
Ctrl+f	1画面分下にスクロール
Ctrl+o	1つ前のカーソルがあった場所にスクロール
Ctrl+i	1つ後のカーソルがあった場所にスクロール
zt	カーソルのある行が画面の1行目にくるようにスクロール
zb	カーソルのある行が画面の最終行にくるようにスクロール
zz	カーソルのある行が画面の中央行にくるようにスクロール

文字の挿入

テキストに文字を入力する場合は、挿入モードにします。ノーマルモードから次のコマンドを入力することによって、挿入モードに切り替わります。

表5-4-6 文字を挿入する際に使用するコマンド

入力キー	説明
a	カーソル位置を1文字右側に移動してから入力
A	カーソル行の末尾に移動してから入力
i	カーソル位置の左側から入力
I	カーソル行の先頭（ノーマルモード「^」と同等）から入力
o	カーソル行の下に行を追加し、そこに移動して入力
O	カーソル行の上に行を追加し、そこに移動して入力

保存と終了

保存と終了を行う場合には、コマンドラインモードかノーマルモードで行います。

現在のファイルを保存するには、コマンドラインモードで「:w」と入力します。保存しないで終了する場合には、「:q」または「:q!」と入力します。コマンドラインモードでは、保存と終了のコマンドを一度に実行可能です。例えば「:wq」と入力すると、保存してからファイルを閉じます。また、ノーマルモードでは、保存してから終了するZZコマンドや、保存せずに終了するZQコマンドがあります。

以下、保存と終了のコマンドを示します。

表5-4-7 保存と終了に関するコマンド

目的	viコマンド	説明	補足
保存	:w	上書き保存	該当ファイルのタイムスタンプの値も変更される
	:w [ファイル名]	別のファイル名で保存	ファイル名を指定せずにviコマンドを実行した場合は、新規保存
	:w!	強制的に保存	ファイルに書き込み権が無い場合、強制的に書き込む際に使用
終了	:q	保存せずに終了	ファイルに変更があった場合は、終了できない
	:q!		ファイルに変更があった場合でも保存せずに終了
	ZQ（ノーマルモード）		
保存して終了	:x	保存した後に終了	ファイルに変更がない場合、タイムスタンプ値は更新されない
	ZZ（ノーマルモード）		
リロード	:e	ファイルをリロード	バッファに変更があった場合はエラーとなる
	:e!	ファイルを強制的にリロード	バッファの変更情報を破棄してファイルをリロードする

「:qw」とすると、「ファイルを終了してから保存」と解釈されエラーとなります。

5-4-3 テキスト編集

テキストを編集するには、ノーマルモードやビジュアルモードを用います。

ノーマルモードでの編集

ノーマルモードでは、文字列のコピーや削除を行うことができます。また、コマンド実行前に数字を入れることで、その数字分繰り返しコマンドが実行されます。例えば、「3x」とすると3文字分の削除が行われ、「3dd」とすると3行分の行を削除します。

表5-4-8 編集用コマンド

コマンド	説明
yy	カーソルを含む行全体をコピー
dd	カーソルのある行全体を削除
x	カーソル上の1文字を削除
D	カーソル上の文字からその行の最後までを削除
p	カーソル行の下にコピーした文字列をペースト
P	カーソル行の上にコピーした文字列をペースト
J	カーソルを含む行の改行コードを半角スペースに変換し、1行下の行を結合
.	前回の作業の繰り返し

dコマンドとカーソル移動用コマンドを併用することにより、カーソル移動した分だけの文字列を削除することができます。例えば「dH」とすると、Hコマンドでカーソルが移動した分だけ文字列が削除されます。

表5-4-9 dコマンドによる編集コマンド例

コマンド	説明
d[カーソル移動コマンド]	カーソルが移動した範囲を削除する 例） dw：カーソル位置から単語最後までを削除 daw：カーソル上の単語とその前のスペースを削除 dH：カーソルを含む行から画面の1行目までを削除 dgg：カーソルを含む行からファイルの1行目までを削除

同様にして、yコマンドとカーソル移動コマンドを併用することにより、カーソルが移動した分だけの文字列をコピーすることができます。例えば「yw」とすると、カーソル上の文字以降の1単語をコピーすることができます。

表5-4-10 yコマンドによる編集コマンド例

コマンド	説明
y[カーソル移動コマンド]	カーソルが移動した範囲をコピーする 例) 　yw：カーソル上の文字以降の単語をコピー 　yaw：カーソル上の1単語とその前のスペースをコピー 　yH：カーソルを含む行から画面の1行目までをコピー 　ygg：カーソルを含む行からファイルの1行目までをコピー

> これらのコマンドによって削除された文字または文字列は、ヤンク（バッファ上にコピー）されているので、必要であれば貼り付けることもできます。

ビジュアルモードでの編集

　ビジュアルモードで範囲指定した部分に対して、ノーマルモードで提供されているコマンドを適用することができます。例えば、ビジュアルモードで範囲指定した後、yコマンドを実行するとコピーされます。同様にして範囲指定した後、dコマンドを実行すると削除されます。

表5-4-11 ビジュアルモードの起動と各カーソル移動の範囲

コマンド	説明
v[カーソル移動コマンド]	文字単位で範囲指定される
V[カーソル移動コマンド]	行単位で範囲指定される
Ctrl+v[カーソル移動コマンド]	ブロック単位で範囲指定される

5-4-4 検索と置換

　vimではテキスト内の文字列を検索したり、置換することができます。

検索

　検索は、ノーマルモードから「/」や「?」でコマンドラインモードに遷移し、検索したい文字列を記述します。連続して検索したい場合には、nコマンドやNコマンドで行えます。また、*コマンドや#コマンドを用いると、カーソル上の単語を直接検索できます。

表5-4-12 検索に使用するコマンド

キー	モード	説明
/[文字列]	コマンドラインモード	現在のカーソル位置からファイルの末尾に向かって1回検索
?[文字列]	コマンドラインモード	現在のカーソル位置からファイルの先頭に向かって1回検索
n	ノーマルモード	次を検索
N	ノーマルモード	前を検索
*	ノーマルモード	カーソル上の単語をカーソル位置から末尾に向かって検索
#	ノーマルモード	カーソル上の単語をカーソル位置から先頭に向かって検索

置換

置換を行う場合、ファイル全体で置換作業をする場合と、特定の範囲で置換する2種類の方法があります。ファイル全体を置換対象にするには「%s」で置換を行い、特定の行に対して置換をする場合は行数を指定します。いずれもコマンドラインモードで使用します。

ノーマルモードからコマンドラインモードへは、「:」で遷移します。

置換（ファイル全体）

:%s/検索文字列/置換文字列/コマンド

「%」は全行、「s」は置換コマンドを意味します。

置換（ファイルの行範囲を指定）

:初めの行数[,終わりの行数]s/検索文字列/置換文字列/コマンド

「,終わりの行数」を省略すると、指定した行のみが対象になります。

例えば「:%s/aaa/AAA/g」とするとファイル内から文字列「aaa」を検索して、文字列「AAA」に置換します。同様に「:10,50s/aaa/AAA/g」とすると、10行目から50行目のなかにある文字列「aaa」を検索し、文字列「AAA」に置換します（「:50s/aaa/AAA/g」とすると、50行目のみ検索して置換します）。

検索文字列は正規表現で記述するので、メタキャラクタを通常の文字として検索する場合は、「\」で正規表現の意味を打ち消してください。例えば、「[aaa]」を検索するには、「\[aaa\]」とします。正規表現については、「5-2 ファイルとディレクトリの管理」（→ p.165）を参照してください。

また、区切り文字として指定された「/」を検索文字列に含めたい場合は、「\/」とします。

表5-4-13　置換に使用するコマンド

置換コマンド		説明
なし		行のなかで最初に検索された文字列のみ置換
g		行毎に繰り返し検索して置換
c		置換する前に以下のコマンドで確認
	y	カーソル上にある文字列を置換
	n	カーソル上にある文字列を置換しない
	a	検索にヒットした文字列を全て置換
	q	置換せずに検索終了
	l（エル）	最初にヒットした文字列のみ置換して検索終了
	^E (Ctrl+e)	1行下にスクロール
	^Y (Ctrl+y)	1行上にスクロール

構文にある区切り文字は、任意の文字を指定できます。例えば、#を区切り文字とする場合、「:%s#aaa#AAA#g」と指定することも可能です。その場合、文字列のなかに「#」が存在する場合は、「\#」とします。

5-4-5 画面分割

vimは画面を分割することができます。バッファは共有されるので、ある画面でコピーした文字列を別の画面にペーストすることができます。

コマンドラインモードで、横（水平）分割か、縦（垂直）分割かを指定します。分割された画面を閉じたい場合には、その画面で表示しているファイルを閉じて（「:q」や「:q!」等）ください。

表5-4-14 分割用コマンド

コマンド	説明
:split	水平分割（:spでも同様の処理）
:vsplit	垂直分割（:vspでも同様の処理）
:split [ファイル名]	水平分割先の画面（左）に指定したファイルを開きます
:vsplit [ファイル名]	垂直分割先の画面（上）に指定したファイルを開きます

画面分割後は、以下に紹介するコマンドによって画面を移動することができます。例えば現在の画面より下にある画面に移動する場合は、[Ctrl] + [w] の後に、「j」と入力します。

表5-4-15 画面移動コマンド

目的	コマンド	説明
左に移動	Ctrl+wの後、h（または←）	カーソルのある画面から、1つ左の画面に移動
下に移動	Ctrl+wの後、j（または↓）	カーソルのある画面から、1つ下の画面に移動
上に移動	Ctrl+wの後、k（または↑）	カーソルのある画面から、1つ上の画面に移動
右に移動	Ctrl+wの後、l（または→）	カーソルのある画面から、1つ右の画面に移動

画面領域の変更

vimは各画面の大きさを任意に変更することができます。例えば、上画面を広くして、下画面を小さくする等です。現在の画面の幅を10桁分広げたい場合は、[Ctrl] + [w] の後に「10 >」とします。

表5-4-16 画面領域変更

コマンド	説明
Ctrl+w [数字] >	現在の画面の幅を広げる
Ctrl+w [数字] <	現在の画面の幅を狭める
Ctrl+w [数字] +	現在の画面を縦に伸ばす
Ctrl+w [数字] −	現在の画面を縦に縮める

タブページ

vimは画面分割できるだけでなく、タブページ機能を使ってタブ形式でファイルを開くこともできます。タブページを開くには、コマンドラインモードで「:tabnew」とします。コマンドの後にファイル名を指定すると、指定したファイルを開くことができます。タブページは任意の数だけ開くことができ、別のタブページに移動するには、ノーマルモードでgtコマンドまたは、gTコマンドを実行します。タブページを終了するには、そのタブページで開いているファイルを閉じます。

表5-4-17　タブページ

コマンド	説明
:tabnew	新規のタブページを開く
:tabnew [ファイル名]	指定したファイルを新規のタブページで開く
gt	次のタブに移動
gT	前のタブに移動

5-4-6 便利なコマンドや設定

vimは今まで紹介した以外にも便利なコマンドや設定があります。

ノーマルモード

ノーマルモードで利用できる主なコマンドを紹介します。

表5-4-18　ノーマルモードの主なコマンド

コマンド	説明
~（チルダ）	カーソル上の文字を 大文字から小文字、またはその逆に変換
r [任意の1文字]	カーソル上の1文字を別の文字に変換
u	アンドゥ（無制限）
Ctrl+r	リドゥ（無制限）
Ctrl+l（エル）	画面の再描画
Ctrl+g	情報取得（ファイル名、カーソルの位置、全体の割合）

コマンドラインモード

コマンドラインモードではvimのさまざまな機能や設定を行えます。Linuxコマンドをvimで利用したり、別のファイル情報を利用するには、以下のような機能を使用します。

表5-4-19　コマンドラインモードの主なコマンド

コマンド	説明
:![Linuxコマンド]	viから抜けずにコマンドを実行する
:r![Linuxコマンド]	コマンドの実行結果をファイルに取り込む
:r[ファイル名]	現在のカーソルより下に、指定したファイルが取り込まれる

　また、コマンドラインモードではさまざまな設定ができますが、それは一時的なもの(vim終了時まで)です。永続的に設定を有効にするには、設定ファイルに記述します。設定した機能を無効化したい場合には、「:set no??」とコマンドに「no」を追記します。例えば、行番号を非表示する場合には、「:set nonumber」とします。

　設定ファイルについては、後ほど解説します。

表5-4-20　コマンドラインモードの主な設定

コマンド	説明
:set number	行番号を表示
:set autoindent	オートインデントが有効になる。オートインデントはほとんどのプログラミング言語に対応
:set hlsearch	検索結果がハイライト表示される
:set laststatus=2	画面下に、ファイル名やカーソルの位置情報等を表示
:set ignorecase	検索の際に大文字、小文字を区別しない
:set title	ターミナルウィンドウにタイトル表示する
:set tabstop=[数字]	タブの幅を数字に変更する
:set expandtab	タブを挿入する際、空白に変換する(tabstopの長さに対応)

マウスの併用

　vimはマウスを併用することができます。マウスを併用するには、各モードでマウスの挙動を検知する「:set mouse=a」と「:set ttymouse=xterm2」の設定をvimに追加します。これにより、タブページや分割した画面にカーソルをマウスクリックで移動できたり、マウススクロールが画面のスクロールに対応する等、直感的な操作が可能になります。

表5-4-21　マウスへの対応

マウスの挙動	vim上で有効になる操作
クリック	カーソルの移動
	画面分割した時の画面にカーソルを移動
	該当タブを表示しカーソルを移動
ダブルクリック	単語の選択
スクロール	画面内テキストのスクロール
ドラッグ	範囲指定
	画面分割時の画面領域変更
	タブの場所移動

> 詳細な内容は、vimを起動後、コマンドラインモードにおいて、「:help mouse-using」でドキュメントを確認してください。

5-4-7 設定ファイル

コマンドラインモードで設定した内容はvimを終了すると無効になります。設定を永続化するには、vimが起動時に読み込む設定ファイルに記述します。設定ファイルにはシステムが読み込む**/etc/vimrc**と、ユーザ毎に設定を行う**~/.vimrc**ファイルがあります。

ユーザ設定ファイル（.exrcファイルと.vimrcファイル）

ユーザ設定ファイルとして、次のファイルが用意されています。

▷ **vim**
　~/.vimrcあるいは~/.exrcファイル（.vimrcファイルがない場合）を読み込みます。.exrcファイルはviがデフォルトで読み込むファイルです。

▷ **GVim**
　~/.vimrcファイルを読み込み後、~/.gvimrcファイルを読み込みます。

vimは.vimrcファイルに記載されている設定を起動時に読み込みます。vimは.vimrcファイルが存在しない場合に.exrcファイルを読み込みます。これはviと同等の機能を持つvim-minimalに対しても同様です。.vimrcファイルが存在する場合は.exrcファイルは無視されます。

GVimは、vimと同様に設定ファイルを読み込んだ後に、**.gvimrc**ファイルを読み込みます。よって、.gvimrcには、GUI独自の設定（ウィンドウサイズやフォントの指定）を記述します。

> gvimはvimの設定ファイルの有無に関わらず、.gvimファイルを読み込みます。

> vim -u [設定ファイル]とすると、動的に設定ファイルを指定できます。その際、~/.vimrcは読み込まれません。

.vimrcファイルの書式

.vimrcファイルは、vim独自の文法（vimスクリプト）で記述できます。以下は主な文法です。

▷ **コメントは「"」（ダブルクォーテーション）**
　vimスクリプトのコメントを記述することで、設定ファイルをわかりやすくすることができたり、有効な設定を無効にすることができます。

　例）" これはvimスクリプトのコメントです。

▷ **コマンドラインモードの「set」から始まる設定を記述可能**
　今まで説明してきたコマンドラインモードのコマンドを設定ファイルに記述することで、設定が反映された状態でvimを起動時させることができます。

　例）set number

.vimrcファイル内で使用されている詳細なvimスクリプトは、vimのドキュメント（usr_41「Vimスクリプト書法」）か次のURLを参考にしてください。

```
usr_41 - Vim日本語ドキュメント
http://vim-jp.org/vimdoc-ja/usr_41.html
```

5-4-8 文字コードとエンコーディングの設定

vimでは、ファイルの文字コードを自動判別したり、特定の文字コードに変更することができます。文字コードは設定ファイルに記述します。CentOS 7 のデフォルトの文字コードはUTF-8です。

表5-4-22　文字コードで使用するコマンド

設定項目		コマンド	補足
vim全体設定		set encoding=文字コード	vimのベースとなる設定。自動判別が失敗すると、この文字コードでファイルが開く
ファイル読み込み時	文字コード自動判別	set fileencodings=文字コード,文字コード,・・・	左からファイルの文字コードをチェックして、合致する文字コードを適用
	改行コード自動判別	set fileformats=unix,dos,mac	左からファイルの改行コードをチェックして、合致する改行コードを適用
ファイル書き込み時	文字コード設定	set fileencoding=文字コード	ファイル書き込み時に文字コードを変換
	改行コード設定	set fileformat=[unix | dos | mac]	ファイル書き込み時に改行コードを変換
ターミナル表示用に変換する文字コード		set termencoding=文字コード	vimで設定されている文字コードとは異なる文字コードで表示する際に使用

vim全体で使用される文字コード

vim全体で使用される文字コード設定は**set encoding**で指定します。CentOS 7のデフォルトはUTF-8です。この設定はvim全体で適用されます。例えば、ファイルを開く際には後述する「set fileencodings」で合致した文字コードに変換されますが、失敗した場合、「set encoding」の設定が適用されます。

文字コードの自動判別

vimは設定ファイルやプログラムのソースコード等、さまざまなファイルを開くので、文字コードもそれぞれの種類に対応している必要があります。しかし、デフォルトではUTF-8でファイルを開くため、文字コードによっては文字化けすることもあります。コマンドラインモードでファイルを開く度に文字コードを指定することもできますが、通常は設定ファイルで設定します。

vimでファイルの自動判別を有効にするには、**set fileencodings**を使用します。文字コードは複数指定することができ、複数指定した場合は、左から順番に文字コードの検索を行います。以下にvimで設定する文字コード名を示します。

表5-4-23　vimで定義する文字コード

文字コード	vim内の文字コード名	説明
UTF-8	utf-8	CentOS 7のデフォルトの文字コード
Shift_JIS	sjis	JIS規格（JIS X 0208）
	cp932	Windows（拡張されたShift_JIS）
EUC-JP	euc-jp	UNIX上で使用される日本語文字コード
ISO-2022-JP	iso-2022-jp	電子メール等で使用される文字コード

改行コードの自動判別

　vimでは、改行コードも自動判別を行うことができます。デフォルトの改行コードは「unix」であり、LFです。自動判別を有効にするには**set fileformats**を使用します。文字コード同様に複数指定することができますが、vim内では以下に示す3種類（unix、dos、mac）から選択します。

表5-4-24　vimで使用される改行コード

改行コード名	使用されている改行コード	説明
unix	LF	UNIX、Linux、Mac OS X以降
dos	CR+LF	Windows　※LF（ラインフィールド）、CR（キャリッジリターン）
mac	CR	Mac OS 9まで

ファイル書き込み時の文字コード

　ファイルに書き込む際の文字コードや改行コードを指定することができます。CentOS 7のデフォルトはUTF-8です。**set fileencoding**で書き込み時の文字コード、**set fileformat**で改行コードを指定します。これらの設定は、ファイル書き込み時に指定した文字コードや改行コードの変換が行われます。

ターミナル上で表示する文字コード設定

　vimが表示する文字コードは、**set encoding**で指定されたものが使用されますが、ターミナル側がこの文字コードに対応していない場合、ターミナル用に出力する文字コードを設定することができます。CentOS 7のデフォルトはUTF-8です。例えば、別のOS上からCentOS 7にリモートでログインする場合に、そのOSで動作するターミナルがShift_JISにしか対応していない場合、この設定を変更することで文字化けを防ぐことができます。

　以下に示しているのは、今まで紹介した内容を元に、CentOS 7で文字コードの自動判別や改行コードの設定を行っている例です。

.vimrcファイルの文字コード設定例

```
[...]# cat ~/.vimrc
…(途中省略)…
set encoding=utf-8  ←全体設定
set fileencodings=utf-8,euc-jp,cp932,iso-2022-jp  ←ファイル読み込み自動判別
set fileencoding=utf-8  ←ファイル書き込み時の文字コード指定
set fileformats=unix,dos,mac  ←改行コード自動判別
set fileformat=unix  ←ファイル書き込み時の改行コード指定
set termencoding=utf-8  ←ターミナル表示用設定
```

Chapter5 | 基本操作

5-5 プロセス管理

5-5-1 プロセスの監視

　プロセスとは、実行中のプログラムのことです。システムでは、常に複数のプロセスが稼働しています。ユーザがコマンドを実行することによって、プロセスは生成され、プログラムの終了と共に消滅します。実行中のプロセスを表示する主なコマンドは以下の通りです。

表5-5-1　プロセスを表示する主なコマンド

コマンド	説明
ps	プロセスの情報を表示する基本的なコマンド
pstree	プロセスの階層構造を表示する
top	プロセスの情報を周期的にリアルタイムに表示する

現在実行されているプロセスの表示

　現在のシェルから起動したプロセスだけを表示するには、引数を指定せずに**ps**コマンドを実行します。

プロセスの表示

ps [オプション]

実行中のプロセスの表示

```
[...]# ps
  PID TTY          TIME CMD
 3719 pts/3    00:00:00 bash    ←現在の端末から同じユーザが起動したプロセス
 3748 pts/3    00:00:00 ps      ←現在の端末から同じユーザが起動したプロセス
[...]# gnome-calculator &       ←電卓を起動する
[1] 3764
[...]# ps
  PID TTY          TIME CMD
 3719 pts/3    00:00:00 bash
 3764 pts/3    00:00:00 gnome-calculator  ←電卓プロセスが追加
 3789 pts/3    00:00:00 ps
```

　psコマンドで使用できるオプションにはいくつかの種類があります。

▷**UNIXオプション**

　　複数のオプションをまとめて指定することが可能で、前にはダッシュ「-」を指定します。
　　例) ps -p PID

▷ **BSDオプション**
複数のオプションをまとめて指定することが可能で、ダッシュ「-」を指定しません。
例) ps p PID

▷ **GNUロングオプション**
前に2つのダッシュ「--」を指定します。
例) ps --pid PID

主なオプションは以下の通りです。

表5-5-2　psコマンドのオプション

種類	オプション	説明
UNIX	-e	全てのプロセスを表示する
	-f	詳細情報を表示する
	-l	長いフォーマットで詳細情報を表示する
	-o	ユーザ定義のフォーマットで表示する。例) ps -o pid,comm,nice,pri
BSD	a	全てのプロセスを表示する
	u	詳細情報を表示する
	x	制御端末のないプロセス情報も表示する

また、psコマンドを実行した際に表示される主な項目は次の通りです。**PID**はプロセスを識別する番号です。同じプログラムを複数実行しても識別されるように、プロセス毎に異なるPIDが割り当てられます。

表5-5-3　psコマンドの表示項目

主な項目	説明
PID	プロセスID
TTY	制御している端末
TIME	実行時間
CMD	コマンド (実行ファイル名)

プロセスのツリーの表示

pstreeコマンドは、プロセスの親子関係をツリー構造で表示します。

プロセスツリーの表示
pstree [オプション]

表5-5-4　pstreeコマンドのオプション

オプション	説明
-h	カレントプロセスとその先祖のプロセスを強調表示する
-p	PIDを表示する

プロセスツリーの表示

```
[...]# pstree
systemd─┬─ModemManager───2*[{ModemManager}]
        ├─NetworkManager─┬─dhclient
        │                └─2*[{NetworkManager}]
…（以降省略）…
```

最初のユーザプロセスとして、/lib/systemd/systemdが起動していることがわかります。

実行中のプロセスを動的にリアルタイム表示

topコマンドは、前回の更新から現在までの間でCPU使用率（%CPU項目）の高い順に、周期的にプロセスの情報を表示するコマンドです。更新の周期はデフォルトで3秒ですが、「-d」オプションで変更できます。例えば、2秒間隔は「-d 2」と指定します。なお、[q]キーで実行を終了して、プロンプトに戻ります。

プロセスをリアルタイムに表示
top [オプション]

表5-5-5　topコマンドのオプション

オプション	説明
-d 秒数	更新の間隔を秒単位で指定
-n 数値	表示の回数を数値で指定

5-5-2 プロセスの優先度

CPUによる実行を待つ複数のプロセスのうち、どれを実行するかはプロセスの優先度（プライオリティ：priority）を基に決定されます。**ps -l**コマンド、もしくはtopコマンドを使用することで、「NI」項目が表示され、優先度を確認できます。NIは優先度をnice値で表示し、小さな値ほど優先度が高いことを表します。

プロセスの優先度の表示

```
[...]# ps -l
F S   UID   PID  PPID  C PRI  NI ADDR SZ WCHAN  TTY          TIME CMD
4 S     0  3719  3713  0  80   0 -  30132 wait   pts/3    00:00:00 bash
0 R     0  6348  3719  0  80   0 -  34337 -      pts/3    00:00:00 ps
[...]# top
…（途中省略）…
  PID USER      PR  NI    VIRT    RES    SHR S %CPU %MEM     TIME+ COMMAND
 7360 yuko      20   0 1533976 216828  24160 S 33.3 21.3  15:52.60 gnome-shell
 1618 root      20   0  254376  50120   4316 S  4.8  4.9   4:45.13 Xorg
 6349 root      20   0  146148   1944   1388 R  4.8  0.2   0:00.02 top
 7467 yuko      20   0  577984   5624   1764 S  4.8  0.6   0:10.30 caribou
…（以降省略）…
```

リアルタイムプロセスを除く通常のプロセスの優先度には、**静的優先度**と**動的優先度**があります（リアルタイムプロセスは静的優先度のみ）。

表5-5-6 優先度の種類

優先度	説明
動的優先度	静的優先度とCPU使用時間を基に計算され、CPUを使うほど優先度は低くなる。カーネル内部で100〜139の範囲の値を持つ
静的優先度	nice値により一定範囲でユーザが設定可能。カーネル内部で100〜139の範囲の値を持つ

カーネルのスケジューラは動的優先度を基に、次に実行するプロセスを選定します。静的優先度はプロセスのnice値により決まります。nice値は-20〜19の値で変更できますが、これをそのまま100〜139にずらした値がカーネル内部での優先度となります。また、優先度は**ps -ef**コマンドのPRIフィールドで確認できます。ただし、カーネル内で使用している値100〜139が0〜39にずらされて表示されます。

カーネル内部の優先度1〜99は、リアルタイムプロセスに割り当てられます。

図5-5-1 nice値

nice値の優先度（小さな値ほど優先度は高い）

nice値	-20	0	19
優先度	高	デフォルト	低

表5-5-7 カーネル内部の優先度、psコマンドで表示される優先度（PRI値）とnice値の関係

カーネル内部での優先度	1	・・・	99	100	・・・	120	・・・	139
PRI値	138	・・・	40	39	・・・	19	・・・	0
nice値	—	—	—	-20	・・・	0	・・・	19

優先度の変更

プロセスの優先度をデフォルトから変更するには、**nice**コマンドを使用します。

プロセスの優先度の変更
nice [オプション] [コマンド]

niceコマンドはオプションで数値を指定しないと、デフォルト（0）+10の優先度を付与します。「-n」オプションを指定することで、指定した優先度を設定できます。なお、優先度にマイナス値を指定可能なのは、root権限を持つユーザのみです。

以下は、計算処理を行うbcコマンドの優先度を変更している例です。

図5-5-2　変更例と優先度の確認

また、動作中のプロセスの優先度の変更には、**renice**コマンドもしくはtopコマンドを使用します。

動作中のプロセスの優先度の変更

renice [オプション] 優先度

表5-5-8　reniceコマンドのオプション

オプション	説明
-n 優先度	指定した優先度に変更する（省略可能）
-p PID	変更対象のPIDを指定する

図5-5-3　reniceコマンドによる優先度の変更

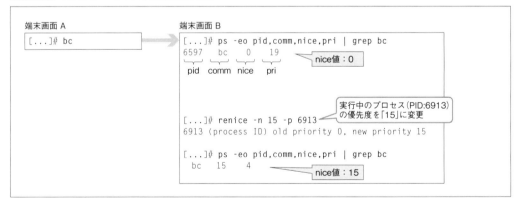

オプションには、新たに付与したい優先度を数値で指定し、また、変更対象のプロセスを明示するため、「-p」オプションでPIDを指定します。優先度は「-n」を省略して、数値だけでも指定可能です。reniceコマンドも、マイナス値の設定にはroot権限が必要です。

実行中のプロセスの優先度の変更

topコマンドを使うことで、実行中のプロセスの優先度を変更することができます。topコマンドによる優先度の変更手順は以下の通りです。

図5-5-4 topコマンドによる優先度の変更

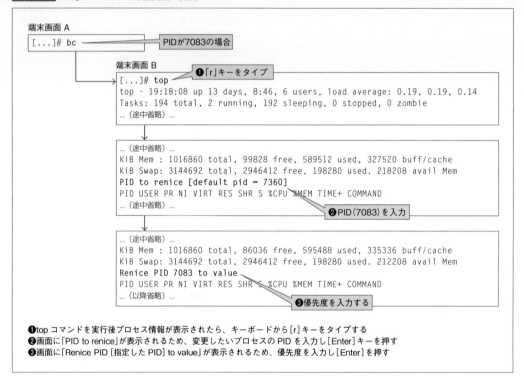

❶topコマンドを実行後プロセス情報が表示されたら、キーボードから[r]キーをタイプする
❷画面に「PID to renice」が表示されるため、変更したいプロセスのPIDを入力し[Enter]キーを押す
❸画面に「Renice PID [指定したPID] to value」が表示されるため、優先度を入力し[Enter]を押す

5-5-3 ジョブ管理

ジョブとは、コマンドライン1行で実行された処理単位のことです。ジョブはシェル毎に管理され、**ジョブID**が振られます。1行のコマンドラインで複数のコマンドが実行された場合でも、その処理全体を1つのジョブとして扱います。

図5-5-5 ジョブの概要

ジョブには、**フォアグラウンドジョブ**と**バックグラウンドジョブ**の2種類があります。

表5-5-9　ジョブの種類

ジョブ	説明
フォアグラウンドジョブ	キーボードや端末画面と対話的に操作し占有するジョブ。そのジョブが終了するまで端末画面上には次のプロンプトが表示されない。シェル毎に1つのみ
バックグラウンドジョブ	キーボード入力を受け取ることができないジョブ。画面への出力は設定によっては抑制される。複数のジョブを同時に実行することが可能

　以下の例は、電卓（gcalctool）を実行している例です。例1のように、実行するとフォアグラウンドジョブとして実行され、例2のように「&」を付けて実行するとバックグラウンドジョブとして実行されます。

図5-5-6　フォアグラウンドジョブとバックグラウンドジョブ

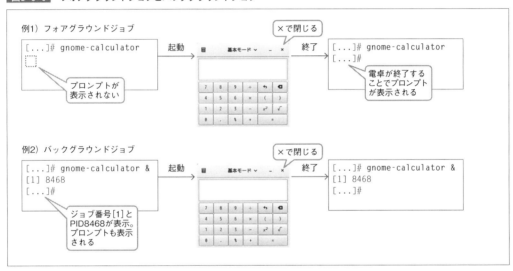

　例2のようにバックグラウンドジョブとして実行すると、次のコマンドを受け付けるプロンプトが表示されるため、同じシェル内で複数のジョブを実行することができます。
　ジョブを制御する主なコマンドは以下の通りです。

表5-5-10　ジョブを制御する主なコマンド

コマンド	説明
jobs	バックグラウンドジョブと一時停止中のジョブを表示
[Ctrl] + [z]	実行しているジョブを一時停止にする
bg %ジョブID	指定したジョブをバックグラウンドに移行
fg %ジョブID	指定したジョブをフォアグラウンドに移行

　以下の例は、jobsコマンドでバックグラウンドジョブと一時停止中のジョブを表示し、bgコマンド、fgコマンドでバックグラウンドとフォアグラウンドの切り替えを行っています。

図5-5-7 ジョブの制御

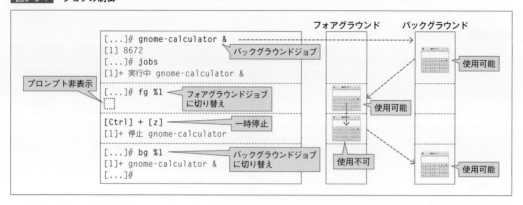

また、ジョブを制御するコマンドの引数にはジョブIDを指定しますが、実行シェル内で特定のプログラムを1つ起動している場合は、ジョブIDではなく名前でも指定可能です。ただし、同じシェル内で同じプログラムを複数起動している場合は、名前を指定するとエラーとなるため、ジョブIDを指定する必要があります。

ジョブの制御例①

```
[...]# jobs
[1]+  停止      gnome-calculator
[...]# bg gnome-calculator   ←名前で指定OK
[1]+ gnome-calculator &
[...]#
```

ジョブの制御例②

```
[...]# jobs
[1]+  停止      gnome-calculator
[2]-  停止      gnome-calculator
[...]# bg gnome-calculator   ←名前で指定NG
-bash: bg: gnome-calculator: 曖昧なジョブ指定です   ←エラーメッセージ
[...]# bg %1   ←ジョブIDで指定
[1]- gnome-calculator &
[...]#
```

5-5-4 シグナルによるプロセスの制御

　シグナルとは、割り込みによってプロセスに特定の動作をするように通知するための仕組みです。通常、プロセスは処理を終えると自動的に消滅しますが、プロセスに対してシグナルを送信することで外部からプロセスを終了させることができます。シグナルは、キーボードによる操作や**kill**コマンドの実行等により、実行中のプロセスに送信されます。

図5-5-8 シグナルの送信

主なシグナルは以下の通りです。

表5-5-11 主なシグナル

シグナル番号	シグナル名	説明
1	SIGHUP	端末の切断によるプロセスの終了
2	SIGINT	割り込みによるプロセスの終了（[Ctrl] + [c]で使用）
9	SIGKILL	プロセスの強制終了
15	SIGTERM	プロセスの終了（デフォルト）
18	SIGCONT	一時停止したプロセスを再開する

　SIGHUPとSIGINTは、デフォルトの挙動は上記の通りですが、プログラム（デーモン等）によって特定の動作が定義されていることがあります。例えばデーモンの多くは、SIGHUPが送られると設定ファイルを再読み込みします。
　上記の表にもある通り、killコマンドを実行した際に特定のシグナルを指定していない場合は、デフォルトであるSIGTERM（シグナル番号15）が送信されます。なお、killコマンドに「-l」オプションを付けて実行すると、シグナル名の一覧が表示されます。

プロセスの停止

kill [オプション] [シグナル名 | シグナル番号]　プロセスID
kill [オプション] [シグナル名 | シグナル番号]　%ジョブID

　なお「-l」オプションを指定し、かつ特定のプロセスIDやジョブIDを指定しないで実行すると、シグナル名の一覧を表示します。

シグナル名の一覧表示

```
[...]# kill -l
 1) SIGHUP       2) SIGINT      3) SIGQUIT     4) SIGILL      5) SIGTRAP
 6) SIGABRT      7) SIGBUS      8) SIGFPE      9) SIGKILL    10) SIGUSR1
11) SIGSEGV     12) SIGUSR2    13) SIGPIPE    14) SIGALRM    15) SIGTERM
…（以降省略）…
```

　以下の図の例は、bcコマンドを実行後、bcのプロセス番号を調べてシグナルを送信し、明示的にプロセスを終了しています。

図5-5-9　プロセスの終了

例1では、bcコマンドを実行（❶）し、別の端末でpsコマンドを使用してPIDを調べます（❷）。そして、killコマンドでSIGKILLシグナルを送信します（❸）。すると、bcコマンドを実行した端末画面では、シグナルを受け取りbcプロセスが強制終了します（❹）。

例2では、同様の手順でシグナルを送信しています。シグナル名あるいはシグナル番号を明示的に指定はしていませんが、デフォルトであるSIGTERM（シグナル番号15）が送信されるため、終了していることが確認できます。なお「kill -TERM PID」というように、SIGを省略して指定することも可能です。

クリーンアップ

デフォルトのシグナルであるSIGTERM（15）は、プログラムを終了する前に、アプリケーション毎に必要なクリーンアップ（終了処理）の処理を行ってから、自分自身でプロセスを終了します。クリーンアップでは、使っていたリソースの解放やロックファイルの削除等を行います。

しかし、SIGTERM（15）でプロセスが終了しないような、やむを得ない場合はSIGKILL（9）を使用して強制終了させます。プロセスにSIGKILL（9）が送られると、そのシグナルを受けとることなく、カーネルによって強制的に終了します。したがって、クリーンアップは行われません。

複数プロセスをまとめて終了

プロセス名を指定してシグナルを送信する際には、**killall**コマンドを使用可能です。同じプログラムを複数実行してもプロセス毎に異なるPIDが割り当てられます。したがって、killallコマンドは同じ名前のプロセスが複数存在し、それらをまとめて終了したい場合に有効です。

また、killallコマンドと同様の処理を行う**pkill**コマンドや、プロセス名から現在実行中のプロセスを検索する**pgrep**コマンドも提供されています。

プロセスをまとめて終了

```
[...]# ps -eo pid,comm | grep bc    ←bcプロセスのPIDを確認
 9808 bc
 9809 bc
[...]# pgrep bc    ←pgrepコマンドによるbcプロセスのPIDを確認
9808
9809
[...]# killall bc    ←killallコマンドにより、9808と9809の2つのプロセスが終了
↑pkill bc」でも同様の処理が行われる
```

Chapter5 | 基本操作

5-6 マウント

5-6-1 マウントとは

マウントとは、あるディレクトリにファイルシステムのルートディレクトリを接続する作業のことです。図5-6-1では、「/」(ルートディレクトリ)が格納されているルートファイルシステムは、ディスク1(/dev/sda1上)に作成されています。そして、追加のディスクであるディスク2(/dev/sdc1)を「/」(ルート)からアクセスできるようにするためにマウントを行います。

図5-6-1　マウントの概要

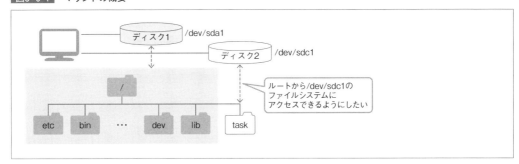

ファイルシステムのマウント

ファイルシステムをマウントするには、接続するディレクトリ(マウントポイント)を事前に作成し、**mount**コマンドを実行します。図5-6-1の例では、「/task」ディレクトリを作成した後、mountコマンドを実行することで、「/」(ルート)からディスク2(/dev/sdc1)にアクセスが可能となります。

ファイルシステムのマウント
mount [オプション] [デバイスファイル名(ファイルシステム)] [マウントポイント]

表5-6-1　mountコマンドのオプション

オプション	説明
-a	/etc/fstabファイルに記載されているファイルシステムを全てマウントする
-r	ファイルシステムを読み取り専用でマウントする。-o roと同意
-w	ファイルシステムを読み書き可能なモードでマウントする(デフォルト)。-o rwと同意
-t システムタイプ	ファイルシステムタイプを指定してマウントする
-o マウントオプション	マウントオプションを指定する

mountコマンドを実行する際は、デバイスファイル名（ファイルシステム）とマウントポイントを指定します。また、UUIDやLABELを持つファイルシステムを指定することも可能です。

以下の例は、「/dev/sdc1」ファイルシステムを「/task」ディレクトリにマウントしています。

ファイルシステムのマウント

```
[...]# df -h    ←現在のマウント情報を表示
ファイルシス            サイズ    使用   残り   使用%  マウント位置
...（途中省略）...
/dev/sdc3              220M    13M    208M   6%    /work
/dev/sda1              497M    210M   288M   43%   /boot
work                   466G    50G    416G   11%   /media/sf_work
tmpfs                  100M    24K    100M   1%    /run/user/1000
/dev/sr0               56M     56M    0      100%  /run/media/yuko/
VBOXADDITIONS_5.0.22_108108
tmpfs                  100M    0      100M   0%    /run/user/0
[...]# mkdir /task    ←マウントポイントの作成
[...]# mount /dev/sdc1 /task   ←/dev/sdc1を/taskにマウント
[...]# df -h    ←再度、マウント情報を表示
ファイルシス            サイズ    使用   残り   使用%  マウント位置
...（途中省略）...
/dev/sdc3              220M    13M    208M   6%    /work
/dev/sda1              497M    210M   288M   43%   /boot
work                   466G    50G    416G   11%   /media/sf_work
tmpfs                  100M    24K    100M   1%    /run/user/1000
/dev/sr0               56M     56M    0      100%  /run/media/yuko/
VBOXADDITIONS_5.0.22_108108
tmpfs                  100M    0      100M   0%    /run/user/0
/dev/sdc1              497M    26M    472M   6%    /task   ←追加されている
```

上記の実行結果の通り、現在のマウント情報はdfコマンドでも確認できますが、mountコマンドをオプションや引数を指定せずに実行しても可能です。また、mountコマンドやdfコマンドに「-t」オプションでファイルシステムのタイプを指定して実行すると、該当するファイルシステムのマウント情報のみ表示することができます。

マウント情報の表示

```
[...]# mount    ←現在のマウント情報を表示
...（途中省略）...
/dev/sdc1 on /task type xfs (rw,relatime,seclabel,attr2,inode64,noquota)
[...]# mount -t xfs    ←mountコマンドに -t オプションを使用
/dev/mapper/centos-root on / type xfs (rw,relatime,seclabel,attr2,inode64,noquota)
/dev/sdc3 on /work type xfs (rw,relatime,seclabel,attr2,inode64,usrquota)
/dev/sda1 on /boot type xfs (rw,relatime,seclabel,attr2,inode64,noquota)
/dev/sdc1 on /task type xfs (rw,relatime,seclabel,attr2,inode64,noquota)
[...]# df -t xfs    ←dfコマンドに -t オプションを使用
ファイルシス            1K-ブロック    使用    使用可   使用%  マウント位置
/dev/mapper/centos-root 8869888  5945444  2924444  68%   /
/dev/sdc3               224940   12544    212396   6%    /work
/dev/sda1               508588   214160   294428   43%   /boot
/dev/sdc1               508588   25764    482824   6%    /task
```

現在マウントされているファイルシステムとマウントオプションを調べるには、引数を付けずにmountコマンドを実行しますが、/proc/mountsファイルと/proc/self/mountsファイルにも現在のマウント状態が格納されています。なお、/proc/mountsは/proc/self/mountsへのシンボリックリンクです。

```
[...]# ls -l /proc/mounts
lrwxrwxrwx. 1 root root 11  9月 29 13:00 /proc/mounts -> self/mounts
[...]# ls -l /proc/self/mounts
-r--r--r--. 1 root root 0  9月 29 13:00 /proc/self/mounts
```

マウントの切り離し

特定のファイルシステムをルートファイルシステムから切り離す（アンマウントする）には、**umount**コマンドを使用します。

マウントの切り離し

umount [オプション] マウントポイント | デバイスファイル名（ファイルシステム）

表5-6-2　umountコマンドのオプション

オプション	説明
-a	/etc/fstabファイルに記載されているファイルシステムを全てアンマウントする
-r	アンマウントが失敗した場合、読み取り専用での再マウントを試みる
-t システムタイプ	指定したタイプのファイルシステムのみに対してアンマウントする

アンマウントすると、そのファイルシステムに存在するファイルやディレクトリにルートファイルシステムからアクセスできません。次の実行例は「/task」ディレクトリをアンマウントしています。

マウントの切り離し

```
[...]# df /dev/sdc1    ←マウントされているか確認する
ファイルシス    1K-ブロック    使用 使用可 使用% マウント位置
/dev/sdc1         508588 25764 482824    6% /task
[...]# ls /task   ←❶
memo
[...]# umount /task   ←❷
[...]# ls /task   ←❸
    ←memoファイルが表示されない
```

❶/taskディレクトリ以下にmemoファイルがあることを確認する
❷「umount /dev/sdc1」でもOK
❸/task ディレクトリ自体は存在するがsdc1とは切り離されているためmemoファイルにアクセスできない

システムがランレベル3あるいはランレベル5で稼働中でも、そのファイルシステムが使用されていなければアンマウントが可能です。使用中というのは主に以下のような場合です。

・ユーザがファイルシステムのファイルにアクセスしている
・ユーザがファイルシステムのディレクトリに移動している
・プロセスがファイルシステムのファイルにアクセスしている

5-6-2 /etc/fstab

mountコマンドを使用した手動によるマウントは一時的なものです。システムを再起動すると解除されます。システムを起動すると自動的にマウントされるようにするためには、**/etc/fstab**ファイルに設定を登録します。

また、マウントを解除する場合も、umountコマンドでの解除は一時的なものです。システム再起動時にマウントさせたくない場合は、/etc/fstabファイルから設定を削除します。

図5-6-2 /etc/fstabの設定例

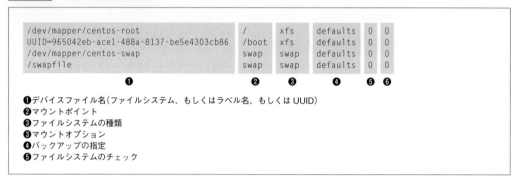

❶デバイスファイル名(ファイルシステム、もしくはラベル名、もしくはUUID)
❷マウントポイント
❸ファイルシステムの種類
❸マウントオプション
❹バックアップの指定
❺ファイルシステムのチェック

上記の設定例の❹は、どのような設定でマウントするか、マウントオプションを指定します。例えば、マウントオプションにuserを指定すると、一般ユーザもマウントが可能となります。また、複数のオプションを設定する際は、カンマで区切ります。

設定できる主なオプションは以下の通りです。

表5-6-3 主なマウントオプション

マウントオプション	説明
async	ファイルシステムの書き込みを非同期で行う
sync	ファイルシステムの書き込みを同期で行う
auto	-aが指定された時にマウントされる
noauto	-aが指定された時にマウントされない
dev	ファイルシステムに格納されたデバイスファイルを利用可能にする
exec	ファイルシステムに格納されたバイナリファイルの実行を許可する
noexec	ファイルシステムに格納されたバイナリファイルの実行を禁止する
suid	SUIDおよびSGIDの設定を有効にする[※1]
nosuid	SUIDおよびSGIDの設定を無効にする
ro	ファイルシステムを読み取り専用でマウントする
rw	ファイルシステムを読み書き可能なモードでマウントする
user	一般ユーザにマウントを許可する。アンマウントはマウントしたユーザのみ可能。同時にnoexec、nosuid、nodevが指定されたことになる
users	一般ユーザにマウントを許可する。アンマウントはマウントしたユーザ以外でも可能。同時にnoexec、nosuid、nodevが指定されたことになる

nouser	一般ユーザのマウントを禁止する
owner	デバイスファイルの所有者だけにマウント操作を許可する
usrquota	ユーザに対してディスクに制限をかける
grpquota	グループに対してディスクに制限をかける
defaults	デフォルトのオプション、rw、suid、dev、exec、auto、nouser、asyncを有効にする

※1 実行ファイル（プログラムやスクリプト）は通常、そのファイルを実行したユーザの権限で動作します。しかし、SUIDが設定されている場合は、実行ファイルの所有者のユーザ権限で実行されます。また、SGIDが設定されている場合は、実行ファイルの所有グループに設定されているグループ権限で実行されます。

---

xfsでは、書き込みキャッシュが有効にされているデバイスへの電力供給が停止した場合でもファイルシステムの整合性を確保できるよう、デフォルトで書き込みバリアを使用します。書き込みキャッシュがないデバイスや、書き込みキャッシュがバッテリー駆動型のデバイス等の場合には、「nobarrier」オプションを使ってバリアを無効にします。

```
[...]# mount -o nobarrier /dev/device /mount/point
```

Chapter5 基本操作

5-7 パッケージ管理

5-7-1 パッケージ管理システムとは

　パッケージ管理システムを利用することで、ソフトウェアの導入（インストール）や削除（アンインストール）を比較的簡単に行うことができます。また、現在インストールされているソフトウェアの情報の調査、ソフトウェア間での依存関係の確認や競合の回避等も容易に行うことができます。

　RedHat Enterprise LinuxやFedora、CentOS等のRedHat系ディストリビューションで採用されているパッケージ管理システムは、**RPM**（RPM Package Manager）形式です。**rpm**コマンドや**yum**コマンドを利用してrpmパッケージの管理を行います。

> RPMはRedHat社によって開発され、RedHat Package Managerの呼称（その後、RPM Package Managerに変更）で1997年にリリースされました。RedHat系の他にもSuSE Linux Enterprise Server等、多くのディストリビューションで採用されています。
> RPMの他の主要なパッケージ管理形式としてDebianプロジェクトによって開発され、1994年にリリースされたdpkg（Debian Packageまたはdeb package format）があります。dpkgはDebian、Ubuntu等のDebian系ディストリビューションで採用されています。

rpmコマンドによる情報の表示

　rpmパッケージに関する情報を調査し表示するには、rpmコマンドに「-q」（--query）オプションを使用します。なお、詳細な情報を表示するには、主に以下のオプションを組み合わせて使用します。

パッケージの管理

rpm [オプション] パッケージ

表5-7-1　rpmコマンド（表示）のオプション

オプション	説明
-q、--query	指定したパッケージがインストールされていればバージョンを表示
-a、--all	インストール済みのrpmパッケージ情報を一覧で表示
-i、--info	指定したパッケージの詳細情報を表示
-f、--file	指定したファイルを含むrpmパッケージを表示
-c、--configfiles	指定したパッケージ内の設定ファイルのみを表示
-d、--docfiles	指定したパッケージ内のドキュメントのみを表示
-l、--list	指定したパッケージに含まれる全てのファイルを表示
-K、--checksig	パッケージの完全性を確認するために指定されたパッケージファイルに含まれる全てのダイジェスト値と署名をチェックする
-R、--requires	指定したパッケージが依存しているrpmパッケージ名を表示

-p、--package	インストールされたrpmパッケージではなく、指定したrpmパッケージファイルの情報を表示
--changelog	パッケージの更新情報を表示

以降では、rpmコマンドでさまざまなオプションを使用し、パッケージ情報を表示している実行例を記載します。

□ パッケージ情報の表示

パッケージ名を指定し、パッケージの詳細情報を表示します。

パッケージの詳細情報の表示

```
[...]# rpm -q cups    ←インストール済みのパッケージ
cups-1.6.3-22.el7.x86_64
[...]# rpm -q vim    ←インストールされていない場合
パッケージ vim はインストールされていません。
[...]# rpm -ql cups    ←❶
/etc/cups
/etc/cups/classes.conf
/etc/cups/client.conf
/etc/cups/cups-files.conf
/etc/cups/cupsd.conf
…（以降省略）…
[...]# rpm -qi cups    ←❷
Name        : cups
Epoch       : 1
Version     : 1.6.3
Release     : 22.el7
Architecture: x86_64
…（以降省略）…
```

❶「l」オプションにより指定したパッケージに含まれる全てのファイルを表示
❷「i」オプションにより指定したパッケージの詳細情報を表示

□ ダウンロードしたパッケージファイルの情報表示

ダウンロードしたインストール前のパッケージファイルを指定し、パッケージファイルに対する問い合わせを行うには「-p」オプションを使用します。-pオプションによって、インストールされていないパッケージ情報を得ることができます。

ダウンロードしたパッケージの情報の表示

```
[...]# rpm -qpl zsh-5.0.2-14.el7_2.2.x86_64.rpm
↑ダウンロードしたパッケージファイルの情報表示
…（以降省略）…
```

□ 設定ファイルの表示

設定ファイルの表示には、「-c」もしくは「--configfiles」オプションを使用します。

設定ファイルの表示
```
[...]# rpm -qc bash
/etc/skel/.bash_logout
/etc/skel/.bash_profile
/etc/skel/.bashrc
```

□ 変更履歴の表示

変更履歴を確認するには、「--changelog」オプションを使用します。

変更履歴の表示
```
[...]# rpm -q --changelog bash
WARNING: terminal is not fully functional
* 水  7月 08 2015 Ondrej Oprala <ooprala@redhat.com> - 4.2.46-19
- Add a necessary declaration to common.h
  Related: #1165793

* 火  7月 07 2015 Ondrej Oprala <ooprala@redhat.com> - 4.2.46-18
- Allow importing exported functions with hyphens
  Resolves: #1237213

* 月  5月 18 2015 Ondrej Oprala <ooprala@redhat.com> - 4.2.46-17
- Make sure a case statement works in command subst
  Resolves: #1212775
…（以降省略）…
```

□ ファイルからrpmパッケージを検索

指定したファイルを含むrpmパッケージを表示するには、「-f」オプションを使用します。

rpmパッケージの検索
```
[...]# ls /etc/skel/.bashrc
/etc/skel/.bashrc
[...]# rpm -qf /etc/skel/.bashrc
bash-4.2.46-19.el7.x86_64
```

5-7-2 パッケージのインストールとアンインストール

rpmパッケージファイルからシステムへのインストールやアップデートを行うには、主に次のオプションを使用します。

表5-7-2 rpmコマンド（インストール）のオプション

オプション	説明
-i、--install	パッケージをインストールする（アップデートは行わない）
-U、--upgrade	パッケージをアップグレードする。インストール済みのパッケージが存在しない場合、新規にインストールを行う
-F、--freshen	パッケージをアップデートする。インストール済みのパッケージが存在しない場合、何も行わない
-v、--verbose	詳細な情報を表示する
-h、--hash	進行状況を#記号で表示する
--nodeps	依存関係を無視してインストールを行う
--force	指定されたパッケージがすでにインストールされていても上書きインストールを行う
--oldpackage	古いパッケージに置き換えることを許可（ダウングレード）する
--test	パッケージをインストールせず、衝突等のチェックを行い結果を表示する

アップデートはインストールと異なり、インストール後に古いバージョンを削除します。

以降では、rpmコマンドでさまざまなオプションを使用し、パッケージのインストール等の実行例を記載します。

パッケージファイルを指定してインストール

パッケージファイルを指定し、そのパッケージがインストールされていない場合は新規にインストールします。

パッケージのインストール

```
[...]# rpm -q zsh    ←❶
パッケージ zsh はインストールされていません。
[...]# rpm -ivh zsh-5.0.2-14.el7_2.2.x86_64.rpm    ←❷
準備しています...               ################################# [100%]
更新中 / インストール中...
   1:zsh-5.0.2-14.el7_2.2       ################################# [100%]
[...]# rpm -q zsh    ←❸
zsh-5.0.2-14.el7_2.2.x86_64
```

❶現在、zshパッケージはインストールされていない
❷zshパッケージのインストール
❸zshパッケージがインストールされた

依存関係を無視したインストール

あるパッケージをインストールする際に他パッケージへの依存関係がある場合、必要なパッケージがインストールされている（もしくは同時にインストールする）必要があります。もし、されていない場合、インストールは中断します。しかし、「--nodeps」オプションを使用することで依存関係を無視してインストールすることができます。ただし、他に影響が出る可能性はあります。

依存関係を無視したインストール

```
[...]# rpm -ivh mod_ssl-2.4.6-40.el7.centos.4.x86_64.rpm
エラー: 依存性の欠如:    ←依存関係のエラーにより、インストールは中断
        httpd は mod_ssl-1:2.4.6-40.el7.centos.4.x86_64 に必要とされています
        httpd = 0:2.4.6-40.el7.centos.4 は mod_ssl-1:2.4.6-40.el7.centos.4.x86_64
            に必要とされています
        httpd-mmn = 20120211x8664 は mod_ssl-1:2.4.6-40.el7.centos.4.x86_64
            に必要とされています
[...]# rpm -ivh --nodeps mod_ssl-2.4.6-40.el7.centos.4.x86_64.rpm
                 ↑「--nodeps」オプションの利用
        httpd は mod_ssl-1:2.4.6-40.el7.centos.4.x86_64 に必要とされています
準備しています...              ################################# [100%]
更新中 / インストール中...
   1:mod_ssl-1:2.4.6-40.el7.centos.4  ################################# [100%]
警告: ユーザー apache は存在しません - root を使用します
```

パッケージのアンインストール

インストールしたrpmパッケージをアンインストールするには、「-e」オプションを使用し、引数にはパッケージ名を指定します。

表5-7-3 rpmコマンド (アンインストール) のオプション

オプション	説明
-e、--erase	パッケージを削除する
--nodeps	依存関係を無視してパッケージを削除する
--allmatches	パッケージ名に一致する全てのバージョンのパッケージを削除する

アンインストールする際も、rpmパッケージ間の依存関係が検証されます。もしアンインストールしようとしているパッケージが他のパッケージに依存している場合、アンインストール作業は中断されます。「--nodeps」オプションを使用することで依存関係を無視してアンインストールが可能ですが、他に影響が出る可能性はあります。

パッケージのアンインストール

```
[...]# rpm -e zsh    ←zshパッケージのアンインストール
[...]# rpm -q zsh    ←アンインストールされたことを確認
パッケージ zsh はインストールされていません。
```

rpm2cpioコマンドの利用

rpm2cpioコマンドは、rpmファイルをインストールする前に作業用ディレクトリに展開し、各ファイルを確認したい場合に使用します。rpm2cpioコマンドでは、rpmファイルをcpioアーカイブ形式に変換し、標準出力に出力します。

パッケージファイルの展開

rpm2cpio パッケージファイル名

rpmファイルの展開

```
[...]# ls
zsh-5.0.2-14.el7_2.2.x86_64.rpm
[...]# rpm2cpio zsh-5.0.2-14.el7_2.2.x86_64.rpm  | cpio -t    ←一覧表示
./bin/zsh
./etc/skel/.zshrc
…（以降省略）…
[...]# rpm2cpio zsh-5.0.2-14.el7_2.2.x86_64.rpm  | cpio -id   ←解凍
11735 blocks
[...]# ls
bin   etc   usr   zsh-5.0.2-14.el7_2.2.x86_64.rpm
↑ディレクトリが作成され、各ファイルが保存される
```

yumコマンドによる情報の表示

「yum」はrpmパッケージを管理するユーティリティです。パッケージの依存関係を自動的に解決してインストール、削除、アップデートを行います。**yum**コマンドは、インターネット上のリポジトリ（パッケージを保管・管理している場所）と通信し、簡単にrpmパッケージのインストールや最新情報の入手が可能です。yumコマンドは、併せてサブコマンドを使用します。検索および表示に関する主なサブコマンドは、以下の通りです。

表5-7-4　検索・表示に関する主なサブコマンド

サブコマンド	説明
list	利用可能な全rpmパッケージ情報を表示
list installed	インストール済みのrpmパッケージを表示
info	指定したrpmパッケージの詳細情報を表示
search	指定したキーワードでrpmパッケージを検索し結果を表示
deplist	指定したrpmパッケージの依存情報を表示
list updates	インストール済みのrpmパッケージで更新可能なものを表示
check-update	インストール済みのrpmパッケージで更新可能なものを表示

以降では、yumコマンドでさまざまなサブコマンドを使用し、パッケージ情報を表示している実行例を記載します。

□ インストール済みのrpmパッケージを表示

list installedサブコマンドを使用すると、インストール済みのrpmパッケージを表示します。

インストール済みのrpmパッケージの表示

```
[...]# yum list installed
…（途中省略）…
bind-libs.x86_64              32:9.9.4-29.el7         @anaconda
bind-libs-lite.x86_64         32:9.9.4-29.el7         @anaconda
bind-license.noarch           32:9.9.4-29.el7         @anaconda
bind-utils.x86_64             32:9.9.4-29.el7         @anaconda
…（以降省略）…
```

□ **更新可能なrpmパッケージを表示**

　check-updateサブコマンドや**list updates**サブコマンドを使用すると、インストール済みのrpmパッケージで更新可能なものを表示します。

更新可能なrpmパッケージを表示

```
[...]# yum list updates
…（途中省略）…
bind-libs.x86_64                32:9.9.4-29.el7_2.4         updates
bind-libs-lite.x86_64           32:9.9.4-29.el7_2.4         updates
bind-license.noarch             32:9.9.4-29.el7_2.4         updates
bind-utils.x86_64               32:9.9.4-29.el7_2.4         updates
…（以降省略）…
```

□ **パッケージ情報の表示**

　infoサブコマンドは、パッケージ名を指定し、パッケージの詳細情報を表示します。

パッケージ情報の表示

```
[...]# yum info bash    ←「info」サブコマンドにより指定したパッケージの詳細情報を表示
…（途中省略）…
インストール済みパッケージ
名前            : bash
アーキテクチャー  : x86_64
バージョン       : 4.2.46
リリース        : 19.el7
容量            : 3.5 M
リポジトリー     : installed
提供元リポジトリー: anaconda
要約            : The GNU Bourne Again shell
URL             : http://www.gnu.org/software/bash
…（以降省略）…
```

yumコマンドによるインストール

　yumコマンドによるインストール、アップデート、アンインストールを行うには、主に以下のサブコマンドを使用します。

表5-7-5　インストール、アップデート、アンインストールに関する主なサブコマンド

サブコマンド	説明
install	指定したrpmパッケージをインストールする。自動的に依存関係も解決する
update	インストール済みのrpmパッケージで更新可能なものを全てアップデートする。なお、個別のrpmパッケージを指定して更新することも可能
upgrade	システム全体のリリースバージョンアップを行う
remove	指定したrpmパッケージをアンインストールする

なお、「yum update」のみを実行すると、インストールされている全パッケージが最新版にアップデートされます。

以降では、yumコマンドでさまざまなサブコマンドを使用し、パッケージのインストール等の実行例を記載します。

□ パッケージ名を指定してインストール

installサブコマンドを使用すると、指定されたパッケージをインストールします。

パッケージのインストール

```
[...]# yum install zsh
…（実行結果省略）…
```

□ パッケージのアンインストール

removeサブコマンドを使用すると、指定されたパッケージをアンインストールします。

パッケージのアンインストール

```
[...]# yum list zsh      ←現在、zshパッケージがインストール済みであることを確認
…（途中省略）…
インストール済みパッケージ
zsh.x86_64                              5.0.2-14.el7_2.2         @updates
[...]# yum remove zsh    ←zshパッケージのアンインストール
…（実行結果省略）…
```

yumdownloaderコマンドの利用

yumやrpmコマンドでシステムへパッケージのインストールを行うことができますが、個別にrpmファイルをダウンロードする場合、**yumdownloader**コマンドを使用すると便利です。一般ユーザ権限でも使用可能であり「yumdownloader パッケージ名」と実行します。rpmファイルを保存しておけば、最新のパッケージを使用するのではなく、決められたバージョンでマシンを構築しなければならない場合等に便利です。

個別にrpmファイルをダウンロード

yumdownloader [オプション] パッケージ…

表5-7-6　yumdownloaderコマンドのオプション

オプション	説明
--destdir=［ディレクトリ名］	保存先のディレクトリを指定する
--resolve	依存関係にあるパッケージもダウンロードする

オプションを指定しないで実行すると、カレントディレクトリにダウンロードします。以下の例は、zshパッケージのダウンロードを行っています。

rpmパッケージのダウンロード

```
[...]# yumdownloader zsh    ←zshパッケージのダウンロード
読み込んだプラグイン:fastestmirror, langpacks
Loading mirror speeds from cached hostfile
 * base: mirror.readyspace.com
 * extras: ftp.iij.ad.jp
 * updates: ftp.iij.ad.jp
zsh-5.0.2-14.el7_2.2.x86_64.rpm           | 2.4 MB  00:00:00
[...]# ls
zsh-5.0.2-14.el7_2.2.x86_64.rpm
```

また、パッケージファイルのダウンロードは、「yum install --downloadonly」として実行することでも可能です。「--downloaddir」オプションには、ダウンロードファイルの保存先を指定します。

「yum install --downloadonly」によるファイルのダウンロード

```
[...]# yum install --downloadonly --downloaddir=~/mylib zsh
```

yumの設定

yumの設定情報は、**/etc/yum.conf**ファイルに記載します。/etc/yum.confファイルには、yum実行時のログファイルの指定等、基本設定情報が記述されています。なお、リポジトリファイル(xx.repo)の配置場所は**reposdir**フィールドで指定することができます。特に指定しなかった場合は、「/etc/yum.repos.d」ディレクトリがデフォルトとなります。

表5-7-7 yumの設定ファイル

ファイル	説明
/etc/yum.conf	基本設定ファイル
/etc/yum.repos.dディレクトリ以下に保存されたファイル	リポジトリの設定ファイル

/etc/yum.confファイルの設定例

```
[...]# cat /etc/yum.conf
[main]
cachedir=/var/cache/yum/$basearch/$releasever
keepcache=0
debuglevel=2
logfile=/var/log/yum.log    ←ログファイル名
exactarch=1
obsoletes=1
gpgcheck=1
plugins=1
installonly_limit=5
bugtracker_url=http://bugs.centos.org/set_project.php?project_id=23&ref=http://bugs.
centos.org/bug_report_page.php?category=yum
distroverpkg=centos-release
… (以降省略) …
```

/etc/yum.confファイルの[main]セクションでは、全体に影響を与えるyumオプションを設定します。また、[repository]セクションを追加し、リポジトリ固有のオプションを設定することもできます。ただし、/etc/yum.repos.d/ディレクトリ内に「.repo」ファイルを配置し、個々のリポジトリサーバの設定を定義することが推奨されます。

以下の例では、/etc/yum.repos.d以下にある個々のリポジトリサーバの設定ファイルを表示しています。

/etc/yum.repos.dディレクトリ

```
[...]# pwd
/etc/yum.repos.d
[...]# ls
CentOS-Base.repo      CentOS-Debuginfo.repo    CentOS-Sources.repo   CentOS-fasttrack.repo
CentOS-CR.repo        CentOS-Media.repo        CentOS-Vault.repo
```

5-7-3 CentOS 7のリポジトリ

リポジトリとは、ダウンロードしたいファイルが集積している場所を意味します。実際には、ネットワーク上のサーバや、ファイルシステムの特定のディレクトリとなります。

リポジトリには CentOSで公式にサポートされているパッケージを提供する標準リポジトリと、サードパーティによるそれ以外のパッケージを提供する外部リポジトリがあります。標準リポジトリはCentOSのミラーサイトで提供されています。

標準リポジトリには以下の種類があり、設定ファイルはCentOSのインストール時に/etc/yum.repos.dディレクトリの下にインストールされます。

表5-7-8　標準リポジトリの種類

リポジトリ	説明	enable/disable（デフォルト設定）	設定ファイル
base	CentOSリリース時のパッケージ。インストール用のISOイメージにはこのパッケージが含まれる	enable	CentOS-Base.repo
updates	CentOSリリース後にアップデートされたパッケージ	enable	CentOS-Base.repo
extras	追加パッケージとアップストリームパッケージ（docker、openstackリポジトリ、xenリポジトリ等）	enable	CentOS-Base.repo
centosplus	パッケージのコンポーネントを入れ替えて、機能拡張を行うパッケージ（firefox、kernel-plus、postfix等）	disable	CentOS-Base.repo
cr	Continuous Release（CR）リポジトリ。次期リリース予定のパッケージで、リリース前のテスト使用のためのリポジトリ	disable	CentOS-CR.repo
base-debuginfo	デバッグシンボルを含むデバッグ用のパッケージ	disable	CentOS-Debuginfo.repo
c7-media	DVDあるいはISOイメージを使用したリポジトリ	disable	CentOS-Media.repo
base-source	baseリポジトリのソースコードのパッケージ	disable	CentOS-Sources.repo
updates-source	updatesリポジトリのソースコードのパッケージ	disable	CentOS-Sources.repo
extras-source	extrasリポジトリのソースコードのパッケージ	disable	CentOS-Sources.repo
C7.0.1406-*	現行バージョン以前の7.0.1406のリポジトリ。7.0.1406-base、C7.0.1406-updates、C7.0.1406-extras、7.0.1406-centosplus、7.0.1406-fasttrack	disable	CentOS-Vault.repo

C7.1.1503-*	現行バージョン以前の7.1.1503のリポジトリ。C7.1.1503-base、C7.1.1503-updates、C7.1.1503-extras、C7.1.1503-centosplus、C7.1.1503-fasttrack	disable	CentOS-Vault.repo
fasttrack	[updates]リポジトリに入れる前のバグフィックスと拡張	disable	CentOS-fasttrack.repo

CentOS-Base.repoを例に、ファイルの内容を確認します。

リポジトリサーバの設定ファイル

```
[...]# cat CentOS-Base.repo
…（途中省略）…
[base]
name=CentOS-$releasever - Base    ←❶
mirrorlist=http://mirrorlist.centos.org/?release=$releasever&arch=$basearch&repo=os&infra
=$infra    ←❷
#baseurl=http://mirror.centos.org/centos/$releasever/os/$basearch/    ←❸
gpgcheck=1
gpgkey=file:///etc/pki/rpm-gpg/RPM-GPG-KEY-CentOS-7
…（以降省略）…
```

❶nameフィールドはリポジトリを表す名前
❷mirrorlistにはbaseurlを含むリポジトリサーバのURLが記載されたリストファイルが指定されている。CentOS 7の場合、変数$releaseverの値は「7」、$basearchの値は「x86_64」、$infraの値は「stock」となる。したがって、mirrorlistの値は「http://mirrorlist.centos.org/?release=7&arch=x86_64&repo=os&infra=stock」となり、「release=7」の指定により、実行時のCentOS 7の最新バージョン（2017年1月時点では7.3.1611）のリポジトリにアクセスする。
❸baseurl（デフォルトでは行頭に#が付いてコメント行）にはcentos.orgのリポジトリのURLが指定されている。centos.orgのリポジトリの使用は非推奨。centos.orgのサイトではない日本の特定のミラーサイトを指定して使用することができる（例：baseurl=http://ftp.riken.jp/Linux/centos/7.2.1511/os/x86_64/）

以下は、curlコマンドで上記URLにアクセスした例です。日本からアクセスした場合は国内の7箇所のミラーサイトが上位にリストアップされます。

[base]リポジトリのミラーサイトのURLを表示

```
[...]# curl 'http://mirrorlist.centos.org/?release=7&arch=x86_64&repo=os&infra=stock'
http://ftp.jaist.ac.jp/pub/Linux/CentOS/7.3.1611/os/x86_64/
http://mirror.fairway.ne.jp/centos/7.3.1611/os/x86_64/
http://ftp.riken.jp/Linux/centos/7.3.1611/os/x86_64/
…（以降省略）…
```

[base]リポジトリのように、「enabled=」の指定のないリポジトリはデフォルトで「enabled=1」が設定され、リポジトリはenabled（有効）になります。

「--enablerepo」オプションで特定のリポジトリを指定したり、[updates]あるいは[extras]リポジトリに同じ名前のパッケージが存在しない限り、[base]リポジトリが使用されます。

DVD/ISOイメージをリポジトリとして利用する

設定ファイル**CentOS-Media.repo**に登録されているリポジトリ[c7-media]により、DVD/ISOイメージをリポジトリとして利用することができます。インターネットが使えない環境や、ネットワークの帯域幅が小さい時に有用です。

以下は、ISOイメージ「CentOS-7-x86_64-DVD-1511.iso」をリポジトリとして、yumコマンドに

よりbcパッケージをインストールする例です。

ISOイメージをリポジトリとする

```
[...]# mkdir /media/CentOS
[...]# mount -o loop ./CentOS-7-x86_64-DVD-1511.iso /media/CentOS
[...]# yum --disablerepo=\* --enablerepo=c7-media install bc
```

ソースパッケージのダウンロード/インストール/コンパイル

CentOS-Sources.repoファイルで設定されたリポジトリを利用して、ソースパッケージをダウンロードできます。

以下は、ユーザyukoが[base-source]リポジトリからbcパッケージのソースをダウンロード、インストールしてコンパイルする例です。

bcのソースパッケージをダウンロード、インストール、コンパイル

```
[yuko@centos7 ~]$ sudo yum install rpm-build gcc      ←❶
[yuko@centos7 ~]$ sudo yum install readline-devel flex bison texinfo  ←❷
[yuko@centos7 ~]$ yumdownloader --enablerepo=base-source --source bc  ←❸
[yuko@centos7 ~]$ ls
bc-1.06.95-13.el7.src.rpm
[yuko@centos7 ~]$ rpm -ivh bc-1.06.95-13.el7.src.rpm    ←❹
[yuko@centos7 ~]$ ls rpmbuild/
BUILD  BUILDROOT  RPMS  SOURCES  SPECS  SRPMS
[yuko@centos7 ~]$ cd rpmbuild/SPECS
[yuko@centos7 SPECS]$ ls
bc.spec
[yuko@centos7 ~]$ rpmbuild -bb bc.spec    ←❺
[yuko@centos7 SPECS]$ ls ../BUILD
bc-1.06.95   ←❻
[yuko@centos7 SPECS]$ ls ../RPMS/x86_64/
bc-1.06.95-13.el7.centos.x86_64.rpm  bc-debuginfo-1.06.95-13.el7.centos.x86_64.rpm  ←❼
```

❶開発環境をインストール
❷bcソースのコンパイルに必要なパッケージをインストール
❸bcのソースパッケージをダウンロード
❹ダウンロードしたbcのソースパッケージをインストール
❺bcのスペックファイルを指定して-bb(Build Binary)オプションによりバイナリパッケージを生成
❻このディレクトリの下にソースコードが展開されている
❼バイナリパッケージとデバッグ用パッケージが生成されている

CentOS 7.2インストール時のバージョンのパッケージをインストール

[base]リポジトリについての前述の解説の通り、パッケージのインストール時にはCentOS 7の最新バージョンのリポジトリが使用されます。

最新ではなく、以前のバージョンのパッケージ等、指定したバージョンのパッケージをインストールしたい場合は、**CentOS-Vault.repo**ファイルで設定されたリポジトリを利用します。CentOS-Vault.repoファイルで設定されたリポジトリでは、現行のCentOS 7のバージョン（例：7.2.1511）より以前のバージョン（例：7.1.1503、7.0.1406）のリポジトリが登録されています。

以下は、最新バージョン（2017年1月時点では7.3.1611）ではなく、現行のCentOS 7のバージョン

(7.2.1511)のインストール時のパッケージをインストールする例です。

指定したバージョンのパッケージをインストール

```
[...]# vi /etc/yum.repos.d/CentOS-Vault.repo
[C7.2.1511-base]
name=CentOS-7.2.1511 - Base
baseurl=http://vault.centos.org/7.2.1511/os/$basearch/     ←❶
gpgcheck=1
gpgkey=file:///etc/pki/rpm-gpg/RPM-GPG-KEY-CentOS-7
enabled=0
…（以降省略）…

[...]# yum install openldap-servers-2.4.40-8 --enablerepo=C7.2.1511-base   ←❷
…（実行結果省略）…
```

❶この6行を追加
❷CentOS 7.2.1511のインストール時のバージョンのパッケージをインストール

CentOS 7の外部リポジトリ

外部リポジトリの一覧は、以下のURLに掲載されています

外部リポジトリ一覧
https://wiki.centos.org/AdditionalResources/Repositories

　EPEL（Extra Packages for Enterprise Linux）、ELRepo（The Community Enterprise Linux Repository）等は、CentOSコミュニティから認知され（Community Approved Repositories）、一般によく利用されています。
　以下は、EPELリポジトリ設定ファイルのインストール例です。

EPELリポジトリ設定ファイルのインストール

```
[...]# yum install epel-release.noarch
…（実行結果省略）…

[...]# ls /etc/yum.repos.d/epel*
/etc/yum.repos.d/epel-testing.repo   /etc/yum.repos.d/epel.repo
```

　以下は、ELRepoリポジトリ設定ファイルのインストール例です。

ELRepoリポジトリ設定ファイルのインストール

```
[...]# rpm -Uvh http://www.elrepo.org/elrepo-release-7.0-2.el7.elrepo.noarch.rpm
…（実行結果省略）…

[...]# ls /etc/yum.repos.d/elrepo*
/etc/yum.repos.d/elrepo.repo
```

これまでよく知られていた外部リポジトリRPMforgeは更新が長期間停止していた後、2016年7月からはサイト自体が停止しています。

Chapter5 | 基本操作

5-8 シェルスクリプト

5-8-1 シェルスクリプトとは

シェルスクリプトとは、OSのシェルを使用して複数の処理をまとめて行うプログラム（スクリプト）です。複雑な条件に基づいた処理や、煩雑な繰り返し処理をシェルスクリプトに記述することで、簡潔に実行できるようになります。

シェルスクリプトは、以下のような特徴を持っています。

▷インタプリタ型言語
　スクリプトをインタプリタが解釈して実行します。実行するインタプリタは1行目に定義します。作成したスクリプトはコンパイルすることなく、インタプリタによってそのまま解釈、実行できます。

▷バッチ処理機能
　ターミナルで手作業で入力していた一連のコマンドをシェルスクリプトに記述して一括で実行できます。

▷デバッグが容易
　シェルスクリプトはインタプリタ型言語のため、プログラムを編集してそのまま実行、確認ができることに加え、-eや-xオプションが用意されていて、デバッグしやすい環境です。

▷プログラミング言語としての機能
　シェルスクリプトは、変数や配列、条件分岐や繰り返し等の制御構文や関数定義等のプログラミング言語としての機能を持っているので、処理を効率良く記述することができます。

5-8-2 シェルスクリプトの設定と実行

シェルは変数や条件分岐、繰り返し処理等などの制御構造を持っていて、これらの機能を使ってプログラムを書くことができます。これを**シェルスクリプト**と呼びます。シェルスクリプトはシェルがインタプリタとして解釈実行するので、コンパイルせずにそのまま実行でき、また多様なLinuxコマンドを利用できるので、容易に高機能なプログラムを作ることができます。ここでは基本的な機能を持ったシェルスクリプトの作成の仕方について説明します。

シバン（shebang）の定義

シェルスクリプトとして定義するには、1行目にシェルスクリプトを実行するインタプリタを設定します。

ファイルの先頭に「#!」を記述し、空白を入れずにインタプリタのパスを絶対パスで定義します。なお、この「#!」で始まるスクリプトの1行目を**シバン**（shebang）と呼びます。

以下、CentOS 7でよく利用するシバンを示します。

表5-8-1 主なシバン

シバン	動作するインタプリタ
#!/bin/sh	Bourneシェル
#!/bin/bash	bash (Bourne Again SHell)
#!/user/bin/perl	Perl言語
#!/user/bin/python	Python言語

シェルスクリプトの実行

シェルスクリプトの実行方法は3通り（表記方法は4通り）あります。実行結果は変わりませんが、現在のシェルか子シェルで実行されるか、シバンの読み取りを行うかどうかの違いがあります。

表5-8-2 シェルスクリプトの実行方法

起動の種類	実行例	補足
./シェルスクリプト	[...]$ ./shellscript.sh	・シバンを読み込み、インタプリタを子シェルで起動 ・スクリプトファイルに実行権が必要
bash シェルスクリプト	[...]$ bash shellscript.sh	・bashコマンドが子シェルでインタプリタとして起動しスクリプトを実行 ・そのため、シバンは読み込まない ・スクリプトファイルに実行権は必要ない
. シェルスクリプト	[...]$. shellscript.sh	・シェル自身がスクリプトを実行 ・そのため、シバンは読み込まない ・スクリプトファイルに実行権は必要ない
source シェルスクリプト	[...]$ source shellscript.sh	・上記「. シェルスクリプト」と同じ処理

図5-8-1 実行時のイメージ

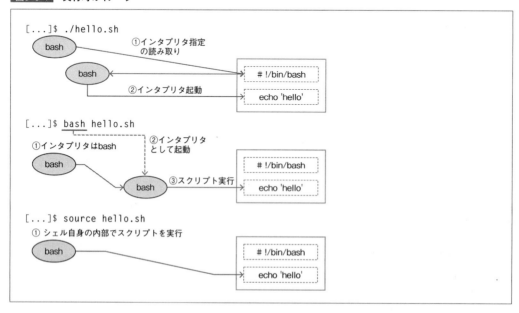

ファイルのパーミッション

シェルスクリプトとして直接実行する際には、ファイルのパーミッションを変更します。

▷パーミッション設定

実行するユーザに読み込み権があることを確認します。またファイルを直接実行する際には実行権を与えます。

▷拡張子

必須ではありませんが、シェルスクリプトであることを明示する際には、「.sh」を付けます。

シェルスクリプトの実行例

以下のシェルスクリプトhello.shは、文字列をターミナル上に表示しています。

シェルスクリプト (hello.sh)

```
01  #!/bin/bash
02
03  # 文字列の表示
04  echo 'helloworld.'
```

以下、上記のシェルスクリプトを実行する例を挙げます。なお、本書ではファイルを直接実行する形式を紹介しています。また、事前に実行権を付けているものとします。

hello.shのパーミッションの変更を行って実行

```
[...]$ chmod a+x hello.sh
[...]$ ./hello.sh
helloworld.
```

hello.shをbashコマンドで実行

```
[...]$ bash hello.sh
helloworld.
```

hello.shを「.」で実行

```
[...]$ . hello.sh
helloworld.
```

hello.shをsourceコマンドで実行

```
[...]$ source hello.sh
helloworld.
```

5-8-3 実行時のオプションと引数（特殊変数）

シェルスクリプトは、実行時にオプションや引数を指定することができます。引数は$で始まる特殊変数に格納されます。ここではシェルスクリプト実行時に有用なオプションや、引数について説明します。

シェルスクリプトに指定するオプション

オプションは**bash**コマンドでスクリプトの読み込み、実行する時に指定可能です。設定ファイルを読み込むかどうかの設定やデバッグの際に有効です。以下に、主なオプションを示します。

表5-8-3　bashコマンドのオプション

オプション	説明
--norc	ユーザ設定ファイル（~/.bashrc）を読み込まない
--rcfile ファイル名	ユーザ設定ファイル（~/.bashrc）を読み込まずに、指定されファイルを設定ファイルとする
-n	文法エラーがないかチェックする
-e	スクリプトが実行時エラーになった場合、そのエラー内容を返し、処理を停止する
-x	シェルスクリプトで実行した内容を1ステップ毎にコマンドライン上に表示する 実行時エラーがあればそれも表示する

オプションを指定した際の実行結果を比較しています。オプションはbashシェルに対して指定するので、bashコマンドを使用します。

シェルスクリプト (option.sh)

```
01  #!/bin/bash
02
03  echo 'script is start.'   # 標準出力するコマンド
04  foo                        # このような命令はないのでここでエラーとなる
05  date                       # 日付を表示するコマンド
06  echo 'script is done.'
```

以下の例は、オプションを付けずにbashコマンドを実行した結果です。エラーが出ていますが、最後まで実行されていることがわかります。

オプションなしで実行

```
[...]$ bash opsion.sh
script is start.
opsion.sh: 行 3: foo: コマンドが見つかりません　←エラー表示
2016年  9月  1日 木曜日 15:31:22 JST　←続けて処理されている
script is done.　←続けて処理されている
```

以下の例は、「-e」オプションを指定して実行した例です。3行目でエラーとなりスクリプトが停止していることがわかります。

-eオプションを付けて実行

```
[...]$ bash -e opsion.sh
script is start.
opsion.sh: 行 3: foo: コマンドが見つかりません    ←エラーとなり、終了
```

以下の例は、「-x」オプションを指定して実行した例です。各ステップ毎の結果を表示します。ステップ処理は「+ 処理」で表示されます。また、エラーとなっても処理を続けていることがわかります。

-xオプションを付けて実行

```
[...]$ bash -x opsion.sh
+ echo 'script is start.    ←ステップ実行
script is start.    ←処理結果
+ foo    ←ステップ実行
opsion.sh: 行 3: foo: コマンドが見つかりません    ←エラー表示（処理は続行）
+ date    ←ステップ実行
2016年  9月  1日 木曜日 15:34:21 JST    ←処理結果
+ echo 'script is done.'    ←ステップ実行
script is done.    ←処理結果
```

引数と特殊変数

シェルスクリプトの引数は、シェルスクリプトの特殊変数に格納されます。特殊変数は引数情報を格納する他、実行結果を格納したり、プロセス番号を格納します。「$0」や「$1」等は特殊変数です。「$0」に実行したファイル名、「$1」以降に実行時の引数が格納されます。以下、特殊変数を示します。

表5-8-4　引数と特殊変数の関係

特殊変数（呼び出し時）	説明
$0	シェルスクリプトのファイル名
$1～$n	$1に1つ目、$2に2つ目、$nにはn番目の引数
$#	引数の数を格納
$*	$0以外の引数を全て1つの文字列として格納
$?	終了ステータス。シェルスクリプトが正常すると「0」を格納し、失敗すると「1」を格納
$$	実行時のプロセス番号を格納

シェルスクリプト（args.sh）

```
01  #!/bin/bash
02
03  echo "ファイル名       :$0"
04  echo "1つ目の引数      :$1"
05  echo "2つ目の引数      :$2"
06  echo "引数の数         :$#"
07  echo "全ての引数       :$*"
08  echo "終了ステータス   :$?"
09  echo "プロセスID       :$$"
```

以下の実行例は、上記のシェルスクリプトargs.shを、2つの引数を付けて実行し、特殊変数を表示しています。

引数と特殊変数

```
[...]$ ./args.sh hello bye
ファイル名        :./args.sh
1つ目の引数       :hello
2つ目の引数       :bye
引数の数          :2
全ての引数        :hello bye
終了ステータス:0
プロセスID       :3309
```

5-8-4 シェルスクリプトの文法

シェルスクリプトは、シバンの設定やパーミッションの設定の他にも、プログラミング言語としての文法が存在します。本書で紹介する文法を以下に示します。

- 終了処理
- コメント定義
- 変数・配列定義
- 演算子
- 制御構文
- 関数定義と呼び出し

5-8-5 終了処理と終了ステータス

シェルスクリプトの実行が終了すると、実行していたインタプリタのシェルは終了ステータスを親プロセスに返して終了します。

親プロセスのシェルがbashあるいはshの場合は、シェル変数「$?」で子プロセスの終了ステータスを取得できます。

終了処理

シェルスクリプトでは処理の最後、あるいは途中で**exit**コマンドの実行により意図的にシェルスクリプトを終了させることができます。

この時、exitコマンドの引数に終了ステータスとしての値を指定します。exitコマンドを引数なしに実行した場合は、シェルスクリプトのなかで最後に実行したコマンドの終了ステータスが用いられます。

終了ステータス

終了ステータスは、シェルスクリプトが正常終了したかどうかの判定に利用される数値であり、シェルスクリプトを実行した親プロセスに引き渡され ます。

終了ステータスの値は、8ビット符号なし整数（0〜255、ただし255は-1）を定義します。POSIX規格に従い、正常終了の場合は「0」、異常終了の場合は「0以外」を指定します。異常終了の種類に

応じて異なった「0以外」の任意の値を指定することができます。1種類の場合や、種類分けをしない場合は、慣例的には「1」を定義します。

終了処理
exit 数値

シェルスクリプトの最終行に「exit 0」を定義し、明示的に正常終了させることで、可読性が向上します。

5-8-6 コメント定義

シェルスクリプトのコメントは「#」であり、1行をコメント扱いします。複数行のコメントを行う際は「#」を複数行指定します。

5-8-7 変数と定数

シェルスクリプト内で変わる値や、固定の値を扱う際に、変数と定数を使用します。

変数

シェルスクリプトで変数を使用する際には、次のように定義します。

変数の定義（数値）
変数名=値

変数の定義（文字列）
変数名="値"

呼び出しは次のように定義します。

変数の呼び出し
$変数名
${変数名}

「変数名 = 値」のように、可読性を考慮して「=」の間にスペースを入れると実行時にエラーになります（構文チェックでは指摘されません）。これはシェルスクリプトの仕様です。

定数

定数定義は、変数宣言の前に「**readonly**」を付けます。例えば「readonly string="hello"」や「readonly val=10」とします。
以下のシェルスクリプトでは、変数や定数の定義と呼び出しを行っています。

シェルスクリプト (val.sh)

```
01  #!/bin/bash
02
03  min=10              # 整数
04  float=3.14          # 少数
05  string="hello"      # 文字列
06  readonly MAX=255    # 定数定義
07
08  # 変数を変更
09  min=50
10
11  # 定数を変更（変更できないためエラー）
12  MAX=-1
13
14  # 変数を出力
15  echo $min
16  echo $float
17  echo $string
18
19  # 定数を出力
20  echo $MAX
21
22  exit 0 # ここまで来ると正常終了
```

echoコマンドは、引数で指定した文字列や変数値を表示します。詳細は後述します。

変数の定義と呼び出し

```
[...]$ ./val.sh
整数    :10
少数    :3.14
文字列  :hello
定数    :255

--- 定数を変更...変更できないためエラーとなる ---
./val.sh: 行 16: MAX: 読み取り専用の変数です
```

5-8-8 配列の定義と呼び出し

シェルスクリプトでは、配列を次のように定義します。

配列の定義

変数名=(値...)

呼び出しは次のように定義します。

配列の呼び出し

${変数名[要素数]}

258

配列の要素と要素数

配列要素の全てを取り出す際は、以下のように呼び出します。「@」は要素を1個ずつ取り出して表示し、「*」は全ての要素を1個の文字列として取り出します。

配列要素を全て取り出す
${変数名[@]}
${変数名[*]}

また、配列の要素数は、次のように呼び出します。「@」でも「*」でも結果は変わりません。

配列の要素数の呼び出し
${#変数名[@]}
${#変数名[*]}

以下のシェルスクリプトでは、配列の定義と呼び出しを行います。

シェルスクリプト（array.sh）

```bash
01  #!/bin/bash
02
03  array=("hello" 10 3.14) # 区切りはスペース
04
05  echo "最初の要素：${array[0]}"
06  echo "最後の要素：${array[2]}"
07
08  echo -e "\n要素の全てを表示(@)：${array[@]}"
09  echo "要素の全てを表示(*)：${array[*]}"
10
11  echo -e "\n要素数(@)：${#array[@]}"
12  echo "要素数(*)：${#array[*]}"
13
14  exit 0 # ここまで来ると正常終了
```

変数の定義と呼び出し

```
[...]$ ./array.sh
最初の要素：hello
最後の要素：3.14

要素の全てを表示(@)：hello 10 3.14
要素の全てを表示(*)：hello 10 3.14

要素数(@)：3
要素数(*)：3
```

要素の追加

先頭に新規の要素を加える際は、次のように定義します。

先頭に新規の要素を追加する
配列名＝(新規データ "変更したい配列")

末尾に要素を加える場合は、2通りの方法があります。

末尾に要素を追加する
配列名＝("変更したい配列" 新規データ)
配列名＋＝(新規データ)

5-8-9 出力時の展開

結果を出力する際、**echo**コマンドと3種類のクォーテーションを組み合わせて出力します。シェルスクリプトでは、各クォーテーションで囲んだ場合の出力に違いがあります。

「"」（ダブルクォーテーション）は変数を展開し、「`」（バッククォーテーション）はコマンドを展開します。「'」（シングルクォーテーション）は何も展開しません。また必要であれば、各クォーテーションを組み合わせることもできます。

表5-8-5　クォーテーションによる評価の違い

クォーテーションの種類	説明	補足
'（シングルクォーテーション）	文字列として扱う	変数やコマンドも文字列として扱う
"（ダブルクォーテーション）	変数を評価する	文字列と変数が混在していても変数を評価する
`（バッククォーテーション）	コマンドを実行する	バッククォーテーションで囲めるのはコマンドのみ

以下のシェルスクリプトでは、出力時の評価を行っています。

シェルスクリプト (print.sh)

```
01  #!/bin/bash
02
03  string="bye"
04
05  echo '-- 文字列の出力 --'
06  echo 'hello'
07  echo "hello"
08  #echo `hello` #これはエラー
09
10  echo -e '\n-- コマンドの評価 --'
11  echo 'pwd'
12  echo "pwd"
13  echo `pwd`
14
15  echo -e '\n-- 変数の評価 --'
16  echo '$string'
```

```
17  echo "$string"
18  # echo `$string` #これはエラー
19
20  echo -e '\n-- クォーテーションの組み合わせ --'
21  echo 'good "$string"'
22  echo "good$string"
23  echo "current is `pwd`"
24  #echo `current is pwd` #これはエラー
25
26  exit 0 # ここまで来ると正常終了
```

出力時に評価している例

```
[...]$ ./print.sh
-- 文字列の出力 --
hello
hello

-- コマンドの評価 --
pwd
pwd
/home/yuko

-- 変数の評価 --
$string
bye

-- クォーテーションの組み合わせ --
good "$string"
goodbye
current is /home/yuko
```

シェルスクリプト内の「echo -e」は、文字列内のエスケープシーケンスを評価します。「\n」は改行であり、「\t」はタブを表します。

5-8-10 演算子

シェルスクリプトで利用できる**算術演算子**や**論理演算子**をまとめます。

算術演算子

算術演算子は、扱える演算子がコマンドによって異なります。例えばexprコマンドはインクリメントやデクリメント演算子は使用できません。演算子を扱うことができるコマンドは後述します。

表5-8-6　算術演算子

演算	算術演算子	補足
加法	+	
減法	-	
乗法	*	コマンド内で使用する場合は「\」で「ワイルドカード」の意味を打ち消す

除法	/	
剰余	%	
べき乗	** または ^	** は ((式)) のみ。^ は bc コマンドのみ let、expr コマンドは扱えない
インクリメント	++	((式)) のみ
デクリメント	--	((式)) のみ

比較演算子

比較演算子は、数値と文字列では異なる演算子を用います。またコマンドによって使用する演算子や意味が異なる場合があります。

表5-8-7　比較演算子

条件	比較演算子	補足
等しい	-eq	数値比較。条件文で使用
	=	文字列比較。条件文で使用
	==	((式)) 用。条件文では使用できない
等しくない	-ne	数値比較。条件文で使用
	!=	文字列比較。条件文で使用
		((式)) では整数値の比較
以上 (>=)	-ge	
以下 (<=)	-le	
より大きい (>)	-gt	
より小さい (<)	-lt	
0である	-z	文字列の長さが0である
0ではない	-n	文字列の長さが0ではない

論理演算子

論理演算子は、testコマンドが使用する演算子とシェルの機能とでは演算子が異なります。testコマンドは後述します。

表5-8-8　論理演算子

条件	論理演算子	補足
論理和 (OR)	-o	testコマンドのオプション
	||	シェルの機能
論理積 (AND)	-a	testコマンドのオプション
	&&	シェルの機能
否定 (NOT)	!	testコマンドで使用可能

ファイル演算子

シェルスクリプトの特徴として、ファイルやディレクトリに関する演算子があります。これはファイルやディレクトリに対して、存在するかどうかや権限の有無を確認できる演算子です。

表5-8-9 ファイル演算子

条件	ファイル演算子
ファイルであるかどうか	-f
ディレクトリであるかどうか	-d
ファイルまたはディレクトリが存在するかどうか	-e
読み取り権限がファイルまたはディレクトリにあるか	-r
書き込み権限がファイルまたはディレクトリにあるか	-w
実行権限がファイルまたはディレクトリにあるか	-x

正規表現による文字列比較

正規表現を使用して文字列を比較することができます。正規表現の文字列比較には「=~」演算子を使用しますが、シェルで処理できるように、[[ ]]で囲みます。[[ ]]はbashの内部コマンドです。

正規表現による文字列比較

[[文字列 =~ 正規表現]]

正規表現では、文字列を「"」（ダブルクォーテーション）で囲まない点に注意してください。

文字列がマッチすれば「真」、そうでなければ「偽」と判定されるので、ifコマンド等の条件式としても使用可能です。また、正規表現によってマッチした文字列は、BASH_REMATCH配列のなかに格納されます。例えば、「[["abc123xyz" =~ [0-9]]]」とすると、"abc123xyz"内で最初に見つかった数字（この場合「1」）がマッチし、BASH_REMATCH[0]に格納されます。

正規表現については「5-2 ファイルとディレクトリの管理」（→ p.165）を参照してください。

5-8-11 演算を行うコマンド

シェルスクリプトで演算を行うには、いくつかのコマンドが準備されています。それぞれのコマンドには特徴があり、コマンドによっては、同じ意味でも異なる演算子を使用する場合があります。以下に示すのは演算に使用するコマンドの一覧です。

表5-8-10　演算コマンド

コマンド	説明	例	補足
expr	演算用。数式を評価して標準出力に出力する。整数値のみ扱える	expr 5 + 2	演算子や数値はオプションなので、スペースが必要。また、「*」はワイルドカードと区別するため「*」とする
let	bash内部コマンド。演算等。引数の数式を評価する。整数値のみ扱える	a=1; b=2; let 'c = a+b'; echo $c	変数利用時に$を定義する必要がない。exprよりも処理が高速
bc	演算用。整数、少数、べき乗等の演算を行える。scaleコマンドと併用することで桁数も制御可能	"echo ""1/3"" | bc echo ""scale=5; 1/3"" | bc"	scaleコマンドはbcコマンドより前に定義する。また、定義方法は、「scale=数値」と定義する
test	条件式を評価する。結果が「真」の場合は、0。「偽」の場合は0以外を返す	test 3 -gt 2 && echo "true"	if文等の条件式で使用
[	testコマンドと同義だが、「]」オプションが必須	[3 -gt 2] && echo "true"	
((式))	bashの内部コマンド。演算と条件式のどちらでも使用可。演算結果を取り出す際は$((式))とする	x=1; echo $((++x))	((式))用の演算子が別途定義されている

exprコマンド

整数のみ扱います。オプションとして、数や演算子を指定するため、スペースは必須です。乗算の演算子は「*」ですが、シェル内ではワイルドカードとして見なされるため、「\」（バックスラッシュ）で打ち消します。

exprコマンド
expr 値 算術演算子 値

値は整数値のみ指定可能です。

letコマンド

exprコマンド同様に整数のみ扱えます。数や演算子は文字列として指定可能です。変数使用時に「$」を付ける必要がありません。

letコマンド
let '式'

bcコマンド

整数、小数点を扱います。四則演算の他、三角関数、べき乗、対数等の演算が可能です。
　scaleコマンドを事前に実行することで、小数点の桁数を指定できます。式はファイルやパイプで渡す他、対話形式でも指定可能です。

bcコマンド
[scale=桁数;] bc < 式を記述したファイル
[scale=桁数;] echo "式" | bc

testコマンド

条件を評価します。真の場合は「0」を返し、偽の場合は「0以外」を返します。ifコマンド等の条件式に使用されます。

> **testコマンド**
> test 値 比較演算子 値

[コマンド

末尾のオプションに「]」が必須です。それ以外はtestコマンドと同義です。ifコマンド等の条件式を簡潔にわかりやすく記述できます。

> **[コマンド**
> [値 比較演算子 値]

以下のシェルスクリプトでは、さまざまな演算処理を各コマンドで実行しています。

シェルスクリプト (calc.sh)

```
01  #!/bin/bash
02
03  # 変数定義
04  val1=10
05  val2=5
06
07  # 整数の計算
08  echo "exprによる加算:"
09  expr $val1 + $val2
10
11  let 'x = val1 * val2'
12  echo -e "\nletによる乗算:"
13  echo "$x"
14
15  # 少数の計算
16  echo -e "\nscale付きのbcによる除算:"
17  echo "scale=3; $val1/3" | bc
18
19  # 比較
20  echo -e "\ntestコマンドによる比較:"
21  test $val1 -gt $val2 && echo "True" || echo "False"
22  echo -e "\n[コマンドによる比較:"
23  [ $val1 -gt $val2 ]  && echo "True" || echo "False"
24
25  echo -e "\n(( ))による比較:"
26  echo $(( $val1 % $val2 ))
27
28  exit 0
```

変数の定義と呼び出し

```
[...]$ ./calc.sh
exprによる加算：
15

letによる乗算：
50

scale付きのbcによる除算：
3.333

testコマンドによる比較：
True

[コマンドによる比較：
True

(( ))による比較：
0
```

シェルスクリプトに三項演算子はありませんが、calc.shで紹介したように「[」コマンドあるいはtestコマンドと、「&&」、「||」を組み合わせることで表現可能です。

5-8-12 制御構文

他のプログラミング言語同様に、シェルスクリプトでは制御構文を用いて、分岐処理や繰り返し処理（繰り返し処理）を定義することができます。また、制御構文はネスト（入れ子）化することができます。本書では以下の制御構文を紹介します。

・分岐（if、case）
・繰り返し処理（for、while、until）

5-8-13 分岐処理

ifコマンドは、二分岐や多分岐を定義することができ、caseコマンドでは多分岐を定義することができます。

二分岐：ifコマンド

ifコマンドでは、条件が真の時のみ処理する場合と、真と偽の2つの条件で処理を行う処理を定義できます。

条件が真の時のみ処理

```
if 条件式 ; then
    真の処理
fi
```

elseコマンドを使うことで、偽の時に実行する処理を定義できます。

真と偽の2つの条件（2分岐）で処理を分ける

if 条件式 ; then
  真の処理
else
  偽の処理
fi

　以下のシェルスクリプトでは、引数の数が2つあるかどうかを判定し、引数が2個以外は異常終了します。

シェルスクリプト（args_check.sh）

```
01  #!/bin/bash
02
03  if [ $# -eq 2 ] ; then
04      echo "1つ目の引数：$1"
05      echo "2つ目の引数：$2"
06  else
07      echo '引数は2個でなくてはなりません'
08      exit 1
09  fi
10
11  echo "正常に終了しました"
12
13  exit 0
```

引数の個数チェック

```
[...]$ ./args_check.sh aaa        ←引数1個
引数は2個でなくてはなりません
[...]$ ./args_check.sh aaa bbb    ←引数2個
1つ目の引数：aaa
2つ目の引数：bbb
正常に終了しました
[...]$ ./args_check.sh aaa bbb ccc ←引数3個
引数は2個でなくてはなりません
```

> thenコマンドをifコマンドの下に定義することもできます。その場合、「;」は不要です。

多分岐：if-elif、caseコマンド

　多分岐処理を行うには、if-elifと、caseコマンドの2種類で定義することができます。

□ if-elif

　シェルスクリプトの**if-elif**は偽の処理毎に条件を指定でき、elifコマンドは複数定義できます。よってif-elifを使用することにより、複雑な条件分岐を定義できます。elseコマンドを使用すると、どの条件にも当てはまらない場合の処理を定義することが可能です。

多分岐で処理を分ける

```
if 条件式 ; then
    真の処理
elif 条件式 ; then
    偽の処理
else
    その他の処理
fi
```

　以下のシェルスクリプトでは、最初の引数がファイル名、次の引数がそのファイルへ書き込む文字列として実行します。もし、同じファイルがあった場合は処理を中止します。

シェルスクリプト (file_maker.sh)

```
01  #!/bin/bash
02
03  # 引数チェック
04  if [ $# -ne 2 ] ; then
05      echo 'this script need 2 arguments.'
06      exit 1
07  elif [ -e $1 ] ; then
08      echo 'file already exists.'
09      exit 1
10  else
11      # ファイルを作成
12      touch $1
13      # ファイル内に引数で取得した情報を追加
14      echo $2 > $1
15  fi
16
17  exit 0
```

ファイルチェックとファイル作成

```
[...]$ ./file_maker.sh aaa.txt bbb    ←引数2個で実行
[...]$ ls   ←ファイルが作成されたか確認
aaa.txt
[...]$ cat aaa.txt    ←ファイル内を確認
bbb
[...]$ ./file_maker.sh aaa.txt bbb    ←同様の引数で実行
file already exists.    ←aaa.txtが既に存在するのでエラー表示
```

□ caseコマンド

　シェルスクリプトの**case**コマンドは、変数の値に基づいて多分岐させることができます。変数の値で分岐するため、複雑な分岐には向きませんが、複数の値を1つの分岐処理にまとめることができます。その場合、「5 | 10 | 15)」のように、値を「 | 」（パイプ）で区切ります。また、値のかわりに「*」とすることで、全ての条件で実行する処理を定義できます。

> **caseコマンド**
> case 変数 in
>   値1) 処理1;;
>   値2) 処理2;;
>   値n) 処理n;;
> esac

- 値は | (パイプ) を用いて複数指定可能
- 最終行の処理に「;;」はなくてもよい、それ以外は「;;」必須
- 値に「*」を使用すると全ての条件にマッチ

　以下のシェルスクリプトでは、1個目の引数で指定したファイルに、2個目で指定したパーミッションを追加します。2個目の引数を「rwx」のかわりに「0」とすると、パーミッションを与えない処理が実行されます。

シェルスクリプト (file_chage_mode.sh)

```
01  #!/bin/bash
02
03  # 引数チェック
04  if [ $# -ne 2 ] ; then
05      echo 'this script need 2 arguments.'
06      exit 1
07  elif [[ $2 =~ [^rwx0] ]] ; then
08      echo "second args is 'r' or 'w' or 'x'"
09      exit 1
10  elif [ ! -e $1 ] ; then
11      touch $1
12      chmod 000 $1 # ファイル作成時にパーミッションを000にしておく
13  fi
14
15  # $2の内容でパーミッションを変更して表示
16  case $2 in
17      "r") chmod a+r $1; ls -l $1;;
18      "w") chmod a+w $1; ls -l $1;;
19      "x") chmod a+x $1; ls -l $1;;
20      "0") chmod 000 $1; ls -l $1;;
21  esac
22
23  exit 0
```

ファイルの作成と権限の変更

```
[...]$ ./file_chage_mode.sh fileX r    ←fileXに読み取り権限を追加
-r--r--r--. 1 yuko yuko 4  9月 13 14:48 fileX
[...]$ ./file_chage_mode.sh fileX w    ←fileXに書き込み権限を追加
-rw-rw-rw-. 1 yuko yuko 4  9月 13 14:48 fileX
[...]$ ./file_chage_mode.sh fileX x    ←fileXに実行権限を追加
-rwxrwxrwx. 1 yuko yuko 4  9月 13 14:48 fileX
[...]$ ./file_chage_mode.sh fileX 0    ←fileXにパーミッションを与えない処理を実行
----------. 1 yuko yuko 4  9月 13 14:48 fileX
```

5-8-14 繰り返し処理（ループ処理）

繰り返し処理を行うには、forコマンド、whileコマンド、untilコマンドを使用します。繰り返し回数が決まっている場合には、forコマンドを使用し、条件が真の間繰り返したい場合はwhileコマンド、偽の間繰り返したい場合はuntilコマンドを使用します。

forコマンド

forコマンドは、一定回数の繰り返しや、リスト内の数だけ繰り返したい場合に使用します。以下のような文法で定義します。

```
繰り返し
for 変数 in 式; do
    処理
done
```

doコマンドをforコマンドの下に定義することもできます。その場合、「;」は不要です。

式の部分はさまざまな定義方法があります。値のリストや配列で定義することができ、コマンドの結果も繰り返し対象となります。また、C言語のような構文で記述することも可能です。以下にforコマンドで使用できる式の種類を示します。

表5-8-11 forコマンドで使用できる式

式	説明	例
値リスト	・値、変数、定数を利用可能。区切りはスペース ・""（ダブルクォーテーション）で囲むとスペース入りの文字列も1要素として扱える	・1 2 3 ・・・ ・""aaa"" ""bb cc"" ""ddd"" ・$val1 $val2 $val3 ・・・
配列の全要素	・要素数には「@」を指定する ・配列を""（ダブルクォーテーション）で囲むとスペース入りの文字列も1要素として扱える	"${array[@]}"
コマンドの実行結果	・コマンドは`（バッククォート）で囲む	・`ls` ・`read test.txt`
一定回数のループ (seqコマンドまたは、{n..m})	・`seq <初期値> <増分> <ループ回数>` 　<増分>はオプション、<増分>を省略した場合のデフォルト値は「1」 ・seqコマンドは`（バッククォート）で囲む ・ループ終了毎に<増分>を加算	`seq 1 5` （5回ループ） `seq 0 2 8` （5回ループ）
	・{ <初期値>..<ループ回数> } ・「..」の両端にはスペースを入れない ・ループ終了毎に1を加算	{1..5} （5回ループ）
((式))	・C言語のようなfor文定義 ・「do 〜 done」を「{ 式 }」で置き換え可能	((i=0; i<5; i++))

以下のシェルスクリプトでは、さまざまな式でforを定義しています。

シェルスクリプト (for.sh)

```bash
01  #!/bin/bash
02
03  # 値リスト
04  echo "値リストによる繰り返し"
05  for i in 1 2 3 ; do
06      echo "値:$i"
07  done
08
09  echo -e "\n配列要素の数だけ繰り返し"
10  # 配列
11  array=("hello" "thank you" "bye" )
12
13  for j in "${array[@]}" ; do
14      echo "要素:$j"
15  done
16
17  # コマンド
18  echo -e "\nlsコマンドの実行結果の数だけ繰り返し"
19  for k in `ls` ; do
20      echo "ファイル名:$k"
21  done
22
23  # seqコマンド
24  echo -e "\nseqコマンドによる繰り返し"
25  for l in `seq 0 2 8` ; do
26      echo "値:$l"
27  done
28
29  # {数...数}
30  echo -e "\n{n..m}による繰り返し"
31  for m in {11..13} ; do
32      echo "値:$m"
33  done
34
35  # C言語のような定義
36  echo -e "\n(())を使用した繰り返し"
37  for (( n=105; n<108; n++ )) {
38      echo "値:$n"
39  }
40
41  exit 0
```

forの定義例

```
[...]$  ./for.sh
値リストによる繰り返し
値:1
値:2
値:3

配列要素の数だけ繰り返し
要素:hello
要素:thank you
要素:bye

ファイル名:anaconda-ks.cfg
ファイル名:for.sh
ファイル名:initial-setup-ks.cfg
```

```
seqコマンドによる繰り返し
値：0
値：2
値：4
値：6
値：8

{n..m}による繰り返し
値：11
値：12
値：13

(())を使用した繰り返し
値：105
値：106
値：107
```

while(until)コマンド

条件が「真」の間だけ繰り返したい場合には、**while**コマンドを用います。条件が「偽」の間だけ繰り返したい場合には、**until**コマンドを使用します。whileコマンドとuntilコマンドに文法や条件式の定義方法に違いはありません。条件式が成立する間、繰り返し処理を行います。

「真」の間だけ繰り返し
```
while 条件式 ; do
    処理
done
```

「偽」の間だけ繰り返し
```
until 条件式 ; do
    処理
done
```

doコマンドをwhileコマンドの下に定義することもできます。その場合、「;」は不要です。

条件式には、testコマンドや[コマンドを用いて、結果を比較したり、read等の通常のコマンドの実行結果で繰り返し処理を行わせたりすることができます。以下にwhile(until)文で使用できる条件式を示します。

表5-8-12 while(until)文で使用できる式

式	説明	例
testコマンド	・値、変数、定数を利用可能。区切りはスペース ・""(ダブルクォーテーション)で囲むとスペース入りの文字列も1要素として扱える	・1 2 3 ・・・ ・"" "aaa" "" "bb cc" "" "ddd" ・$val1 $val2 $val3 ・・・
[コマンド	・要素数には「@」を指定する ・配列を""(ダブルクォーテーション)で囲むとスペース入りの文字列も1要素として扱える	"${array[@]}"
コマンドの実行結果	・コマンドは`(バッククォート)で囲む ・readコマンドでファイルを読み込む場合は、「<(リダイレクト)」でdoneの後に指定	・`ls` ・`read line`

readコマンドによる繰り返し

readコマンドを使用して、ファイルの行数分処理を繰り返すことができます。その場合、**done**の後にリダイレクト処理と共にファイル名を定義してください。

ファイルの行数分繰り返す

while lead 変数名 ; do
 処理
done < テキストファイル名

ヒアドキュメントを使用することで、スクリプトファイル内でも繰り返し条件を定義できます。

ファイル内で繰り返し条件を定義

while lead 変数名 ; do
 処理
done <<識別子
 データ
 データ
識別子

> ヒアドキュメントとは、特定の文字列が現れるまで入力を続ける機能です。
>
> ```
> [...]$ cat <<eos
> >
> ```
>
> 上記実行例のように、コマンドの後ろに「<<文字列」を指定した場合は、指定した文字列が現れるまでの内容を、コマンドへの標準入力として扱います。

readは標準入力で読み取るため、リダイレクト処理でファイルから読み込ませます。

以下のシェルスクリプトでは、さまざまな式でwhile(until)を定義しています。

シェルスクリプト (while.sh)

```
01  #!/bin/bash
02
03  echo "testコマンドによる繰り返し"
04  i=1
05  while test $i -le 3 ; do
06      echo "値:$i"
07      let 'i=i+1'
08  done
09
10  echo -e "\n[コマンドによる繰り返し"
11  j=1
12  until [ $j -gt 3 ] ; do
13      echo "値:$j"
14      let 'j=j+1'
15  done
16
17  # readコマンド
```

```
18  echo -e "\nlist.txtファイルの行数分の繰り返し"
19  k=1
20  while read line ; do
21      echo "$k 行目:$line"
22      let 'k=k+1'
23  done < list.txt # テキストの読み込み方に注意
24
25  # readコマンドとヒアドキュメント
26  echo -e "\nreadコマンドとヒアドキュメントによる繰り返し"
27  n=1
28  while read line ; do
29      echo "$n 行目:$line"
30      let 'n=n+1'
31  done <<END_OF_DATA
32  this
33  is
34  here
35  document
36  END_OF_DATA
37
38  exit 0
```

whileコマンドの定義例

```
[...]$ cat list.txt   ←繰り返し処理で利用するファイルとその内容を表示
aaa
bbb
ccc
[...]$  ./while.sh
testコマンドによる繰り返し
値:1
値:2
値:3

[コマンドによる繰り返し
値:1
値:2
値:3

list.txtファイルの行数分の繰り返し
1 行目:aaa
2 行目:bbb
3 行目:ccc

readコマンドとヒアドキュメントによる繰り返し
1 行目:this
2 行目:is
3 行目:here
4 行目:document
```

5-8-15 関数

　関数とは、ある一連の処理に任意の名前を付けて定義し、呼び出して実行する仕組みです。関数を定義することで、複雑な処理をより効率良く記述することができます。また、可読性やメンテナンス性が向上します。

関数定義

シェルスクリプトで関数を定義するには、**function**コマンドを使用します。

関数は以下のように定義します。また関数の最後には、関数の終了ステータスを**return**コマンドで定義します。functionコマンドやreturnコマンドは、シェルの内部コマンドです。

関数の定義
```
function 関数名() {
   処理
   return 終了ステータス値
}
```

functionコマンドやreturnコマンドは省略可能です。returnコマンドを省略した場合は、最後に処理されたコマンドの終了ステータスが関数自体の終了ステータスとなります。

関数の定義（省略した定義）
```
関数名() {
   処理
}
```

以下のシェルスクリプトでは、関数を定義しています。定義しているだけあり、呼び出して実行はしていません。

シェルスクリプト（func_def.sh）

```
01  #!/bin/bash
02
03  # 関数の定義のみ
04  function get_array() {
05      local array=( "hello" 100 3.14 "bye" )
06
07      # 関数の戻り値として定義
08      echo ${array[@]}
09
10      #関数の終了ステータス
11      return 0
12  }
13
14
15  # 省略した関数定義
16  get_list() {
17      # 関数の戻り値
18      echo `ls ~/`
19  }
20
21  exit 0
```

returnコマンドと戻り値

他のプログラミング言語においてreturnは、関数内で処理した結果を返す際に用いられます。しかし、シェルスクリプトにおけるreturnは、その関数の終了ステータス値です。関数の戻り値は標準出力で定義されます。よって、戻り値を設定したい場合には、echoコマンドで戻り値を定義しておき、関数呼び出し時に取得するようにします。

グローバル変数とローカル変数

シェルスクリプトでは、「グローバル変数」と「ローカル変数」を定義することができます。

□ グローバル変数

シェルスクリプトファイル内のどこでも参照可能な変数です。シェルスクリプト内で定義した変数はグローバル変数として扱われます。

□ ローカル変数

関数内でのみ参照させたい場合に使用します。ローカル変数は、「local」を変数宣言の前に定義します。

ローカル変数の定義
```
local 変数名=値
```

シェルスクリプトの引数

シェルスクリプトの引数は、特殊変数の$1〜$n（nは正の整数）を利用して受け取ります。受け取った引数は関数内で処理できます。

> 引数はlocal変数にコピーして処理を行うと、可読性が向上します。例えば、次のように記述します。
> ```
> local id=$1
> local nickname=$2
> ```

関数呼び出し

関数を呼び出すには、定義された関数によって呼び出し方が異なります。以下に呼び出し方の例を示します。

表5-8-13　関数呼び出し

呼び出しの定義	例（関数名：func）	説明
関数名	func	関数が実行される
関数名 引数1 引数2 ...	func val1 val2 ...	関数が与えられた引数を元に実行される
変数=`関数名`	result=`func`	関数が実行され、変数に戻り値が格納される
変数=`関数名 引数1 引数2 ...`	retsult=`func val1 val2 ...`	関数が与えられた引数を元に実行され、変数に戻り値が格納される

関数のなかで、別の関数を呼び出すこともできます。例えば2つの関数を定義しておき、ある関数内のifコマンドで、どちらかの関数を呼び出すような定義を行うこともできます。

以下のシェルスクリプトでは、関数内で3つのグローバル変数（定数1つ、変数2つ）に値をセットしておき、別の関数で変数を加算しています。4～42行目で、4つの関数を定義し、46～57行目で4つの関数を呼び出しています。その際、set_gloval_value関数とcalc_sum_all関数については引数を2つずつ引数で指定おり、それらの値が関数内でグローバル変数にセットされています。

シェルスクリプト (func_accsess.sh)

```
01  #!/bin/bash
02
03  # 呼び出しのみ
04  set_constant() {
05      # グローバルな定数の定義
06      readonly VAL1=100
07  }
08
09  # 引数あり
10  set_gloval_value() {
11      if [ $# -eq 2 ] ; then
12          # グローバル変数2個を引数の値から定義
13          val2=$1  # 最初の引数
14          val3=$2  # 2番目の引数
15      else
16          echo '引数は2個にしてください'
17          exit 1
18      fi
19  }
20
21  # 戻り値あり
22  sum_gloval_value() {
23      # 定数と変数の値を加算した結果をグローバル変数に格納
24      sum=`expr $VAL1 + $val2 + $val3`
25      # 戻り値として定義
26      echo $sum
27  }
28
29  # 引数、戻り値あり
30  calc_sum_all() {
31      if [ $# -eq 2 ] ; then
32          # $1、$2を引数として利用
33          local array=($1 $2)
34          # 呼び出した関数の結果をsum変数に格納
35          local sum=`sum_gloval_value`
36      else
37          echo '引数は2個にしてください'
38          exit 1
39      fi
40      # グローバル変数と上記の配列を全て加算
41      echo `expr $sum + ${array[0]} + ${array[1]}`
42  }
43
44  # 関数の呼び出し
45  echo "----- 呼び出しのみ -----"
46  set_constant
47
48  echo -e "\n----- 引数あり -----"
49  set_gloval_value 5 5
```

```
50
51  echo -e "\n----- 戻り値あり -----"
52  result_1=`sum_gloval_value`
53  echo "$result_1"
54
55  echo -e "\n引数、戻り値あり -----"
56  result_2=`calc_sum_all 500 500`
57  echo "$result_2"
58
59  exit 0
```

変数の定義と呼び出し

```
[...]$ ./func_accsess.sh
----- 呼び出しのみ -----

----- 引数あり -----

----- 戻り値あり -----
110

引数、戻り値あり -----
1110
```

引数を必要とする関数では、関数内で引数の個数のチェックや値の妥当性のチェックを行うことで、思わぬ誤作動を防ぐことができます。

Part 2

運用管理と仮想化

Chapter 6

ディスクとファイルシステムの管理

6-1 パーティションとパーティショニングツール
6-2 ファイルシステムの作成
6-3 ファイルシステムの運用管理

Chapter6 | ディスクとファイルシステムの管理

6-1 パーティションと パーティショニングツール

6-1-1 MBRとGPT

ディスクパーティションの形式には、従来からある**MBR**(Master Boot Record)と、新しい形式である**GPT**(GUID Partition Table)があります。MBRパーティションはMS-DOSパーティションとも呼ばれます。

GPT

GPTはMBRに変わるハードディスクのパーティションの規格であり、**EFI**(Extensible Firmware Interface)の機能の1つです。大容量ハードディスクに対応する規格としてIntel社が提唱しました。

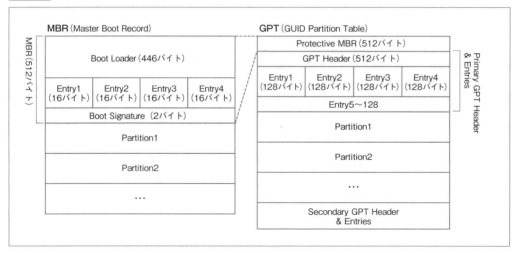

図6-1-1 MBRとGPTの構造の比較

MBR

MBRの場合、パーティション情報はディスクの先頭セクタに格納されています。各エントリには、パーティション(基本パーティション)の先頭セクタと最終セクタの位置がそれぞれ3バイトの領域にCHS(Cylinder/Head/Sector)で格納されています。この構造により、セクタサイズが512バイトの場合は最大2TiBの容量を管理できます。なお、MBRにはLBA(Logical Block Address)でも先頭セクタの位置とセクタ数がそれぞれ4バイトの領域に格納されています。

MBRパーティションには、「基本パーティション」(primary partition)、「拡張パーティション」(extended partition)、「論理パーティション」(logical partition)の3種類があります。

282

▷ **基本パーティション**

1台のディスクに最大4個作ることができます。パーティション番号は1〜4となります。1つの基本パーティションのなかに1つのファイルシステムを作ることができ、またスワップ領域として使用することもできます。

▷ **拡張パーティション**

1台のディスクに1個だけ作ることができます。パーティション番号は1〜4のうちの1つを使用できます。拡張パーティションを作成した場合は、基本パーティションの数は最大3個となります。

拡張パーティションはそのなかに論理パーティションを作るためのもので、直接ファイルシステムあるいはスワップパーティションとして使用することはできません。

▷ **論理パーティション**

拡張パーティションのなかに複数個作ることができます。パーティション番号は5以上となります。1つの論理パーティションのなかに1つのファイルシステムを作ることができ、またスワップパーティションとして使用することもできます。

図6-1-2 MBRパーティションの例

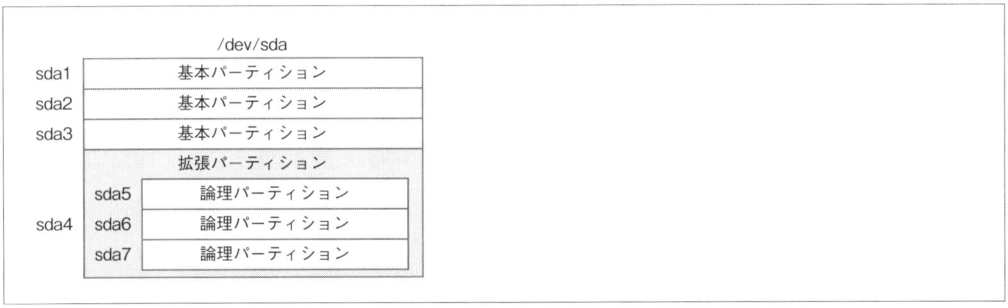

	/dev/sda
sda1	基本パーティション
sda2	基本パーティション
sda3	基本パーティション
sda4	拡張パーティション
sda5	論理パーティション
sda6	論理パーティション
sda7	論理パーティション

GPTヘッダ

GPTの場合、パーティション情報はディスクの2番目のセクタのGPTヘッダと、3番目のセクタから始まる32個（デフォルト）のセクタに格納されています。

2番目のセクタのGPTヘッダには、エントリの個数（デフォルト：128個）とサイズ（デフォルト：128バイト）が格納されています。

3番目のセクタからは各パーティションに対応するエントリが配置されます。各エントリにはパーティションの先頭セクタと最終セクタの位置がそれぞれ8バイトの領域にLBAで格納されています。この構造により、デフォルトで128個のパーティションを構成でき、セクタサイズが512バイトの場合は最大8ZiBの容量を管理できます。

GPTヘッダにはディスクのGUID（Globally Unique Identifier）が、各エントリにはパーティションのタイプを表すGUIDと、パーティションを識別するGUIDが格納されていて、これがGPTの名前の由来です。

ディスクの最後にGPTヘッダとエントリがセカンダリ（バックアップ用）として格納されています。

GPTでパーティショニングされたディスクの先頭512バイトの領域はProtective MBRです。この領域を以下のように設定することで、GPTを認識できない古いパーティション管理ツールがパ

ーティショニングされていないディスクと誤認識してGPTデータを上書きすることのないように保護することができます。

- MBRパーティションテーブルを設定する
- ディスク全体で1つのパーティションとする
- パーティションタイプの値を0xee（GPT）とする

> ディスクのアクセス単位であるセクタの位置を指定する方式にCHSとLBAがあります。CHS（Cylinder/Head/Sector）は、シリンダ、ヘッド、セクタの番号で指定する方式です。現在ではほとんど使われていないIDEディスクでこの方式が使用されています。LBA（Logical Block Address）は、先頭セクタから最後のセクタまでを通し番号で指定する方式です。ATA、SCSI、SATAディスクではこの方式が使用されています。

6-1-2 パーティショニングツール

CentOS 7で利用できる主なパーティショニングツールには、以下のものがあります。

表6-1-1 主なパーティショニングツール

名称	コマンド	説明	パッケージ名	リポジトリ
fdisk	fdisk	Linuxの初期から提供されているMBRパーティションの管理ツール	util-linux	標準リポジトリ
GPT fdisk	gdisk	GPTパーティションの管理ツール。fdiskコマンドに似たユーザインターフェイスを採用している	gdisk	標準リポジトリ
GNU Parted	parted	MBRパーティションとGPTパーティションに対応した多機能なパーティション管理ツール	parted	標準リポジトリ
GNOME Partition Editor	gparted	MBRパーティションとGPTパーティションに対応したGNOMEデスクトップ環境向けのグラフィカルなパーティション管理ツール。partedのライブラリlibpartedを使用	gparted	EPEL

6-1-3 fdisk

fdiskは、MBRパーティションの管理ツールです。パーティションテーブルの表示、パーティションの作成、削除、変更等ができます。

CentOS 7.2の**util-linux-2.23.2-26**パッケージに含まれる**fdisk**コマンドのGPTのサポートは、まだ実験段階（experimental phase）であり、正式なサポートをしていません。

fdiskはLinuxが最初にリリースされた翌年の1992年、A.V.Le Blanc氏によって開発され、その後、他の開発者も参加して改訂されてきました。fdiskのcurses版である**cfdisk**コマンドと、対話形式でなくコマンドラインに引数を直接指定して実行する**sfdisk**コマンドも、fdiskと同じutil-linuxパッケージで提供されています。

> cursesは文字型端末の画面を制御するライブラリです。terminfoデータベースを参照し、制御文字コードを端末に送信することで画面を制御します。cursesは1990年代、Bill Joy氏が書いたviエディタのなかの画面制御ルーチンの部分をKen Arnold氏が取り出し、カーソル（cursor）移動の最適化の意味で「curses」という名前でライブラリとして独立させたものです。CentOS 7では、ncurses-libsパッケージ（new cursesライブラリ）により提供されています。

パーティションの管理
fdisk [-l] [デバイス名]

「-l」オプションを付けて実行した場合は、指定したデバイスのパーティションを表示します。デバイスを指定しなかった場合は、**/proc/partitions**ファイルを参照して、各デバイスのパーティションを表示します。

「-l」オプションを付けずに実行した場合は、指定したデバイスのパーティション管理を対話モードで行います。

表6-1-2 対話モードのコマンド

コマンド	説明
d	パーティションの削除
l	パーティションタイプの一覧表示
n	新規パーティションの作成
p	パーティションテーブルの表示
q	パーティションテーブルの変更を保存せずに終了
r	recovery and transformationモードに移行
w	パーティションテーブルを保存して終了
x	expertモードに移行
?	コマンドメニューの表示

対話モードのコマンドプロンプトで「?」または「help」を入力することで、コマンド一覧を表示できます。

以下は、CentOS 7がインストールされた10GBの内蔵ディスク「/dev/sda」のパーティションを表示する例です。

-lオプションによるパーティションの表示

```
[...]# fdisk -l
Disk /dev/sda: 10.7 GB, 10737418240 bytes, 20971520 sectors
Units = sectors of 1 * 512 = 512 bytes
Sector size (logical/physical): 512 bytes / 512 bytes
I/O サイズ (最小 / 推奨): 512 バイト / 512 バイト
Disk label type: dos
ディスク識別子: 0x000828b2

デバイス ブート      始点        終点      ブロック   Id  システム
/dev/sda1   *        2048     1026047      512000   83  Linux
/dev/sda2         1026048    20971519     9972736   8e  Linux LVM
```

以下は、2GBの外部USBディスク/dev/sdbを接続し、対話形式でパーティションを表示、作成、削除する例です。

fdiskを使用したパーティションの表示、作成、削除

```
[...]# fdisk /dev/sdb
Welcome to fdisk (util-linux 2.23.2).

Changes will remain in memory only, until you decide to write them.
Be careful before using the write command.


コマンド (m でヘルプ): p   ←❶

Disk /dev/sdb: 2147 MB, 2147483648 bytes, 4194304 sectors
Units = sectors of 1 * 512 = 512 bytes
Sector size (logical/physical): 512 bytes / 512 bytes
I/O サイズ (最小 / 推奨): 512 バイト / 512 バイト
Disk label type: dos
ディスク識別子: 0x00000000

デバイス ブート      始点        終点      ブロック   Id  システム

コマンド (m でヘルプ): n   ←❷
Partition type:
   p   primary (0 primary, 0 extended, 4 free)
   e   extended
Select (default p):   ←❸
パーティション番号 (1-4, default 1):   ←❹
最初 sector (2048-4194303, 初期値 2048):   ←❺
初期値 2048 を使います
Last sector, +sectors or +size{K,M,G} (2048-4194303, 初期値 4194303): +1G   ←❻
Partition 1 of type Linux and of size 1 GiB is set

コマンド (m でヘルプ): p   ←❼

Disk /dev/sdb: 2147 MB, 2147483648 bytes, 4194304 sectors
Units = sectors of 1 * 512 = 512 bytes
Sector size (logical/physical): 512 bytes / 512 bytes
I/O サイズ (最小 / 推奨): 512 バイト / 512 バイト
Disk label type: dos
ディスク識別子: 0x00000000

デバイス ブート      始点        終点      ブロック   Id  システム
/dev/sdb1          2048     2099199    1048576   83  Linux

コマンド (m でヘルプ): n   ←❽
Partition type:
   p   primary (1 primary, 0 extended, 3 free)
   e   extended
Select (default p):   ←❾
Using default response p
パーティション番号 (2-4, default 2):   ←❿
最初 sector (2099200-4194303, 初期値 2099200):   ←⓫
初期値 2099200 を使います
Last sector, +sectors or +size{K,M,G} (2099200-4194303, 初期値 4194303):   ←⓬
初期値 4194303 を使います
Partition 2 of type Linux and of size 1023 MiB is set

コマンド (m でヘルプ): p   ←⓭

Disk /dev/sdb: 2147 MB, 2147483648 bytes, 4194304 sectors
Units = sectors of 1 * 512 = 512 bytes
Sector size (logical/physical): 512 bytes / 512 bytes
```

```
I/O サイズ (最小 / 推奨): 512 バイト / 512 バイト
Disk label type: dos
ディスク識別子: 0x00000000

デバイス ブート      始点        終点      ブロック   Id  システム
/dev/sdb1          2048     2099199    1048576   83  Linux
/dev/sdb2       2099200     4194303    1047552   83  Linux

コマンド (m でヘルプ): d    ←⓮
パーティション番号 (1,2, default 2): 2   ←⓯
Partition 2 is deleted

コマンド (m でヘルプ): p    ←⓰

Disk /dev/sdb: 2147 MB, 2147483648 bytes, 4194304 sectors
Units = sectors of 1 * 512 = 512 bytes
Sector size (logical/physical): 512 bytes / 512 bytes
I/O サイズ (最小 / 推奨): 512 バイト / 512 バイト
Disk label type: dos
ディスク識別子: 0x00000000

デバイス ブート      始点        終点      ブロック   Id  システム
/dev/sdb1          2048     2099199    1048576   83  Linux

コマンド (m でヘルプ): w    ←⓱
パーティションテーブルは変更されました！

ioctl() を呼び出してパーティションテーブルを再読み込みします。
ディスクを同期しています。
```

❶pを入力（pコマンドでパーティションテーブルを表示）
❷nコマンドで新規パーティションを作成
❸Enterを入力（パーティション番号はデフォルトのpを選択）
❹Enterを入力（パーティション番号はデフォルトの1を選択）
❺Enterを入力（開始位置はデフォルトの2048（セクタ）を選択）
❻+1Gを入力（サイズは1GBを指定）
❼pを入力（pコマンドでパーティションテーブルを表示）
❽nを入力（nコマンドで2つ目の新規パーティションを作成）
❾Enterを入力（パーティション番号はデフォルトのpを選択）
❿Enterを入力（パーティション番号はデフォルトの2を選択）
⓫Enterを入力（開始位置はデフォルトの2099200（セクタ）を選択）
⓬Enterを入力（最終セクタはデフォルトの4194303を選択）
⓭pを入力（コマンドでパーティションテーブルを表示）
⓮dを入力（dコマンドでパーティションを削除）
⓯削除するパーティションとして2を指定
⓰pを入力（pコマンドでパーティションテーブルを表示）
⓱wを入力（wコマンドでパーティション情報をディスクに書き込み）

6-1-4 gdisk

　gdisk（GPT fdisk）は、GPTパーティションの管理ツールです。fdiskコマンドに似たユーザインターフェイスを採用しています。パーティションテーブルの表示、パーティションの作成、削除、変更、MBRパーティションとGPTパーティションの変換等の機能があります。Roderick W. Smith氏が開発し、2009年に最初にリリースされました。

　gdiskコマンドのcurses版である**cgdisk**コマンドと、対話形式でなくコマンドラインに引数を直接指定して実行する**sgdisk**コマンドも、同じ**gdisk**パッケージで提供されています。

パーティションの管理

gdisk [-l] デバイス名

「-l」オプションを付けて実行した場合は、指定したデバイスのパーティションを表示します。

「-l」オプションを付けずに実行した場合は、指定したデバイスのパーティション管理を対話モードで行います。対話モードには3種類のメニューがあります。

表6-1-3 対話モードのメニュー

モード	コマンド	説明
main menu		メインメニューモード。パーティションの表示、作成、削除を行う
	d	パーティションの削除
	l	パーティションタイプの一覧表示
	n	新規パーティションの作成
	p	パーティションテーブルの表示
	q	パーティションテーブルの変更を保存せずに終了
	r	recovery and transformationモードに移行
	w	パーティションテーブルを保存して終了
	x	expertモードに移行
	?	コマンドメニューの表示
recovery & transformation menu		リカバリーとパーティションテーブル変換のためのモード。パーティションテーブルのバックアップやGPTからMBRへの変換等を行う
	b	バックアップGPTヘッダからメインGPTヘッダを作成
	d	メインGPTヘッダからバックアップGPTヘッダを作成
	g	GPTをMBRに変換して終了
	m	main menuに戻る
experts' menu		エキスパート用のモード。ディスクGUIDやパーティションGUIDの変更、各パーティションの詳細情報の表示等を行う
	c	パーティションGUIDの変更
	g	ディスクGUIDの変更
	l	指定したパーティションの詳細情報を表示
	m	main menuに戻る

各モードのコマンドプロンプトで「?」または「help」を入力することで、コマンド一覧を表示できます。

パーティションテーブルの表示、パーティションの作成/削除は、fdiskコマンドの手順(→p.284)と同じです。以下は、MBRパーティションからGPTパーティションへ変換を行う実行例です。

gdiskコマンドを使用してMBR→GPT変換

```
[...]# gdisk /dev/sdb
GPT fdisk (gdisk) version 0.8.6

Partition table scan:
  MBR: MBR only    ←❶
  BSD: not present
  APM: not present
  GPT: not present  ←❷

***************************************************************
Found invalid GPT and valid MBR; converting MBR to GPT format.
THIS OPERATION IS POTENTIALLY DESTRUCTIVE! Exit by typing 'q' if
you don't want to convert your MBR partitions to GPT format!
***************************************************************

Command (? for help): p    ←❸
Disk /dev/sdb: 4194304 sectors, 2.0 GiB
Logical sector size: 512 bytes
Disk identifier (GUID): 006D3900-0F1C-4054-8929-F47311E56C2B
Partition table holds up to 128 entries
First usable sector is 34, last usable sector is 4194270
Partitions will be aligned on 2048-sector boundaries
Total free space is 2097085 sectors (1024.0 MiB)

Number  Start (sector)    End (sector)  Size        Code  Name
   1             2048         2099199   1024.0 MiB  8300  Linux filesystem

Command (? for help): w    ←❹

Final checks complete. About to write GPT data. THIS WILL OVERWRITE EXISTING
PARTITIONS!!

Do you want to proceed? (Y/N): Y    ←❺
OK; writing new GUID partition table (GPT) to /dev/sdb.
The operation has completed successfully.
```

❶MBRパーティションとなっている
❷GPTパーティションではない
❸pを入力(pコマンドでパーティションテーブルを表示)
❹wを入力(wコマンドでパーティション情報の書き込みを行うとMBRからGPTに変換される)
❺Yを入力(確認メッセージに対してYを入力)

以下は、GPTパーティションからMBRパーティションへの変換の実行例です。

gdiskコマンドを使用してGPT→MBR変換

```
[...]# gdisk /dev/sdb
GPT fdisk (gdisk) version 0.8.6

Partition table scan:
  MBR: protective
  BSD: not present
  APM: not present
  GPT: present    ←❶

Found valid GPT with protective MBR; using GPT.
```

```
Command (? for help): p    ←❷
Disk /dev/sdb: 4194304 sectors, 2.0 GiB
Logical sector size: 512 bytes
Disk identifier (GUID): 006D3900-0F1C-4054-8929-F47311E56C2B
Partition table holds up to 128 entries
First usable sector is 34, last usable sector is 4194270
Partitions will be aligned on 2048-sector boundaries
Total free space is 2097085 sectors (1024.0 MiB)

Number  Start (sector)    End (sector)  Size       Code  Name
   1              2048         2099199  1024.0 MiB 8300  Linux filesystem

Command (? for help): r    ←❸

Recovery/transformation command (? for help): ?    ←❹
…（途中省略）…
g       convert GPT into MBR and exit
…（途中省略）…

Recovery/transformation command (? for help): g    ←❺

MBR command (? for help): p    ←❻

** NOTE: Partition numbers do NOT indicate final primary/logical status.
** unlike in most MBR partitioning tools!

** Extended partitions are not displayed, but will be generated as required.

Disk size is 4194304 sectors (2.0 GiB)
MBR disk identifier: 0x00000000
MBR partitions:

                                          Can Be   Can Be
Number  Boot  Start Sector  End Sector  Status  Logical  Primary  Code
   1                 2048      2099199  primary    Y        Y     0x83

MBR command (? for help): w    ←❼

Converted 1 partitions. Finalize and exit? (Y/N): Y    ←❽
GPT data structures destroyed! You may now partition the disk using fdisk or
other utilities.
```

❶GPTパーティションとなっている
❷pを入力（pコマンドでパーティションテーブルを表示）
❸rを入力（rコマンドによりrecovery and transformationモードに移行）
❹?を入力（?コマンドでメニューを表示）
❺gを入力（gコマンドでGPTからMBRに変換）
❻pを入力（pコマンドでパーティションテーブルを表示）
❼wを入力（wコマンドでパーティション情報をディスクに書き込み）
❽Yを入力（確認メッセージに対してYを入力）

6-1-5 parted

　parted（GNU Parted）は、MBRとGPTに対応したパーティション管理ツールです。パーティションテーブルの表示、パーティションの作成、削除、変更等の基本機能の他に、パーティションの回復、拡大/縮小（パーティションサイズに合わせたファイルシステムの拡大/縮小はできない）やファイルシステムの作成等の機能があります。Andrew Clausen氏とLennert Buytenhek氏によっ

て1998年から開発され、その後、RedHat社のMatthew Wilson氏等によって改訂が行われています。

partedコマンドの機能は共有ライブラリlibpartedによって提供され、partedコマンド自体はフロントエンドです。partedコマンドのモードにはコマンドラインモードと対話モードがあります。コマンドラインモードで実行する場合は、コマンドラインにpartedのコマンドを指定します。コマンドを指定しない場合は対話モードとなり、プロンプト「(parted)」が表示されて、コマンド入力待ちとなります。

パーティションの管理
parted [オプション] [デバイス名[コマンド]]

表6-1-4　主なコマンド

コマンド	説明
help（または?）	ヘルプメッセージの表示
mklabel	パーティションテーブルの形式（msdos（MBRパーティション）またはGPT）の指定。このコマンドを実行するとパーティションは初期化される
mkpart パーティションタイプ [FSタイプ] 開始位置 終了位置	パーティションの作成
print	パーティションテーブルの表示
quit	partedの終了
rescue 開始位置 終了位置	なくなったパーティションの回復。引数で検索の開始と終了位置を指定する
rm パーティション	パーティションの削除
select デバイス	デバイスの指定
unit 単位	位置とサイズの表示単位の指定

partedコマンドを使用したパーティションの表示（コマンドラインモード）

```
[...]# parted /dev/sda print
モデル: ATA QEMU HARDDISK (scsi)
ディスク /dev/sda: 10.7GB
セクタサイズ (論理/物理): 512B/512B
パーティションテーブル: msdos
ディスクフラグ:

番号  開始     終了     サイズ   タイプ    ファイルシステム   フラグ
 1    1049kB   525MB    524MB    primary   xfs                boot
 2    525MB    10.7GB   10.2GB   primary                      lvm
```

partedコマンドを使用したパーティションの作成（コマンドラインモード）

```
[...]# parted /dev/sdb mklabel gpt    ←❶
警告: いま存在している /dev/sdb のディスクラベルは破壊され、このディスクの全データが失われます。続行しますか?
はい(Y)/Yes/いいえ(N)/No? Y    ←❷
通知: 必要であれば /etc/fstab を更新するのを忘れないようにしてください。

[...]# parted /dev/sdb mkpart Linux 1049kB 1GiB    ←❸
通知: 必要であれば /etc/fstab を更新するのを忘れないようにしてください。

[...]# parted /dev/sdb print    ←❹
```

```
モデル: ATA QEMU HARDDISK (scsi)
ディスク /dev/sdb: 2147MB
セクタサイズ (論理/物理): 512B/512B
パーティションテーブル: gpt
ディスクフラグ:

番号  開始     終了     サイズ   ファイルシステム   名前    フラグ
 1    1049kB   1074MB   1073MB                      Linux
```

❶mklabelコマンドでGPTパーティションを指定
❷確認メッセージに対してYを入力
❸mkpartコマンドでパーティションの作成(GPTの場合はパーティション名(この例ではLinux)を指定)
❹printコマンドでパーティションの表示

partedコマンドを使用したパーティションの削除 (コマンドラインモード)

```
[...]# parted /dev/sdb rm 1    ←パーティション1を削除
```

partedコマンドを使用したパーティションの表示、作成、削除 (対話モード)

```
[...]# parted /dev/sdb
GNU Parted 3.1
/dev/sdb を使用
GNU Parted へようこそ! コマンド一覧を見るには 'help' と入力してください。
(parted) mklabel msdos    ←❶
警告: いま存在している /dev/sdb のディスクラベルは破壊され、このディスクの全データが失われます。続行しますか?
はい(Y)/Yes/いいえ(N)/No? Y    ←❷
(parted) mkpart primary 1049kB 1GiB    ←❸
(parted) print    ←❹
モデル: ATA QEMU HARDDISK (scsi)
ディスク /dev/sdb: 2147MB
セクタサイズ (論理/物理): 512B/512B
パーティションテーブル: msdos
ディスクフラグ:

番号  開始     終了     サイズ   タイプ    ファイルシステム   フラグ
 1    1049kB   1074MB   1073MB   primary

(parted) rm 1    ←❺
(parted) quit    ←❻
通知: 必要であれば /etc/fstab を更新するのを忘れないようにしてください。
```

❶mklabelコマンドでmsdos(MBR)パーティションを指定
❷確認メッセージに対してYを入力
❸mkpartコマンドでパーティションの作成(MBRの場合はprimary、logical、extendedのいずれかを指定)
❹printコマンドでパーティションの表示
❺rmコマンドでパーティション1の削除
❻quitコマンドでpartedコマンドを終了

6-1-6 gparted

　gparted（GNOME Partition Editor）は、GUIベースのパーティション管理ツールです。MBRとGPTに対応しています。gpartedはpartedのライブラリlibpartedを使用しており、gparted自体はGNOMEデスクトップ環境でのグラフィカルなフロントエンドです。Bart Hakvoort氏により2004年に開発されました。

　以下は、gpartedを起動後の画面の例です。この例では2GBの内蔵ディスクのパーティションが表示されています。

図6-1-3　gpartedを起動後の画面の例

　以下は、2GBの外部ディスクに1GBのGPTパーティションを作成し、そのなかにext4ファイルシステムを構築する例です。

❶画面右上のメニューから外部ディスク/dev/sdbを選択（図6-1-4）
❷画面上部の「デバイス」メニューから「パーティションテーブルの作成」を選択（図6-1-5）
❸画面上部の「パーティション」メニューから「New」を選択（図6-1-6）
❹❸で設定した新規パーティションの画面が表示される（図6-1-7）
❺画面上部の「編集」メニューから「保留中のすべての操作を適用する」を選択（図6-1-7）

図6-1-4　ディスクの選択

図6-1-5 「パーティションテーブルの形式」でGPTを選択

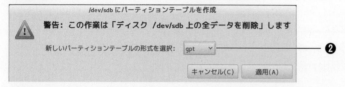

図6-1-6 パーティションサイズを1GB、ファイルシステムにext4を選択する

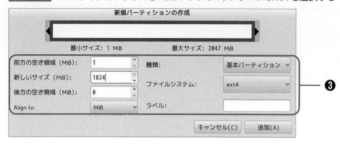

図6-1-7 新規パーティション情報の書き込みはまだ保留中

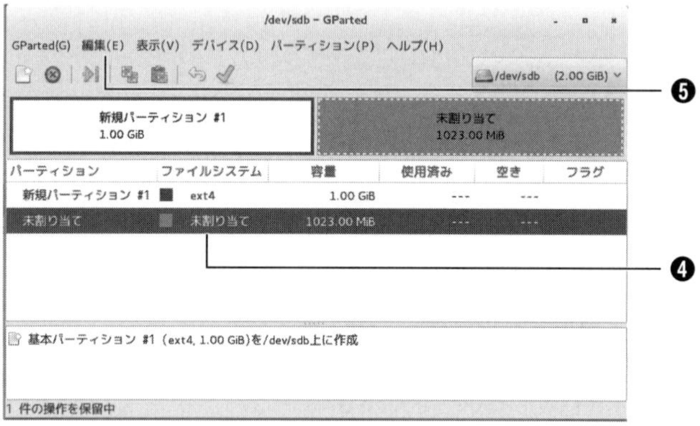

図6-1-8 新規パーティション情報がディスクに書き込まれた後の画面（保留中の操作は0）

6-2 ファイルシステムの作成

6-2-1 利用可能なファイルシステム

CentOS 7ではさまざまなファイルシステムを利用できます。CentOS 7のインストール時には、以下のファイルシステムが利用できます。

- ルートファイルシステム（/）、/bootファイルシステム：xfs（デフォルト）、ext2/ext3/ext4
- EFIパーティション（/boot/efi）：vfat

CentOS 7のインストール後には上記以外に、以下のファイルシステムを作成して利用できます。

- btrfs、cramfs、fat、minix、msdos

Windowsの標準のファイルシステムであるNTFSにも、ローカルファイルシステムとしてアクセスできます。ただし作成することはできません。

また、CD-ROM用のファイルシステムである「ISO9660」「RockRidge」「Joliet」や、DVD/CD-ROM用のファイルシステムである「UDF」（Universal Disk Format）を作成し、それをメディアに焼くことができます。

CentOS 7のデフォルトのファイルシステムは**xfs**です。xfsの他に、新しいファイルシステムである「ext4」や「btrfs」があり、それらは近年のエンタープライズレベルのオペレーティングシステムに要求される大容量ファイルを扱うことができます。

以下の表は、CentOS 7で利用できる主なファイルシステムの最大サイズの比較です。

表6-2-1　主なファイルシステムの最大サイズ

ファイルシステム	最大ファイルシステムサイズ	最大ファイルサイズ
xfs	8EiB	8EiB
ext3	16TiB	2TiB
ext4	1EiB	16TiB
btrfs	16EiB	16EiB

6-2-2 xfs

xfsは、1993年にSilicon Graphics,Inc（SGI）によって開発されたファイルシステムです。当初はSGIのOSであるIRIXに搭載されていましたが、2000年にLinuxに移植されると共にGPLでリリースされました。

xfsには、以下のような特徴があります。

- 単一のファイルシステム内に独立したiノードとデータ領域を持つ複数のアロケーショングループを持ち、各アロケーショングループは並行処理ができる
- データ領域の割り当てにエクステントを採用している
- 大容量ファイルを扱うことができる（ファイルの最大サイズ、ファイルシステムの最大サイズとも8EiB）

図6-2-1　xfsの構造

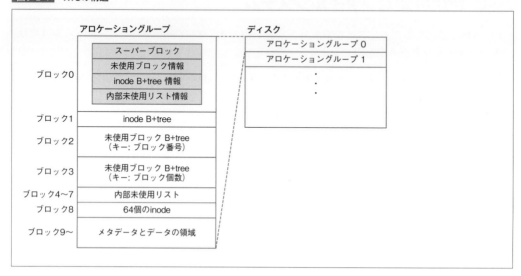

xfsを構成する主な要素は、以下の通りです。

▷ アロケーショングループ

　アロケーショングループは、それぞれが自身の領域とそれを管理する情報を持つ、ほぼ独立したファイルシステムと見なすことができます。xfsファイルシステムは、等しいサイズの複数のアロケーショングループに分割されて作成されます。アロケーショングループのサイズの最小値は16MB、最大値は1TBです。

　各アロケーショングループは並列に処理ができるため、RAIDのストライピング等のように複数のデバイスから構成された場合に特にパフォーマンスが向上します。アロケーショングループの個数が増えるにしたがい、並列度は高まります。

　RAIDについては、「7-1 RAID」（→ p.318）を参照してください。

▷ スーパーブロック

　空き領域の情報やiノードの総数等のファイルシステム全体に関する情報を管理します。1番目のアロケーショングループのスーパーブロックがプライマリで、2番目以降のアロケーショングループのスーパーブロックはバックアップです。

▷ ブロック

　ブロックはファイルの管理情報であるメタデータの格納、あるいはファイルの実体としてのデータを格納する単位です。1個のブロックのデフォルトのサイズは4096バイトです。

　空きブロックはB＋treeにより管理されます。B＋treeはキーの指定により挿入・検索・削

除を効率的に行うことができます。ブロック2にはブロック番号をキーとしたB＋treeが、ブロック3には連続したブロックの個数をキーとしたB＋treeが作成されます。これにより近くの空きブロックを探したり、必要なサイズの空きブロックを探すことができます。

▷iノード

　iノードにはファイルの所有者、パーミッション、作成日時等の属性情報と、ファイルデータを格納するブロックの番号が格納されます。1個のiノードが1個のファイルを管理します。iノードのデフォルトのサイズは256バイトです。

　iノードはB＋treeにより管理されます。64個毎のiノードの先頭のiノードの番号がキーとなります。ファイルシステムの作成時には1番目のアロケーショングループにだけ64個のiノードが作成されます。その後、必要に応じて64個の単位で追加されます。

▷エクステント

　エクステントは1つ以上の連続したファイルシステムブロックです。エクステントでは先頭ブロックとそこから隣接したブロックの個数の情報により、複数のブロックに連続的にアクセスすることができ、ファイルシステムのパフォーマンスが向上します。エクステントを使用したファイルではiノードにその情報が書き込まれます。

B＋treeは木構造の一種で1つのノードから複数のノードに分岐するBalancing Tree（平衡木）であり、Btreeを改良したものです。末端のノード（リーフノード：leaf node）が複数のデータブロックへのリンクを保持します。ランダムアクセスを行うブロック型記憶装置に適した木構造で、xfsをはじめ多くのファイルシステムに実装されています。

xfsの作成

xfsは、**mkfs.xfs**コマンドで作成することができます。

xfsの作成

mkfs.xfs [オプション] デバイス名

表6-2-2　mkfs.xfsコマンドのオプション

オプション	説明
-b ブロックサイズ	ブロックサイズを指定。デフォルトは4096バイト、最小値は512バイト、最大値は65536バイト
-d パラメータ=値	データに関するパラメータを指定 　　agcout=値：作成するアロケーショングループの個数を指定 　　agsize=値：作成するアロケーショングループのサイズを指定 アロケーショングループのサイズの最小値は16MiB、最大値は1TiB
-f	上書きを許可。既存のファイルシステムを検知した場合、デフォルトでは上書きは不許可
-i パラメータ=値	作成するiノードのサイズ等のiノードパラメータを指定 　　size=値：iノードサイズの指定。デフォルトは256バイト、最小値は256バイト、 　　　　　　　最大値は2048バイト
-L ラベル	ファイルシステムラベルの指定。最大12文字まで。作成後にxfs_adminコマンドでも設定できる

　以下の実行例は、「-f」オプションを付けて実行し、既にファイルシステムができている場合でも上書きして作成する例です。

xfsファイルシステムの作成

```
[...]# mkfs.xfs -f /dev/sdb1   ←❶
meta-data=/dev/sdb1        isize=256     agcount=4, agsize=65536 blks  ←❷
         =                 sectsz=512    attr=2, projid32bit=1
         =                 crc=0         finobt=0
data     =                 bsize=4096    blocks=262144, imaxpct=25  ←❸
…(以降省略)…

❶/dev/sdb1に作成
❷iノードサイズ=256バイト、アロケーショングループ数=4、アロケーショングループサイズ=65536ブロック
❸ブロックサイズ=4096バイト、ブロック数=262144
```

　ファイルシステム作成時には、1番目のアロケーショングループにだけ64個のiノードが作成されます。ext2/ext3/ext4のようにファイルシステム全体のiノードを初期化することはしないため、コマンドの実行は短時間に完了します。その後、iノードは必要になった時点で64個の単位で追加されます。

6-2-3 ext2/ext3/ext4

　extファイルシステムは1991年のLinuxの最初のリリースで提供され、その後、Linuxの標準のファイルシステムとして「ext」→「ext2」→「ext3」→「ext4」と改訂されてきました。CentOS 6ではext3がデフォルトですが、CentOS 7ではext4ではなくxfsがデフォルトのファイルシステムとなっています。

表6-2-3　ext/ext2/ext3/ext4ファイルシステムの特徴

ファイルシステム	リリース時期	カーネルバージョン	最大ファイルサイズ	最大ファイルシステムサイズ	説明
ext	1992年4月	0.96	2GB	2GB	Minixファイルシステムを拡張したLinux初期のファイルシステムで。2.1.21以降のカーネルではサポートされていない
ext2	1993年1月	0.99	2TB	32TB	extからの拡張 ・可変ブロックサイズ ・3種類のタイムスタンプ (ctime/mtime/atime) ・ビットマップによるブロックとiノードの管理 ・ブロックグループの導入
ext3	2001年11月	2.4.15	2TB	32TB	ext2にジャーナル機能を追加。ext2と後方互換性がある
ext4	2008年12月	2.6.28	16TB	1EB	ext2/ext3からの拡張 ・extentの採用によるパフォーマンスの改良 ・ナノ秒単位のタイムスタンプ ・デフラグ機能 ext2/ext3と後方互換性がある

図6-2-2　ext2/ext3の構造

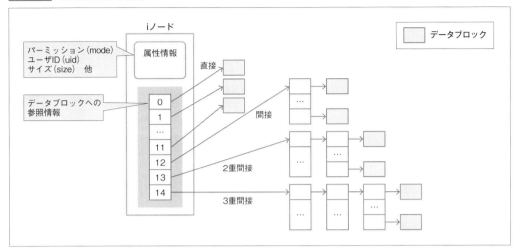

　ext2/ext3ファイルシステムでは、データブロックのポインタとして直接マップ、間接マップ、2重間接マップ、3重間接マップにより最大ファイルサイズ2TBをサポートします。ext3はext2の予備領域にジャーナルを作成します。データ構造はext2と同じなので、ext2とは後方互換性があります。

図6-2-3　ext4の構造

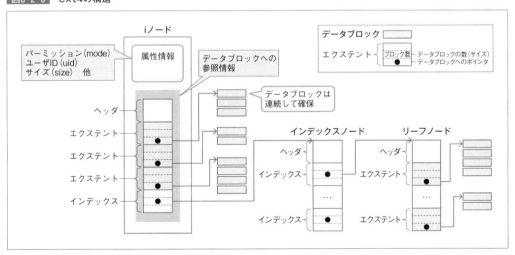

　ext2/ext3の場合、大容量ファイルの間接マップによるブロック参照はパフォーマンスを低下させます。ext4ではこの問題を改善するために、**エクステント**を採用しています。エクステントでは先頭ブロックとそこから隣接したブロックの個数の情報により、ext2/ext3のようにブロック毎に間接マップを参照することなく、連続的にアクセスできます。また、エクステントだけでは対応できない大容量ファイルに対しては、インデックスノードと、エクステントを内部に持つリーフノードにより連続したブロックを参照します。

ext2/ext3/ext4ファイルシステムの作成

ext2/ext3/ext4ファイルシステムは、**mkfs**コマンドあるいは**mke2fs**コマンドで作成できます。

ext2/ext3/ext4ファイルシステムの作成
mkfs -t ファイルシステムタイプ デバイス名

mkfsコマンドは、ファイルシステムを作成するための各ファイルシステム毎の個別のmkfsコマンドへのフロントエンドプログラムです。「-t」オプションで指定したファイルシステムタイプをサフィックスに持つmkfsコマンドを実行します。「-t」オプションを指定しなかった場合、ext2ファイルシステムを作成するコマンドである**mkfs.ext2**を実行します。

表6-2-4 mkfsのオプションで指定するファイルシステムタイプ

コマンドライン	実行されるコマンド	作成されるファイルシステム
mkfs	mkfs.ext2	ext2
mkfs -j	mkfs.ext2 -j	ext3
mkfs -t ext2	mkfs.ext2	ext2
mkfs -t ext3	mkfs.ext3	ext3
mkfs -t ext4	mkfs.ext4	ext4

mkfs.ext2、mkfs.ext3、mkfs.ext4はmke2fsコマンドにハードリンクされています。mkfsコマンドに「-V」オプション(Verbose)を付けて実行すると、実行するコマンドとオプションを確認できます。

コマンドとオプションの確認
```
[...]# mkfs -V -j /dev/sdb1
mkfs from util-linux 2.23.2
mkfs.ext2 -j /dev/sdb1  ←実行するコマンドとオプションが表示される
mke2fs 1.42.9 (28-Dec-2013)
…(以降省略)…
```

mke2fsは、ext2/ext3/ext4ファイルシステムを作成するコマンドです。ext3ファイルシステムを作成する場合はオプション「-t ext3」あるいは「-j」を指定します。

ext2/ext3/ext4ファイルシステムの作成
mke2fs [オプション] デバイス

表6-2-5 mke2fsコマンドのオプション

オプション	説明
-b ブロックサイズ	ブロックサイズをバイト単位で指定する。指定できるブロックサイズは1024、2048、4096バイト。デフォルト値は/etc/mke2fs.confで設定
-i iノード当たりのバイト数	iノード当たりのバイト数を指定する。デフォルト値は/etc/mke2fs.confで設定

-j	ジャーナルを追加し、ext3ファイルシステムを作成
-m 予約ブロックの比率	予約ブロック(minfree)の比率を%で指定する。デフォルトは5%
-t ファイルシステムタイプ	ext2、ext3、ext4のいずれかを指定
-O 追加機能	has_journal、extent等、追加する機能を指定

表6-2-6　mke2fsを起動するプログラム名と動作

起動コマンド名	説明
mke2fs	ext2を作成する。オプションによってext3/ext4を作成する
mke3fs	ext3を作成する。オプションによってext2/ext4を作成する
mkfs.ext2	ext2を作成する。オプションによってext3/ext4を作成する
mkfs.ext3	ext3を作成する。オプションによってext2/ext4を作成する
mkfs.ext4	ext4を作成する。オプションによってext2/ext3を作成する

　mke2fsコマンドは、**/etc/mke2fs.conf**ファイルを参照してデフォルト値を設定し、かつ機能を追加してファイルシステムを作成します。

/etc/mke2fs.confの設定例

```
[...]# cat /etc/mke2fs.conf
[defaults]   ←❶
    base_features = sparse_super,filetype,resize_inode,dir_index,ext_attr
    ↑ext2、ext3、ext4で組み込まれる基本的機能
    default_mntopts = acl,user_xattr
    enable_periodic_fsck = 0
    blocksize = 4096
    inode_size = 256
    inode_ratio = 16384

[fs_types]
    ext3 = {
            features = has_journal   ←❷
    }
    ext4 = {
            features = has_journal,extent,huge_file,flex_bg,uninit_bg,dir_nlink,extra_
isize,64bit   ←❸
            inode_size = 256
    }
    ext4dev = {   ←❹
            features = has_journal,extent,huge_file,flex_bg,uninit_bg,dir_nlink,extra_
isize
            inode_size = 256
            options = test_fs=1
    }
… (以降省略) …
```

❶ext2/ext3/ext4のデフォルトの設定
❷「-j」あるいは「-t ext3」を指定した時に組み込まれる
❸「-t ext4」を指定した時に組み込まれる
❹ext4devはext4テスト用のファイルシステム

ext3ファイルシステムの作成

```
[...]# mke2fs -t ext3 /dev/sdb1    ←❶
mke2fs 1.42.9 (28-Dec-2013)
Discarding device blocks: done
Filesystem label=
OS type: Linux
Block size=4096 (log=2)    ←❷
Fragment size=4096 (log=2)
Stride=0 blocks, Stripe width=0 blocks
65536 inodes, 262144 blocks    ←❸
13107 blocks (5.00%) reserved for the super user    ←❹
First data block=0
Maximum filesystem blocks=268435456
8 block groups
32768 blocks per group, 32768 fragments per group
8192 inodes per group
Superblock backups stored on blocks:
        32768, 98304, 163840, 229376    ←❺

Allocating group tables: done
Writing inode tables: done
Creating journal (8192 blocks): done    ←❻
Writing superblocks and filesystem accounting information: done

❶/dev/sdb1に作成
❷ブロックサイズは4096バイト
❸inodeの個数は65536個、ブロック数は262144個
❹特権ユーザ用の予約領域は5%
❺スーパーブロックのバックアップが格納されたブロック番号
❻ジャーナル領域が作成されている
```

6-2-4 btrfs

　btrfsは、初期バージョンv0.18が2009年1月にリリースされた新しいファイルシステムです。木構造にB‒Tree（Balanced Tree）を採用していることから、btrfs（b‒treefilesystem）と呼ばれています。Chris Mason氏によって開発され、GPLで配布されています。

　初期リリース後、Brtfs公式サイト（https://btrfs.wiki.kernel.org/index.php /Main_Page）にてそのステータスは長らくunstableとされていましたが、2014年8月にそのディスクフォーマットはstableと記載されました。また、2014年10月にリリースされたSuSE Enterprise Linux 12ではデフォルトのファイルシステムとなりました。

　btrfsは、近年のエンタープライズレベルのオペレーティングシステムに要求される大容量ファイルを扱うことができます。また、xfsやext4にはないスナップショット機能や複数ストレージデバイスのサポート等の特徴があります。

　btrfsには次のような特徴があります。

・COW（Copy on Write）、スナップショット機能、ロールバック機能

　瞬時にスナップショットを取り、変更があった場合のみ元データがスナップショット領域にコピーされます。スナップショットを利用し、特定時点までのロールバックが可能です。

・データ領域の割り当てにエクステントを採用

データブロックの断片化を防止し、大容量ファイルへのアクセス速度を向上させます。

- 単一ファイルシステム内に独立したiノードとデータ領域を持つ複数のサブボリュームを作成可能

    サブボリューム単位でのスナップショットやクォータ設定が可能です。

- 複数のディスクパーティションを持つ単一のファイルシステムを作成可能

    ファイルシステム作成後のデバイス追加も可能です。

- RAID0、RAID1、RAID10の構成が可能
- データおよびメタデータのチェックサムにより完全性の検査が可能
- ext2/ext3/ext4のオフラインによるbtrfsへの移行が可能
- ファイルの最大サイズ、ファイルシステムの最大サイズ共に16EiB

btrfsの作成

btrfsは、**mkfs.btrfs**コマンドで作成できます。

btrfsの作成

mkfs.btrfs [オプション] デバイス

以下は、「-f」オプションを付けて、既存のファイルシステムを上書きして作成する例です。

btrfsファイルシステムの作成

```
[...]# mkfs.btrfs -f /dev/sdb1    ←/dev/sdb1に作成
…(実行結果省略)…
```

6-3 ファイルシステムの運用管理

6-3-1 スワップ領域の管理

mkswapコマンドは、デバイス上またはファイル上に確保されたスワップ領域の初期化を行います。スワップ領域は、専用のパーティションを割り当てることが一般的ですが、特定のファイルをスワップ領域として利用することも可能です。

スワップ領域の初期化

まず、mkswapコマンドでスワップ領域を初期化します。

スワップ領域の初期化

mkswap [オプション] デバイス | ファイル

表6-3-1 mkswapコマンドのオプション

オプション	説明
-c	不良ブロックのチェックを行う
-L ラベル名	ラベルを指定し、そのラベルでswaponできるようにする

以下の例は、ddコマンドでスワップ用ファイルを作成し、mkswapコマンドによりスワップ領域を初期化します。

スワップ領域の作成：スワップ用ファイル

```
[...]# dd if=/dev/zero of=/swapfile  bs=1M count=1024
1024+0 レコード入力
1024+0 レコード出力
1073741824 バイト (1.1 GB) コピーされました、 6.23721 秒、 172 MB/秒
[...]# chmod 600 /swapfile
[...]# mkswap /swapfile
スワップ空間バージョン1を設定します、サイズ = 1048572 KiB
ラベルはありません、UUID=6a4aa406-fb67-468e-acff-1df04afd9f0c
```

上記の例ではswapfileファイルのパーミッションを変更しています。これは、変更しないとswaponコマンド実行時に、以下の警告メッセージが表示されるためです。

```
[...]# ls -la /swapfile
-rw-r--r--. 1 root root 1073741824  6月 28 10:33 /swapfile
[...]# swapon /swapfile
swapon: /swapfile: 安全でない権限 0644 を持ちます。 0600 がお勧めです。
```

以下の例は、fdiskコマンドであらかじめ用意したパーティションをスワップ領域として初期化します。

スワップ領域の作成：デバイス

```
[...]# fdisk -l /dev/sdb
...（途中省略）...
デバイス ブート        始点        終点      ブロック   Id  システム
/dev/sdb1            2048     2097151    1047552   82  Linux swap / Solaris
[...]# mkswap /dev/sdb1
スワップ空間バージョン1を設定します、サイズ = 1047548 KiB
ラベルはありません, UUID=fc8a710f-4493-4a2a-8397-edd01f5dcd26
```

スワップ領域の有効化

次に、**swapon**コマンドでスワップ領域を有効にします。

スワップ領域の有効化

| swapon [オプション] デバイス | ファイル

表6-3-2　swaponコマンドのオプション

オプション	説明
-a	/etc/fstab中でswapマークが付いているデバイスを全て有効にする
-L ラベル名	指定されたラベルのパーティションを有効にする
-s	スワップの使用状況をデバイス毎に表示する。「cat /proc/swaps」と等しい

スワップ領域の有効化

```
[...]# free -m   ←メモリの使用状況を確認
              total        used        free      shared  buff/cache   available
Mem:            993         510          69           8         413         314
Swap:          1023           0        1023
[...]# swapon -s  ←スワップの使用状況
Filename                Type            Size    Used    Priority
/dev/dm-1                               partition       1048572 0       -1
[...]# swapon /swapfile
[...]# swapon /dev/sdb1
[...]# swapon -s
Filename                Type            Size    Used    Priority
/dev/dm-1                               partition       1048572 0       -1
/swapfile                               file            1048572 0       -2
/dev/sdb1                               partition       1047548 0       -3
[...]# free -m   ←メモリの使用状況を確認
              total        used        free      shared  buff/cache   available
Mem:            993         557          74           8         360         250
Swap:          3070           0        3070
```

swaponによる有効化は、システムを再起動すると無効となります。常に有効にする場合は、**/etc/fstab**ファイルを以下のように編集する必要があります。

/etc/fstabの編集例

```
[...]# vi /etc/fstab
…（途中省略）…
/swapfile       swap    swap    defaults 0 0
/dev/sdb1       swap    swap    defaults 0 0
```

スワップ領域の無効化

swapoffコマンドは、指定したデバイスやファイルのスワップ領域を無効にします。

スワップ領域の無効化

swapoff [オプション] デバイス | ファイル

「-a」オプションを指定することで、**/proc/swaps**ファイルまたは**/etc/fstab**ファイル中のスワップデバイスやファイルのスワップ領域を無効にします。

以下の例は、スワップファイル（/swapfile）とスワップパーティション（/dev/sdb1）をそれぞれ無効にしています。

スワップ領域の無効化

```
[...]# swapoff /swapfile
[...]# swapoff /dev/sdb1
[...]# swapon -s
Filename        Type        Size      Used    Priority
/dev/dm-1       partition   1048572   0       -1
```

6-3-2 ファイルシステムのユーティリティコマンド

ext2/ext3/ext4ファイルシステム、およびxfsファイルシステムで使用するユーティリティコマンドは以下の通りです。

表6-3-3　ユーティリティコマンド

ext2/ext3/ext4	xfs	説明
fsck (e2fsck)	xfs_repair	ファイルシステムの不整合チェック
resize2fs	xfs_growfs	ファイルシステムのサイズ変更
e2image	xfs_metadump、xfs_mdrestore	ファイルシステムのイメージの保存
tune2fs	xfs_admin	ファイルシステムのパラメータ調整
dump、restore	xfsdump、xfsrestore	ファイルシステムのバックアップとリストア

6-3-3 ファイルシステムの不整合チェック

fsckコマンドは、ext2/ext3/ext4ファイルシステムの整合性を検査、修復するために用いられる、各ファイルシステム毎の個別のfsckコマンドに対するフロントエンドプログラムです。「-t」オプシ

ョンで指定したファイルシステムタイプをサフィックスに持つfsckコマンドを実行します。ext2/ext3/ext4ファイルシステムは、fsckから実行される**e2fsck**コマンドにより検査、修復されます。

ファイルシステムの整合性を検査

fsck [オプション] [デバイス]

表6-3-4 fsckコマンドのオプション

オプション	説明
-t システムタイプ	チェックするファイルシステムのタイプを指定する
-s	fsckの動作を逐次的にする。複数のファイルシステムを対話的にチェックする際に使用する
-A	/etc/fstabに記載されているファイルシステムを全てチェックする

ファイルシステムの修復

e2fsck [オプション] デバイス

表6-3-5 e2fsckコマンドのオプション

オプション	説明
-p	軽微なエラー(参照カウントの相違等)は尋ねることなく自動修正する。それ以外のエラーは修正せずにそのまま終了する
-a	-pと同じ動作をする。後方互換性のためのオプション。-pの使用が推奨されている
-n	fsckの質問に対して、全てnoと答える。ファイルシステムを修正せず、どのようなエラーがあるか調べる時に使用する
-y	fsckの質問に対して、全てyesと答える。ファイルシステムのエラーは全て整合性を保つ操作によって修正される。その結果として不整合の原因となっているファイルが消されることがある
-r	検知したエラーに対してyes/noを質問することにより対話的に修復する。互換性のためのオプションであり、デフォルトの動作である

fsckコマンドを実行時にデバイスを指定せず、かつ「-A」オプションも指定しなかった場合は、**/etc/fstab**ファイルに書かれているファイルシステムを逐次的にチェックします。

なお、fsckコマンドを実行する際は、ファイルシステムをアンマウントしてください。マウント中のファイルシステムに対して実行すると、問題のないファイルを削除してしまう可能性があります。

また、ext2/ext3/ext4ファイルシステムの起動時には、ランコントロールスクリプトrc.sysinitのなかで-aオプションを付加してfsckが実行され、/etc/fstabに登録されたファイルシステムをチェックします。その結果、fsckの返り値に応じたランコントロールスクリプトが実行されます。

一方、xfsはシステム起動時にチェックまたは修復は行いません。したがって、修復を行う場合は、**xfs_repair**コマンドを実行します。

xfsファイルシステムの修復

xfs_repair [オプション] デバイス

表6-3-6 xfs_repairコマンドのオプション

オプション	説明
-n	チェックのみを行い、修復はしない
-L	メタデータログをゼロにする。ただし、データが損失する可能性がある。ファイルシステムをマウントできない場合や、バックアップがない場合に使用する
-v	詳細メッセージの表示
-m 最大メモリ量	実行時に使用する、おおよその最大メモリ量をMBで指定する

「-n」オプションは、ファイルシステムへの変更は行わず、チェックモードでファイルシステムを読み込みます。また、正常にアンマウントがされずにマウントができない場合は、「-L」オプションを使用します。ただし、-Lではメタデータはゼロになります。その結果、いくつかのファイルがなくなる可能性があります。

xfsファイルシステムの修復

```
[...]# xfs_repair -n /dev/sdc1
…(実行結果省略)…

[...]# xfs_repair -Lv /dev/sdc1
…(実行結果省略)…
```

6-3-4 バックアップ（データ復旧）

xfsファイルシステム単位でのバックアップは、**xfsdump**コマンドを使用します。バックアップ先は、「-f」オプションで指定します。また、xfsdumpコマンドでは、**完全バックアップ**（フルバックアップ）、**増分バックアップ**を作成できます。

ファイルシステムのバックアップ

xfsdump [オプション] -f ダンプ先 ファイルシステム

表6-3-7 xfsdumpコマンドのオプション

オプション	説明
-f ダンプ先	ダンプ先を指定する
-l レベル	ダンプレベル (0-9) を指定する
-p 間隔	指定した間隔（秒）で進捗を表示する

完全バックアップはファイルシステムの全てのデータのバックアップです。増分バックアップは、前回のバックアップからの更新分だけをバックアップします。以下の図は、完全バックアップと増分バックアップを組み合わせた1週間単位のバックアップスケジュールの例です。

図6-3-1 完全バックアップと増分バックアップ

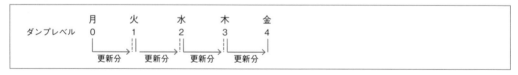

いずれかのバックアップを指定するには、「-l」オプションにダンプレベルで指定します。完全バックアップの場合は、xfsdumpコマンドの実行時にダンプレベル0を指定します。また、増分バックアップの場合は、前回のダンプレベルより大きい値を指定します。最大レベルはレベル9です。

以下の例では、「/dumptest」ファイルシステムを「backup.dmp」に、ダンプレベル「0」を指定して完全バックアップを行っています。

完全バックアップの例

```
[...]# cat /dumptest/memo
xfsdump backs up files and their attributes in a filesystem.
[...]# xfsdump -l 0 -f backup.dmp /dumptest
xfsdump: using file dump (drive_simple) strategy
xfsdump: version 3.1.4 (dump format 3.0) - type ^C for status and control

============ dump label dialog ============

please enter label for this dump session (timeout in 300 sec)
 -> full20160703    ←任意のラベル名を付ける
session label entered: "full20160703"
...（途中省略）...
please enter label for media in drive 0 (timeout in 300 sec)
 -> full20160703media    ←任意のメディアラベル名を付ける
media label entered: "full20160703media"
...（途中省略）...
xfsdump:    stream 0 /tmp/backup.dmp OK (success)
xfsdump: Dump Status: SUCCESS
```

バックアップ情報の確認

バックアップ情報は、**/var/lib/xfsdump/inventory**ディレクトリ配下に保存されます。また、内容を確認する場合は、**xfsrestore**コマンドに「-I」オプションを指定します。

バックアップ情報の確認

```
[...]# ls -l /var/lib/xfsdump/inventory/
合計 16
-rw-r--r--. 1 root root  312  7月  3 17:11 354caa83-2a9e-4eef-a971-6d909195ebf8.InvIndex
-rw-r--r--. 1 root root 5080  7月  3 17:11 6b6b418b-47f7-41b9-8afa-30adf1b4e2e5.StObj
-rw-r--r--. 1 root root  576  7月  3 17:10 fstab
[...]# xfsrestore -I
file system 0:
    fs id:           354caa83-2a9e-4eef-a971-6d909195ebf8
    session 0:
        mount point:    centos7.localdomain:/dumptest
        device:         centos7.localdomain:/dev/sdc1
        time:           Sun Jul  3 17:10:02 2016
        session label:  "full20160703"
        session id:     2a3df0f5-37bc-4583-af10-86f3574ecf08
        level:          0
...（途中省略）...
xfsrestore: Restore Status: SUCCESS
```

ファイルシステムの復元

バックアップから復元を行うには、**xfsrestore**コマンドを使用します。

ファイルシステムの復元

xfsrestore [オプション] -f 復元するダンプのソース ファイルシステム

復元するダンプのソースは「-f」オプションで指定し、復元するダンプの指定は「-S」または「-L」オプションで行います。

表6-3-8 xfsrestoreコマンドのオプション

オプション	説明
-f ソース	ソースを指定する
-S セッションID	セッションIDを指定する
-L セッションラベル	セッションラベルを指定する
-I	ダンプのセッションIDとセッションラベルを表示する
-r	増分バックアップの際に指定する

以下の例では、前の項で作成した「backup.dmp」を「/restoretest」ファイルシステムへ復元しています。また、-Sオプションで一意に付与されたセッションIDを指定しています。

リストアの例①

```
[...]# xfsrestore -f backup.dmp -S 2a3df0f5-37bc-4583-af10-86f3574ecf08 /restoretest
xfsrestore: using file dump (drive_simple) strategy
…(途中省略)…
xfsrestore: Restore Summary:
xfsrestore:    stream 0 /tmp/backup.dmp OK (success)
xfsrestore: Restore Status: SUCCESS
[...]#
[...]# more /restoretest/memo
xfsdump backs up files and their attributes in a filesystem.
```

xfsrestoreコマンドでは、任意のダンプから特定のファイルの抽出、追加、または削除を実行することが可能です。xfsrestoreを対話的に使用する場合は、「-i」オプションを使用します。

リストアの例②

```
[...]# xfsrestore -f backup.dmp -i /restoretest
…(途中省略)…
========== subtree selection dialog ==========
the following commands are available:
    pwd
    ls [ <path> ]
    cd [ <path> ]
    add [ <path> ]
    delete [ <path> ]
    extract
    quit
```

```
      help
 -> ls
              133 memo
```

6-3-5 バックアップファイルの転送

rsyncコマンドを使用すると、ローカルホストのディレクトリ間でのバックアップや同期、ローカルホストからリモートホストおよびリモートホストからローカルホストへのバックアップや同期ができます。

所有者、グループ、パーミッションは元のままでコピーするには、「-a」オプションを使用し、リモートホストのアカウントの指定は「ユーザ名@ホスト名:ディレクトリ」として指定します。

バックアップファイルの同期

rsync [オプション] コピー元 コピー先

表6-3-9　rsyncコマンドのオプション

オプション	説明
-a、--archive	アーカイブモード。-rlptgoD（以下の-r、-l、-p、-t、-g、-o、-Dを全て指定）と等しい
-r、--recursive	ディレクトリを再帰的にコピーする
-l、--links	シンボリックリンクはシンボリックリンクとしてコピーする
-p、--perms	パーミッションをそのまま維持する
-t、--times	ファイルの変更時刻をそのまま維持する
-g、--group	ファイルのグループをそのまま維持する
-o、--owner	ファイルの所有者をそのまま維持する（送信先アカウントがrootの時のみ有効）
-D	「--devices --specials」と等しい
--devices	キャラクタデバイスファイルとブロックデバイスファイルを、そのままデバイスファイルとしてコピーする（送信先アカウントがrootの時のみ有効）
--specials	ソケットファイル（名前付きソケット）と名前付きFIFO（名前付きパイプ）をそのままソケットあるいはFIFOとしてコピーする
-v、--verbose	転送ファイル名を表示する
-z、--compress	転送時にファイルデータを圧縮する
-u、--update	送信先ファイルの方が新しい場合はコピーしない
--delete	送信元で削除されたファイルは送信先でも削除する
-e、--rsh=COMMAND	リモートシェルを指定する。デフォルトは「-e ssh（--rsh=ssh）」

以下の実行例は、ユーザyukoが「dir1」ディレクトリとその下のファイルを全て自分のホームディレクトリ下の「backup」ディレクトリにコピーする例です。

バックアップファイルの転送①（ユーザyukoで実行）

```
[yuko@centos7 ~]$ rsync -av dir1 /home/yuko/backup
sending incremental file list
dir1/
…（以降省略）…
```

なお、コピー元のディレクトリをこの例のように「dir1」ではなく「dir1/」とした場合は、dir1は含めずにその下のfileAとfileBをbackupの下にコピーします。

以下の実行例は、ユーザmanaが自分のホームディレクトリとその下のファイルを全てexamhostの「/backup」の下に、examhostのrootアカウントでコピーする例です。

バックアップファイルの転送② (ユーザmanaで実行)

```
[mana@centos7 ~]$ rsync -av /home/mana root@examhost:/backup
root@examhost's password:
sending incremental file list
mana/
…（以降省略）…
```

6-3-6 その他のユーティリティコマンド

xfsファイルシステム管理用のその他のユーティリティを掲載します。

パラメータ調整

xfs_adminコマンドは、ファイルシステムのパラメータ調整を行います。

ファイルシステムのパラメータ調整
xfs_admin [オプション] デバイス

表6-3-10 xfs_adminコマンドのオプション

オプション	説明
-u	UUIDを表示する
-l	ラベルを表示する
-L ラベル	ラベルを設定する
-U UUID	UUIDを設定する

xfsファイルシステムの拡大

xfs_growfsコマンドは、マウント中のxfsファイルシステムを拡大することができます。

xfsファイルシステムの拡大
xfs_growfs マウントポイント [-D size]

「-D size」オプションで、指定のサイズ（ファイルシステムのブロック数）まで拡大します。「-D size」オプションを指定していない場合、デバイスで対応できる最大サイズまで拡大します。

書き込みの一時停止・再開

xfs_freezeコマンドは、ファイルシステムへの書き込み動作を一時停止にしたり再開したりする場合に使用します。ハードウェアのデバイススナップショットを使用して、整合性のある状態

のファイルシステムをキャプチャする場合、書き込み動作を一時停止にするために使用します。

ファイルシステムへの書き込みの一時停止
`xfs_freeze -f マウントポイント`

ファイルシステムへの書き込みの再開
`xfs_freeze -u マウントポイント`

メタデータのコピー

xfs_metadumpコマンドは、xfsファイルシステムのメタデータをファイルにコピーします。このコマンドは、アンマウントしているファイルシステム、読取専用のファイルシステム、一時停止（フリーズ）しているファイルシステムで使用してください。これ以外の状況下でこのコマンドを使用した場合、破損したダンプまたは、整合性のないダンプが生成される可能性があります。

イメージの復元

xfs_mdrestoreコマンドは、xfs_metadumpで生成されたイメージを、ファイルシステムのイメージに復元します。

6-3-7 クォータ

クォータは、ファイルシステムに対して使用制限を付加することができる機能です。複数のユーザが共有するサーバにおいてクォータを設定すると、ディスクの使用容量を制限できます。制限は、ユーザ、グループ、ディレクトリまたはプロジェクトの各レベルで行います。

クォータの設定手順は以下の通りです。

①クォータを適用するパーティションについて、/etc/fstabにオプションを設定
②リマウント
③クォータの設定と設定内容を確認

なお、ここでは、以下の前提で行います。

・ユーザであるyukoに対し、クォータを設定する
・制限として、yukoは/workに保存できるファイルの上限を1MBとする

/etc/fstabにオプションを設定

クォータを適用するパーティションについて、**/etc/fstab**ファイルにマウントオプションを設定します。

/etc/fstabの設定例

```
[...]# cat /etc/fstab
…（途中省略）…
/dev/sdc3        /work   xfs     defaults,usrquota 0 0
```

主なクォータのマウントオプションは、表6-3-11の通りです。上記の例では、「/work」にユーザクォータを設定しています。

表6-3-11 クォータの主なマウントオプション

オプション	説明
grpquota	グループ割当てを有効にし、使用量制限を強制適用する
usrquota	ユーザ割当てを有効にし、使用量制限を強制適用する

リマウント

マウントをし直します。マウントはmountコマンド（→ p.233）、アンマウントはumountコマンド（→ p.235）で行います。

リマウントの実行

```
[...]# umount /work
[...]# mount /work
```

クォータの設定と設定内容の確認

xfs_quotaコマンドを使ってディスク使用量の制限を設定します。xfs_quotaコマンドはインタラクティブに実行しますが、ベーシックモードとエキスパートモードがあります。

ベーシックモードは全てのユーザが使用でき、使用量の確認を行います。また、「xfs_quota -x」とすることで、エキスパートモードで実行します（ただし、特権ユーザに限られます）。

クォータの設定

xfs_quota [オプション] [パス]

表6-3-12 xfs_quotaコマンドのオプション

オプション	説明
-x	エキスパートモードで実行する
-cコマンド	指定されたコマンドを実行する

また、「-c」オプションで指定する基本的なサブコマンドは以下の通りです。

表6-3-13 -cオプションのサブコマンド

サブコマンド	説明
quota ユーザ名｜ユーザID	usernameまたはuserIDの使用量と制限を表示する
state	現在のクォータの設定情報を表示する
df	空き/使用済みブロック数および空き/使用済みiノード数を表示する
report パス	特定のファイルシステムのクォータ情報を表示する
limit 制限	クォータの制限を変更する

xfs_quotaコマンドは、オプションやパスを指定しないで実行するとインタラクティブに実行します。以下はオプションを指定し、/workファイルシステムのブロック使用量制限と現在の使用量を表示しています。

/workファイルシステムの状況表示

```
[...]# xfs_quota -x -c 'report -h' /work
User quota on /work (/dev/sdc3)
                        Blocks
User ID      Used   Soft    Hard Warn/Grace
---------- --------------------------------
root            0      0       0  00 [------]
```

次に、「-x」オプションを指定してエキスパートモードで、**limit**サブコマンドを使用します。以下の例では、「/work」を使用するユーザ「yuko」に対して制限を設定します。ブロック使用量制限としてソフトに「920KB」、ハードに「1024KB」を設定しています。

使用量制限の設定

```
[...]# xfs_quota -x -c 'limit bsoft=920k bhard=1024k isoft=0 ihard=0 yuko' /work
[...]# xfs_quota -x -c state /work
User quota state on /work (/dev/sdc3)
  Accounting: ON
  Enforcement: ON
  Inode: #131 (2 blocks, 2 extents)
Group quota state on /work (/dev/sdc3)
  Accounting: OFF
  Enforcement: OFF
  Inode: #132 (1 blocks, 1 extents)
Project quota state on /work (/dev/sdc3)
  Accounting: OFF
  Enforcement: OFF
  Inode: #132 (1 blocks, 1 extents)
Blocks grace time: [7 days 00:00:30]
Inodes grace time: [7 days 00:00:30]
Realtime Blocks grace time: [7 days 00:00:30]
```

以下の例では、「/work」にファイルを配置し、制限を超えた場合、ファイルの書き込みができなくなっていることを確認しています。

/workファイルシステムへの書き込み

```
[root@centos7 ~]# xfs_quota -x -c 'report -h' /work    ←rootが現状を確認
User quota on /work (/dev/sdc3)
                        Blocks
User ID      Used   Soft    Hard Warn/Grace
---------- --------------------------------
root            0      0       0  00 [------]
yuko            0   920K      1M  00 [------]

[yuko@centos7 ~]# dd if=/dev/zero of=test1.txt bs=30k count=1    ←ユーザyukoがファイルを作成①
1+0 レコード入力
1+0 レコード出力
30720 バイト (31 kB) コピーされました、 0.000661297 秒、 46.5 MB/秒
```

```
[yuko@centos7 ~]# dd if=/dev/zero of=test2.txt bs=900k count=1   ←ユーザyukoがファイルを作成②
1+0 レコード入力
1+0 レコード出力
921600 バイト (922 kB) コピーされました、 0.00287277 秒、 321 MB/秒
[yuko@centos7 ~]# dd if=/dev/zero of=test3.txt bs=100k count=1   ←ユーザyukoがファイルを作成③
dd: `test3.txt' を開けませんでした: ディスク使用量制限を超過しました  ←使用量が制限を超過
[root@centos7 ~]# xfs_quota -x -c 'report -h' /work   ←rootが現状を確認
User quota on /work (/dev/sdc3)
                        Blocks
User ID      Used   Soft   Hard Warn/Grace
---------- ---------------------------------
root            0      0      0  00 [------]
yuko         932K   920K     1M  00 [7 days]
```

6-3-8 chroot

chrootは、現在のプロセスのルートディレクトリを「/」ではなく、指定したディレクトリに変更するコマンドです。これにより、指定したディレクトリ外へのアクセスを禁止することができます。

ここでは、新たなルートディレクトリとして、「/work_chroot」を用意します。

新たなルートディレクトリの作成

```
[...]# mkdir /work_chroot
```

/work_chrootディレクトリがルートとなると、通常使用しているコマンド等は使用できなくなるため、必要なライブラリはこのディレクトリ以下にコピーしておく必要があります。ここでは、ログインシェルであるbashと、関連するライブラリをコピーします。

必要なライブラリのコピー

```
[...]# cd /work_chroot
[...]# mkdir bin lib64
[...]# cp -p /bin/bash /work_chroot/bin
[...]# ldd /work_chroot/bin/bash
  linux-vdso.so.1 =>  (0x00007fff509e4000)
  libtinfo.so.5 => /lib64/libtinfo.so.5 (0x00007fee39c88000)
  libdl.so.2 => /lib64/libdl.so.2 (0x00007fee39a84000)
  libc.so.6 => /lib64/libc.so.6 (0x00007fee396c1000)
  /lib64/ld-linux-x86-64.so.2 (0x00007fee39ec6000)
[...]# cp -p /lib64/libtinfo.so.5 /lib64/libdl.so.2 /lib64/libc.so.6
/lib64/ld-linux-x86-64.so.2 /work_chroot/lib64/
[...]# chroot /work_chroot/
bash-4.2# pwd
/
bash-4.2# echo /*
/bin /lib64
```

Chapter 7 高度なストレージとデバイスの管理

7-1　RAID
7-2　LVM
7-3　iSCSI

Chapter7 | 高度なストレージとデバイスの管理

7-1 RAID

7-1-1 RAIDレベルと構成

RAID (Redundant Arrays of Independent DisksまたはRedundant Arrays of Inexpensive Disks) は、複数のハードディスクを連結して1台の仮想的なディスクを構成する技術です。冗長性を持たせることによる耐障害性の向上や、並列な同時アクセスによる高速化を実現します。**RAIDレベル**と呼ばれる構成方法により、RAID 0/1/2/3/4/5/6/01/10があります。

RAIDにはハードウェアによる独立したデバイスとしての「ハードウェアRAID」と、通常のハードディスクをOSによって管理する「ソフトウェアRAID」があります。Linuxでは、カーネルの**md** (Multiple Devices) ドライバによりソフトウェアRAIDを構成し、RAIDレベルの0/1/4/5/6/10をサポートします。

表7-1-1　RAIDレベル

RAID レベル	説明
RAID 0(ストライピング)	書き込みの単位であるブロック(チャンクあるいはストライプとも呼ぶ)の1番目を1台目のディスクに、2番目を2台目のディスクにと、複数のディスクに分散することにより、アクセスを高速化する。冗長性がないため耐障害性がない
RAID 1(ミラーリング)	2台以上のディスクに同じデータを同時に書き込む。1台のディスクに故障が発生しても他のディスクで稼働できる。冗長性が高く耐障害性も高い
RAID 4	RAID 0にパリティディスクを追加した構成。1台のディスクに故障が発生しても、パリティを利用してデータを計算できる
RAID 5	パリティを複数のディスクに分散して記録する。最低3台のディスクが必要である。1台のディスクに故障が発生してもパリティを利用してデータを計算できるが、計算のためにパフォーマンスが低下する。2台以上のディスクが故障すると回復できない。パリティの領域は全体の、1/ディスク台数、となる。RAID 1に比べて冗長性が低く、ディスクの使用効率に優れている
RAID 6	2種類のパリティを複数のディスクに分散して記録する。最低4台のディスクが必要である。2台のディスクが同時に故障が発生してもパリティを利用してデータを計算できる
RAID 10(1+0)	複数のRAID 1の仮想ディスクをRAID 0で構成する。冗長性と高速化の両方を実現する

RAIDで使用される**パリティ**はエラー訂正のためのコードです。RAID4/5/6の場合、あるデータのブロックにエラーが発生しても、それに対応したパリティコードによってエラーを訂正し、ブロックのデータを回復することができます。

図7-1-1 RAIDの構成

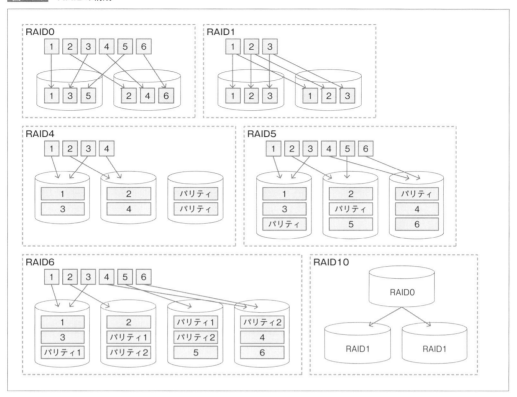

7-1-2 RAIDの構築

カーネル2.6以降では、**mdadm**コマンドでRAIDを構築します。

RAIDの構築

mdadm [モード] RAIDデバイス [オプション] デバイス

以下は、mdadmコマンドのモード毎に指定するオプションです。操作の目的に応じて、どれか1つのモードを選択します。

表7-1-2 主なモードとオプション

モード	オプション	説明
Assembleモード		作成済みのRAIDアレイを編成し開始するモード
	-A、--assemble	Assembleモードの指定。このオプションは第1引数に指定する
	-s、--scan	設定ファイルを参照し、もし記述がなければ、未使用のデバイスをスキャンする

Createモード			RAIDアレイを新規に作成し開始するモード
	-C、--create		Createモードの指定。このオプションは第1引数に指定する。構成情報を格納するメタデータ（スーパーブロック）が各デバイスの先頭部あるいは最後部（バージョンによる）に作成される
	-l、--level		RAIDレベルを指定する。指定できるレベルは、0/1/4/5/6/10（その他に、linear、multipath、mp、faulty、containerといった指定もできる）
	-n、--raid-devices		RAIDアレイのデバイスの個数を指定する
	-x、--spare-devices		スペアデバイスの個数を指定する
Manageモード			デバイスの追加や削除を行うモード。--add、--fail、--removeオプションを指定した場合はManageモードになる
	-a、--add		デバイスをRAIDアレイ、あるいはホットスペアに追加する。RAIDアレイが稼働中でも可能
	-f、--fail		デバイスにfaultyフラグを設定する
	-r、--remove		デバイスをRAIDアレイから取り外す
Monitorモード			RAIDアレイを定期的にモニターし、syslogやmailで報告するモード
	-F、--follow、--monitor		Monitorモードの指定。このオプションは第1引数に指定する
	-m、--mail		障害発生時に警告メッセージを指定したメールアドレスに送信する
	-f、--daemonise		mdadmはバックグラウンドプロセスとしてモニターを行う
	-t、--test		RAID開始時にテスト用の警告メッセージを送信する
Miscモード			RAIDデバイスの問い合わせ、設定、停止を行うモード。--stop、--examine、--detail、--zero-superblockオプションが第1引数の場合はMiscモードになる
	-S、--stop		RAIDアレイを停止する。--scanオプションを付加した場合はアクティブなRAIDアレイを全て停止する
	-E、--examine		引数にデバイスを指定した場合はデバイスのメタデータ（スーパーブロック）の情報を表示する。--scanオプションを付加した場合は設定ファイルmdadm.confの書式で、1行のエントリを表示する
	-D、--detail		アクティブなRAIDアレイの詳細情報を表示する。--scanオプションを付加した場合は設定ファイルmdadm.confの書式で、1行のエントリを表示する
	--zero-superblock		既存のスーパーブロックの内容をゼロで上書きする。以前にRAIDで使用されたディスクを新しいディスクとしてRAIDアレイに追加する時に使用する

なお、RAIDのための複数のディスクから構成された配列を**RAIDアレイ**と呼びます。

以下の例では、2台のディスク（パーティション）から「RAID1」を構成し、もう1台をスペアに設定しています。パーティションタイプがMBRの場合は「fd（Linux raid 自動）」、GPTの場合は「fd00（Linux RAID）」に事前に設定しておきます。

fdiskコマンド、gdiskコマンド、partedコマンドを使用してパーティションタイプの設定を行います。
以下は、fdiskコマンドでMBRパーティションに設定します。

```
[...]# fdisk /dev/sdb
コマンド (m でヘルプ): l    ←パーティションタイプの一覧表示
コマンド (m でヘルプ): t    ←パーティションタイプの設定
パーティション番号 (1,2, default 2): 1   ←設定するパーティションを選択（パーティション1の選択例）
Hex code (type L to list all codes): fd    ←パーティションタイプをfd(Linux raid 自動)に設定
```

以下は、gdiskコマンドでGPTパーティションに設定します。

```
[...]# gdisk /dev/sdb
Command (? for help): l    ←パーティションタイプの一覧表示
Command (? for help): t    ←パーティションタイプの設定
```

```
    Partition number (1-2): 1  ←設定するパーティションを選択 (パーティション1の選択例)
    Hex code or GUID (L to show codes, Enter = 8300): fd00
    ↑パーティションタイプをfd00 (Linux RAID) に設定
```

以下は、partedコマンドでGPTパーティションに設定します。

```
[...]# parted /dev/sdb
(parted) name 1 "Linux RAID"  ←パーティション (パーティション1の選択例) の名前を「Linux RAID」に設定
(parted) set 1 raid on  ←パーティション (パーティション1の選択例) のタイプを「RAID (fd00)」に設定
```

RAID1の構成

```
[...]# mdadm -C /dev/md0 --level 1 --raid-devices 2 --spare-devices 1 /dev/sdb1
/dev/sdc1 /dev/sdd1  ←RAID1を構成
mdadm: Note: this array has metadata at the start and
    may not be suitable as a boot device.  If you plan to
    store '/boot' on this device please ensure that
    your boot-loader understands md/v1.x metadata, or use
    --metadata=0.90
Continue creating array? y
mdadm: Defaulting to version 1.2 metadata
mdadm: array /dev/md0 started.

[...]# mdadm -D /dev/md0  ←RAIDの詳細情報を表示
/dev/md0:
        Version : 1.2
  Creation Time : Sun Aug 28 16:34:49 2016
     Raid Level : raid1
     Array Size : 20954048 (19.98 GiB 21.46 GB)
  Used Dev Size : 20954048 (19.98 GiB 21.46 GB)
   Raid Devices : 2
  Total Devices : 3
    Persistence : Superblock is persistent

    Update Time : Sun Aug 28 16:36:12 2016
          State : clean, resyncing
 Active Devices : 2
Working Devices : 3
 Failed Devices : 0
  Spare Devices : 1

  Resync Status : 44% complete  ←RAID1の2台のディスク (sdb1、sdc1) の同期が進行中

           Name : centos7.localdomain:0  (local to host centos7.localdomain)
           UUID : e37bdb0a:f7eab4e2:dc862881:ca8e0d16
         Events : 7

    Number   Major   Minor   RaidDevice State
       0       8       17        0      active sync   /dev/sdb1
       1       8       33        1      active sync   /dev/sdc1

       2       8       49        -      spare   /dev/sdd1

[...]# mkfs.xfs /dev/md0  ←RAIDデバイス/dev/md0にXFSファイルシステムを作成
meta-data=/dev/md0              isize=256    agcount=4, agsize=1309628 blks
         =                       sectsz=512   attr=2, projid32bit=1
         =                       crc=0        finobt=0
data     =                       bsize=4096   blocks=5238512, imaxpct=25
...(以降省略)...
```

```
[...]# mkdir /mnt/raid1; mount /dev/md0 /mnt/raid1

[...]# df -Th /mnt/raid1
ファイルシス    タイプ   サイズ   使用    残り    使用%        マウント位置
/dev/md0       xfs      20G     33M     20G      1%          /mnt/raid1

[...]# umount /mnt/raid1    ←次のコマンドでRAIDを停止するためにRAIDデバイスをアンマウント
[...]# mdadm -S /dev/md0    ←RAIDの停止
mdadm: stopped /dev/md0

[...]# mdadm -As    ←RAIDの開始
mdadm: /dev/md/0 has been started with 2 drives and 1 spare.
```

RAIDの動作状態の情報は、**/proc/mdstat**ファイルに格納されています。

/proc/mdstatでRAIDの動作状態を確認

```
[...]# cat /proc/mdstat    ←RAID1が動作している場合の例
Personalities : [raid1]
md0 : active raid1 sdb1[0] sdd1[2](S) sdc1[1]
      20954048 blocks super 1.2 [2/2] [UU]
unused devices: <none>

[...]# cat /proc/mdstat    ←RAID1が停止している場合の例
Personalities : [raid1]
unused devices: <none>

[...]# cat /proc/mdstat    ←RAID構成がない場合（あるいはudevで検知されなかった場合）の例
Personalities :
unused devices: <none>
```

RAIDの動作状態は、「mdadm --detail --scan」あるいは「mdadm --detail RAIDデバイス名」でも表示できます。

7-1-3 故障が発生した場合の修復手順

RAIDアレイに故障が発生すると、それを検知したRAIDは故障したデバイスに**faulty**（故障）フラグを立てます。

「mdadm -D /dev/md0」、「cat /proc/mdstat」等でRAIDの状態を表示した時、faultyフラグが立っていた場合はそのデバイスに故障が発生しているので、以下の手順で修復を行います。

①RAIDアレイから故障したディスクを取り外す
②冗長性のあるRAID構成（RAID1/5/6/10）の場合は、故障したディスクを取り外した状態で稼働を継続する
③故障したディスクを修理後、再び追加する。あるいはかわりのディスクを追加する

RAIDアレイからディスクを取り外すには、**mdadm**コマンドに、「-r」あるいは「--remove」オプションを指定します。

以下は、RAID1アレイに故障が発生した後の修復手順の例です。「mdadm -F -f --mail メールアドレス --scan」を実行すると、RAIDアレイに故障が発生した時にはメールが送られてきます。メールを受け取った後、故障したディスクを取り外して修理し、再び追加しています。

RAID1アレイに故障が発生した後の修復手順

```
[...]# mdadm -F -f --mail root@centos7.localdomain --scan    ←❶

…（途中省略）…
From: mdadm monitoring <root@centos7.localdomain>    ←❷
To: root@centos7.localdomain
Subject: Fail event on /dev/md0:centos7.localdomain

…（途中省略）…
This is an automatically generated mail message from mdadm running on centos7.localdomain
A Fail event had been detected on md device /dev/md0.
It could be related to component device /dev/sdb1.
Faithfully yours, etc.
P.S. The /proc/mdstat file currently contains the following:
Personalities : [raid1]
md0 : active raid1 sdb1[0](F) sdd1[2](S) sdc1[1]
      20954048 blocks super 1.2 [2/1] [_U]
unused devices: <none>

[...]# mdadm -D /dev/md0 | tail -5    ←❸
    Number   Major   Minor   RaidDevice State
       2       8       49        0      active sync   /dev/sdd1    ←❹
       1       8       33        1      active sync   /dev/sdc1
       0       8       17        -      faulty        /dev/sdb1    ←❺

[...]# mdadm /dev/md0 -r /dev/sdb1    ←❻
mdadm: hot removed /dev/sdb1 from /dev/md0

[...]# mdadm -D /dev/md0 | tail -5    ←❼
         Events : 39
    Number   Major   Minor   RaidDevice State
       2       8       49        0      active sync   /dev/sdd1
       1       8       33        1      active sync   /dev/sdc1

[...]# mdadm --zero-superblock /dev/sdb1    ←❽

[...]# mdadm /dev/md0 -a /dev/sdb1    ←❾
mdadm: added /dev/sdb1

[...]# mdadm -D /dev/md0 | tail -5    ←❿
    Number   Major   Minor   RaidDevice State
       2       8       49        0      active sync   /dev/sdd1
       1       8       33        1      active sync   /dev/sdc1
       3       8       17        -      spare         /dev/sdb1    ←⓫
```

❶メールの設定
❷RAIDアレイに故障が発生すると以下のようなメールが届く
❸RAIDアレイの状態を確認する
❹故障した/dev/sdb1にかわり、スペアの/dev/sdd1がアクティブになっている
❺/dev/sdb1がfaulty（故障）と表示されている
❻故障したディスクsdb1をRAIDアレイmd0から取り外す
❼sdb1が取り外されたことを確認する
❽ディスクの修理が完了した後、RAIDアレイmd0に再び追加する前に以前のスーパーブロックをゼロで上書きする
❾RAIDアレイmd0にディスクsdb1を追加する
❿RAIDアレイの状態を確認する
⓫追加したディスクはスペアとなる

部分的なセクターの不良等のように、故障が発生していてもRAIDが検知しない場合や、故障が発生していなくても故障発生の状態を擬似的に作り出したい場合には、「-f」あるいは「--fail」オプションにより、faulty（故障）フラグを設定することができます。

以下は、「/dev/sdb1」にfaultyフラグを設定する例です。

faultyフラグを設定

```
[...]# mdadm /dev/md0 -f /dev/sdb1
```

7-1-4 設定ファイル/etc/mdadm.conf

　mdadmのデフォルトの設定ファイルは、**/etc/mdadm.conf**です。RAIDを構成するディスクパーティションのメタデータ（スーパーブロック）にRAIDの構成と状態が格納されています。RAIDのスーパーブロックは、RAIDを構成する各デバイスの最後部にあります。この情報を参照することによりRAIDを編成して開始できます。

　システム起動時にはudevによりmdadmコマンドが実行され、デバイスファイルが作成されて、自動的にRAIDが編成・開始されます。したがって、設定ファイルの作成は必須ではありませんが、RAIDデバイス名や構成を記述することで、mdadmコマンド実行時の管理がしやすくなり、管理者にとってもRAID構成を確認できるので、作成しておくと便利です。

　現在のRAID構成を記述するエントリは、mdadmコマンドに「--examine(-E)と--scan(-s)」、あるいは「--detail(-D)と--scan(-s)」というオプションを付けて実行することで表示できます。また、「--verbose」(-v)オプションにより構成デバイスの情報も追加されます。

　以下の例では、現在のRAID構成を表示する「mdadm -Esv」コマンドを実行し、その標準出力をリダイレクトして「/etc/mdadm.conf」を作成しています。CentOS 7では、/etc/mdadm.confはインストールやRAIDの構成により自動的に作成されることはありません（既に/etc/mdadm.confを作成してあった場合は、バックアップを取っておいてください）。

/etc/mdadm.confの作成

```
[...]# mdadm -Esv > /etc/mdadm.conf
[...]# cat /etc/mdadm.conf
ARRAY /dev/md/0  level=raid1 metadata=1.2 num-devices=2 UUID=e37bdb0a:f7eab4e2:dc862881:ca8e0d16 name=centos7.localdomain:0
   spares=1   devices=/dev/sdd1,/dev/sdc1,/dev/sdb1
```

□ Chapter7 | 高度なストレージとデバイスの管理

7-2 LVM

7-2-1 LVMの構成

LVM（Logical Volume Manager）は複数のディスクパーティションからなる、パーティションの制限を受けない伸縮可能な**論理ボリューム**（**LV**：Logical Volume）を構成します。この論理ボリューム上にファイルシステムを作成できます。

Linuxがディスクのパーティションにインストールされている場合、容量不足等の理由により、ある特定のパーティションのサイズを拡張したり、あるいは新規にパーティションを作成したくても、他のパーティションも変更しなければならないため、通常はできません。LVMの論理ボリュームは、**物理エクステント**（**PE**）と呼ばれる小さな単位（デフォルトのサイズは4MB）から構成されるため、PEの個数の増減により論理ボリュームのサイズの伸縮が可能であり、また新規に作成することも可能です。

表7-2-1　LVMの構成要素

構成要素	説明	作成コマンド
物理ボリューム（PV：Physical Volume）	PEの集合を保持するボリューム。ディスクパーティション、ディスク自体、通常ファイル、メタデバイスのいずれからも物理ボリュームとして初期化することができる	pvcreate
物理エクステント（PE：Physical Extent）	LVに割り当てられる単位。PEサイズはVG作成時に決められる	---
ボリュームグループ（VG：Volume Group）	PVとLVを含む。PVの集合から任意サイズのLVを作成できる	vgcreate
論理ボリューム（LV：Logical Volume）	VGから作成されるパーティションの制限を受けないボリューム。LV上にファイルシステムを作成する	lvcreate

図7-2-1　LVMの構成

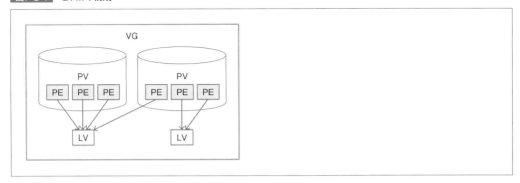

Linuxカーネル2.6からのLVMは、デバイスマッパーを利用した**LVM2**（LVM Version2）です。**デバイスマッパー**（device-mapper）は、論理デバイスと物理デバイスのマッピング機構を提供し、Linuxカーネルのdmドライバとして実装されています。LVMでは、論理ボリューム（LV）と物理

ボリューム(PV)内の物理エクステント(PE)とのマッピングに利用されます。

例えば、LVMのボリュームグループ名を「vg01」、そこから作成した論理ボリューム名を「lv01」とした場合、論理ボリュームのデバイスファイルは「/dev/vg01/lv01」および「/dev/mapper/vg01-lv01」の2つが作成されます。これが最初に作成される論理ボリュームの時は、この2つのファイルはいずれも1番目のdmドライバのデバイスファイル「/dev/dm-0」へのシンボリックリンクとなります。2番目のdmドライバのデバイスファイルは「/dev/dm-1」、3番目は「/dev/dm-2」、となります。

表7-2-2 LVM管理コマンド

コマンド	説明
物理ボリューム(PV)の管理	
pvcreate	物理ボリュームの作成
pvremove	物理ボリュームの削除
pvdisplay	物理ボリュームの表示
ボリュームグループ(VG)の管理	
vgcreate	ボリュームグループの作成
vgextend	ボリュームグループの拡張
vgreduce	ボリュームグループの縮小
vgremove	ボリュームグループの削除
vgdisplay	ボリュームグループの表示
論理ボリューム(LV)の管理	
lvcreate	論理ボリュームの作成、スナップショットの作成
lvextend	論理ボリュームの拡張
lvreduce	論理ボリュームの縮小
lvremove	論理ボリュームの削除
lvdisplay	論理ボリュームの表示

新規にLVMを作成し、LVM上にファイルシステムを作成して利用する手順は次のようになります。

①pvcreateコマンドによりPVを作成
②vgcreateコマンドによりPVからVGを作成
③lvcreateコマンドによりVGからLVを作成
④mkfsコマンドによりLV上にファイルシステムを作成
⑤作成したファイルシステムをマウント

7-2-2 物理ボリュームの作成

物理ボリュームを作成するコマンドは、**pvcreate**です。

物理ボリュームの作成

pvcreate [オプション] 物理ボリューム [物理ボリューム ...]

物理ボリューム（ディスクパーティションのデバイス名、あるいは通常ファイルのファイル名）はスペースで区切って複数指定できます。

以下の例では、2つの物理ボリューム（PV）を作成して、その後、設定状態を確認しています。パーティションタイプはMBRの場合は「8e（Linux LVM）」、GPTの場合は「8e00（Linux LVM）」に事前に設定しておきます。設定方法はp.320を参照してください。fdiskの場合はタイプを「8e」、gdiskの場合は「8e00」、partedの場合は「lvm」とします。

物理ボリューム（PV）の作成

```
[...]# pvcreate /dev/sdb1 /dev/sdc1    ←❶
  Physical volume "/dev/sdb1" successfully created
  Physical volume "/dev/sdc1" successfully created

[...]# pvscan    ←❷
  PV /dev/sda2    VG centos    lvm2 [9.51 GiB / 40.00 MiB free]
  PV /dev/sdb1                 lvm2 [20.00 GiB]
  PV /dev/sdc1                 lvm2 [20.00 GiB]
  Total: 3 [49.51 GiB] / in use: 1 [9.51 GiB] / in no VG: 2 [40.00 GiB]

[...]# pvdisplay    ←❸
  --- Physical volume ---
  PV Name               /dev/sda2    ←❹
  VG Name               centos
  PV Size               9.51 GiB / not usable 3.00 MiB
  Allocatable           yes
  PE Size               4.00 MiB
  Total PE              2434
  Free PE               10
  Allocated PE          2424
  PV UUID               v5zMBy-OJns-qBHW-4Oi6-tWU3-bBMG-xISwOV

  "/dev/sdb1" is a new physical volume of "20.00 GiB"
  --- NEW Physical volume ---
  PV Name               /dev/sdb1    ←❺
  VG Name
  PV Size               20.00 GiB
  Allocatable           NO
  PE Size               0
  Total PE              0
  Free PE               0
  Allocated PE          0
  PV UUID               bTBt3i-xw6Y-Vhcv-XyIS-BGFa-OOTd-swDFCi

  "/dev/sdc1" is a new physical volume of "20.00 GiB"
  --- NEW Physical volume ---
  PV Name               /dev/sdc1    ←❻
```

```
  VG Name
  PV Size                20.00 GiB
  Allocatable            NO
  PE Size                0
  Total PE               0
  Free PE                0
  Allocated PE           0
  PV UUID                OffUi4-nykY-vtui-skeB-MyrS-oUNK-bwyxFm
```

❶pvcreateコマンドでPVを作成
❷pvscanコマンドで作成されたPVを確認
❸pvdisplayコマンドで作成されたPVを確認
❹CentOS 7のインストール時に作成されたルートファイルシステム用のPV
❺今回作成した1つ目のPV
❻今回作成した2つ目のPV

7-2-3 ボリュームグループの作成

ボリュームグループを作成するコマンドは、**vgcreate**です。

ボリュームグループの作成

vgcreate [オプション] ボリュームグループ名 物理ボリューム [物理ボリューム ...]

ボリュームグループを構成する要素となる物理ボリュームは、スペースで区切って複数指定できます。

以下の例では、2台の物理ボリュームから成るボリュームグループ(VG)を作成した後、vgdisplayコマンド(ボリュームグループの表示)で設定状態を確認しています。サイズ39.99GiBのボリュームグループが作成されたことが確認できます。

ボリュームグループ (VG) の作成

```
[...]# vgcreate testvg /dev/sdb1 /dev/sdc1   ←vgcreateコマンドでVGを作成。VG名はtestvg
  Volume group "testvg" successfully created

[...]# vgdisplay testvg   ←vgdisplayコマンドで作成されたVGを確認
  --- Volume group ---
  VG Name               testvg
  System ID
  Format                lvm2
  Metadata Areas        2
  Metadata Sequence No  1
  VG Access             read/write
  VG Status             resizable
  MAX LV                0
  Cur LV                0
  Open LV               0
  Max PV                0
  Cur PV                2
  Act PV                2
  VG Size               39.99 GiB   ←ボリュームグループのサイズは39.99GiB
  PE Size               4.00 MiB
  Total PE              10238
  Alloc PE / Size       0 / 0
```

```
  Free  PE / Size       10238 / 39.99 GiB
  VG UUID               1BOMFx-HUnd-bPOD-gafr-xJyb-hKQV-S3ibZM
```

7-2-4 論理ボリュームの作成

論理ボリュームを作成するコマンドは、**lvcreate**です。

論理ボリュームの作成

lvcreate [オプション] ボリュームグループ名

表7-2-3　lvcreateコマンドのオプション

オプション	説明
-L, --size サイズ	作成する論理ボリュームのサイズを指定。サイズの単位は、B（byte）、S（sector）、K（kilobyte）、M（megabyte）、G（gigabyte）、T（terabyte）、P（petabyte）、E（exabyte）が指定できる
-n, --name 名前	作成する論理ボリュームの名前を指定。このオプションを指定しなかった場合のデフォルトの名前は「lvol#」となり、#には自動的に番号が振られる
-s, --snapshot	引数で指定する論理ボリュームのスナップショットを取る。スナップショットとなる論理ボリュームの名前は-nあるいは--nameオプションで指定する

以下の例では、ボリュームグループからサイズ500MBとサイズ300MBの論理ボリューム（LV）を作成した後、設定状態を確認しています。

論理ボリューム（LV）の作成

```
[...]# lvcreate -L 500M -n lv01 testvg    ←❶
  Logical volume "lv01" created.

[...]# lvcreate -L 300M -n lv02 testvg    ←❷
  Logical volume "lv02" created.

[...]# lvdisplay /dev/testvg/lv01    ←❸
  --- Logical volume ---
  LV Path                /dev/testvg/lv01
  LV Name                lv01
  VG Name                testvg
  LV UUID                hVPy3i-eHli-9Xcr-HkxW-OolL-sEhw-H9HVeV
  LV Write Access        read/write
  LV Creation host, time centos7.localdomain, 2016-08-28 20:38:40 +0900
  LV Status              available
  # open                 0
  LV Size                500.00 MiB
  Current LE             125
  Segments               1
  Allocation             inherit
  Read ahead sectors     auto
  - currently set to     8192
  Block device           253:2
```

❶lvcreateコマンドでVG名testvgからLVを作成。サイズは500MB、LV名はlv01
❷lvcreateコマンドで2つ目のLVを作成
❸lvdisplayコマンドで作成されたlv01を確認

論理ボリューム (LV) のなかにファイルシステムを作成

```
[...]# mkdir /lv01-xfs
[...]# mount /dev/testvg/lv01 /lv01-xfs
[...]# df -Th /lv01-xfs
ファイルシス              タイプ   サイズ   使用   残り   使用%   マウント位置
/dev/mapper/testvg-lv01   xfs     497M    26M   472M    6%     /lv01-xfs
```

7-2-5 ボリュームグループの容量を拡張

ボリュームグループ (VG) の容量を拡張するには、**vgextend**コマンドで物理ボリューム (PV) をボリュームグループに追加します。VGに十分な空き容量ができると、lvextendコマンドで論理ボリューム (LV) の容量を拡張することができます。

ボリュームグループの拡張

vgextend [オプション] ボリュームグループ 物理ボリューム [物理ボリューム ...]

物理ボリュームは、スペースで区切って複数指定できます。以下の例では、「/dev/sdd1」をボリュームグループ「testvg」に追加しています。

ボリュームグループ (VG) の拡張

```
[...]# pvcreate /dev/sdd1   ←❶
  Physical volume "/dev/sdd1" successfully created

[...]# vgextend testvg /dev/sdd1   ←❷
  Volume group "testvg" successfully extended

[...]# vgdisplay testvg |grep "VG Size"
  VG Size                59.99 GiB   ←❸
```

❶pvcreateコマンドで物理ボリューム/dev/sdd1を初期化
❷vgextendコマンドでtestvgに/dev/sdd1を追加
❸VGサイズは39.99 GiBから20GiB増えて、59.99GiBに拡張された

7-2-6 論理ボリュームの容量を拡張

論理ボリュームの容量の拡張は、**lvextend**コマンドで行います。

論理ボリュームの拡張

lvextend [オプション] 論理ボリューム

表7-2-4　vextendコマンドのオプション

オプション	説明
-L (--size) [+] サイズ	サイズの指定。単位はM (Megabyte)、G (Gigabyte)、T (Terabyte)。「+」を付けた場合は拡張サイズの指定となる

既に論理ボリュームにファイルシステムが構築されている場合は、ファイルシステムを論理ボリュームに合わせて拡張します。

▷xfsの場合

xfs_growfsコマンドで、ファイルシステムを論理ボリュームに合わせて拡張します。

▷ext2/ext3/ext4の場合

resize2fsコマンドで、ファイルシステムを論理ボリュームに合わせて拡張します。

論理ボリュームを作成し、XFSファイルシステムも拡張

```
[...]# lvextend -L +200M /dev/testvg/lv01   ←❶
  Size of logical volume testvg/lv01 changed from 500.00 MiB (125 extents) to 700.00 MiB (175 extents).
  Logical volume lv01 successfully resized.

[...]# xfs_growfs /lv01-xfs   ←❷
meta-data=/dev/mapper/testvg-lv01 isize=256    agcount=4, agsize=32000 blks
         =                        sectsz=512   attr=2, projid32bit=1
         =                        crc=0        finobt=0
data     =                        bsize=4096   blocks=128000, imaxpct=25

…（途中省略）…

[...]# df -Th /lv01-xfs   ←❸
ファイルシス               タイプ   サイズ   使用   残り   使用%   マウント位置
/dev/mapper/testvg-lv01   xfs      697M     26M    672M   4%      /lv01-xfs
```

❶論理ボリュームlv01を200MB拡張
❷XFSファイルシステムのマウントポイント/lv01-xfsを指定してファイルシステムを論理ボリュームに合わせて拡張
❸XFSファイルシステムのサイズは497MBから200MB増えて697Mに拡張された

ext2/ext3/ext4ファイルシステムの場合は、**resize2fs**コマンドにより論理ボリュームサイズに合わせて拡張/縮小します。

ext2/ext3/ext4ファイルシステムの拡張/縮小

```
[...]# resize2fs /dev/testvg/lv01
```

7-2-7 ボリュームグループの容量を縮小

ボリュームグループ（VG）の容量を縮小するには、**vgreduce**コマンドで物理ボリューム（PV）をボリュームグループから削除します。

ボリュームグループの縮小

vgreduce [オプション] ボリュームグループ [物理ボリューム...]

ボリュームグループtestvgから物理ボリュームsdd1を削除し、容量を縮小

```
[...]# vgreduce testvg /dev/sdd1    ←❶
  Removed "/dev/sdd1" from volume group "testvg"

[...]# vgdisplay testvg |grep "VG Size"
  VG Size              39.99 GiB    ←❷
```

❶vgreduceコマンドでtestvgから/dev/sdd1を削除
❷VGサイズは59.99 GiBから20GiB減って、39.99GiBに縮小されました

7-2-8 論理ボリュームのスナップショットを取る

LVMでは、論理ボリュームの**スナップショット**を取ることができます。論理ボリュームのスナップショットは、実行した時点での元データの状態を取得し、その後に更新されたデータのみを保存します。スナップショット実行の時点では元データを参照する情報のみの取得であるため、瞬時に実行できます。元データをコピーするわけではないので、バックアップとは異なります。

スナップショットの取得

論理ボリュームのスナップショットを取るには、論理ボリュームの作成コマンド**lvcreate**を使用し、「lvcreate -s」あるいは「lvcreate --snapshot」として実行します。

スナップショットを取る

```
[...]# df -Th /lv01-xfs
ファイルシス              タイプ    サイズ    使用    残り    使用%    マウント位置
/dev/mapper/testvg-lv01   xfs      697M    55M    643M    8%      /lv01-xfs

[...]# lvcreate -s -L 200M -n lv01_snap /dev/testvg/lv01    ←lv01のスナップショットを取る
  Logical volume "lv01_snap" created.
```

「-s」オプションで指定するスナップショット用の論理ボリューム（スナップショットデバイス）は、スナップショットを取った後に更新されたデータのみを保持します。したがって、「-L」オプションで指定するサイズは元ボリュームからの更新分を見込んだ容量にします。
「-n」オプションで、作成するスナップショット用の論理ボリュームの任意の名前を指定します。上記の例では「-n lv01_snap」と指定しているので、デバイス名は「/dev/testvg/lv01_snap」となります。

スナップショットへのアクセス

スナップショットにアクセスするには、**mount**コマンドでスナップショットデバイスをマウントします。

スナップショットをマウントする

```
[...]# mount -o nouuid /dev/testvg/lv01_snap /mnt    ←❶
[...]# df -Th /mnt
ファイルシス                   タイプ    サイズ    使用    残り    使用%    マウント位置
/dev/mapper/testvg-lv01_snap   xfs      697M    62M    636M    9%      /mnt
```

❶オリジナルとスナップショットのuuidが重複するため、uuidを無視するオプションを指定

スナップショットのバックアップ

スナップショットのバックアップを取るには、それぞれのファイルシステム用のdumpコマンドを使用し、引数にスナップショットデバイスを指定します。

- **XFSの場合**：xfsdumpコマンド
- **ext2/ext3/ext4の場合**：dumpコマンド

以下の例では、「/mnt」にマウントされているxfsファイルシステムのスナップショットを、「/backup/lv01-xfs-snapshot.dump」ファイルにダンプします。

スナップショットにバックアップを取る

```
[...]# xfsdump -l 0 -f /backup/lv01-xfs-snapshot.dump /mnt
xfsdump: using file dump (drive_simple) strategy
xfsdump: version 3.1.4 (dump format 3.0) - type ^C for status and control

 ============================= dump label dialog =============================

please enter label for this dump session (timeout in 300 sec)
 -> lv01-xfs-snapshot    ←ダンプにラベルを付ける
session label entered: "lv01-xfs-snapshot"

…（途中省略）…

please enter label for media in drive 0 (timeout in 300 sec)
 -> /backup/lv01-xfs-snapshot.dump    ←ダンプを取るメディアにラベルを付ける
media label entered: "/backup/lv01-xfs-snapshot.dump"

 --------------------------------- end dialog --------------------------------

xfsdump: creating dump session media file 0 (media 0, file 0)
…（途中省略）…
xfsdump:    stream 0 /backup/lv01-xfs-snapshot.dump OK (success)
xfsdump: Dump Status: SUCCESS
```

バックアップについては、「6-3 ファイルシステムの運用管理」（→ p.304）を参照してください。

スナップショットの削除

スナップショットの削除は、論理ボリュームを削除する**lvremove**コマンドを使用し、引数にスナップショットデバイスを指定します。

スナップショットを削除する

```
[...]# umount /dev/testvg/lv01_snap
[...]# lvremove /dev/testvg/lv01_snap
Do you really want to remove active logical volume lv01_snap? [y/n]: y
  Logical volume "lv01_snap" successfully removed
```

7-3 iSCSI

7-3-1 iSCSIとは

iSCSI（Internet Small Computer System Interface）は、SCSIプロトコルをTCP/IPネットワーク上で使用するための規格です。ギガビット・イーサネットの普及により、ファイバーチャネルよりも安価なiSCSIをベースとしたストレージエリアネットワーク（SAN：Storage Area Network）を構築できます。

ストレージを提供する側が**ターゲット**であり、SCSIディスクやSCSIテープデバイスに相当します。ストレージを利用する側が**イニシエータ**であり、SCSIホストに相当します。

以下に、CentOS 7の場合のターゲットとイニシエータの構成例を示します。

図7-3-1 iSCSIのターゲットとイニシエータの構成例

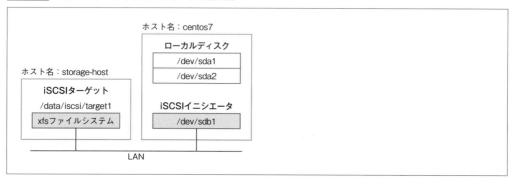

7-3-2 ターゲットの設定

図7-3-1の構成例に従って、ターゲットの設定を行っていきます。

共有ストレージ領域の準備

以下の例では、「storage-host」という名前のホスト上で、共有ストレージ領域を10GBの通常ファイルとしてiSCSIターゲットを設定します。共有ストレージ領域は通常ファイル、あるいはデバイス（ディスクパーティション）を使用できます。

サイズ10GBの通常ファイルを作成

```
[root@storage-host ~]# mkdir -p /data/iscsi
[root@storage-host ~]# cd /data/iscsi
[root@storage-host iscsi]# dd if=/dev/zero of=target1 bs=1M count=10000
10000+0 レコード入力
10000+0 レコード出力
```

```
10485760000 バイト (10 GB) コピーされました、 28.5536 秒、 367 MB/秒

[root@storage-host iscsi]# ls -lh
合計 9.8G
-rw-r--r-- 1 root root 9.8G  8月 28 23:28 target1
```

iSCSIターゲットパッケージの確認

iSCSIターゲットのパッケージは、**scsi-target-utils**です。

パッケージの確認とインストール

```
[root@storage-host ~]# rpm -qil scsi-target-utils
[root@storage-host ~]# yum install scsi-target-utils
↑scsi-target-utilsパッケージがインストールされていなければインストールする
```

ターゲット設定ファイルの編集

iSCSIターゲットの設定ファイルは、**/etc/tgt/targets.conf**です。

インストール時のファイルを編集し、ターゲットの情報を追記します。ここで指定するiqnについては後述します。

targets.confの編集 (編集する部分のみ抜粋)

```
[root@storage-host ~]# vi /etc/tgt/targets.conf
... (途中省略) ...
<target iqn.2016-08.localdomain.storage-host:target1>   ←❶
  backing-store /data/iscsi/target1   ←❷
</target>
```

❶ターゲットの設定。iqn (iSCSI Qualified Name) を指定
❷ストレージ領域の指定

□ デバイスの識別

SCSIの場合、バス上のデバイスを識別するための**SCSI ID**を割り当てます。8ビットバスの場合は「0～7」、16ビットバスの場合は「0～15」をデバイスに割り当て、最高優先度の「7」をイニシエータ機能を持つホストアダプタに割り当てます (SCSI IDと優先度：(高い) 7,6, ... 0,15,14, ... 8(低い))。

iSCSIの場合はこのような規則はなく、設定ファイルのなかで**scsi_id**パラメータにより、他と重複しないような値を割り当てます。指定しなかった場合は、**ターゲット番号**と**LUN** (Logical Unit Number) を基に自動的に割り当てられます。1つのターゲットにはSCSIのディスクに相当する複数の**ボリューム** (ストレージ領域) を設定することができ、各ボリュームにはSCSIの場合と同様にLUNが割り当てられます。

iSCSIのターゲットおよびイニシエータには、全世界で一意に識別するための名前を付けます。この識別名には**iqn**と**eui**の2種類のタイプがあります。

「iqn」(iSCSI Qualified Name) は、タイプ識別子「iqn.」、ドメイン取得日、ドメイン名、識別用文字列から構成されます。

iqnの書式
iqn.年(4桁)-月(2桁).ドメイン名 [:識別名]

ドメイン名は要素名の順序を左右逆に記述します。識別名には任意の名前を付けることができます。

例）iqn.2016-08.localdomain.storage-host:target1

「eui」（Extended Unique Identifier）は、タイプ識別子「eui.」とIEEE EUI-64フォーマット（16桁の16進数。バイナリにすると64ビット）で構成されます。

euiの書式
eui.IEEE発行の16進数

上位6桁は、IEEEが企業に発行した**OUI**（Organizationally Unique Identifier）と呼ばれるIDで、下位10桁は企業内で一意に割り当てられた番号です。

例）eui.02004567A425678D

ファイバーチャネルでは、デバイスを全世界で一意に識別するための**WWN**（World Wide Name）を使用します。WWNはIEEEが企業に発行した24ビットのOUIを含む64ビットの数値です。WWNは**WWID**（World Wide IDentifier）とも呼ばれます。iSCSIではeuiがWWNに相当します。

iSCSIターゲットデーモンtgtdを起動する

ネットワーク上にiSCSIターゲットサービスを提供するのは、ターゲットデーモン**tgtd**です。**systemctl**コマンドでtgtdデーモンを起動します。

tgtdデーモンの起動
```
[root@storage-host ~]# systemctl start tgtd
[root@storage-host ~]# systemctl enable tgtd
```

ターゲットデーモンtgtdの動作確認とiscsiポートの確認

psコマンドでtgtdの稼働を確認し、lsofコマンドでtgtdがサービスを提供する3260番ポートの確認を行います。また、tgtdの設定や詳細な動作状態の確認は、**tgt-admin**コマンドで行えます。

tgtdの設定や確認
tgt-admin [オプション]

表7-3-1 tgt-adminコマンドのオプション

オプション	説明
-s、--show	全てのターゲットの設定状態を表示
-d、--delete 値	指定したターゲットを削除 例1) tgt-admin -d ALL 例2) tgt-admin -d iqn.2016-08.localdomain.storage-host:target1
-f、--force	ターゲットが使用中であっても強制的に実行

tgtdの動作確認

```
[root@storage-host ~]# ps -ef | grep tgtd    ←❶
root      5861     1  0 23:36 ?        00:00:00 /usr/sbin/tgtd -f

[root@storage-host ~]# lsof -i -P | grep TCP | grep '*:3260'    ←❷
tgtd      1014   root    6u  IPv4  24660      0t0  TCP *:3260 (LISTEN)
tgtd      1014   root    7u  IPv6  24661      0t0  TCP *:3260 (LISTEN)

[root@storage-host ~]# tgt-admin -s    ←❸
Target 1: iqn.2016-08.localdomain.storage:target1
    System information:
        Driver: iscsi
        State: ready
    I_T nexus information:
    LUN information:
        LUN: 0    ←❹
            Type: controller
            SCSI ID: IET     00010000    ←❺
            SCSI SN: beaf10
            Size: 0 MB, Block size: 1
            Online: Yes

            …（途中省略）…

        LUN: 1    ←❻
            Type: disk
            SCSI ID: IET     00010001    ←❼
            SCSI SN: beaf11
            Size: 10486 MB, Block size: 512
            Online: Yes
            Removable media: No
            Prevent removal: No
            Readonly: No
            SWP: No
            Thin-provisioning: No
            Backing store type: rdwr
            Backing store path: /data/iscsi/target1    ←❽
            Backing store flags:
    Account information:
    ACL information:
        ALL
```

❶psコマンドでtgtdの稼働を確認
❷lsofコマンドで3260番ポートの確認
❸-sオプションで全てのターゲットの設定状態を表示
❹LUNは「0」
❺SCSI ID
❻LUNは「1」。このユニットがストレージ領域を提供する
❼SCSI ID
❽ストレージ領域のファイル名

7-3-3 イニシエータの設定

iSCSIターゲットにアクセス可能になるまでのイニシエータ側での手順は、次の2段階になります。

①「iscsiadm -m discovery」コマンドの実行によりターゲットを検知
②「iscsiadm -l」コマンドの実行により検知したターゲットにログイン

iSCSIイニシエータパッケージの確認

iSCSIイニシエータのパッケージは、**iscsi-initiator-utils**です。

iSCSIイニシエータパッケージの確認

```
[...]# rpm -qil iscsi-initiator-utils
[...]# yum install iscsi-initiator-utils
↑iscsi-initiator-utilsパッケージがインストールされていなければインストールする
```

イニシエータ設定ファイルの確認

ターゲットを検知する「iscsiadm -m discovery」を実行する前に、**iscsid**デーモンが起動している必要があります。設定ファイル**/etc/iscsi/iscsid.conf**に「node.startup=automatic」と設定しておくことによりiscsidデーモンは自動起動します。

iscsidデーモンの自動起動

```
[...]# vi /etc/iscsi/iscsid.conf
…（途中省略）…
iscsid.startup = /bin/systemctl start iscsid.socket iscsiuio.socket

node.startup = automatic    ←自動起動の設定
…（以降省略）…
```

ターゲットを検知（ターゲットホスト名がstorage-hostの例）

イニシエータの設定や詳細な動作状態の確認は、**iscsiadm**コマンドで行うことができます。

イニシエータの設定や確認
iscsiadm -m モード [オプション]

表7-3-2　iscsiadmコマンドのオプション

オプション	説明
-m、--mode モード	モードの指定。主なモードは以下の通り 　-m discovery：ターゲットを検知するモード 　-m node：ターゲットのノード情報を使用するモード。ターゲットへのログインはこのモードかdiscoveryモードで行う 　-m session：ログイン後のセッション情報を使用するモード
-t、--type タイプ	タイプの指定。discoveryモードでのみ指定可。タイプsendtargetsの指定により利用可能なターゲットのリストを取得する
-p、--portal ターゲット	ターゲットのIPアドレス、あるいはホスト名の指定
-P、--print 詳細度	表示する情報の詳細の度合いを指定。数値が大きい程、詳細度が高い。デフォルトの値は「1」 nodeモード：0、1　sessionモード：0、1、2、3
-l、--login	ターゲットにログインする。nodeあるいはdiscoveryモードで指定可
-u、--logout	ターゲットからログアウトする。nodeあるいはsessionモードで指定可

-o、--op	レコードの操作を行う。操作はnew、delete、update、show、nonpersistentの指定可 実行例）ターゲットレコードの削除：iscsiadm -m node -o delete iqn.2016-08. localdomain.storage:target1

　ターゲットの検知は、iscsiadmコマンドのモード(-m)を「discovery」、タイプ(-t)を「sendtargets」で実行します。
　以下の例では、ターゲットポータル（ターゲットホスト）である「storage-host」を「-p」オプションで指定しています。

ターゲットの検知

```
[...]# iscsiadm -m discovery -t sendtargets -p storage-host
172.16.210.163:3260,1 iqn.2016-08.localdomain.storage:target1
```

　以下の例では、検知したターゲットのノード情報を「iscsiadm -m node」で、セッション情報を「iscsiadm -m session」で確認しています。

ターゲットの情報を表示

```
[...]# iscsiadm -m node   ←ノード情報の確認
172.16.210.163:3260,1 iqn.2016-08.localdomain.storage:target1

[...]# iscsiadm -m session   ←セッション情報の確認
iscsiadm: No active sessions.
↑ターゲットにログインしていないので、まだセッションはアクティブになっていない
```

　一度検知したターゲットの情報は、/var/lib/iscsiディレクトリの下のファイルに保持されます。/var/lib/iscsiディレクトリの下にはターゲットを検知した時の/etc/iscsi/iscsid.confの情報も保持されます。
　なお、検知後にiscsid.confを編集しても反映されません。反映させるにはいったんiscsiadmコマンドでデータを削除してから再度検知します。

ターゲットにログインしてストレージにアクセス

　ターゲットにログインするには、iscsiadmコマンドのモード(-m)を「node」にし、「--login」(-l)オプションを付けて実行します。

ターゲットにログイン

```
[...]# iscsiadm -m node -l -p storage-host   ←-pでホスト名を指定
Logging in to [iface: default, target: iqn.2016-08.localdomain.storage:target1, portal: 172.16.210.163,3260] (multiple)
Login to [iface: default, target: iqn.2016-08.localdomain.storage:target1, portal: 172.16.210.163,3260] successful.
```

　ログインした後、セッション情報を表示するには「iscsiadm -m session」を実行します。

セッション情報を表示

```
[...]# iscsiadm -m session
tcp: [1] 172.16.210.163:3260,1 iqn.2016-08.localdomain.storage:target1 (non-flash)

[...]# iscsiadm -m session -P 3    ←❶
iSCSI Transport Class version 2.0-870
version 6.2.0.873-30
Target: iqn.2016-08.localdomain.storage:target1 (non-flash)    ←❷
    Current Portal: 172.16.210.163:3260,1    ←❸
    Persistent Portal: 172.16.210.163:3260,1
        **********
        Interface:
        **********
        Iface Name: default
        Iface Transport: tcp
        Iface Initiatorname: iqn.1994-05.com.redhat:1973fc2dfed
        Iface IPaddress: 172.16.210.227    ←❹
        Iface HWaddress: <empty>
        Iface Netdev: <empty>
        SID: 1
        iSCSI Connection State: LOGGED IN
        iSCSI Session State: LOGGED_IN
        Internal iscsid Session State: NO CHANGE

        …(途中省略)…

        *****
        CHAP:
        *****
        username: <empty>
        password: ********
        username_in: <empty>
        password_in: ********

        …(途中省略)…

        ************************
        Attached SCSI devices:
        ************************
        Host Number: 8    State: running
        scsi8 Channel 00 Id 0 Lun: 0
        scsi8 Channel 00 Id 0 Lun: 1
            Attached scsi disk sdb    State: running    ←❺
```

❶状態の詳細を表示(「-P 3」はsessionモードでの詳細度(0-3)の最大値)
❷ターゲットの情報
❸ターゲットのIPアドレスとポート番号
❹イニシエータのIPアドレス
❺iSCSIストレージ領域がデバイスsdbとして提供されている

　ターゲットへのログインに成功すると、**/proc/partition**にiSCSIターゲットのストレージ領域が表示されます。

パーティション情報を表示

```
[...]# cat /proc/partitions
major minor  #blocks  name

   8     0   10485760 sda
   8     1     512000 sda1
   8     2    9972736 sda2
 253     0    8880128 dm-0
 253     1    1048576 dm-1
   8    16   10240000 sdb
```
↑iSCSIターゲットのストレージ領域がsdbとして表示される

　このまま設定が完了すると、ローカルデバイスと同様に、パーティショニング、ファイルシステムの作成、マウントの実行手順で利用することができます。

iSCSIストレージをパーティショニング

　iSCSIストレージにパーティションを設定します。以下の例では、**gdisk**コマンドによりGPTパーティションを設定します。

/dev/sdbをパーティショニング

```
[...]# gdisk /dev/sdb
GPT fdisk (gdisk) version 0.8.6

Partition table scan:
  MBR: not present    ←MBRパーティションテーブルなし
  BSD: not present
  APM: not present
  GPT: not present    ←GPTパーティションテーブルなし

Creating new GPT entries.

Command (? for help): n    ←新規パーティションの作成
…(途中省略)…
Command (? for help): p    ←パーティションテーブルの表示
Disk /dev/sdb: 20480000 sectors, 9.8 GiB
Logical sector size: 512 bytes
Disk identifier (GUID): DF647759-36F6-4E67-B812-225153187871
Partition table holds up to 128 entries
First usable sector is 34, last usable sector is 20479966
Partitions will be aligned on 2048-sector boundaries
Total free space is 2014 sectors (1007.0 KiB)

Number  Start (sector)    End (sector)  Size       Code  Name
   1             2048        20479966   9.8 GiB    8300  Linux filesystem

Command (? for help): w    ←パーティションテーブルをディスクに書き込み

Final checks complete. About to write GPT data. THIS WILL OVERWRITE EXISTING
PARTITIONS!!

Do you want to proceed? (Y/N): Y    ←「y」を入力
OK; writing new GUID partition table (GPT) to /dev/sdb.
The operation has completed successfully.    ←パーティションテーブルの作成が成功
```

GPTとgdiskコマンドについては、「6-1 パーティションとパーティショニングツール」(→p.282)を参照してください。

iSCSIストレージ/dev/sdb1にXFSファイルシステムを作成

以下の例では、xfsファイルシステムを作成します。**mke2fs**コマンドで、ext2/ext3/ext4ファイルシステムを作成することもできます。

xfsファイルシステムの作成

```
[...]# mkfs.xfs /dev/sdb1
meta-data=/dev/sdb1              isize=256    agcount=4, agsize=639935 blks
         =                       sectsz=4096  attr=2, projid32bit=1
         =                       crc=0        finobt=0
data     =                       bsize=4096   blocks=2559739, imaxpct=25
…（以降省略）…
```

/dev/sdb1を/iscsi-fsにマウント

以下の例では、「/iscsi-fs」ディレクトリを作成して、「/dev/sdb1」をマウントします。

/dev/sdb1を/iscsi-fsにマウント

```
[...]# mkdir /iscsi-fs
[...]# mount /dev/sdb1 /iscsi-fs
[...]# df -Th /iscsi-fs
ファイルシス      タイプ    サイズ   使用    残り   使用%   マウント位置
/dev/sdb1         xfs       9.8G     33M    9.8G    1%     /iscsi-fs
```

システム立ち上げ時の自動起動の設定

システムの立ち上げ時に、イニシエータサービスが自動起動するように設定します。

イニシエータサービスの自動起動の設定

```
[...]# systemctl enable iscsi     ←❶
[...]# systemctl enable iscsid    ←❷
```

❶iscsiサービスをenableに設定 (iscsiadmコマンドによるターゲットへの自動ログイン設定)
❷iscsidサービスをenableに設定 (iscsidデーモンの起動設定)

Chapter 8 運用管理

- 8-1 ユーザとグループの管理
- 8-2 ログ管理、監視
- 8-3 サーバ監視
- 8-4 リモート管理
- 8-5 OpenLMI
- 8-6 Performance Co-Pilot

□ Chapter8 | 運用管理

8-1 ユーザとグループの管理

8-1-1 ユーザの管理

ユーザの登録や削除等、ユーザ管理に必要な知識について解説します。

ユーザの登録

新規にユーザを登録するには、**useradd**コマンドを使用します。**/etc/passwd**と**/etc/shadow**へのエントリおよびホームディレクトリを作成することができます。また、ユーザは1つ以上のグループに所属する必要があるため、**/etc/group**と**/etc/gshadow**にグループ情報が書き込まれます。グループについての詳細は後述します。

図8-1-1　ユーザ登録に伴い更新されるファイル

ユーザの登録

useradd [オプション] ユーザ名

表8-1-1　useraddコマンドのオプション

オプション	説明
-c コメント	コメントの指定
-d ホームディレクトリのパス	ホームディレクトリの指定
-e 失効日	アカウント失効日の指定
-f 日数	パスワードが失効してからアカウントが使えなくなるまでの日数
-g グループID	1次グループの指定
-G グループID	2次グループの指定
-k skelディレクトリのパス	skelディレクトリの指定
-m	ホームディレクトリを作成する（/etc/login.defsで「CREATE_HOMEyes」が設定されていれば、-mオプションなしでも作成する）
-M	ホームディレクトリを作成しない
-s シェルのパス	ログインシェルの指定
-u ユーザID	UIDの指定
-D	デフォルト値の表示あるいは設定

オプションを指定せずにuseraddコマンドを実行した場合、デフォルト値を基にしたユーザを作成します。デフォルト値は、**/etc/default/useradd**ファイルの設定が使用されます。

/etc/default/useraddファイルの表示

```
[...]# cat /etc/default/useradd
# useradd defaults file
GROUP=100
HOME=/home
INACTIVE=-1
EXPIRE=
SHELL=/bin/bash
SKEL=/etc/skel
CREATE_MAIL_SPOOL=yes
```

表8-1-2　/etc/default/useraddの項目

項目	説明
GROUP	GROUPで指定される数値は、/etc/login.defsの中のUSERGROUPS_ENABの値による ・USERGROUPS_ENABが「yes」の場合：グループ名はユーザ名と同じ名前になる。グループIDはユーザIDと同じ値になる。グループIDの値が既に使用されている場合は、/etc/login.defsのなかのGID_MINとGID_MAXの範囲で現在使用されている値＋1が使われる ・USERGROUPS_ENABが「no」の場合：グループIDはGROUPの値となる
HOME	HOMEの値で指定されたディレクトリの下にユーザ名のディレクトリが作成され、ホームディレクトリとなる
INACTIVE	パスワードが失効してからアカウントが使えなくなるまでの日数。「-1」は無期限を意味する
EXPIRE	アカウント失効日。値がない場合は無期限を意味する
SHELL	ログインシェル
SKEL	新規ユーザのホームディレクトリのテンプレート。/etc/skel のコピーが新規ユーザのホームディレクトリに作成される
CREATE_MAIL_SPOOL	/var/spool/mail/に新規ユーザ用のメール保存ファイルが作成される

以下は、一般ユーザとして「sam」を作成しています。

ユーザの作成

```
[...]# useradd sam
[...]# ls -d /home/sam
/home/sam   ←/home以下にsamディレクトリが作成される
```

　上記の実行結果からもわかる通り、useraddコマンドの実行時に「-m」オプションを指定していませんが、ホームディレクトリが作成されます。これは、**/etc/login.defs**ファイルに「CREATE_HOME yes」が設定されているためです。また、/etc/skelディレクトリの下に置かれているファイルあるいはディレクトリは、useraddコマンドでユーザを作成した時に自動的にユーザのホームディレクトリに配られます。

　例えば、bashの設定ファイルとなる「.bash_profile」や「.bashrc」等を、システム管理者がユーザに配る時に利用します。ユーザはそれらのファイルを自分でカスタマイズできます。

図8-1-2　初期化ファイルの自動配布

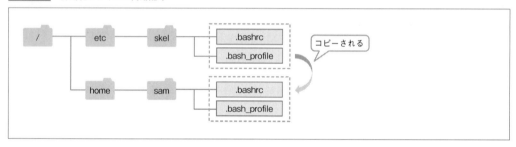

　useraddコマンドコマンドを実行した後、/etc/passwdと/etc/shadowにはユーザsamの情報が追加されます。各ファイルの内容を確認します。

/etc/passwdと/etc/shadowファイルの表示

```
[...]# tail -1 /etc/passwd
sam:x:1004:1004::/home/sam:/bin/bash   ←第2フィールドが「x」
[...]# tail -1 /etc/shadow
sam:!!:17114:0:99999:7:::   ←第2フィールドが「!!」
```

図8-1-3　/etc/passwdのフィールド

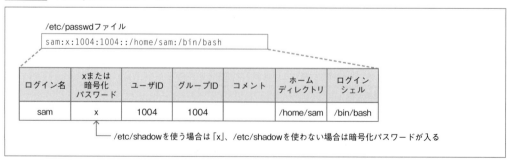

346

/etc/passwdには、6つの「:」で区切られた7つのフィールドから構成される行が追加されます。新規ユーザの作成後、パスワードを設定していない場合、/etc/shadowの2番目のフィールドは「!!」となります。なお、/etc/shadowのフィールドの詳細は後述する「アカウントのロックと失効日の管理」で扱います。

パスワードの設定

パスワードの設定には、**passwd**コマンドを使用します。rootユーザはpasswdコマンドの引数に指定した任意のユーザのパスワードを設定、変更が可能です。一般ユーザは自分のパスワードの変更のみ可能です。

パスワードの設定
passwd [オプション] [ユーザ名]

表8-1-3　passwdコマンドのオプション

オプション	説明
-d	パスワードを期限切れにする。期限切れに設定されたユーザは、次回ログイン時にパスワードの設定が必要
-e	パスワードを削除する。rootのみ使用可能
-i 日数	パスワードの有効期限が切れてから使用不能になるまでの日数を指定。rootのみ使用可能
-l	ユーザのアカウントをロックする。rootのみ使用可能
-n 日数	パスワードが変更可能になる最小日数を指定。rootのみ使用可能
-u	ユーザのアカウントのロックを解除する。rootのみ使用可能
-w 日数	パスワードの有効期限が切れる何日前から警告を出すかを指定。rootのみ使用可能
-x 日数	パスワード変更の最大日数を指定。rootのみ使用可能

オプションを指定せずに実行すると、対話形式でパスワードの設定が行われます。

以下の例は、rootユーザがユーザ「sam」に対して対話形式でパスワードの変更を行っています。passwdコマンドの引数に「sam」と指定しています。また、passwdファイルと、shadowファイルの内容をtailコマンドで表示しています。

パスワードの設定

```
[...]# passwd sam
ユーザー sam のパスワードを変更。
新しいパスワード:         ←パスワードを入力する
新しいパスワードを再入力してください:   ←再度パスワードを入力する
passwd: すべての認証トークンが正しく更新できました。
[...]# tail -1 /etc/passwd
sam:x:1004:1004::/home/sam:/bin/bash
[...]# tail -1 /etc/shadow
sam:$6$vUi3SYIP$OqkrVU8UI18hKibWO2bUDs.EP9RIme3SllSygwCR/2nSDBex8QF4QtB2VdB6EvPffggCpxOiM
5BHNWLEmxwlx/:17114:0:99999:7:::
```

/etc/passwdファイルのエントリに変更はありません。しかし、/etc/shadowの第2フィールドが「!!」から暗号化されたパスワードに変更されていることが確認できます。

　なおユーザ認証は、**PAM**（Pluggable Authentication Modules）のpam_unix.soモジュールが行っています。pam_unix.soによる/etc/passwdの第2フィールドの処理は、値が「x」か「##ログイン名」の場合は/etc/shadowファイルの第2フィールドを暗号化パスワードと見なします。値の1文字目が「*」か「!」の場合はログインを拒否します。それ以外の値の場合は/etc/passwdの第2フィールドを暗号化パスワードと見なし、暗号化アルゴリズムを判定します。

---

passwdコマンドでユーザのパスワードを設定、変更する時、PAMの設定ファイルであるsystem-auth内にあるpasswordタイプのエントリに記述されている暗号化アルゴリズム（ハッシュ関数）が使われます。以下に、/etc/pam.d/system-authの抜粋を示します。

　password　　　sufficient　　　　pam_unix.so sha512 shadow nullok try_first_pass use_authtok

上記の通り、パスワードを設定する時の暗号化アルゴリズムはsha512に指定されています。なお、PAMについては、「15-2 暗号化と認証」（→ p.856）を参照してください。

アカウントの削除

ユーザアカウントを削除するには、**userdel**コマンドを使用します。

> **アカウントの削除**
> **userdel [オプション] ユーザ名**

　userdelコマンドに-rあるいは--removeオプションを指定することで、ユーザのホームディレクトリ（それ以下のファイル）を削除することができます。「-r」あるいは「--remove」オプションを指定しないと/etc/passwdと/etc/shadowのエントリだけが削除されて、ホームディレクトリはそのまま残されます。

ユーザ情報の変更

usermodコマンドでユーザ情報の変更を行います。

> **ユーザ情報の変更**
> **usermod [オプション] ユーザ名**

　usermodでは、「usermod -l 新ログイン名 旧ログイン名」とすることで、ログイン名の変更も可能です。なお、後述するグループの管理で、usermodコマンドを使用した登録グループの変更を行います。

表8-1-4 usermodコマンドのオプション

オプション	説明
-l 名前	ログイン名の変更
-d ホームディレクトリのパス	ホームディレクトリの変更
-g グループID	1次グループの変更
-G グループID	2次グループの変更
-s シェルのパス	ログインシェルの変更

8-1-2 グループの管理

　ユーザは自分の所属するグループを **groups** コマンドで表示できます。引数にユーザ名を指定すると、そのユーザの所属するグループを表示できます。groupsコマンドは/etc/groupファイルを参照します。

groupsコマンドによるグループの表示

```
[...]# groups sam      ←ユーザsamが所属するグループの表示
sam : sam
[...]# groups yuko     ←ユーザyukoが所属するグループの表示
yuko : yuko wheel users    ←3つのグループに所属している
[...]# grep yuko /etc/passwd
yuko:x:1000:1000:Yuko:/home/yuko:/bin/bash    ←yukoのGIDは1000
[...]# grep yuko /etc/group
wheel:x:10:yuko    ←yukoはGIDが10のwheelグループに所属
users:x:100:ryo,yuko    ←yukoはGIDが100のusersグループに所属
yuko:x:1000:    ←yukoはGIDが1000のyukoグループに所属
```

　groupsコマンドの詳細は、「5-3 ファイルの所有者管理と検索」（→ p.190）を参照してください。

グループの登録と削除

　groupadd コマンドで新しいグループを登録、**groupdel** コマンドでグループを削除します。

グループの登録

groupadd [-g グループID] グループ名

　グループID（GID）は「-g」オプションで指定します。「-g」オプションを指定しない場合、現在使用されている最大値＋1が設定されます。新しいグループのエントリは「/etc/group」と「/etc/gshadow」の最終行に追加されます。

> /etc/gshadowは、ユーザが自分の登録されていないグループに所属するためにnewgrpコマンドを実行した時のパスワードを設定するファイルです。

グループの削除

groupdel グループ名

groupdelコマンドの引数には、グループ名を指定します。グループIDの指定はできません。
以下は、rootユーザによって新しいグループ「pg」を作成しています。

グループの作成

```
[...]# groupadd pg
[...]# tail -1 /etc/group
pg:x:1005:
[...]# tail -1 /etc/gshadow
pg:!::
```

所属グループの変更

ユーザの1次グループを変更する時は、**usermod**コマンドの「-g」オプションで指定します。ユーザを2つ以上のグループ(2次グループ)に所属させる時は、**useradd**コマンドの「-G」オプション、usermodコマンドの「-G」オプションで指定します。

usermodによる2次グループの登録①

```
[...]# id sam    ←❶
uid=1004(sam)  gid=1004(sam)  groups=1004(sam)    ←❷
[...]# grep users /etc/group    ←❸
users:x:100:ryo,yuko    ←❹
[...]# usermod -G users sam    ←❺
[...]# id sam
uid=1004(sam)  gid=1004(sam)  groups=1004(sam),100(users)    ←❻
[...]# grep users /etc/group    ←❼
users:x:100:ryo,yuko,sam    ←❽

❶ユーザsamの情報を表示
❷1次グループとしてsam(GIDは1004)に所属
❸usersグループの情報表示
❹usersグループにはryoとyukoが所属
❺ユーザsamは、2次グループとしてusersに所属
❻2次グループにusersが追加される
❼usersグループの情報表示
❽ユーザsamが追加されている
```

グループを変更したいユーザが既に2次グループに所属している場合、-Gオプションは指定されたグループに置き換えます。もし、2次グループとして複数のグループに所属させる場合は、「-aG」オプションを使用します。

usermodによる2次グループの登録②

```
[...]# id sam    ←❶
uid=1004(sam)  gid=1004(sam)  groups=1004(sam),100(users)    ←❷
[...]# usermod -G wheel sam    ←❸
[...]# id sam
uid=1004(sam)  gid=1004(sam)  groups=1004(sam),10(wheel)    ←❹
[...]# usermod -aG users sam    ←❺
[...]# id sam
uid=1004(sam)  gid=1004(sam)  groups=1004(sam),10(wheel),100(users)    ←❻
```

❶ユーザsamの情報を表示
❷2次グループはusers
❸-Gオプションで、2次グループとしてwheelに所属
❹2次グループはがusersからwheelに置き換わる
❺-aGオプションで、2次グループにusersを追加
❻2次グループとしてwheelとusersに所属

なお、グループIDあるいはグループ名を変更するgroupmodコマンドが提供されていますが、所属するユーザを変更することはできません。

8-1-3 アカウント失効日の設定と表示

アカウント失効日の設定と表示について確認します。

新規ユーザに対する失効日の設定

useraddコマンドでユーザアカウントのデフォルト値を設定あるいは表示する時は、「-D」オプションを指定します。その際、パスワードの使用期限が切れてからアカウントが使用不能となるまでの日数は、「-f」オプションに引数として日数を指定します。

日数による失効日のデフォルト値の設定

```
[...]# grep INACTIVE /etc/default/useradd
INACTIVE=-1   ←デフォルトでは、「-1」(失効しない)が設定
[...]# useradd -D -f60   ←60日を設定
[...]# grep INACTIVE /etc/default/useradd
INACTIVE=60
```

上記のように「useradd -D -f60」を実行すると、**/etc/default/useradd**ファイルの**INACTIVE**の値が更新されます。デフォルトでは「-1」(失効しない)が設定されています。

また、失効する日付を指定することも可能です。失効日のデフォルト値の設定は、「-e」(expire)オプションに引数として失効日をYYYY/MM/DDの形式で指定します。

日付による失効日のデフォルト値の設定

```
[...]# grep EXPIRE /etc/default/useradd
EXPIRE=   ←デフォルトでは、値なし(失効しない)が設定
[...]# useradd -D -e 2017/12/31   ←2017/12/31を設定
[...]# grep EXPIRE /etc/default/useradd
EXPIRE=2017/12/31
```

既存ユーザに対する失効日の設定

既存のユーザに対する失効日を変更するには、「usermod -e」あるいは、**chage**コマンドを使って、「chage -E」を実行します。

既存ユーザの失効日の変更

chage [オプション [引数]] ユーザ名

表8-1-5　chageコマンドのオプション

オプション	説明	/etc/shadow (対応するフィールド番号)
-l (list)	アカウントとパスワードの失効日の情報を表示。このオプションのみ一般ユーザでも使用できる	---
-d (lastday)	パスワードの最終更新日を設定。年月日をYYYY-MM-DDの書式、もしくは1970年1月1日からの日数で指定する	3
-m (mindays)	パスワード変更間隔の最短日数を設定	4
-M (maxdays)	パスワードを変更なしで使用できる最長日数を設定	5
-W (warndays)	パスワードの変更期限の何日前から警告を出すかを指定	6
-I (inactive)	パスワードの変更期限を過ぎてからアカウントが使用できなくなるまでの猶予日数。この猶予期間ではログイン時にパスワードの変更を要求される	7
-E (expiredate)	アカウントの失効日を設定(失効日の翌日から使用できなくなる)。年月日をYYYY-MM-DDの書式、もしくは1970年1月1日からの日数で指定する	8

表8-1-6　/etc/shadowのフィールド

フィールド番号	説明
1	ログイン名
2	暗号化されたパスワード
3	1970年1月1日から、最後にパスワードが変更された日までの日数
4	パスワードが変更可となるまでの日数
5	パスワードを変更しなければならない日までの日数
6	パスワードの期限切れの何日前にユーザに警告するかの日数
7	パスワードの期限切れの何日後にアカウントを使用不能とするかの日数
8	1970年1月1日から、アカウントが使用不能になるまでの日数
9	予約されたフィールド

以下の例では、日付による失効日を設定しています。

日付による失効日の設定

```
[...]# date
2016年 11月  9日 水曜日 20:36:46 JST
[...]# grep yuko /etc/shadow
yuko:$6$u3CM1Rucd7vyuhjh$8xqg8FBxYwvgK10H/VaRuMKLMWt9mT8y5KBKp6a13zKiumQydsVEpOtU/wQaEF4M
HRBq4hSQGU6BNNjgbE7to1:16971:0:99999:7:::    ←指定なし
[...]# chage -E 2017/12/31 yuko    ←ユーザyukoの失効日を変更
[...]# grep yuko /etc/shadow
yuko:$6$u3CM1Rucd7vyuhjh$8xqg8FBxYwvgK10H/VaRuMKLMWt9mT8y5KBKp6a13zKiumQydsVEpOtU/wQaEF4M
HRBq4hSQGU6BNNjgbE7to1:16971:0:99999:7:::17531:    ←17531日後に失効
```

上記の実行結果では、/etc/shadowの第8フィールドが、何も指定なし(失効しない)から「17531」に変更されています。1970年1月1日の17531日後が2017年12月31日になります。この例では、アカウントは失効日の2017年12月31日まで使えます。2018年1月1日になると次のようなメッセージが表示されてログインできなくなります。

失効の確認

```
[...]# ssh centos7 -l yuko    ←❶
yuko@centos7's password:
Your account has expired; please contact your system administrator    ←❷
Connection closed by 172.16.210.149
```

❶sshでcentos7ホストにユーザyukoがログインを試みる
❷失効によりログインできない旨のメッセージが表示

パスワードの有効期限の確認

　パスワード有効期限を調べる場合は、「chage -l ユーザ名」として実行します。以下の例では、ユーザryoのアカウントとパスワードの有効期限を調べています。

有効期限の確認

```
[...]# chage -l ryo
最終パスワード変更日                          : 8月 01, 2016     ←❶
パスワード期限                                : 9月 30, 2016     ←❷
パスワード無効化中                            : 10月 31, 2016    ←❸
アカウント期限切れ                            : 12月 31, 2016    ←❹
パスワードが変更できるまでの最短日数          : 0                ←❺
パスワードを変更しなくてよい最長日数          : 60               ←❻
パスワード期限が切れる前に警告される日数      : 7                ←❼
```

　上記の結果を図に当てはめると、以下のようになります。

図8-1-4 アカウントとパスワードの有効期限の例

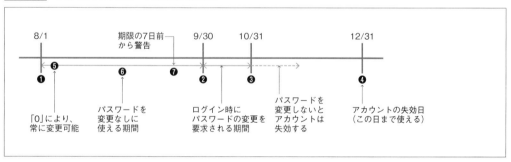

　パスワードの有効期限を過ぎた後、アカウント失効までの猶予期間中は以下のようにログイン時にパスワードの変更を要求されます。以下は、図8-1-4の❷～❸の期間中にログインを試みた場合、パスワードの変更が促されていることを確認しています。

図8-1-4の❷〜❸の期間中にログインを試みた場合

```
[...]# ssh centos7 -l ryo      ←❶
ryo@centos7's password:
You are required to change your password immediately (password aged)   ←❷
Last login: Mon Sep 22 20:03:41 2016 from host01
WARNING: Your password has expired.
You must change your password now and login again!
Changing password for user ryo.
Changing password for ryo.
(current) UNIX password:    ←現在のパスワードを入力
New password:   ←新しいのパスワードを入力
Retype new password:    ←再度、新しいパスワードを入力
passwd: all authentication tokens updated successfully.
Connection to centos7 closed.
※この後、再度ログインする

❶sshでcentos7ホストにユーザryoがログインを試みる
❷パスワード変更を促すメッセージが表示
```

　なお、パスワードを変更できる猶予期間を過ぎると、アカウント失効時と同じ以下のメッセージが表示されてログインはできなくなります。

失効の確認

```
[...]# ssh centos7 -l ryo      ←❶
ryo@centos7's password:
Your account has expired; please contact your system administrator   ←❷
Connection closed by 172.16.210.149

❶sshでcentos7ホストにユーザryoがログインを試みる
❷失効によりログインできない旨のメッセージが表示
```

パスワードの有効期限の変更

　chageコマンドの他、**passwd**コマンドでもパスワードの有効期限とパスワード失効までの猶予期間を変更できます。**usermod**コマンドはパスワード失効までの猶予期間を変更できます。
　パスワードとアカウントの有効期限を設定、変更するコマンドとオプションは以下の通りです。

表8-1-7　パスワードとアカウントの有効期限変更コマンド

コマンド	maxdays （パスワードが変更なしで有効な最長日数）	inactive （パスワード失効までの猶予日数）	expiredate （アカウントの失効日）
useradd	（デフォルト値は/etc/login.defsを参照） -	useradd -D -f useradd -f	useradd -D -e useradd -e
usermod	-	usermod -f	usermod -e
chage	chage -M	chage -I	chage -E
passwd	passwd -x	passwd -i	-

8-1-4 ログインの禁止

ログインシェルに「/bin/false」を指定することにより、対話的なログインを禁止することができます。falseは、何もせずに単に返り値「1」（false：偽）を返すコマンドです。/bin/falseを指定することで、ユーザがログインするとfalseコマンドが実行されるため、強制的にログアウトさせられます。

また、ログインシェルを「/sbin/nologin」に設定することもできます。nologinは、アカウントが現在使えない旨のメッセージを表示するコマンドです。ユーザがログインするとnologinコマンドが実行されて「This account is currently not available.」のメッセージが表示された後、ログアウトさせられます。

なお、ログインシェルの変更には**usermod**コマンド、あるいはユーザのログインシェルを変更するための専用コマンドである**chsh**（change shell）を使用します。

ログインシェルの変更（usermod）
`usermod -s ログインシェル ユーザ名`

ログインシェルの変更（chsh）
`chsh -s ログインシェル ユーザ名`

以下の例では、usermodコマンドでユーザyukoのログインシェルを「/sbin/nologin」に、chshコマンドでユーザryoのログインシェルを「/bin/false」に変更しています。

ログインシェルの変更

```
[...]# grep yuko /etc/passwd
yuko:x:1000:1000:Yuko:/home/yuko:/bin/bash    ←❶
[...]# usermod -s /sbin/nologin yuko    ←❷
[...]# grep yuko /etc/passwd
yuko:x:1000:1000:Yuko:/home/yuko:/sbin/nologin    ←❸
[...]# grep ryo /etc/passwd
ryo:x:1001:1001:Ryo:/home/ryo:/bin/bash    ←❹
[...]# chsh -s /bin/false ryo    ←❺
ryo のシェルを変更します。
chsh: Warning: "/bin/false" is not listed in /etc/shells.    ←❻
シェルを変更しました。
[...]# grep ryo /etc/passwd
ryo:x:1001:1001:Ryo:/home/ryo:/bin/false    ←❼
```

❶ユーザyukoのシェルは「/bin/bash」
❷ログインシェルを「/sbin/nologin」に変更
❸/sbin/nologinに変更されたことを確認
❹ユーザryoのシェルは「/bin/bash」
❺ログインシェルを「/bin/false」に変更
❻/bin/falseが/etc/shellsに登録されていない場合は警告が出る
❼/bin/falseに変更されたことを確認

centos7ホストにsshでyukoとryoがログインを試みます。パスワード入力後、強制的に切断されていることがわかります。

ログイン禁止の確認

```
[...]# ssh centos7 -l yuko
yuko@centos7's password:
This account is currently not available.
Connection to centos7 closed.
[...]# ssh centos7 -l ryo
ryo@centos7's password:
Connection to centos7 closed.
```

アカウントのロック

特定ユーザのアカウントをロックするには、**usermod**あるいは**passwd**コマンドを実行します。
「usermod -L」は暗号化されたパスワードの先頭に「!」を 追加してロックします。「usermod -U」は暗号化されたパスワードの先頭の「!」を削除してアンロックします。「passwd -l」は、暗号化されたパスワードの先頭に「!!」を追加してロックします。「passwd -u」は暗号化されたパスワードの先頭の「!!」を削除してアンロックします。

アカウントのロック

usermod -L ユーザ名
passwd -l ユーザ名

アカウントのアンロック

usermod -U ユーザ名
passwd -u ユーザ名

以下は、「usermod -L」を使用してユーザyukoのアカウントをロックしています。

「usermod -L」によるアカウントロック

```
[...]# grep yuko /etc/shadow
yuko:$6$u3CM1Rucd7vyuhjh$8xqg8FBxYwvgK1OH/VaRuMKLMWt9mT8y5KBKp6a13zKiumQydsVEpOtU/wQaEF4M
HRBq4hSQGU6BNNjgbE7to1:16971:0:99999:7:::
[...]# usermod -L yuko
[...]# grep yuko /etc/shadow
yuko:!$6$u3CM1Rucd7vyuhjh$8xqg8FBxYwvgK1OH/VaRuMKLMWt9mT8y5KBKp6a13zKiumQydsVEpOtU/wQaEF4
MHRBq4hSQGU6BNNjgbE7to1:16971:0:99999:7:::    ←第2フィールド目の先頭に「!」が付与されている
```

ロックされた時のログイン時に表示されるメッセージは、パスワードを間違えた時と同じになります。
以下では、ユーザyukoがsshでログインを試み、正しいパスワードを入力していますが、再入力を促され、ログインできないことを確認しています。

アカウントロックの確認

```
[...]# ssh localhost -l yuko
yuko@localhost's password:   ←正しいパスワードを入力
Permission denied, please try again.   ←パスワードが誤っている旨のメッセージ
yuko@localhost's password:   ←再度、正しいパスワードを入力するよう促される
```

一般ユーザのログイン禁止

　また、rootユーザが/etc/nologinファイルを作ると、一般ユーザはそれ以降はログインできなくなります。/etc/nologinにメッセージを格納した場合は、そのメッセージがログイン時に表示されてユーザはログインを拒否されます。ただし、rootユーザはログインできます。なお、このファイルを削除すればまた通常の状態に戻ります。

　以下では、/etc/nologinファイルを新規に作成しています。

/etc/nologinファイルによるログイン禁止

```
[...]# ls /etc/nologin   ←/etc/nologinファイルがないことを確認
ls: /etc/nologin にアクセスできません: そのようなファイルやディレクトリはありません
[...]# touch /etc/nologin   ←/etc/nologinファイルを新規作成
[...]# vi /etc/nologin   ←ログインを拒否する際に表示するメッセージを追加
login currently inhibited for maintenance.   ←この行を記述
```

　以下では、ユーザyukoがログインを試みますが、メッセージが表示されてログインできないことを確認しています。

ログイン禁止の確認

```
[...]# ssh localhost -l yuko
yuko@localhost's password:
login currently inhibited for maintenance.   ←/etc/nologinに記載したメッセージが表示
Connection closed by 172.16.210.149
```

8-1-5 ログイン管理

　現在ログインしているユーザやログイン履歴の管理方法について確認します。

ログイン履歴の表示

　lastコマンドは、最近ログインしたユーザのリストを表示するコマンドです。このコマンドは/var/log/wtmpファイルを参照します。wtmpファイルにはユーザのログイン履歴が記録されています。

ログイン履歴の表示

```
[...]# last
yuko     :0                :0              Thu Nov 10 12:38   still logged in
(unknown :0                :0              Thu Nov 10 12:37 - 12:38  (00:00)
reboot   system boot       3.10.0-327.18.2.Thu Nov 10 12:37 - 12:40  (00:03)
yuko     pts/1             10.0.2.2        Thu Nov 10 12:36 - 12:36  (00:00)
yuko     pts/1             10.0.2.2        Thu Nov 10 12:35 - 12:35  (00:00)
root     pts/0             10.0.2.2        Thu Nov 10 12:33 - 12:36  (00:02)
root     :0                :0              Thu Nov 10 12:27 - 12:36  (00:09)
…(途中省略)…
wtmp begins Sun Jun 19 23:04:41 2016
```

ログインユーザの表示

wコマンド、**who**コマンドは、現在ログインしているユーザのリストを表示します。これらのコマンドは、/var/run/utmpファイルを参照します。

ログインユーザの表示

```
[...]# who
yuko     :0           2016-11-10 12:38 (:0)
yuko     pts/0        2016-11-10 12:39 (:0)
[...]# w
 12:44:15 up 7 min,  2 users,  load average: 0.25, 0.98, 0.67
USER     TTY      FROM     LOGIN@   IDLE   JCPU   PCPU WHAT
yuko     :0       :0       12:38    ?xdm?  1:39   0.51s gdm-session-worker [pam/gdm-password]
yuko     pts/0    :0       12:39    7.00s  0.42s  4.36s /usr/libexec/gnome-terminal-server
```

いずれのコマンドもログインユーザ名(USER)、端末名(TTY)、ログイン時刻(LOGIN@)を表示します。wコマンドはさらに、アイドル時間(IDLE：ユーザが操作を行っていない時間)や、カレントプロセス(WHAT：ユーザが現在実行しているプロセス)等を表示します。

8-2 ログ管理、監視

8-2-1 ログの収集と管理を行うソフトウェア

　システムログを収集するLinuxのソフトウェアとして、syslog、rsyslog、syslog-ng、systemd-journaldがあります。
　syslogはこの4種類のなかで最も古くから使用されてきました。RFC5424によってSyslogプロトコルとして標準化されており、そのなかにはログメッセージの定義として「ファシリティ」(facility)、「プライオリティ」(priority)等が含まれています。
　rsyslogはSyslogプロトコルをベースとして、TCPの利用、マルチスレッド対応、セキュリティの強化、各種データベース（MySQL、PostgreSQL、Oracle他）への対応等の特徴があります。また、設定ファイルrsyslog.confはsyslogの設定ファイルsyslog.confと後方互換性があります。
　syslog-ngはバージョン3.0からはRFC5424のSyslogプロトコルに対応し、TCPの利用やメッセージのフィルタリング機能等の特徴があります。主な設定ファイルであるsyslog-ng.confは、syslogの設定ファイルsyslog.confとは書式が異なるため互換性はありません。
　systemd journalはsystemdが提供する機能の1つであり、systemdを採用したシステムでは、システムログの収集はsystemd journalのデーモンである**systemd-journald**が行います。格納されたログは、**journalctl**コマンドにより、さまざまな形で検索と表示ができます。systemd journalはSyslogプロトコル互換のインターフェイスも備えています。また、収集したシステムログをrsyslogd等の他のSyslogデーモンに転送して格納する構成にすることもできます。
　本書では、「rsyslog」と「systemd-journald」について解説します。

8-2-2 rsyslogによるログの収集と管理

　rsyslogは、**rsyslogd**デーモンによって制御されます。rsyslogdデーモンは、sysklogdの拡張版であり、拡張されたフィルタリング、暗号化で保護されたメッセージリレー、さまざまな設定オプション、入出力モジュール、TCPまたはUDPプロトコルを介した伝送のサポートを提供します。rsyslogdにより保持されるログファイルの一覧は、**/etc/rsyslog.conf**設定ファイルに記載されています。ほとんどのログファイルは、「/var/log」ディレクトリ以下に格納されます。
　また、/etc/rsyslog.confファイルには、ログに関するさまざまな設定を記述します。ファイル内のエントリは、**セレクタ**と**アクション**の2つのフィールドからなります。

図8-2-1 rsyslog.confのエントリ

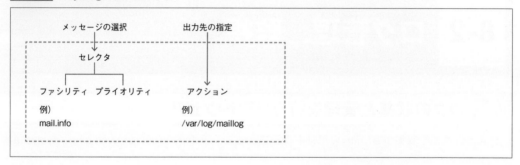

セレクタフィールドは「ファシリティ.プライオリティ」で指定し、処理するメッセージを選択するフィールドです。**ファシリティ**はメッセージの機能を表します。**プライオリティ**はメッセージの優先度を表します。**アクションフィールド**はセレクタフィールドで選択したメッセージの出力先を指定します。

ファシリティkern（kernel）で送られてくるメッセージが、**カーネルメッセージ**です。ファシリティ.プライオリティの指定では、指定したプライオリティ以上のメッセージを全て記録します。特定のプライオリティだけを指定する場合は、「ファシリティ.=プライオリティ」とします。「*」を指定すると全てのプライオリティを表します。

ファシリティは、以下のキーワードのいずれかで表すことができます

表8-2-1 ファシリティ一覧

ファシリティ	ファシリティコード	説明
kern	0	カーネルメッセージ
user	1	ユーザレベルメッセージ
mail	2	メールシステム
daemon	3	システムデーモン
auth	4	セキュリティ/認証メッセージ。最近のシステムではauthではなくauthprivが使用される
syslog	5	syslogdによる内部メッセージ
lpr	6	Line Printerサブシステム
news	7	newsサブシステム
uucp	8	UUCPサブシステム
cron	9	cronデーモン
authpriv	10	セキュリティ/認証メッセージ（プライベート）
ftp	11	ftpデーモン
local0～local7	16～23	ローカル用に予約

プライオリティはメッセージの優先度を表します。

表8-2-2　プライオリティ一覧

プライオリティ	説明
emerg	emergency：パニックの状態でシステムは使用不能
alert	alert：緊急に対処が必要
crit	critical：緊急に対処が必要。alertより緊急度は低い
err	error：エラー発生
warning	warning：警告。対処しないとエラー発生の可能性がある
notice	notice：通常ではないがエラーでもない情報
info	information：通常の稼働時の情報
debug	debug：デバッグ情報
none	none：ログメッセージを記録しない

アクションフィールドは、出力先を指定します。

表8-2-3　アクションフィールド

アクションフィールド	説明
/ファイルの絶対パス	絶対パスで指定されたファイルあるいはデバイスファイルへ出力。「-/」で始まる場合は、書き込み後にsyncしない指定となる。これによりパフォーマンスの向上が見込める
｜名前付パイプ	メッセージを指定した名前付パイプに出力する。名前付パイプを入力としたプログラムがこのメッセージを読むことができる
@ホスト名	ログの転送先のリモートホストの指定
*	ログインしている全てのユーザへ送る（ユーザの端末に表示）
ユーザ名	ユーザ名で指定されたユーザへ送る（ユーザの端末に表示）

以下は、rsyslog.confの設定例です。

/etc/rsyslog.confの設定例（抜粋）①

```
*.info;mail.none    /var/log/messages   ←❶
mail.*              /var/log/maillog    ←❷
```

❶メール関連のログメッセージは頻繁なので除外し、それ以外の全てのファシリティのinfo以上のメッセージを/var/log/messagesに記録されるようにしている
❷mail関連のログは、全て/var/log/maillogに記録されるようにしている

また、デフォルトのrsyslog.confには、以下の記載があります。

/etc/rsyslog.confの設定例（抜粋）②

```
*.info;mail.none;authpriv.none;cron.none    /var/log/messages
```

mail、authpriv（プライベート認証）、cron以外の全てのファシリティのinfo以上のメッセージは「/var/log/messages」に記録します。

また、任意のファシリティ、任意のプライオリティのメッセージをrsyslogdデーモンに送るには、**logger**コマンドを使用します。

メッセージをrsyslogdデーモンに送る
logger [オプション] [メッセージ]

表8-2-4　loggerコマンドのオプション

オプション	説明
-f	指定したファイルの内容を送信する
-p	「ファシリティ.プライオリティ」を指定する。デフォルトは「user.notice」

以下は、ファシリティを「user」に、プライオリティを「info」に指定して、rsyslogdデーモンにメッセージ「Syslog Test」を送信しています。

loggerコマンドの実行

```
[...]# logger -p user.info "Syslog Test"   ←❶
[...]# tail /var/log/messages | grep Test  ←❷
Nov 10 19:02:19 centos7 yuko: Syslog Test

❶loggerコマンドでrsyslogdデーモンにメッセージを送信
❷/var/log/messagesに書き込まれたか確認
```

以下の例は、名前付きパイプ（FIFO）を作成し、「/var/log/messages」に書き込まれたメッセージを名前付きパイプを通じで読み込む例です。

名前付きパイプの使用

```
[...]# mkfifo /var/log/syslog.err.fifo    ←❶
[...]# ls -l /var/log/syslog.err.fifo
prw-r--r--. 1 root root 0 11月 11 10:37 /var/log/syslog.err.fifo  ←❷
[...]# vi /etc/rsyslog.conf
*.err              |/var/log/syslog.err.fifo  ←❸
[...]# systemctl restart rsyslog   ←❹
[...]# logger -p user.err "Syslog Test2"  ←❺
[...]# cat < /var/log/syslog.err.fifo  ←❻
2016-11-11T10:37:09.116062+09:00 centos7 yuko: Syslog Test2
```

❶FIFO（名前付きパイプ）を作成
❷ファイルタイプが「p」となっている
❸この1行を追加。これにより、err以上のメッセージを/var/log/syslog.err.fifo（パイプ）に渡す
❹rsyslogサービスを再起動
❺loggerコマンドでrsyslogdデーモンにメッセージを送信
❻syslog.err.fifoパイプから読み込み

8-2-3 ログファイルのローテーション

ログファイルのローテーションを行い、世代管理を可能にするツールとして**logrotate**コマンドが提供されています。週1回ローテーションをし、4世代前までの古いログファイルを残すといった管理が可能です。

図8-2-2　ログファイルのローテーション

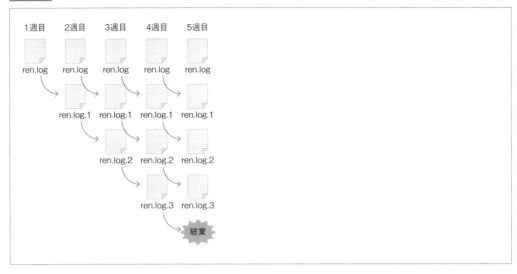

　各ファイルのローテーションの定義は、**/etc/logrotate.conf**ファイルで行います。このファイル内で、デフォルトの設定内容や、外部設定ファイル（/etc/logrotate.dディレクトリ以下のファイル）の読み込み指定がされています。

　以下は、logrotate.confの設定例です（コメント行は省略）。

/etc/logrotate.confの設定例（抜粋）

```
weekly        ←1週間間隔でローテーション
rotate 4      ←バックログを4つ取る
create        ←新規ログファイルをローテーション直後に作成
dateext       ←バックログの拡張子は日付

include /etc/logrotate.d    ←❶

/var/log/wtmp {   ←wtmpに関する個別定義
    monthly       ←1箇月間隔でローテーション
    create 0664 root utmp   ←❷
        minsize 1M    ←❸
    rotate 1      ←世代は1つのみ
}
…（以降省略）…
```

❶/etc/logrotate.dディレクトリ以下のファイルを読み込む
❷新規ログファイルの所有者はroot、所有グループはutmp、パーミッションは664
❸ファイルが1MBに達していなければローテーションしない

　logrotateコマンドにより、ログ名、間隔、回数を設定ファイルで指定してローテーションできます。通常、logrotateコマンドは/etc/cron.daily/logrotateスクリプトにより、1日1回実行されます。

ログのローテーション

logrotate [オプション] 設定ファイル

一般的には設定ファイルは/etc/logrotate.confを使用しますが、任意のファイルを指定することも可能です。

以下では、/etc/logrotate.confファイルで定義したローテーション間隔を「weekly」から「daily」に変更し、logrotateコマンドを実行しています。

ログのローテーションの設定

```
[...]# head -5 /etc/logrotate.conf
# see "man logrotate" for details
# rotate log files weekly
#weekly    ←weeklyをコメントアウト
daily      ←dailyを追加
[...]# ls /var/log/messages*   ←❶
/var/log/messages              /var/log/messages-20161031
/var/log/messages-20161018     /var/log/messages-20161108
/var/log/messages-20161023
[...]# logrotate /etc/logrotate.conf   ←logrotateコマンドの実行
[...]# ls /var/log/messages*   ←❷
/var/log/messages              /var/log/messages-20161108
/var/log/messages-20161023     /var/log/messages-20161111
/var/log/messages-20161031
```

❶現在のmessagesファイルで一番古いのは、messages-20161018
❷実行した日付 (20161111) ファイルが追加され、20161018のファイルは削除

8-2-4 systemd-journaldによるログの収集と管理

CentOS 7ではsystemd-journaldがカーネル、サービス、アプリケーションからそれぞれ、デバイスファイル/dev/kmsg、標準出力/標準エラー出力、ソケットファイル/dev/logを経由してログを収集します。

systemd-journaldは**systemd**パッケージに含まれており、システム立ち上げの初期段階でsystemdデーモンによってサービスの1つとして**systemd-journald.service**のなかから起動されます。

「/dev/log」は、Syslogプロトコル互換のインターフェイスであり、アプリケーションがライブラリ関数syslog()を実行して、ログメッセージを記録する時に使用されます。

「systemd-journald」は、収集したログを不揮発性ストレージ(/var/log/journal/{machine-id}/*.journal)、あるいは揮発性ストレージ(/run/log/journal/{machine-id}/*.journal)に構造化したバイナリデータとして格納します。不揮発性ストレージではシステムを再起動してもファイルは残りますが、揮発性ストレージでは再起動すると消えてしまいます。

図8-2-3　systemd-journaldによるログの収集/格納

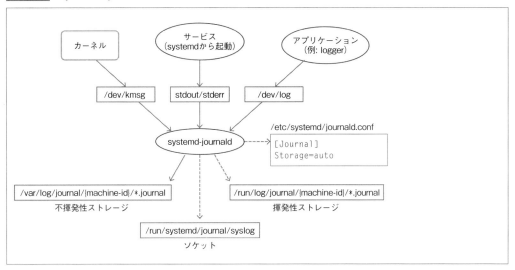

揮発性ストレージとして利用される「/run」には、「tmpfs」がマウントされています。tmpfsはカーネルの内部メモリキャッシュ領域に作成され、時にスワップ領域も使用されます。揮発性あるいは不揮発性ストレージのどちらに格納するかは、設定ファイル**/etc/systemd/journald.conf**のパラメータ**Storage**で指定します。

インストール時の/etc/systemd/journald.conf

```
[...]# cat /etc/systemd/journald.conf
… (途中省略) …
[Journal]
#Storage=auto
… (以降省略) …
```

パラメータで指定可能な値は、以下の3通りです。

表8-2-5　Storageの値

値	説明
auto	/var/log/journalディレクトリがあればその下に格納、なければ/run/log/journalの下に格納
persistent	/var/log/journalディレクトリの下に格納
volatile	/run/log/journalの下に格納

journald.confファイルでStorageの値を指定しなかった場合は、デフォルト値としてautoとなります。

8-2-5 rsyslogとの連携

systemd-journaldは単独のログ管理システムとして、ログの収集から格納、管理までを行う機能を持っていますが、CentOS 7ではrsyslogと連携し、ログの収集はsystemd-journaldが、収集したログの格納と管理はrsyslogが行うように構成されています。

systemd-journaldが収集したログをrsyslogdが処理する設定は、rsyslogdの設定ファイル**/etc/rsyslogd.conf**で行います。rsyslogd.confは主にグローバルディレクティブの記述とルールの記述から構成され、systemd-journaldが収集したシステムログの取り込みはグローバルディレクティブの記述により行います。

以下の図に示すように、systemd-journaldが格納した揮発性あるいは不揮発性ストレージから取り込む構成1の方法と、ソケット/run/systemd/journal/syslogから取り込む構成2の方法があり、CentOS 7では構成1がデフォルトの設定となっています。構成1と構成2ではグローバルディレクティブの記述が異なります。ルールの記述は同じです。

図8-2-4 rsyslog.confの設定

構成1（デフォルト）	構成2
systemd-journaldの揮発性または不揮発性ストレージから取り込む	ソケット /run/systemd/journal/syslog から取り込む
/etc/rsyslog.conf グローバルディレクティブの記述 $ModLoad imjournal　←imjournalモジュールのロード $OmitLocalLogging on　←ソケットから入力しない	/etc/rsyslog.conf グローバルディレクティブの記述 $ModLoad imuxsock　←imuxsockモジュールのロード $OmitLocalLogging off　←ソケットから入力する
ルールの記述 *.info;mail.none;authpriv.none　/var/log/messages authpriv.*　　　　　　　　　　　/var/log/secure mail.*　　　　　　　　　　　　　-/var/log/maillog	ルールの記述 *.info;mail.none;authpriv.none　/var/log/messages authpriv.*　　　　　　　　　　　/var/log/secure mail.*　　　　　　　　　　　　　-/var/log/maillog

構成1の場合は、imjournal（/usr/lib64/rsyslog/imjournal.so）モジュールにより、systemd-journaldが格納した揮発性あるいは、不揮発性ストレージから取り込みます。

構成2の場合は、imuxsock.so（/usr/lib64/rsyslog/imuxsock.so）モジュールにより、ソケット/run/systemd/journal/syslogから取り込みます。

この設定を有効にするには、以下のようにシンボリックリンクの作成し、syslog.serviceからrsyslog.serviceが起動するように設定します。この設定により、ソケット/run/systemd/journal/syslogが作成されます。

シンボリックリンクsyslog.serviceの作成

```
[...]# ln -s /lib/systemd/system/rsyslog.service /etc/systemd/system/syslog.service
```

このようにCentOS 7では、systemd-journaldとrsyslogdが連携する構成になっているので、systemd-journaldが揮発性ストレージ、あるいは不揮発性ストレージに格納した構造化されたバイナリデータをjournalctlコマンドにより検索/表示することができます。さらに、rsyslogdが

rsyslogd.confによって振り分けて格納した「/var/log/messages」「/var/log/secure」「/var/log/maillog」等のテキストデータをcat、less、tail、grepといったコマンドで表示することもできます。

8-2-6 journalctlコマンドによるログの表示

journalctlコマンドによりsystemd-journaldが収集し、構造化して格納したバイナリデータとしてのログを表示することができます。

syslogdやrsyslogd等、他のデーモンが収集したログを表示することはできません。journalctlコマンドはオプション指定や「フィールド=値」の指定により、さまざまな形でログの検索と表示ができます。

ログの検索と表示
journalctl [オプション] [フィールド=値]

表8-2-6 journalctlコマンドのオプション

オプション	説明
-b、--boot	IDで指定したブートから停止までのログを表示する 例1)「-b 1」1回目のブート　例2)「-b -1」前回のブート
-e、--pager-end	最新の部分までジャンプして表示する
-f、--follow	リアルタイムに表示する
-n、--lines	表示する最新のエントリ数を指定する。　例)「-n 15」で最新の15個を表示
-o、--output	出力形式の指定。　例)「-o verbose」で詳細情報を表示
-p、--priority	指定したプライオリティのログを表示する
-r、--reverse	逆順に表示する。最新のものが最上位に表示される
--no-pager	表示の時にページャを使用しない
--since	指定日時以降を表示する
--until	指定日時以前を表示する

「--since=」と「--until=」で指定した日時の範囲のログを表示することができます。「-p」あるいは「--priority=」の指定により、syslogプライオリティを指定して表示することができます。

表8-2-7 journalctlコマンドの主なフィールド値

フィールド	説明
PRIORITY	syslogプライオリティ。例) PRIORITY=4 (warning)
SYSLOG_FACILITY	syslogファッシリティ。例) SYSLOG_FACILITY=2 (mail)
_PID	プロセスID。例) _PID=588
_UID	ユーザID。例) _UID=1000
_KERNEL_DEVICE	カーネルデバイス名。例) _KERNEL_DEVICE=c189:256
_KERNEL_SUBSYSTEM	カーネルサブシステム名。例) _KERNEL_SUBSYSTEM=usb

「SYSLOG_FACILITY=」の指定により、syslogのファシリティコードを指定して表示することができます。なお、2つ以上の異なったフィールドを指定した場合は、どれにも一致したエントリが表示されます（複数条件のANDとなる）。また、2つ以上の同種のフィールドを指定した場合は、いずれかに一致したエントリが表示されます（複数条件のORとなる）。

以下の例では、journalctlコマンドを使用して、条件に該当するログを表示しています。

2016年6月19日9時から6月21日17時までのログを表示（抜粋）

```
[...]# journalctl --since="2016-06-19 09:00:00" --until="2016-06-21 17:00:00"
6月 20 23:02:39 localhost.localdomain systemd-journal[82]: Runtime journal is using 7.2M
…（途中省略）…
6月 21 14:30:01 centos7.localdomain systemd[1]: Started Session 110 of user root.
6月 21 14:30:01 centos7.localdomain CROND[21123]: (root) CMD (/usr/lib64/sa/sa1 1 1)
```

プライオリティがwarning以上のログを表示

```
[...]# journalctl -p warning
…（途中省略）…
6月 20 23:02:50 centos7.localdomain chronyd[505]: System clock wrong by 0.858926 seconds, adjustment started
6月 20 23:02:50 centos7.localdomain kernel: Adjusting kvm-clock more than 11% (9437186 vs 9311354)
…（以降省略）…
```

ファシリティがmail（ファシリティコード＝2）のログを表示

```
[...]# journalctl SYSLOG_FACILITY=2
…（途中省略）…
6月 20 23:02:44 centos7.localdomain postfix/postfix-script[1306]: starting the Postfix mail system
6月 20 23:02:44 centos7.localdomain postfix/master[1315]: daemon started -- version 2.10.1,
…（以降省略）…
```

□ Chapter8 | 運用管理

8-3 サーバ監視

8-3-1 サーバ監視ツール

　ITインフラ、eコマース/Webサービス等の普及に伴い、24時間365日稼働し続けるサービスが増えてきました。全サービスを安定稼働させるには、サービスが稼働しているシステムの状況を継続的に把握することが重要です。そのためにはサービスの状態の検査、サービスのログとシステムのログの検査、ハードウェアの状態の検査等、さまざまな面からの監視が必要です。大規模サービスを行っている環境であれば、監視するサーバも数百台という状況もあるため、監視を支援するためのツールが必要になります。

　サーバ監視ツールは定期的にサーバの稼働状況、システムリソースの状態、ネットワークの状態を監視し、システム障害、ネットワーク障害、アプリケーションの動作異常を検知した時は、管理者に通知する仕組みを持ちます。その後のシステムの復旧機能についてはツールによって違いがあります。

8-3-2 監視の種類

　サーバ監視には大きく分けて、以下の表に示す種類があります。

表8-3-1　監視の種類

監視の種類	概要
リソース監視	CPU、メモリ等のハードウェアに関する状況を監視
ネットワーク監視	ネットワークに関する状況を監視
アプリケーション監視	アプリケーション（Webサーバ、DBサーバ等）に関する状況を監視

8-3-3 代表的な監視ツール

　以下に、代表的な監視ツールを示します。

表8-3-2　主な監視ツール

ツール名	URL	概要
Nagios	https://www.nagios.org/ http://nagios.x-trans.jp/nagios/index.php	旧名Netsaint。古参の監視ツールの1つ。日本語ドキュメントも充実しており、企業への導入事例も多い。商用版として、「Nagios XI」が存在。GPLv2ライセンス
Zabbix	http://www.zabbix.com/ http://www.zabbix.jp/	エンタープライズ系の大規模な監視に向いている。特にネットワーク監視に強い。GPLv2ライセンス
Hinemos	http://www.hinemos.info/	独立行政法人情報処理推進機構（IPA）とNTTデータが協力して作成した監視ツール。日本で開発されたGPLv2ライセンスのツール

Xymon	https://www.xymon.com/	旧名「Hobbit」。古い監視ツールである、BigBrotherの置き換えとして開発
Thermostat	http://icedtea.classpath.org/thermostat/	Java言語の実行環境である、JVM (Java Virtual Machine) を監視するツール。ローカル環境やリモート環境に対応

本書ではこれらの監視ツールのなかから、**Nagios**と**Zabbix**を取り上げ、基本的な設定を紹介します。

8-3-4 Nagios

Nagiosとは、Ethan Galstad氏を中心としたコミュニティーで作成されたGPLv2ライセンスの監視ツールです。ネットワーク監視やリソース監視、ホスト上の独自のサービス等を監視することができます。

> Ethan Galstad氏は2007年にNagios Enterprise社を設立し、企業向けにNagiosをベースに改良した「Nagios XI」をサポートを付けて有償販売を行っています。また、当初はNetSaintという名前でしたが2002年にNagiosと改名しました。

Nagiosの特徴

Nagiosは、2000年前後から使用されている監視ツールの1つであるため利用者が多く、有志によって日本語化されています。以下に、Nagiosの特徴を挙げます。

・オープンソース（GPLv2）
・ネットワーク監視、ホストのリソース監視
・独自サービスを定義できるプラグイン機能
・自動ログローテーション
・管理者に対してメール等の通知を行う機能
・GUI（Webインターフェイス）機能

Nagiosの用語

Nagiosで使用される用語を以下の表に示します。

表8-3-3　Nagiosの主な用語

用語	説明
Nagios Core	Nagios本体。それ自体は監視はしない
プラグイン	監視を行うバイナリプログラム、あるいはスクリプト（シェル、Perl、Python、Ruby等）
オブジェクト	監視の単位。監視対象ホストや監視方法（サービス）を管理者がオブジェクトファイルで定義する
ホスト	監視対象ホスト。オブジェクトファイルで定義する
ホストグループ	ホストをグループ化した単位
サービス	監視方法。オブジェクトファイルで定義する
NRPE (Nagios Remote Plugin Executer)	監視対象のリモートホストにインストールする監視用プラグイン。Nagiosサーバ側にもインストールが必要

Nagiosの構成

　Nagiosの構成は以下のようになっています。Nagios自身は監視を行わず、プラグインが監視を行います。プラグインはNagiosとは別パッケージで管理されており、必要に応じてプラグインパッケージを導入します。プラグインに関しては後述します。

図8-3-1　Nagios全体構成

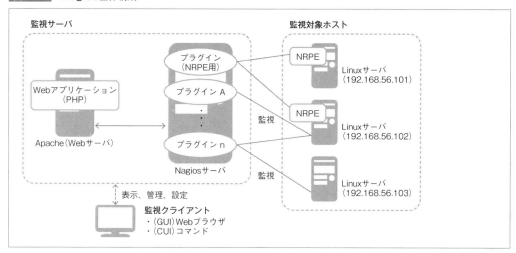

Nagiosのインストール

　Nagiosのインストールは、以下の手順で行います。

□ リポジトリの登録

　Nagios自体はCentOS 7の標準リポジトリにはないので、EPELリポジトリを追加してNagiosをインストールします。

EPELリポジトリの追加

```
[...]# yum install epel-release.noarch
…（実行結果省略）…
```

□ Webサーバのインストール

　Nagiosは、WebインターフェイスとしてWebアプリケーションを導入します。そのため、Webサーバの事前準備が必要です。Webアプリケーションで使用する言語はPHPであるため、PHP言語もインストールします。

ApacheとPHP言語のインストール

```
[...]# yum install httpd php
…（実行結果省略）…
```

□ Nagiosのインストール

Nagiosをインストールします。Nagiosは、**nagios**パッケージと**nagios-common**パッケージの2つです。

Nagiosのインストール

```
[...]# yum install nagios nagios-common
……（実行結果省略）……
```

□ Nagiosプラグインのインストール

Nagiosのプラグインをインストールします。Nagiosのプラグインは多くのパッケージで構成されているので、必要と思われるプラグインをインストールします。

プラグインのインストール

```
[...]# yum install nagios-plugins nagios-plugins-{ping,disk,users,procs,load,swap,ssh,http,nrpe} nrpe
…（実行結果省略）…
```

□ Webサーバの設定

NagiosのWebインターフェイスは、Webアプリケーションで提供されます。httpdの設定ファイル**/etc/httpd/conf.d/nagios.conf**に、動作するNagiosサーバのIPアドレス（本書では10.211.55.117/24）を追記します。追記方法を以下に示します。

- 22行目、52行目の「Require all granted」をコメントアウト
- 23行目、52行目の次行に、「Require ip 127.0.0.1 IPアドレス」を追加

Webインターフェイスの設定

```
[...]# vi /etc/httpd/conf.d/nagios.conf
…（途中省略）…
# Require all granted    ←コメントアウト
Require ip 127.0.0.1 10.211.55.117/24    ←IPアドレスを追加
…（途中省略）…
# Require all granted    ←コメントアウト
Require ip 127.0.0.1 10.211.55.117/24    ←IPアドレスを追加
…（以降省略）…
```

□ Nagiosの管理者ユーザの追加

Nagiosの管理者ユーザを追加します。管理者ユーザをApache上で管理するため、Apacheの**htpasswd**コマンド（→ p.661）を使用します。

Nagiosの管理者の登録

```
[...]# htpasswd /etc/nagios/passwd nagiosadmin    ←ユーザ「nagiosadmin」を追加
New password:   ←Nagiosの管理者のパスワードとして「training」を入力
Re-type new password:    ←再度、パスワード「training」を入力
Updating password for user nagiosadmin
```

□ firewalldの設定

firewalldが動作している場合、NagiosのWebインターフェイスに対するApacheへのアクセスがありますので、これを許可する必要があります。

firewalldで許可を追加

```
[...]# firewall-cmd --add-service=http --zone=public --permanent    ←Apacheへのアクセス
```

□ SELinuxの設定

監視サーバにSELinuxがEnforcing（強制モード）で動作している場合、デフォルトではNagiosに対するアクセスが拒否となっていることを確認後、変更します。

まずは現在のSELinuxの設定を確認します。

SELinuxの設定を確認

```
[...]# getsebool -a | grep nagios
logging_syslogd_run_nagios_plugins --> off    ←Nagiosのログに関する設定
nagios_run_pnp4nagios --> off    ←パフォーマンス収集に関する設定
nagios_run_sudo --> off    ←sudoで動作する設定
```

offになっている場合は拒否されているので、許可します。

SELinuxの設定を変更して確認

```
[...]# setsebool -P logging_syslogd_run_nagios_plugins on    ←Nagiosのログアクセスを許可
[...]# setsebool -P nagios_run_pnp4nagios on    ←Nagiosパフォーマンス収集への許可
[...]# setsebool -P nagios_run_sudo on    ←Nagiosのsudo実行を許可
[...]# getsebool -a | grep nagios    ←onになっているか確認
logging_syslogd_run_nagios_plugins --> on
nagios_run_pnp4nagios --> on
nagios_run_sudo --> on
```

□ Nagiosサーバの自動起動の設定と起動

Nagiosサーバの自動起動を設定し、起動します。

Nagiosの自動起動と起動の設定

```
[...]# systemctl enable nagios.service    ←Nagiosの自動起動の有効化
[...]# systemctl start nagios.service    ←Nagiosの起動
[...]# systemctl enable httpd.service    ←Apacheの自動起動の有効化
[...]# systemctl start httpd.service    ←Apacheの起動
```

□ Webインターフェイスでログイン

Webインターフェイス上でNagiosの動作確認を行います。Webブラウザを開き、次のURLでアクセスしてください。

http://サーバのIPアドレス/nagios/

ログイン認証画面が表示されます。ユーザ名に「nagiosadmin」、パスワードに「training」と入力し、ログインします。

図8-3-2　NagiosのWebインターフェイスでログイン

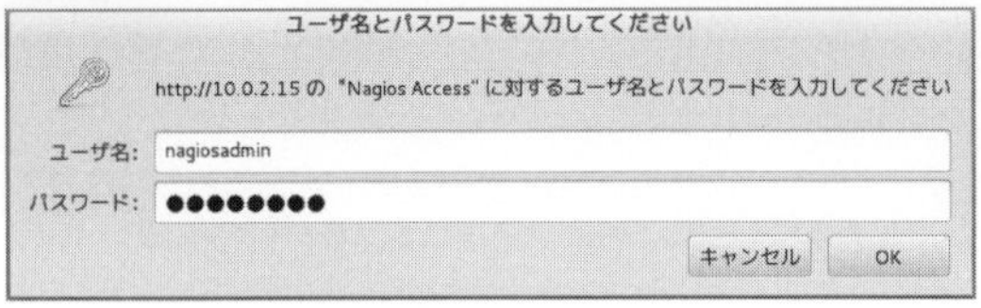

ログインに成功すると、Webインターフェイスのトップ画面が表示されます。トップ画面が表示がされれば、インストール終了です。

図8-3-3　NagiosのWebインターフェイスのトップ画面

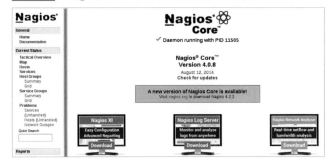

Nagiosのディレクトリ階層と設定ファイル

Nagiosのディレクトリ階層は、図8-3-4のようになっています。また、各ディレクトリやファイルは次のようになっています。

▷ **nagios.cfg**

　Nagios全体の設定を行います。ログや各ディレクトリの定義、オブジェクト設定ファイルの管理を行います。

▷ **cgi.cfg**

　Webインターフェイスの設定を行います。再起動なしに反映されます。

▷ **conf.d**

　管理者が作成するオブジェクトファイルを格納するディレクトリです。定義するオブジェクト毎に、ディレクトリを区切って定義ファイルを格納します。

▷resource.cfg

監視対象のサーバへログインする際のユーザやパスワード等、監視に必要なセキュリティ関連ファイルを設定します。

▷objectディレクトリ以下のファイル

オブジェクトファイルのテンプレートです。このディレクトリのなかにある定義内容を利用して、監視対象のオブジェクトファイルを作成します。詳しくは後述します。

図8-3-4　ディレクトリ階層

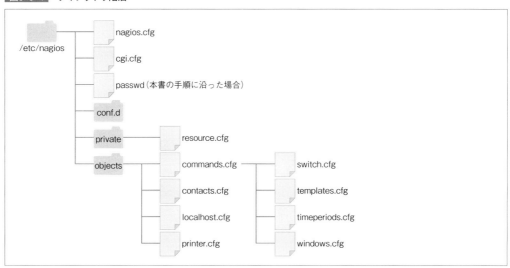

表8-3-4　ファイル一覧

ファイル名	説明
nagios.cfg	Nagios全体の設定ファイル
cgi.cfg	Webインタフェースの設定ファイル
passwd	Apacheが作成したパスワードファイル
conf.d	監視対象サーバの設定ファイル格納用ディレクトリ
private/resource.cfg	監視で使用するユーザやパスワード等を格納
objects/commands.cfg	一般的なコマンドに関する定義例
objects/contacts.cfg	異常が発生した場合の通知先の定義例
objects/localhost.cfg	ローカルホストに関連するサービス定義例
objects/printer.cfg	プリンタの定義例、主にヒューレット・パッカード社のプリンタを定義
objects/switch.cfg	スイッチに関するサービス定義
objects/templates.cfg	テンプレート定義例
objects/timeperiods.cfg	時間帯定義例
objects/windows.cfg	Windows関連の定義例

オブジェクトの追加

Nagiosに監視対象のオブジェクトを追加する手順を示します。今回は例として、IPアドレスが「10.211.55.120」である「server01.my-centos.com」の死活監視を例に取ります。

①nagios.cfgから、使用できるテンプレートとなるオブジェクトファイルを確認する。必要であれば、オブジェクトファイルのコメントを外す
②監視対象のオブジェクトファイルを作成する
③作成したオブジェクトファイルを/etc/nagios/conf.dディレクトリ以下に保存する
④Nagiosを再起動する
⑤Webインターフェイスで確認する場合は画面を再読み込みするか、Webブラウザを再起動する

> 死活監視とは、特定のパケットを定期的に送る等して、サーバの状態（サービスが正常に稼働しているかなど）を継続的に調べることです。

□ nagios.cfgの確認

nagios.cfgファイルを確認し、テンプレートとなるオブジェクトファイルが有効になっているかを確認します。死活監視は**templates.cfg**ファイルのなかにPINGに関する定義があるので、templates.cfgが有効になっていることを確認します（無効なものは、コメントアウトされています）。

/etc/nagios/objects以下のファイルが有効になっているかを確認

```
[...]# grep 'cfg_file=/etc/nagios/objects/' /etc/nagios/nagios.cfg
cfg_file=/etc/nagios/objects/commands.cfg        ←有効
cfg_file=/etc/nagios/objects/contacts.cfg        ←有効
cfg_file=/etc/nagios/objects/timeperiods.cfg     ←有効
cfg_file=/etc/nagios/objects/templates.cfg       ←有効
cfg_file=/etc/nagios/objects/localhost.cfg       ←有効
#cfg_file=/etc/nagios/objects/windows.cfg        ←有効ではない
#cfg_file=/etc/nagios/objects/switch.cfg         ←有効ではない
#cfg_file=/etc/nagios/objects/printer.cfg        ←有効ではない
```

□ オブジェクトファイルの作成

監視対象サーバに対するオブジェクトファイルを作成します。オブジェクトファイルは、Nagios上で作成します。監視対象サーバのホスト名を名前にすると管理がしやすいです。拡張子は「.cfg」としてください。

監視対象サーバ（オブジェクト名）の設定（複数指定可能）
```
define host{
    use         テンプレート内の定義名
    host_name   ホスト名
    alias       ホスト名の別名
    address     IPアドレス
    [ parents   他のdefine hostのホスト名 ]
}
```

```
監視方法の設定（複数指定可能）
define service{
    use                  テンプレート内の定義名
    host_name            ホスト名
    service_description  説明
    check_command        プラグイン名!引数!引数!
    ...（以降省略）...
}
```

- define host、define service共に、1ファイル内に複数定義可能
- define hostを複数定義した場合、parentsパラメータを定義可能（親子関係を定義）
- define hostのhost_unameとdefine serviceのhost_nameを同一にすることで、hostとserviceの紐付けができる
- プラグイン名の後ろの「!」は引数の区切り文字

「server01.my-centos.com」にPINGの死活監視をするオブジェクトファイルは、次のようになります。

オブジェクトファイル（server01.cfg）

```
01  define host{         ←ホストの定義
02      use              linux-server    ←テンプレートにある定義名
03      host_name        server01.my-centos.com  ←define serviceの「host_name」と合わせる
04      alias            server01        ←短縮した名前で表示する際に使用
05      address          10.211.55.120   ←監視するサーバのIPアドレス
06  }
07
08  define service{      ←監視方法の定義
09      use              generic-service ←テンプレートにある定義名
10      host_name        server01.my-centos.com  ←define hostの「host_name」と合わせる
11      service_description PING         ←任意 サービスの説明
12      check_command    check_ping!100.0,20%!500.0,60%   ←プラグイン名「!」以降は引数定義
13          ↑ (100.0,20%)「応答が100ms以上が20%だとウォーニング」
14            (500.0,60%)「応答が500ms以上が60%だとクリティカル」
15  }
```

□ オブジェクトファイルの保存

作成したオブジェクトファイルを、/etc/nagios/conf.dディレクトリ以下に保存します。

□ Nagiosの再起動

Nagiosを再起動することで、オブジェクトファイルが読み込まれます。もし、オブジェクトファイルの設定が異なっている場合は、「systemctl status nagios.service」や「journalctl -xe」、または「/var/log/nagios」以下のログファイルで詳細を確認します。

Nagiosの再起動

```
[...]# systemctl restart nagios.service
```

□ Webインターフェイスで確認

Webインターフェイスである Webブラウザを再読み込みするか再起動し、監視サーバの状態を確認します。ログイン後、画面左から「Current Status」以下にある、「Map」「Hosts」「Service」をそれぞれ選択し、「server01.my-centos.com」の状況を確認します。

図8-3-5　WebインターフェイスのMap画面

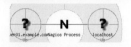

図8-3-6　WebインターフェイスのHosts画面

Limit Results: 100

Host	Status	Last Check	Duration	Status Information
localhost	UP	11-02-2016 20:09:50	0d 5h 4m 17s	PING OK - Packet loss = 0%, RTA = 0.06 ms
server01.example.com	UP	11-02-2016 20:09:07	0d 2h 32m 24s	PING OK - Packet loss = 0%, RTA = 0.36 ms

図8-3-7　WebインターフェイスのService画面

Limit Results: 100

Host	Service	Status	Last Check	Duration	Attempt	Status Information
localhost	Current Load	OK	11-02-2016 20:06:45	0d 5h 5m 0s	1/4	OK - load average: 0.00, 0.04, 0.05
	Current Users	OK	11-02-2016 20:07:59	0d 5h 4m 22s	1/4	USERS OK - 3 users currently logged in
	HTTP	WARNING	11-02-2016 20:09:13	0d 5h 3m 45s	4/4	HTTP WARNING: HTTP/1.1 403 Forbidden - 5179 bytes in 0.00
	PING	OK	11-02-2016 20:10:27	0d 5h 3m 7s	1/4	PING OK - Packet loss = 0%, RTA = 0.08 ms
	Root Partition	OK	11-02-2016 20:09:18	0d 5h 2m 30s	1/4	DISK OK - free space: / 35830 MB (87% inode=99%):
	SSH	OK	11-02-2016 20:07:22	0d 5h 1m 52s	1/4	SSH OK - OpenSSH_6.6.1 (protocol 2.0)
	Swap Usage	OK	11-02-2016 20:08:36	0d 5h 1m 15s	1/4	SWAP OK - 98% free (3874 MB out of 3967 MB)
	Total Processes	WARNING	11-02-2016 20:09:50	0d 5h 0m 37s	4/4	PROCS WARNING: 284 processes with STATE = RSZDT
server01.example.com	PING	OK	11-02-2016 20:08:21	0d 2h 33m 7s	1/3	PING OK - Packet loss = 0%, RTA = 0.40 ms

また、「Hosts」「Service」画面では、ホスト名「server01.my-centos.com」がリンク先になっており、それを選択することで監視対象サーバの詳細を確認することができます。

図8-3-8　監視対象サーバの詳細

Host State Information

Host Status:	UP (for 0d 2h 34m 16s)
Status Information:	PING OK - Packet loss = 0%, RTA = 0.36 ms
Performance Data:	rta=0.362000ms;3000.000000;5000.000000;0.000000 pl=0%;80;100;0
Current Attempt:	1/10 (HARD state)
Last Check Time:	11-02-2016 20:09:07
Check Type:	ACTIVE
Check Latency / Duration:	0.000 / 4.007 seconds
Next Scheduled Active Check:	11-02-2016 20:14:11
Last State Change:	11-02-2016 17:38:21
Last Notification:	N/A (notification 0)
Is This Host Flapping?	NO (0.00% state change)
In Scheduled Downtime?	NO
Last Update:	11-02-2016 20:12:32 (0d 0h 0m 5s ago)

Active Checks:	ENABLED
Passive Checks:	ENABLED
Obsessing:	ENABLED
Notifications:	ENABLED
Event Handler:	ENABLED
Flap Detection:	ENABLED

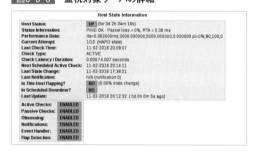

NRPEのインストール

NRPE（Nagios Remote Plugin Executer）とは、Nagiosの監視専用のプラグインです。NRPEをクライアントにインストールすることで、NRPEのポートを開けておくだけで監視を行うことができます。またNagios自体の負荷も下がります。

□ Nagiosサーバへのインストール

NRPEを使用するには、Nagiosサーバ側に以下に示すNRPE用のプラグインが設定されている必要があります。本書では、既にNagiosサーバのインストール時（→ p.372）にnrpeパッケージをインストールしています。

・nrpeパッケージ
・nagios-plugins-nrpeパッケージ

□ 監視対象サーバへのインストール

Nagios関連パッケージはCentOS 7の標準リポジトリにはないので、EPELリポジトリを追加します。

EPELリポジトリの追加

```
[...]# yum install epel-release.noarch
… (実行結果省略) …
```

NRPEを監視対象サーバにインストールします。nrpeパッケージはnagios-commonパッケージと依存関係があるので、一緒にインストールします。

NRPEのインストール

```
[...]# yum install nrpe nagios-common
… (実行結果省略) …
```

□ 設定ファイルの変更

設定ファイル（nrpe.cfg）の80行目辺りにあるパラメータ（以下の実行結果を参照）に、NagiosサーバのIPアドレス（本書では10.211.55.117）を追記します。

nrpe.cfgの編集

```
[...]# vi /etc/nagios/nrpe.cfg
… (途中省略) …
allowed_hosts=127.0.0.1,10.211.55.117   ← ,（カンマ）の後にnagiosサーバのIPアドレスを追記
… (以降省略) …
```

□ firewalldの設定

firewalldが動作している場合、NRPEは5666番ポートを使用しているので許可する必要があります。

firewalldで許可を追加

```
[...]# firewall-cmd --add-port=5666/tcp --zone=public --permanent   ←NRPEのポートを通す
```

□ NRPEの自動起動設定と起動

NRPEに自動起動の設定を行い、起動します。

NRPEの自動起動設定と起動

```
[...]# systemctl enable nrpe.service    ←NRPEの自動起動の設定
[...]# systemctl start nrpe.service     ←NRPEの起動
```

オブジェクトファイルの作成と確認

オブジェクトファイルを作成します。

□ オブジェクトの作成

Nagiosサーバ側のオブジェクトファイル**commands.cfg**に、NRPEの設定を追加します。

commands.cfgの追加

```
[...]# vi /etc/nagios/objects/commands.cfg
…（途中省略）…
# nrpe setup   ←次のNRPE定義内容をcommandsファイルの最後に追加
define command{
    command_name    check_nrpe
    command_line    $USER1$/check_nrpe -H $HOSTADDRESS$ -c $ARG1$
}
```

オブジェクトファイルを作成します。「server02.my-centos.com」のNRPEのPINGテストのオブジェクトファイルは以下のようになります。

オブジェクトファイル (server02.cfg)

```
01  define host{      ←ホストの設定
02      use           linux-server
03      host_name     server02.my-centos.com
04      alias         server02
05      address       10.211.55.121    ←server02のIPアドレス
06  }
07
08  define service{
09      use                  generic-service
10      host_name            server02.my-centos.com
11      service_description  NRPE PING TEST   ←NPREでPINGのテスト
12      check_command        check_nrpe!check_load
13  }
```

□ オブジェクトファイルの保存

作成したオブジェクトファイルを、/etc/nagios/conf.dディレクトリ以下に保存します。

□ Nagiosの再起動

ファイルを作成後、Nagiosサーバを再起動します。

Nagiosの再起動

```
[...]# systemctl restart nagios.service
```

NRPEを伴うNagiosの起動の場合、/tmp以下に作成されるNagiosの起動ファイルに関してSELinuxがエラーを出すことがあります。その場合、一度SELinuxをoffにして起動し、その後SELinuxを有効にします。

```
[...]# setenforce 0
[...]# systemctl restart nagios.service
[...]# setenforce 1
```

□ Webインターフェイスによる確認

Webインターフェイスを起動し、server02.my-centos.comのPINGテストを確認します。

図8-3-9　Webインターフェイス画面

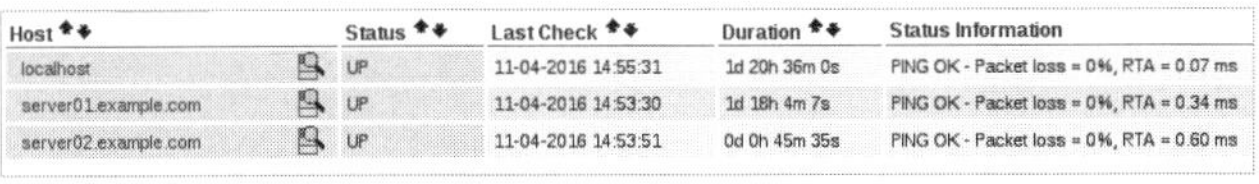

Host	Status	Last Check	Duration	Status Information
localhost	UP	11-04-2016 14:55:31	1d 20h 36m 0s	PING OK - Packet loss = 0%, RTA = 0.07 ms
server01.example.com	UP	11-04-2016 14:53:30	1d 18h 4m 7s	PING OK - Packet loss = 0%, RTA = 0.34 ms
server02.example.com	UP	11-04-2016 14:53:51	0d 0h 45m 35s	PING OK - Packet loss = 0%, RTA = 0.60 ms

□ その他の設定

Nagiosはオブジェクトファイルを作成することで、さまざまな監視を行うことができます。

本書では、詳細なオブジェクトファイルの作成は割愛します。詳細は次のURLを参照してください。

Nagios Core
https://assets.nagios.com/downloads/nagioscore/docs/nagioscore/4/en/toc.html

Nagios Core(日本)
http://nagios.fm4dd.com/docs/jp/

8-3-5 Zabbix

Zabbixとは、Zabbix SIA社が開発、提供してるGPLv2ベースの統合監視ツールです。ハードウェアやネットワーク監視、アプリケーションの監視、Webサイトの監視を行うことができます。収集された情報はDBサーバに格納されます。また、各種情報をGUIインターフェイスで確認可能です。

Zabbixの特徴

Zabbixは監視ツールとしては後発ですが、他の監視ツールと比較して扱いやすいので、デファクトスタンダードとして使用されています。以下にZabbixの特徴を挙げます。

- オープンソース（GPLv2）
- マルチプラットフォーム対応
- エージェントによるサーバ、クライアント方式
- 多数の監視機能をデフォルトで提供
- ダッシュボードによるわかりやすいGUI画面を提供
- 障害通知をメールや、カスタムスクリプトでチケット管理システムと連携可能

Zabbixの用語

Zabbixで使用される用語を、以下の表に示します。

表8-3-5 Zabbixの主な用語

用語	説明
Zabbixサーバ	Zabbixの本体
Zabbixエージェント	クライアントにインストールし、Zabbixサーバと通信して必要なデータを送信する
Zabbixユーザ	管理権限に応じて3種類存在
Zabbixグループ	ユーザを所属グループで権限を指定することができる
ホスト	監視対象になっているホスト
アプリケーション	アイテムを意味のあるグループにまとめたい場合に使用
アイテム	ホスト内にある、監視項目。1つのホストに複数のアイテムを設定可能
トリガー	アイテムに対する検知方法の設定
アクション	障害時や復旧時に実行する動作
マップ	ネットワーク上のホストをGUIで描画する機能
テンプレート	監視設定をテンプレート化して管理する機能

Zabbixの構成

Zabbixは以下のような構成になっています。主機能は**Zabbixサーバ**と**Zabbixエージェント**が行います。また、それらの情報を効率的に確認できるようにGUIツールが提供されています。GUIツールはWebアプリケーションで提供されているので、WebサーバやWebアプリケーション用の言語もインストールします。

▷Zabbixサーバ

Zabbixの本体です。

▷Zabbixエージェント

Zabbixサーバに必要な情報を提供します。監視対象サーバにインストールします。

▷DBサーバ

Zabbixが収集したデータを格納します。さまざまなDBサーバを選択することができますが、今回はMariaDBを使用します。

▷Webサーバ

GUI画面を提供します。今回は、Apacheを使用します。

▷Webアプリケーション用言語

PHP言語（バージョンは7）を使用します。Webサーバ上で動作します。

図8-3-10　Zabbix全体構成

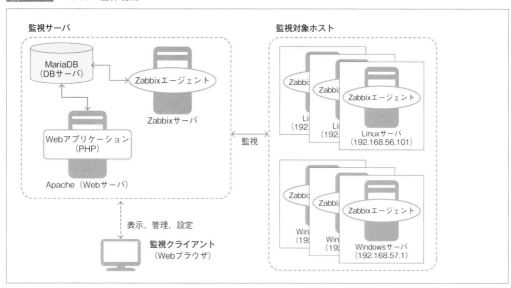

Zabbixサーバのインストール

Zabbixサーバを使用するには、「Zabbixの構成」で紹介した各種ソフトウェアをダウンロードしてインストールします。今回は、EPELで提供されているバージョン（2.2）を取り上げます。また、詳細は日本語化されたZabbixのマニュアルで確認することもできます。

Zabbixのマニュアル
https://www.zabbix.com/documentation/2.2/jp/manual

☐ リポジトリの登録

ZabbixサーバはCentOS 7の標準リポジトリにはないので、EPELリポジトリを追加してZabbixサーバをインストールします。

EPELリポジトリの追加
```
[...]# yum install epel-release.noarch
…（実行結果省略）…
```

☐ Webサーバ、DBサーバのインストール

Zabbixサーバは監視情報をDBサーバに格納するので、DBサーバであるMariaDBと、WebアプリケーションのためにWebサーバとPHPをインストールします。

MariaDB、httpd、PHPのインストール

```
[...]# yum install mariadb-server httpd php
…（実行結果省略）…
```

□ Zabbixのインストール

ZabbixサーバとエージェントのインストールをCUIで行います。同時にGUIインターフェイスのインストールも行っています。

Zabbixのインストール

```
[...]# yum install zabbix22 zabbix22-{web,agent,server,server-mysql,web-mysql}
…（実行結果省略）…
```

□ DBサーバの設定

Zabbixサーバが使用するためのデータベースと、管理者用ユーザを作成します。今回はMariaDB上で設定します。

表8-3-6　DBサーバの設定

設定	値
データーベース名	zabbix
管理者ユーザ名	zabbix
パスワード	任意（本書ではtraining）
その他	文字コードはUTF-8

MariaDBの自動起動を有効にしてから起動します。

DBサーバの設定

```
[...]# systemctl enable mariadb.service    ←MariaDBの自動起動の有効化
[...]# systemctl start mariadb.service     ←MariaDB起動
```

その後、DBサーバの事前準備として、ZabbixデータベースとZabbixユーザを作成します。

Zabbixサーバの事前準備

```
[...]# mysql -uroot    ←MariaDBにルート権限でログイン
Welcome to the MariaDB monitor.  Commands end with ; or \g.
…（途中省略）…
MariaDB [(none)]> create database zabbix character set utf8 collate utf8_bin;  ←❶
Query OK, 1 row affected (0.01 sec)

MariaDB [(none)]> grant all on zabbix.*to 'zabbix'@'localhost' identified by 'training';  ←❷
Query OK, 0 rows affected (0.00 sec)

❶MariaDBに「zabbix」データベースをUTF-8で作成
❷MariaDBに、zabbixユーザ（パスワードはtraining）を作成
```

実際にデータベースとユーザができたか確認します。確認後、MariaDBからログアウトします。MariaDBについては、「14-5 DBサーバ」（→ p.818）を参照してください。

データベースとユーザの確認

```
MariaDB [(none)]> show databases;
+--------------------+
| Database           |
+--------------------+
| information_schema |
| mysql              |
| performance_schema |
| test               |
| zabbix             |              ←Zabbixデータベースがあることを確認
+--------------------+
5 rows in set (0.00 sec)

MariaDB [(none)]> select user from mysql.user where user='zabbix';
+--------+
| user   |
+--------+
| zabbix |          ←Zabbixユーザがあることを確認
+--------+
1 row in set (0.00 sec)
MariaDB [(none)]> exit    ←MariaDBからログアウト
Bye
```

　Zabbixデータベース内に必要なテーブル定義や初期データを追加します。使用するコマンドの構文は以下になります。

テーブル定義や初期データの追加

mysql -uユーザ名 -pパスワード データベース名 < Zabbixサーバに追記するDBサーバ用スクリプト

Zabbixサーバのデータベースをマリアに追加

```
[...]# mysql -uzabbix -ptraining zabbix < /usr/share/zabbix-mysql/schema.sql
[...]# mysql -uzabbix -ptraining zabbix < /usr/share/zabbix-mysql/images.sql
[...]# mysql -uzabbix -ptraining zabbix < /usr/share/zabbix-mysql/data.sql
```

□ Webサーバの設定

　ZabbixサーバのGUIインターフェイスはWebアプリケーションで提供されるので、httpdの設定を追加します。**/etc/httpd/conf.d/zabbix.conf** ファイルの最後に、以下のパラメータを追記してください。

httpdの設定ファイルへ追記

```
[...]# vi /etc/httpd/conf.d/zabbix.conf
…（途中省略）…
php_value max_execution_time 300      ←1回の処理でPHPが強制終了する時間（秒）
php_value post_max_size 16M           ←アップロードする最大のサイズ（MB）
php_value max_input_time 300          ←アップロードを受け付ける最大時間（秒）
php_value date.timezone Asia/Tokyo    ←タイムゾーン設定（アジアの東京）
```

☐ Zabbixサーバの設定

　設定ファイル**/etc/zabbix/zabbix_server.conf**の110行目辺りに、DBサーバのZabbixユーザのパスワードを記述します。

Zabbixサーバの設定ファイルの変更

```
[...]# vi /etc/zabbix/zabbix_server.conf
…（途中省略）…
DBPassword=training    ←最初のコメント（#）を削除、パスワードを追加
…（以降省略）…
```

☐ firewalldの設定

　firewalldが動作している場合、Zabbixサーバ、Zabbixエージェント、ZabbixサーバのGUIインターフェイスを提供するApacheへのアクセスを許可する必要があります。

firewalldで許可を追加

```
[...]# firewall-cmd --add-port=10051/tcp --zone=public --permanent   ←❶
[...]# firewall-cmd --add-port=10050/tcp --zone=public --permanent   ←❷
[...]# firewall-cmd --add-service=http --zone=public --permanent     ←❸
```

❶Zabbixサーバ
❷Zabbixエージェント
❸Apacheへのアクセス

☐ SELinuxの設定

　ZabbixサーバにSELinuxがEnforcing（強制モード）で動作している場合、デフォルトではZabbixサーバに対するアクセスが拒否になっているので確認後、変更します。
　まずは、現在のSELinuxの設定を確認します。

SELinuxの設定を確認

```
[...]# getsebool -a | grep zabbix
httpd_can_connect_zabbix --> off   ←ApacheからZabbixサーバにアクセスする設定
zabbix_can_network --> off         ←Zabbixサーバが他のネットワークにアクセスする設定
```

　offになっている場合は拒否されているので、許可します。

SELinuxの設定を変更して確認

```
[...]# setsebool -P httpd_can_connect_zabbix on   ←❶
[...]# setsebool -P zabbix_can_network on         ←❷
[...]# getsebool -a | grep zabbix   ←onになっているか確認
httpd_can_connect_zabbix --> on
zabbix_can_network --> on
```

❶ApacheからZabbixサーバへのアクセスを許可
❷Zabbixサーバの他のネットワークへの許可

□ **Zabbixサーバの自動起動の設定と起動**

Zabbixサーバの自動起動を設定し、起動します。

自動起動設定と起動

```
[...]# systemctl enable zabbix-server.service   ←Zabbixサーバの自動起動追加
[...]# systemctl enable zabbix-agent.service    ←Zabbixエージェントの自動起動
[...]# systemctl enable httpd.service           ←Apacheの自動起動を追加
[...]# systemctl start  zabbix-server.service   ←Zabbixの起動
[...]# systemctl start  zabbix-agent.service    ←Zabbixエージェントの起動
[...]# systemctl start  httpd.service           ←Apacheの起動
```

上記の自動起動の設定コマンド「systemctl enable zabbix-server.service」の実行で「Failed to execute operation: No such file or directory」のエラーが出た場合は、以下のコマンドを実行することで対処してください。

```
[...]# rm /usr/lib/systemd/system/zabbix-server.service   ←❶
[...]# cp /etc/alternatives/zabbix-server-systemd /usr/lib/systemd/system/zabbix-server.service   ←❷
[...]# systemctl enable zabbix-server.service   ←❸
```

❶シンボリックリンクファイルを削除
❷シンボリックリンク先のファイルをコピー
❸コマンドの再実行

□ **GUIインターフェイスの初期設定**

GUIインターフェイスの初期設定を行います。Webブラウザを開き、次のURLでアクセスしてください。

http://サーバのIPアドレス/zabbix/

セットアップ画面が表示されます。確認後、「Next」❶をクリックします。

図8-3-11　Zabbix設定画面

PHP言語の確認画面です。全て「OK」❷になっていることを確認後、「Next」❸をクリックします。

図8-3-12　PHP言語の確認

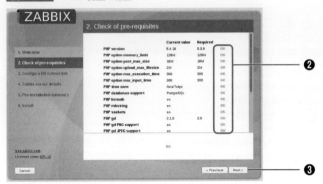

DBサーバの接続画面です。以下のように内容を変更してください❹。その後、「Test connection」❺をクリックし、上に「OK」が出ることを確認します。確認後、「Next」❻をクリックします。

表8-3-7　DBサーバの各パラメータと値

DBサーバのパラメータ	値
Database type	MySQL
Database host	localhost
Database port	3306
Database name	zabbix
User	zabbix
Password	training

図8-3-13　DBサーバ接続設定

Zabbixエージェントの確認画面です。そのまま「Next」❼をクリックします。

図8-3-14 エージェントの確認

DBサーバの最終確認画面です。内容を確認後、「Next」❽をクリックします。

図8-3-15 DBサーバの最終確認

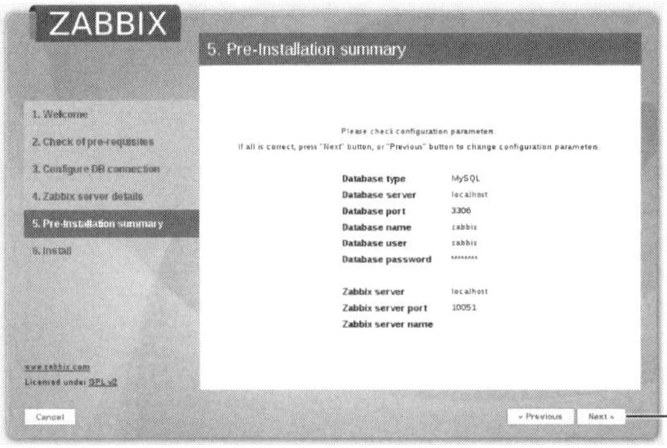

インストール終了画面です。内容を確認後、「Finish」❾をクリックします。

図8-3-16 インストール終了

Zabbixサーバの初期設定

Zabbixサーバのインストールができたら、初期設定を行います。

□ GUIインターフェイスのログインとログアウト

GUIインターフェイスにログインします。ユーザ名を「Admin」、パスワードを「zabbix」としてサインインします。

図8-3-17　ZabbixのGUIインターフェイスへのログイン

ログイン後、Zabbixの画面が表示されます。GUIインターフェイスからログアウトするには、画面右上にある、「logout」❶を選択します。

図8-3-18　Zabbixログイン後の画面

□ GUIインターフェイスの日本語化

ログイン後、Zabbixの画面の右上にある「Profile」❷を選択します。

図8-3-19　Profile選択

「Language」の項目から「Japanese(ja_JP)」❸を選択し、続けて「Save」❹をクリックしてください。

図8-3-20 日本語変更画面

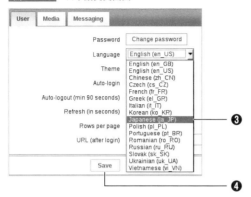

日本語に切り替わると自動的にトップ画面に遷移します。

図8-3-21 日本語画面

□ Zabbixサーバ自身を監視する

先に示した「Zabbixサーバのインストール」（→ p.383）で、Zabbixサーバ自身にエージェントをインストールしているので、Zabbixサーバ自身も監視することができます。

画面左上にある項目から「設定」→「ホスト」❶を選択します。名前欄に「Zabbix server」があるので、その行の一番右にある「ステータス」が「無効」❷になっていることを確認し、「無効」のリンクを選択します。

図8-3-22 Zabbixサーバの追加

選択すると、「ホストを有効にしますか？」という確認画面が出るので、「OK」❸を選択します。選択後、「ステータス」が「有効」❹になっていることを確認します。

図8-3-23　確認画面

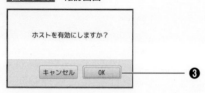

図8-3-24　有効化されたZabbixサーバ

Zabbixサーバの状態を確認します。画面左上から「監視データ」→「ダッシュボード」❺を選択してください。画面中央当たりの「システムステータス」に「Zabbix servers」❻があることを確認します。

図8-3-25　Zabbix Servers

「Zabbix servers」を選択し、監視データを確認します。定期的に監視されていることを確認します。

図8-3-26　監視データ

画面左上にある項目から「監視データ」→「グラフ」❼を選択し、続けてグラフの項目を次のように選択し、グラフが表示されることを確認します。

- **グループ**：Zabbix servers
- **ホスト**：Zabbix server
- **グラフ**：Zabbix server performance

図8-3-27　監視グラフ

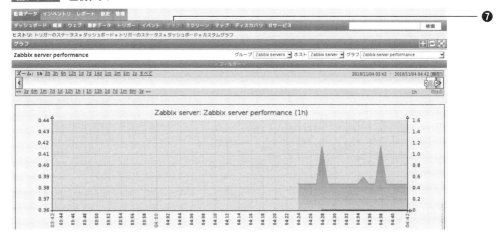

監視対象サーバの設定（インストール）

Zabbixは監視対象サーバ先にエージェントをインストールすることによって、監視を行うことができます。監視を行う全てのサーバにインストールを行います。

□ EPELリポジトリの登録

Zabbixサーバ同様、標準リポジトリにはZabbixエージェントのパッケージはないため、EPELリポジトリを登録します。

EPELリポジトリの追加

```
[...]# yum install epel-release.noarch
… (実行結果省略) …
```

□ Zabbixエージェントのインストール

Zabbixエージェントをインストールします。

エージェントのインストール

```
[...]# yum install zabbix22 zabbix22-agent
… (実行結果省略) …
```

□ firewalldの設定

firewalldが動作している場合、Zabbixエージェントのポート10050を許可する必要があります。

firewalldで許可を追加

```
[...]# firewall-cmd --add-port=10050/tcp --zone=public --permanent
↑Zabbixエージェントのアクセス
```

□ SELinuxの設定

監視サーバにSELinuxがEnforcing（強制モード）で動作している場合、デフォルトではZabbixエージェントに対するアクセスが拒否になっているので確認後、変更します。

まずは、現在のSELinuxの設定を確認します。

SELinuxの設定を確認

```
[...]# getsebool -a | grep zabbix
httpd_can_connect_zabbix --> off    ←Zabbixエージェントだけ動作させるので不要
zabbix_can_network --> off    ←Zabbixが他のネットワークにアクセスする設定
```

上記の「zabbix_can_network」を「on」にします。

SELinuxの設定を変更して確認

```
[...]# setsebool -P zabbix_can_network on
↑Zabbixの他のネットワークへの許可
[...]# getsebool -a | grep zabbix    ←onになっているか確認
httpd_can_connect_zabbix --> off
zabbix_can_network --> on
```

□ Zabbixエージェントの起動設定

設定ファイル**/etc/zabbix/zabbix_agentd.conf**の「Server」と「ServerActive」パラメータにZabbixサーバのホスト名か、IPアドレス情報を追加します。修正箇所は80行目、120行目辺りです。また、130行目辺りのパラメータには、自分のホスト名を記述します（本書ではserver01.my-centos.com）。

zabbix_agentd.confの編集

```
[...]# vim /etc/zabbix/zabbix_agentd.conf
…（途中省略）…
Server=10.211.55.117    ←❶
…（途中省略）…
ServerActive=10.211.55.117    ←❷
…（途中省略）…
Hostname=server01.my-centos.com    ←❸
```

❶先頭の#を削除し、ZabbixサーバのIPアドレス、またはホスト名を記述
❷同様
❸先頭の#を削除し、監視対象サーバのホスト名を記述

最後に、Zabbixエージェントの自動起動設定と起動を行います。

自動起動設定と起動
```
[...]# systemctl enable zabbix-agent.service   ←Zabbixエージェントの自動起動
[...]# systemctl start  zabbix-agent.service   ←エージェントの起動
```

監視対象サーバの追加と設定

監視対象サーバを追加し、監視するには次のようにします。

①監視対象サーバをホストとして登録
②ホストにアプリケーションを登録
③ホストにアイテムを登録
④Zabbix上で確認する

□ ホストの登録

監視対象サーバをホストとして登録するには、次の手順で行います。

画面左上にある項目から「設定」→「ホスト」を選択します。その後、「ホストの設定」欄の右端にある、「ホストの作成」を選択します。

図8-3-28　ホストの作成

以下の表を参考にして、ホストに必要な項目を記述します（これは本書の例です）。記述後に「保存」を選択します。

表8-3-8　例となる監視対象サーバの値

パラメータ	値
ホスト名	server01.example.com
表示名	server01
グループ	Linux servers
エージェントのインターフェイス	10.211.55.120

登録が終了すると最初の画面に戻り、監視対象サーバの一覧で確認することができます。

□ アプリケーションの登録

図8-3-29の画面から、「server01」行の「アプリケーション」❶を選択します。

図8-3-29　アプリケーションの作成①

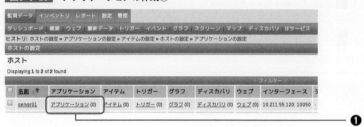

画面右端にある、「アプリケーションの作成」❷を選択します。

図8-3-30　アプリケーションの作成②

アプリケーション名は任意で構いません。今回は「Server Check」❸とし、「保存」❹をクリックしてください。

図8-3-31　アプリケーションの作成③

保存が完了すると、アプリケーション一覧画面に進みます。

図8-3-32　アプリケーションの作成④

□ アイテムの登録

ホストにアイテムを追加します。画面左上にある項目から「設定」→「ホスト」❶を選択し、「server01」行の「アイテム」❷を選択します。

図8-3-33　アイテムの作成①

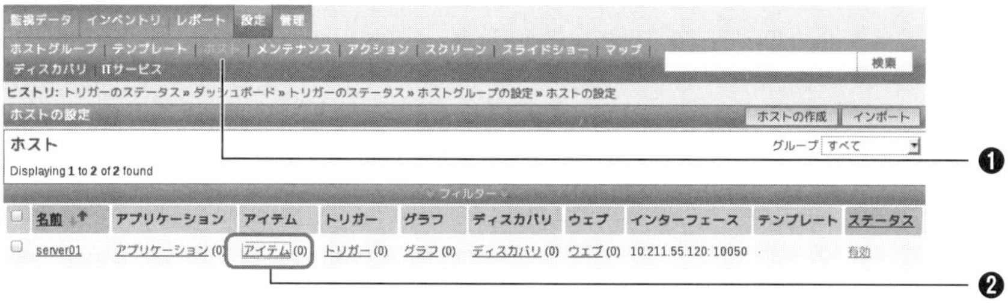

画面右端にある、「アイテムの作成」❸を選択します。

図8-3-34　アイテムの作成②

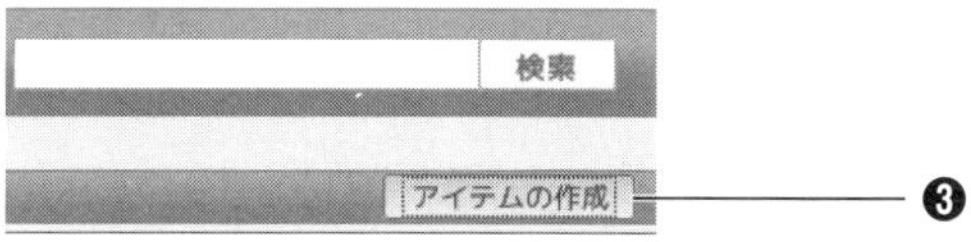

設定画面に遷移するので、次の表のような内容で、PINGで死活監視をするアイテムを作成します。

表8-3-9　アイテム設定

パラメータ	値	説明
名前	PING check	任意
タイプ	Zabbixエージェント	監視タイプ。「Zabbixエージェント」とはパッシブに情報を集める監視タイプ
キー	agent.ping	タイプが使用できる値。タイプによってキーの値が異なる。詳細は以下で確認 https://www.zabbix.com/documentation/2.2/jp/manual/config/items/itemtypes/zabbix_agent
ホストインターフェイス	監視対象サーバを担当するエージェント	Zabbixエージェントの場合は該当の監視対象サーバ先で動作しているため、同じIPアドレスを指定
データ型	数値（整数）	表示するデータの表現方法。整数、少数やログ、文字列等がある
例外の更新間隔の作成	30	更新する秒や期間を設定
アプリケーション	Server Check	グループ化させたいアプリケーションを指定

「保存」を選択すると、アイテム一覧の画面に遷移します。

□ Zabbix上で確認

Zabbix上で監視が行われているか確認します。画面左上にある項目から「監視データ」→「最新データ」を選択します。「アイテム」欄にある、グループとホストを以下のように選択し、表示を絞り込みます。

・**グループ**：Linux servers
・**ホスト**　：server01

図8-3-35　表示の絞り込み条件

グループ Linux servers
ホスト server01

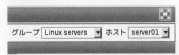

アプリケーション名として、「Server Check」、そのなかに入っている監視項目として、「PING check」があることを確認します。

図8-3-36　表示の絞り込み条件

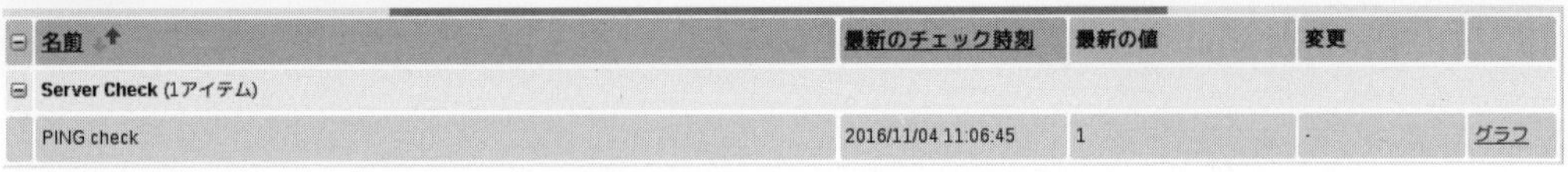
名前
最新のチェック時刻
最新の値
変更
Server Check (1アイテム)
PING check
2016/11/04 11:06:45
1
-
グラフ

□ その他の設定

他にも、「トリガー」(閾値を超えることを、ログやメールで報告する仕組み)等の設定もありますが、本書では割愛します。より多くの設定情報を確認する場合は、マニュアルを参考にしてください。

> **Zabbixのマニュアル**
> https://www.zabbix.com/documentation/2.2/jp/manual

Chapter8 | 運用管理

8-4 リモート管理

8-4-1 文字型端末を利用したログイン（SSH）

インターネット上のサーバやLAN上のサーバにネットワークを介してログインしてリモート管理を行うには、**グラフィカル端末**を利用する方法と**文字型端末**を利用する方法があります。

サーバをGUIでなくCUI（コマンドライン）で管理する場合はグラフィカル端末を利用する必要はなく、文字型端末を利用できます。文字型端末の場合はグラフィカル端末に較べてサーバの負荷やネットワークトラフィックを軽減することができます。

文字型端末の場合は、公開鍵認証／公開鍵暗号によるセキュリティの高い通信ができるSSH（Secure Shell）が広く使われています。特にインターネット上に公開するサーバの場合、クライアントIPでフィルタリングする等の場合を除き、以下のようなセキュリティ上の配慮が必要です。

- パスワード認証は許可しない。公開鍵認証を使用する
- rootでのログインを許可しない
- セキュリティをさらに強化する場合、2段階認証を行う

SSHの設定

SSHサーバとSSHクライアントの設定を行います。以下は公開鍵認証の一般的な設定手順です。SSHの詳細は、「15-5 SSH」（→ p.888）を参照してください。

□ SSHサーバの設定

SSHサーバでは、設定ファイル**/etc/ssh/sshd_config**を以下のように編集します。

- パスワード認証は許可しない。公開鍵認証を使用する
- rootでのログインを許可しない

以下は、SSHサーバ「centos7-server1.localdomain」での設定例です。

/etc/ssh/sshd_configの編集（抜粋）

```
[root@centos7-server1 ~]# vi /etc/ssh/sshd_config
…（途中省略）…
PubkeyAuthentication yes      ←❶
PermitRootLogin no            ←❷
PasswordAuthentication no     ←❸
AuthorizedKeysFile    .ssh/authorized_keys    ←❹
[root@centos7-server1 ~]# systemctl restart sshd    ←❺
```

❶公開鍵認証を許可する（デフォルト）
❷rootでのログインを許可しない
❸パスワード認証を許可しない
❹公開鍵格納ファイル名を指定（デフォルト）
❺sshdの再起動により編集した設定ファイルを再読み込みする

□ **SSHクライアントの設定**

公開鍵認証のためのキーペア（**秘密鍵**と**公開鍵**）を作成し、そのうちの公開鍵をSSHサーバの「~/.ssh/authorized_keys」に登録します。

以下は、ホスト「centos7.localdomain」上でユーザyukoがキーペアを**ssh-keygen**コマンドで作成する例です。ここではssh-keygenコマンドのオプションに「-t dsa」を指定し、DSA（Digital Signature Algorithm）方式で使用されるキーペアを生成しています。

秘密鍵を格納するファイル名をデフォルト（~/.ssh/id_dsa）ではなく、「/home/yuko/.ssh/id_dsa.centos7」と指定しています（複数のサーバで異なったキーペアを作成して使用する場合はそれぞれに異なったファイル名を付けます）。

キーペアの作成

```
[yuko@centos7 ~]$ ssh-keygen -t dsa
Generating public/private dsa key pair.
Enter file in which to save the key (/home/yuko/.ssh/id_dsa) :/home/yuko/.ssh/id_dsa.centos7  ←❶
Enter passphrase (empty for no passphrase) :  ←❷
Enter same passphrase again:  ←❸
… （以降省略）…

[yuko@centos7 ~]$ ls -ld .ssh
drwx------. 2 yuko yuko 52 11月 10 18:01 .ssh    ←/home/yukoの下に「.ssh」ディレクトリが作成される
[yuko@centos7 ~]$ ls -l .ssh
合計 8
-rw-------. 1 yuko yuko 751 11月  9 21:12 id_dsa.centos7       ←作成された秘密鍵
-rw-r--r--. 1 yuko yuko 614 11月  9 21:12 id_dsa.centos7.pub   ←作成された公開鍵
```

❶格納するファイル名を指定
❷秘密鍵のパスフレーズ入力
❸秘密鍵のパスフレーズ再入力

この後、公開鍵id_dsa.centos7.pubをSSHサーバ（例：centos7-server1.localdomain）の「~/.ssh/authorized_keys」に登録します。

キーの登録方法は、「15-5 SSH」（→ p.888）を参照してください。

□ **SSHサーバへのログイン**

以上でクライアント側の準備が完了したので、SSHサーバ「centos7-server1.localdomain」にログインして作業します。

SSHサーバcentos7-server1.localdomainにログイン

```
[yuko@centos7 ~]$ ssh -i ~/.ssh/id_dsa.centos7 centos7-server1
The authenticity of host 'centos7-server1 (172.16.100.21)' can't be established.
ECDSA key fingerprint is 7c:69:e7:e5:71:87:a9:c2:67:2a:4f:fe:56:a4:c2:fa.
Are you sure you want to continue connecting (yes/no) ? yes  ←❶
Warning: Permanently added 'centos7-server1,172.16.100.21' (ECDSA) to the list of known hosts.
Enter passphrase for key '/home/yuko/.ssh/id_dsa.centos7':  ←❷
Last login: Thu Nov 10 17:02:38 2016 from 172.16.100.11
[yuko@centos7-server1 ~]$  ←❸
```

❶SSHサーバのフィンガープリントを受け入れる
❷秘密鍵のパスフレーズを入力

❸サーバにログインした後、コマンドプロンプトが表示される。この後、コマンドラインにより作業をする

SSHサーバの**フィンガープリント**（fingerprint：指紋）は、SSHサーバの公開鍵の値をハッシュ関数で計算したもので、偽でない正当なサーバであることをユーザが目視で確認するためのものです。

screenコマンド

screenは、文字型端末のスクリーンを管理するコマンドです。画面分割、ネットワーク接続が切断された時の再接続、複数ユーザでの画面共有等の機能があり、文字型端末でサーバを管理する際に便利なコマンドです。

screenコマンドは「/usr/share/terminfo」以下の**terminfo**データベースを参照して、元端末（screenを起動する前の端末）の画面制御を行います。screenコマンドの起動後に提供されるスクリーンでは、VT100端末のエミュレーションにより、VT100端末と同等の動作が行われます。screenコマンドを使用するには標準リポジトリから提供される、**screen**パッケージをインストールします。

screenパッケージのインストール

```
[...]# yum install screen
…（実行結果省略）…
```

以下は、screenコマンドを実行後に画面を2つの領域（リージョン）に分割し、それぞれのリージョンでシェルを起動した例です。画面の操作は「Ctrl-a」（[Ctrl]と[a]キーを同時に押す）に続けて、コマンドに対応した1文字（[Ctrl]キーは不要）を入力することで行います。

図8-4-1　screenコマンドの実行画面

以下の操作により、上記の画面となります。

①screenコマンドを実行（画面内にscreen0が生成される）
②[Ctrl]＋[a]に続けて「S」を入力：画面を上下2つの領域（リージョン）に分割（上のリージョンがscreen0、下のリージョンがscreen1。入力フォーカスはscreen0）
③screen0で「hostname」コマンドと「date」コマンドを実行
④[Ctrl]＋[a]に続けて[Tab]を入力：入力フォーカスが下のリージョンであるscreen1に移動

⑤[Ctrl] + [a] に続けて [c] を入力：シェルを生成
⑥screen1で「pwd」コマンドと「ls」コマンドを実行

表8-4-1　主な「Ctrl-a」コマンド

コマンド (Ctrl-aに続く1文字はCtrl不要)	説明
Ctrl-a c	新しいウィンドウとシェルを生成し、そのウィンドウに切り替える (create)
Ctrl-a n	次のウィンドウに切り替える (next)
Ctrl-a *	現在アタッチしている全ての画面のリストを表示する (display)
Ctrl-a k	現在のウィンドウを破棄する (kill)
Ctrl-a d	現在の端末から screen を切り離す (detach)
Ctrl-a S	現在のリージョンを 2 つに分ける (Split)
Ctrl-a [tab]	入力フォーカスを次のリージョンに切り替える (focus)
Ctrl-a X	現在のリージョンを破棄する (remove)

　以下は、ローカルホスト「centos7」からSSHサーバ「centos7-server1」にログインして、screenコマンドを実行し、screen端末のなかで作業をします。途中でcentos7-server1との接続が切れます（あるいは「Ctrl-a」に続けて「d」を入力してスクリーンを切り離す）。その後、再度SSHサーバcentos7-server1にログインして、「screen -r」コマンドを実行し、接続が切断する前のscreen端末に再接続します。
　これにより、screen端末のバッファに保持されていた切断前のデータが復活し、切断時の状態から継続して作業ができます。

リモートサーバ上でのscreenコマンドの実行→切断→再接続

```
[yuko@centos7 ~]$ ssh -i ~/.ssh/id_dsa.centos7 centos7-server1    ←❶
Enter passphrase for key '/home/yuko/.ssh/id_dsa.centos7':    ←❷
Last login: Fri Nov 11 01:23:15 2016 from 172.16.100.11
[yuko@centos7-server1 ~]$ screen    ←❸
[yuko@centos7-server1 ~]$ ps -ef |grep    -i screen
yuko       13747 13629  0 01:34 pts/2    00:00:00 screen    ←❹
yuko       13748 13747  0 01:34 ?        00:00:00 SCREEN    ←❺
[yuko@centos7-server1 ~]$
… (各種コマンドを実行して作業を行う) …

Connection to centos7-server1 closed by remote host.    ←❻
Connection to centos7-server1 closed.

[yuko@centos7 ~]$ ssh -i ~/.ssh/id_dsa.centos7 centos7-server1    ←❼
[yuko@centos7-server1 ~]$ ps -ef |grep -i screen
yuko       13748     1  0 01:34 ?        00:00:00 SCREEN    ←❽
[yuko@centos7-server1 ~]$ screen -r    ←❾
… (screen端末のバッファに保持されていた切断前の作業内容が表示される) …

[yuko@centos7-server1 ~]$    ←❿
```

❶sshでSSHサーバcentos7-server1にログイン
❷秘密鍵のパスフレーズを入力
❸サーバにログイン後、screenコマンドを実行
❹実行されたscreenコマンド

❺screen端末用プロセス
❻SSHサーバcentos7-server1との接続が切れる
❼再度、SSHサーバcentos7-server1にログイン
❽接続が切れる前のscreen端末用プロセスが稼働している
❾「screen -r」コマンドを実行して、接続が切れる前のscreen端末に再接続
❿切断時の状態から継続して作業ができる

8-4-2 グラフィカル端末（VNC）を利用したログイン

VNC（Virtual Network Computing）は**RFB**（Remote Frame Buffer）プロトコルにより、リモートマシンのグラフィカルデスクトップをローカルマシンのデスクトップ内で共有します。VNCを利用して、ローカルマシン上でリモートマシンのデスクトップの表示/操作を行うことができます。

図8-4-2　VNCの概要

以下は、ユーザyukoがリモートマシンcentos7-server1のデスクトップを、ローカルマシンのデスクトップ内に表示する例です。

図8-4-3　リモートマシンcentos7-server1のデスクトップを表示

VNCのインストール

CentOS 7の場合、VNCを使うには以下のパッケージをインストールします。どちらのパッケージもCentOS 7の標準リポジトリで提供されています。

- **VNCサーバ**：tigervnc-server
- **VNCクライアント**：vinagre

VNCサーバパッケージのインストール（rootがcentos7-server1にインストール）

```
[root@centos7-server1 ~]# yum install tigervnc-server
…（実行結果省略）…
```

VNCクライアントパッケージのインストール（rootがcentos7にインストール）

```
[root@centos7 ~]# yum install vinagre
…（実行結果省略）…
```

以下の例では、サーバ「centos7-server1」上でVNCサーバ（Xvnc）が2つ起動しています。そのなかで、ユーザyukoが1つ、ユーザryoが1つのVNCサーバを起動しています。yukoは1つのVNCクライアント（vinagre）で2台のサーバ（centos7-server1、centos7-server2）を管理しています。

図8-4-4　VNCサーバを利用したサーバ管理の例

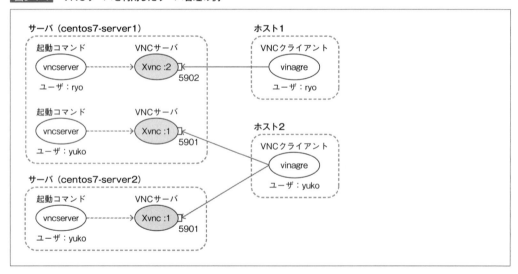

VNCサーバの設定

VNCサーバは、**vncserver**コマンドにより起動します。

VNCサーバの起動

vncserver [オプション]

表8-4-2　vncserverコマンドのオプション

オプション	説明
-geometry 幅x高さ	デスクトップ解像度の指定。デフォルトは1024x768 例1）-geometry 1600x800　例2）-geometry 640x480
-rfbauth ファイル名	パスワードファイルの指定。デフォルトは~/.vnc/passwd
-rfbport ポート番号	待機ポート番号の指定。デフォルトは1個目のXvncが5901、2個目のXvncが5902、...と割り当てられる
-localhost	ローカルホストからのリクエストだけを受け付ける。リモートからのリクエストは受け付けない。セキュリティ強化のためにSSHポート転送を利用する時に指定する

vncserver（/usr/bin/vncserver）は、Perl言語で書かれたスクリプトです。適切な引数を付けてVNCサーバXvncを起動します。以下は、ユーザyukoが初めてvncserverコマンドを実行してVNCサーバXvncを起動する例です。

VNCサーバを起動

```
[yuko@centos7-server1 ~]$ vncserver

You will require a password to access your desktops.

Password:    ←VNCサーバへ接続する時のパスワードを設定
Verify:      ←パスワードの再入力

New 'centos7-server1.localdomain:1 (yuko)' desktop is centos7-server1.localdomain:1

Creating default startup script /home/yuko/.vnc/xstartup
Starting applications specified in /home/yuko/.vnc/xstartup
Log file is /home/yuko/.vnc/centos7-server1.localdomain:1.log
```

「/etc/hostname」に指定したホスト名を「/etc/hosts」に登録しておく必要があります。正しく登録していない場合は、vncserverの起動時に「bad display name」のエラーが表示されます。

VNCサーバXvncの停止は「vncserver -kill :ディスプレイ番号」を実行します。「kill VNCサーバPID」でも停止できます。

VNCサーバを停止

```
[yuko@centos7-server1 ~]$ ps -ef |grep Xvnc
yuko     23885     1  0 09:27 pts/4    00:00:00 /usr/bin/Xvnc :1 -desktop centos7-server1.localdomain:1 (yuko) -auth /home/yuko/.Xauthority -geometry 1024x768 -rfbwait 30000 -rfbauth /home/yuko/.vnc/passwd -rfbport 5901 -fp catalogue:/etc/X11/fontpath.d -pn
[yuko@centos7-server1 ~]$ vncserver -kill :1
Killing Xvnc process ID 23885
```

以下は、ユーザyukoによるVNC接続と、ユーザryoによるVNC接続の状態を、「ps -ef」「lsof -i」「netstat -t -p」の各コマンドでrootユーザから確認しています。

VNCサーバの起動と接続の確認

```
[root@centos7-server1 ~]# ps -ef |grep Xvnc    ←❶
yuko      5065     1  0 00:54 ?        00:00:01 /usr/bin/Xvnc :1 -desktop centos7-
server1.localdomain:1 (yuko)  -auth /home/yuko/.Xauthority -geometry 640x480 -rfbwait
30000 -rfbauth /home/yuko/.vnc/passwd -rfbport 5901 -fp catalogue:/etc/X11/fontpath.d -pn
ryo       6881     1  0 15:56 pts/1    00:00:00 /usr/bin/Xvnc :2 -desktop centos7-
server1.localdomain:2 (ryo)  -auth /home/ryo/.Xauthority -geometry 640x480 -rfbwait 30000
-rfbauth /home/ryo/.vnc/passwd -rfbport 5902 -fp catalogue:/etc/X11/fontpath.d -pn

[root@centos7-server1 ~]# lsof -i |grep Xvnc    ←❷
Xvnc      5065    yuko    8u  IPv4  43917      0t0  TCP *:5901 (LISTEN)
Xvnc      5065    yuko    9u  IPv6  43918      0t0  TCP *:5901 (LISTEN)
Xvnc      5065    yuko   22u  IPv4  49556      0t0  TCP centos7-server1.localdomain:5901-
>centos7.localdomain:58326 (ESTABLISHED)    ←❸
Xvnc      6881    ryo     8u  IPv4  359054     0t0  TCP *:5902 (LISTEN)
Xvnc      6881    ryo     9u  IPv6  359055     0t0  TCP *:5902 (LISTEN)
Xvnc      6881    ryo    26u  IPv4  387875     0t0  TCP centos7-server1.localdomain:5902-
>centos7.localdomain:54506 (ESTABLISHED)    ←❹

[root@centos7-server1 ~]# netstat -t -p |grep Xvnc    ←❺
tcp        0      0 centos7-server1.lo:5902 centos7.localdoma:54506 ESTABLISHED 6881/Xvnc
tcp        0      0 centos7-server1.lo:5901 centos7.localdoma:58326 ESTABLISHED 5065/Xvnc
```

❶yukoによる「Xvnc :1」と、ryoによる「Xvnc :2」が起動していることを確認
❷lsofコマンドによる接続の確認
❸「Xvnc :1」とクライアントとの接続
❹「Xvnc :2」とクライアントとの接続
❺netstatコマンドによる接続の確認

　ユーザが初めてVNCサーバを起動すると、ホームディレクトリの下に「.vnc」ディレクトリが作成され、その下に設定ファイルやログファイル等が置かれます。ユーザがVNCサーバにログインした時、**~/.vnc/xstartup**ファイルによりデスクトップ環境が起動します。~/.vnc/xstartupファイルを編集することで、起動するデスクトップ環境を変更できます。

　ユーザが初めてVNCサーバを起動した時の~/.vnc/xstartupファイルの内容は、以下のようになっています。GNOMEとKDEの両方がインストールされている場合、CentOS 7インストール時のデフォルトの設定ではGNOME→KDEの順で起動が試みられるので、設定を変更していなければGNOMEが起動します。

　以下はユーザyukoの例です。

デフォルトの~/.vnc/xstartupファイル

```
[yuko@centos7-server1 ~]$ cat ~yuko/.vnc/xstartup
#!/bin/sh
unset SESSION_MANAGER
unset DBUS_SESSION_BUS_ADDRESS
exec /etc/X11/xinit/xinitrc
↑デスクトップセッションの起動スクリプト(GNOME→KDEの順で起動を試みる。この結果、通常はGNOMEが起動する)
```

　~/.vnc/xstartupファイルを以下のように編集し、明示的にGNOMEを起動することもできます。

GNOMEを起動する~/.vnc/xstartupファイル

```
[yuko@centos7-server1 ~]$ vi ~yuko/.vnc/xstartup
#!/bin/sh
unset SESSION_MANAGER
unset DBUS_SESSION_BUS_ADDRESS
exec gnome-session &    ←GNOMEを起動
```

以下はユーザyukoがVNCクライアントvinagreでcentos7-server1とcentos7-server2に接続し、そのうちのcentos7-server1のタブを選択しています。centos7-server1ではGNOMEデスクトップを起動しています。

図8-4-5 GNOMEデスクトップを起動

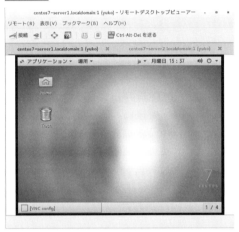

~/.vnc/xstartupファイルを編集し、KDEを起動することもできます。この場合は事前にKDEをインストールしておく必要があります。

以下は、rootがサーバ「centos7-server2」にKDEをインストールする例です。

KDEをインストール

```
[root@centos7-server2 ~]# yum groupinstall "KDE Plasma Workspaces"
…(実行結果省略)…
```

KDE関連の約300個のパッケージ（合計約330MB）がインストールされます。

以下は、サーバ「centos7-server2」で、ユーザyukoがKDEを利用する例です。

KDEを起動する~/.vnc/xstartupファイル

```
[yuko@centos7-server2 ~]$ vi ~yuko/.vnc/xstartup
#!/bin/sh
unset SESSION_MANAGER
unset DBUS_SESSION_BUS_ADDRESS
exec startkde &    ←KDEを起動
```

以下は、ユーザyukoがVNCクライアントvinagreでcentos7-server1とcentos7-server2に接続し、そのうちのcentos7-server2のタブを選択しています。centos7-server2ではKDEデスクトップを起動しています。

図8-4-6　KDEデスクトップを起動

~/.vnc/xstartupファイルを以下のように編集し、**Xfce**を起動することもできます。XfceはGNOMEやKDEに較べると多機能ではありませんが軽量なデスクトップ環境であり、サーバの負荷を軽減し、軽快に動作します。この設定を行う場合は、epelリポジトリから事前にXfceをインストールしておく必要があります。以下は、rootが「centos7-server1」にXfceをインストールする例です。

Xfceのインストール

```
[root@centos7-server1 ~]# yum install epel-release.noarch
[root@centos7-server1 ~]# yum groupinstall Xfce
…（実行結果省略）…
```

Xfce関連の約30個のパッケージ（合計約13MB）がインストールされます。
以下は、ユーザryoがXfceを利用する例です。

Xfceを起動する~/.vnc/xstartupファイル

```
[ryo@centos7-server1 ~]$ vi ~ryo/.vnc/xstartup
#!/bin/sh
unset SESSION_MANAGER
unset DBUS_SESSION_BUS_ADDRESS
exec xfce4-session &    ←Xfceを起動
```

図8-4-7　Xfceデスクトップを起動

VNCクライアントの設定

vinagreコマンドがVNCクライアント（VNC Viewer）として提供されています。vinagreを起動して、VNCサーバに接続します。

VNCサーバへの接続
vinagre [オプション]

オプションは、以下に掲載したディスプレイ番号とポート番号を指定することが主なので、掲載は省略します。

以下は、ユーザyukoがvinagreコマンドを実行する例です。

VNCクライアントvinagreを実行
```
[yuko@centos7 ~]$ vinagre
```

引数を付けずにvinagreコマンドを実行した場合、以下のように「リモートデスクトップビューアー」ウィンドウが開きます。

図8-4-8　vinagreの「リモートデスクトップビューアー」ウィンドウ

このウィンドウの左上の「接続」ボタンをクリックして「接続」ウィンドウを開き、「ホスト名」の領域に接続先のVNCサーバを指定します。

以下の例では、接続先に「centos7-server1.localdomain:1」を指定しています。末尾の「:1」は

Xvncサーバの引数に指定されているディスプレイ番号です。

図8-4-9 vinagreの「接続」ウィンドウ

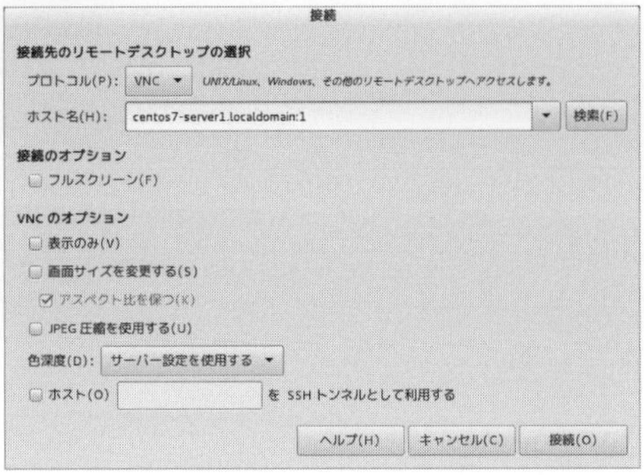

ディスプレイ番号のかわりにポート番号を指定することもできます。ポート番号を指定する場合は「::5901」のように「:」を2つ付けます。

例）centos7-server1.localdomain::5901

ディスプレイ番号とポート番号は以下のように対応しています。

:1 → 5901、:2 → 5902, ... :N → 5900+N

また、検索ボタンを押すと過去の接続先の履歴が表示されるので、そこから選択することもできます。接続先の履歴は**~/.local/share/vinagre/history**ファイルに格納されています。

以下のように、引数にVNCサーバを指定して「リモートデスクトップビューアー」ウィンドウを開くこともできます。

引数にVNCサーバを指定して開く

```
[yuko@centos7 ~]$ vinagre centos7-server1:1    ←❶
[yuko@centos7 ~]$ vinagre centos7-server1::5901    ←❷

❶VNCサーバ「centos7-server1」とディスプレイ番号「:1」を指定
❷VNCサーバ「centos7-server1」とポート番号「::5901」を指定
```

以下のように、「lsof -i」コマンドでvinagreとVNCサーバの接続を表示することができます。これは、ユーザyukoが「centos7-server1」と「centos7-server2」に接続している例です。

vinagreとVNCサーバの接続を表示

```
[yuko@centos7 ~]$ lsof -i |grep vinagre
vinagre    8947 yuko   24u  IPv4 35492084      0t0  TCP centos7.localdomain:58326-
>centos7-server1.localdomain:5901 (ESTABLISHED)    ←❶
vinagre    8947 yuko   26u  IPv4 38120254      0t0  TCP centos7.localdomain:46972-
>centos7-server2.localdomain:5901 (ESTABLISHED)    ←❷

❶centos7-server1との接続
❷centos7-server2との接続
```

SSHポート転送の利用

インターネット上のVNCサーバにパスワード認証で接続するのは、セキュリティ上危険です。SSHポート転送を利用することにより、SSHの公開鍵認証、公開鍵暗号で接続することができます。

図8-4-10 ローカルからリモートへのポート転送

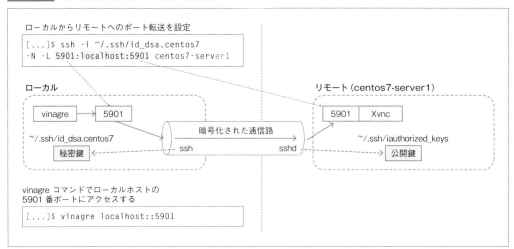

VNCサーバ側では、VNCサーバがローカルホストからのリクエストのみを受け付け、リモートからのリクエストは受け付けないように、「-localhost」オプションを付けて起動します。

ローカルホストからのリクエストのみを受け付けるVNCサーバの起動

```
[yuko@centos7-server1 ~]$ vncserver -localhost
```

VNCクライアント側あるいはVNCサーバ側のどちらかで、SSHポート転送の設定を行います。

以下の例では、VNCクライアント側でsshコマンドを実行し、「-L」オプションの指定によりローカルホスト上のポート5901をリモートホストcentos7-server1へ転送しています。また、「-N」オプションの指定によりログインシェルを起動せずにポート転送のみを行っています。

「localhost:5901」の指定により、転送されたポートはリモートホスト上ではlocalhost（127.0.0.1）の5901番ポートとなります。リモートホストのポート番号はVNCサーバXvncの待機ポート番号を指定します。1個目のXvncであれば5901、2個目のXvncであれば5902、…となります。

ローカルホストのポート番号は、空きポートのなかから任意の番号を指定します。以下の例ではわかりやすさのために、リモートポート5901と同じ番号を指定しています。

ローカルの5901番ポートをリモートの5901番ポートに転送

```
[yuko@centos7 ~]$ ssh -i ~/.ssh/id_dsa.centos7 -N -L 5901:localhost:5901 centos7-server1 -l yuko
```

公開鍵認証の場合は、秘密鍵のパスフレーズを尋ねられます。

GNOMEデスクトップ環境でsshコマンドを実行した場合は、gnome-sessionから呼び出される

ssh-agentが、以下のようにパスフレーズを要求するウィンドウを開きます。

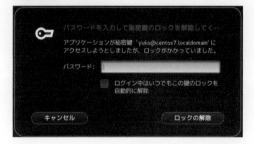
図8-4-11 秘密鍵のパスフレーズ入力ウィンドウ

　GNOMEデスクトップ環境ではなく、端末からsshコマンドを実行した場合（リモートあるいはローカルから文字型端末にログインして実行したような場合）は、通常のようにパスフレーズを尋ねられます。

GNOMEデスクトップ環境ではない場合のsshコマンドの実行例

```
[yuko@centos7 ~]$ ssh -i ~/.ssh/id_dsa.centos7 -N -L 5901:localhost:5901 centos7-server1 -l yuko
Enter passphrase for key '/home/yuko/.ssh/id_dsa.centos7':  ←パスフレーズを入力
```

　以上の手順により、VNCサーバが起動し、ポート転送の設定も完了したので、vinegreコマンドを実行してローカルポート5901に接続します。接続先はvinegreの「接続」ウィンドウのなかのホスト名に「localhost::5901」を指定するか、または以下のようvinegreコマンドの引数で直接指定します。

ローカルポート5901番を指定してvinagreを実行

```
[yuko@centos7 ~]$ vinagre localhost::5901
```

8-4-3 X11ポート転送の利用

　X11ポート転送を利用することにより、サーバ上で起動したアプリケーションのウィンドウをクライアント上で表示することができます。VNCを利用した場合に較べて、サーバの負荷やネットワークトラフィックを軽減することができます。

SSHサーバの設定

　SHサーバの設定ファイル**/etc/ssh/sshd_config**で、「X11Forwarding yes」を設定します。これはインストール時のデフォルトです。

/etc/ssh/sshd_configの設定例（抜粋）

```
[root@centos7-server1 ~]# grep X11Forwarding /etc/ssh/sshd_config
X11Forwarding yes
```

SSHクライアントの設定

SSHクライアントの設定ファイル**/etc/ssh/ssh_config**で、「ForwardX11 yes」を設定します。

/etc/ssh/ssh_configの設定例（抜粋）

```
[root@centos7-server1 ~]# grep ForwardX11 /etc/ssh/ssh_config
# ForwardX11 no
ForwardX11 yes
```

リモートホスト上でアプリケーションを起動

以下の例では、ローカルホスト（centos7-localdomain）からsshコマンドでリモートホスト（centos7-server1.localdomain）にログインします。ログインした後、「設定」ツール（gnome-control-center）と「システムモニタ」（gnome-system-monitor）を起動します。リモートホスト上で実行されたこの2つのアプリケーションは、ローカルホストのデスクトップに表示され、ローカルホストから操作ができます。

リモートホスト上でアプリケーションを起動

```
[yuko@centos7 デスクトップ]$ ssh -i ~/.ssh/id_dsa.centos7 centos7-server1.localdomain
Last login: Thu Nov 10 15:52:57 2016 from 172.16.100.11

[yuko@centos7-server1 ~]$ gnome-control-center 2>/dev/null &
[1] 30463
[yuko@centos7-server1 ~]$ gnome-system-monitor 2>/dev/null &
[2] 30481
```

上記の起動例では、グラフィックライブラリが表示するWARNINGは無視してよいので「2>/dev/null」により破棄しています。

図8-4-12　ローカルホストのデスクトップ上でリモートアプリを操作

Chapter8 | 運用管理

8-5 OpenLMI

8-5-1 OpenLMIとは

　LinuxはUnixの思想を受け継いでおり、シンプルなコマンド（ls、ps等）が多いです。しかし最近のコマンドのなかには、「systemctl list-unit-files --type=service」のように、「コマンド、サブコマンド、オプション、引数」といった、複雑な構文を持つコマンドも増えてきています。

管理者とコマンド

　管理者は先に示したようなさまざまなコマンドや、それらを組み合わせたスクリプトで運用を行っています。また近年の運用方法の流れとして、運用の自動化や運用のコード化が注目されており、管理者に対してより高度なスキルやコマンドの知識が求められています。

OpenLMI

　このような背景から、Linux全体のコマンドを標準化する動きが出てきました。OpenLMIもその動きの1つです。OpenLMIとは、「Open Linux Management Infrastructure」の略です。OpenLMIはLinuxの管理コマンドを抽象化し、共通のコマンドインターフェイスを提供する仕組みです。

> OpenLMIが使用できるのは2017年1月現在、RedHat系Linuxディストリビューション（RHEL 7、Fedora 18以降、CentOS 7、Oracle Enterprize Linux 7）とSuSE 12です。

OpenLMIの特徴

　OpenLMIは、以下のような特徴を持ちます。

・既存の複雑なコマンドを抽象化
・ローカルとリモートでアクセス可能なコマンド
・ハードウェアやOSの監視、システム管理のための標準インターフェイスの提供
・運用のコード化を行いやすいスクリプト構文の提供
・lmiシェルを使用したコマンドラインインターフェイスを提供

OpenLMIのアーキテクチャ

　OpenLMIは、以下のアーキテクチャで形成されています。

　　▷**システム管理エージェント**
　　　標準オブジェクトブローカと通信できる仕組み（オブジェクトモデル）を提供します。これは、**CIM**（Common Information Model）プロバイダと呼ばれています。

　　▷**標準オブジェクトブローカ**
　　　システム管理エージェントを管理するためのインターフェイスを提供します。この仕組みは、

CIMOM（CIMオブジェクトモニタ）と呼ばれます。OpenLMIではオブジェクトブローカの実装として、**OpenPegasus**を使用します。

▷ **WBEM（Web-Based Enterprise Management）**
ネットワークで接続されたハードウェアを管理する仕様です。OpenLMIではHTTPSによる通信とXML形式のデータで管理します。

▷ **管理クライアントアプリケーションおよび管理スクリプト**
管理者は、コマンドやlmiシェル、またはその上で動作するスクリプトを介して、サーバを監視、管理します。

▷ **lmiシェル**
OpenLMIで実装されているコマンドを解釈するシェルです。

▷ **lmiスクリプト**
あらかじめ準備されたlmiシェル上で実行することができるスクリプトです。EPELリポジトリからインストールすることができます。

▷ **OpenLMIクライアントインターフェイスライブラリ**
OpenLMIのクライアント用のライブラリです。

図8-5-1　OpenLMIのアーキテクチャ

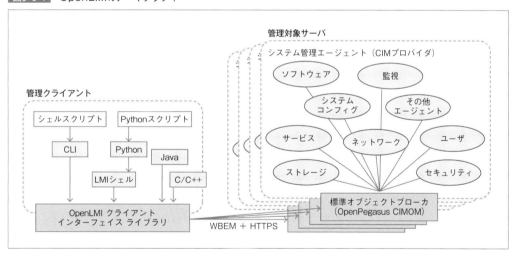

OpenLMIの機能

OpenLMIは、さまざまな**システム管理エージェント**（CIMプロバイダー）があり、これを用いることで、デバイスの管理やネットワーク管理、アカウント管理、システム管理等を行うことができます。システム管理エージェントを以下に示します。

表8-5-1 システム管理エージェント

パッケージ	カテゴリ	概要
openlmi-fan	ハードウェア	コンピュータファン制御用エージェント
openlmi-hardware		ハードウェア情報取得用エージェント
openlmi-powermanagement		電源管理用エージェント
openlmi-storage		ストレージ管理用エージェント
openlmi-networking	ネットワーク	ネットワーク管理用エージェント
openlmi-software	ソフトウェア	ソフトウェア管理用エージェント
openlmi-account	システム管理	ユーザアカウント管理を行うエージェント
openlmi-journald		ログ管理を行うエージェント
openlmi-logicalfile		ファイルおよびディレクトリの情報を提供するエージェント
openlmi-service		システムサービス管理用エージェント
openlmi-realmd		アクティブディレクトリのrealmd設定用エージェント
openlmi-pcp	パフォーマンス	Performance Co-Pilot用のエージェント
openlmi-providers	監視	監視用エージェント

動作を完全に保証しないシステム管理エージェントもあります。マニュアルには「テクニカルプレビュー」として記載されています。

8-5-2 OpenLMIのインストール

OpenLMIは、管理対象サーバとクライアントの両方にインストールします。

- **サーバ側**：OpenPegasusとシステム管理エージェントをインストール
- **クライアント側**：OpenLMIのツールをインストール

本書では以下のような構築にしています。また、認証局の役割をクライアントに持たせた説明をしていますが、本来は別の場所(ベリサイン等の認証局や、プライベート認証局)で行います。

表8-5-2 本書での構築例

サーバ名	サーバ設定	クライアント設定	備考
client.example.com	×	○	認証局の役割も持たせる
server01.example.com	○	×	-
server02.example.com	○	×	-

管理対象サーバの設定

「server01.example.com」と「server02.example.com」を対象に設定を行います。

□ オブジェクトブローカのインストール

オブジェクトブローカを管理対象サーバにインストールします。

オブジェクトブローカのインストール

```
[...]# yum install tog-pegasus tog-pegasus-libs
…（実行結果省略）…
```

□ システム管理エージェントのインストール

システム管理エージェントをインストールします。システム管理エージェントはパッケージで各エージェント毎に提供されているので、必要なパッケージをインストールしてください。今回は全てのシステム管理エージェントのパッケージをインストールします。

システム管理エージェントのインストール

```
[...]# yum install openlmi-{fan,hardware,powermanagement,storage,networking,software,
account,logicalfile,service,realmd,journald,pcp,providers}
…（実行結果省略）…
```

□ オブジェクトブローカのユーザ設定

オブジェクトブローカへのアクセスを許可するユーザの設定を行います。OpenPegasus CIMOMの設定ファイル**/etc/Pegasus/access.conf**からpegasusユーザが許可されていることを確認します。

OpenPegasus CIMOMの設定ファイルの確認

```
[...]# grep pegasus /etc/Pegasus/access.conf | grep -v ^#
-: ALL EXCEPT pegasus:wbemNetwork    ←pegasusのみリモート接続が許可
-: ALL EXCEPT pegasus root:wbemLocal  ←pegasusとrootがローカルで許可
```

確認できたら、pegasusユーザにパスワードを設定します。パスワードは任意ですが、本書では以下のようにしています。

pegasusユーザのパスワード設定

```
[...]# grep pegasus /etc/passwd  ←/etc/passwdでユーザ確認
pegasus:x:66:65:tog-pegasus OpenPegasus WBEM/CIM services:/var/lib/Pegasus:/sbin/nologin
[...]# passwd pegasus
ユーザー pegasus のパスワードを変更。
新しいパスワード：      ←「training777」と入力
新しいパスワードを再入力してください：  ←「training777」と入力
passwd: すべての認証トークンが正しく更新できました。
```

□ firewalldの設定

OpenLMIは、TCPの5989番を使用するので、firewalldが有効の場合、5989番ポートを開放する設定を行います。

firewalldの設定

```
[...]# firewall-cmd --add-port 5989/tcp --zone=public --permanent
↑OpenLMIが使用するポートの開放
```

□ オブジェクトブローカの自動起動の設定と起動

オブジェクトブローカの自動起動を有効にした後、オブジェクトブローカを起動します。

OpenLMIの自動起動と起動の設定

```
[...]# systemctl enable tog-pegasus.service
↑オブジェクトブローカの自動起動の有効化
[...]# systemctl start tog-pegasus.service    ←オブジェクトブローカの起動
```

管理クライアントの設定

サーバに続けて、クライアント側のインストールを行います。

□ クライアントツールのインストール

クライアント側に、OpenLMIのクライアントツールをインストールします。

クライアントツールのインストール

```
[...]# yum install openlmi-tools
…(実行結果省略)…
```

□ lmiスクリプトのインストール

lmiは、EPELリポジトリに登録されています。EPELリポジトリを追加します。

EPELリポジトリの追加

```
[...]# yum install epel-release.noarch
…(実行結果省略)…
```

lmiスクリプトをインストールします。

lmiスクリプトのインストール

```
[...]# yum install openlmi-scripts*
…(実行結果省略)…
```

lmiスクリプトは、システム管理エージェントのパッケージに対応しています。そのため、スク

リプトをインストールしても対応するシステム管理エージェントがなければ動作しません。

8-5-3 SSL証明書の発行と設定

管理対象サーバと管理クライアント間では**WBEM**の仕様による通信が行われますが、その際にユーザ名とパスワードを送信します。通常、HTTPで送信を行うとセキュリティ上問題があるので暗号化されたHTTPSで通信が行われ、HTTPSで通信するにはSSLかTLSの証明書が必要になります。この設定は管理対象サーバと管理クライアントの両方で設定を行います。

セキュリティに関する詳細は、15章「セキュリティ」にて解説します。ここでは、簡潔に手順をのみを紹介します。

認証のファイル名に関して

オブジェクトブローカである**OpenPegasus**は、以下に示すように認証に使用するファイルの名前が設定されているので、デフォルトの状態で使用します。

表8-5-3 OpenPegasusの認証ファイル一覧

プロパティ名	ファイル名とパス	概要
sslCertificateFilePath	/etc/Pegasus/server.pem	オブジェクトブローカが保持する公開証明書
sslKeyFilePath	/etc/Pegasus/file.pem	オブジェクトブローカが保持する秘密鍵
sslTrustStore	/etc/Pegasus/client.pem	CAの一覧を提供するファイル、またはディレクトリ

プライベート認証局の作成

通常の認証は、ベリサイン等の認証局で認証されますが、今回は「プライベート認証局」で認証を行います。管理クライアント側で認証局用のディレクトリを作成し、必要なファイルを生成します。

認証局用のディレクトリと認証に必要なファイルの作成

```
[client]# mkdir ~/testCA    ←認証局用のディレクトリを作成
[client]# echo "01" > ~/testCA/serial    ←認証に必要なファイル
[client]# touch ~/testCA/index.txt    ←認証に必要なファイル
[client]# mkdir ~/serverN    ←管理対象サーバがコピーする場所
```

プライベートの自己署名の証明書を作成します。以下の情報は任意で構いませんが、「Common Name」は自サーバのホスト名をFQDN（Fully Qualified Domain Name）で指定してください。

認証局の証明書と秘密鍵の作成

```
[client]# openssl req -new -x509 -newkey rsa:2048 -out cacert.pem -keyout cakey.pem -days 1825
… (途中省略) …
Enter PEM pass phrase:    ←後で使用するので覚えておく
Verifying - Enter PEM pass phrase:    ←後で使用するので覚えておく
… (途中省略) …
Country Name (2 letter code) [XX]:JP
State or Province Name (full name) []:Tokyo
Locality Name (eg, city) [Default City]:foo
```

```
Organization Name (eg, company) [Default Company Ltd]:sample
Organizational Unit Name (eg, section) []:Admin
Common Name (eg, your name or your server's hostname) []:client.my-centos.com
Email Address []:root@client.my-centos.com
…(以降省略)…
[client]# ls -l
-rw-r--r--. 1 root root 1440 10月 29 23:37 cacert.pem   ←証明書
-rw-------. 1 root root 1834 10月 29 23:37 cakey.pem    ←秘密鍵
…(以降省略)…
```

上記のファイルを、OpenSSLのデフォルトのディレクトリにコピーします。

OpenSSLのデフォルトのディレクトリにコピー

```
[client]# cp testCA/cakey.pem /etc/pki/tls/
[client]# cp testCA/cakey.pem /etc/pki/CA/private/
[client]# cp testCA/cacert.pem /etc/pki/CA/
[client]# cp testCA/index.txt /etc/pki/CA/
[client]# cp testCA/serial /etc/pki/CA/
```

管理対象サーバ側の設定

　管理対象サーバ全て（ここでは「server01」と「server02」）に以下のコマンドを実行します。プライベート認証局の**証明書**（cacert.pem）を登録します。

認証局の公開鍵を登録

```
[server01と02]# scp root@client.my-centos.com:/root/testCA/cacert.pem
/etc/pki/ca-trust/source/anchors/ca.crt
[server01と02]# update-ca-trust extract
```

　管理対象サーバ側で、**CSR**（Certificate Signing Request）を作成するための各種ファイルを作成します。SSL設定ファイルとして、**/etc/Pegasus/ssl.cnf**を新規作成します。ssl.confファイルのreq_distinguished_nameセクションの「CN」は、各サーバのFQDNを指定し、その他はプライベート認証局の証明書と同じにします。

ssl.cnfファイルの新規作成

```
[server01と02]# vi /etc/Pegasus/ssl.cnf

[ req ]
distinguished_name      = req_distinguished_name
prompt                  = no
[ req_distinguished_name ]
C                       = JP            ←プライベート認証局の証明書と同じ値
ST                      = Tokyo         ←プライベート認証局の証明書と同じ値
L                       = foo           ←プライベート認証局の証明書と同じ値
O                       = sample        ←プライベート認証局の証明書と同じ値
OU                      = Admin         ←プライベート認証局の証明書と同じ値
CN                      = server01.my-centos.com   ←自サーバのFQDN
```

　秘密鍵を作成します。

秘密鍵の作成

```
[server01と02]# openssl genrsa -out /etc/Pegasus/file.pem 1024
```

CSRを作成する準備が整ったので、CSRを作成します。

CSRの作成

```
[server01]# openssl req -config /etc/Pegasus/ssl.cnf -new -key /etc/Pegasus/file.pem -out /etc/Pegasus/server01.csr
[server02]# openssl req -config /etc/Pegasus/ssl.cnf -new -key /etc/Pegasus/file.pem -out /etc/Pegasus/server02.csr
```

作成されたCSRファイルをプライベート認証局にコピーします。

プライベート認証局へコピー

```
[server01]# scp /etc/Pegasus/server01.csr root@client.my-centos.com:/root/server01/
[server02]# scp /etc/Pegasus/server02.csr root@client.my-centos.com:/root/server02/
```

CSRの署名

プライベート認証局は、各サーバからコピーされたCSRに署名をし、**署名済み証明書**(server01_cert.pem)を作成します。

署名済み証明書server01の場合

```
[client]# openssl ca -out /root/server01/server01_cert.pem -infiles server01/server01.csr
Using configuration from /etc/pki/tls/openssl.cnf
Enter pass phrase for /etc/pki/CA/private/cakey.pem:   ←❶
Check that the request matches the signature
Signature ok
…(途中省略)…
Sign the certificate? [y/n]:y   ←「y」と入力
…(途中省略)…
1 out of 1 certificate requests certified, commit? [y/n]y   ←「y」と入力
Write out database with 1 new entries
Data Base Updated
```

❶認証局の証明書で入力したパスフレーズ

署名済み証明書を各管理対象サーバにコピーします。OpenLMIのオブジェクトブローカでは、ファイル名が指定されているのでそれに従います。「server.pem」というファイル名でコピーします。

プライベート認証局へコピー

```
[client]# scp /root/server01/server01_cert.pem root@server01.my-centos.com:/etc/Pegasus/server.pem
[client]# scp /root/server02/server02_cert.pem root@server02.my-centos.com:/etc/Pegasus/server.pem
```

プライベート認証局の証明書を次の場所にコピーします。OpenLMIのオブジェクトブローカではファイル名が指定されているのでそれに従います。「client.pem」というファイル名でコピーします。

プライベート認証局の証明書をコピー
```
[server01と02]# scp root@client.my-centos.com:/root/testCA/cacert.pem /etc/Pegasus/client.pem
```

オブジェクトブローカを再起動し、更新されたファイルを再読み込みさせます。

オブジェクトブローカの再起動
```
[server01と02]# systemctl restart tog-pegasus.service
```

クライアントの設定

OpenLMIのコマンドやスクリプトを実行するには、クライアント側に各管理対象サーバの証明書を登録されている必要があります。登録の方法は、次のようになります。

管理対象サーバの証明書の登録
```
[client]# scp root@server01.my-centos.com:/etc/Pegasus/server.pem /etc/pki/ca-trust/source/anchors/server01.pem
[client]# scp root@server02.my-centos.com:/etc/Pegasus/server.pem /etc/pki/ca-trust/source/anchors/server02.pem
[client]# update-ca-trust extract
```

lmiシェルによる確認

lmiシェルを起動し、次のコマンドで接続されていることを確認します。lmiシェルで、管理対象サーバに接続するには、次のようにします。

管理対象サーバへの接続
```
c = connect("サーバ名", "pegasus", "pegasusのパスワード")
```

接続の確認②
```
c = connect("サーバ名", "pegasus")
password: パスワード（表示されない）
```

cは接続先のサーバ情報にアクセスする際に使用します（任意の文字列）。
接続されているかを確認するコマンドは2つあります。

接続の確認①
```
isinstance(c, LMIConnection)
```

「True」だと接続されている、「False」だと接続されていないことを表します。

接続の確認②
c is None

この結果は、「False」だと接続されている、「True」だと接続されていないことを表します。
上記のコマンドを使用して、lmiシェル内で接続状態を確認します。

lmiシェルの起動と確認

```
[...]# lmishell
> c1 = connect("server01.my-centos.com", "pegasus", "training777")   ←❶
> isinstance(c1, LMIConnection)    ←c1のLMIConnectionの状態確認
True    ←接続されている
> c1 is None   ←別の確認方法
False   ←接続されている
>
> c2 = connect("server02.my-centos.com", "pegasus", "training777")   ←❷
> isinstance(c2, LMIConnection)    ←接続確認
True    ←接続されている
> c2 is None   ←別の接続確認
False   ←接続されている
> quit()    ←lmishellの終了
[...]#
```

❶server01へ接続（結果をc1に格納）
❷同様にserver02へ接続

8-5-4 lmiスクリプトによる管理

OpenLMIを使用する準備が整いました。ここからは、lmiスクリプトで管理を行う方法を紹介します。

lmiシェルとlmiスクリプト

上記で紹介したように、lmiシェルの各コマンドは、プログラミング言語の関数定義のような文法で定義されています。そのため、直接管理コマンドとしては利用しづらい面があります。OpenLMIでは、lmiシェルのコマンドを組み合わせて、コマンドとして扱える**lmiスクリプト**を配布しています。lmiスクリプトには、さまざまな管理用スクリプトが提供されています。lmiスクリプトは**lmiコマンドライン**で提供されます。本書ではlmiコマンドラインで管理する手法を説明します。

lmiコマンドラインの概要

lmiスクリプトは、lmiコマンドラインがあり、lmiが提供するコマンドを対話的に実行できます。

lmiコマンドラインの起動
lmi -h 管理対象サーバ名

lmiコマンドラインで使用するコマンドを確認するには、**help**コマンドを使用します。

helpによるコマンド確認

```
[...]# lmi -h server01.my-centos.com  ←サーバ名を指定
lmi> help

Static commands
===============
EOF   exit   help

Application commands (type help <topic>) :
==========================================
file     hwinfo    locale   power    selinux   sssd      sw        user
group    journald  net      realmd   service   storage   system

Built-in commands (type :help) :
================================
:..   :cd   :pwd   :help

lmi>
```

「Application command」にコマンドが表示されます。また、各コマンドにはサブコマンドがあり、それらを確認するには、「help サブコマンド」とします。以下に各コマンドの概要を示します。

表8-5-4 lmiのコマンド

コマンド	カテゴリ	概要	備考
help	ヘルプ	コマンドのヘルプを表示	
exit	終了	lmiコマンドラインを終了	
hwinfo	ハードウェア	サーバのハードウェアを表示	
power		ハードウェアの電源管理	
system	システムリソース	システム概要を表示	
storage		ストレージの管理	
net		ネットワークの管理	
selinux	セキュリティ	SElinuxの設定管理	システム管理エージェントはまだ提供されていない
sssd		SSSDの管理	
sw	システム	パッケージ管理	yumやrpmと関連
file		ファイルを管理	
locale		ロケールの管理	
user	ユーザ	システムのユーザ管理	
group		ユーザーグループを管理	
service	サービス	サービスの管理	systemd関連
journald		journaldによるログを管理	
realmd		ActiveDirectoryの管理	

以下の例は、fileコマンドのサブコマンドを確認します。

fileコマンドのサブコマンドの表示

```
lmi> help file
File and directory management functions.

Usage:
    file list <directory> [ <depth> ]
    file createdir <directory>
    file deletedir <directory>
    file show <target>
…（以降省略）…
```

lmiコマンドは以下のようにコマンドラインで「lmi lmiコマンド」として、非対話的に操作することもできます。

```
[...]# lmi help
Commands:
  file    - File and directory management functions.
  group   - POSIX group information and management.
…（以降省略）…
```

ハードウェア管理

ハードウェア管理を行うコマンドとしては、**hwinfo**コマンドや**power**コマンドがあります。hwinfoコマンドのサブコマンドの一覧を以下に示します。

表8-5-5 hwinfoのサブコマンド

コマンド	説明
hwinfo [all]	全てのハードウェア情報を表示
hwinfo system	ハードウェアの概要を表示
hwinfo motherboard	マザーボード情報を表示
hwinfo cpu	CPU情報を表示
hwinfo memory	メモリ情報を表示
hwinfo pci	PCI接続されているハードウェア情報を表示
hwinfo disks	ディスク情報を表示

以下の例は、CPU情報を表示します。

CPU情報

```
[...]# lmi -h server01.my-centos.com
lmi> hwinfo cpu
username: pegasus
password:   ←パスワードを入力
======================================================================
Host: server01.my-centos.com
======================================================================
CPU:           Intel(R) Core(TM) i5-3317U CPU @ 1.70GHz
Topology:      1 cpu(s) , 1 core(s) , 1 thread(s)
Max Freq:      0 MHz
Arch:          x86_64
```

powerコマンドのサブコマンドの一覧を以下に示します。

表8-5-6　powerのサブコマンド

コマンド	説明
power list	現在の電源状態を表示
power suspend	サーバをサスペンド
power hibernate	サーバを一時停止
power reboot [--force]	サーバを再起動
power poweroff [--force]	サーバの電源を切る

以下の例は、「power reboot」を実行して、サーバを再起動します。

サーバの再起動

```
[...]# lmi -h server01.my-centos.com
lmi> power reboot
username: pegasus
password:    ←パスワードを入力
```

システムリソース管理

　システムのリソースを管理するコマンドとしては、**system**コマンド、**storage**コマンド、**net**コマンドがあります。
　systemコマンドはハードウェア、ソフトウェアの概要を表示します。systemコマンドにサブコマンドはありません。

ハードウェア、ソフトウェアの概要表示

```
[...]# lmi -h server01.my-centos.com
lmi> system
username: pegasus
password:    ←パスワードを入力
==============================================================================
Host: server01.my-centos.com
==============================================================================
Hardware:          ########    ←❶
Serial Number:     ########    ←❷
Asset Tag:         ########    ←❸
CPU:               Intel(R) Core(TM) i5-3317U CPU @ 1.70GHz, x86_64 arch
CPU Topology:      1 cpu(s) , 1 core(s) , 1 thread(s)
Memory:            3.9 GB
Disk Space:        81.3 GB total, 79.9 GB free
OS:                CentOS Linux release 7.2.1511 (Core)
Kernel:            3.10.0-327.el7.x86_64
…（以降省略）…

❶サーバのハードウェア情報（本書では伏せ字にしています）
❷ハードウェアのシリアル番号（本書では伏せ字にしています）
❸ハードウェアの管理番号（本書では伏せ字にしています）
```

storageコマンドは、ハードウェアの構成やディスク管理を行うコマンドが提供されています。storageコマンドのサブコマンドの一覧を以下に示します。

表8-5-7 storageのサブコマンド

コマンド	説明
storage list [デバイス...]	ストレージの概要を表示
storage show [デバイス...]	デバイスを指定して、そのデバイスの詳細を表示
storage tree [デバイス]	ストレージを階層構造で表示
storage depends [--deep] [デバイス...]	指定パーティションがどのストレージ上で構成されているかを表示
storage provides [--deep] [デバイス...]	指定デバイスに構成されるパーティション情報を表示
storage fs コマンド [引数...]	ファイルシステムの管理
storage luks コマンド [引数...]	LUKS（ファイル暗号化）の管理
storage lv コマンド [引数...]	LVMのLV管理
storage vg コマンド [引数...]	LVMのVG管理
storage mount コマンド [引数...]	ディスクのマウントに関する管理
storage partition コマンド [引数...]	パーティションの管理
storage partition-table コマンド [引数...]	パーティションテーブルの管理
storage raid コマンド [引数...]	RAIDの管理
storage thinpool コマンド [引数...]	シンプロビジョニング（仮想化されたストレージ）先の管理
storage thinlv コマンド [引数...]	シンプロビジョニング（仮想化されたストレージ）先のボリューム管理

以下の例は、ストレージの一覧を表示します。

ストレージ一覧

```
[...]# lmi -h server01.my-centos.com
lmi> storage list
username: pegasus
password:
Name       Size          Format
/dev/sda1  19999490048   swap
/dev/sda2  87373643776   xfs
/dev/sda   107374182400  MS-DOS partition table
/dev/sdb   1073741824    Unknown
/dev/sr0   1073741312    Unknown
```

以下の例は、/dev/sdb1パーティションをフォーマットして、マウントします。

パーティションフォーマット後、マウント

```
[...]# lmi -h server01.my-centos.com
lmi> storage fs create xfs /dev/sdb1   ←フォーマットを行うコマンド
username: pegasus
password:   ←パスワードを入力
lmi> storage list   ←現在の状態を確認するコマンド
```

```
username: pegasus
password:
Name      Size         Format
…(途中省略)…
/dev/sdb1 2146435072   xfs    ←今回の対象ディスク
lmi> storage mount create /dev/sdb1 /share  ←/shareディレクトリに/dev/sdb1をマウントするコマンド
lmi> storage mount list  ←マウントできたか確認するコマンド
FileSystemSpec FileSystemType MountPointPath Options
…(途中省略)…
/dev/sdb1   xfs    /share    AllowWrite:True, UpdateRelativeAccessTimes:True, attr2,
inode64, noquota, seclabel
…(以降省略)…
```

netコマンドは、ネットワークの確認や、起動や停止等の管理を行うことができます。netコマンドのサブコマンドの一覧を以下に示します。

表8-5-8　netのサブコマンド

コマンド	説明
net device (--help｜show [デバイス名…]｜list [デバイス名…])	ネットワークデバイスの表示
net setting (--help｜操作 [引数…])	ネットワーク設定の管理
net activate 説明 [デバイス名]	特定のネットワークの有効化に関する管理
net deactivate 説明 [デバイス名]	特定のネットワークの無効化に関する管理
net autoconnect (--help｜操作 [引数…])	ネットワークの自動化設定
net enslave マスタの説明 デバイス名	スレーブネットワークの設定
net address (--help｜操作 [引数…])	手動によるIPアドレス設定
net route (--help｜操作 [引数…])	手動によるルーティング設定
net dns (--help｜操作 [引数…])	手動によるDNS設定

以下の例は、netコマンドで現在のネットワークの一覧を確認します。

ネットワークの確認

```
[...]# lmi -h server01.my-centos.com
lmi> net device list
username: pegasus
password:  ←パスワードを入力
ElementName OperatingStatus MAC Address
enp0s3      In Service      08:00:27:E1:21:5D
enp0s8      In Service      08:00:27:0B:AF:8A
lo          Not Available   00:00:00:00:00:00
```

セキュリティ管理

セキュリティ管理に関するコマンドは、**selinux**コマンドと**sssd**コマンドがありますが、CentOS 7では、対応するシステム管理エージェントがまだ提供されていません（2017年1月現在）。そのため、本書では割愛します。

システム管理

システム管理に関するコマンドは、sw、file、localeがあります。

swコマンドは、従来のrpmやyumと同等の機能を提供します。swコマンドのサブコマンドの一覧を以下に示します。

表8-5-9　swのサブコマンド

コマンド	説明
sw search [(--repoid リポジトリ)] [--allow-duplicates] [(--installed | --available)] パッケージ…	パッケージの検索
sw list [all | installed | available | repos | files]	パッケージ、リポジトリ、ファイルの一覧を表示
sw show [pkg | repo]	パッケージやリポジトリの詳細を表示
sw install [--force] [--repoid リポジトリ] パッケージ…	パッケージのインストール
sw install --uri URI	URIによるパッケージのインストール
sw update [--force] [--repoid リポジトリ] パッケージ…	パッケージのアップデート
sw remove パッケージ…	パッケージの削除
sw verify パッケージ…	パッケージのチェック
sw enable リポジトリ…	リポジトリの有効化
sw disable リポジトリ…	リポジトリの無効化

以下の例は、「bash-completion」パッケージを検索し、パッケージをインストール後、削除します。

swによるパッケージ管理

```
[...]# lmi -h server01.my-centos.com
lmi> sw search bash-completion    ←検索
username: pegasus
password:     ←パスワードを入力
NEVRA                                                        Installed Summary
bash-completion-1:2.1-6.el7.noarch                           No        Programmable
completion for Bash
bash-completion-extras-1:2.1-11.el7.noarch                   No        Additional
programmable completions for Bash
libguestfs-bash-completion-1:1.28.1-1.55.el7.centos.4.noarch No        Bash tab-
completion scripts for libguestfs tools
python-django-bash-completion-0:1.6.11-5.el7.noarch          No        bash completion
files for Django

lmi> sw install bash-completion    ←インストール

lmi> sw search bash-completion    ←検索
NEVRA                                                        Installed Summary
bash-completion-1:2.1-6.el7.noarch                           Yes       Programmable
```

```
completion for Bash   ←NoからYesへ
bash-completion-extras-1:2.1-11.el7.noarch              No     Additional
programmable completions for Bash
libguestfs-bash-completion-1:1.28.1-1.55.el7.centos.4.noarch No Bash tab-
completion scripts for libguestfs tools
python-django-bash-completion-0:1.6.11-5.el7.noarch     No     bash completion
files for Django

lmi> sw remove bash-completion   ←削除
```

fileコマンドは、ファイル情報やディレクトリの作成や削除を行います。fileコマンドのサブコマンドの一覧を以下に示します。

表8-5-10　fileのサブコマンド

コマンド	説明
file list ディレクトリ [階層]	ファイルの一覧（絶対パス）
file createdir ディレクトリ	ディレクトリの作成
file deletedir ディレクトリ	ディレクトリの削除
file show ターゲット	特定のファイルの詳細表示

以下の例は、/home/yukoディレクトリのファイル情報を確認します。

fileコマンドによる表示

```
[...]# lmi -h server01.my-centos.com
lmi> file list /home/yuko
username: pegasus
password:    ←パスワードを入力
Type Name                      Mode Current SELinux Context
F    /home/yuko/.bash_history  rw-  unconfined_u:object_r:user_home_t:s0
F    /home/yuko/.bash_logout   rw-  unconfined_u:object_r:user_home_t:s0
F    /home/yuko/.bash_profile  rw-  unconfined_u:object_r:user_home_t:s0
F    /home/yuko/.bashrc        rw-  unconfined_u:object_r:user_home_t:s0
Dir  /home/yuko/.ssh           rwx  unconfined_u:object_r:ssh_home_t:s0
```

localeコマンドは、ロケールの管理を行うことができますが、CentOS 7では、対応するシステム管理エージェントがまだ提供されていません（2017年1月現在）。そのため、本書では割愛します。

ユーザ管理

ユーザ管理に関するコマンドは、userやgroupがあります。

userコマンドは、ユーザ管理を行うことができます。userコマンドのサブコマンドの一覧を以下に示します。

表8-5-11　userのサブコマンド

コマンド	説明
user list	ユーザの一覧表示
user show [ユーザ...]	特定のユーザの詳細表示
user create 名前 [オプション...]	ユーザの作成
user delete [--no-delete-home] [--no-delete-group] [--force] ユーザ...	ユーザの削除

以下の例は、ユーザyukoの詳細を確認します。

ユーザの確認

```
[...]# lmi -h server01.my-centos.com
lmi> user show yuko
username: pegasus
password:　←パスワードを入力
Name UID  Home        Login shell Password last change
yuko 1001 /home/yuko  /bin/bash   2016/10/28
```

groupコマンドは、グループ管理を行うことができます。groupコマンドのサブコマンドの一覧を以下に示します。

表8-5-12　groupのサブコマンド

コマンド	説明
group list [グループ...]	グループの一覧表示
group create [--reserved] [--gid=gid] グループ	グループの作成
group delete グループ	グループの削除
group listuser [グループ] ...	グループ内のユーザ一覧表示
group adduser グループ ユーザ...	特定のグループにユーザを追加
group removeuser グループ ユーザ...	特定のグループからユーザを削除

以下の例は、グループの一覧を表示します。

グループの表示

```
[...]# lmi -h server01.my-centos.com
lmi> group list
Name      GID
root      0
bin       1
daemon    2
sys       3
... (途中省略) ...
yuko      1001
pegasus   65
pcp       994
```

サービス管理

サービスに関する管理コマンドとして、service、journald、realmdがあります。
serviceコマンドは、CentOS 7上で動作しているサービスを管理します。serviceコマンドのサブコマンドの一覧を以下に示します。

表8-5-13　serviceのサブコマンド

コマンド	説明
service list [(--enabled | --disabled)]	サービスのリストを表示
service show サービス	特定のサービスの詳細を表示
service start サービス	サービスの起動
service stop サービス	サービスの停止
service enable サービス	サービスの有効化
service disable サービス	サービスの無効化
service restart [--try] サービス	サービスの再起動
service reload サービス	設定ファイルの再読み込み
service reload-or-restart [--try] サービス	設定ファイルの再読み込みができなければ再起動

以下は、firewalldサービスを再起動している例です。

firewalldの再起動

```
[...]# lmi -h server01.my-centos.com
lmi> service stop firewalld.service   ←サービスの停止
username: pegasus
password:
lmi> service list   ←サービスのリスト表示
Name                           Status      Enabled
…（途中省略）…
firewalld                      Stopped - OK Yes   ←停止していることを確認
…（以降省略）…

lmi> service start firewalld.service   ←サービスの起動
lmi> service list
Name                           Status      Enabled
…（途中省略）…
firewalld                      Running     Yes    ←動作していることを確認
```

journaldは実装が完全ではないため割愛します。また、**realmd**はActive Directoryが別途必要なので、今回は割愛します。

8-6 Performance Co-Pilot

8-6-1 Performance Co-Pilotとは

　今まで説明してきたsysstatパッケージで提供されるコマンドは、ローカル環境でのパフォーマンス測定を対象としていました。Performance Co-Pilotは、ローカル環境とリモート上にあるサーバのメトリクス収集や分析を行うツールです。PCPとも呼ばれています。Performance Co-Pilotは、1995年にSGIで開発され、その後2000年にGPLライセンスとしてオープンソース化されました。

> Performance Co-Pilot
> http://pcp.io/index.html

Performance Co-Pilotにおいてメトリクス収集とは、サーバが使用しているCPUやメモリのリソースやソフトウェア等のさまざまなパフォーマンス関連のデータを収集することです。

Performance Co-Pilotの特徴

　Performance Co-Pilotの特徴を挙げます。

- GPLライセンスによるオープンソース
- 測定するエージェントはローカル、リモートの両方に通信可能
- エージェントはプラグイン形式でさまざまなタイプが存在し、独自プラグインも作成可能
- 測定データはアーカイブされ保存される
- 測定データはOSやプログラムから独立したフォーマットで保存するため再利用可能
- APIが提供されているためPerformance Co-Pilotのみならず、他のプログラム言語でもアクセス可能

8-6-2 Performance Co-Pilotのアーキテクチャ

　Performance Co-Pilotは、エージェントが対象を測定し、デーモンがそれらの測定情報を収集し、クライアントが管理者に測定結果を提供します。デーモンはローカルだけでなくリモート先のクライアントにも通信が可能なため、複数台からなる大規模なシステムのパフォーマンス測定を行うことができます。
　それらの概念図を以下に示します。

▷**測定対象**
　測定対象具体例として、CPUやメモリのようなリソース関連、Apache等のアプリケーション関連が挙げられます。

▷**エージェント**
　測定対象を測定します。測定対象に合ったプラグインを導入します。

▷ **コレクタ**
各エージェントから送られたデータを収集し分析します。

▷ **モニタ**
コレクタのデータを表示、分析を行います。

図8-6-1　Performance Co-Pilotのアーキテクチャ

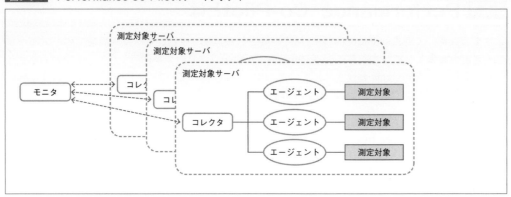

また、アーキテクチャの詳細は、以下のようになります。

図8-6-2　Performance Co-Pilotのアーキテクチャの関連図

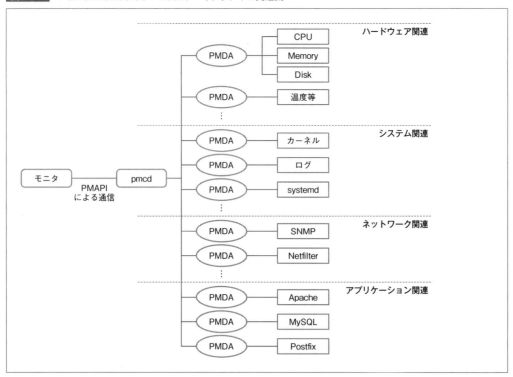

Performance Co-Pilotの用語

Performance Co-Pilotの用語を以下の表に示します。

表8-6-1 Performance Co-Pilotの用語

用語	概要
PMDA (Performance Metrics Domain Agent)	Performance Co-Pilotのエージェント。ハードウェアやOS、ネットワーク、アプリケーション等からパフォーマンスを測定する
pmcd (Performance Metrics Collector Daemon)	エージェントからデータを受け取るデーモン
モニタ	pmcdと通信するクライアント。コマンドやGUIインターフェイス、測定データを分析するツール等がある
PMAPI (Performance Metrics API)	pmcdとモニタ間で利用されるAPI

本書ではPerformance Co-Pilotの基本的な内容を取り上げます。

8-6-3 Performance Co-Pilotのインストール

Performance Co-Pilotのインストールは、「測定対象サーバ」と「モニタ」に分けて行います。

Performance Co-Pilotのパッケージ

Performance Co-Pilotは標準リポジトリで提供されています。主要なパッケージを以下に示します。

表8-6-2 Performance Co-Pilotのパッケージ

パッケージの種類	概要
pcp	Performance Co-Pilotの本体
pcp-conf	設定ファイル
pcp-libs	Performance Co-Pilotの実行環境用ライブラリ
pcp-pmda-XX	PMDAの各種プラグイン
pcp-system-tools	Python言語で作成された監視ツール
pcp-gui	GUIインターフェイス
pcp-export-pcp2graphite	データ格納とグラフ作成ツール
pcp-compat	互換性を保つためのライブラリ
pcp-doc	ドキュメントやチュートリアル
pcp-manager	オプションパッケージ

測定対象サーバのインストール

測定対象サーバには、PMDAやpcmdをインストールします。PMDAは測定対象に対応するプラグインを指定します。本書では、全てのPMDAをインストールしています。

測定サーバのインストール

```
[...]# yum install pcp pcp-pmda-*
…（実行結果省略）…
```

firewalldの設定

firewalldが動作している場合、pmcdが使用している44321ポートを許可する必要があります。

firewalldで許可を追加

```
[...]# firewall-cmd --add-port=44321/tcp --zone=public --permanent
↑pmcdが使用するポートの許可
```

SELinuxの設定

測定対象サーバにSELinuxがEnforcing（強制モード）で動作している場合、デフォルトではPerformance Co-Pilotに対するアクセスが拒否になっているので確認後、変更します。
まずは、現在のSELinuxの設定を確認します。

SELinuxの設定を確認

```
[...]# getsebool -a | grep pcp
pcp_bind_all_unreserved_ports --> off    ←Performance Co-Pilotの全てのポート
pcp_read_generic_logs --> off    ←Performance Co-Pilotのログアクセス
```

以下の2つの項目を「off」から「on」にします。

SELinuxの設定を変更して確認

```
[...]# setsebool -P pcp_bind_all_unreserved_ports on    ←使用するポートの許可
[...]# setsebool -P pcp_read_generic_logs on    ←ログアクセスの許可
[...]# getsebool -a | grep pcp    ←onになっているか確認
pcp_bind_all_unreserved_ports --> on
pcp_read_generic_logs --> on
```

自動起動の設定と起動

Performance Co-Pilotの自動起動を有効にして起動します。

Performance Co-Pilotの自動起動と起動の設定

```
[...]# systemctl enable pmcd.service       ←pmcdの自動起動の有効化
[...]# systemctl enable pmlogger.service   ←ログの自動起動の有効化
[...]# systemctl start  pmcd.service       ←Apacheの自動起動の有効化
[...]# systemctl start  pmlogger.service   ←Apacheの起動
```

Performance Co-Pilotのモニタの設定

Performance Co-Pilotのモニタ側には、次のパッケージをインストールします。

モニタのインストール

```
[...]# yum install pcp-doc pcp-gui
…（実行結果省略）…
```

8-6-4 Performance Co-Pilotのコマンド

Performance Co-Pilotのコマンドを紹介します。

名前空間

Performance Co-Pilotでは**メトリクス**（測定する項目）をツリー構造で管理しています。例えば「kernel.uname.nodename」という名前空間のなかには、「server01.my-centos.com」が格納されています。測定対象のサーバのメトリクスの名前空間を確認するには、**pminfo**コマンドを使用します。

メトリクスの名前空間の確認
pminfo -h 測定対象サーバ名｜IPアドレス

メトリクスの名前空間の表示

```
[...]# pminfo -h server01.my-centos.com    ←メトリクスの名前空間の一覧を表示する
jbd2.njournals
jbd2.transaction.count
…（途中省略）…
quota.project.files.used
quota.project.files.time_left
```

主なコマンド

Performance Co-Pilotには、以下に示すようなさまざまなコマンドが準備されています。また、それらのコマンドは、次のような特徴があります。

- ローカル、リモート両方に対応した分析情報の表示
- 過去にアーカイブしたログ情報を分析して再表示

▷**pcpコマンド**
他のコマンドの別名のコマンドを提供するモードと、サマリー化されたデータを表示するモードの2つのモードがあります。

▷**pminfoコマンド**
収集可能なメトリクスを名前空間で表示します。メトリクスの名前空間はインストールしたPMDAや、対応する測定対象によって項目や値が変わります。

▷ **pmvalコマンド**

メトリクスの値を表示します。リモート先の情報や過去にアーカイブされたログからでも表示可能です。

▷ **pmstatコマンド**

vmstatコマンドと同じような機能を持ちます。

▷ **pmiostatコマンド**

iostatコマンドと同じような機能を持ちます。

▷ **pmatopコマンド**

topコマンドと同じような機能を持ちます。

▷ **pmchartコマンド**

GUIツールを起動します。

8-6-5 コマンドの実行例

server01.my-centos.comにおいて、Performance Co-Pilotでパフォーマンス測定した例を示します。また各コマンドで共通して指定できるオプションを以下に示します。

表8-6-3　Performance Co-Pilotのコマンドのオプション

オプション	説明
表示オプション	
-t	表示する間隔を指定。例）2sec、1min
-f	表示する小数点の桁数
ログ書き込み時の時間オプション	
-O	オフセット値
-S	ログの書き込み開始時間。例）@9:00（午前9時）
-T	ログの書き込み終了時間。例）@18:00（午後6時）
ログ書き込み先オプション	
-a	ログファイルを指定して書き込み
測定対象オプション	
-h	サーバ名、またはIPアドレス

メトリクスの値の表示

メトリクスの値を表示するには、**pmval**コマンドを使用します。

メトリクスの値の表示

pmval [オプション] メトリクス名

以下の例では、server01.my-centos.comは、「/dev/sda2」にLVMでファイルシステムを構成してます。

server01.my-centos.comのディスク状況

```
[...]# pvdisplay
  --- Physical volume ---
  PV Name               /dev/sda2
  VG Name               centos
  PV Size               63.51 GiB / not usable 3.00 MiB
… (以降省略) …
```

2秒おきにディスクの書き込みを小数点第5位まで表示します。観測対象は「server01.my-centos.com」の全てのディスクになります。

ディスクのメトリクス値の表示

```
[...]# pmval -t 2 -f 5 disk.partitions.write -h server01.my-centos.com

metric:    disk.partitions.write   ←メトリクスの名前空間
host:      server01.my-centos.com  ←ホスト名
semantics: cumulative counter (converting to rate)
units:     count (converting to count / sec)
samples:   all

           sda1              sda2              sr0
        0.00000           0.99930           0.00000
        0.00000           0.49962           0.00000
        0.00000           0.99925           0.00000
… (以降省略) …
```

システムのパフォーマンス概要の表示

システムのパフォーマンス概要を表示するには、**pmstat**コマンドを使用します。これはsysstatパッケージで提供されるsarコマンドと同じような情報を出力します。

システムのパフォーマンス概要の表示
pmstat [オプション]

以下は、5秒おきにメモリ、ファイルI/O、CPUの使用率の概要を表示する例です。

システムのメモリ、スワップ、ファイルI/Oの表示

```
[...]# pmstat -t 5s -h server01.my-centos.com
@ Sun Nov  6 09:15:53 2016
loadavg                      memory      swap        io    system      cpu
 1 min   swpd   free    buff cache    pi  po    bi  bo   in   cs  us sy id
  0.00      0 443968    948 339892     0   0     0   0   15   19   0  0 100
  0.00      0 443968    948 339892     0   0     0   0   15   18   0  0 100
  0.00      0 443936    948 339892     0   0     0   0   16   22   0  0 100
```

各項目の内容を以下に示します。

表8-6-4　pmstatの項目

大項目	小項目	単位	概要
loadavg	1min	---	1分辺りの1CPUにプログラムが専有した相対値、1CPUに対して、最大1.0となる
memory	swpd	KB	使用しているスワップの量
	free		メモリの未使用領域
	buff		カーネルがバッファ領域として専有している量
	cache		ディスクのキャッシュデータの量
swap	pi	KB	ページインされたメモリサイズ
	po		ページアウトされたメモリサイズ
io	bi	block	ブロックデバイスから受け取ったブロック
	bo		ブロックデバイスに送ったブロック
system	in	数	割り込み処理の回数
	cs		コンテキストスイッチ（プログラムの切り替え）の回数
cpu	us	---	カーネルコード以外の処理に費やした時間の割合
	sy		カーネルコードの処理に費やした時間の割合
	id		アイドル時間の割合

ファイルI/Oの表示

ファイルI/Oを測定するには、**pmiostat**コマンドを使用します。

ファイルI/Oの表示

pmiostat [オプション]

以下は、1秒おきにディスクの書き込みを表示する例です。

ファイルI/Oの表示

```
[...]# pmiostat -t 1s -h server01.my-centos.com
# Device      rrqm/s  wrqm/s   r/s    w/s   rkB/s   wkB/s  avgrq-sz avgqu-sz   await
r_await w_await %util
0.0     0.0
  sda           0.0    11.0   0.0   24.0    0.0   177.7     7.42     0.23      9.5
0.0     9.5    11.8
  sda           0.0     0.0   0.0    1.0    0.0     8.0     8.00     0.00      1.0
0.0     1.0     0.1
  sda           0.0     9.0   0.0   13.0    0.0  1428.1   110.15     0.01      1.1
0.0     1.1     0.3
  sda           0.0     7.0   0.0   14.0    0.0  1440.8   103.14     0.01      0.8
0.0     0.8     0.3
```

各項目の内容を以下に示します。

表8-6-5 pmiostatの項目

項目	単位	概要
rrpm/s	回転/秒	秒間にマージされた読み込みIO要求
wrpm/s		秒間にマージされた書き込みIO要求
r/s	回数/秒	秒間の実読み込みIO要求回数
w/s		秒間の実書き込みIO要求回数
rkB/s	kb/s	秒間の読み込み量
wkB/s		秒間の書き込み量
avgrq-sz	kb	平均I/O要求サイズ
avgqu-sz		I/Oキューの長さの平均
await	ミリ秒間	リクエスト発行の平均待機時間
r_await		読み込みリクエスト発行の平均待機時間
w_await		書き込みリクエスト発行の平均待機時間
%util	%	ビジー状態の処理要求

CPUの状態を測定

CPUの状態を測定するには、**pmatop**コマンドを使用します。

2017年1月現在、pmatopコマンドは-hオプションでリモートを指定できません。そのため、本書ではserver01.my-centos.comのローカル上での実行結果を載せています。

CPUの状態の測定
pmatop [オプション]

以下は、server01.my-centos.com上でpmatopコマンドを実行した例です。

pmatopのローカル上での実行例

```
[server01]$ pmatop
ATOP - server01.my-centos.com            2016/11/06  11:17:15       -----------
1s elapsed
PRC | sys 33.29s | user  19.17s | #proc    96 | #tslpu    0 | #zombie    0 | no procacct |
CPU | sys 0%     | user   0%    | irq      0% | idle   100% | wait       0% | curscal   ?% |
CPL | avg1 0.00  | avg5   0.01  | avg15  0.05 | csw  2303084 | intr 1385506 | numcpu    1 |
MEM | tot 993.0M | free 396.1M  | cache 358.7M | buff  0.9M | slab  120.5M | hptot   0.0M |
SWP | tot  2.0G  | free   2.0G  |              |             | vmcom 284.5M | vmlim   2.5G |
… (途中省略) …
                         ***·system and process activity since boot ***
   PID  TID RUID  THR  SYSCPU USRCPU  VGROW  RGROW RDDSK WRDSK ST EXC S CPUNR CPU CMD
1/10
  1236    - root    5   1.74s 11.39s 540.1M 16316K    0K    0K N-  - S     0  0% tuned
     1    - root    1   4.20s  2.60s 44512K  7276K    0K    0K N-  - S     0  0% systemd
   383    - root    1   5.71s  0.00s     0K     0K    0K    0K N-  - S     0  0% xfsaild/dm-0
  6301    - pcp     2   5.12s  0.09s 131.2M  2572K    0K    0K N-  - S     0  0% pmcd
… (以降省略) …
```

8-6-6 GUIツール

Performance Co-Pilotはコマンドだけではなく、GUIツールも提供されています。GUIツールでは、マルチ画面でメトリクスの名前空間で指定した値を表示することができます。以下の例では、GUIの起動から、あるメトリクスの名前空間の値を表示するまでを説明しています。

GUIツールの起動

GUIツールは、**pmchart**コマンドで起動します。「サーバ名 | IPアドレス」は、「サーバ名またはIPアドレス」を意味します。

```
GUIツールの起動
pmchart -h サーバ名 | IPアドレス
```

GUIツールの起動
```
[...]# pmchart -h server01.my-centos.com
```

図8-6-3　GUIツールの起動画面

新規測定画面の作成するには、起動画面で「File」→「new Chart」メニューを選択します。

メトリクスの指定

新規画面が出た後、画面右にある「Metrics」タグから、「disk」→「partitions」→「write」→「ディスク名」とし、「OK」を選択します（本書では「sda2」を選択）。

図8-6-4　新規メトリクスの選択

server01.my-centos.comのディスクアクセスを測定します。

図8-6-5　ディスクの測定

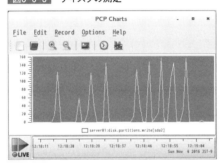

この手順を繰り返すことで、複数の画面でメトリクス項目を表示することができます。

Chapter 9

システムサービスの管理

- **9-1** ジョブスケジューリング
- **9-2** システム時刻の管理
- **9-3** 国際化と地域化

Chapter9 システムサービスの管理

9-1 ジョブスケジューリング

9-1-1 ジョブスケジューリングとは

　決められた時刻に特定のコマンドを定期的に実行する機能は、**cron**（クーロン）と呼ばれるジョブスケジューラによって提供されます。ユーザは**crontab**コマンドによって定期的に実行するコマンドと時刻を設定します。指定した時刻になると**crond**デーモンによって指定したコマンドが実行されます。

　システムの保守にもcron機能は利用されます。locateコマンドから参照されるファイル検索データベースの定期的な更新や、ログファイルの定期的なローテーション等、システム保守のためのコマンドの定期実行は、cronから起動される**anacron**により行われます。**at**と**batch**は指定したコマンドを1回だけ実行します。

　crondデーモンの起動、停止、状態の確認は**systemctl**コマンドを以下のように実行します。

crondデーモンの起動
```
systemctl start crond
```

crondデーモンの停止
```
systemctl stop crond
```

crondデーモンの状態の確認
```
systemctl status crond
```

crondデーモンの状態の確認
```
[...]# systemctl status crond    ←状態の確認
● crond.service - Command Scheduler
   Loaded: loaded (/usr/lib/systemd/system/crond.service; enabled; vendor preset: enabled)
   Active: inactive (dead) since 水 2016-08-31 17:47:59 JST; 4s ago    ←停止状態
  Process: 1725 ExecStart=/usr/sbin/crond -n $CRONDARGS (code=exited, status=0/SUCCESS)
 Main PID: 1725 (code=exited, status=0/SUCCESS)
[...]# systemctl start crond    ←起動
● crond.service - Command Scheduler
   Loaded: loaded (/usr/lib/systemd/system/crond.service; enabled; vendor preset: enabled)
   Active: active (running) since 水 2016-08-31 17:43:44 JST; 3min 41s ago    ←起動状態
 Main PID: 1725 (crond)
   CGroup: /system.slice/crond.service
           └─1725 /usr/sbin/crond -n
[...]# systemctl stop crond    ←停止
[...]# systemctl is-enabled crond    ←自動起動設定の確認
enabled
```

自動起動設定を確認する際は、「is-enabled」を指定します。自動起動設定がされている場合は「enabled」、自動起動設定がされていない場合は「disabled」と表示されます。自動起動設定がされていない場合は、「systemctl enable crond」で自動起動設定ができます。

9-1-2 crontabファイル

cronは、設定ファイルである**crontab**に実行したいコマンドを設定します。このファイルには、「いつ」「どのコマンドを実行するか」を登録します。crontabファイルには2つの仕組みがあります。

▷ユーザのcrontabファイル

ユーザ用に用意されたcrontabファイルです。/var/spool/cronディレクトリ以下に各ユーザ名と同じ名前で登録しますが、/var/spool/cronディレクトリ以下は一般ユーザ権限でファイルの作成ができないパーミッションになっています。そこで、各ユーザは、自分のcrontabを登録するために、crontabコマンドを使用します。また、ユーザのcrontabファイルは6つのフィールドから構成されます。

①分 ②時 ③日 ④月 ⑤曜日 ⑥コマンド

▷システムのcrontabファイル

システムを管理するうえで必要となるジョブを予約するために使用するcrontabファイルです。ファイルは/etc/crontabであり、ユーザのcrontabと同じ6つのフィールドに加えて、実行するユーザ名を指定し、スペース（空白文字）を区切りとして全部で7つのフィールドから構成されます。

①分 ②時 ③日 ④月 ⑤曜日 ⑥ユーザ名 ⑦コマンド

システムのcrontabファイルは、6番目にユーザ名を指定すること以外はユーザ用と同じです。書式の詳細は後述します。

以下は、/etc/crontabの例です。インストール時の/etc/crontabは変数の設定以外はコメントになっています。

/etc/crontabの例

```
[...]# cat /etc/crontab
SHELL=/bin/bash
PATH=/sbin:/bin:/usr/sbin:/usr/bin
MAILTO=root

# For details see man 4 crontabs

# Example of job definition:
# .---------------- minute (0 - 59)
# |  .------------- hour (0 - 23)
# |  |  .---------- day of month (1 - 31)
# |  |  |  .------- month (1 - 12) OR jan,feb,mar,apr ...
# |  |  |  |  .---- day of week (0 - 6) (Sunday=0 or 7) OR sun,mon,tue,wed,thu,fri,sat
# |  |  |  |  |
# *  *  *  *  *  user-name  command to be executed
```

9-1-3 crontabコマンド

crontabを設定するには、**crontab**コマンドに「-e」オプションを付けて実行します。これにより編集のためのエディタが起動します。

表9-1-1　crontabコマンドのオプション

オプション	説明
-e	crontabの編集
-l	crontabの表示
-r	crontabの削除

デフォルトのエディタはviですが、環境変数VISUALまたはEDITORに別のエディタを指定することもできます。以下は、geditでの起動例です。

/etc/auto.masterの設定例

```
[...]# export EDITOR=gedit
[...]# crontab -e
```

/var/spool/cronディレクトリはrootユーザしかアクセスできないため、crontabコマンドにはSUIDビットが設定されています。

編集が終了してcrontabコマンドが終了すると、/var/spool/cronディレクトリを監視しているcrondは変更を検知し、新しいファイルをリロードします。

ユーザのcrontabのエントリは、以下の6つのフィールドからなっています。

表9-1-2　ユーザのcrontabの書式

フィールド	説明
分	0-59
時	0-23
日	1-31
月	1-12
曜日	0-7（0または7は日曜日）
コマンド	実行するコマンドを指定

第1～第5フィールドで「*」を指定すると、全ての数字に一致します。また、「*」の他に次の指定が使えます。

表9-1-3　さまざまな指定方法

フィールド表記	説明
*	全ての数字に一致
-	範囲の指定。例）「時」に15-17を指定すると、15時、16時、17時を表す。「曜日」に1-4を指定すると、月曜、火曜、水曜、木曜を表す
,	リストの指定。例）「分」に0、15、30、45を指定すると、0分、15分、30分、45分を表す
/	数値による間隔指定。例）「分」に10-20/2を指定すると10分から20分の間で2分間隔を表す。「分」に*/2を指定するとその時間内で2分間隔を表す

　以下の例は、ユーザyukoがdateコマンドの実行結果を「/tmp/datefile」ファイルに追記されるよう、2分毎に実行するcronの設定を行っています。

cronの設定

```
[yuko@centos7 ~]$ crontab -e
↓以下を記述し、cronの設定を行う
-----------------------------------------
*/2 * * * * /bin/date >> /tmp/datefile
[yuko@centos7 ~]$ crontab -l    ←設定内容の表示
*/2 * * * * /bin/date >> /tmp/datefile
```

　rootユーザで、/var/spool/cronディレクトリ以下にユーザyukoが設定したcron設定ファイルが存在することを確認します。

/var/spool/cronディレクトリ以下の確認

```
[root@centos7 ~]# ls -la /var/spool/cron/*
-rw-------. 1 yuko yuko 39  8月 31 18:22 /var/spool/cron/yuko
```

　ユーザyukoで、cronが正しく動作していることを確認します。実行後は[ctrl]+[c]キーでプロンプトに戻ります。

cronの動作検証

```
[yuko@centos7 ~]$ tail -f /tmp/datefile
2016年  8月 31日 水曜日 18:44:01 JST   ←2分毎にタイムスタンプが追記されている
2016年  8月 31日 水曜日 18:46:02 JST
2016年  8月 31日 水曜日 18:48:01 JST
```

cronを利用するユーザの制限

　crontabコマンドに対して一般ユーザの実行制限を設定するには、**/etc/cron.allow**ファイルと**/etc/cron.deny**ファイルを使用します。

- cron.allowがある場合、ファイルに記述されているユーザがcronを利用できる
- cron.allowがなくcron.denyがある場合、cron.denyに記述されていないユーザがcronを利用できる
- cron.allowとcron.denyが両方ともない場合は、全てのユーザが利用できる

次の実行例は、ユーザyukoがcrontabファイルを削除しています。

crontabファイルの削除

```
[yuko@centos7 ~]$ crontab -r
```

rootユーザで、/var/spool/cronディレクトリ以下にユーザyukoが設定したcron設定ファイルが削除されていることを確認します。

/var/spool/cronディレクトリ以下の確認

```
[root@centos7 ~]# ls -la /var/spool/cron/*
ls: /var/spool/cron/* にアクセスできません: そのようなファイルやディレクトリはありません
```

rootユーザで、ユーザyukoに対し、cronの使用を禁止するよう設定します。

/etc/cron.denyを編集する

```
[root@centos7 ~]# vi /etc/cron.deny
yuko     ←yuko（ユーザ名）を記述
```

再度、ユーザyukoでcronの設定を試みますが、実行できないことを確認します。

cronの設定

```
[yuko@centos7 ~]$ crontab -e
You (yuko) are not allowed to use this program (crontab)
See crontab(1) for more information
```

anacronの利用

anacronは、コマンドを日単位の間隔で定期的に実行します。システム管理者がシステムの保守のために設定します。anacronはcrondデーモンによって起動され、crondデーモンは「/var/spool/cron」と「/etc/cron.d」ディレクトリ以下の設定ファイルおよび「/etc/crontab」ファイルを実行します。crondデーモンは、/etc/cron.dの下の設定ファイルから**run-parts**（/usr/bin/run-parts）スクリプトによってanacronを起動します。

anacronは/etc/anacrontabの設定に従い、「/etc/cron.daily」（1日毎）、「/etc/cron.weekly」（1週間毎）、「/etc/cron.monthly」（1か月毎）ディレクトリの下のコマンドを実行します。anacronプロセスは常駐するのではなく、コマンド実行後は終了します。

9-1-4 atサービス

指定した時刻に指定したコマンドを1回だけ実行するには、**at**コマンドを使用します。システムの負荷が低くなった時に指定したコマンドを1回だけ実行するには、**batch**コマンドを使用します。
atまたはbatchコマンドによってキューに入れられたジョブは、**atd**（/usr/sbin/atd）デーモンによって実行されます。

1回のジョブ予約
at [オプション] 時間

1回のジョブ予約
batch [オプション]

　どちらのコマンドで予約したジョブに対しても、atコマンドによる以下のオプションが使用可能です。

表9-1-4　atコマンド（batchコマンド）のオプション

オプション	同等のコマンド	説明
-l	atq	実行ユーザのキューに入っているジョブ（未実行のジョブ）を表示する。rootが実行した場合は全てのユーザのジョブを表示する
-c	atc	ジョブの内容を表示する
-d	atrm	ジョブを削除する

　次のような時間や日付の指定ができます。

表9-1-5　主な時間指定

指定	説明
HH:MM	10:15とすると10時15分を表す
midnight	真夜中（深夜0時）を表す
noon	正午を表す
now	現在の時刻を表す
teatime	午後4時のお茶の時間を表す
am、pm	10amとすると午前10時を表す

表9-1-6　主な日付指定

指定	説明
MMDDYY、MM/DD/YY、MM.DD.YY	060112とすると2012年6月1日を表す
today	今日を表す
tomorrow	明日を表す

　さらに、これらのキーワードに対して、相対的な経過時間を指定することも可能です。経過時間の指定には、「+」を指定します。

表9-1-7　相対的な経過時間の指定

書式例	説明
now + 10 minutes	現時刻から10分後にコマンドを実行する
noon + 1 hour	次の13:00（正午＋1時間）にコマンドを実行する
next week + 3 days	10日後にコマンドを実行する

以下の例は、1分後にdateコマンドの実行結果を「/tmp/atfile」に出力するようatコマンドの設定をしています。atコマンドを実行し、「at>」プロンプトでの設定が終了したら、[Ctrl] + [d]キーで終了します。

実行待ちのキューに入っているジョブを表示するには**atq**コマンド、あるいは**at -l**コマンドを実行します。

atコマンドによるジョブの登録

```
[...]# at now + 1 minutes    ←atコマンドで1分後に実行
at> date > /tmp/atfile    ←実行内容の設定
at>    ← [Ctrl] + [d] を入力する
<EOT>
job 2 at Wed Aug 31 19:13:00 2016
[...]# atq    ←実行待ちのキューに入っているジョブの表示
2    Wed Aug 31 19:13:00 2016 a root
```

実行待ちのキューに入れられたジョブを削除するには**atrm**コマンド、あるいは**at -d**コマンドを実行します。引数にはジョブ番号を指定します。

以下の例では、ジョブ番号5のジョブを削除しています。

ジョブの削除

```
[...]# atq
5    Wed Aug 31 19:26:00 2016 a root
[...]# atrm 5
[...]# atq
```

atを利用するユーザの制限

rootユーザは常にatコマンド、batchコマンドの実行が許可されています。一方、一般ユーザの実行制限を設定するには、**/etc/at.allow**ファイルと**/etc/at.deny**ファイルを使用します。

/etc/at.allowに登録されたユーザは、atコマンドとbatchコマンドの実行を許可されます。/etc/at.denyに登録されたユーザは、atコマンドとbatchコマンドの実行を拒否されます。

表9-1-8　ユーザの制限例

at.deny	at.allow	説明
yuko	なし	yuko以外のユーザは実行可能
なし	yuko	rootとyukoのみ実行可能。他ユーザは実行できない
yuko	mana	rootとmanaのみ実行可能。他ユーザは実行できない
なし	なし	rootのみ実行可能。他ユーザは実行できない

Chapter9 | システムサービスの管理

9-2 システム時刻の管理

9-2-1 システムクロック

　Linuxシステムの時刻は、システムクロック（system clock）によって管理されています。システムクロックはLinuxカーネルのメモリ上に次の2つのデータとして保持され、インターバルタイマの割り込みにより、時計を進めます。

- 1970年1月1日0時0分0秒からの経過秒数
- 現在秒からの経過ナノ秒数

> インターバルタイマはマザーボード上のICで、割り込みベクタIRQ0を使用して、周期的に割り込みを発生させ、システムクロックの時刻を進めます。

システムクロックの表示

　xclockのような時計のアプリケーションや、iノードに記録されるファイルへのアクセス時刻、サーバプロセスやカーネルがログに記録するイベント発生の時刻等は全て、システムクロックの時刻が参照されます。このシステムクロックの時刻を表示するのが**date**コマンドです。

dateコマンドの実行

```
[...]# date
2016年  9月  2日 金曜日 14:03:12 JST
```

　時刻の表示には「UTC」（協定世界時）と「ローカルタイム」（地域標準時）の2種類があります。

▷**UTC (Coordinated Universal Time)**
　原子時計を基に定められた世界共通の標準時で、天体観測を基にしたGMT（グリニッジ標準時）とほぼ同じです。

▷**ローカルタイム**
　国や地域に共通の地域標準時であり、日本の場合はJST（Japan Standard Time：日本標準時）となります。UTCとJSTでは9時間の時差があり、JSTがUTCより9時間進んでいます。

　時差情報は/usr/share/zoneinfoディレクトリの下に、ローカルタイム毎にファイルに格納されています。Linuxシステムのインストール時に指定するタイムゾーンによって、対応するファイルが**/etc/localtime**ファイルにコピーされて使用されます。
　タイムゾーンに「アジア/東京」を選んだ場合は、「/usr/share/zoneinfo/Asia/Tokyo」が「/etc/localtime」にコピーされ、ローカルタイムはJSTとなります。

ローカルタイム

```
[...]# ls -l /etc/localtime
lrwxrwxrwx. 1 root root 32  6月 19 22:56 /etc/localtime -> ../usr/share/zoneinfo/Asia/Tokyo
```

システムクロックはUTCを使用しています。dateコマンドの実行例のようにJSTで表示する場合は、/etc/localtimeの時差情報を基にUTCをJSTに変換して表示します。dateコマンドに「-u」(--utc)オプションを指定することで、UTCのまま表示することもできます。

日付の設定、表示

date [オプション] [日付] [+表示形式]

また、dateコマンド実行時に「+」に続けて表示形式を変更することで、日時をさまざまな形式で表示することもできます。

表示形式の書式

[MMDDhhmm[[CC]YY][.ss]]

表-9-2-1 表示形式と主な指定文字

書式	説明	例
%A	曜日	Sunday、日曜日
%B	月	January、1月
%H	時	00、23
%M	分	00、59
%c	日時	2016年　3月30日　12時16分30秒
%x	日付	2016年　3月30日

日時の表示形式の変更

```
[...]# date --utc    ←❶
2016年  9月  2日 金曜日 05:03:13 UTC
[...]# date     ←❷
2016年  9月  2日 金曜日 14:16:25 JST
[...]# date +%c    ←❸
2016年09月02日 14時16分44秒
[...]# date "+Date:%x Time:%H:%M"    ←❹
Date:2016年09月02日 Time:14:16
[...]# date 040100012017.00    ←❺
2017年  4月  1日 土曜日 00:01:00 JST
```

❶UTC（協定世界時）の表示
❷システムクロックの表示
❸ロケールに対応した日付と時刻の表示
❹Date文字列の後にロケールに対応した日付(%x)と、Time文字列の後に時(%H)と分(%M)の表示
❺システムクロックの設定。ただし設定できるのはrootユーザのみ。引数に月日時分年を2桁ずつ(MMDDHHmm[[CC]YY][.ss])で指定。MMは月、DDは日、hhは時、mmは分、CCは西暦の上2桁、YYは西暦の下2桁、ssは秒を表す

シェル変数TZ

　シェル変数TZは、タイムゾーンを指定することができます。例えば、dateコマンドの実行時にシェル変数TZを設定する場合は、「TZ=地域名」とします。「export TZ」として環境変数にすることで子プロセスに引き継ぐこともできます。

　/usr/share/zoneinfoディレクトリ直下に存在している地域名の場合は、TZの指定は「TZ=地域名」としますが、zoneinfoディレクトリ以下にあるディレクトリ内の地名の場合は、「TZ=ディレクトリ名/地域名」と設定しています。例えば、zoneinfo/Asiaディレクトリ内の地名の場合は、「TZ=Asia/地域名」と設定します。

シェル変数TZの利用

```
[...]# date
2016年  9月  2日 金曜日 18:50:36 JST
[...]# TZ=Hongkong date
2016年  9月  2日 金曜日 17:50:39 HKT
[...]# TZ=Asia/Singapore date
2016年  9月  2日 金曜日 17:50:46 SGT
```

　なお、TZに設定する値は、**tzselect**コマンドで選択および表示することができます。以下は、日本標準時に設定する値を表示する例です。

tzselectコマンドによるTZ値の選択

```
[...]# tzselect
Please identify a location so that time zone rules can be set correctly.
Please select a continent or ocean.
 1) Africa
 2) Americas
 3) Antarctica
 4) Arctic Ocean
 5) Asia
…（途中省略）…
#? 5   ←「5」を入力
Please select a country.
 1) Afghanistan        18) Israel           35) Palestine
 2) Armenia            19) Japan            36) Philippines
…（途中省略）…
#? 19  ←「19」を入力
…（途中省略）…
Therefore TZ='Asia/Tokyo' will be used.
Local time is now:  Sun Aug 23 23:28:49 JST 2015.
Universal Time is now:  Sun Aug 23 14:28:49 UTC 2015.
Is the above information OK?
1) Yes
2) No
#? 1   ←「1」を入力
You can make this change permanent for yourself by appending the line
  TZ='Asia/Tokyo'; export TZ
to the ?le '.pro?le' in your home directory; then log out and log in again.
…（以降省略）…
```

9-2-2 ハードウェアクロック

ハードウェアクロックは、マザーボード上のICによって提供される時計です。このICはバッテリーのバックアップがあるので、PCの電源を切っても時計が進みます。**RTC**（Real Time Clock）あるいは**CMOSクロック**とも呼ばれます。

hwclockコマンドによって、ハードウェアクロックをシステムクロックに、またシステムクロックをハードウェアクロックに合わせることができます。

- ハードウェアクロックをシステムクロックに合わせるには、「--systohc」または「-w」オプションを指定する
- システムクロックをハードウェアクロックに合わせるには、「--hctosys」または「-s」オプションを指定する

ハードウェアクロックの時刻はLinuxシステム立ち上げ時にhwclockコマンドで読み取られ、システムクロックに設定されます。また、システムの停止時に、hwclockコマンドによってシステムクロックの時刻がハードウェアクロックに設定されます。ハードウェアクロックをUTCにするかローカルタイムにするかは、hwclockコマンドの引数で指定します。

ハードウェアクロック自体にはUTCかローカルタイムかの情報を保持する領域はなく、最後に実行されたhwclockコマンドによるハードウェアクロックへの書き込み時に引数にUTCを指定したか、ローカルタイムを指定したかの情報が/etc/adjtimeファイルに記録されます。hwclockコマンドはroot権限でのみ実行可能です。

図9-2-1 Linuxの時刻管理

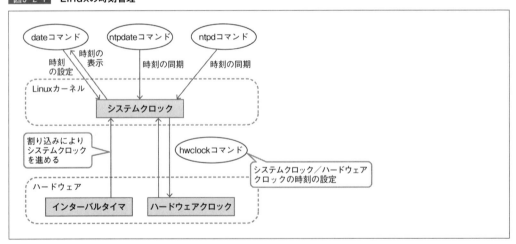

ハードウェアクロックの表示と設定

hwclock [オプション]

表9-2-2　hwclockコマンドのオプション

オプション	説明
-r、--show	ハードウェアクロックから読み込んで標準出力に表示する。このオプションはデフォルト
-u、--utc	UTCでハードウェアクロックの読み込み、あるいは書き込みを行う。このオプションはデフォルト
--localtime	ローカルタイムでハードウェアクロックの読み込み、あるいは書き込みを行う。デフォルトは --UTC
-w、--systohc	システムクロックの値をハードウェアクロックに設定する
-s、--hctosys	ハードウェアクロックの値をシステムクロックに設定する

hwclockコマンドによる時刻の表示と設定

```
[...]# hwclock    ←❶
2017年02月10日 12時36分20秒  -0.516531 秒
[...]# hwclock --localtime   ←❷
2017年02月10日 03時36分31秒  -0.505214 秒
[...]# hwclock --utc --systohc   ←❸
[...]# tail -1 /etc/adjtime   ←❹
UTC
[...]# hwclock --hctosys   ←❺
[...]# date   ←❻
2017年  2月 10日 金曜日 13:02:49 JST
```

❶ハードウェアクロックの時刻を表示
❷ハードウェアクロックの時刻をローカルタイムとして表示
❸システムクロックの値をUTCでハードウェアクロックに設定する
❹最後に実行されたhwclockコマンドによる書き込みがUTCかローカルタイムかを確認
❺ハードウェアクロックを読取り、システムクロックに設定する
❻設定されたシステムクロックの時刻を表示

9-2-3 NTP

「NTP」(Network Time Protocol)は、コンピュータがネットワーク上の他のコンピュータの時刻を参照して時刻の同期を取るためのプロトコルです。NTPでは時刻を**stratum**と呼ばれる階層で管理します。原子時計、GPS、標準電波(日本では情報通信研究機構：NICTが運用)が最上位の階層であるstratum0になり、それを時刻源とするNTPサーバがstratum1となります。stratum1のNTPサーバから時刻を受信するコンピュータ(NTPサーバあるいはNTPクライアント)はstratum2となります。最下位のstratum16まで階層化できます。

図9-2-2　NTPによる時刻の階層

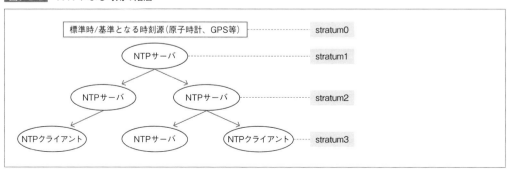

NTPクライアントは、**ntpdate**コマンドでNTPを利用した時刻の設定ができます。コマンドの引数にNTPサーバを指定します。なお、NTPサーバとの時刻同期にはroot権限が必要です。

> **NTPによる時刻の設定**
> **ntpdate [オプション] NTPサーバのリスト**

ntpdateコマンドの実行

```
[...]# ntpdate ntp.nict.jp
 2 Sep 19:28:45 ntpdate[303]: adjust time server 133.243.238.243 offset 0.000611 sec
```

　上記の実行例は、NTPサーバに情報通信研究機構（NICT）の公開サーバを指定しています。実行結果にある「133.243.238.243」はNTPサーバのIPアドレスです。「offset 0.000611 sec」は補正された時間です。
　なお、NTPサーバとシステム時計の差分（offset）を確認するには、ntpdateコマンドに「-q」オプションを付けて実行します。-qオプションを付けると、問い合わせ（Query）のみを行い、時計の設定は行いません。
　また、ntpdateコマンドは引数に複数のNTPサーバ（サーバのリスト）を指定することもできます。この場合、ntpdateの選定アルゴリズムにより最善のサーバを参照します。以下の例では引数に「0.centos.pool.ntp.org 1.centos.pool.ntp.org ntp.nict.jp」として3台のホストを指定しています。その結果、参照したサーバはそのIPアドレスから「ntp.nict.jp」であることがわかります。

ntpdateコマンドの実行（複数のホストを指定）

```
[...]# ntpdate 0.centos.pool.ntp.org 1.centos.pool.ntp.org ntp.nict.jp
 2 Sep 19:31:23 ntpdate[436]: adjust time server 133.243.238.164 offset -0.004725 sec
[...]# host ntp.nict.jp   ←❶
ntp.nict.jp has address 133.243.238.243
ntp.nict.jp has address 133.243.238.244
ntp.nict.jp has address 133.243.238.163
ntp.nict.jp has address 133.243.238.164   ←❷
ntp.nict.jp has IPv6 address 2001:df0:232:eea0::fff4
ntp.nict.jp has IPv6 address 2001:df0:232:eea0::fff3
```

❶hsotコマンドで、指定したホストの情報を表示
❷ntpdateコマンドの実行結果で表示されたIPアドレスと同じIPアドレス

　公開NTPサーバは、一般的に複数のサーバによる**DNSラウンドロビン**（正引きの問い合わせのたびに順繰りに異なったIPアドレスを返す）によってサーバの負荷分散を行っています。この仕組みのため、NTPサーバの指定では、IPアドレスではなく、上記の例のようにホスト名を指定することが推奨されています。

9-2-4 NTPデーモン

　NTPデーモン（**ntpd**）は、NTPにより時刻の同期を取るデーモンです。設定ファイル**/etc/ntp.conf**で指定された1台以上のサーバに、指定された間隔で問い合わせを行い、メッセージを交換することにより時刻の同期を取ります。また、NTPクライアントに時刻を配信します。

/etc/ntp.confの第1フィールドはコンフィグレーションコマンドで、第2フィールド以降がそのコマンドの引数になります。コンフィグレーションコマンド「server」の引数に参照する外部NTPサーバを指定します。

/etc/ntp.confの設定例

```
[...]# cat /etc/ntp.conf
…（途中省略）…
driftfile /var/lib/ntp/drift
…（途中省略）…
# Use public servers from the pool.ntp.org project.
# Please consider joining the pool (http://www.pool.ntp.org/join.html).
server 0.centos.pool.ntp.org iburst    ←外部NTPサーバを指定
server 1.centos.pool.ntp.org iburst    ←外部NTPサーバを指定
server 2.centos.pool.ntp.org iburst    ←外部NTPサーバを指定
server 3.centos.pool.ntp.org iburst    ←外部NTPサーバを指定
…（以降省略）…
```

表9-2-3 主なコンフィグレーションコマンド

コンフィグレーションコマンド	説明
driftfile	ntpdデーモンが計測した、NTPサーバの参照時刻からのインターバルタイマーの発振周波数のずれ（drift：ドリフト）を、PPM（parts-per-million：0.0001％）単位で記録するファイルの名前を指定する
restrict	access control list（ACL）の指定。アドレス（最初のフィールド）がdefaultと書かれている行がデフォルトのエントリで、restrict行の最初のエントリとなる。defaultの右に禁止フラグを指定する。アドレスがローカルホスト127.0.0.1と指定されたエントリのように、フラグを指定しない場合は全てのアクセスを許可する
server	リモートサーバのIPアドレスかDNS名、あるいは参照クロックのアドレス（127.127.x.x）を指定する
fudge	serverコマンドで参照クロックを指定した直後の行で、クロックドライバについてのstratum等の追加情報を指定する

9-2-5 chrony

　chronyは、chronyパッケージにより提供されるCentOS 7標準のNTPクライアント/サーバの実装です。CentOS 6までのntpパッケージに含まれるntpdデーモンにかわるNTPプロトコルの異なる実装で、システムクロックをより効率良く調整することが可能です。

　chronyパッケージはbaseパッケージグループに含まれ、インストール時に選択するほとんどのベース環境（「最小限のインストール」以外）でインストールされます。時刻の同期を取るNTPクライアント/サーバである**chronyd**デーモン、chronydを管理する**chronyc**コマンド、chronydの設定ファイル**/etc/chrony.conf**等から構成されています。

chronydのステータス確認

```
[...]# systemctl list-unit-files -t service | grep chronyd    ←❶
chronyd.service                              enabled
[...]# systemctl status chronyd    ←❷
● chronyd.service - NTP client/server
   Loaded: loaded (/usr/lib/systemd/system/chronyd.service; enabled; vendor preset: enabled)
   Active: active (running) since 火 2016-08-30 18:02:24 JST; 3 days ago
 Main PID: 718 (chronyd)
   CGroup: /system.slice/chronyd.service
           └─718 /usr/sbin/chronyd
```

❶「-t service」を指定し、自動起動サービスを一覧表示する（上記ではgrepでchronydに絞り込み表示）。実行結果から自動起動設定有効（enabled）となっていることが確認できる
❷現在のchronydの状態を表示。実行結果から実行中（active）であることが確認できる

chronydが起動していない場合は、systemctlコマンドを以下のように実行して起動します。

chronydの起動

```
[...]# systemctl start chronyd
```

chronydは、**chronyc**コマンドで制御します。chronyが同期しているかどうかを確認するには、tracking、sources、sourcestatsのサブコマンドを使用します。

chronycによる時刻の設定

chronyc [オプション]
chronyc [サブコマンド]

表9-2-4　chronycコマンドの主なサブコマンド

サブコマンド	説明
tracking	システムのクロック性能に関するパラメータを表示
sources	chronydがアクセスしている現在の時刻ソースに関する情報を表示
sourcestats	chronydによって検査されている各ソースの誤差のレートとオフセットの推定プロセスについての情報を表示

chronycコマンドは、オプションやサブコマンドを指定せずに実行するとインタラクティブモードとなります。以下は、trackingサブコマンドを実行した例です。「Reference ID」フィールドは、現在同期しているサーバの参照IDおよび名前（またはIPアドレス）です。「Ref time」フィールドは、参照サーバに最後の測定が行われた日時（UTC）です。

chronycの同期の確認（trackingの利用）

```
[...]# chronyc tracking
Reference ID    : 157.7.203.102 (balthasar.gimasystem.jp)
Stratum         : 4
Ref time (UTC)  : Fri Sep  2 11:24:33 2016
System time     : 0.000639362 seconds fast of NTP time
Last offset     : +0.000683035 seconds
RMS offset      : 0.486400068 seconds
...（以降省略）...
```

以下は、**sources**サブコマンドを実行した例です。

chronycの同期の確認（sourcesの利用）

```
[...]# chronyc sources
210 Number of sources = 4
MS Name/IP address          Stratum Poll Reach LastRx Last sample
===============================================================================
^- v157-7-235-92.z1d6.static     2   10   367      4   -26ms[  -26ms] +/-  116ms
^+ extendwings.com               2   10   377    29m +380us[ +190us] +/-   16ms
^* balthasar.gimasystem.jp       3   10   377    822 -985us[-1160us] +/- 7294us
^- chobi.paina.jp                2   10   277     12 -2899us[-2899us] +/-   30ms
```

sourcesサブコマンド実行時に表示される各フィールドの意味は、以下の通りです。

表9-2-5 sourcesサブコマンド実行時に表示されるフィールド

フィールド名	説明
M	ソースのモードを示す。^ はサーバ、= はピア、# はローカル接続している参照クロック
S	ソースの状態を示す。* はchronyd が現在同期しているソース、+ は選択されたソースと結合される受け入れ可能なソース、- は受け入れ可能なソースで結合アルゴリズムに除外されたものを示す
Name/IP address	ソースの名前または IP アドレス、または参照クロックの参照 ID
Stratum	ソースの stratum番号
Poll	ソースがポーリングされるレート。間隔のベース-2 対数を秒数で示される
Reach	ソースの到達可能性のレジスタで、8 進法で示される
LastRx	ソースから最後のサンプルが受信されたかを表示。通常は、秒数で表示され、m、h、d、および y の各文字は、それぞれ分、時間、日数、年を意味する
Last sample	ローカルクロックと最後に測定されたソースのオフセットを表示。+/- に続く数字は、測定におけるエラーのマージンを示す

sourcestatsサブコマンドを使うと、chronydが現在調査している各ソースの誤差のレートとオフセットの予測プロセスについての情報を表示します。

chronycの同期の確認（sourcestatsの利用）

```
[...]# chronyc sourcestats
210 Number of sources = 4
Name/IP Address              NP  NR  Span  Frequency  Freq Skew  Offset  Std Dev
===============================================================================
v157-7-235-92.z1d6.static    12   6  142m    -2.076      1.098   -29ms   2203us
extendwings.com              13   8  275m    +0.019      0.393   +730us  1714us
balthasar.gimasystem.jp      29  18  371m    -0.014      0.145   -440us  1487us
chobi.paina.jp                4   3   51m    -1.702     15.212  -4738us  1208u
```

chronyの設定ファイルは**/etc/chrony.conf**です。以下の例では、「ntp.nict.jp」と同期する設定としています。

/etc/chrony.confの編集

```
[...]# vi /etc/chrony.conf
# Use public servers from the pool.ntp.org project.
# Please consider joining the pool (http://www.pool.ntp.org/join.html).
#server 0.centos.pool.ntp.org iburst    ←不要なサーバはコメント
#server 1.centos.pool.ntp.org iburst    ←不要なサーバはコメント
#server 2.centos.pool.ntp.org iburst    ←不要なサーバはコメント
#server 3.centos.pool.ntp.org iburst    ←不要なサーバはコメント
server ntp.nict.jp iburst               ←この行を追加
…（以降省略）…
```

iburstサブコマンドを使用すると、起動直後に連続4回サーバに問い合わせをするため、時刻同期が早くなります。/etc/chrony.confを編集後、chronydを再起動し設定を有効にします。

chronyの再起動

```
[...]# systemctl restart chronyd    ←chronydの再起動
[...]# chronyc sources              ←動作状況の確認
210 Number of sources = 1
MS Name/IP address         Stratum Poll Reach LastRx Last sample
===============================================================================
^* ntp-b2.nict.go.jp           1     6   377    14   -398us[-1224us] +/- 5857us
```

Chapter9 | システムサービスの管理

9-3 国際化と地域化

9-3-1 locale

ロケール（locale）とは言語や国・地域毎に異なる単位、記号、日付、通貨等の表記規則の集合であり、ソフトウェアはロケールで指定された方式でデータの表記や処理を行います。ロケール情報の表示は**locale**コマンドで行います。

ロケールの表示
locale [オプション]

表9-3-1 localeコマンドのオプション

オプション	説明
-a	利用可能なロケールを全て表示
-m	利用可能な文字マッピングを全て表示

locateコマンドを引数なしに実行すると、現在設定されているロケール情報を全て表示します。ロケールは次のフォーマットで指定します。

language(_territory)(.encoding)(@modifier)

表9-3-2 ロケールの構成項目

項目	説明
language	言語の指定。日本語の場合はja（japanese）
territory	国/地域の指定。日本の場合はJP（Japan）
encoding	エンコード（文字符号化形式）の指定
@modifier	修飾子の指定。例）ユーロ通貨を@euroのように指定

言語が日本語、国が日本、エンコード（文字符号化形式）がUTF-8の場合は「ja_JP.UTF-8」となります。以下の例は、localeコマンドにより現在のロケール情報を表示しています。

ロケール情報の表示

```
[...]# locale
LANG=ja_JP.UTF-8
LC_CTYPE="ja_JP.UTF-8"
LC_NUMERIC="ja_JP.UTF-8"
LC_TIME="ja_JP.UTF-8"
LC_COLLATE="ja_JP.UTF-8"
LC_MONETARY="ja_JP.UTF-8"
LC_MESSAGES="ja_JP.UTF-8"
```

```
…（以降省略）…
```

以下は、主なロケール変数の意味です。

表9-3-3 ロケール変数

変数	説明
LC_CTYPE	文字の種類
LC_NUMERIC	数値
LC_TIME	時刻
LC_MONETARY	通貨
LC_MESSAGES	メッセージ

LANG環境変数

　LANG環境変数に日本語のロケール「ja_JP.UTF-8」を設定すると、bashのなかでsetlocale()関数が実行され、全てのLC_変数は「ja_JP.UTF-8」に設定されて、メッセージは日本語になります。

　あるいは、LC_MESSAGESとLC_CTYPEの各環境変数に日本語のロケール「ja_JP.UTF-8」を設定すると、bashのなかでsetlocale()関数が実行されて、メッセージは日本語になります。

　環境変数LANGを削除すると、デフォルトのロケールであるPOSIXとなります。POSIXロケールは、ロケールの書式「language（_territory）（.encording）」に従わない特別なロケールです。エンコードはASCIIで、日時、通貨等の書式は英語です。CロケールはPOSIXロケールと同じです。

ロケールの表示

```
[...]# locale    ←現在のロケール情報表示
LANG=ja_JP.UTF-8    ←ja_JP.UTF-8が設定されている
LC_CTYPE="ja_JP.UTF-8"
…（以降省略）…
[...]# ls test    ←存在しないファイルを指定すると日本語でメッセージが表示される
ls: test にアクセスできません: そのようなファイルやディレクトリはありません
[...]# unset LANG    ←LANG変数の削除
[...]# locale
LANG=    ←LANG が削除されている
LC_CTYPE="POSIX"
…（以降省略）…
[...]# ls test        ←存在しないファイルを指定すると英語でメッセージが表示される
ls: cannot access test: No such file or directory
[...]# export LANG="ja_JP.UTF-8"    ←LANG変数の設定
[...]# locale
LANG=ja_JP.UTF-8    ←LANG変数が設定される
LC_CTYPE="ja_JP.UTF-8"
…（以降省略）…
```

POSIX準拠のシステムではPOSIXロケール（Cロケール）が定義され、またロケールを設定しない場合のデフォルトロケールが定義されています。

9-3-2 ファイルのエンコード変換

ファイルのエンコードを変換するには、**iconv**コマンドを使用します。「-f」(from)オプションで現在のエンコードを指定し、「-t」(to)オプションで目的のエンコードを指定します。

エンコード変換

iconv -f ENCODING -t ENCODING INPUTFILE

表9-3-4 iconvコマンドのオプション

オプション	説明
-f ENCODING	変換元の文字コードをENCODINGに指定する
-t ENCODING	ENCODINGに指定した文字コードに変換する
-o OUTPUTFILE	OUTPUTFILEに指定したファイルに出力する
INPUTFILE	変換元のファイル名

以下の例では、nkfコマンドでファイルに使われている現在の文字コードを確認後、iconvコマンドを使用して「UTF-8」で書かれたファイルを「Shift_JIS」に変換しています。

ファイルのエンコードの変換

```
[...]# nkf -g utf8_file.txt
UTF-8
[...]# iconv -f UTF-8 -t Shift_JIS utf8_file.txt > sjis_file.txt
[...]# nkf -g sjis_file.txt
Shift_JIS (LF)
```

9-3-3 CentOS 7でのロケール確認と設定

CentOS 7では、ロケールの確認や設定は**localectl**コマンドが使用可能です。

localectlによる時刻の設定

localectl [オプション] [サブコマンド]

表9-3-5 localectlコマンドの主なサブコマンド

主なサブコマンド	説明
status	現行の設定を表示
list-locales	利用可能なロケールの一覧表示
set-locale	ロケールの変更

以下は、現在のロケールを表示します。なお、localectlコマンドは、オプションやサブコマンドを指定せずに実行した場合は、statusサブコマンドを指定した場合と同じ結果を表示します。

ロケールの確認

```
[...]# localectl status    ←現在の設定を表示
   System Locale: LANG=ja_JP.UTF-8
       VC Keymap: jp
      X11 Layout: jp
```

以下の例は、使用可能なロケールの一覧を表示します。

使用可能なロケールの表示

```
[...]# localectl list-locales    ←使用可能なロケールを全て表示
WARNING: terminal is not fully functional
 ESC[aa_DJRETURN)
aa_DJ.iso88591
aa_DJ.utf8
aa_ER
aa_ER.utf8
aa_ER.utf8@saaho
…（途中省略）…
[...]# localectl list-locales | grep ja    ←jaにしぼって表示
ja_JP
ja_JP.eucjp
ja_JP.ujis
ja_JP.utf8
japanese
japanese.euc
```

以下の例は、ロケールの変更を行います。

ロケールの変更

```
[...]# localectl set-locale LANG=ja_JP.eucjp    ←エンコードをEUC_JPに変更
[...]# localectl status
   System Locale: LANG=ja_JP.eucjp
       VC Keymap: jp
      X11 Layout: jp
[...]# cat /etc/locale.conf
LANG=ja_JP.eucjp
```

なお、ロケールの設定ファイルは**/etc/locale.conf**です。上記の例では、ロケールの変更後に/etc/locale.confファイルの内容を確認していますが、「ja_JP.eucjp」に設定されていることがわかります。

Chapter 10
ネットワーク

10-1 TCP/IPの設定と管理
10-2 nmcliの利用
10-3 ネットワークの管理と監視
10-4 ルーティングの管理
10-5 ネットワークインターフェイスの冗長化とブリッジ

□ Chapter10 | ネットワーク

10-1 TCP/IPの設定と管理

10-1-1 CentOS 7でのネットワークサービス管理

　従来のCentOSでは、ネットワークスクリプト（/etc/init.d/networkスクリプトおよび他のインストール済みスクリプト）を使用してネットワークを設定していました。CentOS 7では、**Network Manager**によるネットワーク管理が推奨されています。

　NetworkManagerによるネットワーク管理では、以下の3つの方法で設定を行います。

- GNOME control-centerによる設定
- nmtui（NetworkManager Text User Interface）による設定
- nmcli（NetworkManager Command Line Interface）による設定

　なお、NetworkManagerは、**systemd**によって管理されているため、**systemctl**コマンドでサービスの管理を行います。NetworkManagerのサービスはOS起動時に自動で起動されますが、手動で制御する場合は以下のコマンドを使用します。

NetworkManagerの起動
```
systemctl start NetworkManager
```

NetworkManagerの停止
```
systemctl stop NetworkManager
```

NetworkManagerの再起動
```
systemctl restart NetworkManager
```

NetworkManagerの状態表示
```
systemctl status NetworkManager
```

GNOME control-centerによる設定

　GNOME control-centerは、GNOMEデスクトップ環境で使用できるGUIツールです。GNOMEデスクトップのメニューから「アプリケーション」❶→「システムツール」❷→「設定」❸を選択し、「すべての設定」ダイアログにある「ネットワーク」❹を選択します。「ネットワーク」の設定ダイアログが表示されるので、画面右下にある「歯車のアイコン」❺を選択すると、設定を変更することが可能です。

図10-1-1 GNOME control-center

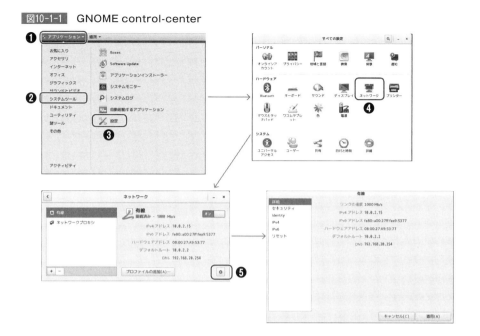

nmtui (NetworkManager Text User Interface) による設定

nmtuiは、コンソールやターミナル上で使えるcurses版のGUIツールです。**nmtui**コマンドを実行することで、nmtuiツールが起動します。

cursesについては「6-1 パーティションとパーティショニングツール」（→ p.282）を参照してください。

図10-1-2 コマンド実行後の画面

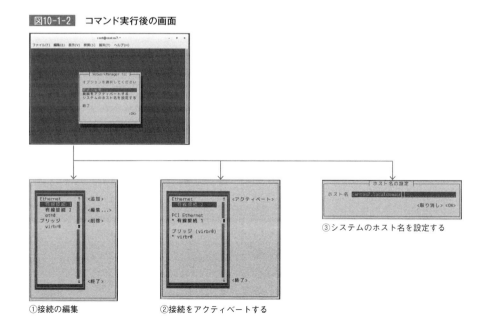

①接続の編集　　②接続をアクティベートする　　③システムのホスト名を設定する

設定画面では、以下3つのメニューが表示されます。

▷ **接続の編集**
接続されている各インターフェイスの設定を行います。

▷ **接続をアクティベートする**
接続されている各インターフェイスの有効化と無効化を切り替えます。

▷ **システムのホスト名を設定する**
ホスト名を設定します。

nmcli (NetworkManager Command Line Interface) による設定

nmcliは、コンソールやターミナル上からコマンドで設定を行うCUIツールです。nmcliは多くのサブコマンド、オプションを提供しています。

10-1-2 ネットワークに関する設定ファイル

従来のCentOSでは、ネットワークに関する設定は、設定ファイルを直接編集する等の手法で行っていましたが、CentOS 7では、nmtui、nmcli等を使用して設定されていることが推奨されています。したがって、以下に列記したファイルは参照する際の参考とし、直接編集しないよう留意してください。

表10-1-1 ネットワークに関する主な設定ファイル

ファイル	説明
/etc/services	サービス名とポート番号の対応
/etc/protocols	プロトコル番号の一覧
/etc/hosts	ホスト名とIPアドレスの対応
/etc/nsswitch.conf	名前解決の順番
/etc/resolv.conf	問い合わせる DNS サーバの IP アドレスを指定
/etc/networks	ネットワーク名とネットワークアドレスの対応
/etc/sysconfig/network-scripts/ifcfg-<デバイス>	デバイス毎の設定

/etc/services

サービス名とポート番号の対応が、**/etc/services**に記載されています。

/etc/services (抜粋)

```
ftp-data        20/tcp
ftp-data        20/udp
# 21 is registered to ftp, but also used by fsp
ftp             21/tcp
ftp             21/udp          fsp fspd
ssh             22/tcp                          # The Secure Shell (SSH) Protocol
ssh             22/udp                          # The Secure Shell (SSH) Protocol
telnet          23/tcp
```

```
telnet          23/udp
# 24 - private mail system
lmtp            24/tcp                          # LMTP Mail Delivery
lmtp            24/udp                          # LMTP Mail Delivery
smtp            25/tcp          mail
smtp            25/udp          mail
```

/etc/protocols

プロトコル番号は、**/etc/protocols**に記載されています。

/etc/protocols（抜粋）
```
ip         0      IP         # internet protocol, pseudo protocol number
hopopt     0      HOPOPT     # hop-by-hop options for ipv6
icmp       1      ICMP       # internet control message protocol
igmp       2      IGMP       # internet group management protocol
ggp        3      GGP        # gateway-gateway protocol
ipv4       4      IPv4       # IPv4 encapsulation
```

/etc/hosts

ホスト名とIPアドレスの対応が、**/etc/hosts**に記載されています。

/etc/hosts（抜粋）
```
127.0.0.1 localhost    ←❶
172.18.0.71 linux1
172.18.0.72 linux2 linux2.sr2.knowd.co.jp nfsserver    ←❷

❶ローカルループバックインターフェイスのための記述行
❷ホスト名の別名も付けられる
```

/etc/nsswitch.conf

ホスト名の名前解決には、ローカルファイルやDNS等複数あります。どの順番に使用するかを指定するためのファイルが**/etc/nsswitch.conf**です。

/etc/nsswitch.conf（抜粋）
```
#hosts:      db files nisplus nis dns
hosts:       files dns
↑まず/etc/hostsを検索し、見つからなければDNSのサービスを受ける
```

/etc/resolv.conf

問い合わせるDNSサーバのIPアドレスは、**/etc/resolv.conf**で指定します。

/etc/resolv.conf(抜粋)

```
domain edu0.edu     ←❶自分が所属するドメイン名を記述
search my-centos.com  ←❷
namesever 172.18.0.70  ←❸
```

❶自分が所属するドメイン名を記述
❷ホスト名にここで指定したドメイン名を付加して検索を行う
❸自分がサービスを受けるDNSサーバのIPアドレスを記述

　上記3つの指定のうち、クライアントにするために必須のエントリは、「nameserver」です。domainとsearchは排他的に使用されるため、両方指定した場合は後に記述されている方が有効になります。

　DNSの詳細は、「13-1 DNSサーバ」（→ p.616）を参照してください。

/etc/networks

ネットワーク名とネットワークアドレスの対応は、**/etc/networks**に記載されています。

/etc/networks(抜粋)

```
default 0.0.0.0      ←0.0.0.0のネットワーク名はdefaultとする
loopback 127.0.0.0   ←127.0.0.0のネットワーク名はloopbackとする
link-local 169.254.0.0  ←169.254.0.0のネットワーク名はlink-localとする
```

/etc/sysconfig/network-scripts/ifcfg-デバイス

　/etc/sysconfig/network-scripts/ifcfg-デバイスファイルに、IPアドレスやサブネットマスク等、個別の設定を記述します。設定ファイルはデバイス毎に異なります。例えば、enp0s3デバイスに設定する情報は、「/etc/sysconfig/network-scripts/ifcfg-enp0s3」に記述します。

ifcfg-<デバイス>ファイル

```
[...]# cd /etc/sysconfig/network-scripts/
[... network-scripts]# ls
ifcfg-enp0s3     ifdown-bnep  ifdown-isdn   ifdown-sit    ifup-bnep  ifup-isdn   ifup-ppp
ifup-wireless
ifcfg-lo         ifdown-eth   ifdown-post   ifdown-tunnel ifup-eth   ifup-plip   ifup-routes
init.ipv6-global
ifcfg-有線接続_1  ifdown-ippp  ifdown-ppp    ifup          ifup-ippp  ifup-plusb  ifup-sit
network-functions
ifdown           ifdown-ipv6  ifdown-routes ifup-aliases  ifup-ipv6  ifup-post   ifup-tunnel
network-functions-ipv6
[... network-scripts]# cat ifcfg-enp0s3
TYPE=Ethernet
BOOTPROTO=none
DEFROUTE=yes
IPV4_FAILURE_FATAL=no
IPV6INIT=yes
IPV6_AUTOCONF=yes
IPV6_DEFROUTE=yes
IPV6_FAILURE_FATAL=no
NAME=enp0s3
UUID=e6b1d7ad-d40d-4d53-98ad-c9bf9845ee01
```

```
DEVICE=enp0s3
ONBOOT=yes
IPADDR=172.16.0.254
PREFIX=16
IPV6_PEERDNS=yes
IPV6_PEERROUTES=yes
```

主な設定情報は、表10-1-2の通りです。

表10-1-2 デバイスの設定情報

主なオプション	説明
TYPE	ネットワークデバイスの種類を指定。Ethernet：有線Ethernet、Wireless：無線LAN、Bridge：ブリッジ
BOOTPROTO	ネットワークの起動方法を指定。none：ブート時プロトコルを使用しない、bootp：BOOTPプロトコルを使用する、dhcp：DHCPプロトコルを使用する
DEFROUTE	IPV4でこのインターフェイスがデフォルトルートとして使用されるかの有無を指定
IPV4_FAILURE_FATAL	IPV4の初期化に失敗した場合、このインターフェイスの初期化自体の失敗とするかの指定
IPV6INIT	IPV6の設定を有効にするかの指定
IPV6_AUTOCONF	IPV6の自動構成を有効にするかの指定
IPV6_DEFROUTE	IPV4でこのインタフェースがデフォルトルートとして使用されるかの有無を指定
IPV6_FAILURE_FATAL	IPV6の初期化に失敗した場合、このインターフェイスの初期化自体の失敗とするかの指定
NAME	このインターフェイスに付与する名前を指定
UUID	このインターフェイスに付与するUUID（固有識別子）を指定
DEVICE	デバイスの物理名を指定
ONBOOT	システム起動時にこのインターフェイスを起動するかの有無を指定
IPADDR	IPアドレスを指定
PREFIX	ネットマスク値を指定
IPV6_PEERDNS	IPV6で取得したDNSサーバのIPアドレスを/etc/resolv.confに反映させるかの有無を指定
IPV6_PEERROUTES	IPV6で取得したルーティング情報を使用するかの有無を指定

10-1-3 NIC(Network Interface Card)の命名

　従来のCentOSでは、ネットワークデバイス名として「ethX」といった名前が使用されていましたが、CentOS 7では、**udev**がさまざまなデバイスに応じてルールに従って命名しています。命名ルールは「Predictable Network Interface Names」と呼ばれ、udevのヘルパーユーティリティである**biosdevname**によって、新しい名前が付与されます。

　ネットワークデバイス名は以下のステップで命名されます。

①現在使用しているNICのMACアドレスと、ifcfg-XXXファイル内にあるHWADDRディレクティブに記載されたMACアドレスが同じifcfg-XXXファイルを探し、見つかればそのifcfg-XXXファイルのDEVICEディレクティブに記載されているデバイス名を設定する

②/usr/lib/udev/rules.d/71-biosdevname.rules内のルールが、biosdevnameコマンドを実行し命名ポリシーに従って設定する

③/lib/udev/rules.d/75-net-description.rules内のルールが、NICの内部udevデバイスのプロパティ値を読み取り、設定する
④/usr/lib/udev/rules.d/80-net-name-slot.rules内のルールが、ID_NET_NAME_ONBOARD、ID_NET_NAME_SLOT、ID_NET_NAME_PATHの優先度に従って設定する
⑤①～④で名前が取得できない場合は、従来の名前（例：eth0）を設定する

なお、**biosdevname**コマンドは、BIOS（SMBIOS）内に収納されているtype9（システムスロット）フィールドとtype41（オンボードデバイス拡張情報）フィールドからの情報を使用します。biosdevnameを無効にするには、「biosdevname=0」オプションをブートコマンドラインに渡します。
以下は、biosdevnameコマンドによる命名の例です。

図10-1-3　ネットワークデバイス名の例

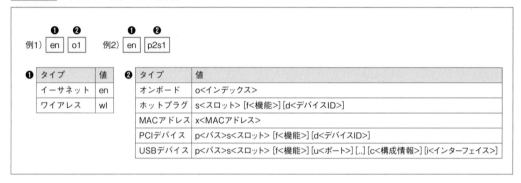

例1）のように、ファームウェア（ハードウェアを制御するためのソフトウェア）やBIOSに固定的な番号が組み込まれている場合は、その番号に基づいて「eno1」「ens1」等と命令されます。この時の3文字目は、オンボードかPCI Expressホットプラグスロットかを表します。

例2）のように、ファームウェアやBIOSに固定的な番号が組み込まれていない場合は、PCIもしくはUSBの物理的なバスとスロットの番号に基づいて「enp2s1」等と命名されます。この例の3文字目以降はp2s1であるため、PCIを表します。

Chapter10 | ネットワーク

10-2 nmcliの利用

10-2-1 nmcliツール

　nmcliは、コンソールやターミナル上からコマンドでNetworkManagerの制御を行うCUIツールです。**nmcli**コマンドの基本的な形式と、主なオプションと指定可能なオブジェクトは以下の通りです。

> **nmcliコマンド**
> **nmcli [オプション] オブジェクト {コマンド | help}**

表10-2-1 nmcliコマンドのオプション

オプション	説明
-t、--terse	トレースを出力する
-p、--pretty	読みやすい形式で出力する
-w、--wait 秒	NetworkManagerの処理が終了までのタイムアウト時間を設定する
-h、--help	ヘルプを表示する

表10-2-2 nmcliコマンドのオブジェクト

オブジェクト	説明
networking	ネットワーク全体の管理
radio	部分的なネットワークの管理
general	NetworkManagerの状態表示および管理
device	デバイスの表示と管理
connection	接続の管理
agent	NetworkManagerシークレットエージェント、polkitエージェントの操作

　以降では、nmcliの主な使用例をもとに解説します。なお、nmcliコマンド実行時に指定するオブジェクトやパラメータは、前方一致による省略指定が可能です。例えば、「networking」を「n」と指定しても認識します。以降では省略した場合の例も掲載しています。

ネットワーク全体の管理：networking

　nmcli networkingコマンドにより、ネットワーク全体の有効/無効を切り替えます。

> **ネットワークの全体の有効/無効の切り替え**
> **nmcli networking 引数**

475

表10-2-3　networkingの引数

引数	説明
on	有効化
off	無効化
connectivity	現在の状態を表示する

　以下は、有効/無効の切り替えおよび、状態を表示しています（オブジェクト「networking」と引数「connectivity」は省略形で指定しています）。

nmcli networkingコマンド

```
[...]# nmcli n c    ←状態の表示
完全    ←有効
[...]# nmcli n off  ←無効に切り替え
[...]# nmcli n c
なし    ←無効
[...]# nmcli n on
[...]# nmcli n c
完全
```

　connectivityによる状態は、以下の種類があります。

表10-2-4　connectivityが表示する状態

状態	説明
なし (none)	どのネットワークにも接続していない
ポータル (portal)	認証前により、インターネットに到達できない
制限付き (limited)	ネットワークへには接続しているが、インターネットへアクセスできない
完全 (full)	ネットワークに接続しており、インターネットへアクセスできる
不明 (unknown)	ネットワークの接続が確認できない

部分的なネットワークの管理：radio

　nmcli radioコマンドにより、ネットワークの機能毎に有効/無効の切り替えをすることが可能です。

ネットワークの機能毎に有効/無効の切り替え

nmcli radio 引数

表10-2-5　radioの引数

引数	説明
wifi	Wi-Fi機能の有効化/無効化
wwan	ワイヤレスWAN機能の有効化/無効化
wimax	WiMAX機能の有効化/無効化
all	wifi、wwan、wimaxを同時に有効化/無効化

NetworkManagerの状態表示および管理：general

nmcli generalコマンドにより、NetworkManagerの状態と権限を表示します。また、ホスト名、Network-Managerロギングレベルとドメインを取得して変更することもできます。

NetworkManagerの状態表示と管理

nmcli general 引数

表10-2-6　generalの引数

引数	説明
status	NetworkManagerの全体的な状態を表示
hostname	ホスト名を表示および設定
permissions	NetworkManagerが提供する認証済み操作に対して、呼び出し元が持つ権限を表示
logging	ログレベルとドメインを表示および変更

以下は、ホスト名の表示および変更をしています。

ホスト名の表示と変更

```
[...]# nmcli g ho      ←現在のホスト名の表示
centos7.localdomain
[...]# nmcli g ho host01.knowd.co.jp   ←引数にhost01.knowd.co.jpを指定して、ホスト名の変更
[...]# nmcli g ho      ←現在のホスト名の表示
host01.knowd.co.jp
[...]# cat /etc/hostname    ←/etc/hostnameファイルに変更後のホスト名が記載される
host01.knowd.co.jp
[...]# hostname        ←hostnameコマンドによるホスト名の表示
host01.knowd.co.jp
[...]# hostnamectl     ←hostnamectlコマンドによるホスト名の表示
   Static hostname: host01.knowd.co.jp   ←ホスト名
         Icon name: computer-vm
           Chassis: vm
        Machine ID: a2e9812f121745da91ec3bd693729378
           Boot ID: 86c01606e91144fcbd25fc134de13c52
    Virtualization: kvm
  Operating System: CentOS Linux 7 (Core)
       CPE OS Name: cpe:/o:centos:centos:7
            Kernel: Linux 3.10.0-327.18.2.el7.x86_64
      Architecture: x86-64
```

また、以下は、statusおよびpermissionsを表示しています。

ホストの状態と権限の表示

```
[...]# nmcli g s   ←NetworkManagerの全体的な状態を表示
状態      接続性   WIFI ハードウェア  WIFI  WWAN ハードウェア  WWAN
接続済み   完全    有効              有効   有効              有効
[...]# nmcli g p   ←権限を表示
パーミッション                                              値
org.freedesktop.NetworkManager.enable-disable-network       はい
org.freedesktop.NetworkManager.enable-disable-wifi          はい
```

```
org.freedesktop.NetworkManager.enable-disable-wwan           はい
org.freedesktop.NetworkManager.enable-disable-wimax          はい
...（途中省略）...
org.freedesktop.NetworkManager.settings.modify.hostname      はい
```

デバイスの表示と管理：device

nmcli deviceコマンドにより、デバイスの表示と管理を行います。

デバイスの表示と管理
nmcli device 引数

表10-2-7　deviceの引数

引数	説明
status	ネットワークデバイスの状態表示
show	ネットワークデバイスの詳細情報表示
connect	指定されたネットワークデバイスに接続
disconnect	指定されたネットワークデバイスを切断
delete	指定されたネットワークデバイスの削除
wifi	使用可能なアクセスポイントを表示
wimax	使用可能なWiMAX NSP（ネットワークサービス事業者）を表示

以下の例では、接続（ネットワークインターフェイス）の一覧表示、詳細表示、切断および接続を行っています。

デバイスの表示と管理

```
[...]# nmcli d
デバイス     タイプ       状態       接続
enp0s10    ethernet     接続済み    有線接続 2
enp0s3     ethernet     接続済み    enp0s3     ←enp0s3は接続済み
enp0s8     ethernet     接続済み    有線接続 1
enp0s9     ethernet     接続済み    有線接続 3
lo         loopback     管理無し    --
[...]# nmcli d d enp0s3    ←enp0s3を切断
Device 'enp0s3' successfully disconnected.
[...]# nmcli d
デバイス     タイプ       状態       接続
enp0s10    ethernet     接続済み    有線接続 2
enp0s8     ethernet     接続済み    有線接続 1
enp0s9     ethernet     接続済み    有線接続 3
enp0s3     ethernet     切断済み    --         ←enp0s3が切断
lo         loopback     管理無し    --
[...]# nmcli d c enp0s3    ←enp0s3を再度接続
[...]# nmcli device
デバイス     タイプ       状態       接続
enp0s10    ethernet     接続済み    有線接続 2
enp0s3     ethernet     接続済み    enp0s3     ←enp0s3は接続済み
enp0s8     ethernet     接続済み    有線接続 1
enp0s9     ethernet     接続済み    有線接続 3
lo         loopback     管理無し    --
```

```
[...]# nmcli d show enp0s9     ←enp0s9の詳細表示
GENERAL.デバイス:                enp0s9
GENERAL.タイプ:                  ethernet
GENERAL.ハードウェアアドレス:      08:00:27:EA:33:B5
GENERAL.MTU:                    1500
GENERAL.状態:                    100 (接続済み)
GENERAL.接続:                    有線接続 3
GENERAL.CON パス:                /org/freedesktop/NetworkManager/ActiveConnection/2
WIRED-PROPERTIES.キャリア:        オン
IP4.アドレス[1]:                 192.168.20.235/24
IP4.ゲートウェイ:                192.168.20.254
IP4.DNS[1]:                     192.168.20.254
IP4.ドメイン[1]:                 dhcp.n-mark.org
IP6.アドレス[1]:                 fe80::a00:27ff:feea:33b5/64
IP6.ゲートウェイ:
```

接続の管理：connection

nmcli connectionコマンドにより、接続の追加、修正、削除等を行います。

接続の管理

nmcli connection 引数

表10-2-8 connectionの引数

引数	説明
show	接続情報の一覧表示
up	指定した接続を有効化する
down	指定した接続を無効化する
add	新しい接続を追加する
edit	既存の接続を対話的に編集する
modify	既存の接続を編集する
delete	既存の接続を削除する
reload	全ての接続を再読み込みする
load	指定したファイルを再読み込みする

以下の例は、接続の一覧表示、詳細表示を行っています。nmcli deviceでも同様の内容を表示しますが、さらに詳細な情報を表示します。

接続の表示

```
[...]# nmcli con show       ←接続情報の一覧表示
名前         UUID                                    タイプ            デバイス
有線接続 2   a622a136-8551-428c-9744-3a5c295c6a61    802-3-ethernet   enp0s9
有線接続 1   43f4bc0f-c7f1-4267-ba12-1bc5a2d6a709    802-3-ethernet   --
enp0s3      e6b1d7ad-d40d-4d53-98ad-c9bf9845ee01    802-3-ethernet   enp0s3
[...]# nmcli con show --active    ←有効化されている接続のみ表示
名前         UUID                                    タイプ            デバイス
有線接続 2   a622a136-8551-428c-9744-3a5c295c6a61    802-3-ethernet   enp0s9
enp0s3      e6b1d7ad-d40d-4d53-98ad-c9bf9845ee01    802-3-ethernet   enp0s3
```

```
[...]# nmcli con show enp0s3        ←指定した接続の詳細表示
connection.id:                      enp0s3
connection.uuid:                    e6b1d7ad-d40d-4d53-98ad-c9bf9845ee01
connection.interface-name:          enp0s3
connection.type:                    802-3-ethernet
...（途中省略）...
GENERAL.名前:                       enp0s3
GENERAL.UUID:                       e6b1d7ad-d40d-4d53-98ad-c9bf9845ee01
GENERAL.デバイス:                   enp0s3
GENERAL.状態:                       アクティベート済み
GENERAL.デフォルト:                 いいえ
GENERAL.デフォルト6:                いいえ
GENERAL.VPN:                        いいえ
GENERAL.ゾーン:                     --
GENERAL.DBUS パス:                  /org/freedesktop/NetworkManager/ActiveConnection/2
GENERAL.CON パス:                   /org/freedesktop/NetworkManager/Settings/0
GENERAL.スペックオブジェクト:       /
GENERAL.マスターパス:               --
IP4.アドレス[1]:                    172.16.0.254/16
IP4.ゲートウェイ:
IP6.アドレス[1]:                    fe80::a00:27ff:fe3c:2918/64
IP6.ゲートウェイ:
```

　以下の例は、接続の有効化/無効化の切り替えを行っています。なお、接続が有効の状態で接続情報を変更した場合、そのままでは反映されません。したがって、再度、有効化を行うことで設定内容の再読み込みが行われます。

接続の有効化/無効化の切り替え

```
[...]# nmcli con d enp0s3    ←downによる無効化
Connection 'enp0s3' successfully deactivated (D-Bus active path: /org/freedesktop/
NetworkManager/ActiveConnection/3)
[...]# nmcli con u enp0s3    ←upによる有効化
接続が正常にアクティベートされました (D-Bus アクティブパス: /org/freedesktop/NetworkManager/
ActiveConnection/4)
```

　以下の例は、引数modifyを使用して、既存の接続を編集しています。①の例では、enp0s3がOS起動時に自動起動しない設定となっているため、自動起動するように変更しています。

接続の編集①

```
[...]# nmcli con show enp0s3 | grep connection.autoconnect    ←❶
connection.autoconnect:                 no    ←❷
connection.autoconnect-priority:        0
connection.autoconnect-slaves:          -1 (default)
[...]# nmcli con mod enp0s3 connection.autoconnect yes        ←❸
[...]# nmcli con show enp0s3 | grep connection.autoconnect    ←❹
connection.autoconnect:                 yes   ←❺
connection.autoconnect-priority:        0
connection.autoconnect-slaves:          -1 (default)
```

❶enp0s3の設定内容を確認
❷connection.autoconnectがnoになっている
❸enp0s3のconnection.autoconnectをyesに変更
❹enp0s3の設定内容を確認
❺connection.autoconnectがyesになっている

②の例では、DHCPではなく固定のIPアドレスとゲートウェイを設定しています。

接続の編集②

```
[...]# nmcli con show enp0s3 | grep ipv4    ←❶
ipv4.method:                            auto    ←❷
ipv4.dns:
ipv4.dns-search:
ipv4.addresses:                              ←❸
ipv4.gateway:                            --   ←❹
ipv4.routes:
…（以降省略）…
[...]# nmcli con modify enp0s3 ipv4.method manual ipv4.addresses 172.16.0.10/16
ipv4.gateway 172.16.0.254    ←❺
[...]#
[...]# nmcli con show enp0s3 | grep ipv4
ipv4.method:                            manual    ←❻
ipv4.dns:
ipv4.dns-search:
ipv4.addresses:                          172.16.0.10/16    ←❼
ipv4.gateway:                            172.16.0.254    ←❽
ipv4.routes:
…（以降省略）…
```

❶enp0s3のipv4の設定内容を確認
❷ipv4.methodがautoの場合、DHCP
❸ipv4.addresses（IPアドレス）が未設定
❹ipv4.gateway（ゲートウェイ）が未設定
❺IPアドレスは172.16.0.10/16、ゲートウェイは172.16.0.254に設定
❻ipv4.methodがmanualの場合、固定IPの設定
❼ipv4.addresses（IPアドレス）が設定
❽ipv4.gateway（ゲートウェイ）が設定

③の例では、既に設定されているフィールドに対して値を追加（＋）、削除（－）しています。また、完全に値を未設定にするには「""」を使用します。

接続の編集③

```
[...]# nmcli con modify enp0s3 ipv4.method manual +ipv4.addresses 172.16.0.20/16    ←❶
[...]# nmcli con show enp0s3 | grep ipv4
ipv4.method:                            manual
ipv4.dns:
ipv4.dns-search:
ipv4.addresses:                          172.16.0.10/16, 172.16.0.20/16    ←❷
ipv4.gateway:                            172.16.0.254
ipv4.routes:
…（以降省略）…
[...]# nmcli con modify enp0s3 ipv4.method manual -ipv4.addresses 172.16.0.20/16    ←❸
[...]# nmcli con show enp0s3 | grep ipv4
ipv4.method:                            manual
ipv4.dns:
ipv4.dns-search:
ipv4.addresses:                          172.16.0.10/16    ←❹
ipv4.gateway:                            172.16.0.254
ipv4.routes:
…（以降省略）…
[...]# nmcli con modify enp0s3 ipv4.method auto ipv4.addresses "" ipv4.gateway ""    ←❺
[...]# nmcli con show enp0s3 | grep ipv4
```

```
ipv4.method:                      auto     ←❻
ipv4.dns:
ipv4.dns-search:
ipv4.addresses:         ←❼
ipv4.gateway:                     --      ←❽
ipv4.routes:
…（以降省略）…
```

❶IPアドレスを追加
❷2つ設定されている
❸172.16.0.20/16のみ削除
❹1つ設定されている
❺ipv4.methodはauto、IPアドレス、ゲートウェイは未設定とする
❻ipv4.methodがautoに変更
❼ipv4.addresses（IPアドレス）が未設定
❽ipv4.gateway（ゲートウェイ）が未設定

　以下の例は、引数editを使用して、既存の接続を編集しています。modifyとは異なり、対話形式で編集することができます。「nmcli con edit」を実行すると、「nmcli>」プロンプトが表示されます。
　まず、①の例では、設定内容の表示を行っています。

既存の接続の編集①

```
[...]# nmcli con edit enp0s3

===| nmcli インタラクティブ接続エディター  |===

既存の '802-3-ethernet' 接続を編集中: 'enp0s3'

使用できるコマンドを表示するには 'help' または '?' を入力します。
プロパティ詳細を表示するには 'describe [<setting>.<prop>]' を入力します。

次の設定を変更することができます: connection, 802-3-ethernet (ethernet), 802-1x, ipv4, ipv6, dcb
nmcli> print all   ←「print all」で全ての設定内容を表示
===============================================================================
                      Connection profile details (enp0s3)
===============================================================================
connection.id:                          enp0s3
connection.uuid:                        e6b1d7ad-d40d-4d53-98ad-c9bf9845ee01
connection.interface-name:              enp0s3
connection.type:                        802-3-ethernet
…（以降省略）…
nmcli> print ipv4   ←「print 項目名」で指定された項目のみ表示
['ipv4' 設定値]
ipv4.method:                            auto
ipv4.dns:
ipv4.dns-search:
…（以降省略）…
nmcli> goto ipv4   ←「goto 項目名」で指定された項目へ移動
変更できるのは次のプロパティになります: method, dns, dns-search, addresses, gateway, routes,
route-metric, ignore-auto-routes, ignore-auto-dns, dhcp-hostname, dhcp-send-hostname,
never-default, may-fail, dhcp-client-id
nmcli ipv4> print   ←プロンプトが「nmcli 項目名」となる
['ipv4' 設定値]
ipv4.method:                            auto
ipv4.dns:
ipv4.dns-search:
…（以降省略）…
```

```
nmcli ipv4> back     ←トップに戻るにはbackを使用する
nmcli>
```

②の例では、対話形式で既存の接続を編集しています。指定された項目へ値を設定する場合は「set」、値を削除する場合は「remove」を使用します。

既存の接続の編集②

```
nmcli> print ipv4
…（途中省略）…
ipv4.dhcp-hostname:                     --      ←dhcpサーバは未設定
…（以降省略）…
nmcli> set ipv4.dhcp-hostname vm0  ←dhcpサーバとしてvm0ホストを指定
nmcli> print ipv4
…（以降省略）…
ipv4.dhcp-hostname:                     vm0     ←dhcpサーバはvm0ホスト
…（以降省略）…
nmcli> remove ipv4.dhcp-hostname   ←dhcpサーバの設定値を削除
nmcli> print ipv4
…（以降省略）…
ipv4.dhcp-hostname:                     --      ←dhcpサーバは未設定
…（以降省略）…
```

なお、設定を変更した場合は「save」で保存し、対話を終了する場合は「quit」を使用します。

設定の保存と対話の終了

```
nmcli> save
nmcli> quit
```

以下の例は、接続の追加（add）、削除（delete）を行っています。実行例として接続名およびデバイス名を指定し作成しています。その他の設定は、「nmcli connection modify（もしくはedit）」で行ってください。

接続の追加と削除

```
[...]# nmcli con show
名前      UUID                                    タイプ           デバイス
enp0s3   e6b1d7ad-d40d-4d53-98ad-c9bf9845ee01    802-3-ethernet   enp0s3
[...]#
↓以下では、接続名はenp0s8、デバイスはenp0s8として新規に追加
[...]# nmcli con add type ethernet con-name enp0s8 ifname enp0s8
接続 'enp0s8' (917aabca-abe4-40b8-874b-abbd9260895b) が正常に追加されました。
[...]# nmcli con show   ←追加されていることを確認
名前      UUID                                    タイプ           デバイス
enp0s8   917aabca-abe4-40b8-874b-abbd9260895b    802-3-ethernet   enp0s8
enp0s3   e6b1d7ad-d40d-4d53-98ad-c9bf9845ee01    802-3-ethernet   enp0s3
[...]# nmcli con del enp0s8   ←作成したenp0s8を削除
Connection 'enp0s8' (917aabca-abe4-40b8-874b-abbd9260895b) successfully deleted.
[...]# nmcli con show   ←削除されていることを確認
名前      UUID                                    タイプ           デバイス
enp0s3   e6b1d7ad-d40d-4d53-98ad-c9bf9845ee01    802-3-ethernet   enp0s3
```

以下の例は、引数reloadとloadを使用して、設定ファイルの再読み込みを行います。通常、接続情報の変更は、modify（もしくはedit）で行い、その後、「nmcli connection up」を実行することで設定の再読み込みは行われます。reload/loadは、接続の設定ファイルを直接編集した場合に使用します。

設定ファイルの再読み込み

```
[...]# nmcli con reload    ←reloadにより全ての接続情報を再読み込みする
[...]# nmcli con load /etc/sysconfig/network-scripts/ifcfg-enp0s3
  ↑「loadファイル名」により指定されたファイルを読み込む
```

10-2-2 Wifiインターフェイスの管理

　以下の例は、NetworkManagerのためのWifiプラグインのパッケージ**NetworkManager-wifi**をインストールしています。NetworkManagerでWifi I/Fの設定を行うにはこのパッケージが必要です。

NetworkManager-wifiパッケージのインストール

```
[...]# yum install NetworkManager-wifi
…（実行結果省略）…
```

　以下の例は、**iwlist**コマンドに、Wifi I/F名（例：wlp2s0）とパラメータscanを指定して実行し、使用するアクセスポイントのESSIDを検索しています。

アクセスポイントをスキャン

```
[...]# iwlist wlp2s0 scan |grep ESSID
  ESSID:"Sample-ABC"
```

　以下の例は、nmcliコマンドでアクセスポイントSample-ABCに接続しています。

アクセスポイントとパスワードを指定して接続

```
[...]# nmcli d wifi connect Sample-ABC password アクセスポイントのパスワード
```

　以下の例は、nmcliコマンドでアクセスポイントSample-ABCへの接続状態を確認しています。

接続状態を確認（抜粋）

```
[...]# nmcli d show wlp2s0
GENERAL.状態:    100（接続済み）
GENERAL.接続:    Sample-ABC
IP4.アドレス[1]: 192.168.111.107/24
IP4.ゲートウェイ: 192.168.111.1
IP4.DNS[1]:     8.8.8.8
```

10-2-3 標準でサポートされていないハードウェアへの対処方法

システムに搭載されている新しいモデルのイーサネットコントローラやWiFiコントローラをCentOS 7がサポートしていない場合、ネットワークを使用できません。このような場合、コントローラチップのモデル名を調べて、対応するドライバを以下の方法で用意することができれば問題を解決できます。

・外部リポジトリからダウンロードする
・kernel.orgでバックポートされたドライバのソースコードをコンパイルする

コントローラチップのモデル名を調べる

システムに搭載されているイーサネットコントローラやWiFiコントローラのモデル名は**lspci**コマンドで表示・確認できます。lspciは、PCIバスと、そこに接続されているデバイスの情報を表示するコマンドです。

以下は、Intel社のWiFiコントローラとRealtek Semiconductor社のイーサネットコントローラが搭載されたPCの例です。

PCIバスに接続されているデバイスを表示

```
[...]# lspci
…（途中省略）…
02:00.0 Network controller: Intel Corporation Wireless 7265 (rev 59)   ←❶
03:00.1 Ethernet controller: Realtek Semiconductor Co., Ltd. RTL8111/8168/8411
PCI Express Gigabit Ethernet Controller (rev 12)   ←❷
…（以降省略）…
```

❶Intel社のWiFiコントローラ
❷Realtek Semiconductor社のイーサネットコントローラ

上記のデバイスの場合はCentOS 7のカーネルがサポートしており、ドライバが以下のようにロードされています。

```
[...]# lsmod|grep r8
r8169                  81920  0    ←イーサネットコントローラのドライバ
mii                    16384  1 r8169
[...]# lsmod|grep wifi
iwlwifi               147456  1 iwlmvm    ←WiFiコントローラのドライバ
cfg80211              573440  3 iwlmvm,iwlwifi,mac80211
```

外部リポジトリで提供されているドライバをインストール

CentOS 7のカーネルがデバイスをサポートしていない場合、外部リポジトリで提供されているかどうかを調べます。

以下はEPELリポジトリのURLの例です。

http://elrepo.org/tiki/Packages

対応するドライバがあればダウンロードし、インストールします。

イーサネットかWiFi、どちらか使用できる方でダウンロードします。どちらも使用できない場合は、ターゲットのPCにUSBメモリなど利用してコピーします。

新しいカーネルバージョンからバックポートされているドライバをインストール

新しいカーネルバージョンからバックポートされたドライバ等のソースコードはLinux Foundationの以下のサイトから入手できます。

Linux Foundation
http://drvbp1.linux-foundation.org/~mcgrof/rel-html/backports/

以下は、上記のサイトからカーネルバージョン「4.2.6-1」からバックポートされたソースコード「backports-4.2.6-1.tar.xz」をダウンロードし、コンパイルしてWiFiドライバを生成する例です。

コンパイル作業はドライバをインストールする予定のPC（あるいは同じカーネルバージョンのPC）で行います。この場合、kernel、kernel-devel、kernel-headersの各パッケージのバージョンが同じである必要があります（アップデートによりバージョンが異なっている場合があるので注意）。なお、最後にドライバをインストールする時以外は、一般ユーザでも実行可能です（ここでは一般ユーザでsudoコマンドを使ってインストールしています）。

バックポートされたソースコードからWiFiドライバを生成

```
[...]$ tar xvf backports-4.2.6-1.tar.xz
[...]$ cd backports-4.2.6-1
[... backports-4.2.6-1]$ ls defconfigs/    ←❶
alx       ath10k  ath6kl  ath9k-debug  b43legacy  brcmsmac  cw1200    igb       nfc       wcn36xx  wil6210
ar5523    ath5k   ath9k   b43                     brcmfmac  carl9170  hwsim     iwlwifi   rtlwifi  wifi     wwan
[... backports-4.2.6-1]$ make defconfig-wifi    ←❷
[... backports-4.2.6-1]$ make    ←❸
[... backports-4.2.6-1]$ find drivers/net/wireless/ -name "*.ko"    ←❹
drivers/net/wireless/b43legacy/b43legacy.ko
drivers/net/wireless/atmel.ko
drivers/net/wireless/b43/b43.ko
drivers/net/wireless/rtl818x/rtl8187/rtl8187.ko
…（以降略）…
[...]$ sudo make install    ←❺
```

❶makeのターゲットを表示、確認。今回の例ではwifi（ターゲット名：defconfig-wifi）を指定
❷全てのWiFiドライバソースをコンパイルするための.config ファイルを作成
❸コンパイル
❹生成されたドライバを表示、確認
❺対応するドライバをコンパイルできた場合はroot権限でインストール

コンパイル手順は以下のURLを参考にします。

　https://backports.wiki.kernel.org/index.php/Documentation
　https://backports.wiki.kernel.org/index.php/Documentation/packaging

Chapter10 | ネットワーク

10-3 ネットワークの管理と監視

10-3-1 ネットワークの管理と監視の基本コマンド（ipコマンド）

ネットワークの状態を把握する方法を説明します。なお、CentOS 7では、routeやifconfigコマンド等が含まれるnet-toolsパッケージから、ipコマンド等を含む**iproute2**ユーティリティ（パッケージ名はiproute）の使用が推奨されています。

ここでは主にipコマンドを紹介しますが、比較として従来のコマンドの使用例も掲載します。

表10-3-1　net-toolsパッケージとiprouteパッケージの比較

net-tools	iproute2
ifconfig -a	ip addr
ifconfig enp0s3 down	ip link set enp0s3 down
ifconfig enp0s3 up	ip link set enp0s3 up
ifconfig enp0s9 192.168.20.15 netmask 255.255.255.0	ip addr add 192.168.20.15/24 dev enp0s9
ifconfig enp0s3 mtu 5000	ip link set enp0s3 mtu 5000
arp -a	ip neigh
arp -v	ip -s neigh
arp -s 172.16.0.10 08:00:27:69:93:25	ip neigh add 172.16.0.10 lladdr 08:00:27:69:93:25 dev enp0s3
arp -i enp0s3 -d 172.16.0.10	ip neigh del 172.16.0.10 dev enp0s3
netstat	ss
netstat -g	ip maddr

ipコマンドは、ネットワークインターフェイス、ルーティング、ARPキャッシュ、ネットワークネームスペース等の設定と表示をするコマンドです。従来の**ifconfig**にかわるコマンドで、多様な機能を持ちます。ifconfigはカーネルとの通信に「INETソケット+ioctl」を利用しますが、ipコマンドはioctlの後継として開発されたNETLINKソケットを利用します。

ipコマンド

ip [オプション] オブジェクト {コマンド | help}

ipコマンドは、対象の操作をオブジェクトとして指定します。そして、オブジェクトに対して行う指示をコマンドに指定します。表10-3-2は主なオブジェクトです。なお、オブジェクトを指定する際、前方一致による省略した名前で使用することができます。

表10-3-2 ipコマンドの主なオブジェクト

オブジェクト	説明
address	IPアドレスとプロパティ情報の表示、変更
link	ネットワークインターフェイスの状態を表示、管理
maddress	マルチキャストアドレスの管理
neighbour	arpテーブルの表示、管理
help	各オブジェクトのヘルプを表示

以降、各オブジェクトに対する使用例を掲載します。

IPアドレスとプロパティ情報の表示、変更：address

ip addressコマンドにより、IPアドレスとプロパティ情報の表示や変更が可能です。

①の例では、全てのアドレス情報を表示しています。なお、net-toolsでは、ifconfigコマンドで表示します。また、以降の例では、名前を省略した形でコマンドを使用しています。

IPアドレスとプロパティ情報の表示・変更①

```
[...]# ip addr   ←ipコマンドでの表示
1: lo: <LOOPBACK,UP,LOWER_UP> mtu 65536 qdisc noqueue state UNKNOWN
    link/loopback 00:00:00:00:00:00 brd 00:00:00:00:00:00
    inet 127.0.0.1/8 scope host lo
       valid_lft forever preferred_lft forever
    inet6 ::1/128 scope host
       valid_lft forever preferred_lft forever
2: enp0s3: <BROADCAST,MULTICAST,UP,LOWER_UP> mtu 1500 qdisc pfifo_fast state UP qlen 1000
    link/ether 08:00:27:3c:29:18 brd ff:ff:ff:ff:ff:ff   ←❶
    inet 172.16.0.254/16 brd 172.16.255.255 scope global enp0s3   ←❷
       valid_lft forever preferred_lft forever
    inet6 fe80::a00:27ff:fe3c:2918/64 scope link
       valid_lft forever preferred_lft forever
…（以降省略）…
[...]# ip addr show dev enp0s3   ←指定したデバイスの詳細表示
2: enp0s3: <BROADCAST,MULTICAST,UP,LOWER_UP> mtu 1500 qdisc pfifo_fast state UP qlen 1000
    link/ether 08:00:27:3c:29:18 brd ff:ff:ff:ff:ff:ff
    inet 172.16.0.254/16 brd 172.16.255.255 scope global enp0s3
       valid_lft forever preferred_lft forever
    inet6 fe80::a00:27ff:fe3c:2918/64 scope link
       valid_lft forever preferred_lft forever
[...]# ifconfig -a   ←ifconfigコマンドでの表示
lo: flags=73<UP,LOOPBACK,RUNNING>  mtu 65536
        inet 127.0.0.1  netmask 255.0.0.0
        inet6 ::1  prefixlen 128  scopeid 0x10<host>
        loop  txqueuelen 0  (Local Loopback)
        RX packets 5  bytes 560 (560.0 B)
        RX errors 0  dropped 0  overruns 0  frame 0
        TX packets 5  bytes 560 (560.0 B)
        TX errors 0  dropped 0  overruns 0  carrier 0  collisions 0
enp0s3: flags=4163<UP,BROADCAST,RUNNING,MULTICAST>  mtu 1500
        inet 172.16.0.254  netmask 255.255.0.0  broadcast 172.16.255.255   ←❸
        inet6 fe80::a00:27ff:fe3c:2918  prefixlen 64  scopeid 0x20<link>
        ether 08:00:27:3c:29:18  txqueuelen 1000  (Ethernet)   ←❹
        RX packets 2  bytes 120 (120.0 B)
        RX errors 0  dropped 0  overruns 0  frame 0
        TX packets 10  bytes 744 (744.0 B)
```

```
              TX errors 0  dropped 0 overruns 0  carrier 0  collisions 0
…（以降省略）…
[...]# ifconfig -v enp0s3    ←指定したデバイスの詳細表示
enp0s3: flags=4163<UP,BROADCAST,RUNNING,MULTICAST>  mtu 1500
        inet 172.16.0.254  netmask 255.255.0.0  broadcast 172.16.255.255
        inet6 fe80::a00:27ff:fe3c:2918  prefixlen 64  scopeid 0x20<link>
        ether 08:00:27:3c:29:18  txqueuelen 1000  (Ethernet)
        RX packets 2  bytes 120 (120.0 B)
        RX errors 0  dropped 0  overruns 0  frame 0
        TX packets 10  bytes 744 (744.0 B)
        TX errors 0  dropped 0 overruns 0  carrier 0  collisions 0
```

❶MACアドレスは08:00:27:3c:29:18
❷IPアドレスは172.16.0.254/16
❸IPアドレスは172.16.0.254/16
❹MACアドレスは08:00:27:3c:29:18

　②の例は、アドレスの追加および削除を行っています。ipコマンドでは同一インターフェイスへの複数のアドレス割り当てをサポートします。

IPアドレスとプロパティ情報の表示・変更②

```
[...]# ip addr add 172.16.0.12/16 dev enp0s3    ←❶
[...]# ip addr del 172.16.0.12/16 dev enp0s3    ←❷
```

❶enp0s3にIPアドレス172.16.0.12/16を追加する。「/16」でネットワーク部のビット数を16ビットに指定している
❷enp0s3からIPアドレス172.16.0.12/16を削除する

ネットワークインターフェイスの状態を表示、管理：link

　ip linkコマンドにより、ネットワークインターフェイスの状態を表示および管理が可能です。
　以下の例①では、インターフェイスのオン/オフの切り替えを行っています。なお、net-toolsでは、ifconfigコマンドで行います。

ネットワークインターフェイスの状態を表示と管理①

```
[...]# ip link show dev enp0s3    ←現在のenp0s3デバイスの状態
2: enp0s3: <BROADCAST,MULTICAST,UP,LOWER_UP> mtu 1500 qdisc pfifo_fast state UP mode
DEFAULT qlen 1000    ←UPによりオンライン
    link/ether 08:00:27:3c:29:18 brd ff:ff:ff:ff:ff:ff
[...]# ip link set enp0s3 down    ←enp0s3をオフラインに切り替え
[...]# ip link show dev enp0s3    ←現在のenp0s3デバイスの状態
2: enp0s3: <BROADCAST,MULTICAST> mtu 1500 qdisc pfifo_fast state DOWN mode DEFAULT qlen
1000    ←DOWNにより、オフラインである
    link/ether 08:00:27:3c:29:18 brd ff:ff:ff:ff:ff:ff
[...]# ip link set enp0s3 up    ←enp0s3をオンラインに切り替え
[...]# ip addr show dev enp0s3
2: enp0s3: <BROADCAST,MULTICAST,UP,LOWER_UP> mtu 1500 qdisc pfifo_fast state UP mode
DEFAULT qlen 1000    ←UPによりオンライン
    link/ether 08:00:27:3c:29:18 brd ff:ff:ff:ff:ff:ff
[...]#
[...]# ifconfig enp0s3 down    ←ifconfigコマンドでオフラインへの切り替え
[...]# ifconfig -v enp0s3
enp0s3: flags=4098<BROADCAST,MULTICAST>  mtu 1500    ←UPが未記載。オフラインである
        inet 172.16.0.254  netmask 255.255.0.0  broadcast 172.16.255.255
```

```
          ether 08:00:27:3c:29:18  txqueuelen 1000  (Ethernet)
          RX packets 365  bytes 50929 (49.7 KiB)
          RX errors 0  dropped 0  overruns 0  frame 0
          TX packets 653  bytes 61439 (59.9 KiB)
          TX errors 0  dropped 0 overruns 0  carrier 0  collisions 0
[...]# ifconfig enp0s3 up   ←ifconfigコマンドでオンラインへの切り替え
```

②の例は、mtu（1フレームで送信できるデータの最大値を示す伝送単位）を5000に設定しています。

ネットワークインターフェイスの状態を表示と管理②

```
[...]# ip link show dev enp0s3   ←現在のenp0s3デバイスの状態
2: enp0s3: <BROADCAST,MULTICAST,UP,LOWER_UP> mtu 1500 qdisc pfifo_fast state UP mode
DEFAULT qlen 1000  ←mtuは1500
    link/ether 08:00:27:3c:29:18 brd ff:ff:ff:ff:ff:ff
[...]# ip link set enp0s3 mtu 5000   ←mtuを5000に設定
[...]# ip link show dev enp0s3   ←現在のenp0s3デバイスの状態
2: enp0s3: <BROADCAST,MULTICAST,UP,LOWER_UP> mtu 5000 qdisc pfifo_fast state UP mode
DEFAULT qlen 1000  ←mtuは5000に変更
    link/ether 08:00:27:3c:29:18 brd ff:ff:ff:ff:ff:ff
```

マルチキャストアドレスの管理：maddress

ip maddressコマンドにより、マルチキャストアドレスの管理が可能です。

マルチキャストアドレスの管理

```
[...]# ip maddr   ←全てのデバイスのマルチキャスト情報を表示
1:     lo
       inet  224.0.0.1
       inet6 ff02::1
       inet6 ff01::1
2:     enp0s3
       inet6 ff02::1
       inet6 ff01::1
…（以降省略）…
[...]# ip maddr show dev enp0s3   ←enp0s3のマルチキャスト情報を表示
2:     enp0s3
       inet6 ff02::1
       inet6 ff01::1
[...]# ip maddr add 33:33:00:00:00:01 dev enp0s3   ←❶
[...]# ip maddr show dev enp0s3   ←enp0s3のマルチキャスト情報を表示
2:     enp0s3
       link  33:33:00:00:00:01 static   ←追加されている
       inet6 ff02::1
       inet6 ff01::1
[...]# ip maddr del 33:33:00:00:00:01 dev enp0s3   ←❷
```

❶enp0s3にマルチキャストアドレスを追加
❷enp0s3からマルチキャストアドレスを削除

arpテーブルの表示、管理：neighbour

ip neighbourコマンドにより、arpテーブルの表示が可能です。

以下の例では、arpテーブルの表示を行っています。なお、net-toolsでは、arpコマンドで行います。arpテーブルおよびarpコマンドの詳細は後述します。

arpテーブルの表示

```
[...]# ip neigh    ←❶
192.168.20.236 dev enp0s9 lladdr 34:95:db:2d:54:49 REACHABLE   ←❷
192.168.20.254 dev enp0s9 lladdr 68:05:ca:1d:5d:62 STALE    ←❸
[...]# ping 192.168.20.254    ←❹
PING 192.168.20.254 (192.168.20.254) 56(84) bytes of data.
64 bytes from 192.168.20.254: icmp_seq=1 ttl=64 time=1.20 ms
64 bytes from 192.168.20.254: icmp_seq=2 ttl=64 time=1.07 ms
^C
--- 192.168.20.254 ping statistics ---
2 packets transmitted, 2 received, 0% packet loss, time 1002ms
rtt min/avg/max/mdev = 1.079/1.139/1.200/0.069 ms
[...]# ip neigh    ←❺
192.168.20.236 dev enp0s9 lladdr 34:95:db:2d:54:49 REACHABLE
192.168.20.254 dev enp0s9 lladdr 68:05:ca:1d:5d:62 REACHABLE   ←❻
[...]# arp -a
vm0.knowd.co.jp (192.168.20.236) at 34:95:db:2d:54:49 [ether] on enp0s9
m.n-mark.org (192.168.20.254) at 68:05:ca:1d:5d:62 [ether] on enp0s9
```

❶arpテーブルの表示
❷「REACHABLE」はアドレス解決が完了している状態
❸「STALE」はアドレス解決後時間が経ち、しばらく近隣との間で双方通信していない状態
❹192.168.20.254にpingを実行する
❺再度、arpテーブルの表示
❻「STALE」から「REACHABLE」に状態が変わる

以下の例は、arpテーブルにエントリの追加、削除を行っています

arpテーブルの管理

```
[...]# ip neigh    ←❶
192.168.20.236 dev enp0s9 lladdr 34:95:db:2d:54:49 REACHABLE
192.168.20.254 dev enp0s9 lladdr 68:05:ca:1d:5d:62 REACHABLE
↓ipアドレスは172.16.0.10、
  MACアドレスは08:00:27:69:93:25を持つエントリを追加する
[...]# ip neigh add 172.16.0.10 lladdr 08:00:27:69:93:25 dev enp0s3
[...]# ip neigh
192.168.20.236 dev enp0s9 lladdr 34:95:db:2d:54:49 REACHABLE
172.16.0.10 dev enp0s3 lladdr 08:00:27:69:93:25 PERMANENT   ←❷
192.168.20.254 dev enp0s9 lladdr 68:05:ca:1d:5d:62 REACHABLE
[...]# ip neigh del 172.16.0.10 dev enp0s3    ←❸
[...]# ip neigh
192.168.20.236 dev enp0s9 lladdr 34:95:db:2d:54:49 REACHABLE
172.16.0.10 dev enp0s3   FAILED    ←❹
192.168.20.254 dev enp0s9 lladdr 68:05:ca:1d:5d:62 REACHABLE
```

❶arpテーブルの表示
❷手動で登録したため、静的な登録を表す「PERMANENT」と表示
❸前で追加したエントリを削除
❹「FAILED」（アドレス解決に失敗）に状態が変わる

10-3-2 ネットワークの管理と監視の基本コマンド（その他）

ipコマンド以外で提供されている、ネットワークの管理と監視を行うコマンドを説明します。

netstatコマンド

netstatコマンドは、TCPとUDPのサービスポートの状態、UnixXドメインソケットの状態、ルーティング情報等を表示します。

ネットワーク状態の表示
netstat [オプション]

表10-3-3　netstatコマンドのオプション

オプション	説明
-a、--all	全てのプロトコル（TCP、UDP、UNIXソケット）を表示。ソケットの接続待ち（LISTEN）を含め全て表示
-l、--listening	接続待ち（LISTEN）のソケットを表示
-n、--numeric	ホスト、ポート、ユーザ等の名前を解決せず、数字のアドレスで表示
-r、--route	ルーティングテーブルを表示
-s、--statistics	統計情報を表示
-g、--groups	マルチキャスト・グループに関する情報を表示
-t、--tcp	TCPソケットを表示
-u、--udp	UDPソケットを表示
-x、--unix	UNIXソケットを表示

オプションを指定しないで実行した場合は、TCPポートのLISTEN（待機）以外のESTABLISHED（接続確立）等の状態と、Unixドメインソケットの状態を表示します。

ネットワーク状態の表示

```
[...]# netstat
Active Internet connections (w/o servers)
Proto Recv-Q Send-Q Local Address           Foreign Address         State
tcp        0      0 192.168.20.235:ssh      192.168.20.236:50139    ESTABLISHED   ←❶

Active UNIX domain sockets (w/o servers)
Proto RefCnt Flags       Type       State         I-Node   Path
unix  5      [ ]         DGRAM                    6669     /run/systemd/journal/socket
…（以降省略）…
```

上記の実行例の❶部分で、ローカルの192.168.20.235からsshでリモートの192.168.20.236にログインして、コネクションが確立（ESTABLISHED）されていることを表しています。また、「Active UNIX domain sockets」に表示されている「unix」とは、同じローカルホスト上のサーバプロセスとクライアントプロセスがソケットファイルを介して行うプロセス間通信の仕組みを指します。

表10-3-4　TCP、UDP の各フィールド名

フィールド名	説明
Proto	ソケットが使用するプロトコル
Recv-Q	ソケットに接続しているプロセスに渡されなかったデータのバイト数
Send-Q	リモートホストが受け付けなかったデータのバイト数
Local Address	ローカル側のIPアドレスとポート番号。DNS等を使用している場合は、名前解決によってホスト名とサービス名に変換されて表示される
Foreign Address	リモート側のIPアドレスとポート番号。DNS等を使用している場合は、名前解決によってホスト名とサービス名に変換されて表示される
State	ソケットの状態。主な状態は以下の通り 　ESTABLISHED：コネクションが確立 　LISTEN：リクエストの到着待ち（待機状態） 　CLOSE_WAIT：リモート側のシャットダウンによるソケットのクローズ待ち

ssコマンド

ssコマンドは、netstatコマンドと同様にソケットの統計情報を表示します。netstatコマンドの後継として提供されており、オプションもnetstatと類似したものが提供されています。オプションを指定していない場合は、接続が確立（ESTABLISHED）しているものを表示します。

ソケットの統計情報の表示

ss [オプション] [フィルタ]

表10-3-5　ssコマンドのオプション

オプション	説明
-n、--numeric	サービス名の名前解決をせず、数値で表示
-r、--resolve	アドレスとポートの名前解決を行う
-a、--all	listening（待機）状態も含めて、全てのソケットを表示
-l、--listening	listening（待機）状態のソケットだけを表示
-p、--processes	ソケットを使用しているプロセスを表示
-t、--tcp	TCPソケットを表示
-u、--udp	UDPソケットを表示
-x、--unix	Unixドメインソケットを表示

表10-3-6　ssコマンドの主なフィルタ

フィルタの種類	フィルタ	説明
state（状態）フィルタ	all	全てのstate 例）ss -t state all
	connected	listenあるいはclosed以外の全てのstate 例）ss -t state connected
	synchronized	syn-sent以外の全てのconnected state 例）ss -t state synchronized
expression（条件式）フィルタ	sport =	source port（発信元ポート）によるフィルタ 例）ss -t '(sport = :ssh)'
	dport =	destination port（宛先ポート）によるフィルタ 例）ss -t '(dport = :http)'

TCPソケットのstateには、以下のものがあります。

established、syn-sent、syn-recv、fin-wait-1、fin-wait-2、time-wait、
closed、close-wait、last-ack、listen、closing

ソケットの統計情報の表示

```
[...]# ss
Netid  State   Recv-Q Send-Q Local Address:Port              Peer Address:Port
u_str  ESTAB   0      0      * 16732                         * 16733
u_str  ESTAB   0      0      * 14650                         * 14651
u_str  ESTAB   0      0      * 16747                         * 16748
u_str  ESTAB   0      0      * 16711                         * 16712
u_str  ESTAB   0      0      * 16736                         * 16735
u_str  ESTAB   0      0      /var/run/dbus/system_bus_socket 16325      * 16324
u_str  ESTAB   0      0      * 14009                         * 14010
u_str  ESTAB   0      0      /var/run/dbus/system_bus_socket 14014      * 14004
…（以降省略）…

[...]# netstat -ta    ←TCPかつ接続待ち（LISTEN）を含め表示
Active Internet connections (servers and established)
Proto Recv-Q Send-Q Local Address       Foreign Address         State
tcp   0      0      0.0.0.0:ssh         0.0.0.0:*               LISTEN
tcp   0      0      localhost:smtp      0.0.0.0:*               LISTEN
tcp   0      96     192.168.20.235:ssh  192.168.20.236:57630    ESTABLISHED
tcp6  0      0      [::]:ssh            [::]:*                  LISTEN
tcp6  0      0      localhost:smtp      [::]:*                  LISTEN
[...]# ss -ta    ←TCPかつ接続待ち（LISTEN）を含め表示
State   Recv-Q Send-Q Local Address:Port            Peer Address:Port
LISTEN  0      128             *:ssh                           *:*
LISTEN  0      100     127.0.0.1:smtp                          *:*
ESTAB   0      96     192.168.20.235:ssh     192.168.20.236:57630
LISTEN  0      128           :::ssh                          :::*
LISTEN  0      100           ::1:smtp                        :::*
```

pingコマンド

pingコマンドは、ICMP（Internet Control Message Protocol）というプロトコルを使用したパケットをホストに送信し、その応答を調べることにより、IPレベルでのホスト間の接続性をテストします。

ICMPはデータ転送時の異常を通知する機能や、ホストやネットワークの状態を調べる機能を提供するプロトコルで、IPと共に実装されます。pingコマンドは ICMPの「echo request」パケットを相手ホストに送信し、相手ホストからの「echo reply」パケットの応答により、接続性を調べます。

接続確認

ping [オプション] 送信先ホスト

表10-3-7　pingコマンドのオプション

オプション	説明
-c 送信パケット個数 (count)	送信するパケットの個数を指定。指定された個数を送信するとpingは終了する。デフォルトでは [Ctrl] + [c] キーで終了するまでパケットの送信を続ける
-i 送信間隔 (interval)	送信間隔を指定（単位は秒）。デフォルトは1秒

接続確認

```
[...]# ping 172.16.0.254
PING 172.16.0.254 (172.16.0.254) 56(84) bytes of data.
64 bytes from 172.16.0.254: icmp_seq=1 ttl=64 time=0.770 ms
64 bytes from 172.16.0.254: icmp_seq=2 ttl=64 time=0.526 ms
^C
--- 172.16.0.254 ping statistics ---
2 packets transmitted, 2 received, 0% packet loss, time 1009ms   ←❶
rtt min/avg/max/mdev = 0.526/0.648/0.770/0.122 ms
[...]# ping -c 1 172.16.0.254   ←❷
PING 172.16.0.254 (172.16.0.254) 56(84) bytes of data.
64 bytes from 172.16.0.254: icmp_seq=1 ttl=64 time=1.92 ms

--- 172.16.0.254 ping statistics ---
1 packets transmitted, 1 received, 0% packet loss, time 0ms
rtt min/avg/max/mdev = 1.920/1.920/1.920/0.000 ms
[...]# ping 172.16.0.11
PING 172.16.0.11 (172.16.0.11) 56(84) bytes of data.
From 172.16.0.10 icmp_seq=1 Destination Host Unreachable   ←❸
From 172.16.0.10 icmp_seq=2 Destination Host Unreachable
From 172.16.0.10 icmp_seq=3 Destination Host Unreachable
From 172.16.0.10 icmp_seq=4 Destination Host Unreachable
^C
--- 172.16.0.11 ping statistics ---
5 packets transmitted, 0 received, +4 errors, 100% packet loss, time 4004ms   ←❹
pipe 4
```

❶「2 packets transmitted, 2 received, 0% packet loss」のメッセージから、2個のパケットに対して応答があり、パケットの喪失（packet loss）はゼロであることがわかる。pingを中止する時は [Ctrl] + [c] キーを押す
❷「-c 1」オプションの指定により、パケットを1個だけ送信
❸❹「Destination Host Unreachable」および「100% packet los」のメッセージから、172.16.0.11から応答がないことがわかる

lsofコマンド

lsofコマンドは、プロセスによってオープンされているファイルの一覧を表示するコマンドです。引数にファイル名を指定すると、そのファイルをオープンしているプロセスを表示します。また、「-i:ポート番号」オプションを付けることによって、指定のポートをオープンしているプロセスを見つけることができます。

なお、rootユーザだけが全てのファイルおよびポートを表示できます。

プロセスがオープンしているファイルの表示
lsof [オプション] [ファイル名]

表10-3-8　lsofコマンドのオプション

オプション	説明
-i	オープンしているインターネットファイル(ポート)とプロセスを表示する。「-i:ポート番号」あるいは「-i:サービス名」として、特定のポートやサービスを指定することもできる
-p プロセスID	指定したプロセスがオープンしているファイルを表示する
-P	ポート番号をサービス名に変換せず、数値のままで表示する

プロセスがオープンしているファイルの表示

```
[...]# lsof    ←❶
COMMAND    PID  TID  USER    FD    TYPE      DEVICE  SIZE/OFF     NODE NAME
systemd     1        root    cwd   DIR        253,0      4096      128 /
systemd     1        root    rtd   DIR        253,0      4096      128 /
systemd     1        root    txt   REG        253,0   1489960  25510681 /usr/
lib/systemd/systemd
…（以降省略）…

[...]# lsof /var/log/messages    ←❷
COMMAND    PID USER    FD    TYPE DEVICE SIZE/OFF NODE NAME
rsyslogd   607 root    3w    REG  253,0   595053 9512 /var/log/messages
tail      3993 root    3r    REG  253,0   595053 9512 /var/log/messages
[...]# lsof -i:ssh    ←❸
COMMAND    PID USER    FD    TYPE DEVICE SIZE/OFF NODE NAME
sshd       900 root    3u    IPv4  15962      0t0 TCP *:ssh (LISTEN)
sshd       900 root    4u    IPv6  15971      0t0 TCP *:ssh (LISTEN)
sshd      2078 root    3u    IPv4  17593      0t0 TCP 192.168.20.235:ssh-
>192.168.20.236:49590 (ESTABLISHED)
[...]# lsof -i:22    ←❹
COMMAND    PID USER    FD    TYPE DEVICE SIZE/OFF NODE NAME
sshd       900 root    3u    IPv4  15962      0t0 TCP *:ssh (LISTEN)
sshd       900 root    4u    IPv6  15971      0t0 TCP *:ssh (LISTEN)
sshd      2078 root    3u    IPv4  17593      0t0 TCP 192.168.20.235:ssh-
>192.168.20.236:49590 (ESTABLISHED)
```

❶引数を付けずに実行。オープンされている全てのファイルが表示される
❷引数に/var/log/messagesを指定。このファイルをオープンしているプロセスがrsyslogdとtailコマンドであることがわかる
❸サービス名を指定して実行中のプロセスを表示
❹ポート番号を指定して実行中のプロセスを表示

nmapコマンド

nmapコマンドにより、ネットワーク上のホストのオープンしているポートを調べて、その状態を表示することができます。このような機能を持つプログラムをポートスキャナと呼びます。
　nmapコマンドの実行には、nmapパッケージのインストールが必要です。「yum install nmap」コマンドでインストールを行ってください。

ポートの状態の表示

nmap [オプション] ホスト名 | IPアドレス

表10-3-9　nmapコマンドのオプション

オプション	説明
-sT	TCPポートのスキャン。デフォルト
-sU	UDPポートのスキャン。このオプションはroot権限が必要
-p ポート範囲	調べるポート範囲の指定。例）「-p 22」「-p 1-65535」「-p 53,123」
-O	OS検出を行う
-T テンプレート番号	タイミングテンプレートの番号を指定。0～5の数値で指定。数値が大きいほど早くなる。-T3がデフォルト

ポートの状態の表示nmapコマンド

```
[...]# nmap 172.16.0.10    ←172.16.0.10のTCPポートをスキャン
Starting Nmap 6.40 ( http://nmap.org ) at 2016-11-25 16:54 JST
Nmap scan report for 172.16.0.10
Host is up (0.00087s latency).
Not shown: 999 closed ports
PORT    STATE SERVICE
22/tcp open  ssh    ←1個（ポート22/tcp）のみオープン
MAC Address: 08:00:27:69:93:25 (Cadmus Computer Systems)
Nmap done: 1 IP address (1 host up) scanned in 0.39 seconds
[...]#
[...]# nmap -sU -p 53,123 172.16.0.10    ←172.16.0.10のUDPポート53番と123番を調査
Starting Nmap 6.40 ( http://nmap.org ) at 2016-11-25 16:54 JST
Nmap scan report for 172.16.0.10
Host is up (0.00060s latency).
PORT     STATE  SERVICE
53/udp   closed domain    ←ポート53/udpは閉じている
123/udp  closed ntp       ←ポート123/udpは閉じている
MAC Address: 08:00:27:69:93:25 (Cadmus Computer Systems)
Nmap done: 1 IP address (1 host up) scanned in 0.17 seconds
```

arpコマンド

arpコマンドは、ARPキャッシュの表示、エントリの追加と削除を行うコマンドです。

ホストがネットワーク上の別のホストのIPアドレスを指定して通信する時、データリンク層の宛先アドレスとして、相手ホストの**MACアドレス**を取得する必要があります。このために利用されるプロトコルが**ARP**（Address Resolution Protocol）です。ARPはブロードキャストによりIPアドレスに対応するMACアドレスを問い合わせ、そのIPアドレスを持つホストがMACアドレスを返すことにより解決します。このようにして取得されたIPアドレスとMACアドレスの対応情報は、一定時間メモリにキャッシュされます。情報がキャッシュされている間はARPブロードキャストによる解決の必要がなくなります。

エントリの表示と編集

arp [オプション]

表10-3-10　arpコマンドのオプション

オプション	説明
-n	ホスト名でなくIPアドレスで表示
-a [ホスト名｜IPアドレス]	指定したホスト名あるいはIPアドレスのエントリを表示。ホスト名あるいはIPアドレスを指定しなかった場合は全てのエントリを表示
-d ホスト名｜IPアドレス	指定したホスト名あるいはIPアドレスのエントリを削除。実行にはroot権限が必要
-f [ファイル名]	指定したホスト名あるいはIPアドレスのエントリを削除。ファイル名を指定しなかった場合は/etc/ethersが使用される。実行にはroot権限が必要
-s ホスト名｜IPアドレス MACアドレス	IPアドレスとMACアドレスのマッピングを指定してエントリを追加。実行にはroot権限が必要

オプションを指定しない場合、全てのエントリを表示します。

エントリの表示と編集

```
[...]# arp    ←❶
Address              HWtype  HWaddress          Flags Mask     Iface
192.168.20.236       ether   34:95:db:2d:54:49  C              enp0s9
file2.n-mark.org     ether   68:05:ca:1d:5d:62  C              enp0s9
[...]#
[...]# ping -c 1 172.16.0.10    ←❷
PING 172.16.0.10 (172.16.0.10) 56(84) bytes of data.
64 bytes from 172.16.0.10: icmp_seq=1 ttl=64 time=2.34 ms

--- 172.16.0.10 ping statistics ---
1 packets transmitted, 1 received, 0% packet loss, time 0ms
rtt min/avg/max/mdev = 2.343/2.343/2.343/0.000 ms
[...]#
[...]# arp    ←❸
Address              HWtype  HWaddress          Flags Mask     Iface
192.168.20.236       ether   34:95:db:2d:54:49  C              enp0s9
htdoc.n-mark.org     ether   68:05:ca:1d:5d:62  C              enp0s9
172.16.0.10          ether   08:00:27:69:93:25  C              enp0s3    ←❹
[...]#
[...]# arp -d 172.16.0.10    ←❺
[...]# arp
Address              HWtype  HWaddress          Flags Mask     Iface
192.168.20.236       ether   34:95:db:2d:54:49  C              enp0s9
local.n-mark.org     ether   68:05:ca:1d:5d:62  C              enp0s9
172.16.0.10                  (incomplete)                      enp0s3    ←❻
[...]#
[...]# arp -s 172.16.0.10 08:00:27:69:93:25    ←❼
[...]# arp
Address              HWtype  HWaddress          Flags Mask     Iface
192.168.20.236       ether   34:95:db:2d:54:49  C              enp0s9
stream.n-mark.org    ether   68:05:ca:1d:5d:62  C              enp0s9
172.16.0.10          ether   08:00:27:69:93:25  CM             enp0s3    ←❽
```

❶全てのエントリを表示
❷172.16.0.10ホストへping
❸全てのエントリを表示
❹エントリが追加されている
❺172.16.0.10エントリの削除
❻MACアドレスが削除されている
❼ipアドレスは172.16.0.10、MACアドレスは08:00:27:69:93:25を持つエントリを追加する
❽エントリが追加されている

tcpdumpコマンド

tcpdumpコマンドは、ネットワークのトラフィックを標準出力にダンプすることによってモニタするコマンドです。オプションでホスト名やプロトコルを指定することで、絞り込んだデータの表示が可能です。

トラフィックのダンプ

tcpdump [オプション]

表10-3-11　tcpdumpコマンドのオプション

オプション	説明
-c 個数	指定した個数のパケットを受信したら終了する
-e	データリンク層のプロトコルヘッダの情報を表示する
-i インターフェイス名	指定したネットワークインターフェイスをモニタする
-n	アドレスを変換せずに数値で表示する
-nn	アドレスやポート番号を変換せずに数値で表示する
-v	詳細情報を出力する
expression	モニタするパケットを選別する プロトコル：ether、ip、arp、tcp、udp、icmp 送信先/送信元ホスト：hostホスト名

出力される結果は、以下の通りです。

時間 送信元（IPアドレス.ポート番号） > 送信先（IPアドレス.ポート番号）：パケットの内容

ダンプされたデータの「>」の右側がパケットの送信先でサービスを提供している「ホストのIPアドレス.ポート番号」になります。

トラフィックのダンプ

```
[...]# tcpdump host 172.16.0.10    ←❶
19:15:44.255871 IP 172.16.0.10.ssh > 172.16.0.254.37884: Flags [P.], seq 1205:1305, ack 1008,
win 303, options [nop,nop,TS val 19010894 ecr 19029246], length 100    ←❷
19:15:44.255888 IP 172.16.0.254.37884 > 172.16.0.10.ssh: Flags [.], ack 1305, win 1424,
options [nop,nop,TS val 19029247 ecr 19010894], length 0
19:15:45.267341 IP 172.16.0.10 > 172.16.0.254: ICMP echo request, id 2773, seq 2, length 64
19:15:45.267386 IP 172.16.0.254 > 172.16.0.10: ICMP echo reply, id 2773, seq 2, length 64
[...]#
[...]# tcpdump src host 172.16.0.10    ←❸
…（途中省略）…
19:21:16.944158 IP 172.16.0.10.ssh > 172.16.0.254.37884: Flags [P.], seq 1106241602:1106241654,
 ack 1115093998, win 303, options [nop,nop,TS val 19343582 ecr 19361934], length 52
19:21:21.952840 ARP, Reply 172.16.0.10 is-at 08:00:27:69:93:25 (oui Unknown), length 46
19:21:22.200967 IP 172.16.0.10.ssh > 172.16.0.254.37884: Flags [P.], seq 52:88, ack 37,
win 303, options [nop,nop,TS val 19348840 ecr 19367190], length 36
19:21:22.205196 IP 172.16.0.10 > 172.16.0.254: ICMP echo request, id 2775, seq 1, length 64
[...]#
[...]# tcpdump icmp    ←❹
…（途中省略）…
19:22:13.047525 IP 172.16.0.10 > 172.16.0.254: ICMP echo request, id 2777, seq 1, length 64
```

```
19:22:13.047583 IP 172.16.0.254 > 172.16.0.10: ICMP echo reply, id 2777, seq 1, length 64
[...]#
[...]# tcpdump -i enp0s3    ←❺
… (途中省略) …
19:22:42.710652 IP 172.16.0.254.37884 > 172.16.0.10.ssh: Flags [P.], seq 1115094194:1115094246,
ack 1106243406, win 1424, options [nop,nop,TS val 19447702 ecr
19406024], length 52
19:22:42.711885 IP 172.16.0.10.ssh > 172.16.0.254.37884: Flags [P.], seq 1:53, ack 52, win 303,
options [nop,nop,TS val 19429350 ecr 19447702], length 52
```

❶172.16.0.10ホストで絞り込む
❷の情報では、送信元は172.16.0.10(ssh：ポート番号22)で、送信先は172.16.0.254(ポート番号37884)と通信していることがわかる
❸src(送信元)が172.16.0.10ホストで絞り込む
❹icmpプロトコルで絞り込む
❺enp0s3で絞り込む

Chapter10 | ネットワーク

10-4 ルーティングの管理

10-4-1 ルーティングの管理

　ルーティングの管理においては、従来から使用されている**route**コマンドから、CentOS 7では**ip**コマンドの使用が推奨されています。表10-4-1は、ルーティングに関する従来からの使用例との比較です。

表10-4-1 ルーティングに関するコマンドの比較

net-tools	iproute2
netstat -r	ip route show
route	ip route show
route add default gw 172.16.0.254	ip route add default via 172.16.0.254
route add -net 172.17.0.0 netmask 255.255.0.0 gw 172.16.0.254	ip route add 172.17.0.0/16 via 172.16.0.254
route del -net 172.17.0.0	ip route delete 172.17.0.0/16

　ipコマンドを使用してルーティングの管理を行う構文は、以下の通りです。

ルーティングテーブルの表示
```
ip route show
```

デフォルトルートのエントリの追加と削除
```
ip route {add | del} default via ゲートウェイ
```

ルーティングテーブルのエントリの追加と削除
```
ip route {add | del} 宛先 via ゲートウェイ
```

　デフォルトルートの削除では、「ip route del default」のように「via ゲートウェイ」を省略して記述することも可能です。
　routeコマンド使用してルーティングの管理を行う構文は、以下の通りです。

ルーティングテーブルの表示
```
route [-n]
```

　「-n」オプションにより、ホスト名を解決せず、アドレスを数値で表示することができます。

ルートのエントリの追加

route add {-net | -host} 宛先(destination) [netmask ネットマスク] gw ゲートウェイ(gateway) [インターフェイス名]

ルートのエントリの削除

route del {-net | -host} 宛先(destination) [netmask ネットマスク] gw ゲートウェイ(gateway) [インターフェイス名]

routeコマンドの主なオプションは、表10-4-2の通りです。

表10-4-2 routeコマンドのオプション

オプション	説明
add	エントリの追加
del	エントリの削除
-net	宛先をネットワークとする
-host	宛先をホストとする
宛先	宛先となるネットワーク、またはホスト。ルーティングテーブルの表示でのDestinationに該当する
netmask ネットマスク	宛先がネットワークの時に、宛先ネットワークのネットマスクを指定する
gw ゲートウェイ	到達可能な次の送り先となるゲートウェイ
インターフェイス	使用するネットワークI/F。gwで指定されるゲートウェイのアドレスから通常はI/Fは自動的に決定されるので指定は省略できる

ここでは、図10-4-1のネットワーク構成を例に、各コマンドの確認をします。

図10-4-1 ネットワーク構成の例

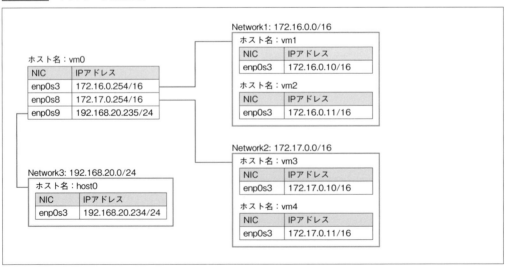

①の例では、ホストvm0のルーティングテーブルを表示します。

ルーティングの管理① （ip routeコマンド）：vm0ホストで実行

```
[root@vm0 ~]# ip r   ←ip route showとしても、同じ結果を得られる
default via 192.168.20.254 dev enp0s9  proto static  metric 100   ←❶
172.16.0.0/16 dev enp0s3  proto kernel  scope link  src 172.16.0.254  metric 100   ←❷
172.17.0.0/16 dev enp0s8  proto kernel  scope link  src 172.17.0.254  metric 100
192.168.20.0/24 dev enp0s9  proto kernel  scope link  src 192.168.20.235  metric 100
[root@vm0 ~]# route   ←routeコマンドを実行
Kernel IP routing table
Destination     Gateway         Genmask         Flags Metric Ref    Use Iface
default         mx.n-mark.org   0.0.0.0         UG    100    0        0 enp0s9
172.16.0.0      0.0.0.0         255.255.0.0     U     100    0        0 enp0s3
172.17.0.0      0.0.0.0         255.255.0.0     U     100    0        0 enp0s8
192.168.20.0    0.0.0.0         255.255.255.0   U     100    0        0 enp0s9
```
❶デフォルトゲートウェイが192.168.20.254であることがわかる
❷enp0s3に付与されているIPアドレスは172.16.0.254であり、宛先のネットワークは172.16.0.0/16であることがわかる

表示されるルーティングテーブルのエントリの各フィールドの意味は次の通りです。なお、「netstat -r」でも同様にルーティングテーブルを表示できます。

表10-4-3　ルーティングテーブルのフィールド名

フィールド名	説明
Destination	宛先ネットワークまたは宛先ホスト
Gateway	ゲートウェイ（ルータ）。直結されたネットワークでゲートウェイなしの場合は0.0.0.0（または「*」と表示）
Genmask	宛先ネットワークのネットマスク。デフォルトルートの場合は0.0.0.0（または「*」と表示）
Flags	主なフラグは以下の通り 　U：経路は有効（Up）、H：宛先はホスト（Host）、G：ゲートウェイ（Gateway）を通る、 　!：経路を拒否（Reject）
Metric	宛先までの距離。通常はホップカウント（経由するルータの数）
Ref	この経路の参照数（Linuxカーネルでは使用しない）
Use	この経路の参照回数
Iface	この経路で使用するネットワークI/F

②および③の例では、ホストvm1にデフォルトゲートウェイとして「172.16.0.254」を設定しています。②はipコマンドを使用し、③はrouteコマンドを使用しています。

ルーティングの管理② （ip routeコマンド）：vm1ホストで実行

```
[root@vm1 ~]# ip r
172.16.0.0/16 dev enp0s3  proto kernel  scope link  src 172.16.0.10  metric 100
[root@vm1 ~]# ip route add default via 172.16.0.254 dev enp0s3   ←❶
[root@vm1 ~]# ip r
default via 172.16.0.254 dev enp0s3   ←❷
172.16.0.0/16 dev enp0s3  proto kernel  scope link  src 172.16.0.10  metric 100
```
❶デフォルトゲートウェイの追加
❷追加されている

ルーティングの管理③（routeコマンド）：vm1ホストで実行

```
[root@vm1 ~]# route -n
Kernel IP routing table
Destination     Gateway         Genmask         Flags Metric Ref    Use Iface
172.16.0.0      0.0.0.0         255.255.0.0     U     100    0        0 enp0s3
[root@vm1 ~]# route add   default gw 172.16.0.254   ←❶
[root@vm1 ~]# route -n
Kernel IP routing table
Destination     Gateway         Genmask         Flags Metric Ref    Use Iface
0.0.0.0         172.16.0.254    0.0.0.0         UG    0      0        0 enp0s3   ←❷
172.16.0.0      0.0.0.0         255.255.0.0     U     100    0        0 enp0s3

❶デフォルトゲートウェイの追加
❷追加されている
```

④および⑤の例では、ホストvm1に「172.16.0.254」ゲートウェイを経由する「172.17.0.0/16」へのルートを設定および削除しています。④はipコマンドを使用し、⑤ではrouteコマンドを使用しています。

ルーティングの管理④（ip routeコマンド）：vm1ホストで実行

```
[root@vm1 ~]# ip route add 172.17.0.0/16 via 172.16.0.254   ←172.17.0.0/16へのルートを設定
[root@vm1 ~]# ip r
172.16.0.0/16 dev enp0s3  proto kernel  scope link  src 172.16.0.10  metric 100
172.17.0.0/16 via 172.16.0.254 dev enp0s3   ←追加されている
[root@vm1 ~]# ip route delete  172.17.0.0/16   ←172.17.0.0/16へのルートを削除
[root@vm1 ~]# ip r   ←削除されていることの確認
172.16.0.0/16 dev enp0s3  proto kernel  scope link  src 172.16.0.10  metric 100
```

ルーティングの管理⑤（routeコマンド）：vm1ホストで実行

```
[root@vm1 ~]# route add -net 172.17.0.0 netmask 255.255.0.0 gw 172.16.0.254   ←❶
[root@vm1 ~]# route -n
Kernel IP routing table
Destination     Gateway         Genmask         Flags Metric Ref    Use Iface
172.16.0.0      0.0.0.0         255.255.0.0     U     100    0        0 enp0s3
172.17.0.0      172.16.0.254    255.255.0.0     UG    0      0        0 enp0s3   ←❷
[root@vm1 ~]# route del -net 172.17.0.0 netmask 255.255.0.0   ←❸
[root@vm1 ~]# route -n   ←❹
Kernel IP routing table
Destination     Gateway         Genmask         Flags Metric Ref    Use Iface
172.16.0.0      0.0.0.0         255.255.0.0     U     100    0        0 enp0s3

❶172.17.0.0/16へのルートを設定
❷追加されている
❸172.17.0.0/16へのルートを削除
❹削除されていることの確認
```

なお、上記②～⑤の例で実行しているルーティングの設定は、システムが終了したり再起動すると失われます。システム再起動後も維持される静的ルートを設定する場合は、前述したnmcli（nmtui等、➡ p.469）を使用して設定してください。

10-4-2 フォワーディング

　Linuxをルータにするには、ルーティングテーブルの設定の他に、1つのネットワークI/Fから別のネットワークI/Fへのパケットのフォワーディングを許可する設定が必要になります。

　フォワーディングはカーネル変数ip_forwardの値を「1」にすることでオンになり、「0」にすることでオフになります。ip_forwardの値の変更や表示は、次のようにカーネル情報を格納している/procファイルシステムのなかの/proc/sys/net/ipv4/ip_forwardにアクセスすることによりできます。

ip_forwardの設定①：vm0ホストで実行

```
[root@vm0 ~]# cat /proc/sys/net/ipv4/ip_forward
0    ←❶
[root@vm0 ~]# echo 1 > /proc/sys/net/ipv4/ip_forward    ←❷
[root@vm0 ~]# cat /proc/sys/net/ipv4/ip_forward
1    ←❸

❶ip_forwardの値を表示。値は0となっているので、フォワーディングはオフの状態
❷ip_forwardに「1」を書き込む
❸ip_forwardの値を表示する。値は1となっているので、フォワーディングはオンの状態
```

　また、**sysctl**コマンドでも、ip_forwardの値の設定や表示ができます。

ip_forwardの設定②：vm0ホストで実行

```
[root@vm0 ~]# sysctl net.ipv4.ip_forward
net.ipv4.ip_forward = 0    ←❶
[root@vm0 ~]# sysctl net.ipv4.ip_forward=1    ←❷
net.ipv4.ip_forward = 1

❶ip_forwardの値を表示。値は0となっている
❷ip_forwardに「1」を書き込む
```

　上記のコマンドによる変更はカーネルのメモリ中のものなので、システムを再起動すると「0」になります。**/etc/sysctl.conf**に設定することにより、システム起動時にip_forwardの値を設定できます。

/etc/sysctl.conf（抜粋）

```
net.ipv4.ip_forward = 1
```

10-4-3 経路の表示

　tracerouteコマンドは、IPパケットが最終的な宛先ホストにたどり着くまでの経路をトレースして表示します。tracerouteコマンドは宛先ホストに対して送信パケットの**TTL**（Time To Live）の値を1、2、3……とインクリメントしながらパケットの送信を繰り返します。経由したルータの数がTTLの値を超えると経路中のルータ/ホストはICMPのエラーである**TIME_EXCEEDED**を

返します。このエラーパケットの送信元アドレスを順にトレースすることで経路を特定します。

tracerouteがパケット送信に使用するデフォルトのプロトコルはUDPです。経路中のホストのアプリケーションによって処理されないように、通常使用されないポート番号を宛先とします。送信パケットと応答パケットの対応付けのため、パケットを送信するたびに宛先UDPポート番号は+1されます。宛先UDPポートのデフォルトの初期値は33434番です。

「-I」オプションを付けることにより、ICMPパケットを送信することもできます。なお、-Iオプションはrootユーザしか使用できません。

> 経路の表示①
> **traceroute [オプション] 送信先ホスト**

表10-4-4　tracerouteコマンドのオプション

オプション	説明
-I	ICMP ECHOパケットを送信。デフォルトはUDPパケット
-f TTL初期値	TTL (Time To Live) の初期値を指定。デフォルトは「1」

IPv6アドレスを指定する場合は、**traceroute6**コマンドを使用します。構文はtracerouteコマンドと同じです。以下は、vm1ホストからルータvm0 (172.16.0.254) を経由して宛先のvm3 (172.17.0.10) に到達したことがわかります。

経路の表示：vm1ホストで実行

```
[root@vm1 ~]# traceroute 172.17.0.10
traceroute to 172.17.0.10 (172.17.0.10), 30 hops max, 60 byte packets
 1  172.16.0.254 (172.16.0.254)  1.959 ms  1.762 ms  1.619 ms
 2  172.17.0.10 (172.17.0.10)  2.010 ms  1.223 ms  3.461 ms
```

また、tracerouteに類似したコマンドに**tracepath**があります。tracepathはtracerouteより機能が少なく、特権を必要とするRAWパケットを生成するオプションもありません。tracepathがパケット送信に使用するプロトコルはUDPです。送信先ホストにIPv6アドレスを指定する場合は、**tracepath6**コマンドを使用します。

> 経路の表示②
> **tracepath [オプション] 送信先ホスト**

経路の表示 (tracepathコマンド)：vm1ホストで実行

```
[root@vm1 ~]# tracepath 172.17.0.10
 1?: [LOCALHOST]                                      pmtu 1500
 1:  172.16.0.254                                          2.482ms
 1:  172.16.0.254                                          1.823ms
 2:  172.17.0.10                                           2.894ms reached
     Resume: pmtu 1500 hops 2 back 2
```

Chapter10 | ネットワーク

10-5 ネットワークインターフェイスの冗長化とブリッジ

10-5-1 ボンディング

　複数の物理デバイスを単一の仮想インターフェイスにまとめること（ボンディング）ができます。このボンディングにより、冗長性を提供します。NetworkManagerはボンディングを提供しているため、nmcli、nmtuiによる設定・管理が可能です。
　ボンディングでは、仮想インターフェイスは**マスタ**と呼び、この仮想インターフェイスに接続するデバイスを**スレーブ**と呼びます。
　以下の①～④の手順に従って、ボンディングの設定を行います。

①仮想インターフェイス（マスタ）の作成
②マスタへ物理デバイスの追加
③接続設定の変更
④ボンディングの確認

仮想インターフェイス（マスタ）の作成

　この例では、仮想インターフェイスの接続名は「bond0」とします。また、物理デバイスとして「enp0s8」と「enp0s9」を使用します。

仮想インターフェイス（マスタ）の作成

```
[...]# nmcli con   ←❶
名前      UUID                                    タイプ            デバイス
enp0s9    fa24561f-7112-4597-930d-332e4e82e782    802-3-ethernet    --
enp0s8    205fb22a-59fc-4cc7-9647-3dc80eb14b8f    802-3-ethernet    --
[...]# nmcli con add type bond con-name bond0 ifname bond0 mode active-backup   ←❷
接続 'bond0' (77d7c8b8-14ef-4a7b-a911-913470bf7841) が正常に追加されました。
[...]# nmcli con   ←❸
名前      UUID                                    タイプ            デバイス
enp0s9    fa24561f-7112-4597-930d-332e4e82e782    802-3-ethernet    --
enp0s8    205fb22a-59fc-4cc7-9647-3dc80eb14b8f    802-3-ethernet    --
bond0     77d7c8b8-14ef-4a7b-a911-913470bf7841    bond              bond0   ←❹
```

❶現在の接続の一覧表示
❷仮想インターフェイス（マスタ）の作成
❸追加後の接続の一覧表示
❹追加されている

　仮想インターフェイス（マスタ）の作成では、「nmcli con add」で接続の新規追加とし、「type」は「bond」とします。この例では、「con-name（接続名）」「ifname（デバイス）」は、共に「bond0」とします。また、「mode（ボンディングの動作モード）」は「active-backup」とします。表10-5-1は、主な動作モードの説明です。

表10-5-1　ボンディングの主な動作モード

モード	説明
active-backup	ボンディング内の1つのスレーブだけがアクティブとなる。他のスレーブは、アクティブなスレーブに障害が発生した場合にのみアクティブになる
balance-tlb	耐障害性とロードバランシングのため送信ロードバランシング（TLB）ポリシーを設定する。発信トラフィックは、各スレーブインターフェイスの現在の負荷に従って分散される。受信トラフィックは、現在のスレーブにより受信され、受信しているスレーブが失敗すると、別のスレーブが失敗したスレーブの MAC アドレスを引き継ぐ
balance-alb	耐障害性とロードバランシングのためアクティブロードバランシング（ALB）ポリシーを設定。ipv4トラフィック用の送受信ロードバランシングが含まれ、ARPネゴシエーションにより受信ロードバランシングが可能

　次に仮想インターフェイス（マスタ）の設定を行います。この例では、IPアドレスを「172.17.0.20/16」、ゲートウェイを「172.17.0.254」としています。

仮想インターフェイス（マスタ）の設定

```
[...]# nmcli con show bond0 | grep -e ipv4.method -e ipv4.addresses -e ipv4.gateway   ←❶
ipv4.method:                            auto
ipv4.addresses:                         --
ipv4.gateway:                           --
[...]# nmcli con mod bond0 ipv4.method manual ipv4.addresses 172.17.0.20/16
ipv4.gateway 172.17.0.254   ←❷
[...]# nmcli con show bond0 | grep -e ipv4.method -e ipv4.addresses -e ipv4.gateway   ←❸
ipv4.method:                            manual
ipv4.addresses:                         172.17.0.20/16
ipv4.gateway:                           172.17.0.254
```

❶現在の設定内容の表示
❷IPアドレスとゲートウェイの設定
❸設定後の設定内容の表示

マスタへ物理デバイスの追加

　次に仮想インターフェイス（マスタ）に、接続する物理デバイス（スレーブ）を紐付けます。

物理デバイス（スレーブ）の追加

```
[...]# nmcli con add type bond-slave con-name bond0-enp0s8 ifname enp0s8 master bond0   ←❶
接続 'bond0-enp0s8' (3827cd41-8b55-45b1-8084-0dad0c280372) が正常に追加されました。
[...]#
[...]# nmcli con add type bond-slave con-name bond0-enp0s9 ifname enp0s9 master bond0   ←❷
接続 'bond0-enp0s9' (bd387c2a-769d-45c6-b96a-2d53842a9484) が正常に追加されました。
[...]#
[...]# nmcli con
名前            UUID                                  タイプ          デバイス
bond0-enp0s9    bd387c2a-769d-45c6-b96a-2d53842a9484  802-3-ethernet  enp0s9   ←追加されている
bond0-enp0s8    3827cd41-8b55-45b1-8084-0dad0c280372  802-3-ethernet  enp0s8   ←追加されている
bond0           77d7c8b8-14ef-4a7b-a911-913470bf7841  bond            bond0
enp0s9          fa24561f-7112-4597-930d-332e4e82e782  802-3-ethernet  --
enp0s8          205fb22a-59fc-4cc7-9647-3dc80eb14b8f  802-3-ethernet  --
```

❶enp0s8を紐付ける

❷enp0s9を紐付ける

「type」は「bond-slave」とします。実行結果の1行目にある通り、❶の例では、「con-name（接続名）」は「bond0-enp0s8」、「ifname（デバイス）」は「enp0s8」とします。また、「master（マスタ）」は「bond0」とします。

接続設定の変更

サービス起動時にボンディングデバイスが自動起動するように、設定および確認します。なお、物理デバイスであるenp0s8、enp0s9は自動起動をオフにしておきます。

接続設定の変更

```
[...]# nmcli con show enp0s8 | grep connection.autoconnect   ←enp0s8を確認
connection.autoconnect:                 yes    ←自動起動がyesになっている
connection.autoconnect-priority:        0
connection.autoconnect-slaves:          -1 (default)
[...]# nmcli con show enp0s9 | grep connection.autoconnect   ←enp0s9を確認
connection.autoconnect:                 yes    ←自動起動がyesになっている
connection.autoconnect-priority:        0
connection.autoconnect-slaves:          -1 (default)
[...]# nmcli con mod enp0s8 connection.autoconnect no   ←enp0s8の自動起動をnoにする
[...]# nmcli con mod enp0s9 connection.autoconnect no   ←enp0s9の自動起動をnoにする
[...]#
[...]# nmcli con show bond0 | grep connection.autoconnect   ←bond0を確認
connection.autoconnect:                 yes    ←自動起動がyesになっているのでこのままとする
connection.autoconnect-priority:        0
connection.autoconnect-slaves:          -1 (default)
[...]# nmcli con show bond0-enp0s8 | grep connection.autoconnect   ←bond0-enp0s8を確認
connection.autoconnect:                 yes    ←自動起動がyesになっているのでこのままとする
connection.autoconnect-priority:        0
connection.autoconnect-slaves:          -1 (default)
[...]# nmcli con show bond0-enp0s9 | grep connection.autoconnect   ←bond0-enp0s9を確認
connection.autoconnect:                 yes    ←自動起動がyesになっているのでこのままとする
connection.autoconnect-priority:        0
connection.autoconnect-slaves:          -1 (default)
[...]#
[...]# systemctl restart network   ←ネットワークサービスを再起動する
[...]# nmcli con
名前           UUID                                   タイプ            デバイス
bond0-enp0s9   bd387c2a-769d-45c6-b96a-2d53842a9484   802-3-ethernet    enp0s9    ←稼動中
bond0-enp0s8   3827cd41-8b55-45b1-8084-0dad0c280372   802-3-ethernet    enp0s8    ←稼動中
bond0          77d7c8b8-14ef-4a7b-a911-913470bf7841   bond              bond0     ←稼動中
enp0s9         fa24561f-7112-4597-930d-332e4e82e782   802-3-ethernet    --
enp0s8         205fb22a-59fc-4cc7-9647-3dc80eb14b8f   802-3-ethernet    --
[...]# nmcli dev
デバイス     タイプ       状態        接続
bond0        bond         接続済み    bond0           ←稼動中
enp0s8       ethernet     接続済み    bond0-enp0s8    ←稼動中
enp0s9       ethernet     接続済み    bond0-enp0s9    ←稼動中
lo           loopback     管理無し    --
```

ボンディングの確認

ここまででボンディングの設定は終了です。設定内容を確認します。

設定内容の確認

```
[...]# ip addr
1: lo: <LOOPBACK,UP,LOWER_UP> mtu 65536 qdisc noqueue state UNKNOWN
    link/loopback 00:00:00:00:00:00 brd 00:00:00:00:00:00
    inet 127.0.0.1/8 scope host lo
       valid_lft forever preferred_lft forever
    inet6 ::1/128 scope host
       valid_lft forever preferred_lft forever
2: enp0s8: <BROADCAST,MULTICAST,SLAVE,UP,LOWER_UP> mtu 1500 qdisc pfifo_fast master bond0 state UP qlen 1000   ←❶
    link/ether 08:00:27:b7:b5:e7 brd ff:ff:ff:ff:ff:ff
3: enp0s9: <BROADCAST,MULTICAST,SLAVE,UP,LOWER_UP> mtu 1500 qdisc pfifo_fast master bond0 state UP qlen 1000   ←❷
    link/ether 08:00:27:b7:b5:e7 brd ff:ff:ff:ff:ff:ff
4: bond0: <BROADCAST,MULTICAST,MASTER,UP,LOWER_UP> mtu 1500 qdisc noqueue state UP   ←❸
    link/ether 08:00:27:b7:b5:e7 brd ff:ff:ff:ff:ff:ff
    inet 172.17.0.20/16 brd 172.17.255.255 scope global bond0
       valid_lft forever preferred_lft forever
    inet6 fe80::a00:27ff:feb7:b5e7/64 scope link
       valid_lft forever preferred_lft forever
```

❶❷「master bond0」とある通り、これらのデバイスのマスタはbond0であることがわかる。また、「state UP」とある通り、正常に起動していることがわかる
❸設定したマスタのデバイス名やIPアドレス等が表示され、「state UP」とある通り、正常に起動していることがわかる

また、稼動中のボンディングの状態を確認するには、**/proc/net/bonding/デバイス名**ファイルで閲覧が可能です。今回は、マスタがbond0であるため、「/proc/net/bonding/bond0」ファイルを確認します。

ボンディングの状態の確認

```
[...]# cat /proc/net/bonding/bond0
Ethernet Channel Bonding Driver: v3.7.1 (April 27, 2011)

Bonding Mode: fault-tolerance (active-backup)
Primary Slave: None
Currently Active Slave: enp0s8   ←❶
MII Status: up
MII Polling Interval (ms): 100
Up Delay (ms): 0
Down Delay (ms): 0

Slave Interface: enp0s8   ←❷
MII Status: up
Speed: 1000 Mbps
Duplex: full
Link Failure Count: 0
Permanent HW addr: 08:00:27:b7:b5:e7
Slave queue ID: 0

Slave Interface: enp0s9   ←❸
MII Status: up
Speed: 1000 Mbps
Duplex: full
Link Failure Count: 0
Permanent HW addr: 08:00:27:b9:93:67
Slave queue ID: 0
```

❶現在アクティブなスレーブはenp0s8であることがわかる
❷❸各スレーブの稼働状況はUPとなっていることがわかる

また、以下の例では、「enp0s8」を切断した際、「enp0s9」に自動的に切り替わることを確認しています。

NIC切り替えの確認

```
[...]# nmcli de disc enp0s8    ←enp0s8の切断
Device 'enp0s8' successfully disconnected.
[...]# nmcli de
デバイス      タイプ        状態        接続
bond0        bond         接続済み     bond0
enp0s3       ethernet     接続済み     enp0s3
enp0s9       ethernet     接続済み     bond0-enp0s9
enp0s8       ethernet     切断済み     --        ←enp0s8が切断されている
lo           loopback     管理無し     --
[...]#
[...]# cat /proc/net/bonding/bond0   ←❶
Ethernet Channel Bonding Driver: v3.7.1 (April 27, 2011)

Bonding Mode: fault-tolerance (active-backup)
Primary Slave: None
Currently Active Slave: enp0s9    ←❷
MII Status: up
MII Polling Interval (ms): 100
Up Delay (ms): 0
Down Delay (ms): 0

Slave Interface: enp0s9
MII Status: up
Speed: 1000 Mbps
Duplex: full
Link Failure Count: 0
Permanent HW addr: 08:00:27:b9:93:67
Slave queue ID: 0
```

❶/proc/net/bonding/bond0ファイルを確認する
❷アクティブなスレーブがenp0s9となっている

なお、**ifenslave**コマンドにより、明示的にスレーブを切り替えることも可能です。

スレーブの切り替え

ifenslave [オプション] マスタ スレーブ ...

表10-5-2　ifenslaveコマンドのオプション

オプション	説明
-a、--all-interfaces	全てのインターフェイスの情報を表示する
-c、--change-active	アクティブなスレーブを変更する
-d、--detach	マスタからスレーブを削除する

以下は、アクティブなスレーブを「enp0s9」から「enp0s8」に変更しています。

スレーブの切り替え

```
[...]# ifenslave -c bond0 enp0s8   ←enp0s8をアクティブにする
[...]# cat /proc/net/bonding/bond0   ←/proc/net/bonding/bond0ファイルを確認する
Ethernet Channel Bonding Driver: v3.7.1 (April 27, 2011)

Bonding Mode: fault-tolerance (active-backup)
Primary Slave: None
Currently Active Slave: enp0s8   ←アクティブなスレーブがenp0s8となっている
MII Status: up
MII Polling Interval (ms): 100
Up Delay (ms): 0
Down Delay (ms): 0
…（以降省略）…
```

10-5-2 チーミング

　チーミングは、ボンディングと同様に複数の物理デバイスを単一の仮想インターフェイスにまとめて、性能や冗長性を向上させる機能です。CentOS 7から導入され、ボンディングよりさらに細かな制御が可能です。

　なお、チーミングは**teamd**プロセスとして稼動します。使用する端末にteamdが入っていない場合は、インストールしてください。

teamdのインストール

```
[...]# yum install teamd
…（実行結果省略）…
```

　チーミングにおいても、仮想インターフェイスは「マスタ」と呼び、この仮想インターフェイスに接続するデバイスを「スレーブ」と呼びます。

　以下の①～④の手順に従って、チーミングの設定を行います。

①仮想インターフェイス（マスタ）の作成
②マスタへ物理デバイスの追加
③接続設定の変更
④チーミングの確認

仮想インターフェイス（マスタ）の作成

　この例では、仮想インターフェイスの接続名は「team0」とします。また、物理デバイスとして「enp0s3」と「enp0s8」を使用します。

仮想インターフェイス（マスタ）の作成

```
[...]# nmcli con    ←❶
名前     UUID                                    タイプ          デバイス
enp0s8   50a4300f-d016-4167-8ff0-7c6587a9c099    802-3-ethernet  --
enp0s3   09d6919a-fafb-4e60-9092-ab48e900db38    802-3-ethernet  --
[...]#
[...]# nmcli con add type team con-name team0 ifname team0    ←❷
接続 'team0' (d734ce33-a717-4223-af92-57eb34c90c81) が正常に追加されました。
[...]#
[...]# nmcli con    ←❸
名前     UUID                                    タイプ          デバイス
enp0s8   50a4300f-d016-4167-8ff0-7c6587a9c099    802-3-ethernet  --
enp0s3   09d6919a-fafb-4e60-9092-ab48e900db38    802-3-ethernet  --
team0    d734ce33-a717-4223-af92-57eb34c90c81    team            team0    ←❹

❶現在の接続の一覧表示
❷仮想インターフェイス（マスタ）の作成
❸追加後の接続の一覧表示
❹追加されている
```

　仮想インターフェイス（マスタ）の作成では、「nmcli con add」で接続の新規追加とし、「type」は「team」とします。この例では、「con-name（接続名）」「ifname（デバイス）」は、共に「team0」とします。また、チーミングの主な動作モードは**runner**と呼ばれ、仮想インターフェイス（マスタ）の作成時に指定したり、後から編集することも可能です。上記のように特に指定をしない場合は、デフォルトとしてroundrobinが適用されます。

　表10-5-3は、主な動作モードの説明です。

表10-5-3　チーミングの主な動作モード

モード	説明
broadcast	データは全ポートで送信される
roundrobin	データは全ポートで順番に送信される
activebackup	1つのポートまたはリンクが使用され、他はバックアップとして維持される

　チーミングではroundrobin以外の動作モードや、通信の確認方法等の詳細な設定を行う場合、JSON（JavaScript Object Notation）形式のデータで指定します。設定方法については後述します。

　次に仮想インターフェイス（マスタ）の設定を行います。この例では、IPアドレスを「192.168.56.160/24」、ゲートウェイを「192.168.56.1」としています。

仮想インターフェイス（マスタ）の設定

```
[...]# nmcli con show team0 | grep -e ipv4.method -e ipv4.addresses -e ipv4.gateway    ←❶
ipv4.method:                            auto
ipv4.addresses:                         --
ipv4.gateway:                           --
[...]# nmcli con mod team0 ipv4.method manual ipv4.addresses 192.168.56.160/24 ipv4.gateway 192.168.56.1    ←❷
[...]# nmcli con show team0 | grep -e ipv4.method -e ipv4.addresses -e ipv4.gateway    ←❸
ipv4.method:                            manual
ipv4.addresses:                         192.168.56.160/24
ipv4.gateway:                           192.168.56.1
```

❶現在の設定内容の表示
❷IPアドレスとゲートウェイの設定
❸設定後の設定内容の表示

マスタへ物理デバイスの追加

次に仮想インターフェイス（マスタ）に、接続する物理デバイス（スレーブ）を紐付けます。

物理デバイス（スレーブ）の追加

```
[...]# nmcli con add type team-slave con-name team0-enp0s3 ifname enp0s3 master team0   ←❶
接続 'team0-enp0s3' (ae51f579-ccff-40c7-a8aa-fc2aa5b3c778) が正常に追加されました。
[...]#
[...]# nmcli con add type team-slave con-name team0-enp0s8 ifname enp0s8 master team0   ←❷
接続 'team0-enp0s8' (dd455709-ed6a-4051-ba9b-65fc9e59da5a) が正常に追加されました。
[...]#
[...]# nmcli con
名前            UUID                                    タイプ           デバイス
team0-enp0s3    ae51f579-ccff-40c7-a8aa-fc2aa5b3c778    802-3-ethernet   enp0s3      ←❸
team0-enp0s8    dd455709-ed6a-4051-ba9b-65fc9e59da5a    802-3-ethernet   enp0s8      ←❹
team0           d734ce33-a717-4223-af92-57eb34c90c81    team             team0
enp0s8          50a4300f-d016-4167-8ff0-7c6587a9c099    802-3-ethernet   --
enp0s3          09d6919a-fafb-4e60-9092-ab48e900db38    802-3-ethernet   --

❶enp0s3を紐付ける
❷enp0s8を紐付ける
❸追加されている
❹追加されている
```

「type」は「team-slave」とします。実行結果の1行目にある通り、❶の例では「con-name（接続名）」は「team0-enp0s3」、「ifname（デバイス）」は「enp0s3」とします。また、「master（マスタ）」は「team0」とします。

接続設定の変更

サービス起動時にチーミングが自動起動するように、設定および確認します。なお、物理デバイスである「enp0s3」「enp0s8」は、自動起動をオフにしておきます。

接続設定の変更

```
[...]# nmcli con show enp0s3 | grep connection.autoconnect   ←enp0s3を確認
connection.autoconnect:                 yes      ←自動起動がyesになっている
connection.autoconnect-priority:        0
connection.autoconnect-slaves:          -1 (default)
[...]# nmcli con show enp0s8 | grep connection.autoconnect   ←enp0s8を確認
connection.autoconnect:                 yes      ←自動起動がyesになっている
connection.autoconnect-priority:        0
connection.autoconnect-slaves:          -1 (default)
[...]# nmcli con mod enp0s3 connection.autoconnect no    ←enp0s3の自動起動をnoにする
[...]# nmcli con mod enp0s8 connection.autoconnect no    ←enp0s8の自動起動をnoにする
[...]#
[...]# nmcli con show team0 | grep connection.autoconnect   ←team0を確認
connection.autoconnect:                 yes      ←自動起動がyesになっているのでこのままとする
connection.autoconnect-priority:        0
```

```
connection.autoconnect-slaves:          -1 (default)
[...]# nmcli con show team0-enp0s3 | grep connection.autoconnect    ←team0-enp0s3を確認
connection.autoconnect:                 yes  ←自動起動がyesになっているのでこのままとする
connection.autoconnect-priority:        0
connection.autoconnect-slaves:          -1 (default)
[...]# nmcli con show team0-enp0s8 | grep connection.autoconnect    ←team0-enp0s8を確認
connection.autoconnect:                 yes  ←自動起動がyesになっているのでこのままとする
connection.autoconnect-priority:        0
connection.autoconnect-slaves:          -1 (default)
[...]#
[...]# systemctl restart network    ←ネットワークサービスを再起動する
[...]# nmcli con
名前           UUID                                    タイプ          デバイス
team0-enp0s3   ae51f579-ccff-40c7-a8aa-fc2aa5b3c778   802-3-ethernet  enp0s3   ←稼動中
team0-enp0s8   dd455709-ed6a-4051-ba9b-65fc9e59da5a   802-3-ethernet  enp0s8   ←稼動中
team0          d734ce33-a717-4223-af92-57eb34c90c81   team            team0    ←稼動中
enp0s8         50a4300f-d016-4167-8ff0-7c6587a9c099   802-3-ethernet  --
enp0s3         09d6919a-fafb-4e60-9092-ab48e900db38   802-3-ethernet  --
[...]# nmcli dev
デバイス   タイプ      状態       接続
enp0s3    ethernet    接続済み   team0-enp0s3   ←稼動中
enp0s8    ethernet    接続済み   team0-enp0s8   ←稼動中
team0     team        接続済み   team0          ←稼動中
lo        loopback    管理無し   --
```

チーミングの確認

ここまででチーミングの設定は終了です。設定内容を確認します。

設定内容の確認

```
[...]# ip addr
1: lo: <LOOPBACK,UP,LOWER_UP> mtu 65536 qdisc noqueue state UNKNOWN
    link/loopback 00:00:00:00:00:00 brd 00:00:00:00:00:00
    inet 127.0.0.1/8 scope host lo
       valid_lft forever preferred_lft forever
    inet6 ::1/128 scope host
       valid_lft forever preferred_lft forever
2: enp0s3: <BROADCAST,MULTICAST,UP,LOWER_UP> mtu 1500 qdisc pfifo_fast master team0 state
 UP qlen 1000    ←❶
    link/ether 08:00:27:a9:53:77 brd ff:ff:ff:ff:ff:ff
3: enp0s8: <BROADCAST,MULTICAST,UP,LOWER_UP> mtu 1500 qdisc pfifo_fast master team0 state
 UP qlen 1000    ←❷
    link/ether 08:00:27:a9:53:77 brd ff:ff:ff:ff:ff:ff
4: team0: <BROADCAST,MULTICAST,UP,LOWER_UP> mtu 1500 qdisc noqueue state UP    ←❸
    link/ether 08:00:27:a9:53:77 brd ff:ff:ff:ff:ff:ff
    inet 192.168.56.160/24 brd 192.168.56.255 scope global team0
       valid_lft forever preferred_lft forever
    inet6 fe80::a00:27ff:fea9:5377/64 scope link
       valid_lft forever preferred_lft forever
```

❶❷「master team0」とある通り、これらのデバイスのマスタはteam0であることがわかる。また、「state UP」とある通り、正常に起動していることがわかる
❸設定したマスタのデバイス名やIPアドレス等が表示され、「state UP」とある通り、正常に起動していることがわかる

また、稼動中のチーミングの状態を確認するには、**teamdctl**コマンドを使用します。

稼働中のチーミングの状態の確認

teamdctl [オプション] チームデバイス名 コマンド [コマンド引数...]

以下のサブコマンドと合わせて使用します。

表10-5-4　teamdctlコマンドの主なサブコマンド

サブコマンド	説明
config dump	JSON設定ファイルをダンプする
state dump	チーミングの状態をファイルとしてダンプする
state view	チーミングの状態を表示する

チーミングの状態の確認

```
[...]# teamdctl team0 state view
setup:
  runner: roundrobin    ←❶
ports:
  enp0s3
    link watches:
      link summary: up
      instance[link_watch_0]:
        name: ethtool
        link: up    ←❷
        down count: 0
  enp0s8
    link watches:
      link summary: up
      instance[link_watch_0]:
        name: ethtool
        link: up    ←❸
        down count: 0
```

❶現在の動作モードがroundrobinであることがわかる
❷❸各スレーブの稼働状況はUPとなっていることがわかる

チーミングの設定ファイル

チーミングの設定の際、「仮想インターフェイス（マスタ）の作成」では、以下の作成例①のように実行しています。

チーミングの設定（作成例①）

```
[...]# nmcli con add type team con-name team0 ifname team0
```

チーミングの設定（作成例②）

```
[...]# nmcli con add type team con-name team0 ifname team0 config
'{"runner": {"name": "activebackup"}}'
```

チーミングの設定（作成例③）

```
[...]# nmcli con add type team con-name team0 ifname team0 config activebackup_1.conf

activebackup_1.confファイルの中身
{
    "runner": {
        "name": "activebackup"
    }
}
```

　作成例①のように、明示的にチーミングの設定を指定しない場合は、デフォルトとしてround robinが適用されます。
　また、作成例②、作成例③のように、configパラメータの後に設定内容や設定ファイルを指定することが可能です。いずれも、設定情報はJSON形式のデータで記述します。
　JSONのフォーマットは以下の通りです。

設定情報のJSONフォーマット

```
{
    名前: 値,
    名前: 値
}
```

　teamdパッケージがインストールされていると、設定ファイルのサンプルが同梱されています。

設定ファイルのサンプル

```
[...]# cd /usr/share/doc/teamd-1.17/example_configs
[...]# ls
activebackup_arp_ping_1.conf    activebackup_nsna_ping_1.conf   loadbalance_3.conf
activebackup_arp_ping_2.conf    activebackup_tipc.conf          random.conf
activebackup_ethtool_1.conf     broadcast.conf                  roundrobin.conf
activebackup_ethtool_2.conf     lacp_1.conf                     roundrobin_2.conf
activebackup_ethtool_3.conf     loadbalance_1.conf
activebackup_multi_lw_1.conf    loadbalance_2.conf
```

　activebackup_ethtool_3.confファイルを例に内容を確認します。

activebackup_ethtool_3.confファイル

```
[...]# cat activebackup_ethtool_3.conf
{
    "device":       "team0",         ←❶
    "runner":       {"name": "activebackup"},   ←❷
    "link_watch":   {                ←❸
        "name": "ethtool",
        "delay_up": 2500,
        "delay_down": 1000
    },
    "ports":        {                ←❹
        "eth1": {
            "prio": -10,
```

```
                "sticky": true
            },
            "eth2": {
                "prio": 100
            }
        }
}
```

❶ デバイス名は、team0とすることを意味する
❷ 動作モードは、activebackupとすることを意味する
❸ link_watchは、リンクの確認方法を指定する。name（名前）はethtoolを使ってリンクを確認することを意味する。
　delay_upは、リンクがアップになってからランナーに通知されるまでの既存の遅延（ミリ秒単位）を指定。delay_downは、リンクがダウンになってからランナーに通知されるまでの既存の遅延（ミリ秒単位）を指定
❹ ポートの優先度を指定する。この例では、prio（優先度）がeth1は-10、eth2は100とあるあため、eth2の方が優先度は高くなる。また、stickyにより、eth1がアクティブになると、リンクが有効な間はずっと、このポートはアクティブのままになる

詳細情報は、「man teamd.conf」コマンドにより、teamd.conf(5) manページを参照してください。

10-5-3 ブリッジ

ここでは、NetworkManagerを使用したLinuxブリッジの設定方法を説明します。
以下①〜②の手順に従って、ブリッジの設定を行います。

① ブリッジインターフェイス（マスタ）の作成
② ブリッジインターフェイスへ物理デバイスの追加とブリッジの確認

ブリッジの詳細については、「11-4 その他の仮想化技術」（→ p.556）を参照してください。

ブリッジインターフェイス（マスタ）の作成

この例では、ブリッジインターフェイスの接続名は「br0」とします。また、物理デバイスとして「enp0s9」を使用します。

ブリッジインターフェイス（マスタ）の作成

```
[...]# nmcli con add type bridge con-name br0 ifname br0
接続 'br0' (412d8a53-1294-4927-b1d2-fc7d4ff46edc) が正常に追加されました。
[...]#
[...]# nmcli con
名前          UUID                                  タイプ          デバイス
br0           412d8a53-1294-4927-b1d2-fc7d4ff46edc  bridge          br0
enp0s9        c7cb4b09-bd8f-401a-8451-9d960131d5a8  802-3-ethernet  --
```

ブリッジインターフェイス（マスタ）の作成では、「nmcli con add」で接続の新規追加とし、「type」は「bridge」とします。この例では、「con-name（接続名）」「ifname（デバイス）」は、共に「br0」とします。

次にブリッジインターフェイス（マスタ）の設定を行います。この例では、IPアドレスを「172.20.0.10/24」、ゲートウェイを「172.20.0.1」としています。

仮想インターフェイス(マスタ)の設定

```
[...]# nmcli con show br0 | grep -e ipv4.method -e ipv4.addresses -e ipv4.gateway  ←❶
ipv4.method:                            auto
ipv4.addresses:
ipv4.gateway:                           --
[...]# nmcli con mod br0 ipv4.method manual ipv4.addresses 172.20.0.10/24 ipv4.gateway
172.20.0.1  ←❷
[...]# nmcli con show bond0 | grep -e ipv4.method -e ipv4.addresses -e ipv4.gateway  ←❸
ipv4.method:                            manual
ipv4.addresses:                         172.20.0.10/24
ipv4.gateway:                           172.20.0.1
```

❶現在の設定内容の表示
❷IPアドレスとゲートウェイの設定
❸設定後の設定内容の表示

ブリッジインターフェイスへ物理デバイスの追加とブリッジの確認

　Linuxブリッジの設定および表示は、**brctl**コマンドで行います。brctlコマンドを使用した管理は、「11-4 その他の仮想化技術」(→ p.556)を参照してください。
　brctlにshowサブコマンドを指定すると、ブリッジデバイスの詳細が表示されます。

ブリッジの確認

```
[...]# brctl show
bridge name     bridge id               STP enabled     interfaces
br0             8000.000000000000       yes
```

　現在、interfacesに何も指定されていないことを確認します。次に、ブリッジに参加するデバイスを登録します。

物理デバイスの追加

```
[...]# nmcli con add type bridge-slave con-name bridge-slave-enp0s9 ifname enp0s9 master br0  ←❶
接続 'bridge-slave-enp0s9' (c76a16af-d35d-46e5-9f0b-7b1878a45728) が正常に追加されました。
[...]# brctl show
bridge name     bridge id               STP enabled     interfaces
br0             8000.080027a95377       yes             enp0s9
```

❶enp0s9を紐付ける

　「type」は「bridge-slave」とします。実行結果の1行目にある通り、この例では、「con-name(接続名)」は「bridge-slave-enp0s9」、「ifname(デバイス)」は「enp0s9」とします。また、「master(マスタ)」は「br0」とします。
　再度「brctl show」を実行すると、interfacesに「enp0s9」が表示されていることがわかります。

Chapter 11
仮想化技術

- 11-1 仮想化の概要
- 11-2 KVM
- 11-3 Xen
- 11-4 その他の仮想化技術
- 11-5 仮想環境管理ツール

□ Chapter11 | 仮想化技術

11-1 仮想化の概要

11-1-1 仮想化とは

　仮想化（Virtualization）とは、ハードウェア、オペレーティングシステム、ストレージ、ネットワーク等のコンピュータシステムを構成するリソースを元の構成から独立させて、分割あるいは統合する形で仮想的に構成する技術です。

　オペレーティングシステムを稼働させるハードウェアプラットフォームの仮想化では、**ハイパーバイザー**（Hypervisor）上に**仮想マシン**（Virtual Machine）を構築し、その上でゲストOSを稼働させます。

　Linuxカーネルベースの仮想化環境として**KVM**と**Xen**があります。KVMは、CentOS 7の標準リポジトリで提供されています。Xenは、**centos-virt-xen**リポジトリで提供されています。

11-1-2 ハイパーバイザー

　ハイパーバイザーは、その上で仮想マシンを稼働させるソフトウェアです。典型的なハイパーバイザーのタイプには以下の2種類があります。

▷ ベアメタル型
　ハイパーバイザーが直接ハードウェア上で動作し、全てのOSはそのハイパーバイザー上で動作する方式です。Xenはこの方式です。

▷ ホスト型
　ハードウェア上でOS（ホストOS）が動作し、その上でハイパーバイザーが動作する方式です。VMwarePlayerやVirtualBoxはこの方式です。

図11-1-1　ハイパーバイザーのタイプ

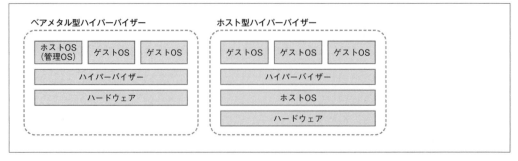

　KVMはホストOSにハイパーバイザーの機能が組み込まれたものですが、ゲストOSはホストOS上のエミュレータ（QEMU）で動作するので、ベアメタル型とホスト型の中間的な方式です。

11-1-3 完全仮想化と準仮想化

ハードウェアプラットフォームの仮想化には、以下の2つのタイプがあります。

▷ **完全仮想化（Full Virtualization）**
　ハードウェアの完全なエミュレーションを行います。ハードウェア上で動作するオペレーティングシステムを変更することなく、そのまま実行できます。

▷ **準仮想化（Para Virtualization）**
　ハードウェアとほぼ同等のエミュレーションを行うが、完全なエミュレーションではありません。実行時間短縮のため、ハードウェアのエミュレーションに変更を加えたインターフェイスを提供します。準仮想化が提供するインターフェイスに対応して、オペレーティングシステムに変更を加える必要があります。

　KVMは完全仮想化として開発されましたが、現在は仮想化ドライバ（virtio）の採用等で準仮想化の利点を取り入れています。Xenは準仮想化として開発されましたが、現在は完全仮想化もサポートしています。

> エミュレーション（emulation）とは、ある装置やソフトウェアの模倣をした動作を行うことです。例えば、PCハードウェアを模倣をする（エミュレーション）ことにより、仮想的にOSを稼働させることができます。エミュレーションを行う装置やソフトウェアをエミュレータ（emulator）と呼びます。

11-1-4 ハードウェア仮想化支援機能

　2006年からIntel社とAMD社のプロセッサで、ハードウェア仮想化支援機能が提供されるようになりました。ハードウェア仮想化支援機能では、ソフトウェアが行っていた仮想化処理をハードウェア（プロセッサ）がかわりに行い、仮想化のオーバーヘッドを大きく軽減します。KVM、Xen共に完全仮想化ではハードウェア仮想化支援機能を利用します。
　ハードウェア仮想化支援機能を持つPCの場合、一般的にBIOSあるいはEFIの設定画面でハードウェア仮想化支援機能の有効/無効の設定ができます。

ハードウェア仮想化支援機能を示すフラグ

　ハードウェア仮想化支援機能を利用できるかどうかは、以下のフラグで確認できます。

☐ **通常の起動をしたカーネルの場合（Xenハイパーバイザーなし）**
　/proc/cpuinfoファイルの「flags」のなかの、「vmx」あるいは「svm」フラグで確認します。

・**Intel-VTの場合**：vmxフラグ
・**AMD-Vの場合**：svmフラグ

vmxフラグが立っている例

```
[...]$ cat /proc/cpuinfo | grep vmx
flags           : fpu vme de pse tsc msr pae mce cx8 apic sep mtrr
pge mca cmov pat pse36 clflush dts acpi mmx fxsr sse sse2 ss ht tm
pbe syscall nx rdtscp lm constant_tsc arch_perfmon pebs bts rep_good
nopl xtopology nonstop_tsc aperfmperf eagerfpu pni pclmulqdq dtes64
monitor ds_cpl vmx est tm2 ssse3 cx16 xtpr pdcm pcid sse4_1 sse4_2
x2apic popcnt tsc_deadline_timer xsave avx f16c lahf_lm ida arat epb
xsaveopt pln pts dtherm tpr_shadow vnmi flexpriority ept vpid
fsgsbase smep erms
```

□ **Xenハイパーバイザーから起動をしたDom0カーネルの場合**

　Xenハイパーバイザーから起動をした場合は、/sys/hypervisor/の下に以下のようなディレクトリとファイルができます。

/sys/hypervisor/の下を確認

```
[...]$ ls -F /sys/hypervisor
compilation/  properties/  type  uuid  version/
```

　/sys/hypervisor/properties/capabilitiesファイルの、「hvm」(Hardware Virtual Machine)の表示の有無で確認できます。

ハードウェア仮想化支援機能を持たないPCの例

```
[...]$ cat /sys/hypervisor/properties/capabilities
xen-3.0-x86_32p
```

ハードウェア仮想化支援機能を持つPCの例

```
[...]$ cat /sys/hypervisor/properties/capabilities
xen-3.0-x86_64 xen-3.0-x86_32p hvm-3.0-x86_32 hvm-3.0-x86_32p hvm-3.0-x86_6
```

11-1-5 仮想化パッケージのインストール

　KVMあるいはXenを利用するためには、仮想化パッケージのインストールが必要です。仮想化パッケージには、KVMとXenに共通のパッケージと、それぞれに固有のパッケージがあります。ここではKVMとXenに共通のパッケージについて解説し、固有のパッケージについてはそれぞれの項で解説します。

　KVMおよびXenを使用するためには、次の手順で仮想化関連パッケージをインストールします。

ベース環境のインストール

　ベース環境グループである、**仮想化ホスト**(virtualization Host)をインストールします。

「仮想化ホスト」グループをインストール①

```
[...]# yum groupinstall 仮想化ホスト
…(実行結果省略)…
```

または、次のように実行します。

「仮想化ホスト」グループをインストール②

```
[...]# yum groupinstall "virtualization Host"
…(実行結果省略)…
```

これにより、libvirt関連のパッケージがインストールされます。インストールされる主なパッケージは以下の通りです。

▷libvirt-daemon パッケージ

ゲストOSを管理するデーモン「libvirtd」(/sbin/libvirtd)を含みます。libvirtdは、ゲストOSの起動、停止、ネットワーク、ストレージを管理します。

▷libvirt-client パッケージ

ゲストOSの管理ツール「virsh」(/bin/virsh、/usr/bin/virsh)を含みます。virshは、ゲストOSの起動、停止、設定をするコマンドラインツールです。

パッケージのインストール

「仮想化ホスト」グループに続き、以下のパッケージを「yum install パッケージ名」コマンドでインストールします。

▷virt-installパッケージ

ゲストOSのインストーラ「virt-install」(/bin/virt-install、/usr/share/virt-manager/virt-install)を含みます。virt-installはKVMにもXenにも対応しています。virt-installはテキストモードとグラフィカルモードでのインストールができます。/usr/share/virt-manager/virt-installは、Pythonスクリプトです。

▷virt-managerパッケージ

ゲストOSの管理ツール「virt-manager」(/bin/virt-manager、/usr/bin/virt-manager、/usr/share/virt-manager/virt-manager)を含みます。virt-managerは、ゲストOSのインストール、ゲストOSの起動、停止、設定ができます。/usr/share/virt-manager/virt-managerは、Pythonスクリプトです。

▷virt-viewerパッケージ

ゲストOS用のグラフィカルコンソール「virt-viewer」(/bin/virt-viewer、/usr/bin/virt-viewer)を含みます。

> Pythonスクリプトはプログラミング言語Pythonで書かれたプログラムです。インタプリタ/usr/bin/pythonが解釈、実行します。

Chapter11 仮想化技術

11-2 KVM

11-2-1 KVMとは

KVM（Kernel-based Virtual Machine）は、CentOS 7で提供される標準の仮想化環境です。Qumranet社のAvi Kivity氏によって開発され、2007年2月リリースの2.6.20からLinuxの標準カーネルに組み込まれました。

KVMではハードウェアのエミュレーションは**QEMU**（キューエミュ）が行い、QEMUは「/dev/kvm」を介してハードウェアによる仮想化支援機能を利用します。

図11-2-1　KVM完全仮想化（概念図）

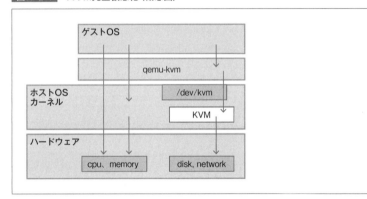

11-2-2 KVMのインストールと設定

KVMを使用するためには、「11-1-5 仮想化パッケージのインストール」（→ p.524）で解説したKVMとXenに共通のパッケージに加えて、KVM固有の**qemu-kvm**パッケージをインストールします。パッケージには、エミュレータ**qemu-kvm**（/usr/libexec/qemu-kvm）を含みます。

qemu-kvmパッケージをインストール

```
[...]# yum install qemu-kvm
…（実行結果省略）…
```

LinuxカーネルのKVM対応

KVMは、カーネル2.6.20からLinux標準カーネルに組み込まれています。CentOS 7のカーネルは、KVM対応でコンフィグレーションされています。

カーネルコンフィグレーションパラメータの確認

```
[...]# ls /boot/config-*
/boot/config-3.10.0-327.el7.x86_64
[...]# grep CONFIG_KVM /boot/config-3.10.0-327.el7.x86_64
CONFIG_KVM=m         ←カーネルモジュールkvm.koを生成
CONFIG_KVM_INTEL=m   ←カーネルモジュールkvm-intel.koを生成
CONFIG_KVM_AMD=m     ←カーネルモジュールkvm-amd.koを生成
```

他にも複数のKVM関連パラメータがあります。

KVMのゲストOSは、Linuxのプロセスであるqemu-kvm上で稼働します。qemu-kvmからハードウェアによる仮想化支援機能を利用する流れは、次のようになります。

- **Intelの場合**：qemu-kvm → /dev/kvm → kvm.ko → kvm-intel.ko → IntelVT
- **AMDの場合**：qemu-kvm → /dev/kvm → kvm.ko → kvm-amd.ko → AMD-V

KVMの管理ツール

KVMのコマンドラインツールとして、ゲストOSインストール用のツールである**virt-install**、管理ツールとして**virsh**があります。

□ virt-install

virt-install（/usr/bin/virt-install）は、ゲストOSをインストールするためのコマンドラインツールです。KVMとXenに対応しています。Pythonスクリプト「/usr/share/virt-manager/virt-install」を呼び出して実行します。

ゲストOSのインストール用ツール
virt-install [オプション]

表11-2-1 virt-installのオプション

オプション	説明
--virt-type	ハイパーバイザー（kvm、xen）の指定
-p、--paravirt	準仮想化
-v、--hvm	完全仮想化
-n、--name=	ゲストインスタンス名
-r、--ram=	メモリサイズ
-f、--disk path=	ディスクファイル
-s、--disk size=	ディスクサイズ
--graphics none	グラフィカルコンソールなし
--graphics vnc	グラフィカルコンソールにvncを指定
-l、--location=	インストールソースの指定。http、ftp、nfs、ローカルディレクトリを指定可
-c、--cdrom=	CD-ROMまたはISOイメージ
-w、--network=	ネットワーク

□ virsh

virsh（/usr/bin/virsh）は、**libvirt-client**パッケージに含まれているKVMおよびXenの管理コマンドです。通常の立ち上げ（Xenハイパーバイザーなし）の場合はKVMに、Xenハイパーバイザーからカーネルを立ち上げた場合はXenに接続します。

KVMおよびXenの管理

virsh [オプション] サブコマンド 引数

「-c」オプションにより、接続するハイパーバイザーのURIを指定できます。また、サブコマンド（表11-2-3）を利用して、ドメインの表示、起動、停止、設定の変更等を行います。

表11-2-2 URIの指定例

ハイパーバイザー	主なURI	説明
KVM	qemu:///system	ローカルのハイパーバイザー「qemu」に接続（KVMの場合のデフォルトURI） 例）[...]# virsh -c qemu:///system
KVM	qemu+ssh://ホスト名/system	ホスト名で指定したリモートホストのハイパーバイザー「qemu」にsshを介して接続 例1）[...]# virsh -c qemu+ssh://ホスト名/system 例2）[...]$ virsh -c qemu+ssh://root@ホスト名/system
Xen	xen:///	ローカルのハイパーバイザー「xen」に接続（Xenの場合のデフォルトURI） 例）[...]# virsh -c xen:///
Xen	xen+ssh://ホスト名	ホスト名で指定したリモートホストのハイパーバイザー「xen」にsshを介して接続 例1）[...]# virsh -c xen+ssh://ホスト名/ 例2）[...]$ virsh -c xen+ssh://root@ホスト名/
テスト用	test:///default	libvirt.soに組み込まれているダミーのハイパーバイザー「test」に接続 例）[...]# virsh -c test:///default list

表11-2-3 virshコマンドの主なサブコマンド

サブコマンド	説明
list	ドメインの一覧表示
start ドメイン	ドメインの起動
shutdown ドメイン	ドメインの停止
destroy ドメイン	ドメインの強制停止
save ファイル	ドメインの状態のファイルへの保存
restore ファイル	ドメインの状態のファイルからの復元
domstate ドメイン	ドメインの状態の表示
undefine ドメイン	ドメイン定義の削除（ディスクイメージは削除されない）
edit ドメイン	ドメイン定義ファイルの編集
net-list	ネットワークの一覧表示
net-edit ネットワーク	ネットワークの編集
domiflist ドメイン	ドメインのネットワークの設定を表示
domblklist ドメイン	ストレージの設定を表示

virt-manager

virt-manager（/usr/bin/virt-manager）は、ゲストOSの起動、停止、設定等を行うゲストOSのGUIベースの管理ツールです。KVMとXenに対応しています。ゲストOSをインストールすることもできます。Pythonスクリプト「/usr/share/virt-manager/virt-manager」を呼び出して実行します。

メニューから起動する場合は、「アプリケーション」→「システムツール」→「仮想マシンマネージャー」を選択します。

コマンドラインから起動する場合は、以下のように実行します。

virt-managerを起動

```
[...]# virt-manager
```

図11-2-2　virt-managerの起動画面

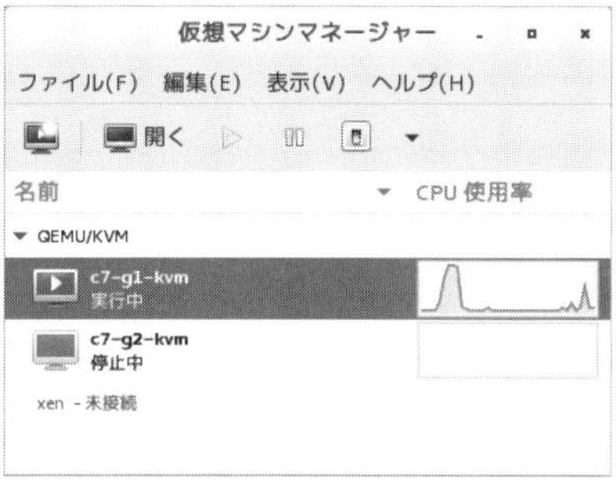

KVMを管理する場合は、「QEMU/KVM」に接続します。

11-2-3 KVMのネットワーク

ゲストOSが接続するネットワークは、ゲストOSのインストール時あるいはインストール後にホストのネットワークデバイスのなかから選択します。

デフォルトネットワーク（Default Network）：NAT接続

KVMゲストを内部ネットワークに接続してホストのネットワークとNAT接続するには、デフォルトネットワーク（Default Network）を利用するのが簡便な方法です。以下の手順でデフォルトネットワークを自動起動に設定すると、ゲストOSのネットワーク設定時にメニューから「'default' NAT」を選択することで、デフォルトネットワークに接続できます。詳しくは、「ゲストOSのネットワーク設定」の項を参照してください。

□ GUIでの設定

デフォルトネットワークの起動は、virt-managerの「編集」→「接続の詳細」メニューを選択し、「仮想ネットワーク」の「自動起動」❶にチェックを入れます。

図11-2-3　Default Networkの自動起動

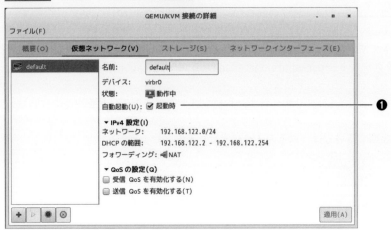

あるいは、「/etc/libvirt/qemu/networks/autostart/」の下に「/etc/libvirt/qemu/networks/default.xml」へのシンボリックリンクを作成して、libvirtdを再起動してもできます。

図11-2-4　KVMデフォルトネットワーク構成の例

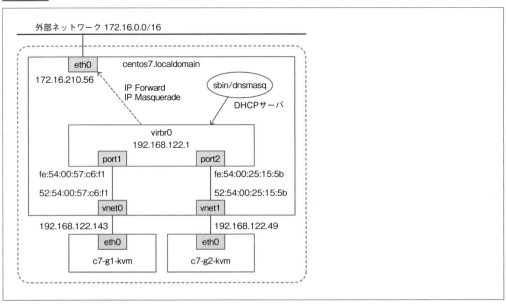

libvirtdデーモンにより、以下の設定が自動的に行われます。

・内部ネットワーク用ブリッジvirbr0の作成
・dnsmasqの起動によるvirbr0に対するDHCPサーバの設定。設定ファイルは/var/lib/libvirt/dnsmasq/default.conf
・iptablesの設定：FORWARDチェインによる内部ネットワーク⇔外部ネットワーク間のFORWARD
・iptablesの設定：内部ネットワークから外部ネットワークへのMASQUERADE

530

Netfilterの設定にfirewalldを使用している場合は、libvirtdはfirewalldを使用して上記と同様の設定を行います。

NetfilterとfirewalldについてはRT「15-7 Netfilter」（→ p.918）を参照してください。

□ コマンドラインでの設定

デフォルトネットワークは、xmlファイル**/etc/libvirt/qemu/networks/default.xml**によって定義されています。これをlibvirtdが読み込んで設定を行います。**virsh net-edit default**コマンドにより表示、変更ができます。

デフォルトネットワークの設定

```
[...]# virsh net-edit default
<network>
  <name>default</name>    ←❶
  <uuid>ed495cc5-92c4-4e91-89ce-769eac7eb4c0</uuid>    ←❷
  <bridge name="virbr0" />    ←❸
  <forward/>    ←❹
  <ip address="192.168.122.1" netmask="255.255.255.0">    ←❺
    <dhcp>
      <range start="192.168.122.2" end="192.168.122.254" />    ←❻
    </dhcp>
  </ip>
</network>

❶ネットワークの名前は「default」と指定
❷uuidは自動的に割り当てられる
❸ブリッジの名前は「virbr0」と指定
❹このブリッジから他のネットワークへの転送(forward)を許可
❺このブリッジに設定するIPアドレスとネットマスクを指定
❻このブリッジに接続したホストにDHCPで自動的に割り当てるIPアドレスの範囲を指定
```

DHCPサーバdnsmasqは、設定ファイル**/var/lib/libvirt/dnsmasq/default.conf**を参照します。

/var/lib/libvirt/dnsmasq/default.confファイルの表示

```
[...]# cat /var/lib/libvirt/dnsmasq/default.conf
strict-order
pid-file=/var/run/libvirt/network/default.pid
except-interface=lo
bind-dynamic
interface=virbr0    ←❶
dhcp-range=192.168.122.2,192.168.122.254    ←❷
dhcp-no-override
dhcp-lease-max=253    ←❸
dhcp-hostsfile=/var/lib/libvirt/dnsmasq/default.hostsfile
addn-hosts=/var/lib/libvirt/dnsmasq/default.addnhosts

❶DHCPサービスを提供するインターフェイス名(virbr0)を指定
❷DHCPで自動的に割り当てるIPアドレスの範囲を指定(ネットワーク定義ファイルで指定されたアドレス範囲となる)
❸DHCPで自動的に割り当てるIPアドレスの最大個数を253個に指定
```

デフォルトネットワークを使用しない接続

デフォルトネットワークを使わずに、ブリッジを作成してホストのネットワークに接続します。
ゲストOSを外部ネットワーク（例：172.16.0.0/16）に直接に接続するには、ホストのI/F（例：eth0）と直結するブリッジ（例：br0）を作成します。

図11-2-5 ブリッジを作成してホストのネットワークに接続する

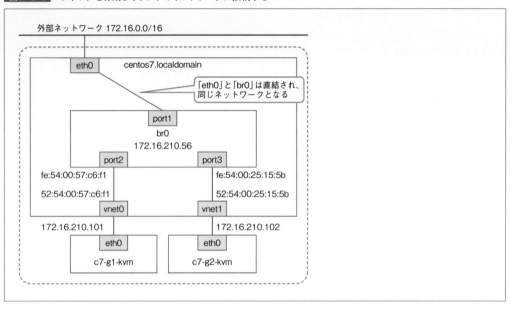

ブリッジbr0の設定ファイル「/etc/sysconfig/network/ifcfg-br0」を作成し、ネットワークインターフェイスeth0をブリッジbr0に接続するように編集します。

ブリッジ接続のための設定

```
[...]# vi /etc/sysconfig/network/ifcfg-br0
DEVICE=br0
TYPE=Bridge
BOOTPROTO=static
IPADDR=172.16.210.56   ←❶
ONBOOT=yes
```
❶ブリッジに設定するIPアドレスを指定（この例ではstaticだが、dhcpでの設定もできる）

eth0の設定ファイルを編集

```
[...]# vi /etc/sysconfig/network/ifcfg-eth0
DEVICE=eth0
TYPE=Ethernet
BRIDGE=br0    ←接続するブリッジ名を指定
ONBOOT=yes
…（以降省略）…
```

11-2-4 KVMゲストOSのインストール

virt-installコマンドあるいは**virt-manager**の画面から、ゲストOSのインストールができます。

virt-installによるゲストOSのインストール

virt-installコマンドによるKVMゲストのインストール例です。

指定するオプションについては「KVMの管理ツール」（→ p.527）のvirt-installコマンドのオプション（表11-2-1）を参照してください。

以下は、「--hvm」で完全仮想化、「-n」でドメイン名は「c7-g1-kvm」、「-r」でメモリサイズは「1500MB」、「-s」でディスクサイズは「3GB」としてインストールを行っています。なお、ダウンロードしたISOイメージは、「--cdrom=」で指定したパス「/data/ISO/CentOS-7-x86_64-DVD-1511.iso」に置いています。

KVMゲストのインストール

```
[...]# virt-install --hvm -n c7-g1-kvm -r 1500 \
> -f /data/kvm-images/c7-g1-kvm.img -s 3 \
> --graphics vnc --cdrom=/data/ISO/CentOS-7-x86_64-DVD-1511.iso
…（実行結果省略）…
```

この後、インストーラの画面が表示されます。

virt-managerによるゲストOSのインストール

virt-managerの左上のアイコン❶をクリックすると、「新しい仮想マシンを作成」ウィンドウが開きます。

図11-2-6　「新しい仮想マシンを作成」ウィンドウ

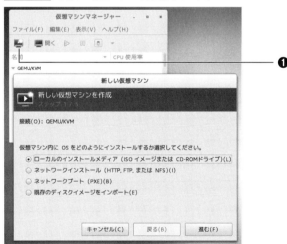

画面の指示に従い、以下の手順を実行します。

①インストール方法の指定
②インストールメディアの指定
③メモリサイズとCPU数の指定
④ディスクイメージのサイズの指定
⑤ゲストOSの名前と、「ネットワークの選択」でゲストOSが使うネットワークの指定

①のインストール方法には、以下のものがあります。

・ローカルのインストールメディア（ISOイメージまたはCD-ROMドライブ）
・ネットワークインストール（HTTP、FTP、またはNFS）
・ネットワークブート（PXE）
・既存のディスクイメージをインポート

②のインストールメディアを指定では、①のインストール方法に応じて、CD-ROMデバイス名、ISOイメージのパス、URL、既存のディスクイメージのパスを指定します。あわせて、OSの種類とバージョンも指定します。

⑤の「ネットワークの選択」では、ホストのデバイスのなかから「'default' NAT」、ブリッジ名、ネットワークI/F名、共有デバイス名のいずれかを指定します。

以上の設定を行い、「完了」ボタンをクリックするとインストールが開始されます。

11-2-5 KVMゲストOSの管理

コマンドラインツール**virsh**あるいはGUIツール**virt-manager**で、ゲストOSの起動、停止、設定等の管理ができます。

qemu

KVMのゲストOSは、エミュレータ**qemu-kvm**（/usr/libexec/qemu-kvm）上で稼働します。

qemu-kvm上でゲストOSとしてCentOS 7.2を起動

```
[...]# ps -ef |grep qemu
qemu      6336     1 22 12:59 ?        00:00:15 /usr/libexec/qemu-kvm -name centos7.2-g1-
kvm -S -machine pc-i440fx-rhel7.2.0,accel=kvm,usb=off,vmport=off -cpu Nehalem -m 1024
-realtime mlock=off -smp 1,sockets=1,cores=1,threads=1 -uuid 7cfe3a7c-a5c7-43de-ab42-
58a7dcdb5be9 -no-user-config -nodefaults -chardev socket,id=charmonitor,path=/var/lib/
libvirt/qemu/domain-centos7.2-g1-g1-kvm/monitor.sock,server,nowait -mon chardev=
charmonitor,id=monitor,mode=control -rtc base=utc,driftfix=slew -global kvm-pit.lost_
tick_policy=discard -no-hpet -no-shutdown -global PIIX4_PM.disable_s3=1 -global PIIX4_
PM.disable_s4=1 -boot strict=on -device ich9-usb-ehci1,id=usb,bus=pci.0,addr=0x6.0x7
-device ich9-usb-
 …（以降省略）…
```

qemu-kvmは、ゲストOSの設定のための多くのオプションが指定されて起動します。主なオプションの例を以下に示します。

- **-name centos7.2-g1-kvm**：ゲストOSの名前の指定
- **-cpu Nehalem**：CPUアーキテクチャ（Nehalem）の指定（ホストのCPUと同じ）
- **-m 1024**：メモリサイズは1024MB

　コマンドラインからqemu-kvmに必要なオプションを付けて起動することもできますが、通常はvirshコマンドやvirt-managerの画面から起動、停止等の管理を行います。

ドメインの管理

　ドメインの管理にはvirshコマンド、あるいはGUIツールvirt-managerを使用します。これらのコマンドやツールでは、ゲストOSのことを**ドメイン**と呼びます。virt-managerによるドメインの管理は、以下を事前に行っておきます（➡ p.529）。

①virt-managerの起動
②QEMU/KVMに接続

□ ドメインの一覧表示

　virshコマンドでは、**list**サブコマンド（➡ p.528）を指定することで、ドメインを一覧表示します。ゲストOSが停止している場合は何も表示されません。

ドメインの一覧表示

```
[...]# virsh list
 Id    名前                           状態
----------------------------------------------------
```

　virshコマンドをオプションなしで実行すると、対話形式で一覧を表示することができます。「--all」オプションを付けて実行すると、停止しているゲストOSも表示されます。

virshを対話形式で実行

```
[...]# virsh
[...]virsh にようこそ、仮想化対話式ターミナルです。

入力: 'help' コマンドのヘルプ
      'quit' 終了

virsh # list --all
 Id    名前                           状態
----------------------------------------------------
 -     c7-g1-kvm                      シャットオフ
 -     c7-g2-kvm                      シャットオフ
 -     c7-g3-kvm                      シャットオフ
 -     c7-g4-kvm                      シャットオフ
```

□ ゲストOS（ドメイン）の起動と停止

virt-managerでドメインの起動と停止を行うには、操作対象のドメインを選択し、マウスの右ボタンをクリックし、メニューから「実行」あるいは「シャットダウン」❶を指定します。

さらに「シャットダウン」のサブメニューから「再起動」「シャットダウン」「強制的に電源OFF」を実行できます。また、画面上部のアイコンメニューから「開く」ボタン❷をクリックし、開いたウィンドウの上部メニューで「▷」をクリックして起動することもできます。

図11-2-7　ドメインの起動と停止

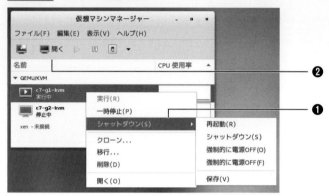

virshコマンドでドメインの起動と停止を行う場合は、以下のように実行します。

ドメインを起動

```
virsh # start c7-g1-kvm
ドメイン c7-g1-kvm が起動されました

virsh # start c7-g2-kvm
ドメイン c7-g2-kvm が起動されました

virsh # list --all
 Id    名前                          状態
----------------------------------------------------
 1     c7-g1-kvm                     実行中
 2     c7-g2-kvm                     実行中
 -     c7-g3-kvm                     シャットオフ
 -     c7-g4-kvm                     シャットオフ
```

ドメインの停止

```
virsh # shutdown c7-g2-kvm    ←サブコマンドshutdownの利用
ドメイン c7-g2-kvm はシャットダウン中です
```

ドメインの強制停止

```
virsh # destroy c7-g2-kvm    ←サブコマンドdestroyの利用
ドメイン c7-g2-kvm は強制停止されました
```

□ ドメインの状態の保存と復元

virt-managerでドメインの状態をファイルへ保存するには、操作対象のドメインを選択し、マウスの右ボタンをクリックし、メニューから「シャットダウン」を指定します。さらに「シャットダウン」のサブメニューから「保存」を選択します。この操作によりドメインのディスクイメージに現在の状態が保存され、ドメインは停止します。

復元を行うには、操作対象のドメインを選択し、マウスの右ボタンをクリックし、メニューから「復元」を指定します。この操作によりドメインのディスクイメージから状態が復元され、ドメインは稼働状態になります。

virshコマンドでは、「virsh save ドメイン名 保存ファイル名」の実行により、指定したファイルに現在の状態が保存され、ドメインは停止します。また、「virsh restore ドメイン名 保存ファイル名」の実行により、指定したファイルから現在の状態が復元され、ドメインは稼働状態になります。

ドメインの状態のファイルへの保存と復元

```
virsh # save c7-g2-kvm /date/kvm-images/c7-g2-kvm.save

ドメイン c7-g2-kvm が /date/kvm-images/c7-g2-kvm.save に保存されました

virsh # domstate c7-g2-kvm
シャットオフ

virsh # restore /date/kvm-images/c7-g2-kvm.save
ドメインが /data/kvm-images/c7-g2-kvm.save から復元されました

virsh # domstate c7-g2-kvm
実行中
```

なお、ドメインにSATAディスク、SATAコントローラが接続されている場合はエラーとなって保存はできません。不要な場合は削除しておきます。

□ ドメイン定義の削除

virt-managerでドメイン定義を削除するには、操作対象のドメインを選択し、マウスの右ボタンをクリックし、メニューから「削除」を指定します。

この例では、ドメイン定義ファイル/etc/libvirt/qemu/c7-g1-kvm.xmlが削除されます。「削除」画面のなかで「関連するストレージファイルを削除する」にチェックを入れると、選択した(チェックを入れた)仮想ディスクファイルやISOイメージファイルも削除されます。

virshコマンドでは、以下のように実行します。

ドメイン定義の削除（ディスクイメージは削除されない）

```
virsh # undefine c7-g1-kvm
ドメイン c7-g1-kvm の定義が削除されました
```

図11-2-8　ドメイン定義の削除

この例では、ドメイン定義ファイル/etc/libvirt/qemu/c7-g1-kvm.xmlが削除されます。
ドメイン定義ファイルのバックアップ（例：/etc/libvirt/qemu/c7-g1-kvm.xml.back）を取っておいた場合は、以下の手順でドメインを復元できます。

ドメインの復元

```
[...]# cp /etc/libvirt/qemu/c7-g1-kvm.xml.back /etc/libvirt/qemu/c7-g1-kvm
[...]# systemctl restart libvirtd
```

この場合、復元するためには関連するストレージファイルが残っている必要があります。

11-2-6 ゲストOSの設定

個々のゲストOSの設定変更は、**virt-manager**あるいは**virsh**コマンドで行うことができます。
virt-managerでは、ゲストOSを選択し、「開く」ボタンから「表示」→「詳細」を選択することで、各ゲストOS毎の表示や設定変更ができます（図11-2-9）。
設定画面の左サイドメニューの各項目について、設定の表示や変更ができます。ハードウェアの追加と削除もできます。
該当する項目を選択して設定を変更した後、「適用」ボタンをクリックすると変更が有効になります。多くの項目はゲストOSを停止した状態でないと設定の変更を適用することはできません。

図11-2-9 ゲストOSの設定画面

表11-2-4 左サイドメニューの主な項目

主な項目	説明
概要	ドメイン名の表示、変更。ハイパーバイザー情報の表示
Performance	CPU使用率等のリソースの状態をグラフ表示
Processor	プロセッサ数の表示、変更
Memory	メモリサイズの表示、変更
Boot Options	自動起動、自動デバイスの順序の表示、変更
ストレージ	ストレージデバイスの表示、変更。例) SATA Disk、SCSI CDROM
NIC	ネットワークI/Fの表示、変更

virshコマンドでは、「virsh edit ドメイン名」の実行により、ドメイン定義ファイル**/etc/libvirt/qemu/ドメイン名.xml**を編集できます。以下は、ドメイン「c7-g1-kvm」の仮想CPU数を1個から2個に変更する例です。

ドメイン定義の編集

```
virsh # edit c7-g1-kvm
…（途中省略）…
    <vcpu placement='static'>2</vcpu>   ←仮想CPUの数を1個から2個に変更
…（途中省略）…

ドメイン c7-g1-kvm XML の設定は編集されました   ←「:wq」でファイルに書き込んでエディタを終了
```

「virsh edit ドメイン名」による設定は、編集終了後に有効になります。なお、vi等のエディタで直接編集した場合は、その後libvirtdを再起動しないと有効になりません。

ゲストOSのネットワーク設定

virt-managerの「詳細」画面の左サイドメニューの項目のなかから、「NIC」❶を選択します。
「ネットワークソース」のプルダウンメニュー❷から、接続するホストOSのネットワークインターフェイスを選択します。
「デバイスモデル」のプルダウンメニュー❸から、使用するNICモデルを選択します。

図11-2-10　ネットワークの設定画面

virshコマンドでは、「virsh edit ドメイン名」の実行により、ドメイン定義ファイル**/etc/libvirt/qemu/ドメイン名.xml**のなかのネットワークの設定を表示、変更できます。

「virsh edit ドメイン名」によるネットワークの設定表示

```
[...]# virsh edit c7-g1-kvm
…（途中省略）…
    <interface type='network'>
      <mac address='52:54:00:f5:de:af'/>
      <source network='default'/>
      <model type='virtio'/>
      <address type='pci' domain='0x0000' bus='0x00' slot='0x03' function='0x0'/>
    </interface>
…（以降省略）…
```

virsh domiflistコマンドの実行により、ネットワークの設定を表示できます。

「virsh domiflist ドメイン名」によるネットワークの設定表示

```
[...]# virsh domiflist c7-g1-kvm
インターフェイス   種類      ソース     モデル    MAC
-------------------------------------------------------------
vnet0            network   default   virtio   52:54:00:f5:de:af
```

qemu-kvmコマンドで、サポートされているNICモデルを表示できます。

サポートされているNICモデルを表示

```
[...]# /usr/libexec/qemu-kvm -net nic,model=?
qemu: Supported NIC models: ne2k_pci,i82551,i82557b,i82559er,rtl8139,e1000,pcnet,virtio
```

ゲストOSのストレージ設定

virt-managerでは、「詳細」画面の左サイドメニューの項目のなかから、ストレージ（SATA Disk、VirtIO Disk、SCSI CDROM等）を選択します。

図11-2-11 ディスクの設定画面

ゲストOSインストール時のソースパス（ディスクイメージを格納したファイルのパス名）、デバイスの種類、ストレージサイズが表示されます。ソースパスのデフォルトはホストOSの「/var/lib/libvirt/images/」ですが、インストール時に別のパスを指定することもできます。

図11-2-12 CD-ROMの設定画面

ゲストOSからホストOSのCD-ROMあるいはISOイメージをソースパスに指定することで、利用できます。

virshコマンドでは、「virsh edit ドメイン名」の実行により、ドメイン定義ファイル**/etc/libvirt/qemu/ドメイン名.xml**のなかのストレージの設定を表示、変更できます。

「virsh edit ドメイン名」によるストレージの設定表示

```
[...]# virsh edit c7-g1-kvm
…（途中省略）…
  <devices>
    <emulator>/usr/libexec/qemu-kvm</emulator>
    <disk type='file' device='disk'>
      <driver name='qemu' type='qcow2'/>
      <source file='/var/lib/libvirt/images/c7-g1-kvm.qcow2'/>   ←❶
      <target dev='sda' bus='sata'/>   ←❷
      <address type='drive' controller='0' bus='0' target='0' unit='0'/>
    </disk>
    <disk type='file' device='cdrom'>
      <driver name='qemu' type='raw'/>
      <source file='/data/ISO/CentOS-7-x86_64-DVD-1511.iso'/>   ←❸
      <target dev='sdb' bus='scsi'/>   ←❹
      <readonly/>
      <address type='drive' controller='0' bus='0' target='0' unit='1'/>
    </disk>
…（以下省略）…

❶仮想ディスクイメージファイル
❷SATAディスク/dev/sda
❸ISOイメージファイル
❹SCSI CROM /dev/sdb
```

virsh domblklistコマンドでストレージの設定を表示できます。以下は、ゲストOS「c7-g1-kvm」の例です。

「virsh domblklist ドメイン名」によるストレージの設定表示

```
[...]# virsh domblklist c7-g1-kvm
ターゲット     ソース
------------------------------------------------
sda           /var/lib/libvirt/images/c7-g1-kvm.qcow2
sdb           /data/ISO/CentOS-7-x86_64-DVD-1511.iso
```

□ Virtio

Virtioは、Xenの準仮想化と似た仕組みを持つI/Oデバイスのための準仮想化ドライバです。
ストレージデバイスおよびネットワークインターフェイスをサポートしています。Virtioを利用する場合は以下のように設定します。

▷ディスク

virt-managerのディスク画面で、「詳細オプション」→「ディスクパス」→「Virtio」を選択します。

▷ネットワークインターフェイス

virt-managerのネットワークインターフェイス画面で、「デバイスモデル」→「virtio」を選択します。

ゲストOSにFrontEndとしてVirioドライバを組み込み、エミュレータqemu-kvmのBackEndと通信します。この仕組みについては「11-3-1 Xenとは」（→ p.544）を参照してください。

Virtioを使用することで、I/Oのオーバーヘッドが減少し、パフォーマンスが向上します。

virtio関連のモジュールの確認

```
[...]# locate virtio |grep ko$    ←❶
/usr/lib/modules/3.10.0-327.el7.x86_64/kernel/drivers/block/virtio_blk.ko
/usr/lib/modules/3.10.0-327.el7.x86_64/kernel/drivers/char/virtio_console.ko
/usr/lib/modules/3.10.0-327.el7.x86_64/kernel/drivers/char/hw_random/virtio-rng.ko
/usr/lib/modules/3.10.0-327.el7.x86_64/kernel/drivers/net/virtio_net.ko
/usr/lib/modules/3.10.0-327.el7.x86_64/kernel/drivers/scsi/virtio_scsi.ko
/usr/lib/modules/3.10.0-327.el7.x86_64/kernel/drivers/virtio/virtio.ko
/usr/lib/modules/3.10.0-327.el7.x86_64/kernel/drivers/virtio/virtio_balloon.ko
/usr/lib/modules/3.10.0-327.el7.x86_64/kernel/drivers/virtio/virtio_input.ko
/usr/lib/modules/3.10.0-327.el7.x86_64/kernel/drivers/virtio/virtio_pci.ko
/usr/lib/modules/3.10.0-327.el7.x86_64/kernel/drivers/virtio/virtio_ring.ko

[...]# lsmod |grep virtio    ←❷
virtio_balloon         13664  0
virtio_net             28024  0
virtio_console         28114  0
virtio_blk             18156  3
virtio_pci             22913  0
virtio_ring            21524  5 virtio_blk,virtio_net,virtio_pci,virtio_balloon,virtio_
console
virtio                 15008  5 virtio_blk,virtio_net,virtio_pci,virtio_balloon,virtio_
console
```

❶ゲストOSにインストールされているカーネルモジュール（*.ko）のなかからvirtio関連のモジュールを表示
❷ゲストOSのメモリにロードされているvirtio関連のカーネルモジュールを表示

11-3 Xen

11-3-1 Xenとは

Xen（ゼン）は、ケンブリッジ大学のIan Pratt氏によって開発されました。開発当初は準仮想化のみでしたが、現在は完全仮想化もサポートしています。

Xenハイパーバイザー、**Dom0**、**DomU**から構成されます。Xenハイパーバイザーが特権ドメインDom0（ホストOS）を起動し、Dom0とDomU（ゲストOS）のメモリ管理とCPUスケジューリングを行います。

完全仮想化のハードウェアエミュレーションは、QEMUに変更を加えた**qemu-dm**（QEMU Device Manager）が行い、ハードウェアの仮想化支援機能を利用します。

DomUのコードは2.6.24から、Dom0のコードは2.6.37から標準カーネルに組み込まれました。

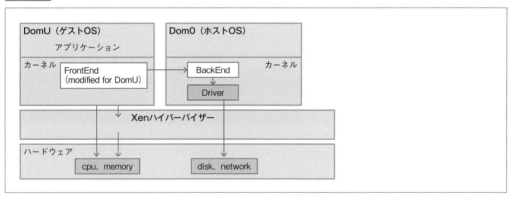

図11-3-1 Xen準仮想化（概念図）

11-3-2 Xenのインストールと設定

Xenを使用するためには、「11-1 仮想化の概要」（→ p.522）で解説したKVMとXenに共通のパッケージに加えて、centos-virt-xenリポジトリから**xen**パッケージをインストールします。

centos-virt-xenリポジトリの登録は、**centos-release-xen**パッケージか**centos-release-xen-46**パッケージのどちらかのインストールにより行います。

▷centos-release-xenパッケージ
　　最新版のXenのリポジトリです。2017年1月の時点ではバージョン4.6となっています。

▷centos-release-xen-46パッケージ
　　Xenバージョン4.6のリポジトリです。

xenリポジトリパッケージとxenパッケージのインストール

```
[...]# yum install centos-release-xen-46   ←xenリポジトリパッケージのインストール
[...]# yum install xen    ←xenパッケージのインストール
…（実行結果省略）…
```

　xenパッケージをインストールすると、依存するパッケージもインストールされます。インストールされる主なパッケージは以下の通りです。

▷xenパッケージ

　このパッケージをインストールすることで他の主要なXen関連パッケージがインストールされます。また、Xen用のPythonモジュールを含みます。なお、ゲストOSのコンフィグレーションを管理、保存するデーモンxendはXenバージョン4.5からは削除されています。

▷xen-hypervisorパッケージ

　xenハイパーバイザー「/boot/xen-4.6.1-6.el7.gz」を含みます。xen-hypervisorパッケージをインストールすると、/boot/grub2/grub.cfgにxenハイパーバイザーのエントリが登録されます。grub.cfgのエントリについては「LinuxカーネルのXen対応」を参照してください。

▷xen-runtimeパッケージ

　qemu-dm（/usr/lib64/xen/bin/qemu-dm）等のXen対応のqemuエミュレータやxlコマンド（/usr/sbin/xl）を含みます。Xenでは管理コマンドとしてvirshの他にこのxlコマンドが提供されています。xlはXenゲストOS（DomU）の管理コマンドで、従来のxmコマンドにかわって提供されています。

▷xen-libsパッケージ

　xl、xentop等のXenのゲストOS管理コマンドがリンクするライブラリを含みます。

LinuxカーネルのXen対応

　Xen DomUのサポートはカーネル2.6.24から、Xen Dom0のサポートはカーネル2.6.37から、kernel.orgのmainlineカーネルに組み込まれています。ただし、CentOS 7の標準カーネル（CentOS 7.2の場合：vmlinuz-3.10.0-327.el7.x86_64）はRHEL7と同じくDomUにのみ対応し、Dom0には対応していません。

　Dom0対応のカーネルパッケージは、Xenのパッケージと同じくcentos-virt-xenリポジトリから「yum install kernel-xen」の実行によりインストールすることができます。

Dom0対応のカーネルパッケージのインストール

```
[...]# yum install kernel-xen
…（実行結果省略）…

[...]# ls /boot/config* /boot/vmlinuz*
/boot/config-3.10.0-327.el7.x86_64     ←❶
/boot/config-3.18.41-20.el7.x86_64     ←❷
/boot/vmlinuz-0-rescue-1f67d16800494536bde019763d164dbd
/boot/vmlinuz-3.10.0-327.el7.x86_64    ←❸
/boot/vmlinuz-3.18.41-20.el7.x86_64    ←❹
```

❶CentOS 7の標準カーネルコンフィグレーションファイル

❷kernel-xenパッケージのカーネルコンフィグレーションファイル
❸CentOS 7の標準カーネル
❹kernel-xenパッケージのカーネル

　Dom0対応の有無は、カーネルコンフィグレーションファイルのなかで「CONFIG_XEN_DOM0」が有効になっているかどうかで確認できます。

Dom0対応の有無を確認

```
[...]# ls /boot/config-*
/boot/config-3.10.0-327.el7.x86_64   /boot/config-3.18.41-20.el7.x86_64
[...]# grep XEN_DOM0 /boot/config-3.10.0-327.el7.x86_64
# CONFIG_XEN_DOM0 is not set    ←Dom0非対応
[...]# grep XEN_DOM0 /boot/config-3.18.41-20.el7.x86_64
CONFIG_XEN_DOM0=y    ←Dom0対応
```

　xenパッケージとkernel-xenパッケージをインストールすると、**/boot/grub2/grub.cfg**に自動的にXenカーネルのエントリがデフォルトのエントリとして追加されます。これは「/bin/grub-bootxen.sh」が実行され、そのなかから「/etc/grub.d/08_linux_xen」が実行されることにより設定されます。
　「/bin/grub-bootxen.sh」あるいは「grub2-mkconfig -o /boot/grub2/grub.cfg」を手動で実行することでも、Xenのエントリを追加できます。/boot/grub2/grub.cfgのXenのエントリは以下のようになります。

grub.cfgファイルのXenエントリ

```
[...]# cat /boot/grub2/grub.cfg
…（途中省略）…
### BEGIN /etc/grub.d/08_linux_xen ###
menuentry 'CentOS Linux, with Xen hypervisor' --class centos --class gnu-linux --class gnu --class os --class xen $menuentry_id_option 'xen-gnulinux-simple-1bb6add3-aa65-43fc-8fdc-a70dbb9c637e' {
        insmod part_gpt      ←❶
        insmod xfs
        set root='hd0,gpt2'  ←❷
…（途中省略）…
        multiboot       /boot/xen-4.6.3-3.el7.gz placeholder  dom0_mem=1024M,max:1024M cpuinfo com1=115200,8n1 console=com1,tty loglvl=all guest_loglvl=all ${xen_rm_opts}
…（途中省略）…
        module  /boot/vmlinuz-3.18.41-20.el7.x86_64 placeholder root=UUID=1bb6add3-aa65-43fc-8fdc-a70dbb9c637e ro rhgb quiet console=hvc0 earlyprintk=xen nomodeset
…（途中省略）…
        module  --nounzip   /boot/initramfs-3.18.41-20.el7.x86_64.img
…（以降省略）…

❶GPTパーティションの例。MBRパーティションの場合は「insmod part_msdos」
❷GPTパーティションで/dev/sda2の例。MBRパーティションで/dev/sda1の場合は「set root='hd0,msdos1'」
```

　Xenハイパーバイザーからシステムを立ち上げた際に、画面が黒くなって何も表示されない（OSは立ち上がっている）場合は、grub.cfgのカーネル行「module /boot/vmlinuz-3.18.41-20.el7.x86_64 ... nomodeset」から「nomodeset」を削除し、KMS（Kernel Mode Setting）を使用することで問題が解決する場合があります。

Xenの管理ツール

Xenのコマンドラインツールとして、ゲストOSインストール用のツールである**virt-install**、管理ツールとして**virsh**があります。その他に、**xl**コマンドが提供されています。

virt-installとvirshはKVMの場合と使い方はほとんど同じです。「KVMの管理ツール」（→p.527）を参照してください。

XenのGUIツールとして**virt-manager**があり、KVMの場合と使い方はほとんど同じです。Xenを管理する場合は「Xen」に接続します。

11-3-3 Xenのネットワーク

Xenをネットワークに接続します。

デフォルトネットワーク（Default Network）：NAT接続

XenのデフォルトネットワークはKVMの場合と同じく、**libvirtd**によって作成されます。設定ファイルはKVMの場合と同じく、**/etc/libvirt/qemu/networks/default.xml**とシンボリックリンク**/etc/libvirt/qemu/networks/autostart/default.xml**です。

virbr0の作成、DHCPサーバdnsmasqの設定、iptables（Netfilter）のFORWARDチェインとMASQUERADEの設定もKVMの場合と同じく、libvirtdによって行われます。

デフォルトネットワークを使用しない接続

デフォルトネットワークを使わずに、ブリッジを作成してホストのネットワークに接続することも可能です。

設定ファイル（例：ifcfg-br0、ifcfg-eth0）を作成する場合も、記述の仕方はKVMの場合と同じです。ただし、ブリッジに作成されるゲストOS用のインターフェイス名はvnetではなく、「vif」となります。ゲストOSの1台目のネットワークI/Fは「vif1.0」、ゲストOSの2台目のネットワークI/Fは「vif2.0…」、となります。

ブリッジ接続のための設定（確認）

```
[...]# ifconfig
vif1.0: flags=4163<UP,BROADCAST,RUNNING,MULTICAST>  mtu 1500    ←❶
        ether fe:ff:ff:ff:ff:ff  txqueuelen 32  (Ethernet)
        RX packets 32  bytes 4440 (4.3 KiB)
        RX errors 0  dropped 0  overruns 0  frame 0
        TX packets 19  bytes 2075 (2.0 KiB)
        TX errors 0  dropped 0 overruns 0  carrier 0  collisions 0

virbr0: flags=4099<UP,BROADCAST,MULTICAST>  mtu 1500    ←❷
        inet 192.168.122.1  netmask 255.255.255.0  broadcast 192.168.122.255
        ether 52:54:00:59:e7:1b  txqueuelen 0  (Ethernet)
        RX packets 0  bytes 0 (0.0 B)
        RX errors 0  dropped 0  overruns 0  frame 0
        TX packets 0  bytes 0 (0.0 B)
        TX errors 0  dropped 0 overruns 0  carrier 0  collisions 0

[...]# virsh list --all
```

```
Id    名前                          状態
------------------------------------------------
 0    Domain-0                     実行中      ←❸
 1    c7-g1-xen                    実行中
 -    c7-g2-xen                    シャットオフ

[...]# virsh domiflist c7-g1-xen   ←❹
インターフェイス  種類      ソース     モデル   MAC
-------------------------------------------------------------
-                network    default   -       00:16:3e:53:6b:52
```

❶1台目のゲストOSのネットワークI/F
❷デフォルトネットワーク用のブリッジ
❸KVMの場合と異なり、Domain-0(Dom0)が起動
❹ドメインc7-g1-xenが使用しているネットワークの情報を表示

11-3-4 XenゲストOSのインストール

KVMの場合と同じく、**virt-install**コマンドあるいは**virt-manager**の画面からゲストOSのインストールができます。

Xenハイパーバイザーから立ち上げた場合は、virt-installもvirt-managerもデフォルトでXenハイパーバイザーに接続します。

virt-install

KVMの場合と使い方は同じです。構文とオプションについては、「11-2-4 KVMゲストOSのインストール」(→ p.533) を参照してください。

以下はグラフィカルコンソール(VNC)なしの準仮想化ゲストのインストールです。オプション指定については、KVMの「virt-install」を参照してください。

以下は、「--paravirt」で準仮想化、「-n」でドメイン名は「c7-g1-xen」、「-r」でメモリサイズは「1024 MB」、「-f」でディスクファイルは「/data/xen-images/c7-1-xen.img」、ディスクサイズは3GB、「--graphics none」でグラフィカルインストールはなし、「-l」でインストールのソース先を指定して、インストールを行っています。

グラフィカルコンソール(VNC)なしの準仮想化ゲストのインストール

```
[...]# virt-install --paravirt -n c7-g1-xen -r 1024 -f /data/xen-images/c7-1-xen.img
-s 3 --graphics none -l http://ftp.riken.jp/Linux/centos/7.2.1511/os/x86_64/

WARNING  --console デバイスが追加されていません。おそらく、テキストインストール時のゲストから出力は何も表示されません。

インストールの開始中...
ファイル vmlinuz を読出中...                        |  9.8 MB  00:00:00 !!!
ファイル initrd.img を読出中...                     |   73 MB  00:00:04 !!!
割り当て中 'c7-1-xen.img'                           |  3.0 GB  00:00:00
ドメインを作成中...                                 |    0 B  00:00:00
ドメイン c7-g1-xen に接続しました
エスケープ文字は ^] です
[    0.000000] Initializing cgroup subsys cpuset
[    0.000000] Initializing cgroup subsys cpu
[    0.000000] Initializing cgroup subsys cpuacct
[    0.000000] Linux version 3.10.0-327.el7.x86_64 (builder@kbuilder.dev.centos.org)
```

```
(gcc version 4.8.3 20140911 (Red Hat 4.8.3-9) (GCC) ) #1 SMP Thu Nov 19 22:10:57 UTC 2015
…（途中省略）…

VNC

X was unable to start on your machine.  Would you like to start VNC to connect t
o this computer from another computer and perform a graphical installation or co
ntinue with a text mode installation?

1) Start VNC

2) Use text mode

 Please make your choice from above ['q' to quit | 'c' to continue |
 'r' to refresh]:
```

この後、テキストモードでインストールを行います。

virt-manager

virt-manager（/usr/bin/virt-manager）はゲストOSの起動、停止、設定等を行うゲストOSのGUIベースの管理ツールです。KVMとXenに対応しています。ゲストOSをインストールすることもできます。Pythonスクリプト「/usr/share/virt-manager/virt-manager」を呼び出して実行します。

virt-managerは、「アプリケーション」→「システムツール」→「仮想マシンマネージャー」から起動します。または、コマンドラインから以下のように起動します。

コマンドラインからvirt-managerを起動

```
[...]# virt-manager
```

virt-managerの左上のアイコン❶をクリックすると、「新しい仮想マシン」ウィンドウが開きます。

図11-3-2　virt-managerと「新しい仮想マシン」ウィンドウ

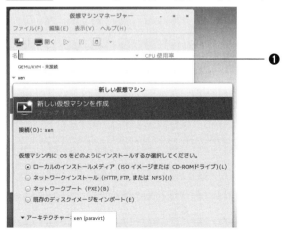

最初に表示される画面で、準仮想化か完全仮想化を指定します（KVMの場合は完全仮想化のみ）。インストールは画面の指示に従い、以下の手順を実行します。

①インストール方法と仮想化アーキテクチャの指定
②インストールメディアの指定
③メモリサイズとCPU数の指定
④ディスクイメージのサイズの指定
⑤ゲストOSの名前と、「ネットワークの選択」でゲストOSが使うネットワークを指定

インストール方法には以下のものがあります。

・ローカルのインストールメディア（ISOイメージまたはCD-ROMドライブ）
・ネットワークインストール（HTTP、FTPまたはNFS）
・ネットワークブート（PXE）
・既存のディスクイメージをインポート

　仮想化アーキテクチャは、「xen paravirt」（準仮想化）、「xen fullvirt」（完全仮想化）のいずれかを指定します。仮想化アーキテクチャで準仮想化を選択した場合は、インストール方式は「ネットワークインストール」または「既存のディスクイメージをインポート」のどちらかしか選択できません。

　②インストールメディアを指定では、インストール方法に応じて、CD-ROMデバイス名、ISOイメージのパス、URL、既存のディスクイメージのパスを指定します。OSの種類とバージョンも指定します。

　⑤「ネットワークの選択」では、ホストのデバイスのなかから「'default' NAT」、ブリッジ名、ネットワークI/F名、共有デバイス名のいずれかを指定します。

　「完了」ボタンをクリックすると、インストールが開始されます。

11-3-5 XenゲストOSの管理

　KVMの場合と同じく、コマンドラインツールvirshあるいはGUIツールvirt-managerでゲストOSの起動、停止、設定等の管理ができます。

　Xenではその他に、Xen専用の管理コマンドxlがあります。

qemu

　Xenの準仮想化ゲストは、グラフィカルコンソール（VNC）を使用しないのであればqemuなしで稼働できます。この場合はテキストコンソールになります（「11-3-1 Xenとは」（→ p.544）を参照）。グラフィカルコンソールを使用する場合は、/usr/lib/xen/bin/qemu-dmが必要です。完全仮想化ゲストは/usr/lib/xen/bin/qemu-dmからハードウェア支援機能を利用します。

ドメインの管理

　ドメインの起動と停止、保存と復元、ドメイン定義の削除等のドメインの管理は、KVMの場合と同様に、virshおよびvirt-managerで行うことができます。また、Xen用の管理コマンドxlも使用できます。

　virshコマンドは、Xenハイパーバイザーなしの通常の立ち上げの場合はKVMに、Xenハイパー

バイザーからカーネルを立ち上げた場合はXenに接続します。KVMの場合と使い方は同じですが、Xenに接続した場合は、ハイパーバイザー機能がホストOSに組み込まれているKVMと異なり、Xenハイパーバイザー上でホストOSが特権ドメインDom0として稼働するので、ドメイン一覧にはDom0が「Domain-0」として表示されます。

virshコマンドについては、「11-2 KVM」（→ p.526）を参照してください。

ドメインの一覧表示

```
[...]# virsh list
 Id    名前                         状態
----------------------------------------------------
 0     Domain-0                     実行中
↑KVMの場合と異なり、Domain-0(Dom0)が起動
```

ドメインの一覧表示（対話形式で実行）

```
[...]# virsh
virsh にようこそ、仮想化対話式ターミナルです。

入力: 'help' コマンドのヘルプ
      'quit' 終了

virsh # list --all     ←登録されているドメインの一覧表示
 Id    名前                         状態
----------------------------------------------------
 0     Domain-0                     実行中
 -     c7-g1-xen                    シャットオフ
 -     c7-g2-xen                    シャットオフ

virsh # start c7-g1-xen    ←ドメインc7-g1-xenの起動
ドメイン c7-g1-xen が起動されました

virsh # list --all
 Id    名前                         状態
----------------------------------------------------
 0     Domain-0                     実行中
 1     c7-g1-xen                    idle  ←ドメインc7-g1-xenが稼働中
 -     c7-g2-xen                    シャットオフ
```

xlコマンド

xl（/usr/sbin/xl、/sbin/xl）は、**xen-runtime**パッケージに含まれている管理コマンドです。従来のxmコマンドにかわって提供されています。

xlコマンド
xl [サブコマンド 引数]

表11-3-1　xlコマンドの主なサブコマンド

サブコマンド	説明
list	ドメインの一覧表示
start ドメイン	ドメインの起動
shutdown ドメイン	ドメインの停止
destroy ドメイン	ドメインの強制停止
save ファイル	ドメインの状態のファイルへの保存
restore ファイル	ドメインの状態のファイルからの復元
network-list ドメイン	ドメインの仮想ネットワークI/Fの一覧表示
block-list ドメイン	ドメインの仮想ブロックデバイスの一覧表示
console ドメイン	ドメインのコンソールに接続

　xlコマンドを引数なしで実行すると、使用方法が表示されます。「man xl」でxlのオンラインマニュアルが表示されます。

起動しているドメインの一覧表示

```
[...]# xl list   ←起動していないドメインは表示されない
Name                  ID   Mem  VCPUs    State    Time(s)
Domain-0               0  1020      4    r-----    1068.1
c7-g1-xen              1  1024      1    -b----     114.5
```

ドメインc7-g2-xenを起動

```
[...]# xl start c7-g2-xen   ←ドメインc7-g2-xenの起動

[...]# xl list
Name                  ID   Mem  VCPUs    State    Time(s)
Domain-0               0  1020      4    r-----    1071.5
c7-g1-xen              1  1024      1    -b----     114.5
c7-g2-xen              2  2048      1    r-----       1.9
↑ドメインc7-g2-xenが一覧に表示される
```

ドメインc7-g1-xenの起動後、コンソールに接続（抜粋）

```
[...]# xl console c7-g1-xen
..(ゲストOS起動時のメッセージが表示される)...
[  OK  ] Reached target System Initialization.
[  OK  ] Listening on D-Bus System Message Bus Socket.
[  OK  ] Reached target Sockets.
[  OK  ] Reached target Timers.
[  OK  ] Reached target Paths.

CentOS Linux 7 (Core)
Kernel 3.10.0-327.el7.x86_64 on an x86_64

c7-g1-xen login: root   ←ゲストOSにログイン
Password:
Last login: Tue Oct 25 12:34:21 on hvc0
[root@c7-g1-xen ~]# logout   ←ゲストOSからログアウト
```

```
c7-g1-xen login:    ←Ctrl + ]でコンソールを切り離し
[...]#    ←ホストOSのコマンドプロンプトに戻る
```

virt-managerを使用して、「ゲストOSを選択」→「開く」→「表示」→「コンソール」→「テキストコンソール」の手順でドメインのコンソールに接続することもできます。

この後、サブメニューから「Text Console 1」あるいは「グラフィカルコンソール VNC」を選択します。なお、VNCの設定がされてない場合（qemuを使用していない場合）は、「グラフィカルコンソール VNC」は使用できません。

図11-3-3 Xenコンソール

xentopコマンド

xentopコマンドは、CPUやメモリの使用状況等、Dom0とDomUのシステム情報を一定間隔（デフォルトは3秒）リアルタイムに表示するコマンドです。

Dom0とDomUのシステム情報をリアルタイムに表示
xentop [オプション]

表11-3-2 xentopコマンドのオプション

オプション	説明
-d、--delay=秒数	更新間隔を秒数で指定。デフォルト値は3秒
-n、--networks	ネットワーク状況を表示

Dom0とDomUのシステム情報をリアルタイムに表示

```
[...]# xentop
xentop - 20:36:17   Xen 4.6.1-6.el7
3 domains: 1 running, 2 blocked, 0 paused, 0 crashed, 0 dying, 0 shutdown    ←❶
Mem: 8172012k total, 4285580k used, 3886432k free    CPUs: 4 @ 2393MHz
      NAME  STATE    CPU(sec)  CPU(%)    MEM(k)   MEM(%) ..（省略）..
  c7-g1-xen --b---         18     0.5   1048576    12.8  ..（省略）.. ←ゲストOS c7-g1-xen
  c7-g2-xen --b---         14     0.0   2097152    25.7  ..（省略）.. ←ゲストOS c7-g2-xen
   Domain-0 -----r       1177     4.1   1042288    12.8  ..（省略）.. ←Dom0
..（途中省略）..
   Delay  Networks  vBds  Tmem  VCPUs  Repeat header  Sort order  Quit   ←❷
```

❶Dom0が1個、DomUが2個で合計3個のドメインが稼働中
❷メニューの表示

画面最下部にメニューが表示されます。「Q」(Quit)を入力すると終了します。

11-3-6 ゲストOSの設定

個々のゲストOSの設定変更は、KVMの場合と同様に**virt-manager**あるいは**virsh**コマンドで行うことができます。

virt-managerでは、「ゲストOSを選択」→「開く」→「表示」→「詳細」で各ゲストOS毎の表示や設定変更ができます。設定画面の左サイドメニューの各項目について、設定の表示や変更ができます。ハードウェアの追加と削除もできます。

KVMの設定については、「11-2-6 ゲストOSの設定」(→ p.538)を参照してください。

ゲストOSのハイパーバイザー情報

KVMのゲストOSの場合はQEMU上で完全仮想化で稼働しますが、XenのゲストOSの場合は設定によって以下の3通りの組み合わせがあります。

・準仮想化、QEMUなし
・準仮想化、QEMUあり
・完全仮想化、QEMUあり

ゲストOSのハイパーバイザー情報は、virt-managerで「ゲストOSを選択」→「開く」→「表示」→「詳細」→「概要」とすることで確認できます。

図11-3-4　準仮想化でQEMUなしのゲストOSの例

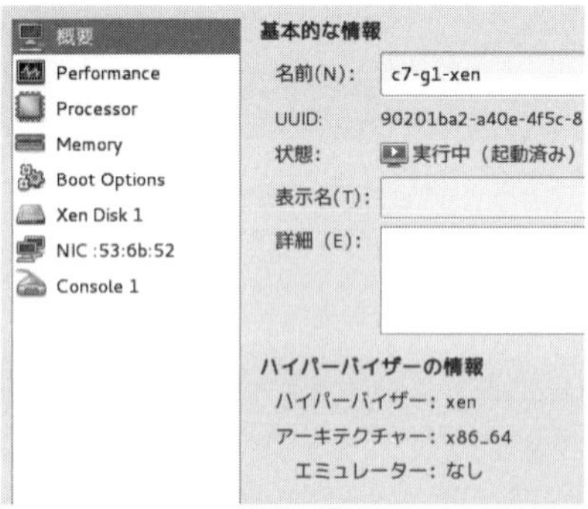

完全仮想化の場合は、ハイパーバイザーは「xen(fullvirt)」と表示されます。エミュレータ(qemu)上で稼働している場合は、qemuのパス(例：/usr/lib/xen/bin/qemu-dm)が表示されます。

XenゲストOSの設定ファイル

XenゲストOSの定義ファイルは、**/etc/libvirt/libxl/ドメイン名.xml**です。

KVMの場合と同様に、「virsh edit ドメイン名」の実行により定義ファイルを編集できます。以下は、ドメイン「c7-g1-xen」の仮想CPU数を1個から2個に変更する例です。

ドメイン定義の編集

```
virsh # edit c7-g1-xen
…(途中省略)…
  <vcpu placement='static'>2</vcpu>   ←仮想CPUの数を1個から2個に変更
…(途中省略)…

ドメイン c7-g1-xen XML の設定は編集されました   ←「:wq」でファイルに書き込んでエディタを終了
```

設定は編集終了後に有効になります。vi等のエディタで直接編集した場合は、その後libvirtdを再起動しないと有効になりません。

ゲストOSの稼働時の設定は、/var/lib/xen/ディレクトリの下にxmlファイルとjsonファイルで格納されます。

- **ゲストOSの稼働時のlibvirt管理ファイル**：userdata-d.*.libvirt-xml
- **ゲストOSの稼働時のlibxl管理ファイル**：userdata-d.*.libxl-json

ゲストOSのネットワーク設定とストレージ設定はKVMの場合と同じく、virshコマンドで表示できます。

ネットワークの設定とストレージの設定の表示

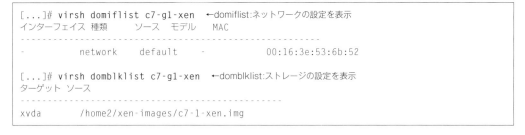

Chapter11 仮想化技術

11-4 その他の仮想化技術

11-4-1 Linuxブリッジ

　ブリッジは複数のデータリンクセグメントを接続することで、単一のセグメントとして機能するデバイスです。Linuxブリッジは、Linuxカーネルにより提供される標準的なイーサネットブリッジです。

　Linuxブリッジは、単一ホスト内で複数の仮想ネットワークI/Fを接続してLANを形成したり、それを物理ネットワークI/F（例：eth0）に接続する時に使用されます。KVMやXenを使用する場合は、仮想マシンのネットワークI/Fを接続する際に使用できます。

　CentOS 7では、**ローダブルカーネルモジュール**（LKM：Loadable Kernel Module、/lib/modules/3.10.0-327.el7.x86_64/kernel/net/bridge/bridge.ko）として提供されています。Linuxブリッジの設定は、**brctl**コマンドで行います。

　以下の図は、複数のKVM仮想マシンのI/Fとeth0を接続するLinuxブリッジを作成する例です。これらのLinuxブリッジは、brctlコマンドの実行により手作業で作成するか、ブリッジ用のネットワークI/Fを作成することで、システムの起動時にbrctlコマンドが実行され作成されます。

図11-4-1　複数のKVM仮想マシンのI/Fとeth0を接続するLinuxブリッジ

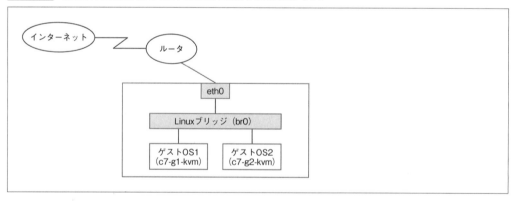

ブリッジbr0を作成し、インターフェイスeth0を接続

```
[...]# brctl addbr br0      ←ブリッジbr0の作成
[...]# brctl addif br0 eth0 ←ブリッジbr0にインターフェイスeth0を接続
[...]# brctl show           ←ブリッジの設定を表示
bridge name     bridge id               STP enabled     interfaces
br0             8000.60a44c700133       no              eth0
```

　この後、KVMゲストOSを起動すると、libvirtdにより「vnet0」、「vnet1」、…とゲストOSのネットワークインターフェイスがブリッジbr0に接続されます。

11-4-2 Open vSwitch

Open vSwitch（OVS）は、VLAN機能を持つ仮想スイッチ/ブリッジです。また、OpenFlowプロトコルやGRE、VXLAN等のトンネリングプロトコルをサポートしています。オープンソースのVirtual Switchの意味で、このような名前が付けられています。

> 「VLAN」（Virtual LAN）は、物理的な接続形態から独立した仮想的なLANを作る技術です。VLAN ID（VLAN Tag）を付加して識別することにより、1つのスイッチのなかに複数の異なったLANを構築できます。
> 「OpenFlow」は、パケット・マッチングのルールとアクションによりトラフィックを管理するプロトコルです。
> 「GRE」（Generic Routing Encapsulation）は、シスコシステムズで開発されたプロトコルです。2000年にRFC2784と2890で規定されてます。
> 「VXLAN」（Virtual eXtensible Local Area Network）は、2014年の8月にRFCで規定された、クラウドで使用するための新しいプロトコルです。

Open vSwitchの構成

Open vSwitchは、以下のコンポーネントから構成されています。

- **openvswitch.ko**：ローダブルカーネルモジュールopenvswitch（/lib/modules/3.10.0-327.el7.x86_64/kernel/net/openvswitch/openvswitch.ko）
- **ovsdb-server**：Open vSwitchのデータベースサーバ。デフォルトのデータベースは/etc/openvswitch/conf.db
- **ovs-vswitchd**：Open vSwitchデーモン
- **ovs-vsctl**：設定コマンド

インストールと設定

Open vSwitchを使用するには、**openvswitch**パッケージをインストールします。openvswitchパッケージは以下のリポジトリで提供されています。

- **centos-ovirt36**：ovirtプロジェクトのリポジトリ
- **rdo(openstack-newton)**：RedHat社のOpenStackディストリビューションrdoのリポジトリ

centos-ovirt36リポジトリからopenvswicthをインストール

```
[...]# yum install centos-release-ovirt36   ←centos-ovirt36リポジトリパッケージのインストール
[...]# yum install openvswitch   ←openvswitchパッケージのインストール
…（実行結果省略）…
```

2017年1月時点でのcentos-ovirt36リポジトリのopenvswitchのバージョンは、2.4.0-1.el7.x86_64です。

rdoリポジトリからopenvswitchをインストール

```
[...]# yum install -y https://rdoproject.org/repos/rdo-release.rpm
[...]# yum install openvswitch
…（実行結果省略）…
```

2017年1月時点でのrdoリポジトリのopenvswicthのバージョンは、2.5.0-2.el7です。

図11-4-2　Open vSwitchによるVLAN

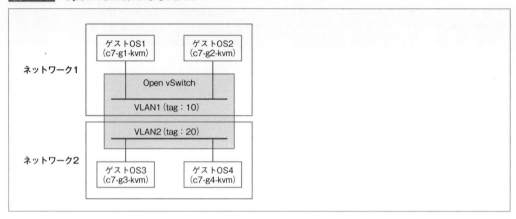

インストールした後、openvswitchサービスを開始します。これによりサーバ**ovsdb-server**とデーモン**ovs-vswitchd**が起動します。

openvswitchサービスを開始

```
[...]# systemctl start openvswicth
[...]# systemctl enable openvswicth
```

次に、**ovs-vsctl**コマンドを使用してovsスイッチを作成します。

OVSブリッジの作成

```
[...]# ovs-vsctl add-br ovs0    ←OVSスイッチovs0の作成
[...]# ovs-vsctl show           ←OVSスイッチの設定を表示
29fbd6ab-c81c-444d-bf4f-5ecfad39750f
    Bridge "ovs0"
        Port "ovs0"
            Interface "ovs0"
                type: internal
    ovs_version: "2.4.0"
```

KVMゲストOSは起動すると、自身のドメイン定義ファイルで定義されたネットワークI/Fに接続します。OVSブリッジを使用するには、ドメイン定義ファイルを**virsh edit**コマンドで編集します。以下は、上記で作成したOVSブリッジovs0にvlan tagとして、10のポートを作成して接続する例です。

ドメインの定義ファイルを編集し、OVSブリッジを使用する

```
[...]# virsh edit c7-g1-kvm
…（途中省略）…
    <interface type='bridge'>   ←編集。タイプを「bridge」とする
      <mac address='52:54:00:f5:de:af'/>   ←自動的に割り当てられる
      <source bridge='ovs0'/>   ←編集。使用するブリッジの名前「ovs0」を指定
      <vlan>   ←編集
        <tag id='10'/>   ←編集。vlan tagとして「10」を指定
      </vlan>   ←編集
      <virtualport type='openvswitch'>   ←編集。タイプを「openvswitch」とする
        <parameters interfaceid='1f83dc70-c0c2-423a-be97-4d5d539565d0'/>   ←❶
      </virtualport>   ←編集
      <model type='virtio'/>   ←編集。タイプを「virtio」とする
      <address type='pci' domain='0x0000' bus='0x00' slot='0x03' function='0x0'/>   ←❷
    </interface>
…（以降省略）…
```

❶自動的に割り当てられる
❷自動的に割り当てられる

　この設定で1台目のゲストOS c7-g1-kvmを起動すると、ポートvnet0がブリッジovs0に追加されます。

OVSブリッジの設定状態を表示

```
[...]# ovs-vsctl show
29fbd6ab-c81c-444d-bf4f-5ecfad39750f
    Bridge "ovs0"
        Port "vnet0"   ←ゲストOS c7-g1-kvmのI/Fが追加された
            tag: 10   ←vlan tagは10
            Interface "vnet0"
        Port "ovs0"
            Interface "ovs0"
                type: internal
    ovs_version: "2.4.0"
```

11-4-3 ネットワーク名前空間

　ネットワーク名前空間（Network Name Space）は、1台のホスト内に作られる独立したネットワークアドレス空間であり、Linuxカーネルにより提供される機能です。ネットワーク名前空間は、**ip netns**コマンドにより表示、作成、削除ができます。

　以下は、ホスト上に作成した仮想ネットワーク「172.17.0.0/16」とKVMゲストが接続されたOpen vSwicthによるネットワーク「10.0.0.0/16」を接続する仮想ルータ「router-1」と、ネットワーク「10.1.0.0/16」を接続する仮想ルータ「router-2」をネットワーク名前空間により作成した例です。

　なお、ネットワーク1とネットワーク2はvlanにより分離された別のネットワークであり、またネットワーク名前空間によりそれぞれ独立しているので、ネットワークアドレスやホストのIPアドレスが同じであっても問題ありません。

図11-4-3 ネットワーク名前空間による仮想ルータ

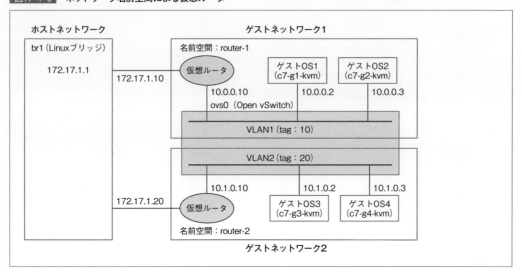

仮想ネットワークI/Fを作成

```
[...]# ip link add int1-veth type veth peer name int2-veth   ←❶
[...]# ip link add ext1-veth type veth peer name ext2-veth   ←❷

[...]# ifconfig int1-veth up   ←❸
[...]# ifconfig int2-veth up
[...]# ifconfig ext1-veth up
[...]# ifconfig ext2-veth up

[...]# ip a |grep veth   ←❹
7: int2-veth: <BROADCAST,MULTICAST,UP,LOWER_UP> mtu 1500 qdisc pfifo_fast state UP qlen 1000
8: int1-veth: <BROADCAST,MULTICAST,UP,LOWER_UP> mtu 1500 qdisc pfifo_fast state UP qlen 1000
9: ext2-veth: <BROADCAST,MULTICAST,UP,LOWER_UP> mtu 1500 qdisc pfifo_fast state UP qlen 1000
10: ext1-veth: <BROADCAST,MULTICAST,UP,LOWER_UP> mtu 1500 qdisc pfifo_fast state UP qlen 1000
```

❶仮想I/Fのペア（int1-veth ←→ int2-veth）を作成。int1-vethは仮想ルータ用、int2-vethはOpen vSwitch用
❷仮想I/Fのペア（ext1-veth ←→ ext2-veth）を作成。ext1-vethは仮想ルータ用、ext2-vethはホスト用
❸作成したI/F int1-veth を「up」に設定し、使用可能状態にする（以下3行も同じ）
❹作成した4つの仮想I/F（*-veth）の設定状態を表示、確認（「UP」と表示されているので、I/Fは使用可能状態）

仮想ルータ（名前空間router-1）を作成

```
[...]# ip netns add router-1   ←作成
[...]# ip netns list   ←表示/確認
router-1
```

仮想インターフェイスint1-vethとext1-vethを名前空間router-1に移動

```
[...]# ip link set int1-veth netns router-1
[...]# ip link set ext1-veth netns router-1
```

ホスト側のLinuxブリッジbr1を作成し、仮想インターフェイスext2-vethを接続

```
[...]# brctl addbr br1    ←❶
[...]# ifconfig br1 172.17.1.1 up    ←❷
[...]# brctl addif br1 ext2-veth    ←❸
[...]# brctl show br1
bridge name     bridge id               STP enabled     interfaces
br1             8000.1e7f583d893e       no              ext2-veth
```

❶ブリッジbr1の作成
❷ブリッジbr1にIPアドレス172.17.1.1を設定
❸ブリッジbr1に仮想インターフェイスext2-vethを接続

ゲストOSのネットワーク用OVSブリッジovs0に仮想インターフェイスint2-vethを接続

```
[...]# ovs-vsctl add-port ovs0 int2-veth    ←❶
[...]# ovs-vsctl show    ←❷
29fbd6ab-c81c-444d-bf4f-5ecfad39750f
    Bridge "ovsbr0"
        Port "int2-veth"
            tag: 10
            Interface "int2-veth"
        Port "vnet0"
            tag: 10
            Interface "vnet0"
        Port "vnet1"
            tag: 10
            Interface "vnet1"
        Port "ovs0"
            Interface "ovs0"
                type: internal
    ovs_version: "2.4.0"
```

❶ブリッジovs0に仮想インターフェイスint2-vethを接続
❷ブリッジovs0の設定を表示、確認

仮想ルータ（名前空間router-1）のネットワークI/Fの設定

```
[...]# ip netns exec router-1 bash    ←❶
[...]# ifconfig lo 127.0.0.1    ←❷
[...]# ifconfig int1-veth 10.0.0.10/16    ←❸
[...]# ifconfig ext1-veth 172.17.1.10    ←❹
[...]# ^D    ←❺
```

❶名前空間router-1に接続
❷ローカルI/F（lo）のアドレスを127.0.0.1に設定
❸ゲスト側I/F int1-vethのアドレスを10.0.0.10/16に設定
❹ホスト側I/F ext1-vethのアドレスを172.17.1.10に設定
❺名前空間router-1を終了して元のシェルに戻る

仮想ルータ（名前空間router-1）のルーティングの設定

```
[...]# ip netns exec router-1 bash    ←❶
[...]# sysctl net.ipv4.ip_forward=1    ←❷
[...]# route add default gw 172.17.1.1    ←❸
[...]# iptables -A FORWARD -s 10.0.0.0/16 -j ACCEPT    ←❹
[...]# iptables -A FORWARD -d 10.0.0.0/16 -j ACCEPT    ←❺
```

```
[...]# iptables -t nat -A POSTROUTING -s 10.0.0.0/16 -j MASQUERADE   ←❻
[...]# ^D   ←❼
```

❶名前空間router-1に接続
❷カーネル変数の設定によりパケット転送(forward)を許可
❸デフォルトルートをホストのIP(172.17.1.1)に設定
❹iptablesのフィルタでゲスト側から(-s 10.0.0.0/16)のパケットの転送(FORWARD)を許可(-j ACCEPT)
❺iptablesのフィルタでゲスト側への(-d 10.0.0.0/16)パケットの転送(FORWARD)を許可(-j ACCEPT)
❻iptablesのnatテーブルにより、ゲスト側のアドレス(-s 10.0.0.0/16)をMASQUERADEにより変換する
❼名前空間router-1を終了して元のシェルに戻る

名前空間router-1で設定と動作を確認

```
[...]# ip netns exec router-1 bash
[...]# ifconfig
ext1-veth: flags=4163<UP,BROADCAST,RUNNING,MULTICAST>  mtu 1500
        inet 172.17.1.10  netmask 255.255.0.0  broadcast 172.17.255.255
… (途中省略) …
int1-veth: flags=4163<UP,BROADCAST,RUNNING,MULTICAST>  mtu 1500
        inet 10.0.0.10  netmask 255.255.0.0  broadcast 10.0.255.255
… (途中省略) …
lo: flags=73<UP,LOOPBACK,RUNNING>  mtu 65536
        inet 127.0.0.1  netmask 255.0.0.0
… (以降省略) …
[...]# ping -c 1 10.0.0.2      ←ゲストOS c7-g1-kvmとの疎通確認
PING 10.0.0.2 (10.0.0.2) 56(84) bytes of data.
64 bytes from 10.0.0.2: icmp_seq=1 ttl=64 time=0.384 ms
[...]# ping -c 1 10.0.0.3      ←ゲストOS c7-g2-kvmとの疎通確認
PING 10.0.0.3 (10.0.0.3) 56(84) bytes of data.
64 bytes from 10.0.0.3: icmp_seq=1 ttl=64 time=0.623 ms
[...]# ping -c 1 172.17.1.1    ←ホストOSのブリッジbr1との疎通確認
PING 172.17.1.1 (172.17.1.1) 56(84) bytes of data.
64 bytes from 172.17.1.1: icmp_seq=1 ttl=64 time=0.100 ms
[...]# ^D   ←名前空間router-1を終了して元のシェルに戻る
```

c7-g1-kvm上で設定と動作確認

```
[c7-g1-kvm ~]# ifconfig eth0
eth0: flags=4163<UP,BROADCAST,RUNNING,MULTICAST>  mtu 1500
        inet 10.0.0.2  netmask 255.255.0.0  broadcast 10.0.255.255
.. (以降省略) …
[c7-g1-kvm ~]# route add default gw 10.0.0.10   ←❶
[c7-g1-kvm ~]# ping -c 1 172.17.1.10   ←❷
PING 172.17.1.10 (172.17.1.10) 56(84) bytes of data.
64 bytes from 172.17.1.10: icmp_seq=1 ttl=64 time=0.220 ms
[c7-g1-kvm ~]# traceroute 172.17.1.1   ←❸
traceroute to 172.17.1.1 (172.17.1.1), 30 hops max, 60 byte packets
 1  10.0.0.10 (10.0.0.10)  0.294 ms  0.210 ms  0.145 ms   ←❹
 2  172.17.1.1 (172.17.1.1)  0.949 ms  0.914 ms  0.845 ms   ←❺
```

❶デフォルトルートを仮想ルータのポート10.0.0.10に指定
❷仮想ルータのホスト側I/F(172.17.1.10)との疎通確認
❸ホスト(172.17.1.1)への経路をトレース
❹仮想ルータのゲスト側I/F(10.0.0.10)を経由
❺ホスト(172.17.1.1)に到達

11-4-4 コンテナ型仮想化

コンテナ型仮想化（オペレーティングシステムレベル仮想化）では、ホストOSのカーネルを共有し、プロセス空間やネットワーク、ファイルシステム等のホストOSのリソースはコンテナ毎に分離し、コンテナでアプリケーションを実行します。

XenやKVMの完全仮想化ではハイパーバイザーあるいはホストOSにハイパーバイザーの機能を持たせて、ハードウェアをエミュレートした仮想マシン上でゲストOSを稼働させますが、コンテナ型仮想化ではホストOSのカーネルを共用するため、XenやKVMの完全仮想化のようにホストOSとは異なったOSを利用することはできません。その半面、ハードウェアをエミュレートしないので、その分のオーバーヘッドなくアプリケーションを実行できるメリットがあります。

OpenVZ

OpenVZは、コンテナ型仮想化ソフトウェアです。コンテナをサポートするためのパッチを当てたLinuxカーネルを使用しています。コンテナ毎のプロセス空間の分離のためにLinuxカーネルの**cgroup**を、ネットワークの分離のためにLinuxカーネルの**namespace**を利用しています。コンテナのファイルシステムはchrootによりホストOSの別々のディレクトリをルートディレクトリとして設定します。

OpenVZは次のコンポーネントから構成されています。

- コンテナをサポートするためにパッチを当てたLinuxカーネル
- OpenVZをインストールするためのユーザーレベルのツール
- コンテナ作成のためのテンプレート

> OpenVZ公式サイト
> http://openvz.org/

LXC

LXC（LinuX Containers）は、OpenVZと同じくコンテナ型仮想化ソフトウェアです。コンテナ毎のプロセス空間の分離のためにLinuxカーネルのcgroupを、ネットワークの分離のためにLinuxカーネルのnamespaceを利用しています。コンテナのファイルシステムはchrootによりホストOSの別々のディレクトリをルートディレクトリとして設定します。OpenVZと違って標準カーネルを使用し、カーネルへのパッチは必要ありません。

LXCは、次のコンポーネントから構成されています。

- liblxcライブラリ
- ランゲージバインディング（python3、lua、ruby and Go）
- コンテナ管理ツール
- コンテナ作成のためのテンプレート

LXCのバージョン1が2014年2月20日にリリースされました。

> LXC公式サイト
> https://linuxcontainers.org/

11-4-5 Docker

　Dockerは、LXCとLinuxカーネルのcgroupやnamespaceを使用してコンテナ内のアプリケーションのディプロイメントを自動化するオープンソースソフトウェアです。DockerはDocker Engin、軽量なランタイムライブラリ、パッケージングツール、Docker Hubから構成されます。
　Dockerのバージョン1.0.0が2014年6月9日にリリースされました。

> Docker公式サイト
> https://www.docker.com/

Dockerのインストール

　dockerパッケージはCentOS 7のExtrasリポジトリで提供されています。

dockerパッケージのインストール

```
[...]# yum install docker
…（実行結果省略）…
```

　インストール後、dockerサービスを起動します。

dockerサービスの起動と有効化

```
[...]# systemctl start docker
[...]# systemctl enable docker
```

　コンテナにインストールして使うDockerイメージは、Dockerのリポジトリ（https://hub.docker.com/）で提供されています。使用したいイメージを探すには、Dockerのリポジトリサイトの最上部にある「search」領域に文字列（例：CentOS）を入力して検索します。
　CentOSの最新版をダウンロードするには、**docker pull**コマンドを実行します。CentOSの最新版（CentOS 7）は「centos:latest」と指定します。

Dockerイメージのダウンロード

```
[...]# docker pull centos:latest
Trying to pull repository docker.io/library/centos ...
latest: Pulling from docker.io/library/centos
08d48e6f1cff: Pull complete
Digest: sha256:b2f9d1c0ff5f87a4743104d099a3d561002ac500db1b9bfa02a783a46e0d366c
Status: Downloaded newer image for docker.io/centos:latest
```

　Dockerイメージの一覧は、**docker images**コマンドで表示できます。dockerコンテナの一覧は、**docker ps -a**コマンドで表示できます。

Dockerのイメージ/コンテナの表示

```
[...]# docker images
REPOSITORY          TAG        IMAGE ID       CREATED        SIZE
docker.io/centos    latest     0584b3d2cf6d   24 hours ago   196.5 MB   ←❶
[...]# docker ps -a   ←❷
CONTAINER ID    IMAGE    COMMAND    CREATED    STATUS    PORTS    NAMES
```

❶上記手順でインストールしたイメージ
❷コンテナはまだ1つも作成されていない

コンテナの起動と終了

以下の例は、Dockerイメージ「0584b3d2cf6d」をインストールして「container-1」という名前のコンテナを作成、起動します。

dockerサービスの起動

```
[...]# docker run -it --name container-1 0584b3d2cf6d bash   ←❶
[root@f6dd8aa01976 /]# cat /etc/redhat-release   ←❷
CentOS Linux release 7.2.1511 (Core)
[root@f6dd8aa01976 /]# df -Th /   ←❸
Filesystem                                       Type  Size  Used  Avail  Use%  Mounted on
/dev/mapper/docker-8:1-138489782-10730..(省略)..  xfs   10G   240M  9.8G   3%
```

❶コンテナの作成、起動。起動後は自動的にコンテナにログインする
❷コンテナのOSを表示/確認
❸コンテナのルートファイルシステムを表示/確認

[Ctrl] + [d]キーでコンテナを終了します。または、[Ctrl] + [p]に続けて[Ctrl] + [q]キーでコンテナを起動したまま接続を切ります。

コンテナの一覧表示（コンテナは起動）

```
[...]# docker ps -a
CONTAINER ID    IMAGE           COMMAND   CREATED         STATUS
PORTS           NAMES
f6dd8aa01976    0584b3d2cf6d    "bash"    12 minutes ago  Up 11 minutes
                container-1
```

STATUSに「Up ...」表示されているように、コンテナは起動したままです。
起動しているコンテナに再接続するには、「docker attach コンテナID」コマンドを実行します。

起動しているコンテナに再接続

```
[...]# docker attach f6dd8aa01976
[root@f6dd8aa01976 /]#
```

[Ctrl] + [d]キーでコンテナを終了した場合は、以下のように表示されます。「docker ps」コマンドでは、「-a」オプションを指定すると、停止したコンテナも表示します。

コンテナの一覧表示（コンテナは終了）

```
[...]# docker ps -a
CONTAINER ID      IMAGE             COMMAND        CREATED           STATUS
PORTS             NAMES
f6dd8aa01976      0584b3d2cf6d      "bash"         21 minutes ago    Exited
(0) 3 seconds ago                   container-1
```

STATUSには「Exited ...」と表示されます。

新規コンテナの作成

docker runコマンドを実行すると新規にコンテナが作成、起動します。

新規コンテナの起動

```
[...]# docker run -it --name container-2 0584b3d2cf6d bash
[root@7c27dbef2473 /]#
↑上記で作成したコンテナ(ID：f6dd8aa01976)とは異なった
  新しいID(7c27dbef2473)が割り当てられる
```

停止している既存のコンテナを起動するには、「docker start コンテナID/コンテナ名」を実行します。その後に「docker attach コンテナID/コンテナ名」を実行してコンテナに接続します。

停止しているコンテナを起動し、接続

```
[...]# docker ps -a
CONTAINER ID    IMAGE           COMMAND    CREATED          STATUS                       PORTS    NAMES
7c27dbef2473    0584b3d2cf6d    "bash"     8 minutes ago    Exited (0) 5 minutes ago              container-2
f6dd8aa01976    0584b3d2cf6d    "bash"     41 minutes ago   Exited (0) 19 minutes ago             container-1

[...]# docker start 7c27dbef2473
7c27dbef2473

[...]# docker ps -a
CONTAINER ID    IMAGE           COMMAND    CREATED          STATUS                       PORTS    NAMES
7c27dbef2473    0584b3d2cf6d    "bash"     15 minutes ago   Up 39 seconds                         container-2
f6dd8aa01976    0584b3d2cf6d    "bash"     48 minutes ago   Exited (0) 26 minutes ago             container-1

[...]# docker attach 7c27dbef2473    ←起動したコンテナ(ID：7c27dbef2473)に接続
```

以下は、コンテナ(ID：7c27dbef2473)にhttpdパッケージをインストールする例です。

コンテナにhttpdパッケージをインストール

```
[root@7c27dbef2473 /]# rpm -q httpd
package httpd is not installed
[root@7c27dbef2473 /]# yum install htttpd
…（以降省略）…

[root@7c27dbef2473 /]# rpm -q httpd
```

```
httpd-2.4.6-40.el7.centos.4.x86_64
[root@7c27dbef2473 /]# ls /etc/httpd
conf  conf.d  conf.modules.d  logs  modules  run
```

　コンテナの削除は「docker rm コンテナID/コンテナ名」で、dockerイメージの削除は「docker rmi イメージID/イメージ名」で行います。

コンテナとイメージの削除

```
[...]# docker ps -a
CONTAINER ID  IMAGE         COMMAND  CREATED            STATUS                    PORTS  NAMES
7c27dbef2473  0584b3d2cf6d  "bash"   30 minutes ago     Exited (0) 14 seconds ago        container-2
f6dd8aa01976  0584b3d2cf6d  "bash"   About an hour ago  Exited (0) 41 minutes ago        container-1
[...]# docker images
REPOSITORY        TAG     IMAGE ID      CREATED       SIZE
docker.io/centos  latest  0584b3d2cf6d  25 hours ago  196.5 MB

[...]# docker rm f6dd8aa01976   ←コンテナの削除
[...]# docker rmi 0584b3d2cf6d  ←イメージの削除
```

11-5 仮想環境管理ツール

11-5-1 開発環境の仮想化

　ハードウェアの高速化により仮想環境を身近に利用できる環境が増え、また、その利用方法も多岐にわたります。アプリケーション開発における仮想環境の用途は、検証やテストです。その際に求められる主な仮想環境の条件を示します。

表11-5-1　アプリケーション開発における仮想環境の要件

求められる要件	理由
アプリケーションが動作すること	開発対象のアプリケーションが動作することは必要条件
運用サーバと同じ動作環境であること	運用サーバと同じライブラリのバージョンや開発に関係するファイルがサーバと同一になっていることが求められる。また、仮想化環境がローカル環境のネットワークやデバイス等から影響を受けないようにする
繰り返し同一環境でテストできること	開発対象のアプリケーションは繰り返しテストされるが、テストの実行により、環境が変わる場合がある。その場合、再テストするには、迅速にテスト前の環境に戻すことが求められる
効率的に環境構築ができること	迅速な環境構築により、テストに工数を割くことができる
できるだけ自動化されていること	アプリケーション開発時のテストは何度も同じ作業が繰り返されるため、サーバへの配備やテストそのものが自動化されていることで効率が上がる
開発チーム全員が共有できること	個人毎にそれぞれ用意した環境ではなく、開発チーム全員が同一条件の環境を利用できることが求められる

　アプリケーション開発の際には、検証時やテスト時に頻繁に環境を初期化します。このような状況のなかで、従来の仮想化による環境の構築（または再構築）では工数がかかってしまい効率的ではありません。そこで、アプリケーション開発の環境構築に特化した、**Vagrant**が注目されています。

11-5-2 Vagrant

　Vagrantは仮想環境を管理するツールです。Vagrantを使用することで、開発で使用する複数の仮想環境を透過的に管理できます。VagrantはHashicorp社により、オープンソース（MITライセンス）で公開されています。Vagrantによって、開発者は仮想環境の構築に工数をかけなくてもよくなり、開発に専念できます。なお、Vagrantは管理ツールであって、仮想環境は持ちません。仮想環境は既存の環境を使用します。

> Vagrantのドキュメントには、以下のように記載されています（一部抜粋）。
> 「Vagrantは、あなたとあなたのチームの生産性／柔軟性を最大限にする手助けをするために、簡単な環境設定／複製可能なマシン／業界標準の技術で構築された1つの一貫したワークフローによって制御される可搬的な開発環境を提供します」

Vagrantの特徴

Vagrantは、以下のような特徴を持ちます。

▷ **仮想マシンの管理**
　仮想マシンの構築、再構築を簡潔に管理することができます。

▷ **開発環境の管理**
　設定ファイルに構築手順を連動させることで、起動時に開発環境をセットアップすることができます。
　ファイル共有サービスを用いて、ゲストOS（仮想マシン）とホストOSのファイルのやり取りを簡潔に行えます。

▷ **他の自動化ツールと連携が可能**
　プラグインを導入することで、ChefやAnsible等の自動化ツールと組み合わせることができます。

▷ **環境の共有**
　構築した仮想マシンを開発チーム全体で利用することができます。

▷ **運用には向かない**
　Vagrantは開発環境に特化しているので、サーバ運用には向きません。

以下に示すURLでドキュメントが公開されています。

Vagrantドキュメント
https://www.vagrantup.com/docs/
http://raqda.com/vagrant/why-vagrant/index.html（日本語）

Vagrantの用語

Vagrantに出てくる用語を以下にまとめます。

表11-5-2　Vagrantの用語

用語	説明
プロジェクト	1つの仮想環境に対して1つのプロジェクトを割り当てて管理する
ルートディレクトリ	プロジェクトの起点となるディレクトリ。プロジェクトはディレクトリで区切る
Vagrantfile	Ruby言語で記述された設定ファイル。ほとんどの設定をこのファイルで行う
VirtualBox	仮想環境の1つであり、Linux、Windows等の他のOSでも動作する
プロバイダ	仮想環境を指す。デフォルトのプロバイダはVirtualBox
boxファイル	仮想的な起動ディスクとVagrantの設定情報がセットになったファイル
プロビジョニング	Vagrantfileを編集することで、起動後の仮想マシンを操作することができる
Atlasサーバ	boxファイルを共有するための公開サーバ。さまざまなboxファイルがAtlasサーバ上で公開されている。また、ユーザ登録することで、boxファイルをアップロードすることもできる

□ プロジェクト

Vagrantは、仮想環境をプロジェクト毎に管理します。プロジェクトはディレクトリで区切られ、任意の場所に作成可能です。

□ ルートディレクトリ

プロジェクトの起点となるディレクトリです。ルートディレクトリに設定ファイル(Vagrantfile)を作成します。またルートディレクトリは、デフォルトで仮想マシンに共有されます。

図11-5-1　Vagrantのディレクトリ階層

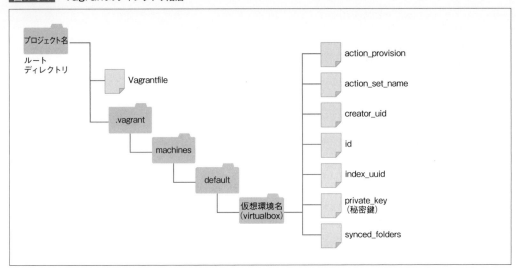

□ Vagrantfile

プロジェクト毎に生成されるVagrantの設定ファイルです。仮想環境や各種設定等を記述します。詳細は後述します。

□ VirtualBox

仮想環境の1つです。VirtulaBoxはオープンソースで提供されている仮想環境の1つであり、Linuxの他にもWindowsやmacOS等のさまざまなプラットフォームで動作します。他にもKVM、Xen、VMware等の仮想環境があります。

□ プロバイダ

Vagrantでは仮想環境をプロバイダと呼びます。デフォルトのプロバイダはVirtualBoxです。

□ boxファイル

boxファイルとは、仮想的な起動用ディスク（以後、OSイメージ）とプロバイダ名が記載されたファイルがセットになっているファイルです。boxファイルの取得は、公開サーバから取得したり、自作することができます。boxファイルは仮想環境に依存しているため異なる仮想環境では動作しません。例えば、KVM用のboxファイルは、VirtualBox上では起動しません。

□ プロビジョニング

仮想マシン起動後の追加処理です。プロビジョニングにはさまざまな手法があります。詳細は後述します。

□ Atlasサーバ

boxファイルを共有するための公開用サーバです。Vagrantを提供しているhashicorp社が運用しています。hashicorp社にユーザ登録することでboxファイルをアップロードすることができます。

Vagrantの構成

Vagrantは、次のような環境を持ちます。

図11-5-2　Vagrantの環境

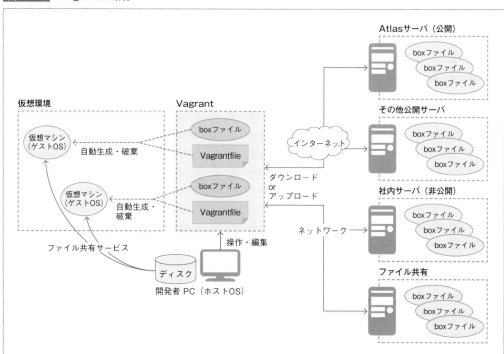

Vagrantfileで指定されたboxファイルから仮想マシンを構築します。boxファイルがない場合は指定された場所からダウンロードします。デフォルトはAtlasサーバですが、別の公開サーバからダウンロードしたり、ネットワーク上の別ディスクから利用することもできます。

使用するツール

Vagrantで使用するツールは、Vagrant本体と仮想環境ソフトウェアです。Vagrantは、以下のサイトからダウンロードします。

Vagrantのダウンロード
https://www.vagrantup.com/

VagrantはCentOS 7の他にもWindowsやmacOSにも対応していますが、本書ではCentOS 7上で動作させる方法を説明します。

利用可能な仮想環境

VagrantはデフォルトではVirtualBoxを使用しますが、さまざまな仮想環境に対応できるようにプラグインが提供されています。利用できる主な仮想環境ソフトウェアを以下に示します。

表11-5-3 利用可能な仮想環境

仮想環境	タイプ	Webサイト	対応OS	説明	プラグイン
VirtualBox	ハイパーバイザー	https://www.virtualbox.org/	Linux、Windows、Mac	Oracle社が提供するGPLv2ライセンスの仮想環境。Vagrantのデフォルト環境	×
Vmware	ハイパーバイザー	http://www.vmware.com/jp.html	Linux、Windows、Mac	VMware社が提供する、プロプライエタリ・ソフトウェア。サーバ分野でのシェアが高い	○
KVM	ハイパーバイザー	http://www.linux-kvm.org/page/Main_Page	Linux	Linuxカーネルに組み込まれているハイパーバイザー	○
Xen	ハイパーバイザー	https://www.xenproject.org/	Linux	Linuxカーネルに組み込まれている準仮想化型のハイパーバイザー	○
Parallels	ハイパーバイザー	http://www.parallels.com/jp/	Mac	Parallels社が提供する、プロプライエタリ・ソフトウェア。Macとの親和性が高い	○
Docker	コンテナ	https://www.docker.com/	Linux、Windows、Mac	Vagrant 1.6から対応。それまでは別途仮想環境が必要であった	○
LXC	コンテナ	https://linuxcontainers.org/ja/	Linux	Linuxカーネルに組み込まれているコンテナ。ハイパーバイザーよりもパフォーマンスが良い	○
AWS	クラウド	https://aws.amazon.com/jp/?nc2=h_lg	-----	Amazon社が提供しているパブリッククラウド	○
OpenStack	クラウド	https://www.openstack.org/	-----	オープンソースで提供されている、クラウド構築プラットフォーム	○

本書ではVagrantのデフォルトである、VirtualBoxの仮想環境について説明します。他の仮想環境については割愛します。

Vagrantの主なコマンド

Vagrantで使用する主なコマンドを示します。詳細な説明は後述します。

表11-5-4 主なVagrantコマンド

コマンド	説明
vagrant init	Vagrantfileの作成
vagrant up	仮想マシンの起動
vagrant reload	仮想マシンの再起動
vagrant halt	仮想マシンのシャットダウン
vagrant suspend	仮想マシンを保留状態にする
vagrant resume	保留状態の仮想マシンを再開する
vagrant destroy	仮想マシンのシャットダウンと削除
vagrant ssh	sshで仮想マシンにログインする
vagrant status	現在のVagrantが管理している仮想マシンの状態を表示

vagrant global-status	Vagrantが管理しているすべての仮想マシンの状態を表示
vagrant package	仮想マシンをエクスポートする
vagrant box add	エクスポートされたboxファイルをインポートする
vagrant box remove	boxファイルを削除する
vagrant box list	boxファイルの一覧を表示

11-5-3 Vagrantのインストール

　CentOS 7にVagrantをインストールします。最初に仮想環境（VirtualBox）のインストールを行ってから、Vagrantをインストールします。

　本書では、以下のバージョンで構築を行っています。実際には、インストール時の最新バージョンをご利用ください。

- vagrant 1.8.6
- virtualbox 5.1.6

仮想環境のインストール

　仮想環境はデフォルトのVirtualBoxを使用します。CentOS 7ではリポジトリで提供されていないので、直接VirtualBoxのサイトからダウンロードします。

> VirtualBox以外の仮想環境を使用するには、該当する仮想環境と連携するプラグインが必要です。

□ RPMパッケージのダウンロード

　以下のWebサイトにある、「Oracle Linux 7 ("OL7") /Red Hat Enterprise Linux 7 ("RHEL7")」のリンク先「AMD64」からRPMパッケージをダウンロードします。

> パッケージのダウンロード
> https://www.virtualbox.org/wiki/Linux_Downloads

　ダウンロードできたか確認します。ダウンロードフォルダに「VirtualBox-5.x」から始まるRPMパッケージがあることを確認してください。

　Vagrantは開発ツールなので、開発者（一般ユーザ）として使用します。そのため、ここでは例として、インストールはユーザyukoで行います。管理者権限が必要な箇所では「sudo」コマンドを使用します。

ダウンロードファイルの確認

```
[...]$ ls -l
合計 76888
-rw-rw-r--. 1 yuko yuko 78730024  9月 27 19:18 VirtualBox-5.1-5.1.6_110634_el7-1.x86_64.rpm
```

□ VirtualBoxのインストール

　ダウンロードしたRPMパッケージ（VirtualBox）をインストールします。実行するコマンドは、ダウンロードしたファイルのバージョンに合わせてください。

VirtualBoxのインストール

```
[...]$ sudo rpm -ivh VirtualBox-5.1-5.1.6_110634_el7-1.x86_64.rpm
[sudo] password for yuko:    ←yukoのパスワードを入力
```

□ VirtualBoxの動作確認

　GUIで動作確認を行います。メインメニューから「アプリケーション」→「システムツール」❶を選択すると、VirtualBoxのアイコン❷があるので選択して確認します。

図11-5-3　VirtualBoxの動作確認

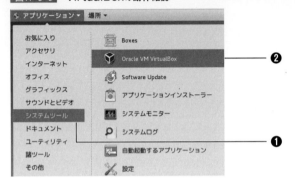

　その後、VirtualBoxのマネージャ画面が表示されれば動作確認終了です。確認後VirtualBoxを終了してください。

図11-5-4　VirtualBoxのマネージャ画面

　VirtualBoxには**vboxmanage**コマンドが準備されており、そのコマンドでも動作確認可能です。

VirtualBoxコマンドによる動作確認

```
[...]$ vboxmanage --version
5.1.6r110634
```

Vagrantのダウンロードとインストール

VagrantはCentOS 7のリポジトリ上では提供されていないので、直接Webサイトからダウンロードします。

□ RPMパッケージのダウンロード

以下のWebサイトにある、「CENTOS」のリンク先「64-bit」からRPMパッケージをダウンロードします。

> **Vagrantのダウンロード**
> https://www.vagrantup.com/downloads.html

ダウンロードができたか確認します。ダウンロードフォルダに「vagrant_1.8.x」等から始まるファイルがあることを確認してください。また64bit版であることも確認してください。

ダウンロードファイルの確認

```
[...]$ ls -l
合計 207000
-rw-rw-r--. 1 yuko yuko 78730024  9月 27 19:18 VirtualBox-5.1-5.1.6_110634_el7-1.x86_64.rpm
-rw-rw-r--. 1 yuko yuko 75884138  9月 30 17:17 vagrant_1.8.6_x86_64.rpm
```

□ Vagrantのインストール

ダウンロードしたRPMパッケージ(Vagrant)をインストールします。実行するコマンドは、ダウンロードしたファイルのバージョンに合わせてください。

Vagrantのインストール

```
[...]$ sudo rpm -ivh vagrant_1.8.6_x86_64.rpm
[sudo] password for yuko:   ←yukoのパスワードを入力
…(以降省略)…
```

□ インストールの確認

次のコマンドでVagrantが正常にインストールされたかを確認します。

インストールの動作確認

```
[...]$ vagrant --version
Vagrant 1.8.6
```

事前準備

Vagrantは、仮想環境毎にプロジェクトを作成して管理します。また、Vagrantはカレントディレクトリを基準に動作します。今回は、次のような3つのプロジェクトを作成します。

ディレクトリの作成

```
[...]$ mkdir -p workspace-vagrant/project01_hashicorp workspace-vagrant/project02_centos workspace-vagrant/project03_original
[...]$ tree workspace-vagrant/    ←プロジェクトの確認
workspace-vagrant/
├── project01_hashicorp    ←hashikorp環境のプロジェクト
├── project02_centos       ←centos環境のプロジェクト
└── project03_original     ←自作環境のプロジェクト
```

もし、treeコマンドがない場合には、「sudo yum install tree -y」のようにしてインストールしてください。

boxファイルの検索

boxファイルは、公開サーバやネットワーク内のファイルサーバ等を構築して共有することができます。boxファイルを自作することも可能です。自作については後述します。

□ 公開サーバから検索

boxファイルは、Atlasサーバにより無償でダウンロードすることができます。

boxフォイルのダウンロード
https://atlas.hashicorp.com/boxes/search

このWebサイト上で、検索用テキストボックスに「hashicorp」と記入し、プロバイダ名で「virtualbox」を選択して検索します。すると、「hashicorp/precise64」というboxファイルが検索結果に出てくるので、選択します。

□ boxファイルの特定

検索の結果、いくつかのboxファイルが見つかりますが、本書では「virtualbox」プロバイダを使用します。「External」の項目に、コマンド例が記載されています。

図11-5-5　External項目の例

> hashicorpというboxファイルは、Vagrantを提供しているHashicorp社が公式に提供しているUbuntuベースのboxファイルです。

> その他にも次のような公開サーバがあります。
>
> Vagrant公開サーバ
> http://www.vagrantbox.es/

11-5-4 Vagrantfileの概要と生成

Vagrantは、コマンド実行時に**Vagrantfile**から設定を読み込んで仮想マシンを構築します。

Vagrantfile概要

Vagrantfileは、Ruby言語で記述されたファイルです。Vagrantfileにさまざまな設定を行うことで、Vagrantをカスタマイズすることができます。以下に、シンプルなファイルの例を挙げます。

Vagrantfile

```
01  Vagrant.configure("2") do |config|
02      config.vm.box = "ubuntu/trusty64"
03  end
```

Vagrantfileの設定項目

Vagrantfileは、Rubyの言語仕様に基づいています。

▷ `Vagrant.configure("2")`

Ruby言語の関数名です。この関数に設定された内容がVagrantに渡されます。引数の「2」はVagrantfileのバージョンを表します。

▷ doからendまで

Ruby言語のブロック指定です。このブロック内で設定されたパラメータ内容がVagrant.configure関数によってVagrant本体に渡されます。

▷ `|config|`

Ruby言語の仮引数であり、ブロック内でのみ使用可能です。Vagrantfileはconfigパラメータを持っており、この値を変更することでVagrantの設定を変更することができます。

主なconfigパラメータ

configパラメータは、Vagrantの設定項目を変更する際に使用します。以下、主なconfigパラメータです。

表11-5-5 主なconfigパラメータ

パラメータ	概要
config.vm	仮想環境設定
config.ssh	ssh設定
config.winrm	Windowsのリモート管理設定
config.vagrant	ホストの設定（自動設定）

表11-5-6 主なconfig.vmパラメータ

パラメータ	説明	例	補足
config.vm.box	boxファイルの名前を設定	`config.vm.box = "ubuntu/trusty64"`	初回にboxをダウンロードする場所を記載。デフォルトで、Atlasサーバ内からこの名前のboxファイルをダウンロードする
config.vm.box_url	boxファイルのダウンロード先URLを設定	`config.vm.box_url = "http://www.example.com/boxes/foo.box"`	Atlasサーバからダウンロードするのであれば、設定不要
config.vm.provider	仮想環境を変更	`config.vm.provider "virtualbox" do |vb| vb.cpus = 2 end`	プロバイダの変更や、仮想マシンのCPUやメモリの設定
config.vm.provision	自動設定（プロビジョニング）時に設定	`config.vm.provision :shell, :inline => script`	さまざまなプロビジョナが存在するので、それによって設定方法も異なる

初期化作業

プロジェクトのルートディレクトリを初期化します。初期化すると、Vagrantfileと.vagrantディレクトリが作成されます。初期化には**vagrant init**コマンドを使用します。コマンド実行時に引数やオプションを指定することで、仮想マシン名や、boxファイルのダウンロードURL先を指定することができます。

Vagrantの初期化

vagrant init [-m] [仮想マシン名] [boxファイルのURL]

- **-m (--minimal) オプション**：Vagrantfile生成時にコメントを除去し、最小限のファイル内容にするオプション。
- **[仮想マシン名]**：Vagrantfileのconfig.vm.boxパラメータに仮想マシン名が記述される。起動時にこの名前と一致するboxファイルをダウンロードする
- **[boxファイルのURL]**：Vagrantfileのconfig.vm.box_urlパラメータにURLが記載される。このURLはboxファイルを検索する際に使用され、デフォルトはAtlasサーバから検索される（→ p.576）

vagrant initコマンドで指定する仮想マシン名は任意で構いません。デフォルトでは、指定した仮想マシン名と同じ名前のboxファイルをAtlasサーバから検索し、あれば仮想マシン起動時にそのboxファイルをダウンロードします。Atlasサーバ以外の公開サーバやネットワーク上のboxファイルを指定する場合は、明示的にダウンロード先を指定してください。

> 既存のboxファイルを選択する場合は、既に登録されているboxファイル名を指定します。boxファイルは、vagrant box listコマンドで確認できます（詳細は後述）。
> コマンドについては、前述した「主なVagrantコマンド」の表（→ p.572）を参考にしてください。

以下は、project01_hashicorpプロジェクトを初期化する例です。

プロジェクトの初期化①

```
[...]$ cd /home/yuko/workspace-vagrant/project01_hashicorp
[... project01_hashicorp]$ vagrant init hashicorp/precise64   ←❶
A `Vagrantfile` has been placed in this directory. You are now
ready to `vagrant up` your first virtual environment! Please read
the comments in the Vagrantfile as well as documentation on
`vagrantup.com` for more information on using Vagrant.
[... project01_hashicorp]$ ls -al
drwxrwxr-x. 3 yuko yuko   39 10月 21 10:52 .
drwxrwxr-x. 7 yuko yuko 4096 10月 21 10:51 ..
drwxrwxr-x. 3 yuko yuko   21 10月 21 10:52 .vagrant
-rw-rw-r--. 1 yuko yuko 3020 10月 21 10:52 Vagrantfile   ←❷
[... project01_hashicorp]$ grep 'config.vm.box' Vagrantfile
  config.vm.box = "hashicorp/precise64"   ←❸
  # config.vm.box_check_update = false
…（以降省略）…
```

❶「hashicorp/precise64」という名前の仮想マシン名で作成
❷Vagrantfileが生成
❸ファイルに「hashicorp/precise64」が反映されていることを確認

同様に、project02_centosプロジェクトも初期化処理を行います。

プロジェクトの初期化②

```
[...]$ cd /home/yuko/workspace-vagrant/project02_centos
[... project02_centos]$ vagrant init centos/7   ←Atlasサーバで提供されているboxファイルと同じ名前にする
[... project02_centos]$ ls
Vagrantfile
```

> .vagrantディレクトリにはさまざまな設定ファイルが生成されます。vagrant sshコマンド使用時に使用される秘密鍵も生成されます。

11-5-5 仮想マシンの起動とboxファイルのダウンロード

仮想マシンを起動するには、**vagrant up**コマンドを使用します。

仮想マシンの起動

vagrant up [--provider プロバイダ名]

「--provider」のデフォルトは「virtualbox」です。オプションを指定しないで実行すると、VirtualBoxが起動します。

コマンド実行時には次のようなシーケンスで仮想マシンが起動します。

①プロバイダを選定する
②boxファイルをダウンロードする
③仮想マシンを構築する
④仮想マシンを起動する

①のデフォルトはVirtualBoxです。
②において、boxファイルが存在しなければ、ダウンロードを行います。ダウンロード先は、「~/.vagrant.d/boxes」ディレクトリ以下です。
③で該当するプロバイダに仮想マシンを構築します（デフォルトはVirtualBox）。Vagrantfileに仮想ハードウェアの指定がない場合は、デフォルト値が割り当てられます。

表11-5-7　仮想マシンのデフォルト値

自動設定項目	デフォルト値	補足
CPUの数	1個	仮想マシンに割り当てられるCPUの数
メモリ	512MB	仮想マシンに割り当てられるメモリの容量
ディスク	boxファイルに依存	ディスクはboxファイルで設定されているサイズによる
ネットワーク	NAT設定 (含：ポートフォワーディング)	VirtualBoxのNAT設定は、ホストOSからゲストOSにパケット転送を許可していないので、ポートフォワーディングの設定が行われる
共有ディレクトリ	ゲストOS：/vagrant ホストOS：ルートディレクトリ	boxファイルにGuest Additionsの設定がされていること
ユーザ	vagrant	変更する場合、config.ssh.usernameパラメータで設定

以下は、vagrant upコマンドを実行している例です。project01_hashicorpプロジェクト内で実行しています。

仮想マシンの起動

```
[...]$ cd /home/yuko/workspace-vagrant/project01_hashicorp
[... project01_hashicorp]$ vagrant up　←仮想マシンの起動コマンド
vagrant up
Bringing machine 'default' up with 'virtualbox' provider...　←❶
…（途中省略）…
==> default: Loading metadata for box 'hashicorp/precise64'
    default: URL: https://atlas.hashicorp.com/hashicorp/precise64　←❷
    default: Downloading: ...　←❸
==> default: Successfully added box 'hashicorp/precise64' (v1.1.0) for 'virtualbox'!　←❹
…（途中省略）…
==> default: Clearing any previously set network interfaces...　←❺
==> default: Preparing network interfaces based on configuration...
    default: Adapter 1: nat　←❻
==> default: Forwarding ports...
    default: 22 (guest) => 2222 (host) (adapter 1)　←❼
==> default: Booting VM...　←❽
==> default: Waiting for machine to boot. This may take a few minutes...
    default: SSH address: 127.0.0.1:2222　←❾
    default: SSH username: vagrant　←❿
    default: SSH auth method: private key　←⓫
…（途中省略）…
```

```
==> default: Mounting shared folders...
    default: /vagrant => /home/yuko/workspace-vagrant/project01_hashicorp   ←⓬
```

❶プロバイダの設定
❷Atlasサーバでの検索
❸boxファイルのダウンロード（初回時）
❹仮想環境に追加
❺仮想ネットワークインターフェイスを仮想マシンに追加
❻NATネットワークの追加
❼ポートフォワーディング設定
❽仮想マシンの起動
❾ポートフォワーディング先を2222番に設定
❿ユーザ名の表示
⓫ssh接続用公開鍵の設定
⓬共有ディレクトリの設定

ネットワーク環境

　VirtualBoxのNATネットワーク環境は、ホストOSからゲストOSへのパケットを破棄します。そのため、初回起動時にVirtualBoxのポートフォワーディング機能を用いてssh接続ができるように設定が行われます。

　ホストOS側のポート番号は2200番代の空いているポート番号が動的に指定され、VirtualBoxに設定されます。今回は、起動時に表示されたメッセージ（上記実行結果❾）から、2222番が割り当てられていることがわかります。

仮想マシンへのログイン/ログアウト

　仮想マシンにログインするには、**vagrant ssh**コマンドを使用します。ssh接続はデフォルトでは鍵認証で行われるので、パスワードは不要です。鍵認証に必要なsshの設定や**authorized_keys**ファイルはあらかじめ生成された値が使用されます。鍵認証でのログインではなく、パスワードでログインしたい場合は「-p」オプション（あるいは--plainオプション）を指定します。

仮想マシンへのログイン

vagrant ssh [-p]

　ログアウトは通常のログアウトと同様、exitやlogoutコマンド、または、[Ctrl]+[d]キーで行います。

ログインとログアウト

```
[...]$ cd /home/yuko/workspace-vagrant/project01_hashicorp
[... project01_hashicorp]$ vagrant ssh   ←ログイン
[仮想マシン]$   ←仮想マシンのプロンプト
[仮想マシン]$ cat /etc/issue   ←コマンド実行
Ubuntu 12.04 LTS \n \l
[仮想マシン]$ exit   ←ログアウト
logout
Connection to 127.0.0.1 closed.
```

> vagrant sshコマンドでログインするユーザは「vagrant」です。デフォルトの鍵認証の設定は、boxファイル作成時に行われています。

コマンド送信

　ゲストOSにコマンド送信するには、**vagrant ssh**コマンドに「-c」オプション（あるいは--commandオプション）を付けます。コマンドの処理結果が表示され、sshが切断されます。

ゲストOSへのコマンド送信

vagrant ssh [-c 'コマンド']

コマンド送信

```
[...]$ cd /home/yuko/workspace-vagrant/project01_hashicorp
[... project01_hashicorp]$ vagrant ssh -c 'cat /etc/issue'    ←catコマンドを実行
Ubuntu 12.04 LTS \n \l

Connection to 127.0.0.1 closed.    ←切断
```

11-5-6 仮想マシンの管理

　現在の仮想マシンの状態を確認するには、**vagrant status**コマンドを使用します。このコマンドはルートディレクトリで実行します。

仮想マシンの状態確認

vagrant status

　以下の例は、project01_hashicorpプロジェクトの仮想マシンの状態を確認します。

Vagrantが管理している仮想マシンの一覧

```
[...]$ cd /home/yuko/workspace-vagrant/project01_hashicorp    ←ルートディレクトリに移動
[... project01_hashicorp]$ vagrant status
Current machine states:

default                   running (virtualbox)    ←動作中であることを確認
...（以降省略）...
```

全ての状態を確認

　全ての仮想マシンの状態を確認するには、**vagrant global-status**コマンドを使用します。実行する場所は任意です。状態だけでなく、IDやプロバイダ、ルートディレクトリも表示します。

仮想マシンの全ての状態の確認

vagrant global-status

以下の例は、2つの仮想マシンの状態を表示しています。

Vagrantが管理している仮想マシンの一覧

```
[...]$ vagrant global-status
id       name      provider    state    directory
-----------------------------------------------------------------------
115981f  default   virtualbox  running  /home/yuko/workspace-vagrant/project01_hashicorp  ←❶
337cb54  default   virtualbox  running  /home/yuko/workspace-vagrant/project02_centos     ←❷
…（以降省略）…

❶1つ目の仮想マシンのstateがrunningとなっている
❷2つ目の仮想マシンのstateがrunningとなっている
```

ファイル共有サービス（synced folders）

Vagrantでは、ゲストOSとホストOS間でディレクトリが共有されます。これは、仮想環境のファイル共有サービスを利用して構築され、共有ディレクトリは読み込み権限と、書き込み権限が付与されています。初回起動時に自動で共有設定が有効化されます。

- **共有元ディレクトリ（ホストOS側）**：ルートディレクトリ（今回は/home/yuko/workspace-vagrant/project01_hashicorp）
- **共有先ディレクトリ（ゲストOS側）**：/vagrant

ファイル共有サービスの自動設定例（起動時から一部抜粋）

```
[...]$ vagrant ssh
…（途中省略）…
==> default: Mounting shared folders...
    default: /vagrant => /home/yuko/workspace-vagrant/project01_hashicorp
…（以降省略）…
```

ファイル共有を確認します。お互いの環境で「test.txt」ファイルに書き込みを行います。

ゲストOS上でファイルを書き込み

```
[...]$ vagrant up
…（途中省略）…
[ゲストOS]$ df -h
…（途中省略）…
none              20G   3.6G   16G  19% /vagrant      ←マウント先の確認

[ゲストOS]$ cd /vagrant/      ←マウント先に移動
[ゲストOS]$ touch test.txt    ←ファイル作成
[ゲストOS]$ echo 'writen by guest os side.' > test.txt   ←ファイルを追記
[ゲストOS]$ cat test.txt
writen by guest os side.
[ゲストOS]$ exit
```

```
ホストOS上でゲストOSと同じファイルを書き込み
[...]$ pwd
/home/yuko/workspace-vagrant/project01_hashicorp   ←共有元の確認
[...]$ ls
Vagrantfile  test.txt   ←test.txtがあることを確認
[...]$ echo 'writen by host os side.' >> test.txt   ←同じファイルに追記
[...]$ cat test.txt      ←確認
writen by guest os side.
writen by host os side.
```

□ ファイル共有について

　Vagrantのファイル共有機能は、仮想環境に依存しています。そのため、この機能を使用するには、boxファイルがファイル共有機能に対応している必要があります。例えばVirtualBoxの場合は、「Guest Additions」ツールをboxファイルに適用させていなければなりません。

仮想マシンの再起動

　仮想マシンを再起動するには、**vagrant reload**コマンドを使用します。ルートディレクトリで指定する場合は引数は必要ありませんが、ルートディレクトリ以外では名前かidを指定する必要があります。

仮想マシンの再起動

vagrant reload [名前｜id]

　仮想マシンの再起動を行います。

仮想マシンの再起動
```
[...]$ cd /home/yuko/workspace-vagrant/project01_hashicorp   ←ルートディレクトリに移動
[... project01_hashicorp]$ vagrant reload
==> default: Attempting graceful shutdown of VM...   ←シャットダウン作業
==> default: Booting VM...    ←仮想マシンの再起動
```

仮想マシンの停止

　仮想マシンを停止するには、**vagrant halt**コマンドを使用します。また、「-f」オプション（あるいは--forceオプション）を指定すると、強制的に電源を切ります。

仮想マシンの停止

vagrant halt [-f]

　以下の例は、仮想マシンのシャットダウンを行います。

仮想マシンのシャットダウン

```
[...]$ cd /home/yuko/workspace-vagrant/project01_hashicorp    ←ルートディレクトリに移動
[... project01_hashicorp]$ vagrant halt
==> default: Attempting graceful shutdown of VM...
↑コメントがgraceful（他の終了プロセスを待っている状態）となっている
```

以下の例は、強制的に仮想マシンのシャットダウンを行います。

仮想マシンの強制シャットダウン

```
[...]$ cd /home/yuko/workspace-vagrant/project01_hashicorp    ←ルートディレクトリに移動
[... project01_hashicorp]$ vagrant halt -f
==> default: Forcing shutdown of VM...
↑コメントがForcing（他の終了プロセスを待たない状態）となっている
```

仮想マシンの削除

　Vagrantで仮想マシンの削除を行うには、ルートディレクトリ上で**vagrant destroy**コマンドを使用します。仮想マシンを削除してもプロジェクト内のファイルやboxファイルは削除されません。次回、vagrant upコマンドを実行すると、boxファイルからOSイメージが仮想環境にコピーされて起動します。これはテストを同じ条件で繰り返し行いたい場合に便利です。

仮想マシンの削除

vagrant destroy

　vagrant destroyコマンドは、ルートディレクトリ上で実行します。以下は、仮想マシンを削除した例です。

仮想マシンの削除

```
[...]$ cd /home/yuko/workspace-vagrant/project01_hashicorp    ←ルートディレクトリに移動
[... project01_hashicorp]$ vagrant destroy
    default: Are you sure you want to destroy the 'default' VM? [y/N] y  ←「y」と入力
==> default: Forcing shutdown of VM...
==> default: Destroying VM and associated drives...   ←仮想マシンの削除
```

　「タスクバー」→「アプリケーション」→「システムツール」→「Oracle VM VirtualBox」の順に選択後、VirtualBoxのマネージャを起動し、仮想マシンがないことを確認します。

図11-5-6　VirtualBoxのマネージャ画面

vagrant statusコマンドで確認することもできます。

Vagrant内の情報

```
[...]$ cd /home/yuko/workspace-vagrant/project01_hashicorp   ←ルートディレクトリに移動
[... project01_hashicorp]$ vagrant status
Current machine states:

default                    not created (virtualbox)
…（以降省略）…

[...]$ ls
Vagrantfile   test.txt   ←仮想マシン削除後もVagrantfileが残っている
```

　削除した仮想マシンを、**vagrant up**コマンドで起動し、boxから仮想環境がコピーされることを確認します。

仮想マシンの起動

```
[...]$ cd /home/yuko/workspace-vagrant/project01_hashicorp   ←ルートディレクトリに移動
[... project01_hashicorp]$ vagrant up
Bringing machine 'default' up with 'virtualbox' provider...
==> default: Importing base box 'hashicorp/precise64'...
…（途中省略）…
==> default: Mounting shared folders...
    default: /vagrant => /home/yuko/workspace-vagrant/project01_hashicorp
```

11-5-7　boxファイルの管理

boxファイルの格納先と、よく利用されるコマンドについて説明します。

boxファイルの格納先

　Vagrantはboxファイルのダウンロード時に、初期状態の仮想マシンのOSイメージを「/home/ユーザ名/.vagrant.d/boxes」ディレクトリ以下にダウンロードし、保存します（今回は、/home/yuko/.vagrant.d/boxes/hashicorp-VAGRANTSLASH-precise64/1.1.0/virtualbox/box-disk1.vmdk）。

boxファイルとプロジェクトの関係

別々のプロジェクトであっても仮想環境が同じであれば、同じboxファイルが使用されます。Vagrantはプロジェクト毎にboxファイルから仮想環境にOSイメージをコピーします。

▷vagrant upコマンド実行時
仮想環境にOSイメージがない場合は、boxファイルからOSイメージがコピーされます。

▷vagrant destroyコマンド実行時
仮想環境から仮想マシンが削除されます。

▷Vagrant halt、reloadコマンド実行時
仮想環境内のOSイメージはそのまま使用されます。

図11-5-7 boxファイルとプロジェクトの関係

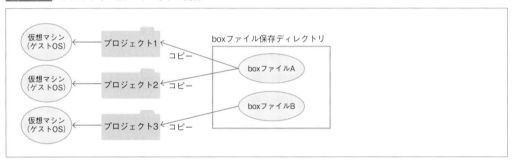

boxファイルの管理

Vagrantには、boxファイルを管理するためのコマンドがあります。以下、主なコマンドを示します。

boxファイルの一覧を表示
vagrant box list

既存のboxファイルを削除
vagrant box remove boxファイル名

boxファイルのアップデート
vagrant box update

バージョン管理設定がされている場合、アップデートすることができます。
以下の例は、boxファイルの一覧を表示します。

boxファイルの一覧表示

```
[...]$ vagrant box list
centos/7           (virtualbox, 1608.02)
hashicorp/precise64 (virtualbox, 1.1.0)
```

以下の例は、project01_hashicorpで使用されているboxファイルを削除します。

「hashicorp/precise64」boxファイルの削除

```
[...]$ cd /home/yuko/workspace-vagrant/project01_hashicorp  ←ルートディレクトリに移動
[... project01_hashicorp]$ vagrant box remove hashicorp/precise64  ←boxファイルの削除
Removing box 'hashicorp/precise64' (v1.1.0) with provider 'virtualbox'...
```

11-5-8 プロビジョニング

プロビジョニングとは、アプリケーションを動作させる環境を自動で構築するための仕組みです。例えば、Webアプリケーションを作成する場合、仮想環境以外に、WebサーバやDBサーバを構築する必要があります。また、プログラミング言語によっては、言語やライブラリのインストールも必要になります。それらの構築を自動化することで、開発者はアプリケーション開発に専念できます。

プロビジョナ

プロビジョニングは、プロビジョナが担当します。プロビジョナはconfig.vm.provisionパラメータで設定します。別途プラグインが必要なプロビジョナもあります。以下にプロビジョナの一覧を示します。

なお、本書では、shellプロビジョナについて紹介し、その他のプロビジョナは割愛します。

表11-5-8　主なプロビジョナ

プロビジョナ	カテゴリ	概要
Shell	シェルスクリプト	シェルスクリプトによるプロビジョニング
File	ファイル操作	ファイル操作によるプロビジョニング
Docker	Docker	Dockerをプロビジョニング
CFEngine	CFEngine	CFEngine（データセンタ管理ソフトウェア）を用いたプロビジョニング
Salt	SaltStack	SaltStack（構成管理ツール）を用いたプロビジョニング
Chef Zero	Chef	ローカル環境のみで動作するChef環境を用いたプロビジョニング
Chef Solo	Chef	ローカル環境で動作する、廃止予定のChef環境を用いたプロビジョニング
Chef Client	Chef	Chefのクライアント環境を用いたプロビジョニング
Chef Apply	Chef	Chefのchef-applyコマンドを用いたプロビジョニング
Ansible	Ansible	Ansibleを用いたプロビジョニング
Ansible Local	Ansible	上記と同じ処理をするが、仮想環境にAnsibleを構築する処理を自動で構築点が異なる

Puppet Agent	Puppet	Puppetのagentモードを用いたプロビジョニング
Puppet Apply		Puppetのpuppet applyコマンドを用いたプロビジョニング

処理のタイミングと回数

プロビジョナ処理の回数を変更したい場合は、次のようにします。

▷初回のみ起動

デフォルトの状態です。仮想マシンが仮想環境に存在していない状態でvagrant upコマンドを実行するとプロビジョナが起動します。明示的に設定するのであれば、「run: "onece"」とします。

▷毎回起動

「run: "always"」オプションを追加します。「初回のみ起動」の条件に加えて、vagrant reloadコマンド実行時でもプロビジョナが起動します。

shellプロビジョナ

shellプロビジョナは、root権限でスクリプトを実行するためsudoコマンドは必要ありません。shellプロビジョナを指定するには、config.vm.provisionパラメータに、「:shell」または「"shell"」と記述します。

スクリプト定義

スクリプトの規模によってVagrantfile内に直接記述する方法と、シェルスクリプトファイルを指定する方法があります。

▷:inline script（直接記述）

「:inline」の後に直接記述するか、ヒアドキュメントを使用します。シンプルなシェルスクリプトを指定する際に便利です。

▷:path script（シェルスクリプトを呼び出す）

「:path」の後はファイルの場所を指定します。相対パスはルートディレクトリからの相対パスになります。パス指定は、URL指定でも構いません。

スクリプトの定義①

```
config.vm.provision :shell, [inline: シェルスクリプト | path: シェルスクリプトのパス]
```

または、以下のように記述します。

スクリプトの定義②

```
config.vm.provision :shell, run: "once" do |s|
    [s.inline = シェルスクリプト | s.path = シェルスクリプトのパス]
end
```

仮変数|s|は、任意の文字列で指定可能です。

毎回起動させる場合は次のような構文となります。

スクリプトの定義③
config.vm.provision :shell, run: "always" do |s|
    [s.inline = シェルスクリプト | s.path = シェルスクリプトのパス]
end

仮変数｜s｜は、任意の文字列で指定可能です。

Ruby言語では、「:文字列」はシンボルと呼ばれ、「"文字列"」とほぼ同じ扱いです。しかし「文字列:」とすると「"キー": "値"」（または「"キー" => "値"」）のペアで定義することを意味します。よって「:shell」は単体で成立しますが、「run:」は「run: "always"」のように「値」に相当する文字列が必要です。逆に「:shell "foo"」という定義はできません。この場合は、「:shell, "foo"」と2つの文字列の間に「,」（カンマ）を付けて2個の引数定義にするか、「:shell => "foo"」とペアであることを明示するかのどちらかになります。

直接スクリプトを記述

シンプルなスクリプトをプロビジョニングするには、Vagrantfileに直接記述した方が便利です。以下は、Vagrantfileに直接記述してWebサーバ環境を構築する例です。

Vagrantfile

```
01  Vagrant.configure("2") do |config|
02      config.vm.box = "centos/7"
03      config.vm.provision :shell, inline: <<-SHELL
04          yum install -y httpd
05          systemctl enable httpd.service
06          systemctl start httpd.service
07      SHELL
08  end
```

project02_centosプロジェクトでプロビジョニング（インライン）

```
[...]$ cd /home/yuko/workspace-vagrant/project02_centos   ←ルートディレクトリに移動
[... project02_centos]$ vagrant up
Bringing machine 'default' up with 'virtualbox' provider...
…（途中省略）…
==> default: Running provisioner: shell...   ←プロビジョナによるプロビジョニング開始
    default: Running: inline script   ←inlineにて動作（今回はyum install httpdの実行）
…（途中省略）…
==> default: Dependencies Resolved
==> default:
==> default: ================================================================
==> default:  Package          Arch      Version                  Repository   Size
==> default: ================================================================
==> default: Installing:
==> default:  httpd            x86_64    2.4.6-40.el7.centos.4    updates     2.7 M
==> default: Installing for dependencies:
==> default:  apr              x86_64    1.4.8-3.el7              base        103 k
==> default:  apr-util         x86_64    1.5.2-6.el7              base         92 k
==> default:  httpd-tools      x86_64    2.4.6-40.el7.centos.4    updates      83 k
==> default:  mailcap          noarch    2.1.41-2.el7             base         31 k
```

```
==> default:
==> default: Transaction Summary
==> default: ================================================================
==> default: Install   1 Package (+4 Dependent packages)
==> default:
==> default: Total download size: 3.0 M
==> default: Installed size: 10 M
…（途中省略）…
==> default: Complete!    ←スクリプト（今回はyum install httpd）の終了表示
==> default: Created symlink from /etc/systemd/system/multi-user.target.wants/httpd.
service to /usr/lib/systemd/system/httpd.service   ←httpdを起動時に有効
```

ログインして、Webサーバのプロセスの確認をします。

httpdプロセスの確認

```
[...]$ vagrant ssh    ←仮想環境にログイン
[仮想マシン]$ systemctl status httpd.service    ←サーバの状態確認
…（途中省略）…
[仮想マシン]$ exit
```

シェルスクリプトファイルを読み込む

以下に示す例は、Vagrantfile内で別のシェルスクリプトの読み込みを指定している例です。スクリプトファイルはvagrantコマンドによって読み込まれ、/tmpディレクトリ以下で実行されます。

Vagrantfile

```
01   Vagrant.configure("2") do |config|
02       config.vm.box = "centos/7"
03       config.vm.provision :shell, path: "script/init.sh" # init.sh（別ファイル）を指定
04   end
```

project02_centosプロジェクトでプロビジョニング（スクリプトファイル）

```
[...]$ cd /home/yuko/workspace-vagrant/project02_centos    ←❶
[... project02_centos]$ vagrant up
Bringing machine 'default' up with 'virtualbox' provider...
…（途中省略）…
==> default: Running provisioner: shell...   ←❷
    default: Running: /tmp/vagrant-shell20161020-25375-1rphvvw.sh   ←❸
…（以降省略）…
```

❶ルートディレクトリに移動
❷プロビジョナによるプロビジョニング開始
❸読み込まれたスクリプトファイルを動作

Webアプリケーションのデプロイとテスト

以下に示すVagrantfileは、シンプルなWebアプリケーションをデプロイしている例です。

Vagrantfile

```
01  Vagrant.configure("2") do |config|
02      config.vm.box = "centos/7"
03      config.vm.network "forwarded_port", guest: 80, host: 8080
04
05      config.vm.provision :shell, path: "script/init.sh"
06      config.vm.provision :shell, run: "always" do |s|
07          s.path = "script/deploy.sh"
08      end
09  end
```

3行目：仮想マシンのWebサーバにアクセスできるように、ポートフォワーディングを設定
5行目：仮想マシン構築時に一度だけ実行されるシェルスクリプトを指定
6～8行目：仮想マシンが再起動される毎に実行されるシェルスクリプトを指定

以下に示すのは、仮想マシン構築時に実行されるシェルスクリプトです。

スクリプトファイル (init.sh)

```
01  #!/bin/bash
02
03  # WebサーバとDBサーバ、およびプログラミング言語のインストール
04  yum install -y httpd mariadb-server perl
05
06  # Webサーバの設定
07  systemctl enable httpd.service
08  systemctl start  httpd.service
09  # DBサーバの設定
10  systemctl enable mariadb.service
11  systemctl start  mariadb.service
12
13  # 開発したWebアプリケーションを共有フォルダを用いてデプロイ
14  rmdir /var/www/cgi-bin
15  ln -s /vagrant/cgi-bin /var/www/
16
17  exit 0
```

以下に示すのは、仮想マシンが再起動する毎に実行されるシェルスクリプトです。

スクリプトファイル (deploy.sh)

```
01  #!/bin/bash
02
03  # 起動時にselinuxをpermissiveにする
04  setenforce 0
05
06  # DB初期化
07  mysql -uroot < /vagrant/script/db/init.sql
08
09  # 起動時にオーナ、パーミッションを変更
10  chown -R apache. /var/www/cgi-bin/*
```

```
11  chmod -R a+x /var/www/cgi-bin/*.pl
12
13  exit 0
```

以下は、Webアプリケーションをデプロイしている例です。Webアプリケーションの詳細については割愛しています。

project02_centosプロジェクトでWebアプリケーションをデプロイ

```
[...]$ cd /home/yuko/workspace-vagrant/project02_centos    ←❶
[... project02_centos]$ vagrant up
Bringing machine 'default' up with 'virtualbox' provider...
…(途中省略)…
==> default: Forwarding ports...
    default: 80 (guest) => 8080 (host) (adapter 1)    ←❷
    default: 22 (guest) => 2222 (host) (adapter 1)    ←❸
…(途中省略)…
==> default: Running provisioner: shell...    ←❹
    default: Running: /tmp/vagrant-shell20161020-25375-1rphvvw.sh    ←❺
==> default: Loaded plugins: fastestmirror
…(途中省略)…
==> default: ================================================================
==> default:  Package           Arch      Version             Repository  Size
==> default: ================================================================
==> default: Installing:
==> default:  httpd             x86_64    2.4.6-40.el7.centos.4  updates  2.7 M
==> default:  mariadb-server    x86_64    1:5.5.50-1.el7_2       updates   11 M
==> default:  perl              x86_64    4:5.16.3-286.el7       base     8.0 M
…(途中省略)…
==> default: Running provisioner: shell...    ←❻
    default: Running: /tmp/vagrant-shell20161020-25375-fr057v.sh    ←❼
```

❶ルートディレクトリに移動
❷Webサーバアクセス用のポートフォワーディング
❸vagrant sshでアクセスするポートフォワーディング
❹プロビジョナによるプロビジョニング開始（一度だけ起動）
❺シェルスクリプト（init.sh）の実行
❻プロビジョナによるプロビジョニング開始
❼再起動時に毎回起動するシェルスクリプト（deploy.sh）

11-5-9 boxファイルのカスタマイズとアップロード

boxファイルをAtlasサーバのような公開サーバからダウンロードして利用する場合、以下のような理由から、同一環境で構築できないことが考えられます。

・公開サーバが提供しているboxファイルのバージョン、ダウンロードした時期によって異なる
・Vagrantfile内の記述が同じチームのメンバと異なる
・Vagrantfileで定義しているソフトウェアのバージョンが異なる

上記の問題が解決したとしても、アプリケーションをデプロイするための事前処理をプロビジョニングで毎回行うのは、効率的ではありません。また、事前準備が終了している時点のOSを使って繰り返しテストする場合、テスト終了毎に仮想環境を削除して再作成する必要がありますが、そのような状態のOSは公開サーバにはほぼありません。

これらの条件を全て解決した仮想環境は、boxファイルをカスタマイズする必要があります。また、プロジェクト全体でそのboxファイルが使用できるように、共有する仕組みも必要です。

boxファイルのエクスポート（ファイルの書き出し）

カスタマイズしたboxファイルを作成するには、**vagrant package**コマンドを使用します。コマンドの実行はルートディレクトリで行います。ただし、このboxファイルはプロバイダに依存します。例えば、VirtualBoxでエクスポートしたboxファイルをVMwareの仮想環境で使用することはできません。

```
boxファイルのエクスポート
vagrant package [--output ファイル名.box]
```

「--output」オプションを省略すると、エクスポートファイル名は、デフォルト名の「package.box」となります。

以下は、CentOS 7の仮想環境を「test.box」という名前でエクスポートしています。エクスポート後は、このboxファイルをチーム内のファイルサーバや共有フォルダ等で共有します。

仮想マシンCentOS 7をエクスポート

```
[...]$ cd /home/yuko/workspace-vagrant/project02_centos    ←ルートディレクトリに移動
[... project02_centos]$ vagrant package --output test.box
==> default: Exporting VM...   ←エクスポート開始
==> default: Compressing package to: /home/yuko/workspace-vagrant/project02_centos/test.box
↑エクスポート終了
```

11-5-10 boxファイルの新規作成

boxファイルは公開サーバからダウンロードして利用することができますが、実際の運用サーバと同じOSやバージョンが揃っているものが存在しているとは限りません。そのような場合、boxファイルを新規に作成することになります。boxファイルを新規作成する手順は以下のようになります。

①該当OSのインストールメディアを準備する
②該当する仮想環境（プロバイダ）の仮想マシンの作成
③仮想マシンを運用サーバと同じ環境にする
④仮想マシンの設定を行う
⑤boxファイルとしての設定を行う
⑥vagrant packageコマンドでboxファイルを生成する
⑦vagrant box addコマンドで起動確認

該当OSのインストールメディアを準備する

該当OSのインストールメディアを準備してください。

該当する仮想環境（プロバイダ）の仮想環境でOSを作成する

該当する仮想環境に基づいて設定を行います。デフォルトのVirtualBoxの場合、③以降のセットアップを行います。

仮想マシンを運用サーバと同じ環境にする

カーネルのバージョンやアプリケーションの動作環境を、運用サーバと同等にします。

仮想マシンの設定を行う

仮想マシンを作成する際の設定項目は、以下のようになります。

表11-5-9　仮想マシン作成時の設定

ウィザード名	設定項目	値	補足
名前とオペレーティングシステム	名前	---	OSのスペックや用途がわかりやすい名前
	タイプ	---	運用サーバと同じOSタイプを選択。例）Linux
	バージョン	---	運用サーバと同じ設定にする。CentOS 64bitの場合、「Red Hat (64bit)」を指定
メモリサイズ		---	運用サーバと同じ容量を割り当てる
ハードディスク		仮想ハードディスクを作成する	
ハードディスクのファイルタイプ		VDI (VirtualBox Disk Image)	
物理ハードディスクにあるストレージ		可変タイプ	
ファイルの場所とサイズ	名前	---	
	容量		運用サーバと同じ容量

また、仮想マシンを作成後、boxファイルとして利用できるように、次の内容を変更します。

表11-5-10　仮想マシンの詳細設定

設定の項目名	設定項目	値	補足
一般		---	デフォルト設定
システム	マザーボード	「起動順序」-「フロッピー」のチェックを外す	その他はデフォルト設定
ディスプレイ		---	デフォルト設定のまま
ストレージ	ストレージツリー	①「コントローラー：IDE」下の「空」という名前のディスクアイコンを選択 ②画面右側の「光学ドライブ」の右にある、小さなディスクアイコンを選択 ③インストールするインストールメディアを選択	
オーディオ		「オーディオを有効化」のチェックを外す	
ネットワーク	アダプター1	①「ネットワークアダプターを有効化」をチェック ②「割り当て」に「NAT」を選択	その他のネットワークアダプタは無効のままにする
シリアルポート		---	デフォルト設定のまま
USB		「USBコントローラーの有効化」のチェックを外す	
共有フォルダ		---	デフォルト設定
ユーザインタフェース		---	デフォルト設定

> これらはVirtualBoxのGUI（マネージャ画面）で行う手順を紹介しています。VirtualBoxのコマンドを使用する場合は、VirtualBoxのマニュアルを確認してください。

boxファイルとして設定を行う

仮想マシンの設定の後、OSを仮想環境でインストールし、運用サーバと同等に構築します。構築終了後、以下の内容でboxファイルとして使用できるようにカスタマイズを行います。

表11-5-11　boxファイルとしての設定

システム条件	補足
rootのパスワードが「vagrant」であること	vagrantがroot権限でコントロールするため
vagrantユーザ（パスワード「vagrant」）が作成されていること	ログイン時のユーザ
vagrantユーザのグループはwheelであること	一般ユーザがroot権限（sudo）で実行できるようにするため
vagrantユーザはパスワードなしのsudo実行権が設定され、「Default requiretty」が無効になっていること	Default requirettyは、ターミナル（TTY）経由でしかsudoコマンドを許可しない設定
ネットワークが起動時に有効になっていること	vagrant sshでログインするため
起動時にsshサーバが起動していること	
ssh接続はデフォルトで公開鍵接続になっていること	
指定の公開鍵で登録されていること	
ネットワークのUUIDが設定されていないこと	boxファイルに特定のハードウェアと関連付けないようにするため
ネットワークのMACアドレスが設定されていないこと	
/etc/udev/rules.d/の設定ファイルが削除されていること	
SELinuxが無効化されていること	OSのセキュリティがvagrantの処理を妨げないようにするため
ファイアーウォールが動作していないこと	
ntpサーバの設定がされていること	起動時に時刻を合わせるため
VirtualBox Guest Additionsがインストールされていること	synced foldersを動作させるため

CentOS 7の場合、インストール方法は、「2-1 CentOSのインストール」（→ p.54）を参照してください。

以下は、CentOS 7をboxファイルとして構築する作業です。仮想マシン上で、rootで作業を行います。

rootのパスワードの設定

```
［仮想マシン］# passwd
ユーザー root のパスワードを変更。
新しいパスワード：　←「vagrant」と入力
よくないパスワード：このパスワードは 8 未満の文字列です。
新しいパスワードを再入力してください：　←上記の警告は無視して、再度「vagrant」と入力
passwd：すべての認証トークンが正しく更新できました。
```

vagrantユーザを作成し、パスワードも「vagrant」とします。

vagrantユーザの追加とパスワードの設定

```
[仮想マシン]# useradd -g wheel vagrant    ←sudo設定を考慮してwheelグループにする
[仮想マシン]# passwd vagrant
ユーザー vagrant のパスワードを変更。
新しいパスワード：   ←「vagrant」と入力
よくないパスワード: このパスワードは 8 未満の文字列です。
新しいパスワードを再入力してください：   ←上記の警告は無視して再度「vagrant」と入力
passwd: すべての認証トークンが正しく更新できました。
[仮想マシン]# id vagrant   ←グループ確認
uid=1000(vagrant) gid=10(wheel) groups=10(wheel)
```

vagrantユーザにパスワードを伴わないsudo権限を付けます。

sudo実行権をvagrantユーザに追加

```
[仮想マシン]# visudo
…（途中省略）…
Same thing without a password
%wheel          ALL=(ALL)         NOPASSWD: AL
↑先頭の「#（コメント）」を外して有効化
```

起動時にネットワークを起動する設定を行います。

ネットワーク設定を起動時に有効にする

```
[仮想マシン]# vi /etc/sysconfig/network-scripts/ifcfg-enp0s3
…（途中省略）…
ONBOOT=yes   ←「no」から「yes」にして、起動時に有効化
```

ハードウェア情報を削除します。

ネットワーク設定のMACアドレスとUUIDの削除

```
[仮想マシン]# vi /etc/sysconfig/network-scripts/ifcfg-enp0s3
…（途中省略）…
UUID=a37c545d-02a0-4839-80e4-f224498abde9   ←削除する
HWADD=08:00:27:19:df:4c   ←削除する
```

udevで設定されるデバイスファイルを削除します。

udev設定ファイルの削除

```
[仮想マシン]# rm /etc/udev/rules.d/70-persistent-ipoib.rules
[仮想マシン]# ls /etc/udev/rules.d/
                    ←ないことを確認
```

sshサーバを起動時に有効にします。

sshの起動設定を有効にする

```
[仮想マシン]# systemctl enable sshd.service  ←サービスの自動起動を有効化
Created symlink from /etc/systemd/system/multi-user.target.wants/sshd.service to /usr/
lib/systemd/system/sshd.service.  ←設定がされていない場合表示
[仮想マシン]# systemctl restart sshd.service  ←サービスの再起動
```

sshでログインする際に鍵認証で行う設定に変更します。

sshを鍵認証設定

```
[仮想マシン]# vi /etc/ssh/sshd_config
…（途中省略）…
AuthorizedKeysFile      .ssh/authorized_keys  ←先頭に「#」があれば外し、鍵認証を有効化
```

「vagrant」ユーザに切り替えて、sshでログインする際の鍵のダウンロードとペアを作成します。公開鍵はvagrant指定の鍵をダウンロードします。

公開鍵のダウンロードと権限の変更

```
[仮想マシン]# su-vagrant  ←vagrantユーザに切り替え
[仮想マシン]$ mkdir ~/.ssh
[仮想マシン]$ cd ~/.ssh/
[仮想マシン .ssh]$ wget https://raw.github.com/mitchellh/vagrant/master/keys/vagrant.pub  ←❶
[仮想マシン .ssh]$ touch authorized_keys
[仮想マシン .ssh]$ cat vagrant.pub >> authorized_keys
[仮想マシン .ssh]$ chmod 600 *
[仮想マシン]$ exit
[仮想マシン]#  ←rootに戻る
```

❶指定の公開鍵

「root」ユーザで、SELinuxの設定を無効にします。

SELinuxの無効化

```
[仮想マシン]# vi /etc/selinux/config
…（途中省略）…
#SELINUX=enforcing
SELINUX=disabled  ←「disabled」に変更
[仮想マシン]# reboot  ←再起動することで、有効になる
```

firewalld（ファイアーウォール）の設定も無効にします。

ファイアーウォールの停止と無効化

```
[仮想マシン]# systemctl stop firewalld.service  ←サービスの停止
[仮想マシン]# systemctl disable firewalld.service  ←サービスの自動起動の無効化
```

ntpサーバを登録します。

ntpサーバの登録

```
[仮想マシン]# vi /etc/ntp.conf
…（途中省略）…
#server 0.centos.pool.ntp.org iburst    ←コメントアウト
#server 1.centos.pool.ntp.org iburst    ←コメントアウト
#server 2.centos.pool.ntp.org iburst    ←コメントアウト
#server 3.centos.pool.ntp.org iburst    ←コメントアウト
server ntp.nict.jp iburst    ←日本の時刻サーバを指定（iburstは時刻設定の効率化を行うオプション）
```

　Guest Additionsの設定を行います。メニューから「アプリケーション」→「システムツール」→「OrcleVM VirtualBox」でVirtualBoxの管理画面を立ちあげ、「デバイス」→「Guest Addtions CDイメージの挿入」を選択します。OSが「/dev/cdrom」で認識するのでマウントしてから、以下のように実行してインストールします。

Guest Additionalsのインストール

```
[仮想マシン]# yum install -y kernel-devel-`uname -r` gcc make    ←❶
[仮想マシン]# mkdir cdrom
[仮想マシン]# mount /dev/cdrom cdrom/    ←❷
mount: /dev/sr0 is write-protected, mounting read-only
[仮想マシン]# cd cdrom
[仮想マシン cdrom]# ./VBoxLinuxAdditions.run    ←❸
…（途中省略）…
Could not find the X.Org or XFree86 Window System, skipping.    ←❹
[仮想マシン]# umount cdrom    ←❺
[仮想マシン]# reboot    ←❻
```

❶必要なパッケージをインストール
❷メディアをマウント
❸Guest Addtionsのスクリプトを実行
❹X Window SystemがOSにない場合に表示
❺Guest Addtionsのインストール終了後、メディアを外す
❻再起動することで、有効になる

　Guest Additionsの設定後は、「デバイス」→「光学ドライブ」→「仮想ドライブからディスクを除去」を選択してください。全ての作業が終了したら、OSの電源を止めます。

OSの停止

```
[仮想マシン]# shutdown -h now
```

vagrant packageコマンドでboxファイルを生成

　boxファイルの作成は、次のコマンドを使用します。コマンドを実行する場所は任意ですが、コマンド実行した場所にboxファイルが書き出されます。

boxファイルの生成

vagrant package --base 仮想環境の仮想マシン名 --output boxファイル名

boxファイルは、カレントディレクトリに書き出されます。コマンドを実行する場所は任意です。
　以下の例は、vagrant packageコマンドを用いて仮想マシンのディスクイメージをboxファイルとして作成します（仮想マシン名はCentOS7-64bit）。
　以降は、ホストマシン上で、一般ユーザであるyukoで作業を行います。

boxファイルのエクスポート（場所はホームディレクトリ）

```
[...]$ cd ~/
[... ~]$ vagrant package --base CentOS7-64bit --output centos7_64bit.box
==> CentOS7-64bit: Exporting VM...
==> CentOS7-64bit: Compressing package to: /home/yuko/centos7_64bit.box
[...]$ ls -lh
…（途中省略）…
-rw-rw-r--. 1 yuko yuko 619M 10月 11 16:02 centos7-64.box
```

vagrant box addコマンドで起動確認

　独自作成したboxファイルは、次のコマンドでVagrantに登録できます。コマンドを実行する場所は任意です。

boxファイルの登録

vagrant box add --name 名前 boxファイル

　ホームディレクトリ上で書き出したboxファイルを登録します。

boxファイルの登録

```
[...]$ cd ~/
[... ~]$ vagrant box add --name centos7_original ~/centos7_64bit.box
==> box: Box file was not detected as metadata. Adding it directly...
==> box: Adding box 'centos7_original' (v0) for provider:
    box: Unpacking necessary files from: file:///home/yuko/centos7_64bit.box
==> box: Successfully added box 'centos7_original' (v0) for 'virtualbox'!
```

　登録されたか確認します。

boxファイルの確認

```
[...]$ vagrant box list
centos/7             (virtualbox, 1608.02)
centos7_original     (virtualbox, 0)    ←登録されていることを確認
hashicorp/precise64 (virtualbox, 1.1.0)
```

vagrant box addコマンドで登録されると、boxファイルはホームディレクトリ以下の.vagrant.d/boxesディレクトリ以下にboxファイルがコピーされるので、書き出される前の仮想環境や書き出されたboxファイルは削除しても問題ありません。

以下の例は、新規プロジェクトで独自作成したboxファイルを新規作成します。コマンドの引数には登録したboxファイルの名前を指定します。

独自作成したboxファイルでプロジェクトを作成

```
[...]$ cd /home/yuko/workspace-vagrant/project03_original
[... project03_original]$ vagrant init centos7_original
```

Vagrantfileが作成されたら、vagrant upコマンドとvagrant sshコマンドで動作を確認します。

起動確認

```
[...]$ vagrant up
Bringing machine 'default' up with 'virtualbox' provider...
…（途中省略）…
    default: /vagrant => /home/yuko/workspace-vagrant/project03_original
      ↑独自作成したboxファイルが認識されている
[...]$ vagrant ssh
Last login: Tue Oct 11 15:50:19 2016
[仮想マシン]$
```

次のようにboxファイルの登録とプロジェクト作成を一度に行っても構いません。

```
[...]$ vagrant init centos7_original ~/centos7_64bit.box
```

ただし、Vagrantfileの「config.vm.box_url」プロパティの値がboxファイル名「"centos7_original"」ではなく、boxファイルの場所「"/home/yuko/centos7_64bit.box"」になっている点が異なります。この値は、boxファイルを削除（vagrant box remove）した後にboxファイルを登録（vagrant box add）する際に参照されます。

Part 3

サーバの導入と設定

Chapter 12 ネットワークモデル

12-1 基本モデル
12-2 拡張モデル

Chapter12 | ネットワークモデル

12-1 基本モデル

12-1-1 小規模構成でのネットワークモデル

グローバルIPが1個でLinuxマシン1台での最小構成から、グローバルIPが1個でルータを使用する構成、グローバルIPが複数個（例：16個）でルータを使用する構成等、小規模構成でのネットワークモデルを示します。

用語

ネットワーク構成で使用する用語について解説していきます。

▷ONU

光通信を行うには事業者側と加入者側の双方に対になった終端装置が必要です。加入者側に置く光回線終端装置がONU（Optical Network Unit）です。

▷ADSLモデム

ADSL（Asymmetric Digital Subscriber Line）通信を行うには事業者側と加入者側の双方に対になった終端装置が必要です。加入者側に置く終端装置がADSLモデムです。

▷PPPoE

PPPoE（Point-to-Point Protocol over Ethernet）はコンピュータやルータ等の機器と回線終端装置をイーサネットで接続し、イーサネット上でPPP（Point-to-Point Protocol）を利用するためのプロトコルです。PPPのPAP（Password Authentication Protocol）あるいはCHAP（Challenge Handshake Authentication Protocol）で認証を行い、プロバイダからIPアドレスを取得して接続を確立します。

▷DMZ

DMZ（DeMilitarized Zone）はインターネットと内部ネットワークの間に位置するネットワークセグメントで、インターネット上に公開するサーバ群を置きます。DMZはインターネットと接続したルータを介して一定のフィルタリングを行うことはできますが、不特定多数のクライアントからのアクセスに晒されます。

DMZはセキュリティ上でほとんど防護（武装）されていない中間に位置するゾーンという意味でこのように呼ばれ、日本語では一般的に「非武装地帯」と訳されています。このため、DMZセグメントに置くサーバは自身で独立してセキュリティ上の防護を行う必要があり、それらは要塞ホスト（Bastion Host）と呼ばれます。

フィルタリングのポリシー

インターネットと接続するルータでは、基本的に以下のポリシーでフィルタリングを行います（サーバの管理上、またサーバの機能を利用するうえでいくつかの例外的な設定を加える場合もあります）。

・インターネットからのアクセスはDMZ上のホストに対してのみ許可する。インターネットから内部ネットワークへのアクセスは原則的には許可しない
・DMZ上のホストから内部ネットワークへのアクセスは原則的には許可しない
・内部ネットワーク上のホストからインターネットへのアクセスは許可する
・内部ネットワーク上のホストからDMZへのアクセスは許可する

　固定グローバルIPが1個の例では、ISPからIPアドレスとして「10.0.1.1」が与えられるものとして記述してあります。

　固定グローバルIPが16個の例（→ p.610）では、ISPからIPアドレスとして「10.0.1.0/28」（10.0.1.0～10.0.1.15）が与えられるものとして記述してあります。「10.0.0.0 - 10.255.255.255」はプライベートアドレスですが、説明の便宜上、これをグローバルIPと見なして使用しています。

　ルータを使用する構成例②～構成例④の場合、適切なルータ製品を使用するか、CentOS 7あるいは他のLinuxディストリビューションによりルータを構成することができます。

12-1-2 構成例① 1個のグローバルIP、Linuxを回線に直結

　LinuxサーバをPPPoEにより直接に回線終端装置に接続します。

図12-1-1　構成例① 1個のグローバルIP、Linuxを回線に直結

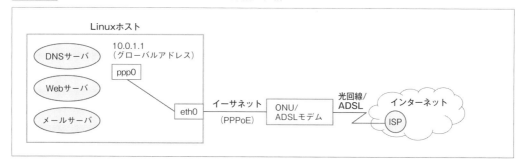

PPPoEの準備

　Linux/CentOS 7の場合は、標準リポジトリで提供されている**ro-pppoe**パッケージをインストールすることでPPPoEを利用できます。

　ro-pppoeパッケージのなかの**pppoe-setup**コマンドを実行し、回線終端装置と接続するイーサネットI/F名（例：eth0）、プロバイダとの契約時のユーザID、パスワード等を入力します。

　この結果、/etc/pppディレクトリの下の設定ファイルが変更され、**/etc/sysconfig/network-scripts/ifcfg-ppp0**ファイルが生成されます。

接続の確立

　/sbin/ifup ppp0コマンドによりpppdデーモンが起動し、固定グローバルIP（例：10.0.1.1）がppp0に設定され、プロバイダとの間で接続が確立します。

　DNSサーバ、Webサーバ、メールサーバ等のサーバプロセスは、同じ1台のLinuxホスト上で稼働させます。

12-1-3 構成例② 1個のグローバルIP、ルータ＋DMZホスト＋内部ネットワーク

インターネットに接続するルータを用意し、ルータから内部ネットワークに接続する例です。

図12-1-2　構成例② 1個のグローバルIP、ルータ＋DMZホスト＋内部ネットワーク

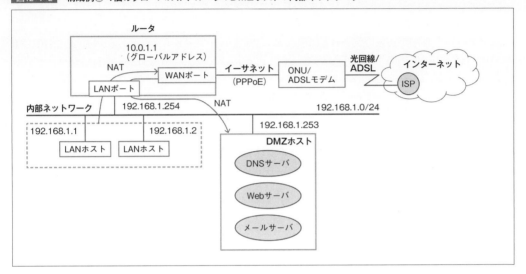

DNSサーバ、Webサーバ、メールサーバ等のサーバプロセスは、同じ1台のDMZホスト上で稼働させます。

▷**DNSサーバ**

インターネット上のクライアントに対して、自ドメインの名前解決サービスを提供します。また、内部DNSサーバからのフォワーダーとなり、自ドメインのレコード以外の問い合わせはルートサーバから問い合わせて名前解決を行い、結果を内部DNSサーバに返します。

▷**Webサーバ**

インターネット上のクライアントに対してWebサービスを提供します。Webアプリケーションがデータベースを利用する場合で、データベースで顧客情報等の秘密情報を管理する場合はデータベースサーバはセキュリティ上、内部ネットワークに置くことが推奨されます。

▷**メールサーバ**

ドメインの送信サーバおよび受信サーバです。ドメイン内にDMZ上のメールサーバ1台だけの場合はこのサーバに受信メールを保管します。

内部メールサーバを置く場合は、このメールサーバはリレーホストとなり、内部メールサーバからのメールをインターネット上の他のドメインのメールサーバに転送します。インターネット上の他のドメインからのメールはalias（エイリアス）機能を利用して、宛先ユーザが所属する部門の内部メールサーバに転送します。このサーバには受信メールは保管せず（受信メールサーバは置かない）、各部門の内部メールサーバを受信メールサーバとしてメールを保管します。

▷リバースプロキシサーバ

インターネット上のクライアントからのリクエストを、内部ネットワークのWebサーバに転送します。

ルータ内で内部ネットワーク上のホストのうちの1台をDMZホストに設定し、インターネットからの10.0.1.1宛のリクエストは、**NAT**（Network Address Translation：ネットワークアドレス変換）により、宛先アドレスをDMZホストの内部ネットワークのアドレスである192.168.1.253に変換して、DMZホストに送ります。

DMZホストの各サーバからの応答パケットは、ルータ内で発信元アドレスを10.0.1.1に変換してから、インターネット上のクライアントに返されます。

内部ネットワーク上のホストからインターネットへのアクセスのパケットは、ルータ内で発信元アドレスを10.0.1.1に変換してからインターネットに送られます。

インターネットからの応答パケットは、宛先アドレスを10.0.1.1から内部ネットワーク上のホストのアドレスに戻されて（変換されて）、ホストに送られます。

12-1-4 構成例③ 1個のグローバルIP、ルータ＋DMZセグメント＋内部ネットワーク

インターネットに接続するルータを用意し、ルータからDMZセグメントおよび内部ネットワークに接続する例です。

図12-1-3 構成例③ 1個のグローバルIP、ルータ＋DMZセグメント＋内部ネットワーク

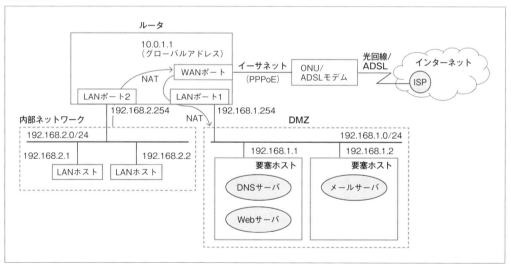

DMZセグメント（192.168.1.0/24）と内部ネットワーク（192.168.2.0/24）は、それぞれ異なったネットワークとしてプライベートアドレスを割り当てています。DMZセグメントには、複数のホストをインターネットサーバとして置くことができます。

インターネットからの10.0.1.1宛のリクエストは、NATによって宛先アドレスをDMZセグメント上のリクエストされたサービスを提供するホストのアドレス（例：httpリクエストの場合は192.168.1.1:80）に変換して送ります。

サーバからの応答パケットは、ルータ内で発信元アドレスを10.0.1.1に変換してから、インターネット上のクライアントに返されます。

内部ネットワーク（192.168.2.0/24）上のホストからインターネットへのアクセスのパケットは、ルータ内で発信元アドレスを10.0.1.1に変換してからインターネットに送られます。

インターネットからの応答パケットは、宛先アドレスを10.0.1.1から内部ネットワーク上のホストのアドレスに戻されて（変換されて）、ホストに送られます

12-1-5 構成例④ 16個のグローバルIP、ルータ＋DMZセグメント＋内部ネットワーク

インターネットに接続するルータを用意し、ルータからDMZセグメント（10.0.1.0/28）および内部ネットワーク（192.168.1.0/24）に接続する例です。

図12-1-4　構成例④ 16個のグローバルIP、ルータ＋DMZセグメント＋内部ネットワーク

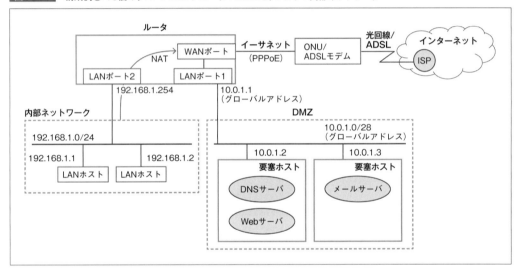

ISPと16個の固定グローバルIPで契約している場合（例：10.0.1.0/28）、ルータに割り当てるアドレス1個（例：10.0.1.1）以外の13個（例：10.0.1.2〜10.0.1.14）をDMZ上のホストに割り当てることができます。10.0.1.0はネットワークアドレス、10.0.1.15はブロードキャストアドレスになります。

「13-1 DNSサーバ」（→ p.616）では、この例でDMZ上にDNSサーバを構築するための設定を取り上げます。

インターネットからDMZセグメントへのパケットは、DMZ上のサーバが提供するサービスのみを通すようにフィルタリングします。

内部ネットワーク（192.168.1.0/24）上のホストからインターネットへのアクセスのパケットは、ルータ内で発信元アドレスを10.0.1.1に変換してからインターネットに送られます。

インターネットからの応答パケットは、宛先アドレスを10.0.1.1から内部ネットワーク上のホストのアドレスに戻されて（変換されて）、ホストに送られます。

Chapter12 | ネットワークモデル

12-2 拡張モデル

12-2-1 中規模構成でのネットワークモデル

　グーバルIPが複数個（例：16個）でルータが2台、複数（例：2個）の内部ネットワーク構成等、前項の基本モデルから拡張された、中規模構成でのネットワークモデルを示します。

図12-2-1　構成例⑤　16個のグローバルIP、ルータ2台＋複数内部ネットワーク

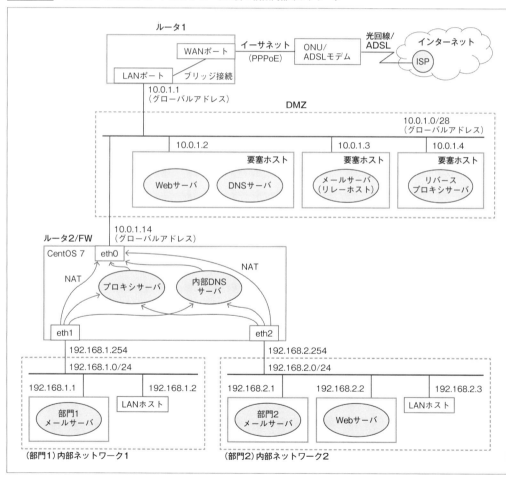

図12-2-2　各サーバの役割

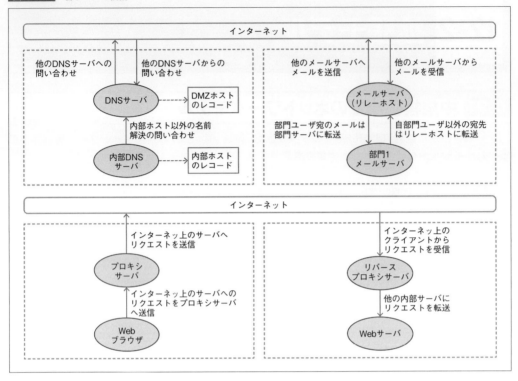

図12-2-3　DMZ上のサーバをVMで構成する例

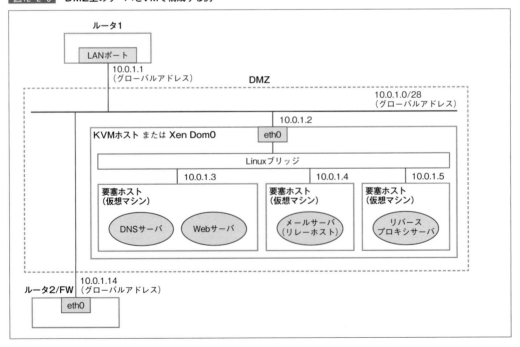

ルータとファイアウォール

DMZと内部ネットワークの間にLinux/CentOS 7で構成したルータ/ファイアウォール(図12-1-1では、ルータ2/FW)を置き、「インターネット↔内部ネットワーク」「DMZ↔内部ネットワーク」間のフィルタリングを行います。

▷内部ネットワーク↔インターネット

「インターネット→内部ネットワーク」のパケットは拒否します。「内部ネットワーク→インターネット」のパケットは許可します。SNAT(Source NAT)の設定により、内部ネットワークからのパケットの送信元アドレスは「10.0.1.14」に変換しています。

▷DMZ↔内部ネットワーク

「DMZ→内部ネットワーク」のパケットを拒否します(デフォルトルール)。ただし、「DMZ上のメールサーバ(リレーホスト)→内部ネットワークのメールサーバ」のパケットは許可しています。「DMZ上のリバースプロキシ→内部ネットワークのWebサーバ」のパケットは許可します。

「内部ネットワーク→DMZ」のパケットは許可します。これは、必要に応じて内部ネットワークのホストからもDMZ上のサーバを管理できるようにするためです。

プロキシサーバ

プロキシサーバは内部ネットワークからインターネット上のWebサーバへのプロキシとなります。このプロキシ経由のアクセスを強制とするか任意とするかは組織のセキュリティポリシーによります。

プロキシサーバをルータ(ルータ2/FW)に置けない場合は(ルータがLinuxでない場合等)、DMZ上あるいは内部ネットワークに置きます。

内部DNSサーバ

内部DNSサーバは内部ネットワーク上のホストの名前解決を行います。それ以外の名前解決のリクエストは、DMZ上のサーバにフォワードします。内部DNSサーバは内部ネットワークに置くこともできます。あるいは内部DNSサーバは用意せず、DMZ上のDNSサーバ(named)でviewステートメントにより外部向けと内部向けの両方のサービスを提供することもできます。

viewステートメントについては「13-1 DNSサーバ」(→ p.616)の「viewステートメント」の項を参照してください。

DMZセグメント

DMZセグメントには、ルータ1(10.0.1.1)とルータ2(10.0.1.14)のIPアドレスを除き、10.0.1.2～10.0.1.13の12個のIPアドレスをサーバに割り当てることができます。DMZ上のサーバは、**VM**(Virtual Machine:仮想マシン)にすることもできます。この場合は仮想マシンを置くホストOSにもIPアドレスを割り当てるので(例:10.0.1.2)、仮想マシンに割り当てることのできるIPアドレスは、10.0.1.3～10.0.1.13の11個となります。

Chapter 13 外部/内部向けサーバ構築

- **13-1** DNSサーバ
- **13-2** Webサーバ
- **13-3** プロキシサーバ
- **13-4** Webアプリケーション実行環境
- **13-5** FTPサーバ、TFTPサーバ
- **13-6** メールサーバ
- **13-7** CMS

Chapter13 外部/内部向けサーバ構築

13-1 DNSサーバ

13-1-1 DNSとは

　DNS（Domain Name System）は、ホスト名とIPアドレスの対応情報を提供します。ホスト名とIPアドレスとの対応情報は**ゾーン**と呼ばれる単位で分散管理され、ゾーンは階層型に構成されます。DNSはインターネット上にある全世界のホストのホスト名とIPアドレスを管理できます。また、LAN内の閉じられたシステムとして構築することもできます。

　ゾーンの情報を管理、提供するのが**DNSサーバ**です。DNSサーバはホスト名をIPアドレスに変換するサービスを提供します。これは**正引き**と呼ばれ、ネットワークアプリケーション（メールツール、Webブラウザ、FTP等）でホスト名を指定した時に利用されます。また、IPアドレスをホスト名に変換するサービスを提供します。これは**逆引き**と呼ばれ、netstat、tcpdump等から利用されます。

　この他に**MXレコード**と呼ばれる、ドメイン名をメールサーバ名に対応付けるサービスを提供します。MXレコードはメール配送プログラム（MTA）から利用されます。

　DNSサーバが提供するサービスを受けるのが、**DNSクライアント**です。DNSクライアントからDNSサーバへのアクセスは、ネットワークアプリケーションに組み込まれている**リゾルバ**と呼ばれるライブラリルーチンが、設定ファイル**/etc/resolv.conf**に記述されたDNSサーバのIPアドレスを得て行います。

正引きの仕組み

　以下の図は「www.google.com」のIPアドレスを問い合わせる正引きの例です。

　最上位の**ルートゾーン**から検索を開始し、「ルートゾーン」→「comゾーン」→「googleゾーン」へと、下方に向かって順に検索していきます。各ゾーンには1つ下のゾーンのDNSサーバの情報が置かれているので、そのDNSサーバに問い合わせることで1つ下のゾーンを検索できます。最終的にgoogleゾーン（google.com）を管理するDNSサーバにたどり着き、そのゾーンのなかのwww（www.google.com）のIPアドレスを問い合わせて答えを得ることができます。

図13-1-1　正引きの概要

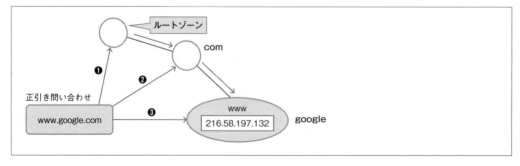

以下の図は、knowd.co.jp内のクライアントからの上記の「www.google.com」のIPアドレスの問い合わせを解決するシーケンスを、関与するサーバを含めて説明したものです。

図13-1-2 正引きの仕組み

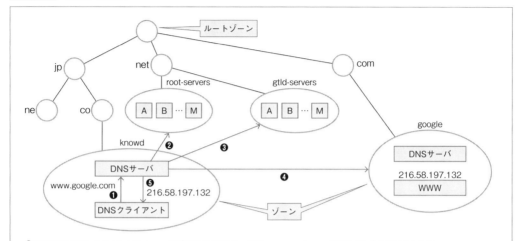

❶DNSクライアントは/etc/resolv.confに書かれたDNSサーバにwww.google.comのIPアドレスを問い合わせる
❷クライアントから問い合わせを受けたDNSサーバは、ルートゾーンから検索を開始する。ルートゾーンのDNSサーバ（root-servers.net内にある、A～Mまでのサーバ）に問い合わせをして、ルートゾーンの直下のcomゾーンのDNSサーバ（gtld-servers.net内にある、A～Mまでのサーバ）の情報を得る
❸クライアントから問い合わせを受けたDNSサーバは、gtld-servers.net内にある、A～Mのいずれかのサーバに問い合わせをして、google.comのDNSサーバの情報を得る
❹クライアントから問い合わせを受けたDNSサーバは、google.comのDNSサーバに問い合わせをして、www.google.comのIPアドレス216.58.197.132を得る
❺クライアントから問い合わせを受けたDNSサーバは、クライアントにIPアドレス216.58.197.132を返す

　DNSではゾーンの情報を管理するサーバを別のゾーンに置くこともでき、ルートゾーンを管理するサーバは「root-servers.net」内に、comゾーンを管理するサーバは「gtld-servers.net」内に置かれています。問い合わせの結果はサーバのメモリ空間にキャッシュされ、次に同じ問い合わせがあった時に参照されます。

逆引きの仕組み

　以下の図は、knowd.co.jp内のクライアントから「216.58.197.132」のドメイン名を問い合わせる逆引きの例です（216.58.197.132はwww.google.comのIPアドレスの1つであり、上記の正引きの問い合わせで得たアドレスです）。

　最上位のルートゾーンから検索を開始し、論理的には「ルートゾーン」→「arpaゾーン」→「in-addrゾーン」→「216ゾーン」→「58ゾーン」→「197ゾーン」へと、1バイト目のゾーン、2バイト目のゾーン、3バイト目のゾーンの順に下方に向かって検索していきます。実際にはルートゾーンにはin-addrゾーンのDNSサーバの情報が、in-addrゾーンには216ゾーンのDNSサーバの情報が、216ゾーンには197ゾーンのDNSサーバの情報が置かれているので、そのDNSサーバに問い合わせることで下方のゾーンを検索できます。最終的に197ゾーン（197.58.216.in-addr.arpaゾーン）を管理するDNSサーバにたどり着き、そのゾーンのなかの132（132.197.58.216.in-addr.arpa）のドメイン名を問い合わせて答えを得ることができます。

arpaドメインは、当時のアメリカ国防総省の高等研究計画局（ARPA：Advanced Research Projects Agency）の資金提供で開発されたインターネットの前身であるARPANETにDNSが導入された当初に作られ、その直下のin-addrと共に、IPv4の逆引き用ドメインとして使用されています。IPv6の逆引き用ドメインとしては「ip6.int」があります。

図13-1-3　逆引きの概要

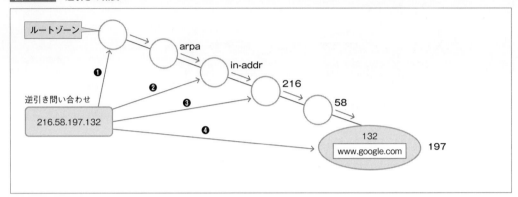

以下は上記の「216.58.197.132」のドメイン名を解決するシーケンスを、関与するサーバを含めて説明した図です。

図13-1-4　逆引きの仕組み

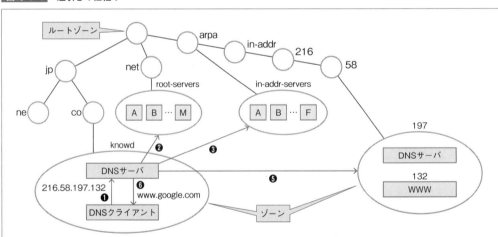

❶ DNSクライアントは、/etc/resolv.confに書かれたDNSサーバに216.58.197.132のドメイン名を問い合わせる
❷ クライアントから問い合わせを受けたDNSサーバは、ルートゾーンから検索を開始する。ルートゾーンのDNSサーバ（root-servers.net内にある、A〜Mのサーバ）に問い合わせをして、ルートゾーンの下方のin-addr.arpaゾーンのDNSサーバ（in-addr-servers.arpa内にある、A〜Fのサーバ）の情報を得る
❸ クライアントから問い合わせを受けたDNSサーバは、in-addr-servers.arpa内にある、A〜Fのいずれかのサーバに問い合わせをして、216ゾーンのDNSサーバの情報を得る
❹ クライアントから問い合わせを受けたDNSサーバは、216ゾーンのDNSサーバに問い合わせをして（この矢印は図中では省略）、2つ下の197ゾーンのDNSサーバの情報を得る。したがって1つ下への問い合わせは行われない
❺ クライアントから問い合わせを受けたDNSサーバは、197ゾーンのDNSサーバに問い合わせをして、IPアドレス216.58.197.132のドメイン名www.google.comを得る
❻ クライアントから問い合わせを受けたDNSサーバは、クライアントにドメイン名www.google.comを返す

ゾーンとドメイン

ゾーンはDNSサーバによる管理単位です。例えば前記の正引きの構成図（図13-1-2、→ p.617）では、ルートゾーンのデータは「root-servers.net」ゾーンのA～Mの13台のサーバによって管理されます。ゾーンのデータを管理するサーバは**権威サーバ**（Authoritative Server）と呼ばれ、「a.root-servers.net」～「m.root-servers.net」はルートゾーンの権威サーバです。

ルートゾーンのすぐ下のcomゾーンのデータは、「gtld-servers.net」ゾーンのA～Mの13台のサーバによって管理されます。「a.gtld-servers.net」～「m.gtld-servers.net」はcomゾーンの権威サーバです。これはルートゾーンのなかで、その下のcomゾーンの権威をgtld-servers.netゾーンのA～Mのサーバに**委任**（delegate）することで成立します。委任とは、下位ゾーンと下位ゾーンのサーバを上位ゾーンに登録することです。

comゾーンのすぐ下の「google.com」ゾーンのデータは、「ns1.google.com」～「ns4.google.com」の4台のサーバによって管理されます。ns1.google.com～ns4.google.comは、google.comゾーンの権威サーバです。これはcomゾーンのなかで、その下のgoogle.comゾーンの権威をns1.google.com～ns4.google.comに委任することで成立します（2017年年1月現在）。

以下は、comゾーンのなかでその下のgoogle.comゾーンの権威をns1.google.comに委任する、comゾーンファイルの記述例です。

comゾーンファイル中での委任の記述例

```
google.com.          172800     IN    NS    ns1.google.com.   ←❶
ns1.google.com.      172800     IN    A     216.239.32.10     ←❷
```

❶google.com.のDNSサーバ（NS：Name Server）であるns1.google.com.の登録行
❷ns1.google.com.のアドレス（A：Address）の登録行

この委任の仕組みにより、ゾーンは木構造に構成されています。

これに対して、**ドメイン**は下位ドメインを他のサーバに委任するかしないかに関わらず、下位ゾーンを全て含んだ領域となっています。上記の正引きの構成図（図13-1-2）では、jpドメインはne.jp、co.jp、knowd.co.jpを全て含んだ領域となります。

ルートゾーンとTLD

ルートゾーンはDNSの木構造のルート（root）となるゾーンで、名前解決の問い合わせはルートゾーンを起点として開始されます。CentOS 7の場合、ルートゾーンのサーバ情報は**bind**パッケージに含まれる、**/var/named/named.ca**ファイルに格納されています。また「dig -t ns .」コマンドの実行により表示することができます。digコマンドによる問い合わせは、一般ユーザ権限で可能です。

ルートゾーンのサーバ情報を表示

```
[...]$ dig -t ns .
... (途中省略) ...
;; ANSWER SECTION:
.            218676    IN    NS    e.root-servers.net.
.            218676    IN    NS    h.root-servers.net.
.            218676    IN    NS    a.root-servers.net.
```

```
.                       218676  IN      NS      m.root-servers.net.
.                       218676  IN      NS      l.root-servers.net.
.                       218676  IN      NS      d.root-servers.net.
.                       218676  IN      NS      j.root-servers.net.
.                       218676  IN      NS      f.root-servers.net.
.                       218676  IN      NS      k.root-servers.net.
.                       218676  IN      NS      b.root-servers.net.
.                       218676  IN      NS      c.root-servers.net.
.                       218676  IN      NS      i.root-servers.net.
.                       218676  IN      NS      g.root-servers.net.
…（以降省略）…
```

ルートゾーンの1つ下のドメインを**TLD**(Top Level Domain)と呼びます。例えば上記の正引きの構成図では「jp」、「net」、「com」がTLDです。TLDはその種類により、**gTLD**（ジェネリック）、**ccTLD**（国別コード）等に分類されます。上記の正引きの構成図では、jpはccTLDに、netとcomはgTLDに分類されます。

「dig @ルートサーバ TLD」コマンドの実行により、指定したTLDのネームサーバを表示することができます。

comドメインとjpドメインのサーバを表示

```
[...]$ dig @a.root-servers.net. com.
…（途中省略）…
;; AUTHORITY SECTION:
com.            172800  IN      NS      a.gtld-servers.net.
com.            172800  IN      NS      b.gtld-servers.net.
com.            172800  IN      NS      c.gtld-servers.net.
com.            172800  IN      NS      d.gtld-servers.net.
com.            172800  IN      NS      e.gtld-servers.net.
com.            172800  IN      NS      f.gtld-servers.net.
com.            172800  IN      NS      g.gtld-servers.net.
com.            172800  IN      NS      h.gtld-servers.net.
com.            172800  IN      NS      i.gtld-servers.net.
com.            172800  IN      NS      j.gtld-servers.net.
com.            172800  IN      NS      k.gtld-servers.net.
com.            172800  IN      NS      l.gtld-servers.net.
com.            172800  IN      NS      m.gtld-servers.net.
…（以降省略）…
[...]$ dig @a.root-servers.net. jp.
…（途中省略）…
;; AUTHORITY SECTION:
jp.             172800  IN      NS      a.dns.jp.
jp.             172800  IN      NS      b.dns.jp.
jp.             172800  IN      NS      c.dns.jp.
jp.             172800  IN      NS      d.dns.jp.
jp.             172800  IN      NS      e.dns.jp.
jp.             172800  IN      NS      f.dns.jp.
jp.             172800  IN      NS      g.dns.jp.
…（以降省略）…
```

完全修飾ドメイン名/FQDN

完全修飾ドメイン名（**FQDN**：Fully Qualified Domain Name）とは、TLDまでの全てのドメインを含むドメイン名です。例えば、「a.root-servers.net.」あるいは「a.root-servers.net」は完全修飾

ドメイン名です。「a」あるいは「a.root-servers」は完全修飾ドメイン名ではありません。

RFC1594のFAQではFQDNの例として、「atlas.arc.nasa.gov」「arc.nasa.gov」等、最後にドットを付けない表記が紹介されています。RFC1535では最後にドットを付けたFQDNを「absolute "rooted" FQDN」として、ドットを付けないFQDNと区別して呼んでいます。

コンテンツサーバ/権威サーバとキャッシングサーバ

ゾーンはゾーンデータを持つサーバにより構築されます。ゾーンデータを持つサーバを**コンテンツサーバ**と呼びます。コンテンツサーバは自らの権威でゾーンデータを管理するので、「権威サーバ」とも呼ばれます。

クライアントから問い合わせを受けて、他のDNSサーバへアクセスした結果をメモリにキャッシュし、キャッシュのデータをクライアントに提供するサーバを**キャッシングサーバ**（Caching Server）と呼びます。コンテンツのみ提供しキャッシングを行わないサーバを**コンテンツオンリーサーバ**、キャッシングのみを行いコンテンツを持たないサーバを**キャッシングオンリーサーバ**とも呼びます。

DNSのソフトウェアにより、コンテンツサーバとキャッシングサーバの構成方法は異なります。本書で扱う**BIND**は設定により、「コンテンツサーバ」「キャッシングサーバ」「コンテンツサーバ＋キャッシングサーバ」の3通りの構成ができます。

その他の有力なDNSサーバとして、「djbdns」や「PowerDNS」があります。djbdnsもPowerDNSも、構成するコンポーネントをコンテンツサーバとキャッシングサーバに分離したDNSサーバです。

再帰問い合わせとキャッシングサーバ

再帰問い合わせとは、サーバに対してルートゾーンからたどって最終的に目的のドメインのサーバから得た答えを要求するタイプの問い合わせです。クライアントはサーバに対しては通常、この再帰問い合わせを行い、1回の問い合わせで最終的な答えを得ます。

クライアントから再帰問い合わせを受けたサーバは、ルートゾーンからたどって何度も非再帰問い合わせを繰り返し、最終的に目的のドメインのサーバにたどり着いて答えを得ます。

この過程で他ドメインのサーバから得た答えは、そのレコードのTTL（表13-1-6参照）で指定された時間だけメモリにキャッシュされて、その後のクライアントからの問い合わせにはこのキャッシュの内容を返します。

非再帰問い合わせを受けたサーバは、リクエストされたドメインに最も近い下位ドメインのサーバ名を返します。再帰問い合わせの処理は、非再帰問い合わせの処理よりもサーバに負荷がかかります。

外部の不特定のIPアドレスからの再帰的な問い合わせを許可しているサーバを**オープンリゾルバ**と呼びます。オープンリゾルバは、DDoS攻撃（Distributed Denial of Service attack：分散Dos攻撃）の踏み台として悪用される可能性があるので、外部の不特定のIPアドレスからの再帰問い合わせを禁止する必要があります。

問い合わせ禁止の設定手順については「主なサブステートメント」（→ p.631）の「recursion」および「allow-recursion」ステートメントの説明を参照してください。

DNSのレコードは、キャッシングサーバのメモリにキャッシュされます。再帰問い合わせに対してサービスをするサーバはほとんどの場合、キャッシングサーバとして機能します。

マスタサーバとスレーブサーバ

マスタサーバは、ゾーンのオリジナルデータを持つサーバです。**スレーブサーバ**は、マスタサーバのバックアップと負荷分散のために、マスタサーバのゾーンデータのコピーを持つサーバです。スレーブサーバなしでマスタサーバだけでもDNSサービスは提供できますが、ドメインを取得する時には通常、マスタサーバとスレーブサーバの最低2台のサーバの登録が必要です。

スレーブサーバはマスタサーバのゾーンデータのなかの**SOA**（Start Of Authority）レコードで指定された周期でマスタサーバのゾーンデータのシリアル番号をチェックし、ゾーンデータが更新されていた場合はゾーン全体のデータをコピーするゾーン転送を行います。SOAレコードについては「13-1-5 ゾーンファイル」（→ p.634）の説明を参照してください。

マスタサーバではセキュリティ上、ゾーン転送はスレーブサーバにのみ許可します。

13-1-2 BIND

BIND（Berkeley Internet Name Domain）は、DNSプロトコルのオープンソースの実装です。ISC（Internet Software Consortium）が配布しています。DNSサーバデーモンであるnamed、ネットワークアプリケーションが利用するリゾルバライブラリ、DNSサーバの管理用ユーティリティ等を含みます。

BINDのパッケージ

CentOS 7で提供されるBINDの主なパッケージは、以下の通りです。

- **bind**：DNSサーバnamed、named設定ファイル、bind管理コマンドrndc、ドキュメント等
- **bind-chroot**：namedのchroot環境（/var/named/chroot）のための設定ファイル等
- **bind-libs**：DNSサーバおよびDNS問い合わせコマンドが利用するライブラリ
- **bind-utils**：DNSサーバへの問い合わせコマンドdig、host、nslookup等

bindのインストール

```
[...]# yum install bind bind-utils
…（実行結果省略）..
```

bindパッケージをインストールすると、依存関係でbind-libsもインストールされます。namedをchroot環境で稼働させる場合は、bind-chrootパッケージもインストールします。

firewalldの設定

firewalldが動作している場合、namedのdomainサービスへのアクセスを許可する必要があります。

firewalldで許可を追加

```
[...]# firewall-cmd --add-service=dns --zone=public --permanent    ←❶
[...]# firewall-cmd --list-services --zone=public --permanent      ←❷
```

❶namedのdomainサービスへのアクセスを許可
❷domainサービスへのアクセスが許可されていることを確認

SELinuxの設定

サーバにSELinuxがEnforcing（強制モード）で動作している場合、デフォルトではnamed関連のアクセスを制限しているパラメータがあります。一般的なDNSサーバの運用ではデフォルトのままで問題ありませんが、必要に応じてパラメータの値を「on」に変更します。

以下は、named関連のパラメータの値を表示する例です。

SELinuxの確認

```
[...]# getsebool -a | grep named
...（実行結果省略）...
```

namedの起動と停止

systemctlコマンドにより、DNSサーバデーモン**named**の起動と停止を行います。

namedをchroot環境で起動するには以下のサービス名を「named」ではなく「named-chroot」と指定します。chroot環境については後述します。

namedの起動
```
systemctl start named
```

namedの停止
```
systemctl stop named
```

namedの有効化
```
systemctl enable named
```

namedの無効化
```
systemctl disable named
```

13-1-3 DNSサーバnamedの設定

CentOS 7では、BINDのパッケージをインストールすると以下の設定ファイルと設定ディレクトリが作成されます。この状態でnamedを起動すると、ローカルホストからの問い合わせだけを受け付ける、ゾーンを持たないキャッシングサーバ（Caching-only Name Server）として動作します。

namedは「-u」オプションにより、非特権ユーザnamedで起動します。

キャッシングサーバとしてnamedを起動

```
[...]# systemctl enable named
[...]# systemctl start named
[...]# ps -ef |grep named
named     4847     1  0 11:41 ?     00:00:00 /usr/sbin/named -u named
```

▷ **/etc/named.conf**
　namedの設定は、このファイルにステートメントを記述することにより行います。

▷ **/etc/named.rfc1912.zones**
　RFC1912の「section 4.1 Boot file setup」に従い、誤ってDNSサーバにlocalhost（ローカルホスト）の正引きあるいは逆引きの問い合わせがあった場合、ルートサーバに問い合わせが送られないようにサーバ自身で応答するためのlocalhostの正引きと逆引きのゾーンを記述したファイルです。設定ファイル/etc/named.confのなかで「include "/etc/named.rfc1912.zones";」の記述により参照されます。なお、CentOS 7のデフォルト設定では、「localhost, 127.0.0.1, ::1」は/etc/hostsによって名前解決されます。

▷ **/etc/named.root.key**
　DNSSECのためのルートゾーンのキーが格納されたファイルです。

▷ **/var/named**
　ゾーンファイルを置くディレクトリです。

▷ **/var/named/named.ca**
　ルートゾーンのサーバ情報が格納されたファイルです。

▷ **/var/named/data**
　rndcコマンドによるキャッシュのダンプやステータスが出力されるディレクトリです。

▷ **/var/named/slaves**
　マスタサーバからゾーン転送されてスレーブサーバのゾーンファイルが作成されるディレクトリです。

chrootによるセキュリティ強化

　bind-chrootパッケージをインストールし、「systemctl start named-chroot」を実行することにより、namedはセキュリティの強化された**chroot jail**の環境で起動します。
　namedは「-t /var/named/chroot」オプションにより、起動直後に/var/named/chrootディレクトリにchrootします。

セキュリティ強化したnamedの起動

```
[...]# systemctl enable named-chroot
[...]# systemctl start named-chroot    ←❶
[...]# ps -ef | grep named
named    12811     1  0 18:06 ?        00:00:00 /usr/sbin/named -u named -t /var/named/chroot  ←❷
```

❶chroot jail環境で起動
❷「-t /var/name/chroot」オプションが指定されている

図13-1-5 設定ファイルとディレクトリの構成

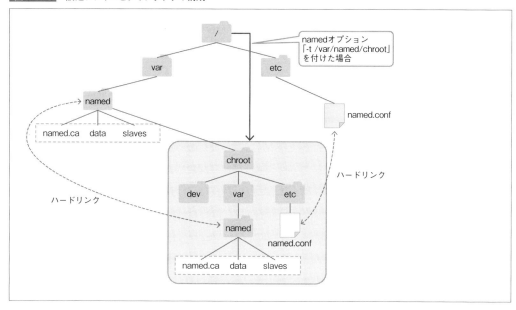

インストール時の/etc/named.conf（コメントは削除）

```
[...]# cat /etc/named.conf
options {
    listen-on port 53 { 127.0.0.1; };   ←ローカルホストの53番ポートで待機 (IPv4)
    listen-on-v6 port 53 { ::1; };   ←ローカルホストの53番ポートで待機 (IPv6)
    directory       "/var/named";   ←ゾーンファイルを置くディレクトリの指定
    dump-file       "/var/named/data/cache_dump.db";   ←❶
    statistics-file "/var/named/data/named_stats.txt";   ←❷
    memstatistics-file "/var/named/data/named_mem_stats.txt";   ←❸
    allow-query     { localhost; };   ←問い合わせはローカルホストからのみ許可

    recursion yes;   ←再帰問い合わせを許可

    dnssec-enable yes;
    dnssec-validation yes;

    bindkeys-file "/etc/named.iscdlv.key";

    managed-keys-directory "/var/named/dynamic";

    pid-file "/run/named/named.pid";
    session-keyfile "/run/named/session.key";
};

logging {
    channel default_debug {
        file "data/named.run";   ←❹
        severity dynamic;
    };
};

zone "." IN {   ←ルートゾーン (.) から検索するためのzoneステートメント
    type hint;
```

```
        file "named.ca";
};

include "/etc/named.rfc1912.zones";
include "/etc/named.root.key";
```

❶「rndc dumpdb」コマンドによって出力されるキャッシュ内容のダンプファイルの指定。デフォルトは/var/named/named_dump.db
❷「rndc stats」コマンドによって出力される統計情報ファイルの指定。デフォルトは/var/named/named.stats
❸named終了時に出力されるメモリ使用の統計情報ファイルの指定。デフォルトは/var/named/named.memstats
❹デバッグ情報の出力先を/var/named/data/named.runファイルに指定

13-1-4 主なステートメント

named.comfの重要なステートメントとして、**options**と**zone**があります。

表13-1-1　重要なステートメント

ステートメント	説明
options	サーバ構成全体に関わるオプションを設定し、また他のステートメントのデフォルト設定となる
zone	ゾーンを定義する

その他の主なステートメントとして、**acl**、**controls**、**include**、**key**、**logging**、**view**があります。

表13-1-2　その他の主なステートメント

ステートメント	説明
acl	IPアドレスの一致リストを名前を付けて定義する。アクセス制御等に使用
controls	rndcコマンドによる制御のためのIPアドレス、キー情報等を指定する
include	他のファイルをインクルードする
key	TSIGの認証/認可で使用するキー情報を指定する
logging	ログに記録する内容を指定する
view	viewを定義する。viewはDNS名前空間を分割し(例：内部ゾーン、外部ゾーン)、クライアントからの問い合わせに対して、IPアドレスの一致リストに応じて異なったDNS名前空間を見せることができる

コメントを記述することもできます。

表13-1-3　コメントの例

コメント	説明
/* コメント */	/* と */で囲んだ部分がコメント。C言語のコメントと同じ
// コメント	// 以降がコメント。C++言語のコメントと同じ
# コメント	# 以降がコメント。シェルスクリプト、Perlスクリプトのコメントと同じ

以下は、optionsステートメントとzoneステートメントを使用した/etc/named.confの設定例です。正引きゾーン「my-centos.com」と、16個のグローバルアドレスが割り当てられたDMZセグメント

10.0.1.0/28の逆引きゾーン「0/28.1.0.10.in-addr.arpa」を設定しています。

ISPからIPアドレスとして「10.0.1.0/28」(10.0.1.0～10.0.1.15)が与えられたものとして記述してあります。「10.0.0.0 - 10.255.255.255」はプライベートアドレスですが、説明の便宜上、これをグローバルIPと見なして使用しています。

DMZについては、「12-1 基本モデル」(→ p.606)を参照してください。

/etc/named.confの例（コメントは削除）

```
[...]# vi /etc/named.conf
options {   ←❶
    directory "/var/named";   ←❷
    allow-recursion { localhost; 192.168.1.0/24; 10.0.1.0/16; };   ←❸
};
zone "." IN {   ←❹
    type hint;   ←❺
    file "named.ca";   ←❻
};
zone "my-centos.com" IN {   ←❼
    type master;   ←❽
    file "zone.my-centos.com";   ←❾
};
zone "0/28.1.0.10.in-addr.arpa" IN {   ←❿
    type master;   ←⓫
    file "zone.0.1.0.10.in-addr.arpa";   ←⓬
};
```

❶optionsステートメント
❷以下のzoneステートメントで指定したファイル、named.ca、zone.my-centos.com、zone.1.0.10.in-addr.arpaを置くディレクトリを指定する
❸ローカルホスト、内部ネットワーク、DMZセグメントからの再帰問い合わせだけを許可する
❹ルートゾーン(.)から検索するためのzoneステートメント
❺検索の起点の場合は「type hint」と記述する
❻named.caファイルにルートゾーンのネームサーバ名とIPアドレスを記述する
❼zoneステートメントで「my-centos.com」ゾーンを定義する（正引きのためのゾーン）
❽ゾーンのマスタサーバになる
❾ホスト名からIPアドレスへの対応付けをゾーンファイル「zone.my-centos.com」に記述する。
❿zoneステートメントで「0/28.1.0.10.in-addr.arpa」ゾーンを定義する（逆引きのためのゾーン）
⓫ゾーンのマスタサーバになる
⓬ネットワーク10.0.1.0/28 内のホストのIPアドレスからホスト名への対応付けをゾーンファイル「zone.0.1.0.10.in-addr.arpa」に記述する

マスタサーバの場合は、上記の例のように「type master」と記述します。スレーブサーバの場合は「type slave」と記述します。

16個のグローバルアドレスが割り当てられたDMZセグメント10.0.1.0/28の逆引きゾーンは、「0/28.1.0.10.in-addr.arpa」と記述します。「0/28.」の「0」は16個のIPアドレスの最初のホスト番号（ネットワークアドレス）、「28」はプリフィックス値を表します。なお、ISPによっては個数の少ないアドレスを割り当てる場合、逆引きゾーンの委任はせずに個々のアドレス毎に逆引きレコードをISPに登録するケースもあります。

fileサブステートメントで指定するゾーンファイル（例：zone.my-centos.com、zone.0.1.0.10.in-addr.arpa）の書式については、「13-1-5 ゾーンファイル」(→ p.634)の解説を参照してください。

aclステートメント

aclステートメントは、IPアドレスの一致リストに名前（**ACL名**）を付けます。この名前はACL（Access Control List）によるアクセス制御で使用でき、直接IPアドレスで指定するよりわかりやすく記述できます。ACL名は、それを使用する位置より前の位置で、事前に定義しておく必要があります。

aclステートメント

acl ACL名 { アドレス一致リスト; };

ACL名には組み込まれている定義済みの名前があります。これらのACL名はaclステートメントで定義することなく使用することができます。

表13-1-4　組み込みACL名

ACL名	説明
any	全てのホストに一致
none	どのホストにも一致しない
localhost	ローカルホストの全てのネットワークI/Fに設定されたIPv4とIPv6のアドレスに一致
localnets	ローカルホストの全てのネットワークI/Fに接続されたIPv4とIPv6のネットワークアドレスに一致

以下は、内部ネットワーク「192.168.1.0/24」に「internals」というACL名を付け、自ホストと内部ネットワークからの問い合わせだけを許可する例です。

aclステートメントの設定例

```
acl internals { 192.168.1.0/24; };
allow-query { localhost; internals; };
```

controlsステートメント

TSIGプロトコルを使用したrndcコマンドによるnamedの制御のためのIPアドレス、キー情報等を指定します。

controlsステートメント

```
controls {
    inet 待機IPアドレス port 待機ポート番号
        allow { rndcホストのIPアドレス; } keys { "TSIGキー名"; };
};
```

controlsステートメントの設定例

```
controls {
    inet 127.0.0.1 port 953
        allow { 127.0.0.1; } keys { "rndc-key"; };
};
```

設定の詳細は「13-1-7 rndcコマンドによるnamedの管理」(→ p.640)および、「TSIG」(→ p.642)の解説を参照してください。

includeステートメント

includeステートメントを記述した位置に、指定したファイルの内容を展開します。

includeステートメント

include ファイル名;

includeステートメントの設定例

```
include "/etc/rndc.key";
```

keyステートメント

アルゴリズムとキー値を指定して、TSIGキーに名前を付けます。

keyステートメント

```
key キー名 {
    algorithm アルゴリズム名;
    secret キー値;
};
```

keyステートメントの設定例

```
key "rndc-key" {
    algorithm hmac-md5;
    secret "ZgIt1ZZDZkxFp4fSDHx5kw==";
};
```

loggingステートメント

loggingステートメントでは、カテゴリ(category)とチャネル(channel)の指定により、どの種類のログをどこに記録するかを定義することができます。

▷ **チャネル(channel)**

ログの送り先を指定します。default_syslog、default_debug、default_stderr、nullの4つが事前定義されています。その他にも管理者独自の定義が可能です。

▷ **カテゴリ(category)**

ログの種類を指定します。default、config、parser、…等、たくさんのカテゴリがあります。詳細は「man named」コマンドによってオンラインマニュアルを参照してください。

loggingステートメントを記述しなかった場合は、カテゴリは「default」(全ての種類)、チャネルは「default_syslog」となります。

以下は、loggingのデフォルト設定を記述した例です。この場合、namedの全てのログをファシリティdaemon、プライオリティinfoでsyslogに送ります。

loggingステートメント
```
logging {
    channel チャネル名 {
        送り先毎の個別設定; ... ;
    };
    category カテゴリ名 {
        チャネル名; ... ;
    };
};
```

loggingステートメントの設定例
```
logging {
    channel default_syslog {
        syslog daemon;
        severity info;
    };
    category default { default_syslog; };
};
```

viewステートメント

viewステートメントはDNS名前空間を分割し、クライアントからの問い合わせに対してサブステートメントmatch-clientsあるいはmatch-destinationsのIPアドレスの一致リストに応じて異なったDNSゾーンを見せることができます。

インターネット上の不特定多数のクライアントからの問い合わせにはインターネットドメインのホストのみ公開し、内部ネットワークのクライアントからの問い合わせには、インターネットドメインのホストと内部ドメインのホストの両方を見せる場合などに使用することができます。

- **match-clients**：発信元アドレス（クライアントアドレス）に一致
- **match-destinations**：宛先アドレスに一致

viewステートメント
```
view ビュー名 {
    match-clients { マッチするアドレスリスト };
    match-destinations { マッチするアドレスリスト };
    [viewオプション; ...]
    [zoneステートメント; ...]
};
```

以下は、「view "internal"」では内部ドメインoffice.my-centos.comへの問い合わせは内部ネットワークからのリクエストに対してのみ許可し、「view "external"」ではインターネットに公開して

いるドメインmy-centos.comへの問い合わせは内部および外部の両方に対して許可する例です。

viewステートメントの設定例

```
view "internal" {
    match-clients { 192.168.1.0/24; };
    recursion yes;
    zone "office.my-centos.com" {
        type master;
        file "zone.office.my-centos.com";
    };
};
view "external" {
    match-clients { any; };
    recursion no;
    zone "my-centos.com" {
        type master;
        file "zone.my-centos.com";
    };
};
```

主なサブステートメント

　ステートメントの多くは、「{」と「}」で囲んだブロックのなかにサブステートメントを含みます。以下は、アクセス制御で使用する主なサブステートメントです。optionsあるいはzoneステートメントのブロックのなかに記述します。

　サーバによるアクセス制御は、クライアントのIPアドレスをベースに行います。

□ allow-query

　特定のホストあるいは特定のネットワークからの問い合わせにだけ答えるには、allow-queryサブステートメントを使用します。

　以下は、ローカルホスト「127.0.0.1」とネットワーク「192.168.1.0/24」からの問い合わせにだけ答える設定です。

allow-queryサブステートメントの設定例

```
options {
    allow-query { 127.0.0.1; 192.168.1.0/24; };
};
```

□ blackhole

　blackholeサブステートメントにネットワークやIPアドレスを記述すると、クライアントからの問い合わせに応答せず、また問い合わせも出さなくなります。

　以下は、ホスト「172.17.1.90」とネットワーク「172.18.0.0/18」からの問い合わせにだけ答えない設定です。

blackholeサブステートメントの設定例

```
options {
    blackhole { 172.17.1.90; 172.18.0.0/16; };
};
```

□ allow-query-cache

「allow-query-cache {IPアドレス;} ;」により、指定したIPアドレスのホストにはキャッシュから回答を返します。allow-query-cacheが指定されていない場合は、以下の値が使用されます。

- allow-recursionが指定されていた場合は、allow-recursionの値
- allow-recursionの指定がなく、allow-queryが指定されていた場合はallow-queryの値
- allow-recursionもallow-queryも指定されていなかった場合のデフォルトは「allow-query-cache {localnets; localhost; };」

「allow-query-cache {none;} ;」を「recursion no」と共に使用すると、コンテンツオンリーサーバとなります。

□ recursion、allow-recursion

クライアントからの再帰問い合わせは、「options { recursion no; };」で拒否できます。デフォルトは再帰問い合わせを許可 (options { recursion yes; };) しています。

以上のように単に再帰問い合わせを禁止すると、内部のクライアントも再帰問い合わせによるサービスを受けられなくなります。DMZ上のコンテンツオンリーサーバの場合に設定します。

特定のホスト/ネットワークからの再帰問い合わせのみを受け付けるには、「allow-recursion { ホスト/ネットワークアドレス; };」を設定します。デフォルトは全てのクライアントからの再帰問い合わせを許可 (allow-recursion { any; };) します。

以下は、全てのクライアントからの再帰問い合わせを拒否する設定です。

recursionサブステートメントの設定例

```
options {
    recursion no;
};
```

以下は、ローカルホスト (127.0.0.1)、内部ネットワーク (192.168.1.0/24) とDMZ上のホスト (10.0.1.0/16) からの再帰問い合わせのみを許可する例です。

allow-recursionサブステートメントの設定例

```
options {
    allow-recursion { localhost; 192.168.1.0/24; 10.0.1.0/16; };
};
```

□ allow-transfer

allow-transferステートメントは、ゾーン転送を許可します。マスタサーバではセキュリティ上、ゾーン転送はスレーブサーバと、場合によっては特定のホストにのみ許可します。

以下は、ローカルホスト（127.0.0.1）とスレーブサーバ「202.61.27.195」へのみゾーン転送を許可する例です。

allow-transferサブステートメントの設定例

```
options {
    allow-transfer{ localhost;202.61.27.195; };
};
```

□ forward only、forward first、forwarders

クライアントからの問い合わせを、他のサーバにフォワード（転送）することができます。optionsあるいはzoneステートメントのブロックのなかに記述します。両方に書いた場合はzoneステートメント内の設定が優先します。

内部ネットワーク上のDNSサーバは、DMZと内部ネットワーク間に位置するファイアウォールによりインターネット上のDNSサーバからの応答を受け取れないため、DMZ上のDNSサーバにクライアントからの問い合わせを転送する時等に使用します

forwardおよびforwardersサブステートメント

forward (only | first);
forwarders { フォワーダ;}

forwardに「only」または「first」を設定し、forwardersによりフォワーダ（転送先サーバ）を指定します。「forward only;」はフォワーダにのみ問い合わせをして、ローカルサーバでは名前解決をしません。「forward first;」はまずフォワーダに問い合わせをして、フォワーダで解決できなかった場合にはローカルホストが非再帰問い合わせをルートサーバから繰り返して解決します。デフォルトは「forward first;」です。

domainサービスの53番ポートが閉じられたファイアウォール内のDNSサーバがインターネット上のホストの名前解決を行う場合には、「forward only;」としてDMZ上のDNSサーバをフォワーダとして利用することができます。特定のサーバによって最初に名前解決を行いたい場合に、「forward first;」により当該サーバをフォワーダとして利用できます。

forwardおよびforwardersサブステートメントの設定例（/etc/named.conf）

```
options {
    forward only;
    forwarders { 10.0.1.2; };
};
```

□ version

セキュリティ対策として、versionサブステートメントによりバージョンの非表示、あるいは表示バージョンの指定ができます。「version none;」とすることで、非表示となります。

バージョンを非表示に設定（/etc/named.conf）

```
options {
    version none;
};
```

表示するバージョンの指定（/etc/named.conf）

```
options {
    version "v9";
};
```

以下は、digコマンド（→ p.637）によりローカルホストのnamedのバージョンを表示する例です。namedはデフォルトでは詳細なバージョンを表示します。

デフォルト設定の場合

```
[...]# named -v   ←❶
BIND 9.9.4-RedHat-9.9.4-29.el7_2.4 (Extended Support Version)
[...]# dig +short -c chaos -t txt version.bind. @127.0.0.1   ←❷
"9.9.4-RedHat-9.9.4-29.el7_2.4"
```

❶namedの-vオプションによりバージョンを表示
❷digコマンドでnamedにアクセスしてバージョンを表示

「version "v9";」を設定した場合

```
[...]# dig +short -c chaos -t txt version.bind. @127.0.0.1
"v9"
```

13-1-5 ゾーンファイル

ゾーン名、サーバタイプ、ゾーンファイル名等のDNSサーバが管理する各ゾーン固有の情報は、設定ファイル**/etc/named.conf**の**zone**ブロックのなかで指定します。

ゾーンファイルのファイル名は、/etc/named.confのzoneブロック中の**file**サブステートメントで指定します。ゾーンファイルを置くディレクトリ名は、/etc/named.confのoptionsブロック中の**directory**サブステートメントで絶対パスで指定します。ゾーンファイルでは、ディレクティブを使用してレコードの起点やTTLの値を設定することができます。

表13-1-5　主なディレクティブ

ディレクティブ	説明
$ORIGIN	ゾーンファイル中のドメイン名の付いていない以降のレコードに対して起点となるドメイン名を与える。$ORIGINを指定しない場合は/etc/named.confのなかでzoneステートメントにより指定されたゾーン名の末尾に「.」を付けたドメイン名が使用される
@	現在の起点となっているドメイン名を与える
$TTL	ゾーンファイル中のTTLの指定のない以降のレコードに対して、TTLを指定する。$TTLの指定のない場合はネガティブキャッシュTTLを指定するSOAデータフィールドの値が使用される

> ネガティブキャッシュTTLは他のサーバからのNXDOMAIN（ドメインが存在せず）の応答をキャッシュする時間です。SOAレコードの最後のフィールドで指定します。RFC2308では1時間から3時間の間で設定することが推奨されており、1日以上に設定すると問題が起きるとされています。BIND9では設定できる最大値は3時間です。以前はRFC1035に従い、SOAの最後のフィールド（Minimum）はリソースレコード（RR）のTTLのデフォルト値を設定していましたが、現在はRFC2308（Negative Caching of DNS Queries）に従い、BIND4.9以降（BIND4.9、BIND8、BIND9）では、ネガティブキャッシュTTLを指定します。RRのデフォルトTTLは、現在は$TTLディレクティブで指定します。

ゾーンファイルにはSOA、NS、A、MX、PTR、CNAME等のリソースレコードを記述します。ゾーンファイルには、権威の定義、ネームサーバの定義、ホスト名からIPアドレスへのマッピング、IPアドレスからホスト名へのマッピング、ドメイン名からメールサーバ名へのマッピング、別名から正規名へのマッピング等のレコードを、次の書式で各1行で記述します。

ゾーンファイルにFQDNを記述する場合は、最後にルートゾーンを表す「.（ドット）」を付けます。「.」なしで記述した場合は、設定された起点（ORIGIN）からの相対（relative）として解釈されるので注意が必要です。なお、「$ORIGIN .」と設定して起点をルートゾーンにした場合は、最後に「.」を付けても付けなくても同じ意味になります。

ゾーンファイルに書くレコードの書式
ドメイン要素名 生存時間 オブジェクトアドレスタイプ レコードタイプ データ

表13-1-6 レコードのフィールド

	フィールド	説明
1	ドメイン要素名	ドメイン名、ホスト名、IPアドレス等を記述する。省略可能
2	生存時間（TTL：Time To Live）	キャッシュ内での生存時間を秒単位で記述する。省略可能
3	オブジェクトアドレスタイプ	INと記述。省略可能
4	レコードタイプ	SOA、NS、A、PTR、MX、CNAME等、レコードのタイプを指定する
5	データ	レコードタイプに応じたデータを記述する

表13-1-6のフィールドの4行目「レコードタイプ」には次の表のものがあります。

表13-1-7 レコードタイプ

レコードタイプ	説明	ドメイン要素名	レコードタイプ	データ
SOA（Start Of Authority）	管理権限の定義	my-centos.com.	SOA	ns.my-centos.com. root.my-centos.com. 1 3H 1H 1W 1H
NS（Name Server）	ネームサーバの定義	my-centos.com.	NS	ns.my-centos.com.
A（address）	ホスト名からIPアドレスへの対応付けを定義	ns.my-centos.com.	A	10.0.1.2
PTR（Pointer）	IPアドレスからホスト名への対応付けを定義	2.1.0.10.in-addr.arpa.	PTR	ns.my-centos.com.
MX（Mail Exchanger）	ドメイン名からメールサーバ名への対応付けを定義	my-centos.com.	MX	10 mail.my-centos.com.
CNAME（Canonical Name）	別名から正規名（Canonical Name）への対応付けを定義	mail.my-centos.com.	CNAME	ns.my-centos.com.

以下は、SOAレコードの場合の表13-1-6のレコードのフィールドの5行目「データ」に記述するフィールドと記述例です。リフレッシュ間隔、リトライ間隔、失効時間、TTLは秒単位ですが、M（Minute）、H（Hour）、D（Day）、W（week）を付けて、分、時、日、週に単位を変更できます。

表13-1-8　SOAのデータフィールド

フィールド	説明	記述例1	記述例2
管理ホスト名	マスタサーバのホスト名	ns.my-centos.com.	ns.my-centos.com.
管理者メールアドレス	ユーザ名.ドメイン名	root.my-centos.com.	root.my-centos.com.
シリアル番号	更新時に＋1する	2016120101	1
リフレッシュ間隔	スレーブが更新を確認する間隔	10800	3H
リトライ間隔	アクセスできなかった時、スレーブがリトライする間隔	3600	1H
失効時間	アクセスできなかった時、スレーブがデータを破棄するまでの時間	604800	1W
TTL	ネガティブキャッシュのTTL	3600	1H

以下は、「主なステートメント」で解説した「/etc/named.confの例」の内容に対応した正引きゾーンデータファイルの例です。「/etc/named.confの例」では、ファイル名を「zone.my-centos.com」としています。

第2フィールドの生存時間と第3フィールドのオブジェクトアドレスタイプは省略してあります。SOAレコードの内容は表13-1-8「SOAのデータフィールド」の内容と同じです。

正引きゾーンデータファイルの例（zone.my-centos.com）

```
$ORIGIN my-centos.com.          ←❶
$TTL 14400      ; 4 hours       ←❷
@           IN SOA  ns.my-centos.com. root.my-centos.com. (   ←❸
                    2012090101  : serial
                    10800       : refresh (3 hours)
                    3600        : retry (1 hour)
                    604800      : expire (1 week)
                    3600        : minimum (1 hour)
                    )
            IN NS   ns.mycentos.com.        ←❹
            IN MX   10 mail.my-centos.com.  ←❺
ns          IN A    10.0.1.2                ←❻
mail        IN A    10.0.1.3                ←❼
```

❶$ORIGINはゾーンの起点となるドメイン名を指定。省略した場合はnamed.confのzoneステートメントで指定されたドメイン名となる
❷$TTLはレコードのデフォルトの生存時間を指定。省略した場合はネガティブキャッシュのTTLを指定するSOAデータフィールドの値が使用される。セミコロン「;」以降、行末まではコメントになる
❸SOAレコードのようにデータフィールドが長い場合は括弧「()」で囲むことにより複数行に渡って記述することができる
❹ドメイン要素名を省略して「ns」とした場合は、現在のドメインであるmy-centos.com.で補完される
❺ドメイン要素名を省略して「mail」とした場合は、現在のドメインであるmy-centos.com.で補完される
❻ホスト名nsは現在のドメインであるmy-centos.com.で補完される
❼ホスト名nsは現在のドメインであるmy-centos.com.で補完される

以下は、逆引きゾーンデータファイルの例です。「/etc/named.conf」の例では、ファイル名を「zone.0.1.0.10.in-addr.arpa」としています。

第2フィールドの生存時間と第3フィールドのオブジェクトアドレスタイプは省略してあります。

逆引きゾーンデータファイルの例（zone.0.1.0.10.in-addr.arpa）

```
$ORIGIN   0/28.1.0.10.in-addr.arpa.
$TTL 14400
@              IN SOA  … (上記の正引きゾーンファイルと同じ) …
               IN NS    ns.mycentos.com.
2              IN PTR   ns.mycentos.com.      ←❶
3              IN PTR   mail.mycentos.com.    ←❷
```

❶IPアドレス10.0.1.2(2.1.0.10.in-addr.arpa.)に対応付けられる
❷IPアドレス10.0.1.3(3.1.0.10.in-addr.arpa.)に対応付けられる

13-1-6 digコマンドとhostコマンド

dig（domain information groper）は、DNSサーバに問い合わせを行い、その応答内容を表示するコマンドです。DNSクライアントとDNSサーバはdomainプロトコルによる通信をメッセージと呼ばれる形式で行いますが、digコマンドはサーバからクライアントに返されるこのメッセージの詳細情報と応答時間等の情報も表示します。

同種のコマンドにhostコマンドやnslookupがありますが、digコマンドに比べて表示する情報量も機能も少なく、どちらかと言うと手軽な利用に向いています。digコマンドはDNSのデバッグやトラブルシューティングにも利用されます。

DNSサーバへの問い合わせ
dig [@サーバ] [オプション] ドメイン

表13-1-9　digコマンドのオプション

オプション	説明
@サーバ名	問い合わせるサーバを指定
-t レコードタイプ	問い合わせるレコードタイプを指定。主なレコードタイプは以下の通り　a(Aレコード)、any(全てのレコードタイプ)、mx(MXレコード)、ns(NSレコード)、soa(SOAレコード)、axfr(ゾーン転送)
-x IPアドレス	逆引きの指定
+[no]recurse	+recurseはRD (recursion desired)ビットを立て、再帰問い合わせをリクエストする。+recurseがデフォルト。+norecurseはRDビットを立てず、非再帰問い合わせを行う
+[no]trace	ルートゾーンからの問い合わせをトレースする。+notraceとするとトレースせず、最終結果だけを表示する。+notraceがデフォルト
+[no]short	+shortは結果を簡潔に表示する。+noshortは詳細情報を表示する。+noshortがデフォルト

メッセージは、次の5つのセクションから構成されます。

表13-1-10　メッセージを構成するセクション

セクション	説明
Header	メッセージの内容を表すフラグ (qr、aa、rd、ra等) やdigコマンドではステータスとして表示されるサーバからの応答コード等
Qestion	クライアントからの問い合わせの内容 (ドメイン名等)
Answer	サーバからの回答
Autority	問い合わせたゾーンについての権限を有するサーバ (マスタ、スレーブ) の情報
Additional	非再帰問い合わせに対するサーバの回答等

表13-1-11　Headerセクションのフラグ

フラグ	説明
qr (Query)	問い合わせの時はこのフラグが立ち、応答の時は立たない。クライアントであるdigコマンドはこのフラグを立てて表示する
aa (Authoritative Answer)	ドメインの権限を有するサーバによる応答の時はこのフラグが立つ
rd (Recursion Desired)	再帰問い合わせをリクエストした時はこのフラグが立つ。クライアントであるdigコマンドは再帰問い合わせの時はこのフラグを立てて表示する
ra (Recursion Available)	サーバが再帰問い合わせを許可した時はこのフラグが立つ

表13-1-12　Headerセクションのステータス

ステータス	説明
NOERROR	エラーなし
FORMERR	フォーマットエラー。サーバが問い合わせを解釈できない
SERVFAIL	サーバエラー。サーバ内部の問題で問い合わせを処理できない
NXDOMAIN	ドメインの権限を有するサーバのデータ内に、問い合わせしたドメインが存在しない
NOTIMP	サーバには問い合わせを処理する機能がない
REFUSED	サーバのポリシー設定により、問い合わせが拒否された

以下の例では、www.google.comのアドレスの再帰問い合わせ（デフォルト）を行っています。digコマンドによる問い合わせは、一般ユーザ権限で可能です。

アドレスの再帰問い合わせ

```
[...]$ dig www.google.com

; <<>> DiG 9.9.4-RedHat-9.9.4-29.el7_2.4 <<>> www.google.com
;; global options: +cmd
;; Got answer:
;; ->>HEADER<<- opcode: QUERY, status: NOERROR, id: 28837
;; flags: qr rd ra; QUERY: 1, ANSWER: 1, AUTHORITY: 4, ADDITIONAL: 5

;; OPT PSEUDOSECTION:
; EDNS: version: 0, flags:; udp: 4096
;; QUESTION SECTION:
;www.google.com.                IN      A     ←問い合わせ：www.google.comのアドレス

;; ANSWER SECTION:
www.google.com.         300     IN      A      216.58.197.132
↑回答：www.google.comのアドレスは216.58.197.132

;; AUTHORITY SECTION:
google.com.             43518   IN      NS     ns1.google.com.
google.com.             43518   IN      NS     ns3.google.com.
google.com.             43518   IN      NS     ns2.google.com.
google.com.             43518   IN      NS     ns4.google.com.

;; ADDITIONAL SECTION:
ns2.google.com.         225029  IN      A      216.239.34.10
ns1.google.com.         225044  IN      A      216.239.32.10
ns3.google.com.         225054  IN      A      216.239.36.10
ns4.google.com.         225060  IN      A      216.239.38.10
```

```
;; Query time: 42 msec   ←問い合わせから回答までに要した時間は42ミリ秒
;; SERVER: 202.61.27.204#53(202.61.27.204)   ←問い合わせたサーバのアドレス
;; WHEN: 木 12月 01 23:31:26 JST 2016
;; MSG SIZE  rcvd: 195
```

以下は、ルートゾーンのサーバ、トップレベルドメインcom.のサーバ、google.comドメインのサーバに対し、順番にwww.google.comのアドレスの「非再帰」問い合わせを行う例です。

アドレスの非再起問い合わせ

```
[...]$ dig -t ns .   ←ルートゾーンのサーバ情報を表示
...（途中省略）...
;; ANSWER SECTION:
.                       214427  IN      NS      f.root-servers.net.
.                       214427  IN      NS      d.root-servers.net.
.                       214427  IN      NS      a.root-servers.net.
...（以降省略）...
[...]$ dig @f.root-servers.net. +norecurse  www.google.com.
↑1回目の非再帰問い合わせ（ルートゾーンのサーバに問い合わせ）
...（途中省略）...
;; QUESTION SECTION:
;www.google.com.                IN      A

;; AUTHORITY SECTION:
↓a.gtld-servers.net.からm.gtld-servers.net.までの13台のサーバのNSレコードがランダムな順序で表示される
com.                    172800  IN      NS      i.gtld-servers.net.
com.                    172800  IN      NS      e.gtld-servers.net.
...（途中省略）...

;; ADDITIONAL SECTION:
↓a.gtld-servers.netからm.gtld-servers.netまでの13台のサーバのAレコードが表示される
a.gtld-servers.net.     172800  IN      A       192.5.6.30
b.gtld-servers.net.     172800  IN      A       192.33.14.30
...（以降省略）...

[...]$ dig @i.gtld-servers.net. +norecurse  www.google.com.
↑2回目の非再帰問い合わせ（TLDドメインのサーバに問い合わせ）
...（途中省略）...
;; QUESTION SECTION:
;www.google.com.                IN      A

;; AUTHORITY SECTION:
google.com.             172800  IN      NS      ns2.google.com.
google.com.             172800  IN      NS      ns1.google.com.
google.com.             172800  IN      NS      ns3.google.com.
google.com.             172800  IN      NS      ns4.google.com.
...（以降省略）...

[...]$ dig @ns2.google.com. +norecurse  www.google.com.
↑3回目の非再帰問い合わせ（google.comドメインのサーバに問い合わせ）
...(途中省略)...
;; QUESTION SECTION:
;www.google.com.                IN      A

;; ANSWER SECTION:
www.google.com.         300     IN      A       172.217.25.228
↑回答：www.google.comのアドレスは172.217.25.228
...（以降省略）...
```

hostコマンドはdigコマンドと同じく、DNSの問い合わせを行います。digコマンドのように多機能ではなく、詳細な情報も表示しませんが手軽に使えます。
　以下は、hostコマンドで正引きと逆引きを行う例です。hostコマンドによる問い合わせは、一般ユーザ権限で可能です。

hostコマンドによる正引きと逆引き

```
[...]$ host www.google.com    ←正引き
www.google.com has address 216.58.197.132
www.google.com has IPv6 address 2404:6800:4004:800::2004
[...]$ host 216.58.197.132    ←逆引き
132.197.58.216.in-addr.arpa domain name pointer nrt12s01-in-f132.1e100.net.
132.197.58.216.in-addr.arpa domain name pointer nrt12s01-in-f4.1e100.net.
```

13-1-7 rndcコマンドによるnamedの管理

　rndc（Remote Name Daemon Control）コマンドは、サーバデーモンであるnamedを制御するコマンドです。BIND9から提供されています。namedのステータスの表示、停止、設定ファイルの再読み込み、キャッシュ内容のダンプ、統計情報のダンプ等ができます。

namedの管理

rndc [オプション] コマンド

表13-1-13　rndcコマンドのオプション

オプション	説明
-c 設定ファイル名	設定ファイル名を指定。デフォルトは/etc/rndc.conf
-k キーファイル名	キーファイル名を指定。デフォルトは/etc/rndc.key。設定ファイル/etc/rndc.confがない場合は/etc/rndc.keyのなかで指定したキーが使用される

表13-1-14　rndcコマンドの主なサブコマンド

サブコマンド	説明
status	namedのステータスの表示
stop	namedの停止
reload	設定ファイルの再読み込み
dumpdb	キャッシュ内容のダンプ

rndcコマンドによるnamedの管理

```
[...]# rndc reload    ←設定ファイルの再読み込み
server reload successful
[...]# rndc status    ←ステータスの表示
version: 9.8.2rc1-RedHat-9.8.2-0.10.rc1.el6_3.2 (9.8)
CPUs found: 2
worker threads: 2
…（途中省略）…
```

```
server is up and running
[...]# dig +short www.linux.org @127.0.0.1   ←サーバに問い合わせ
linux.org.
209.92.24.80
[...]# rndc dumpdb   ←❶
[...]# cat /var/named/data/cache_dump.db   ←キャッシュ内容の表示
…(途中省略)…
.           518269  IN  NS  a.root-servers.net.
            518269  IN  NS  b.root-servers.net.
…(以降省略)…
```

❶キャッシュ内容をファイルにダンプ。CentOS 7の/etc/named.confの設定では、/var/named/data/cache_dump.dbと指定されている。ダンプファイルを指定しない場合のデフォルトは/var/named/named_dump.dbである

「kill -SIGHUP namedのPID」を実行して、namedにSIGHUPシグナルを送信することで再読み込みすることもできます。

rndcコマンドはTSIGプロトコルによりnamedを制御します。CentOS 7のbindパッケージをインストールすると、以下のようにデフォルトでrndcコマンドによりローカルのnamedを管理できるように設定されます。

・bindパッケージのインストール後に最初に「systemctl start named」を実行した時に、systemdのサービス設定により「rndc-confgen -a -r /dev/urandom」コマンドが実行され、生成されたキーを含む「/etc/rndc.key」ファイルが作成される
・namedはTSIGのサーバ側の設定ファイルとして/etc/rndc.keyを参照する
・rndcコマンドはクライアント側の設定ファイルとして/etc/rndc.keyを参照する

/etc/rndc.keyファイルの作成は、**rndc-confgen**コマンドを手動で実行することもできます。

手動による/etc/rndc.keyファイルの生成
rndc-confgen [オプション]

表13-1-15　rndc-confgenコマンドのオプション

オプション	説明
-a	自動的にrndcの構成を行う。rndcコマンドとnamedデーモンが参照する/etc/rndc.keyファイルを生成する。rndcコマンドによりnamedのリモート管理を行う場合には-aオプションを付けずに実行し、その出力内容をもとにrndcの設定ファイル/etc/rndc.confとnamedの設定ファイル/etc/named.confを編集する
-r 乱数生成用デバイス	キー生成のための乱数の元になるデバイスファイル/dev/urandomあるいは/dev/randomを指定する。/dev/randomは/dev/urandomよりランダムの度合いが高いが、結果が返されるまでに時間が掛かる場合がある

以下は、systemdのサービス設定と同じく、オプション「-a」を付けることにより「/etc/rndc.key」を生成する例です。

rndc-confgenの使用例①

```
[...]# rndc-confgen -a -r /dev/urandom  ←キー（秘密鍵）の生成
wrote key file "/etc/rndc.key"
[...]# cat /etc/rndc.key  ←生成したキーの内容を確認
key "rndc-key" {  ←キーの名前は「rndc-key」
    algorithm hmac-md5;  ←キーのアルゴリズムは「hmac-md5」
    secret "ZgIt1ZZDZkxFp4fSDHx5kw==";  ←キーの値は「ZgIt1ZZDZkxFp4fSDHx5kw==」
};
```

　以下は、オプション「-a」を付けず、/etc/rndc.confの内容と/etc/named.confに追記する内容を出力する例です。

rndc-confgenの使用例②

```
[...]# rndc-confgen -r /dev/urandom
# Start of rndc.conf  ←❶
key "rndc-key" {
    algorithm hmac-md5;
    secret "Vo9Jf1uG1HcvRj84kg7+bg==";
};

options {
    default-key "rndc-key";
    default-server 127.0.0.1;
    default-port 953;
};
# End of rndc.conf  ←❷

# Use with the following in named.conf, adjusting the allow list as needed:  ←❸
# key "rndc-key" {
#     algorithm hmac-md5;
#     secret "Vo9Jf1uG1HcvRj84kg7+bg==";
# };
#
# controls {
#     inet 127.0.0.1 port 953
#         allow { 127.0.0.1; } keys { "rndc-key"; };
# };
# End of named.conf  ←❹
```

❶この行から❷までが/etc/rndc.confの内容
❸この行から❹までが/etc/named.confに追記する内容

　設定の詳細は、次の「TSIG」の項を参照してください。
　rndcコマンドによりnamedをリモート管理する場合は、サーバとクライアントの両方のホストに同じキーを含む設定ファイルを用意する必要があります。

TSIG

　TSIG（Transaction Signature）は、共有秘密鍵と一方向性ハッシュ関数を使用したトランザクションレベル認証のためのプロトコルです。RFC2845で規定されています。マスタからスレーブへのゾーン転送、ダイナミックDNS、rndcコマンドによるリモートなサーバ制御等の場合に、クライアント認証の仕組みとして利用できます。

図13-1-6　TSIGの概要

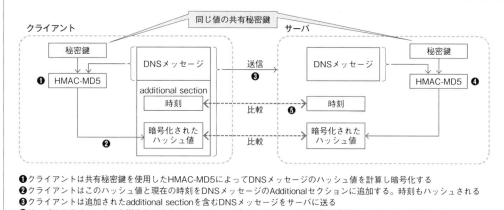

DNSメッセージの構成については「13-1-6 digコマンドとhostコマンド」（→ p.637）の解説を参照してください。

このように、TSIGを利用する場合は生成した同じ秘密鍵をクライアントとサーバに設定し、またNTP（Network Time Protocol）で時刻の同期を取ります。NTPについては、「9-2 システム時刻の管理」（→ p.453）を参照してください。

以下の図は、TSIGを利用したrndcコマンドの設定例です。

図13-1-7　TSIGを利用したrndcコマンドの設定例

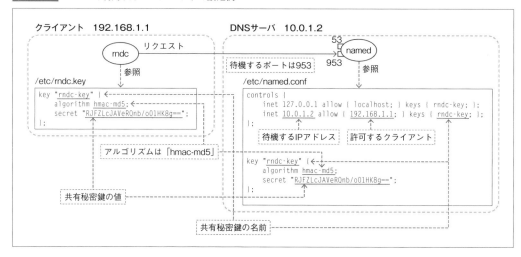

上記の例では、クライアントは共有秘密鍵をrndcコマンドが参照するデフォルトのキーファイルである/etc/rndc.keyに設定し、サーバは同じ共有秘密鍵を/etc/named.confに設定します。鍵の名前を「rndc-key」、アルゴリズム（algorithm）を「hmac-md5」、鍵（secret）はbase-64でエンコードされた値をダブルクォート「"」で囲んで設定します。アルゴリズムは「hmac-md5」でなければ

なりません。

　共有秘密鍵は**dnssec-keygen**コマンドで生成できます。また、「13-1-7 rndcコマンドによるnamedの管理」(→ p.640)での説明の通り、**rndc-confgen**コマンドによって共有秘密鍵を生成し、それを含めた設定ファイルを作成できます。

　サーバの/etc/named.confでは、controlsステートメントで待機するアドレス、許可するクライアントのアドレス、鍵の名前を指定します。rndcコマンドは設定ファイルとして/etc/rndc.confがあれば参照し、なければ/etc/rndc.keyを参照します。

DNSSEC

　DNSSEC (DNS Security Extensions：DNSセキュリティ拡張) は、デジタル署名による生成元の正当性とDNSデータの完全性を提供します。

　サーバはゾーンデータを秘密鍵で署名し、それを受け取ったクライアントがサーバの公開鍵によって生成元の正当性とデータが改ざんされていないかどうかの完全性を検証します。サーバの鍵は上位ゾーンの鍵により署名されます。クライアントはゾーンに含まれているサーバの正当性をその親ゾーンの公開鍵により検証します。

　DNSSECは、RFC2535で規定されています。

図13-1-8　DNSSECの概要

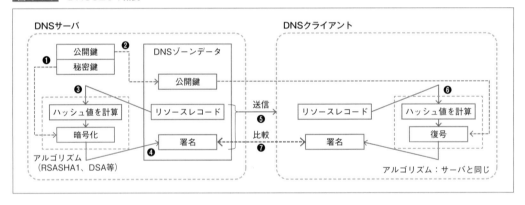

13-1-8 DNSクライアントの設定

　DNSサービスを利用するためには、**/etc/nsswitch.conf**ファイルの「hosts:」エントリに「dns」を含めます。

　なお、以下の図の通り、DNSの問い合わせを行うdigコマンドとhostコマンドは/etc/nsswitch.confファイルは参照しません。また、問い合わせるDNSサーバのIPアドレスを、**/etc/resolv.conf**ファイルで指定します。

図13-1-9 DNSクライアントからDNSサーバへの問い合わせの仕組み

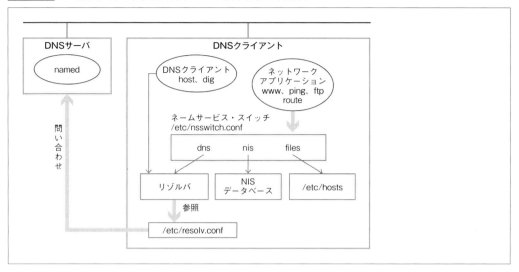

以下は、DNSサービスを利用する場合の/etc/nsswitch.confと/etc/resolv.confの設定例です。/etc/nsswitch.conf、/etc/resolv.conf、/etc/hostsファイルの書式については、「10-1 TCP/IPの設定と管理」（→ p.468）を参照してください。

/etc/nsswitch.confファイルの設定例

```
[...]# vi /etc/nsswitch.conf
…（途中省略）…
hosts: files dns
```

/etc/resolv.confファイルの設定例

```
[...]# vi /etc/resolv.conf
…（途中省略）…
search my-centos.com mylpic.com
nameserver 10.0.1.2
```

Chapter13 外部/内部向けサーバ構築

13-2 Webサーバ

13-2-1 Webサーバとは

Webサーバは、HTTP（Hyper Text Transfer Protocol）をサポートしているサーバであり、HTTPサーバとも呼ばれます。Webサーバ（HTTPサーバ）と通信できるクライアントとして、Webブラウザがあります。

Webサーバの基本機能

Webサーバの基本機能は、静的コンテンツ（HTML、画像、CSSファイル等）をクライアントに提供することです。コンテンツは、ハイパーテキストの他にも、画像ファイルや動画ファイル、音声ファイル等が含まれます。また、クライアントは不特定多数なので、一度に複数のクライアントと通信ができるような仕組みが提供されています。

Webサーバの拡張機能

現在のWebサーバは、ハイパーテキストの閲覧だけでなく、eコマースやブログ等、さまざまな場面で利用されています。そのため拡張機能として、次に示すような動的コンテンツを作成する機能を持っています。

・プログラムの実行とその結果の提供
・アップロードのようなクライアントからのファイル操作
・暗号化による通信
・複数のアクセスを1つの処理と見なすセッション管理の提供
・HTTP/2への対応

> HTTP/2は、Googleを中心として2015年にRFC化（http://www.rfc-editor.org/rfc/rfc7540.txt）された、HTTPの次のバージョンです。HTTPの高速化やセッション層の効率化を主な目的としています。HTTP/2はサーバ、クライアント共に対応している必要がありますが、主要なWebサーバやWebブラウザはHTTP/2をサポートしています。

Webサーバの種類

Webサーバにはさまざまな種類があります。以下に主なWebサーバを示します。
本書では、**Apache**について説明します。

表13-2-1　主なWebサーバ

Webサーバ	URL	概要
Apache HTTP Server	http://httpd.apache.org	世界で最も利用されているWebサーバ。Apacheソフトウェア財団がオープンソースで提供している。Apacheライセンス
Nginx	https://www.nginx.com	非同期型のイベント駆動方式を採用しており、高負荷時でもパフォーマンスの高い処理を行える。BSDライクライセンスによるオープンソースで提供
IIS	https://www.iis.net	Microsoft社が提供するWebサーバ。世界でも高いシェアを持っている。WindowsサーバOS標準のアプリケーションとして提供。非オープンソース
H2O	https://github.com/h2o/h2o	HTTP/2に最適化されたWebサーバ。HTTP/2のみならず、高いパフォーマンスを誇る。日本の企業である、DeNA社が提供。MITライセンス

13-2-2　Apache(Apache HTTP Server)

　Apache HTTP Serverは、Apache Software Foundationのプロジェクトとして開発されているオープンソースのWebサーバであり、主要なLinuxで標準的に使用することができます。また、Linuxのみならず、BSD、Windows、macOS等、主要なOSをサポートしています。CentOS 7では、**httpd**パッケージとして提供されています。

```
Apache
http://www.apache.org/
```

```
Apache HTTP サーバ バージョン 2.4 ドキュメント
https://httpd.apache.org/docs/2.4/ja/
```

13-2-3　Apacheのインストールと構成

　Apacheをインストールします。その後、firewalldとSELinuxの設定を行い、自動起動の有効化を行います。

Apacheのパッケージの確認

　Apacheの各パッケージの一覧を示します。

表13-2-2　Apacheのパッケージ

パッケージ	説明
httpdパッケージ	Apacheの本体
httpd-develパッケージ	Apacheのモジュール開発等で使用されるインタフェース
httpd-manualパッケージ	Apacheのリファレンスガイド等のマニュアル
httpd-toolsパッケージ	セキュリティツールやログ解析等のツールやコマンドが提供

Apacehのインストール

Apacheのインストールは標準リポジトリで提供されています。

Apacheのインストール

```
[...]# yum install httpd
…（実行結果省略）…
```

firewalldの設定

firewalldが動作している場合、Apacheへのアクセスを許可する必要があります。

firewalldで許可を追加

```
[...]# firewall-cmd --add-service=http  --zone=public --permanent    ←❶
[...]# firewall-cmd --add-service=https --zone=public --permanent    ←❷
```

❶Apacheへのhttpアクセスを許可
❷Apacheへのhttpsアクセスを許可

SELinuxの設定

サーバにSELinuxがEnforcing（強制モード）で動作している場合、デフォルトではApacheに対するいくつかのアクセスが拒否となっています。本書では、次に示す項目に関して、Apacheの設定を許可します。

表13-2-3　SELinuxの許可するパラメータ

パラメータ	デフォルト値	概要
httpd_builtin_scripting	on	Apache内のスクリプトの動作
httpd_can_network_connect	off	ネットワーク接続
httpd_dbus_avahi	off	ネットワーク上のホストの発見
httpd_tty_comm	off	SSL接続時のパスワードプロンプト表示
httpd_graceful_shutdown	on	子プロセスの終了を待って、httpdを停止する処理

SELinuxの設定

```
[...]# setsebool -P httpd_can_network_connect on
[...]# setsebool -P httpd_dbus_avahi on
[...]# setsebool -P httpd_tty_comm on
```

設定が完了したら、確認します。

SELinuxの確認

```
[...]# getsebool -a | grep ' --> on' | grep ^httpd_
httpd_builtin_scripting --> on
httpd_can_network_connect --> on
httpd_dbus_avahi --> on
httpd_graceful_shutdown --> on
httpd_tty_comm --> on
```

自動起動の設定

Apacheの自動起動を有効にします。

Apacheの自動起動の有効化の設定

```
[...]# systemctl enable httpd.service
```

13-2-4 Apacheのアーキテクチャ

Apacheのディレクトリ構成および基本的な用語を確認します。また、手動による起動、停止も確認します。

Apacheのディレクトリ階層

主要なディレクトリ階層は次のようになっています。

図13-2-1　Apacheの主要なディレクトリ階層

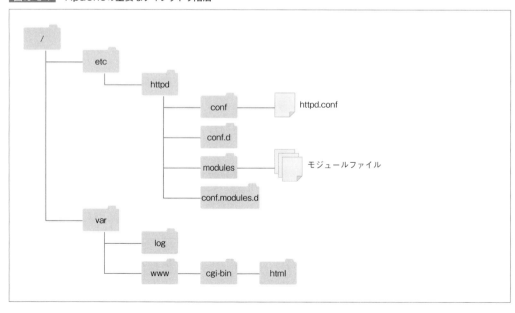

また、各ディレクトリは以下のようになっています。

表13-2-4　主なディレクトリの用途

ディレクトリ		説明
/etc/httpd	conf	httpd.confファイルを格納するディレクトリ
	conf.d	追加の設定ファイル格納用ディレクトリ
	modules	モジュール格納用ディレクトリ
	conf.modules.d	モジュールの設定ファイルを格納するディレクトリ
	log	/var/log/httpdへのシンボリックリンク
	run	Pidファイル格納用ディレクトリ
/var/log	httpd	ログファイルを格納。/etc/httpd/logのシンボリックリンク元
/var/www	cgi-bin	CGIプログラム格納用ディレクトリ
	html	静的コンテンツ格納用ディレクトリ

Apacheの起動

Apacheの起動、停止、再起動は**systemctl**コマンドを使用して、次のように行います。

Apacheの起動
systemctl start httpd.service

Apacheの停止
systemctl stop httpd.service

Apacheの再起動
systemctl restart httpd.service

Apacheの起動と停止
```
[...]# systemctl start httpd.service    ←Apacheの起動
[...]# systemctl stop  httpd.service    ←Apacheの停止
[...]# systemctl restart httpd.service  ←Apacheの再起動
```

　Apacheは**httpd**というプロセス（デーモン）名で起動します。httpdは80番ポートを使用して起動し、**/etc/httpd/conf/httpd.conf**ファイルを読み込みます。設定ファイルであるhttpd.confには、**ディレクティブ**と呼ばれるパラメータが記述されており、そのディレクティブに従ってApacheが設定されます。その後、Apacheは子プロセスを生成します。親プロセスは子プロセスの管理をし、子プロセスが実際の処理を行います。

図13-2-2 httpdの起動シーケンス

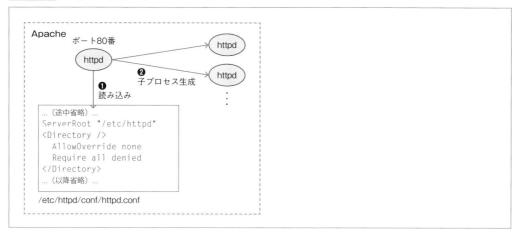

Apacheの起動確認

クライアントのWebブラウザを用いてApacheが起動したことを確認します。Webブラウザの URL を記入する場所に「http://サーバ名」と入力します。サーバ名には、サーバのIPアドレスか、サーバ名（ホスト名）を入力します。本書では、サーバ名を「server.example.com」としています。

なお、クライアント側でサーバの**名前解決**を行うには、「13-1 DNSサーバ」（→ p.616）を参考にするか、クライアントの**/etc/hosts**ファイルに以下のように記述します（サーバのIPアドレスが「192.168.56.100」の場合）。

192.168.56.100　server.example.com

図13-2-3 Apacheの起動確認

Apacheのhttp処理

Webブラウザがリクエストを送信すると、Apacheがレスポンスとして結果を返します。Apacheは、事前に複数のプロセス（またはスレッド）を起動させておき、複数のクライアントからのリクエストに対応します。

図13-2-4　リクエスト/レスポンス

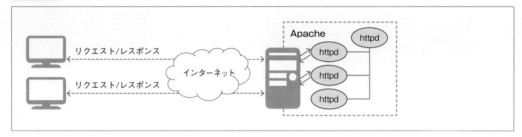

Apacheの用語

以下にApacheの用語をまとめます。

表13-2-5　Apacheの用語

用語	デフォルト値	説明
ドキュメントルート	/var/www/html	Apacheがインターネット上に公開するディレクトリ
サーバルート	/etc/httpd	設定ファイルの相対パス指定時に起点となるディレクトリ
モジュール	---	Apacheにプラグインとして利用できるソフトウェア
ディレクティブ	---	設定ファイル内で定義されるパラメータ
コンテキスト	---	ディレクティブが定義できる場所

apachectlコマンド

Apacheは、管理コマンド（systemctl）で管理する他に、**apachectl**コマンドでも起動、停止等の管理を行うことができます。apachectlコマンドは、次のような管理を行うことができます。

表13-2-6　apachectlコマンド

コマンド	説明
apachectl -k start	httpdデーモンを起動
apachectl -k stop	httpdデーモンを停止
apachectl -k restart	httpdデーモンを再起動
apachectl -k graceful	クライアントの接続終了を待ってhttpdデーモンを再起動する
apachectl -k graceful-stop	クライアントの接続終了を待ってhttpdデーモンを停止する
apachectl configtest	設定ファイルの書式チェックを行う

ただし、コマンドを実行すると次のようなメッセージが出て、apachectlコマンドを使用したプロセス管理はサポートされていない旨が表示されます。

apachectlコマンドの実行

```
[...]# apachectl -k start
Passing arguments to httpd using apachectl is no longer supported.
You can only start/stop/restart httpd using this script.
If you want to pass extra arguments to httpd, edit the
/etc/sysconfig/httpd config file.
```

> CentOS 7では、「apachectl -t」としても文法チェックは行いません。「apachectl configtest」としてください。

13-2-5 設定ファイルと基本設定

Apacheの主要な設定ファイルを確認します。また、各設定ファイルの定義方法も確認します。

ディレクティブ

ディレクティブとは、設定ファイルのなかでデーモンに動作の指示（Direction）を与えるパラメータです。設定ファイル内にはさまざまな種類のディレクティブが提供されていますが、次の2種類の方法で定義されています。

ディレクティブの定義方法①

ディレクティブ 値

この方法で定義を行うと、Apache全体で有効となります。例えば、「Listen 80」だと80番ポートを使用する設定となります。次のように定義することで、有効範囲を指定できます。

ディレクティブの定義方法②

```
<種類 範囲>
    ディレクティブ1 値
    ディレクティブ2 値
    ...
</種類>
```

「種類」には、「Directory」「Files」等のディレクティブを入れ子のように指定可能です。「範囲」で指定されたディレクトリやマッチするファイル名でタグ内のディレクティブが有効になります。

コンテキスト

各ディレクティブには使用可能な場所が定められており、それを「コンテキスト」と呼びます。コンテキスト以外の場所では、ディレクティブは正しく動作しません。コンテキストには、次のような種類があります。

表13-2-7　コンテキストの種類

コンテキスト	概要
サーバ設定ファイル	httpd.conf等のroot権限で編集できるファイルで使用可能。「バーチャルホスト」「ディレクトリ」「.htaccess」コンテキストでは使用不可
バーチャルホスト	<VirtualHost>ディレクティブのなかで使用可能
ディレクトリ	<Directory>、<Location>、<Files>、<Proxy>ディレクティブのなかで使用可能
.htaccess	.htaccessファイルのなかで使用可能

次に紹介しているのは、Apacheのマニュアルです。<Files>ディレクティブのコンテキスト欄から、全ての場所(「サーバー設定ファイル」「バーチャルホスト」「ディレクトリ」「.htaccess」)に適用できることがわかります。

図13-2-5　Apacheのマニュアル

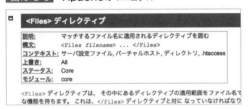

本書では、主要なディレクティブについて説明します。その他のディレクティブについては、Apacheのマニュアルをご参照ください。

> ディレクティブ クイックリファレンス
> http://httpd.apache.org/docs/2.2/ja/mod/quickreference.html

設定ファイルの種類

Apacheの設定ファイルは以下の3種類があります。いずれの設定ファイルのなかでも、ディレクティブを定義できます。

▷/etc/httpd/conf/httpd.conf

Apache起動時に最初に読み込まれるファイルです。

▷/etc/httpd/conf.dディレクトリ以下のファイル

conf.dディレクトリ内に、拡張子が.confであるファイル全てを設定ファイルとして読み込みます。これは、httpd.confファイルの「IncludeOptional conf.d/*.conf」で設定されています。

▷/etc/httpd/conf.moduled.dディレクトリ以下のファイル

conf.moduled.dディレクトリ内にある、拡張子が.confであるファイル全てをモジュールの設定ファイルとして読み込みます。これは、httpd.confファイルの「Include conf.modules.d/*.conf」で設定されています。

.htaccessファイル

.htaccessファイルとは、管理者以外のユーザでもApacheを設定できるファイルです。.htaccessファイルは、Directoryディレクティブで指定されたディレクトリ以下に保存するため、管理者権限は必要ありません。例えば、自コンテンツを持つ一般ユーザが、Apacheをカスタマイズしたい場合に.htaccessファイルを利用します。

.htaccessファイルの制限事項

.htaccessファイルの利用は、事前に**httpd.conf**ファイルで使用が許可されている必要があります。また、Directoryディレクティブで指定されたディレクトリ以下でのみ設定が有効となります。

例えば、/var/www/html/foo以下のディレクトリに対して、.htaccessを許可するには以下のようにします。

```
.htaccessの許可
<Directory ディレクトリ名>
    AllowOverride [All | None | ディレクティブタイプ]
    AccessFileName アクセスファイル名
</Directory>
```

表13-2-8 主なディレクティブタイプ

ディレクティブタイプ	説明	使用を許可する主なディレクティブ
AuthConfig	認証に関するディレクティブを許可	AuthGroupFile、AuthName、AuthType、AuthUserFile、Require
FileInfo	ドキュメントのタイプやメタデータ等を制御するディレクティブを許可	DefaultType、ErrorDocument
Indexes	ディレクトリインデックスを制御するディレクティブを許可	DirectoryIndex、FancyIndexing
Limit	ホストへのアクセス制御を行うディレクティブを許可	Allow、Deny、Order
Options	Optionsディレクティブなどを許可	Options

httpd.confへ.htaccessを追加

```
[...]# vi /etc/httpd/conf/httpd.conf
…（途中省略）…
<Directory "/var/www/html/foo">   ←.htaccessファイルを有効にするディレクトリ
    AllowOverride All   ←.htaccessファイル内で定義できるディレクティブの種類
    AccessFileName .htaccess   ←デフォルトと同じファイル名なので、省略化
</Directory>
```

Directoryで、.htaccessの設定が有効なディレクトリを設定します。

AllowOverrideディレクティブを「None」以外にすると、.htaccessファイルが有効となります。AllowOverrideディレクティブの「All」は、コンテキストが.htaccessである全てのディレクティブを.htaccessで定義可能です。

AccessFileNameディレクティブのデフォルト値は「.htaccess」であるため、ファイル名を変更する場合に設定します。

基本設定① サーバ名の設定

Webサーバのホスト名を指定するには、**ServerName**ディレクティブで設定します。

```
サーバ名の設定
ServerName ホスト名
```

基本設定② ポート番号の変更

HTTPはwell-knownポートの1つである80番を使用しますが、何らかの理由でポートを変更したい場合があります。その場合、**Listen**ディレクティブを使用します。

```
ポート番号の変更
Listen ポート番号
```

基本設定③ 管理者のメールサーバの設定

Apacheに何らかのエラーが起きた際の問い合わせアドレスをエラーメッセージに含ませたい場合、**ServerAdmin**ディレクティブを使用します。

```
管理者のメールサーバの設定
ServerAdmin [メールアドレス | URL]
```

URLと判断できない場合は、全てメールアドレス扱いとなります。

コンテンツの配置

インターネット上で公開されるファイルは、次のディレクティブで設定します。

□ ドキュメントルート

ドキュメントルートはインターネットで公開されるディレクトリです。**DocumentRoot**ディレクティブで設定します。デフォルトは、「"/var/www/html"」です。

```
ドキュメントルートの設定
DocumentRoot 値
```

□ インデックスファイル

URLでファイル名まで指定されていない場合に、**DirectoryIndex**ディレクティブを使用します。デフォルトで表示させるファイルを複数指定することができます。

インデックスファイルの設定
DirectoryIndex ファイル名1 [ファイル名2...]

ファイルはドキュメントルートからの相対パスで指定します。
　左から順番にファイルを検索し、ヒットすれば検索を終了し、そのファイル情報をクライアントへ返します。全てヒットしなければ、エラーとなります。
　Options Indexesディレクティブを用いることで、URLで指定されたディレクトリ以下のファイルを一覧表示できます。

URLでディレクトリが指定された場合、ディレクトリ内を表示
Options Indexes

13-2-6 MPM(Multi Processing Module)

MPM(Multi Processing Module)とは、クライアントの処理を並列に処理する仕組みです。MPMは、次に示す3種類のいずれかで起動します。

設定ファイル

MPMの設定ファイルは、**/etc/httpd/conf.modules.d/00-mpm.conf**内で設定されています。

> MPMはOS毎に最適化するためにApacheコンパイル時に決定されます。そのため、MPMを変更する場合は再コンパイルが必要です。

prefork

クライアント毎に、プロセス単位で処理する方法です。CentOS 7のデフォルトです。プロセス単位で1つのリクエストを処理するので、何らかの原因でプロセスが異常終了しても別のクライアントに影響が出ません。反面、リクエスト数が増えると、その分のプロセスを生成するので、OSに負担がかかります。

図13-2-6　prefork

worker

1つのプロセスをスレッド単位で区切り、それぞれのスレッド上でリクエストを処理します。新規プロセスの生成がpreforkと比較すると少量で済むため、OSに対する不可やメモリ消費も抑えることできます。反面、Apacheに組み込まれているモジュールがマルチスレッドに対応している必要があります。

event

処理方法はworkerと変わりませんが、Keep-Alive（複数回の同じリクエストを同じプロセスまたはスレッドが担当する）が無効になっている点が異なります。Apache 2.4.1から採用されました。

図13-2-7 workerとevent

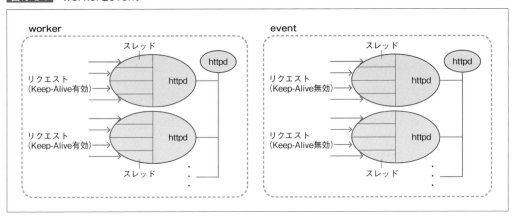

13-2-7 モジュール

Apacheには、多くのモジュールが提供されています。モジュールは大別するとhttpdに静的にコンパイルされたモジュールと、実行時に動的に読み込まれるモジュールがあります。静的にコンパイルされたモジュールは、実行時に変更することはできませんが、動的なモジュールは、LoadModuleディレクティブで有効にするかどうかを設定できます。

LoadModuleディレクティブ

モジュールを管理するには、**LoadModule**ディレクティブを使用します。LoadModuleディレクティブは、設定ファイル**/etc/httpd/conf.modules.d/00-base.conf**で定義します。

モジュールの管理
LoadModule モジュール名 モジュールファイル名

モジュールファイル名は、サーバルートからの相対パスで指定します。

13-2-8 アクセス制御

Webサーバによって公開されたコンテンツは、Webサーバに接続可能であれば誰でも閲覧できます。アクセス制御機能を用いると、IPアドレス、ホスト名、あるいはユーザ、グループ単位でアクセスを制限することができます。

IPアドレス、ホスト名単位での制限

Allowディレクティブを用いると、アクセス可能なクライアントを指定できます。また、**Deny**ディレクティブではアクセスできないクライアントを指定できます。AllowディレクティブとDenyディレクティブの評価方法は、**Order**ディレクティブの定義によって異なります。Order、Allow、Denyのそれぞれのディレクティブは、ディレクトリコンテキスト内（表13-2-7、→ p.654）で指定可能です。

Allow from、Deny fromによる指定

Allow fromや**Deny from**には、許可あるいは拒否するIPアドレス、ホスト名、ドメイン名等を指定することができます。以下に例を示します。

表13-2-9 AllowディレクティブとDenyディレクティブの設定例

設定例	説明
Allow from all	全て許可
Allow from guest.example.com	指定したホストからのアクセスを許可
Allow from example.com	指定したドメインからのアクセスを許可
Deny from 192.168.1.10	指定したIPアドレスを拒否
Deny from 192.168.1	指定したネットワークを拒否
Deny from 192.168.1.0/24	指定したネットワークを拒否

Order deny,allowの評価（デフォルト）

Orderディレクティブを「deny, allow」とした場合は、Denyディレクティブを先に評価し、Allowディレクティブを次に評価します。デフォルト（どちらにも指定がないクライアント）はAllowディレクティブ扱い（許可）となります。Denyディレクティブで明示的に拒否されていないクライアントは許可されます。Allow、Denyディレクティブの両方にマッチするクライアントは許可されます。

アクセス制御の定義

```
<種類 範囲>
    Order deny, allow
</種類>
```

「種類」に指定できるのは、DirectoryやFiles等のディレクトリコンテキスト（表13-2-7、→ p.654）に対応したディレクティブです。範囲はディレクティブによります。

Order allow,denyの評価

Orderディレクティブを「allow,deny」とした場合は、Allowディレクティブを先に評価し、Denyディレクティブを次に評価します。デフォルト（どちらにも指定がないクライアント）はDenyディレクティブ扱いとなります。Allowディレクティブで明示的に許可されているクライアントは許可されます。Allow、Denyディレクティブの両方にマッチするクライアントは拒否されます。

ディレクトリは、ディレクトリコンテキストを参照してください。場所は、ディレクトリコンテキストで利用できるディレクティブによります。

以下は、Allow fromとOrderディレクティブの例です。ここでは、httpd.conf上に設定しています。

Orderディレクティブの設定例

```
[...]# vi /etc/httpd/conf/httpd.conf
…（途中省略）…
<Directory /var/www/html>
    Order allow,deny         ←Allowを先に評価
    Allow from example.com   ←「example.com」を許可
</Directory>
…（以降省略）…
```

13-2-9 認証

特定のディレクトリ以下のコンテンツに対して、HTTPの仕様に基づいた単位（ユーザあるいはグループ）でアクセス制御を設定できます。HTTPの認証方式には、**Basic認証**と**Digest認証**の2種類が定義されています。いずれも、Webブラウザでサポートされている必要があります。

Basic認証

Basic認証とは、ユーザ名とパスワードで認証を行う方式です。ブラウザに表示されるダイアログにユーザ名とパスワードを入力します（後述）。送信時にBASE64でエンコードされますが、デコード可能なので暗号化しているわけではありません。暗号化はHTTPSによる通信で行います（後述）。

ブラウザのURLでユーザ名とパスワードを指定することもできます。

　http://ユーザ名:パスワード@サーバ名

例えば、以下のように指定します。

　http://user:password@www.example.com

アクセス制御は認証と同じような機能を提供しますが、アクセス制御はApacheの機能であり、認証はHTTPの仕様です。また、通信の暗号化に関しては後述します。

Basic認証の手順

Basic認証は以下の手順で行います。

①htpasswdコマンドによってユーザを登録する
②必要であればグループ化を行う
③設定ファイルでBasic認証のディレクティブを定義する

ユーザ登録

htpasswdコマンドで、ユーザデータベースファイルを作成し、許可を与えるユーザを登録します。初回はユーザデータベースファイルがないので、「-c」オプションが必須です。2回目以降に-cを使用すると、新規にデータベースファイルが作成され、それまでのデータベースファイルは削除されます。

htpasswdによるユーザの登録
htpasswd [オプション] パスワードファイル名 ユーザ名

表13-2-10　htpasswdコマンドのオプション

オプション	説明
-c	新規作成。同名のファイルが存在する場合は、既存のファイルを削除する
-n	テスト用。ファイルを作成せず、結果を標準出力する
-m	MD5によるパスワードの暗号化を行う
-d	CRYPTによるパスワードの暗号化を行う（デフォルト）
-p	パスワードを暗号化しない
-s	SHAによるパスワードの暗号化を行う
-b	非対話用。コマンドの引数としてパスワードを指定

以下の例は、ユーザ名「user01」、パスワード「training」であるユーザを登録します。パスワードは、パスワードファイル**/etc/httpd/conf/htpasswd**に保存されます。

ユーザの登録①

```
[...]# htpasswd -c /etc/httpd/conf/htpasswd user01
New password:    ←「training」と入力
Re-type new password:    ←再度「training」と入力
Adding password for user user01
[...]# cat /etc/httpd/conf/htpasswd    ←htpasswdファイルを確認
user01:$apr1$kDBLFF5A$haOFCx1ptK1QlJWpe29QX/
```

続けて、ユーザ名「user02」、パスワード「training」であるユーザを登録します。パスワードは「-s」オプションを指定してSHAで暗号化しています。

ユーザの登録②

```
[...]# htpasswd -s /etc/httpd/conf/htpasswd user02   ←❶
New password:   ←「training」と入力
Re-type new password:   ←再度「training」と入力
Adding password for user user02
[...]# cat /etc/httpd/conf/htpasswd   ←htpasswdファイルを確認
user01:$apr1$kvVYFoJe$shthfKgkLaifkF58iab6w.
user02:{SHA}CiuYJ+VIlp5N/hsNFsBy7zR4NtY=
```

❶-cオプションは付けない。SHAで暗号化するので-sを付与

グループの設定

　グループを設定することで、ディレクティブでグループ単位で認証が行えます。htpasswdコマンドで作成されたユーザをグループ化するには、グループファイルを作成します。ファイル名は任意です。

グループの設定

グループ名:ユーザ1 [ユーザ2...]

　グループ名とユーザは「:」で区切ります。ユーザを複数指定する場合は、空白で区切ります。
　以下の例は、ユーザ「user01」と「user02」を、「group01」グループに設定します。グループファイルは「/etc/httpd/conf/htgroup」としています。

グループファイルの作成

```
[...]# vi /etc/httpd/conf/htgroup

group01:user01 user02
```

ディレクティブの設定

　設定ファイルにディレクティブを追加し、任意のディレクトリ以下に対して、認証を有効にします。設定ファイルはhttpd.confに直接記述するか、conf.dディレクトリ以下に任意の名前(ただし拡張子は.conf)で作成します。

認証の有効化

```
<Directory ディレクトリ名>   ←❶
    AuthType Basic
    AuthName "表示用"
    AuthUserFile htpasswordファイル名   ←❷
    AuthGroupFile グループファイル名
    Require ( user ユーザ名 | group グループ名 | valid-user )   ←❸
</Directory>
```

❶ディレクトリ名は絶対パスで記述
❷相対パスで記述する場合、サーバルート (ServerRoot) からの相対パスを指定
❸valid-userはhtpasswordファイルに登録されている全てのユーザを指す

「http://サーバ名/foo/test.html」でアクセスした際に、ユーザ「user01」のみアクセスを許可できるか確認します。
まずは、確認用のサンプルコンテンツを作成します。

事前設定

```
[...]# mkdir /var/www/html/foo
[...]# echo 'access ok' > /var/www/html/foo/test.html
```

httpd.conf ファイルのディレクティブの最終行に、次のディレクティブを追記します。

認証用のディレクティブの追加

```
[...]# vi /etc/httpd/conf/httpd.conf
…（途中省略）…
<Directory "/var/www/html/foo">     ←❶
    AuthType Basic                   ←❷
    AuthName "Sample"                ←❸
    AuthUserFile conf/htpasswd       ←❹
    AuthGroupFile conf/htgroup       ←❺
    Require user user01              ←❻
</Directory>
```

❶認証するディレクトリは絶対パス
❷Basic認証
❸表示用
❹相対パスの場合、ServerRootの設定に従う
❺「Require group group01」のようにグループを指定する場合に必要（この例では使用せず）
❻user01のみ認証を許可

Apacheを再起動して確認します。

Apacheの再起動

```
[...]# systemctl restart httpd.service
```

Webブラウザから「http://サーバ名/foo/test.heml」にアクセスして、ユーザ名とパスワードを入力します。

図13-2-8 認証用画面

認証後の画面は以下のようになります。

図13-2-9　認証後の画面

> .htaccessでBasic認証を行う場合は、.htaccessが管理しているディレクトリ以下にデータベースファイルを作成する必要があります。

Digest認証

　Digest（ダイジェスト）認証は、サーバとクライアントがパスワードをやり取りをする際、パスワードをMD5で暗号化して送信します。そのため、通信自体を暗号化する必要はありません。Digest認証はWebブラウザが対応している必要がありますが、現在では、ほとんどのWebブラウザが対応しています。

Digest認証の手順

　Digest認証の手順はBasic認証と変わりませんが、コマンドやディレクティブが異なります。

①htdigestコマンドによってユーザを登録する
②必要であればグループ化を行う
③設定ファイルでDigest認証のディレクティブを定義する

ユーザ登録

　htdigestコマンドはBasic認証と変わりませんが、realm名の設定が異なります。realmとは領域という意味で使用され、Apacheでは認証対象のディレクトリと紐付けることで、データベースファイルを1つで管理することができます。このため、.htaccessファイルを使用した管理を行っていてもデータベースファイルを1つに集約できます。また、realm名はAuthNameディレクティブの値と一致させる必要があります。

htdigestによるユーザの登録

htdigest [オプション] パスワードファイル名 realm名 ユーザ名

　「-c」オプションは、ユーザデータベースファイルを新規作成します。realm名に空白がある場合は、「''」や「""」で囲みます。初回はユーザデータベースがないので、-cオプションが必須です。2回目以降に-cを使用すると、新規のデータベースが作成され、それまでのデータベースは削除されます。
　以下は、ユーザ名「user01」、パスワード「training」、relm名が「test realm01」であるユーザを登録している例です。

ユーザの登録①

```
[...]# htdigest -c /etc/httpd/conf/htdigestpasswd 'test realm01' user01
New password:   ←「training」と入力
Re-type new password:   ←再度「training」と入力
Adding password for user user01
[...]# cat /etc/httpd/conf/htdigestpasswd   ←htpasswdファイルを確認
user01:test realm01:68fa9d704f5d922b1d3870574fb4c989
```

続けて、ユーザー名「user02」、パスワード「training」、relm名が「test realm02」であるユーザを登録します。

ユーザの登録②

```
[...]# htdigest /etc/httpd/conf/htdigestpasswd 'test realm02' user02   ←-cオプションは付けない
New password:   ←「training」と入力
Re-type new password:   ←再度「training」と入力
Adding password for user user02
[...]# cat /etc/httpd/conf/htdigestpasswd   ←htpasswdファイルを確認
user01:test realm01:68fa9d704f5d922b1d3870574fb4c989
user02:test realm02:ab96d0a4008ceb329c0d5e9295e3b17a
```

グループの設定

グループの設定はBasic認証と同様です。また、Basic認証で作成したファイルを使用することもできます。

ディレクティブの設定

設定方法は、Basic認証の場合とほとんど同じですが、以下が異なります。

・「AuthType Digest」と設定
・「AuthName」はrealm名と一致
・「AuthUserFile」

AuthNameはrealm名を設定します。これにより、ユーザ情報と認証するディレクトリをマッピングされます。

AuthUserFileは、htdigestで作成したデータベースファイルを指定します。

以下の例は、「http://サーバ名/bar/test.html」でアクセスした際に、ユーザ「user01」のみアクセスを許可できるか確認します。

まずは、確認用のサンプルコンテンツを作成します。

事前設定

```
[...]# mkdir /var/www/html/bar
[...]# echo 'digest access ok' > /var/www/html/bar/test.html
```

httpd.confファイルのディレクティブの最終行に、以下のディレクティブを追記します。

認証用のディレクティブの追加

```
[...]# vi /etc/httpd/conf/httpd.conf
…（途中省略）…
<Directory "/var/www/html/bar">   ←認証するディレクトリは絶対パス
    AuthType Digest    ←Digest認証
    AuthName "test realm01"   ←realm名に合わせる
    AuthUserFile conf/htdigestpasswd    ←相対パスの場合、ServerRootの設定に従う
    AuthGroupFile group01       ←必要であればグループの指定
    Require user user01    ←user01のみ認証を許可
</Directory>
```

Apacheを再起動して確認します。

Apache再起動

```
[...]# systemctl restart httpd.service
```

Webブラウザからアクセスし、ユーザ名とパスワードを入力します。

図13-2-10　認証用画面

認証後の画面は、次のようになります。

図13-2-11　認証後の画面

```
server.example.com/bar/test.html
digest access ok
```

13-2-10 バーチャルホスト

　バーチャルホストとは、1つのApache上に複数のWebサイトを構築できる機能です。バーチャルホスト機能を使用すると、DNSやhostsファイルで設定した名前解決を利用して、1つのWebサーバで複数のWebサイトを処理することができます。例えば、1つのWebサーバで、「X.com」「Y.com」「Z.com」の3つのドメインのWebサイトを個別の設定で処理することができます。

バーチャルホストの種類

　Apacheのバーチャルホストは、**IPベースのバーチャルホスト**と、**名前ベースのバーチャルホスト**の2種類を設定することができます。

IPベースのバーチャルホスト

IPベースのバーチャルホストを利用するためには、CentOS 7が複数のIPアドレスを持っている必要があります。Apache内にそれぞれのIPアドレスに対応する個別の設定を行うことができます。

図13-2-12　IPベースのバーチャルホスト

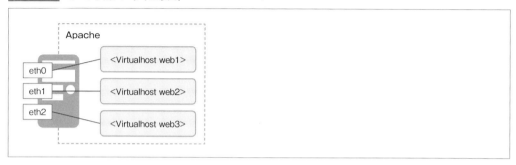

VirtualHostディレクティブ

上記の設定を行うには、**httpd.conf**ファイル内に**VirtualHost**ディレクティブを定義します。VirtualHostディレクティブには、FQDN（完全修飾ドメイン名）を指定します。ポート番号は省略可能（デフォルトは80番）です。

バーチャルホストの定義

```
<VirtualHost FQDN:ポート番号>
    バーチャルホストの設定
</VirtualHost>
```

複数のバーチャルホストを作成するには、ドメイン毎にVirtualHostディレクティブを定義します。

以下は、バーチャルホストで使用するディレクトリと表示用ファイルを作成する例です。

IPベースのバーチャルホスト設定①

```
[...]# mkdir /var/www/web1 /var/www/web2
[...]# echo 'web1.example.com web-site.' > /var/www/web1/index.html
[...]# echo 'web2.example.com web-site.' > /var/www/web2/index.html
```

以下は、eth0に割り当てられたバーチャルホストと、eth1に割り当てられたバーチャルホストに対するVirtualHostディレクティブ（バーチャルホスト）を、httpd.confの最終行に追記した例です。

IPベースのバーチャルホスト設定②

```
[...]# vi /etc/httpd/conf/httpd.conf
…（途中省略）…
<VirtualHost web1.example.com:80>    ←1つ目のバーチャルホスト
    DocumentRoot /var/www/web1    ←ドキュメントルート設定
</VirtualHost>
<VirtualHost web2.example.com:80>    ←2つ目のバーチャルホスト
    DocumentRoot /var/www/web2    ←ドキュメントルート設定
</VirtualHost>
```

Apacheを再起動して確認します。

Apacheの再起動

```
[...]# systemctl restart httpd.service
```

バーチャルホストweb1（http://1つ目のバーチャルホスト名）にアクセスします。

図13-2-13　バーチャルホストweb1

バーチャルホストweb2（http://2つ目のバーチャルホスト名）にアクセスします。

図13-2-14　バーチャルホストweb2

> バーチャルホスト名の部分は、各自のサーバ名に合わせて名前解決を行ってください。名前解決については、670ページを参照してください。

名前ベースのバーチャルホスト

　1つのIPアドレスに複数のFQDNを指定し、FQDN毎に異なるWebサーバを設定することができます。この機能を使用するためには、Webブラウザが送信するHTTPリクエスト内に「Host：ヘッダ」が必要となりますが、ほとんどのブラウザはこれに対応しています。

図13-2-15 名前ベースのバーチャルホスト

NameVirtualHostディレクティブ

名前ベースのバーチャルホストの設定は、**NameVirtualHost**ディレクティブと**VirtualHost**ディレクティブを併用します。NameVirtualHostディレクティブには、IPアドレスを指定します。VirtualHostディレクティブにはNameVirtualHostで指定したIPアドレスを指定し、それに対応するFQDNを**ServerName**ディレクティブに指定します。

名前ベースのバーチャルホストの定義

NameVirtualHost IPアドレス
<VirtualHost IPアドレス:ポート番号>
　　ServerName FQDN
　　その他のバーチャルホストの設定
</VirtualHost>

IPアドレスは、NameVirtualHostディレクティブとVirtualHostディレクティブを同一にします。ポート番号は省略可能です。複数のバーチャルホストを作成するには、VirtualHostディレクティブをバーチャルホストの数だけ設定します。

以下は、バーチャルホストで使用するディレクトリとファイルを作成する例です。

名前ベースのバーチャルホスト設定①

```
[...]# mkdir /var/www/web10 /var/www/web20
[...]# echo 'web10.example.com name-base web-site.' > /var/www/web10/index.html
[...]# echo 'web20.example.com name-base web-site.' > /var/www/web20/index.html
```

以下は、2つのバーチャルホストをhttpd.confの最終行に追記した例です。Apacheが動作しているIPアドレスを「192.168.56.102」とします。

名前ベースのバーチャルホスト設定②

```
[...]# vi /etc/httpd/conf/httpd.conf
…（途中省略）…
NameVirtualHost  192.168.56.102    ←名前ベースであることを設定するディレクティブ
<VirtualHost 192.168.56.102:80>    ←1つ目のバーチャルホスト
    ServerName web10.example.com    ←FQDNの設定
    DocumentRoot /var/www/web10     ←ドキュメントルート設定
```

```
</VirtualHost>
<VirtualHost 192.168.56.102:80>    ←2つ目のバーチャルホスト
    ServerName web20.example.com   ←FQDNの設定
    DocumentRoot /var/www/web20    ←ドキュメントルート設定
</VirtualHost>
```

Apacheを再起動して確認します。

Apache再起動

```
[...]# systemctl restart httpd.service
```

バーチャルホストweb10（http://1つ目のバーチャルホスト名）にアクセスします。

図13-2-16 バーチャルホストweb10

バーチャルホストweb20（http://2つ目のバーチャルホスト名）にアクセスします。

図13-2-17 バーチャルホストweb20

クライアント（Apacheに接続可能なCentOS7）側がバーチャルホストへのアクセスを行う際に、IPアドレスに対応する名前解決ができるようにするには、クライアント側の「/etc/hosts」ファイルの最終行に以下のように追記します。

```
サーバのeth0のIPアドレス   web1.example.com                       ←IPベースのバーチャルホスト
サーバのeth1のIPアドレス   web2.example.com                       ←IPベースのバーチャルホスト
サーバのIPアドレス         web10.example.com   web20.example.com  ←名前ベースのバーチャルホスト
```

DNSサーバで設定を行う場合は、上記のIPアドレスと名前のマッピング情報をDNSサーバに追記します。詳細は「13-1 DNSサーバ」（→ p.616）を参照してください。

13-2-11 HTTPS

HTTPSとは、WebサーバとWebブラウザ間の通信を暗号化する仕組みです。暗号化には、**SSL/TLS**を使用します。公開鍵の仕組みを用いて、不特定多数のWebブラウザとSSL/TLSを有効にしたサーバ間で通信します。通信を行う際、暗号化と共に通信相手の本人性確認のためにデジタル証明書を確認します。通常、Webサーバをクライアントが認証する**サーバ認証**が使われ、サービスの提供者の確認が行なわれます。クライアントはこの証明書の信憑性をもってサーバが本人であるかを確認します。

> TLS（Transport Layer Security）プロトコルは、SSL（Secure Sockets Layer）プロトコルの後継として策定されています（現在のバージョンは1.2）。しかし、SSLの名前の普及を考慮して、現在でもSSL/TLSとされています。

SSL/TLS通信に必要な要素

SSL/TLS通信を行うために必要な要素は以下の通りです。

▷CA（Certificate Authority）

デジタル証明書の発行元を指します。SSL/TLSの通信には、クライアントとサーバの両者が共に認める信頼できるエンティティ（組織や人）が必要です。このエンティティから発行された証明書を持っているものが、信用の対象となります。

▷X.509デジタル証明書

X.509はITU（International Telecommunication Union）が定めたデジタル証明書のフォーマットです。現在は「X.509v3」がSSL/TLS通信で用いられています。

▷CSR（Certificate Signing Request）

CAに対して証明書を発行してもらう時に使用する、自サイト情報と公開鍵を含んだリクエスト・フォームです。キー・ペア・ファイルを作成した後に作成します。

▷ソフトウェア

上記の仕組みを実現するために、apache mod_sslモジュールとOpenSSLソフトウェア・パッケージが必要です。Webブラウザには、世界で一般的に認められているCAのリストが既にインストールされています。このリストにない証明書が相手から提示された場合、Webブラウザは確認のダイアログを出し、ユーザに信用するかどうかを問います。

SSL/TLSの設定

WebサーバでSSL/TLSを有効にするには、SSL/TLS用のモジュール（mod_ssl）とSSL/TLS機能を実装した**OpenSSL**が必要であるため、これらをインストールします。

SSL/TLSに必要なパッケージのインストール

```
[...]# yum install openssl mod_ssl
…（実行結果省略）…
```

インストールが終了すると、次の場所にそれぞれファイルが作成されます。

▷/etc/httpd/modules/mod_ssl.soファイル

SSLのモジュール本体です。

▷/etc/httpd/conf.d/ssl.confファイル

SSLの設定ファイルです。ポート番号や秘密鍵、デジタル証明書等、主要な設定を行います。

▷/etc/httpd/conf.modules.d/00-ssl.confファイル

モジュールを読み込む設定が記載された設定ファイルです。

SSL/TSLの設定は次の手順で行います。

図13-2-18 SSL/TSLの設定

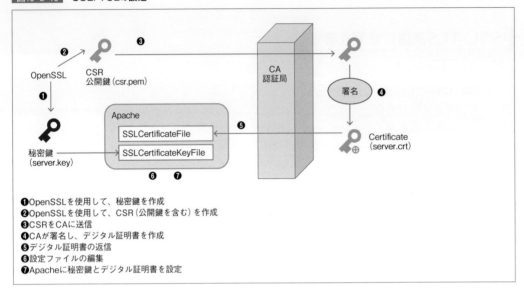

❶OpenSSLを使用して、秘密鍵を作成
❷OpenSSLを使用して、CSR（公開鍵を含む）を作成
❸CSRをCAに送信
❹CAが署名し、デジタル証明書を作成
❺デジタル証明書の返信
❻設定ファイルの編集
❼Apacheに秘密鍵とデジタル証明書を設定

秘密鍵とCSRの作成

opensslパッケージに含まれる**/etc/pki/tls/certs/Makefile**を利用して、秘密鍵、CSR、自己署名証明書を作成 することができます。

/etc/pki/tls/certs/Makefileディレクトリの下で**make**コマンドを実行するとこのMakefileが参照され、そのなかでopensslコマンドが実行されます。

秘密鍵とCSRの作成

```
[...]# cd /etc/pki/tls/certs
[... certs]# make server.csr
```

「make server.csr」コマンドを実行し、そこで要求されるパスフレーズやサイトの情報を入力します。詳細は「15-2 暗号化と認証」（→ p.856）を参照してください。

この結果、秘密鍵（server.key）とCSR（server.csr）が作成されます。作成したCSRの内容は以下のようにして、**openssl**コマンドで表示、確認できます。

CSRの表示、確認

```
[... certs]# openssl req -in server.csr -text
…（実行結果省略）…
```

CSRをCAに送信

ブラウザからCAのWebサイトにアクセスして、作成したCSRファイルをブラウザの画面のなかの指示された領域にコピーペーストするか、あるいはCAのWebサイト上で指示された手順に従い、秘密鍵の生成からCSR送信まで行うのが一般的です。

デジタル証明書の作成

CAは、独自の信用基準に基づいて送付された公開鍵の審査を行います。審査基準に合致すれば、CAが公開鍵に対して署名を行います。これがデジタル証明書になります。

デジタル証明書を返信

ブラウザでCAのWebサイトにアクセスして、表示された証明書をコピーしてファイルに保存するか、指定されたリンクからダウンロードするのが一般的です。

自己署名証明書の作成

本書では、ホスト自身が発行者(CA)となって自己署名したデジタル証明書を発行します。この手順は組織内での利用や、既に信頼関係の成立して いるクライアント・サーバ間での通信の場合に利用できます。

自己署名によるデジタル証明書の発行

```
[...]# cd /etc/pki/tls/certs
[... certs]# make server.crt        ←証明書の作成
[... certs]# openssl x509 -in server.crt -text   ←証明書の表示、確認
```

設定ファイルの編集

Apacheの設定ファイルである、**/etc/httpd/conf.d/ssl.conf**を編集します。

ssl.confの修正(抜粋)

```
[...]# vi /etc/httpd/conf.d/ssl.conf
…(途中省略)…
SSLPassPhraseDialog builtin     ←❶
DocumentRoot "/var/www/html"    ←❷
ServerName server.example.com:443   ←❸
SSLProtocol +TLSv1.2    ←❹
SSLCertificateFile /etc/pki/tls/certs/server.crt    ←❺
SSLCertificateKeyFile /etc/pki/tls/private/server.key   ←❻
```

❶パスフレーズを起動時に入力するためにbuiltinに変更
❷コメント「#」を外して有効にする
❸コメント「#」を外して、ホスト名を修正
❹一度全ての設定を削除して TLSv1.2のみ有効にする
❺デジタル証明書を指定
❻秘密鍵を指定

Apacheを再起動します。

Apacheの再起動

```
[...]# systemctl restart httpd.service
Enter SSL pass phrase for server.example.com:443 (RSA) : ********
↑パスフレーズの記入（本書では「training」）
```

> 再起動を行っても、前のhttpdのプロセスが動いたままになっていることがあります。その際は、CentOS 7を再起動してください。

13-2-12 ログの設定

Apacheが出力するログには、**エラーログ**と**アクセスログ**があります。

エラーログ

httpdプロセスに関連するログです。起動、停止時やリクエストを処理した時のエラーが記録されます。障害が発生した場合は、このファイルを確認します。エラーログは、**ErrorLog**ディレクティブで設定されます。

エラーログの定義

ErrorLog ファイル名
LogLevel ログレベル

ファイル名は、ServerRootからの相対パスで指定します。LogLevelのデフォルトは「warn」です。LogLevel（ログレベル）の各項目を以下に示します。

表13-2-11 ログレベル

ログレベル	概要
debug	デバッグ情報
info	追加情報
notice	緊急性はないが、重要な情報
warn	警告
error	エラー
crit	致命的な状態
alert	直ちに対処が必要
emerg	緊急、システムが立ち上がらない

アクセスログ

クライアントからのリクエストを指定されたフォーマットで記録します。アクセス動向を分析するためのデータを採取することができます。

ログフォーマットの定義

LogFormat フォーマット [フォーマット] ニックネーム
CustomLog ログファイル名 ニックネーム

LogFormatディレクティブは複数定義可能です。CustomLogのニックネームは、いずれかのLogFormatで設定されたニックネームを利用します。

フォーマットの一覧を示します。

表13-2-12　フォーマット

フォーマット文字列	説明
%h	リモートリスト
%l	リモートログ名 通常は、「-」となる
%u	リモートユーザ名
%t	アクセス時刻
%r	リクエスト最初の行
%s	ステータス
%>s	最後の行のステータス
%b	レスポンスのバイト数
%{header}i	headerで指定されたリクエストのヘッダ情報

以下は、httpd.confファイルからLogFormatを抜粋した例です。

LogFormat(抜粋)

```
[...]# grep -n LogFormat /etc/httpd/conf/httpd.conf
196:    LogFormat "%h %l %u %t \"%r\" %>s %b \"%{Referer}i\" \"%{User-Agent}i\"" combined
197:    LogFormat "%h %l %u %t \"%r\" %>s %b" common
201:    LogFormat "%h %l %u %t \"%r\" %>s %b \"%{Referer}i\" \"%{User-Agent}i\" %I %O" combined
```

また、上記のLogFormatで指定されたニックネームをCustomLogで使用しています。

CustomLog(抜粋)

```
[...]# grep -n CustomLog /etc/httpd/conf/httpd.conf
194:    # a CustomLog directive (see below).
211:    #CustomLog "logs/access_log" common     ←commonを使用
217:    CustomLog "logs/access_log" combined    ←combinedを使用
```

13-3 プロキシサーバ

13-3-1 プロキシサーバとは

プロキシは、サーバとクライアントの間に入り、処理の代理を行うサーバです。処理の代理には次の2つがあります。

プロキシサーバ（フォワードプロキシサーバ）

内部ネットワークのクライアントのリクエストを受け付け、インターネット越しのサーバへのアクセスを代理で行います。また、プロキシサーバはキャッシュ機能を備えており、クライアントからのリクエストに対してキャッシュから応答することができます。後述するリバースプロキシの対義語として、**フォワードプロキシ**と呼ぶ場合もあります。

図13-3-1 プロキシサーバ

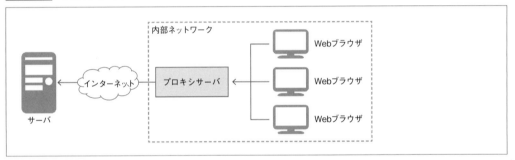

リバースプロキシサーバ

インターネット上のクライアントからリクエストを受け付け、内部ネットワークのサーバアクセスを代理で行います。

図13-3-2 リバースプロキシサーバ

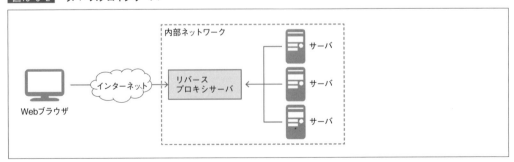

プロキシサーバ（フォワードプロキシサーバ）の特徴

以下にプロキシサーバの特徴を挙げます。

▷パフォーマンスの向上
プロキシサーバ内のキャッシュにヒットした場合、インターネットにリクエストを送信することなくレスポンスを返せるので、パフォーマンスの向上が望めます。

▷セキュリティの向上
内部ネットワークのクライアントが直接インターネットと繋がっていないので、不正行為等を防ぐことができます。また、プロキシサーバを介しての通信であるため、プロキシサーバ側で、クライアントのアクセス状況を監視することができ、セキュリティの向上が望めます。

▷フィルタリング
特定のWebサイトにアクセスしない設定を行うことで、クライアントを脅威から守ることができます。

▷プロキシサーバの設定が必要
プロキシサーバを介してインターネットに接続するためには、内部ネットワークの各クライアントがプロキシサーバをアクセスできるように事前に設定が必要です。ほとんどのWebブラウザが対応しています。

リバースプロキシサーバの特徴

リバースプロキシサーバの特徴を挙げます。

▷負荷分散処理
リバースプロキシサーバは、負荷分散機能を持っているので、内部ネットワークの各サーバに対して適切にリクエストを分散させることができます。

▷パフォーマンスの向上
画像ファイル等の静的コンテンツをリバースプロキシ側で処理させることにより、他のサーバは動的コンテンツ生成（プログラム処理）に集中でき、結果として全体のパフォーマンスを向上することができます。

▷暗号化/復号のパフォーマンス向上
リバースプロキシサーバ側にSSL/TLS通信の暗号化や復号を担当することで、全体のパフォーマンスを向上させることができます。これは**SSLオフローダー**とも呼ばれています。

代表的なプロキシサーバ

代表的なプロキシサーバを示します。

表13-3-1　主なプロキシサーバ

プロキシサーバ	理由
squid	プロキシサーバとしてさまざまなLinuxディストリビューションで利用可能。CentOS 7では3.3.xが利用可能
Apache + mod_proxy	Apacheにmod_proxyモジュールを追加することで、利用可能。CentOS 7ではデフォルトで有効
Delegate	日本製のプロキシサーバ。産業技術総合研究所で開発、提供されている

本書では、**squid**を取り上げます。

代表的なリバースプロキシサーバ

代表的なリバースプロキシサーバを示します。

表13-3-2　主なリバースプロキシサーバ

リバースプロキシサーバ	説明
Nginx	並列処理やパフォーマンスを重視して開発されたWebサーバ
squid	プロキシサーバであるが、リバースプロキシサーバとしても設定可能
Apache + mod_proxy	Apacheにmod_proxyモジュールを追加することで、利用可能。CentOS 7ではデフォルトで有効

本書では、**Nginx**を取り上げます。

13-3-2 squid

squidをインストールします。その後、firewalldとSELinuxの設定を行い、自動起動の有効化を行います。

squidとは

squidとは、Linuxディストリビューションで広く使用されているプロキシサーバです。リバースプロキシサーバの機能も持っています。

squidのWebサイト
http://www.squid-cache.org/

squidの特徴

squidの特徴を挙げます。

▷ **プロキシサーバ機能**
　プロキシサーバや、リバースプロキシ機能を持っています。

▷ **キャッシュ機能**
　アクセスしたWebサイトの情報をキャッシュし、2回目以降のアクセスに再利用することで、レスポンスの向上させます。

▷ **フィルタリング機能**
　特定のWebサイトしかアクセスさせない機能です。

squidのインストール

squidはCentOS 7では標準リポジトリで提供されています。

squidのインストール

```
[...]# yum install squid
…（実行結果省略）…
```

キャッシュディレクトリの設定

squidのキャッシュディレクトリの設定を行います。設定ファイル**/etc/squid/squid.conf**を編集します。

キャッシュディレクトリの設定

```
[...]# vi /etc/squid/squid.conf
…（途中省略）…
cache_dir ufs /var/spool/squid 100 16 256    ←コメント「#」を外す
…（以降省略）…
```

firewalldの設定

firewalldが動作している場合、squidへのアクセスを許可する必要があります。

firewalldで許可を追加

```
[...]# firewall-cmd --add-service=squid --zone=public --permanent    ←squidへのアクセスを許可
```

自動起動の設定

自動起動の設定とsquidの起動を行います。

自動起動設定

```
[...]# systemctl enable squid.service    ←squidの自動起動の有効化
[...]# systemctl start  squid.service    ←squidの起動
```

13-3-3 クライアント（Webブラウザ）の設定

プロキシサーバを経由してクライアント（Webブラウザ）がアクセスするように設定を行います。以降では、Mozilla Firefoxでの設定例を掲載します。

Webブラウザの設定①

Webブラウザを起動し、右上の≡アイコン❶から「設定」❷を選択します。

図13-3-3　Webブラウザの設定①

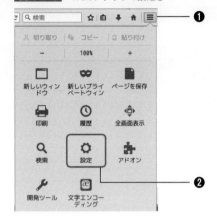

Webブラウザの設定②

「詳細」→「ネットワーク」❸を開き、「接続設定」❹を選択します。

図13-3-4　Webブラウザの設定②

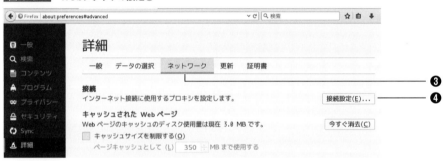

Webブラウザの設定③

「手動でプロキシを設定する」❺を選択し、「HTTPプロキシ」欄のテキストボックス❻に「localhost」と記述します。また、squidは3128番ポートを使用するので、「ポート」欄❼に「3128」を記述します。「全てのプロトコルでこのプロキシを使用する」❽をチェックし、「プロキシなしで接続」のテキストボックス❾に、「localhost, 127.0.0.1」が記載されていることを確認し、「OK」ボタンをクリックします。

図13-3-5　Webブラウザの設定③

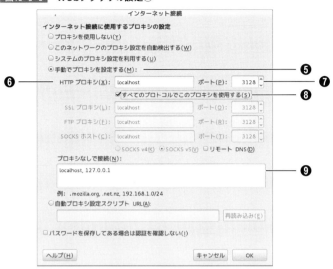

動作確認

Webブラウザに任意のURLを記入し、正常にWebサイトにアクセスできていることを確認します。

13-3-4 squidのアーキテクチャ

squidのディレクトリ構成および主要な設定ファイルについて確認します。

squidのディレクトリ階層

squidのディレクトリ階層は次のようになっています。

図13-3-6　squidのディレクトリ階層

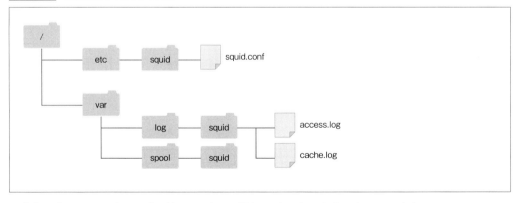

また、各ディレクトリや主要なファイルに関しては、次のようになっています。

表13-3-3　squidのディレクトリ

ディレクトリ		主要なファイル	説明
/etc	squid	squid.conf	squidの設定ファイル
/var/log	squid	access.log	クライアントからのリクエストをロギング
		cache.log	squidのキャッシュの動作状況をロギング
/var/spool	squid	---	キャッシュデータを保存しておくためのディレクトリ

設定ファイル

squidの設定ファイルは、次のようなパラメータが設定されています。

表13-3-4　設定ファイルの主なパラメータ

パラメータ	説明
http_port	squidのポート番号の設定
cache_dir	ufs：ストレージタイプ /var/spool/squid：キャッシュ用ディレクトリ 100：領域のサイズ (MB) 16：キャッシュ第1階層のディレクトリの数 256：キャッシュ第2階層のディレクトリの数
maximum_object_size	キャッシュするファイルの最大値。デフォルト4MB
connect_timeout	タイムアウト時間。デフォルト1分
cache_mem	キャッシュのメモリサイズの設定。デフォルト256MB

アクセス制御に関しては後述します。

クライアントコマンド

squidのテストを行う際にWebブラウザによる確認ができない場合、**squidclient**コマンドを用いてアクセスのチェックを行うことができます。

アクセスのチェック

squidclient [-h プロキシサーバ名] [-p プロキシサーバのポート番号] アクセスURL

以下は、一般ユーザがsquidclientコマンドを使用して、squidのWebサイトにアクセスした例です。

squidclientコマンドによるアクセスチェック

```
[...]$ squidclient -h localhost -p 3128 httpd://www.google.co.jp
HTTP/1.1 400 Bad Request    ←ヘッダ部分
…（途中省略）…
</div>     ←ボディ部分
</body></html>
```

13-3-5 アクセス制御

squidには、フィルタリング機能としてアクセス制御を**squid.conf**ファイルで設定することができます。アクセス制御を行うことにより、ネットワーク単位やWebサイト単位で、クライアントに対してアクセスを許可または拒否させることができます。アクセス制御は、**acl**ディレクティブで対象を定義し、**http_access**ディレクティブで許可または拒否を行います。

aclディレクティブ

aclディレクティブには、処理の対象を定義します。

> **aclディレクティブ**
> **acl ACL名 ACLタイプ パラメータ**

ACL名には、任意の名前を付けることができます。ACLタイプにはさまざまな対象が定義可能です。パラメータはACLタイプに依存します。主なACLタイプとパラメータを以下に示します。

表13-3-5 主なACLタイプ

ACLタイプ	パラメータ	例
src	発信元IPアドレス	acl internal-host src 172.16.0.5/255.255.0.0
dst	宛先IPアドレス	acl chat-room dst 210.232.177.100
time	曜日、時間帯	acl day 6:00-18:00
url_regex	URLの正規表現	acl edu-site-jp "http://.*\.ac\.jp"
port	ポート番号	acl secure-port 443
method	HTTPリクエストメソッド	acl data-get get
proxy_auth	ユーザ認証	acl group proxy_auth yuko ryo mana

http_accessディレクティブ

aclディレクティブで指定した対象のアクセスを、許可か拒否を設定します。

> **http_accessディレクティブ**
> **http_access allow | deny [!]ACL名...**

http_accessのデフォルトの動作は以下のようになります。

- http_accessの指定が一切ない場合、リクエストは拒否される
- http_accessの指定に一致しないリクエストは、最後のhttp_access行のallow/denyの反対の処理になる
    最終行が許可(allow)の指定なら、一致しないリクエストは拒否(deny)される
    最終行が拒否(deny)の指定なら、一致しないリクエストは許可(allow)される
- 「!」がACL名の前に付くと、否定になる

アクセス制御の例

以下に、アクセス制御の設定例を示します。

アクセス制御の設定例

```
[...]# vi /etc/squid/squid.conf
…(途中省略)…
acl all src 0.0.0.0/0.0.0.0          ←名前が「all」で全てのネットワークが対象
acl localhost src 127.0.0.1/255.255.255.255   ←名前が「localhost」で127.0.0.1が対象
acl to_localhost dst 127.0.0.0/8     ←名前が「to_localhost」で宛先が127.0.0.0/8
acl Safe_ports port 443              ←名前が「Safe_ports」で443ポートが対象

http_access allow localhost to_localhost   ←localhostと、to_localhostは許可
http_access deny !Safe_ports               ←Safe_ports以外は、拒否
…(以降省略)…
```

13-3-6 ログファイル

ログファイルは**/var/log/squid**ディレクトリ以下に、次の3つがあります。

▷ **access.log**
 squidを利用しているクライアントがどこにアクセスしたかを記録します。主要なステータスコードを表13-3-6に示します。

▷ **cache.log**
 キャッシュディレクトリの作成時のログを記録します。

▷ **squid.out**
 squidの動作を記録します。

表13-3-6　access.logのステータスコード

ステータスコード	概要
TCP_MISS	仮想環境設定
TCP_HIT	ssh設定
TCP_DENIED	Windowsのリモート管理設定
TCP_REFRESH_HIT	ヒットしたが、最新ではない
TCP_NEGATIVE_HIT	404のようなエラーにヒットした

13-3-7 Nginx

Nginxの概要を説明後、Nginxをインストールします。

Nginxとは

NginxはロシアのIgor Sysoev氏が開発し、2004年に最初のバージョンが公開されました。BSDライクライセンスで公開されています。商用版としてNginx PlusをNginx社が提供し、高負荷での処理が発生する大規模サイトで多く使用されています。「エンジンエックス」と読みます。また、リバースプロキシサーバの機能も持っています。

> Netcraft社（http://netcraft.com）によると、2016年8月現在での世界シェアは14%であり、第3位となっています。

Nginxの特徴

以下にNginxの特徴を挙げます。

▷**高い並列処理**
　非同期処理で並列処理を行うため、高負荷においても高いパフォーマンスを保ちます。

▷**低消費メモリ**
　他のWebサーバと比較すると、メモリ消費を抑えた設計になっています。

▷**リバースプロキシ機能**
　Nginxはリバースプロキシ機能をデフォルトで提供しています。

▷**CGI機能を持たない**
　NginxはCGI機能を持たないので、Nginx単体でWebアプリケーションを動作できません。そのため、リバースプロキシ機能を利用して、アプリケーションサーバや、CGI機能を持つApache等をWebアプリケーションサーバとして利用する構築方法が勧められています。

13-3-8 Nginxのインストール

Nginxは標準リポジトリでは提供されていないので、EPELリポジトリを登録してから、インストールします。

EPELリポジトリの追加してインストール

```
[...]# yum install epel-release.noarch
[...]# yum install nginx
...（実行結果省略）...
```

13-3-9 Nginxの初期設定

Nginxに対してWebブラウザがリクエストを送信するため、Webサーバと同様の設定を行います。

firewalldの設定

firewalldが動作している場合、Nginxへのアクセスを許可する必要があります。

firewalldで許可を追加

```
[...]# firewall-cmd --add-service=http  --zone=public --permanent  ←❶
[...]# firewall-cmd --add-service=https --zone=public --permanent  ←❷
```

❶Nginxへのhttpアクセスを許可
❷Nginxへのhttpsアクセスを許可

自動起動の設定

自動起動の設定とNginxの起動を行います。

自動起動設定

```
[...]# systemctl enable nginx.service   ←nginxの自動起動の有効化
[...]# systemctl start nginx.service    ←nginxの起動
```

13-3-10 Nginxのアーキテクチャ

Nginxのディレクトリ構成および主要な設定ファイルについて確認します。また、各設定ファイルの定義方法も確認します。

Nginxのディレクトリ階層

Nginxのディレクトリ階層は次のようになっています。

図13-3-7　Nginxのディレクトリ階層

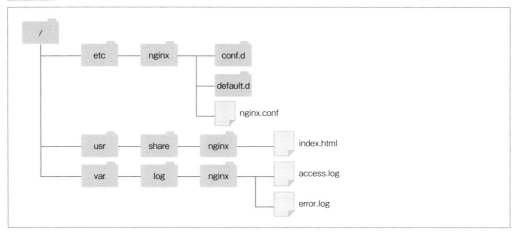

また、各ディレクトリや主要なファイルは次のようになっています。

表13-3-7　Nginxのディレクトリとファイル一覧

ディレクトリ名	主要なファイル名		説明
/etc	nginx	ngix.conf	Nginxの設定ファイル
/etc/nginx	conf.d	---	拡張設定ファイル用ディレクトリ
/etc/nginx	default.d	---	1つのバーチャルホストの設定ファイル
/usr/share	nginx	---	デフォルトの静的コンテンツ配置用ディレクトリ
/var/log	nginx	access.log	クライアントからのリクエストをロギング
/var/log	nginx	error.log	Nginxのエラーをロギング

設定ファイル

Nginxは、**/etc/nginx/nginx.conf**ファイルで設定します。また、このファイル内の**include**ディレクティブによって、/etc/nginx/conf.dディレクトリ内のファイル（拡張子がconf）を読み込みます。

ディレクティブ

Nginxのディレクティブとは、Apacheと同様に（→ p.653）、設定項目を表現します。ディレクティブは次のように定義します。パラメータとはディレクティブに対する値です。

ディレクティブの定義①
ディレクティブ名 パラメータ [パラメータ...] ;

通常の定義方法です。最後に「;」を付けます。

ディレクティブの定義②

```
ディレクティブ名 {
    ディレクティブ1 パラメータ1 [パラメータ2…] ;
    ディレクティブ2 パラメータ1 [パラメータ2…] ;
}
```

最初にコンテナとなるディレクティブ名を指定し、{} のなかに設定項目となるディレクティブやパラメータを設定します。

以下に示すのは、主なディレクティブです。

表13-3-8　Nginxの主なディレクティブ

ディレクティブ	説明
http {・・・}	Webサーバ用設定
server {・・・}	バーチャルホストを設定、httpディレクティブ内で定義
location [~] パラメータ {・・・}	ディレクトリや、URLの一部を設定。正規表現を使用する場合、「~」をオプションに付ける
listen　数値	ポート番号 設定
server_name　ホスト名	サーバのホスト名を設定
root　ディレクトリ	静的コンテンツのディレクトリをパス付きで指定
index　ファイル名	rootディレクトリ以下にあるファイル名を検索して表示
proxy_pass　URL	リバースプロキシの設定。転送先のURLを設定
proxy_pass_header Host $host	クライアントのIPアドレスをアプリケーションサーバに転送

ディレクティブの詳細については、以下のURLを参照してください。

> nginx.org
> https://nginx.org/en/docs/ngx_core_module.html#directives

13-3-11　リバースプロキシ設定

リバースプロキシの設定を行います。本書ではApacheをアプリケーションサーバとして使用します。また、Apacheには、Perlで動作するCGIが動作しているものとします。本書では、「13-2 Webサーバ」（→ p.646）で構築したサーバに、Nginxを追加でインストールします。また、CGI環境に関しては、「13-4-2 CGI実行環境の構築」（→ p.693）を参照してください。

Apache側の設定

デフォルトではApacheは80番ポートを使用して動作しているため、http以外のポート番号（本書では9000番）に設定します。Apacheの設定ファイル**/etc/httpd/conf/httpd.conf**を編集します。

http.confの設定

```
[...]# vi /etc/httpd/conf/httpd.conf
…（途中省略）…
```

```
Listen 9000    ←80から9000番に変更
…（以降省略）…
```

変更後、Apacheを再起動します

Apache再起動
```
[...]# systemctl restart httpd.service
```

Nginx側の設定

リバースプロキシの設定を行います。デフォルトではNginx側にリクエストされたクライアントのIPアドレスはアプリケーションサーバ（この場合はApache）には転送されないため、転送を行うように**proxy_set_header**ディレクティブも設定します。Nginxの設定ファイル**/etc/nginx/nginx.conf**を編集します。

リバースプロキシ設定
```
[...]# vi /etc/nginx/nginx.conf
…（途中省略）…
server_name   server.example.com;   ←ホスト名の設定
…（途中省略）…

location /perl/ {   ←「/perl/」の文字列一致で転送
    proxy_pass http://localhost:9000/;   ←転送先のURL。「:」はNginxの仕様
    proxy_set_header host $host;   ←クライアントのIPアドレスを転送
}   ←終了の括弧
…（以降省略）…
```

その後、Nginxを再起動します。

Nginxの再起動
```
[...]# systemctl restart nginx.service
```

起動確認

httpdが動作しているかを確認します。Webブラウザで次のURLにアクセスしてください。サーバ名は「server.example.com」としています。

http://server.example.com:9000/cgi-bin/test.pl

図13-3-8 Apacheの確認

Nginxが動作しているかを確認します。Webブラウザで次のURLにアクセスしてください。

http://server.example.com

図13-3-9 Nginxの確認

両方の動作確認後、連携しているかを確認します。Webブラウザで次のURLにアクセスしてください。

http://server.example.com/perl/cgi-bin/test.pl

図13-3-10 ApacheとNginxの連携の確認

「server.exsample.com」の部分は、各自のサーバ名に合わせて名前解決を行ってください。名前解決については、「13-2 Webサーバ」(→ p.646)を参照してください。

13-3-12 ログ

Nginxのログは次の2つのファイルで記録されています。

▷ /var/log/nginx/access.log
　クライアントからアクセスされた状態を記録します。

▷ /var/log/nginx/error.log
　Nginxで何らかのエラーが起きた場合に記録されます。

13-4 Webアプリケーション実行環境

13-4-1 Webアプリケーション

インターネットの普及が進み、それと共にWebサービスも発展してきました。Webサービスは何らかのWebアプリケーションで構築されており、eコマース等、さまざまな実装が存在しています。

Webアプリケーションとは

Webアプリケーションとは、インターネット（またはネットワーク）を介して利用するアプリケーションです。クライアントとしてWebブラウザを用います。

図13-4-1　Webアプリケーションの概要

Webアプリケーションアーキテクチャ

Webアプリケーションでは、**3層アーキテクチャ**がよく利用されます。

▷プレゼンテーション層
　ユーザからの入力値の受け取りや、結果ページの表示等、ユーザインターフェイスを処理します。主にWebサーバとWebブラウザが担当します。

▷ロジック層
　Webアプリケーションのロジック処理を行います。ビジネスロジック層とも呼ばれます。主にWebサーバやアプリケーションサーバが担当します。

▷データ層
　データの永続化を管理します。主にDBサーバが担当します。

図13-4-2　3層アーキテクチャ

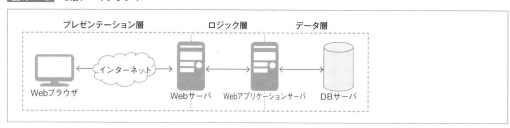

プレゼンテーション層の役割の変化

　従来のプレゼンテーション層と言えば、サーバ側で生成されたHTMLデータをWebブラウザが表示するという形が一般的です。HTML5が普及し始めてからは、Webブラウザ側で動作するJavaScript言語がHTML生成を担当し、サーバはメタデータを送信するという仕組みも出てきました。この仕組みのメリットとして、インターネット上でやり取りするデータ量が減る点と、サーバ側の負荷が下がる点が挙げられます。

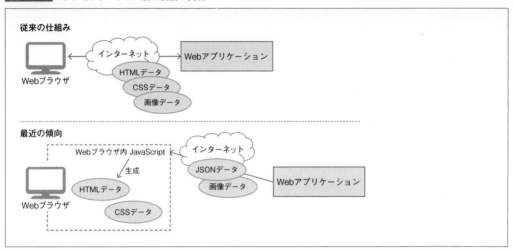

図13-4-3　プレゼンテーション層の役割の変化

メタデータフォーマットとして、JSON（JavaScript Object Notation）フォーマットがよく使用されます。

Webアプリケーション実行環境

　ロジック層ではWebアプリケーションのロジックの実装はプログラミング言語で行いますが、それには実行環境が必要です。プログラムの実行環境として、次の2つが挙げられます。

▷CGI環境を持つWebサーバ

　CGI（Common Gateway Interface）とは、Webサーバ上でプログラムを動作させる仕組みであり、仕様です。CGIの仕様は、ほとんどのプログラミング言語がCGIの仕組みを満たしているので、さまざまな言語がCGIプログラムとして動作します。CGIの実行環境としてApacheがよく利用されます。

▷アプリケーションサーバ

　プログラムの実行環境であり、ミドルウェアです。Java言語の実行環境であるTomcatや、Ruby言語のUnicorn等が挙げられます。現在のWebサーバは、アプリケーションサーバとしての機能も持っていることが多いです。そのため運用では、静的コンテンツを担当するWebサーバと、動的コンテンツ（プログラムの処理結果として生成されるコンテンツ）を担当するWebサーバ（アプリケーションサーバの役割）としてインフラを構築することもあります。

本書では、CGIの実行環境として**Apache**（Perl言語）、アプリケーションサーバとして**Tomcat**（Java言語）を取り上げます。

> Nginxに、Webサーバとリバースプロキシ、またはロードバランサを担当させ、Apache等のCGI実行環境をアプリケーションサーバとして利用する手法があります。

13-4-2 CGI実行環境の構築

CGI実行環境の構築は、次のような手順になります。本書ではApache HTTP Server上で、PerlのCGI実行環境の構築方法を説明します。

①Webサーバの構築と設定
②CGI実行環境を構築
③プログラミング言語の設定
④プログラミング言語にCGI環境を構築
⑤Webブラウザで確認

Webサーバの構築と設定

Webサーバの構築と設定については、「13-2 Webサーバ」（→ p.646）を参照してください。

CGI実行環境の構築

ApacheでCGIを使用するには、2種類の方法があります。

▷/var/www/cgi-binディレクトリを使用する方法

Apacheの設定ファイル（httpd.conf）の「ScriptAlias」ディレクティブで指定されています。このScriptAliasディレクティブにより、/var/www/cgi-binディレクトリ内の全てのファイルはCGIプログラムのため、CGIに関する設定は不要です。

▷任意のディレクトリを使用する方法

①Apacheの設定ファイル（httpd.conf）の「ScriptAlias」ディレクティブでディレクトリをインターネット上で公開できるように設定します。
②httpd.confの「AddHandler」ディレクティブに、動作するファイルの拡張子を設定します。
③httpd.confの「Options」ディレクティブでExecCGIを設定します。この設定はCGIスクリプトとして実行する許可を与えます。

/var/www/fooディレクトリ内でCGIを有効にする例

```
[...]# vi /etc/httpd/conf/httpd.conf
…（途中省略）…
AddHandler cgi-script .cgi .pl    ←❶
…（途中省略）…
ScriptAlias /foo/ /var/www/foo/    ←❷
<Directory /var/www/foo>    ←追記：ディレクトリの指定
    Options +ExecCGI    ←追記：ExecCGIを設定
</Directory>    ←追記：Directoryディレクティブを閉じる
```

❶294行目：先頭の「#」を削除し、最後にファイルの拡張子「.pl」を加える
❷最終行へ追記：公開ディレクトリをfooディレクトリに設定する

編集と追記が終了したら、Apacheを再起動します。

Apacheの再起動

```
[...]# systemctl restart httpd.service
```

プログラミング言語の設定

動作するプログラム言語をインストールします。ただし、Perl言語はほとんどの場合、CentOSのインストール時に選択したベース環境に含まれるパッケージグループの依存関係によってインストールされます。

Perlの確認

```
[...]# perl -v

This is perl 5, version 16, subversion 3 (v5.16.3) built for x86_64-linux-thread-multi
(with 29 registered patches, see perl -V for more detail)
…（以降省略）…
```

プログラミング言語にCGI環境の構築

CGIの仕組みを利用できるライブラリと、DBサーバにアクセスするためのライブラリをインストールします。DBサーバは**MariaDB**（MySQLの後継）とします。

CGIとDBサーバのライブラリのインストール

```
[...]# yum install perl-CGI perl-DBI perl-DBD-MySQL
…（実行結果省略）…
```

cgi-binディレクトリは、ApacheのデフォルトでCGIが使用できるようになっています。

CGIの確認

```
[...]# ll /var/www/
合計 0
drwxr-xr-x. 2 root root 20 11月 20 02:53 cgi-bin   ←ディレクトリがあることを確認
drwxr-xr-x. 2 root root 22 11月 18 02:02 html
```

任意のディレクトリでCGI実行環境を構築するのであれば、「CGI実行環境の構築」（→ p.693）で指定したディレクトリを作成します。本書では、「/var/www/foo」ディレクトリとします。

ディレクトリの作成

```
[...]# mkdir /var/www/foo
```

次に示すCGIプログラム（Perlスクリプト）を、CGI実行環境のディレクトリに作成します。

スクリプト (test.pl)

```
01  #!/usr/bin/perl                          ←Perlプログラムを指定
02  print "Content-Type: text/html \n";      ←クライアント送信時のファイルのタイプ指定
03  print "\n";                              ←HTTPの仕様上必要な改行
04  print "<H1>Hello World</H1>";            ←コンテンツ
```

CGIとして実行できるように、実行権を追加します。

実行権の追加①

```
[...]# chmod a+x /var/www/cgi-bin/test.pl
```

あるいは、以下のように実行します。

実行権の追加②

```
[...]# chmod a+x /var/www/foo/test.pl
```

Webブラウザで確認

次のURLにアクセスして動作を確認します。サーバ名は「server.example.com」としています。

http://server.example.com/cgi-bin/test.pl

あるいは、以下のURLにアクセスします。

http://server.example.com/foo/test.pl

図13-4-4 cgi-binでのCGIの実行結果

図13-4-5 任意のディレクトリでのCGIの実行結果

「server.exsample.com」の部分は、各自のサーバ名に合わせて名前解決を行ってください。名前解決については、「13-2 Webサーバ」（→ p.646）を参照してください。

> 上記のように、任意のディレクトリをCGI実行環境のディレクトリにしても動作しない場合、SELinuxに原因があると考えられます。
>
> ```
> [...]# ls --context /var/www/
> drwxr-xr-x. root root system_u:object_r:httpd_sys_script_exec_t:s0 cgi-bin
> ```
> ↑CGI用のラベル
> ```
> drwxr-xr-x. root root unconfined_u:object_r:httpd_sys_content_t:s0 foo
> ```
> ↑ラベルが正しく指定されていない
>
> SELinuxが原因の場合は、「15-6 SELinux」（→ p.897）を参考にしてラベルを実行環境のディレクトリに指定するか、SELinuxを無効にします。

13-4-3 Tomcatの設定

　Tomcatとは、Java言語のアプリケーションサーバです。Java言語のアプリケーションサーバはCGIの仕様ではなく、ServletコンテナというJava言語独自の仕様で提供されています。TomcatはJava言語で作成されているので、Tomcatを動作させるには、Javaの実行環境が必要です。以下の手順で構築します。

①Javaの実行環境のインストール
②Tomcatのインストールと設定
③Webブラウザで確認

Javaの実行環境のインストール

　Javaの実行環境は、CentOS 7の標準リポジトリで提供されています。

Javaの実行環境をインストール

```
[...]# yum install java-1.6.0-openjdk
…（実行結果省略）…
```

Tomcatのインストールと設定

　Tomcatは、CentOS 7の標準リポジトリで提供されています。

Tomcatのインストール

```
[...]# yum install tomcat tomcat-admin-webapps tomcat-webapps
…（実行結果省略）…
```

　firewalldが動作している場合、Tomcatへのアクセス（8080番）を許可します。

firewalldで許可を追加

```
[...]# firewall-cmd --add-port=8080/tcp --zone=public --permanent
```
↑Tomcatへのアクセスを許可

Tomcatを起動します。

Tomcatの起動

```
[...]# systemctl start tomcat.service
```

Tomcatの初期設定

　Tomcatは独自のユーザで管理を行います。独自の管理は、**/etc/tomcat/tomcat-users.xml**で定義されています。デフォルトでは全てのユーザがコメントアウトされているため、以下のコメントを外します。XMLのコメントは、HTML同様、<!--で始まり、-->で終了します。

表13-4-1　Tomcatのロールとユーザ

ユーザ	デフォルトパスワード	関連しているロール	ロールの説明
admin	adminadmin	admin-gui	GUI環境にアクセス可能
		admin-script	テキストインターフェイスにアクセス可能
		manager-gui	GUI環境とステータスページにアクセス可能
		manager-script	テキストインターフェイスとステータスページにアクセス可能
		manager-jmx	JMX（Java Management Extensions：Javaアプリの監視）プロキシとステータスページにアクセス可能
		manager-status	ステータスページのみアクセス可能

ユーザとロールの設定

```
[...]# vi /etc/tomcat/tomcat-users.xml
…（途中省略）…
<role rolename="admin-gui"/>       ←コメント「<!--」と「-->」を外す
<role rolename="admin-script"/>    ←コメント「<!--」と「-->」を外す
<role rolename="manager-gui"/>     ←3コメント「<!--」と「-->」を外す
<role rolename="manager-script"/>  ←コメント「<!--」と「-->」を外す
<role rolename="manager-jmx"/>     ←コメント「<!--」と「-->」を外す
<role rolename="manager-status"/>  ←コメント「<!--」と「-->」を外す
<user name="admin" password="adminadmin" roles="admin-gui,admin-script,manager-gui,manager-script,manager-jmx,manager-status" />   ←コメント「<!--」と「-->」を外す
</tomcat-users>
```

　コメントを外したら、Tomcatを再起動します。

Tomcatの再起動

```
[...]# systemctl restart tomcat.service
```

Webブラウザによる確認

Tomcatが起動したら、以下のURLで確認します。ポート番号が8080番であることに注意してください。

http://server.example.com:8080/

次のような画面が出れば、Tomcatは正常動作しています。

図13-4-6　Tomcatの起動画面

また、トップ画面の右上にある3つのボタンはそれぞれ、次のような管理画面に移動します。いずれもユーザ名は「admin」で、パスワードは「adminadmin」です。

▷**Server Status**
　Tomcat全体のステータスを表示します。Tomcatが使用しているJVMのバージョンやメモリの仕様状況を確認できます。

▷**Manager App**
　現在Tomcat内で動作しているWebアプリケーションを管理できます。

▷**Host Manager**
　Tomcat上でバーチャルホストを設定したい場合の管理画面です。

コンテンツのデプロイ

Tomcat上にWebアプリケーションを展開するには、**/var/lib/tomcat/webapps/**ディレクトリに配置します。webappsディレクトリは、Java言語のServletコンテナで作成されるWebアプリケーションのデフォルトのデプロイ先になります。

今回は、インストール時にサンプルのパッケージと管理用Webサイトをインストールしているので(➡ p.696)、以下のようなディレクトリが存在します(デフォルトではインストールされません)。

/var/lib/tomcat/webapps/ディレクトリ

```
[...]# ls -l /var/lib/tomcat/webapps/
合計 12
drwxr-xr-x. 3 tomcat tomcat 4096 11月 20 06:05 ROOT          ←ドキュメントルート
drwxr-xr-x. 8 tomcat tomcat 4096 11月 20 06:05 examples      ←サンプル
drwxr-xr-x. 5 root   tomcat   82 11月 20 06:05 host-manager  ←Webアプリケーション管理
drwxr-xr-x. 5 root   tomcat 4096 11月 20 06:05 manager       ←Tomcat全体の管理
drwxr-xr-x. 5 tomcat tomcat   81 11月 20 06:05 sample        ←サンプル
```

13-4-4 ApacheとTomcatの連携

　Tomcatは8080ポートで簡易的なWebサーバを動作させています。そのため、Tomcat単体でもアクセス可能です。開発時はこの環境で問題はありませんが、Webサーバの安定性や堅牢性を考慮した場合、既存のWebサーバと連携させることが推奨されます。

Apacheモジュールの確認

　ApacheとTomcatを連携するには以下の2つのモジュールが必要です。

▷**mod_proxy.soモジュール**

　Apacheのプロキシ/ゲートウェイの仕組みを提供します。

▷**mod_proxy_ajp.soモジュール**

　AJP（Apache JServ Protocol）は、Apacheのプロキシ機能を用いてTomcatとの接続を提供します。バージョンは1.3です。mod_proxy.soモジュールと連携します。このモジュールは8009番ポートを使用します。

　これらのモジュールはデフォルトでApacheに提供されています。

モジュールの確認

```
[...]# ls /etc/httpd/modules/mod_proxy.so
/etc/httpd/modules/mod_proxy.so
[...]# ls /etc/httpd/modules/mod_proxy_ajp.so
/etc/httpd/modules/mod_proxy_ajp.so
```

モジュールの設定

　00-proxy.confファイル内で、モジュールが読み込まれていることを確認します。

モジュールの確認（00-proxy.confファイル）

```
[...]# vi /etc/httpd/conf.modules.d/00-proxy.conf
... （途中省略） ...
LoadModule proxy_module modules/mod_proxy.so          ←mod_proxy.soの確認
... （途中省略） ....
LoadModule proxy_ajp_module modules/mod_proxy_ajp.so  ←mod_proxy_ajp.soの確認
... （以降省略） ...
```

リバースプロキシの設定

リクエストのURLのなかに設定した文字列があると、Tomcatに転送する仕組みを構築します。今回は「tomcat」という文字列があれば、Tomcatにリクエストが転送するようにします。変更内容を確認しやすくするため、今回は/etc/httpd/conf.dディレクトリ以下にtomcat.confファイルを新規作成します。

リバースプロキシの定義
ProxyPass URL文字列 ajp://サーバ名:8009/パス

今回は、以下のように複数設定します。

リバースプロキシの設定
```
[...]# vi /etc/httpd/conf.d/tomcat.conf
ProxyPass /tomcat-status/ ajp://localhost:8009/manager/status    ←❶
ProxyPass /tomcat-manager/ ajp://localhost:8009/manager/html     ←❷
ProxyPass /tomcat-host/ ajp://localhost:8009/host-manager/html   ←❸

❶Tomcat全体の様子のページ
❷Webアプリケーション管理のページ
❸バーチャルホスト管理のページ
```

AJPは、ポート番号8009番を使用します。

Tomcatの設定

Tomcatでは、デフォルトの設定でAJPからの通信を待ち受ける設定が有効になっています。よってTomcat側の変更は不要です。

Tomcatの設定確認
```
[...]# grep AJP/1.3 /etc/tomcat/server.xml
<Connector port="8009" protocol="AJP/1.3" redirectPort="8443" />   ←AJPが有効になっている
```

使用しなくなった8080番のポートを閉じるのであれば、次の設定を行います。

Tomcatの設定
```
[...]# vi /etc/tomcat/server.xml
…（途中省略）…
<!-- <Connector port="8080" protocol="HTTP/1.1"   ←コメント「<!--」を追加
                connectionTimeout="20000"
                redirectPort="8443" />  -->       ←コメント「-->」を追加
…（以降省略）…
```

設定が終了したら、ApacheとTomcatの両方を再起動します。

ApacheとTomcatの再起動

```
[...]# systemctl restart httpd.service
[...]# systemctl restart tomcat.service
```

動作確認

/etc/httpd/conf.d/tomcat.confファイルで設定した内容が動作するか確認します。次のURLをそれぞれWebブラウザで実行し、ユーザ名(admin)とパスワード(adminadmin)を入力して、3つのURLが有効であることを確認します。8080番ポートを使用していない(デフォルトの80番が使用されている)ことに注目します。

http://server.example.com/tomcat-status/

http://server.example.com/tomcat-manager/

http://server.example.com/tomcat-host/

それぞれのURLは、最後の「/」まで入力してください。

8080番ポートを閉じたのであれば、次のURLをWebブラウザで実行して、接続されないことを確認します。

http://server.example.com:8080/

13-5 FTPサーバ、TFTPサーバ

13-5-1 FTPサーバとは

FTPサーバは、FTP(File Transfer Protocol)によりファイルのダウンロードサービス/アップロードサービスを提供します。

図13-5-1 FTPの概要

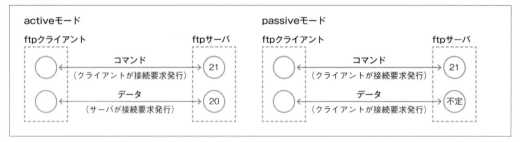

FTPは制御用とデータ用の2種類のポートを使用してファイル転送を行います。FTPサーバの制御用ポートは、21番/tcpです。FTPサーバのデータ用ポート番号は、**active**モードの場合は20番/tcpですが、**passive**モードの場合はポート番号は不定です。

activeモード

activeモードは、クライアントがサーバにデータ用の待機ポート番号を通知するモードです(クライアントがポート番号を通知します)。

①クライアントはサーバの21番ポートに接続要求を出し、接続確立後にデータ用の待機ポート番号をサーバに通知する
②サーバは20番ポートからクライアントが通知したデータ用の待機ポート番号へ接続要求を出し、接続確立後にデータ転送が開始される

activeモードの場合、②におけるインターネット上のサーバから内部ネットワーク内のクライアントへの接続要求は、ファイアウォールにより拒否されるため通信ができません。

passiveモード

passiveモードは、サーバがクライアントにデータ用の待機ポート番号を通知するモードです(クライアントはポート番号の通知を受けます)。

①クライアントはサーバの21番ポートに接続要求を出し、接続確立後にサーバはクライアントにデータ用の待機ポート番号(不定)を通知する
②クライアントはサーバから通知されたデータ用の待機ポート番号に接続要求を出し、接続確立後

にデータ転送が開始される

passiveモードの場合、②におけるデータ用の待機ポートへの接続要求もクライアントからサーバに対して発行されます。インターネット上のサーバからの応答パケットはファイアウォールを通過するので通信ができます。

内部ネットワーク内のクライアントから発信されたパケットの発信元アドレスと発信元ポート番号は、ファイアウォールのNATによって変換されますが、それに対する応答パケットの宛先アドレスと宛先ポート番号は、ファイアウォールに保持されている変換テーブルによって元の発信元アドレスと発信元ポート番号に戻されるのでクライアントに届きます。

13-5-2 vsftpdサーバ

CentOS 7ではFTPサーバとして**vsftpd**（Very Secure Ftp Daemon）が提供されています。vsftpdは、Chris Evans氏によって開発されたセキュリティが高くパフォーマンスの優れたFTPサーバです。主要なLinuxディストリビューションで標準のFTPサーバとして提供されています。

また、kernel.org、gnu.org、debian.org、redhat.com等の著名なサイトのFTPサーバとして採用されています。

vsftpdの特徴として、以下の機能を持っています。

・ローカルユーザ/ゲストユーザ/匿名ユーザによるログイン
・chroot jailによるセキュリティ強化
・PAM認証
・IPv6のサポート
・SSLによる認証と暗号化

anonymous ftpサーバ

vsftpdは、匿名ユーザによるログインができる**anonymous ftpサーバ**（匿名FTPサーバ）の機能があり、アカウントを持たないユーザでも匿名でログインできます。主に公開されたファイルのダウンロードに利用されますが、サーバの設定によってアップロードも可能です。anonymous ftpサーバを利用するユーザは、ログイン名に「anonymous」あるいは「ftp」を入力します。

パスワードは一般的には自分のメールアドレスの入力を要求されますが、ほとんどのFTPサーバではどのような文字列を入力してもログインできます（マナーとしてメールアドレスの入力が推奨されます）。

設定ファイル**/etc/vsftpd/vsftpd.conf**のなかで、**anonymous_enable**ディレクティブを使用して「anonymous_enable=YES」と設定されている場合は匿名ユーザがログインできるAnonymous FTPとして使用できます。これはデフォルトの設定です。

表13-5-1　vsftpd.confで使用する主なディレクティブ

設定例	説明
anon_root=/var/ftp/pub	匿名ユーザがログインした時に移動するディレクトリを指定する。anon_rootのデフォルト値は/var/ftpである
anonymous_enable=YES	匿名ユーザのログインを許可する。この設定をした場合、「anonymous」または「ftp」でログイン可能
local_enable=YES	一般ユーザが自分のログイン名とパスワードでログイン可能
anon_upload_enable=YES	匿名ユーザにファイルのアップロードを許可する。「anonymous_enable=YES」「write_enable=YES」の設定も必要となる
no_anon_password=YES	匿名ユーザにパスワードなしでのログインを許可する。「anonymous_enable=YES」の設定も必要となる

chroot jailによるセキュリティ強化

セキュリティ強化のために実行するchrootを一般的に、**chroot jail**(監獄)と呼びます。chrootとはルートディレクトリを変更する操作(コマンドあるいはシステムコール)であり、変更後のルートディレクトリ以下が新しいディレクトリ階層となります。このchrootの機能によって、特定のディレクトリ以下を独立した環境として利用したりテストしたりできます。

サーバプロセスvsftpdのなかで**chroot**システムコールを発行して、「/var/ftp」をルートディレクトリとすることにより、万一プロセスをクラッキングされた場合でも被害を変更後のルートディレクトリ以下の限定した範囲に収めることができます。この限定した範囲がjailであり、このような目的で行うchrootが「chroot jail」です。

vsftpdが起動すると、まず必要な共有ライブラリのリンクが行われ、TCP Wrapperの設定ファイル**/etc/hosts.allow**と**/etc/hosts.deny**を読み込みます。その後にクライアントからのanonymousログインがあった場合に子プロセスと孫プロセスを生成し、デフォルトでは/var/ftpにchrootした孫プロセスがファイル転送サービスを行います。

vsftpdのインストールとサービスの起動/停止

vsftpdパッケージをインストールします。

vsftpdパッケージのインストール

```
[...]# yum install vsftpd
....(実行結果省略)....
```

firewalldの設定

firewalldが動作している場合、ftpサービスへのアクセスを許可する必要があります。

firewalldで許可を追加

```
[...]# firewall-cmd --add-service=ftp --zone=public --permanent   ←❶
[...]# firewall-cmd --list-services --zone=public --permanent     ←❷
```

❶vsftpdへのftpアクセスを許可
❷ftpサービスへのアクセスが許可されていることを確認

SELinuxの設定

サーバにSELinuxがEnforcing（強制モード）で動作している場合、デフォルトではFTPサービス関連のアクセスを制限しているパラメータがあります。一般的なFTPサーバの運用ではデフォルトのままで問題ありませんが、必要に応じてパラメータの値をonに変更します。

以下は、FTPサービス関連のパラメータの値を表示する例です。

SELinuxの確認
```
[...]# getsebool -a | grep ^ftp
```

vsftpdサービスの起動/停止は、**systemctl**コマンドで行います。

vsftpdサービスの起動
```
systemctl start vsftpd
```

vsftpdサービスの停止
```
systemctl stop vsftpd
```

vsftpdサービスの有効化
```
systemctl enable vsftpd
```

vsftpdサービスの無効化
```
systemctl disable vsftpd
```

vsftpdの設定

vsftpdの設定は、以下の図に示す設定ファイルによって行います。

図13-5-2　vsftpdの設定

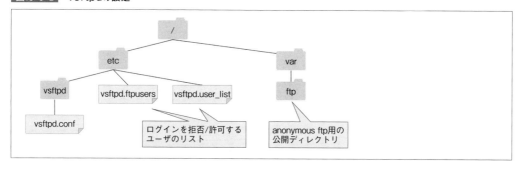

□ /etc/vsftpd/vsftpd.conf

vsftpd.confはvsftpdが起動時に最初に参照する主設定ファイルです。vsftpdの動作と機能の設定はこのファイルの編集により行います。vsftpdの設定はこのファイルの編集により行います。

以下はインストール時の/etc/vsftpd/vsftpd.confの内容です。

/etc/vsftpd/vsftpd.conf(コメント行は削除)

```
[...]# cat /etc/vsftpd/vsftpd.conf
anonymous_enable=YES
local_enable=YES
write_enable=YES
local_umask=022
dirmessage_enable=YES
xferlog_enable=YES
connect_from_port_20=YES
xferlog_std_format=YES
listen=NO
listen_ipv6=YES

pam_service_name=vsftpd
userlist_enable=YES
tcp_wrappers=YES
```

主な設定パラメータは以下の表の通りです。

表13-5-2 vsftpd.confで使用する主な設定パラメータ

パラメータ	説明
anonymous_enable	Anonymousユーザのログインを許可するかどうかを指定する。 許可：YES(デフォルト)、拒否：NO
local_enable	ローカルユーザのログインを許可するかどうかを指定する。YESとすると、/etc/passwdにアカウントを持ったユーザのログインを許可する。許可：YES、拒否：NO(デフォルト)
write_enable	FTPコマンドによる書き込みを許可するかどうかを指定する。 許可：YES、拒否：NO(デフォルト)
local_umask	ローカルユーザのためのumask値を設定する。デフォルトは077
dirmessage_enable	ディレクトリに入った時、.messageファイルの内容の表示を許可するかどうかを指定する。 許可：YES、拒否：NO(デフォルト)
xferlog_enable	アップロードとダウンロードのログをファイル/var/log/vsftpd.logに記録するかどうかを指定する。記録する：YES、記録しない：NO(デフォルト)
connect_from_port_20	サーバ側のデータ用ポートとして20番を使用するかどうかを指定する。 使用する：YES、使用しない：NO(デフォルト)
xferlog_std_format	ログファイルのフォーマットとして、wu-ftpdで使用されているものと同じく、標準のxferlogフォーマットを使用するかどうかを指定する。YESにすると、ログの解析に既存の統計情報生成ツールが使用できる(しかしvsftpdオリジナルのフォーマットの方が読みやすい)。 使用する：YES、使用しない：NO(デフォルト)
pam_service_name	vsftpdが使用するPAMサービス名を指定する。デフォルトはftp

xferlog_enableをYESと設定した場合のログファイルは**/var/log/xferlog**となります。NOと設定した場合のログファイルは**/var/log/vsftpd.log**となります。パラメータの指定なしの場合のデフォルトはNOですが、インストール時のvsftpd.confではYESに設定されています。

以下は、xferlog_enableとxferlog_std_formatをYESと設定した場合のログファイル/var/log/xferlogの例です(/var/ftp/pub/fileAをダウンロード時のログ)。

ログファイル/var/log/xferlog（標準xferlogフォーマット）の例

```
Thu Dec  8 12:42:58 2016 1 ::ffff:192.168.1.1 /pub/fileA b _ o a yuko@knowd.co.jp ftp 0 * c
```

　以下は、xferlog_std_formatをNOと設定した場合のログファイル/var/log/xferlogの例です（/var/ftp/pub/fileAをダウンロード時のログ）。

ログファイル/var/log/vsftpd.logの例

```
Thu Dec  8 13:12:29 2016 [pid 13886] CONNECT: Client "::ffff:192.168.1.1"
Thu Dec  8 13:12:43 2016 [pid 13885] [ftp] OK LOGIN: Client "::ffff:192.168.1.1", anon password "yuko@knowd.co.jp"
Thu Dec  8 13:13:10 2016 [pid 13887] [ftp] OK DOWNLOAD: Client "::ffff:192.168.1.1", "/pub/fileA", 259 bytes, 181.18Kbyte/sec
```

> wu-ftpd（Washinton University-ftpd）はワシントン大学で開発されたFTPサーバで、2000年代の初期まで広く使われていました。

□ /etc/vsftpd/ftpusers

　このファイルに記述されたユーザはログインすることができません。
　以下の設定により、PAM（Pluggable Authentication Modules）が参照するアクセス制御ファイルです。PAMについては「15-2 暗号化と認証」（→ p.856）を参照してください。

/etc/pam.d/vsftpd（抜粋）

```
auth       required     pam_listfile.so item=user sense=deny file=/etc/vsftpd/ftpusers onerr=succeed
```

　以下は、インストール時の**/etc/vsftpd/ftpusers**の内容です。

/etc/vsftpd/ftpusers

```
[...]# cat /etc/vsftpd/ftpusers
# Users that are not allowed to login via ftp
root
bin
daemon
…（以降省略）…
```

□ /etc/vsftpd/user_list

　vsftpdデーモンによって直接参照されるファイルです。ログインを拒否するユーザまたは許可するユーザの名前を記述します。
　このファイルにリストされているユーザは、userlist_denyの値がYESの時はログインできません。NOにするとログインできます。

図13-5-3 user_listファイルの設定

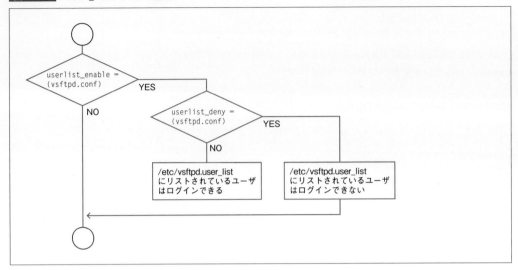

　以下は、vsftpdのインストール時のvsftpdパッケージに含まれる**/etc/vsftpd/user_list**の内容です。インストール時のvsftpd.confでは「userlist_enable=YES」と設定され、「userlist_deny」の設定はないのでデフォルト値の「userlist_deny=YES」となります。したがって、以下のuser_listファイルに記述されたユーザのログインは拒否されます。

/etc/vsftpd/user_list

```
[...]# cat /etc/vsftpd/user_list
# vsftpd userlist
# If userlist_deny=NO, only allow users in this file
# If userlist_deny=YES (default), never allow users in this file, and
# do not even prompt for a password.
# Note that the default vsftpd pam config also checks /etc/vsftpd/ftpusers
# for users that are denied.
root
bin
daemon
…（以降省略）…
```

13-5-3 TFTPサーバ (in.tftpd)

　in.tftpdは、TFTP (Trivial File Transfer Protocol：簡易ファイル転送プロトコル) によるファイル転送を行うサーバです。TFTPでは参照する認証情報はなく、ユーザ名やパスワードを必要としません。主にLAN内のネットワークを介したインストールや、ディスクレスクライアントのブートに利用されます。

in.tftpdのインストール

　TFTPサーバの設定をするには、**tftp-server**パッケージと**syslinux**パッケージ（あるいは**syslinux-tftpboot**) をインストールします。

in.tftpdのインストール

```
[...]# yum install tftp-server syslinux
...（実行結果省略）...
```

firewalldの設定

firewalldが動作している場合、tftpサービスへのアクセスを許可する必要があります。

firewalldで許可を追加

```
[...]# firewall-cmd --add-service=tftp --zone=public --permanent    ←❶
[...]# firewall-cmd --list-services --zone=public --permanent       ←❷

❶vsftpdへのftpアクセスを許可
❷ftpサービスへのアクセスが許可されていることを確認
```

SELinuxの設定

サーバにSELinuxがEnforcing（強制モード）で動作している場合、デフォルトではTFTPサービス関連のアクセスを制限しているパラメータがあります。一般的なTFTPサーバの運用ではデフォルトのままで問題ありませんが、必要に応じてパラメータの値を「on」に変更します。

以下は、TFTPサービス関連のパラメータの値を表示する例です。

SELinuxの確認

```
[...]# getsebool -a | grep ^tftp
```

in.tftpdの起動/停止

tftpサービスの起動/停止は**systemctl**コマンドで行います。

tftpサービスの起動
systemctl start tftp

tftpサービスの停止
systemctl stop tftp

tftpサービスの有効化
systemctl enable tftp

tftpサービスの無効化
systemctl disable tftp

in.tftpdの起動

```
[...]# systemctl start tftp
[...]# ps -ef |grep tftp
root      2653    1  0 02:01 ?        00:00:00 /usr/sbin/in.tftpd -s /var/lib/tftpboot
```

　以下は、サーバ「centos7-server1」の「/var/lib/tftpboot」ディレクトリの下に「fileA」をコピーし、クライアント「centos7」でtftpコマンドの実行により、ファイルをダウンロードする例です。

tftpサーバにダウンロードするファイルfileAを用意

```
[root@centos7-server1 ~]# cp fileA /var/lib/tftpboot
```

tftpコマンドによりサーバからfileAをダウンロード

```
[root@centos7-server1 ~]# tftp centos7-server1
↑ユーザ名もパスワードもなしにサーバcentos7-server1にログイン
tftp> get fileA   ←fileAをダウンロード
```

13-6 メールサーバ

13-6-1 メールサーバとは

電子メールシステムは、**MTA**（Mail Transfer Agent）、**MDA**（Mail Delivery Agent）、**MUA**（Mail User Agent）から構成されます。

MTAはメールを受信し、配信先と配信プログラムを決定してメールを送信します。郵便システムの郵便局にあたる、電子メールシステムの中核をなすプログラムです。主要なMTAとして、Postfixやeximがあります。MTAは宛先メールドメインのMTAのFQDN（ホスト）を、DNSのMX（MailExchanger）レコードから取得します。

MDAはMTAからメールを受け取り、ローカルユーザのメールボックスにメールを配信します。Postfixではlocalデーモンが MDAの役割を果たします。設定によって、MDAとしてprocmailを使うこともできます。

MUAはユーザが使用するプログラムです。MTAへのメール送信、メールスプール内のメールボックスからメールの受信を行います。**mailx**コマンドは、SMTPによるMTAへのメール送信およびメールボックスから直接にメールを読み取ります。GUIベースのMUAにはThunderbird、Evolution等があります。SMTPプロトコルによるMTAへのメール送信およびPOPサーバあるいはIMAPサーバからメールを受信します。

SMTP（Simple Mail Transfer Protocol）は、インターネット上でメールを転送するプロトコルです。MTA間でのメール転送、およびMUAからMTAへのメール転送時に使用されます。**IMAP**（Internet Message Access Protocol）は、クライアントがIMAPサーバからメールを受信をするプロトコルです。メールはIMAPサーバ上で保存/管理されます。**POP**（Post Office Protocol）は、クライアントがPOPサーバからメールを受信をするプロトコルです。メールはクライアントにダウンロードされます。

図13-6-1　電子メールシステムの概要

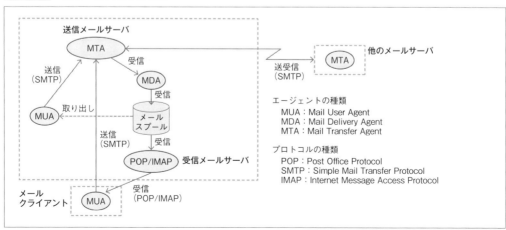

表13-6-1 電子メールシステムのソフトウェア

ソフトウェア名	種別	特徴	CentOS7 パッケージ	CentOS7 リポジトリ
Sendmail	MTA	1981年に開発されてから長くUnix系OSで標準として使われてきたMTA。近年はSendmailにかわり、PostfixやEximが普及している	sendmail	標準リポジトリ
Procmail	MDA	SendmailのMDAとして広く使われている	procmail	標準リポジトリ
Exim	MTA	Sendmailと同じく単一のプログラムでMTAの全ての機能を制御する。近年Unix/Linuxで広く使われている	exim	EPEL
qmail	MTA	複数のデーモンが連携して動作するセキュリティの強化されたMTA。メール格納形式にMaildirを採用。2007年にパブリックドメインとなった	---	---
Postfix	MTA	qmailと同じく複数のデーモンが連携して動作する。SendmailにかわるMTAとして処理速度の向上とセキュリティの強化が図られると共にSendmailとの互換性も考慮されている	postfix	標準リポジトリ
Courier MTA	MTA	MTA、メールフィルタ、webmail、メーリングリストソフトウェア、IMAP/POPサーバ、認証ライブラリ、設定ツール等、多様なコンポーネントから構成されたメールサーバ	---	---
Courier IMAP	IMAP/POP	Courier MTAのコンポーネントの1つで、単独でも広く使われている	---	---
Dovecot	IMAP/POP	多様な認証方式を持つ新しいサーバで、近年広く使われている	dovecot	標準リポジトリ

13-6-2 Postfix

　Postfixは、IBMのWietse Venema氏が開発し、1998年末に「IBM Secure Mailer」の製品名でリリースされたオープンソースのMTAです。当時MTAの7割近いシェアのあったSendmailにかわるMTAとして、処理速度、セキュリティ、設定の容易さの面で向上が図られています。1つのプログラムで全ての処理を行うSendmailとは異なり、qmailと同様に複数のデーモンが連携して動作するアーキテクチャを採用しています。

　また、以下のように、Sendmailとの互換性を持っています。

- /etc/aliases、~/.forward、/var/spool/mail（/var/mail）をサポート
- MDAであるlocalデーモンとは別にprocmailをメール処理のフィルタとして利用できる

Postfixのパッケージ

　CentOS 7.2で提供されるPostfixのパッケージは、**postfix-2.10.1-6.el7.x86_64**です。

Postfixのインストール

```
[...]# yum install postfix
…（実行結果省略）…
```

firewalldの設定

firewalldが動作している場合、smtpサービスへのアクセスを許可する必要があります。

firewalldで許可を追加

```
[...]# firewall-cmd --add-service=smtp --zone=public --permanent    ←❶
[...]# firewall-cmd --list-services --zone=public --permanent       ←❷
```

❶Postfixへのsmtpアクセスを許可
❷smtpサービスへのアクセスが許可されていることを確認

SELinuxの設定

サーバにSELinuxがEnforcing（強制モード）で動作している場合、Postfixのメールスプールへの書き込みが許可されていることを確認します。これはデフォルトの設定です。

SELinuxの確認

```
[...]# getsebool -a | grep postfix
postfix_local_write_mail_spool --> on
```

Postfixの起動と停止

systemctlコマンドにより、Postfixの起動と停止を行います。

Postfixの起動
```
systemctl start postfix
```

Postfixの停止
```
systemctl stop postfix
```

Postfixの有効化
```
systemctl enable postfix
```

Postfixの無効化
```
systemctl disable postfix
```

Postfixの設定

主な設定ファイルは、各デーモンの動作を記述する**master.cf**と、メールシステムのパラメータを記述する**main.cf**です。設定ファイルを置くデフォルトのディレクトリは/etc/postfixです。**master**デーモンがmaster.cfを参照して各デーモンプロセスを起動します。

以下の例は、/etc/postfix/master.cfの抜粋です。

master.cf

```
[...]# cat /etc/postfix/master.cf
# ==========================================================================
# service type  private unpriv  chroot  wakeup  maxproc command + args
#               (yes)   (yes)   (yes)   (never) (100)
# ==========================================================================
smtp     inet   n       -       n       -       -       smtpd
pickup   unix   n       -       n       60      1       pickup
cleanup  unix   n       -       n       -       0       cleanup
qmgr     unix   n       -       n       300     1       qmgr
tlsmgr   unix   -       -       n       1000?   1       tlsmgr
rewrite  unix   -       -       n       -       -       trivial-rewrite
bounce   unix   -       -       n       -       0       bounce
defer    unix   -       -       n       -       0       bounce
…（途中省略）…
local    unix   -       n       n       -       -       local
virtual  unix   -       n       n       -       -       virtual
lmtp     unix   -       -       n       -       -       lmtp
anvil    unix   -       -       n       -       1       anvil
scache   unix   -       -       n       -       1       scache
```

master.cfの第5フィールドは、各デーモンがchrootするか否かの設定です。このフィールドの値を「y」に設定するとそのデーモンはchrootします。ただし、メールスプールディレクトリへのアクセスが必要等の理由により、local、virtual、proxymapは「n」のままにしておきます。インストール時の設定では、全てのデーモンの値は「n」に設定されています。このファイルの第5フィールド以外の編集は通常は必要ありません。

デーモンをchrootで実行

```
[...]# ps -ef | grep postfix    ←設定変更前
root      2123     1  0 Sep23 ? 00:00:02 /usr/libexec/postfix/master
postfix   8028  2123  0 18:49 ? 00:00:00 qmgr -l -t fifo -u    ←chrootしていない
postfix   8043  2123  0 18:49 ? 00:00:00 pickup -l -t fifo -u  ←chrootしていない

[...]# ps -ef | grep postfix    ←設定変更後
root      2123     1  0 Sep23 ? 00:00:02 /usr/libexec/postfix/master
postfix   9839  2123  0 19:27 ? 00:00:00 qmgr -l -t fifo -u -c    ←chrootしている
postfix   9840  2123  0 19:27 ? 00:00:00 pickup -l -t fifo -u -c  ←chrootしている
```

デーモンのオプションの最後の「-c」は、chrootして実行していることを示しています。

表13-6-2 主要なコンポーネント

デーモン	説明
master	postfixのマスタープロセス。他のデーモンを起動する
postdrop	MUAからメールを受け取り、maildropキューに投函する
pickup	maildropキューからメールを取り上げて、cleanupに渡す
cleanup	着信メールのアドレスを処理しincomingキューに入れる
qmgr	incomingキューのメールの配送先と配送方法を決定する
local	qmgrからメールを受け取り、/var/spool/mailディレクトリに配信する
smtpd	SMTPプロトコルによる外部からのメールを受信する
smtp	SMTPプロトコルにより外部へメールを送信する

メール送信および受信における処理の流れは、次のようになります。

図13-6-2 メールの送信

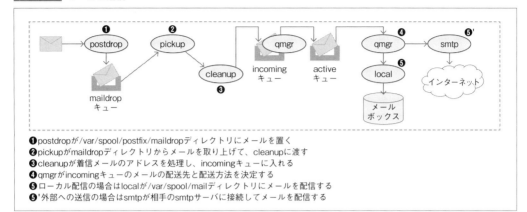

❶postdropが/var/spool/postfix/maildropディレクトリにメールを置く
❷pickupがmaildropディレクトリからメールを取り上げて、cleanupに渡す
❸cleanupが着信メールのアドレスを処理し、incomingキューに入れる
❹qmgrがincomingキューのメールの配送先と配送方法を決定する
❺ローカル配信の場合はlocalが/var/spool/mailディレクトリにメールを配信する
❺'外部への送信の場合はsmtpが相手のsmtpサーバに接続してメールを配信する

図13-6-3 メールの受信

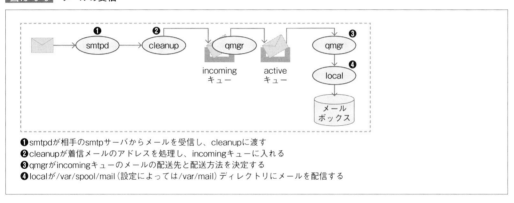

❶smtpdが相手のsmtpサーバからメールを受信し、cleanupに渡す
❷cleanupが着信メールのアドレスを処理し、incomingキューに入れる
❸qmgrがincomingキューのメールの配送先と配送方法を決定する
❹localが/var/spool/mail（設定によっては/var/mail）ディレクトリにメールを配信する

main.cfの設定

/etc/postfix/main.cfは、Postfixメールシステムのパラメータを設定するグローバルな設定ファイル（Global Postfix configuration file）です。

main.cfの主なパラメータには、以下のものがあります。

▷home_mailbox

home_mailboxは、メールをmbox形式またはMaildir形式で格納する、ホームディレクトリの下のファイル名あるいはディレクトリ名を指定します。mbox形式の場合は「home_mailbox = ファイル名」とします。Maildir形式の場合は「home_mailbox = ディレクトリ名/」とします。デフォルトではmbox形式で「/var/mail/ユーザ名」（CentOS 7の場合のパス）のファイルに格納されます。

▷mail_spool_directory

mail_spool_directoryは、mbox形式で格納するファイルを置くディレクトリ（メールスプー

ルディレクトリ）を指定します。CentOS 7の場合のデフォルトは/var/mailです。なお、/var/mailは/var/spool/mailへのシンボリックリンクとなっています。

▷queue_directory

queue_directoryはPostfixのメールキューディレクトリを指定します。また、chrootの場合のデーモンのルートディレクトリになります。この下にはmaildrop、incoming等のサブディレクトリがあり、処理中のメールが置かれます。

▷alias_maps

alias_mapsはローカル配信エージェントが参照する別名データベースを指定します。データベースは複数指定することもできます。以下の/etc/postfix/main.cfの例では、ソースが/etc/aliases、データベースは/etc/aliases.dbとなります。

▷alias_database

alias_databaseはnewaliasesコマンドが更新するデータベースを指定します。以下の/etc/postfix/main.cfの例では、ソースが「/etc/aliases」、データベースは「/etc/aliases.db」となります。通常はalias_mapsと同じ値を指定します。alias_mapsが他のデータベースも含む場合は異なった値を指定することがあります。

以下の例は、/etc/postfix/main.cfの抜粋です。

/etc/postfix/main.cf(抜粋)

```
[...]# cat /etc/postfix/main.cf
# queue_directoryに関する設定。queue_directoryはPostfixのメールキューディレクトリを指定します。
queue_directory = /var/spool/postfix

# command_directoryはPostfixコマンドを置くディレクトリを指定します。
command_directory = /usr/sbin

# daemon_directoryはPostfixデーモンを置くディレクトリを指定します。
daemon_directory = /usr/libexec/postfix

# data_directoryはPostfixのデータを置くディレクトリを指定します。masterデーモンのPIDを格納したmaster.lock等が置かれます。
data_directory = /var/lib/postfix

# mail_spool_directoryはローカル配信されたメールを置くディレクトリを指定します。
#mail_spool_directory = /var/mail
mail_spool_directory = /var/spool/mail

# mail_ownerはキューの所有者と、ほとんどのデーモンの所有者(masterデーモンの所有者はroot)を指定します。
mail_owner = postfix

# inet_interfacesはメールを受信するインターフェイスのアドレスを指定します。デフォルトはall(すべてのインターフェイス)です。
inet_interfaces = all

# inet_protocolsはIPv4、IPv6のサポートを指定します。allを指定するとIPv4とIPv6の両方をサポートします。
inet_protocols = all

# myhostnameはインターネット上のホスト名を指定します。デフォルトはhostnameコマンドが返すホスト名です。
# myhostname = mail.my-centos.com
```

```
# mydomainはインターネット上のドメイン名を指定します。デフォルトはmyhostnameの値から最初の要素名を取り外した名
前になります。
# mydomain = my-centos.com

# mydestinationは最終的な宛先が自ホスト宛として受け取るドメイン名のリストを指定します。
mydestination = $myhostname, localhost.$mydomain, localhost

# alias_mapsに関する設定。alias_mapsはローカル配信エージェントが参照する別名データベースを指定します。
alias_maps = hash:/etc/aliases

# alias_databaseに関する設定。newaliasesコマンドで更新するデータベースを指定します。
alias_database = hash:/etc/aliases

# home_mailboxはメールを格納するホームディレクトリの下のファイル名あるいはディレクトリ名を指定します。
# デフォルトはmbox形式の「/var/mail/ユーザ名」です。
#home_mailbox = Mailbox     ←mbox形式の場合。ファイル名は任意
#home_mailbox = Maildir/    ←Maildir形式の場合。ディレクトリ名は任意で、最後に「/」を付ける

# mail_spool_directory はmbox形式で格納するファイルを置くディレクトリ(メールスプールディレクトリ)を指定します。
# デフォルトは「 mail_spool_directory = /var/mail 」です。
#mail_spool_directory = /var/mail
#mail_spool_directory = /var/spool/mail
```

postconfコマンド

Postfixのパラメータの設定値は、**postconf**コマンドで確認することができます。postconfを引数なしで実行すると全てのパラメータが表示されます。引数にパラメータ名を指定すると、指定したパラメータの値だけが表示されます。

postconfコマンドによるパラメータの表示

```
[...]# postconf alias_maps
alias_maps = hash:/etc/aliases
```

Postfixのログ

Postfixはログをsyslogのファシリティ LOG_MAILで出力します。syslogの一般的な設定では、ファシリティ LOG_MAILのログは**/var/log/maillog**に出力されます。

/etc/aliases

/etc/aliasesファイルに別名に対する転送先アドレスを記述することにより、別名宛のメールを転送先アドレスに転送することができます。「:include:」の後に絶対パスで指定したファイルに記述された別名がインクルードされます。

転送先アドレスの登録

別名:転送先アドレス1, 転送先アドレス2, 転送先アドレス3, ...

転送先アドレスには、次のような指定ができます。

表13-6-3 転送先の指定

転送先の指定	説明	例
ローカルユーザ名	ローカルユーザ名を指定	root
別名	別の別名に転送	postmaster
電子メールアドレス	電子メールアドレスを指定	yuko@my-centos.com, ryo@kwd-corp.com, mama@knowd.co.jp
ローカルファイル名	絶対パスで指定したファイルにメールを追加格納する	/home/yuko/received-mail
コマンド	|（パイプ）の後にメールを処理するコマンドを指定する	|/usr/local/majordomo/wrapper
インクルードファイル	「:include:」の後に絶対パスで指定したファイルに記述された別名がインクルードされる	:include:/etc/members

　Postfixの場合、aliasesファイルはmain.cfのなかで「alias_maps」と「alias_database」で指定します。/etc/aliasesファイルを変更した場合は、**newaliases**コマンドを実行して、/etc/postfix/main.cfに記述されたパラメータalias_databaseで指定したエイリアスデータベースを更新する必要があります。newaliasesコマンドは**postfix**パッケージに含まれています。

　エイリアスデータベース（例：/etc/aliases.db）は、/etc/aliasesファイルに記載された文字ベースの別名の転送先情報をバイナリデータ化して処理効率を向上させるファイルです。

　以下の例では、/etc/aliasesファイルを基に/etc/aliases.dbを更新します。

newaliasesコマンドによる/etc/aliases.dbの更新①

```
[...]# grep ^alias_database /etc/postfix/main.cf    ←❶
alias_database = hash:/etc/aliases
[...]# ls -l /etc/aliases*
-rw-r--r-- 1 root root  1544 10月 22 20:55 2016 /etc/aliases
-rw-r--r-- 1 root root 12288 10月 22 20:57 2016 /etc/aliases.db
[...]# newaliases
[...]# ls -l /etc/aliases.db
-rw-r--r-- 1 root root 12288 10月 28 23:18 2016 /etc/aliases.db    ←❷
```
❶パラメータalias_databaseの指定を表示/確認する
❷日付が更新されたことで確認できる

　また、postaliasコマンドの引数にエイリアスデータベースを指定して更新することもできます。

postaliasコマンドによる/etc/aliases.dbの更新②

```
[...]# ls -l /etc/aliases.db
-rw-r--r-- 1 root root 12288 10月 28 23:18 2016 /etc/aliases.db
[...]# postalias hash:/etc/aliases
[...]# ls -l /etc/aliases.db
-rw-r--r-- 1 root root 12288 10月 28 23:29 2016 /etc/aliases.db
```

　Postfixは、/etc/postfix/main.cfに記述されたパラメータalias_mapsで指定されたエイリアスデータベースを参照します。以下の例では、「/etc/aliases.db」が参照されます。

パラメータalias_mapsの設定

```
[...]# grep ^alias_maps /etc/postfix/main.cf
alias_maps = hash:/etc/aliases
```

mboxとMaildir

mboxでは、全てのメールを単一ファイルに平文で格納します。このため、ユーザが複数のメールを同時に受信した場合は、格納するファイルの排他制御が必要になります。CentOS 7のデフォルトはmbox形式で、ファイル名は「/var/mail/ユーザ名」となります。

Maildirでは、配信されたメールはMaildirディレクトリの下に各メール毎に一意のファイル名で格納されます。したがってユーザが複数のメールを同時に受信した場合でも排他制御の必要はありません。

Maildirディレクトリは、サブディレクトリにtmp、cure、newを持ちます。

表13-6-4 Maildirのサブディレクトリ

ディレクトリ	説明
tmp	メールは最初にこのディレクトリに置かれる。配送の信頼性を確保するためのディレクトリ
cure	既読のメールが置かれる
new	新着メールが置かれる

Postfixの標準のメールボックス形式はmboxですが、次の設定によりMaildirも使えます。この場合は~/Maildir/の下に、tmp、cure、newの各ディレクトリが作られます。

/etc/postfix/main.cfの設定例

```
[...]# cat /etc/postfix/main.cf
… (途中省略) …
home_mailbox = Maildir/
… (以降省略) …
```

RBL

RBL（Realtime Blackhole List）あるいは**DNSBL**（DNS BlackList）は、スパムメールやウイルスメールを発信している可能性のあるホストのIPアドレスがDNSレコードとして登録されたリストです。リストを管理するDNSサーバに送信元のIPアドレスを問い合わせて、登録されている場合はメールを拒否することができます。

RBL/DNSBLを管理しているサイトがあり、日本では「RBL.JP」というプロジェクトがあります。RBL.JPではリストとして、virus.rbl.jp、short.rbl.jp、all.rbl.jp、url.rbl.jp、dyndns.rbl.jp、notop.rbl.jpを管理しています。Postfixでこのリスト中のall.rbl.jpを利用する場合は、main.cfに以下のように記述します。

/etc/postfix/main.cfの設定例

```
[...]# cat /etc/postfix/main.cf
…（途中省略）…
smtpd_client_restrictions = reject_rbl_client all.rbl.jp
…（以降省略）…
```

配信用メールキューの表示

　送信先メールサーバやネットワーク、名前解決のトラブル等により送信できなかったメールは、**/var/spool/postfix**以下のメールキューに置かれて、一定間隔で再送が試みられます。期間を過ぎても送信できなかったメールは削除されます。

　postfixパッケージに含まれている**mailq**コマンド、あるいは**postqueue**コマンドに「-p」オプションを付けて実行することで、Postfixの配信用メールキューをsendmail形式で表示できます。

　以下の例では、送信できなかったメール（ユーザyukoからryo@my-centos.com宛のメール）が1通、配信用メールキューに置かれています。

配信用メールキューの表示

```
[...]# mailq
-Queue ID-  --Size-- ----Arrival Time---- -Sender/Recipient-------
4249A497804*     442 Wed Dec  7 22:15:42  yuko@centos7.localdomain
                                          ryo@my-centos.com
-- 0 Kbytes in 1 Request.

[...]# postqueue -p
-Queue ID-  --Size-- ----Arrival Time---- -Sender/Recipient-------
4249A497804      442 Wed Dec  7 22:15:42  yuko@centos7.localdomain
           (connect to my-centos.com[210.157.1.134]:25: Connection timed out)
                                          ryo@my-centos.com
-- 0 Kbytes in 1 Request.
```

telnetコマンドによるメールサーバのテスト

　送信サーバで使われるSMTPはテキストベースのプロトコルです。**telnet**コマンドの引数にポート番号25を指定し、以下の順でSMTPコマンドを順に送ることで動作テストができます。

①EHLO (Extended HELLO：開始)
②MAIL FROM (SENDER：送信者指定)
③RCPT TO (RECIPIENT：受信者指定)
④DATA (BODY：本文)
⑤QUIT (終了)

　SMTPはRFC821で標準化され、その後RFC2821、RFC5321と改訂されて現在に至っています。①ではRFC2821およびRFC5321で規定されているEHLO (Extended HELLO) コマンド以外に、RFC821で規定されているHELO (HELLO) コマンドを使うこともできます。

以下は、ユーザ「yuko@knowd.co.jp」から「ryo@my-centos.com」へのメールの送信をテストする例です（1個のコマンドの処理が終わるとそこで表示が止まるので、次のコマンドを入力します）。

telnetコマンドによるメールサーバのテスト

```
[...]$ telnet mail.my-centos.com 25   ←メールサーバmail.my-centos.comの25番ポートに接続
Trying 10.0.1.3...
Connected to mail.my-centos.com.
Escape character is '^]'.
220 mail.my-centos.com ESMTP Sendmail 8.14.4/8.14.4; Wed, 7 Dec 2016 22:38:34 +0900
EHLO mail.my-centos.com   ←「EHLO 接続先サーバ名」を入力
250-mail.my-centos.com Hello mail.knowd.co.jp [202.61.27.194], pleased to meet you
…（途中省略）…
MAIL FROM: yuko@kwd-corp.com   ←「MAIL FROM：送信者アドレス」を入力
250 2.1.0 yuko@knowd.co.jp... Sender ok
RCPT TO:ryo@my-centos.com   ←「RCPT TO：受信者アドレス」を入力
250 2.1.5 ryo@my-centos.com... Recipient ok
DATA   ←「DATA」を入力し、本文を開始
354 Enter mail, end with "." on a line by itself
Hello! How are you?   ←本文「Hello! How are you?」を入力
.   ←「.」を入力し、本文を終了
250 2.0.0 uB7DcYk1006154 Message accepted for delivery
QUIT   ←「QUIT」を入力し、接続を終了
221 2.0.0 mail.my-centos.com closing connection
Connection closed by foreign host.
```

以上で、yuko@knowd.co.jpからryo@my-centos.comへのメールの送信に成功しました。

13-6-3 Dovecot

Dovecotはフィンランドの Timo Sirainen 氏が開発し、2002年にリリースされたIMAP/POP3サーバです。

以下のような特徴があります。

- mbox形式とMaildir形式をサポート
- imaps（993）、pop3s（995）の各ポートによるSSL/TLS接続
- 標準のimap（143）、pop3（110）ポートに接続後、クライアントからのコマンドによってTLSによる暗号化通信を行う STARTTLS
- ユーザ認証方式は平文認証の他にCRAM-MD5を含む多様な認証方式をサポート

Dovecotのインストール

yumコマンドで、**dovecot**パッケージをインストールします。

Dovecotのインストール

```
[...]# yum install dovecot
…（実行結果省略）…
```

firewalldの設定

firewalldが動作している場合、**pop3/imap3**サービス、**pop3s/imap3s**サービスへのアクセスを許可する必要があります。

pop3s/imap3sサービスはfirewalldに登録されていますが、pop3/imap3サービスは登録されていません。pop3/imap3サービスへの許可を追加する場合はポート番号(pop3:110、imap:143)で指定します。

firewalldで許可を追加

```
[...]# firewall-cmd --add-port=110/tcp --add-port=143/tcp --permanent    ←❶
[...]# firewall-cmd --list-ports --zone=public --permanent    ←❷
```

❶Dovecotへのpop3/imap3サービスへのアクセスを許可
❷pop3/imap3サービスへのアクセスが許可されていることを確認

SELinuxの設定

SELinuxのデフォルトの設定では、Dovecot関連の制限はありません。

Dovecotの起動と停止

systemctlコマンドにより、Dovecotの起動と停止を行います。

Dovecotの起動
```
systemctl start dovecot
```

Dovecotの停止
```
systemctl stop dovecot
```

Dovecotの有効化
```
systemctl enable dovecot
```

Dovecotの無効化
```
systemctl disable dovecot
```

Dovecotの起動

```
[...]# systemctl start dovecot
[...]# ps -ef |grep dove
root       27913       1  0 23:15 ?        00:00:00 /usr/sbin/dovecot -F
dovecot    27924   27913  0 23:15 ?        00:00:00 dovecot/anvil
root       27925   27913  0 23:15 ?        00:00:00 dovecot/log
root       27927   27913  0 23:15 ?        00:00:00 dovecot/config
```

Dovecotの設定

CentOS 7のDovecot v2.xの場合、設定ファイルは**/etc/dovecot/dovecot.conf**と、dovecot.confのなかの「!include conf.d/*.conf」の記述によってインクルードされる/etc/dovecot/conf.dの下の機能別の設定ファイルから構成されます。

Dovecotの設定ファイル

```
[...]# ls -R /etc/dovecot/
/etc/dovecot/:
conf.d  dovecot.conf

/etc/dovecot/conf.d:
10-auth.conf       15-lda.conf         90-plugin.conf               auth-master.conf.ext
10-director.conf   15-mailboxes.conf   90-quota.conf                auth-passwdfile.conf.
ext
10-logging.conf    20-imap.conf        auth-checkpassword.conf.ext  auth-sql.conf.ext
10-mail.conf       20-lmtp.conf        auth-deny.conf.ext           auth-static.conf.ext
10-master.conf     20-pop3.conf        auth-dict.conf.ext           auth-system.conf.ext
10-ssl.conf        90-acl.conf         auth-ldap.conf.ext           auth-vpopmail.conf.ext
```

doveconfコマンドで設定内容を表示できます。「-a」オプションにより、全ての設定を表示します。以下の例は、インストール時の設定を表示しています。実際には大量の設定情報が表示されますが、以下の例では主な設定行のみを抜粋しています。

doveconfコマンドで設定内容を全て表示（抜粋）

```
[...]# doveconf -a
# 2.2.10: /etc/dovecot/dovecot.conf
# OS: Linux 4.8.10-1.el7.elrepo.x86_64 x86_64 CentOS Linux release 7.2.1511 (Core)
… (途中省略) …
disable_plaintext_auth = yes
mail_location =
protocols = imap pop3 lmtp
ssl = required
… (以降省略) …
```

主な設定は以下の通りです。必要に応じて変更を行います。

□ プロトコル（dovecot.conf）

以下のコメント行の設定がデフォルトです。imap、pop3、lmtpの各プロトコルをサポートしています。

```
#protocols = imap pop3 lmtp
```

imapだけを使用する場合は以下のように変更します。

```
protocols = imap
```

□ 認証方式（conf.d/10-auth.conf）

インストール時の設定では、平文でのユーザ名/パスワードの認証は許可しません。

```
#disable_plaintext_auth = yes
```

平文でのユーザ名/パスワードの認証を許可する場合は以下のように変更します。

```
disable_plaintext_auth = no
```

□ **メールボックス形式（conf.d/10-mail.conf）**

インストール時にはコメントになっている以下の設定行を編集し、メールボックス形式を指定します。

conf.d/10-mail.conf（抜粋）

```
#    mail_location = maildir:~/Maildir    ←❶
#    mail_location = mbox:~/mail:INBOX=/var/mail/%u    ←❷
#    mail_location = mbox:/var/mail/%d/%1n/%n:INDEX=/var/indexes/%d/%1n/%n
```
❶Maildir形式にする場合はこの行の先頭の#を外す
❷mbox形式にする場合はこの行の先頭の#を外す(Postfixのデフォルト設定と同じ)

メールボックの形式とファイルのパスをMTA（例：Postfix）の設定と合わせる必要があります。

上記の手順でmbox形式にした場合、Dovecotは最初にユーザ宛のメールを受け取った時、CentOS 7のデフォルトの設定では、初期化のためにユーザmailの権限で~/mail/.imap/INBOXディレクトリを作成しようとしてエラーとなります。このエラーへの対処方法として、以下のいずれかを実行します。

・root権限で「chmod 600 /var/mail/*」を実行する
・ユーザ権限で「mkdir -p ~/mail/.imap/INBOX」を実行する

□ **SSL設定（10-ssl.conf）**

SSLポートを使用し、通信路の暗号化を行います。

```
ssl = required
```

「disable_plaintext_auth = yes」と「ssl = yes」によりSTARTTLSがサポートされます。

```
ssl = yes
```

STARTTLSは開始時には通常のポートで平文の通信を行い、途中から暗号化通信に切り替える方式です。STARTTLSは暗号化専用のポート番号を割り当てる必要がありません。

□ **ログ出力の指定（conf.d/10-logging.conf）**

ログの出力先をlog_pathパラメータで指定します。デフォルトではsyslogに送られます。これによりCentOS 7のインストール時の設定では/var/log/maillogに格納されます。

```
#log_path = syslog    ←コメント行になっているが、これがデフォルト
```

次のように設定してdovecot専用のログファイルに格納することもできます。

```
log_path = /var/log/dovecot.log
```

telnetコマンドによるメール受信のテスト

メール受信で使われるPOP3およびIMAPは、テキストベースのプロトコルです。**telnet**コマンドの引数にPOP3の場合はポート番号110を、IMAPの場合はポート番号143を指定し、以下の手順でPOP3コマンドあるいはIMAPコマンドを順に送ることで動作テストができます。

□ POP3

「telnet メールサーバ名 110」で受信サーバdovecotに接続した後、以下のコマンドを順に送ります。

①**USER ユーザ名**：ユーザ名の入力
②**PASS パスワード**：パスワードの入力
③**LIST**：LISTコマンドにより、受信メールの一覧を表示
④**RETR メッセージ番**：受信メールの一覧のなかから指定した番号のメールを受信/表示
⑤**QUIT**：接続終了

□ IMAP

「telnet メールサーバ名 143」で受信サーバdovcotに接続した後、「タグ imapコマンド 引数」の形式でコマンドを順に送ります。タグはIMAPサーバがリクエストと応答を一対で管理するためのもので、任意の英数字を指定します。

・**タグ login ユーザ名 パスワード**：loginコマンドの引数にユーザ名とパスワードを指定
・**タグ list 位置 ワイルドカード**：listコマンドにより、メールボックスの一覧を表示。「""」は最上位の位置を、「*」は全階層を指定
・**タグ select メールボックス名**：selectコマンドによりメールボックスを選択
・**タグ fetch メッセージ番号 メールデータ**：受信メールの一覧のなかから指定した番号のメールを受信/表示
・**タグ logout**：接続終了

以下は、ユーザyukoが「centos7-server1」にtelnetでログインしています。

telnetコマンドによるメールの受信（抜粋）

```
[yuko@centos7-server1 ~]$ telnet centos7-server1 143
a login yuko yuko   ←❶
a list "" *   ←❷
* LIST (\HasNoChildren) "/" INBOX   ←❸
a OK List completed.
a select INBOX   ←❹
* 2 EXISTS   ←❺
a fetch 2 body[]   ←❻
…（メール表示）…
)   ←❼
a OK Fetch completed.
a logout   ←❽
* BYE Logging out
a OK Logout completed.
```

❶タグ「a」「login」コマンドに続いてユーザ名yukoとパスワードyukoを入力
❷タグ「a」「list」コマンドに続いて「""」で最上位を、「*」で全階層を指定

❸メールボックス名INBOXがある
❹タグ「a」「select」コマンドに続いて、メールボックス名INBOXを指定
❺受信メールが2通ある
❻タグ「a」「fetch」コマンドに続いて「2 body[]」で2通目のメールの全データを取得
❼メールデータの最後に「)」が表示される
❽タグ「a」「logout」コマンドでサーバからログアウト

13-7 CMS

13-7-1 CMSとは

CMSとは、Contents Management Systemの略であり、管理画面を通してさまざまなWebコンテンツを作成/管理するツールです。

CMSの普及

CMSはLAMPと呼ばれる標準的な技術で構築されており、インストールやメンテナンスの敷居が低いのが特徴です。また、時代の流れに沿ったデザインを選択、編集することができ、企業や個人の特色を出しやすいのもCMSが選ばれる理由になっています。CMSが普及することで、IT分野の専門的な知識を持っていない企業や個人でも表現力の高いコンテンツを作成することができます。

以下に主なCMSを示します。

表13-7-1 主なCMS

CMS	概要	開発環境	概要
WordPress	https://ja.wordpress.org/	LAMP（Linux、Apache、MySQL、PHP）	世界で最も使用されているGPLライセンスのCMS
Movable Type	https://www.movabletype.jp/	LAMP（Linux、Apache、MySQL、Perl）	商用のCMS。バージョン6以降は、オープンソースライセンスになっているが、無償で利用できるのは個人のみ
MTOS	https://www.movabletype.jp/	LAMP（Linux、Apache、MySQL、Perl）	Movable Typeのオープンソース版。Movable Typeがオープンソース化されたので、バージョン5で開発が終了
Joomla!	http://www.joomla.jp/	LAMP（Linux、Apache、MySQL、PHP）	世界で、WordPressの次に人気のあるCMS、GNU/GPL v2ライセンス
Drupal	http://drupal.jp/	LAMP（Linux、Apache、MySQL、PHP）	GPLライセンスのオープンソース。高度なカスタマイズ機能を持っている
XOOPS	http://xoops.jp/	LAMP（Linux、Apache、MySQL、PHP）	PHP NUKEから派生した、GPLライセンスのCMS。コミュニティー形式のポータルページ作成に向いている
XOOPS Cube	http://xoopscube.jp/	LAMP（Linux、Apache、MySQL、PHP）	XOOPSをベースに日本語化を行ったバージョン。XOOPS本家では日本語のサポートは行っていない

本書では、このなかから**WordPress**を取り上げます。

> 本書では、CMSのベースとなるLAMPの説明と、WordPressのインストールについて取り上げます。各CMSの使用方法は割愛します。

13-7-2 LAMP

LAMPは、Linux、Apache、MySQL/MariaDB、PHP/Perl/Pythonの頭文字を組み合わせた技術スタックであり、Webアプリケーション開発の標準的な技術を表現しています。以下にLAMPで使用される技術を挙げます。

▷ Linux
オープンソースで提供されるUnixライクなOSです。さまざまなディストリビューションから提供されており、主にサーバ分野で利用されています。

▷ Apache
最も普及しているWebサーバの1つです。オープンソースで提供されています。

▷ MySQL
オープンソースで提供されているDB（データベース）サーバの1つです。企業での採用例も多く、パフォーマンスが高く安定しています。

▷ MariaDB
MySQLから派生したDBサーバです。MySQLと比較するとまだ普及はしていませんが、各LinuxディストリビューションがMySQLからMariaDBに移行しつつあります。基本的な仕組みや運用はMySQLと同じです。

MySQLとMariaDBの関係については「14-5 DBサーバ」(→ p818)を参照してください。

▷ PHP
Webアプリケーション作成専用のプログラミング言語です。修得しやすくライブラリも豊富なので、さまざまなCMSの開発言語として使用されています。

▷ Perl
システム管理やアプリケーション作成に用いられる、汎用的な言語の1つです。1つの処理に対して多様な実装（さまざまなプログラミングが可能）が行える文法を提供しています。そのため、さまざまな環境下でも効率の良い実装を行えます。

▷ Python
Perl同様、汎用的な言語の1つです。1つの処理は、ほぼ1種類の実装方法に収束するような文法（プログラミング形態がほぼ1種類）が提供されています。そのため、初心者から経験者まで同じ品質でソフトウェアを開発できます。

13-7-3 LAMPのインストール

本書ではLAMPをインストールした後、各CMSのインストールを説明します。

┃LAMPのインストール（Web/DBサーバ）

CMSを動作させるLAMPの各サーバ（Webサーバ、DBサーバ）をインストールします。今回はWebサーバに**httpd**（Apache）、DBサーバに**MariaDB**を使用します。

LAMPのサーバ関連のインストール

```
[...]# yum install httpd mariadb mariadb-server
…（実行結果省略）…
```

□ Apacheの設定

Apacheの設定ファイル**/etc/httpd/conf/httpd.conf**のパラメータを編集します。以下に示す例は「server.example.com」の例です。

httpd.confの編集

```
[...]# vi /etc/httpd/conf/httpd.conf
…（途中省略）…
ServerName server.example.com:80   ←先頭の「#」を外し、サーバのホスト名を記入
…（以降省略）…
```

□ firewalldの設定

firewalldが動作している場合、Apacheへのアクセスを許可します。

firewalldで許可を追加

```
[...]# firewall-cmd --add-service=http --zone=public --permanent    ←❶
[...]# firewall-cmd --add-service=https --zone=public --permanent   ←❷
```

❶Apacheへのhttpアクセスを許可
❷Apacheへのhttpsアクセスを許可

□ SELinuxの設定

サーバにSELinuxがEnforcing（強制モード）で動作している場合、デフォルトではApacheに対するいくつかのアクセスが拒否となっています。CMSを動作させるには、Apacheの設定を許可します。変更する項目を以下に示します。

表13-7-2　SELinuxの許可するパラメータ

パラメータ	デフォルト値	概要
httpd_builtin_scripting	on	Apache内のスクリプト（PHP等）の動作
httpd_can_network_connect	off	ネットワーク接続
httpd_can_network_connect_db	off	データベース接続
httpd_dbus_avahi	off	ネットワーク上のホストの発見
httpd_enable_cgi	on	CGIの実行
httpd_tty_comm	off	SSL接続時のパスワードプロンプト表示
httpd_unified	off	httpdによる読み込み、書き込み、実行の権限

SELinuxの設定

```
[...]# setsebool -P httpd_can_network_connect on
[...]# setsebool -P httpd_can_network_connect_db on
[...]# setsebool -P httpd_dbus_avahi on
[...]# setsebool -P httpd_tty_comm on
[...]# setsebool -P httpd_unified on
```

設定完了後、確認します。

SELinuxの確認

```
[...]# getsebool -a | grep -e '--> on' | grep httpd_
httpd_builtin_scripting --> on
httpd_can_network_connect --> on
httpd_can_network_connect_db --> on
httpd_dbus_avahi --> on
httpd_enable_cgi --> on
httpd_graceful_shutdown --> on
httpd_tty_comm --> on
httpd_unified --> on
```

□ 自動起動の設定の有効化

ApacheとMariaDBの自動起動を有効にして起動します。

ApacheとMariaDBの自動起動と起動の設定

```
[...]# systemctl enable httpd.service     ←Apacheの自動起動の有効化
[...]# systemctl enable mariadb.service   ←MariaDBの自動起動の有効化
[...]# systemctl start  httpd.service     ←Apacheの起動
[...]# systemctl start  mariadb.service   ←MariaDBの起動
```

LAMPのインストール（PHP言語）

CMSでPHP言語を使用する場合のインストール方法を説明します。

PHP言語のインストール

```
[...]# yum install php php-{cli,common,gd,mbstring,mysql}
…（実行結果省略）…
```

php-mcryptを使用するCMSもありますが、標準リポジトリでは提供されていないので、EPELリポジトリ（アドオンのパッケージを提供）を有効にしてから、ダウンロードする必要があります。

EPELリポジトリの追加してインストール

```
[...]# yum install epel-release.noarch
[...]# yum install php-mcrypt
…（実行結果省略）…
```

LAMPのインストール（Perl言語）

　CentOS 7を最小限でインストールしたとしても、Perl言語はインストールされています。ここではCMSでPerlが使用されている場合、利用するCPANモジュールを追加でインストールします。

Perl言語の追加モジュールのインストール
```
[...]# yum install perl-CGI perl-CGI-Session
…（実行結果省略）…
```

　CPANモジュールとは、Perlのライブラリを世界中から集めたアーカイブです。Perlのcpanコマンドからインストールすることもできますが、CentOS 7のリポジトリにも登録されているので、今回はyumを使用してインストールを行っています。

LAMPのインストール（Python言語）

　PythonもPerl同様、CentOS 7内で使用されているのでインストール不要ですが、Apacheと連携するためのApacheのモジュールをインストールします。

Pythonと連携するApacheモジュール
```
[...]# yum install mod_wsgi
…（実行結果省略）…
```

　DBサーバと連携するPythonのライブラリは数種類存在するので、CMSに合わせて選択してください。

　Pythonでは、ライブラリをインストールするpipコマンドがありますが、標準リポジトリでは提供されていないので、EPELリポジトリを追加してインストールします。

EPELリポジトリの追加してインストール
```
[...]# yum install epel-release.noarch
[...]# yum install python-pip
…（実行結果省略）…
```

　pipコマンドを使用して、CMSで利用する各種ライブラリをインストールできるようになります。例えばCMSのベースでよく使用されている、PythonのWebアプリケーションフレームワークであるDjangoは次のようにインストールできます。

pipのインストールの例
```
[...]# pip install Django==1.9.6    ←数値はDjancoのバージョン
…（実行結果省略）…
```

13-7-4 WordPressとは

WordPressとは、世界でも高いシェアを持つCMSです。ブログやWebサイトを構築できる他、TwitterやFacebook等のソーシャルメディアと連携することができます。また、1万4千以上のテーマ（見た目のデザイン）から選択することができ、企業、団体から個人まで幅広く対応することができます。GPLライセンスで提供されています。

> WordPress
> https://ja.wordpress.org/

利用するソフトウェア

以下に、WordPressで使用するソフトウェアとそのバージョンを示します（2017年1月現在）。ただし、必須環境のバージョンに関しては、セキュリティに関して留意するようアナウンスされています。

表13-7-3　WordPressに必要なソフトウェアとバージョン

ソフトウェア名	推奨バージョン	必須バージョン
WordPress	4.6.1	----
CentOS	指定なし（本書では、7.2.1511を使用）	----
Apache	指定なし（本書では、2.4.6を使用）	----
MySQL	5.6以上	5.0以上
MariaDB	10.0以上	5.1以上
PHP	5.6以上	5.2以上

本書では、CentOS 7の環境（Apache 2.4.6、MariaDB 5.5、PHP 5.4）で説明しています。

WordPressのダウンロード

WordPressのダウンロードは、標準リポジトリでは提供されていないので、WordPressのWebサイトからダウンロードします。unzipコマンドは「yum install unzip」でインストールできます。

WordPressのダウンロードと解凍

```
[...]# wget https://ja.wordpress.org/wordpress-4.6.1-ja.zip
[...]# unzip wordpress-4.6.1-ja.zip
…（実行結果省略）…
```

WordPressファイルのコピー

解凍したファイルを、/var/www/htmlディレクトリ以下にコピーします。

WordPressファイルのコピー

```
[...]# cp -r wordpress/ ./var/www/html/
```

Apacheの再起動

Apacheを再起動します。

Apacheの再起動

```
[...]# systemctl restart httpd.service
```

MariaDBの設定

MariaDB上でデータベースの初期設定を行います。本書での設定を以下に示します。

表13-7-4　DBサーバの各パラメータとその値

MariaDBの設定項目	本書での値
rootのパスワード	training
WordPressの新規データベース名	wordpress
新規ユーザ名	user01
新規ユーザのパスワード	training

MariaDBの設定

```
[...]# mysqladmin -u root password 'training'   ←rootのパスワード設定
[...]# mysql -uroot -ptraining   ←rootでMariaDBにログイン
…(途中省略)…
MariaDB [(none)]> create database wordpress;   ←データベースの作成
MariaDB [(none)]> create user user01@localhost identified by 'training';   ←新規ユーザの作成
MariaDB [(none)]> grant all on wordpress.* to user01;   ←ユーザuser01の権限を設定
MariaDB [(none)]> exit   ←ログアウト
Bye
```

GUIによるインストール

Webブラウザを立ち上げて、以下のURLにアクセスします。DNSサーバか、/etc/hostsファイルで名前解決を行っておいてください。/etc/hostsファイルでの名前解決は、「13-2 Webサーバ」(→p.646) を参照してください。

http://server.example.com/

インストール前の事前説明があります。「さぁ、はじめましょう」❶を選択します。

図13-7-1　事前説明

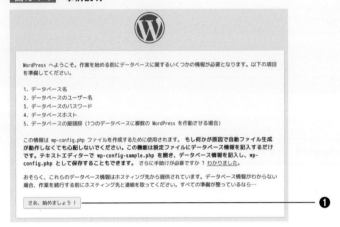

MariaDBに設定した情報を基に情報❷を記述します。記述終了後、「送信」❸をクリックします。

図13-7-2　MariaDBの設定

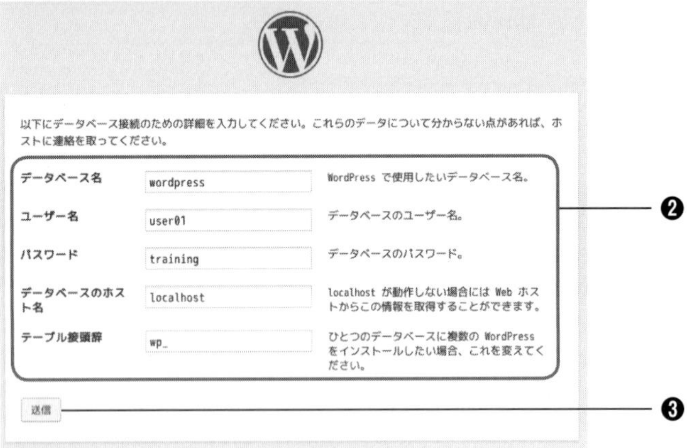

確認後、「インストール実行」❹をクリックします。

図13-7-3　インストール確認

WordPress上の最初のWebサイトの情報です❺。内容は任意です。パスワードが脆弱の場合はインストールできません。記述が終了後、「WordPressをインストール」❻をクリックします。

図13-7-4　Webサイト情報の記述

インストール終了するとログイン画面に遷移することができます。「ログイン」❼をクリックします。

図13-7-5　インストール終了

ログイン画面が表示されるので、前画面で作成したユーザ名とパスワードでログインしてください。

図13-7-6　ログイン

ログイン後の画面です。以下のようなページが表示されれば、インストール終了です。

図13-7-7　ユーザページ

Chapter 14
内部向けサーバ構築

- **14-1** Sambaサーバ
- **14-2** NFSサーバ
- **14-3** DHCPサーバ
- **14-4** OpenLDAPサーバ
- **14-5** DBサーバ

Chapter14 内部向けサーバ構築

14-1 Sambaサーバ

14-1-1 Sambaとは

　Sambaとは、Microsoft社のネットワークプロトコルをUnix/Linux上で利用できる仕組みを提供するサーバソフトウェアです。

　1992年、Andrew Tridgell氏はWindows以外のOSでSMB（後のCIFS、Windowsの通信規格）による通信を可能にするソフトウェア「Samba」を開発しました。Sambaを用いることで、プラットフォームをまたいだ通信が可能になります。また、Sambaには、Windowsネットワークを操作するためのコマンド群や、winbind等のWindowsネットワークと統合するためのソフトウェア群が含まれます。Sambaはオープンソース（GPLv3）で提供されています。

> Samba
> https://www.samba.org

SMBは「Server Message Block」の略であり、CIFSは、「Common Internet File System」の略になります。

Sambaの特徴

Sambaは次のような特徴を持ちます。

▷**Windowsの通信プロトコルを理解**
　SambaはWindows特有の通信プロトコルを実装しているため、Windowsネットワークに参加することができます。

▷**クライアントの接続数**
　クライアント接続数に制限を設けていないため、Windows Serverで運用するよりコストを抑えることができます。

▷**Unix/Linuxをクライアントとして接続**
　Sambaをサーバにすることで、Unix/LinuxクライアントをWindowsのネットワークに参加させることができます。

Sambaの機能

Sambaは次のような機能を持ちます。

▷**ファイル共有サービス**
　クロスプラットフォームの環境で、ファイル共有サービスを提供できます。

▷**プリンタ共有サービス**
　Sambaサーバとプリンタをローカル接続しておくことで、ネットワーク上からプリンタを

共有することができます。

▷**Active Directory Domain Member機能**

Windows 2000サーバから提供されるActive Directoryドメイン（ネットワーク領域）に参加することができます。

▷**Active Directory Domain Controller（AD DC）の提供**

Active Directoryドメインのコントローラとして、ユーザやクライアントの管理を行うことができます。

> SambaにはNTドメインに関する機能もありますが、現在のWindows環境では古いネットワークは使用されていないため、本書では割愛します。

CentOS 7のSamba4

CentOS 7のSamba4では、Active Directory Domain Controller（AD）の機能は提供されていません。samba-dc（Samba AD Domain Controller）パッケージのなかのREADME.dcファイルには、FreeIPAとSambaチームで**MIT Kerberos**がADをサポートするように開発中とのコメントがあります。Kerberosの実装には、以下の2種類が存在します。

▷**MIT Kerberos**

CentOS（RedHat）で使用されています。マサチューセッツ工科大学で開発されたKerberosのオリジナルです。Kerberosのバージョン4までは、アメリカ合衆国の暗号化ソフトウェアの輸出規制に抵触していたため、他の国では使用が制限された時期がありました。

▷**Heimdal Kerberos**

Samba4で使用されています。Heimdal Kerberosは、MIT Kerberosの暗号化実装部分を再実装することで、アメリカ合衆国の輸出制限にあたらなかったため、その頃から広く利用されています。

> Sambaプロジェクトが開発しているSamba4ではHeimdal KerberosによるADが提供されているので、このソースコードをコンパイルすればSamba ADを使うことができますが、CentOSのパッケージにはないので、説明は割愛します。Kerberosについては、「15-2 暗号化と認証」（→ p.856）を参照してください。

Sambaの用語

以下にSambaで使用している用語をまとめます。

表14-1-1　Sambaの主な用語

用語	概要
smbd	ファイル共有サービスとプリンタ共有サービスを提供するデーモン
nmbd	NetBIOSネームサービスを提供するデーモン
winbindd	Windowsサーバのユーザとグループ情報をLinux（sambaサーバ）側で共有する機能を提供するデーモン
NetBIOS	Windowsのネットワーク（NetBEUI）上のコンピュータ名。通常はホスト名と同じ名前が設定される
WINS	Windows Internet Name Serviceの略。IPアドレスとホスト名の名前解決を行う機能

14-1-2 Sambaのインストールと設定

Sambaをインストールします。その後、firewalldとSELinuxの設定を行い、自動起動の有効化を行います。

Sambaのパッケージ

Sambaのパッケージは以下のようになっています。

表14-1-2　Sambaのパッケージ

パッケージ	概要
samba	Sambaの本体
samba-client	Sambaのクライアント用コマンド
samba-winbind	winbind機能のライブラリ
samba-winbind-clients	winbind機能のクライアントコマンド
samba-winbind-module	winbindのモジュール
libsmbclient	smbクライアントライブラリ
libwbclient	winbind機能のクライアントのライブラリ
samba-client-libs	SMB/CIFSのライブラリ
samba-common	Sambaのサーバとクライアント共通のファイル
samba-common-libs	Sambaのサーバとクライアント共通のライブラリ
samba-common-tools	Sambaのサーバとクライアント共通のツール
samba-libs	Samba本体のライブラリ

Sambaのインストール

Sambaは標準リポジトリで提供されています。

Sambaのインストール

```
[...]# yum install samba samba-client samba-winbind samba-winbind-clients
…（実行結果省略）…
```

firewalldの設定

firewalldが動作している場合、Sambaへのアクセスを許可します。

firewalldの設定

```
[...]# firewall-cmd --add-service=samba --zone=public --permanent    ←❶
[...]# firewall-cmd --add-service=samba-client --zone=public --permanent    ←❷
```

❶Sambaのアクセスを許可
❷Sambaクライアントのアクセスを許可

SELinuxの設定

サーバにSELinuxがEnforcing（強制モード）で動作している場合、デフォルトではSambaに対するアクセスが拒否となっているので、それらを許可します。Sambaの場合、全体、CIFS、winbindの3項目に分けて変更します。

表14-1-3 Samba全体に関する設定

パラメータ	デフォルト値	本書での設定	説明
samba_create_home_dirs	off	on	ホームディレクトリ作成を許可
samba_domain_controller	off	on	Sambaユーザのホームディレクトリを共有先として許可
samba_enable_home_dirs	off	on	NTドメインコントローラ（ユーザ名、パスワード設定）を許可
samba_export_all_ro	off	off	共有先フォルダの読み込み専用を許可
samba_export_all_rw	off	on	共有先フォルダの読み書き設定を許可
samba_load_libgfapi	off	off	GlusterFSを使用できるかを許可
samba_portmapper	off	off	ポートマッパーとしての設定を許可
samba_run_unconfined	off	off	制限のないスクリプト実行を許可
samba_share_fusefs	off	on	FUSEFS（File system in User space：ユーザモードでファイルシステム（NTFS）を作成）のエクスポート設定を許可
samba_share_nfs	off	on	NFSのエクスポート設定を許可
sanlock_use_samba	off	off	sanlock（リソースをロックする仕組み）のCIFSファイル管理の許可
tmpreaper_use_samba	off	on	sambaがtmpwatch（定期的に不要なファイルを削除する機能）を許可
use_samba_home_dirs	off	on	Sambaのホームディレクトリの使用を許可
virt_sandbox_use_samba	off	off	コンテナ環境（LXC、Docker等）におけるCIFSファイルへの許可
virt_use_samba	off	off	仮想化環境におけるファイルシェアの許可

SELinuxの設定①

```
[...]# getsebool -a | grep samba    ←SELinux設定の確認
samba_create_home_dirs --> off
samba_domain_controller --> off
...（以降省略）...

[...]# setsebool -P samba_create_home_dirs on
[...]# setsebool -P samba_domain_controller on
[...]# setsebool -P samba_enable_home_dirs on
[...]# setsebool -P samba_export_all_rw on
[...]# setsebool -P samba_share_fusefs on
[...]# setsebool -P samba_share_nfs on
[...]# setsebool -P tmpreaper_use_samba on
[...]# setsebool -P use_samba_home_dirs on

[...]# getsebool -a | grep samba | grep 'on'
samba_create_home_dirs --> on
samba_domain_controller --> on
```

```
samba_enable_home_dirs --> on
samba_export_all_rw --> on
samba_share_fusefs --> on
samba_share_nfs --> on
tmpreaper_use_samba --> on
use_samba_home_dirs --> on
```

CIFSとwinbindに関しては、変更は行いません。

表14-1-4　CIFSに関する設定

パラメータ	デフォルト値	本書での設定	説明
cobbler_use_cifs	off	off	Cobbler（自動化ツール）を使用してCIFSファイルにアクセスする設定の許可
ftpd_use_cifs	off	off	FTPがCIFSを利用する許可
git_cgi_use_cifs	off	off	CGIを通じてGit（バージョン管理システム）にアクセスする設定の許可
git_system_use_cifs	off	off	GitがCIFSファイルにアクセスできるかの許可
httpd_use_cifs	off	off	HTTPがCIFSファイルにアクセスできるかの許可
ksmtuned_use_cifs	off	off	KSM（Linuxのメモリ管理機能）がCIFSファイルにアクセスできるかの許可
mpd_use_cifs	off	off	Mpd（MusicPlayerDaemon）がCIFSファイルにアクセスする許可
polipo_use_cifs	off	off	Polipo（プロキシサーバ）がCIFSファイルにアクセスする許可

SELinuxの設定②

```
[...]# getsebool -a | grep cifs
cobbler_use_cifs --> off
ftpd_use_cifs --> off
git_cgi_use_cifs --> off
git_system_use_cifs --> off
httpd_use_cifs --> off
ksmtuned_use_cifs --> off
mpd_use_cifs --> off
polipo_use_cifs --> off
```

Apacheに関するwinbindの設定は、今回は必要ないので、何もしません。

表14-1-5　winbindに関する設定

パラメータ	デフォルト値	本書での設定	説明
httpd_mod_auth_ntlm_winbind	off	off	Apacheがmod_auth_ntlm_winbindモジュールを利用することを許可

SELinuxの設定③

```
[...]# getsebool -a | grep winbind
httpd_mod_auth_ntlm_winbind --> off
```

■ 自動設定と起動

Sambaは、**smbd**、**nmbd**、**winbindd**の3種類のデーモンで動作します。よってこれらのデーモンに対して、自動起動を有効にします。

自動起動の設定

```
[...]# systemctl enable smb.service      ←smbの自動起動の有効化
[...]# systemctl enable nmb.service      ←nmbの自動起動の有効化
[...]# systemctl enable winbind.service  ←winbindの自動起動の有効化
```

14-1-3 Sambaの基本構成

Sambaのディレクトリ構成および主要な設定ファイルについて確認します。

■ 本書の環境

本書では、次のような環境で説明しています。

- **Sambaサーバ**：CentOS 7（ホスト名：SERVER）
- **Windowsクライアント**：Windows10（ホスト名：CLIENT10）
- **Windows Active Directoryサーバ**：Windows Server 2008 R2（ホスト名：ADSERVER）

Windows Active Directoryサーバは、Active Directoryの際に使用します。

■ Sambaのディレクトリ階層

Sambaのディレクトリ階層は次のようになっています。

表14-1-6　Sambaの主なディレクトリ階層

ディレクトリ/ファイル		説明
/etc/samba/	lmhosts	NetBIOS名とIPアドレスをマッピング
	smb.conf	Sambaの全体設定ファイル（smbd、nmbd、winbinddが参照）
/var/log/samba/	log.nmbd	nmbdのログ
	log.smbd	smbdのログ
	log.winbindd	winbinddのログ

Sambaのコマンド

Sambaが提供するコマンドを、以下に示します。

表14-1-7　Sambaの主なコマンド

コマンド	説明
smbclient	FTPコマンドに似た操作でファイルサービスにアクセスすることができる
smbget	wgetコマンドのように、SMB/CIFSファイルサーバからファイルやフォルダをダウンロードする
smbtree	「マイネットワーク」とほぼ同様に、ネットワーク上のドメイン名、ワークグループ名、コンピュータ名、および共有可能なリソースをキャラクタベースでツリー表示する
smbstatus	「マイネットワーク」とほぼ同様に、ネットワーク上のドメイン名、ワークグループ名、コンピュータ名、および共有可能なリソースをキャラクタベースでツリー表示する
nmblookup	NetBIOS over TCP/IPを使用したNetBIOS名を参照することができる
testparm	smb.confファイルの妥当性をチェックすることができる
pdbedit	バイナリ形式（Trivial DB）でSambaアカウントの管理を行うことができる（属性も扱える）
smbpasswd	パスワードを変更するコマンド
setfacl	ACL操作を行うコマンド（Samba専用コマンドではなく、システムにあるコマンド）

smb.confファイル

Sambaは、**/etc/samba/smb.conf**ファイルにさまざまな設定を行います。このファイルはSambaのデーモン（smbd、nmbd、winbindd）が起動時に読み込みます。

▷コメント

Sambaのコメントは「#」「;」の2通りあります。設定ファイルでは、パラメータの説明に「#」、パラメータのコメントアウトに「;」が使用されていますが、機能に差はありません。

▷パラメータ

Sambaにはさまざまなパラメータが存在します。「パラメータ＝値」の形式となっています。大文字小文字は問いません。パラメータの詳細は後述します。

▷セクション

Sambaの設定ファイルには、セクションでいくつかに区切られます。セクションは「[セクション名]」となっており、表14-1-8のような種類があります。パラメータは、セクションに属しています。

▷置換変数

smb.confでは、置換変数（表14-1-9）が準備されています。

表14-1-8　セクションの種類

セクション名	説明
[global]	サーバ全体で使用される設定、または他のセクションのデフォルトの設定
[homes]	各ユーザのホームディレクトリの共有に関する設定
[printers]	プリンタ共有に関する設定
上記以外	さまざまなディレクトリに関する共有設定を行う。[other$]のように「$」で終わるセクション名は隠しセクションとなりブラウズから隠される

表14-1-9　置換変数一覧

置換変数	説明
%U	要求されたクライアントのユーザ名
%u	実際に操作を実行するユーザ名。force userやmap to guest等で要求のあったユーザ名と実際使用されるユーザ名が異なる場合がある
%G	%Uのグループ名
%g	%uのグループ名
%H	%uのホームディレクトリ
%M	hostname lookup = yesの場合はクライアントのホスト名。それ以外はIPアドレス
%m	クライアントのNetBIOS名
%I	クライアントのIPアドレス
%S	サービス名(セクション名)
%P	共有ディレクトリ
%a	推測されたクライアントホストのアーキテクチャ。Samba、Win2K、WinXP、Win95、WinNT、UNKNOWN等が返される
%h	Sambaが動作しているホスト名
%i	サーバのIPアドレス
%L	SambaのNetBIOS名
%N	NISを使用している時は、ホームディレクトリを提供してるサーバ。それ以外の時は%Lと同じ
%T	現在の日時

設定ファイル確認コマンド

testparmコマンドを利用すると、smb.confファイルの各パラメータの設定が妥当であるかどうかを確認することができます。

smb.confファイルの各パラメータの設定確認
testparm [-s | -v] [ファイル名]

「-s」オプションは、[Enter]キー入力なしにパラメータをチェックできます。「-v」オプションは、設定ファイルで設定していないデフォルト値を含めたパラメータ情報を表示します。ファイル名は省略可能です。

以下は、-sオプションを付けた場合の実行例です。

設定ファイルの確認

```
[...]# testparm -s
Load smb config files from /etc/samba/smb.conf
rlimit_max: increasing rlimit_max (1024) to minimum Windows limit (16384)
Processing section "[homes]"
Processing section "[printers]"
Loaded services file OK.
Server role: ROLE_STANDALONE   ←-sオプションがないとここで止まる

# Global parameters
[global]   ←以下、smb.confで設定した内容が表示
    workgroup = MYGROUP
    server string = Samba Server Version %v
…（以降省略）…
```

ワークグループの設定

　Windowsクライアントと同じワークグループに属するように設定します。本書では、ワークグループを「WORKGROUP」とし、smb.confファイルに設定します。設定後、smbdを再起動します。

ワークグループの変更

```
[...]# vi /etc/samba/smb.conf
…（途中省略）…
[global]
    workgroup = WORKGROUP   ←「MYGROUP」を「WORKGROUP」に変更
…（以降省略）…
```

　設定後、Sambaを起動します。

各サービスの起動

```
[...]# systemctl start smb.service       ←smbの起動
[...]# systemctl start nmb.service       ←nmbの起動
[...]# systemctl start winbind.service   ←winbindの起動
```

　起動後、ワークグループ内にあるWindows側から、Sambaサーバが「SERVER」（ホスト名）❶で認識されていることを確認します（ホスト名は事前に設定してあるものとします）。

図14-1-1　Windows側で認識

また、Linux側のコマンドでも確認できます。確認するには、**smbtree**コマンドを使用します。smbtreeコマンドは、ドメインとその下に参加しているPCと共有情報を全て表示します。

smbtreeコマンドによる確認
`smbtree [-b] [-D] [-S]`

表14-1-10　smbtreeコマンドのオプション

オプション	説明
-b	ネットワークノードにブロードキャストを送信することで問い合わせる
-D	ドメインの一覧だけを表示する
-S	サーバの一覧だけを表示する

以下は、smbtreeコマンドでの実行例です。

smbtreeコマンドによる一覧表示

```
[...]# smbtree
WORKGROUP
  \\SERVER              Samba Server Version 4.2.10  ←Sambaサーバ
    \\SERVER\IPC$       IPC Service (Samba Server Version 4.2.10)
  \\CLIENT10  ←Windowsクライアント
    \\CLIENT10\IPC$     IPC Service (Samba Server Version 4.2.10)
```

また、以下のように**smbclient**コマンドを実行することでも確認可能です。ネットワークの一覧を確認できます。また、FTPのような操作でファイルのやり取りが行えます。

smbclientコマンドによる確認
`smbclient -L サーバホスト名 -N`

表14-1-11　smbtreeコマンドのオプション

オプション	説明
-N	パスワード入力リクエストを抑制する
-L	利用可能なサービスを一覧表示する

以下は、smbclientコマンドでの実行例です。

smbclientコマンドによる一覧

```
[...]# smbclient -L server -N
Anonymous login successful
Domain=[WORKGROUP] OS=[Windows 6.1] Server=[Samba 4.2.10]

    Sharename       Type      Comment
    ---------       ----      -------
    IPC$            IPC       IPC Service (Samba Server Version 4.2.10)
Anonymous login successful
Domain=[WORKGROUP] OS=[Windows 6.1] Server=[Samba 4.2.10]
```

```
Server               Comment
---------            -------
CLIENT10     ←Windowsクライアント
SERVER               Samba Server Version 4.2.10  ←Sambaサーバ

Workgroup            Master
---------            ------
WORKGROUP            SERVER
```

> IPC$セクション (Inter Process Communication) は、IPC (Unix/Linuxのパイプ機能に相当) を介して通信を行う仕組みです。

Sambaアカウントの管理

Sambaアカウントを管理するためには、**pdbedit**コマンドを使用します。

Sambaアカウントの管理
pdbedit [オプション] [ユーザ名]

Sambaユーザを登録する時には、システムに同一のユーザが存在している必要があります。存在していない場合は「Failed to add entry for user ユーザ名」のメッセージが表示され、登録することができません。pdbeditコマンドの主なオプションは、以下の通りです。

表14-1-12　pdbeditコマンドのオプション

オプション	説明
-L	Sambaユーザの一覧を表示
-a	Sambaユーザの追加
-x	Sambaユーザの削除
-v	Sambaユーザの詳細を表示

以下の例はCentOS 7にユーザ「user01」を追加して、同一ユーザのSambaアカウントを追加します。

Sambaアカウントの追加

```
[...]# useradd user01      ←CentOS 7にユーザを追加
[...]# passwd user01       ←user01にパスワードを追加
…(実行結果省略)…
[...]# pdbedit -a user01   ←Sambaアカウント追加
new password:              ←今回は「training」と入力
retype new password:       ←再度「training」と入力
Unix username:         user01
NT username:
Account Flags:         [U          ]
User SID:              S-1-5-21-4063672859-1362305806-826745746-1000
Primary Group SID:     S-1-5-21-4063672859-1362305806-826745746-513
Full Name:
Home Directory:        \\server\user01
```

```
HomeDir Drive:
Logon Script:
Profile Path:          \\server\user01\profile
Domain:                SERVER
…（以降省略）…
```

Sambaアカウント一覧を確認します。

Sambaアカウントの一覧
```
[...]# pdbedit -L
user01:1001:
```

Sambaアカウントのパスワードを変更するには、**smbpasswd**コマンドを使用します。

Sambaアカウントのパスワード変更

smbpasswd ユーザ名

実行はroot権限で行います。以下の例は、ユーザ「user01」のパスワードを変更します。

パスワード変更
```
[...]# smbpasswd user01
New SMB password:        ←変更するパスワードを入力
Retype new SMB password: ←変更するパスワードを再入力
```

ユーザ「user01」を削除します。

Sambaアカウントの削除
```
[...]# pdbedit -x user01  ←Sambaアカウントの削除
[...]# pdbedit -L         ←一覧を表示し、user01がいないことを確認
```

SambaアカウントとWindowsのユーザの関係

smb.confファイルの **[homes]** セクションが有効になっていると、SambaとWindowsのアカウントとパスワードが同一であれば、Windows上からSambaのアカウントのホームディレクトリにアクセスすることができます。

図14-1-2 ホームディレクトリの共有

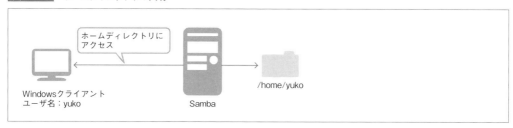

アクセスするには、エクスプローラ上で、「ネットワーク」→「Sambaサーバ名」→「ユーザ名」の順に選択します。

以下の図は、Sambaアカウント「yuko」のホームディレクトリ❶にアクセスします。

図14-1-3　Sambaアカウントのホームディレクトリにアクセス

パスワードが異なる場合は、次のようなダイアログが表示されるので、Sambaアカウントとパスワードを入力します。

図14-1-4　異なるパスワードでのアクセス

なお、[homes]セクションと、セクション内のパラメータ全てをコメントアウトしてsmbdを再起動すると、Sambaサーバにアクセスできず、エラーとなります。

図14-1-5　[homes]セクションを無効にした場合のエラー

その他

Sambaの運用を考慮すると、ユーザ単位でアクセス制限するよりも、グループ単位の設定の方が管理しやすい場合があります。

以下の例は、「samba」というグループを事前に作成し、特定のユーザにグループを追加します。このグループに対して、共有フォルダの設定を行います。

sambaグループの追加とユーザにsambaグループを追加

```
[...]# groupadd samba
[...]# usermod -aG samba yuko
[...]# usermod -aG samba ryo
[...]# usermod -aG samba mana
```

14-1-4 ファイル共有サービス

ファイル共有サービスとは、Sambaで設定した任意のディレクトリをWindowsの共有フォルダとして利用できる機能です。

図14-1-6　ファイル共有フォルダ

Sambaのファイル共有に関する設定は、smb.confファイル内の[global]セクションやその他のセクションに指定されます。

▷ **[global]セクション**
　　ログの設定や日本語の設定、ACLによるアクセス制御等の全体の設定を行います。

▷ **その他のセクション**
　　セクション名がSambaで提供される共有ディレクトリ名になります。パラメータには、システム上のディレクトリパスや、読み書き設定、隠しファイルの設定等を行います。

事前設定

ファイル共有先となるディレクトリを作成します。今回は「/share」とします。また、所有グループを先ほど作成した「samba」にし、SELinuxの設定でアクセスできるようにラベルを変更します。

共有ディレクトリの作成

```
[...]# mkdir /share          ←shareディレクトリの作成
[...]# chgrp samba /share    ←所有グループを今回作成したsambaに変更
[...]# restorecon /share     ←SELinux設定
```

smb.confファイルの編集

[global]セクション内のパラメータの編集内容を以下に示します。

表14-1-13 ファイル共有の主なパラメータ([global]セクション)

分類	パラメータ	デフォルト値	本書での設定例	説明
NetBIOS関連	netbios name	---	---	NetBIOS名。ホスト名の最初の「.」までの名前となる(大文字で表示)
	server string	Samba Server Version %v	Samba Server Version %v	Windows側のネットワークでブラウズされた際のサーバ名
ネットワーク関連	bind interfaces only	no	no	「yes」とすると、interfacesパラメータで、ネットワークの指定を行える
	interfaces	---	---	「10.0.0.1/24」のように指定することで、アクセス可能なネットワークを限定
	max xmit	16644	16644	送受信する際の最大パケット数を指定
アクセス関連	hosts allow (allow hosts)	---	---	アクセスを許可するクライアントのIPアドレスやホスト名を指定
	hosts deny (deny hosts)	---	---	アクセスを拒否するクライアントのIPアドレスやホスト名を指定
文字コード関連	unix charset	UTF-8	UTF-8	Sambaが使用する文字コード。システムと同じ文字コードにする
	dos charset	CP850	CP932	Windowsが使用している文字コードを選択。日本語の場合、cp932となる
ACL (Access Control List)の有効化	nt acl support	yes	yes	Linuxのパーミッションと、WindowsのACLをマッピングするかどうかの設定
ゲスト関連	map to guest	Never	Never	Never:ゲストログインは許可しない Bad Password:存在しないユーザ名を指定した場合はゲストでログイン。正しいユーザ名を指定し、パスワードを間違えた場合はゲストでログイン(ゲストログインに気がつかない場合あり) Bad User:存在しないユーザ名を指定した場合はゲストでログイン。正しいユーザ名を指定し、パスワードを間違えた場合はログインできない
	guest account	nobody	nobody	ゲストユーザのOS上のアカウントをマッピング

Sambaアカウントにないユーザ名、あるいは間違ったパスワードでログインしたユーザはゲストユーザとなります。上記の表の「map to guest」の説明は「guest ok = yes」あるいは「public = yes」の設定が前提です。後述の「表14-1-14 ファイル共有の主なパラメータ([share]セクション)」を参照してください。

▷「アクセス関連」の補足

「hosts allow」と「hosts deny」の両方に指定された場合、「hosts allow」が優先されます。「hosts deny」の指定がない場合、暗黙的にALL (0.0.0.0/0)が拒否されます。「hosts allow」にも「hosts deny」にも指定がないクライアントは許可されます。

▷「文字コード関連」の補足

cp932（code page 932）とは、2バイトで表示する文字コードを示します。Windowsの場合、shift_jisにいくつかの文字コードを加えているので、それらを反映しているこの文字コードを指定します。

▷「ACL（Access Controll List）の有効化」の補足

後述します。

新規で[share]セクションを作成し、パラメータを追加します。[share]セクション内のパラメータの編集内容を以下に示します。

表14-1-14　ファイル共有の主なパラメータ（[share]セクション）

パラメータ		デフォルト値	本書での設定例	説明
パス、ブラウジング関連	path	---	/share	共有するディレクトリを設定
	browseable (browsable)	yes	yes	ブラウザリストに表示するかどうかの設定
読み書き関連	read only	no	no	読み込み専用かどうかの設定
	writeable (writable)	no	yes	書き込みできるかの設定
	follow symlinks	yes	yes	シンボリックリンク先へのアクセスを許可するかどうかの設定
	wide links	yes	yes	共有されているディレクトリの外にリンクされているファイルアクセスを許可するかどうかの設定
ユーザアクセス関連	admin users	---	---	リストされたユーザが、root権限でアクセスできるかどうかの設定
	valid users	---	yuko	アクセスを許可するユーザやグループの設定。グループ名は、「+」の後にLinuxのグループ名を設定
	invalid users	---	---	アクセスを拒否するユーザやグループの設定。グループ名は、「+」の後にLinuxのグループ名を設定
	read list	---	---	「read only」よりも優先して設定される。読み込み可能なユーザやグループの設定。グループ名は、「+」の後にLinuxのグループ名を設定
	write list	---	---	「read only」よりも優先して設定される。読み書き可能なユーザやグループの設定。グループ名は、「+」の後にLinuxのグループ名を設定
ファイルアクセス関連	create mask	0744	0744	ファイルのパーミッションを設定。設定値はLinuxのマスク値ではなく、目的のパーミッション
	directory mast	0755	0755	ディレクトリのパーミッションを設定。設定値はLinuxのマスク値ではなく、目的のパーミッション
	force user	---	---	現在のユーザではなく、強制的に特定のユーザとする場合に設定
	force group	---	---	現在のグループではなく、強制的に特定のグループとする場合に設定

	hide dot files	yes	yes	「.」で始まるファイルやディレクトリを隠しファイルとして扱う
隠しファイル関連	hide files	---	---	「隠しファイル属性」として扱うファイルやディレクトリを指定。「/」でファイルを区切る
	hide special files	no	no	特殊ファイルを隠す
	hide unreadable	no	no	読み込み権限のないファイルを隠す
	hide unwriteable files	no	no	書き込み権限のないファイルを隠す
	veto files	---	---	共有を禁止するファイルやディレクトリを指定
ゲスト接続関連	guest ok (public)	no	no	ゲストとして認証されたユーザのアクセスを許可するかどうかの設定。ゲストに関しては、「map to guest」や「guest account」で設定
	guest only (only guest)	no	no	全ての接続をゲスト接続とする設定

▷「読み書き関連」の補足

「read only」と「writeable」の両方が指定されている場合、smb.confファイル内のより下で設定されたパラメータで上書きされます。

▷「ユーザアクセス関連」の「valid users」と「invalid users」についての補足

両方のパラメータにユーザ名がある場合は拒否されます。どちらにもユーザ指定がない場合も拒否されます。

「valid users」あり「invalid users」なしの場合は、「valid users」以外のユーザやグループは拒否されます。

「valid users」なし「invalid users」ありの場合は、「invalid users」以外のユーザやグループは許可されます。

▷「ユーザアクセス関連」の「read list」と「write list」についての補足

両方のパラメータにユーザ名がある場合は読み書き可能となります。両方のパラメータにユーザ名がない場合は「read only」の値が適用されます。

「write list」に指定されているユーザやグループは「read only」の指定に関わらず書き込みが可能となります。「read list」に指定されているユーザやグループは「read only」の指定に関わらず読み込みしかできません。

smb.confファイルの編集

```
[...]# vi /etc/samba/smb.conf
…（途中省略）…
    dos charset = cp932    ←追加

…（途中省略）…
[share]    ←[share]セクションの追加
    path = /share          ←共有ディレクトリの場所
    writable = yes         ←読み書き権を与える
    valid users = +samba   ←今回作成した「samba」グループのみアクセス可とする
```

smbdを再起動し、正常に共有できているか確認します。

smbdの再起動

```
[...]# systemctl restart smb.service
```

「share」ディレクトリ内に、Windows側で「test」フォルダと「テスト」フォルダ❶を作成します。

図14-1-7　フォルダの作成

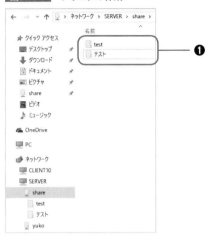

以下の例は、CentOS 7側で「share」ディレクトリを確認します。

CentOS 7上のディレクトリ

```
[...]# ls -l /share/
drwxr-xr-x. 2 yuko yuko 6 12月  4 14:45 test
drwxr-xr-x. 2 yuko yuko 6 12月  4 14:46 テスト    ←文字化けしていないことを確認
```

ACL（Access Controll List）とパーミッション

WindowsのACLとLinuxのパーミッションは1対1で対応していません。また、Windowsの「Everyone」は、Linuxの「others（その他）」に相当します。以下にACLとパーミッションの関係を示します。

表14-1-15　ACLとパーミッションの関係

Windows ACL	Linux パーミッション
読み取り	4（r--）
書き取り	2（-w-）
読み取りと実行	1（--x）
フルコントロール、変更	7（rwx）
アーカイブ属性	所有者の実行権
隠しファイル属性	無視
読み取り専用	所有者の書き込み権限の削除

smb.confファイルで［global］セクション内の「nt acl support」パラメータが有効となっている場合、WindowsのACLはLinuxのパーミッションおよびACLと対応づけられます。これによりLinuxパーミッションに「所有者」「グループ」「その他」という対象者以外に個別指定が可能となります。ACLを変更するには、**setfacl**コマンドを使用します。また、設定されているACLを表示するには、**getfacl**コマンドを使用します。

ACL操作

```
[...]# setfacl -m u:yuko:rw acl_test.txt   ←ユーザがyukoで読み書き権限の付いたファイルに設定
[...]# getfacl acl_test.txt   ←ACLの確認
# file: acl_test.txt
# owner: yuko
# group: yuko
user::rw-
user:yuko:rw-
group::rw-
mask::rw-
other::r--
```

また、Windows側で、上記の実行例で設定したファイルのプロパティのセキュリティ項目を見ると、以下のようになっています。

図14-1-8　Windows側のACL設定

14-1-5 プリンタ共有サービス

プリンタ共有サービスとは、Linuxで管理しているプリンタ（ローカルで接続）をネットワークを介してWindowsが利用できる機能です。SMB/CIFSは、プリンタ共有サービスもサポートしており、Sambaでも同様にサポートされます。なお、Samba自身に印刷機能はないため、Linux側でプリンタの設定が行われている必要があります。

図14-1-9 プリンタ共有サービス

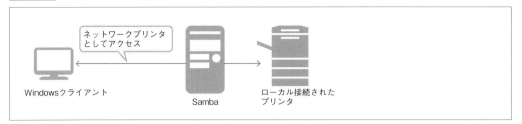

Sambaが動作しているCentOS 7にプリンタを接続しておき、それらの設定を完了しておきます。

smb.confファイルの編集

smb.confファイルでは、**[global]**セクション、**[printers]**セクションを指定します。複数台のプリンタを管理する場合は、その他のセクションを任意の名前（例：[other printer]等）で設定します。以下、各セクションのパラメータです。

表14-1-16 [global]セクション

主なパラメータ	デフォルト値	本書での設定例	説明
load printers	yes	yes	printcap のエントリをブラウジング可能にする
printcap name（printcap）	---	---	printcapのファイル名を指定するか、LinuxでCUPSを使用している場合はcupsを指定する

表14-1-17 [printers]セクション

主なパラメータ	デフォルト値	本書での設定例	説明
printable（print ok）	yes	yes	セクションがプリンタ共有サービス設定であることを指定する。[printers] セクション内は自動的に「yes」となる（他のセクション内ではnoがデフォルト）
path	/var/spool/samba	/var/spool/samba	プリンタ共有サービスが使用するスプールディレクトリを指定
min print space	0	0	印刷ジョブの受け入れに必要なスプールディレクトリの最小空きスペースをキロバイト単位で指定する。指定されたスペースが確保できない場合は、エラーとして印刷ジョブを受け入れない。デフォルトは「0」で無制限
max print jobs	1000	1000	印刷キューの最大受け入れ数。最大数を越えるリクエストは拒否する

表14-1-18 その他セクション

主なパラメータ	デフォルト値	本書での設定例	説明
printable（print ok）	no	no	このセクションで指定されたディレクトリにスプールファイルを書き込めるかどうか指定する
printer name	---	---	Linuxで認識されているプリンタ名を指定する。セクション名をプリンタ名と同一に設定した場合は省略可能
printing	CUPS	CUPS	プリンタのタイプを指定する。CUPS、BSD、AIX、LPTNG、PLP、SYSV、HPUX、QNX、SOFTQ等がサポートされている
print command	---	---	lpやlpr等のコマンドを指定する。プリンタ名は「%p」セクションで、スプールされたファイルは「%s」、「%f」等の置換文字列が使用可能

[print$]セクション

[print$]セクションを設定することで、Windowsに対してプリンタドライバの自動ダウンロードを提供します。Samba側で対応するプリンタのドライバを設定しておくと、Windowsからプリンタを使用する際に、そのファイルを自動的にダウンロードします。

smb.confファイルのデフォルトの設定で、[printers]セクションのprintableパラメータが「yes」となっているため、プリンタ共有サービスが有効です。一般的なCUPSプリンタを使用する場合は、smb.confの編集は必要ありません。以下は、デフォルトの状態でWindows側で利用可能になったSambaの共有プリンタです。なお、Windows側のプリンタ設定については割愛しています。

表14-1-19　[print$]セクション

主なパラメータ	デフォルト値	本書での設定	説明
path	---	---	printcapのエントリをブラウジング可能にする
browseable (browsable)	yes	yes	ブラウザリストに表示するかどうかの設定

図14-1-10　Windowsで認識されたプリンタ

プリンターとスキャナー
- Fax
- Linux-printer (SERVER 上)

プリンタのアクセス制御やACL設定を行う場合は、ファイル共有のパラメータを参照してください。

14-1-6 名前解決

Windows環境での名前解決には次のような機能があり、NetBIOSの名前解決順序は次の通りです。

①NetBIOSキャッシュ
②WINSサーバまたはブロードキャスト
③LMHOSTSファイル
④hostsファイル
⑤DNS

なお、後述するActive Directory環境下では、DNSで名前解決を行っています。

Windowsノードタイプ

Windowsでは、NetBIOSの名前解決の順序はノードタイプによって優先順位が異なります。また、ノードタイプはWindowsのOSによって異なります。例えば、Windows 10では「H node」となります。以下にWindowsノードタイプを示します。

表14-1-20　Windowsノードタイプ

ノードタイプ	名前解決方法（優先順位：左→右）
B（Bloadcast）node	ブロードキャスト
P（Point-to-Point）node	WINSサーバ
M（Mixed）node	ブロードキャスト、WINSサーバ
H（Hybrid）node	WINSサーバ、ブロードキャスト

Windowsのコマンドプロンプト上で「ipconfig /all」とすると、「Node Type」で確認できます。

Sambaの名前解決

Sambaでの名前解決方法は、smb.confファイルの[global]セクション内の**name resolve order**パラメータで設定します。デフォルトは、「lmhosts host wins bcast」の順番になっています。

▷lmhosts

NetBIOSとIPアドレスのマッピングを記述した「/etc/samba/lmhosts」ファイルを参照します。lmhostsファイルの書式は次のようになります。

lmhostsファイルの書式
IPアドレス　名前

例）：192.168.0.1 client01

▷host
Linuxの名前解決を行います。

▷wins
WINSサーバを使用して名前解決を行います。後述します。

▷bcast
ブロードキャストを使用してサブネット内のコンピューターに問い合わせることで名前解決を行います。

WINSサーバ

WINS（Windows Internet Name Service）は、WINSクライアントとして指定されたコンピュータのNetBIOS名とIPアドレスの対応を管理する仕組みです。WINSクライアントはネットワーク開始時に、WINSサーバに自分の情報を登録します。他のWINSクライアントは名前解決として、登録された情報を利用することができます。

図14-1-11 WINSサーバ

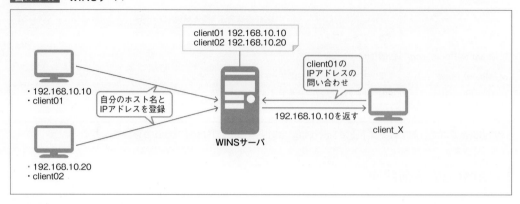

WINSサーバのメリットは次のようになります。

・ブロードキャストに依存しないため、セグメントを越えたNetBIOSの名前解決が可能となる
・クライアントのブロードキャストを減らすことができる

WINSサーバの設定

SambaをWINSサーバとして機能させるには、[global]セクションで、**wins support**パラメータを「yes」に設定します。

WINSサーバのクライアント設定

SambaをWINSサーバのクライアントとするには、[global]セクションで、**wins server**パラメータにWINSサーバのIPアドレスを指定します。

WINSサーバの設定

```
[...]# vi /etc/samba/smb.conf
…(途中省略)…
[global]
    wins support = yes      ←WINSサーバとして機能させる
    wins server = 192.168.10.100   ←IPアドレスを指定する
…(以降省略)…
```

14-1-7 Active Directoryとの連携

Windows環境において、クライアントを統合管理するための仕組みとして、**NTドメイン**と**Active Directory**の2種類が提供されています。Active DirectoryはWindows 2000 Serverから利用可能になりました。

NTドメインは古い統合管理方法であり、最近のWindows環境では、主にActive Directoryが利用されています。

Active Directoryの特徴

Active Directoryの特徴は次のようになっています。

- ユーザやグループ、コンピューター情報をLDAPベースで管理する
- 認証のメカニズムにKerberosが使用される
- ドメインの階層化をサポートする（フォレスト）
- 名前解決はDNSで行う
- 従来のNTドメインやNetBIOS over TCP/IP等の下位互換性は保つ

Active Directoryの主要な識別名

Active DirectoryはLDAPと同じプロトコルを持つディレクトリサービスです。Active Directoryで使用される主要な識別名を示します。

表14-1-21 Active Directoryの識別名

識別名	説明
cn=Users,サフィックス	ユーザやグループを保存するコンテナ。cn=Administratorが初期のAdministratorエントリ
cn=builtin,サフィックス	組み込みのグループ。cn=Administratorsやcn=Users等が存在する
cn=computers,サフィックス	ドメイン内のコンピュータ情報
ou=Domain Controllers,サフィックス	ネットワーク上のドメインコントローラ情報

本書での環境

以降は、以下の環境を前提に説明します。

- **Windowsのホスト名**：adserver.my-centos.com
- **Active DirectoryのベースDN**：dc=my-centos,dc=com
- **Sambaサーバ**：server.my-centos.com

図14-1-12 Windows 2008 R2 のActive Directoryの画面

なお、WindowsのActive Directoryのセットアップについては割愛します。また、以後、LDAPに関する情報は、「14-4 OpenLDAPサーバ」（→ p.789）を参照してください。

設定の流れ

SambaがActive Directoryのメンバーになるための設定の流れを示します。

①smb.confファイルの設定
②LDAPの設定
③Kerberosの設定とkrb5.confファイルの作成
④Active Directoryへ登録

　Active Directory（AD）へ登録後、winbinddの設定により、ADのユーザ/グループアカウントをLinux（Sambaサーバ）で共有することができます。winbinddがネームサービススイッチおよびPAMと連携するよう、/etc/nsswitch.conf、PAMの設定ファイル、smb.confに記述することでこの機能を利用できますが、本書では説明を割愛します。

smb.confファイルの設定

　Sambaの設定を変更し、Active Directoryに参加できるように変更します。設定する各パラメータを以下に示します（いずれも[global]セクション）。

表14-1-22　Active Directoryのため設定

パラメータ	デフォルト値	本書での設定	説明
security	---	ADS	Active Directoryのメンバになるための値
workgroup	---	my-centos	Active Directoryのドメイン名
password server	---	adserver.my-centos.com	Active Directoryのホスト名
realm	---	MY-CENTOS.COM	Kerberos認証に必要なレルム名

　各パラメータを変更します。

smb.confファイルの編集

```
[...]# vi /etc/samba/smb.conf
…（途中省略）…
[global]
    workgroup = my-centos    ←Active Directoryのドメインに変更
    security = ADS    ←メンバ用の設定
    password server = adserver.my-centos.com    ←Active Directoryのホスト名
    realm = MY-CENTOS.COM    ←Kerberos認証用
…（以降省略）…
```

LDAPの設定

　Active DirectoryはLDAPサーバでもあるので、LDAPのコマンドを使用して検索を行うことができます。今回はLDAPクライアントをインストールし、コマンドを利用できるようにします。
　コマンドを利用するには、**openldap-clients**パッケージをインストールします。

openldap-clientsパッケージのインストール

```
[...]# yum install openldap-clients
…（実行結果省略）…
```

LDAPによる確認

ldapsearchコマンドを使用して、Active DirectoryのAdministratorユーザをCentOS 7から検索できるか確認します。

LDAPによる検索

```
[...]# ldapsearch -x -h adserver.my-centos.com -D \
> "cn=administrator,cn=users,dc=my-centos,dc=com" \
> -W -b "dc=my-centos,dc=com" "samaccountname=Administrator"
Enter LDAP Password:   ←Active DirectoryのAdministratorのパスワードを入力
# extended LDIF
…（途中省略）…
sAMAccountName: Administrator
sAMAccountType: 805306368
objectCategory: CN=Person,CN=Schema,CN=Configuration,DC=my-centos,DC=com
…（以降省略）…
```

Kerberosの追加インストール

Kerberosの基本設定に必要なライブラリと設定ファイルは、**krb5-libs**パッケージにより提供されます。krb5-libsはCentOS 7のインストール時に「最小限のインストール」を始めとするどのベース環境を選択しても、必須のパッケージグループであるcoreの依存関係でインストールされます。ただし、Kerberosの基本設定コマンドはインストールされていない場合があります。Kerberosの基本設定コマンドは、**krb5-workstation**パッケージをインストールすることで利用できます。

krb5-workstationパッケージのインストール

```
[...]# yum install krb5-workstation
…（実行結果省略）…
```

Kerberosによる認証

Kerberosはマサチューセッツ工科大学（MIT）で開発されたユーザ認証システムです。Kerberosで認証を受けると、ユーザ（クライアント）には**チケット**と呼ばれる認証データが配布され、サーバはチケットを照合してユーザのアクセスを許可するかどうかを判定します。アーキテクチャを以下に示します。

▷レルム

Kerberos認証システムにより管理される領域をレルム（realm）と呼びます。レルムにはレルム名を付け、レルム名は一般的に大文字を使います。Active Directoryでは、1つのレルムに対して、1つのActive Directoryドメインが対応します。

▷ **キー配布センター**

1つのレルム内に、キー配布センター（KDC：Key Distribution Center）を配置します。KDCには、「認証サーバ」と「チケット発行サーバ」が動作しています。

▷ **秘密鍵**

KDCでは、レルム内に存在する全プリンシパルの情報と、チケットを暗号化するための秘密鍵が格納されています。ユーザ（クライアント）、サービス、ホストがプリンシパルとなります。

図14-1-13　Kerberos認証

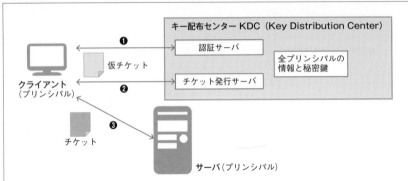

❶ クライアントは、ユーザ名とパスワードを元に「認証サーバ」で認証を行い、仮チケット（サービスチケットを取得するためのチケット）を取得する
❷ クライアントは、仮チケットを「チケット発行サーバ」に渡し、サーバにアクセスするためのサービスチケットを取得する（このチケットは時間制限が設定されている）
❸ クライアントは、サーバにアクセスする際に、サービスチケットを渡し、サーバ側がチケットの有効性を確認し処理要求を受け付ける

この仕組みを使用することにより、ユーザ名とパスワードを都度毎にサーバとやり取りすることなくチケットのみで認証できます。仮チケットはユーザの秘密鍵で、サービスチケットはサーバの秘密鍵で暗号化されているので、情報漏えいを防ぐことができます。

krb5.confファイルの設定

Kerberosの設定ファイルは**/etc/krb5.conf**で、CentOS 7のインストール時点より提供されています。今回はActive Directoryに参加するために、krb5.confファイルを書き換えます。Active Directoryに参加するための設定を以下に示します。

表14-1-23　Kerberosの設定パラメータ

パラメータ	本書での設定	説明
[libdefaults] セクション		
default_realm	MY-CENTOS.COM	参照するレルム名
[realms] セクション		
セクション名	MY-CENTOS.COM	参照するレルム名
kdc	adserver.my-centos.com	KDC (Key Distribution Center) は認証情報を管理する

[domain_realm] セクション		
ドメインネーム=レルム名	.my-centos.com = MY-CENTOS.COM	ドメインネームは接頭辞として「.」を付ける

krb5.confファイルの設定例

```
[...]# mv /etc/krb5.conf /etc/krb5.conf.backup    ←オリジナルをバックアップ
[...]# vi /etc/krb5.conf    ←新規作成

[libdefaults]
 default_realm = MY-CENTOS.COM    ←参照するレルム名

[realms]
 MY-CENTOS.COM = {    ←レルム名
       kdc = adserver.my-centos.com    ←レルムを管理しているホスト名
 }

[domain_realm]
 .my-centos.com = MY-CENTOS.COM    ←ドメインネームをレルム名から変換
```

チケットの取得

KerberosをつかってActive Directoryのチケットを取得します。チケットの取得には、**kinit**コマンドを使用します。ADドメインに参加するためのチケット取得は、Active DirectoryのAdministratorユーザで行います。

チケットの取得

```
[...]# kinit Administrator
Password for Administrator@MY-CENTOS.COM:    ←Administratorのパスワードを入力
```

チケットが取得できたかを確認します。確認するには、**klist**コマンドを使用します。

チケットの確認

```
[...]# klist
Ticket cache: FILE:/tmp/krb5cc_1000
Default principal: Administrator@MY-CENTOS.COM

Valid starting     Expires            Service principal
2016-12-22T04:35:36  2016-12-22T14:35:36  krbtgt/MY-CENTOS.COM@MY-CENTOS.COM    ←チケット
    renew until 2016-12-23T04:35:26
```

チケットを再取得する場合は現在のチケットを破棄します。破棄するには、kdestroyコマンドを使用します。使用方法は以下の通りです。

```
[...]# kdestroy
```

Active Directoryの登録

チケットを取得できればActive Directoryへ登録することができます。Active Directoryのメンバー登録には、**net**コマンドを「net ads join」と実行します。

netコマンドは**samba-common-tools**パッケージに含まれている、Sambaサーバの管理ツールです。

> netコマンド
> **net プロトコル サブコマンド [オプション]**

表14-1-24　netコマンドの主なプロトコル

プロトコル	説明
ads	ActiveDirectoryに接続する時のプロトコル
rpc	NT4およびWindows 2000に接続する時のプロトコル

表14-1-25　プロトコルadsの主なサブコマンド

サブコマンド	説明
info	ActiveDirectoryの概要を表示する
join	ActiveDirectoryドメインに参加する
testjoin	ActiveDirectoryへの参加状況を確認する
leave	ActiveDirectoryドメインから離脱する
status	ActiveDirectoryの詳細情報を表示する

表14-1-26　netコマンドのオプション

オプション	説明
-S	接続先サーバ名を指定する
-U	接続ユーザ名を指定する

　以下の例は、Administratorユーザを「adserver.my-centos.com」サーバに登録します。DNSへの動的更新には失敗しますが、参加可能です。

サーバ登録
```
[...]# net ads join -S adserver.my-centos.com -U Administrator
Enter Administrator's password:   ←Administratorのパスワードを入力
Using short domain name -- MY-CENTOS
Joined 'SERVER' to dns domain 'my-centos.com'
DNS update failed: NT_STATUS_UNSUCCESSFUL   ←「DNS update failed」に関しては後述
```

DNSへの動的更新に関して

　Active Directoryで外部DNSを使用する場合は、仕様上、動的更新とSRVレコードがサポートされている必要があります。

> **Microsoft 技術情報：Active Directory サポートのための**
> **BIND(Berkeley Internet Name Domain)の構成**
> https://technet.microsoft.com/ja-jp/library/cc985025.aspx

DNSには、MicrosoftのDNSサーバを使用するか、BIND version 8.2.2 patch 7以上を使用するようにします。

Active Directory上での確認

Active Directoryに参加できたかどうかを確認します。確認するには**net ads info**コマンドを実行します。

> 参加確認
>
> **net ads info -U ユーザ名**

以下の例は、AdministratorユーザがActive Directoryに参加できているか確認します。参加できれば、ユーザのパスワードを入力後にActive Directory情報が表示されます。

Active Directoryに参加しているかの確認

```
[...]# net ads info -U Administrator
Enter Administrator's password:    ←Administratorのパスワードを入力
LDAP server: 192.168.56.200   ←「Windows 2008 Server R2」のIPアドレス
LDAP server name: ADSERVER.my-centos.com   ←「Windows 2008 Server R2」のホスト名
Realm: MY-CENTOS.COM   ←レルム名
Bind Path: dc=MY-CENTOS,dc=COM
LDAP port: 389
…（以降省略）…
```

Windows側で確認するには、「サーバーマネージャー」の「Active Directory ドメインサービス」から「Computers」の項目❶を選択し、Sambaサーバ（本書ではserver.my-centos.com）❷が表示されていることを確認します。

図14-1-14 Active Directoryに参加しているかの確認

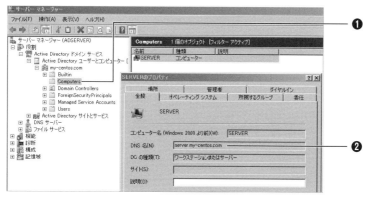

□ Chapter14 | 内部向けサーバ構築

14-2 NFSサーバ

14-2-1 NFSとは

　NFS（Network File System）は、Sun Microsystems社で開発されたプロトコルであり、またそれを実装したソフトウェアの名前です。1990年代から今日まで長くUnix系システムのファイル共有の業界標準となってきました。

　NFSはローカルなファイルシステムをローカルなディレクトリに接続する**マウント**という操作をネットワークレベルにまで拡張したものです。ネットワーク上のサーバのディレクトリをマウントすることでクライアントのローカルなディレクトリに接続します。これにより、サーバのディレクトリをクライアントから共有できます。

　NFSを使用してマシン間でのホームディレクトリの共有、アプリケーションソフトウェアの共有等を行うことができるため、ディスクスペースの節約、データの一貫性の保持、マシンに依存しないユーザ環境等を実現できます。

NFSのバージョン

　NFSにはv2/v3/v4の3種類のバージョンがあります。v3まではセッション層のプロトコルである**RPC**（Remote Procedure Call）と、プレゼンテーション層のプロトコルである**XDR**（eXternal Data Representation）の上に実装されています。v4ではRPC/XDRを使用しません。

図14-2-1　NFSサーバの概要

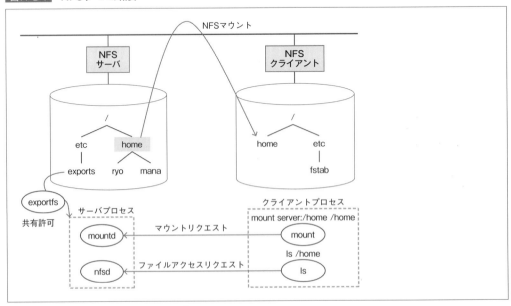

以下のRPCの概要はv3の場合です。v4ではmountdは使用しません。

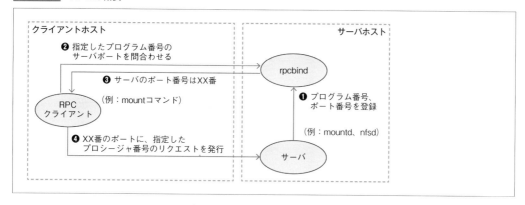

図14-2-2　RPCの概要

表14-2-1　NFSのバージョン

バージョン	説明
version 1（NFSv1）	Sun Microsystems社内のみのリリース
version 2（NFSv2）	1984年に発表。1985年にSunOS 2.0に実装。1989年にRFC1094として標準化。転送プロトコルはUDPのみ。TCPはサポートせず
version 3（NFSv3）	1995年6月にRFC1813として定義。UDPに加え、TCP転送をサポート
version 4（NFSv4）	開発主体がSun Microsystems社からInternet Engineering Task Forceへ移行。2000年にRFC3010として定義、2003年にRFC 3530で改定。Kerberos認証によるセキュリティ強化、疑似ファイルシステム、ユーザ名のマッピング。v4.1ではpNFS（Parallel NFS）を規定

マウントによる接続

rpcbindは、RPCプログラム番号からポート番号へのマッピング情報を提供するデーモンであり、**ポートマッパー**（portmapper）と呼ばれています。rpcbindデーモンはCentOS 6から提供され、CentOS 5まではrpcbindではなくportmapという名前でした。rpcbindはIPv4およびIPv6のUDPとTCPをサポートします。portmapはIPv4のみをサポートし、IPv6には対応していません。クライアントはNFSサーバにリクエストを出す時に、最初にrpcbindにRPCプログラム番号に対応するポート番号を問い合わせ、rpcbindから返されたサーバポートにリクエストを出します。

v3ではサーバはクライアントからのマウント要求に対するサービスをする**mountd**と、マウント後のファイルアクセスに対するサービスをする**nfsd**によりサービスを行います。v4ではrpcbindは使用せず、mountdはなくなりました。クライアントからのマウント要求に対するサービスも、マウント後のファイルアクセスに対するサービスもnfsdが行います。

v4では、nfsdは固定のポート番号2049でサービスを行います。v3でのnfsdによるNFSサービスは伝統的にポート番号2049を使用し、nfsdはこれをRPCサーバに登録します。ポート番号2049に固定するのであれば、RPCを使う必要はなくなります（v3の場合、ファイアウォールがrpcbind、mountd、およびnfsdのポート番号を通す必要があります）。

これによりNFSをファイアウォールで通すことができるようになり、インターネット上でのNFSの利用が可能になります。

v4の機能

v4では設定により、以下の機能を利用することができます。

- エクスポートする複数のディレクトリは、単一の名前空間による疑似ファイルシステム（pseudo filesystem）として提供。疑似ファイルシステムはfsid（File System ID）により管理
- クライアント側のユーザ名とサーバ側のユーザ名のマッピング
- GSS-APIを利用したKerberos認証

v4.1では、**pNFS**（Parallel NFS）が規定されています。サーバがpNFSをサポートする場合、クライアントは同時に複数のサーバを介してデータにアクセスできるようになります。

v3はSunOS/Solaris（Sun Microsystems）、HP-UX（Hewlett-Packard）、AIX（IBM）等でファイル共有の標準として採用され、さらに非Unix系OSでも採用されて広く使われてきました。信頼できるLAN内でのファイル共有のためにはこれで十分なものですが、近年では高い帯域幅やセキュリティが要求されるデータセンターやHPC（High Performance Computing）の分野でv4の採用が広まりつつあります。

バージョン指定

CentOS 7のNFSサーバはデフォルトでv3/v4/v4.1に対応しています。

クライアントはマウント時の「nfsvers=」あるいは「vers=」オプションにより、バージョンを指定してサーバにアクセスすることができます。

バージョンを指定しなかった場合、CentOS 7のマウントコマンドは「v4→v3→v2」の順にNFSサーバとネゴシエーションを行い、サーバが対応している最上位バージョンを使用します。CentOS 7のNFSサーバはv4に対応しているので、結果的にv4でマウントが行われます。

14-2-2 NFSサーバの設定（v3/v4共通）

本章では、前半部でv3/v4に共通の設定を、後半部でv4で追加された機能を利用するための設定を解説します。

NFSのインストール

NFSを使用するには**nfs-utils**パッケージをインストールします（2章で解説したベース環境「サーバー（GUI使用）」ではインストールされています）。nfs-utilsパッケージには以下のプログラムが含まれています。

表14-2-2　nfs-utilsパッケージ

プログラム	v3対応	v4対応	説明
rpc.nfsd	○	○	NFSサービスを提供
rpc.idmapd	---	○	ユーザ名のマッピングを提供
rpc.mountd	○	---	マウントサービスを提供
rpc.statd	○	---	NFSサーバおよびクライアントのリブート通知をモニタし、リブート後のロック状態を回復する（CentOS 5まで提供されていたrpc.lockdの機能はCentOS 6以降はrpc.statdに含まれる）
mount.nfs	○	○	クライアントで使用するマウントコマンド

nfs-utilsパッケージのインストール

```
[...]# yum install nfs-utils
…（実行結果省略）…
```

firewalldの設定

firewalldが動作している場合、NFSサービスへのアクセスを許可する必要があります。

firewalldで許可を追加

```
[...]# firewall-cmd --add-service=nfs --zone=public --permanent    ←❶
[...]# firewall-cmd --add-service=mountd --zone=public --permanent ←❷
[...]# firewall-cmd --list-services --zone=public --permanent      ←❸
```

❶NFSサービス(v3/v4)へのアクセスを許可
❷NFSv3のサービスへのアクセスを許可
❸NFSv3/v4サービスへのアクセスが許可されていることを確認

SELinuxの設定

サーバにSELinuxがEnforcing（強制モード）で動作している場合、デフォルトではNFS関連のアクセスを制限しているパラメータがあります。一般的なNFSサーバの運用ではデフォルトのままで問題ありませんが、必要に応じてパラメータの値をonあるいはoffに変更します。

以下は、NFS関連のパラメータの値を表示する例です。

SELinuxの確認

```
[...]# getsebool -a | grep nfs
…（実行結果省略）…
```

NFSサービスの起動と停止

systemctlコマンドにより、NFSサービスの起動と停止を行います。

NFSサービスの起動
systemctl start nfs-server

NFSサービスの停止
systemctl stop nfs-server

NFSサービスの有効化
systemctl enable nfs-server

NFSサービスの無効化
systemctl disable nfs-server

/usr/lib/systemd/system/nfsは/usr/lib/systemd/system/nfs-serverへのシンボリックリンクになっているので、サービス名を「nfs」としても制御ができます。

/etc/exportsの設定

NFSサーバでは、クライアントに対するアクセス制御は**/etc/exports**ファイルに記述します。NFSでは共有を許可することを**エクスポート**(export)と呼びます。

エクスポートの書式
ディレクトリ ホスト名(オプション, ...) ホスト名(オプション, ...)

第1フィールドにはエクスポートするディレクトリを指定します。第2フィールドにはクライアントのホスト名と、()のなかにエクスポートのオプションを指定します。「ホスト名(オプション, ...)」にスペース(空白文字)入れてはいけません。クライアントのホスト名は、スペースを区切り記号として複数指定できます。

表14-2-3 エクスポートのオプション

オプション	説明
ro	read-onlyで共有許可する(デフォルト)
rw	readとwriteで共有許可する
root_squash	root権限(uid=0)でのアクセスをanonymousユーザ(uid=65534)でのアクセスにマップする(デフォルト)
no_root_squash	root権限(uid=0)でのアクセスを許可する
all_squash	全てのアクセスのuidとgidをanonymous uid (65534)とgid (65534)にマップする
anonuid=uid	squash時にマッピングするuidを指定する。デフォルト値は65534
anongid=gid	squash時にマッピングするgidを指定する。デフォルト値は65534
sync	ディスクへの書き込み後に応答を返す(デフォルト)
async	ディスクへの書き込み前に応答を返す。一般的にパフォーマンスが改善されるが、ディスクへの書き込み完了前の障害発生等によるサーバ再起動によってデータが損傷する可能性がある

オプションとして「sync」あるいは「async」のどちらかを明示的に指定することが推奨されています。バージョンによっては指定しない場合に警告メッセージが表示されます。

以下は、/etc/exportsファイルの記述例です。

/etc/exportsファイルの設定例

```
[...]# vi /etc/exports
/pub *(rw)    ←❶
/home client1(rw,no_root_squash) client2(rw,no_root_squash) 171.16.0.0/255.255.0.0(rw)    ←❷
/usr/share/man *.office.my-centos.com(ro)    ←❸
```

❶全てのホストが/pubを読み書き可能
❷client1とclient2は/homeをroot権限でアクセス可かつ読み書き可能、ネットワーク171.16.0.0のホストは/homeを読み書き可能だがroot権限でのアクセスは不可
❸office.my-centos.comドメインのホストは/usr/share/manを読み込み可能

exportfsコマンド

exportfsコマンドは、ディレクトリのエクスポート（export）、アンエクスポート（unexport）の実行、および現在エクスポートされているディレクトリの表示を行います。

「-r」オプションを付けて実行することにより、/etc/exportsファイルの内容をそのままNFSサーバに反映させることができます。「systemctl reload nfs-server」は、そのなかで「exportfs -r」を実行します。

exportfsコマンドの主な書式

exportfs
exportfs [-u] [-o オプション] クライアント名:ディレクトリ
exportfs -a [-u]
exportfs -r
exportfs -v

表14-2-4 exportfsコマンドのオプション

オプション	説明
-o	/etc/exportsと同じ書式でオプションのリストを指定する
-a	/etc/exportsファイルに記述された全てのディレクトリをexportする。-uオプションと共に使用した場合は、現在exportされている全てのディレクトリをunexportする
-r	/etc/exportsファイルに記述に従って、再度exportおよびunexportする
-u	指定されたディレクトリをunexportする。-aオプションと共に使用した場合は現在exportされている全てのディレクトリをunexportする
-v	詳細情報を表示する

exportfsコマンドの実行例

```
[...]# cat /etc/exports
/home    client1(rw) client2(rw)
/usr/share/man *(ro)
[...]# exportfs -a    ←/etc/exportsの内容をエクスポート
[...]# exportfs    ←エクスポートされているディレクトリを表示
/home    client1
/home    client2
/usr/share/man <world>    ←全てのクライアント（world）に共有を許可

[...]# vi /etc/exports    ←2行目の「/usr/share/man *(ro)」を削除
/home    client1(rw) client2(rw)
[...]# exportfs -r    ←変更を反映
[...]# exportfs -o ro *:/usr/share/doc    ←コマンドで/usr/share/docをエクスポート
[...]# exportfs    ←エクスポートされているディレクトリを表示
/home    client1
/home    client2
/usr/share/doc <world>    ←全てのクライアント（world）に共有を許可
```

/etc/exportsファイルに記述していない場合は、exportfsコマンドによる設定はシステムの再起動により失われます。

/etc/netgroupファイル

/etc/exportsファイルのクライアント名に「@グループ名」が指定された場合は、NISの**netgroup**のグループ名が参照されます。NISのnetgroupは、**/etc/netgroup**ファイルを基にNISのdbm形式のデータベースとして作成します。

/etc/netgroupファイルの書式
グループ名 メンバーのリスト

メンバーは「(ホスト名, ユーザ名, NISドメイン名)」の形式で指定します。要素は空文字列にすることもできますが(その要素はグループの構成要素から除外)、カンマ(,)は省略できません。

/etc/exportsで「@グループ名」として使用する場合はホスト名のみが参照され、ユーザ名とNISドメイン名は参照されません。

/etc/netgroupファイルの設定例

```
[...]# vi /etc/netgroup
localnet (client1,,) (client2,,) (client3,,)
```

上記の例で/etc/exportsのホスト名に「@localnet」と指定すると、client1、client2、client3が対象として指定されたことになります。

> NIS (Network Information Service) は、ホスト名/IPアドレス、ユーザアカウント等のシステム情報をネットワーク上で一元管理するデータベースサービスです。Sun Microsystems社により開発され、長くUnix系システムのネームサービスの業界標準になっていましたが、現在ではLDAPに置き換わりつつあります。NISサーバが構築されたネットワーク環境であれば、/etc/nsswitch.confのhostsエントリにnisを加え、NISクライアントの設定をすることでNISのサービスを利用できます。

14-2-3 NFSサーバの設定（v4の機能を利用する場合）

v4で追加された機能を利用するための設定を解説します。

単一の名前空間による疑似ファイルシステム

NFSv4の疑似ファイルシステムでは、エクスポートされた複数のディレクトリは疑似ルートからなる単一の木構造を構成します。クライアントはサーバからエクスポートされた複数のディレクトリを個別にマウントすることなく、サーバが「fsid=0」と指定してエクスポートした疑似ルートディレクトリをマウントするだけで、その配下のディレクトリとして共有できます。

この場合、疑似ルート以下は単独のファイルシステムとしてエクスポートされ、配下のディレクトリには疑似ルートのエントリのエクスポートオプションが適用されます。

/etc/exportsの設定例

```
[...]# vi /etc/exports
…（途中省略）…
/var/nfs *(ro,fsid=0)          ←❶
/var/nfs/home *(rw,sync,nohide)  ←❷
/var/nfs/opt *(ro,sync,nohide)
…（以降省略）…
```

❶疑似ファイルシステムのルートディレクトリにはオプションfsid=0を指定
❷エクスポートする各ディレクトリにはオプションnohideを指定してクライアント側で可視化する。fsidは自動的に割り当てられる

　以下は、上記のように設定したNFSサーバ「CentOS7-server1」のNFSv4疑似ファイルシステムのルートディレクトリ「/」を、「/mnt」にマウントする例です。

疑似ファイルシステムのマウント

```
[...]# mount -t nfs -o vers=4 CentOS7-server1:/ /mnt
↑疑似ファイルシステムのルートディレクトリを/mntにマウント

[...]# ls -R /mnt    ←マウントポイント/mnt以下を再帰的に表示
/mnt:
home  opt

/mnt/home:
fileA

/mnt/opt:
fileB
```

ユーザ名のマッピング

　ユーザ名のマッピングは、**idmapd**デーモンが設定ファイル**/etc/idmapd.conf**を参照して行います。

▷[Mapping]セクション

　ローカルアカウントに一致しないユーザ(Nobody-User)をローカルアカウント(例：nfsnobody)に、ローカルグループに一致しないグループ(Nobody-Group)をローカルグループ(例：nfsnobody)にマッピングできます。

▷[Translation]セクション

　ユーザ名のマッピングのメソッドを指定します。メソッドには、「nsswitch」、「umich_ldap」、「static」の3種類があります。

▷[Static]セクション

　[Translation]セクションでstaticメソッドを指定した場合のGSS認証での「プリンシパル名@レルム名」(例：user01@my-centos7.com)から、ローカルアカウント名(例：yuko)へのマッピングを指定します。

/etc/idmapd.confの設定例

```
[...]# vi /etc/idmapd.conf
…（途中省略）…
[Mapping]
   Nobody-User = nfsnobody
   Nobody-Group = nfsnobody
[Translation]
   Method=static
[Static]
   user01@my-centos7.com = yuko
…（以降省略）…
```

14-2-4 NFSクライアントの設定

NFSサーバで提供されているファイルシステムをクライアントがマウントするには、**mount**コマンドを使用します。

mountコマンドでマウントした場合、システムを再起動するとローカルファイルシステムと同様にNFSのマウント情報も失われます。システム再起動後も継続的にマウントするには、**/etc/fstab**ファイルにNFSマウントの設定を記述します。

mountコマンド

ファイルシステムのマウントは、mountコマンドで行います。

NFSサーバのファイルシステムのマウント

mount [-t nfs] [-o オプション] NFSサーバ:ディレクトリ マウントポイント

表14-2-5　mountコマンドのオプション

オプション	説明
rw	読み書き可能(read/write)でマウントする（デフォルト）
ro	読み込みのみ(read-only)でマウントする
hard	サーバから応答があるまで要求を繰り返す（デフォルト）
soft	サーバから応答がなければタイムアウトとなりエラー終了する
fg	サーバから応答がない場合、フォアグラウンドでmountを実行する(デフォルト)
bg	サーバから応答がない場合、バックグラウンドでmountを実行する
intr	サーバから応答がない場合、インタラプトシグナルによりmountを終了する
nfsvers=バージョン	NFSのバージョンを指定する。このオプションを指定しなかった場合は、v4→v3→v2の順にNFSサーバとネゴシエーションを行う
vers=バージョン	「nfsvers=バージョン」と同等

ファイルシステムのマウント

```
[...]# mount centos7-server1:/home /home    ←デフォルトではNFSv4でマウントされる
[...]# mount | grep nfs
centos7-server1:/home on /home type nfs (rw,nfsvers=4,addr=172.16.0.1)
[...]# umount /home
[...]# mount -o nfsvers=3 centos7-server1:/home /home    ←❶
[...]# mount | grep nfs
centos7-server1:/home on /home type nfs (rw,nfsvers=3,addr=172.16.0.1)
```

❶NFSv3でマウントする時はオプション「-o nfsvers=3」を指定する

表14-2-5では、本章で関連するマウントオプションを記載しています。mountコマンド、umountコマンド、またその他の一般的なマウントオプションについては、「5-6 マウント」（→ p.233）を参照してください。

/etc/fstabファイル

システム再起動後も継続的にマウントするには、/etc/fstabファイルにNFSマウントの設定を記述します。

以下は、NFSサーバの疑似ルートを「/var/nfs」にマウントする設定例です。

疑似ルートをマウント

```
[...]# vi /etc/fstab
…（途中省略）…
centos7-server1:/   /var/nfs   nfs4 defaults 0 0
```

疑似ルートをマウントする場合、マウントオプションのフィールドには、nfs4でなくnfsと指定してもv4でマウントされます。

以下は、NFSサーバ側で疑似ルートが設定されている場合に、エクスポートされているディレクトリを個別にv3でマウントする設定例です。

NFSv3でマウント

```
[...]# vi /etc/fstab
…（途中省略）…
centos7-server1:/var/nfs/home   /home   nfs defaults 0 0
centos7-server1:/var/nfs/opt    /opt    nfs defaults 0 0
…（以降省略）…
```

nfsstatコマンド

nfsstatコマンドは、クライアントが発行したNFSリクエストとRPCリクエスト、サーバが受信したNFSリクエストとRPCリクエスト等についての統計情報を表示します。オプションを指定することにより、特定の情報だけを表示できます。オプションなしで実行した場合のデフォルトは「-scrn」です。

リクエストの統計情報の表示
nfsstat [オプション]

表14-2-6 nfsstartコマンドのオプション

オプション	説明
-s	サーバ側の統計表示
-c	クライアント側の統計表示
-n	NFSの統計表示
-r	RPCの統計表示
-o ファシリティ	指定したファシリティの統計を表示する。以下のうちの1つを指定できる 　nfs：NFSの統計表示　　　　　　　　rpc：RPCの統計表示 　net：ネットワーク層の統計表示　　　fh：サーバのファイルハンドルキャッシュの統計表示 　rc：サーバの応答キャッシュの統計表示　all：全て表示

　以下の例では、「-sn」オプションを付けて、NFSサーバの統計情報を表示しています。NFSvサーバが起動してから現在までに受信したリクエストの処理についてのv3とv4の情報が表示されます。v3の場合はRPCの各NFSプロシージャ毎の個数と比率が表示されます。v4の場合は各NFSオペレーション毎の個数と比率が表示されます。

NFSサーバの統計情報の表示

```
[...]# nfsstat -sn
Server nfs v3:
null         getattr      setattr      lookup       access       readlink
6       35%  5       29%  0       0%   0       0%   0       0%   0       0%
read         write        create       mkdir        symlink      mknod
0       0%   0       0%   0       0%   0       0%   0       0%   0       0%
remove       rmdir        rename       link         readdir      readdirplus
0       0%   0       0%   0       0%   0       0%   0       0%   0       0%
fsstat       fsinfo       pathconf     commit
0       0%   4       23%  2       11%  0       0%

Server nfs v4:
null         compound
29      0%   4824    99%

Server nfs v4 operations:
op0-unused   op1-unused   op2-future   access       close        commit
0       0%   0       0%   0       0%   58      1%   0       0%   0       0%
create       delegpurge   delegreturn  getattr      getfh        link
0       0%   0       0%   0       0%   442     8%   55      1%   0       0%
lock         lockt        locku        lookup       lookup_root  nverify
0       0%   0       0%   0       0%   30      0%   0       0%   0       0%
open         openattr     open_conf    open_dgrd    putfh        putpubfh
16      0%   0       0%   0       0%   0       0%   462     8%   0       0%
putrootfh    read         readdir      readlink     remove       rename
31      0%   0       0%   25      0%   0       0%   0       0%   0       0%
... (以降省略) ...
```

showmountコマンド

showmountコマンドは、NFSサーバに問い合わせて（v3の場合はmountdに、v4の場合はnfsdに問い合わせ）、NFSの共有についての情報を表示するコマンドです。

「-e」オプションを指定するとNFSサーバがエクスポートしているディレクトリとクライアントについての情報を表示します。「-a」はv3でのみ有効なオプションで、を指定するとNFSサーバのディレクトリを共有しているクライアントを表示します。

NFSの共有情報の表示
showmount [オプション] [NFSサーバ]

表14-2-7　showmountコマンドのオプション

オプション	説明
-e	NFSサーバがエクスポートしているディレクトリとクライアントの一覧を表示する
-a	このオプションはv3でのみ有効。クライアントのホスト名とマウントしているディレクトリの一覧を表示する。mountdはクライアントからのmountおよびumountのリクエストに応じて/var/lib/nfs/rmtabファイルを更新しているが、クライアントがumountコマンドを実行せずに停止した場合はエントリが削除されずに残る。「showmount -a」コマンドによって問い合わせを受けたmountdはこのrmtabの情報を返すが、先の理由により、現在のクライアントによるマウントの情報が正しく反映されていない場合もある

NFSの共有情報の表示

```
[...]# showmount -e centos7-server1    ←❶
Export list for centos7-server1:
/home       centos7-1,centos7-2   ←クライアントcentos7-1とcentos7-2に/homeの共有を許可
/usr/share  *                     ←全てのクライアント（*）に/usr/shareの共有を許可

[...]# showmount -a centos7-server1    ←❷
All mount points on centos7-server1:
172.16.1.10:/home       ←クライアント172.16.1.10が/homeを共有
172.16.1.20:/usr/share  ←クライアント172.16.1.20が/usr/shareを共有
```

❶NFSサーバcentos7-server1が共有を許可しているディレクトリを表示
❷NFSサーバcentos7-server1のディレクトリを共有しているクライアントを表示（v3でのみ有効）

14-3 DHCPサーバ

14-3-1 DHCPとは

　DHCP（Dynamic Host Configuration Protocol）は、IPアドレスをホストに自動的に割り振るサービスです。また、ネットマスク値やDNSドメイン名等のネットワーク情報のサービスも行います。

　DHCPサーバは前もって設定された範囲のIPアドレスをプールし、ホストから要求があった時、そのなかから未使用のアドレスを自動的にホストに割り振ります。IPアドレスにはリース期間があり、ホストから要求がないままリース期限を過ぎたものは回収されます。

　DHCPクライアントはブロードキャストによってサーバを探します。このため1つのネットワークにDHCPサーバは1台だけ用意します。

14-3-2 dhcpd

　CentOS 7で提供されるDHCPソフトウェアは、Internet Software Consortium（ISC）でTed Lemon氏が開発し、現在はInternet Systems Consortium（ISC）に引き継がれている**ISC DHCP**です。ISC DHCPではクライアントに割り当てるIPアドレスやネットマスク値、DNSサーバ等のネットワーク情報は設定ファイル**/etc/dhcp/dhcpd.conf**に記述します。

　クライアントに割り当てたIPアドレスやリース期間の情報は、DHCPのサーバプロセス**dhcpd**が**/var/lib/dhcpd/dhcpd.leases**ファイルで管理します。

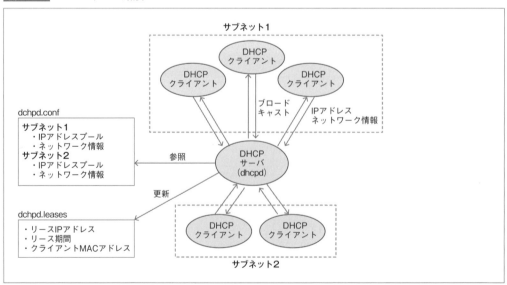

図14-3-1　DHCPサーバの概要

dhcpdのインストール

ISC DHCPを使用するには、**dhcp**パッケージをインストールします。

dhcpパッケージのインストール

```
[...]# yum install dhcp
…（実行結果省略）…
```

dhcpパッケージをインストールすると、依存関係から以下のパッケージもインストールあるいは更新されます。

- dhclient
- dhcp-common
- dhcp-libs

firewalldの設定

firewalldが動作している場合、DHCPサービスへのアクセスを許可する必要があります。

firewalldで許可を追加

```
[...]# firewall-cmd --add-service=dhcp --zone=public --permanent    ←❶
[...]# firewall-cmd --list-services --zone=public --permanent       ←❷
```

❶DHCPサービスへのアクセスを許可
❷DHCPサービスへのアクセスが許可されていることを確認

SELinuxの設定

サーバにSELinuxがEnforcing（強制モード）で動作している場合、デフォルトではDHCP関連のアクセスを制限しているパラメータがあります。一般的なDHCPサーバの運用ではデフォルトのまま問題ありませんが、必要に応じてパラメータの値をonに変更します。

以下は、DHCP関連のパラメータの値を表示する例です。

SELinuxの確認

```
[...]# getsebool -a | grep dhcp
…（実行結果省略）…
```

DHCPサービスの起動と停止

systemctlコマンドにより、DHCPサービスの起動と停止を行います。

DHCPサービスの起動
`systemctl start dhcpd`

DHCPサービスの停止
`systemctl stop dhcpd`

DHCPサービスの有効化
`systemctl enable dhcpd`

DHCPサービスの無効化
`systemctl disable dhcpd`

dhcpdの設定

ISC DHCPでは、**dhcpd**デーモン(/usr/sbin/dhcpd)がDHCPサービスを提供します。

dhcpdデーモンの構文
dhcpd [オプション] [インターフェイスのリスト]

表14-3-1　dhcpdデーモンの主なオプション

オプション	説明
-p	標準のポート(ポート67)以外で待機させたい場合、ポート番号を指定する
-f	フォアグラウンドプロセスとして実行する
-d	ログを標準エラー出力する
-cf	標準以外の設定ファイルを読み込ませる場合、独自ファイルを指定する

　引数で指定したネットワークインターフェイスからのブロードキャストを待機します。ネットワークインターフェイスを指定しない場合は、システムの全てのインターフェイスからのブロードキャストを待機します。

　dhcpdはログをsyslogのファシリティLOG_DAEMON(daemon)で出力します。CentOS 7のデフォルトの設定では、/etc/rsyslog.confに特にファシリティLOG_DAEMONの指定はなく、以下の設定によりログは**/var/log/messages**に出力されます。

/etc/rsyslog.confの設定例

```
[...]# vi /etc/rsyslog.conf
…(途中省略)…
*.info;mail.none;authpriv.none;cron.none  /var/log/messages
…(以降省略)…
```

　dhcpdのデフォルトの設定ファイルは**/etc/dhcp/dhcpd.conf**です。クライアントに割り当てるIPアドレスやネットマスク値、DNSサーバ等のネットワーク情報をsubnet文、host文、option文を使って記述します。以下は、/etc/dhcp/dhcpd.confの設定例です。

/etc/dhcp/dhcpd.confの設定例

```
[...]# vi /etc/dhcp/dhcpd.conf
…(途中省略)…
subnet 192.168.1.0 netmask 255.255.255.0 {
    range dynamic-bootp 192.168.1.20 192.168.1.100;
    default-lease-time 86400;
    option routers 192.168.1.254
    option domain-name-servers 192.168.1.254
}

host centos7-1 {
    hardware ethernet 52:54:00:31:D3:F2
    fixed-address 192.168.1.1;
}
host centos7-2 {
    hardware ethernet 52:54:00:01:41:6B;
    fixed-address 192.168.1.2;
}
```

設定に使用されるsubnet文、host文、option文について、以下に解説します。

□ **subnet文**

適用するネットワークを指定します。

subnet文の書式

```
subnet ネットワークアドレス netmask ネットマスク値 {
    range [dynamic-bootp] 割り当て開始アドレス [割り当て最終アドレス];
    default-lease-time リース期間;
}
```

range文で、割り当てるアドレス範囲を指定します。1つのアドレスだけ割り当てる時は、割り当て最終アドレスは省略できます。DHCPクライアントとBOOTPクライアントの両方に割り当てる場合は、dynamic-bootpを指定します。dynamic-bootpを指定しない場合はDHCPクライアントに割り当て、BOOTPクライアントには対応しません。

▷ **BOOTP**

BOOTP（BOOTstrap Protocol）はディスクレスクライアントにIPアドレスを割り当て、TFTP（Trivial FTP）でブートプログラムを転送して立ち上げるためのプロトコルです。BOOTPサーバではクライアントのMACアドレスとIPアドレスの対応情報を用意し、これに基づいてIPアドレスを割り当てます。BOOTPはRFC951で規定されています。

▷ **DHCP**

DHCPはBOOTPを改良したプロトコルです。サーバが用意したアドレスプールのなかから自動的にIPアドレスを割り当てることができます。DHCPはRFC2131と2132で規定されています。

default-lease-time文は、クライアントへのIPアドレスのリース期間を秒単位で指定します。指定しなかった場合のデフォルト値は43,200秒（12時間）です。default-lease-time文を上記の書式

のようにsubnet文のなかに記述した場合は、そのネットワークに対する値となり、subnet文の外に記述した場合はdefault-lease-time文を指定していない全てのネットワークに対する値となります。

以下の例では、「192.168.1.21」から「192.168.1.100」までの80個のアドレスを、DHCPクライアントあるいはBOOTPクライアントに割り当てます。

subnet文の設定例

```
[...]# vi /etc/dhcp/dhcpd.conf
…（途中省略）…
subnet 192.168.1.0 netmask 255.255.255.0 {
    range dynamic-bootp 192.168.1.21 192.168.1.100;
    default-lease-time 86400;
}
…（途中省略）…
```

□ host文

DHCPサーバでクライアントのMACアドレスに対してIPアドレスを割り振るには、host文のなかでhardware文とfixed-address文を使います。

host文の書式

```
host クライアントホスト名 {
    hardware ハードウェアタイプ ハードウェアアドレス;
    fixed-address IPアドレス;
}
```

hardware文のハードウェアタイプは、「ethernet」と指定します。ハードウェアアドレスはクライアントのMACアドレスを指定します。fixed-address文の引数には、固定的に割り振るIPアドレスを指定します。

以下の例では、MACアドレスを「52:54:00:31:D3:F2」、IPアドレスを「192.168.1.1」に設定しています。

host文の設定例

```
[...]# vi /etc/dhcp/dhcpd.conf
…（途中省略）…
host centos7-1 {          ←クライアントのホスト名を指定
    hardware ethernet 52:54:00:31:D3:F2    ←クライアントのMACアドレスを指定
    fixed-address 192.168.1.1;             ←固定的に割り振るIPアドレスを指定
}
…（以降省略）…
```

□ option文

DHCPではクライアントに割り当てるIPアドレスの他に、「option」キーワードを指定することでDNSサーバのIPアドレスやNISドメインの情報等、多くのネットワーク情報をクライアントにサービスすることができます。

optionキーワードをsubnet文のなかに記述した場合は、そのネットワークに対する値となり、subnet文の外に記述した場合はそのオプションキーワードを指定していない全てのネットワークに対する値となります。

主なoptionの書式

option routers IPアドレス
option subnet-mask マスク値
option domain-name DNSドメイン名
option domain-name-servers IPアドレス
option nisplus-domain NISドメイン名
option nis-servers IPアドレス

　以下の例では、routersでルータのIPアドレスを「172.16.255.254」、subnet-maskでサブネットマスクを「255.255.0.0」、domain-nameでドメイン名を「my-centos.com」、domain-name-serversでネームサーバのアドレスを2台指定するため「172.16.0.1, 202.61.27.196」としています。

option文の設定例

```
[...]# vi /etc/dhcp/dhcpd.conf
…（途中省略）…
option routers 172.16.255.254
option subnet-mask 255.255.0.0
option domain-name my-centos.com
option domain-name-servers 172.16.0.1, 202.61.27.196
…（以降省略）…
```

14-3-3 dnsmasq

　dnsmasqは、LAN内でのサービスのための軽量なDHCPサーバであり、DNSサーバです。Simon Kelley氏によって開発され、2001年に最初にリリースされました。

　dnsmasqはCentOS 7では仮想化環境KVMのNATネットワークでゲストOSにIPアドレスを割り当てるDHCPサーバとして使用されています。また、オープンソースのクラウドソフトウェアであるOpenStackでは、インスタンスへのIPアドレスの割り当てと名前解決を行うDHCPサーバかつDNSサーバとして使用されています。

dnsmasqのインストール

　dnsmasqを使用するには、**dnsmasq**パッケージをインストールします。

dnsmasqパッケージのインストール

```
[...]# yum install dnsmasq
…（実行結果省略）…
```

dnsmasqサービスの起動と停止

systemctlコマンドにより、dnsmasqサービスの起動と停止を行います。

dnsmasqサービスの起動
```
systemctl start dnsmasq
```

dnsmasqサービスの停止
```
systemctl stop dnsmasq
```

dnsmasqサービスの有効化
```
systemctl enable dnsmasq
```

dnsmasqサービスの無効化
```
systemctl disable dnsmasq
```

dnsmasqの設定

dnsmasqの設定はdnsmasqのコマンドラインのオプションとして直接に指定することも、あるいは設定ファイルに記述することもできます。どちらにも同じオプションが使えます。

デフォルトの設定ファイルは**/etc/dnsmasq.conf**です。「-C」オプションにより「dnsmasq -C 設定ファイル名」として別の設定ファイルを指定することもできます。

表14-3-2　dnsmasqのオプション（DHCP/DNS共通）

オプション（DHCP/DNS共通）	説明
-C、--conf-file=ファイル名	設定ファイルの指定（コマンドラインオプションとしてのみ使用可）
-i、--interface=インターフェイス名	指定したインターフェイスでのみ待機。デフォルトは全てのインターフェイス

表14-3-3　dnsmasqのオプション（DHCP関連）

オプション（DHCP関連）	説明
-F、--dhcp-range=開始アドレス[,終了アドレス][,リース期間]	IPアドレスプールの開始アドレス、終了アドレス、リース期間を指定
-G、--dhcp-host=[MACアドレス][,IPアドレス][,ホスト名][,リース期間]	MACアドレス、IPアドレス、ホスト名、リース時間を指定。クライアントホスト名の指定や固定IPの割り当てに使用
-l、--dhcp-leasefile=ファイル名	リースした情報を保存するファイルを指定
-X、--dhcp-lease-max=最大値	リース数の最大値を指定。デフォルトは1000。
-9、--leasefile-ro	リースした情報をファイルに保存しない。外部プログラムで管理する場合に、スクリプトと合わせて指定
-6、--dhcp-script=ファイル名	クライアントIDやリース期間を管理するスクリプトファイルを指定

表14-3-4　dnsmasqのオプション（DNS関連）

オプション（DNS関連）	説明
-H、--addn-hosts=ファイル名	/etc/hostsに加えて指定したファイルを参照する。-hオプションも合わせて指定した場合はこのファイルのみを参照する
-h、--no-hosts	/etc/hostsファイルを参照しない

　以下は、仮想化環境KVMのNATネットワークでゲストOSにIPアドレスを割り当てるDHCPサーバとしての設定例です。dnsmasqはlibvirtdにより設定されます。詳細は「11-2 KVM」（→ p.526）を参照してください。

dnsmasqのコマンドラインオプション

```
[...]# ps -ef |grep dnsmasq
nobody    2075     1  0 11月23 ?        00:00:00 /sbin/dnsmasq --conf-file=/var/lib/libvirt/
dnsmasq/default.conf --leasefile-ro --dhcp-script=/usr/libexec/libvirt_leaseshelper
root      2076  2075  0 11月23 ?        00:00:00 /sbin/dnsmasq --conf-file=/var/lib/libvirt/
dnsmasq/default.conf --leasefile-ro --dhcp-script=/usr/libexec/libvirt_leaseshelper
```

　以下は、「--conf-file」オプションで指定された「/var/lib/libvirt/dnsmasq/default.conf」の設定内容です。

default.confファイルの設定例

```
[...]# cat /var/lib/libvirt/dnsmasq/default.conf
strict-order
pid-file=/var/run/libvirt/network/default.pid
except-interface=lo
bind-dynamic
interface=virbr0   ←❶
dhcp-range=192.168.122.2,192.168.122.254   ←❷
dhcp-no-override
dhcp-lease-max=253   ←❸
dhcp-hostsfile=/var/lib/libvirt/dnsmasq/default.hostsfile
addn-hosts=/var/lib/libvirt/dnsmasq/default.addnhosts
```

❶ネットワークインターフェイスvirbr0(KVMのNATネットワーク用ブリッジ)で待機
❷ゲストOSには192.168.122.2〜192.168.122.254を割り当てる(192.168.122.1はホスト自身のインターフェイスに割り当て)
❸リースの最大数は253

14-3-4　DHCPクライアント

　CentOS 7で提供されるDHCPクライアントは、ISC (Internet Systems Consortium)からリリースされている**dhclient**(/usr/sbin/dhclient)です。

dhclientのインストールと起動

　dhclientを使用するには、**dhclient**パッケージをインストールします。

dhclientパッケージのインストール

```
[...]# yum install dhclient
…(実行結果省略)…
```

ホストをDHCPクライアントに設定した場合、dhclientコマンドがシステム起動時にNetwork Managerから起動されます。設定によりNetworkManagerを無効にした場合は、/etc/sysconfig/network-scriptsディレクトリ以下のスクリプトから起動されます。

DHCPクライアント用コマンド
dhclient [オプション] [インターフェイスのリスト]

　引数で指定したネットワークインターフェイスからのブロードキャストにより、DHCPサーバを探してそのインターフェイスのIPアドレスを設定します。ネットワークインターフェイスを指定しない場合は、システムの全てのインターフェイスからのブロードキャストによりDHCPサーバを探して、各インターフェイスのIPアドレスを設定します。

Chapter14 内部向けサーバ構築

14-4 OpenLDAPサーバ

14-4-1 OpenLDAPとは

　LDAP（Lightweight Directory Access Protocol）は、X.500 Directory AccessProtocol（DAP）を軽量（Lightweight）にしたプロトコルで、ディレクトリサービスへアクセスします。LDAPによるディレクトリサービスでは、ネットワーク上のホストやユーザ等の情報を階層構造により一元管理します。LDAPはシステムやサーバのユーザ認証の統合化のために広く利用されています。

　LinuxではLDAPのソフトウェアとして**OpenLDAP**が広く使われています。OpenLDAPには、サーバプログラムの**slapd**や、クライアントコマンドの**ldapsearch**、**ldappasswd**等が含まれています。

　LDAPではデータを階層構造（木構造）のデータベースで管理します。この階層構造を構成する木を、**DIT**（Directory Information Tree）と呼びます。階層構造の構成要素を**エントリ**と呼びます。DITの最上位のエントリを**ルートエントリ**、下位にエントリを持つエントリを**ノードエントリ**、下位にエントリを持たない末端のエントリを**リーフエントリ**と呼びます。

　LDAPクライアントコマンドは、LDAPサーバslapdを介してデータベースにアクセスします。

図14-4-1 OpenLDAPの概要

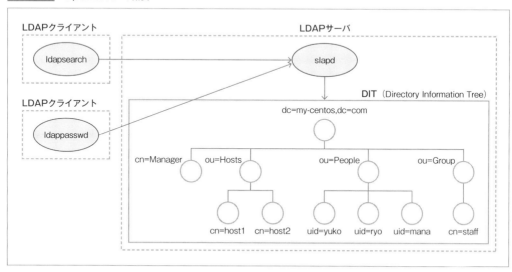

　各エントリは、**dn**（Distinguished Name：識別名）によって、DITのなかで一意に識別されます。dnはそのエントリの名前を左端に、途中の上位のエントリをその右に、ルートエントリを右端に、各エントリをカンマ（,）で区切って記述します。

dnの記述例

```
uid=yuko,ou=People,dc=my-centos,dc=com
cn=host01,ou=Hosts,dc=my-centos,dc=com
```

dnの左端のエントリは、**rdn**(Relative DN：相対識別名) と呼ばれます。

rdnの記述例

```
uid=yuko
cn=host01
```

エントリを構成するオブジェクトは、**LDIF**(LDAP Data Interchange Format) のなかで、Attribute Type (属性名) とその値によって定義されます。以下は、属性名の代表的な例です。

表14-4-1 主な属性名

属性名	英語表記	説明
cn	commonName	commonNameオブジェクトの名前。オブジェクトが人を表す場合は一般的にフルネーム
sn	surname	個人の姓
dc	domainComponent	DNSドメインの要素名
ou	organizationalUnitName	部門名
uid	userid	ログイン名
userPassword	userPassword	ログインパスワード

上記の属性名は、RFC4519で定義されています。

LDIFの記述例

```
dn: uid=yuko,ou=People,dc=my-centos,dc=com
uid: yuko
cn: Yuko Encke
objectClass: account
objectClass: posixAccount
objectClass: top
userPassword: {crypt}$1$IRf6sUHB$9q9c8yeH7NjImwILnsFCsO
```

dnに指定する左端のオブジェクト名は、同じ階層下でエントリを一意に特定できる属性を使用します。ユーザアカウント用のオブジェクトの場合は属性名uidを使用し、「uid=yuko」のように指定します。エントリの区切りは空行です。

userPasswordの値、日本語の属性値、JPEG画像 (バイナリデータ) はBase64でエンコードされます。この場合、属性と値は2つのコロン「::」で区切られます。Base64はデータを64種類の印字可能な英数字だけで表現するエンコード形式です。日本語のようなマルチバイト文字やバイナリデータを7ビットコードで扱うことができます。

以下の例のLDIFでは、属性名userPasswordでパスワードを、属性名snとgivenNameで日本語を、属性名jpegPhotoでJPEG画像を指定しています。JPEG画像は「jpegPhoto:< URIファイルパス」と

して、「/tmp/Tux-tiny-16x19px.jpg」から読み取られます。

LDIFファイルは**ldapadd**コマンドでLDAPデータベースに登録しています。ldapaddコマンドについては後述の「ldapaddコマンド」（→ p.794）を参照してください。

以降の「ldap*」コマンドの実行では、特に指定のない限りはLDAPサーバと同じローカルホスト（localhost）上で実行するものとし、「-h」オプションの指定は省略しています。この場合はデフォルトの「-h localhost」が使われます。

LDIFの設定

```
[...]$ ls -l /tmp/Tux-tiny-16x19px.jpg
-rw-r--r-- 1 root root 557 9月 21 03:35 /tmp/Tux-tiny-16x19px.jpg
[...]$ file /tmp/Tux-tiny-16x19px.jpg
/tmp/Tux-tiny-16x19px.jpg: JPEG image data, JFIF standard 1.01

[...]$ cat Linus.ldif
dn: cn=Linus,ou=People,dc=my-centos,dc=com
cn: Linus
objectClass: top
objectClass: person
objectClass: organizationalPerson
objectClass: inetOrgPerson
userPassword: secret
sn: トーバルズ
givenName: リーナス
jpegPhoto:< file:///tmp/Tux-tiny-16x19px.jpg

[...]$ ldapadd -x -D "cn=Manager,dc=my-centos,dc=com" -w secret -f Linus.ldif
adding new entry "cn=Linus,ou=People,dc=my-domain,dc=com"
```

以下の例では上記の手順でLDAPデータベースに登録されたエントリを、**ldapsearch**コマンドで表示しています。ldapsearchコマンドについては後述の「ldapsearchコマンド」（→ p.793）を参照してください。

LDAPデータベースに登録されたエントリのなかのパスワード、日本語、JPEG画像は属性名と属性値が「::」で区切られ、属性値はBase64でエンコードされていることが確認できます。

エントリの確認

```
[...]$ ldapsearch -x -b "ou=People,dc=my-centos,dc=com" cn=Linus   ←❶
... (抜粋表示) ...
dn: cn=Linus,ou=People,dc=my-centos,dc=com
userPassword:: c2VjcmV0   ←❷
sn:: 44OI44O844ODQ440r44K6   ←❸
givenName:: 44Oq44O844OK44K5   ←❹
jpegPhoto:: /9j/4AAQSkZJRgABAQEASABIAAD/2wBDAAUDBAQEAwUEBAQFBQUGBwwIBwcHBw8LCw   ←❺
```

❶ldapsearchコマンドによりエントリを表示
❷属性名userPasswordの後の区切りが「::」となり、パスワード「secret」はBase64で「c2VjcmV0」にエンコードされている
❸属性名snの後の区切りが「::」となり、日本語の「トーバルズ」はBase64で「44OI44O844ODQ440r44K6」にエンコードされている
❹属性名givenNameの後の区切りが「::」となり、日本語の「リーナス」はBase64で「44Oq44O844OK44K5」にエンコードされている
❺属性名jpegPhotoの後の区切りが「::」となり、JPEG画像のバイナリはBase64で「/9j/4AAQ...」にエンコードされている

14-4-2 OpenLDAPのインストール

OpenLDAPの主なパッケージは、**openldap**、**openldap-servers**、**openldap-clients**です。

openldapパッケージ

OpenLDAPを使用するには、サーバとクライアントに共通のopenldapパッケージをインストールします。

openldapパッケージのインストール

```
[...]# yum install openldap
…(実行結果省略)…
```

openldapパッケージには、サーバとクライアントが使用するライブラリ等が含まれています。また、/etc/openldapディレクトリが作成され、その下にクライアントプログラムが、サーバにアクセスする時に参照する**/etc/openldap/ldap.conf**ファイルがインストールされます。

ldap.confには、サーバのURLやLDAPデータベースへの検索開始の起点(base)等のデフォルト値が記述されています。これを構築したサーバに合わせて修正します。

openldap-serversパッケージ

OpenLDAPサーバを使用するには、openldap-serversパッケージをインストールします。

openldap-serversパッケージ

```
[...]# yum install openldap-servers
…(実行結果省略)…
```

この結果、サーバプログラム**slapd**(/usr/sbin/slapd)がインストールされ、/etc/openldapディレクトリの下に「slapd.d」、「schema」等のサブディレクトリが作成されます。

slapd.dディレクトリの下には、LDIF形式のサーバ設定データベースがインストールされます。サーバの設定では、ldapaddやldapmodifyコマンドでこのデータベースを変更します。

schemaディレクトリの下には、オブジェクトクラスと属性の定義を記述した各種スキーマファイルとそのLDIF形式ファイルがインストールされます。サーバの設定ではldapaddコマンドで必要なスキーマを設定データベースに登録します。スキーマ(schema)については後述の「スキーマ」(→ p.801)と「設定データベースの変更」(→ p.802)の項を参照してください。

また、サーバプログラムslapdを介さずに直接にOpenLDAPデータベースにアクセス、変更するコマンドである**slap***がインストールされます。slap*コマンドは、slapdを停止した状態で実行します。slapdを介さないため、データの整合性に問題が起きる可能性があり、slapdを介してアクセス/変更する**ldap***コマンドの使用が推奨されています。

slap*コマンドは、slapdが停止している時に状況によって使用します。主なslap*コマンドは以下の通りです。

表14-4-2 主なslap*コマンド

コマンド	説明
slapcat	LDAPデータベースの表示
slapadd	LDAPエントリの追加
slapindex	LDAPデータベースのインデックスを再生成

openldap-clientsパッケージ

OpenLDAPクライアントを使用するには、openldap-clientsパッケージをインストールします。

openldap-clientsパッケージのインストール

```
[...]# yum install openldap-clients
…（実行結果省略）…
```

この結果、クライアントコマンドldap*がインストールされます。これらのコマンドを使って、サーバの設定やLDAPデータベースの作成、LDAPデータベースの検索を行います。主なldap*コマンドは以下の通りです。

表14-4-3 主なldap*コマンド

コマンド	説明
ldapsearch	LDAPデータベースの検索
ldapadd	LDAPエントリの追加
ldapmodify	LDAPエントリの変更
ldapdelete	LDAPエントリの削除
ldappasswd	LDAPエントリのパスワードを変更

以降は、上記クライアントコマンドの説明と使用例を記載します。コマンドはLDAPサーバと同じローカルホスト（localhost）上で実行し、「-h」オプションの指定は省略しています。

ldapsearchコマンド

ldapsearchは、LDAPサーバにアクセスして、引数で指定した条件によってデータの検索を行うコマンドです。検索条件は、「cn='*Encke'」のように指定します。「*」は任意の文字列を意味します。

ldapsearchコマンドの主な構文

ldapsearch [-x] [-h LDAPサーバ名] [-D 認証ユーザ名] [-W] [-w パスワード] [-b 検索開始dn] [検索条件] [表示属性名]

表14-4-4 ldapsearchコマンドのオプション

オプション	説明
-x	SASL認証ではなく基本認証を使用する（デフォルトはSASL認証）
-h LDAPサーバ名	LDAPサーバを指定する（デフォルトはlocalhost）
-D 認証ユーザ名	認証ユーザ名を指定する（デフォルトは匿名ユーザ）
-b 検索開始dn	検索開始dnを指定する（デフォルトはldap.confのBASEオプションで指定されたdn）
検索条件	検索条件を指定する（デフォルトはobjectClass=*。この指定は全てのエントリの指定となる）
表示属性名	検索したエントリの指定した属性を表示（デフォルトは全ての属性を表示）

以下の例では、「"ou=People,dc=my-centos,dc=com"」以下にある、「"cn=Yuko Encke"」「"cn=Ryo Encke"」「"cn=Mana Encke"」等、「cn='*Encke'」にマッチするcn属性を含むエントリが全て表示されます。

LDAPサーバ内の情報の検索①

```
[...]$ ldapsearch -x -b "ou=People,dc=my-centos,dc=com" cn='*Encke'
…（実行結果省略）…
```

検索条件に演算子を使用することができます。主な演算子には次のものがあります。

表14-4-5 ldapsearchコマンドで使用する主な演算子

演算子	英語表記	説明
=	EQUAL	等しい
*	ANY	任意の文字列
&	AND	論理積
|	OR	論理和
!	NOT	否定

上記の演算子は、RFC4515で定義されています。

以下の例では、「'dc=my-centos,dc=com'」以下の、cnに「Encke」を含み、かつログインシェルが「bash」に設定されたエントリのユーザ名（uid）を表示します。

LDAPサーバ内の情報の検索②

```
[...]$ ldapsearch -x -b 'dc=my-centos,dc=com' '(&(cn=*Encke*)(loginShell=/bin/bash))' uid
…（実行結果省略）…
```

ldapaddコマンド

ldapaddは、エントリの追加を行うコマンドです。

ldapaddコマンドの主な構文

ldapadd [-x] [-h LDAPサーバ名] [-D 認証ユーザ名] [-W] [-w パスワード] [-f LDIFファイル]

表14-4-6 ldapaddコマンドのオプション

オプション	説明
-x	SASL認証ではなく基本認証を使用する（デフォルトはSASL認証）
-h LDAPサーバ名	LDAPサーバを指定する（デフォルトはlocalhost）
-D 認証ユーザ名	認証ユーザ名を指定する（デフォルトは匿名ユーザ）
-W	基本認証パスワードの入力プロンプトを表示する
-w	基本認証のパスワードを指定する
-f	エントリデータを格納したファイルを指定する（デフォルトは標準入力）

追加するエントリをLDIFファイルに記述して「-f」オプションで指定するか、あるいはコマンドラインに続いて標準入力からLDIF形式でエントリを入力します。

LDIFファイルを指定してエントリを追加

```
[...]$ cat sample-user.ldif
dn: cn=guest,dc=my-centos,dc=com
objectClass: person
cn: guest
sn: encke
telephoneNumber: 000-000-0000

[...]$ ldapadd -x -h localhost -D "cn=Manager,dc=my-centos,dc=com" \
> -w training -f sample-user.ldif
```

後述するldapmodifyコマンドでもエントリの追加ができます。

ldapdeleteコマンド

ldapdeleteは、エントリの削除を行うコマンドです。

ldapdeleteコマンドの主な構文

ldapdelete [-x] [-h LDAPサーバ名] [-D 認証ユーザ名] [-W] [-w パスワード] [-f LDIFファイル]

オプションは、ldapaddコマンドのオプション（表14-4-6）と同様です。

削除するエントリをLDIFファイルに記述して「-f」オプションで指定するか、あるいはコマンドラインに続いて標準入力からLDIF形式でエントリを入力します。

標準入力からエントリを指定して削除

```
[...]$ ldapdelete -x -D "cn=Manager,dc=my-centos,dc=com" -w training
cn=guest,ou=people,dc=my-centos,dc=com   ←❶
^D   ← [Ctrl] + [D] で入力を終了
```

❶最初の行で、削除するエントリを指定する。dn:は指定せず、dnの値のみを指定する

後述するldapmodifyコマンドでもエントリの削除ができます。

ldapmodifyコマンド

ldapmodifyは、エントリの追加、削除、変更を行うコマンドです。

ldapmodifyコマンドの主な構文

ldapmodify [-x] [-h LDAPサーバ名] [-D 認証ユーザ名] [-W] [-w パスワード] [-f LDIFファイル]

オプションは、ldapaddコマンドのオプション（表14-4-6、→ p.795）と同様です。

追加、削除、変更の内容はLDIFファイルに記述して、「-f」オプションでファイルを指定するか、あるいはコマンドラインに続く次の行から標準入力によりLDIF形式で直接入力します。LDIF形式では、追加、削除、変更のどの操作を行うかをchangetype行で指定し、変更内容に応じてコロンの後に「add」（追加）、「delete」（削除）、「modify」（変更）と記述します。

以下は、changetypeを「add」として、エントリを追加する例です。

LDIFファイルを指定してエントリを追加

```
[...]$ cat sample-user-add.ldif
dn: cn=guest,dc=my-centos,dc=com   ←最初の行で、追加するエントリのdnを指定する
changetype: add   ←エントリを追加する場合はchangetypeの値をaddにする
objectClass: person   ←以下の行にエントリのオブジェクトクラスや属性を指定する
cn: guest
sn: encke
telephoneNumber: 000-000-0000

[...]$ ldapmodify -x -D "cn=Manager,dc=my-centos,dc=com" \
> -w training -f sample-user-add.ldif
```

以下は、changetypeを「modify」として、エントリの内容を変更する例です。changetypeがmodifyの場合はエントリ内の属性の変更内容に応じて、次の行でadd、delete、replaceのいずれかを指定します。

標準入力からエントリのtelephoneNumberを変更

```
[...]$ ldapmodify -x -D "cn=Manager,dc=my-centos,dc=com" -w training
dn: cn=guest,dc=my-centos,dc=com   ←最初の行で、変更するエントリのdnを指定する
changetype: modify   ←エントリの内容を変更する場合はchangetypeの値をmodifyにする
replace: telephoneNumber   ←replaceで変更する属性名を指定する
telephoneNumber: 999-999-9999   ←新しい属性値を指定する
^D   ←[Ctrl]+[D]で入力を終了
```

以下は、changetypeを「delete」として、エントリを削除する例です。

標準入力からエントリを削除

```
[...]$ ldapmodify -x -D "cn=Manager,dc=my-centos,dc=com" -w training
dn: cn=guest,dc=my-centos,dc=com   ←最初の行で、削除するエントリのdnを指定する
changetype: delete   ←エントリを削除する場合はchangetypeの値をdeleteにする
^D   ←[Ctrl]+[D]で入力を終了
```

ldappasswdコマンド

ldappasswdは、OpenLDAPに登録されているユーザのパスワードを変更するコマンドです。

> **ldappasswdコマンドの主な構文**
> ldappasswd [-x] [-h LDAPサーバ名] -D 認証ユーザ名 [-w 認証ユーザパスワード]
> -s 新パスワード パスワードを変更するユーザ名

ldappasswdコマンドの引数にパスワードを変更するユーザ名をdnで指定します。なお、新しいパスワードは「-s」オプションで指定します。

以下は、データベース管理者（設定データベース中のRootDNで指定。後述）であるManager（パスワード：training）が、ユーザldap-yukoのパスワードを「ldap-yuko」に設定する例です。

登録ユーザのパスワードの変更

```
[...]$ ldappasswd -x -h centos7-server1 -D "cn=Manager,dc=my-centos,dc=com" \
> -w training -s ldap-yuko "uid=ldap-yuko,ou=People,dc=my-centos,dc=com"
```

14-4-3 OpenLDAPの起動と停止

OpenLDAPのサーバパッケージのインストールは、「14-4-2 OpenLDAPのインストール」（→p.792）を参照してください。ここでは、OpenLDAPの起動/停止について記載します。

firewalldの設定

firewalldが動作している場合、LDAPサービスへのアクセスを許可する必要があります。

firewalldで許可を追加

```
[...]# firewall-cmd --add-service=ldap --zone=public --permanent    ←❶
[...]# firewall-cmd --add-service=ldaps --zone=public --permanent   ←❷
[...]# firewall-cmd --list-services --zone=public --permanent       ←❸
```

❶LDAPサービスへのアクセスを許可
❷LDAP（SSL）サービスへのアクセスを許可
❸LDAPサービスへのアクセスが許可されていることを確認

SELinuxの設定

サーバにSELinuxがEnforcing（強制モード）で動作している場合、デフォルトではLDAP関連のアクセスを制限しているパラメータがあります。一般的なOpenLDAPサーバの運用ではデフォルトのままで問題ありませんが、必要に応じてパラメータの値をonに変更します。

以下は、LDAP関連のパラメータの値を表示する例です。

SELinuxの確認

```
[...]# getsebool -a | grep ldap
...(実行結果省略)...
```

OpenLDAPの起動と停止

systemctlコマンドにより、OpenLDAPサービスを提供する**slapd**の起動と停止を行います。

slapdの起動
systemctl start slapd

slapdの停止
systemctl stop slapd

slapdの有効化
systemctl enable slapd

slapdの無効化
systemctl disable slapd

slapdの起動

```
[...]# systemctl start slapd
[...]# ps -ef |grep slapd
ldap     16073     1  0 16:53 ?        00:00:00 /usr/sbin/slapd -u ldap -h ldapi:/// ldap:///
```

14-4-4 OpenLDAPサーバの構築

OpenLDAPサーバの構築手順は以下の通りです。

①サーバの設定データベースを構築するシステムに合わせて変更する
②LDAPデータベースの作成
③LDAPクライアントの設定
④LDAP認証の設定
⑤TLSによる暗号化の設定(必要に応じて行う)

インストール時の設定データベースの内容

openldap-serversパッケージをインストールすると、**/etc/openldap/slapd.d**ディレクトリが作成され、その下にサーバの各種設定データベースの情報を格納するLDIF形式のファイルがインストールされます。構築するシステムに合わせて、この設定データベースの内容を変更します。

treeコマンドがインストールされていない場合は、「yum install tree」でインストールしてください。

slapd.dディレクトリの構造

```
[...]# tree /etc/openldap/slapd.d    ←❶
/etc/openldap/slapd.d
├── cn=config
│   ├── cn=schema
│   │   └── cn={0}core.ldif           ←❷
│   ├── cn=schema.ldif
│   ├── olcDatabase={-1}frontend.ldif ←❸
│   ├── olcDatabase={0}config.ldif    ←❹
│   ├── olcDatabase={1}monitor.ldif   ←❺
│   └── olcDatabase={2}hdb.ldif       ←❻
└── cn=config.ldif

2 directories, 7 files
```

❶/etc/openldap/slapd.d 以下をtreeコマンドにより木構造で表示
❷インストール時はスキーマはcoreだけが登録されている
❸frontend（フロントエンドデータベース）の設定情報を格納
❹config（slapdの設定データベース）の設定情報を格納
❺monitor（slapデーモンの稼働状態を監視）の設定情報を格納
❻hdb（LDAPデータベース）の設定情報を格納

　設定データベースの属性名とオブジェクトクラスには、「Open LDAP Configuration」を意味するolcというプレフィックスが付きます。
　フロントエンドデータベースとして「frontend」が、バックエンドデータベースとして「config」「monitor」「hdb」が設定されています。

▷frontend

　config、monitor、hdb等、バックエンドとなる他のデータベースのフロントエンドとなります。バックエンドデータベースに適用するオプションが格納されています。

▷config

　slapdの設定データベースです。

▷monitor

　slapdの稼働状態を保持します。自動的、動的に更新されます。

▷hdb

　bdb（Berkeley DB）を階層型（Hierarchical）にしたLDAPデータベースです。設定データベース中のRootDNの値をルートとするDIT（Directory Information Tree）を格納します。インストール時はDITのエントリが何も作成されていない空の状態です。

　設定データベースは上記のLDIFファイルの編集によっても設定変更が可能ですが、**ldapadd**、**ldapdelete**、**ldapmodify**コマンドの使用が推奨されています。
　コマンドオプション「 -Y EXTERNAL」で認証方式をSASL/EXTERNALに指定し、「ldapi:///」の指定によりroot権限でslapdのUnixソケットに接続すると、ldapadd、ldapdelete、ldapmodifyの各コマンドにより設定データベースにアクセスでき、Suffix、RootDN、RootPW等をslapdを稼働したままで変更できます。これにより設定用データベースの情報を格納するLDIFファイルも変更されます。

設定データベースの全内容を表示

```
[...]# systemctl start slapd    ←slapdが起動していなければ、起動する
[...]# ldapsearch -Y EXTERNAL -H ldapi:/// -b cn=config
SASL/EXTERNAL authentication started
SASL username: gidNumber=0+uidNumber=0,cn=peercred,cn=external,cn=auth
SASL SSF: 0
…（途中省略）…
# config
dn: cn=config
objectClass: olcGlobal
cn: config
olcArgsFile: /var/run/openldap/slapd.args
olcPidFile: /var/run/openldap/slapd.pid
olcTLSCACertificatePath: /etc/openldap/certs    ←❶
olcTLSCertificateFile: "OpenLDAP Server"
olcTLSCertificateKeyFile: /etc/openldap/certs/password

# schema, config    ←❷
dn: cn=schema,cn=config
objectClass: olcSchemaConfig
cn: schema
olcObjectIdentifier: OLcfg 1.3.6.1.4.1.4203.1.12.2
olcObjectIdentifier: OLcfgAt OLcfg:3
olcObjectIdentifier: OLcfgGlAt OLcfgAt:0
…（途中省略）…

# {-1}frontend, config    ←以下はfrontendデータベースの設定
dn: olcDatabase={-1}frontend,cn=config
objectClass: olcDatabaseConfig
objectClass: olcFrontendConfig
olcDatabase: {-1}frontend

# {0}config, config    ←以下はconfigデータベースの設定
dn: olcDatabase={0}config,cn=config
objectClass: olcDatabaseConfig
olcDatabase: {0}config
olcAccess: {0}to * by dn.base="gidNumber=0+uidNumber=0,cn=peercred,cn=external
 ,cn=auth" manage by * none

# {1}monitor, config    ←以下はmonitorデータベースの設定
dn: olcDatabase={1}monitor,cn=config
objectClass: olcDatabaseConfig
olcDatabase: {1}monitor
olcAccess: {0}to * by dn.base="gidNumber=0+uidNumber=0,cn=peercred,cn=external
 ,cn=auth" read by dn.base="cn=Manager,dc=my-domain,dc=com" read by * none

# {2}hdb, config    ←❸
dn: olcDatabase={2}hdb,cn=config
objectClass: olcDatabaseConfig
objectClass: olcHdbConfig
olcDatabase: {2}hdb
olcDbDirectory: /var/lib/ldap    ←❹
olcSuffix: dc=my-domain,dc=com    ←❺
olcRootDN: cn=Manager,dc=my-domain,dc=com    ←❻
olcDbIndex: objectClass eq,pres
olcDbIndex: ou,cn,mail,surname,givenname eq,pres,sub
…（以降省略）…
```

❶以下3行はTLSの設定。TLSでの暗号化を使用する場合は変更する
❷以下は設定データベースに登録されたスキーマ（インストール時はcoreのみ）の内容

❸以下はhdbデータベースの設定。RootDNのパスワードは設定されていないので、後で追加する
❹hdb（LDAPデータベース）の内容を格納するディレクトリ
❺hdb（LDAPデータベース）のサフィックス。構築するシステムに合わせて変更する
❻hdb（LDAPデータベース）のRootDN。構築するシステムに合わせて変更する

スキーマ

スキーマ（schema）とは、一般的には概略や枠組みのことであり、LDAPではオブジェクトクラス（Object Class）と属性（Attribute）の定義のことです。

スキーマは、**/etc/openldap/schema**ディレクトリの下に置かれたスキーマファイルで定義されています。使用するスキーマを、ldapaddコマンドで設定データベースに登録します。

オブジェクトクラスは保持できる属性を定義します。このため、各エントリは必ずオブジェクトクラスを1つ以上含まなければなりません。オブジェクトクラスは継承により定義することもできます。継承により定義したオブジェクトクラスは親クラスの全定義を含みます。

オブジェクトクラスpersonの定義例

```
objectclass ( 2.5.6.6 NAME 'person'
      DESC 'RFC2256: a person'
      SUP top STRUCTURAL    ←継承した親クラス（SUPer）
      MUST ( sn $ cn )   ←必須属性（MUST）
      MAY ( userPassword $ telephoneNumber $ seeAlso $ description )   ←許可属性（MAY）
```

以下に、継承の例を示します。

top → person → organizationalPerson → inetOrgPerson

オブジェクトクラスのtop、person、organizationalPersonは、スキーマファイル**core.schema**で定義されています。「inetOrgPerson」は社員の氏名、住所、電話番号、メールアドレス等の、ホワイトページと呼ばれる組織内の個人情報の共有に適したオブジェクトクラスであり、inetorgperson.schemaファイルで定義されています。このため、inetOrgPersonを使用する場合はinetorgperson.schemaをインクルードするだけでなく、その親クラスを定義しているcore.schemaも設定データベースに登録しなければなりません。core.schemaは登録が必須のスキーマファイルです。

DITの構成要素となるエントリにはオブジェクトクラスとその値、属性とその値による情報が格納されます。エントリはオブジェクトクラスで定義された必須属性を含まなければなりません。許可属性は含むことができますが、含まなくても問題ありません。スキーマではオブジェクトクラスと属性が定義され、その値はエントリのなかで定義されます。

OID

OID（Object Identifier：オブジェクト識別子）は、属性とオブジェクトクラスに対して割り当てるユニークな番号です。全世界で一意な番号であるため、独自の属性やオブジェクトクラスを定義してサーバをインターネット上に公開する場合は、IANA（Internet Assigned Numbers Authority）からOIDを取得する必要があります。

組織で1つのOIDを取得すれば、その末尾に番号を付加することで階層的に割り当てることができきます。

表14-4-7　組織に割り当てられたOIDの例

OID	組織
0	ITU-T
1	ISO
2	Joint-ISO-ITU-T
1.3.6.1	Internet
1.3.6.1.4.1	Private Enterprises
1.3.6.1.4.1.7165	Samba Development Team
1.3.6.1.4.1.30401	Fedora Project

以下は、「nisSchema」の属性とオブジェクトクラスのOIDの例です。

OIDの例

```
[...]# cat /etc/openldap/schema/nis.schema
…(途中省略)…
attributetype ( 1.3.6.1.1.1.1.3 NAME 'homeDirectory'   ←1.3.6.1.1.1.1.3 がOID
        DESC 'The absolute path to the home directory'
        EQUALITY caseExactIA5Match
        SYNTAX 1.3.6.1.4.1.1466.115.121.1.26 SINGLE-VALUE )

objectclass ( 1.3.6.1.1.1.2.0 NAME 'posixAccount'   ←1.3.6.1.1.1.2.0 がOID
        DESC 'Abstraction of an account with POSIX attributes'
        SUP top AUXILIARY
        MUST ( cn $ uid $ uidNumber $ gidNumber $ homeDirectory )
        MAY ( userPassword $ loginShell $ gecos $ description ) )
…(以降省略)…
```

組織に割り当てられたOIDは次のURLから確認できます。

OID Repository
http://www.oid-info.com/

OID assignments from the top node
http://www.alvestrand.no/objectid/top.html

PRIVATE ENTERPRISE NUMBERS
http://www.iana.org/assignments/enterprise-numbers/enterprise-numbers

設定データベースの変更

設定データベースを構築するシステムに合わせて変更します。

□ スキーマを追加で登録

必須のスキーマである**core**（coreスキーマ）で定義されたオブジェクトクラスと属性に加えて、これから作成するLDAPデータベースではルートエントリのためのオブジェクトクラス**domain**（cosineスキーマ）、ログインアカウントのためのオブジェクトクラス**posixAccount**（nisスキーマ）、ユーザの氏名/住所/メールアドレス等を管理するためのオブジェクトクラス**inetOrgPerson** (inetorgpersonスキーマ)、ホストのIPアドレスを管理するためのオブジェクトクラス**ipHost**（nisスキーマ）等が必要です。

これらのオブジェクトクラスを定義している**cosine**、**nis**、**inetorgperson**の3つのスキーマを、**ldapadd**コマンド（→ p.794）で設定データベースに登録します。

スキーマの追加登録

```
[...]# ldapadd -Y EXTERNAL -H ldapi:/// -f /etc/openldap/schema/cosine.ldif
[...]# ldapadd -Y EXTERNAL -H ldapi:/// -f /etc/openldap/schema/nis.ldif
[...]# ldapadd -Y EXTERNAL -H ldapi:/// -f /etc/openldap/schema/inetorgperson.ldif
```

以下は、「/etc/openldap/slapd.d/cn=config/cn=schema」ディレクトリの下に、coreに加えて新たにcosine、nis、inetorgpersonの3つのスキーマが登録されたことを確認しています。

スキーマの登録の確認

```
[...]# tree /etc/openldap/slapd.d/cn=config/
/etc/openldap/slapd.d/cn=config/
|-- cn=schema
|   |-- cn={0}core.ldif
|   |-- cn={1}cosine.ldif         ←新規に追加されたスキーマ
|   |-- cn={2}nis.ldif            ←新規に追加されたスキーマ
|   `-- cn={3}inetorgperson.ldif  ←新規に追加されたスキーマ
|-- cn=schema.ldif
|-- olcDatabase={-1}frontend.ldif
|-- olcDatabase={0}config.ldif
|-- olcDatabase={1}monitor.ldif
`-- olcDatabase={2}hdb.ldif

1 directory, 9 files
```

□ 設定データベースのうち、monitorとhdbの設定を変更

設定データベース**monitor**のolcAccessの値と、**hdb**のolcSuffixとolcRootDNの値を構築するシステムに合わせて変更し、RootPW（RootDNのパスワード）を追加します。

monitorとhdbの設定を変更

```
[...]# vi modify-config.ldif
dn: olcDatabase={1}monitor,cn=config
changetype: modify
replace: olcAccess
olcAccess: {0}to * by dn.base="gidNumber=0+uidNumber=0,cn=peercred,cn=external,cn=auth"
  read by dn.base="cn=Manager,dc=my-centos,dc=com" read by * none   ←❶

dn: olcDatabase={2}hdb,cn=config
changetype: modify
replace: olcSuffix     ←Suffixの値を変更
olcSuffix: dc=my-centos,dc=com

dn: olcDatabase={2}hdb,cn=config
changetype: modify
replace: olcRootDN     ←RootDNの値を変更
olcRootDN: cn=Manager,dc=my-centos,dc=com
```

```
dn: olcDatabase={2}hdb,cn=config
changetype: modify
add: olcRootPW    ←RootPW (RootDNのパスワード) を新規に追加
olcRootPW: training    ←この例ではパスワードを平文で指定

[...]# ldapmodify -Y EXTERNAL -H ldapi:// -f modify-config.ldif    ←❷

[...]# ldapsearch -Y EXTERNAL -H ldapi:/// -b "olcDatabase={1}monitor,cn=config"    ←❸
[...]# ldapsearch -Y EXTERNAL -H ldapi:/// -b "olcDatabase={2}hdb,cn=config"    ←❹
```

❶dn.base (RootDNであるManagerのdn) の値を変更
❷ldapmodifyコマンドで設定データベースを変更
❸設定データベースのmonitorの内容を表示して確認
❹設定データベースのhdbの内容を表示して確認

LDAPデータベースの作成

LDAPデータベースは、OpenLDAPの概要で示した図 (→ p.789) とほとんど同じDITを構成するエントリを、LDIFファイルを作成して **ldapadd** コマンドで読み込む手順で作成していきます。

1つのLDIFファイルに全てのエントリを記述して、1回のldapaddコマンドで読み込んで作成することもできますが、今回は手順をわかりやすくするために分割して作成します (エントリ単位でLDIFファイルを作成できます)。

以下の例では、ルートエントリ、Managerエントリ (cn=Manager)、Peopleエントリ (ou=People) を作成します。

エントリの作成①

```
[...]# vi base.ldif    ←任意の名前で作成
dn: dc=my-centos,dc=com    ←ルートエントリ
dc: my-centos
objectClass: top
objectClass: domain

dn: cn=Manager,dc=my-centos,dc=com    ←Managerエントリ
objectClass: organizationalRole
cn: Manager

dn: ou=People,dc=my-centos,dc=com    ←Peopleエントリ
ou: People
objectClass: top
objectClass: organizationalUnit

[...]# ldapadd -x -D "cn=Manager,dc=my-centos,dc=com" -w training -f base.ldif
↑LDAPデータベースに登録

[...]# ldapsearch -x -b "dc=my-centos,dc=com"
↑LDAPデータベースの全エントリを表示して確認
```

以下の例では、Groupエントリ (ou=Group) と、その下にldap-staffグループのエントリ (cn=ldap-staff) を作成します。

エントリの作成②

```
[...]# vi group.ldif
dn: ou=Group,dc=my-centos,dc=com    ←Groupエントリ
ou: Group
objectClass: top
objectClass: organizationalUnit

dn: cn=ldap-staff,ou=Group,dc=my-centos,dc=com    ←ldap-staffエントリ
objectClass: posixGroup
objectClass: top
cn: ldap-staff    ←グループ名は「ldap-staff」となる
gidNumber: 2000    ←グループIDは「2000」となる

[...]# ldapadd -x -D "cn=Manager,dc=my-centos,dc=com" -w training -f group.ldif
↑LDAPデータベースに登録

[...]# ldapsearch -x -b "ou=group,dc=my-centos,dc=com"
↑LDAPデータベースのgroupエントリ以下を表示して確認
```

以下の例では、Peopleエントリの下に3人のユーザldap-yuko（cn=ldap-yuko）、ldap-ryo（cn=ldap-ryo）、ldap-mana（cn=ldap-mana）のエントリを作成します。

エントリの作成③

```
[...]# vi users.ldif
dn: uid=ldap-yuko,ou=people,dc=my-centos,dc=com    ←ldap-yukoエントリ
objectclass: inetOrgPerson
objectclass: posixAccount
objectclass: shadowAccount
cn: ldap-yuko
sn: encke
givenname: ldap-yuko
uid: ldap-yuko    ←ログインユーザ名は「ldap-yuko」になる
mail: ldap-yuko@my-centos.com
telephonenumber: 111-111-1111
userpassword: ldap-yuko    ←この例ではパスワードを平文で指定
uidNumber: 2001
gidNumber: 2000
homeDirectory: /home/ldap-yuko
loginshell: /bin/bash
gecos: LDAP Account for ldap-yuko

dn: uid=ldap-ryo,ou=people,dc=my-centos,dc=com    ←ldap-ryoエントリ
objectclass: inetOrgPerson
objectclass: posixAccount
objectclass: shadowAccount
cn: ldap-ryo    ←ログインユーザ名は「ldap-ryo」になる
sn: encke
givenname: ldap-ryo
uid: ldap-ryo
mail: ldap-ryo@my-centos.com
telephonenumber: 222-222-2222
userpassword: ldap-ryo    ←この例ではパスワードを平文で指定
uidNumber: 2002
gidNumber: 2000
homeDirectory: /home/ldap-ryo
loginshell: /bin/bash
```

```
gecos: LDAP Account for ldap-ryo

dn: uid=ldap-mana,ou=people,dc=my-centos,dc=com   ←ldap-manaエントリ
objectclass: inetOrgPerson
objectclass: posixAccount
objectclass: shadowAccount
cn: ldap-mana
sn: encke
givenname: ldap-mana
uid: ldap-mana   ←ログインユーザ名は「ldap-mana」になる
mail: ldap-mana@my-centos.com
telephonenumber: 333-333-3333
userpassword: ldap-mana   ←この例ではパスワードを平文で指定
uidNumber: 2003
gidNumber: 2000
homeDirectory: /home/ldap-mana
loginshell: /bin/bash
gecos: LDAP Account for ldap-mana

[...]# ldapadd -x -D "cn=Manager,dc=my-centos,dc=com" -w training -f users.ldif
↑LDAPデータベースに登録

[...]# ldapsearch -x  -b "ou=people,dc=my-centos,dc=com"
↑LDAPデータベースのPeopleエントリ以下を表示して確認
```

以下の例ではHostsエントリ(ou=Hosts)と、その下にcentos7-server1(cn=centos7-server1)とcentos7-server2(cn=centos7-server2)のエントリを作成します。

エントリの作成④

```
[...]# vi hosts.ldif
dn: ou=Hosts,dc=my-centos,dc=com   ←Hostsエントリ
ou: Hosts
objectClass: top
objectClass: organizationalUnit

dn: cn=centos7-server1,ou=Hosts,dc=my-centos,dc=com   ←centos7-server1エントリ
objectClass: top
objectClass: ipHost
objectClass: device
ipHostNumber: 172.16.100.11   ←IPアドレスは「172.16.100.11」とする
cn: centos7-server1   ←ホスト名は「centos7-server1」とする

dn: cn=centos7-server2,ou=Hosts,dc=my-centos,dc=com   ←centos7-server2エントリ
objectClass: top
objectClass: ipHost
objectClass: device
ipHostNumber: 172.16.100.12   ←IPアドレスは「172.16.100.12」とする
cn: centos7-server2   ←ホスト名は「centos7-server2」とする

[...]# ldapadd -x -D "cn=Manager,dc=my-centos,dc=com" -w training -f hosts.ldif
↑LDAPデータベースに登録

[...]# ldapsearch -x  -b "ou=hosts,dc=my-centos,dc=com"
↑LDAPデータベースのhostsエントリ以下を表示して確認
```

□ **slapadd**コマンド

slapaddコマンドは、LDIF形式のデータを読み取り、データベースに追加します。slapaddコマンドはサーバマシン上で、slapdが停止した状態で実行します。 slapaddはslapdを経由せず、直接にデータベースに追加します（非推奨）。

以下の例では、ldapaddコマンドでの例と同じLDIFファイルを使用し、「slapadd -l」でLDAPデータベースに追加しています。ldapaddコマンドでの例で作成したDITと同じ内容のDITが作成されます。

LDAPデータベースの追加（slapaddコマンド）

```
[...]# systemctl stop slapd    ←slapdを停止

[...]# slapadd -l base.ldif
[...]# slapadd -l group.ldif
[...]# slapadd -l users.ldif
[...]# slapadd -l

[...]# touch /var/lib/ldap/DB_CONFIG    ←空のBDBチューニングファイルを作成
[...]# chown -R ldap.ldap /var/lib/ldap/    ←DBファイルの所有者とグループをldapに設定

[...]# systemctl start slapd    ←slapdを起動
```

□ **slapcat**コマンド

slapcatコマンドは、サーバプロセスを経由せずLDAPデータベースの内容をLDIF形式で表示します。 slapcatコマンドはサーバマシン上で実行します。

以下の例では、LDAPデータベースの全内容を表示しています。

LDAPデータベースの内容を表示

```
[...]# slapcat
…（実行結果省略）…
```

14-4-5 olcAccess属性によるアクセス制御の設定

olcAccess属性の設定によりエントリへのアクセス制御ができます。

インストール時のhdb（LDAPデータベース）には、olcAccess属性の設定はされていません。この場合は匿名ユーザを含めて、全てのユーザは全てのアクセス対象の読み取りができます。

olcAccess属性によるアクセス制御の書式は、次のようになります。

olcAccess属性によるアクセス制御

olcAccess: to <what> [by <who> <access> <control>]

<what>はアクセスの対象（エントリ）です。<who>はアクセスの主体（リクエストを発行したユーザ）です。<access>はアクセスの種類（auth、read、write等）です。<control>はアクセスのフロー制御（stop、continue、break）です。

1つのアクセスの対象に対して、「by <who> <access> <control>」は複数指定が可能です。olcAccess属性で使用する「*」は「全て」を意味します。「olcAccess: to *」はアクセス対象の全てに対して、byで始まる設定を適用します。
　「by self write」はアクセス主体がself（アクセス主体がアクセス対象自身）の場合、そのアクセス対象に書き込みができます。「by anonymous auth」は、アクセス主体がanonymous（匿名ユーザ）の場合、サーバによる認証のための操作を受けることができます。
　olcAccess属性によるアクセス制御の設定を記述しなかった場合は、全てのアクセス主体は全てのアクセス対象の読み取りができます。これを設定として記述すると、「olcAccess: to * by * read」となります。また、RootDN（デフォルトの設定ではManager）は管理者としてアクセス制御の対象とはならないため、RootDNだけがLDAPデータベースの全てのアクセス対象の書き込みを行えます。
　olcAccess属性による以下のアクセス制御を設定した実行結果を示します。

- 匿名ユーザ（anonymous：DNを指定しないでアクセスした場合はanonymousになる）でアクセスした場合は、ユーザのパスワード（userPassword属性）は表示されない
- 匿名ユーザはuserPassword属性を除いた全てのエントリ/属性を表示できる
- 認証ユーザは他のユーザのパスワードを表示できない
- 認証ユーザは自分のパスワードを表示できる
- 認証ユーザは自分のパスワードを変更できる

olcAccessによるアクセス制御の設定

```
[...]# vi modifiy-config-acl.ldif
dn: olcDatabase={2}hdb,cn=config
changetype: modify
add: olcAccess
olcAccess: to attrs=userPassword    ←userPassword属性にACLを設定
    by self write      ←❶
    by anonymous auth  ←❷
    by * none          ←上記以外のuserPassword属性へのアクセスは不許可

olcAccess: to *   ←上記で設定したuserPassword属性を除いた全てのエントリ/属性
    by * read     ←全てのユーザに読み込みを許可

[...]# ldapmodify -Y EXTERNAL -H ldapi:// -f modifiy-config-acl.ldif   ←❸

[...]# ldapsearch -x -b "dc=my-centos,dc=com"   ←❹
[...]# ldapsearch -x -D "uid=ldap-yuko,ou=People,dc=my-centos,dc=com" -w ldap-yuko2 \
> uid=ldap-yuko   ←❺
[...]# ldappasswd -x -D "uid=ldap-yuko,ou=People,dc=my-centos,dc=com" -w ldap-yuko \
> -s ldap-yuko2 "uid=ldap-yuko,ou=People,dc=my-centos,dc=com"   ←❻
```

❶エントリがユーザ自身（self）の場合は書き込み（パスワード変更）を許可
❷匿名ユーザの認証操作は許可。認証を得るためのアクセスなのでanonymousになる
❸ldapmodifyコマンドで設定データベースを変更
❹匿名ユーザでアクセスした場合は、userPassword属性は表示されないことを確認
❺ユーザldap-yukoは自分のパスワードを表示できることを確認
❻ユーザldap-yukoは自分のパスワードを変更（ldap-yukoをldap-yuko2に変更）できることを確認

14-4-6 LDAP認証の設定

　LDAPデータベースに登録したユーザエントリ（ou=People以下のエントリ）をシステムのログインアカウントとして使用するためには、LDAPクライアントの**LDAP認証**の設定が必要です。

　OpenLDAPサーバも自身が提供するサービスを利用するクライアントでもあるので、LDAPクライアントとしてのLDAP認証の設定を行います。

　LDAPクライアントでLDAP認証を行うには、**nss-pam-ldapd**パッケージが必要です。nss-pam-ldapdパッケージには、PAMによるLDAP認証を行うためのモジュールが含まれています。また、LDAPによる名前解決のためのモジュール、ライブラリ、デーモン、設定ファイルが含まれています。

- **pam_ldap.so**：LDAP認証を行うPAMモジュール
- **libnss_ldap.so**：LDAPによる名前解決を行うライブラリ（libnss_ldap.so.2へのシンボリックリンク）
- **nslcd**：LDAPサーバへのアクセスを行うデーモン（Name Service LDAP Connection Daemon、またはNaming services LDAP Client Daemon）
- **/etc/nslcd.conf**：nslcdの設定ファイル

nss-pam-ldapdパッケージのインストール

```
[...]# yum install nss-pam-ldapd
…（実行結果省略）…
```

　nss-pam-ldapdパッケージのインストール後、**nslcd**の自動起動を有効にして起動します。

nslcdの有効化と起動

```
[...]# systemctl enable nslcd    ←自動起動の有効化
[...]# systemctl start nslcd     ←nslcdの起動
```

　nslcdはキャッシュの機能がないので、キャッシュを行う**nscd**（Name Service Cache Daemon）をインストール後、起動を行います。

nscdのインストールと起動

```
[...]# yum install nscd
…（実行結果省略）…

[...]# systemctl start nscd
[...]# systemctl enable nscd
```

　次に、PAMのLDAP認証設定、名前解決でのLDAP参照、LDAPサーバの情報設定が必要です。これはエディタによる関係ファイルの編集で行うこともできますが、以下の設定ツールが利用すると容易に設定ができます。

表14-4-8　認証設定ツール

ツール名	説明
authconfig	コマンドラインツール
authconfig-tui	ncursesを使用したPythonツール
authconfig-gtk	GUIツール

　authconfigとauthconfig-tuiは**authconfig**パッケージで提供されています。authconfig-gtkは**authconfig-gtk**パッケージで提供されています。authconfig-tuiはcursesインターフェイスを利用しているので、リモートでサーバを管理する時にも使いやすいツールです。
　以下に、authconfig-tuiによる設定を示します。

authconfig-tuiのインストールと起動

```
[...]# yum install authconfig   ←authconfigパッケージのインストール
…（実行結果省略）…

[...]# authconfig-tui   ←authconfig-tuiの起動
```

以下の設定変更を行います。

- **認証の設定-ユーザー情報**：「LDAPを使用」❶にチェックを入れる
- **認証の設定-認証**：「LDAP認証を使用」❷にチェックを入れる、「指紋リーダーを使用」❸のチェックを外す

図14-4-2　authconfig-tuiの起動画面

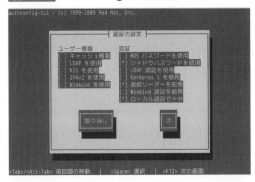

図14-4-3　LDAP認証の設定

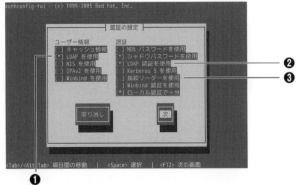

「次」をクリックして次の画面に進みます。以下の設定を行います。

- **LDAP設定**：サーバのURL❹を指定（例：ldap://127.0.0.1/）、ベースDN❺（検索起点）を指定（例：dc=my-centos,dc=com）

図14-4-4 LDAP検索の設定

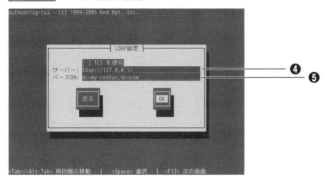

以上の手順により、クライアントの設定ファイルが以下のように変更され、LDAP認証によりクライアントにログインできるようになります。

クライアントの設定ファイル/etc/pam.d/system-auth(抜粋)

```
[...]# cat /etc/pam.d/system-auth
↓以下の行が追加
auth        sufficient     pam_ldap.so use_first_pass
account     [default=bad success=ok user_unknown=ignore] pam_ldap.so
session     optional       pam_ldap.so
```

nsswitch.confには、passwd、shadow、group、netgroup、automountの各エントリにldapが追加されます。

/etc/nsswitch.conf(抜粋)

```
[...]# cat /etc/nsswitch.conf
↓以下の行が変更
passwd:     files sss ldap
shadow:     files sss ldap
group:      files sss ldap
netgroup:   files sss ldap
automount:  files ldap
```

/etc/openldap/ldap.conf(抜粋)

```
[...]# cat /etc/openldap/ldap.conf
↓以下の行が追加
URI ldap://127.0.0.1/
BASE dc=my-centos,dc=com
```

以上のファイルの編集をツールを使わずにエディタで行うこともできます。

これでpasswd、shadow、groupにLDAPデータベースのエントリが加わります。**getent**コマンドで確認ができます。

getentコマンドでLDAPのエントリを確認（抜粋）

```
[...]# getent passwd
…（途中省略）…
ldap-yuko:x:2001:2000:LDAP Account for ldap-yuko:/home/ldap-yuko:/bin/bash
ldap-ryo:x:2002:2000:LDAP Account for ldap-ryo:/home/ldap-ryo:/bin/bash
ldap-mana:x:2003:2000:LDAP Account for ldap-mana:/home/ldap-mana:/bin/bash

[...]# getent shadow
…（途中省略）…
ldap-yuko:*:::::::0
ldap-ryo:*:::::::0
ldap-mana:*:::::::0

[...]# getent group
…（途中省略）…
ldap-staff:*:2000:
```

LDAPアカウントの各ユーザのホームディレクトリを、ローカルホストあるいはNFSなどの共有ディレクトリに作成します。

ユーザldap-yukoのホームディレクトリを作成

```
[...]# mkdir /home/lda-yuko
[...]# chown ldap-yuko.ldap-staff /home/lda-yuko
```

ユーザ「ldap-yuko」でLDAPサーバ（localhost）にログインできることを確認します。

ログインの確認

```
[...]# ssh localhost -l ldap-yuko
ldap-yuko@localhost's password:
Last login: Sat Dec 24 23:57:52 2016 from 172.16.100.11
-bash-4.2$ id
uid=2001(ldap-yuko) gid=2000(ldap-staff) groups=2000(ldap-staff)
```

14-4-7 TLSによる暗号化の設定

OpenLDAPサーバとクライアント間の通信を暗号化する場合は、双方でTLSの設定を行います。**TLS**（Transport Layer Security）はNetsape社が開発したSSLを標準化した規格です。**PKI**（Public Key Infrastructure）をベースとして、接続相手の認証や、通信路の暗号化を行うことができます。

サーバ側の設定

TLSを利用するためには公開鍵証明書が必要です。**認証局**（**CA**: Certification Authority）からサーバ証明書を発行してもらうか、サーバ自身がCAとなって自己署名証明書を作成します。

ここでは、自己署名証明書を作成することにします。この方法は組織内での利用や、既に信頼関係の成立しているクライアント・サーバ間での通信の場合に利用できます。

自己署名証明書を作成するには、CentOS 7のOpenLDAPでは**NSS**（Network Security Services）を利用する方法と、**OpenSSL**を使用する方法があります。本書ではOpenSSLを使用する方法を解説します。

①公開鍵証明書をCAから取得、あるいは自己署名証明書を作成する
②OpenLDAPの設定データベースに、CAから取得、あるいは作成した公開鍵証明書を設定する

公開鍵証明書とその作成方法の詳細は「15-2 暗号化と認証」の「公開鍵証明書」（→ p.864）を参照してください。

□ 自己署名証明書の作成

自己署名証明書は、**openssl**パッケージが提供する**/etc/pki/tls/certs/Makefile**を利用して作成できます。

公開鍵証明書（自己署名証明書）の作成
```
[...]# cd /etc/pki/tls/certs
[... certs]# make server.crt
```

上記コマンドの実行により、/etc/pki/tls/certsディレクトリの下に秘密鍵ファイル**server.key**と公開鍵証明書ファイル**server.crt**が作成されます。

以下は、作成した公開鍵証明書の内容を**openssl**コマンドで表示して確認しています。その際、オプション「-in」の引数に公開鍵証明書ファイルを指定します。

公開鍵証明書の内容確認
```
[... certs]# openssl x509 -in server.crt -text
```

公開鍵証明書と秘密鍵を/etc/openldapディレクトリの下にコピー
```
[... certs]# cp server.crt /etc/openldap/certs
[... certs]# cp server.crt /etc/openldap/cacerts
[... certs]# cp server.key /etc/openldap/certs
```

/etc/openldap/certsはサーバ証明書と秘密鍵を、**/etc/openldap/cacerts**はCA証明書を置くディレクトリです。自己署名証明書を利用する場合は、サーバ証明書とCA証明書は同じファイルになります。

□ OpenLDAPの設定データベースに、作成した自己署名証明書を設定

以下の3つの属性名に値を設定します。

表14-4-9 属性名と値（ファイル名）

属性名	値
olcTLSCACertificateFile	CA証明書ファイル
olcTLSCertificateFile	サーバ証明書ファイル
olcTLSCertificateKeyFile	秘密鍵ファイル

インストール時の設定を表示して確認

```
[...]# ldapsearch -Y EXTERNAL -H ldapi:/// -b cn=config cn=config
…（途中省略）…
olcTLSCACertificatePath: /etc/openldap/certs
olcTLSCertificateFile: "OpenLDAP Server"
olcTLSCertificateKeyFile: /etc/openldap/certs/password
…（以降省略）…
```

以下の設定を行うためのLDIFファイルを作成します。

- olcTLSCACertificatePathはNSSを使用する場合の属性名なので削除
- olcTLSCACertificateFile、olcTLSCertificateFile、olcTLSCertificateKeyFileに用意したファイルの名前を設定

LDIFファイルを作成

```
[...]# vi modify-config-TLS.ldif
dn: cn=config
changetype: modify

delete: olcTLSCACertificatePath

add: olcTLSCACertificateFile
olcTLSCACertificateFile: /etc/openldap/cacerts/server.crt

replace: olcTLSCertificateFile
olcTLSCertificateFile: /etc/openldap/certs/server.crt

replace: olcTLSCertificateKeyFile
olcTLSCertificateKeyFile: /etc/openldap/certs/server.key
```

作成した「modify-config-TLS.ldif」ファイルによって、設定データベースを変更します。

設定データベースを変更

```
[...]# ldapmodify -Y EXTERNAL -H ldapi:// -f modify-config-TLS.ldif
```

設定データベースの内容を表示、確認し、slapdを再起動

```
[...]# ldapsearch -Y EXTERNAL -H ldapi:/// -b cn=config
[...]# systemctl restart slapd
[...]# ps -ef |grep slapd
ldap     28129     1  0 2月01 ?        00:00:00 /usr/sbin/slapd -u ldap -h ldapi:/// ldap:/// ldaps:///
```

TLSを設定すると、slapdは引数に「ldaps:///」が追加されて起動します。デフォルトのポート番号は、ldapが「389」、ldapsが「636」となります。

クライアント側の設定

クライアント側では**/etc/openldap/ldap.conf**を編集して、TLSを使用するための以下のパラメータを設定します。

表14-4-10　TLSのパラメータ

パラメータ	解説
TLS_CACERT	CA証明書ファイルを指定
TLS_CACERTDIR	CA証明書ファイルが1つ、あるいは複数置かれているディレクトリを指定
TLS_REQCERT	サーバ証明書のチェックのレベルを、never、allow、try、demand、hardのなかから指定。try、demand、hardは同義で、これがデフォルト

TLS_CACERTとTLS_CACERTDIRの両方を指定した場合は、TLS_CACERTが優先されます。ただし、TLS_CACERTDIRで指定したディレクトリにNSSのCA証明書とキーデータベースが置かれている場合は、TLS_CACERTの指定は無視されます。

表14-4-11　TLS_REQCERTのサーバ証明書チェックレベル

チェックレベル	説明
never	サーバ証明書の要求も検査もしない
allow	サーバ証明書を要求する。証明書の内容が正しくなかった場合でも、セッションを継続する
try	サーバ証明書を要求する。証明書の内容が正しくなかった場合は、セッションを直ちに終了する
demand | hard	この2つは同義であり、tryと同じに処理される。デフォルト値である

/etc/openldap/ldap.confを編集（抜粋）

```
[...]# vi /etc/openldap/ldap.conf
#TLS_CACERTDIR /etc/openldap/cacerts
TLS_CACERT /etc/openldap/cacerts/server.crt

#TLS_REQCERT allow
TLS_REQCERT demand
```

上記の例では、TLS_REQCERTにサーバ証明書を検査するdemandを指定しています。サーバ認証は行わず、暗号化のみを目的にTLSを使用し、サーバの自己署名証明書を個々のクライアントにコピーしない場合は、allowを指定します。なお、sssdを使用している場合は/etc/sssd/sssd.confの編集とsssdの再起動が必要になります。

sssdの設定については「15-9 System Security Services Daemon」（→ p.928）を参照してください。

ladpsearchコマンドにldap uriを指定するオプション「-H "ldaps://サーバ名」を付け、TLSを使用してサーバにアクセスします。

ldapsearchコマンドによりTLSを使用してサーバにアクセス

```
[...]# ldapsearch -x -H "ldaps://centos7-server1" -b "dc=my-centos,dc=com"
```

　サーバあるいはクライアントのTLS設定が適切でない場合は、以下のようなエラーが表示されて、サーバに接続できません。

ldapsearchコマンドによりTLSを使用してサーバにアクセス（エラーとなる場合）

```
[...]# ldapsearch -x -H "ldaps://centos7-server1" -b "dc=my-centos,dc=com"
ldap_sasl_bind(SIMPLE): Can't contact LDAP server (-1)
```

　このような場合はデバッグオプション「-d1」を付けて実行し、エラーの原因を調べることができます。

エラー原因の調査

```
[...]# ldapsearch -d1 -x -H "ldaps://centos7-server1" -b "dc=my-centos,dc=com"
```

　ldapsearchコマンドでサーバにアクセスできたら、LDAPのユーザアカウントでログインできるかを確認します。ログインできれば設定完了です。

LDAPのユーザアカウントでログインする

```
[...]# ssh centos7-server1 -l ldap-yuko
ldap-yuko@centos7-server1's password:
Last login: Thu Feb  2 11:05:23 2017 from centos7
-bash-4.2$
```

14-4-8　Apacheのユーザアカウント管理

　LDAPを使用することで、各サーバのアカウントやWindowsのアカウント等を統合して管理することができます。ここではその一例として、Apacheのユーザアカウントを管理するための設定を取り上げます。

mod_ldapのインストール

　Apache WebサーバのLDAP認証を行うには、**mod_ldap**パッケージをインストールします。mod_ldapパッケージにはmod_ldap.soモジュールと/mod_authnz_ldap.soモジュール、モジュールの設定ファイル**01-ldap.conf**が含まれています。

mod_ldapパッケージのインストール

```
[...]# yum install mod_ldap
…（実行結果省略）…
```

LDAP認証を行うWebページを設定

　LDAP認証の設定ファイル（例：ldap.conf）を/etc/httpd/conf.d/の下に作成します。以下は、「/var/www/html/contents-with-ldap-auth」ディレクトリ以下をLDAPアカウントのユーザにだけアクセスを許可する設定の例です。

LDAP認証を行うWebページを設定

```
[...]# vi /etc/httpd/conf.d/ldap.conf    ←❶
<Directory /var/www/html/contents-with-ldap-auth>
    AuthName "Page with LDAP Auth"
    AuthType Basic
    AuthBasicProvider ldap    ←❷
    AuthLDAPURL ldap://centos7-server1/dc=my-centos,dc=com?uid?sub?(objectClass=*)    ←❸
    Require ldap-filter objectClass=posixAccount    ←❹
</Directory>

[...]# systemctl restart httpd    ←❺

[...]# mkdir /var/www/html/contents-with-ldap-auth
[...]# vi /var/www/html/contents-by-ldap-auth/index.html    ←❻
ldap test.

[...]# curl http://ldap-yuko:yuko-pass@localhost/contents-with-ldap-auth/index.html    ←❼
ldap test.
```

❶設定ファイルldap.confの作成
❷アカウントをLDAPに指定
❸LDAPサーバの認証URLを指定
❹LDAPユーザのみアクセス許可
❺httpdの再起動
❻テストページを作成
❼ユーザ名ldap-yuko、パスワードyuko-passを指定してアクセス

14-5 DBサーバ

14-5-1 DBサーバとは

DB（データベース）サーバとは、コンピューターのデータを効率良く蓄積、検索する仕組みを持つサーバです。データを効率良く整理するために、「SQL」（Structured Query Language）と呼ばれる言語でデータを管理します。DBサーバは当初、「RDBMS」（Relational Database Management System）であることが求められていましたが、現在では「NoSQL」等、必ずしもRDBMSではないサーバも含まれるようになってきています。

> NoSQLでは、一貫性やトランザクションに重きを置かないかわりに、高速な処理を提供する傾向があります。CentOS 7では、MongoDBやMemcached等が利用できます。

RDBMS

RDBMSとは、データを表形式に関連付けて管理できる仕組みです。

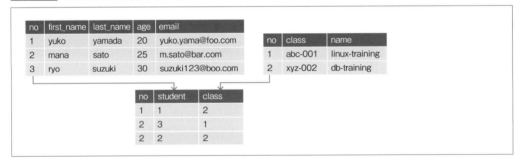

図14-5-1　RDBMSの実行時のイメージ

代表的なDBサーバ

以下に代表的なDBサーバを示します。

表14-5-1　主なDBサーバ

DBサーバ	ベンダーまたはコミュニティ	URL	説明
MySQL	Oracle社	https://www-jp.mysql.com/	オープンソースとしては、世界で高いシェアを占めるDBサーバ。現在はOracle社が所有
MariaDB	MariaDB社	https://mariadb.org/ https://mariadb.com/	MySQLからフォークしたDBサーバ。MySQLの創立者が運用している
PostgreSQL	PostgreSQLコミュニティ	https://www.postgresql.org/ http://www.postgresql.jp/	ORDBMS（オブジェクト関係DBMS）を提供。MySQLと並んで人気がある

MongoDB	MongoDB社	https://www.mongodb.com/	ドキュメント指向データベースであり、RDBMSではない。KVSに対応しているDBサーバとして人気がある
Oracle	Oracle社	http://www.oracle.com/jp/index.html	Oracle社が提供している非オープンソースなDBサーバ、大企業の利用事例が多い
SQL Server	Microsoft社	https://www.microsoft.com/ja-jp/cloud-platform/products-SQL-Server-2016.aspx	Microsoft社の非オープンソースなDBサーバ
SQLite	SQLiteコミュニティ	http://www.sqlite.org/	組み込み用DBサーバ。android等でも利用されている

本書では、CentOS 7が標準で取り扱っている、**MariaDB**、**PostgreSQL**について説明します。

14-5-2 MariaDB

MariaDBは、MySQLから派生したRDBMSです。MariaDB、MySQL共に、Michael Widenius氏が開発しました。Widenius氏はMontyの呼称でも知られています。MariaDBは、速い処理速度が求められるWebアプリケーションのDBサーバとして導入実績があります（Facebook、Google等）。

MariaDBの特徴

MariaDBの特徴を以下に挙げます。

▷ オープンソース

MySQLのライセンスにはGPLv2と商用ライセンスがあります。MariaDBはGPLv2のMySQLからフォークしているため、ソースコードの改変や再配布が自由に行えます。

▷ クエリ処理能力の高さ

MariaDBは、高い処理速度を得ることを目的の1つとして開発が進められています。そのため、一般的なRDBMSと比較すると、処理速度が高くパフォーマンスを重視しています。

▷ マルチストレージエンジン

ストレージエンジンとは、データ保存とクエリ処理を行うアーキテクチャです。一般的なRDBMSは、ストレージエンジンが1つであり、変更することはできません。マルチストレージエンジンとは、用途に応じてさまざまなストレージエンジンをテーブル単位で選択することができる仕組みです。以下にMariaDBが使用できる主なストレージエンジンを挙げます。

表14-5-2　主なストレージエンジン

ストレージエンジン	説明
InnoDB	デフォルトのストレージエンジン。トランザクション、行ロックやクラッシュリカバリの機能を持つ
MyISAM	ノントランザクション。全文検索機能やインデックス機能を持つ。テーブル単位のロックを提供
MEMORY	他のストレージエンジンからのデータをメモリ内に格納し、読み込み専用として動作
CSV	カンマ区切りで句切られたデータをテキストファイルで管理
MRG_MYISAM	同じMyISAMのカラムとインデックスを共通利用
FEDERATED	レプリケーションやクラスタ化されていない環境でリモート先のデータにアクセス可能

MySQLとの互換性

MariaDBは、MySQL 5.5までのバージョンとの共通性が高く、データベースの移行も容易です。以下に、MariaDBとMySQLのそれぞれのバージョンの比較を示します。

表14-5-3　MariaDBのバージョンとMySQLバージョンの関係

MariaDBのバージョン	MySQLのバージョン	MariaDB概要
5.1	5.1	MySQL 5.1をベースに独自機能を追加
5.2		MySQL 5.1から再度フォーク
5.3		MariaDB 5.2を改良したバージョン
5.5	5.5	MySQL 5.5をベースに独自機能を追加
10	5.6	MariaDB 5.5を改良したバージョン
10.1	5.7	MariaDB 10.0を改良したバージョン

当初リリースされたMariaDB 5.1〜5.5では、MySQLのソースコードを元にバージョン番号も合わせてリリースしていました。そのため、MySQLとの共通性が高く性能もさほど違いはありませんでした。しかし、その後にリリースされたMariaDB 10.0ではMySQL 5.6の機能を、MariaDB 10.1ではMySQL 5.6と5.7の機能を取り込み、MariaDB独自の新機能を追加したため、また独自のバージョニングとなっています。

CentOS 7のMariaDBへの移行

CentOS 6.xまではMySQLをサポートしていましたが、CentOS 7.xからはMariaDBに移行しています。これは、オープンソースで提供されているMySQLの機能と比べると、MariaDBの方が多機能である点や、MySQLよりもオープンソースとして透明性が高い点が挙げられます。

以下は、オープンソースで提供されているMariaDBとMySQLの主な機能の違いです。

表14-5-4　MariaDBとMySQLの機能比較

主な機能	MariaDB	MySQL
InnoDBデータベースエンジンの改善	○	○
並列レプリケーション	○	×
エンジン非依存の統計情報	○	×
スレッドプール	○	商用版のみ
memcachedプラグイン	×	○

MySQLはオープンソースと商用ライセンスのデュアルライセンス方式であり、一部の機能は商用ライセンスでのみ提供されています。

14-5-3 MariaDBのインストールと設定

本書では、MariaDBサーバとMariaDBのクライアントをインストールします。なお、CentOS 7では、まだほとんどの項目名が、「MySQL」のままになっています。

MariaDBのパッケージ

MariaDBが使用するパッケージを以下に示します。

表14-5-5　MariaDBのパッケージ

パッケージ	概要
mariadb-server.x86_64	MariaDB本体
mariadb.x86_64	MariaDBのクライアント。mysqlコマンドを使用してサーバにログインし、さまざまな処理を行う
mariadb-libs.x86_64	MariaDBのクライアントが使用するライブラリ。OSインストール時にインストール済み
mariadb-bench.x86_64（オプション）	MariaDBのベンチマークを計測用

MariaDBのインストール

MariaDBはCentOS標準のリポジトリに登録されています。

MariaDBのインストール

```
[...]# yum install mariadb-server
…（実行結果省略）…
```

firewalldの設定

firewalldが動作している場合、MariaDBへのアクセスを許可します。

firewalldの設定

```
[...]# firewall-cmd --add-service=mysql --zone=public --permanent
↑MariaDBのアクセスを許可
```

SELinuxの設定

サーバにSELinuxがEnforcing（強制モード）で動作している場合、デフォルトではMariaDBに対するアクセスが拒否となっているので、それらを許可します。

SELinuxの設定

```
[...]# getsebool -a | grep mysql    ←SELinuxのMariaDB設定の確認
mysql_connect_any --> off
selinuxuser_mysql_connect_enabled --> off

[...]# setsebool -P mysql_connect_any on    ←許可するコマンド
[...]# setsebool -P selinuxuser_mysql_connect_enabled on    ←許可するコマンド

[...]# getsebool -a | grep mysql    ←SELinuxのMariaDB設定の確認
mysql_connect_any --> on
selinuxuser_mysql_connect_enabled --> on
```

自動設定と起動

MariaDBの自動起動を有効にして起動します。

自動起動の設定

```
[...]# systemctl enable mariadb.service    ←MariaDBの自動起動の有効化
[...]# systemctl start mariadb.service     ←MariaDBの起動
```

ログインとログアウト

　MariaDBは、デフォルトでパスワードなしの特権ユーザであるrootが作成されます。rootでログインするには、**mysql**コマンドを実行します。

MariaDBへのログイン（rootユーザ）

mysql [-h ホスト名] [-uユーザ名] [-pパスワード] [データベース名]

表14-5-6　mysqlコマンドのオプション

オプション	説明
-h	ホスト名を指定する。リモート先でログインする際に使用する
-u	ユーザ名を指定する。後ろにスペースを入れても良い
-p	パスワードを指定する。後ろにスペースは入れない パスワードを入れない場合、対話的にパスワードを入力可能

　オプションなしで引数を指定した場合は、データベース名として扱われます。

rootでログイン

```
[...]# mysql -uroot mysql -p    ←mysqlデータベースにrootユーザがログイン
Enter password:    ←パスワードは入力しないで[Enter]を押す
…（途中省略）…
MariaDB [(none)]>
```

　ログアウトする場合は、**exit**コマンド、または**quit**コマンドを使用します。

ログアウト

```
MariaDB [(none)]> quit   ←exitでもよい
Bye
[...]#   ←シェルに戻る
```

MariaDBのユーザは、システムのユーザは使用せずにMariaDB内に独立して作成されます。

追加設定

　MariaDBの追加設定を行い、基本的な運用を行う設定を確認します。設定には、**mysql_secure_installation**ツールを使用します。

▷rootのパスワードの設定
　初期のMariaDBのrootユーザには、パスワードが設定されていません。ツールを使用してパスワードを設定します。

▷リモートがrootでログインを抑制
　リモート先からのrootのログインは、セキュリティに不安が残ります。ツールを使用して抑制することができます。

▷匿名ユーザの無効化
　デフォルトで匿名ユーザ（ユーザ名が空白）が存在しています。ツールを使用して空白のユーザ名を削除します。

▷testデータベースの削除
　サンプルデータベースがデフォルトで作成されています。これは、既知のデータベースが存在することになり、予期しない使われ方をされる可能性があります。ツールでは運用に必要ないデータベースを削除します。

MariaDBの追加設定

```
[...]# mysql_secure_installation
…（途中省略）…
Enter current password for root (enter for none):   ←初回なので何もしないで[Enter]を押す
OK, successfully used password, moving on...

Setting the root password ensures that nobody can log into the MariaDB
root user without the proper authorisation.

Set root password? [Y/n]   ←そのまま[Enter]を押す
New password:   ←本書では「training」と入力
Re-enter new password:   ←再度、「training」と入力
Password updated successfully!   ←パスワードが変更された
Reloading privilege tables..
 ... Success!

…（途中省略）…
Remove anonymous users? [Y/n]   ←そのまま[Enter]を押す
 ... Success!   ←不必要な匿名ユーザが削除された

…（途中省略）…
```

```
Disallow root login remotely? [Y/n]    ←[Enter]を押す。リモートでのrootのログインを拒否
... Success!

...(途中省略)...
Remove test database and access to it? [Y/n]    ←[Enter]を押す。不要なデータベースの削除
 - Dropping test database...    ←testデータベースの削除
... Success!
 - Removing privileges on test database...    ←削除の確定
... Success!

...(途中省略)...
Reload privilege tables now? [Y/n]    ←[Enter]を押す。テーブル情報の再読み込み
... Success!
Cleaning up...

All done!  If you've completed all of the above steps, your MariaDB
installation should now be secure.

Thanks for using MariaDB!
```

日本語の設定

　MariaDBは、さまざまな文字コードに対応していますが、デフォルトは日本語に対応していない文字コード「latin1」が割り当てられています。確認するには、MariaDBにログインし、**status**コマンドを使用します。

文字コードの確認

```
[...]# mysql -uroot -ptraining    ←MariaDBクライアントにログイン
...(途中省略)...
MariaDB [(none)]> status    ←MariaDBのステータスを表示
...(途中省略)...
Server characterset:    latin1    ←MariaDBのデフォルト文字コード
Db     characterset:    latin1    ←データベースのデフォルト文字コード
Client characterset:    utf8      ←MariaDBクライアントのデフォルト文字コード
Conn.  characterset:    utf8      ←その他のクライアントのデフォルト文字コード
...(以降省略)...
MariaDB [(none)]> exit
```

　設定ファイルを編集し、日本語を利用できるようにします。以下は、デフォルトの文字コードを「UTF-8」としている設定例です。**/etc/my.cnf.d/server.cnf**ファイルを編集します。

文字コードの編集

```
[...]# vi /etc/my.cnf.d/server.cnf
...(途中省略)...
[server]    ←serverセクション内に記述
character-set-server = utf8    ←追記
...(以降省略)...
```

　MariaDBは、起動時に設定ファイルを読み込むので、再起動します。

MariaDB再起動

```
[...]# systemctl restart mariadb.service
```

再度、statusコマンドで文字コードを確認します。全て「utf8」となっていれば日本語化されています。

文字コードの再確認

```
[...]# mysql -uroot -ptraining    ←MariaDBクライアントにログイン
…(途中省略)…
MariaDB [(none)]> status    ←MariaDBのステータスを表示
…(途中省略)…
Server characterset:     utf8    ←変更された
Db     characterset:     utf8    ←変更された
Client characterset:     utf8
Conn.  characterset:     utf8
…(以降省略)…
```

14-5-4 MariaDBのアーキテクチャ

MariaDBのアーキテクチャは以下のようになっています。

▷クライアント

クライアントはMariaDBクライアント（コマンドライン）やWebアプリケーションがあります。Webアプリケーションが接続するには、MariaDB接続用ドライバーが必要になります。

▷MariaDBサーバ

データベースやテーブル管理やユーザのアイデンティティ管理の処理をします。

▷論理データ

MariaDBサーバによって管理される、データベース構造です。SQL言語で情報をやり取りします。

▷物理データ

データベースやテーブルの情報をファイルとして管理します。管理方法はストレージエンジンによって異なりますが、OSに依存しないファイル構造になっています。

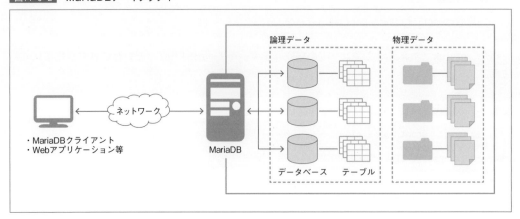

図14-5-2　MariaDBアーキテクチャ

管理用データベース

MariaDBは、管理情報を**mysql**データベースで管理しています。rootのパスワードやユーザ管理等の全ての情報は、このmysqlデータベース内に記録されています。

ディレクトリ階層

MariaDBのディレクトリ階層は以下のようになっています。

表14-5-7　MariaDBのディレクトリ階層

ディレクトリ/ファイル		概要
/etc	my.cnf	MariaDBの設定ファイル
/etc/my.cnf.d/	server.cnf	サーバの拡張設定ファイル
	client.cnf	クライアントの拡張設定ファイル
	mysql-clients.cnf	MariaDBクライアント用拡張設定ファイル
/var/lib	mysql	データベースのデータ格納用ディレクトリ
/var/log	maridb	ログ用ディレクトリ

14-5-5　MariaDBのデータベース管理

現在のデータベースを確認するには、mysqlコマンドでログインした後に、以下のように**show**コマンドを実行します。

データベースの確認

show databases;

閲覧できるデータベースは、該当ユーザがアクセスできるデータベースです。アクセスできないデータベースは閲覧できません。

以下の例は、rootユーザがデータベースを確認します。

データベース確認

```
[...]# mysql -uroot -ptraining
…(途中省略)…
MariaDB [(none)]> show databases;
+--------------------+
| Database           |
+--------------------+
| information_schema |
| mysql              |
| performance_schema |
+--------------------+
3 rows in set (0.00 sec)
```

データベースの作成

MariaDBでデータベースを作成するには、mysqlコマンドでログインした後に、以下のように**create**コマンドを実行します。

データベースの作成

create database データベース名;

以下は、rootユーザで「sample」データベースを作成する例です。

データベース作成

```
[...]# mysql -uroot -ptraining
…(途中省略)…
MariaDB [(none)]> create database sample;
Query OK, 1 row affected (0.00 sec)
```

データベースの削除

既に作成されているデータベースを削除するには、mysqlコマンドでログインした後に、以下のように**drop**コマンドを実行します。

データベースの削除

drop database データベース名;

以下の例は、「sample」データベースを削除します。

データベースの削除

```
[...]# mysql -uroot -ptraining
…(途中省略)…
MariaDB [(none)]> drop database sample;
Query OK, 0 rows affected (0.01 sec)
```

テーブル管理

　MariaDBには複数のストレージエンジンがあり、テーブル定義時にストレージエンジンを定義します。ストレージエンジンの機能は以下のようになっています。今回はよく利用される**MyISAM**と**InnoDB**を比較します。

表14-5-8　MyISAMとInnoDBの比較

項目	MyISAM	InnoDB
トランザクション	×	○
外部キー	×	○
自動リカバリ	×	○
ロック単位	テーブル	レコード

　テーブルを閲覧するには、mysqlコマンドでログインした後に、**use**コマンドで該当データベースに移動してから、**show**コマンドで閲覧します。

テーブルの閲覧
```
use データベース名;
show tables;
```

　以下は、rootユーザが「mysql」データベースのテーブルを閲覧する例です。

テーブルの閲覧
```
[...]# mysql -uroot -ptraining
…（途中省略）…
MariaDB [(none)]> use mysql;
…（途中省略）…
MariaDB [mysql]> show tables;
+---------------------------+
| Tables_in_mysql           |
+---------------------------+
| columns_priv              |
| db                        |
…（途中省略）…
| user                      |
+---------------------------+
24 rows in set (0.00 sec)
```

　ログイン中にuseコマンドを使用することで、操作対象のデータベースを変更することができます。

テーブルの作成

　新規のテーブルを作成するには、mysqlコマンドでログインした後に、以下のように**create table**コマンドを実行します。

> **テーブルの作成**
>
> **create table テーブル名 (**
> 　　　カラム名　型,
> 　　　...
> 　　　カラム名　型
> **)engine=ストレージエンジン名;**

　最後のカラム定義の後に「,」を入れると構文エラーとなります。また、ストレージエンジン名の後に「;」を入れないと構文エラーになります。
　以下は、rootユーザが「sample」データベース内に、「test」テーブルを作成する例です。

テーブルの作成

```
[...]# mysql -uroot -ptraining sample
…（途中省略）…
MariaDB [(sample)]> create table test (    ←テーブル名は「test」
    -> id int,    ←カラム名が「id」であり数値型（int）
    -> name varchar(10)    ←カラム名が「name」であり10文字までの文字列型（varchar(10)）
    -> )engine=InnoDB;    ←ストレージエンジンはInnoDB
Query OK, 0 rows affected (0.01 sec)
```

テーブルの削除

　テーブルを削除するには、mysqlコマンドでログインした後に、以下のように**drop table**コマンドを実行します。

テーブルの削除

drop table テーブル名;

　以下は、rootユーザが「test」テーブルを削除する例です。

テーブルの削除

```
[...]# mysql -uroot -ptraining sample
…（途中省略）…
MariaDB [(sample)]> drop table test;
Query OK, 0 rows affected (0.00 sec)
```

14-5-6　MariaDBのユーザ管理

　MariaDBは、マルチユーザで稼働しネットワークから使用することができます。そのため、セキュリティやアクセス制御を設定することで、不正な使用を防ぐことができます。

ユーザの権限

　ユーザには、次のようなアクセス制御を設定できます。

表14-5-9　MariaDBのアクセス範囲

アクセスレベル	説明	設定例
グローバル	システム全体にアクセス可能	"*.*"
データベース	あるデータベースに対してアクセス可能	"database.*"
テーブル	あるテーブルに対してアクセス可能	"database.table"
カラム	あるカラムに対してアクセス可能	privs(column1, column2)

また、各アクセス範囲において、さまざまな権限を付与することができますが、本書では主要な権限を示します。

表14-5-10　MariaDBの主な権限の種類

権限	権限の値（大文字小文字問わない）
全権限	ALL
テーブル操作権限	SELECT、INSERT、UPDATE、DELETE、LOCK TABLE
データベース/テーブル操作関連	CREATE、DROP、ALTER、INDEX
システム管理関連	PROCESS、RELOAD、SHOW DATABASES、SHUTDOWN、SUPER
接続のみ	USAGE

ユーザ定義

MariaDBのユーザ定義は次のようになっています。「ユーザ名@」に続けて、ホスト名もしくはIPアドレスを指定します。

ユーザ定義

ユーザ名@ホスト名｜IPアドレス

特権ユーザのユーザ名は「root」になります。同じユーザ名でもホスト名（あるいはIPアドレス）が異なると別ユーザと認識されます

ホスト名やIPアドレスは、「%」（0文字以上）や「_」（1文字）のワイルドカードと組み合わせ可能です。「ユーザ名@'%'」とすると、どのホストからでもログインできるユーザに設定できます。

ユーザの作成と削除

ユーザの作成は、mysqlコマンドでログインした後に、以下のように**grant**コマンドを実行します。権限を複数指定する場合は「,」で区切ります。

ユーザの作成

grant 権限 [,権限, ...] on アクセス範囲 to ユーザ名@ホスト名 identified by 'パスワード';

以下は、ローカルなユーザ「user01」（パスワード：training）を作成する例です。また、このユーザは、sampleデータベースのみアクセスし、sampleデータベースに対して、全権操作ができるようにします。

ユーザの作成

```
[...]# mysql -uroot -ptraining
…（途中省略）…
MariaDB [(none)]> grant all
    -> on sample.*   ←sampleデータベース全体
    -> to user01@localhost   ←ローカルで接続するユーザuser01
    -> identified by 'trainng';   ←パスワードは「training」
```

ユーザを削除するには、mysqlコマンドでログインした後に、以下のように**drop user**コマンドを実行します。

ユーザの削除

| **drop user ユーザ名@ホスト名 | IPアドレス;**

以下の例は、rootユーザが、ユーザ「user01」を削除します。なお、「select User,Host from user;」は、「user」テーブルの「User」と「Host」カラムの値を表示します。

ユーザの削除

```
[...]# mysql -uroot -ptraining
…（途中省略）…
MariaDB [(none)]> drop user user01@localhost;   ←ユーザuser01の削除
Query OK, 0 rows affected (0.00 sec)

MariaDB [(none)]> use mysql;   ←mysqlテーブルに移動
…（途中省略）…
MariaDB [mysql]> select User,Host from user;   ←user01がいないことを確認
+------+-----------+
| User | Host      |
+------+-----------+
| root | 127.0.0.1 |
| root | ::1       |
| root | localhost |
+------+-----------+
3 rows in set (0.00 sec)
```

14-5-7 MariaDBのバックアップとリストア

MariaDB上で作成されたデータベースをバックアップを行うことができます。これはシェル上で行います。

バックアップ

バックアップ方法としては、以下の2種類があります。

▷ **/var/lib/mysqlディレクトリをバックアップ**

MariaDBのデータベースは、全てこのディレクトリ内で管理されます。また、OSに非依存なので異なるOSでも使用可能です。

▷**mysqldumpコマンドを使用してバックアップ**

mysqldumpコマンドを実行してバックアップを行います。

MariaDBのバックアップ①

mysqldump [オプション] --databases データベース [データベース...] > ファイル名

あるいは、以下のように実行します。この場合は、全てのデータベースをバックアップします。

MariaDBのバックアップ②

mysqldump [オプション] --all-databases > ファイル名

「--opt」オプションを指定することで、バックアップ時にメモリバッファを使用しません。これにより直接データがリダイレクトされるので、大容量のバックアップを取る際にはパフォーマンスが向上します。

慣習的にバックアップファイルは、sql拡張子を付けます。

ユーザとパスワードを埋め込みたい場合は、mysqldumpコマンドの次に「-uユーザ名」と「-pパスワード」を記述します。

以下の例は、システムを含む全てのデータを「back.sql」ファイルにバックアップします。また「-u」オプションで「root」ユーザを、「-p」オプションでパスワード「training」を埋め込んでいます。

バックアップ作業

```
[...]# mysqldump -uroot -ptraining --all-databases > back.sql
```

リストア

バックアップされたファイルでリストアする場合には、次のコマンドを使用します。

MariaDBのリストア

mysql [-uユーザ名] [-pパスワード名] < バックアップファイル

以下の例は、rootユーザが「back.sql」ファイルにバックアップした内容でリストアします。

リストア作業

```
[...]# mysql -uroot -ptraining < back.sql
```

14-5-8 MariaDBのログ管理

MariaDBのログは数種類あり、デフォルトでは有効になっていないログもあります。

ログの種類

MariaDBのログの種類を以下に示します。

表14-5-11 ログの種類

ログの種類	内容	デフォルトの値
エラーログ	MariaDBの起動停止時に書き込まれるログや、エラーに関するログ	/etc/my.cnfファイル log-error=/var/log/mariadb/mariadb.log
クエリログ	クライアントが発行したクエリのログ	---
バイナリログ	更新のクエリをバイナリで記録、レプリケーションやリカバリ時に使用	---
スロークエリログ	指定時間よりも遅い処理時間のクエリを記録	---

ログの設定

MariaDBのログは以下に示す4つです。設定方法はさまざまありますが、本書では、**/etc/my.cnf**ファイルの**[mysqld]**セクション内に設定します。

また、この4つのログはパスを設定しなければ/var/lib/mysqlディレクトリに作成されるので、必要に応じて絶対パスで指定してください。

▷エラーログ

デフォルトで/etc/my.cnfファイルの[mysqld-safe]セクションにlog-errorパラメータで設定されています。

▷クエリログ

クエリログは、アプリケーション開発時に便利なログです。デフォルトでは無効です。本書では、[mysqld]セクションにgeneral-logパラメータ、general-log-fileパラメータで設定します。

▷バイナリーログ

バイナリーログはレプリケーション（複製処理）等に使用します。本書では、[mysqld]セクションにlog-binパラメータで設定します。

バイナリーログは、ファイル名に「.index」が付いたファイルと、「.000001（6桁）から始まる番号」が付いたファイルが生成されます。再起動する毎に番号の付いたファイルがカウントアップされ新規作成されます。

▷スロークエリログ

パフォーマンスの低下につながっている処理を見つける際に使用されます。本書では、[mysqld]セクションにslow_query_log_fileパラメータやslow_query_timeパラメータで設定します。

以下に示すのは、各種ログを有効にした例です。

ログの設定

```
[...]# vi /etc/my.cnf
…（途中省略）…
general-log      ←クエリログの有効化
general-log-file=/var/log/mariadb/queries.log    ←ファイルの場所と名前

log-bin=/var/log/mariadb/binary     ←binary.000001という形式

long_query_time = 1   ←「遅い処理」のしきい値。秒単位
log-slow-queries = /var/log/mariadb/slow-query.log    ←ログの出力先の場所とファイル名
log_queries_not_using_indexes    ←インデックスが無効のクエリを検出
…（以降省略）…
```

MariaDBを再起動し、各種ログファイルが生成されているか確認します。

MariaDBの再起動とログファイル確認

```
[...]# systemctl restart mariadb.service
[...]# ll /var/log/mariadb/
合計 44
-rw-rw----. 1 mysql mysql   245 11月 24 10:48 binary.000001
-rw-rw----. 1 mysql mysql    31 11月 24 10:48 binary.index
-rw-r-----. 1 mysql mysql 28253 11月 24 10:48 mariadb.log
-rw-rw----. 1 mysql mysql  3042 11月 24 10:48 queries.log
-rw-rw----. 1 mysql mysql   346 11月 24 10:48 slow-query.log
```

14-5-9 PostgreSQL

PostgreSQLは、1970年代からのデータベース研究の実装であったIngresの後継として開発されました。IngresはさまざまなRDBMSに影響を与え、商用のSybaseやMicrosoft SQLサーバ等もIngresがベースになって発展しています。

PostgreSQLの特徴

PostgreSQLの特徴を挙げます。

▷ **全文検索機能**
独自の文法に基づき、インデックス（クエリを高速に処理する機能）を使用した全文検索が行えます。

▷ **関数処理**
関数（ストアド・プロシージャ）をPostgreSQLのサーバ側で定義できます。

▷ **関数インデックス機能**
通常のインデックス機能に加えて、関数呼び出し時でもインデックスを利用することができる関数インデックス機能を持ちます。

▷ **ORDBMS（オブジェクト関係データベース管理システム）**
RDBMSの一種であるORDBMSを利用することができます。

14-5-10 PostgreSQLのインストールと設定

PostgreSQLをインストールします。その後、firewalldとSELinuxの設定を行い、自動起動の有効化を行います。

PostgreSQLのパッケージ

PostgreSQLが使用するパッケージを以下に示します。

表14-5-12 PostgreSQLのパッケージ

パッケージ	概要
postgresql-server	PostgreSQL本体
postgresql	PostgreSQLのクライアント。psqlコマンドを使用してサーバにログインし、さまざまな処理を行う
postgresql-libs	PostgreSQLのライブラリ

PostgreSQLのインストール

PostgreSQLは標準リポジトリで提供されています。

PostgreSQLのインストール

```
[...]# yum install postgresql-server
....（実行結果省略）....
```

firewalldの設定

firewalldが動作している場合、PostgreSQLへのアクセスを許可します。

firewalldの設定

```
[...]# firewall-cmd --add-service=postgresql --zone=public --permanent
```
↑PostgreSQLのアクセスを許可

SELinuxの設定

サーバにSELinuxがEnforcing（強制モード）で動作している場合、デフォルトでは、PostgreSQLに対するアクセスが拒否となっているので、それらを許可します。

firewalldの設定

```
[...]# getsebool -a | grep postgresql | grep off
postgresql_can_rsync --> off
postgresql_selinux_transmit_client_label --> off
selinuxuser_postgresql_connect_enabled --> off

[...]# setsebool -P postgresql_can_rsync on
```

```
[...]# setsebool -P postgresql_selinux_transmit_client_label on
[...]# setsebool -P selinuxuser_postgresql_connect_enabled on

[...]# getsebool -a | grep postgresql
postgresql_can_rsync --> on
postgresql_selinux_transmit_client_label --> on
postgresql_selinux_unconfined_dbadm --> on
postgresql_selinux_users_ddl --> on
selinuxuser_postgresql_connect_enabled --> on
```

初期設定

PostgreSQLは初回のみデータベースを初期化する必要があります。初期化を行うには、**postgresql-setup**コマンドを使用します。

PostgreSQLの初期化

```
postgresql-setup initdb
```

PostgreSQLの初期化

```
[...]# postgresql-setup initdb
Initializing database ... OK
```

自動設定と起動

PostgreSQLの自動起動を有効にして、起動します。

自動起動の設定と起動

```
[...]# systemctl enable postgresql.service    ←PostgreSQLの自動起動の有効化
[...]# systemctl start postgresql.service     ←PostgreSQLの起動
```

14-5-11 PostgreSQLのディレクトリ階層

PostgreSQLの主なディレクトリやファイルを以下に示します。

表14-5-13　PostgreSQLのディレクトリ階層

ディレクトリ/ファイル		概要
/var/lib/pgsql/data	base	データベース格納ディレクトリ
	global	システム用ディレクトリ
	postgresql.conf	PostgreSQL全体設定ファイル
	pg_hba.conf	ホストベースの認証設定ファイル

14-5-12 PostgreSQLの日本語化対応

PostgreSQLでは、UTF-8で文字コードが設定されているので、変更は不要です。

14-5-13 PostgreSQLのユーザ管理

PostgreSQLのユーザは、システムのユーザとリンクすることや、独立したユーザを作成することもできます。

ユーザ定義

PostgreSQLをインストールすると、システムの一般ユーザとして「postgres」が作成されています。このユーザはpostgreSQLの管理者の権限を持っています。

ユーザ確認

```
[...]# grep postgres /etc/passwd
postgres:x:26:26:PostgreSQL Server:/var/lib/pgsql:/bin/bash
```

ユーザpostgresにはパスワードが設定されていないので、パスワードを設定します。

パスワード変更

```
[...]# passwd postgres
ユーザー postgres のパスワードを変更。
新しいパスワード：   ←本書では「training123」と入力
新しいパスワードを再入力してください：   ←再度「training123」と再入力
passwd: すべての認証トークンが正しく更新できました。
```

ログインとログアウト

PostgreSQLにログインします。ここでは、前項で定義したユーザpostgresで行います。以後、postgresユーザを用いて、いくつかの設定を確認していきます。

まずは、ユーザpostgresに切り替えます。

ユーザの変更

```
[...]# su - postgres
パスワード：   ←「training123」と入力
-bash-4.2$   ←プロンプトが変更された
```

ユーザpostgresにPostgreSQLのパスワードを設定します。パスワードの設定は、alter構文（SQL）を使用します。

PostgreSQLのパスワード設定

alter user ユーザ名 with password 'パスワード'

この構文を**psql**コマンドを用いて、PostgreSQLに送信します。送信するには、「-c」オプションと、送信するSQLを「"」（ダブルクォーテーション）で囲んで指定します。

PostgreSQLのパスワード設定
```
-bash-4.2$ psql -c "alter user postgres with password 'training'"
↑SQLを送信してパスワード設定
ALTER ROLE   ←パスワード更新終了
```

ログインするには、psqlコマンドを使用して、以下のように実行します。

PostgreSQLへのログイン

psql [-h ホスト名] [-U ユーザ名] [-d データベース名]

「-h」オプションを省略した場合は、localhostにログインします。「-U」オプションを省略した場合は、現在ログインしているユーザでログインします。「-d」オプションを省略した場合は、ログインしたユーザ名と同じ名前のデータベースにログインします。なお、ホスト名、ユーザ名、パスワード、データベース名のいずれも該当するものがない場合、ログインエラーとなります。

以下の例は、psqlコマンドでログインします。

ログイン
```
-bash-4.2$ psql   ←ログイン
パスワード：    ←「training」と入力
psql (9.2.15)
"help" でヘルプを表示します．

postgres=#   ←psqlのプロンプト
postgres=#
```

ログアウトするには、**\q**コマンドを使用します。

ログアウト
```
postgres=# \q
-bash-4.2$
```

「-bash-4.2$」から通常のプロンプトに戻るには、exitコマンドを実行します。

認証の変更

PostgreSQLのユーザ認証を変更します。PostgreSQLのデフォルトのユーザ認証は次のようになっています。

表14-5-14　主な認証方法

認証方式	概要
trust認証	PostgreSQLに接続できる全てのユーザが、任意のデータベースユーザ名として権限が付与される。そのため、テスト環境やスタンドアロンで特定のユーザしか利用しない場合等に使用
peer認証	OSからユーザ名を取得し、PostgreSQLのユーザとして利用。ローカル接続のみ有効な認証方式。PostgreSQLユーザとOSのユーザ両方を作成する必要がある
ident認証	RFC1413で標準化されたIdentification認証を行う。Unix系のOSに標準でサポートされている。identサーバで登録されているユーザをPostgreSQLのユーザとする。ただし、ローカル接続する場合、ident認証を使用せずに、peer認証となる
パスワード認証	PostgreSQL内でパスワードを管理する。そのため、OSにユーザを作成する必要はない
LDAP認証	LDAPサーバで認証を行う

今回は、peer認証やident認証ではなく、**パスワード認証**（MD5）で設定を行います。認証の変更は、**/var/lib/pgsql/data/pg_hba.conf**ファイルを編集します。

認証の変更

```
[...]# vi /var/lib/pgsql/data/pg_hba.conf
...（途中省略）...
# TYPE  DATABASE        USER            ADDRESS                 METHOD     ←❶
local   all             all                                     md5        ←❷
host    all             all             127.0.0.1/32            md5        ←❸
host    all             all             ::1/128                 md5        ←❹
...（以下省略）...
```

❶ヘッダ
❷METHODの「peer」を「md5」に変更
❸METHODの「ident」を「md5」に変更
❹METHODの「ident」を「md5」に変更

編集が終了したら、PostgreSQLを再起動します。

PostgreSQLの再起動

```
[...]# systemctl restart postgresql.service
```

ユーザの作成と削除

ユーザを作成するには、**createuser**コマンドを使用します。このコマンドを実行するには、PostgreSQLで管理者権限か、ユーザ生成の権限を持っている必要があります。

PostgreSQLのユーザの作成
createuser [-P オプション] 新規ユーザ名

「-P」オプションで指定することで、対話的にパスワードを設定できるようになります。続けてオプションを指定することで、特定の権限を持つユーザを作成することができます。

表14-5-15　createuserコマンドのオプション

オプション	説明
-P	パスワード設定
-s	スーパーユーザ権限の付与
-d	データベース作成権限の付与
-r	ユーザ作成権限の付与

　以下は、postgresユーザが、データベース作成権限を持つ新規ユーザ「user01」を作成する例です。

新規ユーザの作成

```
[...]# su - postgres
-bash-4.2$ createuser -P -d user01
新しいロールのためのパスワード：　←今回は「training」と入力
もう一度入力してください：　←再度「training」と入力
パスワード：　←postgresユーザのパスワード (training) を入力
-bash-4.2$
```

　ユーザを削除するには、**dropuser**コマンドを使用します。このコマンドを実行するには、PostgreSQL上で管理者権限か、ユーザ生成の権限を持っている必要があります。

PostgreSQLのユーザの削除

dropuser ユーザ名

　以下は、postgresユーザが上記で作成したユーザ「user01」を削除する例です。

ユーザの削除

```
-bash-4.2$ dropuser user01
パスワード：　←「training」と入力
```

ユーザの権限

　PostgreSQLのユーザのロールを見るには、**\du**コマンドを使用します。以下の例は、ユーザpostgresの権限を確認しています。

ロールの確認

```
-bash-4.2$ psql -U postgres    ←postgresユーザでログイン
ユーザ postgres のパスワード：    ←「training」と入力
... (途中省略) ...
postgres=# \du
                                ロール一覧
 ロール名   |                  属性                             | メンバー
-----------+---------------------------------------------------+---------
 postgres  | スーパーユーザ, ロールを作成できる, DBを作成できる, レプリケーション | {}
```

14-5-14 PostgreSQLのデータベース管理

現在のデータベースを確認するには、**current_database()**関数を使用します。

現在のデータベースの確認

```
-bash-4.2$ psql -U postgres
…(途中省略)…
postgres=# select current_database();
 current_database
------------------
 postgres
(1 行)
```

データベース一覧を確認するには、\lコマンドを使用します。

データベース一覧の確認

```
-bash-4.2$ psql -U postgres
…(途中省略)…
postgres=# \l
                                データベース一覧
   名前   |  所有者  | エンコーディング |  照合順序  | Ctype(変換演算子) |     アクセス権
----------+----------+------------------+------------+-------------------+---------------------
 postgres |postgres|UTF8              |ja_JP.UTF-8|ja_JP.UTF-8        |
…(以降省略)…
```

データベースの作成

PostgreSQLで新規データベースを作成するには、psqlコマンドでログインした後、**create database**コマンドを以下のように実行します。

データベースの作成

create database データベース名;

以下は、postgresユーザが「sample」データベースを作成する例です。

データベース作成

```
-bash-4.2$ psql -U postgres
…(途中省略)…
postgres=# create database sample;   ←sampleデータベースの作成
CREATE DATABASE
```

データベースの再接続

別のデータベースに接続し直すには、**\c**コマンドを使用します。データベース名を省略すると現在のデータベースに再接続します。ユーザを省略すると現在のユーザで再接続します。また、接続に失敗しても現在の接続は保持されています。

データベースの再接続

\c [データベース名] [ユーザ名];

以下は、postgresユーザが現在接続中の「postgres」データベースから、「sample」データベースに接続し直す例です。

データベース再接続

```
-bash-4.2$ psql -U postgres
…（途中省略）…
postgres=# \c sample;   ←sampleデータベースへ接続し直す
データベース "sample" にユーザ"postgres"として接続しました。
sample=#
```

データベースとの接続を切断する場合は、「\q」コマンドを使用します。

データベースの削除

PostgreSQLで既存のデータベースを削除するには、psqlコマンドでログインした後、**drop database**コマンドを以下のように実行します。

データベースの削除

drop database データベース名;

以下は、postgresユーザが「sample」データベースを削除する例です。

データベース削除

```
-bash-4.2$ psql -U postgres
…（途中省略）…
postgres=# drop database sample;   ←sampleデータベースの削除
DROP DATABASE
```

テーブルの作成

新規テーブルを作成するには、psqlコマンドでログインした後、**create table**コマンドを以下のように実行します。

> **テーブルの作成**
> **create table テーブル名 (**
>   **カラム名　型,**
>   **…**
>   **カラム名　型**
> **);**

最後のカラム定義の後に「,」を入れると構文エラーとなります。また、最後に「;」を入れないと構文エラーになります。

以下は、postgresユーザが「test」テーブルを「sample」データベースに作成する例です。

テーブルの作成
```
-bash-4.2$ psql -U postgres
…（途中省略）…
postgres=# \c sample;
sample=# create table test (      ←テーブル名は「test」
sample(# id int8,                 ←カラム名が「id」であり数値型（int8）
sample(# name char(010)           ←カラム名が「name」であり10文字までの文字列型（char（010））
sample(# );                       ←「;」を入れること
CREATE TABLE
sample=#
```

テーブルの確認

PostgreSQLであるデータベースのテーブル一覧を見るには、**\d**コマンドを使用します。

以下の例は、「sample」データベースのテーブルを確認しています。

テーブル一覧の確認
```
sample=# \d
            リレーションの一覧
 スキーマ | 名前 |   型   | 所有者
----------+------+--------+----------
 public   | test | テーブル | postgres
(1 行)
```

テーブルの削除

テーブルを削除するには、psqlコマンドでログインした後、**drop table**コマンドを以下のように実行します。

> **テーブルの削除**
> **drop table テーブル名**

以下は、postgresユーザが「sample」データベースの「test」テーブルを削除する例です。

テーブルの削除

```
sample=# drop table test;
DROP TABLE
```

14-5-15 PostgreSQLのバックアップとリストア

PostgreSQLでは、データベースのバックアップとリストアを行うことができます。

バックアップ（スクリプト形式）

PostgreSQLでバックアップを行うには、**pg_dump**コマンドを使用します。また、このコマンドはバックアップデータを標準出力するので、リストアする際は「＞」でリダイレクトします。バックアップされるファイルはスクリプト形式で出力されます。

PostgreSQLのバックアップ①

pg_dump データベース名 ＞ ファイル名

あるいは**pg_dumpall**コマンドを使用することで、全てのデータベースをバックアップできます。

PostgreSQLのバックアップ②

pg_dumpall ＞ ファイル名

以下の例は、「sample」データベースをバックアップします。

スクリプト形式でバックアップ

```
-bash-4.2$ pg_dump sample > backup1.sql
パスワード：   ←「training」と入力
```

バックアップ（アーカイブ方式）

バックアップファイルをアーカイブされた状態で出力することも可能です。その場合、**pg_dump**コマンドを以下のように実行します。

PostgreSQLのバックアップ（アーカイブ）

pg_dump -F[c | t]データベース名 ＞ ファイル名

「-F」オプションでバックアップファイルの形式を指定します。「-Fc」とすると、PostgreSQLオリジナルのcustom形式で出力されます。「-Ft」とすると、tar形式で出力されます。

以下は、「sample」データベースをtar形式でバックアップする例です。pg_dumpコマンドはデータベース毎にバックアップを取りますが、全てのデータベースのバックアップを取りたい場合は、pg_dumpallコマンドを使用します。ただし、バックアップ形式は平文のみです。

アーカイブ形式でバックアップ

```
-bash-4.2$ pg_dump -Ft sample > backup2.tar
パスワード：　←「training」と入力
```

リストア（スクリプト形式）

スクリプト形式でバックアップを行った場合は、**psql**コマンドとリダイレクト（<）でリストアを行います。

PostgreSQLのリストア
psql データベース名 < ファイル名

以下の例は、バックアップファイル「backup1.sql」を「sample」データベース上にリストアします。

スクリプト形式でリストア

```
-bash-4.2$ psql sample < backup1.sql
パスワード：　←「training」と入力
...（以降省略）...
```

リストア（アーカイブ形式）

アーカイブ形式でバックアップを行った場合は、**pg_restore**コマンドを以下のように実行してリストアを行います。

PostgreSQLのリストア（アーカイブ形式）
pg_restore -d データベース名 -F[c | t] -c ファイル名

「-F」オプションでバックアップファイルの形式を指定します。「-Fc」とすると、PostgreSQLオリジナルのcustom形式が指定されます。「-Ft」とするとtar形式が指定されます。

以下の例は、tar形式のアーカイブファイル「backup2.tar」を「sample」データベース上にリストアします。

アーカイブ形式でリストア

```
-bash-4.2$ pg_restore -d sample -Ft -c backup2.tar
パスワード：　←「training」と入力
```

14-5-16 PostgreSQLのログ管理

PostgreSQLのログは、**postgres.conf**ファイルで設定することができます。

ログの出力先

PostgreSQLのログは4種類に分けられます。デフォルトはファイル出力であり、**/var/lib/pgsql/data/pg_log**ディレクトリ以下に出力されます。

表14-5-16　ログの出力先の種類

ログの出力先	パラメータと値	説明
ファイル	log_destination = 'stderr' logging_collector = on	ファイルにログを出力する設定。デフォルト設定
ファイル (csv形式)	log_destination = 'csvlog' logging_collector = on	CSV形式でログを出力する設定
syslog	log_destination = 'syslog'	syslogにログを出力する設定
外部処理	log_destination = 'eventlog'	標準出力にログを出力し、それを他のシステムに受け取らせる設定

ログの設定

出力先やファイル名の指定、ログローテーションの時間またはサイズ等の設定を行うことができます。

表14-5-17　ログの設定

パラメータ	説明
log_directory	ファイル出力する場合のログの出力先ディレクトリ
log_filename	ログのファイル名。オプションとして、%Y(年)、%m(月)、%d(日)、%a(曜日)、%H(時)、%M(分)等がある
log_destination = 'syslog'	syslogにログを出力する設定
log_truncate_on_rotation	ログローテーション設定
log_rotation_age	ローテーションする時間の設定。1d(1日)数字(時間)
log_rotation_size	ローテーションするサイズ。1〜2097151KBの間で指定可能。「0」だとサイズによるローテーションを行わない

以下に示すパラメータによって、出力するログの種類を設定できます(以下に示すのは主なパラメータです)。

表14-5-18 出力するログの種類

ログの種類	関連パラメータ	デフォルトの値	説明
サーバエラ用ログ	log_min_messages	WARNING	PostgreSQLのエラーを表示
クエリ表示ログ	log_statement	none	ログに残すSQLの種類（none、ddl、mod、all）
エラークエリ表示ログ	log_min_error_statement	ERROR	SQL文にエラーがあった場合の記録
コネクション用ログ	log_connections	off	クライアントが接続、切断した場合の記録
	log_disconnections	off	
スロークエリ用ログ	log_min_duration_statement	-1	遅いクエリ処理があった場合の記録。ミリ秒で指定。「-1」なら無効

　また、パラメータで設定するDEBUG1〜5、INFO等のログのレベルは以下のようになります。下になるほど深刻度が高くなります。

表14-5-19 ログの出力レベル

パラメータ	syslog使用時のパラメータ名	説明
DEBUG1〜5	DEBUG	開発、デバッグ用の情報を表示
INFO		ユーザによって暗黙的にリクエストされた情報を表示
NOTICE		ユーザにとって補助になる情報を表示
WARNING	NOTICE	ユーザへの警告となる情報を表示
ERROR	WARNING	現在の処理が中断になった原因を表示
LOG	INFO	管理者にとって関心のある情報を表示
FATAL	ERR	現在のセッションが中断になった原因を表示
PANIC	CRIT	全てのデータベースのセッションが中断になった原因を表示

Part 4

セキュリティ技術と対策ツール

Chapter 15
セキュリティ対策

- 15-1 Linuxセキュリティの概要
- 15-2 暗号化と認証
- 15-3 iノード属性フラグと拡張属性
- 15-4 監視と検知
- 15-5 SSH
- 15-6 SELinux
- 15-7 Netfilter
- 15-8 TCP Wrapper
- 15-9 System Security Services Daemon

□ Chapter15 | セキュリティ対策

15-1 Linuxセキュリティの概要

15-1-1 コンピュータのセキュリティ

コンピュータのセキュリティにおいては主に、情報漏洩・盗聴に対する対策、侵入に対する防御、侵入の検知、侵入された後の処置が求められます。

以下は、Linuxにおける対策の概要です。

15-1-2 情報漏洩・盗聴に対する対策

情報漏洩・盗聴に対しては、以下のような対策が求められます。

ネットワークパケットの盗聴への対策

http、telnet、ftpは暗号化されていない平文による通信のため盗聴が可能です。

Webサーバ↔クライアント間の通信では、httpではなくhttpsで、ホスト間の通信ではtelnetやftpではなくsshを使用することで、公開鍵暗号方式の通信によりパケットの盗聴を防ぐことができます。

ローカルシステムの情報漏洩への対策

システム管理者およびユーザは、ファイルのパーミッション、ACL（Access Control List）を適切に設定することで情報漏洩を防ぐ必要があります。

また、このようなユーザの管理に依存することのないSELinux等の強制アクセス制御方式のLSM（Linux Security Modules）を使用し、独立したセキュリティポリシーで管理する方法もあります。

15-1-3 侵入に対する防御

ネットワークからの侵入を防ぐことが主たる対策になります。

ネットワークからの侵入に対する防御

ネットワークからの侵入を防ぐ方法としては、以下のものがあります。

▷ダウンロードに対する注意

誤って不正なソフトウェアをダウンロード、インストールし、そこからシステムに侵入されないように、以下のような注意が必要です。

・パッケージは、標準リポジトリや信頼できるリポジトリからダウンロードする
・詐欺メール（フィッシングメール）に注意し、不用意に添付ファイルを開いたり、Webのリンク先をクリックしない

▷ソフトウェアを最新のバージョンに保つ

　ソフトウェアの脆弱性を利用してシステムに侵入されないように、発見された脆弱性を修正した最新のバージョンに保つ必要があります。

▷不必要なサービスは起動しない

　サービスを提供するソフトウェアの脆弱性を利用して侵入されないように、不必要なサービスは起動しないようにします。

▷ファイアウォールを適切に設定する

　Netfilter、TCP Wrapper等を利用し、また各サーバのアクセス制御を適切に設定することで、不正なアクセスを拒否する必要があります。

▷セキュリティの高い認証方式を使用する

　ブルートフォースアタックによるパスワード解読を回避するために、パスワード認証は禁止し、公開鍵認証を使用します。

▷rootでのログインを禁止する

　rootユーザでのログインを禁止することによって、root権限での操作のためには、一般ユーザでログインした後にsuコマンド等でroot権限を取得することになります。そうすることで、一般ユーザのユーザ名とパスワード（あるいは秘密鍵とパスフレーズ）、それに加えてrootのパスワードの入力が必要になり、セキュリティを高めることができます。

　また、suコマンドの実行はログファイル/var/log/secureに記録されるため、root権限で操作した侵入者を限定しやすくなります（ただし、侵入後にrootkitのようなマルウェア（不正ソフトウエア）はログを書き換えて侵入を隠蔽するものがあります）。

▷インターネット上のサーバには秘密鍵は置かない

　万一侵入されて秘密鍵を盗まれた場合、その秘密鍵を使用して通信する他のホストへの侵入も許すことになり、被害が拡大します。たとえ暗号化された秘密鍵でも解説される可能性があるので、インターネット上のサーバには秘密鍵は置かないようにします。

▷IPS/IDSを使用する

　Snort等のIPS（Intrusion Prevention System：侵入防御システム）/IDS（Intrusion Detection System：侵入検知システム）を使用することで、システムへの侵入に繋がる可能性のある不正なアクセスを拒否、あるいは検知することができます。なお、Linuxにおいても新しいマルウェアが増える傾向にあり、パケット検知の元になるデータベースは最新の状態に保つ必要があります。

▷ソフトウェア/サービスをできるだけ分散する

　特定のソフトウェアやその設定の脆弱性により不正侵入された場合の他のサービスへの影響を防ぐために、できるだけ分散して管理するのが望ましい管理形態です。例えばWebアプリケーションの脆弱性により侵入された場合、Webサーバが独立したホストで稼働していれば他のメールサーバやデータベースサーバが影響を受けることは基本的にありませんが、同一ホストで稼働している場合はそれらのサービスやデータに侵入がないか、不正利用されていないかを調査する必要があり、また復旧作業を行う際も、他のサービスに影響が出ないように配慮して作業しなければなりません。

ローカルシステムの不正使用対策

ローカルシステムの不正使用を防ぐ方法としては、以下のものがあります。

・ブートローダにパスワードを設定する
・USB、CDROM/DVD等の外部デバイスの使用を無効にする

15-1-4 侵入の検知

　侵入に対する防御手段を適切に行っていたとしても、ソフトウェアの脆弱性等によってシステムに侵入されてしまう可能性があります。その場合は、できるだけ早く侵入を検知して被害を最小限に食い止めなければなりません。

システムアクティビティの監視

　常時、あるいはシステムの不審な動作状態に気づいた時に、プロセス、メモリ、ディスク、ネットワークのアクティビティの監視を続けて、問題を見極める必要があります。

　このために役立つコマンドとして、top、ps、vmstat、netstat、lsof、tcpdump等があります（ただし、侵入後にこの種のコマンドを入れ替えて侵入を隠蔽するrootkitのようなマルウェアもあります）。

　リアルタイムにリソースを監視するグラフィカルツールgnome-system-monitor（「アプリケーション」→「システムツール」→「システムモニター」）もあります。

　また、サーバのログ（例：/var/log/httpd/access_log）を「tail -f」コマンドでリアルタイムに監視するのも有効な方法です。

図15-1-1　gnome-system-monitor

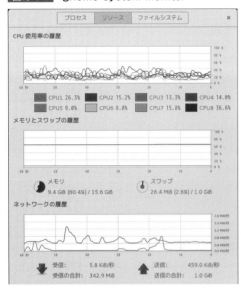

システムログの監視

ユーザのログインは日時とリモートのホスト名（IPアドレス）と共に/var/log/wtmpに記録され、lastコマンドで表示できます。これにより不正なログインがなかったか確認ができます。

/var/log/secureファイルにはユーザのログインアクセスとsuコマンドによるユーザの変更および、その成功/失敗の結果が記録されます。このファイルをモニターすることにより、ブルートフォースアタックも検知できます（ただし、侵入後にログを書き換えて侵入を隠蔽するrootkitのようなマルウェアもあります）。

侵入・改ざん検知ツールを使用する

ファイルの改ざんを検知するTripwire、rootkitの侵入を検知をするchkrootkit等が利用できます。ただしrootkitは検知ツールへの対応等で改訂される場合もあり、そのような場合はchkrootkitも改訂版に対応していないと検知できません。

Tripwireは検知対象となる正常パターンのデータベースを作成し、このデータベースを暗号化して保護することでデータベース自身を改ざんされないように作られています。定期的に正常パターンと現在の状態を比較し、異常があった場合はレポートを作成して通知します。

正常パターンと現在の状態をハッシュ値を使って比較するため、侵入者がroot権限を奪取した場合でもデータベースを破壊することはできても改ざんしたことを隠蔽することはできません。

15-1-5 侵入された後の対処

システムに侵入された場合、root権限を奪取されたか、アプリケーションの実効ユーザを奪取されたかで対処方法は異なります。

root権限を奪取された場合

root権限が奪取された場合は、いかなることも可能となります。その場合はOSの再インストールが必要です。

また、認証情報が盗まれている可能性があるので、全てのユーザ認証情報の再作成（キーペアの新規作成、パスワードの新規設定）が必要です。

アプリケーションの実効ユーザを奪取された場合

アプリケーションがアクセス可能なファイルシステム内と、アプリケーションが使用するデータベース内にバックドア（侵入口）が作成されている可能性があるため、バージョンを更新してアプリケーションの脆弱性を修正するだけでなく、基本的にはアプリケーションの再インストールとデータベースの再構築が必要です。

そのためには、侵入される前のファイルとデータベースのバックアップを使って復元しなければなりません。このように、侵入された場合に備えて定期的なバックアップが必要です。

15-2 暗号化と認証

15-2-1 Linuxにおける認証方式

Linuxで使用されている主な暗号化方式と認証方式を紹介します。

パスワード認証

パスワード認証はユーザ名（ユーザID）とパスワードを使用した認証方式です。端末からのローカルシステムへログインする時、あるいはメールサーバ、SSHサーバ、FTPサーバ等へのネットワーク経由のログインの時に、**PAM**（Pluggable Authentication Modules）のpam_unix.soモジュールにより、ユーザデータベースである**/etc/passwd**と**/etc/shadow**を参照して行われます。

パスワードの暗号化

パスワードの暗号化方式はCentOS 7のデフォルトでは**sha512**です。他に、PAMの設定によってmd5、bigcrypt、sha256、blowfishも使用できます。

ユーザデータベースとしては/etc/passwdと/etc/shadowの他に、設定によりLDAPやNISを使用することもできます。

PAM

PAMは、アプリケーションのユーザ認証を行う仕組みです。PAMは個々のアプリケーションから独立した認証機構であり、アプリケーションはPAMの共有ライブラリ「libpam.so」を呼び出すことにより、アプリケーション毎にPAMで設定した認証方式を利用できます。

パスワード認証はpam_unix.soモジュール、LDAP認証はpam_ldap.soモジュール等、PAMの設定ファイルの記述により認証方式を選択できます。また、認証モジュールに与える引数によりパスワードの暗号化方式をDESあるいはMD5に指定する等、モジュールの動作を変更できます。

図15-2-1　PAMの概要

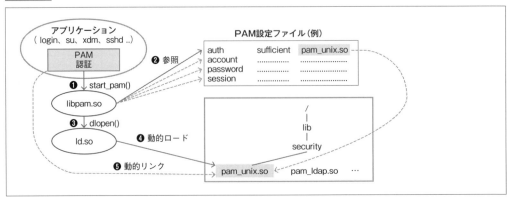

PAMの設定ファイルは、**/etc/pam.conf**ファイルあるいは**/etc/pam.d**ディレクトリの下のファイルが参照されます。/etc/pam.dディレクトリがある場合は/etc/pam.confは無視されます。CentOS 7では、/etc/pam.dディレクトリを利用しています。

/etc/pam.dの下には、PAMを利用するアプリケーション毎の設定ファイルが置かれています。以下は、CentOS 7.2の例です。

/etc/pam.dディレクトリ

```
[...]# ls -F /etc/pam.d
atd                       gdm-password         postlogin-ac         su
chfn                      gdm-pin              ppp                  su-l
chsh                      gdm-smartcard        remote               sudo
config-util               liveinst             runuser              sudo-i
crond                     login                runuser-l            system-auth@
cups                      other                seaudit              system-auth-ac
dovecot                   passwd               setup                systemd-user
fingerprint-auth@         password-auth@       smartcard-auth@      vlock
fingerprint-auth-ac       password-auth-ac     smartcard-auth-ac    vmtoolsd
gdm-autologin             pluto                smtp@                vsftpd
gdm-fingerprint           polkit-1             smtp.postfix         wbem
gdm-launch-environment    postlogin@           sshd                 xserver
```

設定ファイルは各アプリケーションのインストールによって用意されます。設定ファイルの書式は次のようになります。

設定ファイルの書式

タイプ 制御フラグ モジュール 引数

PAMの機能には次の4つのタイプがあります。タイプを設定ファイルの第1フィールドに指定します。

表15-2-1　PAMのタイプ

タイプ	説明
auth	ユーザ認証を行う
account	アカウントのチェックを行う
password	パスワードの設定を行う
session	ロギングを含む認証後の処理を行う

制御フラグは、指定したモジュールの実行結果をどう処理するかを指定します。また、他のファイルを参照する指定もこのフィールドで行います。

表15-2-2　PAMの制御フラグ

制御フラグ	説明
required	「成功(success)」が必須のモジュール。「成功」した場合は同じタイプの次のモジュールを実行する。「失敗(fail)」した場合も同じタイプのモジュールの実行を継続する
requisite	「成功」が必須のモジュール。「成功」した場合は同じタイプの次のモジュールを実行する。「失敗」した場合は同じタイプのモジュールの実行は行わない
sufficient	それ以前のrequiredモジュールが「成功」していてこのモジュールが「成功」した場合はこのタイプは「成功」となり他のモジュールは実行されない。「失敗」した場合は次のモジュールを実行する（前のrequisiteが失敗していればsufficient行は実行されないので、前にrequisiteがあった場合は成功している）
optional	同じタイプのモジュールが他にないか、同じタイプの他のモジュールの結果が全て「無視(ignore)」となった場合にこのモジュールの結果がタイプの「成功」か「失敗」かを決定する。それ以外の場合は、このモジュールの結果はタイプの「成功」か「失敗」かには関係しない
include	第3フィールドで指定したファイルをインクルードする

モジュールには、動的にリンクして実行するファイルを指定します。主なモジュールには次のものがあります。

表15-2-3　PAMの主なモジュール

モジュール	説明
pam_unix.so	/etc/passwdと/etc/shadowによるUnix認証を行う
pam_ldap.so	LDAP認証を行う
pam_rootok.so	rootユーザのアクセスを許可する
pam_securetty.so	/etc/securettyファイルに登録されたデバイスからのアクセスだけを許可する
pam_nologin.so	/etc/nologinファイルが存在する場合はroot以外のユーザのログインを拒否する
pam_wheel.so	ユーザがwheelグループに所属しているかチェックする
pam_cracklib.so	パスワードの安全性をチェックする
pam_permit.so	アクセスを許可する。常に「成功」となる
pam_deny.so	アクセスを拒否する。常に「失敗」となる

モジュールに引数を付加することにより、モジュールによる処理や動作を指定できます。

以下は、ほとんどのアプリケーションの設定ファイルにインクルードされる**system-auth**ファイルの例です。pam_unix.soモジュールによるパスワードの設定について、「sha512」で暗号化方式にsha512を、「shadow」で/etc/shadowファイルを使うことを、「nullok」でパスワードなしのアカウントの許可を設定しています。

/etc/pam.d/system-authの設定例

```
[...]# cat /etc/pam.d/system-auth
... (途中省略) ...
password    sufficient     pam_unix.so sha512 shadow nullok try_first_pass use_authtok
... (以降省略) ...
```

/etc/pam.dの下には、ユーザの切り替えを行うsuコマンドの設定ファイルが置かれています。以下は、suコマンドの設定例です。

/etc/pam.d/suの設定例（抜粋）

```
[...]# cat /etc/pam.d/su
... (途中省略) ...
タイプ              制御フラグ          モジュール
- - - - - - - - - - - - - - - - - - - - - - - - - - - - - - - - -
auth                sufficient          pam_rootok.so
auth                required            pam_unix.so
account             required            pam_unix.so
password            required            pam_unix.so
session             required            pam_unix.so
... (以降省略) ...
```

ベーシック認証

ベーシック認証はHTTPによるパスワード認証です。クライアントがWebサーバにアクセスする時、Webサーバはユーザ名（ユーザID）とパスワードを格納したファイルを参照して、クライアントの認証を行います。

詳細は「13-2 Webサーバ」（→ p.646）を参照してください。

ダイジェスト認証

ダイジェスト認証は、クライアントがユーザ名（ユーザID）とパスワードをハッシュ化してHTTPで送る認証方法です。

詳細は「13-2 Webサーバ」を参照してください。

公開鍵認証

公開鍵暗号は**非対称型暗号方式**とも呼ばれ、暗号化と復号の鍵が異なる方式です。秘密鍵を乱数で生成し、その秘密鍵から公開鍵を、大きな2つの素数の積や離散対数により算出します。その逆方向の演算（公開鍵から秘密鍵）は膨大な計算量のために実質的に不可能です。公開鍵暗号はこの仕組みを利用したものです。データ送信側は受信側から事前に取得してある公開鍵でデータを暗号化して受信側に送り、受信側では自分の秘密鍵でデータを復号します。

公開鍵認証では、被認証側が自分の秘密鍵で認証データを作成して認証側に送り、認証側では被認証側の公開鍵で認証データを検証します。

図15-2-2 公開鍵暗号と公開鍵認証の原理

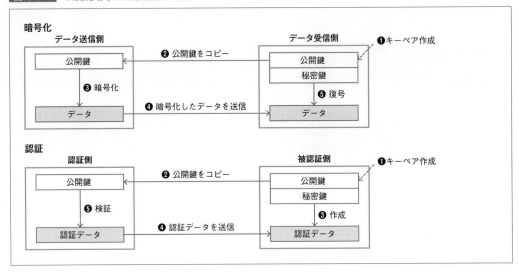

ケルベロス認証

ケルベロス(Kerberos)は、マサチューセッツ工科大学(MIT)で開発されたユーザ認証システムです。Kerberosではネットワーク上にある**Kerberosサーバ(KDC)**がユーザ名やユーザのキー等、ユーザの認証情報を管理します。「Kerberos」という名前は、ギリシャ神話に出てくる、冥府の門を守る犬の名前から付けられました。

ケルベロス認証はCentOS 7では、Windows Active Directoryの互換機能を提供する**Samba4 Active Directory**で使用されています(CentOS 7.2ではまだSamba4 Active DirectoryのRPMパッケージは提供されておらず、Sambaプロジェクトのソースコードからコンパイルして使用します)。

図15-2-3 Kerberos認証の概要

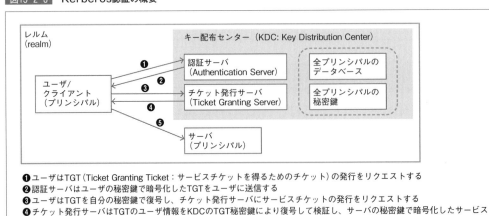

ユーザ（クライアント）はサービスを受けたいサーバに接続する前に、まずKerberosサーバに接続して、サーバとの通信で使用するチケットを受け取り、それを使用してサーバにアクセスします。
　Kerberosサーバとユーザ間の通信、サーバとユーザ間の通信は暗号化されているため、平文のパスワードが流れることはありません。したがって、ネットワーク上で認証情報を盗聴される危険性はありません。
　なお、Kerberosのバージョンは、v1/v2/v3/v4/v5と改訂されています。

- **v1/v2/v3**：MIT内部で開発された初期バージョン
- **v4**：1989年にMITの外部に公開された最初のバージョン
- **v5**：v4に機能を追加しセキュリティを強化した最新バージョン。RFC4120、4121により規定されている

15-2-2 暗号化コマンド

　CentOS 7では、**gpg**、**openssl**、**zip**等のコマンドでファイルを暗号化することができます。ここでは、gpgコマンドによる暗号化の手順を紹介します。
　GPG（GNU Privacy Guard）は、公開鍵暗号PGP（Pretty Good Privacy）の標準仕様である**OpenPGP**のGNUによる実装であり、暗号化と署名を行うツールです。Linuxでは、GPGはソフトウェアパッケージの署名と検証にも使われています。
　ユーザがgpgコマンドで初めてGPG鍵を生成すると、次のように「~/.gnupg」ディレクトリが作成され、その下にファイルが作成されます。

図15-2-4　~/.gnupg ディレクトリ内のファイル

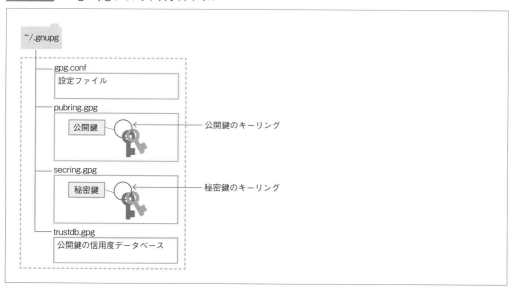

秘密鍵と公開鍵の作成

以下は、ユーザyukoが**gpg --gen-key**コマンドを実行して、秘密鍵と公開鍵のキーペアを作成する例です。

コマンドを入力すると、対話形式で情報を入力できます。また、「~/.gnupg」ディレクトリが作成され、その下に鍵を格納するファイル等が作成されます。

gpgコマンドによる秘密鍵と公開鍵のキーペアの作成

```
[yuko@centos7 ~]$ gpg --gen-key
…（途中省略）…

ご希望の鍵の種類を選択してください:
   (1) RSA and RSA (default)
   (2) DSA and Elgamal
   (3) DSA （署名のみ）
   (4) RSA （署名のみ）
選択は？ 1   ←この例ではデフォルトの(1)を選択
RSA keys may be between 1024 and 4096 bits long.
What keysize do you want? (2048)   ←この例ではデフォルトの2048ビットを選択
要求された鍵長は2048ビット
鍵の有効期限を指定してください。
         0 = 鍵は無限
      <n>  = 鍵は n 日間で満了
      <n>w = 鍵は n 週間で満了
      <n>m = 鍵は n か月間で満了
      <n>y = 鍵は n 年間で満了
鍵の有効期間は？ (0)   ←この例ではデフォルトの0（無期限）を選択
Key does not expire at all
これで正しいですか？ (y/N) y   ←正しければ「y」を入力

You need a user ID to identify your key; the software constructs the user ID
from the Real Name, Comment and Email Address in this form:
    "Heinrich Heine (Der Dichter) <heinrichh@duesseldorf.de>"

本名: Yuko Tama   ←本名を入力する
電子メール・アドレス: yuko@centos7.com   ←メールアドレスを入力する
コメント: Just Sample   ←コメントを入力する
次のユーザーIDを選択しました:
    "Yuko Tama (Just Sample) <yuko@centos7.com>"

名前(N)、コメント(C)、電子メール(E)の変更、またはOK(O)か終了(Q)？ O   ←OKであれば「O」を入力
秘密鍵を保護するためにパスフレーズがいります。
パスフレーズを入力:   ←パスフレーズを入力（GUI環境の場合は入力ダイアログが開く）

gpg-agent[2430]: ディレクトリー「/home/yuko/.gnupg/private-keys-v1.d」ができました
今から長い乱数を生成します。キーボードを打つとか、マウスを動かすとか、ディスクにアクセスするとかの他のことをすると、
乱数生成子で乱雑さの大きないい乱数を生成しやすくなるので、お勧めいたします。

gpg: /home/yuko/.gnupg/trustdb.gpg: 信用データベースができました
gpg: 鍵A5AB2E58を絶対的に信用するよう記録しました
公開鍵と秘密鍵を作成し、署名しました。

gpg: 信用データベースの検査
gpg: 最小の「ある程度の信用」 3、最小の「全面的信用」 1、PGP信用モデル
gpg: 深さ: 0 有効性:   1 署名:   0 信用: 0-, 0q, 0n, 0m, 0f, 1u
pub   2048R/A5AB2E58 2016-06-22
```

```
                    指紋 = 2AF3 4A51 659F 82D8 AE82  5185 6487 9656 A5AB 2E58
uid                      Yuko Tama (Just Sample) <yuko@centos7.com>
sub       2048R/17BE90BC 2016-06-22
```

暗号化にはgpgコマンドのオプション「--encrypt」または「-e」を指定し、オプション「--recipient」または「-r」で受信者ID（メールアドレス）を指定します。

送信者は受信者の公開鍵でデータを暗号化して受信者に送り、受信者は自分の秘密鍵でデータを復号します。

以下の例では、ユーザyukoは公開鍵リング（pubring.gpg）から自分の公開鍵を取り出してファイルに格納します。公開鍵の取り出しには「--export」オプションを使用します。

gpgコマンドによる公開鍵の取り出し

```
[yuko@centos7 ~]$ gpg --export yuko@centos7.com > gpg-pub-yuko.key
[yuko@centos7 ~]$ ls -l gpg-pub-yuko.key
-rw-r--r-- 1 yuko users 1192  6月 22 14:23 2016 gpg-pub-yuko.key
```

ユーザyukoはこのファイルをメール添付等で受信者に送るか、公開鍵サーバにアップして誰でも入手できるようにします。

公開鍵での暗号化

受信者であるユーザryoは、ユーザyuko（送信者）の公開鍵を取得したら、それを自分の公開鍵リングに登録し、その後、yukoの公開鍵で送信データを暗号化します。

gpgコマンドによる公開鍵での暗号化

```
[ryo@centos7 ~]$ gpg --import gpg-pub-yuko.key   ←❶
gpg: 鍵A5AB2E58: 公開鍵"Yuko Tama (Just Sample) <yuko@centos7.com>"を読み込みました
gpg:       処理数の合計: 1
gpg:            読込み: 1  (RSA: 1)

[ryo@centos7 ~]$ gpg --list-keys   ←❷
/home/ryo/.gnupg/pubring.gpg
----------------------------
pub   2048R/6CDE94D3 2016-06-22
uid                  Ryo Musashi (Just Sample) <ryo@centos7.com>
sub   2048R/8A4E4038 2016-06-22

pub   2048R/A5AB2E58 2016-06-22   ←❸
uid                  Yuko Tama (Just Sample) <yuko@centos7.com>
sub   2048R/17BE90BC 2016-06-22

[ryo@centos7 ~]$ cat secret-document.txt
**************************
これは秘密の文書です。
どうぞよろしくお願いします。
by Ryo
**************************

[ryo@centos7 ~]$ gpg --encrypt --recipient yuko@centos7.com secret-document.txt   ←❹
gpg: 17BE90BC: この鍵が本当に本人のものである、という兆候が、ありません

pub  2048R/17BE90BC 2016-06-22 Yuko Tama (Just Sample) <yuko@centos7.com>
```

```
主鍵の指紋： 2AF3 4A51 659F 82D8 AE82  5185 6487 9656 A5AB 2E58
副鍵の指紋： D5BC 7202 FEBD FBC4 9A72  A5CC 722D CF97 17BE 90BC
```

この鍵は、このユーザIDを名乗る本人のものかどうか確信できません。今から行うことを＊本当に＊理解していない場合には、次の質問にはnoと答えてください。

それでもこの鍵を使いますか？（y/N）y　←❺

❶ryoはyukoの公開鍵を自分の公開鍵リング（pubring.gpg）に登録（import）する
❷自分の公開鍵リングに登録された公開鍵を表示（--list-public-keysオプションと同じ）
❸yukoの公開鍵が追加された
❹データの送り先のyukoの公開鍵で暗号化
❺使用する場合は「y」を入力

秘密鍵での復号

ユーザyukoは、ユーザryoから送られてきた暗号化ドキュメントを自分の秘密鍵で復号します。

gpgコマンドによる秘密鍵での復号

```
[yuko@centos7 ~]$ gpg --output secret-document.txt  --decrypt secret-document.txt.gpg
↑自分の秘密鍵で復号

次のユーザーの秘密鍵のロックを解除するにはパスフレーズがいります:"Yuko Tama (Just Sample) <yuko@centos7.
com>"
2048ビットRSA鍵、ID 17BE90BC作成日付は2016-06-22（主鍵ID A5AB2E58）

gpg: 2048-ビットRSA鍵、ID 17BE90BC、日付2016-06-22に暗号化されました
     "Yuko Tama (Just Sample) <yuko@centos7.com>"

[yuko@centos7 ~]$ cat secret-document.txt
****************************
これは秘密の文書です。
どうぞよろしくお願いします。
by Ryo
****************************
```

15-2-3 公開鍵証明書

　公開鍵証明書（デジタル証明書）は、公開鍵の正当性を証明する証明書です。公開鍵、発行者（Issuer）の情報、主体者（Subject：公開鍵の所有者）の情報、有効期間、署名アルゴリズム等の情報を含みます。
　Web、メール、LDAP等のサーバは、通信開始時のクライアントからのリクエストに対して、自己の公開鍵の正当性を証明するために公開鍵証明書をクライアントに対して提示します。また、サーバがクライアントを認証する場合には、通信開始時のサーバからのリクエストに対して、クライアントは自己の公開鍵の正当性を証明するために、公開鍵証明書をサーバに対して提示します。
　サーバの公開鍵証明書は**サーバ証明書**とも呼ばれます。クライアントの公開鍵証明書は**クライアント証明書**とも呼ばれます。
　PKI（Public Key Infrastructure：公開鍵基盤）の規格であるX.509では、公開鍵証明書の形式を定めており、1997年に定められたバージョン3（v3）が広く使用されています。

X.509 v3の公開鍵証明書の形式

証明書 (Certificate)
    バージョン (Version)
    通し番号 (Serial Number)
    アルゴリズムID(Algorithm ID)
    発行者 (Issuer)
    有効期間 (Validity)
        開始 (Not Before)
        満了 (Not After)
    主体者 (Subject)
    主体者の公開鍵情報 (Subject Public Key Info)
        公開鍵アルゴリズム (Public Key Algorithm)
        主体者の公開鍵 (Subject Public Key)
    発行者の一意な識別子 (予備) (Optional)
    主体者の一意な識別子 (予備) (Optional)
    拡張 (予備) (Optional)
    …
証明書の署名アルゴリズム (Certificate Signature Algorithm)
証明書の署名 (Certificate Signature)

    X.509 v3 公開鍵証明書は、**認証局**（**CA**：Certification Authority）によって発行されます。
    PKIは、ルートCAからなる証明書の階層構造、あるいは単一のCA、証明書の**登録局**（**RA**：Registration Authority）、証明書の**検証局**（**VA**：Validation Authority）、**証明書ポリシー**（**CP**：Certificate Policy）、証明書の発行/失効等の**運用規定**（**CPS**：Certification Practice Statement）、証明書を利用するユーザ、証明書を利用するサーバやクライアントシステム等から構成されます。

GlobalSign社のCA証明書の例

```
Certificate:
    Data:
        Version: 3 (0x2)
        Serial Number:
            2a:38:a4:1c:96:0a:04:de:42:b2:28:a5:0b:e8:34:98:02
    Signature Algorithm: ecdsa-with-SHA256
        Issuer: OU=GlobalSign ECC Root CA - R4, O=GlobalSign, CN=GlobalSign
        Validity
            Not Before: Nov 13 00:00:00 2012 GMT
            Not After : Jan 19 03:14:07 2038 GMT
        Subject: OU=GlobalSign ECC Root CA - R4, O=GlobalSign, CN=GlobalSign
        Subject Public Key Info:
            Public Key Algorithm: id-ecPublicKey
                Public-Key: (256 bit)
                pub:
                    04:b8:c6:79:d3:8f:6c:25:0e:9f:2e:39:19:1c:03:
                    a4:ae:9a:e5:39:07:09:16:ca:63:b1:b9:86:f8:8a:
                    57:c1:57:ce:42:fa:73:a1:f7:65:42:ff:1e:c1:00:
                    b2:6e:73:0e:ff:c7:21:e5:18:a4:aa:d9:71:3f:a8:
                    d4:b9:ce:8c:1d
                ASN1 OID: prime256v1
```

```
        X509v3 extensions:
            X509v3 Key Usage: critical
                Certificate Sign, CRL Sign
            X509v3 Basic Constraints: critical
                CA:TRUE
            X509v3 Subject Key Identifier:
                54:B0:7B:AD:45:B8:E2:40:7F:FB:0A:6E:FB:BE:33:C9:3C:A3:84:D5
    Signature Algorithm: ecdsa-with-SHA256
         30:45:02:21:00:dc:92:a1:a0:13:a6:cf:03:b0:e6:c4:21:97:
         90:fa:14:57:2d:03:ec:ee:3c:d3:6e:ca:a8:6c:76:bc:a2:de:
         bb:02:20:27:a8:85:27:35:9b:56:c6:a3:f2:47:d2:b7:6e:1b:
         02:00:17:aa:67:a6:15:91:de:fa:94:ec:7b:0b:f8:9f:84
Trusted Uses:
  Code Signing, E-mail Protection, TLS Web Server Authentication
No Rejected Uses.
Alias: GlobalSign ECC Root CA - R4
-----BEGIN TRUSTED CERTIFICATE-----
MIIB4TCCAYegAwIBAgIRKjkHJYKBN5CsiilC+gOmAIwCgYIKoZIzj0EAwIwUDEk
MCIGA1UECxMbR2xvYmFsU2lnbiBFQ0MgUm9vdCBDQSAtIFIOMRMwEQYDVQQKEwpH
…（途中省略）…
aWduIEVDQyBSb290IENBIC0gUjQ=
-----END TRUSTED CERTIFICATE-----
```

この例は**ルート証明書**です。ルート証明書の場合は自分で自分を証明する自己署名証明書となり、発行者（Issuer）と主体者（Subject：公開鍵の所有者）が同じになります。

CentOS 7ではインターネットPKIで使用される、MozillaファウンデーションによってセレクトされたCA証明書のリストが**ca-certificates**パッケージにより提供され、/etc/pkiディレクトリの下にインストールされます。

また、WebブラウザにもCA証明書のリストが組み込まれています。CentOS 7のWebブラウザFirefoxでは、以下の手順でCA証明書のリストを表示することができます。

上部右側のメニューアイコンをクリック→「設定」→「詳細」→「証明書」→「証明書を表示」→「認証局証明書」

公開鍵証明書の作成と管理

サーバ証明書、あるいはクライアント証明書の発行はCAに依頼します。

ブラウザでCAのWebサイトにアクセスして生成するか、opensslコマンド等で生成したCSR（Certificate Signing Request）をブラウザの画面のなかの指示された領域にコピーペーストするのが一般的です。

また、発行をCAに依頼せず、サーバが自身がCAになって自分自身を証明する自己署名証明書をサーバ証明書として作成することもできます。組織内での利用や、既に信頼関係の成立しているクライアント・サーバ間での通信の場合に利用できます。

この場合、クライアントがサーバを認証するためには、クライアント側でサーバ証明書をCA証明書として登録しておく必要があります。登録しない場合は、無効なサーバ証明書を提示したサーバとの通信を許可する設定がクライアント側で必要となります。

図15-2-5　CAによるサーバ証明書発行の仕組み

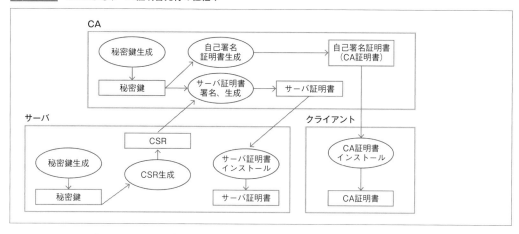

CentOS 7では以下の2通りの方法で公開鍵証明書およびキーの作成と管理ができます。

▷ **Network Security Services（NSS）**

nssパッケージとnss-toolsパッケージで提供されます。Netscape社がSSLプロトコルのために開発したライブラリをベースにMozillaプロジェクト、AOL、Google、RedHat等のベンダーによって開発されています。

▷ **OpenSSL**

opensslパッケージとopenssl-libsパッケージで提供されます。OpenSSLプロジェクトによって開発されています。

本書ではOpenSSLによる公開鍵証明書の作成と管理の方法を解説します。

OpenSSLによる公開鍵証明書の作成と管理

opensslパッケージに含まれる/etc/pki/tls/certs/Makefileを利用して、秘密鍵、CSR、自己署名証明書を作成することができます。

makeコマンドの引数にサフィックスを「.key」、「.csr」、「.crt」とした任意のファイル名を指定することで、それぞれ秘密鍵、CSR、自己署名証明書を作成できます。

Makefileはそのなかでopensslコマンドを実行し、デフォルトで「鍵長：2048ビット」「有効期間：1年」のキーを生成します。

makeコマンドによる、秘密鍵、CSR、自己署名証明書の作成

```
[...]# cd /etc/pki/tls/certs
[... certs]# make server.key     ←❶
[... certs]# make server.csr     ←❷
[... certs]# make server.crt     ←❸
```

❶秘密鍵server.keyの作成
❷CSR server.csrの作成。秘密鍵server.keyも作成される
❸自己署名証明書 server.crtの作成。秘密鍵server.keyも作成される

上記の3通りのコマンドは、それぞれ単独で実行できます。コマンド実行時のディレクトリ/etc/

pki/tls/certsの下にファイルが作成されます。以下は、CSR（server.csr）を作成する例です。

CSRの作成例

```
[...]# cd /etc/pki/tls/certs
[... certs]# make server.csr
…（途中省略）…
Enter pass phrase:   ←パスフレーズの入力
Verifying - Enter pass phrase:   ←同じパスフレーズの再入力
umask 77 ; \
/usr/bin/openssl req -utf8 -new -key server.key -out server.csr   ←opensslコマンドが実行される
Enter pass phrase for server.key:   ←同じパスフレーズの入力
…（途中省略）…
Country Name (2 letter code) [XX]:JP   ←日本は「JP」
State or Province Name (full name) []:Tokyo   ←都道府県
Locality Name (eg, city) [Default City]:Chofu   ←市町村
Organization Name (eg, company) [Default Company Ltd]:Knowledge Design Corporation
                                                      ↑企業名や組織名
Organizational Unit Name (eg, section) []:Linux   ←部門名
Common Name (eg, your name or your server's hostname) []:centos7-server1.my-centos.com
                                                         ↑サーバのFQDN
Email Address []:xxxx@kwd-corp.com   ←メールアドレス

Please enter the following 'extra' attributes
to be sent with your certificate request
A challenge password []:   ←チャレンジパスワード（不要であれば[Enter]キー入力）
An optional company name []:   ←オプショナルな企業名や組織名（不要であれば[Enter]キー入力）
```

　この結果、同じディレクトリに秘密鍵（server.key）とCSR（server.csr）が作成されます。
　「make server.crt」コマンドで証明書を作成する場合も入力する内容は「make server.csr」の場合と同じです。「make server.crt」コマンドの場合は秘密鍵（server.key）と証明書（server.crt）が作成されます。「make server.key」コマンドで秘密鍵（server.key）を作成する場合は、同じパスフレーズを2回入力するだけです。
　CSRの内容は**openssl**コマンドのサブコマンド**req**によって表示できます。req（request）はCSRの表示/生成を行うサブコマンドです。以下は、上記で作成した自己署名証明書「server.csr」の内容を表示する例です。オプション「-in」の引数にCSRファイルを指定します。

opensslコマンドによるCSRの内容表示

```
[... certs]# openssl req -in server.csr -text
…（実行結果省略）…
```

　公開鍵証明書の内容はopensslコマンドのサブコマンド**x509**によって表示できます。x509は、**X.509公開鍵証明書**の表示・生成を行うサブコマンドです。オプション「-in」の引数に公開鍵証明書ファイルを指定します。以下はCAによる署名ではなく、上記で作成した自己署名証明書「server.crt」の内容を表示する例です。

opensslコマンドによる公開鍵証明書の内容表示

```
[... certs]# openssl x509 -in server.crt -text
…（実行結果省略）…
```

15-3 iノード属性フラグと拡張属性

15-3-1 iノードの属性フラグによるファイルのアクセス制御

iノード内にはファイルのアクセス制御を行うための32ビット（ext2/ext3/ext4の場合）の属性フラグがあります。このフラグの設定により、ファイルのアクセス制御が行えます。

主なフラグには以下のものがあります。

- **iフラグ**：immutable（変更、削除不可）
- **aフラグ**：append only（追加のみ許可）

lsattrコマンド、**chattr**コマンドは、ioctlシステムコールを発行してフラグを操作することで、ファイルのアクセス制御を行います。

lsattrコマンドで、ファイルのiノードの属性フラグの状態を表示することができます。

iノードの属性フラグの状態表示

lsattr [オプション] ファイル

chattrコマンドで、属性フラグの設定を行うことができます。

属性フラグの設定

chattr [オプション] [モード] ファイル

モードはオペレータとフラグで指定します。オペレータには、「+」「-」「=」の3種類があります。

- **+**：既存の属性に指定の属性を追加
- **-**：既存の属性から指定の属性を削除
- **=**：既存の属性を指定の属性に入れ替え

フラグには、前述した「a」、「i」等があります。

以下は、「/etc/resolv.conf」ファイルをroot権限でも変更や削除ができないように、「immutable」属性（iフラグ）を追加する例です。DHCPによる書き換えを禁止したい時に利用できます。

フラグの追加

```
[...]# lsattr /etc/resolv.conf
---------------- /etc/resolv.conf     ←属性フラグは何も設定されていない
[...]# chattr +i /etc/resolv.conf     ←immutable属性を追加
[...]# lsattr /etc/resolv.conf
----i----------- /etc/resolv.conf     ←iフラグが設定された

[...]# cp /dev/zero /etc/resolv.conf
cp: `/etc/resolv.conf' を上書きしますか? y     ←「y」を入力
```

```
cp: 通常ファイル `/etc/resolv.conf' を作成できません: 許可がありません
```
↑root権限でもファイルの変更ができない

15-3-2 拡張属性

　拡張属性（拡張ファイル属性、extended file attribute、extended attribute、xattr、EA）は、iノード内に格納されるLinux/Unixの従来のファイル属性であるパーミッションに加えて、iノード領域外の拡張属性ブロックに格納され、iノードから参照されます。ACL、SELinux、ケーパビリティ（capability）等が拡張属性を利用します。

　Linuxカーネルはバージョン2.6から拡張属性をサポートし、XFS、ext4/ext3/ext2、Btrfs、JFS、Reiserfsといった主要なファイルシステムも拡張属性をサポートしています。拡張属性は「ネームスペース.属性＝値」のフォーマットで定義されます。

　拡張属性には、以下の4種類のネームスペース（名前空間、namespace）があります。

表15-3-1　拡張属性のネームスペース

ネームスペース	説明
user	一般ユーザが利用できる属性
trusted	特権を持つプロセスだけがアクセスできる属性
system	ACL（system.posix_acl_access）が利用する属性
security	SELinux（security.selinux）やケーパビリティ（security.capability）が利用する属性。特権を持つプロセスだけがこの属性を変更できる

15-3-3 ACL

　ACL（Access Control Lists）は、POSIXで定義されているアクセス制御を実装したものです。ACLを利用すると、従来のUnix形式での「所有者/グループ/その他のユーザ」によるアクセス制御に加え、特定のユーザあるいはグループに対するアクセス権限を設定できます。

　ACLにはファイルおよびディレクトリに設定するACLと、ディレクトリに設定するデフォルトACLがあります。

ACLの表示と設定

　ファイルおよびディレクトリのACLを表示するには、**getfacl**コマンドを実行します。

ACLの表示
getfacl [オプション] ファイル

　ファイルおよびディレクトリにACLを設定するには、**setfacl**コマンドに「-m」（または--modify）オプションを付けて実行します。-mオプションの引数に指定するACLのフォーマットは、表15-3-2の通りです。

ACLの設定
setfacl -m ACL ファイル

表15-3-2 ACLのフォーマット

設定内容	フォーマット
ユーザに対するACLを設定	u:UID:パーミッション
グループに対するACLを設定	g:GID:パーミッション
その他のユーザに対するACLを設定	o:パーミッション
実効マスク値のACLを設定	m:パーミッション

以下は、rootが/home/sambaにユーザyukoのACLを設定しています。

rootによるACLの設定

```
[root@centos7 ~]# cd /home
[root@centos7 home]# getfacl samba
# file: samba
# owner: root
# group: root
user::rwx
group::r-x
other::r-x
[root@centos7 home]# setfacl -m u:yuko:rwx samba
[root@centos7 home]# getfacl samba
# file: samba
# owner: root
# group: root
user::rwx
user:yuko:rwx     ←❶
group::r-x
mask::rwx
other::r-x        ←❷
```

❶yukoはroot所有の/home/sambaディレクトリにread、write(ファイルの作成)、execute(このディレクトリへの移動)ができる
❷その他のユーザはroot所有の/home/sambaディレクトリにread、executeができる。writeはできない

ユーザyukoの「/home/samba」に対するパーミッションは、yukoに対するパーミッション(user:yuko:rwx)と実効マスク値(mask::rwx)の論理積(AND)となり、結果は「rwx」となります。

以下は、ユーザyukoが「/home/samba」の下に「fileA」を作成し、ユーザmanaのACLを設定しています。

一般ユーザによるACLの設定

```
[yuko@centos7 ~]$ cd /home/samba
[yuko@centos7 samba]$ touch fileA
[yuko@centos7 samba]$ getfacl fileA
# file: fileA
# owner: yuko
# group: yuko
user::rw-
group::rw-
other::r--

[yuko@centos7 samba]$ setfacl -m u:mana:rw fileA
[yuko@centos7 samba]$ getfacl fileA
# file: fileA
```

```
# owner: yuko
# group: yuko
user::rw-
user:mana:rw-    ←manaはyuko所有のfileAにreadとwriteができる
group::rw-
mask::rw-
other::r--    ←その他のユーザはyuko所有のfileAにreadだけができる
```

　ユーザmanaのfileAに対するパーミッションは、manaに対するパーミッション（user:mana:rw-）と実効マスク値（mask::rw-）の論理積（AND）となり、結果は「rw-」となります。
　デフォルトACLを設定するには、「ACL」の前に「d:」を付けます。ディレクトリにデフォルトACLを設定すると、その下に作られる個々のファイルのACLに引き継がれます。

デフォルトACLの設定

setfacl -m d:ACL ディレクトリ

　以下は、rootユーザが「/home/samba」にデフォルトACLを設定しています。

デフォルトACLの設定

```
[root@centos7 ~]# cd /home
[root@centos7 home]# getfacl samba
# file: samba
# owner: root
# group: root
user::rwx
user:yuko:rwx
group::r-x
mask::rwx
other::r-x
[root@centos7 home]# setfacl -m d:o:--- samba
[root@centos7 home]# setfacl -m d:g:users:r-x samba
[root@centos7 home]# getfacl samba
# file: samba
# owner: root
# group: root
user::rwx
user:yuko:rwx
group::r-x
mask::rwx
other::r-x
default:user::rwx
default:group::r-x
default:group:users:r-x
default:mask::r-x
default:other::---
```

ACLの削除

　ファイルおよびディレクトリに設定されたACLを削除するには、**setfacl**コマンドに「-x」（または--remove）オプションを付けて実行します。なお、指定するACLにはパーミッションは付けません。

ACLの削除

```
setfacl -x ACL ファイル
```

以下は、ユーザyukoが「/home/samba」の下のfileAからユーザmanaのACLを削除しています。

ACLの削除

```
[yuko@centos7 ~]$ cd /home/samba
[yuko@centos7 samba]$ setfacl -x u:mana fileA
```

ファイルおよびディレクトリに設定された全てのACLを削除するには、setfaclコマンドに「-b」(または--remove-all) オプションを付けて実行します。

全てのACLの削除

```
setfacl -b ファイル
```

以下は、ユーザyukoが「/home/samba」の下のfileAから全てのACLを削除しています。

全てのACLの削除

```
[yuko@centos7 ~]$ cd /home/samba
[yuko@centos7 samba]$ setfacl -b fileA
```

ディレクトリに設定された全てのデフォルトACLを削除するには、setfaclコマンドに「-k」(または--remove-default) オプションを付けて実行します。

全てのデフォルトACLの削除

```
setfacl -k ディレクトリ
```

以下は、rootユーザが「/home/samba」から全てのデフォルトACLを削除しています。

デフォルトACLの削除

```
[root@centos7 home]# cd /home
[root@centos7 home]# getfacl samba
# file: samba
# owner: root
# group: root
user::rwx
user:yuko:rwx
group::r-x
mask::rwx
other::r-x
default:user::rwx
default:group::r-x
default:group:users:r-x
default:mask::r-x
default:other::---

[root@centos7 home]# setfacl -k samba
```

```
[root@centos7 home]# getfacl samba
# file: samba
# owner: root
# group: root
user::rwx
user:yuko:rwx
group::r-x
mask::rwx
other::r-x
```

　以下は、WebサーバApacheあるはWebアプリケーションの脆弱性により、実効ユーザ「apache」の権限が奪取され、マルウェアが「/tmp」の下にインストールされて実行されるのを防ぐためのACLの設定例です。

実効ユーザでファイルのインストールを禁止するACLの設定例

```
[root@centos7 ~]# getfacl /tmp
getfacl: Removing leading '/' from absolute path names
# file: tmp
# owner: root
# group: root
# flags: --t
user::rwx
group::rwx
other::rwx

[root@centos7 ~]# sudo -u apache cp /bin/bash /tmp/bash-by-apache   ←❶
[root@centos7 ~]# ls -l /tmp/bash-by-apache
-rwxr-xr-x 1 apache apache 960376 10月 13 17:03 /tmp/bash-by-apache

[root@centos7 ~]# rm -f /tmp/bash-by-apache
[root@centos7 ~]# setfacl -m u:apache:--- /tmp   ←❷
[root@centos7 ~]# getfacl /tmp
getfacl: Removing leading '/' from absolute path names
# file: tmp
# owner: root
# group: root
# flags: --t
user::rwx
user:apache:---
group::rwx
mask::rwx
other::rwx
[root@centos7 ~]# sudo -u apache cp /bin/bash /tmp/bash-by-apache   ←❸
cp: failed to access `/tmp/bash-by-apache': 許可がありません
```

❶全てのユーザは/tmpの下にファイルをコピーできる
❷/tmpにACLを設定
❸実効ユーザapacheだけは/tmpの下にファイルをコピーできない

15-3-4 一般ユーザが利用できる拡張属性

　getfattrコマンド、**setfattr**コマンドはそれぞれ、getxattr、setxattrシステムコールを発行して拡張属性を操作します。
　ファイルの拡張属性を表示するには、getfattrコマンドを使用します。

拡張属性の表示
getfattr -n 属性名 ファイル

ファイルの拡張属性を設定するには、setfattrコマンドを使用します。

拡張属性の設定
setfattr -n 属性名 -v 値 ファイル

ファイルの拡張属性を削除するには、setfattrコマンドで「-x」オプションを使用します。

拡張属性の削除
setfattr -x 属性名 ファイル

以下は、ユーザyukoが「user」ネームスペースに属性「char-code」を設定し、値を「utf8」に設定する例です。

拡張属性の設定例

```
[yuko@centos7 ~]$ touch fileA
[yuko@centos7 ~]$ setfattr -n user.char-code -v utf8 fileA    ←❶
[yuko@centos7 ~]$ getfattr -n user.char-code fileA    ←❷
# file: fileA
user.char-code="utf8"
[yuko@centos7 ~]$ setfattr -x user.char-code fileA    ←❸
```

❶fileAに拡張属性「user.char-set=utf8」を設定
❷fileAの拡張属性user.char-codeの値を表示
❸fileAの拡張属性user.char-codeを削除

15-3-5 ケーパビリティ(capability)

プロセスに与えられる権限は実効ユーザIDによって決まりますが、この他に特権ユーザ(実効ユーザID=0)の権限を機能毎に分割した**ケーパビリティ**と呼ばれる権限をプロセスに与えることができます(ケーパビリティはスレッド単位で与えることができます)。

CentOS 7のカーネル3.10では、37種類のケーパビリティが提供されており、ping、suexec等のいくつかのLinuxコマンドに**cap_net_admin**、**cap_setuid**等のケーパビリティが設定されています。37種類のケーパビリティは、カーネルソースコード中の**capability.h**ファイルで定義されています。以下は、カーネル3.10ソースコードの場合です。

linux-3.10.0-327.el7/include/uapi/linux/capability.h

37種類のケーパビリティは、37ビットのビット列の各ビットに対応し、これを**ケーパビリティセット**(37種類のケーパビリティの集合)と呼びます。CentOS 7のコマンドに設定されている主なケーパビリティは、以下の通りです。

表15-3-3 主なケーパビリティ

ケーパビリティ	説明
cap_setgid	SETGIDの設定を許可
cap_setuid	SETUIDの設定を許可
cap_net_admin	ネットワークI/F、IPファイアウォール、ルーティングテーブル、プロミスキャスモード等のネットワーク設定を許可
cap_net_raw	RAWソケットとPACKETソケットの使用を許可
cap_ipc_lock	使用している仮想メモリ/共有メモリのロック/アンロックを許可 (スワップ領域への待避の禁止および禁止の解除)

　ケーパビリティセットには、プロセスに与えるケーパビリティセットとファイルに与えるケーパビリティセットがあり、それぞれについて以下の3種類のセットがあります。

表15-3-4 プロセスに与えるケーパビリティセット

ケーパビリティセット	説明
Permitted	許可。プロセスに許可されたケーパビリティ。これは継承したケーパビリティに追加される
Inheritable	継承可能。execve(2)で継承されるケーパビリティ
Effective	実効。カーネルがチェックする実効ケーパビリティ

表15-3-5 ファイルに与えるケーパビリティセット

ケーパビリティセット	説明
Permitted	許可。このファイルから実行されるプロセスに許可されたケーパビリティ。
Inheritable	継承可能。このケーパビリティとプロセスの「nheritable」ケーパビリティとの論理積（AND）が取られる
Effective	実効。セット（ビット集合）ではなく、1ビットの情報 　値が1の時は全ての「Permitted」ケーパビリティが有効になる 　値が0の時は全ての「Permitted」ケーパビリティが無効になる

プロセスのケーパビリティの表示

　プロセスのケーパビリティは、**/proc/[pid]/status**ファイルで確認できます。
　以下は、ユーザyukoがプロセスのケーパビリティの確認をしています。

ケーパビリティの確認

```
[yuko@centos7 ~]$ grep -i cap /proc/1/status   ←initプロセス(systemd)のケーパビリティを確認
CapInh: 0000000000000000   ←「Inheritable」ケーパビリティ。全てなし
CapPrm: 0000001fffffffff   ←「Permitted」ケーパビリティ。全て有効
CapEff: 0000001fffffffff   ←「Effective」ケーパビリティ。全て有効
CapBnd: 0000001fffffffff   ←「Bounding」ケーパビリティ。全て有効
```

　「Bounding」ケーパビリティセットで許可されたケーパビリティだけが、「Inheritable」ケーパビリティで有効になります。上記の表示により、systemdは全てのケーパビリティを持っていることがわかります。

ファイルのケーパビリティの表示と変更

ファイルのケーパビリティの表示は**getcap**コマンド、設定は**setcap**コマンド、削除はsetcapコマンドに「-r」オプションを付けて行うことができます。

ケーパビリティの表示
getcap [オプション] ファイル

ケーパビリティの設定
setcap [オプション] ケーパビリティ ファイル

ケーパビリティの削除
setcap -r ファイル

以下は、ファイルのケーパビリティの表示と変更を行っています。

ファイルのケーパビリティの表示と変更

```
[yuko@centos7 ~]$ getcap /usr/bin/ping    ←❶
/usr/bin/ping = cap_net_admin,cap_net_raw+p

[yuko@centos7 ~]$ ping -c 1 www.google.co.jp    ←yukoがpingコマンドの実行に成功
PING www.google.co.jp (216.58.197.195) 56(84) bytes of data.
64 bytes from nrt13s48-in-f3.1e100.net (216.58.197.195): icmp_seq=1 ttl=51 time=7.99 ms

[root@centos7 ~]# setcap -r /usr/bin/ping    ←rootがpingコマンドのケーパビリティを削除
[root@centos7 ~]# getcap /usr/bin/ping    ←❷

[root@centos7 ~]# ping -c 1 www.google.co.jp    ←rootはpingコマンドの実行に成功
PING www.google.co.jp (216.58.197.195) 56(84) bytes of data.
64 bytes from nrt13s48-in-f3.1e100.net (216.58.197.195): icmp_seq=1 ttl=51 time=4.81 ms

[yuko@centos7 ~]$ ping -c 1 www.google.co.jp    ←❸
ping: icmp open socket: 許可されていない操作です

[root@centos7 ~]# setcap cap_net_raw+p /usr/bin/ping    ←❹
[root@centos7 ~]# getcap /usr/bin/ping
/usr/bin/ping = cap_net_raw+p
```

❶pingコマンドに設定されているケーパビリティを表示
❷pingコマンドに設定されているケーパビリティはなし（何も表示されない）
❸ユーザyukoはpingコマンドの実行が許可されない
❹pingコマンドにケーパビリティ「cap_net_raw+p」を設定

ファイルのPermittedビットおよび親プロセスから継承されるInheritableビットは、親から継承される37ビットのケーパビリティ・バウンディングセットと論理積（AND）が取られますが、大もとのプロセスinit（systemd）ではオールビット1（1ffffffff）が設定されているので、途中のプロセスでこれが変更されないかぎり、ファイルのPermittedビットおよび親プロセスから継承されるInheritableビットがそのまま有効になります。

Chapter15 セキュリティ対策

15-4 監視と検知

15-4-1 Snort（侵入検知）

Snortは、1998年にMartin Roesch氏が開発したオープンソースのネットワークの**IPS**（Intrusion Prevention System：侵入防御システム）/**IDS**（Intrusion Detection System：侵入検知システム）です。現在は、Martin Roesch氏が2001年に設立したSourcefire社で開発されています。

http://www.snort.orgに、ソースコードとRPMバイナリパッケージが公開されています。

■ Snortのインストール

以下は、CentOS 7のバイナリパッケージをインストールする例です。**Snort**パッケージと、Snortが利用するData Acquisitionライブラリである**daq**パッケージをインストールします。

Snortパッケージのインストール

```
[...]# yum install https://www.snort.org/downloads/snort/snort-2.9.8.3-1.centos7.x86_64.rpm
[...]# yum install https://www.snort.org/downloads/snort/daq-2.0.6-1.centos7.x86_64.rpm
…（実行結果省略）…
```

また、Sourcefire社のVulnerability Research Team（VRT）が開発した公式版のルール（パケット検知ルール）である**Sourcefire VRT Certified Rules**も、サブスクリプション（有料）あるいはレジストレーション（ログイン名とメールアドレスの登録）によってダウンロードできます。

以下は、ログイン名とメールアドレスを登録した後、「/etc/snort」ディレクトリにダウンロードした「snortrules-snapshot-2983.tar.gz」をインストールする例です。

Snortルールのインストール

```
[...]# cd /etc/snort
[... snort]# ls
classification.config  gen-msg.map  reference.config  rules  snort.conf  snortrules-
snapshot-2983.tar.gz   threshold.conf  unicode.map
[... snort]# ls rules    ←❶
[... snort]# tar xvf snortrules-snapshot-2983.tar.gz
[... snort]# ls
classification.config  gen-msg.map    reference.config   snort.conf        snortrules-
snapshot-2983.tar.gz   threshold.conf
etc                    preproc_rules  rules              snort.conf.install  so_rules
unicode.map

[... snort]# ls rules/web*   ←❷
rules/web-activex.rules   rules/web-client.rules      rules/web-iis.rules
rules/web-attacks.rules   rules/web-coldfusion.rules  rules/web-misc.rules
rules/web-cgi.rules       rules/web-frontpage.rules   rules/web-php.rules
```

❶インストール時点ではrulesディレクトリの下には何もない
❷rulesディレクトリにはSnortルールファイルがインストールされる。この例ではweb関連のルールファイルを表示

Snortの構成

Snortには、「スニッファモード」「パケットロガーモード」「NIDSモード」の3つのモードがあります。

Snortは、「パケットキャプチャ」「パケットデコーダ」「プリプロセッサ」「検知エンジン」「出力プラグイン」の5つのコンポーネントから構成されます。

図15-4-1　Snortの構成

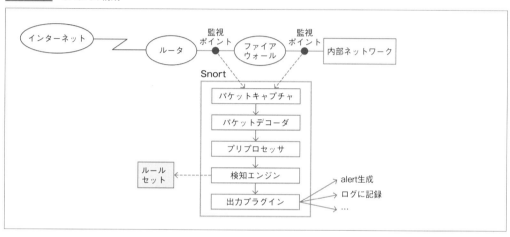

▷パケットキャプチャ

ネットワークからrawパケットをキャプチャします。キャプチャにはlibcapライブラリを使用します。

▷パケットデコーダ

rawパケットのデータリンク層、ネットワーク層、トランスポート層のヘッダを読み取り、内部処理のためのパケットデータ構造を生成します。

▷プリプロセッサ

MTUによるフラグメンテーションを利用した攻撃やポートスキャン等、主に単一パケットのデータ（シグニチャ）では検知できない攻撃を処理する複数のプラグインから構成されます。

▷検知エンジン

複数のルールの集合であるルールセットで定義されたパケットを検知し、処理を行います。

▷出力プラグイン

検知されたパケットの情報を処理する複数のプラグインから構成されます。alertログの出力プラグイン、tcpdump形式のログ出力のプラグイン、CSV形式の出力プラグイン、MySQL等のデータベースへ出力するプラグインといったものがあります。

検知エンジンが参照するルールセットは、一般的には機能毎に複数のファイルを用意し、Snortの設定ファイルである「snort.conf」でディレクトリとファイル名を指定します。

ルールセットでは1つのルールを1行で記述し、ルールはルールヘッダ部とルールオプション部から構成されます。

ルールヘッダ部にはアクション、プロトコル、送信元IPアドレス/送信先IPアドレスとネットマスク、送信元/送信先ポート番号、方向演算子が含まれます。

ルールオプション部には、alertメッセージや検査のためのパケットの一部の情報等が含まれます。

表15-4-1 ルールの書式と例

書式	ルールヘッダ								オプションヘッダ ※オプションヘッダは()で囲む
	アクション	プロトコル	IPアドレス/マスク	ポート番号	方向演算子	IPアドレス/マスク	ポート番号	
記述例	alert	tcp	any	any	->	172.16.0.0/16	any	(flags:S; msg:"SYN packet";)

アクションには、alert（alertを生成）、log（パケットを記録）、pass（パケットを無視）、activate（他のdynamicルールを有効にする）、dynamic（activateされるまで待機）があります。

方向演算子には、左から右へを指定する「->」と、双方向を指定する「<>」があります。

ルールオプションには、出力するalertメッセージを指定する「msg」や、検査するTCPフラグを指定する「flags」等があります。

Snortの設定

Snortパッケージとsnortルールをインストールした後、設定ファイル/etc/snort/snort.confの編集を行います。

本書でインストールしたSnortパッケージ（snort-2.9.8.3-1.centos7.x86_64.rpm）とSnortルール（snortrules-snapshot-2983.tar.gz）を使用する場合は、パッケージとルールとの間にある若干の不整合を以下のように修正する必要があります。

> snort-2.9.8.3-1.centos7.x86_64.rpmの後にリリースされたsnort-2.9.9.0-1.centos7.x86_64.rpmでも同じ修正が必要です。

/etc/snort/snort.confの編集

```
[...]# cp /etc/snort/snort.conf /etc/snort/snort.conf.install
[...]# vi /etc/snort/snort.conf
# var SO_RULE_PATH ../so_rules
var SO_RULE_PATH so_rules        ←パスを修正

# var PREPROC_RULE_PATH ../preproc_rules
var PREPROC_RULE_PATH preproc_rules    ←パスを修正

# var WHITE_LIST_PATH ../rules
var WHITE_LIST_PATH rules        ←パスを修正

# var BLACK_LIST_PATH ../rules
var BLACK_LIST_PATH rules        ←パスを修正

# dynamicdetection directory /usr/local/lib/snort_dynamicrules
```

```
# whitelist $WHITE_LIST_PATH/white_list.rules, \
# blacklist $BLACK_LIST_PATH/black_list.rules
blacklist $BLACK_LIST_PATH/blacklist.rules    ←ファイル名を修正
```

Snortの起動と停止

systemctlコマンドにより、Snortの起動と停止を行います。

Snortの起動
```
systemctl start snortd
```

Snortの停止
```
systemctl stop snortd
```

Snortの有効化
```
systemctl enable snortd
```

Snortの無効化
```
systemctl disable snortd
```

パケットのモニター

設定が終了したら、Snortを起動してパケットをモニターします。

Snortの起動
```
[...]# systemctl start snortd
[...]# ps -ef | grep snort
snort     4033     1  0 03:42 ?        00:00:04 /usr/sbin/snort -A fast -b -d -D -i eth0 -u snort
-g snort -c /etc/snort/snort.conf -l /var/log/snort
```

Snortルールが合致するパケットを検知した場合は、**/var/log/snort/alert**ファイルにパケットの情報が記録されます。

以下は、「CVE-2014-0226」に登録されたApache HTTPサーバの脆弱性を利用するパケットを検知する、「/etc/snort/rules/server-apache.rules」のなかのSnortルールの例です。

server-apache.rulesのSnortルール
```
[...]# cat /etc/snort/rules/server-apache.rules
alert tcp $EXTERNAL_NET any -> $HOME_NET $HTTP_PORTS (msg:"SERVER-APACHE Apache HTTP
Server mod_status heap buffer overflow attempt"; flow:to_server,established; content:
"/server-status"; fast_pattern:only; http_uri; detection_filter:track by_dst, count 21,
seconds 2; metadata:impact_flag red, service http; reference:cve,2014-0226;
reference:url,httpd.apache.org/security/vulnerabilities_24.html; reference:url,osvdb.org/
show/osvdb/109216; classtype:web-application-activity; sid:35406; rev:1;)
```

上記のルール「server-apache.rules」に合致したパケットが検知された場合、/var/log/snort/alertファイルには、以下のようなアラートが記録されます。

/var/log/snort/alertファイルに記録される情報

```
[...]# cat /var/log/snort/alert
[**] [1:35406:1] SERVER-APACHE Apache HTTP Server mod_status heap buffer overflow attempt
[**]
[Classification: Access to a Potentially Vulnerable Web Application] [Priority: 2]
10/12-12:10:07.363281 172.16.210.175:60181 -> 172.16.210.220:80
TCP TTL:64 TOS:0x0 ID:22629 IpLen:20 DgmLen:384 DF
***AP*** Seq: 0x1493E823  Ack: 0xC12B250E  Win: 0x7B  TcpLen: 32
TCP Options (3) => NOP NOP TS: 1131595612 336782970
[Xref => http://osvdb.org/show/osvdb/109216]
[Xref => http://httpd.apache.org/security/vulnerabilities_24.html]
[Xref => http://cve.mitre.org/cgi-bin/cvename.cgi?name=2014-0226]
```

15-4-2 Tripwire（改ざん検知）

　Tripwireは、検知対象となる正常パターン（ベースライン）を管理者が作成し、データベースとします。このデータベース自身は暗号化により保護されており、改ざんされないように作られています。定期的に正常パターンと現状を比較ポリシーに基づいてハッシュ値を使いつつ比較し、異常があったらレポートを作成し、管理者に通知します。

　OSのセキュリティと独立した検証システムを持っていて、各種設定ファイル、データベースファイル、レポートファイル等はTripwire社の暗号化、署名の仕組みを使います。これにより、もし、rootを乗っ取られたとしても破壊は行えるが、気づかれないような改ざんを行うことが困難です。

　Tripwireは、もともとオープンソースで開発されていましたが、1999年より製品版がリリースされました。現在は、Tripwire社が製品としてリリースしています。オープンソース版のTipwireは、Tripwire社がスポンサーとなり運営されています。

商用版Tripwire
http://www.tripwire.co.jp

オープンソース版Tripwire
http://www.tripwire.org

図15-4-2　Tripwireの構成

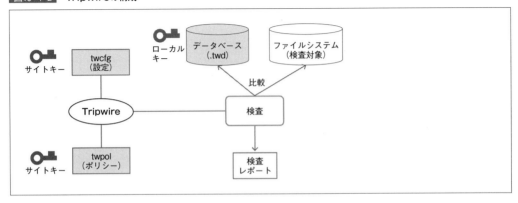

　Tripwireを構成するコンポーネントには、以下のものがあります。

▷設定ファイル(twcfg.txt、twpol.txt)

　設定ファイル(twcfg.txt)は、Tripwireの動作の基本的なパラメータを設定します。ポリシーファイル(twpol.txt)はシステムの監査対象と監査内容を定義します。どちらの設定ファイルも、このファイル自身の改ざん防止のためにサイトキーによって暗号化・署名されます。

▷データベース(.twd)

　ハッシュ値に基づいた正常パターン(ベースライン)を記録したデータベースです。ローカルキーで暗号化・署名されます。

▷キー(.key)

　設定ファイルやデータベースといったTripwireのコンポーネントを保護するための暗号化・署名のためのキーです。サイトキーとローカルキーの2つが用いられます。サイトキーはコンフィギュレーションファイルとポリシーファイルを保護します。ローカルキーはデータベースを保護します。それぞれのファイルにアクセスする際はキーを使い、そのパスフレーズが必要になります。

▷レポートファイル(.twr)

　チェックの結果を記録し、管理者に通知するためのレポートです。電子メールで送信することもできます。

　以下の例は、Tripwireのインストールを行い、正しくパッケージのインストールできたかを確認しています。

Tripwireのインストールとパッケージの確認

```
[...]# yum install tripwire
...(実行結果省略)...

[...]# rpm -qi tripwire
Name        : tripwire
Version     : 2.4.3.1
Release     : 10.el7
Architecture: x86_64
Install Date: 2016年10月12日 15時18分00秒
...(途中省略)...
Summary     : IDS (Intrusion Detection System)
Description :
Tripwire is a very valuable security tool for Linux systems, if  it  is
installed to a clean system. Tripwire should be installed  right  after
the OS installation, and before you have connected  your  system  to  a
network (i.e., before any possibility exists that someone  could  alter
files on your system).
...(途中省略)...
/etc/cron.daily/tripwire-check
/etc/tripwire
/etc/tripwire/twcfg.txt
/etc/tripwire/twpol.txt
/usr/sbin/siggen
/usr/sbin/tripwire
/usr/sbin/tripwire-setup-keyfiles
/usr/sbin/twadmin
/usr/sbin/twprint
...(以降省略)...
```

Tripwireをインストールした後、以下の手順でセットアップを行います。

キーの作成とファイルへの署名

サイトキーの作成、ローカルキーの作成、設定ファイルへの署名、ポリシーファイルへの署名を行います。

キーの作成とファイルへの署名

```
[...]# ls -l /etc/tripwire
合計 52
-rw-r--r--. 1 root root   603 4月 28 01:39 twcfg.txt   ←❶
-rw-r--r--. 1 root root 46655 10月 12 15:18 twpol.txt  ←❷

[...]# tripwire-setup-keyfiles
    ←サイトキーとローカルキーのパスフレーズを入力

[...]# ls -l /etc/tripwire
合計 84
-rw-r-----. 1 root root   931 10月 12 17:01 centos7.localdomain-local.key
-rw-r-----. 1 root root   931 10月 12 17:01 site.key
-rw-r-----. 1 root root  4586 10月 12 17:01 tw.cfg      ←❸
-rw-r-----. 1 root root 12415 10月 12 17:01 tw.pol      ←❹
-rw-r--r--. 1 root root   603 4月 28 01:39 twcfg.txt
-rw-r--r--. 1 root root 46655 10月 12 15:18 twpol.txt
```

❶設定ファイル（インストール時の設定ファイル。必要に応じて編集する）
❷ポリシーファイル（インストール時のポリシーファイル。必要に応じて編集する）
❸暗号化されて生成された設定ファイル
❹暗号化されて生成されたポリシーファイル

データベースの初期化（ベースラインの作成）

キーの作成と設定ファイルへの署名が完了したら、ポリシーに基いた現在の状態をデータベースに格納します。

ここで作成されたデータベースが、今後の不正検知の際に正常パターン（ベースライン）として使用されます。初期化には、ローカルキーのパスフレーズが必要です。

データベースの初期化

```
[...]# tripwire --init
Please enter your local passphrase:  ←ローカルキーのパスフレーズを入力
Parsing policy file: /etc/tripwire/tw.pol
Generating the database...
…（途中省略）…
Wrote database file: /var/lib/tripwire/centos7.localdomain.twd
The database was successfully generated.
```

改ざんの有無のチェック

ポリシーに基づき、過去に作成した正常パターン（ベースライン）との整合性をチェックします。

ファイル変更の有無のチェック

```
[...]# tripwire --check
Parsing policy file: /etc/tripwire/tw.pol
*** Processing Unix File System ***
Performing integrity check..
…（途中省略）…
Integrity check complete.
```

パッケージには、「/etc/cron.daily/tripwire-check」というスクリプトが含まれており、anacronによりこのスクリプトが1日1回実行され、そのなかで「tripwire --check」コマンドが実行されます。

レポートの表示

「tripwire --check」コマンドによるチェックの結果は、レポートファイル（.twr）に保存されます。レポートファイルを表示するには、**twprint**コマンドを使用します。

以下は、tripwireコマンド実行時に、「-m r」によりレポートの内容を読みやすいテキスト形式とし、「-t 0」によりレポートのレベルを1とし、「-r」で指定したレポートファイルを表示しています。

レポートの表示例

```
[...]# twprint -m r -t 1 -r /var/lib/tripwire/report/centos7.localdomain-20161012-173536.twr
…（途中省略）…
Modified:"/etc/group"
Modified:"/etc/group-"
Modified:"/etc/passwd"
```

この例では、「/etc/passwdと/etc/group」の内容が変更されたことが報告されています。

また、「tripwire --check --email-report」の実行によりチェック結果をメールで送信することもできます。

15-4-3 Linuxにおけるマルウェアと対策

マルウェア（Malware）は、コンピュータシステムの動作不良を引き起こす、秘密情報を盗む、特権を不正取得してシステムに侵入する、不正な広告を表示する等の悪意を持ったさまざまなソフトウェア（malicious software）の総称です。

マルウェアはその特徴により、ウイルス（Virus）、ワーム（Worm）、トロイの木馬（Trojan horse）、ルートキット（Rootkit）、バックドア（Backdoor）、ランサムウェア（Ransomware）、スパイウェア（Spyware）、アドウェア（Adware）等に分類されます。1つのマルウェアがこれらの複数の特徴を持つ場合も多くあります。

主なマルウェアの種類と特徴を以下に挙げます。

▷ **ウイルス (Virus)**

　ウイルスは独立したプログラムではなく、それ自身単独では機能せず、他のプログラムを書き換えて自身を追加（感染）することで不正な働きをします。感染したプログラムは起動されるとさらに別のプログラムを感染させ、増殖していきます。データを破壊したり秘密情報を盗む等の悪性のものから、単に感染するだけのほとんど無害なものまで、いろいろなウイルスがあります。

▷ **ワーム (Worm)**

　ワームは独立したプログラムであり、ウイルスとは異なり自身を感染させるための他のプログラムを必要としません。ワームはネットワークを介して他のコンピュータに増殖する機能があります。この増殖機能のゆえにワームをウイルス（広義のウイルス）に分類する場合もあります。

▷ **トロイの木馬 (Trojan horse)**

　この不正ソフトウェアは、ギリシャ神話の「トロイの木馬」と似た仕掛けによりコンピュータに侵入します。

① ユーザがメールの添付ファイルや、Webサイトから「トロイの木馬」であることを知らずにインストールする
② 「トロイの木馬」は攻撃者がネットワークを介して接続し遠隔操作によりパスワード等の秘密情報を盗むためのバックドアとなる、パスワード等の秘密情報を盗んでメールにより攻撃者に送信する、攻撃者のWebサイトにアクセスして不正なプログラムをダウンロードする、等の働きをする。最近ではバックドアとなるものが多い

▷ **ルートキット (Rootkit)**

　システムに侵入して管理者権限（root権限）を奪取した攻撃者が、侵入の痕跡をシステム管理者から隠して不正な操作を継続するためのソフトウェアです。

▷ **バックドア (Backdoor)**

　正規の認証手順をバイパスしてログインするための侵入口（裏口：backdoor）です。

▷ **ランサムウェア (Ransomware)**

　ディレクトリやファイルを暗号化してアクセスできないようにロックし、復号のための身代金（ransom）を要求するソフトウェアです。

▷ **スパイウェア (Spyware)**

　ユーザやシステムの情報を秘密裏に収集し、その情報を他のサイト等に送信するソフトウェアです。

▷ **アドウェア (Adware)**

　Adware (advertising-supported software) は、その作者が収入を得るためにユーザの意思に関係なく勝手に広告を出すソフトウェアです。

　Linuxの場合、一般的にマルウェアによる攻撃に対してセキュリティが高いと見なされていますが、近年では被害も報告されています。Linuxはその用途により、インターネット上でサービスを提供するサーバマシンと、ユーザが個人で使用するデスクトップマシン（クライアントマシン）に

大別されますが、近年、サーバマシンがシステムやソフトウェアのセキュリティの脆弱性を突いて侵入され、マルウェアがインストールされる被害が報告されています。

デスクトップマシンの場合、Webサイトからのユーザの意図しないファイルのダウンロードや、詐欺メール（フィッシングメール）の添付ファイルやリンクのクリックによりウイルスやワームがインストールされる危険性がありますが、大方の被害はWindowsでのものであり、Linuxではこの種の被害はほとんど報告されていません。

Windowsに比べて仕様上で管理者権限と一般ユーザの権限が明確に分かれていて、マルウェアが管理者権限を取得しにくい、クライアントマシンとしてのユーザ数が少なくマルウェアを作成しても効果があまり期待できないこと等が理由として考えられます。しかし、マルウェアの危険性は認識し、リンクのクリック、メール添付ファイル、必要な時以外は特権ユーザではなく一般ユーザで操作する（最小権限での実行）、といった注意が必要です。

最近発見されたLinuxのマルウェアの例を以下に示します。

表15-4-2　Linuxのマルウェア

名前	種別	発見日	説明
Adore	ワーム	2001年4月	LinuxワームであるRamenおよびLionの変種。2015年~2016年にIPAに検出の報告あり
Linux.Encoder.1	ランサムウェア、トロイの木馬	2015年11月	Linuxをターゲットとした最初のランサムウェア
Linux.Rex.1	ランサムウェア、トロイの木馬	2016年3月	Drupal、WordPress、Magentoの脆弱性を利用したランサムウェア
Linux/Ebury	ルートキット、バックドア、トロイの木馬	2011年8月	2011年8月にkernel.orgのサーバに不正侵入し、サーバは約1箇月間停止。その後、北米とヨーロッパを中心に猛威を振るったが、2016年8月に容疑者逮捕

□ Chapter15 | セキュリティ対策

15-5 SSH

15-5-1 SSHとは

sshコマンドはリモートホストにログインしたり、リモートホスト上でコマンドを実行します。また、**scp**コマンドはリモートホストとの間でファイル転送を行います。

sshとscpは、平文で通信するrlogin、rsh、rcpにかわるもので、パスワードを含む全ての通信を公開鍵暗号により暗号化します。ssh、scpは、SSH（Secure SHell）のフリーな実装である**OpenSSH**のクライアントコマンドであり、サーバは**sshd**です。OpenSSHはOpenBSDプロジェクトによって開発されています。

sshコマンドの基本的な使い方

以下は、sshコマンドによるローカルホストへのログインと、scpコマンドによるファイル転送（コピー）の例です。以下は、一般ユーザでホスト「remotehost」にアクセスしています。

sshコマンドとscpコマンドの実行例

```
[...]$ ssh remotehost           ←❶
[...]$ ssh remotehost hostname  ←❷
[...]$ scp /etc/hosts remotehost:/tmp   ←❸
```

❶sshコマンドによりremotehostにログインする
❷sshコマンドによりremotehost上でhostnameコマンドを実行する
❸scpコマンドによりローカルホストの/etc/hostsファイルをremotehostの/tmpディレクトリの下にコピーする

図15-5-1　実行例の概要

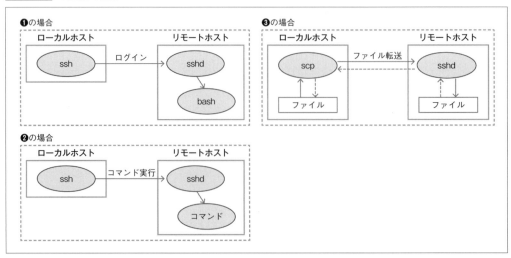

暗号化に使用する鍵とユーザ認証方式は、以下のようになっています。

暗号化のための秘密鍵と公開鍵

Linuxをインストールすると、インストール後の最初のブート時にssh-keygenコマンドの実行によってホスト用の秘密鍵と公開鍵のキーペアが生成されます。sshのデフォルトの設定では、このキーペアが使用されるので、ユーザは特に設定をすることなくSSHを利用することができます。

図15-5-2　OpenSSHのホスト用の鍵

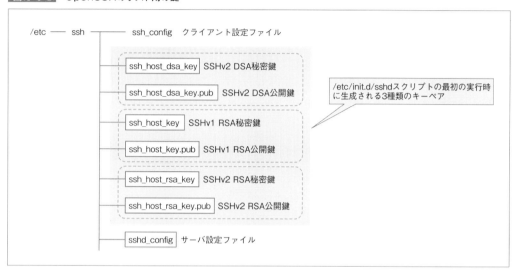

ユーザ認証方式

OpenSSHの主な認証方式には次のものがあります。

・ホストベース認証
・公開鍵認証
・パスワード認証

　クライアントがリクエストする優先順位に従い、サーバ側で提供される認証方式が順番に試みられて、どれか1つの認証が成功した時点でログインできます。クライアントのデフォルトの優先順位は、「ホストベース認証→公開鍵認証→パスワード認証」です。
　ホストベース認証は、インストール時に生成されたホスト用の秘密鍵と公開鍵のキーペアを使用する公開鍵認証です。ホストベース認証も公開鍵認証もクライアント（被認証側）の公開鍵をサーバ（認証側）にコピーする等の設定が必要です。したがって、インストール時のデフォルトの設定ではパスワード認証のみが使用できます。

~/.ssh/known_hostsファイル

　SSHクライアントの**~/.ssh/known_hosts**ファイルには、SSHサーバのホスト名、IPアドレス、公開鍵が格納されます。クライアントがSSHサーバを認証する手順は、ユーザによるSSHサーバの公開鍵の目視確認により行われます。

sshコマンドで初めてサーバに接続する時、サーバから送られてきた公開鍵の**フィンガープリント**(fingerprint：指紋)の値が表示され、それを認めるかどうかの確認のメッセージが以下のように表示されます。

公開鍵のフィンガープリントは、公開鍵の値をハッシュ関数で計算したものです。データ長が公開鍵より小さいので、このようにユーザの目視による確認のような場合に利用されます。

sshによるログイン時に表示されるフィンガープリント

```
RSA key fingerprint is dd:24:75:9c:d2:84:d9:d1:8b:04:c3:2f:02:1c:33:d0.
Are you sure you want to continue connecting (yes/no)?
```

「yes」と答えると、サーバが正当であると認めたことになり、サーバのホスト名、IPアドレス、公開鍵がknown_hostsファイルに格納されます。DNSにより名前解決された場合はホスト名とIPアドレスと公開鍵、それ以外はホスト名かIPアドレスのどちらかと公開鍵が格納されます。一度known_hostsにサーバの情報が書き込まれると、それ以降は格納されている公開鍵により自動的にサーバを認証し、上記の確認メッセージは表示されることなくサーバに接続します。

ssh-keygenコマンドに「-l」オプションを付けて実行することにより、公開鍵のフィンガープリントを計算できます。以下は、一般ユーザが「id_dsa.pub」ファイルに格納されたDSA公開鍵のフィンガープリントを表示する例です。

公開鍵とそのフィンガープリントの表示

```
[...]$ cat id_dsa.pub    ←公開鍵を表示
ssh-dss AAAAB3NzaC1kc3MAAACBAJa57tIaxrVZKCPGUv5VMKyepWO2SAnxnQBLifU4AJ1yPPEstacAWYiY
mQL3vV6lZwfr4X/EjrC/YVPQ4GHaM2v9j+Oqqhg+ta5mCnPFqVSz2hTV/wBJDUmZObpO1RvMJHbCmSHX/
gflVk/VyJ/q5kT1zbxZt6jykJKiQX1thRLBAAAAFQCCqVEfzt7z76ZPTTRxhOxtysyj0QAAAIB+i1zIx/
7Ro3326kb3tiVkd2Dwx21/EGXqT2H1SflfxfTjOSbrPDUwtPtvztJ/mse8cmKJNplNSm3NfIwYDUWEAe4Tqj+
xrsS25rKW+Oymt1r85GGz+tcbTuwCdKVG3jbTAK5TR9VxR2cTswKIk81KdhRXScQCOv6Cv/UfOcXGkQAAAIBU
FdLxybUrRkR8f/EnlxtKkOD1wUPO9kXAuIH+F4POB29a1hf9z1yK1JacjawTaOK63h4sxnHAK2ZVNprf/PiBM
46z2iAmbpDucu6IYE3ry3ZkqFU1TUM66Jd+8LSqaGxOiDwIBTGyOHr5PyFuDLSBifc5XkZ+1R1+a7qJNUnHKw
== yuko@centos7.localdomain

[...]$ ssh-keygen -lf id_dsa.pub    ←公開鍵のフィンガープリントを表示
1024 d8:ff:00:ef:94:1a:59:22:15:b3:04:00:ec:5d:69:f3 id_dsa.pub (DSA)
```

上記の「d8:ff:00:ef:94:1a:59:22:15:b3:04:00:ec:5d:69:f3」が、フィンガープリントの値です。

15-5-2 /etc/sshディレクトリ

/etc/sshディレクトリは、SSHサーバとSSHクライアントが共に使用するディレクトリです。sshクライアントが参照するこのディレクトリの下の**ssh_known_hosts**ファイルには、ローカルシステムの全ユーザが利用するSSHサーバの公開鍵を格納します。したがって、そのSSHサーバはローカルシステムの全ユーザにとって正当と認めるサーバになります。

/etc/ssh_known_hostsファイルは全てのユーザが実行したsshコマンドが参照するファイルなので、全てのユーザが読み込みできるパーミッションになっていなければなりません。また、システムファイルなので一般ユーザが書き込みできる設定であってはなりません。

SSHサーバの設定ファイル

SSHサーバの設定ファイルは、**/etc/ssh/sshd_config**です。公開鍵認証、パスワード認証等の認証方式の設定や、rootのログインの許可、拒否等、重要な設定をディレクティブにより指定します。

sshd_configの主なディレクティブは、次の通りです。

表15-5-1 sshd_configファイルのディレクティブ

ディレクティブ	意味
AuthorizedKeysFile	ユーザ認証の公開鍵格納ファイル名
PasswordAuthentication	パスワード認証
PermitRootLogin	rootログイン
Port	待機ポート番号
Protocol	プロトコルバージョン
PubkeyAuthentication	公開鍵認証(プロトコルバージョン2)

以下は、CentOS 7 インストール時のsshd_configのデフォルトの設定例です。

sshd_configの設定例

```
[...]# cat etc/ssh/sshd_config
…(途中省略)…
Port 22    ←待機ポート番号は22番
Protocol 2    ←プロトコルはsshバージョン2
PermitRootLogin yes    ←rootログインを許可
PubkeyAuthentication yes    ←公開鍵認証を許可
AuthorizedKeysFile    .ssh/authorized_keys    ←クライアントの公開鍵格納ファイル名はauthorized_keys
PasswordAuthentication yes    ←パスワード認証を許可
…(以降省略)…
```

SSHクライアントの設定ファイル

sshコマンド実行時のユーザ名、ポート番号、プロトコル等のオプション指定を、ユーザの設定ファイルである**~/.ssh/config**、またはシステムの設定ファイルである**/etc/ssh/ssh_config**で設定できます。

表15-5-2 configファイルのディレクティブ

ディレクティブ	対応するコマンドオプション	意味
IdentityFile	-i	アイデンティファイル
Port	-p (scpコマンドは-P)	ポート番号
Protocol	-1または-2	プロトコルバージョン
User	-l	ユーザ名

sshコマンドのオプションに対応するディレクティブだけでなく、ログインで使用されるさまざまなディレクティブを設定できます。

~/.ssh/configの設定例

```
[...]$ cat ~/.ssh/config
…（途中省略）…
IdentityFile ~/.ssh/my_id_rsa
Port 22
Protocol 2
User ryo
…（以降省略）…
```

なお、上記の設定を行っている場合、次の2つのsshコマンドは同じ意味になります。

sshコマンド

```
[...]$ ssh remotehost
[...]$ ssh -2 -i ~/.ssh/my_id_rsa -p 22 -l ryo remotehost
```

「-i」オプションでは、アイデンティティファイル（IdentityFile）を指定します。これは、秘密鍵と公開鍵のキーペアのうちの秘密鍵を格納したファイルです。

15-5-3 鍵の生成と管理

秘密鍵と公開鍵のキーペアは、**ssh-keygen**コマンドで生成します。

キーペアの生成

ssh-keygen -t キータイプ

指定できるキータイプには次の3種類があります。

- **rsa1**：sshプロトコルバージョン1のrsaキー
- **rsa**：sshプロトコルバージョン2のrsaキー
- **dsa**：sshプロトコルバージョン2のdsaキー

rsaキーは、RSA（Rivest Shamir Adleman）方式で使用されるキーです。発明者のRon Rivest氏、Adi Shamir氏、Len Adleman氏の3人の頭文字を繋げた名称となっています。大きな素数の素因数分解の困難さを利用したもので、広く普及しています。

dsaキーは、DSA（Digital Signature Algorithm）方式で使用されるキーです。米国家安全保障局が選択した次世代の標準です。離散対数問題の困難さを利用しています。以下の例では、ユーザyukoがdsaキーを生成します。

dsaキーの生成

```
[yuko@centos7 ~]$ ssh-keygen -t dsa
Generating public/private dsa key pair.
Enter file in which to save the key (/home/yuko/.ssh/id_dsa): ←❶
```

```
Enter passphrase (empty for no passphrase):   ←❷
Enter same passphrase again:   ←❸
Your identification has been saved in /home/yuko/.ssh/id_dsa.   ←❹
Your public key has been saved in /home/yuko/.ssh/id_dsa.pub.   ←❺
The key fingerprint is:
44:5c:83:7d:60:b6:dd:3a:79:dd:d6:bd:1a:a7:fe:e1 yuko@centos7.localdomain
The key's randomart image is:
+--[ DSA 1024]----+
|       ..+*.     |
|       .oo.+..   |
|      . .... .   |
|       .   o .+  |
|        S   + .* |
|             o ..|
|              . +|
|              *.|
|             .+.E|
+-----------------+
```

❶[Enter]キーを入力
❷秘密鍵を暗号化するためのパスフレーズを入力(パスフレーズを入力しないと秘密鍵は暗号化されない)
❸同じパスフレーズをもう一度入力
❹暗号化された秘密鍵は/home/yuko/.ssh/id_dsaに格納される
❺公開鍵は/home/yuko/.ssh/id_dsa.pubに格納される

以下の例は、生成された秘密鍵と公開鍵を確認します。

秘密鍵と公開鍵を表示

```
[yuko@centos7 ~]$ ls -l .ssh
合計 8
-rw-------  1 yuko users 736 10月 14 23:13 2016 id_dsa
-rw-r--r--  1 yuko users 611 10月 14 23:13 2016 id_dsa.pub

[yuko@centos7 ~]$ cat .ssh/id_dsa    ←秘密鍵を表示
-----BEGIN DSA PRIVATE KEY-----
Proc-Type: 4,ENCRYPTED
DEK-Info: DES-EDE3-CBC,8F4D2905128FD917

xskUbJshmnOOXTXC1dD44OXa2CuRrAMfbVVhuzagy4HxWI2hxVArwirdtH9Xxr7O
hvrNSObLAI/oREzfVxGj5pgKrUtw1AO8at44hXXCFTWsrLOQ1FkejDcDoE5K11WM
… (途中省略) …
uxQfFPJEZ92CLJcrAcgM1OcBi3ivoyOWUrt6+Ubb9x8iAMv1YwFXdirM3BVnArOA
JxZMqGTXuu9mT4KEep/Zhw==
-----END DSA PRIVATE KEY-----

[yuko@centos7 ~]$ cat .ssh/id_dsa.pub    ←公開鍵を表示
ssh-dss AAAAB3NzaC1kc3MAAACBANRxOGZgemfjW5CKCMeItu5dnOGJFwXqEa+K52tOqRk7Ui5dP3LjLfFadmQYO
4VORnvoYOZnc7eoHBjvn65OAUOcmPzBpzVaPG29oOP4YpxYyTprQ8
… (途中省略) …
DJNOvkm76UVJWHUETDZmEmZaDphPvNrjQDvzVvyZp5pJc8XqYf8U9qDCjh9l6MrVOmunZmT8Kglf1TCMYSmOrRqYB
Qe19GOw== yuko@ecentos7.localdomain
```

　SSHサーバがユーザ認証を行うために、ユーザ(クライアント)は秘密鍵と公開鍵のキーペアのうち公開鍵をサーバ側にコピーしておかなくてはなりません。
　サーバ側で公開鍵を格納するファイルは、デフォルトでは**authorized_keys**ファイルです。ファイル名はサーバの設定ファイル**/etc/ssh/sshd_config**のAuthorizedKeysFileディレ

クティブで指定できます。
　以下の例は、CentOS 7のデフォルトの設定です。

/etc/ssh/sshd_configでのデフォルト指定

```
[...]# cat /etc/ssh/sshd_config
…（途中省略）…
AuthorizedKeysFile    .ssh/authorized_keys
…（以降省略）…
```

　以下は、ユーザyukoがホストcentos7上で作成した公開鍵を、SSHサーバである「remotehost」に登録する例です。

公開鍵をSSHサーバに登録

```
[yuko@centos7 ~]$ scp .ssh/id_dsa.pub examserver:/home/yuko    ←❶
yuko@remotehost's password:
id_dsa.pub                                    100%  611     0.6KB/s   00:00
[yuko@centos7 ~]$ ssh remotehost    ←❷
yuko@remotehost's password:
Last login: Thu Jun 21 23:14:11 2016 from 172.16.0.1
[yuko@remotehost ~]$ ls id_dsa.pub
id_dsa.pub
[yuko@remotehost ~]$ mkdir .ssh    ←❸
[yuko@remotehost ~]$ chmod 700 .ssh    ←❹
[yuko@remotehost ~]$ cat id_dsa.pub >> .ssh/authorized_keys    ←❺
[yuko@remotehost ~]$ chmod 644 .ssh/authorized_keys    ←❻

❶ローカルホストcentos7で作成した公開鍵をremotehostの/home/yuko以下にコピーする
❷remotehostにsshでログインする
❸.sshディレクトリがない場合は作成する
❹.sshディレクトリのパーミッションを正しく設定する
❺公開鍵を追加登録する
❻初めてauthorized_keysを作成した時はパーミッションを正しく設定する
```

　SSHサーバであるremotehostがパスワード認証を許可していない場合は、端末からサーバに直接ログインして公開鍵を登録するか、サーバの管理者に登録作業を依頼します。
　以下の実行例では、公開鍵をサーバの「autorized_keys」に登録した後、ホストcentos7からremotehostへsshコマンドでログインしています。

公開鍵認証によりSSHサーバにログインする

```
[yuko@centos7 ~]$ ssh remotehost    ←❶
Enter passphrase for key '/home/yuko/.ssh/id_dsa':    ←❷
Last login: Thu Jun 21 23:45:49 2012 from 172.16.0.1
[yuko@remotehost ~]$    ←❸

❶sshサブコマンドを実行
❷秘密鍵を暗号化した時のパスフレーズを入力
❸ログインが成功し、コマンドプロンプトが表示される
```

　上記のログイン時の認証手順は、次のようになります。

①クライアント上のユーザがsshコマンドを実行する
②ユーザはパスフレーズを入力して暗号化された秘密鍵(~/.ssh/id_dsa)を復号する(秘密鍵がパスフレーズで暗号化されていた場合。パスフレーズを付けずに秘密鍵を生成した場合は暗号化されていないのでパスフレーズの入力は必要なし)
sshコマンドはユーザ名、公開鍵(~/.ssh/id_dsa.pub)を含むデータに秘密鍵での署名を付けてサーバに送る
サーバは送られてきた公開鍵がサーバに登録(~/.ssh/authorized_keys)されているものかを調べる
③登録された公開鍵であれば、その公開鍵で署名が正しいものかどうかを検証し、正しければ正当なユーザとしてログインを許可する

ssh-agent

ssh-agentは、復号された秘密鍵をメモリに保持するエージェントです。ssh-agentへの秘密鍵の登録は**ssh-add**コマンドで行います。この時、ファイルに格納されている秘密鍵が暗号化されている場合は、パスフレーズを入力して復号します。

sshコマンド(あるいはscpコマンド)はssh-agentから秘密鍵を取得するので、ファイルに格納されている秘密鍵が暗号化されていてもパスフレーズを入力することなくSSHサーバにログインできます。ssh-addおよびsshコマンドは、ssh-agentが作成したソケットファイルを介してssh-agentと通信します。sshコマンドおよびssh-addコマンドは、ssh-agentに接続するためには環境変数**SSH_AGENT_PID**にssh-agentのPIDを、**SSH_AUTH_SOCK**にはssh-agentのソケットファイルのパスを設定しておく必要があります。

以下の例のようにしてbashの子プロセスとしてssh-agentを起動すると、この2つの環境変数は自動的にセットされるので簡便に利用できます。

以下は、ユーザyukoがssh-agentに秘密鍵を登録して利用している例です。

ssh-agentの利用

```
[yuko@centos7 ~]$ ssh-agent bash   ←❶
[yuko@centos7 ~]$ ssh-add ~/.ssh/id_dsa   ←❷
Enter passphrase for /home/yuko/.ssh/id_dsa:   ←❸
Identity added: /home/yuko/.ssh/id_dsa (/home/yuko/.ssh/id_dsa)

[yuko@centos7 ~]$ ssh-add -l   ←ssh-agentに登録された秘密鍵を表示
1024 b7:fc:15:5c:5e:27:25:43:db:0d:9e:eb:ae:a1:2f:c0 /home/yuko/.ssh/id_dsa (DSA)

[yuko@centos7 ~]$ echo $SSH_AGENT_PID   ←ssh-agentのPIDを表示
3682
[yuko@centos7 ~]$ echo $SSH_AUTH_SOCK   ←❹
/tmp/ssh-iKbnpq3681/agent.3681

[yuko@centos7 ~]$ ssh remotehost   ←パスフレーズの入力なしにsshサーバにログイン
Last login: Thu Jul 23 11:33:15 2016 from centos7
[yuko@remotehost ~]$
```

❶bashを生成し、その子プロセスとしてssh-agentを起動
❷~/.ssh/id_dsaファイルの秘密鍵をssh-agentに登録
❸パスフレーズを入力して秘密鍵を復号
❹ssh-agentが作成したソケットファイルのパスを表示

図15-5-3 ssh-agentの概要

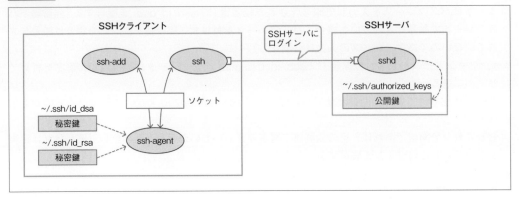

15-5-4 X11ポート転送

　X11ポート転送（X11Forwarding）を利用することで、Xのクライアントアプリケーションがネットワークを介してXサーバに接続できます（通常のポート転送の設定については、「SSHポート転送の利用」（→ p.411）を参照してください）。

　X11ポート転送を許可するには、「SSHサーバ」の設定ファイル**sshd_config**に「X11Forwarding yes」と記述します。また、「SSHクライアント」の設定ファイル**ssh_config**には「ForwardX11 yes」と記述します。この設定により、X11ポートをXクライアントホストからXサーバに転送し、Xのクライアントアプリケーションが Xサーバに接続できます。

　X11ポート転送を利用する場合は、Xサーバ（SSHクライアント）側でxhostコマンドによりアクセスを許可する必要はありません。また、Xクライアント（SSHサーバ）側では環境変数**DISPLAY**が自動的に設定されます。DISPLAYの値に設定されるディスプレイ番号10は6000番からのオフセット値で、転送されるローカルポート6010番（6000+10）へのアクセスとなります。

　ディスプレイ番号は、使用中の番号を除き、新しく開始されるログインセッション毎に10、11、12...とインクリメントされ、それに対応するローカルポート番号も6010、6011、6012...と割り当てられます。

図15-5-4 X11ポート転送の概要

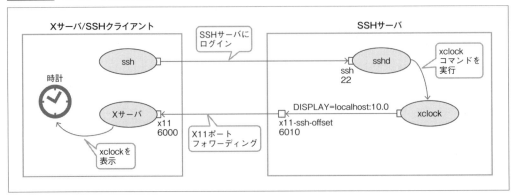

15-6 SELinux

15-6-1 SELinuxとは

　SELinux（Security-Enhanced Linux）は、NSA（National Security Agency：国家安全保障局）により開発されたカーネルのセキュリティモジュールです。当初はLinuxのカーネルパッチとして開発され、カーネル2.6からは**Linux Security Modules**（LSM）として提供されています。

　SELinuxを導入することにより、ユーザの役割を限定し、システムやアプリケーションの脆弱性を利用したroot権限での、あるいはアプリケーションの実効ユーザ権限でのシステムへの侵入に対して、被害を限定した範囲にとどめることができます。

　従来のUID、GIDとファイルのパーミッションによるアクセス制御には、以下のようなセキュリティ上の問題があります。

- ファイルのパーミッションは、その所有者であるユーザが自由に設定できるため、ユーザの設定によってはファイルが無防備な状態に置かれる
- システムやアプリケーションの脆弱性を利用して悪意あるユーザが「UID=0」を獲得すると、システム全体が無防備な状態に置かれる

　SELinuxはセキュリティポリシーをセキュリティ管理者だけが設定し、ユーザが変更できない強制アクセス制御（Mandatory Access Control：MAC）方式と、プロセス毎にファイル等のリソースへのアクセスに対して制限を掛けるType Enforcement（TE）、rootも含む全てのユーザの役割（ロール：Role）に制限を掛けるロールベースアクセス制御（Role-based access control：RBA）等によりこの問題を解決します。

図15-6-1　SELinuxの仕組み

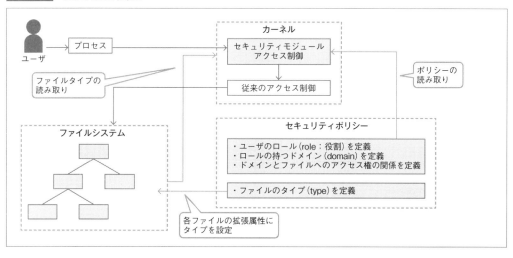

SELinuxのタイプ（type）が設定されるファイルの拡張属性については、「15-3 iノード属性フラグと拡張属性」（→ p.869）を参照してください。

> Linux Security Modules（LSM）は複数のセキュリティ実装のなかから選択して利用するための仕組みで、カーネル2.6で導入されました。SELinuxはLSMのうちの1つであり、CentOS 7を始め多くのディストリビューションで採用されていますが、他にAppArmor、Smack、TOMOYO Linux等があり、主要なディストリビューションの1つであるSuSE Linux Enterprise Serverは、SELinuxではなくAppArmorを採用しています。

15-6-2 SELinuxのパッケージ

SELinuxを利用するためには、以下のパッケージが必要です。

▷ **selinux-policy**
　/etc/selinux、/etc/selinux/config等、ポリシーの基本となるファイルとディレクトリを含みます。

▷ **selinux-policy-targeted**
　targetedポリシーファイルを含みます。

▷ **libselinux**
　SELinuxライブラリです。SELinuxコマンドがリンクします。

▷ **libselinux-utils**
　SELinuxを管理するためユーティリティ（getenforce、setenforce、getsebool等）を含みます。

▷ **policycoreutils**
　SELinuxを管理するための基本的なコマンド/ユーティリティ（sestatus、setsebool、restorecon等）を含みます。

▷ **policycoreutils-python**
　Python言語で書かれた管理ツール（semanage等）を含みます。

▷ **setools-console**
　GUIおよびCUIの管理ツール（seinfo、sesearch等）を含みます。

SELinuxのインストール

　SELinux関連のパッケージは、CentOS 7のインストール時に「最小限のインストール」を始めとするどのベース環境を選択しても、必須のパッケージである**coreutils**や**policycoreutils**の依存関係でインストールされます。
　したがって、通常は（オプショナルなユーティリティであるsetools-console以外は）yumコマンドやrpmコマンドでのインストール手順は必要はありません。

SELinuxの動作モードの設定

　SELinuxの動作モードには、**enforcing**、**permissive**、**disabled**があります。

表15-6-1　SELinuxの動作モード

動作モード	説明
enforcing	SELinuxのセキュリティポリシーを強制実行する
permissive	SELinuxのセキュリティポリシーを強制はせず、ポリシーに反した場合は警告メッセージを出す
disabled	SELinuxのセキュリティポリシーをロードしない

SELinuxをenforcingあるいはpermissiveで運用する場合は、**targeted**、**minimum**、**mls**のいずれかのタイプを指定します。

表15-6-2　SELinux運用時のタイプ

タイプ	説明
targeted	Targetedポリシーを実行する
minimum	Targetedポリシーのなかの最小限のデーモンをサポートする
mls	マルチレベルセキュリティ（Multi Level Security）によるプロテクションを行う

動作モードとタイプを指定するには、SELinuxの設定ファイル**/etc/selinux/config**を編集します。以下は、動作モードを「enforcing」、タイプを「targeted」に設定する例です。

/etc/selinux/configの編集

```
[...]# vi /etc/selinux/config
# This file controls the state of SELinux on the system.
# SELINUX= can take one of these three values:
#     enforcing - SELinux security policy is enforced.
#     permissive - SELinux prints warnings instead of enforcing.
#     disabled - No SELinux policy is loaded.
SELINUX=enforcing    ←動作モードはenforcing
# SELINUX=disabled
# SELINUXTYPE= can take one of three two values:
#     targeted - Targeted processes are protected,
#     minimum - Modification of targeted policy. Only selected processes are protected.
#     mls - Multi Level Security protection.
SELINUXTYPE=targeted    ←タイプはtargeted
```

CentOS 7をインストール後に初めて立ち上げた時、または動作モードをdisabledからenforcingあるいはpermissiveに変更した後の最初の立ち上げ時に、/etc/selinux/targeted/ディレクトリ以下のファイルを基にtargetedタイプのポリシーファイル**/etc/selinux/targeted/policy/policy.29**が更新され、これがカーネルのメモリ内に読み込まれます。

ポリシーには、ユーザ、プロセス、ファイルに付加するセキュリティコンテキストや、ファイルにセキュリティコンテキストを付加するためマッピング定義、アクセス制御を行うルール等が含まれています。

セキュリティコンテキストは、「SELinuxユーザ名：ロール：ドメインまたはタイプ」から成り、アクセスする主体となるプロセスのセキュリティコンテキストとアクセス対象となるファイルのセキュリティコンテキストを基にアクセス制御を行うルールが定義されています。

セキュリティコンテキストについては「15-6-4 SELinuxのセキュリティコンテキスト」（→p.905）を参照してください。

15-6-3 SELinuxのコマンド

SELinuxを管理するために、以下のコマンドが提供されています。

表15-6-3　動作モードの設定と表示

コマンド	説明
sestatus	SELinuxの設定内容の表示
getenforce	SELinuxの動作モードの表示
setenforce	SELinuxの動作モードの変更

表15-6-4　セキュリティコンテキストの表示

コマンド	説明
id -Z	ユーザのセキュリティコンテキストを表示
ls -Z	ファイルのセキュリティコンテキストを表示
ps -Z	プロセスのセキュリティコンテキストを表示
getfattr -n security.selinux	ファイルの拡張属性(セキュリティコンテキスト)を表示

表15-6-5　セキュリティポリシーの変更と表示

コマンド	説明
seinfo	セキュリティポリシーのサマリー表示
sesearch	セキュリティポリシーの表示
getsebool	SELinuxのブール型変数の表示
setsebool	SELinuxのブール型変数の設定
semanage	ポリシー管理コマンド
chcon	ファイルのセキュリティコンテキストの変更
restorecon	デフォルトのセキュリティコンテキストをリストアする

SELinuxのコマンドの実行例

以下の例は、**sestatus**コマンドでSELinuxの動作状態を表示します。

SELinuxの動作状態を表示

```
[...]# sestatus
SELinux status:                 enabled           ←❶
SELinuxfs mount:                /sys/fs/selinux   ←❷
SELinux root directory:         /etc/selinux      ←❸
Loaded policy name:             targeted          ←❹
Current mode:                   enforcing         ←❺
Mode from config file:          enforcing         ←❻
Policy MLS status:              enabled           ←❼
Policy deny_unknown status:     allowed
Max kernel policy version:      28
```

❶SELinuxは有効になっている
❷SELinuxの情報は/sys/fs/selinuxにマウントされている
❸/etc/selinux以下に設定ファイルやポリシーファイルが置かれている
❹ポリシーとしてtargetedがカーネルにロードされている
❺現在の動作モードはenforcing（setenforceコマンドで変更できる）
❻設定ファイルで指定した動作モードはenforcing
❼MLS（Multi Level Security）が有効になっている

　以下の例は、**getenforce**コマンドでSELinuxの動作モードを表示します。

SELinuxの動作モードを表示

```
[...]# getenforce
Enforcing
```

　以下の例は、ユーザyukoのセキュリティコンテキストを表示します。処理の詳細は「ユーザのセキュリティコンテキスト」（→ p.906）を参照してください。

ユーザyukoのセキュリティコンテキストを表示

```
[yuko@centos7 ~]$ id -Z
unconfined_u:unconfined_r:unconfined_t:s0-s0:c0.c1023
```

　以下の例は、ユーザyukoのファイルとディレクトリのセキュリティコンテキストを表示します。処理の詳細は、「ファイルのセキュリティコンテキスト」（→ p.909）を参照してください。

ファイルとディレクトリのセキュリティコンテキストを表示

```
[yuko@centos7 ~]$ ls -dZ /home/yuko
drwx------. yuko yuko unconfined_u:object_r:user_home_dir_t:s0 /home/yuko
[yuko@centos7 ~]$ ls -Z .bashrc
-rw-r--r--. yuko yuko unconfined_u:object_r:user_home_t:s0 .bashrc
[yuko@centos7 ~]$ getfattr -n security.selinux .bashrc
# file: .bashrc
security.selinux="unconfined_u:object_r:user_home_t:s0"
[yuko@centos7 ~]$ ls -dZ /etc
drwxr-xr-x. root root system_u:object_r:etc_t:s0       /etc
[yuko@centos7 ~]$ ls -Z /etc/passwd
-rw-r--r--. root root system_u:object_r:passwd_file_t:s0 /etc/passwd
[yuko@centos7 ~]$ ls -dZ /var/www/html
drwxr-xr-x. root root system_u:object_r:httpd_sys_content_t:s0 /var/www/html
[yuko@centos7 ~]$ ls -Z /var/www/html/index.html
-rw-r--r--. root root unconfined_u:object_r:httpd_sys_content_t:s0 /var/www/html/index.html
```

　以下の例は、ユーザyukoのプロセスのセキュリティコンテキストを表示します。処理の詳細は、「プロセスのセキュリティコンテキスト」を参照してください。

プロセスのセキュリティコンテキストを表示

```
[yuko@centos7 ~]$ ps -Z
LABEL                             PID TTY          TIME CMD
unconfined_u:unconfined_r:unconfined_t:s0-s0:c0.c1023 3060 pts/2 00:00:00 ps
unconfined_u:unconfined_r:unconfined_t:s0-s0:c0.c1023 20909 pts/2 00:00:00 bash

[yuko@centos7 ~]$ ps -efZ | grep systemd
system_u:system_r:init_t:s0     root          1     0  0 10月17 ?        00:00:06 /usr/lib/
systemd/systemd --switched-root --system --deserialize 20
system_u:system_r:syslogd_t:s0  root        491     1  0 10月17 ?        00:00:01 /usr/lib/
systemd/systemd-journald
system_u:system_r:udev_t:s0-s0:c0.c1023 root 527    1  0 10月17 ?        00:00:00 /usr/lib/
systemd/systemd-udevd
…(以降省略)…

[yuko@centos7 ~]$ ps -efZ | grep httpd
system_u:system_r:httpd_t:s0    root       3238     1  1 04:41 ?        00:00:00 /usr/
sbin/httpd -DFOREGROUND
system_u:system_r:httpd_t:s0    apache     3260  3238  0 04:41 ?        00:00:00 /usr/
sbin/httpd -DFOREGROUND
…(以降省略)…
```

以下の例は、**seinfo**コマンドでポリシーのサマリーを表示します。

SELinuxユーザ（Users）、ロール（Roles）、タイプ（Types）、Allowルール（Allow）、ブール型変数（Booleans）等、ポリシーを構成する要素の個数のサマリーです。

ポリシーのサマリーを表示

```
[...]# seinfo
Statistics for policy file: /sys/fs/selinux/policy
Policy Version & Type: v.28 (binary, mls)

   Classes:              83        Permissions:         255
   Sensitivities:         1        Categories:         1024
   Types:              4597        Attributes:          356
   Users:                 8        Roles:                14
   Booleans:            303        Cond. Expr.:         354
   Allow:             95604        Neverallow:            0
   Auditallow:          152        Dontaudit:          8384
   Type_trans:        17365        Type_change:          74
   Type_member:          35        Role allow:           30
   Role_trans:          412        Range_trans:        5639
   Constraints:         103        Validatetrans:         0
   Initial SIDs:         27        Fs_use:               28
   Genfscon:            102        Portcon:             579
   Netifcon:              0        Nodecon:               0
   Permissives:          12        Polcap:                2
```

SELinuxユーザの一覧は「seinfo -u」で、ロールの一覧は「seinfo -r」で、タイプの一覧は「seinfo -t」で、それぞれ表示できます。

SELinuxユーザの一覧を表示

```
[...]# seinfo -u
Users: 8
   sysadm_u
   system_u
   xguest_u
   root
   guest_u
   staff_u
   user_u
   unconfined_u
```

ロールの一覧を表示

```
[...]# seinfo -r
Roles: 14
   auditadm_r
   dbadm_r
   guest_r
   staff_r
   user_r
   logadm_r
   object_r
   secadm_r
   sysadm_r
   system_r
   webadm_r
   xguest_r
   nx_server_r
   unconfined_r
```

タイプの一覧を表示

```
[...]# seinfo -t
Types: 4597
   bluetooth_conf_t
   cmirrord_exec_t
   colord_exec_t
   foghorn_exec_t
   jacorb_port_t
   pki_ra_exec_t
   pki_ra_lock_t
   sosreport_t
…（以降省略）…
```

以下の例は、ポリシーのallowルールの一覧を表示します。

allowルールの一覧を表示

```
[...]# sesearch --allow
Found 95604 semantic av rules:
   allow unconfined_mount_t unconfined_mount_t : x_device { getattr setattr use read write getfocus setfocus bell force_cursor freeze grab manage list_property get_property set_property add remove create destroy } ;
   allow l2tpd_t l2tpd_var_run_t : sock_file { ioctl read write create getattr setattr
```

```
lock append unlink link rename open } ;
   allow staff_t blueman_t : dbus send_msg ;
   allow entropyd_t entropyd_t : capability { dac_override ipc_lock sys_admin } ;
   allow lircd_var_run_t lircd_var_run_t : filesystem associate ;
   allow locate_t noxattrfs : lnk_file { read getattr } ;
   allow sysadm_t security_t : security { compute_av compute_create check_context
compute_relabel compute_user setsecparam read_policy } ;
   allow oddjob_mkhomedir_t security_t : security { compute_av compute_create check_
context compute_relabel compute_user } ;
   allow cinder_volume_t cinder_volume_t : fifo_file { ioctl read write create getattr
setattr lock relabelfrom relabelto append unlink link rename open } ;
…（以降省略）…
```

allowルールの構文は「allow sysadm_t security_t …」のように「allow ドメイン タイプ …」となり、ドメインがタイプに対するアクセスを許可します。

以下は、「--source」により、ソース（プロセス）が「httpd_t」で、「--target」により、ターゲット（ファイル）が「httpd_sys_content_t」をallowするルールを表示する例です。

条件を指定してallowするルールを表示

```
[...]# sesearch --allow --source httpd_t --target httpd_sys_content_t --class file
Found 4 semantic av rules:
   allow httpd_t httpd_sys_content_t : file { ioctl read getattr lock open } ;   ←❶
   allow httpd_t httpd_content_type : file { ioctl read getattr lock open } ;
   allow httpd_t httpdcontent : file { ioctl read write create getattr setattr lock
append unlink link rename execute open } ;
   allow httpd_t httpd_content_type : file { ioctl read getattr lock open } ;
```

❶ドメインhttpdがタイプhttpd_sys_content_tにアクセスすることを許可

以下の例は、**sesearch --all**コマンドでポリシーの全てのルールを表示します。

type_transitionやallow等の全てのルールが表示されます。最初に表示されるのはtype_transitionルールです。type_transitionルールはドメイン遷移がリクエストされた時の遷移前のタイプと遷移後のタイプを定義します。

ポリシーの全てのルールを表示

```
[...]# sesearch --all
Found 17474 semantic te rules:
   type_transition certmonger_unconfined_t mdadm_initrc_exec_t : process initrc_t;
   type_transition puppetagent_t mdadm_initrc_exec_t : process initrc_t;
   type_transition firstboot_t mdadm_initrc_exec_t : process initrc_t;
   type_transition init_t smokeping_exec_t : process smokeping_t;
   type_transition piranha_pulse_t ccs_exec_t : process ccs_t;
   type_transition user_dbusd_t bin_t : process user_t;
…（以降省略）…
```

以下の例は、**getsebool -a**コマンドで全てのブール型変数を表示します。

全てのブール型変数を表示

```
[...]# getsebool -a
abrt_anon_write --> off
abrt_handle_event --> off
abrt_upload_watch_anon_write --> on
antivirus_can_scan_system --> off
…（以降省略）…
```

以下の例は、ブール型変数「httpd_enable_cgi」の値を表示します。

ブール型変数httpd_enable_cgiの値を表示

```
[...]# getsebool httpd_enable_cgi
httpd_enable_cgi --> on   ←httpdによるCGIプログラムの起動を許可
```

以下の例は、**semanage user -l**コマンドで、ユーザの一覧と、それぞれのユーザに対応するロールを表示します。

SELinuxユーザの一覧とそのロールを表示

```
[...]# LANG= semanage user -l   ←❶
                Labeling    MLS/         MLS/
SELinux User    Prefix      MCS Level    MCS Range          SELinux Roles

guest_u         user        s0           s0                 guest_r
root            user        s0           s0-s0:c0.c1023     staff_r sysadm_r system_r
unconfined_r
staff_u         user        s0           s0-s0:c0.c1023     staff_r sysadm_r system_r
unconfined_r
sysadm_u        user        s0           s0-s0:c0.c1023     sysadm_r
system_u        user        s0           s0-s0:c0.c1023     system_r unconfined_r
unconfined_u    user        s0           s0-s0:c0.c1023     system_r unconfined_r
user_u          user        s0           s0                 user_r
xguest_u        user        s0           s0                 xguest_r
```

❶日本語表示だとヘッダの位置がずれるので英語で表示

15-6-4 SELinuxのセキュリティコンテキスト

SELinuxでは、ユーザ、プロセス、ファイルは**セキュリティコンテキスト**を持ちます。セキュリティコンテキストは、定義されているセキュリティポリシーを基に設定されます。

図15-6-2 セキュリティコンテキスト

ユーザのセキュリティコンテキスト

ユーザがログインすると、以下のように**SELinuxユーザ名**にマップされます。

SELinuxユーザ名は、/etc/passwdで定義される通常のLinuxのユーザ名とは異なったもので、システムの起動時にカーネルが読み込むSELinuxセキュリティポリシーのなかで定義されています。

ログインユーザ名からSELinuxユーザ名へのマップ

SELinuxユーザには、セキュリティコンテキスト「SELinuxユーザ名：ロール：ドメイン」が与えられます。

以下の図では、rootとユーザyukoのセキュリティコンテキストは同じに設定されています。

「unconfined」は「制限を受けない」（SELinuxの制限を受けない）の意です。「unconfined_u」は「SELinuxの制限を受けないSELinuxユーザ」です。同様に「unconfined_r」は「SELinuxの制限を受けないロール」、「unconfined_t」は「SELinuxの制限を受けないドメイン」です。

SELinuxユーザ名の末尾には、userを意味する「_u」が付きます。ロールの末尾にはroleを意味する「_r」が付きます。ドメインの末尾にはタイプ（type）の場合と同じく「_t」が付きます。

targetedポリシーでは外部からのアクセスを受け付けるサーバプロセスにはSELinuxの制限を受けるSELinuxユーザ名、ロール、ドメインが割り当てられます。それに対して、rootや一般ユーザ（例：yuko）等の内部からアクセスするローカルユーザやローカルプロセスには「unconfined_*」が割り当てられます。なお、この設定を制限を受けるSELinuxユーザ、ロール、ドメインに変更し、より厳しいポリシーにすることもできます。

図15-6-3 rootとユーザyukoのセキュリティコンテキスト

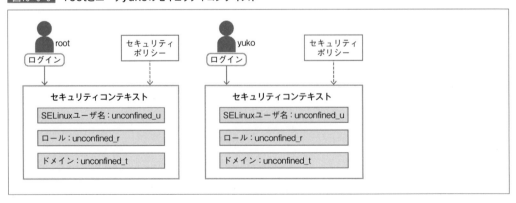

以下は、ユーザyukoがログインした後に与えられるセキュリティコンテキストの例です。

yukoユーザのセキュリティコンテキストを表示

```
[yuko@centos7 ~]$ id -Z
unconfined_u:unconfined_r:unconfined_t:s0-s0:c0.c1023
```

以下は、rootユーザがログインした後に与えられるセキュリティコンテキストです。

rootユーザのセキュリティコンテキストを表示

```
[root@centos7 ~]# id -Z
unconfined_u:unconfined_r:unconfined_t:s0-s0:c0.c1023
```

ここでは、rootとyukoのセキュリティコンテキストは同じに設定されています。

> セキュリティコンテキストの「:」で区切られた4番目以降のフィールドは、MLS（Multi Level Security）を「s」で、MCS（Multi Category Security）を「c」で表しています。sはセキュリティのレベル、cはセキュリティのカテゴリです。MLSとMCSについては本書では説明を省略します。

プロセスのセキュリティコンテキスト

プログラムを実行し、プロセスが生成されると、プロセスに対してセキュリティコンテキスト「SELinuxユーザ名：ロール：ドメイン」が与えられます。

図15-6-4 bashとsystemdのセキュリティコンテキスト

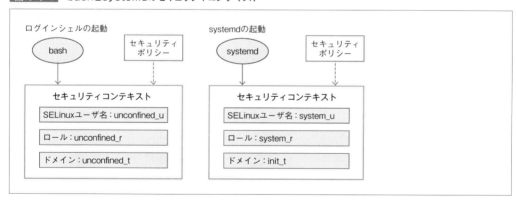

子プロセスには、親プロセスのセキュリティコンテキストが継承されます。
以下の例は、ユーザyukoのセキュリティコンテキストを表示しています。親プロセスである「bash」と子プロセス「ps」が同一であることが確認できます。

親プロセス (bash) から子プロセス (psコマンド) へのセキュリティコンテキストの継承

```
[yuko@centos7 ~]$ ps -Z
LABEL                             PID TTY          TIME CMD
unconfined_u:unconfined_r:unconfined_t:s0-s0:c0.c1023 20909 pts/2 00:00:00 bash   ←❶
unconfined_u:unconfined_r:unconfined_t:s0-s0:c0.c1023 13175 pts/2 00:00:00 ps     ←❷
```

❶bashのドメインはunconfined_t
❷psのドメインはunconfined_t

図15-6-5　親プロセスから子プロセスへのセキュリティコンテキストの継承

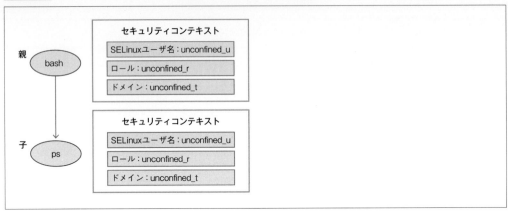

プロセスおよびファイルに設定されたセキュリティコンテキストを、**ラベル**（LABEL）と呼びます。プロセスおよびファイルにセキュリティコンテキストを設定することを、**ラベリング**（Labeling）と呼びます。

ポリシーのドメイン遷移の定義により、子プロセスのドメインが親プロセスとは異なる場合もあります。

図15-6-6　親プロセスから子プロセスへのドメイン遷移

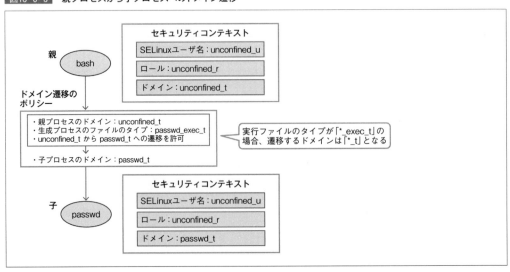

親プロセス（bash）から子プロセス（passwdコマンド）へのドメイン遷移

```
[yuko@centos7 ~]$ ls -Z /usr/bin/passwd
-rwsr-xr-x. root root system_u:object_r:passwd_exec_t:s0 /usr/bin/passwd    ←❶
[yuko@centos7 ~]$ sesearch -s unconfined_t -t passwd_t -c process -p transition -Ad   ←❷
Found 1 semantic av rules:
   allow unconfined_t passwd_t : process transition ;    ←❸

[yuko@centos7 ~]$ ps
  PID TTY          TIME CMD
13660 pts/2    00:00:00 ps
20909 pts/2    00:00:00 bash
[yuko@centos7 ~]$ passwd   ←passwdコマンドを実行して子プロセスpasswdを生成
ユーザー yuko のパスワードを変更。
yuko 用にパスワードを変更中
現在の UNIX パスワード：

※※別の端末で以下のコマンドを実行※※

[yuko@centos7 ~]$ pstree -p 20909
bash(20909)───passwd(13595)
[yuko@centos7 ~]$ ps -p 20909,13595 -Z
LABEL                             PID TTY          TIME CMD
unconfined_u:unconfined_r:passwd_t:s0-s0:c0.c1023 13595 pts/2 00:00:00 passwd   ←❹
unconfined_u:unconfined_r:unconfined_t:s0-s0:c0.c1023 20909 pts/2 00:00:00 bash  ←❺
```

❶passwdコマンドのタイプはpasswd_exec_t
❷unconfined_tからpasswd_tへの遷移（transition）を許可しているルールを検索
❸unconfined_tからpasswd_tへの遷移は許可されている
❹子プロセスpasswdのドメインはpasswd_t
❺親プロセスbashのドメインはunconfined_t

ファイルのセキュリティコンテキスト

ディレクトリ/ファイルのタイプは、ポリシーで定義されたタイプに従って設定されます。

以下の実行結果のなかの、「コンテキスト」カラムの「:」で区切られた3番目のフィールド（末尾が_t）がタイプです。

ポリシーで定義されたファイルのセキュリティコンテキストの表示

```
[...]# semanage fcontext -l
SELinux fcontext           タイプ              コンテキスト
/.*                        all files          system_u:object_r:default_t:s0
/[^/]+                     regular file       system_u:object_r:etc_runtime_t:s0
/a?quota\.(user|group)     regular file       system_u:object_r:quota_db_t:s0
/nsr(/.*)?                 all files          system_u:object_r:var_t:s0
/sys(/.*)?                 all files          system_u:object_r:sysfs_t:s0
/xen(/.*)?                 all files          system_u:object_r:xen_image_t:s0
/mnt(/[^/]*)?              symbolic link      system_u:object_r:mnt_t:s0
/mnt(/[^/]*)?              directory          system_u:object_r:mnt_t:s0
…（以降省略）…
```

semanage fcontextコマンドは、ファイル名からファイルコンテキスト（ファイルのセキュリティコンテキスト、fcontext）へのマッピング情報を管理します。「-l」オプションの指定により、マッピングの一覧を表示します。

以下は、「/var/www/」ディレクトリ以下のタイプが「httpd_sys_content_t」に定義されている例です。

図15-6-7 /var/www/htmlディレクトリの下にindex.htmlを作成する例

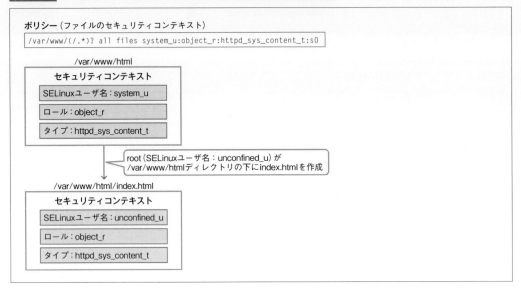

/var/www/htmlディレクトリの下にdir1ディレクトリとindex.htmlファイルを作成する

```
[...]# semanage fcontext -l |grep ^/var/www |head
/var/www(/.*)?             all files    system_u:object_r:httpd_sys_content_t:s0
…(以降省略)…

[...]# ls -dZ /var/www/html
drwxr-xr-x. root root system_u:object_r:httpd_sys_content_t:s0 /var/www/html
[...]# vi /var/www/html/index.html
[...]# mkdir /var/www/html/dir1
[...]# ls -dZ /var/www/html/dir1 /var/www/html/index.html
drwxr-xr-x. root root unconfined_u:object_r:httpd_sys_content_t:s0 /var/www/html/dir1
-rw-r--r--. root root unconfined_u:object_r:httpd_sys_content_t:s0 /var/www/html/index.html
```

以下は、「/etc」ディレクトリのタイプが「etc_t」に、「/etc/passwd」のタイプが「passwd_file_t」に定義されている例です。

/etcと/etc/passwdのセキュリティコンテキスト

```
[...]# cat /etc/selinux/targeted/contexts/files/file_contexts

/etc         system_u:object_r:etc_t:s0
/etc/passwd[-\+]?           --        system_u:object_r:passwd_file_t:s0
```

以下は、ユーザのホームディレクトリのタイプが「user_home_dir_t」に、ホームディレクトリの下に作成されるディレクトリ/ファイルのタイプが「user_home_t」に定義されている例です。

ホームディレクトリ以下のセキュリティコンテキスト

```
[...]# cat /etc/selinux/targeted/contexts/files/file_contexts.homedirs
/home/[^/]*      -d   unconfined_u:object_r:user_home_dir_t:s0
/home/[^/]*/.+   unconfined_u:object_r:user_home_t:s0
```

図15-6-8 ユーザyukoがホームディレクトリの下にfileAを作成する例

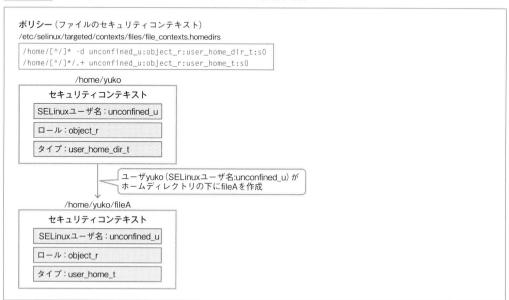

ホームディレクトリの下にディレクトリdir1とファイルfileAを作成する例

```
[yuko@centos7 ~]$ pwd
/home/yuko
[yuko@centos7 ~]$ ls -dZ /home/yuko
drwx------. yuko yuko unconfined_u:object_r:user_home_dir_t:s0 /home/yuko   ←❶
[yuko@centos7 ~]$ mkdir dir1
[yuko@centos7 ~]$ vi fileA
[yuko@centos7 ~]$ ls -dZ dir1 fileA
drwxrwxr-x. yuko yuko unconfined_u:object_r:user_home_t:s0 dir1    ←❷
-rw-rw-r--. yuko yuko unconfined_u:object_r:user_home_t:s0 fileA   ←❸

❶/home/yukoのタイプは「user_home_dir_t」
❷/home/yuko/dir1のタイプは「user_home_t」
❸/home/yuko/fileAのタイプは「user_home_t」
```

15-6-5 ファイルへのアクセス制御

　ファイルへのアクセス制御では、プロセスに付与されたドメインが、アクセス対象となるファイルに付与されたタイプに対して、アクセスを許可するか拒否するかを指定します。これは、ポリシーのなかで**アクセスベクタ**（Access Vector：av）のルールとして定義することにより行います。

図15-6-9 httpdの/var/www/htmlに対するアクセス制御

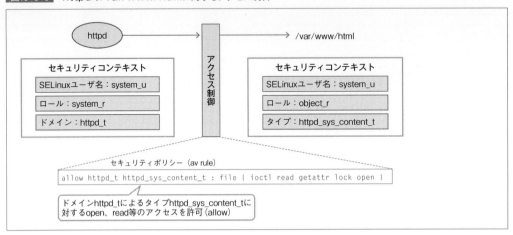

httpdが/var/www/htmlにアクセスできることを確認

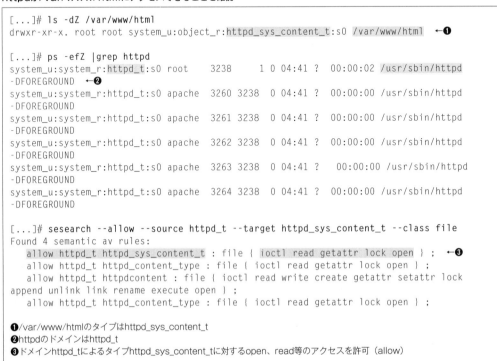

❶/var/www/htmlのタイプはhttpd_sys_content_t
❷httpdのドメインはhttpd_t
❸ドメインhttpd_tによるタイプhttpd_sys_content_tに対するopen、read等のアクセスを許可（allow）

15-6-6 ポリシーの変更（Apache Webサーバの例）

　Apache Webサーバには、ユーザのホームディレクトリを「http://サーバ名/~ユーザ名」として公開する機能があります。

　この機能はSELinuxがdisabled（無効）の場合はApacheの設定によりそのまま使えますが、SELinuxがenforcing（強制モード）の場合は、SELinuxのポリシーにより、httpdがユーザのホームディレクトリとその下のファイルにアクセスすることを禁止しているため使うことができません。前項の「ファイルへのアクセス制御」で解説した通り、SELinuxのアクセス制御は以下の3つの要素により行われます。

①プロセスのタイプ（ドメイン）→②アクセスベクタルール（av rule）→③ファイルのタイプ

　①②③のうち、適切な箇所を変更します。今回は②のアクセスベクタルールを変更することで対処します。

　この後に解説するSELinuxの手順は一般的なものなので、httpd以外の他のサービスの場合にも応用できます。

ユーザホームディレクトリの公開

　httpdの設定ファイル**/etc/httpd/conf.d/userdir.conf**の編集により、ユーザのホームディレクトリの公開を行います。SELinuxがdisabledの場合は、以下の設定で正常に動作することを確認します。

　以下は、Apacheの設定ファイルで、ユーザのホームディレクトリの公開を設定します。

ホームディレクトリ公開の設定（抜粋）

```
[...]# vi /etc/httpd/conf.d/userdir.conf
    #UserDir disabled       ←行頭に#を付けてコメント行にする
    UserDir public_html     ←行頭の#を外して有効にする
[...]# systemctl restart httpd   ←上記の編集を有効にするためにhttpdを再起動
```

　以下は、ユーザyukoがApache Webサーバ上にある、自分のホームディレクトリの下の「public_html」以下にコンテンツを作成し公開しています。

公開コンテンツの作成

```
[yuko@... ~]$ mkdir ~/public_html   ←❶
[yuko@... ~]$ vi ~/public_html/index.html   ←❷
Hello! This is Yuko's home.
[yuko@... ~]$ ls -ld /home/yuko
drwx------. 17 yuko yuko 4096  2月 18 16:35 /home/yuko
[yuko@... ~]$ chmod 755 yuko.yuko /home/yuko   ←❸
[yuko@... ~]$ ls -ld /home/yuko
drwxr-xr-x. 17 yuko yuko 4096  2月 18 16:35 /home/yuko
[yuko@... ~]$ curl http://localhost/~yuko/   ←❹
Hello! This is Yuko's home.
```

❶管理者が設定したディレクトリpublic_htmlを作成する
❷公開するファイルindex.htmlを作成

❸httpdがyukoのホームディレクトリ以下をアクセスできるようにパーミッションを変更
❹curlコマンドでhttpdにアクセスできることを確認（実行するユーザは誰でも良い）

enforcingで稼働

　Apache WebサーバのSELinuxの設定をenforcingに設定してシステムを再起動し、httpdにアクセスします。が、結果は以下のようにエラーとなります。

　以下は、SELinuxをenforcingに設定した後にアクセスしています。なお、実行するユーザは任意（誰でも良い）です。

enforcingでのアクセス

```
[...]# curl http://localhost/~yuko/
<!DOCTYPE HTML PUBLIC "-//IETF//DTD HTML 2.0//EN">
<html><head>
<title>403 Forbidden</title>   ←「Forbidden」のエラーとなって、アクセスできない
…（以降省略）…
```

エラーの特定

　SELinuxのログは**/var/log/audit/audit.log**に格納されます。SELinuxの設定をdisabledからenforcingに変更した後のエラーなので、SELinuxのログで原因を調べます。

　まず、audit.logを「denied」のキーワードで検索します。

ログ内を検索

```
[... audit]# grep denied audit.log | tail
…（途中省略）…
type=AVC msg=audit(1487405325.289:743): avc:  denied  { getattr } for  pid=12026 comm="httpd" path="/home/yuko/public_html/index.html" dev="dm-0" ino=973305 scontext=system_u:system_r:httpd_t:s0 tcontext=unconfined_u:object_r:httpd_user_content_t:s0 tclass=file
```

　audit.logの上記の記録「avc:denied {getattr}」「comm="httpd"」「path="/home/yuko/public_html/index.html"」「scontext=…:httpd_t:…」「tcontext=…:httpd_user_content_t:…」「tclass=file」から、avルールが「httpdのコンテキストhttpd_t」による「ファイルindex.htmlのコンテキストhttpd_user_content_t」へのアクセス（getattr）を拒否していることがわかります。

httpdのコンテキストを表示・確認

```
[...]# ps -efZ | grep httpd
system_u:system_r:httpd_t:s0    root      2843     1  0 11:27 ?        00:00:00 /usr/sbin/httpd -DFOREGROUND  ←❶
system_u:system_r:httpd_t:s0    apache    2877  2843  0 11:27 ?        00:00:00 /usr/sbin/httpd -DFOREGROUND  ←❷
…（以降省略）…
```

❶httpd（親プロセス）のタイプは「httpd_t」
❷httpd（子プロセス）のタイプは「httpd_t」

index.htmlのコンテキストを表示・確認

```
[...]# ls -ldZ /home/yuko /home/yuko/public_html /home/yuko/public_html/index.html
drwxr-xr-x. yuko yuko unconfined_u:object_r:user_home_dir_t:s0 /home/yuko    ←❶
drwxrwxr-x. yuko yuko unconfined_u:object_r:httpd_user_content_t:s0 /home/yuko/
public_html    ←❷
-rw-rw-r--. yuko yuko unconfined_u:object_r:httpd_user_content_t:s0 /home/yuko/
public_html/index.html    ←❸

❶ホームディレクトリのタイプは「user_home_dir_t」
❷public_htmlのタイプは「httpd_user_content_t」
❸index.htmlのタイプは「httpd_user_content_t」
```

　/etc/selinux/targeted/以下で定義されたポリシーにより、/home以下に作成されたディレクトリのタイプは「user_home_dir_t」に設定されます。ファイル/ディレクトリの名前が「public_html」「www」「web」場合、タイプは「httpd_user_content_t」に設定されます。

ポリシーの変更

　エラーを解決するために、SELinuxのポリシーを変更します。

　ポリシーの変更には、ポリシーを新規に作成する方法と、ブール型変数の値をsetsebookコマンドで変更する方法があります。今回の場合の例は、後者のブール型変数の値を変更する方法で対処できます。

　各デーモン/サービスに関連したブール型変数の説明は、**selinux-policy-doc**パッケージのオンラインマニュアルに掲載されています。

selinux-policy-docパッケージのインストールと内容確認

```
[...]# yum install selinux-policy-doc    ←❶
… (実行結果省略) …

[...]# rpm -ql selinux-policy-doc |grep httpd    ←❷
… (途中省略) …
/usr/share/man/man8/httpd_selinux.8.gz
… (以降省略) …

[...]# man httpd_selinux    ←❸
```

❶selinux-policy-docパッケージをインストール
❷httpd関連マニュアルを確認
❸「man httpd_selinux」コマンドにより関連するブール型変数について調べる

　httpdのユーザのホームディレクトリとファイルへのアクセスのアクセス制御ルールは、ブール型の変数**httpd_enable_homedirs**で変更できます。ブール型変数の値は**getsebool**コマンドで表示・確認できます。

　ブール型変数に関連したルールは**sesearch**コマンドに「--allow --show_cond」または「-AC」オプションを付けて実行することで表示・確認できます。

現在のhttpd_enable_homedirsの値と関連するルールを表示・確認

```
[...]# getsebool httpd_enable_homedirs
httpd_enable_homedirs --> off

[...]# sesearch -AC --source httpd_t --target user_home_dir_t -c dir | grep
httpd_enable_homedirs
DT allow httpd_t user_home_dir_t : dir { getattr search open } ; [ httpd_enable_homedirs ]

[...]# sesearch -AC --source httpd_t --target httpd_user_content_t -c dir | grep
httpd_enable_homedirs
DT allow httpd_t user_home_type : dir { getattr search open } ; [ httpd_enable_homedirs ]
DT allow httpd_t httpd_user_content_type : dir { getattr search open } ;
[ httpd_enable_homedirs ]
```

「sesearch -AC ...」コマンドの実行結果の先頭の2文字は、ルールの設定状態を表します。

- 1文字目：E（enable）、D（disable）
- 2文字目：T（true）、F（false）

したがって、httpdによるユーザのホームディレクトリとファイルへのアクセスを許可するルールは現在は無効（D）になっています。有効（E）にするには「setsebool httpd_enable_homedirs 1」または「setsebool httpd_enable_homedirs true」を実行します。

以下は、httpd_enable_homedirsの値を「1」に設定することにより、関連ルールを有効にしています。

関連ルールの有効化

```
[...]# setsebool httpd_enable_homedirs 1     ←❶
[...]# getsebool httpd_enable_homedirs
httpd_enable_homedirs --> on

[...]# sesearch -AC --source httpd_t --target user_home_dir_t -c dir | grep
httpd_enable_homedirs     ←❷
ET allow httpd_t user_home_dir_t : dir { getattr search open } ; [ httpd_enable_homedirs ]
[...]# sesearch -AC --source httpd_t --target httpd_user_content_t -c dir |grep
httpd_enable_homedirs     ←❸
ET allow httpd_t user_home_type : dir { getattr search open } ; [ httpd_enable_homedirs ]
ET allow httpd_t httpd_user_content_type : dir { getattr search open } ;
[ httpd_enable_homedirs ]
```

❶httpd_enable_homedirsの値を1に設定し（カーネルメモリ上の値のみ変更）、ポリシーファイルには書き込まない
❷ルールが有効になったことを確認
❸ルールが有効になったことを確認

httpdにアクセスできることを確認します。

URLでアクセス

```
[...]# curl http://localhost/~yuko/
Hello! This is Yuko's home.
```

これでhttpdにアクセスできるようになったので、「-P」オプションを付けて**setsebool**コマンドを実行し、システム再起動後も有効になるようにポリシーファイルを更新します。

関連ルールを有効にして、ポリシーファイルを更新

```
[...]# setsebool -P httpd_enable_homedirs 1
```

以上で作業は完了です。

15-7 Netfilter

15-7-1 Netfilterとは

　CentOS 7では、IPパケットのフィルタリングやアドレス変換（NAT：Network AddressTranslation）を行うip_tables、iptable_filter等の複数のLinuxカーネルモジュールから成る**Netfilter**と、その設定ユーティリティである**filrewalld**および**iptables**が提供されています。

　Netfilterとiptablesは、Paul"Rusty" Russell氏が開発し、1999年にカーネル2.4で提供されました。以降、Russell氏によるNetfilter/iptablesプロジェクトのNetfilter Core Teamによって開発されています。CentOS 7で提供されているfirewalldは、RedHat社のThomas Woerner氏を中心に開発されたデーモン/設定ユーティリティで、内部でiptablesコマンドを実行することによりNetfilterの設定を行います。

Netfilterの仕組み

　Netfilterには、パケットの処理方法によって、「filter」「nat」「mangle」「raw」の4種類の**テーブル**があります。

表15-7-1　テーブルの種類

テーブルの種類	説明	含まれるチェイン
filter	フィルタリングを行う	INPUT、FORWARD、OUTPUT
nat	アドレス変換を行う	PREROUTING、OUTPUT、POSTROUTING
mangle	パケットヘッダの書き換えを行う	PREROUTING、OUTPUT、（2.4.18以降は次の3つが追加）INPUT、FORWARD、POSTROUTING
raw	コネクション追跡を行わない	PREROUTING、OUTPUT

　それぞれのテーブルは、「ルールの集合」である何種類かの**チェイン**を持ちます。チェインにはパケットへのアクセスポイントによって、INPUT、OUTPUT、FORWARD、PREROUTING、POSTROUTINGの5種類があります。

表15-7-2　チェインの種類

チェイン	説明
INPUT	ローカルホストへの入力パケットに適用するチェイン
OUTPUT	ローカルホストからの出力パケットに適用するチェイン
FORWARD	ローカルホストを経由するフォワードパケットに適用するチェイン
PREROUTING	ルーティング決定前に適用するチェイン
POSTROUTING	ルーティング決定後に適用するチェイン

　以下の図は、Netfilterの概要です。mangleとrawは特殊な処理なので省略します。

図15-7-1　Netfilterの概要

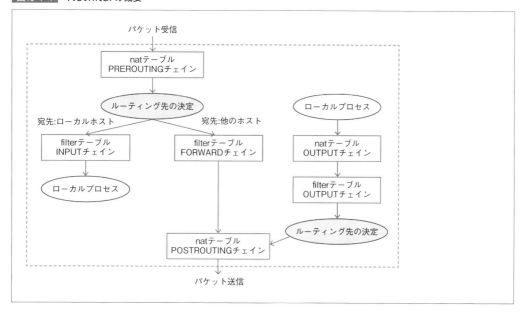

パケットをフォワード（FORWARD）するには前提として、カーネルパラメータ**net.ipv4.ip_forward**の値が「1」に設定されている必要があります。

チェインに設定するルールには、以下の項目を指定することができます。ルールには「指定したアドレス以外」といった「否定」も使えます。

プロトコル、送信元アドレス、送信先アドレス、送信元ポート、送信先ポート、
TCPフラグ、受信インターフェイス、送信インターフェイス、
ステート（state：コネクションの状態）

チェインに設定されたルールに一致した場合のパケットの処理方法は、ターゲット（target）によって指定されます。指定できるターゲットは、テーブルとチェインにより異なります。主なターゲットには以下のものがあります。

表15-7-3　ターゲットの種類

ターゲット	使用できるテーブル	使用できるチェイン	説明
ACCEPT	全て	全て	許可
REJECT	全て	NPUT、OUTPUT、FORWARD	拒否。ICMPエラーメッセージを返す
DROP	全て	全て	破棄。ICMPエラーメッセージを返さない
DNAT	nat	PREROUTING、OUTPUT	送信先アドレスの書き換え
SNAT	nat	POSTROUTING	送信元アドレスの書き換え
MASQUERADE	nat	POSTROUTING	送信元アドレスの書き換え。動的に設定されたアドレスの場合に使用する
LOG	全て	全て	ログを記録する。終了せず次のルールへ進む
ユーザ定義チェイン	全て	全て	-

Netfilterの設定ユーティリティ

CentOS 7ではNetfilterの設定ユーティリティとして、**firewalld**と**iptables**が提供されています。

Netfilterによるファイアウォールを設定する場合は、どちらか片方だけを有効にします。デフォルトではfirewalld.serviceが有効に、iptables.serviceが無効になっています。systemctlコマンドにより、firewalld.serviceを無効に、iptables.serviceを有効にすることもできます。仮想化ゲスト（KVM/Xen）の環境を提供するlibvirtdも、firewalldを利用してNetfilterの設定を行います。

表15-7-4 設定ユーティリティ

ユーティリティ	RPMパッケージ	systemdのサービス名
firewalld	firewalld	firewalld.service
iptables	iptables-services	iptables.service
libvirtd	libvirt-daemon	libvirtd.service

図15-7-2 設定ユーティリティの概要

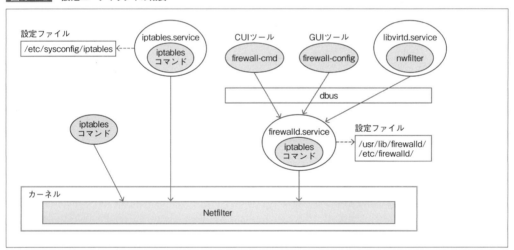

15-7-2 firewalld

firewalldサービスは、デーモン**firewalld**（/usr/sbin/firewalld）、設定ファイルが格納されているディレクトリ**/usr/lib/firewalld/**、**/etc/firewalld/**、設定コマンド**firewall-cmd**（/usr/bin/firewall-cmd）、GUI設定ユーティリティ**firewall-config**（/usr/bin/firewall-config）から構成されています。

firewalld、firewall-cmd、firewall-configは、Python言語で記述されたスクリプトです。設定ファイルはXMLで記述されています。Netfilterへの設定は、Pythonスクリプトのなかから**iptables**コマンドを実行することで行います。

firewalldサービスでは、セキュリティ強度の異なった典型的な設定のテンプレートが何種類も

用意されており、これを**ゾーン**と呼びます。接続するネットワークの信頼度に合ったゾーンを選択することで、容易に設定を完了することができます。また、選択したゾーンの設定にサービスを追加、削除することでより適切な設定にカスタマイズすることができます。

表15-7-5 ゾーン

ゾーン	説明
drop	外部からのパケットは全て破棄（drop）。ICMPメッセージも返さない。内部から外部への接続のみ許可
block	外部からの接続は全て拒否（reject）。ICMPメッセージは返す。内部から開始された外部への接続は双方向を許可
public	パブリックエリア用
external	外部ネットワーク用。マスカレードが有効に設定されている
dmz	DMZ用
work	作業エリア用
home	家庭用
internal	内部ネットワーク用
trusted	全てのネットワーク接続を許可

firewall-cmdコマンドによってゾーンの選択やサービスの追加と削除等ができます。

firewalldの設定
firewall-cmd [オプション]

表15-7-6 firewall-cmdコマンドのオプション

オプション	説明
--get-default-zone	デフォルトゾーンを表示（インストール時のデフォルトはpublic）
--set-default-zone=zone	デフォルトゾーンを指定のゾーンに変更
--zone=zone	コマンド実行時のゾーンの指定
--list-services	ゾーンで許可されているサービスを表示
--add-service=service	ゾーンで許可するサービスを追加
--delete-service=service	ゾーンで許可されているサービスを禁止
--permanent	永続化の指定

設定には、設定ファイルに書き込まない実行時のみの設定と、設定ファイルに書き込みを行う永続的な設定（permanent）の2種類があります。永続的な設定にする場合は、firewall-cmdコマンドに「--permanent」オプションを付けて実行します。

firewalldの設定

```
[...]# systemctl status firewalld   ←firewalldサービスが起動していることを確認
● firewalld.service - firewalld - dynamic firewall daemon
   Loaded: loaded (/usr/lib/systemd/system/firewalld.service; enabled; vendor preset: enabled)
   Active: active (running) since 日 2016-10-16 17:04:52 JST; 3min 0s ago
 Main PID: 766 (firewalld)
   CGroup: /system.slice/firewalld.service
```

```
             └─766 /usr/bin/python -Es /usr/sbin/firewalld --nofork --nopid
…（以降省略）…
[...]# firewall-cmd --list-services --zone=public   ←❶
dhcpv6-client ssh
[...]# firewall-cmd --add-service=http   ←❷
success
[...]# firewall-cmd --list-services --zone=public   ←❸
dhcpv6-client http ssh
[...]# firewall-cmd --add-service=http --permanent   ←❹
success
[...]# firewall-cmd --list-services --zone=public --permanent   ←❺
dhcpv6-client http ssh
[...]# cat /usr/lib/firewalld/zones/public.xml   ←❻
<?xml version="1.0" encoding="utf-8"?>
<zone>
  <short>Public</short>
  <description>For use in public areas. You do not trust the other computers on networks to
not harm your computer.
            Only selected incoming connections are accepted.</description>
  <service name="ssh"/>
  <service name="dhcpv6-client"/>
</zone>
[...]# cat /etc/firewalld/zones/public.xml   ←❼
<?xml version="1.0" encoding="utf-8"?>
<zone>
  <short>Public</short>
  <description>For use in public areas. You do not trust the other computers on networks to
not harm your computer.
            Only selected incoming connections are accepted.</description>
  <service name="dhcpv6-client"/>
  <service name="http"/>
  <service name="ssh"/>
</zone>

[...]# iptables -L -v   ←❽
…（途中省略）…
Chain IN_public_allow (1 references)
 pkts bytes target     prot opt in     out     source               destination
    1    60 ACCEPT     tcp  --  any    any     anywhere             anywhere             tcp dpt:ssh ctstate NEW
    0     0 ACCEPT     tcp  --  any    any     anywhere             anywhere             tcp dpt:http ctstate NEW
…（以降省略）…
```

❶publicゾーンで許可されているサービスを表示
❷publicゾーンでhttpサービスへのアクセスを許可
❸httpが追加されたことを確認
❹publicゾーンでhttpサービスへのアクセスを永続的に許可
❺httpの永続的な許可が追加されたことを確認
❻インストール時の設定ファイルは変更されていない（httpは追加されていない）
❼変更を保存する設定ファイルにはhttpが追加されてる
❽iptablesコマンドで確認。ユーザ定義チェインIN_public_allowにsshとhttpの許可ルールが設定されている（組み込みサービスdhcpv6-clientは表示されない）

　上記の実行例ではhttpサービスを許可する例だけを取り上げましたが、その他のサービスを許可する設定については、それぞれのサーバの章を参照してください。

15-7-3 iptables

iptablesコマンドは、テーブル、チェインを指定し、チェインのなかに1つ以上のルールを設定できます。Netfilterはパケットに対してチェインのなかに設定された複数のルールを順番に適用することで、フィルタリングを行います。

ルールに合致した場合は、そのルールに設定されたターゲット（ACCEPT、REJECT、DROP等）に従って処理されます。ルールに合致しなかった場合は、次のルールに進みます。

どのルールにも合致しなかったパケットに対しては、チェインのデフォルトポリシー（ACCEPT、DROP）が適用されます。

図15-7-3　チェインのなかのルール

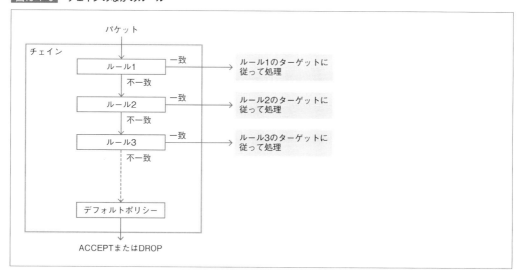

ルールの設定

iptables [-t テーブル] コマンド チェイン ルール -j ターゲット

テーブルの指定は「-t」オプションで行います。デフォルトはfilterテーブルです。

ターゲットの指定は「-j」オプションで行います。ターゲットを省略した場合はパケットカウンタが+1されるだけでパケットに対する処理は行われず、デフォルトポリシーが適用されます。

-t、-j以外の主なオプションは、以下の通りです。

表15-7-7 ルールの設定コマンドを指定するオプション

オプション	説明
--append -A チェイン	既存ルールの最後に追加する
--insert -I チェイン [ルール番号]	既存ルールの先頭に追加する。ルール番号を指定すると、指定した番号の位置に挿入する
--list -L [チェイン [ルール番号]]	ルールの表示。チェインを指定すると、そのチェインのルールを表示する。チェインを指定しないと全チェインのルールを表示する
--delete -D チェイン	指定したチェインのルールを削除する
--policy -P チェイン ターゲット	チェインのデフォルトポリシーの指定。ターゲットには、ACCEPTかDROPを指定する

表15-7-8 ルールの一致条件を指定するオプション

指定項目	オプション	説明
プロトコル	[!] -p --protocol プロトコル	tcp、udp、icmp、allのいずれかを指定する
送信元アドレス	[!] -s --source アドレス[/マスク]	送信元アドレスの指定。指定なしの場合は全てのアドレス
送信先アドレス	[!] -d --destination アドレス[/マスク]	送信先アドレスの指定。指定なしの場合は全てのアドレス
送信元ポート	[!] --sport ポート番号 -m multiport [!] --source-ports --sports ポート番号のリスト	送信元ポートの指定。指定なしの場合は全てのポート。-m multiportオプションを使うと、複数のポートを「,」で区切って指定できる。 例) -m multiport --sports 20,21,25,53
送信先ポート	[!] --dport ポート番号 -m multiport [!] --destination-ports --dports ポート番号のリスト	送信先ポートの指定。指定なしの場合は全てのポート
TCPフラグ	[!] --tcp-flags 第1引数 第2引数 [!] --syn	--tcp-flagsは第1引数で評価するフラグをカンマで区切って指定し、第2引数で設定されているべきフラグを指定。以下はSYNが立って、ACK/FIN/RSTが立っていないパケットの指定例 　例) --tcp-flags SYN,ACK,FIN,RST SYN SYNだけが立っているパケット(接続開始要求)は「--syn」でも指定できる
受信インタフェース	[!] -i --in-interface インタフェース	INPUT、FORWARD、PREROUTINGのいずれかのチェインで指定できる
送信インタフェース	[!] -o --out-interface インタフェース	FORWARD、OUTPUT、POSTROUTINGのいずれかのチェインで指定できる
ステート(state:コネクションの状態)	[!] --state ステート	コネクション追跡機構により、コネクションのステートを判定できる。主なステートはNEW、ESTABLISHED、RELATED 　NEW：新しいコネクションの開始 　ESTABLISHED：確立済みのコネクション 　RELATED：新しいコネクションの開始だが、既に確立したコネクションに関連している。 例)FTPデータ転送、既存のコネクションに関係したICMPエラー、等

ルールの設定

```
[...]# yum install iptables.service  ←iptables.serviceパッケージをインストール

[...]# systemctl disable firewalld   ←firewalld.serviceを無効に設定
[...]# systemctl enable iptables     ←iptables.serviceを有効に設定
[...]# systemctl reboot              ←システムを再起動

[...]# iptables -L  ←設定状態を表示。全てのパケットを許可した状態が表示される
Chain INPUT (policy ACCEPT)
target     prot opt source               destination

Chain FORWARD (policy ACCEPT)
target     prot opt source               destination

Chain OUTPUT (policy ACCEPT)
target     prot opt source               destination

[...]# iptables -A INPUT -p tcp --dport 22 -j ACCEPT  ←❶
[...]# iptables -A INPUT -p tcp --dport 80 -j ACCEPT  ←❷

[...]# iptables -P INPUT DROP  ←❸

[...]# iptables -L -v  ←-vオプションを付けて詳細な設定状態を表示
Chain INPUT (policy DROP 0 packets, 0 bytes)
 pkts bytes target     prot opt in     out     source               destination
  106  7692 ACCEPT     tcp  --  any    any     anywhere             anywhere             tcp dpt:ssh
    0     0 ACCEPT     tcp  --  any    any     anywhere             anywhere             tcp dpt:http

Chain FORWARD (policy ACCEPT 0 packets, 0 bytes)
 pkts bytes target     prot opt in     out     source               destination

Chain OUTPUT (policy ACCEPT 7 packets, 872 bytes)
 pkts bytes target     prot opt in     out     source               destination

[...]# iptables-save > /etc/sysconfig/iptables  ←❹
```

❶宛先ポート22番へのパケットを許可
❷宛先ポート80番へのパケットを許可
❸デフォルトポリシーをDROPに設定。22番と80番へのパケット以外は拒否
❹現在の設定を/etc/sysconfig/iptablesに保存

15-8 TCP Wrapper

15-8-1 TCP Wrapperとは

TCP Wrapperは、各サービスのサーバを包んで(Wrap)、外部から守るデーモンです。**/etc/hosts.allow**と**/etc/hosts.deny**ファイルを読み、その設定によってアクセスを許可するか拒否するかを決定します。

/etc/hosts.allowファイルはTCP Wrapperの設定ファイルで、アクセスを許可(allow)を設定します。/etc/hosts.denyファイルはTCP Wrapperの設定ファイルで、アクセスを拒否(deny)を設定します。この2つのファイルは、サービスの実行中に変更しても内容は反映されます。

TCP Wrapperは共有ライブラリ**libwrap**(/usr/lib64/libwrap.so.0)として提供され、インターネットサービスデーモンxinetd、SSHサーバデーモンsshd、FTPサーバデーモンvsftpdはこのlibwrapをリンクしています。CentOS 7.2の場合、/usr/lib64/libwrap.so.0は/usr/lib64/libwrap.so.0.7.6へのシンボリックリンクです。

図15-8-1 TCP Wrapperの概要

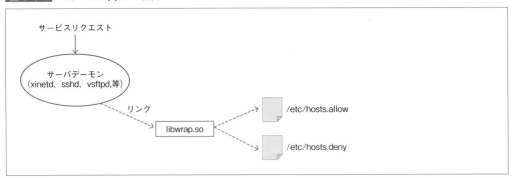

15-8-2 アクセス制御の設定

/etc/hosts.allowと/etc/hosts.denyを使用したアクセス制御は、以下の通りです。

- /etc/hosts.allowに記述されたホストを許可する
- /etc/hosts.denyに記述されたホストを拒否する
- どちらにも記述されていないホストを許可する

/etc/hosts.allowと/etc/hosts.denyのファイルの書式は、次のようになります。

/etc/hosts.allowと/etc/hosts.denyのファイルの書式
デーモンリスト：クライアントリスト

クライアントリストに記述できる主なアドレスパターンは、次のようになります。

表15-8-1　主なアドレスパターン

指定方法	説明	例
ホスト名	ホスト名を指定	centos7.my-centos.com
ドメイン名	「.」で始まる文字列を指定	.my-centos.com
ホストアドレス	IPアドレスをn.n.n.nのフォームで指定	172.16.0.1
ネットワークアドレス(1)	IPアドレスをn.n.のように「.」で終わるフォームで指定	172.16.
ネットワークアドレス(2)	ネットワーク/マスクをn.n.n.n/m.m.m.mのフォームで指定	172.16.0.0/255.255.0.0

以下は、telnetサービスだけを許可する基本的な設定例です。

telnetサービスだけを許可

```
[...]# cat /etc/hosts.allow
in.telnetd : ALL    ←❶
[...]# cat /etc/hosts.deny
ALL : ALL    ←❷
```

❶は、全てのクライアントからのtelnetサービスリクエストを許可する
❷は、全てのクライアントからの全てのサービスリクエストを拒否する(/etc/hosts.allowで許可されたサービス以外)

　デーモンリストとクライアントリストでは「ALL」というワイルドカードが使えます。「ALL」は全てに一致します。

□ Chapter15 | セキュリティ対策

15-9 System Security Services Daemon

15-9-1 SSSDとは

　System Security Services Daemon (SSSD) は、ユーザ名やユーザID等の識別情報および認証を提供する、LDAPサーバやActive Directory (アクティブディレクトリ) 等の複数のプロバイダのサービスをクライアント側で一元管理する機構です。SSSDの中核となる**sssd**デーモンがPAM (Pluggable Authentication Modules) やNSS (Name Service Switch) と連携してこの機能を提供し、識別情報をキャッシュすることでパフォーマンスを向上させます。

図15-9-1　SSSDの概要

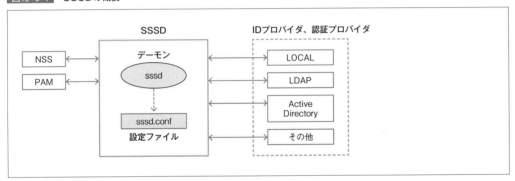

15-9-2 SSSDのインストール

　SSSDを使用するには、**sssd**パッケージをインストールします。sssdパッケージをインストールすると、依存関係にある**sssd-common**パッケージがインストールされます。sssd-commonパッケージにはsssdデーモンやラインブラリが含まれています。また、**sssd-ldap**、**sssd-ad**等、LDAPサーバやアクティブディレクトリにアクセスするためのパッケージも一緒にインストールされます。

SSSDのインストール

```
[...]# yum install sssd
…（実行結果省略）…
```

15-9-3 SSSDの起動と停止

SSSDの設定ファイル**/etc/sssd/sssd.conf**を編集後、**systemctl**コマンドによりSSSDの起動と停止を行います。

SSSDの起動
```
systemctl start sssd
```

SSSDの停止
```
systemctl stop sssd
```

SSSDの有効化
```
systemctl enable sssd
```

SSSDの無効化
```
systemctl disable sssd
```

SSSDの起動
```
[...]# systemctl start sssd
[...]# ps -ef | grep sssd
root     25455     1  0 01:10 ?        00:00:00 /usr/sbin/sssd -D -f
root     25456 25455  0 01:10 ?        00:00:00 /usr/libexec/sssd/sssd_be --domain LDAP --uid 0 --gid 0 --debug-to-files
root     25457 25455  0 01:10 ?        00:00:00 /usr/libexec/sssd/sssd_nss --uid 0 --gid 0 --debug-to-files
root     25458 25455  0 01:10 ?        00:00:00 /usr/libexec/sssd/sssd_pam --uid 0 --gid 0 --debug-to-files
```

15-9-4 SSSDの設定

SSSDの設定は、sssdデーモンの設定ファイル**/etc/sssd/sssd.conf**の作成、および**/etc/nsswitch.conf**と**/etc/pam.d/system-auth**ファイルの編集により行います。

/etc/sssd/sssd.confの作成

sssd-commonパッケージをインストールした時、/etc/sssdディレクトリは作成されますが、その下にsssd.confは作成されません。したがって、vi等のエディタで作成するか、sssd-commonパッケージで提供されるサンプルファイル**/usr/share/doc/sssd-common-1.14.0/sssd-example.conf**をコピーして編集します。

sssd.confは複数のセクションから構成されます。各セクションのなかには「パラメータ=値」の形式で設定を記述します。行頭に「#」あるいは「;」を付けた行はコメント行になります。

```
sssd.confの書式
[セクション1]
パラメータ1 = 値1
パラメータ2 = 値2

[セクション2]
パラメータ3 = 値3
パラメータ4 = 値4
```

セクションには、「sssdセクション」「サービス」「ドメイン」の3種類があります。

□ sssdセクション

このセクションには接続するドメインや起動するサービス等、SSSDの機能を設定します。主なパラメータは以下の通りです。

▷domains

接続するドメインを指定します。ドメインはユーザ情報を保持するデータベースです。ドメインはカンマで区切って1つ以上、複数の指定ができます。

例) domains = LOCAL, LDAP

少なくとも1つのドメインを指定しないとsssdは起動しません。複数指定した場合は、左から順番に問い合わせを行います。

▷services

sssdの起動時に開始するサービスをカンマで区切って指定します。

例) services = nss, pam

以下のサービスがサポートされています。

nss、pam、sudo、autofs、ssh、pac、ifp

▷config_file_version

sssd.confの書式バージョンを指定します。現行のSSSD (0.6.0以降) はバージョン2をサポートしています。

例) config_file_version = 2

□ サービス・セクション

このセクションにはサービスの構成を記述します。セクション名は [サービス名] となります。

例) [nss], [pam]

□ ドメイン・セクション

このセクションにはドメイン構成を記述します。セクション名は[domain/ドメイン名]となります。ドメイン名は、sssdセクションのパラメータ「domains=」で指定した名前を記述します。

例) [domain/LOCAL], [domain/LDAP]

主なパラメータは以下の通りです。

▷ min_id,max_id：(整数値)
UIDとGIDの最小値、最大値を指定します。

▷ enumeration：(ブール値)
ユーザとグループの一覧を作成し、それをキャッシュします。多数のエントリがある場合はCPUに負荷が掛かり、完了まで時間を要します。getentコマンドで一覧を表示するには、この値をTRUEに設定します(デフォルト：FALSE)。

▷ id_provider
ユーザ名、UID等のユーザ識別情報(ID)をドメインに提供するプロバイダを指定します。以下のIDプロバイダをサポートしています。

proxy(レガシーNSSプロバイダ)、local(ローカルユーザ用の内部プロバイダ)、
ldap(LDAP)、ipa(FreeIPA、RedHat IdM)、ad(アクティブディレクトリ)

▷ auth_provider
認証メカニズムをドメインに提供するプロバイダを指定します。デフォルトはid_providerが指定され、かつ認証メカニズムをサポートしている場合はid_providerと同じになります。以下の認証プロバイダをサポートしています。

ldap(LDAP認証)、krb5(ケルベロス認証)、ipa(FreeIPA、RedHat IdM)、
ad(アクティブディレクトリ)、proxy(他のPAMターゲットへ中継)、
local(ローカルユーザ用の内部認証)、none(認証なし)

▷ access_provider
アクセス制御をドメインに提供するプロバイダを指定します(デフォルト：permit)。以下のアクセス制御プロバイダをサポートしています。

permit(組み込みプロバイダ/常にアクセス許可)、
deny(組み込みプロバイダ/常にアクセス拒否)、ldap(LDAP認証)、
ipa(FreeIPA、RedHat IdM)、ad(アクティブディレクトリ)、
simple(allow/denyリストベースのアクセス制御)、
krb5(k5loginベースのアクセス制御)、proxy(他のPAMモジュールへ中継)

▷ chpass_provider
パスワード変更(change password)の操作をドメインに提供するプロバイダを指定します。デフォルトはauth_providerが指定され、かつパスワード変更操作をサポートしている場合はauth_providerと同じになります。以下のパスワード変更プロバイダをサポートしています。

ldap（LDAPデータベース内のパスワード変更）、krb5（ケルベロスパスワードの変更）、
ipa（FreeIPA、RedHat IdM）、ad（アクティブディレクトリ）、
proxy（他のPAMターゲットへ中継）、none（パスワード変更拒否）

この他に、必要に応じてプロバイダ固有のパラメータを設定します。

例）ldap_uri = ldap://centos7-server1.my-centos.com/

以下は、LOCALドメインとLDAPドメインのサービスを利用する設定例です。

sssd.confの設定例

```
[...]# cat /etc/sssd/sssd.conf

[sssd]      ←sssdセクション
domains = LOCAL, LDAP     ←最初にLOCALドメインに、次にLDAPドメインに問い合わせ
services = nss, pam       ←nssとpamをsssdの起動時に開始するサービスに指定
config_file_version = 2   ←sssd.confの書式バージョンは2

[domain/LOCAL]   ←LOCALドメインのセクション
id_provider = local   ←IDプロバイダをlocalに指定
enumerate = true   ←❶
min_id = 3000   ←UID、GIDの最小値を3000に設定
max_id = 3999   ←UID、GIDの最大値を3000に設定

[nss]   ←❷

[pam]   ←❸

[domain/LDAP]   ←LDAPドメインのセクション
id_provider = ldap
enumerate = true   ←❹

ldap_uri = ldap://centos7-server1.my-centos.com/   ←LDAPサーバのURIを指定
ldap_search_base = dc=my-centos,dc=com   ←検索の起点を指定
dap_tls_reqcert = demand   ←❺
```

❶この例ではgetentコマンドでユーザとグループのリストを表示するために値をtrueに設定
❷各パラメータを全てデフォルト値で使用する場合はこれは記述しなくてもよい
❸各パラメータを全てデフォルト値で使用する場合はこれは記述しなくてもよい
❹この例ではgetentコマンドでユーザとグループのリストを表示するために値をtrueに設定
❺TLSセッションでサーバ証明書を要求し、証明書の内容が正しくなかった場合はセッションを終了する

「ldap_tls_reqcert」は、TLSセッションでのサーバ証明書の検査方法を指定するパラメータです。上記の例では「dap_tls_reqcert = demand」と設定しているので、サーバ側で正しく証明書を設定していないとセッションは終了します。サーバ側で証明書の設定が不十分の場合、「dap_tls_reqcert = allow」と設定すると証明書の有無および内容に関わらず処理を進めることができます。

詳細は「14-4-7 TLSによる暗号化の設定」（→ p.812）を参照してください。

/etc/nsswitch.confと/etc/pam.d/system-authの編集

/etc/nsswitch.confの、passwd、shadow、group、services、negroup、automountの各エントリに、SSSDを参照するようにキーワード「sss」を追記します。

/etc/pam.d/system-auth（system-auth-acへのシンボリックリンク）のauth、account、password、sessionの各タイプのエントリにSSSDへのインターフェイスとなるPAMモジュール「pam_sss.so」を追記します。

エディタで編集することもできますが、**authconfig**コマンドを使用するのが簡便な方法です。以下の例は、「--enablessd --enablesssdauth」オプションによりSSSDを有効にして、「--update」オプションにより/etc/nsswitch.confと/etc/pam.d/system-authに書き込みを行います。

authconfigコマンドによる編集

```
[...]# authconfig --enablessd --enablesssdauth --update  ←authconfigコマンドを実行
[...]# grep sss /etc/nsswitch.conf  ←「sss」の追加を確認
passwd:     files sss
shadow:     files sss
group:      files sss
services:   files sss
netgroup:   files sss
automount:  files sss
[...]# grep sss /etc/pam.d/system-auth  ←「pam_sss.so」の追加を確認
auth        sufficient     pam_sss.so forward_pass
account     [default=bad success=ok user_unknown=ignore] pam_sss.so
password    sufficient     pam_sss.so use_authtok
session     optional       pam_sss.so
```

/etc/nsswitch.confと/etc/pam.d/system-authからSSSDを削除する場合は、「--disablessd --disablesssdauth」オプションを指定してauthconfigコマンドを実行します。

authconfigコマンドでSSSDを削除

```
[...]# authconfig --disablessd --disablesssdauth --update
```

LOCALドメインのユーザ登録

LOCALドメインはホスト自身の内部データベースです。/etc/passwdならびに/etc/groupファイルに登録されたユーザに加えてローカルユーザを登録できます。

ユーザ名、ユーザID、グループ名、グループID、ホームディレクトリ、ログインシェル等のユーザ識別情報を、ldb形式のファイルである**/var/lib/sss/db/sssd.ldb**に格納します。

LOCALドメインは手軽に設定できるので、SSSDのテストを行う時にも利用できます。LOCALドメインのユーザ管理には、以下のコマンドが用意されています。

> ldb（Light-weight DataBase）はSambaの開発者Andrew Tridgell氏によって開発されたLDAPライクな組み込み型データベースです。

表15-9-1 ユーザ管理用コマンド

コマンド	説明
sss_useradd	ユーザ登録
sss_userdel	ユーザ削除
sss_usermod	ユーザ情報変更

これらのコマンドを使用するには、**sssd-tools**パッケージをインストールします。

sssd-toolsのインストール

```
[...]# yum install sssd-tools
…（実行結果省略）…
```

以下は、ユーザ「sss-user01」を登録する例です。

ユーザ「sss-user01」を登録

```
[...]# sss_useradd sss-user01    ←sss-user01を登録
[...]# passwd sss-user01    ←sss-user01のパスワードを設定
ユーザー sss-user01 のパスワードを変更。
新しいパスワード：
新しいパスワードを再入力してください：
passwd: すべての認証トークンが正しく更新できました。
[...]# chmod 700 /home/sss-user01
↑作成されたホームディレクトリのパーミッションを適切に設定します。
```

「-u」（もしくは--uid）オプションでUIDを指定しなかった場合は、パラメータmin_idで指定された最小値から順番にUIDが割り当てられます。

以下は、ユーザ「sss-user01」を削除する例です。

ユーザ「sss-user01」を削除

```
[...]# sss_userdel sss-user01
```

ユーザのホームディレクトリとメールスプールも削除されます。残す場合は「-R」（もしくは--no-remove）オプションを指定します。

ldb-toolsパッケージをインストールすることで、そのなかに含まれているldbsearchコマンドでldbファイルの内容を検索できます。ldb-toolsには他にも、ldbadd（追加）、ldbdel（削除）、ldbedit（編集）、ldbmodify（変更）等のコマンドが含まれています。

ldb-toolsのインストール

```
[...]# yum install ldb-tools
…（実行結果省略）…
```

以下は、**ldbsearch**コマンドで「/var/lib/sss/db/sssd.ldb」ファイルの内容を表示しています。この実行例では、ユーザ「sss-user01」の情報が含まれています。

sssd.ldbファイルの内容を表示

```
[...]# ldbsearch -H /var/lib/sss/db/sssd.ldb
…（途中省略）…
dn: name=sss-user01@local,cn=users,cn=LOCAL,cn=sysdb   ←sss-user01ユーザの識別名
createTimestamp: 1483282505
fullName: sss-user01
gecos: sss-user01
homeDirectory: /home/sss-user01   ←ホームディレクトリ
loginShell: /bin/bash   ←ログインシェル
name: sss-user01@local   ←ユーザ名
objectClass: user
uidNumber: 3000   ←uid
gidNumber: 3000   ←gid
lastUpdate: 1483282505
dataExpireTimestamp: 0
userPassword: $6$/Alor.VFp/.gseBD$HZcPUpx2ayHQzEeZlFbzgprJx/GfGLNl6tnSBnrUx.ig   ←パスワード
 JB4gVfuq/SnX8FPuVIm2nGtfuMalOsAVlHQzjHbel0
lastPasswordChange: 1483282524
lastOnlineAuthWithCurrentToken: 0
failedLoginAttempts: 0
lastLogin: 1483282626
distinguishedName: name=sss-user01@local,cn=users,cn=LOCAL,cn=sysdb
…（以降省略）…
```

LDAPドメインへの接続設定

本項では、「14-4 OpenLDAPサーバ」（→ p.789）のOpenLDAPサーバの設定が完了していることを前提に、前述のsssd.confの設定例によりサーバへの接続設定を行っています。

sssd.confの [domain/LDAP] セクションの設定に従い、LDAPサーバにアクセスします。SSSDを利用する場合は「14-4-6 LDAP認証の設定」（→ p.809）で解説したLDAPクライアントの設定ファイル/etc/openldap/ldap.confは参照されません。

> ldapsearch等の「ldap*」コマンドは、LDAPにのみアクセスするためのコマンドなので、/etc/nsswich.confや/etc/sssd/sssd.confは参照せず、sssdの設定如何にかかわらず、/etc/openldap/ldap.confを参照します。

LOCALドメインおよびLDAPドメインのユーザカウントの確認

LOCALドメインとLDAPドメインから提供されるユーザアカウントが有効であることを、**getent** コマンドで確認します。

ユーザアカウントを表示

```
[...]# getent passwd
root:x:0:0:root:/root:/bin/bash
bin:x:1:1:bin:/bin:/sbin/nologin
…（途中省略）…
sss-user01:*:3000:3000:sss-user01:/home/sss-user01:/bin/bash        ←❶
sss-user02:*:3001:3001:sss-user02:/home/sss-user02:/bin/bash        ←❷
ldap-yuko:*:2001:2000:LDAP Account for ldap-yuko:/home/ldap-yuko:/bin/bash   ←❸
ldap-ryo:*:2002:2000:LDAP Account for ldap-ryo:/home/ldap-ryo:/bin/bash      ←❹
ldap-mana:*:2003:2000:LDAP Account for ldap-mana:/home/ldap-mana:/bin/bash   ←❺
```

❶LOCALドメインのユーザアカウントsss-user01

❷LOCALドメインのユーザアカウントsss-user02
❸LDAPドメインのユーザアカウントldap-yuko
❹LDAPドメインのユーザアカウントldap-ryo
❺LDAPドメインのユーザアカウントldap-mana

　LOCALドメインのアカウント「sss-user01」、およびLDAPドメインのアカウント「ldap-yuko」でログインできることを確認します。

「sss-user01」でログイン

```
[...]# ssh localhost -l sss-user01
sss-user01@localhost's password:　←パスワードを入力
Last login: Tue Jan  3 01:12:33 2017 from localhost
[sss-user01@centos7 ~]$ id
uid=3000(sss-user01) gid=3000(sss-user01) groups=3000(sss-user01)
```

「ldap-yuko」でログイン

```
[...]# ssh localhost -l ldap-yuko
ldap-yuko@localhost's password:　←パスワードを入力
Last login: Tue Jan  3 12:53:36 2017 from localhost
-bash-4.2$ id
uid=2001(ldap-yuko) gid=2000(ldap-staff) groups=2000(ldap-staff)
```

「14-4-6 LDAP認証の設定」（→ p.809）のなかで「mkdir /home/ldap-yuko」コマンドでホームディレクトリを作成したアカウント「ldap-yuko」は、/etc/skelディレクトリの下のファイルがホームディレクトリにコピーされていないので、プロンプトは「-bash-4.2$」となります。

SSSDのキャッシュ

　SSSDは、ユーザアカウントをldb形式のファイル**/var/lib/sss/db/cache_LDAP.ldb**にキャッシュすることでパフォーマンスを向上させます。
　cache_LDAP.ldbにキャッシュされた情報は、**ldbsearch**コマンドで表示することができます。

キャッシュされた情報を表示

```
[...]# ldbsearch -H /var/lib/sss/db/cache_LDAP.ldb
…（実行結果省略）…
```

コマンド索引

コマンド索引は、各章で使用しているコマンドの早見表です。ここでの説明はコマンドそのものの使い方ではなく、該当する章での主な使い方を簡潔に記載しています。

Chapter1　基礎知識

man hier	ファイルシステム階層の説明	47

Chapter2　インストールとバージョンアップ

yum erase	パッケージの削除	83
yum groups info	パッケージグループの表示	80
yum info	パッケージ情報の表示	82
yum install	パッケージのインストール	83
yum remove	パッケージの削除	83
yum search	パッケージの検索	82
yum update	リポジトリによるバージョンアップ	80

Chapter3　初期設定

firewall-cmd	ファイアウォールの管理	88
getenforce	SELinuxの動作モード表示	86
grub2-mkconfig	grub.cfgの生成	103
grub2-mkfont	PF2フォントファイルの作成	103
lsmod	ロードされたカーネルモジュールの表示	105
lspci	PCIデバイスの表示	105
modinfo	カーネルモジュールの情報表示	105
passwd	パスワードの設定	91
ps	プロセスの表示	92
setenforce	SELinuxの動作モード設定	87
sestatus	SELinuxの詳細な状態表示	86
ssh	sshログイン	91
systemctl	アクティブなサービスの表示	92
systemctl disable	サービスの無効化	93
systemctl grep	サービスの検索	93
systemctl stop	サービスの停止	93
useradd	ユーザの追加	91
xrandr	スクリーン情報の表示・設定	104

Chapter4　システムの起動と停止

cpio	cpio形式アーカイブの作成・展開	117
dracut	initramfsの生成	118
efibootmgr	EFIブートエントリの編集・表示	123
grub2-install	GRUB2のインストール	129
grub2-mkconfig	grub.cfgの生成	128
halt	マシンの停止	152
init	ランレベルの管理	151
lsinitrd	initramfsの内容表示	116
plymouth-set-default-theme	テーマの表示・変更	120
poweroff	電源オフ	152
reboot	再起動	152
rpmbuild	RPMの作成	111
runlevel	ランレベルの表示	153
shutdown	マシンの停止・電源オフ・再起動	151
skipcpio	early cpioの取り外し	117
systemctl	ユニットの管理	139,142,146
systemctl isolate	稼働中のターゲットの変更	143
telinit	SysVランレベルの変更	154

Chapter5　基本操作

bash		シェルスクリプトの実行	254
bunzip2		bzip2形式の解凍	173
bzip2		bzip2形式で圧縮	172
cat		ファイル内容の表示	167
cd		ディレクトリの移動	165
chgrp		ファイルのグループの変更	197
chmod		パーミッションの変更	193
chown		ファイルの所有者とグループの変更	196
cp		ファイル・ディレクトリのコピー	170
cut		ファイル内の特定部分の取り出し	184
dd		ファイルの変換・コピー	173
echo		文字列や変数値の表示	158
egrep		文字列の検索	189
env		環境変数の一覧表示	158
expand		タブをスペースに変換	185
file		ファイルタイプの判定	177
find		ファイルの検索	203
fmt		テキストの整形	182
grep		文字列の検索	186
groups		グループの表示	190
gunzip		gzip形式の解凍	173
gzip		gzip形式で圧縮	172
head		テキストファイルの先頭部分を出力	178
history		コマンド履歴の表示	158
id		ユーザID・グループIDの表示	161,191
jobs		バックグラウンドジョブ・一時停止中のジョブの表示	229
join		ファイルの結合	180
kill		プロセスの終了	230
killall		プロセスをまとめて終了	232
less		ファイル内容の表示（ページ単位）	167
ln		ハードリンクの作成	200
ln -s		シンボリックリンクの作成	200
locate		データベースを利用したファイルの検索	204
ls		ファイル・ディレクトリ情報の表示	166
man		オンラインマニュアルの参照	160
mkdir		ディレクトリの作成	168
more		ファイル内容の表示（ページ単位）	167
mount		ファイルシステムのマウント	233
mv		ファイル・ディレクトリの移動	169
nice		プロセスの優先度の変更	226
nl		ファイル内容に行番号を付けて表示	168
od		ファイル内容を指定された基数で表示	185
pgrep		実行中のプロセスの検索	232
pkill		プロセスをまとめて終了	232
printenv		環境変数の一覧表示	158
ps		プロセスの表示	223
ps -l		プロセスの優先度の表示	225
pstree		プロセスツリーの表示	224
pwd		カレントディレクトリの表示	166
renice		動作中のプロセスの優先度の変更	227
rm		ファイル・ディレクトリの削除	171
rmdir		ディレクトリの削除	171
rpm		パッケージの管理	238
rpm2cpio		RPMからcpioアーカイブを抽出	242
sed		単語単位の変換・削除	182
set		シェル変数・関数の一覧表示	158
sort		ファイルの行の並べ替え	180
split		ファイルの分割	181
su		ユーザの切り替え	161

コマンド	説明	ページ
sudo	指定した権限でコマンドを実行	162
tail	テキストファイルの末尾部分を出力	178
tar	tar形式アーカイブの作成・展開	171
tee	標準出力とファイル出力の両方に出力	176
top	プロセスをリアルタイムに表示	225
touch	ファイルのタイムスタンプの変更	169
tr	文字の変換・削除	178
umask	umask値の表示・変更	194
umount	ファイルシステムの切り離し	235
unexpand	スペースをタブに変換	186
uniq	重複する行の削除	181
unset	シェル変数・関数の削除	157
updatedb	データベースの更新	205
vi	vi(vim)の起動	208
vim	vimの起動	208
visudo	/etc/sudoersファイルの編集	162
wc	行数・単語数・バイト数を表示	184
whereis	コマンドのバイナリ・ソース・マニュアルの格納場所を表示	206
which	コマンドの格納場所を表示	205
yum	パッケージの管理	243
yumdownloader	rpmファイルのダウンロード	245

Chapter6　ディスクとファイルシステム管理

コマンド	説明	ページ
cfdisk	MBRパーティションの管理	284
cgdisk	GPTパーティションの管理	287
chroot	ルートディレクトリを指定したディレクトリに変更	316
fdisk	MBRパーティションの管理	284
fsck	ファイルシステムの検査・修復	307
gdisk	GPTパーティションの管理	287
gparted	MBR・GPTパーティションの管理	293
mke2fs	ext2/ext3/ext4ファイルシステムの作成	300
mkfs	ファイルシステムの作成	300
mkfs.btrfs	btrfsファイルシステムの作成	303
mkfs.xfs	xfsファイルシステムの作成	297
mkswap	スワップ領域の初期化	304
parted	MBR・GPTパーティションの管理	291
rsync	ファイルのコピー	311
sfdisk	MBRパーティションの管理	284
sgdisk	GPTパーティションの管理	287
swapoff	スワップ領域の無効化	306
swapon	スワップ領域の有効化	305
xfs_admin	xfsファイルシステムのパラメータ調整	312
xfs_freeze	xfsファイルシステムへの書き込みの一時停止・再開	312
xfs_growfs	xfsファイルシステムの拡大	312
xfs_mdrestore	xfsメタダンプからイメージ復元	313
xfs_metadump	xfsファイルシステムのメタデータのコピー	313
xfs_quota	ディスクの使用量の制限設定	314
xfs_repair	ファイルシステムの検査・修復	307
xfsdump	xfsファイルシステムのバックアップ	308
xfsrestore	xfsダンプからxfsシステムの修復	309,310

Chapter7　高度なストレージとデバイスの管理

コマンド	説明	ページ
iscsiadm	イニシエータの管理	338
lvcreate	論理ボリュームの作成	326,329
lvcreate -s	スナップショットの取得	332
lvdisplay	論理ボリュームの表示	326
lvextend	論理ボリュームの拡張	326,330
lvreduce	論理ボリュームの縮小	326
lvremove	論理ボリュームの削除	326
lvremove	スナップショットの削除	333

コマンド	説明	ページ
mdadm	RAIDの構築・修復・管理	319,322
pvcreate	物理ボリュームの作成	326,327
pvdisplay	物理ボリュームの表示	326
pvremove	物理ボリュームの削除	326
tgt-admin	tgtdの管理	336
vgcreate	ボリュームグループの作成	326,328
vgdisplay	ボリュームグループの表示	326
vgextend	ボリュームグループの拡張	326,330
vgreduce	ボリュームグループの縮小	326,331
vgremove	ボリュームグループの削除	326

Chapter8 運用管理

コマンド	説明	ページ
chage	既存ユーザのアカウント失効日の表示・変更	351,353
chsh	ログインシェルの変更	355
groupadd	グループの登録	349
groupdel	グループの削除	349
groups	グループの表示	349
journalctl	ログの検索・表示	367
last	ログイン履歴の表示	357
lmi	lmiコマンドラインの起動	423
logger	システムログにエントリを作成	361
logrotate	ログファイルのローテーション	362
passwd	パスワードの設定	347,354,356
pmatop	CPUの状態の測定	441
pmchart	Performance Co-PilotのGUIツールの起動	442
pminfo	メトリクス（測定項目）の表示	437
pmiostat	ファイルI/Oの状況の表示	440
pmstat	システムの使用状況の表示	439
pmval	メトリクス値の表示	438
screen	文字型端末のスクリーンの管理	401
useradd	ユーザの登録	344,350,351
userdel	ユーザの削除	348
usermod	ユーザ情報の変更	348,350,354,355,356
vinagre	VNCサーバへ接続	409
vncserver	VNCサーバの起動・停止	404
w	ログインユーザの表示	358
who	ログインユーザの表示	358

Chapter9 システムサービスの管理

コマンド	説明	ページ
at	スケジュールされたジョブの実行	450,452
atq	実行待ちのジョブの表示	452
atrm	実行待ちのジョブの削除	452
batch	スケジュールされたジョブの実行	450
chronyc	chronydデーモンの管理	459
crontab	crontabの設定	448
date	日付の表示・設定	453
hwclock	ハードウェアクロックの表示・設定	456
iconv	エンコードの変換	465
locale	ロケールの表示	463
localectl	ロケールの表示・設定	465
ntpdate	NTPによる時刻設定	458
systemctl	crondの起動・停止管理	446
tzselect	TZ値の選択	455

Chapter10 ネットワーク

コマンド	説明	ページ
arp	ARPテーブルの管理	497
brctl	ブリッジの管理	519
ifenslave	スレーブの切り替え	511
ip	ネットワークの管理	487
ip address	IPアドレスとプロパティの管理	488

ip link	ネットワークインターフェイスの管理	489
ip maddress	マルチキャストアドレスの管理	490
ip neighbour	arpテーブルの管理	491
ip route	ルーティングの管理	501
iwlist	アクセスポイントのESSIDを検索	484
lsof	プロセスがオープンしているファイルの表示	495
lspci	PCIデバイスの表示	485
netstat	ネットワーク状態の表示	492
nmap	ポートのスキャン	496
nmcli	CLIによるNetworkManagerの管理	475
nmcli connection	接続の管理	479
nmcli device	デバイスの管理	478
nmcli general	NetworkManagerの状態・権限の表示	477
nmcli networking	ネットワーク全体の管理	475
nmcli radio	ネットワーク機能毎の管理	476
nmtui	TUIによるNetworkManagerの管理	469
ping	接続確認	494
route	ルーティングの管理	501
ss	ソケットの統計情報の表示	493
systemctl	NetworkManagerの起動・停止	468
tcpdump	ネットワークトラフィックのダンプ	499
teamdctl	チーミングの管理	515
traceroute	ipパケットの経路の表示	505

Chapter11　仮想化技術

brctl	Linuxブリッジの設定	556
docker	Dockerの管理	564
ip netns	ネットワーク名前空間の表示・作成・削除	559
ovs-vsctl	OVSブリッジの設定	558
qemu-kvm	サポートされているNICモデルを表示	540
vagrant	Vagrantの管理	572
vboxmanage	VirtualBoxの管理	574
virsh	KVMおよびXenの管理	528
virsh domblklist	ストレージ設定の表示	542
virsh edit	ドメイン定義ファイルの編集	558
virsh net-edit default	デフォルトネットワークの設定	531
virt-install	ゲストOSのインストール	527,533,548
virt-manager	virt-managerの起動	529,534,547,549
xentop	Dom0とDomUのシステム情報の表示	553
xl	Xenの管理	551

Chapter12　ネットワークモデル

pppoe-setup	PPPoEの設定	607

Chapter13　外部/内部向けサーバ構築

apachectl	Apacheの管理	652
dig	DNSサーバへの問い合わせ	619,637
dnssec-keygen	DNSSEC鍵・共有秘密鍵の生成	664
doveconf	dovecotの設定ファイルの管理	723
host	DNSサーバへの問い合わせ	640
htdigest	ユーザ登録（Digest認証）	664
htpasswd	ユーザ登録（Basic認証）	661
mailq	配信用メールキューの表示	720
mailx	メール送信・読み取り	711
make	秘密鍵・CSRの作成	672
newaliases	Postfixのエイリアスデータベースの更新	718
openssl	CSRの表示	672
pip	Pythonのパッケージ管理	731
postconf	Postfixのパラメータ管理	717
postqueue	配信用メールキューの表示	720

rndc	namedデーモンの管理	640
rndc-confgen	/etc/rndc.keyファイルの生成	641
squidclient	squidのアクセスチェック	682
systemctl	DNSの起動・停止	623
systemctl	Apacheの起動・停止	650
systemctl	vsftpdの起動・停止	705
systemctl	in.tftpdの起動・停止	709
systemctl	Postfixの起動・停止	713
systemctl	dovecotの起動・停止	722
telnet	メールの送受信のテスト	720,725

Chapter14　内部向けサーバ構築

createuser	PostgreSQLのユーザ作成	839
dhclient	DHCPサーバからipアドレスとネットワーク情報を取得	788
dropuser	PostgreSQLのユーザ削除	840
exportfs	ディレクトリのエクスポート・アンエクスポート	773
kinit	Kerberosのチケットの取得	765
klist	Kerberosのチケットの確認	765
ldapadd	LDAPエントリの追加	794
ldapdelete	LDAPエントリの削除	795
ldapmodify	LDAPエントリの追加・削除・変更	796
ldappasswd	OpenLDAPに登録されたユーザのパスワード変更	797
ldapsearch	LDAPエントリの検索	763,793
mount	NFSv4疑似ファイルシステムのマウント	776
mysql	MariaDBへのログイン	822
mysql_secure_installation	MariaDBの設定	823
mysqldump	MariaDBのバックアップ	832
net	Active Directoryへの参加・離脱・表示	765
nfsstat	リクエストの統計情報の表示	777
openssl	公開鍵証明書の表示	813
pdbedit	Sambaアカウントの管理	748
pg_dump	PostgreSQLのバックアップ	844
pg_dumpall	PostgreSQLのバックアップ	844
pg_restore	PostgreSQLのリストア	845
postgresql-setup	PostgreSQLの初期化	836
psql	PostgreSQLへのログイン	838
psql	PostgreSQLのリストア	845
showmount	NFSの共有情報の表示	779
slapadd	LDAPデータベースに追加	807
slapcat	LDAPデータベースの内容を表示	807
smbclient	Sambaサーバに接続	747
smbpasswd	Sambaアカウントのパスワード変更	749
smbtree	SMBネットワークのブラウズ	747
systemctl	OpenLDAPの起動・停止	798
systemctl	MariaDBの起動	822
systemctl	PostgreSQLの起動	836
systemctl	NFSの起動・停止	771
systemctl	DHCPの起動・停止	782
systemctl	dnsmasqの起動・停止	786
testparm	Samba設定ファイルの正当性の検査	745
tree	ツリー形式でディレクトリ情報を表示	798
(MariaDBコマンド) create database	MariaDBのデータベースの作成	827
(MariaDBコマンド) create table	MariaDB内のデータベースのテーブルの作成	828
(MariaDBコマンド) drop database	MariaDBのデータベースの削除	827
(MariaDBコマンド) drop table	MariaDB内のデータベースのテーブルの削除	829
(MariaDBコマンド) drop user	MariaDBのユーザ削除	831
(MariaDBコマンド) exit	MariaDBからログアウト	822
(MariaDBコマンド) grant	MariaDBのユーザ作成・権限付与	830
(MariaDBコマンド) quit	MariaDBからログアウト	822
(MariaDBコマンド) show databases	MariaDBのデータベースの表示	826

コマンド	説明	ページ
(MariaDBコマンド) show tables	MariaDB内のデータベースのテーブル表示	828
(MariaDBコマンド) status	MariaDBの設定内容の表示	824
(MariaDBコマンド) use	MariaDB内の該当データベースへ移動	828
(PostgreSQLコマンド) \c	PostgreSQLのデータベースへの再接続	842
(PostgreSQLコマンド) \d	PostgreSQLのデータベースのテーブル表示	843
(PostgreSQLコマンド) \du	PostgreSQLのユーザのロールの表示	840
(PostgreSQLコマンド) \l	PostgreSQLのデータベースの表示	841
(PostgreSQLコマンド) \q	PostgreSQLからログアウト	838
(PostgreSQLコマンド) create database	PostgreSQLのデータベースの作成	841
(PostgreSQLコマンド) create table	PostgreSQLのデータベースのテーブル作成	842
(PostgreSQLコマンド) drop database	PostgreSQLのデータベースの削除	842
(PostgreSQLコマンド) drop table	PostgreSQLのデータベースのテーブル削除	843

Chapter15　セキュリティ対策

コマンド	説明	ページ
authconfig	認証に関連する設定ファイルの編集	933
chattr	iノードの属性フラグの設定	869
chcon	ファイルのセキュリティコンテキストの変更	900
firewall-cmd	firewalldの管理	921
getcap	ケーパビリティの表示	877
getenforce	SELinuxの詳細な状態表示	900
getent	ネームサービスによるエントリの表示	935
getfacl	ACLの表示	870
getfattr	拡張属性の表示	874
getfattr -n security.selinux	ファイルの拡張属性を表示	900,901
getsebool	SELinuxのブール型変数の表示	900,915
gpg	暗号化・署名・鍵の作成	861
id -Z	ユーザのセキュリティコンテキストを表示	900,901
iptables	フィルタリングルールの設定	923
ldpsearch	ldpデータベースの検索	934
ls -Z	ファイルのセキュリティコンテキストを表示	900,901
lsattr	iノードの属性フラグの状態表示	869
openssl	秘密鍵・CSR・自己署名証明書の作成と表示	868
ps -Z	プロセスのセキュリティコンテキストを表示	900,902
restorecon	デフォルトのセキュリティコンテキストのリストア	900
scp	リモートホストとのファイル転送	888
seinfo	セキュリティポリシーのサマリー表示	900
semanage	セキュリティポリシーの管理	900
semanage fcontext	ファイルコンテキストの管理	909
sesearch	セキュリティポリシーの検索	900,915
sestatus	SELinuxの設定内容の表示	900
setcap	ケーパビリティの設定・削除	877
setenforce	SELinuxの動作モード設定	900
setfacl	ACLの設定・削除	870,872
setfattr	拡張属性の設定・削除	874
setsebool	SELinuxのブール型変数の設定	900
ssh	リモートホストへのログイン・コマンド実行	888,892
ssh-add	ssh-agentへの秘密鍵の登録	895
ssh-keygen	秘密鍵・公開鍵の管理	890
sss_useradd	LOCALドメインのユーザ登録	934
sss_userdel	LOCALドメインのユーザ削除	934
sss_usermod	LOCALドメインのユーザ情報変更	934
tripwire	Tripwireデータベースの管理	885
twprint	Tripwireのレポートの表示	885

索引

■記号・数字

#	257
$	91
$?	256
${}	258
%S	215
"（ダブルクォーテーション）	219,260
'（シングルクォーテーション）	260
`（バッククォーテーション）	260
*	259
.bash_history	159
.gvimrc	219
.htaccess	655
.key	883
.repo	247
.rules	148
.twd	882
.twr	883
.vimrc	219
/	47
/bin	48
/bin/ifup ppp0	607
/bin/init	133
/boot	112
/boot/grub2/grub.cfg	114,546
/boot/grub2/grub	103
/boot/initramfs/カーネルバージョン.img	117
/dev	50
/etc/alias	718
/etc/at.allow	452
/etc/at.deny	452
/etc/chrony.conf	459,462
/etc/cron.allow	449
/etc/cron.deny	449
/etc/crontab	447
/etc/default/grub	102
/etc/default/useradd	345,351
/etc/dhcp/dhcpd.conf	780,782
/etc/dnsmasq.conf	786
/etc/dovecot/dovecot.conf	723
/etc/exports	772
/etc/firewalld	920
/etc/fstab	236,305,306,313,776
/etc/group	344
/etc/gshadow	344
/etc/hosts	471,651
/etc/hosts.allow	704,926
/etc/hosts.deny	704,926
/etc/httpd/conf	729
/etc/httpd/conf.d	654
/etc/httpd/conf.d/nagios.conf	372
/etc/httpd/conf.d/ssl.conf	671,673
/etc/httpd/conf.d/tomcat.conf	701
/etc/httpd/conf.d/userdir.conf	913
/etc/httpd/conf.d/zabbix.conf	386
/etc/httpd/conf.modules.d	654
/etc/httpd/conf.modules.d/00-base.conf	658
/etc/httpd/conf.modules.d/00-mpm.conf	657
/etc/httpd/conf.modules.d/00-ssl.conf	671
/etc/httpd/conf/httpd.conf	650,654,688
/etc/httpd/htpasswd	661
/etc/httpd/modules/mod_ssl.so	671
/etc/idmapd.conf	775
/etc/iscsi/iscsid.conf	338
/etc/krb5.conf	764
/etc/libvirt/libxl/ドメイン名.xml	554
/etc/libvirt/qemu/networks/autostart/default.xml	547
/etc/libvirt/qemu/networks/default.xml	529,547
/etc/libvirt/qemu/ドメイン名.xml	539,540,542
/etc/localtime	453
/etc/login.defs	346
/etc/logrotate.conf	363
/etc/mdadm.conf	324
/etc/my.cnf	833
/etc/name.rfc1912.zones	624
/etc/named.conf	624,634
/etc/named.root.key	624
/etc/netgroup	774
/etc/networks	472
/etc/nginx/nginx.conf	687,689
/etc/nslcd.conf	809
/etc/nsswitch.conf	471,644,811,929,933
/etc/ntp.conf	458
/etc/openldap/ldap.conf	792,811,815
/etc/openldap/schema	801
/etc/openldap/slapd.d	798
/etc/pam.conf	857
/etc/pam.d	857
/etc/pam.d/system-auth	811,929,933
/etc/passwd	164,344,856
/etc/Pegasus/access.conf	417
/etc/Pegasus/ssl.cnf	420
/etc/pki/tls/certs/Makefile	672,813,867
/etc/postfix/main.cf	716
/etc/postfix/master.cf	714
/etc/protocols	471
/etc/resolv.conf	471,616,644
/etc/rsyslog.conf	359
/etc/rsyslogd.conf	366
/etc/samba/lmhosts	759
/etc/samba/smb.conf	744
/etc/selinux/config	87,899
/etc/selinux/targeted/policy/policy.29	899
/etc/services	470
/etc/shadow	344,856
/etc/snort/snort.conf	880
/etc/squid/squid.conf	679
/etc/ssh	890

/etc/ssh/ssh_config	413,891,893
/etc/ssh/sshd_config	90,399,412,891
/etc/sssd/sssd.conf	929
/etc/sudoers	162
/etc/sysconfig/network-scripts/ifcfg-ppp0	607
/etc/sysconfig/network-scripts/ifcfg-デバイス	472
/etc/sysctl.conf	505
/etc/systemd/journald.conf	365
/etc/systemd/system	137
/etc/tgt/targets.conf	335
/etc/tomcat/tomcat-users.xml	697
/etc/udev/rules.d	148
/etc/updatedb.conf	205
/etc/vimrc	219
/etc/vsftpd/FTPusers	707
/etc/vsftpd/user_list	707
/etc/vsftpd/vsftpd.conf	703,705
/etc/X11/xorg.conf	106
/etc/X11/xorg.conf.d/*.conf	106
/etc/yum.conf	246
/etc/yum.repos.d	246
/etc/zabbix/zabbix_agent.conf	394
/etc/zabbix/zabbix_server.conf	386
/lib/modules/新規カーネルバージョン	112
/lib/udev/rules.d	148
/proc/[pid]/status	876
/proc/cpuinfo	523
/proc/mdstat	322
/proc/net/bonding/デバイス名	510
/proc/partition	340
/proc/partitions	285
/proc/swaps	306
/run/nologin	151
/sbin	48
/sbin/init	115
/sys/hypervisor/properties/capabilities	524
/sysroot	115
/usr	48
/usr/lib/firewalld	920
/usr/lib/systemd/system	137,144,145
/usr/lib/Xen/qemu-dm	550
/usr/lib64/xorg/modules/drivers	106
/usr/local/share/man	160
/usr/share/man	160
/var	48
/var/lib/dhcpd/dhcpd.leases	780
/var/lib/libvirt/dnsmasq/default.conf	529
/var/lib/pgsql/data/pg_hba.conf	839
/var/lib/pgsql/data/pg_log	846
/var/lib/sss/db/cache_LDAP.ldb	936
/var/lib/sss/db/sssd.ldb	933
/var/lib/xfsdump/inventory	309
/var/log/audit/audit.log	914
/var/log/maillog	718
/var/log/messages	782
/var/log/nginx/access.log	690
/var/log/nginx/error.log	690
/var/log/secure	163
/var/log/snort/alert	881
/var/log/squid	684
/var/log/vsftpd.log	706
/var/log/xferlog	706
/var/named	624
/var/named/data	624
/var/named/named.ca	619,624
/var/named/slaves	624
/var/spool/postfix	720
/var/www/cgi-bin	693
:q	212
:tabnew	217
:wq	212
@	259
[	265
[]	188
[global]	751
[homes]	750
[Mapping]	775
[mysqld]	833
[print$]	758
[printers]	757
[share]	753
[Static]	775
[Translation]	775
|	92,176
~	102
~/.config/monitor.xml	102
~/.local/share/vinagre/history	410
~/.ssh/config	891
~/.ssh/known_hosts	889
~/.vimrc	208,219
~/.VNC/xstartup	404
¥	188
<	174
>	174
01-ldap.conf	816
1次グループ	190
2次グループ	190
2次プロンプト	158
3層アーキテクチャ	691
8進数で表示	185

■ A

access.conf	417
access.log	684
access_provider	931
acl	626,628,683
ACL	755,870
ACL名	628
Active Directory	760,765
Active Directory Domain Controller	739
Active Directory Domain Member	739
activeモード	702

AD DC	739	case	268
AddHandler	693	CCITT	35
ADSLモデム	606	ccTLD	620
alacarte	101	CentOS-Media.repo	248
alias_database	716	centos-release-xen	544
alias_maps	716	centos-release-xen-46	544
Allow	659	CentOS-Sources.repo	249
Allow from	659	CentOS-Vault.repo	249
allow-query	631	centos-virt-xen	522
allow-recursion	632	CentOSプロジェクト	33
allow-transfer	632	CGI	692
anacron	446,450	cgi.cfg	374
anonymous ftp	703	cgroup	134,563
anonymous_enable	703	cgroups	134
Anthy	97	chage	119
Apache	646,693,728	chpass_provider	931
Apacheの管理	652	chrony	459
ARP	497	chrony.conf	459
arpテーブル	491	chronyd	459
at	446	chroot	115,316,624,704,714
at.allow	452	chroot jail	624,704
at.deny	452	CIFS	741
atd	450	CIIS	282
Atlasサーバ	571	CIM	414
auth_provider	931	CIMOM	415
authconfig	810	CMOSクロック	456
authconfig-gtk	810	CMS	727
authconfig-tui	810	conf.d	374
authorized_keys	893	config	577,799
AuthorizedKeysFile	893	config_file_version	930
aフラグ	869	controls	626,628
		core	802
■ B		core.img	126
B+tree	297	core.schema	801
bash	164	coreutils	898
Basic認証	660	cosine	803
batch	446	CP	865
bc	264	cpio	116
bind	619,622	CPS	865
BIND	621,622	CPUアーキテクチャ	110
bind-chroot	624	CPUの状態	439
BIOS	122	cron	446
biosdevname	473	cron.allow	449
blackhole	631	cron.deny	449
boot.img	126	crond	446
BOOTP	783	crontab	447
boxファイル	570,576,586,594	CSR	420,671
btrfs	295,302	Ctrl-a	401
		curses	284
■ C			
CA	670,812,865	**■ D**	
ca-certificates	866	daq	878
cache.log	684	D-Bus	134
cap_net_admin	875	DBサーバ	818
cap_setuid	875	default.conf	529
capability.h	875	default.target	137

946

default-lease-time	783
DefaultNetwork	529
Deny	659
Deny from	659
details	119
dhclient	787
DHCP	46,780,783
dhcp	781
dhcpd	780,782
dhcpd.conf	780
DHCPクライアント	787
Digest認証	664
directory	634
DirectoryIndex	656
disabled	898
DISPLAY	896
DIT	789
DMZ	606
DMZセグメント	613
dn	789
DNSBL	719
dnsmasq	785
dnsmasq.conf	786
DNSSEC	644
DNSクライアント	616,644
DNSサーバ	608,616
DNSサーバのIPアドレス	471
DNSサーバへの問い合わせ	636,639
DNSへの動的更新	766
do	270,272
Docker	564
docker	564
DocumentRoot	656
Dom0	544
domain	802
domains	930
DomU	544
done	273
Dovecut	721
dovecot	721
dovecot.conf	723
dsaキー	892

■ E

early cpio	116
echo	260
EFI	122
EFIブートエントリ	124
ELRepoリポジトリ	250
else	267
enforcing	898
enumeration	931
EPELリポジトリ	250
ErrorLog	674
Ethernet	39
eui	335

exec("/sbin/init")	115
exit	256
expr	264
ext	298
ext2	298
ext3	295,298
ext4	295,298

■ F

faulty	322
fdisk	284
FHS	47
file	430,634
firewall-cmd	920
firewall-config	88,920
firewalld	918,920
for	270
forward first	633
forward only	633
forwards	633
FQDN	620
frontend	799
FTP	45,702
function	275

■ G

gdisk	287
general-log-file	833
get-default	143
gfxterm	102
GNOME	94
GNOME control-center	468
gnome-tweak-tool	100
GNU	28
gparted	293
GPG	861
GPL	26
GPT	122,282
graphical.target	137
GRE	557
group	431
grub	102
grub.cfg	114,128,546
grub.config	104
GRUB2	102,125
grub2-efi	129
grub2-efi-modules	131
grubx64.efi	126
gTLD	620
GUIインターフェイス	387
GUIツール	439

■ H

hdb	799,803
Heimdal Kerberos	739
help	424

947

HISTFILE	159	journald.conf	365
HISTFILESIZE	159		
HISTSIZE	159	■ K	
home_mailbox	716	karnel-devel	112
host	784	KDC	763,860
Host Manager	698	Kdump	60,75
HTTP	46	Kerberos	739,763,860
http_access	683	key	626,629
httpd	647,650,728	KKC（かな漢字）	97
httpd.conf	650,654,667,729	KLM	108
httpd_enable_homedirs	915	KMS	103
HTTPS	670	krb5.conf	764
hwinfo	425	KVM	522,526
		KVMゲストOS	533
■ I			
IANA	43	■ L	
ibus-kkc	97	LAMP	728
id_provider	931	LAN	38
idmapd	775	LANG環境変数	464
idmapd.conf	775	LBA	282
IDS	878	LDAP	762,789
if	266	ldap.conf	792,811,815
if-elif	267	LDAPデータベース	804
IMAP	45,711,725	LDAPドメイン	935
in.ftpd	708	LDAP認証	809,817
INACTIVE	351	ldb	933
include	626,629	ldb-tools	934
inetOrgPerson	802	LDIF	790
inetorgperson	803	ldappasswd	789
init	115	ldapsearch	789
initramfs	115,116,117	let	264
initrd-switch-root.service	115	libnss_ldap.so	809
IP	40	libselinux	898
iptables	918,923	libvirt-client	525,528
ipHost	803	libvirtd	547
iproute2	487	libvirt-daemon	525
IPS	878	libwrap	926
iptables	918,920	Linux	22,728
IPv4	40	Linux Security Modules	897
IPv6	40,43	Linuxブリッジ	556
IPアドレス	488	Listen	656
iqn	335	Live版	57
ISC DHCP	780	LKM	108,556
iSCSI	334	lmhosts	759
iscsid	338	lmiコマンドライン	423
iscsid.conf	338	lmiシェル	415,422
iscsi-initiator-utils	338	lmiスクリプト	415,423
iSCSIストレージ	341	LoadModule	658
ISO	35	local	276
isolate	143	locale	430,463
ISOイメージ	55,248	LOCALドメイン	933
iノード	297,869	log-bin	833
iフラグ	869	log-error	833
		LogFormat	675
■ J		logging	626,629
Java	696	login.defs	346

948

■ M

logrotate.conf	363
LTD	619
LV	325
LVM	325
LVM2	325
LXC	563

■ M

MACアドレス	40,497
mail_spool_directory	716
Maildir	719
main.cf	714
Makefile	110
Manager App	698
Mandatory Groups	79
MariaDB	694,728,819
mariadb	821
MariaDBクライアント	825
MariaDBサーバ	825
master	714
master.cf	714
max_id	931
mbox	719
MBR	282
md	318
MDA	711
mdadm.conf	324
mfs-utils	770
microcode_ctl	116
min_id	931
minimum	899
Minix	22
MIT Kerberos	739
mls	899
mod_ldap	816
mod_proxy.so	699
mod_proxy_ajp.so	699
Mode Setting	103
monitor	799,803
mountd	769
Mozc	97
MPM	657
MTA	711
MUA	711
multi-user.target	137
MXレコード	616
my.cnf	833
MySQL	728,820
mysql	826
mysql_secure_installation	823

■ N

Nagios	370
nagios	372
nagios.cfg	374,376
nagios.conf	372
nagios-common	372
name resolve order	759
named	623,640
named.conf	634
namespace	563
NameVirtualHost	669
NAT	529,547,609,918
net.ipv4.ip_forward	919
Netfilter	918
netgroup	774
Network Security Services	867
NetworkManager	468
NetworkManager-wifi	484
NetworkManagerの表示と管理	477
NFS	768
nfsd	769
NFSクライアント	776
Nginx	685
nginx	685
nginx.conf	687,689
NIC	473,774
nis	803
nmbd	743
nmcli	470,475
nmtui	469
NRPE	378
nscd	809
nslcd	809
NSS	813,867
nss-pam-ldapd	809
nsswitch.conf	811
NTP	457
ntp.conf	458
ntpd	458
NTドメイン	760
NXDOMAIN	634

■ O

OID	801
olcAccess	807
ONU	606
Open vSwitch	557
OpenFlow	557
OpenLDAP	789
openldap	792
openldap-clients	762,792
openldap-servers	792
OpenLMI	414
openlmi{}	417
openlmi-Scripts*	418
openlmi-tools	418
OpenLMIクライアントインターフェイスライブラリ	415
OpenPegasus	415,419
OpenPGP	861
OpenSSH	888
OpenSSL	671,813,867

openssl	671,672,813	qemu	534,550
openvswitch	557	qemu-dm	544
OpenVZ	563	qemu-kvm	526,534
option	626,784	queue_directory	716
Optional Groups	79		
Options	693	**■R**	
Options Index	657	r	193
Order	659	RA	865
OSI	28	RAID	318
OSI参照モデル	35	RAIDアレイ	320
OUI	336	RAIDレベル	318
ovsdb-server	558	range	783
ovs-vswitchd	558	RBL	719
		RDBMS	818
■P		rdn	790
PAM	348,856	read	273
pam.conf	857	readonly	257
pam_ldap.so	809	recursion	632
parted	290	RedHat	32
passiveモード	702	reposdir	246
PATH環境変数	205	rescue.target	137
PCIデバイス	105	resolv.conf	616
pcp	436	resource.cfg	375
pcp-pmda-*	436	return	275
PDU	37	RFB	403
PE	325	RHEL	32
Performance Co-Pilot	433	rhgb	119
Perl	694,728,731	rndc.keyファイルの生成	641
permissive	898	ROOTパスワード	62
permitRootLogin	90	rootユーザ	62
pg_hba.conf	839	rootログインの抑制	90
PHP	728,730	ro-pppoe	607
PKI	812	RPC	768
Plymouth	119	rpcbind	769
pNFS	770	RPM	238
policycoreutils	898	rsaキー	892
policycoreutils-python	898	rsyslog	359,366
POP	45,711	rsyslog.conf	359
POP3	725	RTC	456
POSIX	26	runner	513
posixAccount	803	run-parts	450
Postfix	712		
postfix	712,718	**■S**	
postgres.conf	846	Samba4 Active Directory	860
PostgreSQL	819,834	Samba	738
postgresql	865	samba	740
power	425	samba-common-tools	765
pppd	607	Sambaアカウント	748
PPPoE	606	screen	401
prefork	657	ScriptAlias	693
proxy_set_header	689	SCSI ID	335
PV	325	scsi_id	335
Python	728,731	scsi-target-utils	335
		SECURITY	59
■Q		SELinux	86,897
QEMU	526	SELINUX	87

項目	ページ
selinux	429
selinux-policy	898
selinux-policy-doc	915
selinux-policy-targeted	898
SELinuxの確認	86
SELinuxユーザ名	905
SELinuxを一時的に無効	87
SELinuxを永続的に無効	87
Server Status	698
server.crt	813
server.key	813
ServerAdmin	656
ServerName	656,669
service	432
services	930
set	219
set encoding	220
set fileencoding	221
set fileencodings	220
set fileformat	221
set fileformats	221
set-default	143
setools-console	898
SGID	198
sha512	856
shellプロビジョナ	589
shim.efi	126
slapd	789,795
slow_query_log_file	833
slow_query_time	833
smb.conf	744,752,762
smbd	743
SMTP	45,711
Snort	878
snort.conf	880
Snortルール	881
SOA	622
sources	461
sourcestatus	461
splash	119
squid	678
squid.conf	679,683
squid.log	684
SSH	90,399,888
SSH_AGENT_PID	895
SSH_AUTH_SOCK	895
ssh_config	413,896
ssh_known_hosts	890
ssh-agent	895
sshd	90,888
sshd_config	90,399,412,896
sshdの再起動	90
SSHクライアント	400,891
SSHサーバ	399,891
SSHポート転送	411
ssl.cnf	420

項目	ページ
ssl.conf	671,673
SSL/TLS	670
SSLオフローダー	677
SSL証明書	419
SSL設定	724
sssd	429,928
SSSD	928
sssd.conf	929
sssd-ad,928	
sssd-common	928
sssd-ldap	928
sssd-tools	934
Storage	365
storage	426
stratum	457
subnet	783
SUID	198
svmフラグ	523
sw	429
sysctl.conf	505
syslinux	708
syslinux-tftpboot	708
syslog	359
syslogd.conf	366
syslog-ng	359
system	426
System Security Services Daemon	928
system-auth	858
systemd	133,364,468
systemd journal	359
systemd.unit	143
systemd-journald	359,364
systemd-journald.service	147
systemd-logind	149
systemd-logind.service	147
systemd-udevd	148
systemd-udevd.Service	115,147
SysV init	133

■ T

項目	ページ
targeted	899
targets.conf	335
TCP	44
TCP Wrapper	926
TCP/IP	36
teamd	512
templates.cfg	376
terminfo	401
test	264
text	119
tftp-server	708
TFTPサーバ	708
tgtd	336
then	268
tigervnc-server	404
TIME_EXCEEDED	505

TLD	620	VNC	403,404
TLS	670,812	VNCクライアント	404,409
TLS_CACERT	815	vsftpd	703,704
TLS_CACERTDIR	815	vsftpd.conf	703,705
TLS_REQCERT	815	VXLAN	557
tog-pegasus	417		
Tomcat	693,696	■ W	
tomcat	696	w	193
Torrent	54	WAN	38
Tripwire	882	WBEM	415,419
TSIG	642	Webアプリケーション	691
TTL	505	Webインターフェイス	374,378,381
twcfg.txt	882	Webサーバ	608,646
twpol.txt	882	while	272
Type Enforcement	86	Wi-Fi	39
TZ	455	Wifiインターフェイス	484
		winbind	741
■ U		winbindd	743
udev	473	Windowsノードタイプ	758
udevd	115	wins server	760
UDP	44	wins support	760
UEFI	122	WINSサーバ	759
umask値	194	WordPress	727,732
Unix	22	worker	658
Unixソケット	134		
until	272	■ X	
updatedb.conf	205	X	94
user	430	x	193
userdir.conf	913	X.509	671
UTC	453	X11ポート転送	412,896
util-linux-2.23.2-26	284	XDR	768
		Xen	522,544
■ V		xen	544
VA	865	xen-hypervisor	545
Vagrant	568	xen-libs	545
Vagrantfile	570,577	xen-runtime	545,551
version	633	XenゲストOS	548
VG	325	Xenハイパーバイザー	544
vi	207	Xface	408
view	626,630	xfs	295
vim	207	xorg.conf	106
vim-enhanced	207		
vim-minimal	207	■ Y	
vim-X11	207	yum.conf	246
vinagre	404		
virsh	527,534,547	■ Z	
virt-install	525,527,547	Zabbix	381
Virtio	542	zabbix.conf	385
virt-manager	525,529,533,538,547,548	zabbix_agent.conf	394
VirtualBox	570,573	zabbix_server.conf	386
VirtualHost	667,669	zabbix22	384
virtualization host	525	zabbix22-agent	393
virt-viewer	525	Zabbixエージェント	393
VLAN	557	Zabbixクライアント	382
VM	613	Zabbixサーバ	382
vmxフラグ	523	Zabbixユーザ	384

zone	626, 634

■ あ

アーカイブファイル	171
アカウント失効日	351
アカウントの削除	348
アカウントのロック	356
アクションフィールド	360
アクセス権限	192
アクセス制御	659, 683, 912
アクセスベクタ	912
アクセスログ	674
アクティブなサービスの表示	92
アドウェア	887
アドレス変換	918
アプリケーション監視	369
アプリケーションサーバ	692
アプリケーションの検索	82
アプリケーションの削除	83
アロケーショングループ	296
アンインストール	242, 245
暗号化	812, 856, 889
暗号化コマンド	861
安定版	109
アンマウント	235
アンロック	356
イーサネット	39
依存関係	133, 241
一時的に無効	87
一般ユーザによるsshログイン	91
一般ユーザの作成	91
一般ユーザの実行制限	449, 452
一般ユーザの設定	63
一般ユーザのログイン禁止	357
イニシエータ	334, 337
委任	619
イメージ	565
イメージの復元	313
インストーラの起動	57
インストール	54, 82, 94, 129, 240, 244, 249
インストールソース	60, 71
インストールの概要	58
インストールメディア	55
インターネット	39
インタプリタ型言語	251
インデックスファイル	656
イントラネット	39
ウイルス	886
運用規定	865
永続的に無効	87
エクステント	297, 299
エクスポート	594, 772
エラー	914
エラーログ	674, 833
エンコーディング	220
エンコード変換	465

演算コマンド	263
演算子	261
エントリ	498, 789
オープンソフトウェア	28
オープンリゾルバ	621
オクタルモード	194
オブジェクトファイル	376, 380
オペレーティングシステム	23
オンラインマニュアル	160

■ か

カーソル移動	210
カーネル	23, 108
カーネルソース	110
カーネルバージョン	109
カーネルメッセージ	359
カーネルモジュール	105, 108
改行コード	221
改ざん検知	882
開発版	109
外部リポジトリ	250
書き込み権	193
書き込みの一時停止	312
書き込みの再開	312
拡張子	253
拡張正規表現	189
拡張属性	870, 874
拡張パーティション	283
拡張モデル	611
カスタムインストール	63
仮想化	522
仮想化ホスト	524
仮想マシン	522, 584
カテゴリ	629
カプセル化	36
可変	47
画面解像度	94, 103
画面スクロール	211
画面分割	216
画面領域の変更	216
カレントディレクトリ	165
環境変数	156
監視対象サーバ	379, 393, 395
関数	274
完全仮想化	523
完全修飾ドメイン名	620
完全バックアップ	308
管理者のメールサーバ	656
キー	883
キー配布センター	763
キーペア	400
キーボード	66
キーボードタイプ	95
疑似ファイルシステム	774
疑似ルート	777
起動シーケンス	137

953

基本パーティション	283	コマンドの実行履歴	158
基本モデル	606	コマンドプロンプト	156
逆引き	616	コマンドラインモード	210
キャッシュ	936	コメント	219,257,626,744
キャッシュディレクトリ	679	コンテキスト	653
キャッシングオンリーサーバ	621	コンテナ	565
キャッシングサーバ	621	コンテナ型仮想化	563
キューエミュ	526	コンテンツオンリーサーバ	621
行数の表示	184	コンテンツサーバ	621
強制アクセス制御方式	86	コントローラチップ	485
行番号	168	コンパイル	249
共有可	47		
共有情報	779	■さ	
共有ストレージ領域	334	サーバー(GUI使用)	64
共有ディレクトリ	752	サーバ監視ツール	369
共有秘密鍵	642	サーバ証明書	864
共有不可	47	サーバ名	656
切り離し	235	サービス	146
禁止	355	サービス管理	432
クーロン	446	サービス設定ファイル	146
クエリログ	833	サービスの検索	93
クォータ	313	サービスの停止	92
国別コード	620	サービスの無効化	93
クライアント証明書	864	サービス名.service	147
グラフィカル端末	399	サービス名とポート番号の対応	470
グラフィカルブート	119	再帰問い合わせ	621
グラフィカルモード	138	再起動	81,87,152
クリーンアップ	232	作業ディレクトリ	165
繰り返し処理	270	サブネット化	41
グループ	190,349,350	参加確認	767
グループの変更	196	算術演算子	261
グローバルアドレス	42	ジェネリック	620
グローバル変数	276	シェル	156
クローン	32	シェルスクリプト	251
経路	505	シェル変数	156
ケーパビリティ	875	シェル変数TZ	455
ケーパビリティセット	875	式	270
ゲストOS	533,538	識別名	789
結合	180	シグナル	230
ケルベロス認証	860	自己署名証明書	672,813
権威サーバ	619,621	システム	60
権限の指定	162	システムアクティビティ	854
言語の選択	57	システム管理	429
検索	203,214	システム管理エージェント	414
検証局	865	システムクロック	453
検知エンジン	879	システム情報	553
公開鍵	400,861,889,892	システムリソース管理	426
公開鍵証明書	864,866	システムログ	854
公開鍵証明書ファイル	813	実行権	193
公開鍵認証	859,889	失効日	351
公式版カーネル	108	実効ユーザ	197
国際化	463	実ユーザ	197
故障	322	シバン	251
コマンドインタプリタ	156	シャットダウン	150
コマンド送信	582	終了	212
コマンドの検索	203	終了処理	256

終了ステータス	256
出力	260
出力デバイス名	104
出力プラグイン	879
手動パーティション	72
準仮想化	523
使用する言語	59
状態確認	582
冗長化	507
情報漏洩	852
証明書ポリシー	865
初期化ファイル	346
所属グループ	190,350
ジョブID	228
ジョブ管理	228
ジョブスケジューリング	446
署名済み証明書	421
所有者権限	190
所有者の変更	196
侵入	852
侵入・改ざん検知ツール	855
侵入検知	854,878
シンボリックモード	193
シンボリックリンク	115,200
スキーマ	801
スキーマファイル	801
スタティックリンク	132
スティッキービット	200
ストレージ	541
ストレージオプション	72
スナップショット	332
スーパーブロック	296
スパイウェア	886
スペースをタブに変換	186
スレーブ	507
スレーブサーバ	622
スロークエリログ	833
スワップ領域	304
正規表現	187,263
制御構文	266
静的	47
静的優先度	226
正引き	616
セキュアブート	126
セキュリティ管理	429
セキュリティコンテキスト	905
セキュリティポリシー	59,68
セクション	744
接続確認	495
接続の管理	479
ゼン	544
先頭部分	178
相対識別名	790
挿入モード	210
増分バックアップ	308
ソース	206

ソースコード	111
ソースパッケージ	249
ソート	180
ゾーン	616,619,920
ゾーンファイル	634
属性フラグ	869
ソフトウェアの選択	60

■ た

ターゲット	142,334
ターゲット設定ファイル	144
ターゲット名.target	144
ダイジェスト認証	859
ダイナミックリンク	132
タイムスタンプ	169
ダウンロード	245,249
タブページ	217
タブをスペースに変換	185
多分岐	267
単語数の表示	184
単語の変換・削除	182
端末エミュレータ	79
地域化	463
地域設定	59
チーミング	512
チェイン	918
置換	214
置換変数	745
逐次起動	133
チケット	763,765
チャネル	629
長期メンテナンス版	109
重複	181
ツリー構造	47
ツリー表示	224
停止	152
停止時間	151
定数	257
ディスクの選択	72
ディストリビューション	29
ディスプレイマネージャ	106
ディレクティブ	650,653
ディレクトリ	47,165,169,170,171,168
ディレクトリ階層	165
ディレクトリ情報	166
データ層	691
データ復旧	308
データベース	818
データベース管理	826,837
データベースの更新	205
テーブル	918
テーブル管理	828,842
テーマ	120
デーモンプロセス	115
テキストの整形	182
テキスト編集	213

955

テキストモード	76
デジタル証明書	673,864
デスクトップ	94
テスト	592,720,725
デバイスタイプ	73
デバイスの識別	335
デバイスの設定情報	472
デバイスの選択	60
デバイスの表示と管理	478
デバイスファイル	50,115
デバイスマッパー	325
デバッグ	251
デフォルトターゲット	143
デフォルトネットワーク	529,547
デフォルトのインストール	57
デプロイ	592,698
電源オフ	152
転送先アドレスの登録	718
問い合わせ	636,639
統計情報	493
盗聴	852
動的優先度	226
登録局	865
ドキュメントルート	656
特殊変数	255
特定部分のみ取り出し	184
匿名FTPサーバ	703
ドメイン	535,550,619
ドライバ情報	105
トラフィック	499
トロイの木馬	886

■ な

内部DNSサーバ	613
名前解決	651,758
名前付きパイプ	362
並べ替え	180
日本語	59
日本語化	837
日本語入力メソッド	94
日本語の設定	824
入出力制御	174
認証	856
認証局	812,865
認証方式	723
ネガティブキャッシュTTL	634
ネットワークインターフェイス	489
ネットワーク監視	369
ネットワーク状態	492
ネットワーク全体の管理	475
ネットワークとホスト名	61,70
ネットワーク名前空間	559
ネットワーク名とネットワークアドレスの対応	472
ノードエントリ	789
ノーマルモード	210

■ は

バージョンアップ	80
バーチャルホスト	666
パーティショニング	49
パーティショニングツール	284
パーティション	49,282
パーティションタイプ	320
ハードウェア仮想化支援機能	523
ハードウェア管理	425
ハードウェアクロック	456
ハードウェア条件	56
ハードリンク	200
パーミッション	190,193,253,755
配信用メールキュー	720
バイト数の表示	184
バイナリ	206
バイナリーログ	833
ハイパーバイザー	522
パイプ	176
配列	258
パケットキャプチャ	879
パケットデコーダ	879
パケットフィルタリング	918
パス	205
パスワード設定	62,347,839,856,889
パスワードの有効期限	353
バックアップ	308,831,844
バックグラウンドジョブ	229
バックドア	886
パッケージ	69,238
パッケージ情報の確認	82
パッケージファイル	241
バッチ処理機能	251
パフォーマンス概要	437
パラメータ	312,744
パリティ	318
比較演算子	262
非カプセル化	36
引数	255,276
ビジュアルモード	210
非対称型暗号方式	859
ビデオ出力デバイス	104
ビデオドライバ	106
秘密鍵	400,420,672,764,861,889
秘密鍵ファイル	813
標準エラー出力	174
標準オブジェクトブローカ	414
標準出力	174
標準入力	174
標準リポジトリ	247
ファイアウォール	88,613
ファイアウォールの確認	88
ファイアウォールの停止	89
ファイアウォールの無効化	89
ファイルI/O	438
ファイル演算子	263

ファイル記述子	174	ベーシック認証	859
ファイル共有サービス	583,738,751	ベース環境	80,524
ファイルシステム	73,295,304,307,310,311,312,776	ベースライン	884
ファイル情報	166	変換	182
ファイルタイプ	177	変更履歴	240
ファイル内容の出力	167	変数	156,257
ファイルの移動	169	ポート状態	497
ファイルの検索	203	ポートスキャン対策	878
ファイルのコピー	170,173	ポート番号	44,656
ファイルの削除	171	ポートマッパー	769
ファイルの種類	192	ホームディレクトリ	102,750,913
ファイルの変換	173	ホスト型	522
ファシリティ	360	ホストベース認証	889
フィルタ	177	ホスト名とIPアドレスの対応	471
フィルタリング	606	ホスト名の名前解決	471
フィンガープリント	890	保存	212
ブートエントリ	123	ポリシー	913
ブートシーケンス	114	ポリシーファイル	899
ブートローダ	114,122	ボリュームグループ	325,328,330,331
フォアグラウンドジョブ	229	ボンディング	507
フォワーディング	505		
フォワードプロキシ	676	■ま	
フォント	102	マイクロカーネル	24
復号	864	マウス	218
不正アクセス監視	878	マウント	233,768
不整合チェック	306	マウントポイント	72
物理エクステント	325	マスタ	507
物理データ	825	マスタサーバ	622
物理ボリューム	325,327	末尾部分	178
部分的なネットワークの管理	476	マッピング	775
プライオリティ	360	マニュアル	160
プライベートアドレス	42	マニュアルページ	206
プライベート認証局	419	マルウェア	885
フリーソフトウェア	28	マルチキャスト	37
ブリッジ	518	マルチキャストIPアドレス	490
プリプロセッサ	879	マルチユーザモード	138
プリンタ共有サービス	738,756	ミラーサイト	34,54
フルパス	205	無線LAN	39
フレーム	39	メインライン	109
プレゼンテーション層	691	メールサーバ	608,711
ブロードキャスト	37	メールの送受信	715,725
プロキシサーバ	613,676	メールボックス形式	724
プロセス	223	メタキャラクタ	188
プロセスオープン	496	メタデータのコピー	313
プロセス管理	134	メトリクス	437
プロセス情報の確認	92	文字型端末	399
ブロック	296	文字グループ	188
プロトコル	35,45,471,723	文字コード	220,824
プロバイダ	570	文字の削除	178
プロパティ	488	文字の挿入	212
プロビジョナ	588	文字の変換	178
プロビジョニング	571,588	モジュール	658
分割	181	文字列の検索	186
分岐処理	266	文字列比較	263
ベアメタル型	522	モデル名	485
並列起動	133	戻り値	276

957

モノシリックカーネル ……………………… 24

■や

有効期限 ……………………………………… 353
ユーザ …………………………………… 190,344
ユーザアカウント …………………………… 816
ユーザ管理 ………………………… 430,829,837
ユーザ情報 …………………………………… 348
ユーザ認証 …………………………………… 889
ユーザの切り替え …………………………… 161
ユーザの作成 …………………………… 62,346
ユーザの設定 ………………………………… 62
ユーザの登録 ………………………………… 344
ユーザプロセス ………………………… 115,133
有線LAN ……………………………………… 39
優先度 ………………………………………… 225
ユニキャスト ………………………………… 37
ユニット ………………………………… 135,139
要素 …………………………………………… 259
読み取り権 …………………………………… 193

■ら

ライセンス …………………………………… 77
ラベリング …………………………………… 908
ラベル ………………………………………… 908
ランサムウェア ……………………………… 886
ランレベル …………………………………… 151
リアルタイム表示 …………………………… 225
リーフエントリ ……………………………… 789
リストア ………………………………… 832,844
リソース監視 ………………………………… 369
リゾルバ ……………………………………… 616
リダイレクション …………………………… 174
リダイレクト ………………………………… 175
リバースプロキシ ……………………… 676,688
リバースプロキシサーバ …………………… 609
リブート ……………………………………… 150
リポジトリ ……………………………… 34,247
リマウント …………………………………… 314
リモート管理 ………………………………… 399
リモート接続 ………………………………… 90
リモートホスト ……………………………… 413
履歴 …………………………………………… 357
リンク ………………………………………… 200
ルータ ………………………………………… 613
ルーティング ………………………………… 501
ルート ………………………………………… 47
ルートエントリ ……………………………… 789
ルートキット ………………………………… 886
ルート証明書 ………………………………… 866
ルートゾーン ………………………………… 619
ルートディレクトリ ………………………… 316
ルートファイルシステム …………………… 115
ループ処理 …………………………………… 270
ルール ………………………………………… 922
レスキューモード …………………………… 138

レポートファイル …………………………… 883
レルム ………………………………………… 763
ローカルタイム ……………………………… 453
ローカル変数 ………………………………… 276
ローダブルカーネルモジュール ……… 108,556
ローテーション ……………………………… 362
ロールベースアクセス制御 ………………… 86
ログ ……………… 359,674,684,690,706,718,833,846,914
ログアウト ……………………………… 581,823,837
ログイン ……………………………… 78,581,822,837
ログイン画面 ………………………………… 94
ログイン禁止 …………………………… 355,357
ログインシェル ………………………… 164,355
ログインユーザ ……………………………… 358
ログイン履歴 ………………………………… 357
ログ出力 ……………………………………… 724
ログの検索 …………………………………… 367
ログの表示 …………………………………… 367
ログファイル ………………………………… 48
ログフォーマット …………………………… 675
ロケール ………………………………… 463,465
ロジック層 …………………………………… 691
ロック ………………………………………… 356
論理演算子 …………………………………… 261
論理データ …………………………………… 825
論理パーティション ………………………… 283
論理ボリューム ………………………… 325,329,330

■わ

ワークグループ ……………………………… 746
ワーム ………………………………………… 886

著者プロフィール

大竹 龍史

有限会社ナレッジデザイン 代表取締役。

1986年、伊藤忠データシステム（現・伊藤忠テクノソリューションズ（株））入社後、Sun Microsystems社のSunUNIX 3.x、SunOS 4.x、Solaris 2.xを皮切りにOSを中心としたサポートと社内トレーニングを担当。

1998年、（有）ナレッジデザイン設立。Linux、Solarisの講師および、LPI対応コースの開発/実施。約27年にわたり、OSの中核部分のコンポーネントを中心に、Unix/Solaris、Linux等のオペレーティングシステムの研修を主に担当。最近はOpenStack関連の検証とドキュメント作成に注力。著書に『Linux教科書 LPIC レベル1 スピードマスター問題集』（共著、翔泳社刊）、『Linux教科書 LPIC レベル2 スピードマスター問題集』（翔泳社刊）。月刊誌『日経Linux』（日経BP社刊）およびWebメディア『@IT自分戦略研究所』（ITmedia）でLPIC対策記事を連載。

市来 秀男

日本サード・パーティ株式会社を退職後、2001年有限会社ナレッジデザインに入社。主にLinux、MySQL、Perlの講師を担当。Linuxの資格であるLPIC レベル1からレベル3の講師や、高負荷を意識したLAMPによるWebアプリケーション開発の講師を務める。また、OpenStackに関する研修、テキストや資料作成等にも携わっている。

山本 道子

2004年Sun Microsystems社退職後、有限会社Rayを設立し、システム開発、IT講師、執筆業等を手がける。有限会社ナレッジデザイン顧問。著書に『Linux教科書 LPIC レベル1 スピードマスター問題集』（共著）、『オラクル認定資格教科書 Javaプログラマ Bronze SE 7/8』『同Silver SE 8』『同Gold SE 8』の他、『SUN教科書 Webコンポーネントディベロッパ（SJC-WC）』、『携帯OS教科書 Andoridアプリケーション技術者ベーシック』、監訳書に『SUN教科書 Javaプログラマ（SJC-P）5.0・6.0 両対応』（いずれも翔泳社刊）等がある。雑誌『日経Linux』（日経BP社刊）での連載LPIC対策記事を執筆。

山崎 佳子

伊藤忠テクノサイエンス（現・伊藤忠テクノソリューションズ（株））入社後、SunOS（Solaris）講師として基礎コースからシステム管理コースを担当。1998年、有限会社ナレッジデザイン設立・入社。技術検証の他、テキスト、マニュアル等の編集/校正を担当。

▶ **本書サポートページ**

http://isbn.sbcr.jp/82686/

本書をお読みいただいたご感想、ご意見を上記URLよりお寄せください。

▶ **注意事項**

本書の内容の実行については、全て自己責任のもとで行ってください。内容の実行により発生したいかなる直接、間接的被害について、著者およびSBクリエイティブ株式会社、製品メーカー、購入した書店、ショップはその責を負いかねます。

本書の内容に関して、編集部への電話にてのお問い合せはご遠慮ください。

標準テキスト CentOS 7 構築・運用・管理パーフェクトガイド

2017年3月30日　初版第1刷発行

著者	有限会社ナレッジデザイン　大竹龍史、市来秀男、山本道子、山崎佳子 著
発行者	小川 淳
発行所	SBクリエイティブ株式会社 〒106-0032　東京都港区六本木2-4-5 TEL 03-5549-1201（営業） http://www.sbcr.jp
印刷	株式会社シナノ
本文デザイン/組版	株式会社エストール
装丁	渡辺 縁

落丁本、乱丁本は小社営業部にてお取り替えいたします。
定価はカバーに記載されております。

Printed In Japan　ISBN978-4-7973-8268-6